UGS NX9

Unigraphics CAD/CAM

모델링 및 CAM 가공

정연택 · 이승원 · 박상현 · 조영배 · 이규송 · 김윤미 공저

본서의 구성

CHAPTER A NX9 환경구성과 Sketch
CHAPTER B Solid Modeling
CHAPTER C Surface Modeling
CHAPTER D Assembly
CHAPTER E Drafting
CHAPTER F Manufacturing
CHAPTER G MOLD WIZARD

예제 소스 제공
www.kkwbooks.com

도서출판 건기원

머리말

1970년대 중반 빠르게 변화하는 소비자의 욕구에 맞춰 설계와 디자인이 같이 진행되기 시작하였으며, 이러한 시스템의 변화로 인하여 CAD/CAM/CAE가 도입되기 시작하였다.

CAD/CAM/CAE의 도입은 현대 산업사회에 엄청난 변화를 가져왔으며, 제조업체 내 초보자도 단순한 데이터 작업만으로도 평균적이며 빠른 생산이 가능하도록 하였다. 현재 이러한 시스템은 제품의 디자인, 제품의 모양과 안정성, 제품의 규격을 고려하여 제품의 전반적인 라이프 사이클을 단축하기 위해 사용되고 있다.

SIEMENS NX9는 제조업체의 제품 생산시간을 단축시키고 원가절감, 품질향상 등을 통해 다른 기업들과 경쟁할 수 있도록 경쟁력을 높여주는 CAD/CAM/CAE 통합솔루션이다.

NX9은 3차원 설계로부터 시작하여, 3차원 설계가 마무리되었다면 그것을 바탕으로 2차원 도면을 추출하는 방식으로 설계가 진행되며, 바로 CAM으로 넘어가 가공데이터를 추출할 수 있고 표준화된 규격 부품을 불러와 금형 및 각종 기계를 손쉽게 생성할 수 있다.

이번 책은 Modeling 및 CAM가공 과정으로 NX9의 기본기와 advanced 과정을 습득하는 지침서로서 NX9 소프트웨어를 선택하여 누구나 쉽게 따라 할 수 있도록 Solid Modeling, Surface Modeling, Assembly, Drafting, Manufacturing, Mold Wizard 등에 중점을 두어서 집필하였다.

본 교재는 기계를 전공하는 대학생들에게 3D형상 모델링실무 및 CAM가공에 대하여 실무능력을 배양할 수 있고, 각종 기계관련 기사 및 기능사 실기시험 대비와 산업체에 재직 중인 기술자들에게 기계가공기능장 및 금형기능장 실기시험을 준비할 수 있도록 하였으며, 누구나 쉽게 따라하면서 학습효과를 최대한 발휘할 수 있도록 하였다.

이 책을 통하여 NX사용자들에게 많은 도움이 된다면 그보다 큰 보람이 없으리라고 생각되며, 내용 중 미비한 점은 계속 보안해 나갈 것을 약속드린다.

Chapter A · NX9의 환경 구성과 Sketch

1장 NX9의 환경 구성과 인터페이스
제 1 절 | NX9의 시작   12
제 2 절 | NX9의 화면 구성   14
제 3 절 | 사용자 환경설정   18
제 4 절 | 템플릿(Template)   23
제 5 절 | Full Screen Mode   26
제 6 절 | 데이텀(Datum)   27

2장 Sketch
제 1 절 | 스케치(Sketch)의 시작   30
제 2 절 | 스케치 곡선(Sketch Curve)   31

3장 Sketch Dimension
제 1 절 | 치수(Dimensions)   55
제 2 절 | 스케치 따라 하기   61

4장 Sketch Constraints
제 1 절 | 기하 구속조건 (Geometric Constraints)   71
제 2 절 | Constraints 관련 Option   78
제 3 절 | Direct Sketch   86

Chapter B · Solid Modeling

1장 Extrude & Revolve
제 1 절 | 돌출(Extrude) 정의하기   102
제 2 절 | 회전(Revolve) 정의하기   106

2장 Layer
제 1 절 | Layer   111

3장 Feature Operation
제 1 절 | 블록(Block)   113
제 2 절 | 원통(Cylinder)   115
제 3 절 | 원뿔(Cone)   116
제 4 절 | 구(Sphere)   117
제 5 절 | 구멍(Hole)   118

제6절	보스(Boss)	120
제7절	포켓(Pocket)	121
제8절	패드(Pad)	122
제9절	엠보스(Emboss)	123
제10절	옵셋 엠보스(Offset Emboss)	124
제11절	슬롯(Slot)	125
제12절	리브(Rib)	126
제13절	스레드(Thread)	128
제14절	셸(Shell)	129
제15절	두께 주기(Thicken)	130
제16절	다트(Dart)	131
제17절	Solid Modeling 연습 예제	132

4장 Detail Feature

제1절	구배(Draft)	149
제2절	모서리 블렌드(Edge Blend)	151
제3절	면 블렌드(Face Blend)	153
제4절	모따기(Chamfer)	154

5장 Associative Copy

제1절	패턴 피쳐(Pattern Feature)	155
제2절	패턴 지오메트리(Pattern Geometry)	169
제3절	미러 피쳐(Mirror Feature)	170

6장 Curve

제1절	투영 곡선(Project Curve)	171
제2절	가상 곡선 추출(Extract Virtual Curve)	174
제3절	교차 곡선(Intersection Curve)	175

7장 Trim

제1절	바디 트리밍(Trim Body)	176
제2절	트리밍 취소(Untrim)	178
제3절	면 분할(Divide Face)/면 결합(Join Face)	179
제4절	바디 분할(Split)	180
제5절	Solid Modeling 연습 예제 Ⅰ	181
제6절	Solid Modeling 연습 예제 Ⅱ	198
제7절	Solid Modeling 연습 예제 Ⅲ	211

8장 Solid Exercise
- 제 1 절 | Solid Modeling 연습 예제 Ⅰ ... 223
- 제 2 절 | Solid Modeling 연습 예제 Ⅱ ... 242
- 제 3 절 | Solid Modeling 연습 예제 Ⅲ ... 255

Chapter C Surface Modeling

1장 Sweep
- 제 1 절 | 가이드를 따라 스위핑(Sweep Along Guide) ... 286
- 제 2 절 | 스웹(Swept) ... 289

2장 Surface Operation
- 제 1 절 | 트리밍된 시트(Trimmed Sheet) ... 290
- 제 2 절 | 모서리 삭제(Delete Edge) ... 291
- 제 3 절 | 두께 주기(Thicken) ... 291
- 제 4 절 | 옵셋 곡면(Offset Surface) ... 292
- 제 5 절 | 가변 옵셋(Variable Offset) ... 293
- 제 6 절 | Local Untrim and Extend ... 293
- 제 7 절 | 연결(Sew) ... 295
- 제 8 절 | 잇기 취소(Unsew) ... 296
- 제 9 절 | 패치(Patch) ... 297

3장 Mesh Surface
- 제 1 절 | 룰드(Ruled) ... 299
- 제 2 절 | 통과 곡선(Through Curve) ... 302
- 제 3 절 | 곡선 통과 메시(Through Curve Mesh) ... 304
- 제 4 절 | N-변 곡면(N-Side Surface) ... 307

4장 Surface Exercise
- 제 1 절 | Surface Modeling 연습 예제 Ⅰ ... 309
- 제 2 절 | Surface Modeling 연습 예제 Ⅱ ... 324
- 제 3 절 | Surface Modeling 연습 예제 Ⅲ ... 343
- 제 4 절 | Surface Modeling 연습 예제 Ⅳ ... 356

5장 Synchronous Modeling
- 제 1 절 | 동기식 모델링(Synchronous Modeling)의 이해 ... 376
- 제 2 절 | 동기식 모델링(Synchronous Modeling)의 기능 ... 378
- 제 3 절 | 구속 등 기타 기능을 이용한 동기식 모델링 ... 387
- 제 4 절 | 연결(Relate) 기능의 종류 ... 391

제 5 절	치수(Dimension) 기능의 종류	395
제 6 절	History Free Mode의 동기식 기능	398
제 7 절	모서리(Edge) 기능의 종류	402
제 8 절	종합 따라 하기 예제 Ⅰ	404
제 9 절	종합 따라 하기 예제 Ⅱ	412
제10절	종합 따라 하기 예제 Ⅲ	418

Chapter D Assembly

1장 Assembly 개요
제 1 절	어셈블리(Assembly) 개요	426
제 2 절	어셈블리 탐색기(Assembly Navigator)	427
제 3 절	Assembly Modeling	429

2장 Context Control
| 제 1 절 | 컨텍스트 제어(Context Control Menu) | 431 |

3장 Component
제 1 절	컴포넌트(Component Menu)	436
제 2 절	컴포넌트 이동(Move Component)	445
제 3 절	어셈블리 구속조건(Assembly Constraints)	447

4장 View
제 1 절	분해 뷰(Exploded Views)	454
제 2 절	순서(Sequence)	458
제 3 절	순서 도구(Sequence Tool)	459
제 4 절	순서 재생(Sequence Playback)	460
제 5 절	순서 해석(Sequence Analysis)	460
제 6 절	어셈블리 간격(Assembly Clearance)	461

5장 Assembly Exercise
제 1 절	Bottom Up 어셈블리 따라 하기	462
제 2 절	Top Down 방식의 Assembly 따라 하기	486
제 3 절	Mirror Assembly & Make Unique 따라 하기	504

Chapter E — Drafting

1장 Drafting
제 1 절 | 드래프팅(Drafting) 개요 … 512

2장 Drafting View
제 1 절 | Drafting Menu … 513
제 2 절 | Drafting Format … 528

3장 Drafting Dimension
제 1 절 | Dimension … 532
제 2 절 | Annotation … 536

4장 Drafting Exercise
제 1 절 | Drafting 따라 하기 Ⅰ … 546
제 2 절 | Drafting 따라 하기 Ⅱ … 606

Chapter F — Manufacturing

1장 Manufacturing
제 1 절 | Manufacturing의 시작 … 646
제 2 절 | Manufacturing의 구성환경 … 647
제 3 절 | Manufacturing의 생성 … 650
제 4 절 | 오퍼레이션 탐색기(Operation Navigator) … 659

2장 Mill Contour
제 1 절 | Cavity Mill의 정의 및 시작 … 663
제 2 절 | Fixed Contour … 685
제 3 절 | Contour Area … 698
제 4 절 | Flow Cut … 701
제 5 절 | Flow Cut Multiple … 708

3장 Verify & NC Data
제 1 절 | 가공 시뮬레이션 검증 … 712
제 2 절 | NC Data 생성 … 722

4장 Face Milling
제 1 절 | Face Milling … 726

| 제 2 절 | Planar Mill | 734
| 제 3 절 | Planar Mill Option | 735
| 제 4 절 | Peck Drilling | 741
| 제 5 절 | Breakchip Drilling | 748
| 제 6 절 | Tapping | 751

5장 Manufacturing Exercise
| 제 1 절 | 곡면가공 종합 따라 하기 I | 757
| 제 2 절 | 곡면가공 종합 따라 하기 II (사출금형 CAM 가공) | 795
| 제 3 절 | 평면가공 종합 따라 하기 | 813

6장 Turning(CNC선반) 가공
| 제 1 절 | 곡면가공 종합 따라 하기 I | 848
| 제 2 절 | Turning(CNC선반) CAM 작업하기 | 851

MOLD WIZARD

1장 MOLD WIZARD 설계 따라 하기
| 제 1 절 | 제품 모델링 따라 하기 | 928
| 제 2 절 | Mold wizard 설계 따라 하기 | 935

2장 Core, Cavity 설계 따라 하기

Chapter A

NX9의 환경 구성과 Sketch

- 1장 NX9의 환경 구성과 인터페이스
- 2장 Sketch
- 3장 Sketch Dimension
- 4장 Sketch Constraints

Unigraphics(UGS) CAD/CAM
NX9 모델링 및 CAM 가공

1장 ▶ NX9의 환경구성과 인터페이스

제1절 NX9의 시작

NX9의 작업을 시작하기 위해 새로운 Part파일을 생성해야 한다.

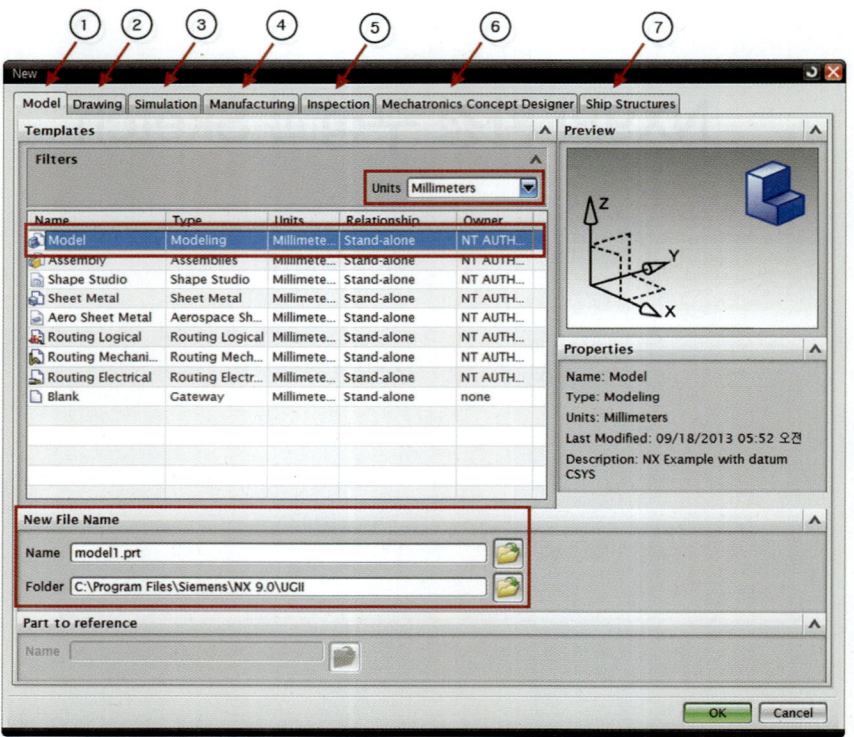

위 그림과 같은 Window가 생성되는 것을 확인할 수 있다.

아래 내용은 New File에서 사용될 수 있는 각각의 탭에 관한 설명이다.

🔖 NX에서는 한글 및 특수문자는 인식할 수 없으므로 파일이 저장되는 폴더나 파일의 이름은 반드시 영문과 숫자로만 이루어 져야 한다.

| 제1장 | 제2장 | 제3장 | 제4장 | Chapter A |
| NX9의 환경 구성과 인터페이스 | Sketch | Sketch Dimension | Sketch Constraints | NX9의 환경 구성과 Sketch |

1 Model 탭(Model)

기존 3D Modeling File을 생성할 때 사용하며 그림과 같이 Model, Assembly, Shape Studio, NX Sheet Metal 등등의 작업을 할 수 있다.

그림 1-1의 상단 우측 부분에 있는 Units 부분은 Inches 또는 Millimeters의 단위를 선택할 수 있다. 그리고 아래 하단 부분 Name 부분은 생성할 Part Name이며 Folder부분은 생성될 Part File의 폴더 위치를 정의하는 곳이다.

2 Drawing 탭(Drawing)

사용자가 정의한 Templates를 사용하여 2D Drawing 작업을 할 때 사용된다. 그림 하단의 Part to create a drawing of 부분은 원하는 3D 모델링 파일을 Open하면서 바로 Drawing Mode로 작업할 때 Templates list에서 선택하는 것이 아닌 사용자가 원하는 Templates File을 Open할 때 사용된다.

3 Simulation 탭(Simulation)

그림과 같이 MSC Nastran Analysis 등등의 해석이 가능하며 Nastran을 기본 Solver로 사용하고 있다.

4 Manufacturing 탭(Manufacturing)

CNC 밀링이나 선반과 같은 가공에 필요한 데이터를 생성하기 위한 환경을 정의한다.

5 Inspection 탭(Inspection)

실 제품에 대한 모델링 파일을 기준으로 측정기를 이용하여 모델링한 데이터와 실제 구현화된 물체를 측정기를 이용하여 측정 검사프로그램 데이터를 생성하기 위한 환경을 정의한다.

6 Mechatronics concept Designer 탭(Mechatronics Concept Designer)

기계 시스템의 복잡한 움직임을 시뮬레이션 하는 데 사용하는 응용프로그램이다.

7 Ship Structures 탭(Ship Structures)

선박 설계를 위한 Application으로 선박 설계의 서로 다른 단계를 각각 지원하는 세 개의 Application으로 구성되어 있다.

Unigraphics(UGS) CAD/CAM
NX9 모델링 및 CAM 가공

제 2 절 NX9의 화면 구성

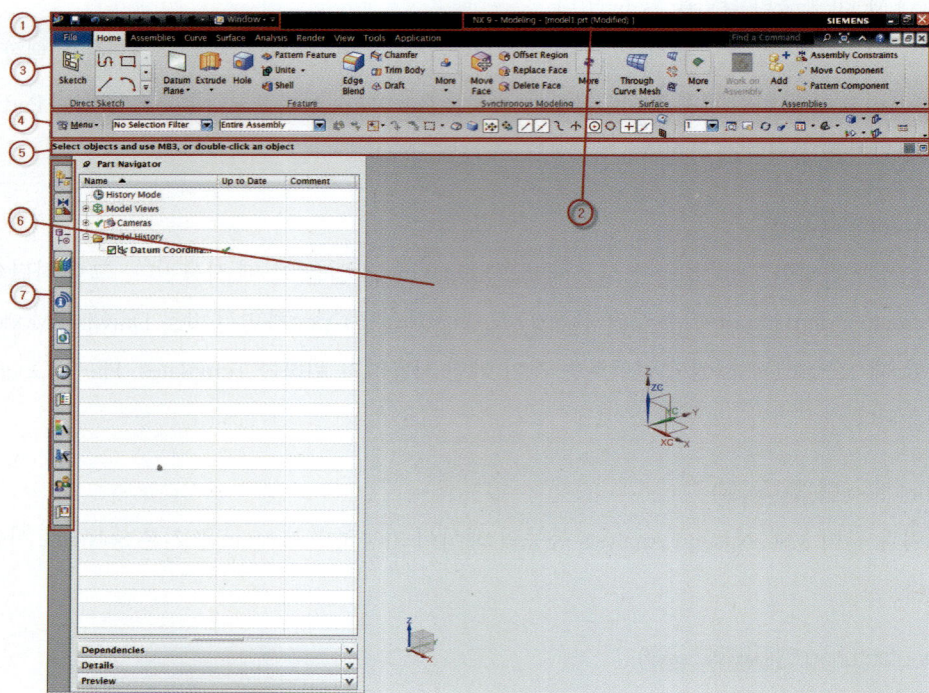

1 빠른 실행 - Quick Access toolbar

저장, 취소 등 일반적으로 사용되는 메뉴가 포함되어 있다.

2 제목 표시줄 - Title Bar

현재 작업되는 응용프로그램과 파일 이름, 특성을 보여준다.

3 리본 메뉴 - Ribbon Bar

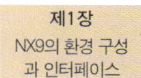 

탭과 그룹으로 각 응용프로그램들의 명령을 구성한다.

File - Application에서 원하는 Application으로 이동이 가능하다.

4 Top Border Bar

사용자가 선택하려는 Object를 선택하기 쉽도록 도와주는 Selection Filter와 뷰를 전환하는 View Group과 Application별로 전체 Menu를 확인 가능한 Full Down Menu가 포함되어 있다.

5 Cue Position

사용자가 다음에 진행해야 할 작업을 미리 알려준다.

6 Graphics Window

[작업 좌표계 (WCS)]   [Datum CSYS]

모델링의 기준이 되는 좌표계입니다.
Format → WCS에서 위치 변경이 가능하다.

3개의 Datum평면과 3개의 Datum축, 원점의 point로 이루어져 있으며, Sketch평면이나 기준면, 기준 축, 원점으로 사용될 수 있다.

ⓐ 화면상에서 마우스 오른쪽 버튼을 짧게 누르면 나타나는 메뉴이다.

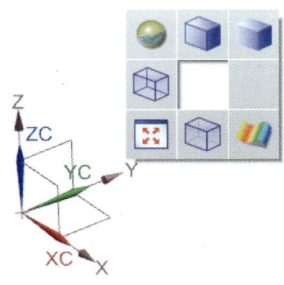 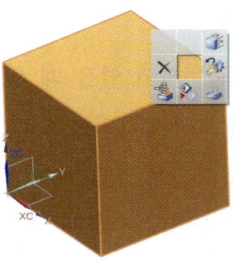

ⓑ 화면상에서 마우스 오른쪽 버튼을 짧게 누르면 나타나는 메뉴이다.

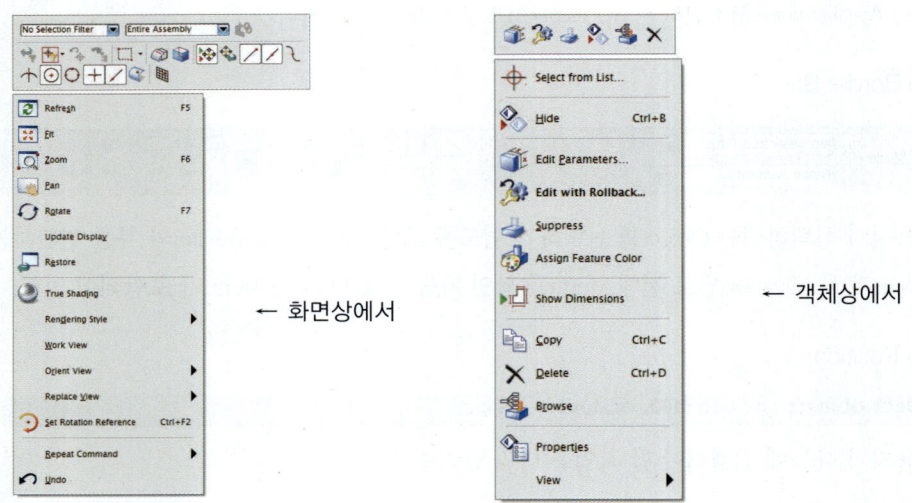

← 화면상에서   ← 객체상에서

ⓒ 화면상에서 Ctrl +Shift 키를 누른 상태에서 마우스 버튼을 한 버튼씩 눌러보면 아래와 같은 팝업 창을 볼 수 있습니다. Radial Pop Up Icon을 통해 쉽고 빠르게 명령을 실행할 수 있다. Customize를 이용하여 Icon을 변경하거나 추가할 수 있다.

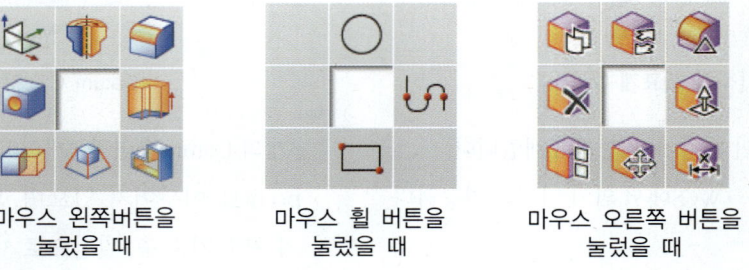

마우스 왼쪽버튼을 눌렀을 때   마우스 휠 버튼을 눌렀을 때   마우스 오른쪽 버튼을 눌렀을 때

ⓓ 화면상에서 마우스 가운데 버튼이나 휠 버튼을 누르고 있으면 아래 그림과 같이 하나의 포인트가 생성된다.

휠 버튼을 누르고 있을 때 생기는 ◉모양의 포인트는 모델링을 회전시키면서 개체 확인을 할 때 이 포인트 중심으로 회전을 하게 된다. 모델링을 회전시키다보면 전체의 모습이 회전하게 되어 작업이 불편해질 때 이 기능을 사용하여 사용자가 원하는 위치에서 회전을 시켜 작업을 진행할 수 있다.

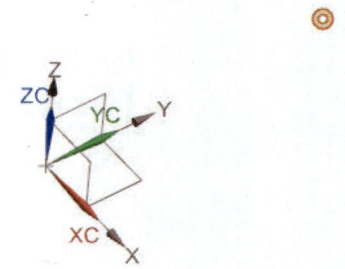

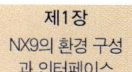 

7 Resource Bar

Navigators — 어셈블리나 모델링과 같은 기능의 정보를 표시한다. Navigator를 사용하여 데이터를 편집, 보기, 순서 변경같은 작업이 가능하다.

HD3D Tools — HD3D에 접속하여 작업하는 3D 모델과 직접 정보교환을 할 수 있다.

Integrated Web browser — NX 안에서 인터넷을 접속할 수 있도록 돕는다.

Palettes — 기존 생성해놓은 데이터를 확인하는 작업이나 작성 중인 모델에 시각화 작업, 사용자의 Tool Kit 환경을 변경할 수 있는 작업들이 가능하다.

🖉 마우스 사용법

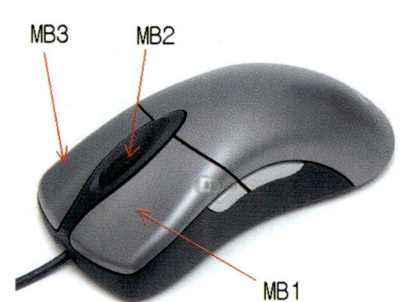

MB1 : 객체를 선택할 때 쓰인다.
MB1 + Shift : 선택된 객체를 해제한다.
MB2 : 클릭하면 OK의 역할을 하며, 길게 누른 상태에서 마우스를 움직이면, 화면을 Rotate한다.
MB1 + MB2 : Zoom in out기능을 한다.
Ctrl + MB2 : Zoom in out기능을 한다.
MB2 + MB3 : Pan기능을 한다.
Shift + MB2 : Pan기능을 한다.
MB3 : Pop up menu를 표시한다.
MB3(길게 누를 때) : Pop up icon을 표시한다.

제 3 절 사용자 환경설정

01 Preferences

Top Border Bar의 Menu → Preferences는 사용자 환경설정을 할 수 있다. 하지만 NX를 다시 실행하게 되면 사용자설정이 초기화 된다.

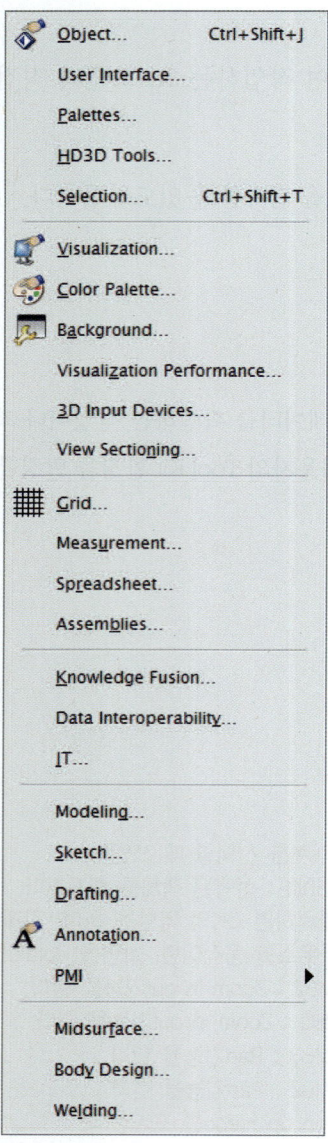
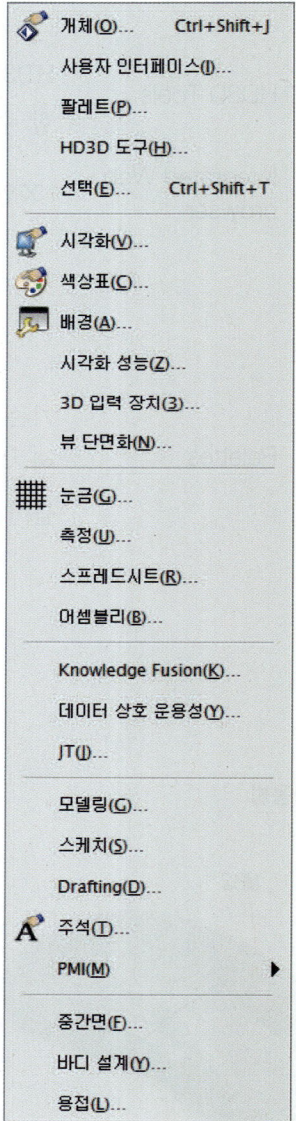

Chapter A
NX9의 환경 구성과 Sketch

사용자 환경설정을 계속 유지하게 위해서는 File → Utilities → Customer Defaults에서 설정해야 한다. 설정 후 NX를 재실행 해야지만 설정 값이 적용된다. 단, 처음 시작 시 Modeling Templates에서 원하는 Templates를 선택 시 Templates의 바탕색이 기본적으로 제공되기 때문에 배경색은 바뀌지 않는다.

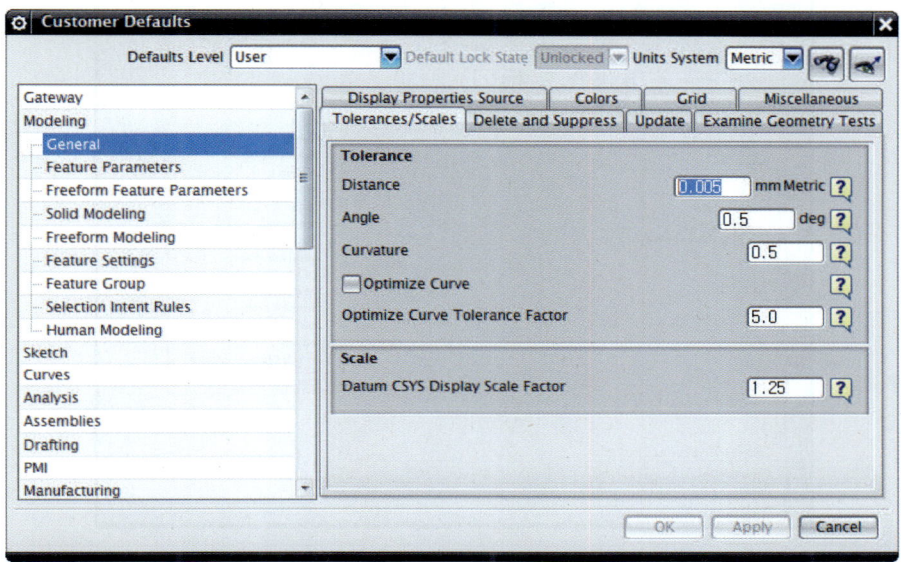

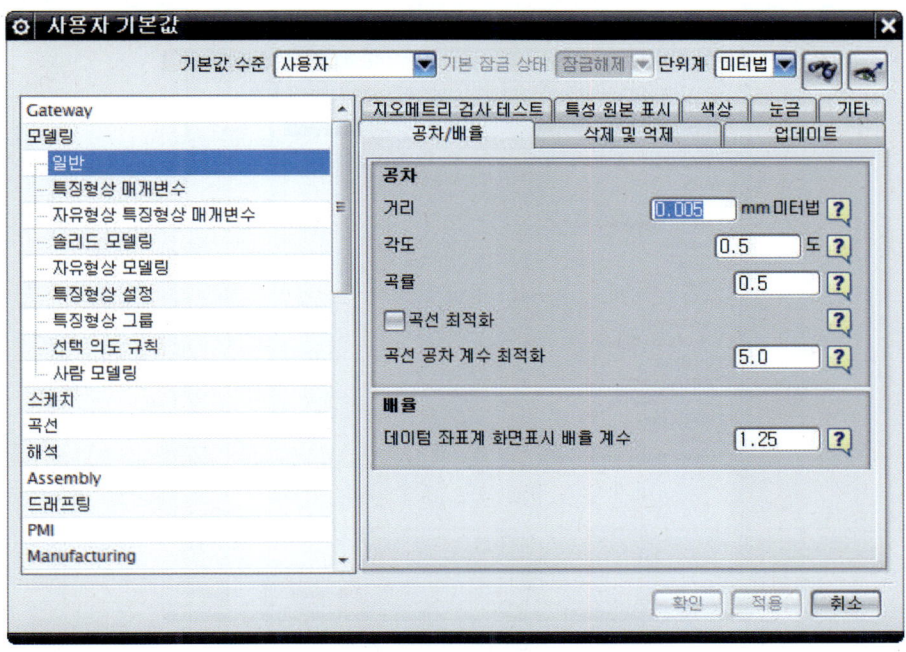

02 Customize

아이콘 툴바를 마우스 우측버튼으로 클릭하면 아래 그림과 같은 풀다운 메뉴가 나타나게 되는 여기서 가장 아래쪽의 메뉴가 Customize이다.

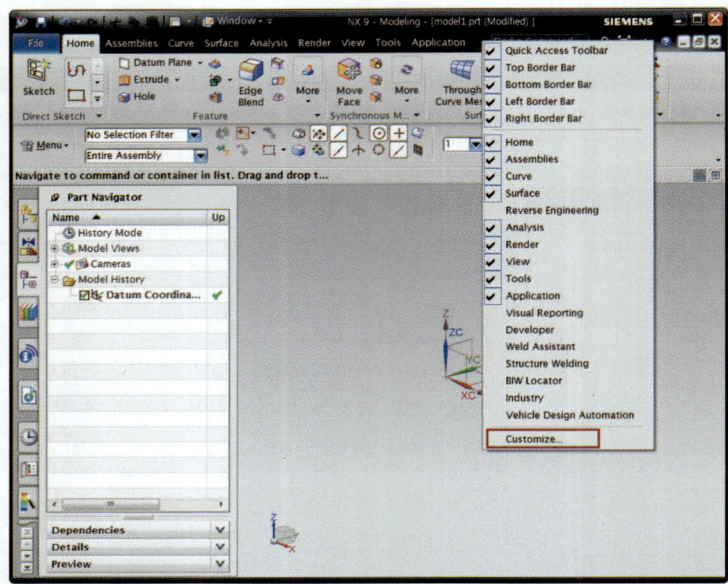

아이콘 툴바의 빈 공간에서 마우스 우측버튼을 클릭했을 때 나타나는 풀다운메뉴

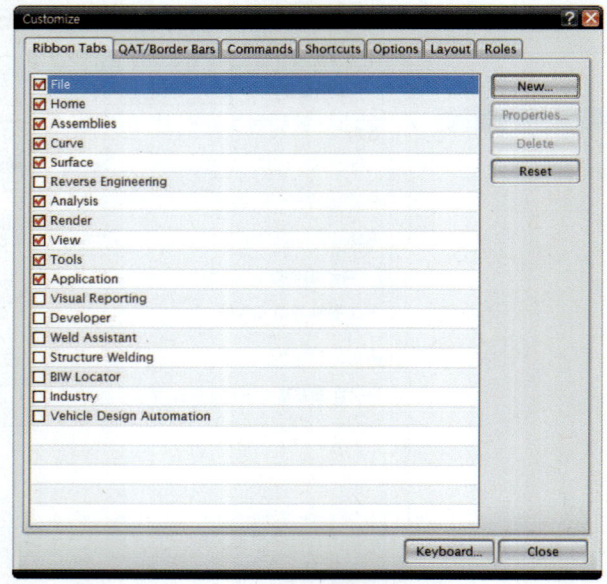

[Customize 아이콘 툴바]

03 리본 탭(Ribbon Tap)

리본 Menu 중 탭을 추가하거나 기존에 작성되어 있는 탭에 들어갈 기능의 배열을 편집할 수 있다. New... 버튼을 이용하여 새로운 탭을 추가하여 자신만의 탭 설정을 꾸밀 수 있다.

04 QAT/경계 모음(QAT/Border Bars)

최초 실행 시에 화면에 나타나는 리본 메뉴 혹은 Bar들을 설정할 수 있다.

05 명령(Command)

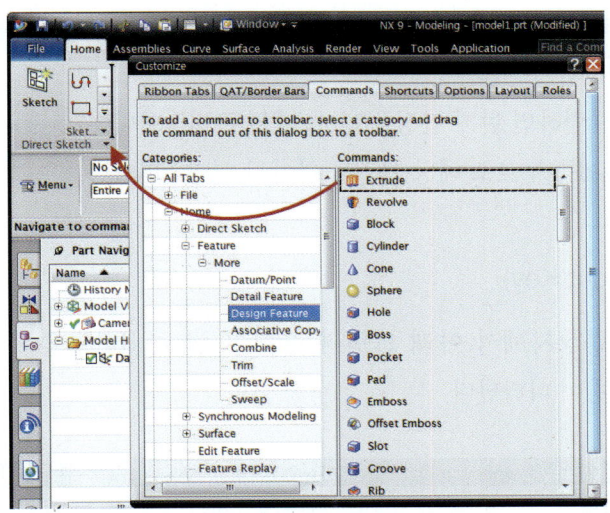

NX9을 사용할 수 있는 모든 기능 아이콘이 들어있다. 탭에 기능을 배치할 때 사용할 수 있으며, 배치는 Drag and Drop으로 배치한다.

예를 들어 돌출을 리본 탭에 배치한다면 위 그림과 같이 Design Feature → Extrude를 드래그, 원하는 탭 위치에 Drop

06 단축 툴바(Shortcut Toolbars)

Shortcut Toolbars는 개체 혹은 빈 그래픽 윈도를 클릭했을 때 나타나는 숏 컷 메뉴를 편집할 수 있는 메뉴이다.

07 Option

Option 탭에서는 풍선 모양의 도움말 표시 여부 및 각 아이콘 툴바의 크기를 설정할 수 있다. 4종류의 크기를 제공하고 있다.

08 레이아웃(Layout)

레이아웃은 Cue 라인의 위치와 선택 바의 위치를 위쪽 혹은 아래쪽으로 변경할 수 있다. 대화상자를 벽면에 붙일 때 어느 방향으로 우선순위를 둘지도 정의할 수 있다.

09 역할(Role)

환경설정이나 리본 탭의 배열 등을 다른 컴퓨터에서도 동일하게 사용하기 원할 때 이러한 설정들을 저장할 수 있다.
Create 버튼을 클릭하면 현재 설정을 *.mtx 파일로 저장한다.
불러올 때는 Load를 누르고 해당 파일을 찾아서 열면 된다.

10 단축 키(Shortcut Key)

Customize 대화상자에서 아래 그림과 같이 Keyboard버튼을 클릭하면 Customize Keyboard라는 창이 나타난다.

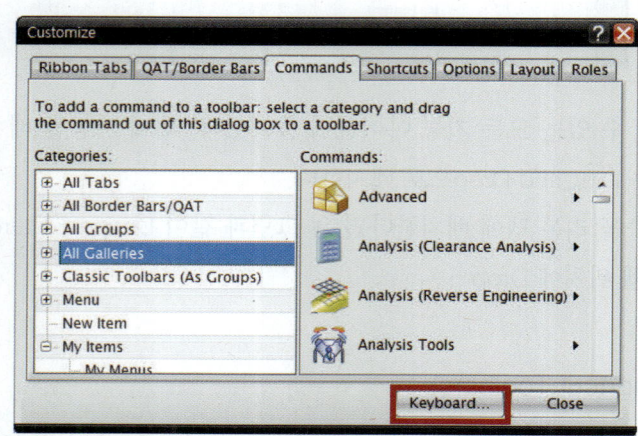

원하는 키보드를 입력한 후  버튼을 클릭하면 해당 단축키가 할당되며 이후 기능을 선택한다.

예를 들어 Extrude 기능에 단축버튼을 할당하기 원한다면 Insert → Design Feature → Extrude에 클릭한 후 Press new shortcut key에 원하는 단축 버튼을 누른다.

제 4 절　템플릿(template)

사용자가 설계 작업에 투입될 때 작업환경에 대한 여러 가지 설정들이 필요하다. 하지만 이러한 설정들을 작업을 시작할 때 매번 다시 설정을 하는 것은 매우 비효율적이다. 따라서 현장에서는 각 업체 업무특성에 맞는 고유 포맷을 사용한다. 이러한 포맷이나 사용자 환경설정을 손쉽게 가져다 쓸 수 있도록 템플릿으로 저장해놓는 것이 시간적인 낭비를 없앨 수 있다.

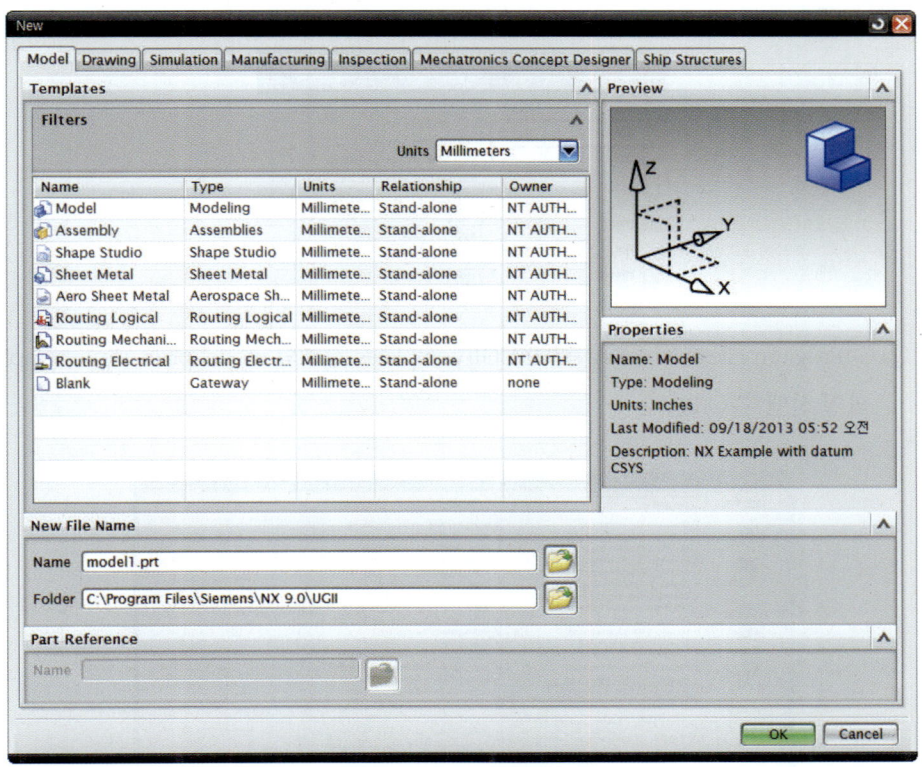

[NX9의 여러 가지 템플릿들]

1) NX9 템플릿 저장위치

   C:\Program Files\Siemens\NX9.0\UGII\templates

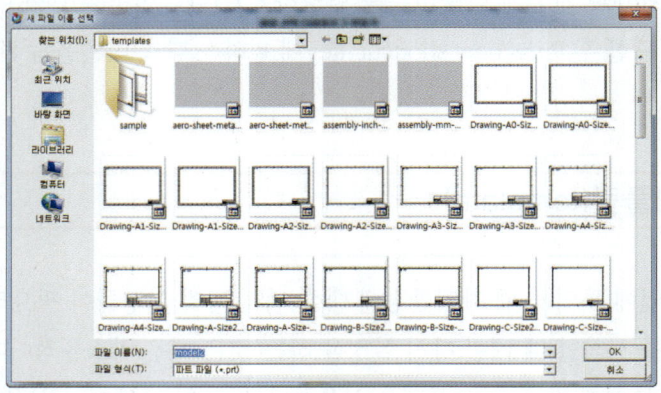

2) 모델링 템플릿 기본설정 변경

   ① Open

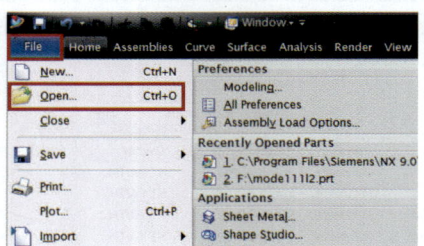

   ② C:\Program Files\Siemens\NX9.0\UGII\templates 경로의 model-plain-1-mm-template.prt 파일 선택 후 OK한다.

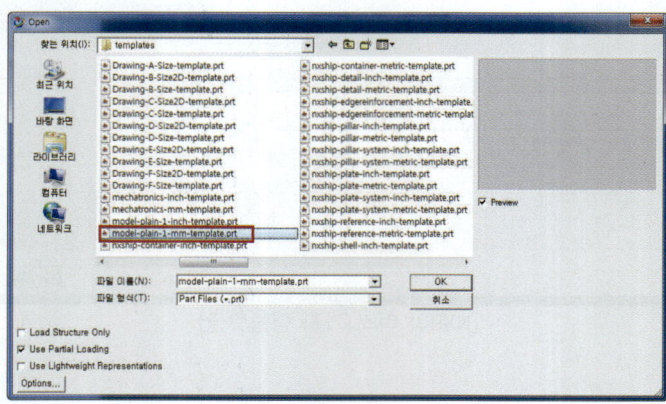

③ Preferences 등의 환경설정 기능을 이용하여 원하는 각종 설정들을 지정한 후 저장하면 된다. 저장 후 NEW 버튼을 클릭하여 Model로 새로 작업을 시작하면 변경한 내용들을 적용받으면서 작업을 시작할 수 있다.

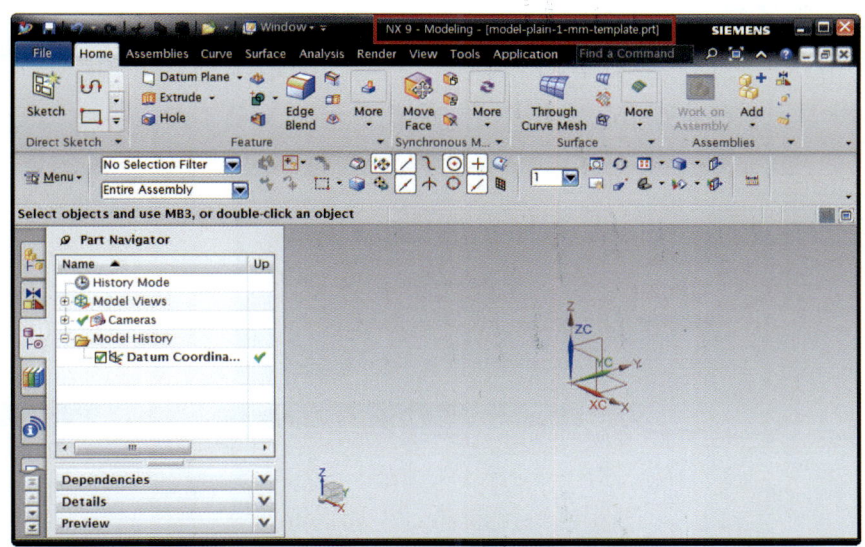

제 5 절   Full Screen Mode

Full Screen Mode는 불필요한 아이콘들을 감추고 화면을 넓게 보면서 모델링하기에 조금 더 편리한 환경을 제공한다.

메인 메뉴의 View → Full Screen 또는 Alt+Enter, 화면 오른쪽상단의 ▣ 아이콘을 누르면 Full Screen Mode로 들어가게 된다.

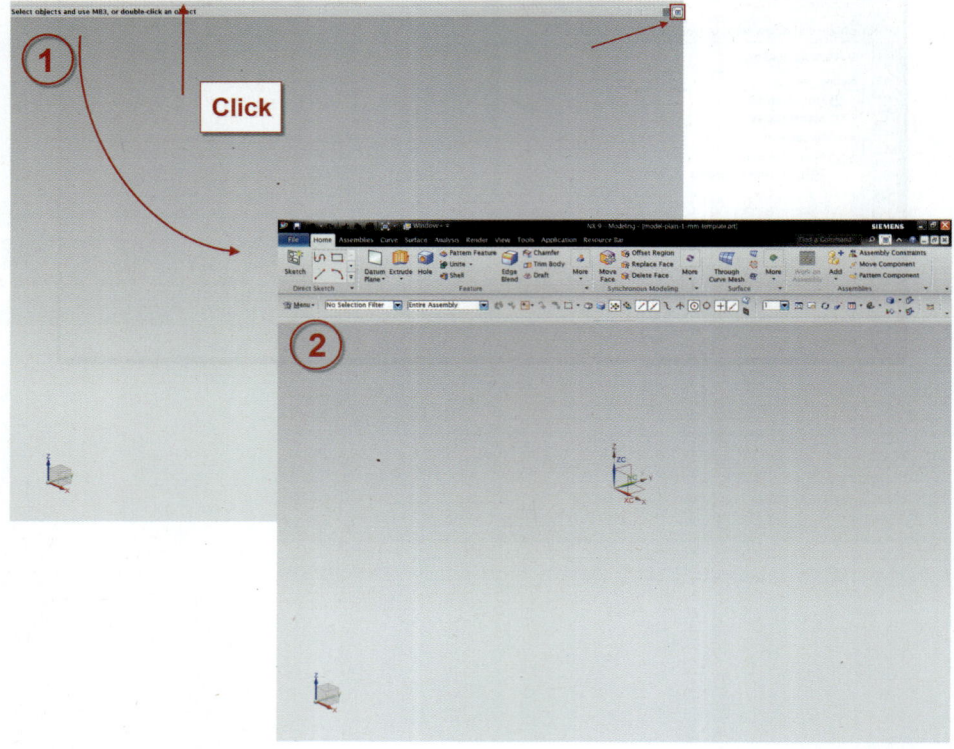

최초 Full Screen Mode를 실행하면 ①번 화면이 나타난다.

위 그림의 ①번 화면 중 화살표가 가리키는 Click 부분을 선택하면 리본 탭이 나타나며 ②번처럼 표시된다. 다시 Main Display를 클릭하면 Full Screen Mode로 넘어간다.

나머지 좌·우측의 Navigator 등은 모두 숨겨진 상태이다.

제 6 절 　 데이텀(Datum)

01 데이텀 평면(Datum Plane)(□)

▶ 위치 : Insert → Datum/Point → Datum Plane

Datum Plane 옵션을 사용하면 기존의 평면을 사용할 수 없는 경우 보조로 사용되는 참조평면을 생성할 수 있다. Datum Plane은 원통, 원뿔, 구, 회전 솔리드 바디의 Trim 및 기타 오브젝트에서 특징형상을 생성, 수정하는 데 용이하다.

- Type : Datum 생성 방식을 지정한다.
- Objects to Define Plane : Object를 선택한다.
- Plane Orientation : 생성되는 Datum의 방향을 반전시킨다.
- Offset : 기존 데이텀을 offset한다.
- Settings : 연관성을 정의한다.

1) Type

① Inferred Plane( ) : 평면 또는 Datum Plane을 선택하면 해당선택 기반으로 한 Datum Plane의 미리보기가 Offset구속조건을 통해 자동으로 표시한다.

② Point and Direction( ) : 점과 벡터 방향을 정의하여 Datum Plane을 생성한다.

③ Plane on Curve( ) : 곡선 위의 점에 접선, 법선 또는 종법선을 이루는 Datum plane 면을 생성한다.

④ At Distance( ) : 추정 면으로부터 일정 거리 값만큼 옵셋하여 평면을 생성한다.

⑤ At Angle( ) : 추정 면과 벡터로 일정 각도만큼 회전된 평면을 생성한다.

⑥ Bisector( ) : 두 개의 추정평면을 2등분하는 위치에 평면을 생성한다.

위의 Type 외에 더 많은 방식에 Type이 존재한다. 하지만 대부분 Inferred Plane로 그 기능들을 대신할 수 있다.

02 데이텀 축(Datum Axis)

- Type : Axis 생성 방식을 지정한다.
- Objects to Define Axis : Object를 선택한다.
- Axis Orientation : 생성되는 Axis의 방향을 반전시킨다.
- Setting : 연관성을 정의한다.

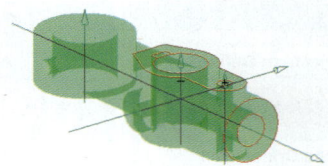

1) 관계 데이텀 축

관계 데이텀 축은 하나 이상의 다른 오브젝트에 구속되거나 다른 오브젝트를 통해 참조된다. 기본적으로 구속조건 종류는 사용자가 선택한 오브젝트와 이를 선택한 순서를 기반으로 추정된다. 구속조건을 명확하게 지정한 다음 이에 연관된 오브젝트를 선택할 수도 있다.

2) 고정 데이텀 축

관계 데이텀 축과는 달리 고정 데이텀 축은 다른 지오메트리 오브젝트를 통해 참조되거나 구속되지 않는다.

03 데이텀 CSYS(Datum CSYS)( )

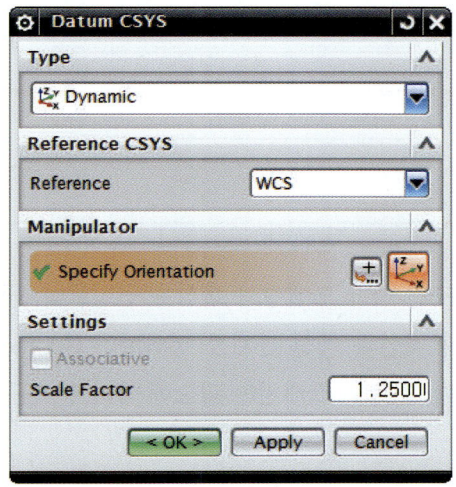

- Type : Datum CSYS를 생성할 시 유형 선택
- Reference CSYS : 생성되는 데이텀 좌표계의 위치를 지정하기 위하여 참조 지정
- Manipulator : 좌표계의 원점이 되는 위치를 정의한다.
- Settings : 데이텀 좌표계의 크기 배율을 정의한다.

1) Datum CSYS는 3개의 Datum Plane, 3개의 Datum Axis, 1개의 Coordinate System, 1개의 점으로 구성되어 있으며, 이 Object들이 하나의 세트로 구성되어 있다.

2) Datum Plane과 Datum Axis, Datum CSYS는 모두 3D Modeling, 3D 설계 작업 시 조금 더 빠르게 수정하거나, 빠르게 Modeling하게 하는 부가적인 명령들이다.

3) 반대로 이야기한다면 Datum Plane과 Datum Axis, Datum CSYS 모두 사용한다면 3D Modeling 및 설계가 더 빠르게 가능하다.

2장 ▸ Sketch

제1절 스케치(Sketch)의 시작

스케치는 NX 모델링의 매우 강력한 부분인 구속조건 기반 모델링의 핵심을 구성한다. 구속조건은 치수 사이의 수를 변수화 하는 Dimension과 곡선과 곡선 관계를 정의하는 Geometry가 있으며, 신속하고 쉽게 변경할 수 있는 점이 장점며, 완료된 스케치는 필요에 따라 언제든지 수정이 가능하다.

01 스케치 실행하기

Menu → Insert → Sketch( )를 선택하거나, Sketch in Task Environment( )를 실행시킨다.

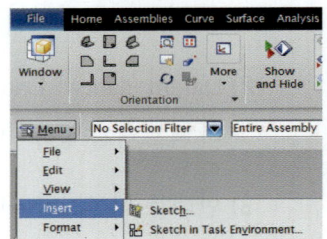

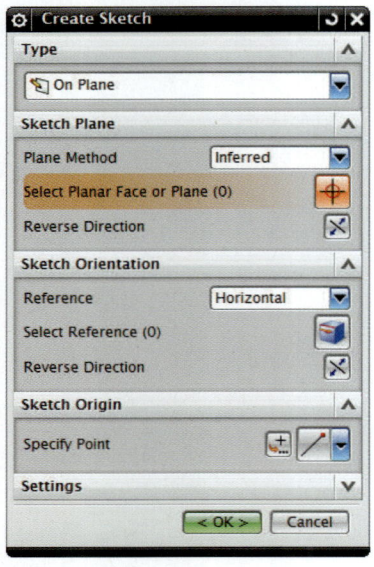

- Type : 스케치 평면의 생성방법을 선택
  - On Plane : 평면상에 정의 한다.
  - On Path : 공간상의 Curve에 정의 한다.
- Sketch Plane : 기존의 Plane이나 새로운 Plane 또는 Face를 지정하여 작업 면을 구성한다.
- Sketch Orientation : 지정된 면에 참조할 방향을 지정한다. (기본 값 사용 가능)
  - Horizontal : XC방향으로 참조할 축 또는 Line을 지정한다.
  - Vertical : YC방향으로 참조할 축 또는 Line을 지정한다.
- Sketch Origin : 스케치 좌표의 위치를 지정한다.

제 2 절　스케치 곡선(Sketch Curve)

Sketch 상에서 생성할 수 있는 Curve 명령과 Curve 편집 명령들을 설명한다.

Icon	명칭	명령어 설명
	Profile	Line과 Arc의 연결된 Curve 등 다양한 옵션을 이용하여 Curve를 생성한다.
	Rectangle	사각형을 생성하는 기능이며, 그리는 방식은 3가지이다.
	Line	직선의 Line을 하나씩 생성한다.
	Arc	원호를 생성한다. 3Point 방식과 중심점을 이용하는 두 가지 방식이 있다.
	Circle	원을 생성한다. 중심 Point 방식과 지름 값 방식, 3Point 방식 세 가지가 있다.
	Point	point를 생성하는 기능이다.
	chamfer	두 개의 Curve가 만나는 부분에 chamfer를 생성한다.
	Fillet	두 개의 Curve가 만나는 교차부분에 Radius값으로 라운드를 생성한다.
	Quick Trim	가상의 교차되는 특정 Curve까지 Trim하는 명령이다.
	Quick Extend	가상의 교차되는 특정 Curve까지 Extend하는 명령이다.
	Make Corner	가상에 교차되는 Corner부분의 두 개의 Curve를 동시에 Trim 또는 Extend 할 수 있는 명령이다.
	Trim Recipe Curve	선택한 경계곡선을 연관성 있게 Trim한다.
	Move Curve	곡선의 집합을 이동하고 인접한 곡선과 조건을 조정한다.
	Offset Move Curve	곡선의 집합을 지정된 거리만큼 이동하고, 인접한 곡선과 조건을 조정한다.
	Resize Curve	호 또는 원의 크기를 조정하고, 인접한 곡선과 조건을 조정한다.
	Delete Curve	곡선의 집합을 삭제하고, 인접한 곡선을 조정한다.
	Studio Spline	곡선을 생성하는 기능이다.
	Polygon	다각형을 생성하는 기능이다.
	Ellipse	타원을 생성하는 기능이다.
	Conic	원뿔형 곡선을 생성하는 기능이다.
	Offset Curve	sketch한 curve를 offset하는 기능이다.

Unigraphics(UGS) CAD/CAM
NX9 모델링 및 CAM 가공

	Pattern Curve	Curve를 Pattern에 따라 정렬 복사 기능이다.
	Mirror Curve	Center line을 기준으로 선택한 Curve를 Mirror 복사하는 기능이다.
	Intersection Point	다른 면에 생성되어 있는 Sketch Curve에 현재 Sketch면에 접하는 Point를 생성한다.
	Intersection Curve	면과 sketch 사이에 교차곡선을 생성한다.
	Project Curve	sketch평면 위에 curve를 투영시키는 기능이다.
	Derived Lines	Offset기능과 이등분 Lines생성이 가능하다.
	Add Existing Curve	동일 평면 상에 기존의 곡선을 추가한다.

01 Profile( )

▶ 위치 : Menu → Insert → Curve → Profile

Profile을 실행하면 Sub Menu가 나타난다.
Sub Menu로 Line or Arc를 선택하여 연속성 있는 Curve를 생성할 수 있다.

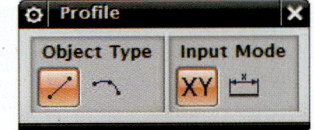

02 Rectangle( )

▶ 위치 : Menu → Insert → Curve → Rectangle

사각형을 그리는 기능으로 3가지 방법으로 사각형을 그릴 수 있고, 2가지 방법으로 Parameter를 입력하거나 정의할 수 있다.

- By 2 Points( ) : 아이콘의 그림과 같이 대각선 두 개의 점을 선택하여 생성한다.
- By 3 Points( ) : 아이콘의 그림과 같이 3개의 모서리 점을 정의하여 생성한다.
- From Center( ) : 아이콘의 그림과 같이 중심점을 기준으로 나머지 두 점을 정의하여 생성한다.
- Coordinate Mode(XY) : 사각형을 그리기 위한 Point를 정의할 때 좌표 입력이 가능하다.

| 제1장 | 제2장 | 제3장 | 제4장 | Chapter A |
| NX9의 환경 구성과 인터페이스 | Sketch | Sketch Dimension | Sketch Constraints | NX9의 환경 구성과 Sketch |

● Parameter Mode(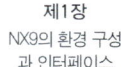) : 사각형을 그리는 데 필요한 값을 직접 입력할 수 있다.(Width/Height/Angle)

03 Line( )

▶ 위치 : Menu → Insert → Curve → Line

원하는 포인트를 클릭하여 생성하며 원하는 축 방향으로 쉽게 커브를 생성할 수 있다.

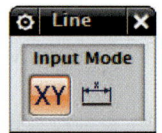

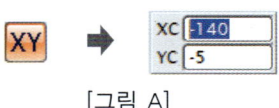

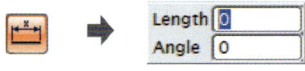

[그림 A]   [그림 B]

Line에서 Input Mode에서 원하는 Option(XY / 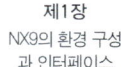)을 선택한다면 다음과 같이 서로 다른 방식으로 Line을 생성할 수 있다.

[그림 A]는 좌표 값으로 원하는 Line을 생성할 수 있으며, [그림 B]는 거리 값과 각도 값으로 Line을 생성할 수 있다.

> 여기서 지정된 좌표의 위치와 길이 값으로 고정해 줄 수 없다. 언제든지 다른 조건에 의해 변형이 이뤄지는 참조 값이 된다. Dimension 또는 Constraints를 이용하여 설정하여야 완전구속으로 정의된다.

04 Arc()

▶ 위치 : Menu → Insert → Curve → Arc

아이콘의 그림과 같이 3Point를 이용한 생성방식과 원호의 중심점, 시작점, 끝점을 이용한 생성방식이 있다.

Input Mode에서 사용되는 모드(XY / 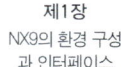)는 [그림 A], [그림 B]와 동일하다.

05 Circle(◯)

▶ 위치 : Menu → Insert → Curve → Circle

아이콘의 그림과 같이 원호의 중심점과 지름 값을 이용한 생성방식과 3Point를 이용한 생성방식이 있다.

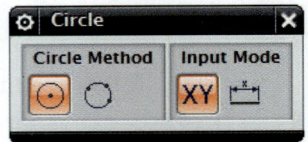

Input Mode에서 사용되는 모드(XY / ⌐)는 [그림 A], [그림 B]와 동일하다.

1) Circle by Center and Diameter(◉)
Center Point와 지름 값으로 Circle을 생성한다.

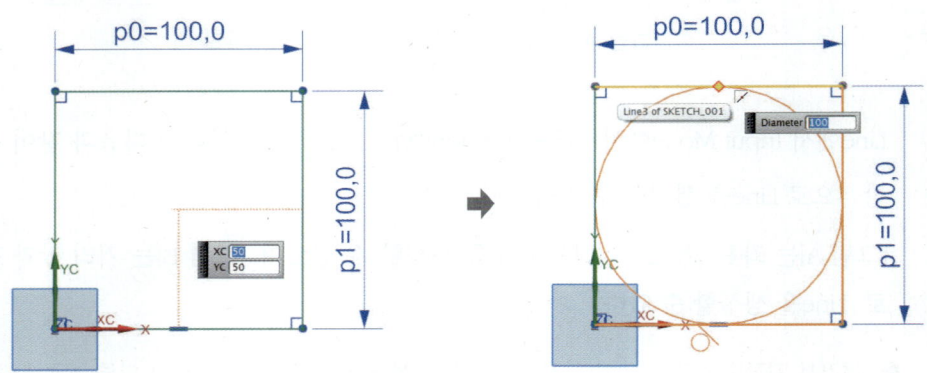

2) Circle by 3 Point(◯)
3Point 방식으로 Circle을 생성한다.

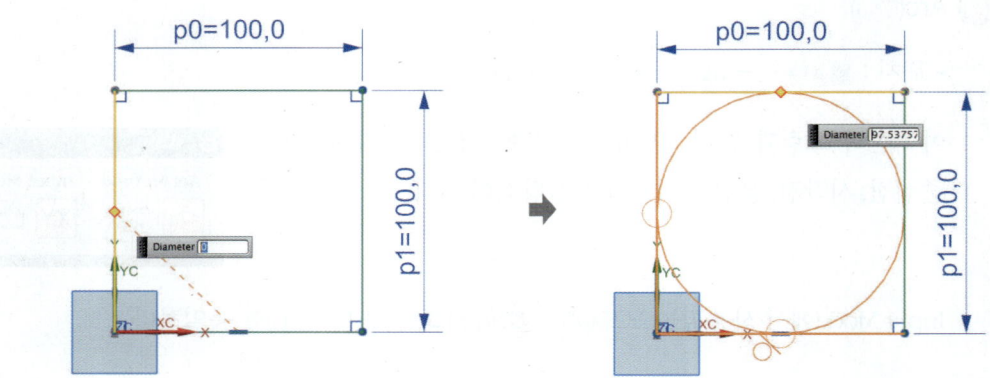

06 point(+)

▶ 위치 : Menu → Insert → Datum/Point → Point

point를 생성하는 기능이다.

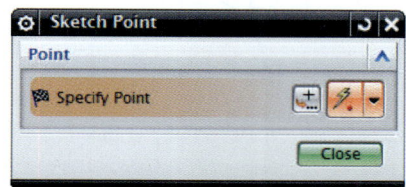

07 Fillet( )

▶ 위치 : Menu → Insert → Curve → Fillet

두 개의 Curve가 만나는 교차점을 선택하여 한 번에 Fillet을 생성하며 Dynamic Input Box에 먼저 값을 입력하여 같은 동일한 Fillet을 생성할 수 있다.

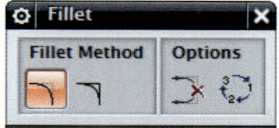

- Trim input( ) : Trim Option을 On/Off하여 Trim 또는 No Trim을 선택한다.
- Untrim( ) : Trim을 하지 않고 Fillet만 생성한다.
- Delete Third Curve( ) : 3개의 line에 Fillet을 생성할 때 두 선 사이의 line, 즉 3번째 line을 삭제한다.
- Create Alternate Fillet( ) : Fillet 방향 반전

1) 모서리 부분을 선택한 후 나중에 Radius 값을 입력 가능하며, 반대로 Radius 값을 입력 후 Enter한 후 원하는 부분을 선택하여 Fillet 생성이 가능하다.

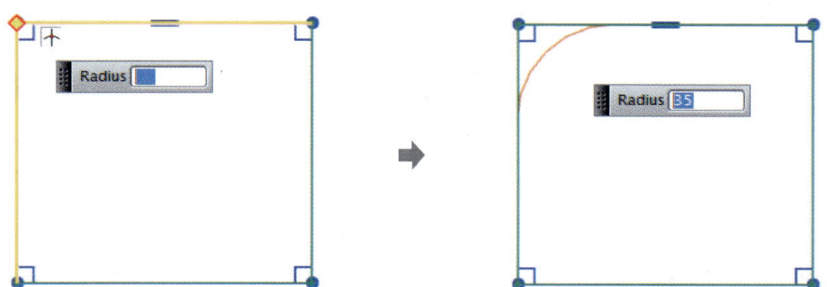

2) 그림과 같이 먼저 Fillet 값을 입력한 후 Fillet가 생성될 모서리부분을 마우스로 드래그 하듯 선택하면 Fillet이 생성된다.

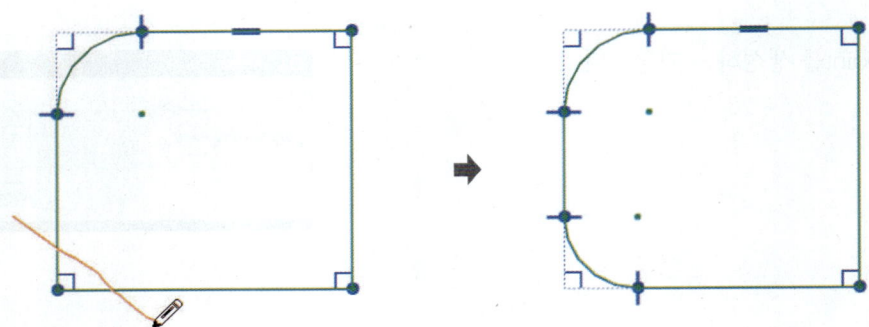

08 chamfer(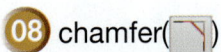)

▶ 위치 : Menu → Insert → Curve → chamfer

두 개의 Curve가 만나는 부분에 chamfer를 생성한다.

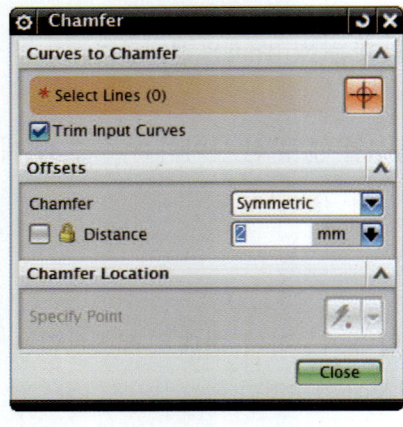

- Curves to Chamfer : 접하는 두 개의 curve를 선택한다.
  - Trim input curves : 체크 시 chamfer되는 구간의 커브가 trimming된다. 체크 해제 시 curves가 남아있는 상태에서 chamfer가 진행이 된다.
- Chamfer Location : chamfer가 만들어지는 위치를 정의한다.

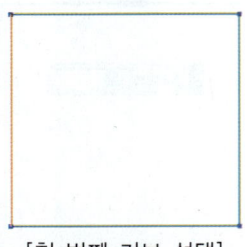
[첫 번째 커브 선택]

[두 번째 커브 선택]

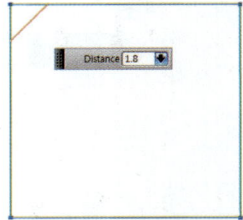
[chamfer의 값을 입력]

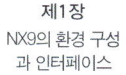

09 Quick Trim()

▶ 위치 : Menu → Edit → Curve → Quick Trim

Trim을 하기 위한 경계를 선택하지 않고도 쉽게 Trim을 할 수 있다.
Trim하고자 하는 Curve를 선택하면 간단히 Trim이 된다.

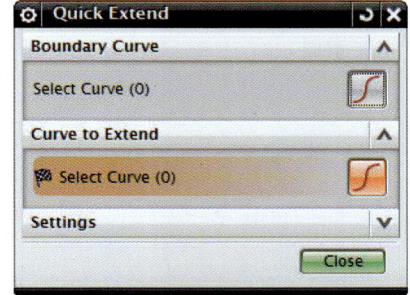

1) Trim하고자 하는 Curve를 선택하여 정의한다.

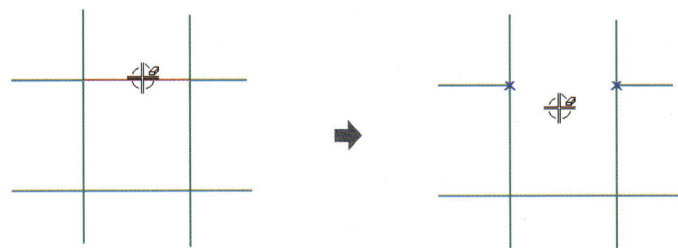

2) Trim하고자 하는 Curve를 위 그림과 같이 Drag 하여 정의한다.

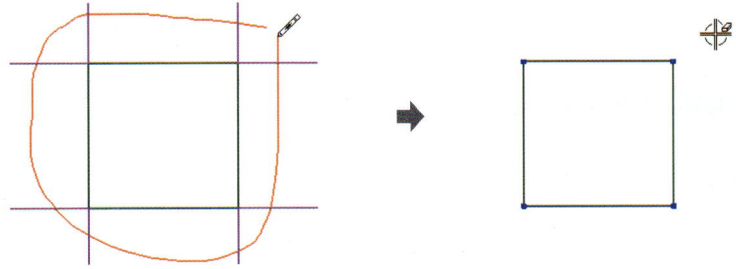

10 Quick Extend( )

▶ 위치 : Menu ▾ → Edit → Curve → Quick Extend

사용방법은 Quick Trim과 동일한 방식으로 사용한다.

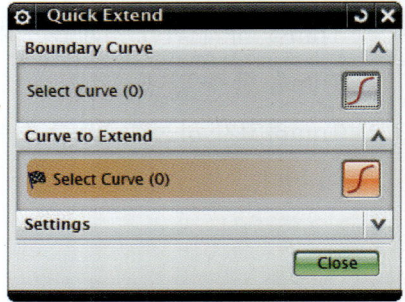

11 Make Corner( )

▶ 위치 : Menu ▾ → Edit → Curve → Make Corner

교차되는 2개의 Curve Corner를 Trim 또는 Extend할 때 사용한다.

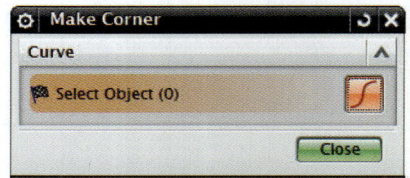

12 Trim Recipe Curve( )

▶ 위치 : Edit → Curve → Trim Recipe Curve

- Curves to Trim : 트림 Recipe Chain을 선택한다.
- Boundary Objects : 교차 경계 곡선 세트를 선택한다.
  - Add New Set : 경계 객체의 새로운 세트를 작성한다.
- Region : 현재 Recipe Chain의 영역을 유지하거나 제거할지 여부를 지정한다.

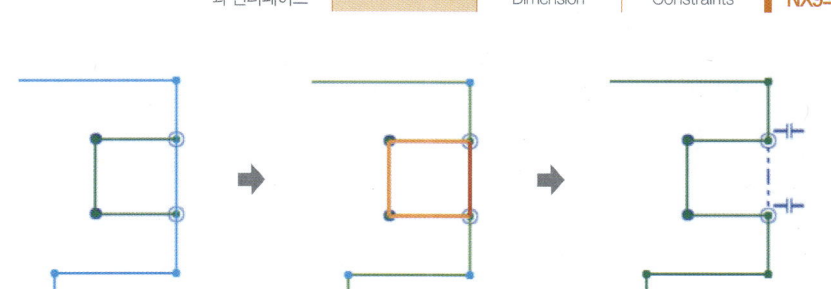

Recipe Chain을 외곽 line을 선택하고 삭제하려는 경계 곡선을 선택한다.

⑬ Move Curve( )

▶ 위치 : Menu → Edit → Curve → Move Curve

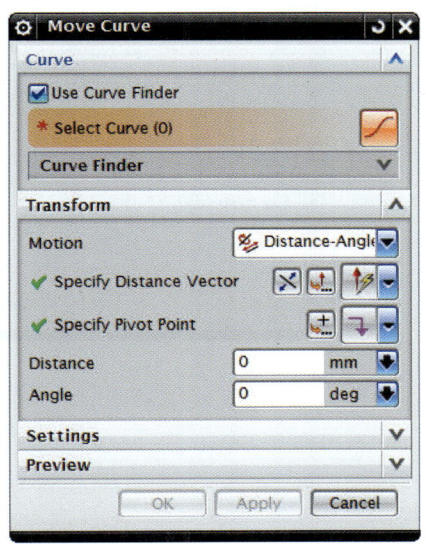

- Curve : 이동할 곡선을 선택한다.
- Transform : 교차 경계 곡선 세트를 선택한다.
  - Motion : 이동할 곡선의 선형 또는 각도 변환 방법을 지정한다.

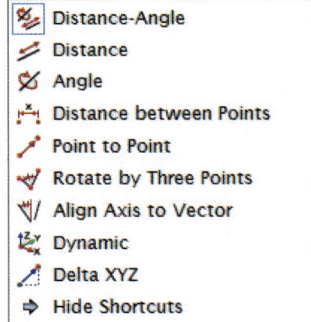

1) Distance-Angle

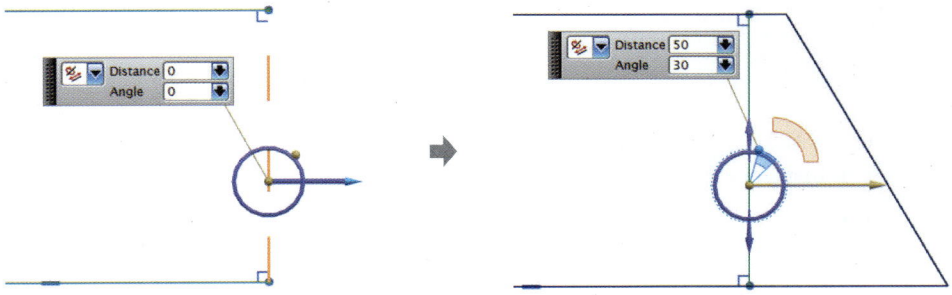

2) Distance between Points

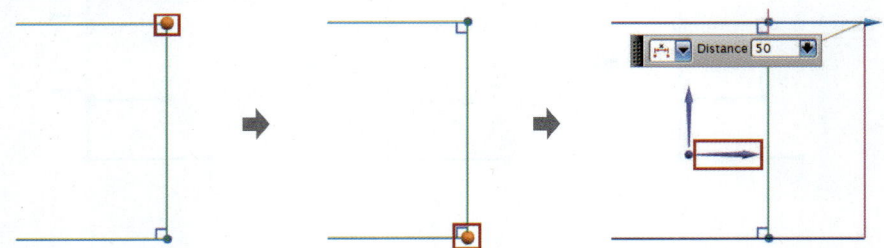

14 Offset Move Curve( )

▶ 위치 : Edit → Curve → Offset Move Curve

곡선을 선택하여 지정된 거리만큼 곡선의 집합을 이동한다.

15 Resize Curve( )

▶ 위치 : Menu → Edit → Curve → Resize Curve

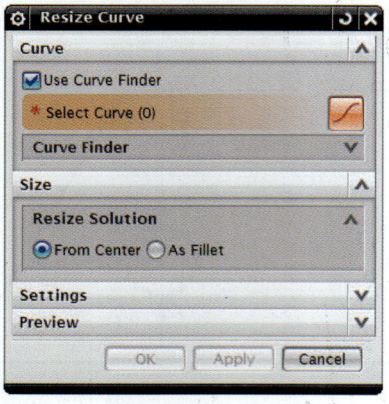

- Curve : 크기를 조정할 호 또는 원을 선택한다.
- Size : fillet의 크기를 조정하는 방법을 지정한다.

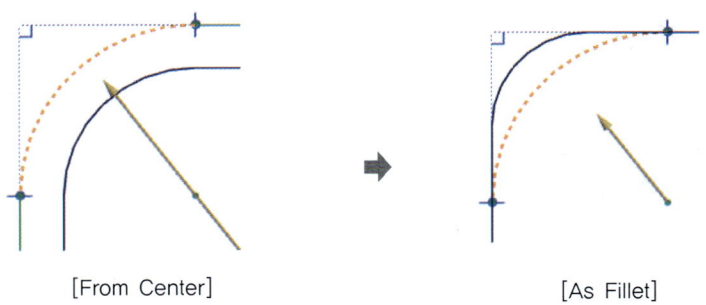

[From Center]　　　　　　　　　　[As Fillet]

16 Delete Curve( )

▶ 위치 : Edit → Curve → Delete Curve

곡선의 집합을 삭제하고, 인접한 곡선을 조정한다.

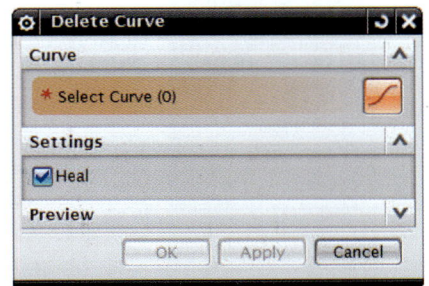

1) Heal에 체크를 하면 인접한 곡선이 교정된다.

2) Heal에 체크 후 해제를 하면 선택된 곡선만 삭제된다.

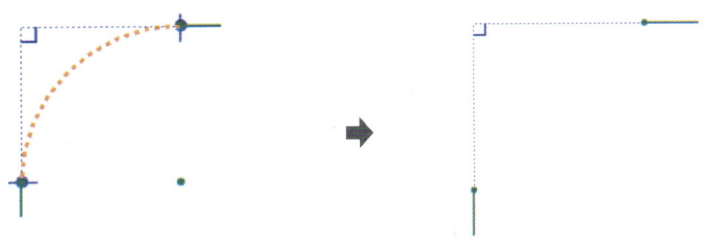

Studio Spline

▶ 위치 : Menu → Insert → Curve → Studio spline

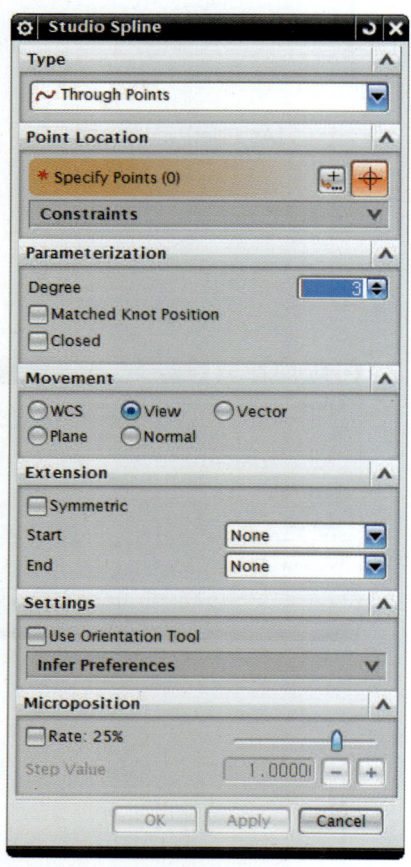

- Type : 두 가지 방식으로 Spline을 생성할 수 있다.
  - Through Point
  - By poles
- Point Location : studio spline을 만들 point를 클릭한다.
- Parameterization : spline을 정의, 데이터를 매개변수에 맞게 위치시키는 기능이다.
- Movement : Spline의 방향과 방법을 정의한다.
- Extension : 양쪽 끝 라인을 연장할 수 있는 기능이다.
- Microposition : Spline을 세밀하게 수정할 때 사용한다.

1) Through Point

Degree값과 같은 양의 Point를 선택하여 Spline을 정의한다. 생성된 Spline은 Pole로 다시 정의할 수 있다.

2) By Poles

Degree값보다 한 개의 Point를 더 정의하여야만 Spline이 생성된다. (Point-Degree=Segment)

18 Polygon( )

▶ 위치 : Menu → Insert → Curve → Polygon

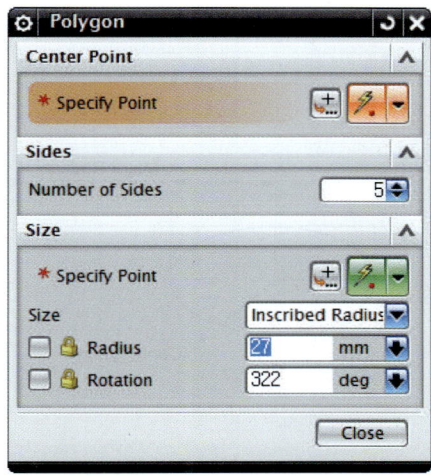

- Center Point : 다각형의 중심 포인트를 선택한다.
- Number of Sides : 다각형을 입력한다.
- Size : 다각형의 사이즈를 결정할 수 있다.
  - Inscribed Radius : 내접원의 사이즈로 다각형의 사이즈를 결정한다.
  - Circumscribed Radius : 외접원의 사이즈로 다각형의 사이즈를 결정한다.
  - Side Length : 변의 길이로 다각형의 사이즈를 결정한다.

19 Conic( )

▶ 위치 : Menu → Insert → Curve → Conic

원뿔형 곡선을 생성하는 기능이다.

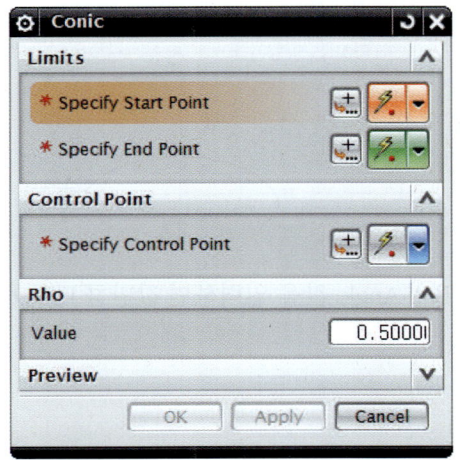

- Limits
  - start point : 처음 포인트를 선택한다.
  - end point : 끝점의 포인트를 선택한다.
- control point : 원뿔형상의 꼭짓점을 선택한다.
- Rho : 1보다 작고 0.0보다 큰 값을 입력함으로써 원뿔형상의 꼭짓점 부분을 부드럽게 생성하는 기능이다.

⑳ Ellipse(⊙)

▶ 위치 : Insert → Curve → Ellipse

타원을 생성하는 기능이다.

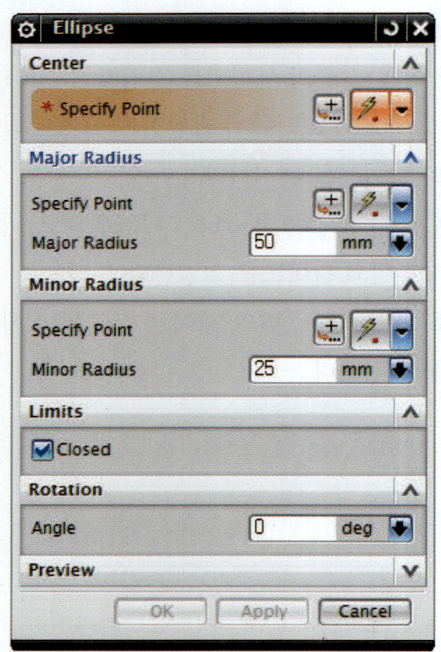
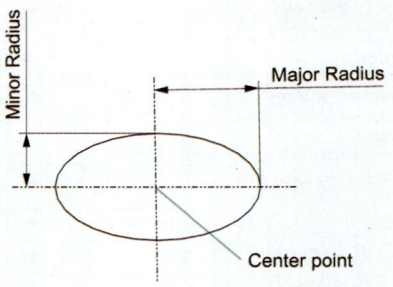
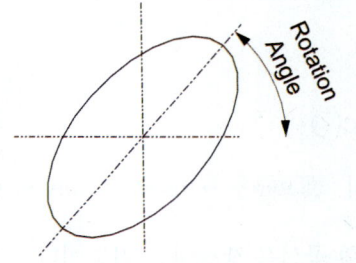

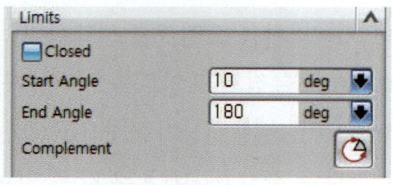
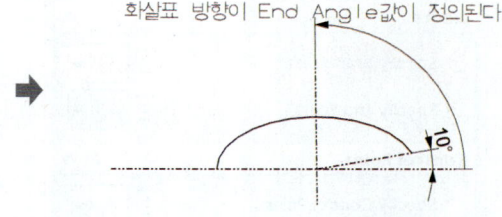

Limits에서 Closed를 해제하고 Start Angle과 End Angle 값을 입력하면 값만큼 Ellipse가 생성되어진다.

21 Offset Curve( )

▶ 위치 : Insert → Curve From Curves → Offset Curve

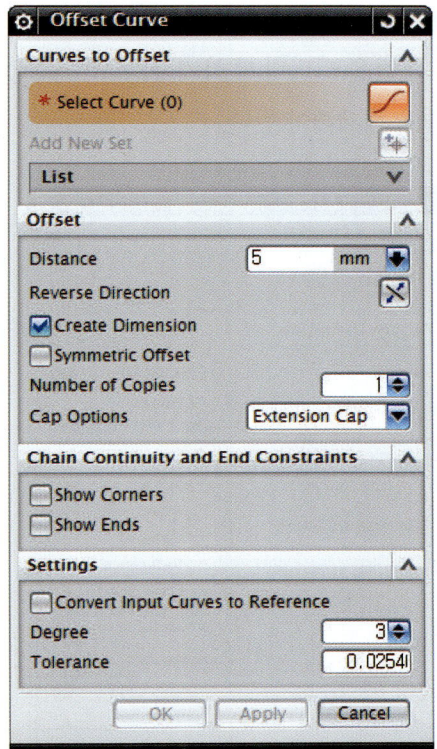 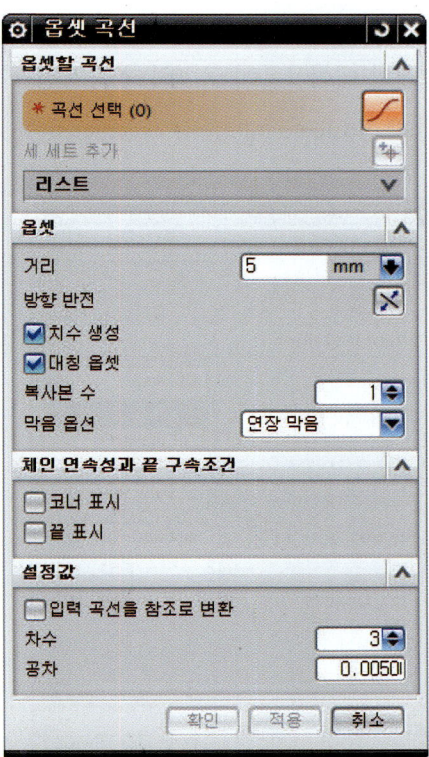

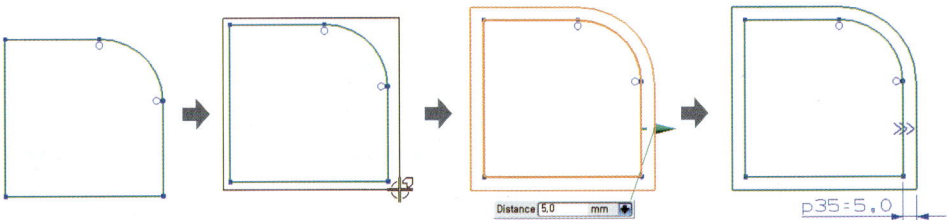

Sketch Curve를 Offset한다.

㉒ Pattern Curve( )

▶ 위치 : Insert → Curve From Curves → Pattern Curve

스케치 환경에서 2D 객체들을 여러 가지 패턴으로 배열한다.
총 7개의 레이아웃이 존재하며 숨겨진 레이아웃들을 나타나게 하기 위해서는 추정 구속 조건 생성(Create Inferred Constraints)( )기능을 해제해야 한다.

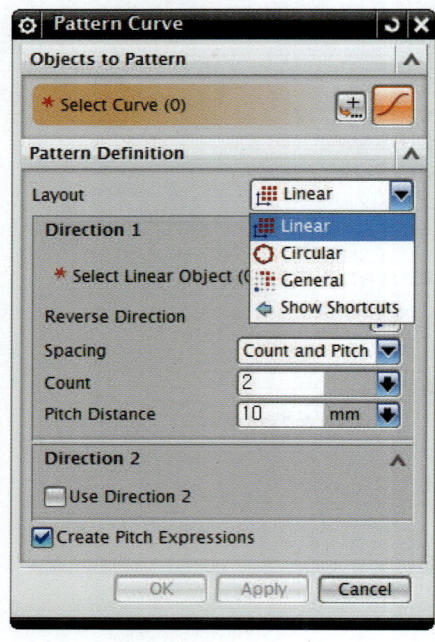
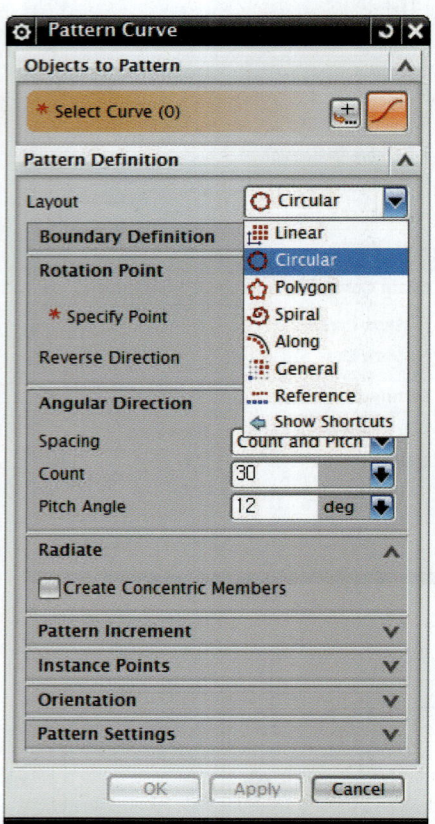

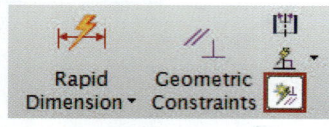
[추정 구속조건 생성 ON]

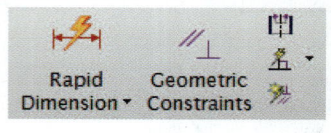
[추정 구속조건 생성 OFF]

| 제1장 NX9의 환경 구성과 인터페이스 | **제2장 Sketch** | 제3장 Sketch Dimension | 제4장 Sketch Constraints | **Chapter A** NX9의 환경 구성과 Sketch |

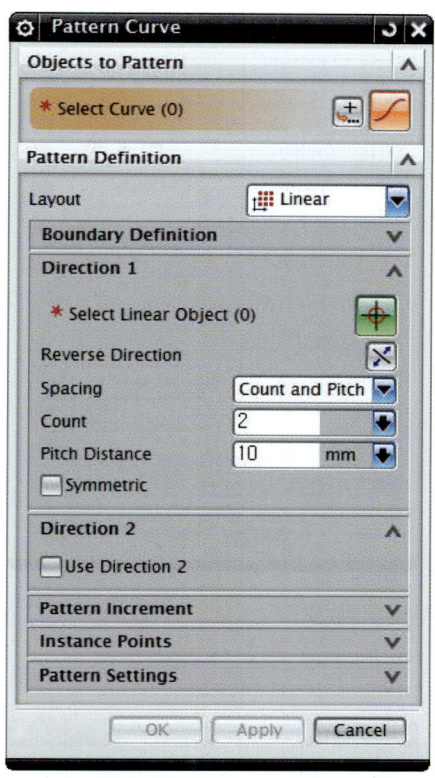

- Objects to Pattern : 배열을 정의할 2D곡선을 선택한다.
- Pattern Definition
  - Layout : 어떤 형태로 배열할 것인지 정의한다.

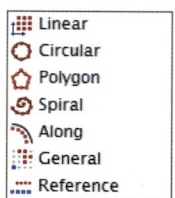

  - Spacing : 배열 방법을 정의한다.
    Count and Pitch(개수 및 피치)
    Count and Span(개수 및 범위)
    Pitch and Span(피치 및 범위)

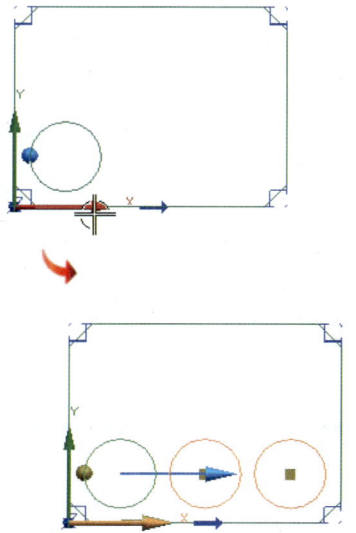

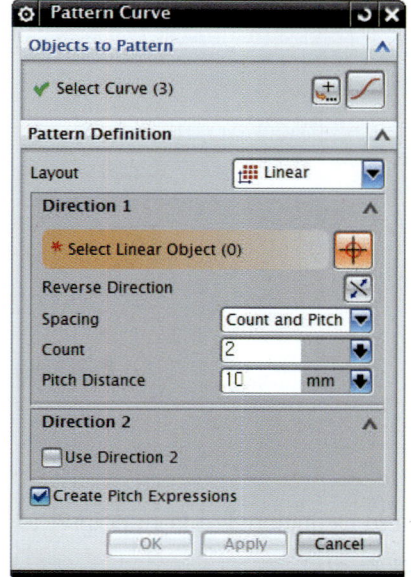

[Layout - Linear Pattern 타입]

47

Unigraphics(UGS) CAD/CAM
NX9 모델링 및 CAM 가공

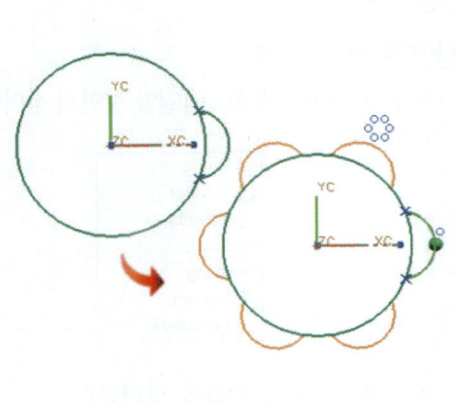 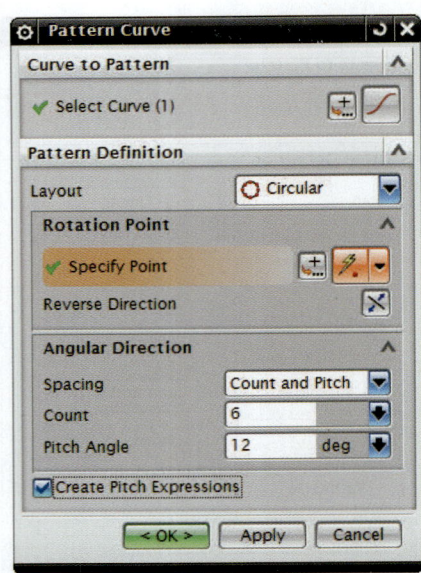

[Layout - Circular Pattern 타입]

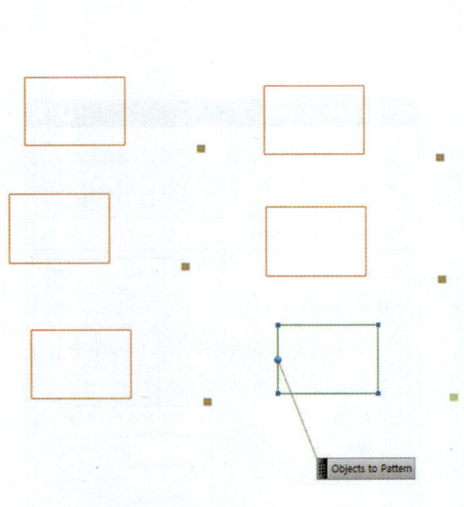 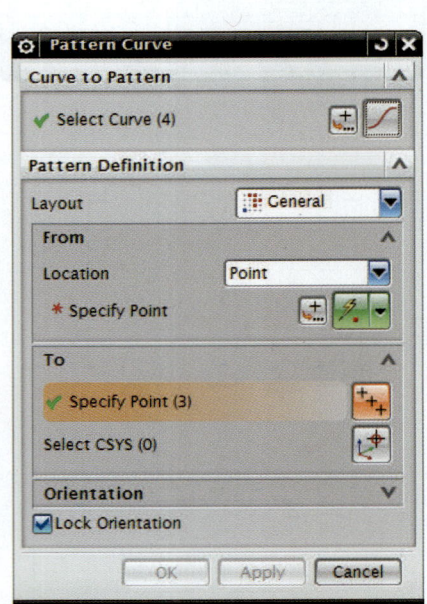

Pattern Definition에서 from point와 to point를 선택함에 따라 pattern 형식을 다양하게 생성할 수 있다.

| 제1장 | 제2장 | 제3장 | 제4장 | Chapter A |
| NX9의 환경 구성과 인터페이스 | Sketch | Sketch Dimension | Sketch Constraints | NX9의 환경 구성과 Sketch |

> **Tip** 새롭게 추가된 패턴커브의 4가지 배열 타입

1) 다각형 배열

① 다각형(Polygon) 배열

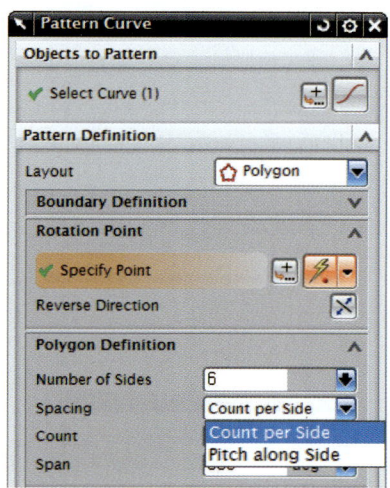 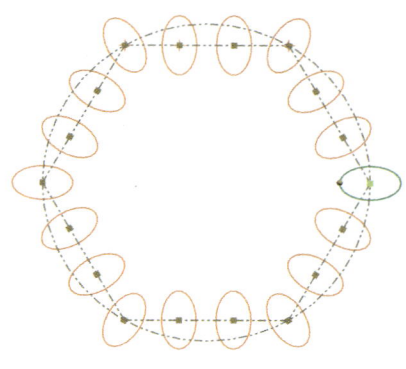

② Spiral 배열

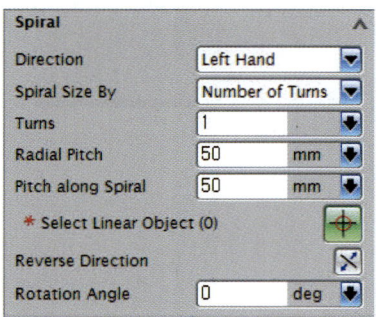 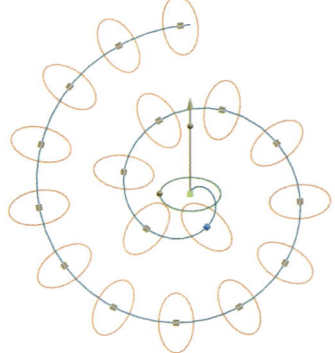

패턴 증분(Pattern Increment) 매개변수에 증분 값을 지정하여 아래 그림과 같이 거리를 증가 혹은 감소하는 배열을 생성할 수 있다.

③ 참조(Reference)

기존에 존재하는 배열을 참조하여 동일한 배열을 생성한다.

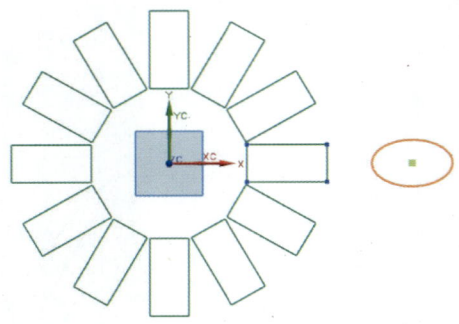
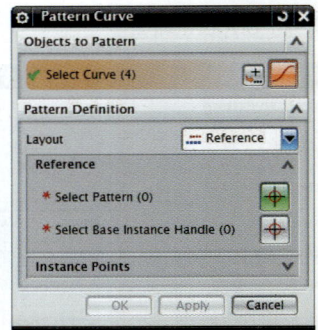

배열할 객체를 선택한다.

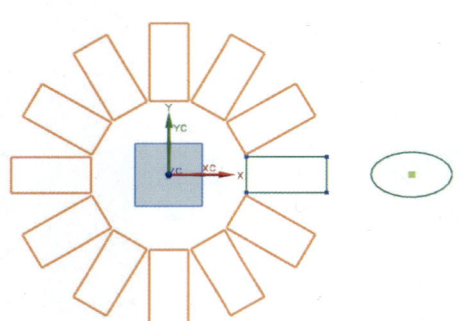
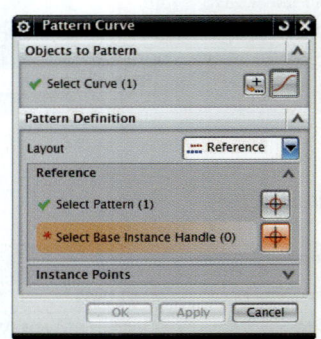

기존에 배열되어 있는 객체를 선택한다.

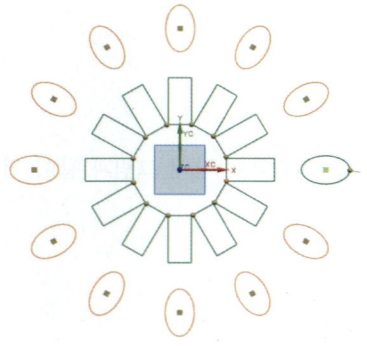
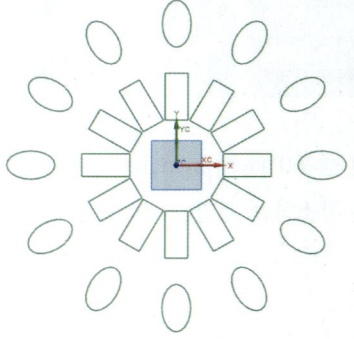

Select Base instance Handle에서 기존 배열의 인스턴스 핸들을 선택한 후 OK버튼을 클릭하여 배열할 수 있다.

23 Mirror Curve( )

▶ 위치 : Insert → Curve From Curves → Mirror Curve

특정 Center Line을 기준으로 Curve를 Mirror한다.
복사 후 선택했던 Center Line은 Reference Line으로 변경된다.

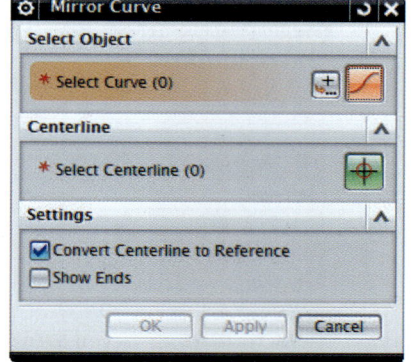

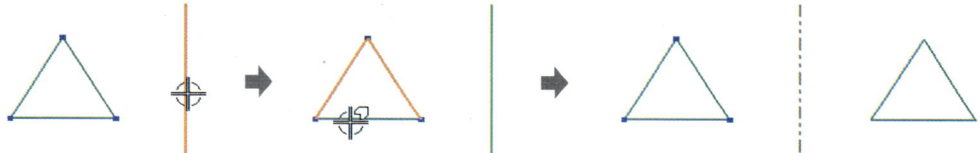

24 Intersection Point( )

▶ 위치 : Insert → Curve From Curves → Intersection Point

Sketch Plane과 선택한 Curve의 교차되는 부분에 Point를 생성시킨다.

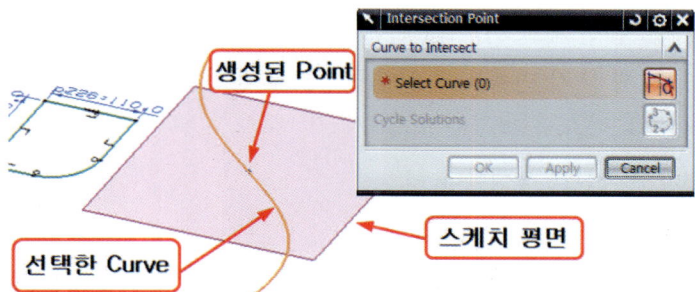

25 Intersection Curve

▶ 위치 : Insert → Recipe Curve → intersection curve

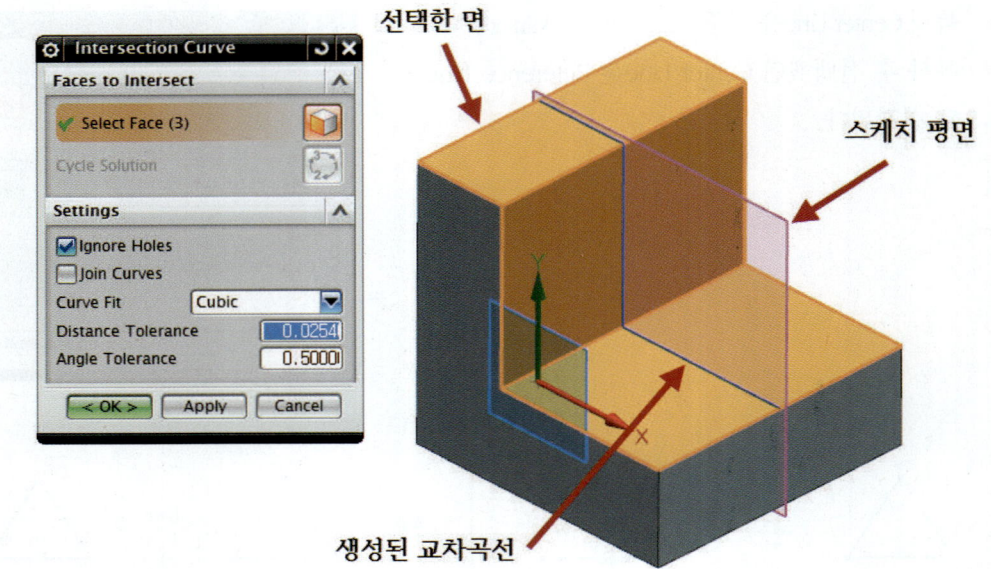

- Faces to Intersection
  - Select Face : 교차 곡선을 생성하는 데 사용할 면을 선택한다.
  - Cycle Solution : 교차 곡선을 생성하는 다른 조건의 커브를 선택할 수 있다.
- Settings
  - Ignore Holes : 교차 커브를 생성하는 곳에 구멍이 있을 때 이 옵션을 체크하면 구멍을 무시하고 교차커브를 생성한다.
  - join Curves : 옵션 체크 시 여러 면에 있는 곡선을 단일 스플라인 곡선으로 병합하고, 이후 체크 해제 시 각 면에 따른 일반 곡선으로 생성된다.
  - Curve Fit
    cubic : 3차수 곡선을 생성한다.
    Quintic : 5차수 곡선을 생성한다.
    Advanced : 옵션에서 최대 차수와 최대 세그먼트의 수를 설정할 수 있다.
  - Distance Tolerance : 거리 공차에 대한 값을 정의할 수 있다.
  - Angle Tolerance : 각도 공차에 대한 값을 정의할 수 있다.

26 Project Curve( )

▶ 위치 : Insert → Recipe Curve → Project Curve

Sketch Plane과 다른 위치에 있는 Curve나 Body의 Edge를 Sketch Plane으로 투영시켜 새로운 Curve를 생성시킨다. 이때 Setting의 Associative를 활성화 시킬 경우, 생성된 Curve는 원본 Curve와 연관성을 갖게 된다. 따라서 원본 Curve가 수정되면 연관성을 갖는 생성된 Curve도 같이 수정된다.

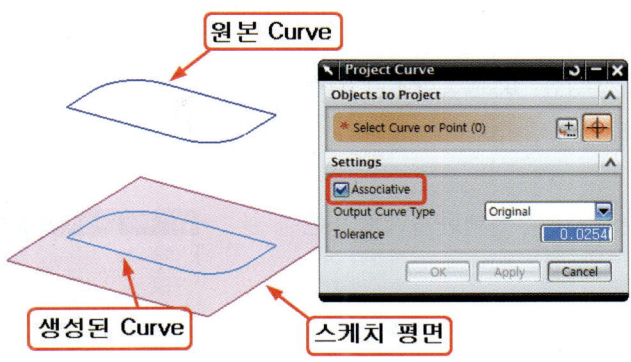

27 Derived Lines( )

▶ 위치 : Insert → Curve → Derived Lines

Offset 기능과 이등분 Line을 생성하는 기능이 있다.

1) 두 선 사이 거리의 중심 위치에 새로운 선을 생성하려 한다면 두 선을 차례로 선택하여 중심에 위치한 곳에 line을 생성한다.

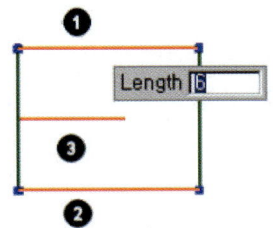

2) 특정 line을 Offset하려 한다면 Line을 선택하고 Offset값을 입력하면 된다. 이때 마우스 포인트 위치가 Offset line이 생성되는 방향이 된다. 즉 곡선은 Offset할 수 없다.

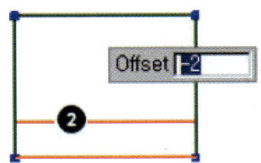

3) 두 선 사이 각도를 이등분하는 선을 생성 하고자 한다면 두 선을 차례로 선택하여 중심에 위치한 곳에 line을 생성 한다.

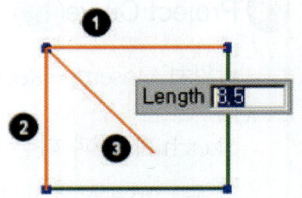

28 Add Curve( )

▶ 위치 : Insert → Curve → Add Curve

Modeling에서 생성한 Basic Curve나 외부에서 받아온 DXF File로 그린 Curve를 Sketch Curve로 변환하는 명령이다.

바꾸고자 하는 Curve를 선택한 후 OK 버튼을 클릭한다.

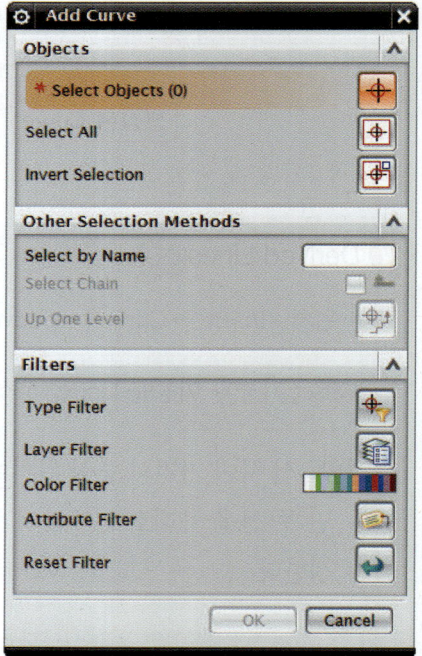

- DXF File이 있을 경우 다시 Sketch하는 것이 아니라 DXF File을 Open Sketch Curve로 변환하여 작업이 가능하다.

- Existing Curve로 Curve를 변환하였을 때 기존의 Basic Curve는 변환되어 사라지므로 신중히 변환해야 한다.

3장 ▶ Sketch Dimension

제1절 치수(Dimension)

Sketch에서 원하는 Curve를 생성 후 치수 값을 입력하여 사용자가 원하는 Curve의 길이와 특정 거리 값을 수정하는 명령이다.

Icon	명칭	명령어 설명
	Rapid	선택한 개체를 자동으로 추정하여 치수를 기입한다.
	Linear	선형치수를 기입한다.
	Radial	원이나 호의 반지름 치수를 기입한다.
	Angular	두 선 사이의 각도 치수를 기입한다.
	Perimeter	체인형상의 둘레길이의 합산 치수를 기입한다.
	Auto Dimensioning	선택한 곡선에 자동적으로 치수를 생성하는 기능이다.
	Continuous Auto Dimensioning	Dimension을 이용하여 스케치를 완전 구속한다.
	Display as PMI	스케치 치수를 Modeling 화면에서 PMI로 나타내준다.

01 Rapid( )

▶ 위치 : Insert → Dimension → Rapid

Rapid명령은 Attach Dimension을 제외한 모든 명령을 대신하여 사용이 가능하다. 등록된 치수를 수정하려면 해당 치수를 더블클릭하면 된다.

[하나의 Curve길이를 정의할 경우]

길이를 정의하기 원하는 하나의 Curve를 선택한 후 아래 그림과 같이 치수선의 적당한 위치에서 한 번 더 마우스를 클릭하여 치수선을 생성한다.

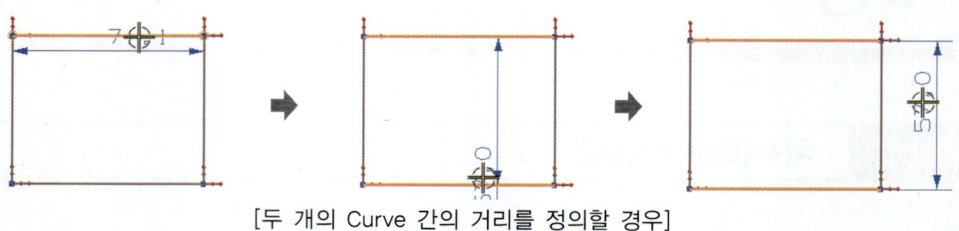

[두 개의 Curve 간의 거리를 정의할 경우]

02 Auto Dimension( )

▶ 위치 : Tools → Constraints → Auto Dimensioning

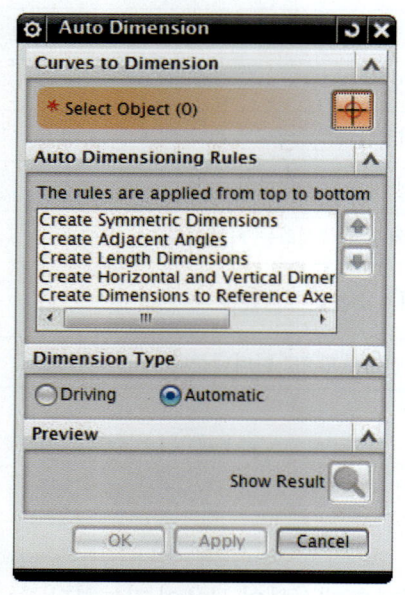

- Curve to Dimension : 자동으로 치수기입할 곡선 및 포인트를 선택한다.
- Auto Dimensioning Rules : 선택한 Object의 완벽 구속을 적용할 룰의 순서를 정렬한다.
- Dimension Type : 두 가지 타입으로 치수를 생성할 수 있다.
  - Driving
  - Automatic

1) Auto Dimensioning Rules

① Create Symmetric Dimensions : 대칭치수 생성

② Create Adjacent Angles : 인접각도 생성

③ Create Length Dimension : 길이치수 생성

④ Create Dimensions to Reference Axes : 참조 축에 대한 치수 생성

⑤ Create Horizontal and Vertical Dimension on Lines : 선에서 수평 및 수직치수 생성

2) Dimension Type

① Driving : 자유도가 제거된 치수 생성 방식이다. Curve를 Drag할 시 고정된다.

② Automatic : 자유의 정도를 제어하는 치수 생성 방식이다. 생성된 치수의 Curve를 Drag하면 움직이며, 그에 따라 치수가 자동으로 수정된다.

03 Continuous Auto Dimensioning( )

Dimension을 이용하여 스케치를 완전 구속 상태로 만든다. Dimension Type을 Automatic 으로 사용하기에 자유의 정도를 제어하는 치수가 생성된다. 그러므로 스케치 Curve는 Drag가 가능하며, 수정되는대로 치수는 Update된다. 자유도가 제거된 치수로 수정하려 면 Tool → Constraints → Convert To/From Reference라는 기능을 이용하여 Driving 치수 로 변환한다.

04 Sketch style

▶ 위치 : Sketch Mode에서 Task → sketch style

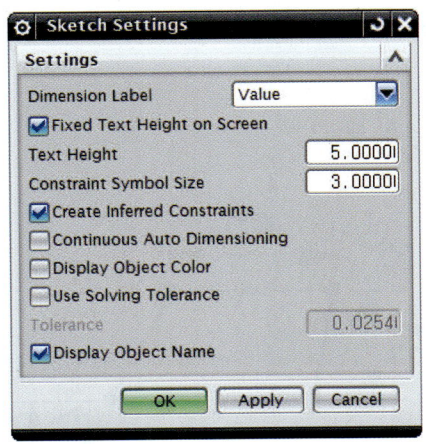
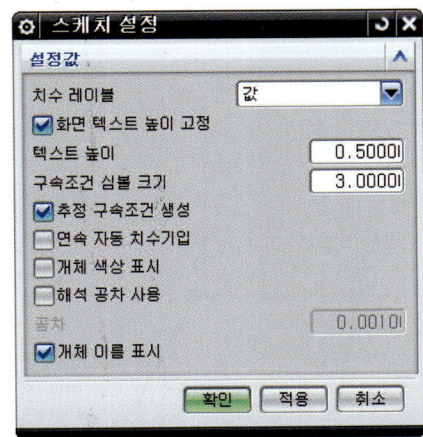

Sketch Preferences는 원하는 치수 값의 크기나 소수점 자릿수 스냅 각도 등등을 수정할 수 있다.

1) 치수 레이블(Dimensions Label)에서는 Expression(수식)이나 Name(이름), Value(값)로 치수 값을 어떤 것으로 생성할 것인지 정의도 가능하다.

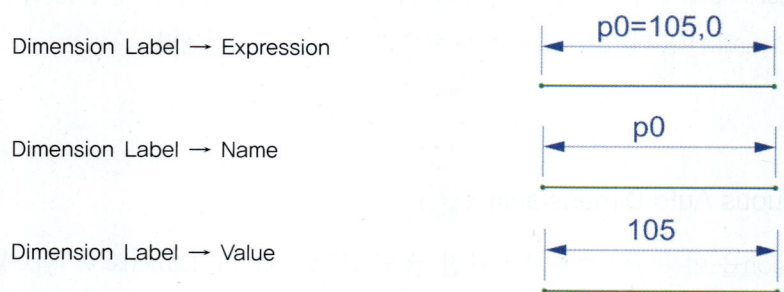

2) 화면 텍스트 높이 고정(Fixed Text Height on Screen)
   화면을 축소 혹은 확대 시 글자의 크기를 Text Height 값으로 고정할 것인지 아니면 확대·축소와 무관하게 만들 것인지 설정한다.

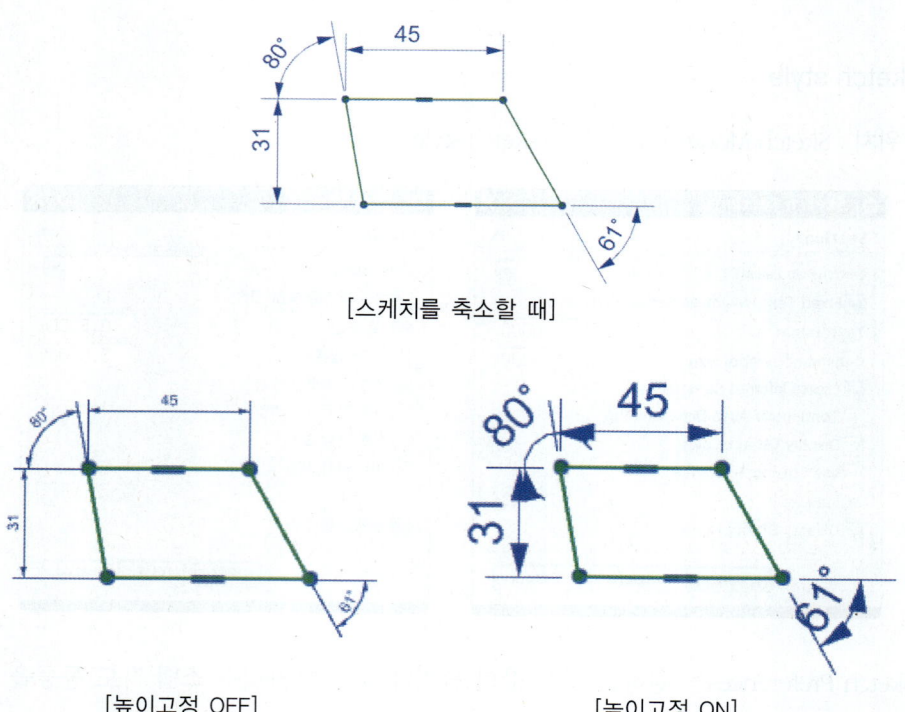

[스케치를 축소할 때]

[높이고정 OFF]   [높이고정 ON]

3) 구속조건 심볼 크기(Constraint Symbol Size)

구속조건 심볼이 표시될 크기를 조정한다.

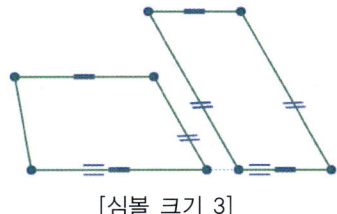   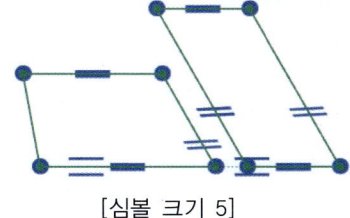

[심볼 크기 3]   [심볼 크기 5]

4) 추정 구속조건 생성(Create Inferred Constraints)

스케치 객체 생성 시 자동적으로 구속조건을 생성하는 추정 구속조건 생성 기능( )을 On/Off 한다.

5) 연속 자동치수 기입(Continuous Auto Dimensioning)

스케치 객체 생성 시 자동으로 치수를 생성하는 연속 자동치수 기능( )을 On/Off 한다.

6) 개체 색상 표시(Display Object Color)

스케치 환경상의 2D 객체는 스케치 구속조건 등의 구분을 위해 개체 고유의 색상을 사용하는 것이 아니라 녹색, 갈색, 연두색 등으로 표시한다. 하지만 이 메뉴를 클릭하면 사용자가 임의로 지정한 개체 고유의 지정된 색상으로 볼 수 있다.

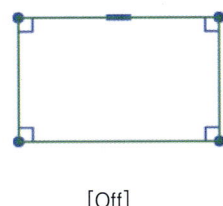   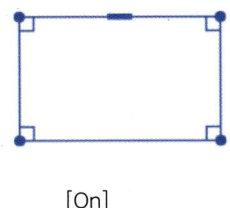

[Off]   [On]

05 Display as PMI( )

스케치 치수를 Modeling 화면에서 PMI로 나타내주는 기능이다.
Start → PMI를 먼저 선택하여 PMI기능을 활성화시킨다.

스케치의 치수를 선택하여 OK를 클릭하고 Finish Sketch하였을 경우 스케치 치수가 PMI로 Modeling 화면에 표시된다.

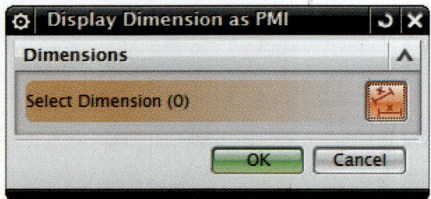

- Direct Sketch : 치수 선택 MB3에서 Display as PMI 선택
- Sketch task environment : 메인메뉴 Tool-Display as PMI 선택

메인메뉴 및 아이콘 메뉴는 Sketch task environment에만 있다.
Direct Sketch에서 Display PMI를 사용하려면 MB3 Button을 이용할 수밖에 없다.

제 2 절 스케치 따라 하기

01 스케치 - 연습 도면 1

도면명	NX 모델링작업	척도	NS

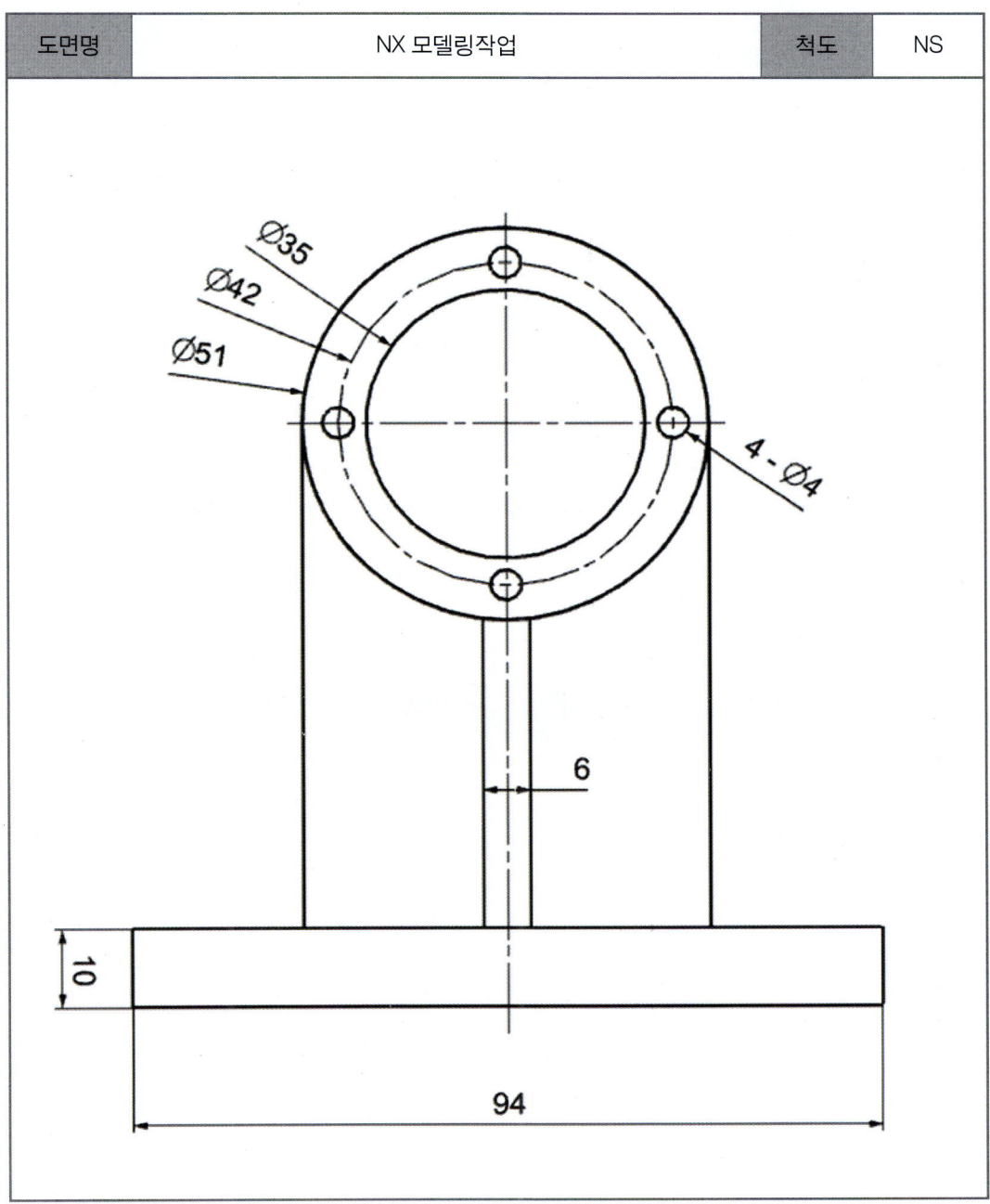

Unigraphics(UGS) CAD/CAM
NX9 모델링 및 CAM 가공

❶ New 아이콘을 클릭하여 'Housing.prt'라는 파일명으로 새로운 파일을 작성한다.

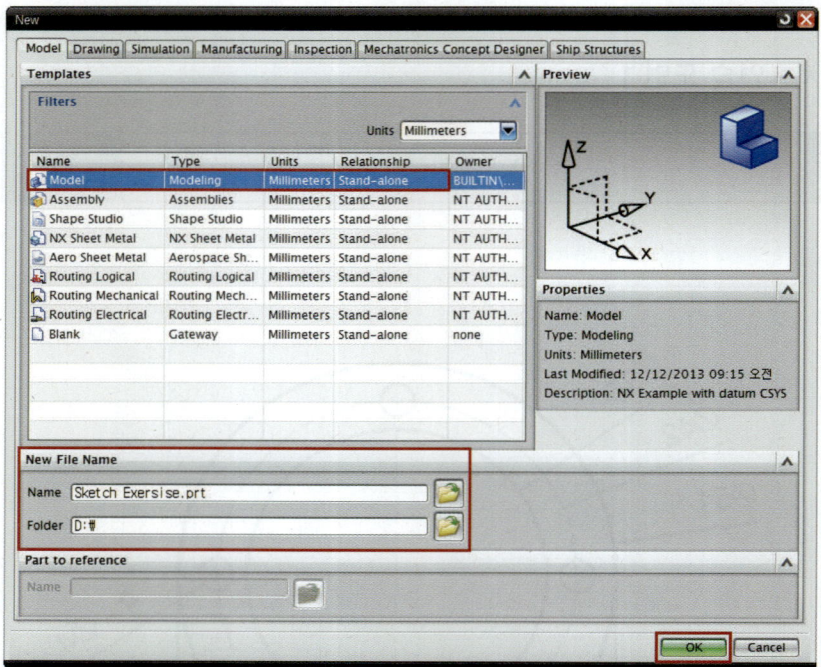

❷ Insert → Sketch In Task Environment(🔲)를 클릭한다.

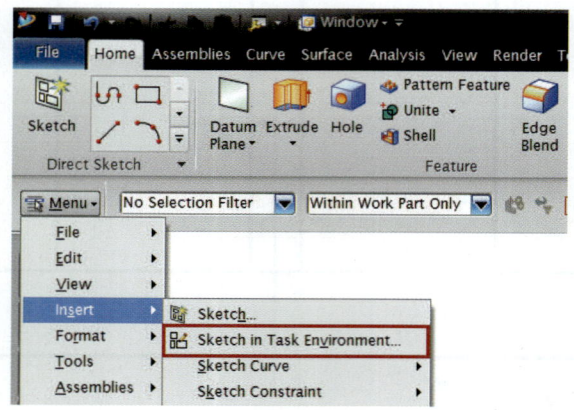

| 제1장 NX9의 환경 구성과 인터페이스 | 제2장 Sketch | **제3장 Sketch Dimension** | 제4장 Sketch Constraints | **Chapter A** NX9의 환경 구성과 Sketch |

❸ 좌측과 같은 창이 나오며 자동으로 잡히는 X-Y평면에 설정되는 것을 확인하고, OK를 클릭한다.

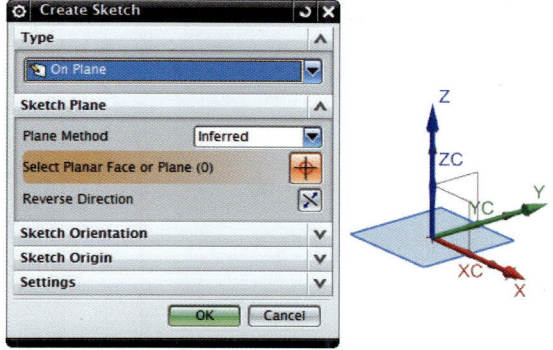

❹ Circle(◯) 기능을 이용하여 그림과 같이 좌표계의 원점을 중심으로 하는 2개의 동심원을 작성한다.

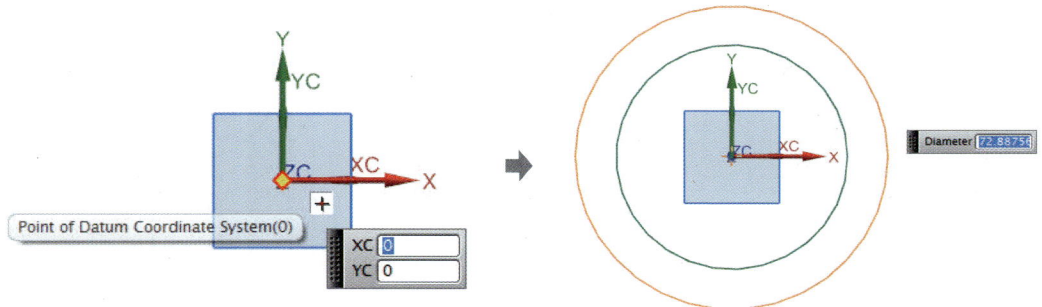

❺ Rapid( ) 기능을 이용하여 ❹에서 작성한 2개의 원에 직경치수를 삽입한다.

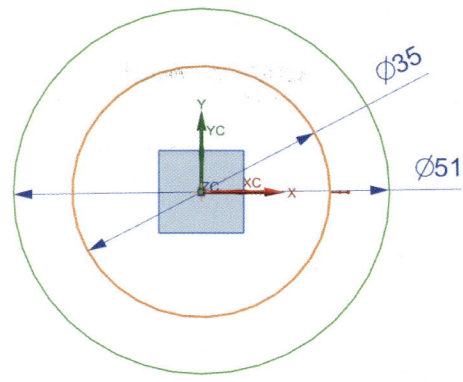

63

❻ Line(/) 기능을 이용하여 직경 51mm의 원에 접하고 수직인 선을 작성한다.
작성 시 스냅 포인트 중 Point on Curve(/) 스냅 포인트가 표시될 때 클릭해야만 원활하게 접선을 작성할 수 있다.

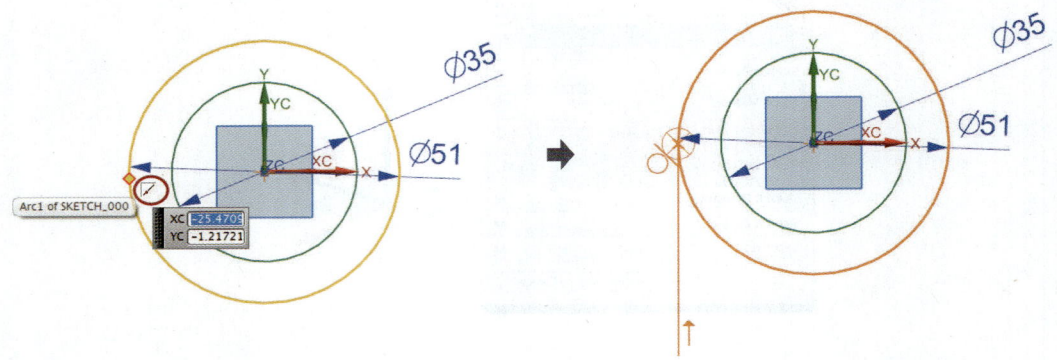

❼ 계속해서 아래 그림과 같이 3개의 선을 더 작성한다. 가운데 있는 2개의 원호 상이 아닌 빈 공간에 그려야 한다.

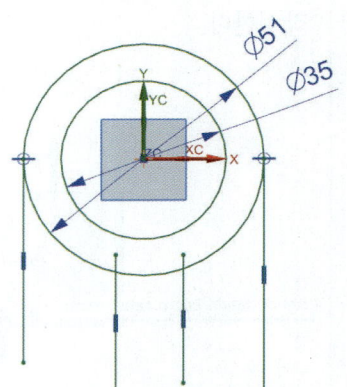

❽ Rectangle(□) 기능을 이용하여 아래와 같이 직사각형을 작성한다.

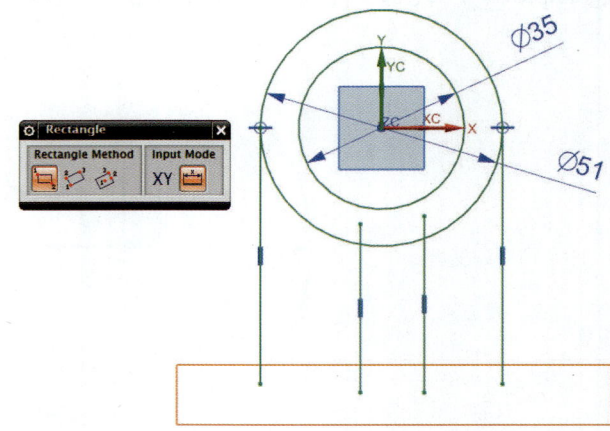

❾ Quick Trim(✂) 기능을 이용하여 그림과 같이 필요하지 않은 선들을 트림한다.

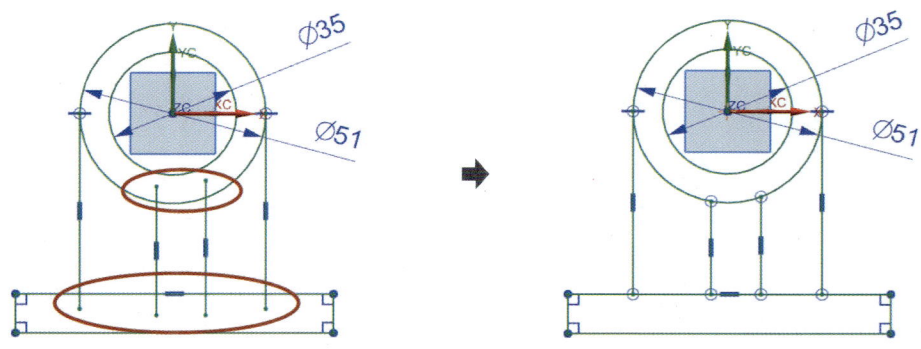

❿ Rapid( ) 기능을 이용하여 그림과 같이 치수를 기입한다.

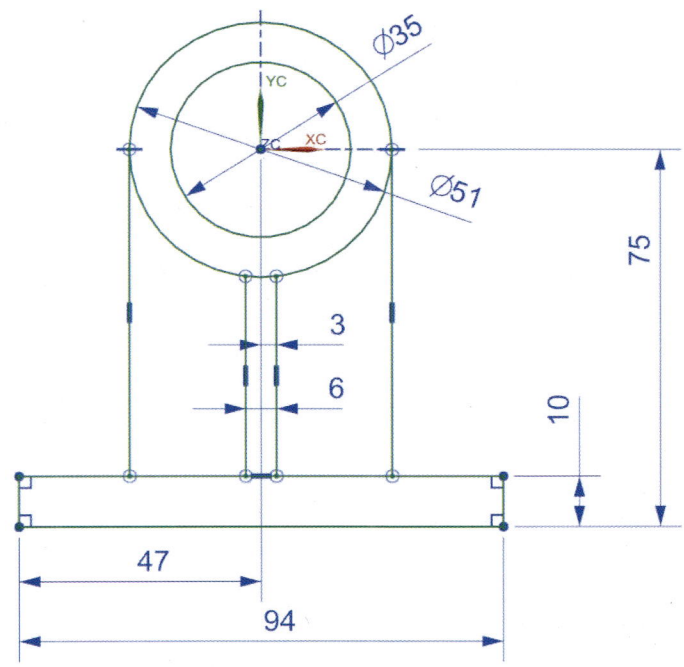

❶ Circle(◯)을 이용하여 그림과 같이 하나의 원을 작성한다.

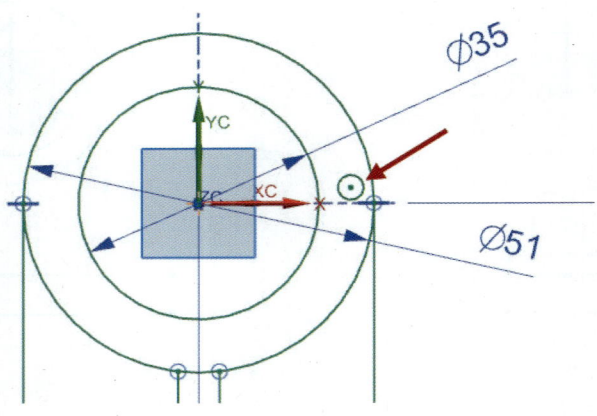

❷ Rapid( ) 기능을 이용하여 원의 중심과 좌표계의 원점 사이에 수직치수 0을 입력한다.

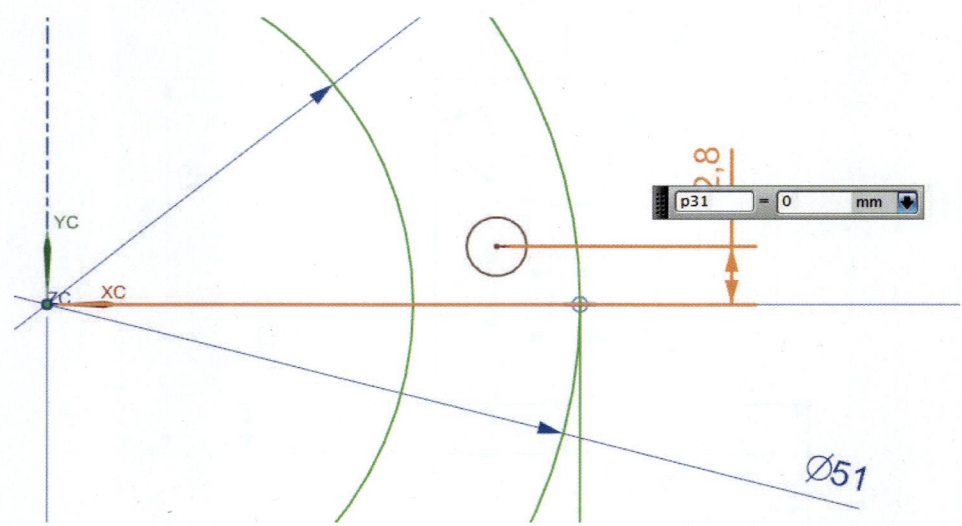

❸ Rapid( ) 기능을 이용하여 그림과 같이 치수를 기입한다.

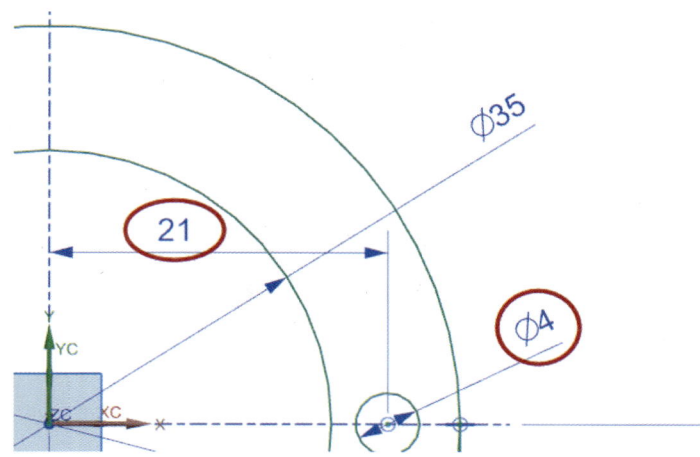

❹ Pattern Curve( )를 클릭한다. 위에서 작성한 커브를 선택하고 회전 배열의 중심점으로 좌표계의 원점을 선택한다.
Count=4개, Pitch Angle=90도로 지정하고 OK를 클릭한다.

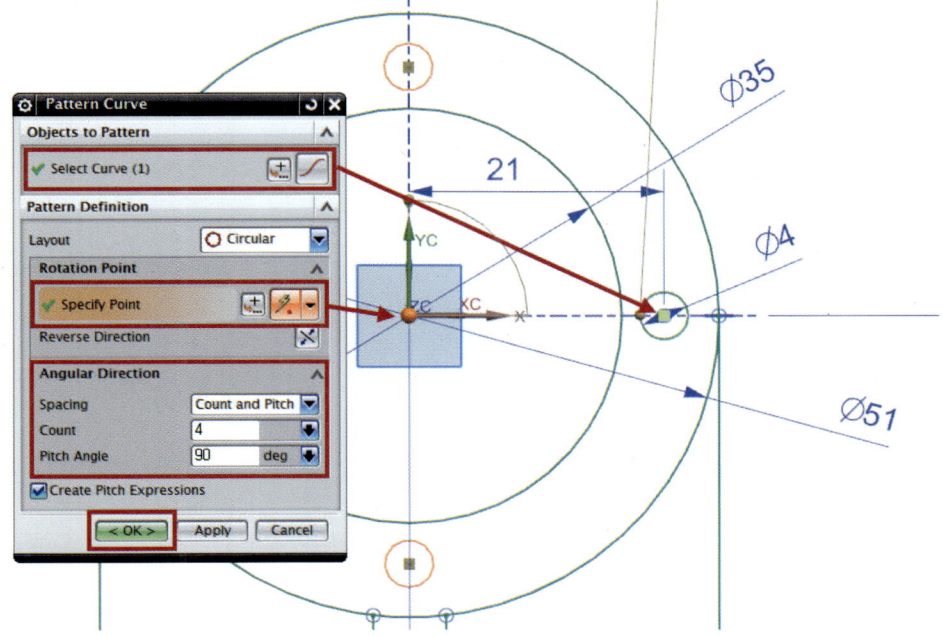

⑮ 아이콘을 클릭하여 스케치를 빠져나온다.

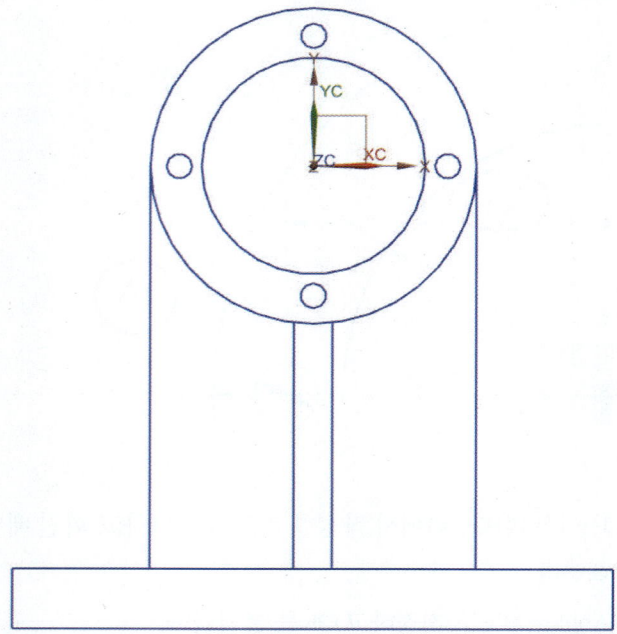

02 스케치 - 연습 도면 2

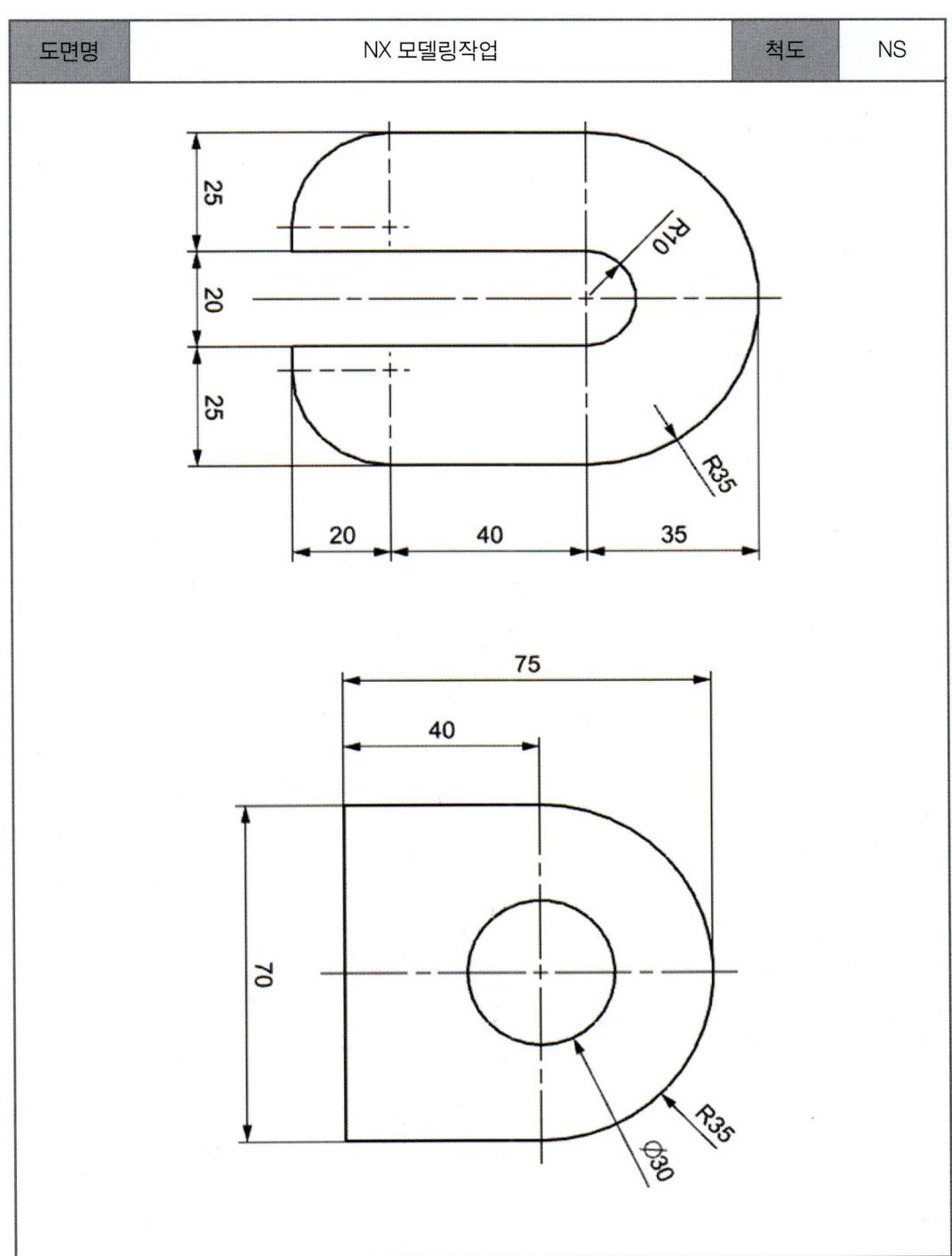

03 스케치 - 연습 도면 3

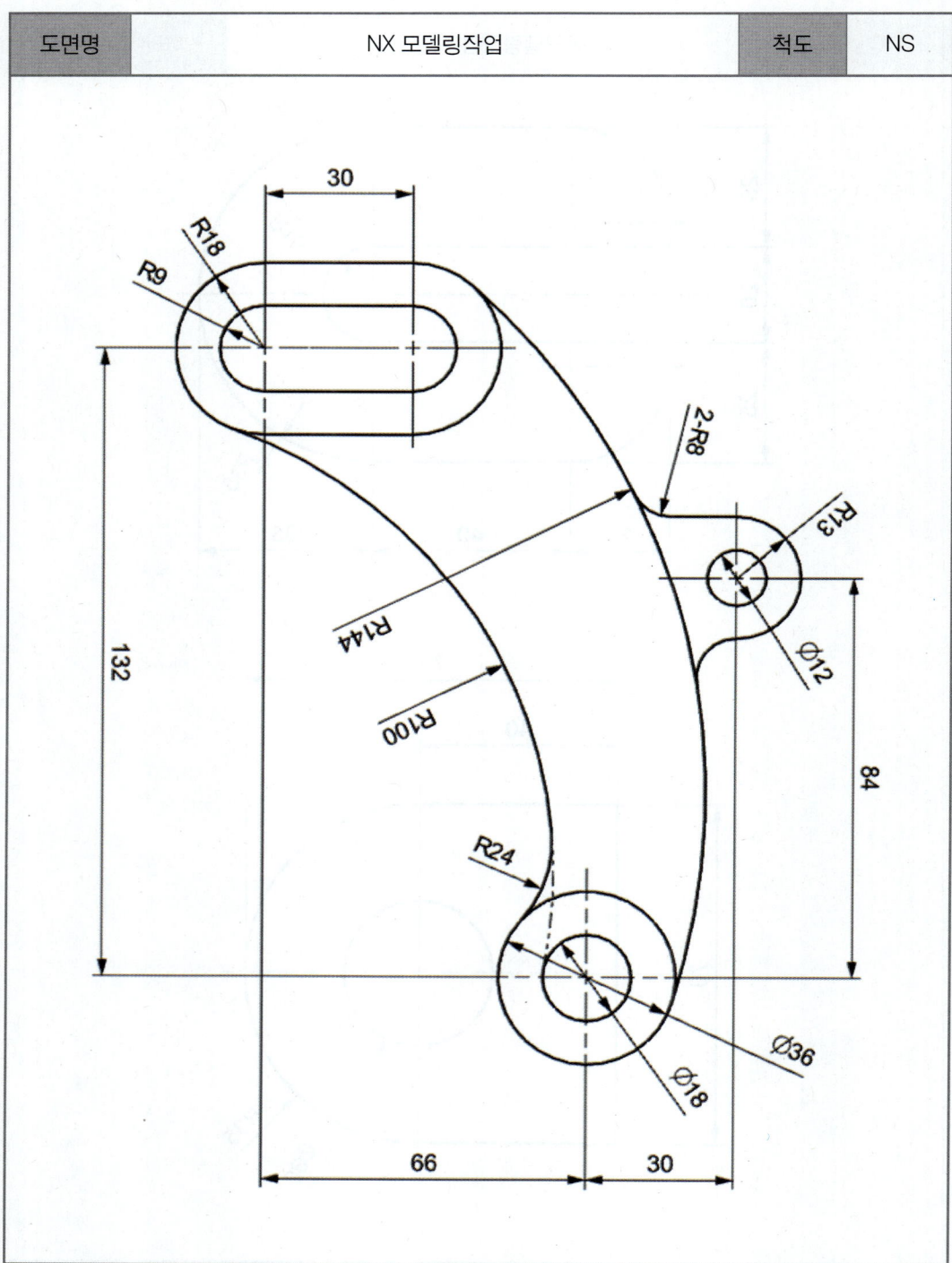

4장 ▶ Sketch Constraints

제1절 기하 구속조건(Geometric Constraints)

스케치 곡선에 기하학적인 구속조건을 정의한다.

▶ 위치 : Menu ▼ → Insert → Geometric Constraints

Icon	명칭	명령어 설명
	Vertical	직선을 수직으로 구속한다.
	Horizontal	직선을 수평으로 구속한다.
	Tangent	두 개 이상의 직선 혹은 곡선을 곡선의 접선으로 구속한다.
	Parallel	두 개 이상의 직선을 평행하도록 구속한다.
	Perpendicular	두 개 이상의 직선을 직각으로 구속한다.
	Concentric	두 개 이상의 원호를 동심으로 구속한다.
	Collinear	두 개 이상의 직선을 동일선상으로 구속한다.
	Equal Length	두 개 이상의 직선을 동일한 길이로 구속한다.
	Equal Radius	두 개 이상의 원호를 동일한 반경으로 구속한다.
	Point on Curve	직선 혹은 곡선 상에 점이 위치하도록 구속한다.
	Mid Point	점을 직선 혹은 곡선의 중간 위치로 구속한다.
	Coincident	두 개 이상의 점을 동일한 위치로 구속한다.
	Constant Length	직선의 길이를 일정하게 구속한다.
	Constant Angle	직선의 각도를 일정하게 구속한다.
	Fixed	2D 객체의 위치를 구속한다.
	Fully Fixed	2D 객체의 위치와 길이를 완전히 구속한다.
	Point on String	투영된 곡선 상에 점이 위치하도록 구속한다.
	Non-Uniform Scale	스플라인의 종 방향 배율을 일정하게 구속한다.(횡 방향은 배율변형 가능)
	Uniform Scale	스플라인의 배율을 모든 방향으로 일정하게 구속한다.
	Slope of Curve	스플라인의 절점을 선택한 직선 혹은 곡선의 접선으로 구속한다.

Unigraphics(UGS) CAD/CAM
NX9 모델링 및 CAM 가공

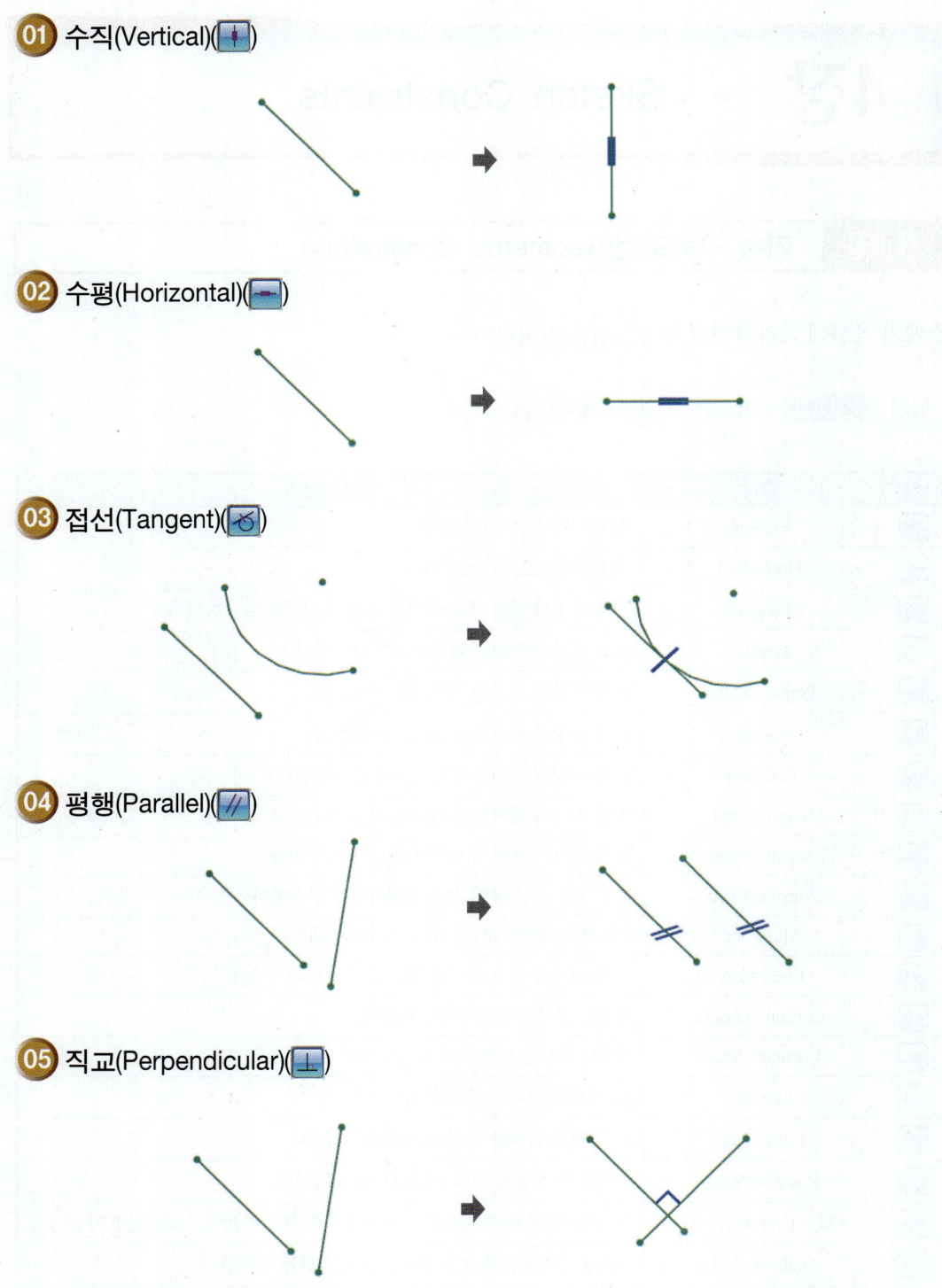

01 수직(Vertical)

02 수평(Horizontal)

03 접선(Tangent)

04 평행(Parallel)

05 직교(Perpendicular)

06 동심(Concentric)()

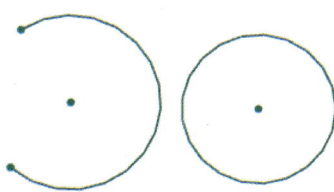  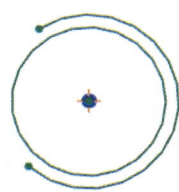

07 동일 직선 상(Collinear)( )

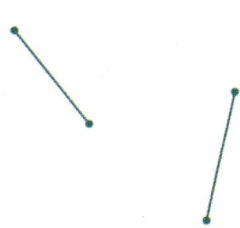  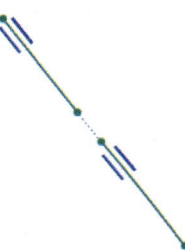

08 동등 길이(Equal Length)( )

  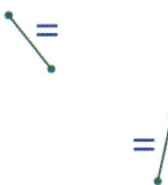

09 동등 반경(Equal Radius)( )

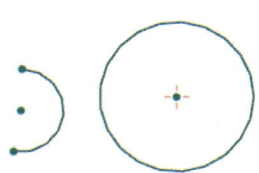  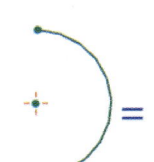 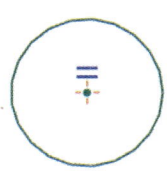

⑩ 곡선 상의 점(Point on Curve)( )

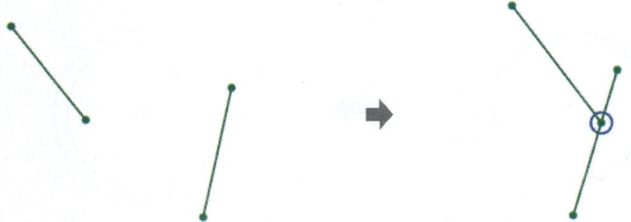

⑪ 중간 점(Mid Point)( )

⑫ 일치(Coincident)( )

⑬ 일정 길이(Constant Length)( )

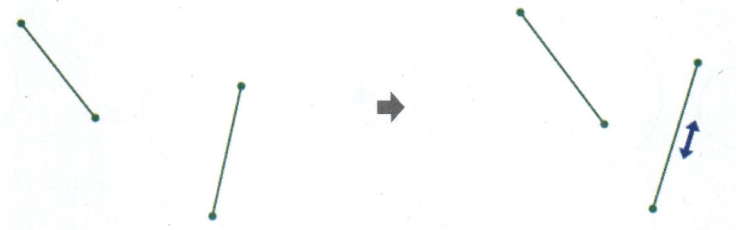

⑭ 일정 각도(Constant Angle)(⬚)

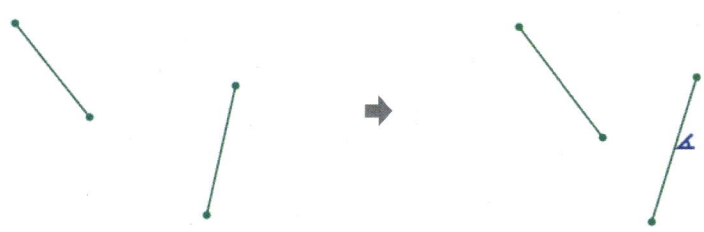

⑮ 위치 고정(Fixed)(⬚)

⑯ 완전 고정(Fully Fixed)(⬚)

⑰ 스트링상의 점(Point on String)(⬚)

Unigraphics(UGS) CAD/CAM
NX9 모델링 및 CAM 가공

18 비-균일 배율(Non-Uniform Scale)(　)

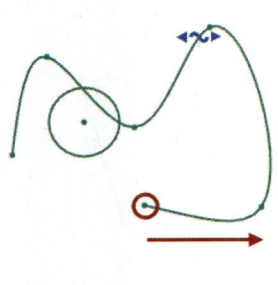 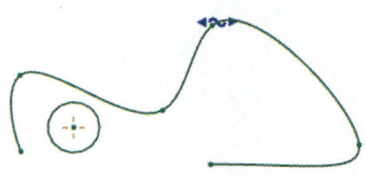

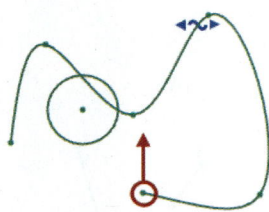 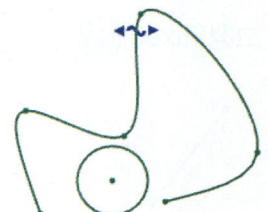

19 균일 배율(Uniform Scale)(　)

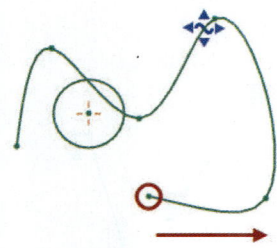 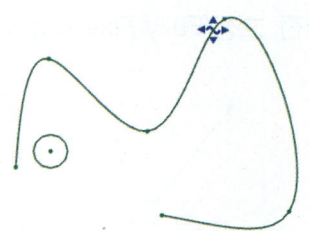

20 곡선의 기울기(Slope of Curve)(　)

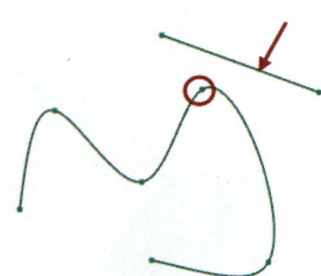 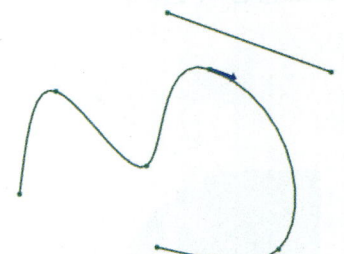

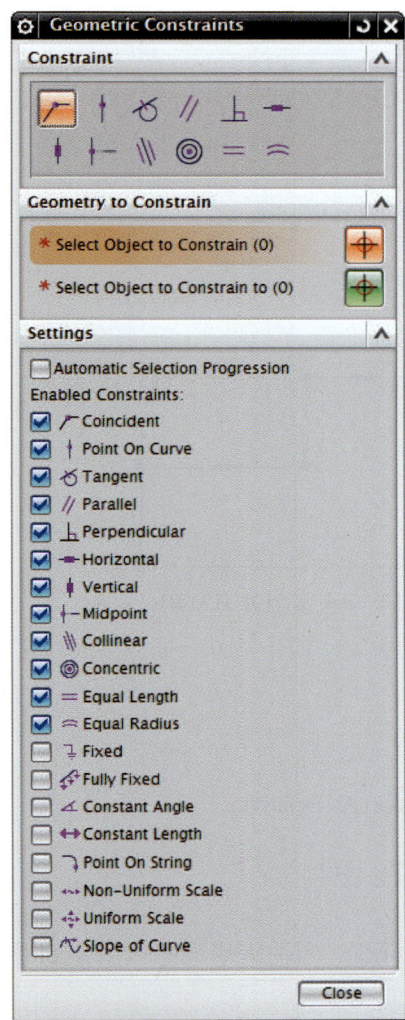

- Constraint : 사용할 구속조건을 선택한다.
- Geometry to Constrain : 적용할 개체를 선택한다.
- Settings
  - Automatic Selection Progression : 하나의 개체 선택 시 자동적으로 다음 과정으로 넘어간다.
  - Enabled Constraints : 체크(☑) 표시된 항목은 상단의 Constraint 탭에 사용 가능하도록 표시된다.

제 2 절   Constraints 관련 Option

01 Display Sketch Constraints( )

▶ 위치 : Menu▼ → Tool → Constraints → Display Sketch Constraints

사용방법은 ON, OFF 방식으로 ICON을 클릭하면 된다.

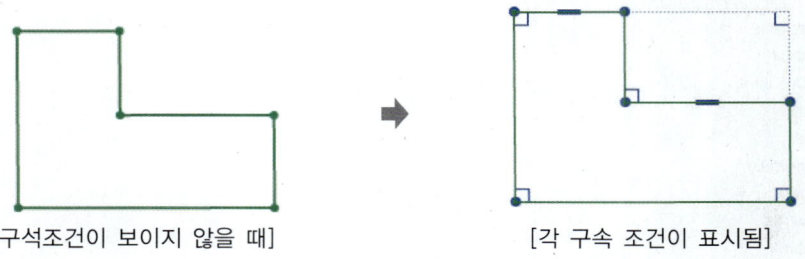

[구석조건이 보이지 않을 때]   [각 구속 조건이 표시됨]

02 Edit Dimension Associativity( )

▶ 위치 : Menu▼ → Tool → Constraints → Edit Dimension Associativity

입력된 치수의 기준을 다른 지오메트리로 변경할 때 사용한다.

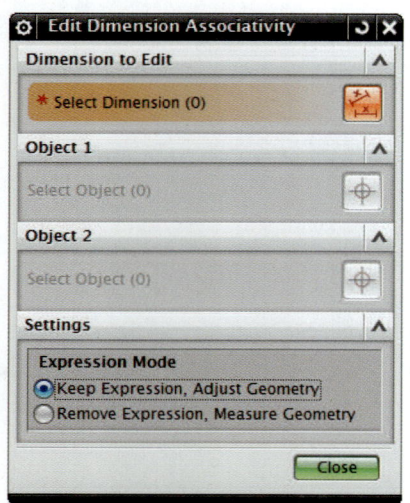

- Dimension to Edit : 기준을 변경할 치수를 선택한다.
- Object 1 : 첫 번째 기준위치
- Object 2 : 두 번째 기준위치
- Setting
  - Keep Expression, Adjust Geometry : 치수를 고정하고 개체를 이동시킨다.
  - Remove Expression, Measure Geometry : 개체를 고정시키고 치수를 변경한다.

제1장	제2장	제3장	제4장	Chapter A
NX9의 환경 구성과 인터페이스	Sketch	Sketch Dimension	Sketch Constraints	NX9의 환경 구성과 Sketch

03 Auto Constraint( )

▶ 위치 : Menu▼ → Tool → Constraints → Auto Constrain

구속조건이 삽입되어있지 않은 스케치 객체를 선택하여 구속조건을 부여한다.

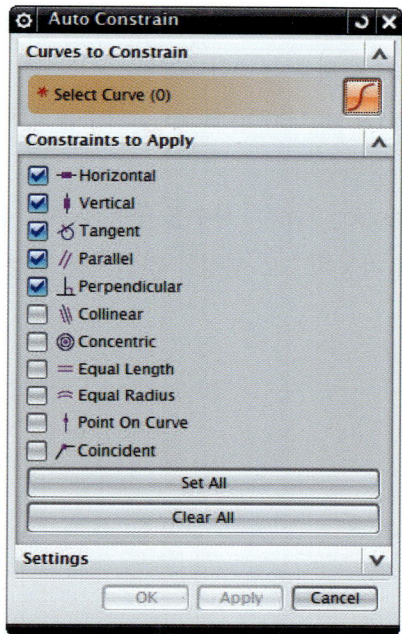
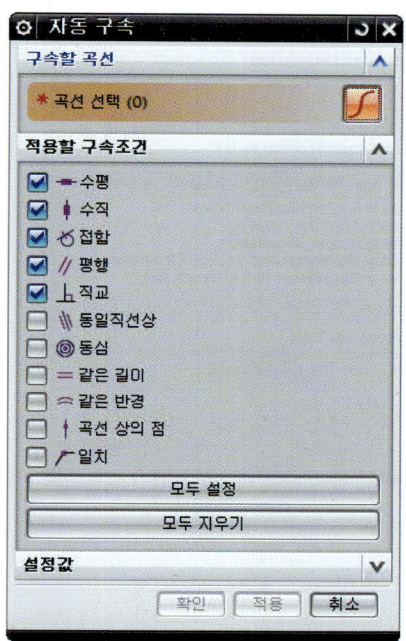

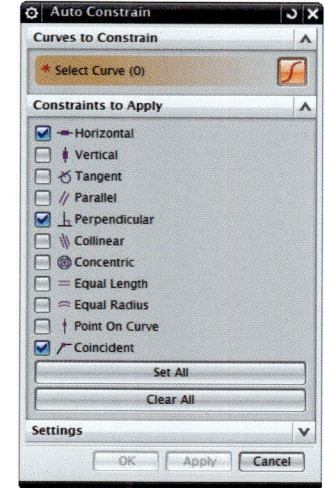
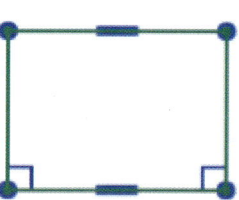

Unigraphics(UGS) CAD/CAM
NX9 모델링 및 CAM 가공

04 Auto Dimension( )

▶ 위치 : Menu▼ → Tool → Constraints → Auto Dimension

치수가 입력되어있지 않은 스케치 객체에 자동으로 치수를 부여한다.

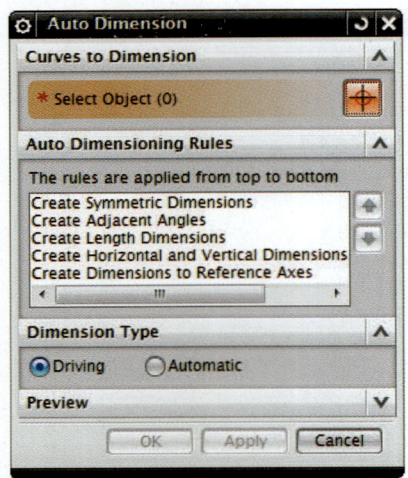

- Curves to Dimension : 자동으로 치수를 삽입할 스케치 객체를 선택한다.
- Auto Dimensioning Rules : 치수를 입력하는 방법을 정의한다.
- Dimension Type : 치수를 구동치수로 생성할 것인지, 자동치수로 생성할 것인지를 결정한다.

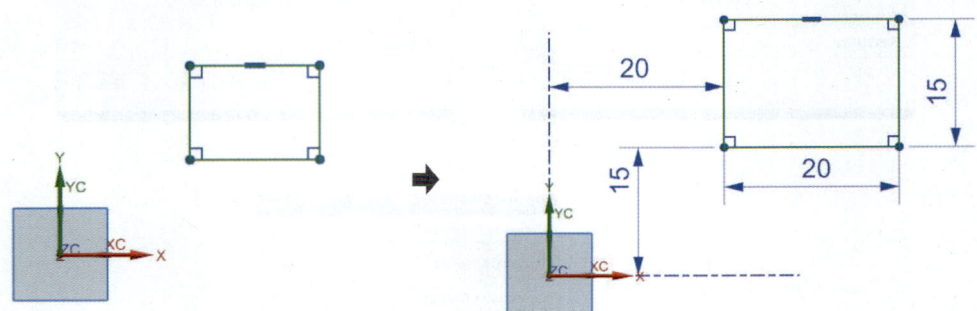

05 Show / Remove Constraints(✗)

▶ 위치 : Menu▼ → Tool → Constraints → Show/Remove Constraints

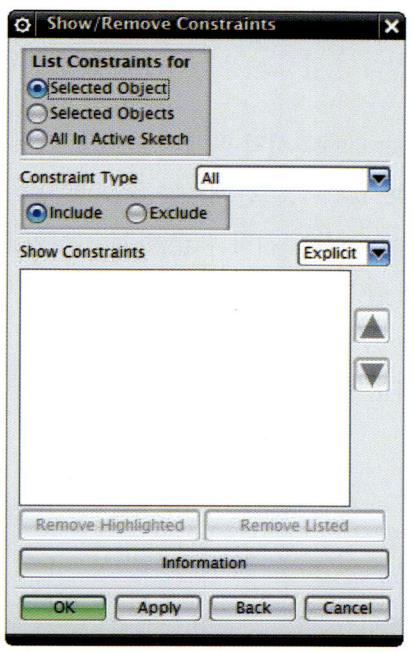 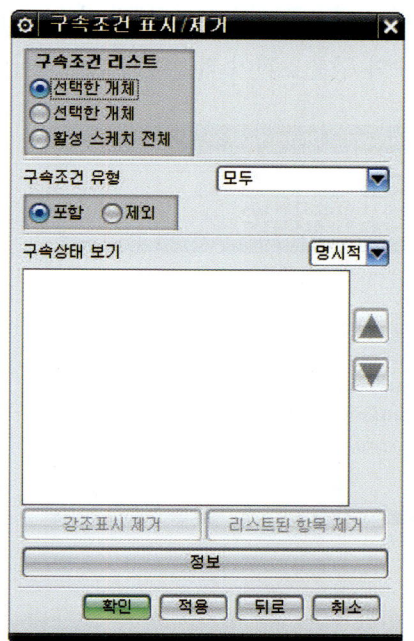

- List Constrains for : 구속조건을 보거나 지우고자하는 객체 선택방법이다.
  - Selected Object : 선택한 객체의 구속 List를 보여준다.
  - Selected Objects : 다수의 선택한 객체의 구속 List를 보여준다.
  - All In Active Sketch : Sketch상에 있는 모든 구속조건의 List를 보여준다.
- Constraint Type : 구속의 Type에 따라 List를 보여준다.
- Show Constraints : 선택한 객체에 대한 구속 List를 보여준다.
  - Remove Highlighted : 선택한 구속조건을 삭제한다.
  - Remove Listed : List창에 보여주는 모든 구속조건을 삭제한다.
  - Information : List 상의 구속조건들의 리스트를 텍스트 문서로 표시한다.

06 Animate Dimension( )

▶ 위치 : Menu → Tool → Constraints → Animate Dimension

입력된 치수를 이용하여 해당 치수의 구동 범위를 확인한다.
치수와 구속조건이 적절하게 입력되어있지 않다면 원하는 움직임을 얻을 수 없다.

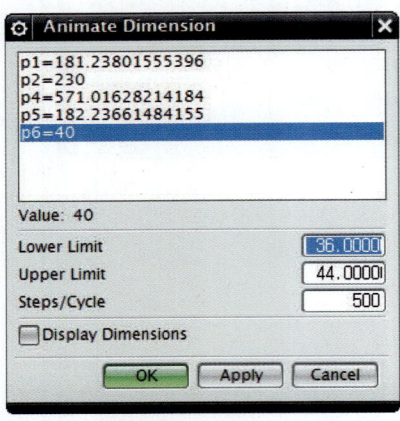

- Lower Limit : 시작 한계
- Upper Limit : 끝 한계
- Steps/Cycle : 시작과 끝 한계 사이의 구동 단계 값이 클수록 움직임이 부드럽다.
- Display Dimensions : 움직임을 볼 때 치수 값을 같이 표시한다.

07 Convert To/From Reference( )

▶ 위치 : Menu → Tool → Constraints → Convert To / From Reference

구속조건을 주기 위한 참조 선을 만들고, 반대로 참조 선을 활성화시킬 수도 있다.
참조 선은 3차원 형상을 만들 때는 사용할 수 없다.

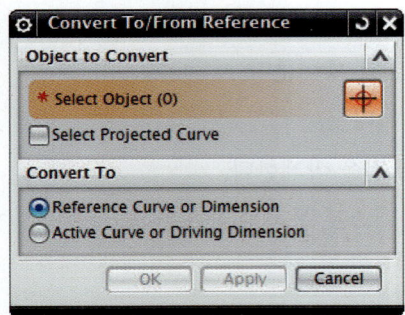
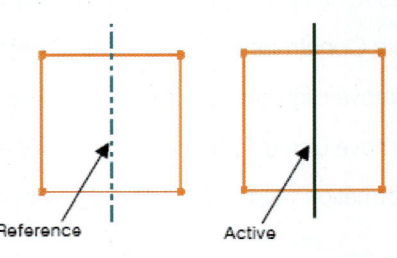

08 Alternate Solution(📋)

▶ 위치 : Menu▾ → Tool → Constraints → Alternate Solution

입력된 치수 혹은 접선 구속조건의 기준을 변경 가능한 대체 방향으로 변경한다.

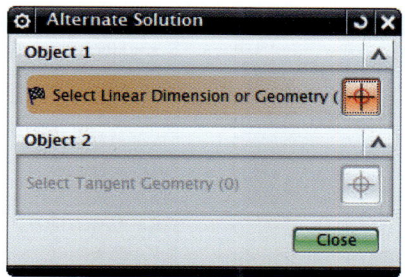

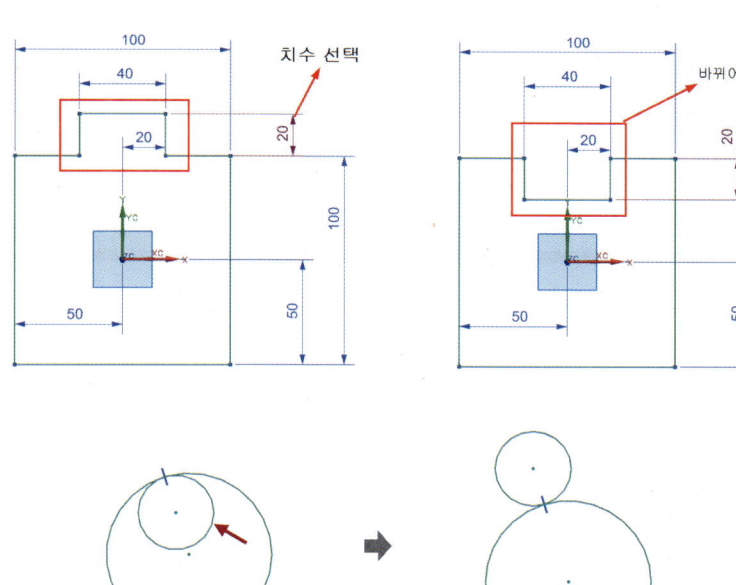

Unigraphics(UGS) CAD/CAM
NX9 모델링 및 CAM 가공

09 Inferred Constraint and Dimensions( )

▶ 위치 : Menu ▼ → Tool → Constraints → Inferred Constraints and Dimensions

스케치 객체 생성 시 자동으로 부여할 구속조건을 선택한다.

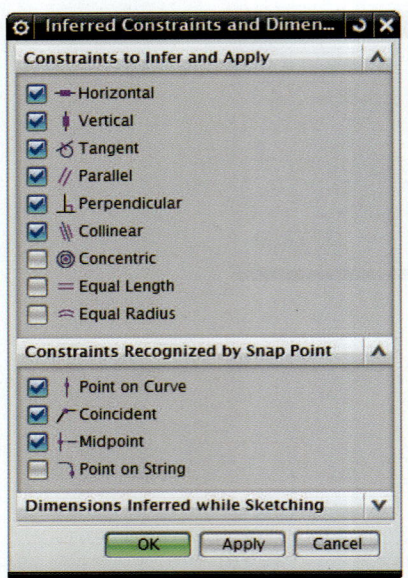 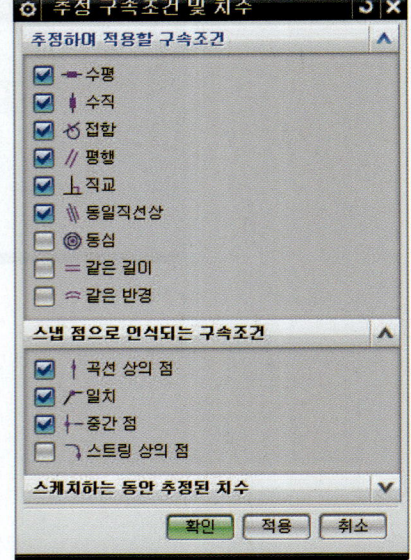

10 ICreate Inferred Constraints( )

▶ 위치 : Menu ▼ → Tool → Constraints → Create Inferred Constraints

클릭하여 ON( ) 상태로 두면 스케치 작성 시 자동적으로 적용되어 있는 구속조건이 입력된다.

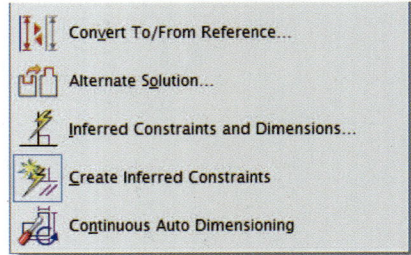

11 Make Symmetric( )

▶ 위치 : Menu → Insert

서로 비대칭인 객체를 직선을 기준으로 대칭 형상으로 구속한다.

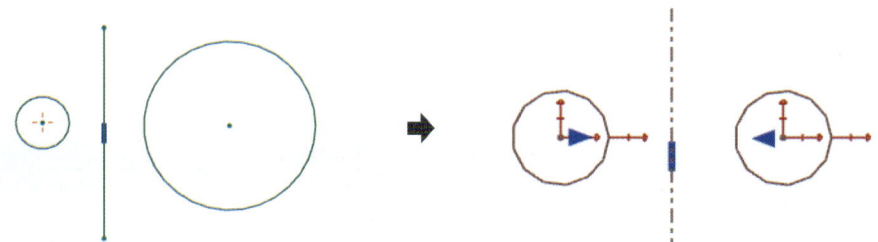

12 Continuous Auto Dimensioning( )

▶ 위치 : Menu → Tool → Constraints → Constraints Auto Dimensioning

스케치 객체를 작성하였을 때 자동적으로 필요한 치수를 생성하는 기능이다.
파란색의 구동치수와 달리 스케치 객체에 대한 구속력이 없으며, 더블 클릭하여 치수를 입력하면 구속력을 가진 구동치수로 변경된다.

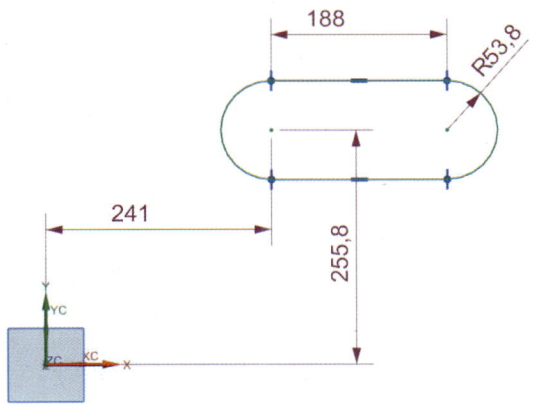

제 3 절 Direct Sketch

01 Sketch(📝)

Modeling환경에서 Sketch를 사용한다.

▶ 위치 : Menu → Insert → Sketch

1) Modeling 환경에서 Ribbon Bar를 이용하여 Open In Sketch Task Environments를 이용하여 태스크 환경의 스케치로 들어갈 수도 있다.

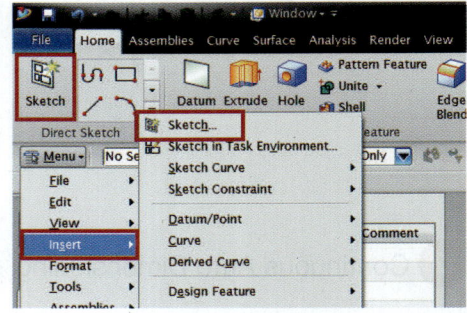

2) 태스크 환경의 스케치와 달리 독립적인 스케치 환경이 아닌 모델링환경에서 바로 스케치가 이루어진다.

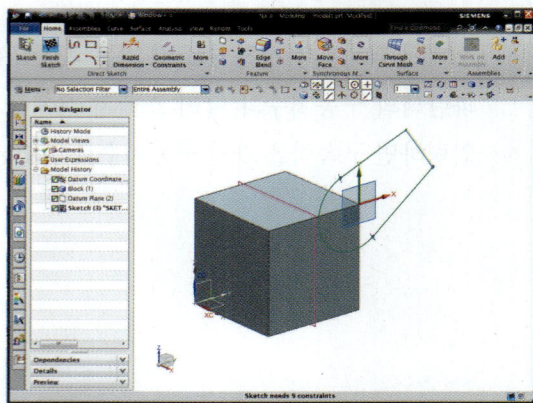

[Direct sketch 화면]

3) Direct sketch 아이콘의 위치 좌측 상단에 위치하고 있다.

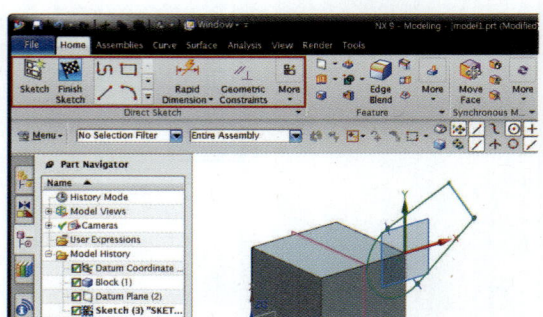

4) Direct sketch 아이콘이 보이지 않을 때,

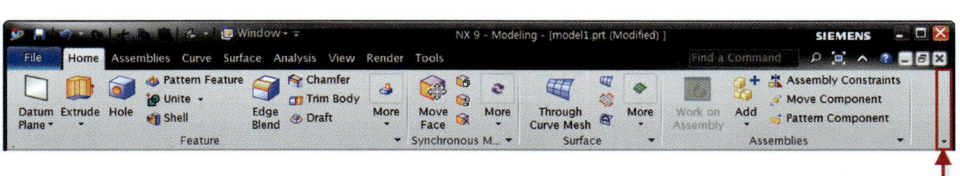

우측 상단에 있는 역삼각형 모양의 아이콘을 클릭한다.

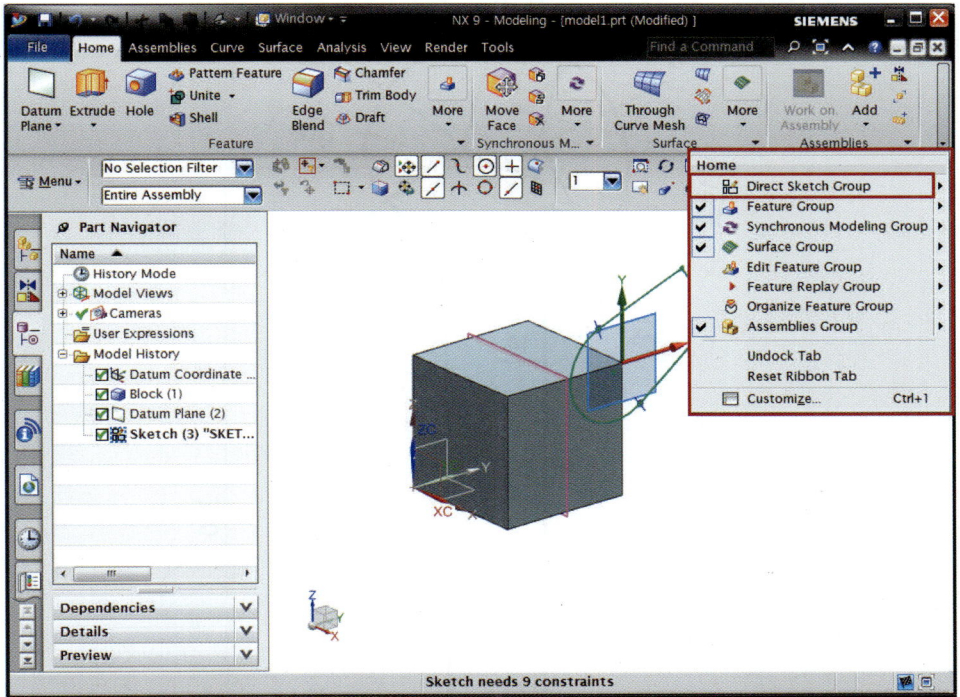

02 Sketch - 연습 도면 1

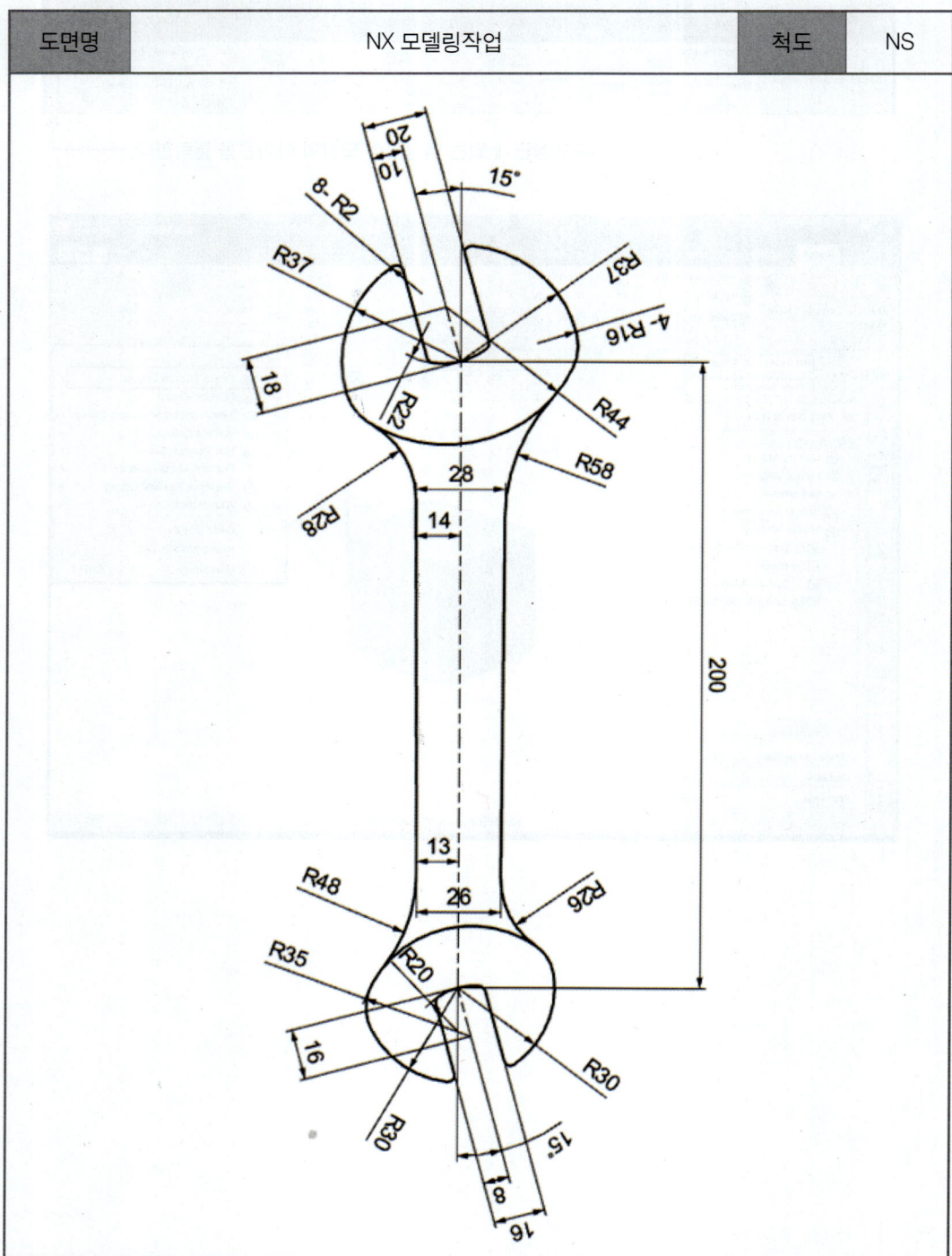

제1장	제2장	제3장	제4장	Chapter A
NX9의 환경 구성과 인터페이스	Sketch	Sketch Dimension	Sketch Constraints	NX9의 환경 구성과 Sketch

❶ New 아이콘을 클릭하여 'Sketch Exercise 2.prt'라는 파일명으로 새로운 파일을 작성한다.

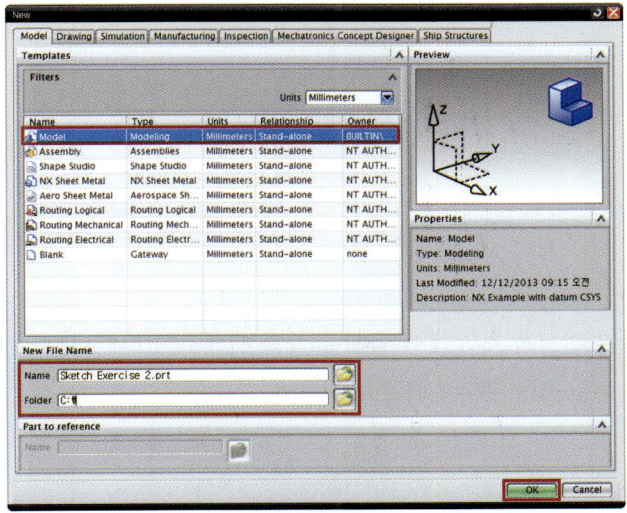

❷ Insert → Sketch In Task Environment(📝)를 클릭한다.

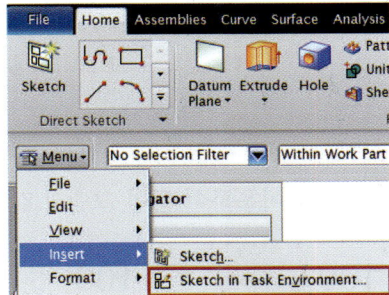

❸ 아래와 같은 창이 나오면 자동으로 잡히는 X-Y평면에 설정되는 것을 확인하고, OK를 클릭한다.

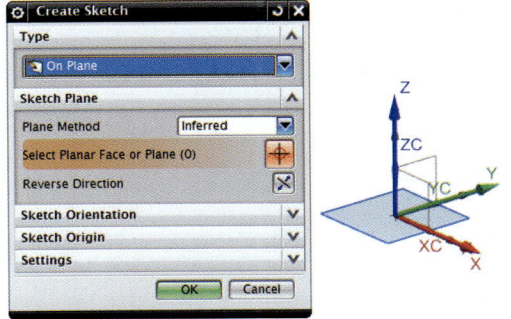

89

❹ Profile( )을 이용하여 그림과 같이 3개의 직선을 작성한다.

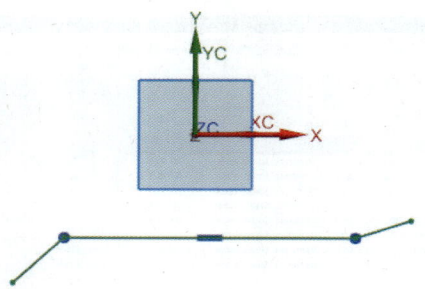

❺ 화살표가 가리키는 직선과 좌표계의 원점을 각각 선택하고 나타나는 아이콘 툴바에서 곡선 상의 점(Point on Curve)의 구속조건을 입력한다.

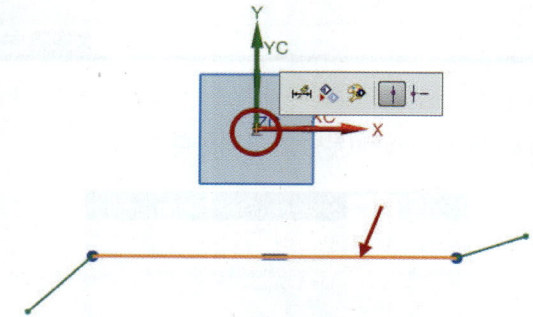

❻ 급속 치수(Rapid Dimension)( )을 이용하여 ❺번 그림과 같이 치수를 입력한다.

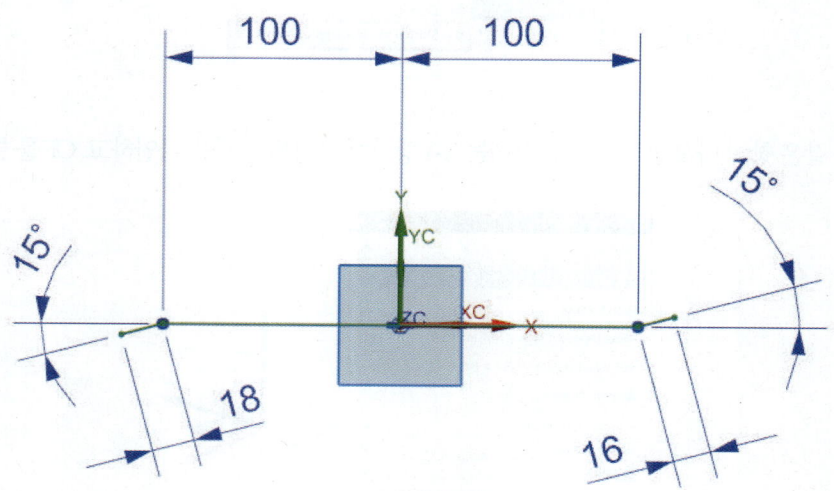

❼ Arc( )의 3점 원호를 이용하여 그림과 같은 위치에 원호를 작성한다.

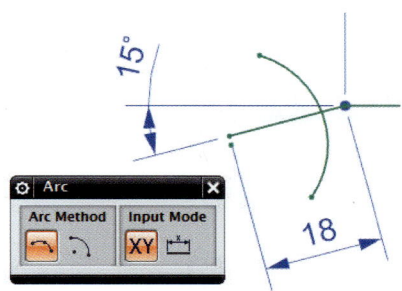

❽ Constraints( )를 실행한 후 곡선 상의 점( ) 구속조건을 선택한다.
화살표가 가리키는 원호의 중심과 길이 18mm의 사선을 각각 선택하여 원호의 중심을 사선 상으로 고정시킨다.

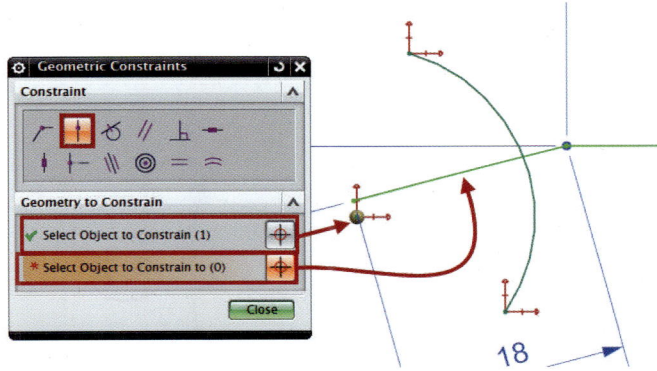

❾ 이어서 중간 점( ) 구속조건을 선택하고 원호와 사선의 한쪽 끝점을 각각 선택하여 원호를 정 가운데를 구속한다.

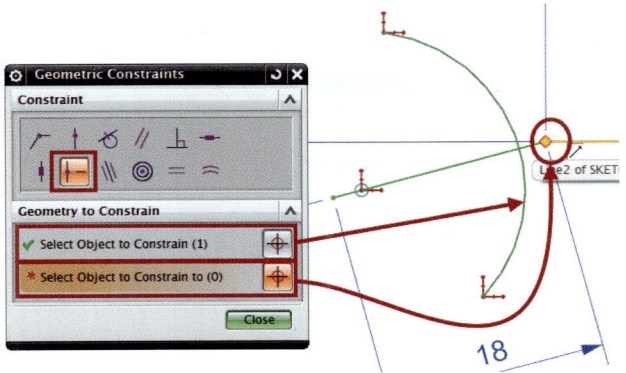

❿ 이어서 곡선 상의 점( ) 구속조건을 선택하고, 위의 작업과 동일하게 선택하여 사선의 위쪽 끝점을 원호 상으로 구속한다.

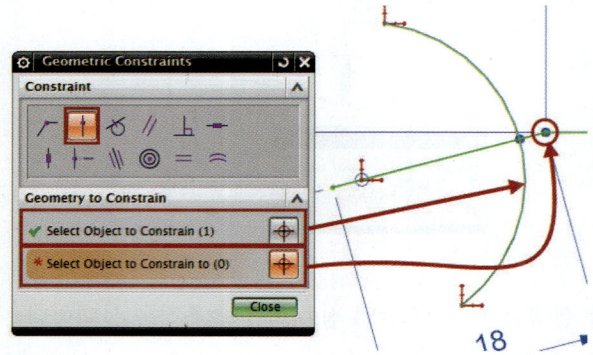

⓫ Rapid( )를 이용하여 그림과 같이 거리10과 반경 22의 치수를 입력한다.

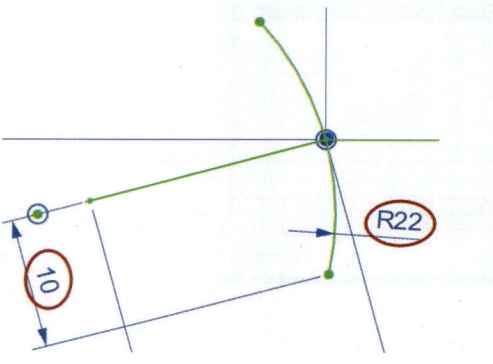

⓬ Arc( ) 2번째 옵션을 이용하여 그림의 원과 같이 3개의 점을 찍어 원호를 작성한다.

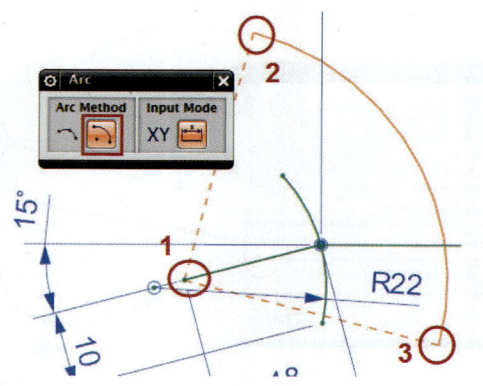

⑬ Circle(◯)을 이용하여 그림과 같이 2번 클릭하여 원을 작성한다.

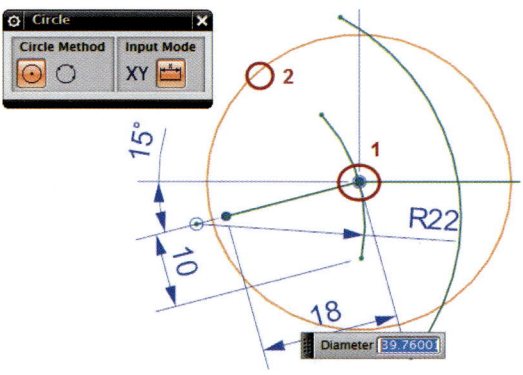

⑭ Rapid(⚡)를 이용하여 그림과 같이 반경 44와 직경 74의 치수를 입력한다.

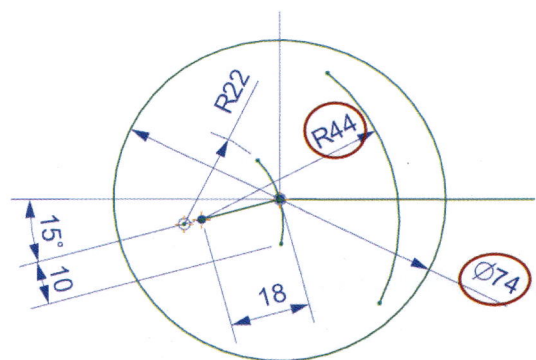

⑮ Quick Extend(✂)를 이용하여 반경 44의 원호의 양쪽 끝점을 원까지 연장한다.

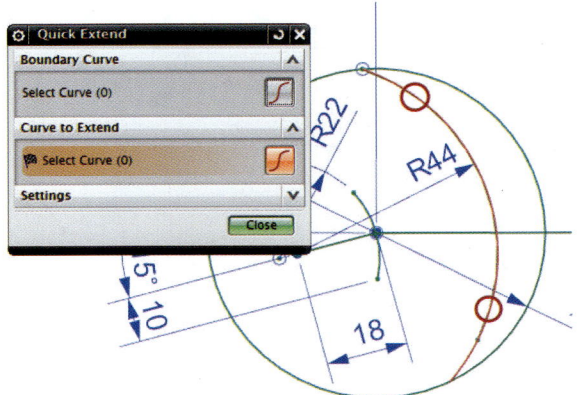

⑯ Line(✎)을 이용하여 중심에 있는 선과 평행하게 반경 22의 원호의 양쪽 끝점에서 시작하는 사선을 작성한다.

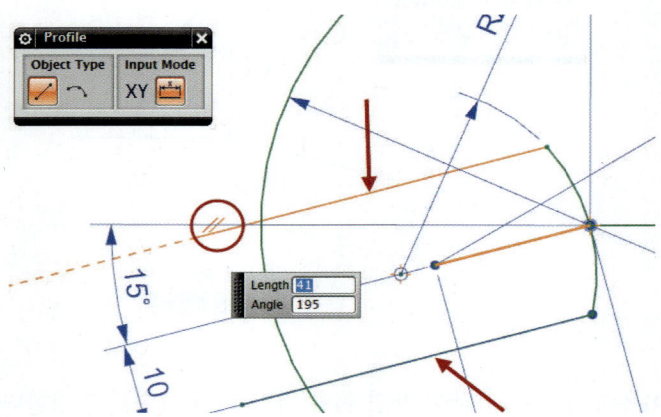

⑰ Quick Trim(✦)을 이용하여 그림과 같이 필요하지 않은 선을 모두 잘라낸다.
마우스 왼쪽 버튼을 길게 누르면 나오는 펜툴로, 필요 없는 선을 교차시키면 그림과 같이 빠르게 트리밍 작업을 진행할 수 있다.

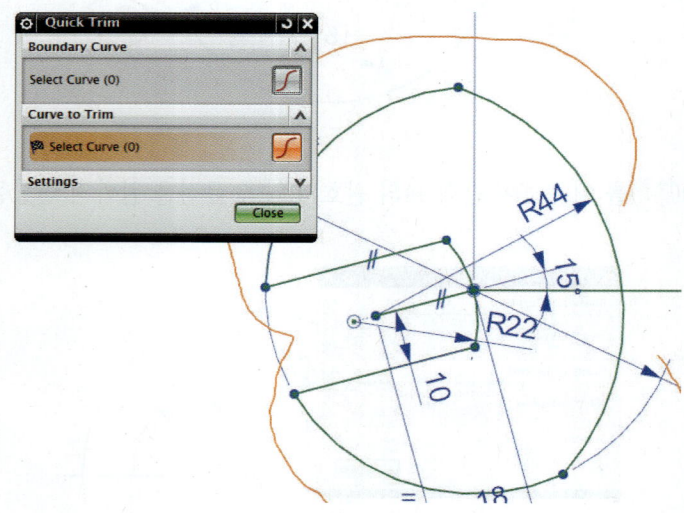

⓲ Fillet( )을 이용하여 화살표가 가리키는 각 2쌍의 곡선에 반경 16mm의 필렛을 삽입한다.

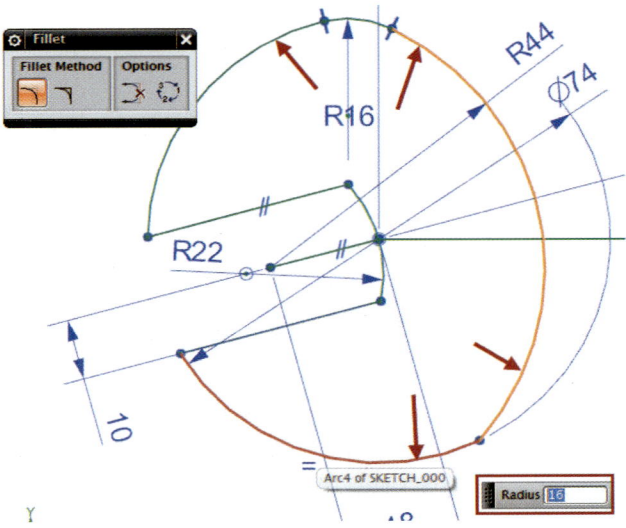

⓳ 다시 화살표가 가리키는 4개소에 반경 2mm의 필렛을 삽입한다.

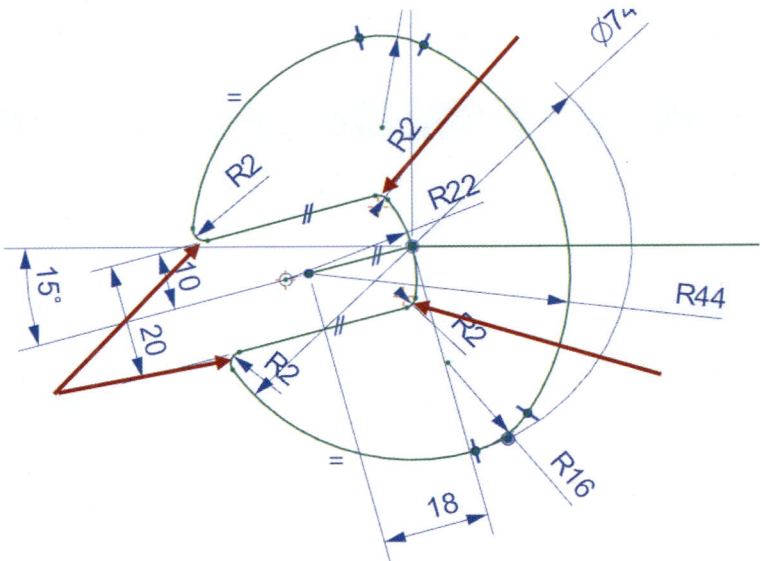

❷⓿ 반대쪽의 개체도 7~19까지의 과정과 동일하게 작성한다.
치수가 다른 부분이 많으므로 도면을 참조하여 작성한다.

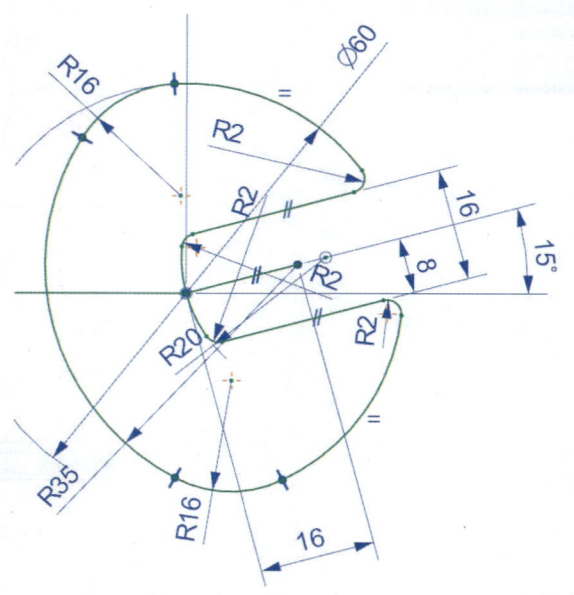

❷❶ Ctrl+B를 누르고 좌상단의 No Selection Filter를 클릭하여 Dimension을 선택한 후 Ctrl+a를 누르고 OK를 클릭한다.

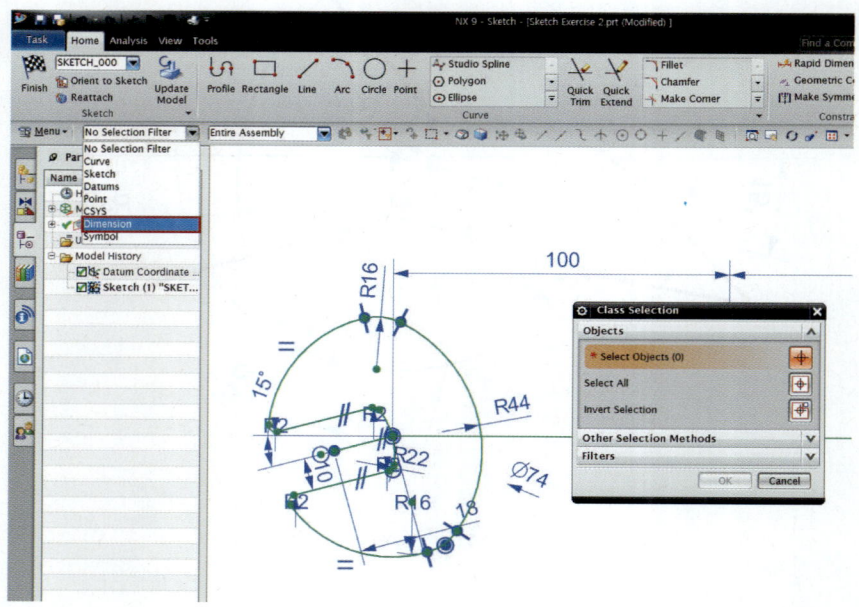

㉒ 아래 그림의 작업을 진행하여 그림과 같이 치수가 모두 사라지는 것을 확인할 수 있다.

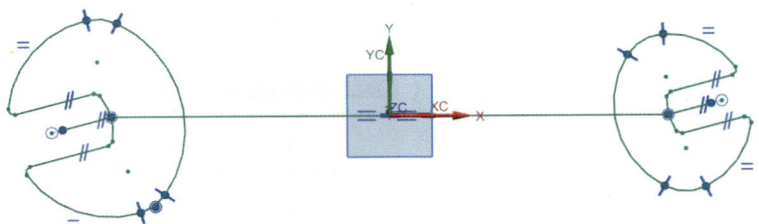

㉓ Line기능을 이용하여 그림과 같이 수평하지 않은 두 개의 직선을 작성한다.

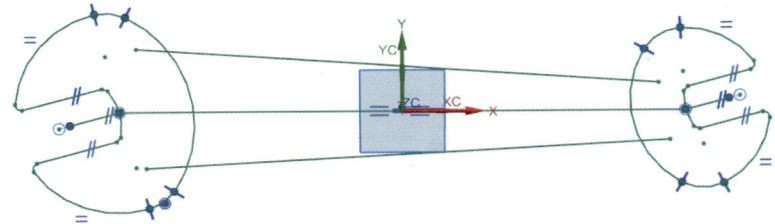

㉔ Quick Trim( )을 이용하여 스패너 안쪽으로 들어간 부분을 잘라낸다.

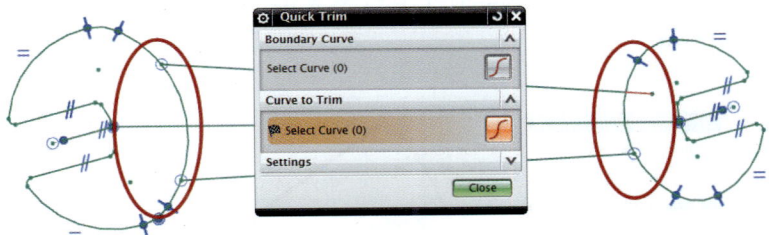

㉕ Rapid Dimension( )을 이용하여 잘라낸 선의 끝점에 아래 그림과 같이 치수를 입력한다.

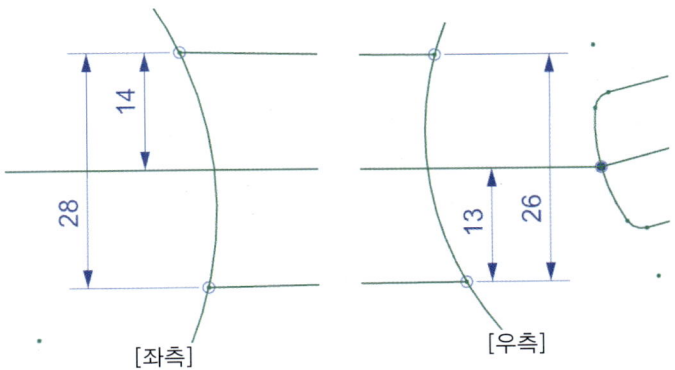

㉖ Fillet( )을 이용하여 아래 그림에서 좌측의 2개 속에 그림과 같이 블렌드를 삽입한다. 원호가 잘려져서는 안 되므로 Untrim타입으로 진행한다.

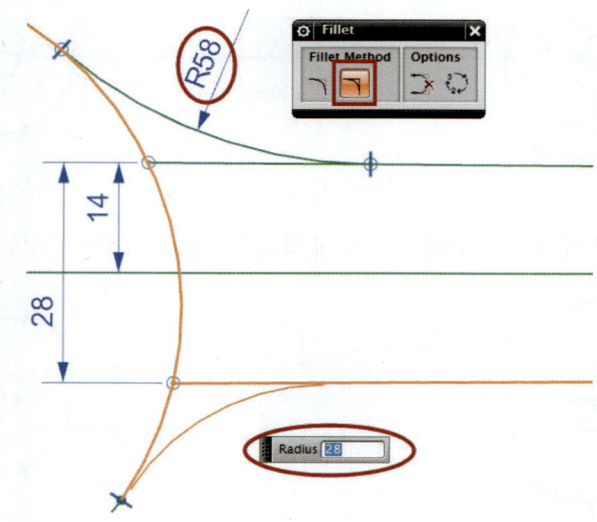

㉗ 우측도 동일하게 반경 26mm와 48mm의 필렛을 삽입한다.
아래 그림 우측의 위쪽 필렛에서 그림과 같이 화살표가 가리키는 곡선과 필렛을 삽입해야 하는 점에 주의하여 작성한다.

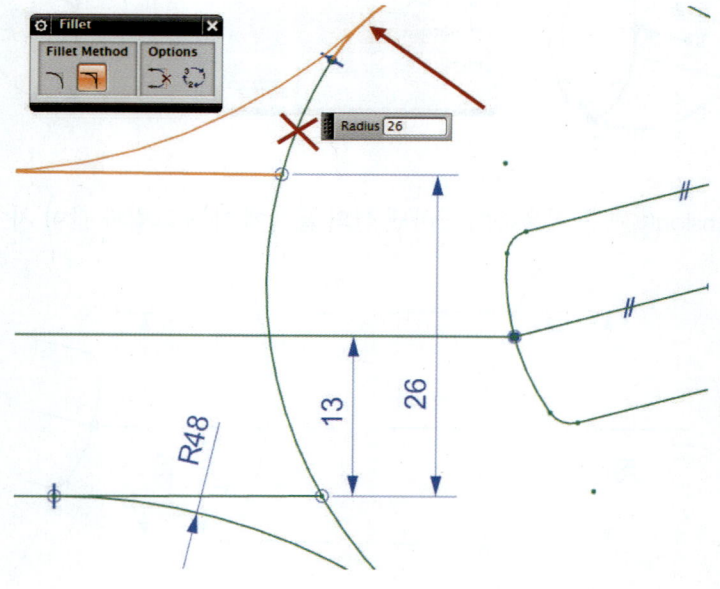

| 제1장 NX9의 환경 구성과 인터페이스 | 제2장 Sketch | 제3장 Sketch Dimension | **제4장 Sketch Constraints** | Chapter **A** NX9의 환경 구성과 Sketch |

㉘ 위의 ㉖, ㉗에서 작성했던 필렛에서 필요하지 않은 4개의 선을 Quick Trim( )을 이용하여 제거한다.

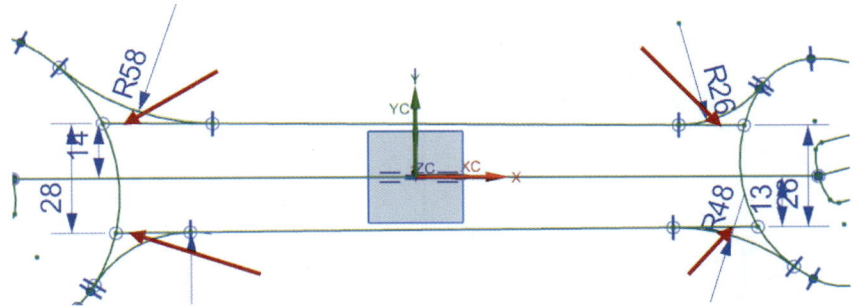

㉙ Convert to/From Reference( )를 이용하여 가운데 있는 3개의 중심선을 참조 선으로 변경한다.

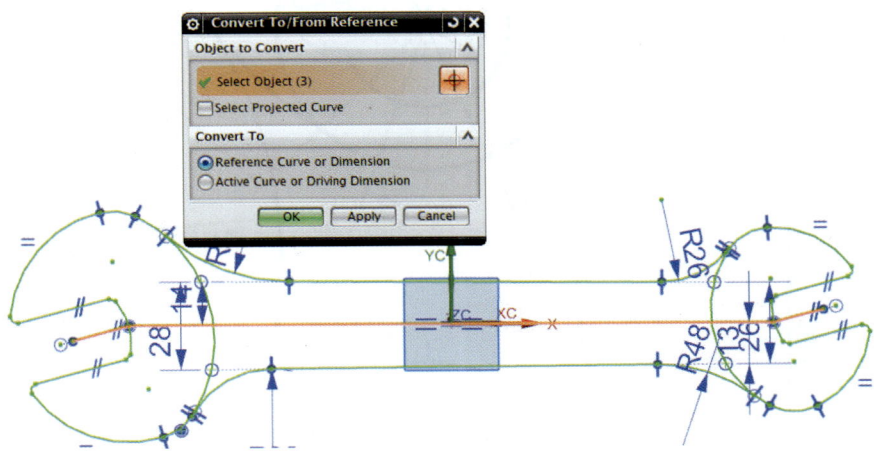

㉚ 아이콘을 클릭하여 스케치를 종료하여 완성한다.

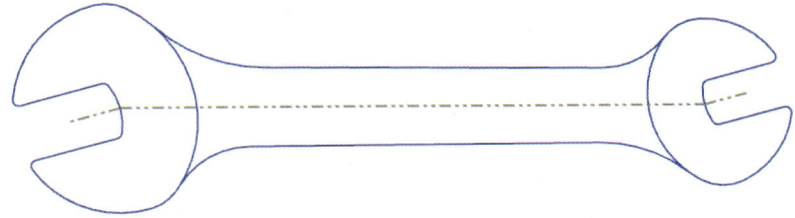

03 Sketch - 연습 도면 2

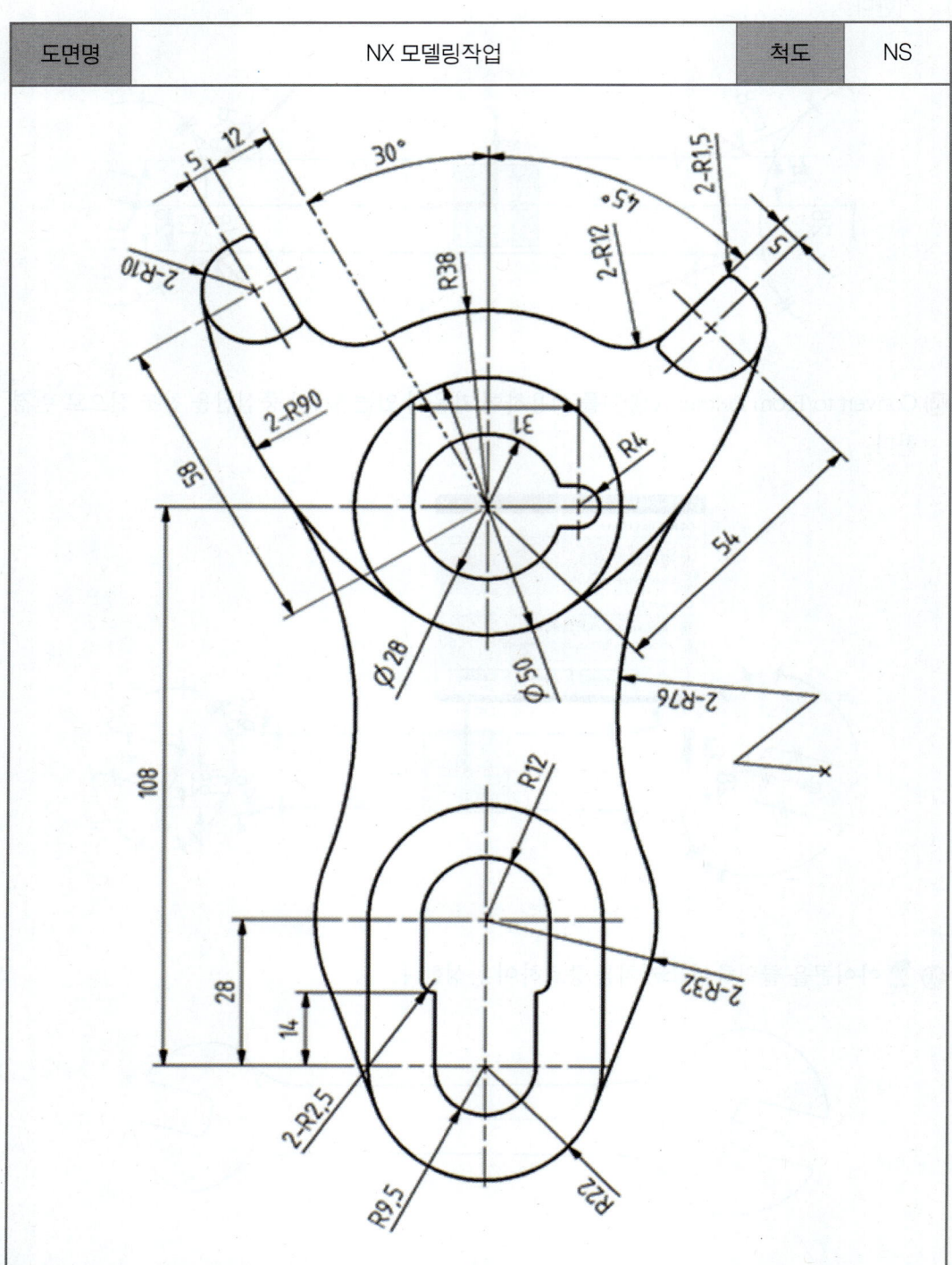

Chapter B

Solid Modeling

- 1장 Extrude & Revolve
- 2장 Layer
- 3장 Feature Operation
- 4장 Detail Feature
- 5장 Associative Copy
- 6장 Curve
- 7장 Trim
- 8장 Solid Exercise

1장 ▶ Extrude & Revolve

제1절 돌출(Extrude)() 정의하기

▶ 위치 : Menu → Insert → Design Feature → Extrude

모든 Modeling 프로그램에서 가장 많이 사용되는 명령으로 NX에서는 한 명령에 많은 Option 이 있어 보다 편하게 Body를 생성할 수 있다. Extrude는 사용자가 정의하는 방향의 직선거리로 Solid 특징형상이 생성된다. Extrude명령에서 선택할 수 있는 Object 곡선, 모서리, 면, 스케치 또는 곡선 특징형상의 2D 또는 3D 프로파일을 선택하여 Body를 생성할 수 있다.

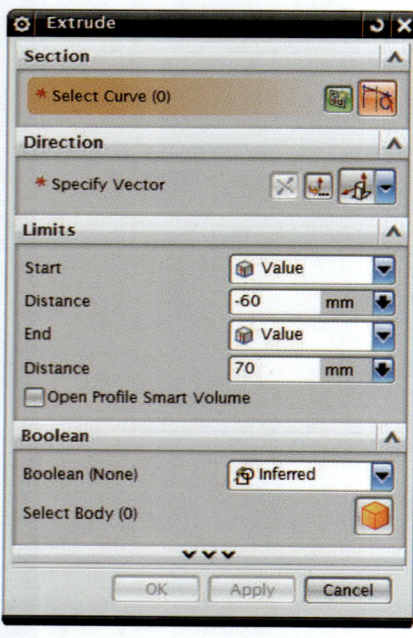

- Section : Extrude할 Curve를 선택 및 Sketch를 생성 하여 선택 가능하다.
- Direction : Extrude의 생성 방향을 지정한다.
- Limits : Start의 거리 값과 End의 거리 값을 입력하여 Body를 생성한다.
  특정 Face까지 Body가 생성할 수 있도록 정의할 수 도 있다.
- Boolean : Extrude로 Body를 생성 시 바로 차집합 () / 교집합() / 합집합()의 Boolean 연산이 가능하다.
- ✱ 표시는 필수 선택사항으로 꼭 지정하여 OK버튼을 활 성화 할 수 있다.

| 제1장 Extrude & Revolve | 제2장 Layer | 제3장 Feature Operation | 제4장 Detail Feature | 제5장 Associative Copy | 제6장 Curve | 제7장 Trim | 제8장 Solid Exercise | Chapter B Solid Modeling |

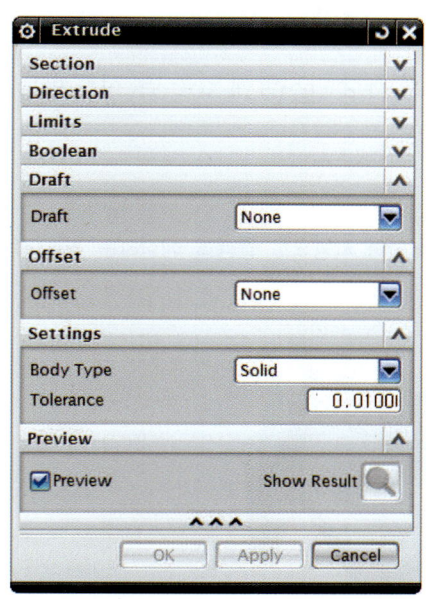

- Draft : Extrude할 Curve를 선택 후 각도(Draft)를 입력하여 Body를 생성할 수 있다.
- Offset : Extrude의 생성 방향의 가로 방향으로 높이가 아닌 폭을 지정할 수 있다.
- Settings : Body의 생성 방법을 Solid로 생성할 것인지, Sheet(Surface)로 생성할 것인지 결정한다. Tolerance는 생성되는 section과 Body의 생성되는 공차 값이다.
- Preview : 생성되는 Body를 미리 볼 수 있는 Option이다.

01 Section

① Select Section( ) : 돌출할 Object를 선택한다.
② Sketch Section( ) : 돌출할 Object를 직접 스케치할 수 있다.

02 Direction

① Reverse Direction( ) : 돌출 방향을 반전할 수 있다.
② Vector Dialog( ) : 벡터설정 방법을 정할 수 있는 별도의 대화상자를 연다.
③ Specify Vector( ) : 돌출 방향 지정을 지정한다.

03 Limits

① Value( ) : 입력한 값만큼 돌출한다.
② Symmetric Value( ) : 입력한 값만큼 대칭으로 돌출한다.
③ Until Next( ) : 바로 다음에 있는 면 혹은 시트 바디까지 돌출한다.
④ Until Selected( ) : 선택한 면 혹은 시트 바디까지 돌출한다.(단면이 선택한 면의 영역 밖에 존재하는 경우는 실행불가)

⑤ Until Extend( ) : 선택한 면 혹은 시트 바디까지 돌출한다.
⑥ Through All( ) : 선택 곡선으로부터 돌출방향으로 가장 마지막에 있는 면, 시트 바디를 모두 통과하여 돌출한다.

🔖 Open Profile Smart Volume
열린 곡선으로 돌출 작업 시 인근의 솔리드 바디를 인식하여 자동으로 볼륨을 생성하는 기능(결합( )이나 빼기( ) 작업 시에만 사용 가능하다.)

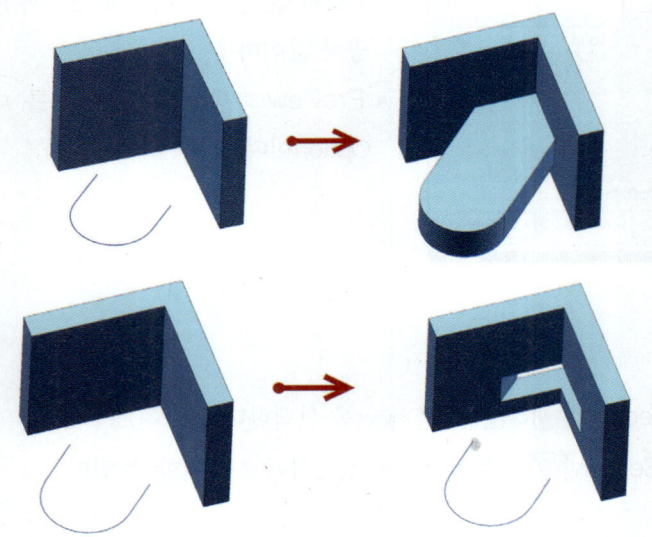

04 Boolean

① Create( ) : 독립적인 Body로 생성한다.
② Inferred( ) : 추정된 바디를 생성할 수 있다.(자동으로 결합되거나 빼어진다.)
③ Unite( ) : 다른 Body와 결합하여 생성한다.
④ Subtract( ) : 선택하는 Body에서 생성되는 Body를 빼기한다.
⑤ Intersect( ) : 생성된 Body가 다른 바디와 교차하는 부분만 Body를 생성한다.

05 구배(Draft)

이 옵션을 선택하면 돌출형상에 구배 각을 생성한다.

① None : 구배 각을 생성하지 않는다.

② From Start Limit( ) : 돌출이 시작되는 부분부터 구배 각이 형성된다.

③ From Section( ) : 단면위치부터 구배 각이 형성된다.

④ From Section-Asymmetric Angle( ) : 단면을 기준으로 다른 구배 각이 형성된다.

⑤ From Section-Symmetric Angle( ) : 단면을 기준으로 같은 구배 각이 형성된다.

⑥ From Section-Matched Ends( ) : 구배 각이 형성되는 서로 맞은편 끝부분이 일치하게 형성된다.

06 옵셋(Offset)

이 옵션을 선택하면 선택한 오브젝트에 옵셋(Offset)을 하여 돌출할 수 있다.

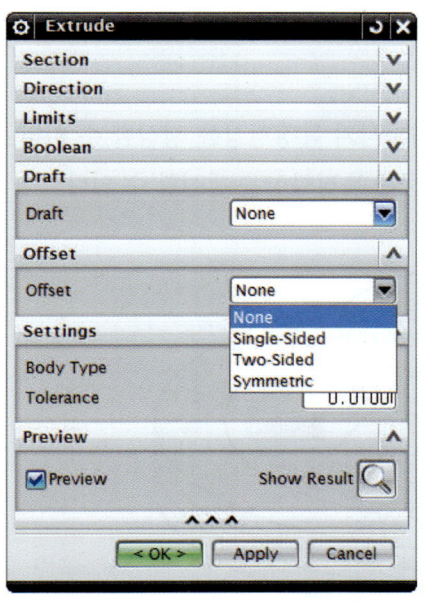

- Single-Sided : 돌출될 커브를 기준으로 한쪽 방향으로 옵셋하여 돌출시킬 수 있다.
- Two-Sided : 돌출될 커브를 기준으로 양쪽 방향으로 서로 다른 값을 주어 돌출시킬 수 있다.
- Symmetric : 돌출될 커브를 기준으로 대칭 값을 지닌 형상을 돌출시킬 수 있다.

07 Settings

① Body Type : 돌출되는 형상을 솔리드 바디로 생성 or 시트 바디로 생성을 정의할 수 있다.

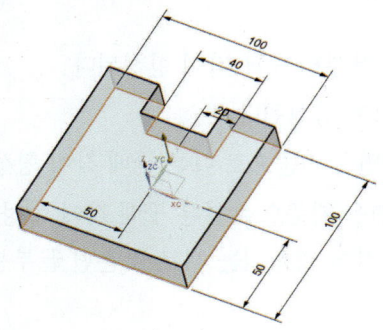
[Body Type : Solid]

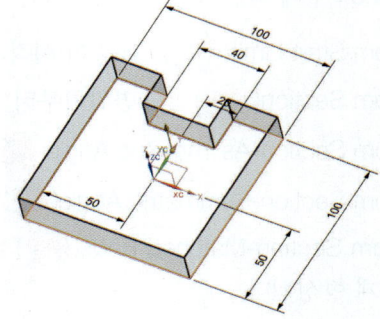
[Body Type : Sheet (surface)]

제 2 절　회전(Revolve)( ) 정의하기

▶ 위치 : Menu → Insert → Design Feature → Revolve

단면 곡선을 0도 이외의 각도로 주어진 축을 따라 회전시켜 특징형상을 생성할 수 있다. 기본 단면으로 시작하여 둥근 특징형상 또는 부분적으로 둥근 특징형상을 생성할 수 있다.

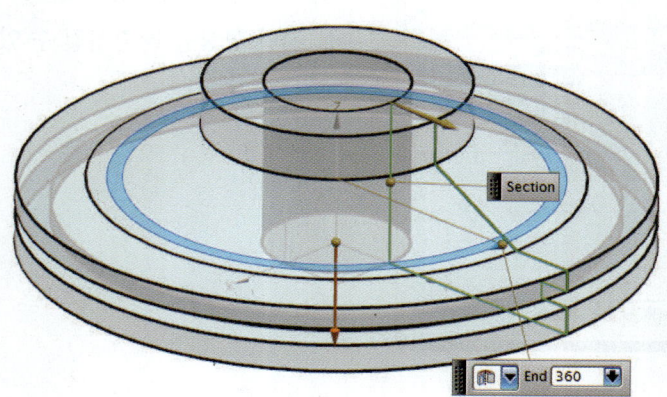

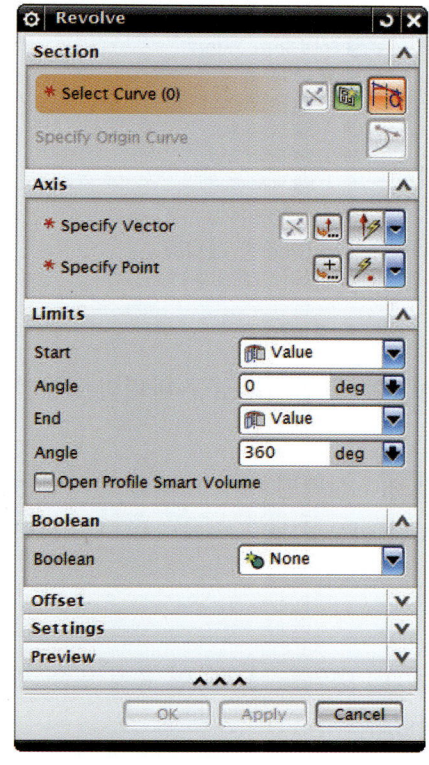

- Select Curve( ) : Revolve할 오브젝트를 선택한다.
- Sketch Section( ) : 돌출할 오브젝트를 직접 스케치할 수 있다.
- Specify Vector( ) : Revolve의 중심을 선택한다.
- Boolean
  - Create( ) : 독립적인 Body로 생성한다.
  - Unite( ) : 다른 Body와 결합하여 생성한다.
  - Subtract( ) : 선택하는 Body에서 생성되는 Body를 빼기한다.
  - Intersect( ) : 생성된 Body가 다른 바디와 교차하는 부분만 Body를 생성한다.
  - Reverse Direction( ) : 돌출 방향을 반전할 수 있다.
- 옵셋(Offset) : 이 옵션을 선택하면 선택한 오브젝트에 옵셋(Offset)을 하여 돌출할 수 있다. 돌출(Extrude)과 같은 옵션을 지니고 있다.

- Body Type : 돌출되는 형상을 솔리드 바디로 생성 or 시트 바디로 생성을 정의할 수 있다. 돌출(Extrude)과 같은 옵션을 지니고 있다.

01 결합(Unite)( )

▶ 위치 : Menu → Insert → Combine → Unite

결합 부울 기능을 사용하면 두 개 이상의 바디 볼륨을 단일 바디로 결합할 수 있다. 타깃 및 공구 바디의 수정되지 않은 복사본을 저장 및 유지하기 위한 옵션이 제공된다.

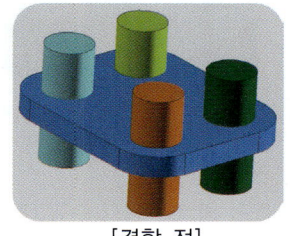
[결합 전]

[결합 후]

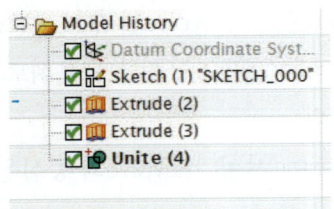

[여러 개의 Tool을 선택하여도 one Feature로 생성]

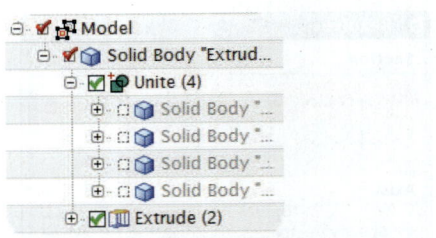

[Time stamp Order를 해제하면 Unite작업이 그룹화됨]

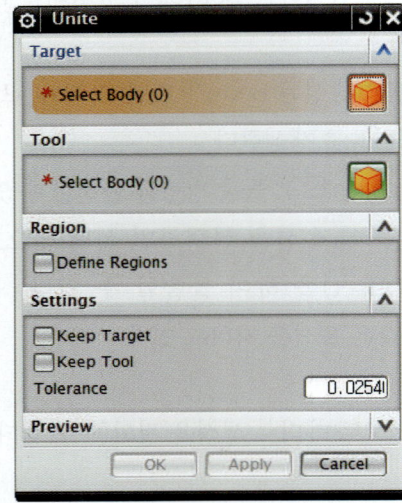

- Target Body(🟧) : 결합되고 공구 바디의 일부가 된다.
- Tool Body(🟧) : 선택된 타깃 바디를 수정하는데 사용할 하나 이상의 공구 솔리드 바디를 선택할 수 있다.
- Region
  - Define Region : 영역을 선택하여 유지 또는 제거를 할 수 있다.
- Settings
  - Keep Target : Keep Target Option은 Target Body를 보유한다는 Option이다.
  - Keep Tool : Keep Tool Option은 Tool Body를 보유한다는 Option이다.

🖉 영역(Region) 옵션

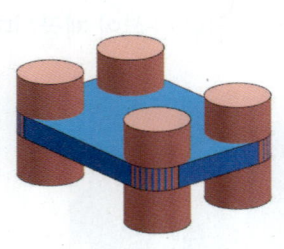 ➡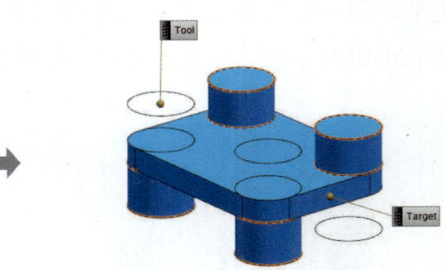

위와 같이 2개 이상의 개체 결합 시 최종형상에서 필요한 영역만 남길 수 있다.

02 빼기(Subtract)( )

▶ 위치 : Menu → Insert → Combine → Subtract

빼기 옵션에서는 공구 바디를 사용하여 타깃 바디에서 볼륨을 제거할 수 있도록 하는 SUBTRACT 특징형상이 생성된다. 이 오퍼레이션을 수행하면 빼기 작업의 타켓 바디가 있는 위치에 빈 공간이 남게 된다.

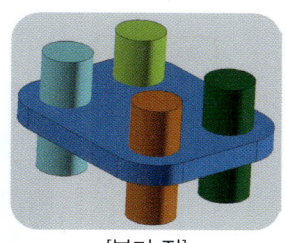
[분리 전]

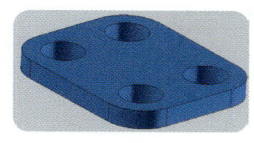
[분리 후]

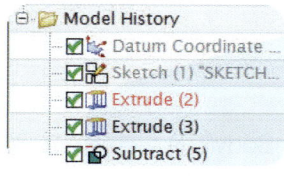
[한 번에 여러 개의 Tool 지정]

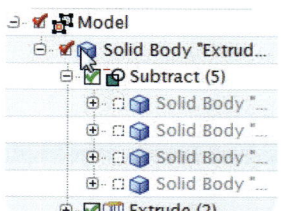
[Feature를 유지할 수 있음]

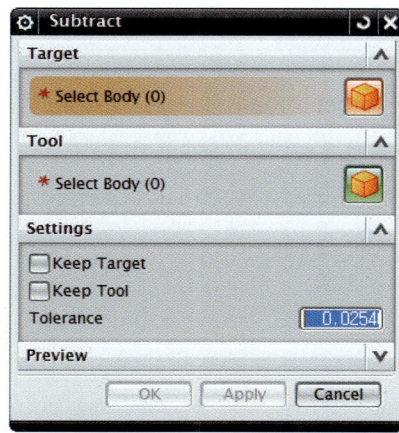

- Target Body( ) : 결합되고 공구바디의 일부가 된다.
- Tool Body( ) : 선택된 타깃 바디를 수정하는 데 사용할 하나 이상의 공구 솔리드 바디를 선택할 수 있다.
- Settings
  - Keep Target : Keep Target Option은 Target Body를 보유한다는 Option이다.
  - Keep Tool : Keep Tool Option은 Tool Body를 보유한다는 Option이다.

03 교차(Intersect)

▶ 위치 : Menu▼ → Insert → Combine → Intersect

이 옵션을 사용하면 두 개의 서로 다른 바디에서 공유하는 볼륨이 포함된 바디를 생성할 수 있다. 솔리드와 솔리드, 시트와 시트, 시트와 솔리드를 교차시킬 수 있지만 솔리드와 시트를 교차시킬 수는 없다.

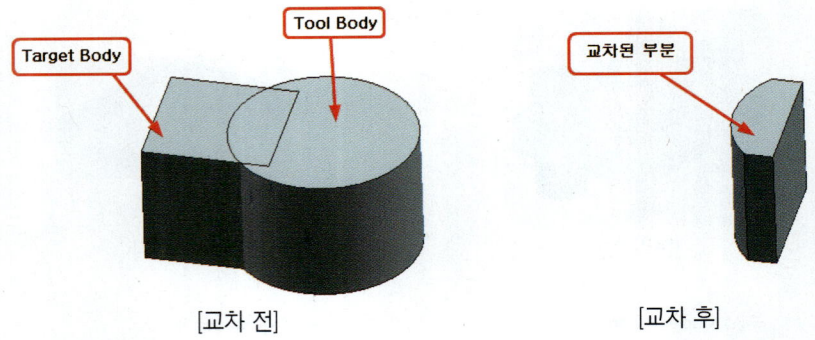

[교차 전]   [교차 후]

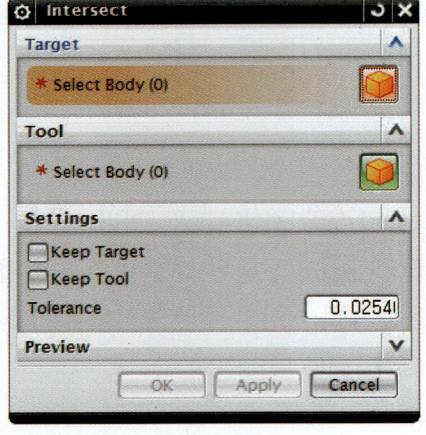

- Target Body( ) : 결합되고 공구 바디의 일부가 된다.
- Tool Body( ) : 선택된 타깃 바디를 수정하는 데 사용할 하나 이상의 공구 솔리드 바디를 선택할 수 있다.
- Settings
  - Keep Target : Keep Target Option은 Target Body를 보유한다는 Option이다.
  - Keep Tool : Keep Tool Option은 Tool Body를 보유한다는 Option이다.

2장 ▶ Layer

제1절 Layer

01 Layer Setting( )

▶ 위치 : Menu▼ → Format → Layer Setting

Layer를 사용하면 복잡한 도면을 간결한 여러 개의 도면으로 나누어 작업할 수 있으므로 간편해지고 처리속도도 빨라진다.

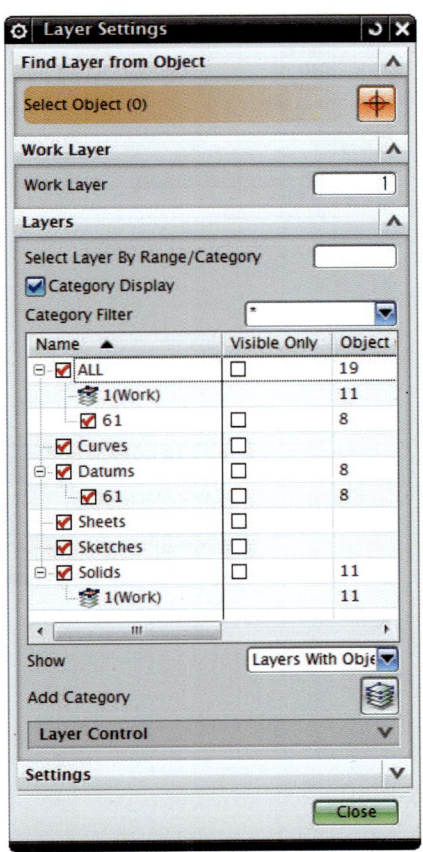

- Find Layer from Object : Modeling Navigator에서 Object를 선택하면 몇 번 Layer에 위치했는지 활성화된다.
- Work : 현재 작업하는 창을 정의한다.
- Layers : Category Display를 체크하면 Name 폴더에 Layer 번호를 관리할 수 있다.
- Category Display : Category별로 레이어를 보여준다.
- Show
  - All layers : 모든 레이어를 보여준다.
  - Layers With Objects : Object가 들어있는 레이어만 보여준다.
  - All Selectable Layers : 현재 활성화 되어있는 레이어만 보여준다.
  - All Visible Layers : 레이어속성이 Visible로 되어있는 것만 보여준다.
- Add Category : 새로운 Category를 추가 시킬 수 있다.

02 Move to Layer( )

▶ 위치 : Menu▼ → Format → Move to Layer

이동하고 싶은 Object를 선택하고 OK를 클릭한다.

🔖 Move To Layer보다는 Object Display를 사용하여 Layer 분류를 지정한다.(Ctrl+J)

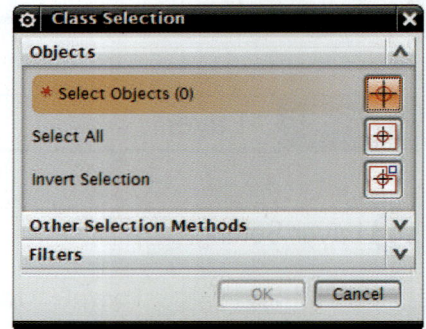

Destination Layer or Category 부분에 이동시키고 싶은 레이어의 번호를 넣어주고 OK를 누르면 Object가 이동된다.

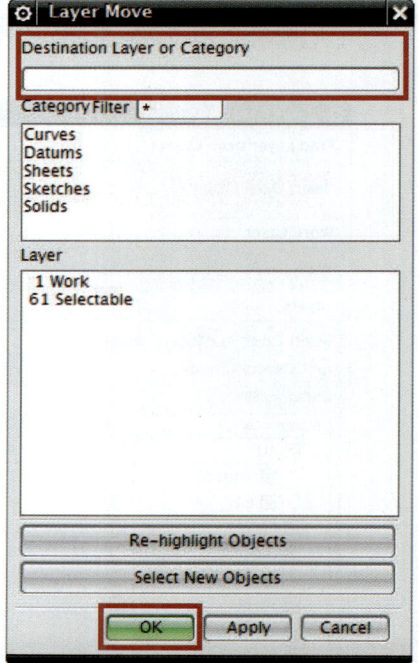

03 Copy to Layer( )

▶ 위치 : Menu▼ → Format → Copy to Layer

Copy to Layer 또한 Move to Layer와 사용법이 동일하다.
Copy된 Object는 Parameter를 갖지 않은 Body로 생성된다.

3장 ▶ Feature Operation

제1절 블록(Block)(▣)

▶ 위치 : Menu → Insert → Design Feature → Block

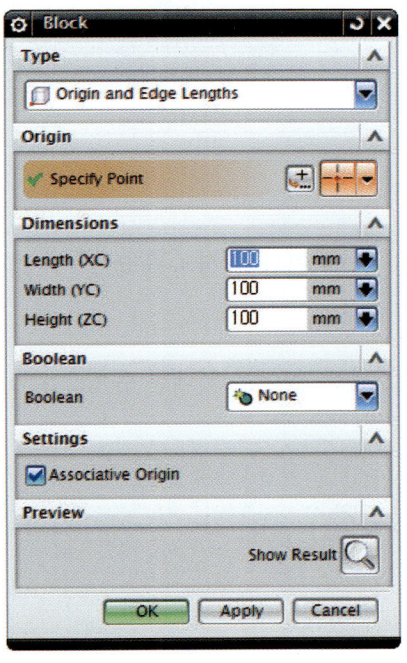

01 Origin, Edge Lengths(▣) : 원점, 모서리의 길이로 생성된다.

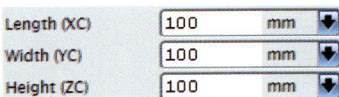

원점과 X, Y, Z의 길이를 정의하여 블록을 생성할 수 있다.

02 **Two Point, Height(　)** : 두 개의 점, 높이로 생성된다.

기준의 두 대각선 점과 높이를 정의하여 블록을 생성
할 수 있다.

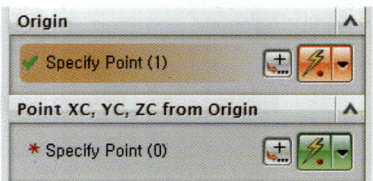

03 **Two Diagonal Point(　)** : 두 개의 대각선 점으로 생성된다.

마주보는 코너를 나타내는 두 개의 3D 대각선 점을
정의하여 블록을 생성할 수 있다.

04 **Settings** : 이 옵션을 사용하게 되면 Feature 간에 연관된 결과를 얻을 수 있다.

① Associative Origin

　ⓐ Origin, Edge Lengths(　) : 원점과 가로, 세로, 높이로 선택한 유형으로 설정 시에
　　나타난다.

② Associative Origin and Offset

　ⓐ Two Point, Height(　), Two Diagonal Point(　) : 이와 같이 두 가지 타입의 설정에
　　따라 나타나게 된다.

제 2 절 원통(Cylinder)( )

▶ 위치 : Menu → Insert → Design Feature → Cylinder

다음 옵션을 사용하여 방향, 크기 및 위치를 지정하여 원통 기본을 생성한다.

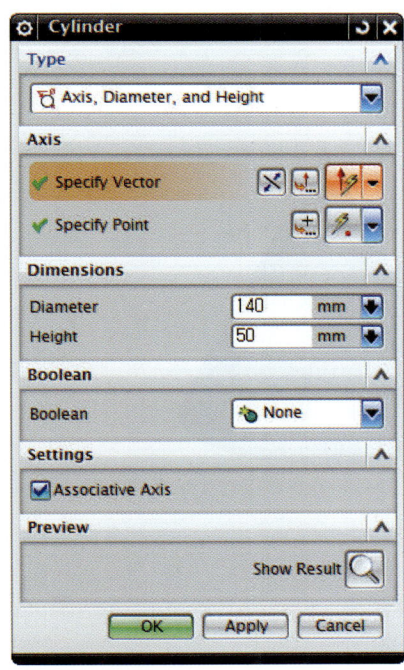

- Axis, Diameter, and Height( ) : 직경 및 높이 값을 정의한다.
- Arc and Height( ) : 원호를 선택하고 높이 값을 입력하여 원통을 생성한다.
- Specify Vector : Cylinder의 생성 방향을 지정한다.
- Specify Point : Cylinder의 기준 Point를 지정한다.
- Properties : Cylinder의 Diameter(직경)값과 Height(높이)값을 정의한다.
- Boolean : Extrude와 마찬가지로 생성 시 Boolean연산이 가능하다(합집합 / 차집합 / 교집합).
- Associative Axis : 체크 시 축방향에 대해 연관성 있는 작업을 할 수 있다.

제 3 절　원뿔(Cone)

▶ 위치 : Menu → Insert → Design Feature → Cone

다음 옵션을 사용하여 방향, 크기 및 위치를 지정하여 원뿔 기본을 생성한다.

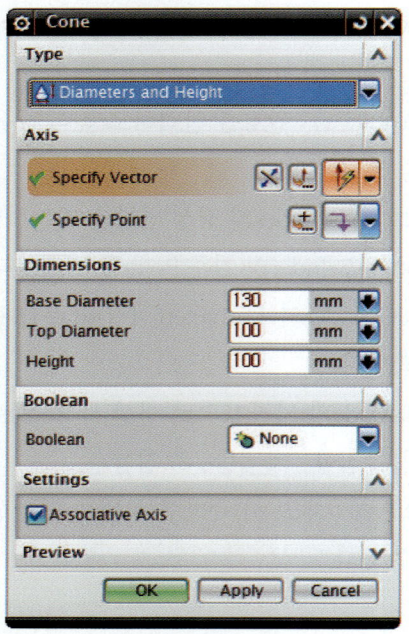

1) Type

　① Diameters and Height( ) : 직경과 높이 값을 정의한다.

　② Diameters and Half Angle( ) : 직경과 반각 값을 정의한다.

　③ Base Diameter, Height and Half Angle( ) : 기준직경, 높이 및 절반 꼭짓점 각도 값을 정의한다.

　④ Top Diameter, Height and Half Angle( ) : 윗면직경, 높이 및 절반 꼭지 점 각도 값을 정의한다.

　⑤ Two Coaxal Arcs( ) : 두 원호를 선택하여 정의한다.

2) Settings

　① Associative Axis : 원뿔을 형성하게 되는 축 방향에 대한 연관성을 얻을 수 있다.

| 제1장
Extrude
& Revolve | 제2장
Layer | 제3장
Feature
Operation | 제4장
Detail
Feature | 제5장
Associative
Copy | 제6장
Curve | 제7장
Trim | 제8장
Solid
Exercise | Chapter ③
Solid Modeling |

제 4 절   절구(Sphere)(◯)

▶ 위치 : Menu ▾ → Insert → Design Feature → Sphere

다음 옵션을 사용하여 방향, 크기 및 위치를 지정하여 구를 생성할 수 있다.

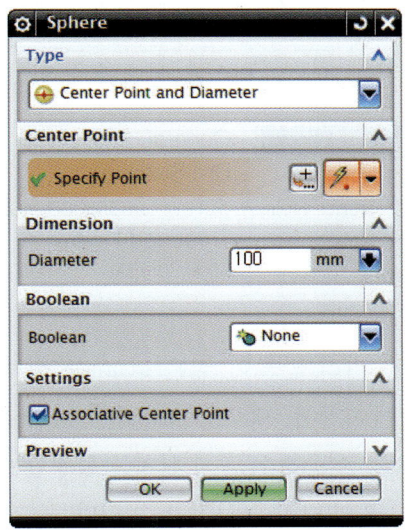 

1) Type

① Center Point and Diameter(✛) : 원의 중심점의 위치와 직경의 값으로 구를 생성한다.

② Arc(◯) : 미리 만들어 놓은 Arc로 구를 생성한다. 사용자가 선택한 원호는 완전한 원이 아니어도 된다. 원호 오브젝트에 상관없이 이를 기반으로 완전한 구가 자동으로 생성된다. 사용자가 선택한 원호를 통해 구의 중심과 직경이 정의된다.

2) Settings

① Associative Center Point : Center Point and Diameter로 설정 시 나타나며 원의 중심 포인트에 대한 연관을 얻을 수 있다.

제 5 절   구멍(Hole)

▶ 위치 : Menu ▸ → Insert → Design Feature → Hole

구멍 옵션을 사용하면 솔리드 바디에 간단한 구멍, 카운터보어 구멍 또는 카운터싱크 구멍을 생성할 수 있다. 모든 구멍 생성 옵션에 사용되는 깊이 값은 양수여야 한다.

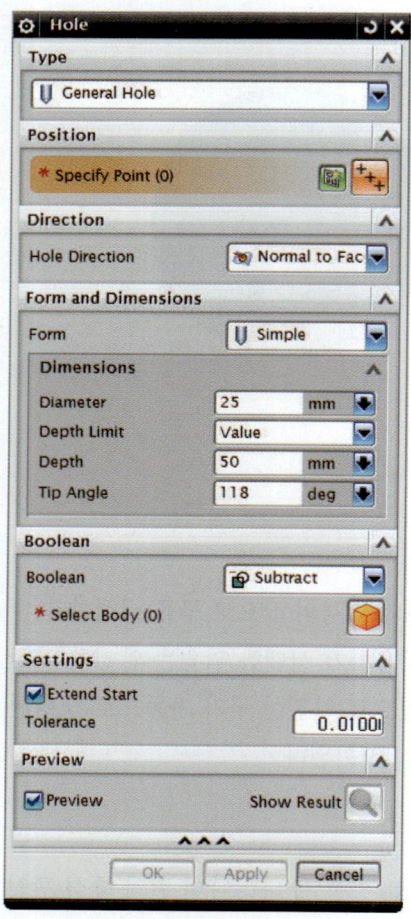

- Type : 원하는 Hole의 타입을 선택할 수 있다.

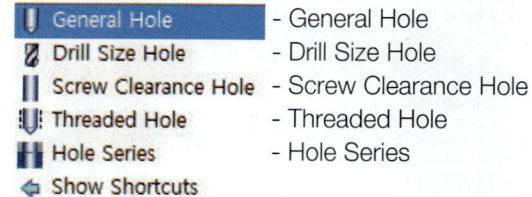

- Position : 미리 만들어 놓은 Point를 선택하거나 Sketch로 들어가서, 새로운 Point를 Dimension이나 Constraints를 이용하여 홀의 위치를 설정할 수 있다.
- Direction : 홀의 방향을 설정할 수 있다.
- From and Dimensions : 홀의 크기나, 모양, 깊이와 드릴의 끝점의 각을 설정할 수 있다.
- Boolean : 기본 값으로 Subtract로 설정되어 있다. None으로 설정 시 하나의 Hole이 생성되어지게 된다.
- Settings : 공차에 의한 연장을 할 수 있다.
  - Extend Start 선택 시 공차에 의한 연장을 할 수 있다.
  - Extend Start 해제 시 입력한 옵션에 따라 홀이 만들어지게 된다.

1) Type

① Drill Size Hole : ISO(국제 표준화 기구)에 작성된 값을 사용할 수 있다.

② Screw Clearance Hole : Counterbored, Countersunk의 작업을 실행 중 관통할 시 Chamfer의 Angle작업을 쉽게 정의할 수 있다.

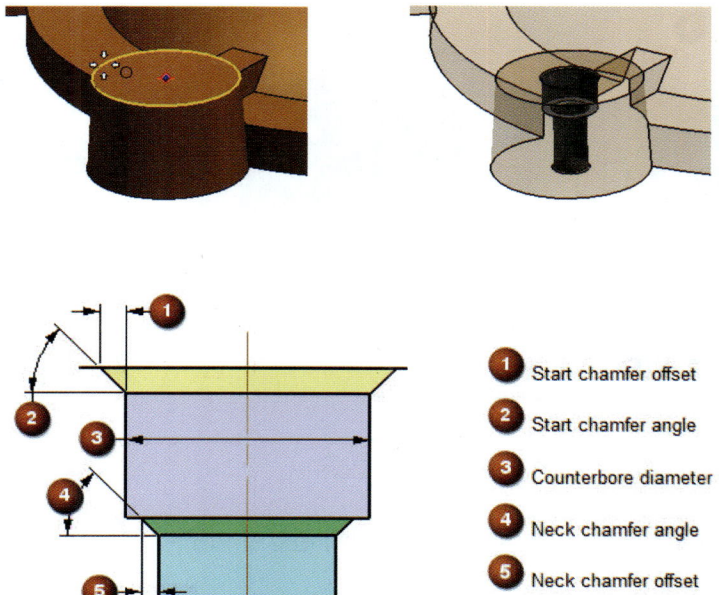

③ Thread Hole : 도면작업 (Drafting Mode)에서 Thread 작업을 도면화한다.

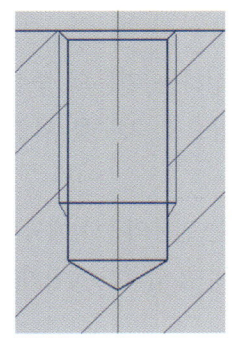 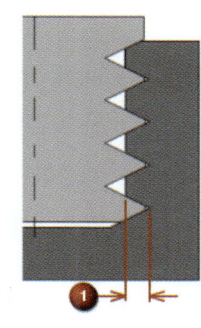 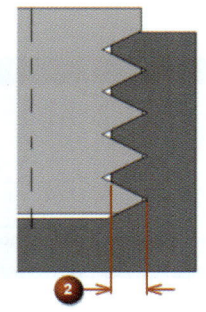

④ Radial Engage : 체결되는 부분의 위치 값을 적용할 수 있다.

⑤ Hole Series : 분리된 형상에 대해 관통하는 Hole을 생성할 수 있다.

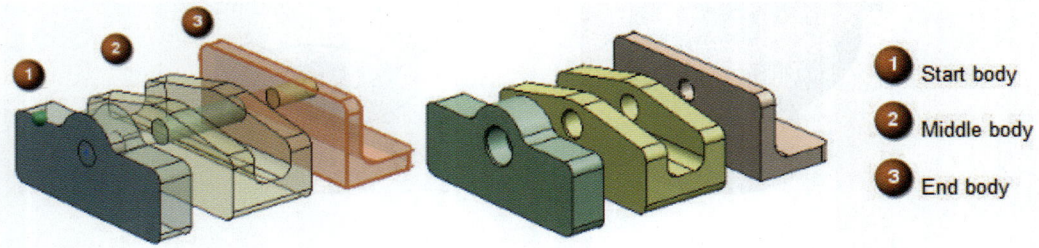

제 6 절   보스(Boss)(📦)

▶ 위치 : Menu → Insert → Design Feature → Boss

원통을 보다 쉽게 생성할 수 있으며, 생성과 동시에 결합이 이루어진다.

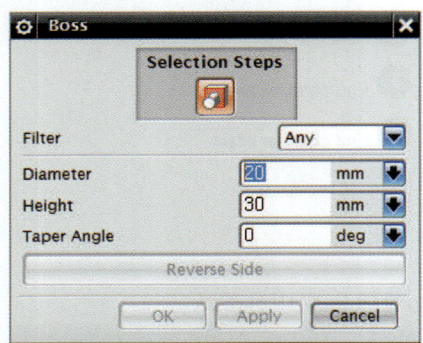

- Filter : 원통을 생성할 면을 선택한다.
- Filter의 종류 : 아래와 같이 3개로 나뉜다.

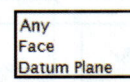

- Diameter : 지름 치수를 정의한다.
- Height : 높이 치수를 정의한다.
- Taper Angle : 구배 각도 치수를 정의한다.

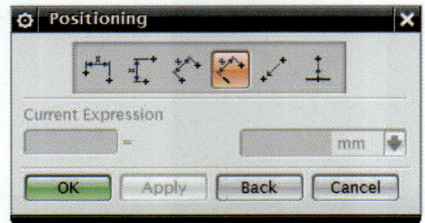

- Horizontal(⊞) : 생성하는 원통의 중심에서 선택한 선으로부터 수평방향으로 치수를 입력하여 위치를 설정한다.
- Vertical(⊞) : 생성하는 원통의 중심에서 선택한 선으로부터 수직방향으로 치수를 입력하여 위치를 설정한다.

- Parallel(⊞) : 생성하는 원통의 중심에서 선택한 선으로부터 평행인 방향으로 치수를 입력하여 위치를 설정한다.
- Perpendicular(⊞) : 생성하는 원통의 중심에서 선택한 선의 수직방향으로 치수를 입력하여 위치를 설정한다.

- Point onto Point(　) : 생성하는 원통의 중심과 하나의 점을 선택하여 위치를 설정한다.
- Point onto Line(　) : 선을 선택하여 선의 중심과 원의 중심이 일치되는 곳에 위치를 지정한다.

제 7 절 포켓(Pocket)(　)

▶ 위치 : Menu ▾ → Insert → Design Feature → Pocket

포켓 옵션을 사용하면 지정한 면에 포켓 형상을 생성할 수 있다.

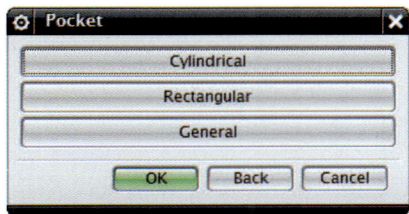

- Cylindrical : 원형 포켓
- Rectangular : 사각형 포켓
- General : 일반 포켓

🔖 곡면에서 Offset된 포켓 형상을 생성할 수 있다.

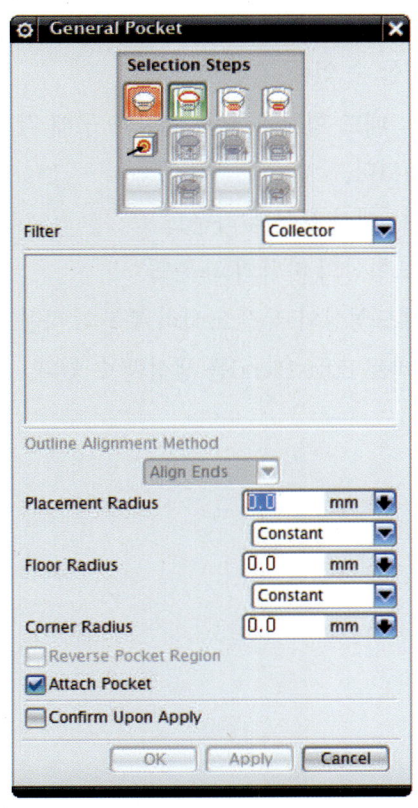

General Pocket

- Placement Face(　) : 포켓의 배치면
- Placement Outline(　) : 포켓형상을 결정하는 커브를 선택한다.
- Floor Face(　) : 포켓의 깊이를 입력 곡면에서의 Offset을 입력할 수 있다.
- Floor Outline(　) : 포켓형상의 생성 방향과 구배 각도를 입력할 수 있다.
- Placement Radius : 대상 면 부분의 라운드
- Floor Radius : 포켓형상의 바닥 부분의 라운드 값
- Corner Radius : 포켓형상의 각진 모서리 부분의 라운드 값을 입력하여 바로 Edge Blend를 생성할 수 있다.

제 8 절 패드(Pad)(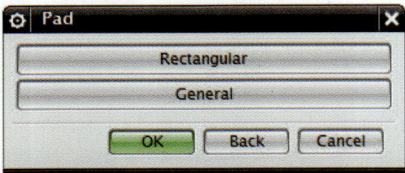)

▶ 위치 : Menu ▼ → Insert → Design Feature → Pad

패드 옵션을 사용하면 기존의 솔리드 바디에 덧붙여서 형상을 생성할 수 있다.

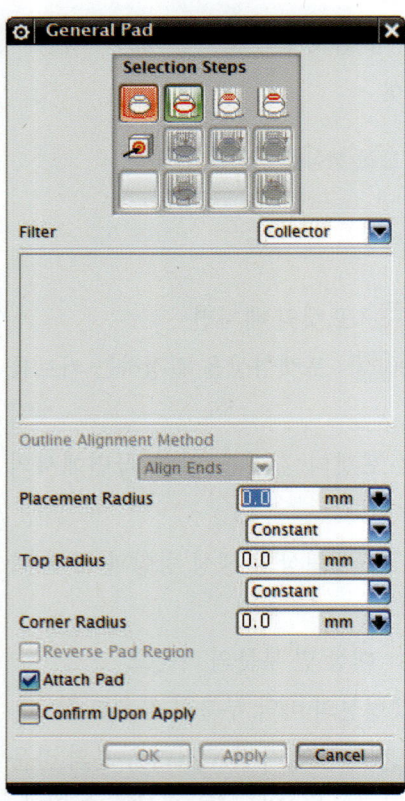

- Rectangular : 사각형 패드
- General : 사용자 정의 외곽선을 사용

General Pad

- Placement Face( ) : 패드의 배치면
- Placement Outline( ) : 패드형상을 결정하는 커브를 선택한다.
- Floor Face( ) : 패드의 깊이를 입력한다. 곡면에서의 Offset값을 입력할 수 있다.
- Floor Outline( ) : 패드 형상의 생성 방향과 구배 각도 값을 입력할 수 있다.
- Placement Radius : 대상 부분의 라운드
- Floor Radius : 패드형상의 바닥의 라운드
- Corner Radius : 패드형상의 각진 모서리 부분의 라운드 값을 입력하여 바로 Edge Blend를 생성할 수 있다.

| 제1장 Extrude & Revolve | 제2장 Layer | 제3장 Feature Operation | 제4장 Detail Feature | 제5장 Associative Copy | 제6장 Curve | 제7장 Trim | 제8장 Solid Exercise | Chapter B Solid Modeling |

제 9 절   엠보스(Emboss)

▶ 위치 : Menu → Insert → Design Feature → Emboss

- Section : 기준이 되는 Curve를 선택한다.
- Face to Emboss : 기준이 되는 Face를 선택한다.
- Emboss Direction : Project할 방향을 지정한다.
- End Cap : Emboss Type을 정의한다.
- Draft : Emboss에 Draft를 정의한다.
- Settings : 생성 방향의 지정 방식은 Pocket / Pad / 혼합형으로 정의된다.

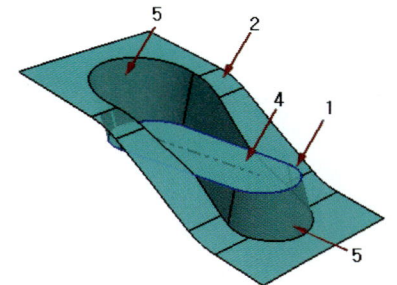

1) Section : 생성하려는 Section Curve를 선택한다.
2) Face to Emboss : Emboss를 생성할 Face를 선택한다.
3) Emboss Direction : Section Curve가 Project할 방향을 선택한다.
4) End Cap : Emboss 생성 Type을 정의한다.
5) Draft : Taper가 필요하다면 Taper값을 입력한다.
6) Settings : 생성 방향을 지정한다. 지정 방식은 Pocket / Pad / Pocket+Pad

제10절 옵셋 엠보스(Offset Emboss)

▶ 위치 : Menu ▸ → Insert → Design Feature → Offset Emboss

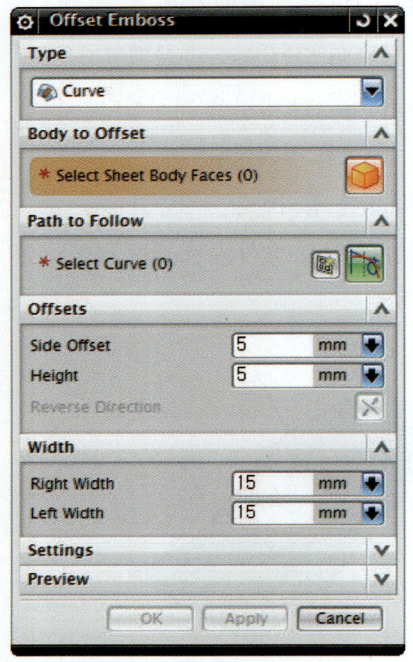

- Type : Offset Type을 정의한다.
- Body to Offset : 기준이 되는 Face를 선택한다.
- Path to Follow : Offset하려고 하는 Curve를 선택한다.
- Offsets : Offset값을 입력한다.
- Width : 선택한 Curve를 기준으로 Width값을 입력한다.
- Settings : 생성되는 형상의 공차값을 입력한다.

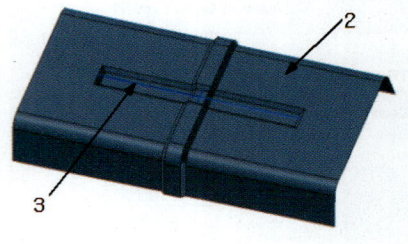

1) Type : Offset Type을 정의한다. 정의 방식은 Curve와 Point 방식으로 정의한다.
2) Body to Offset : Emboss를 생성할 Face를 선택한다.
3) Path to Follow : Offset하려고 하는 Curve를 선택한다.
4) Offsets : Offset값을 입력한다.
5) Width : 선택한 Curve를 기준으로 Width값을 입력한다.

제11절 슬롯(Slot)(🔲)

▶ 위치 : Menu → Insert → Design Feature → Slot

Slot은 솔리드 바디를 향한 직선의 통로를 생성한다. 바디에서 빼기가 자동으로 수행되며, 모든 슬롯 종류의 깊이 값은 평면형 배치 면에 법선으로 측정된다.

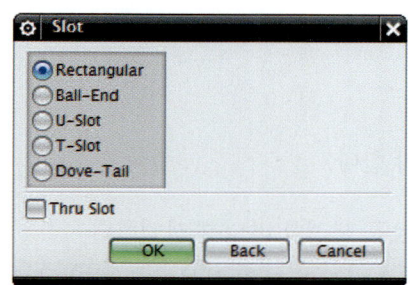

- Rectangular : 아랫면을 따라 샤프 모서리로 슬롯을 생성할 수 있다.
- Ball-End : 아랫면 및 코너에 전체 반경을 사용하여 슬롯을 생성할 수 있다.
- U-Slot : 'U' 셰이프(둥근 코너 및 바닥 반경)로 슬롯을 생성할 수 있다.
- T-Slot : 해당 단면이 뒤집힌 T모양인 슬롯을 생성할 수 있다.
- Dove-Tail : 셰이프(샤프 코너 및 각진 벽)의 슬롯을 생성할 수 있다.
- Thru-Tail : 두 개의 선택된 면을 완전히 통과하여 지나가는 슬롯을 생성할 수 있다.(선택된 면의 셰이프에 따라 슬롯이 한 번 이상 통과할 수도 있다.)

thru slot 옵션을 설정하려면 두 개의 '통과' 면인 시작 통과 면 및 끝 통과 면을 선택해야 한다. 길이는 아래 그림과 같이 이들 면을 모두 완전히 통과하여 지나가도록 정의된다.

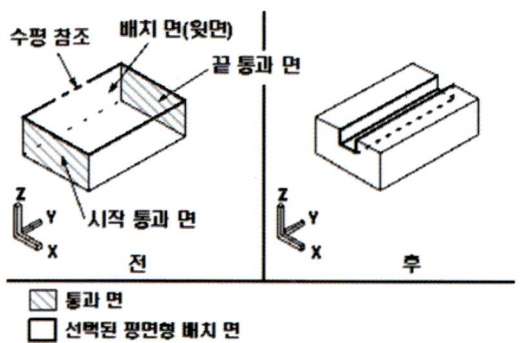

제12절 리브(Rib)

▶ 위치 : Menu → Insert → Design Feature → Rib

이 옵션을 사용하면 교차하는 평면 부분을 돌출시켜 솔리드 바디의 얇은 벽 리브 또는 리브 네트워크를 추가하는 기능을 할 수 있다.

01 리브 기본 절차

하나 이상의 타켓 바디를 선택한다.
적어도 하나 이상의 곡선이 생성하여 선택할 수 있어야 한다.

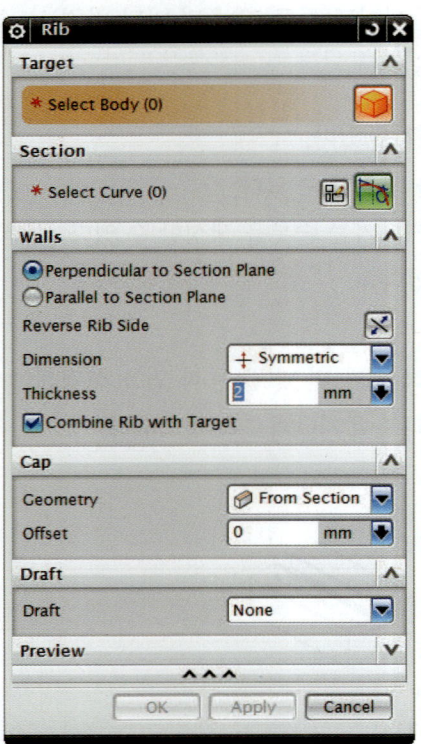

- Target : 리브를 생성할 바디를 선택한다.
- Section : 하나 이상의 닫힌 곡선이나 열린 곡선을 선택한다.
- Walls
  - Perpendicular to Section Plane : 리브 벽면을 절단면에 직교하도록 배치한다.
  - Parallel to Section Plane : 리브 벽면을 절단면에 평행하도록 배치한다.(단, 단일 곡선만 사용할 수 있다.)
  - Dimension : 두께 치수 타입을 정한다.
    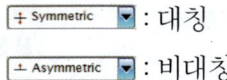 : 대칭
    Asymmetric : 비대칭
  - Thickness : 두께 값을 입력한다.
  - Combine Rib with Target : 리브와 솔리드 바디 결합 여부를 선택한다.
- Cap : 위의 방향으로 형상을 생성한다.
- Draft : 리브에 각도를 주는 기능이다.

| 제1장 Extrude & Revolve | 제2장 Layer | 제3장 Feature Operation | 제4장 Detail Feature | 제5장 Associative Copy | 제6장 Curve | 제7장 Trim | 제8장 Solid Exercise | Chapter B Solid Modeling |

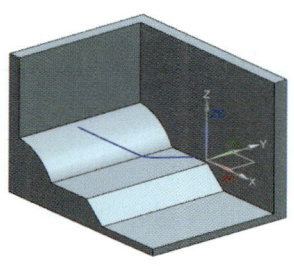
[None]

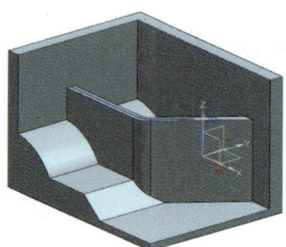
[Perpendicular to Section Plane]

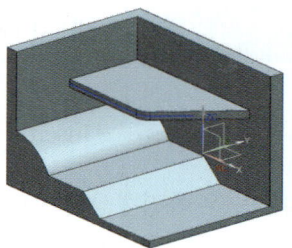
[Parallel to Section Plane]

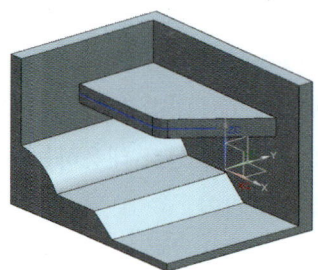
[Symmetric]

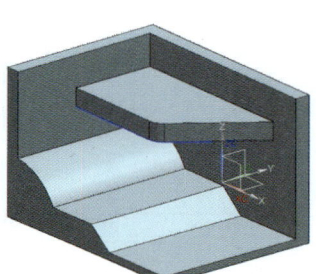
[Asymmetric]

🖍 그린 곡선을 기준으로 생성되는 것을 볼 수 있다.

1) **Cap**

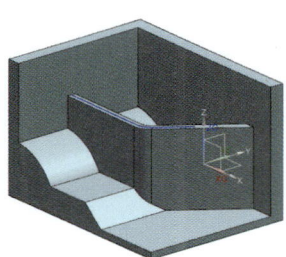
[From Section(🟫)]

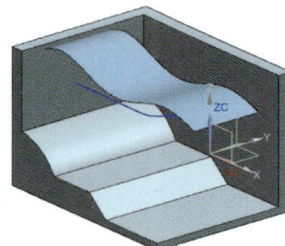
[None(sheet)]

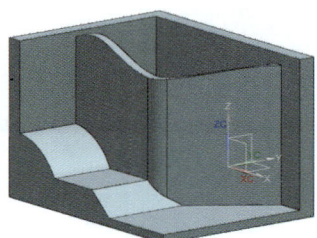
[From Selected(🟧)]

제13절 스레드(Thread)

▶ 위치 : Menu → Insert → Design Feature → Thread

이 명령은 특징형상의 구멍이나 원통형 형상에 대해 심볼 및 상세적인 형상을 생성할 수 있다.

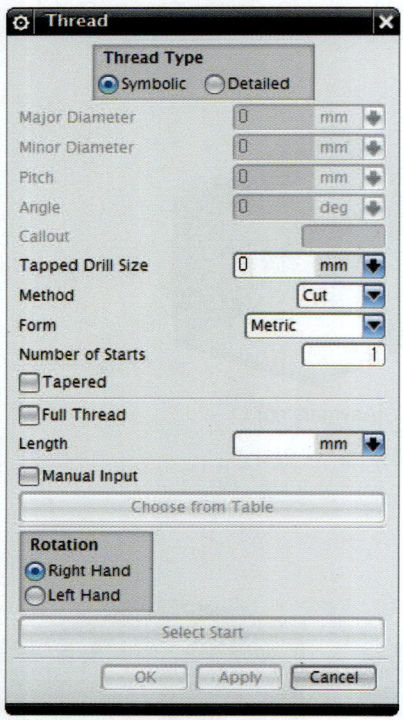

- Thread Type
  - Symbolic : 심볼 형태의 형상을 생성한다.
  - Detailed : 상세한 형상을 생성한다.
- Major Diameter : 외경 값
- Minor Diameter : 내경 값
- Pitch : 나사산의 서로 대응하는 두 점을 축선에 평행하게 측정한 거리
- Angle : 나사산의 각도
- Full Thread : 체크 시 전체길이 반영
- Length : 나사가 생성될 길이
- Rotation
  - Right Hand : 오른쪽 나사
  - Left Hand : 왼쪽 나사

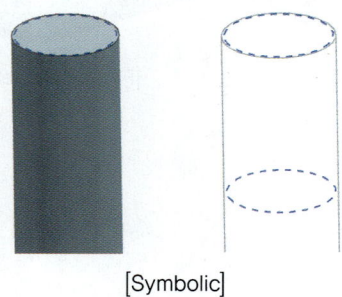

[Symbolic]

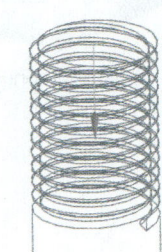

[Detailed]

제14절 셸(Shell)

▶ 위치 : Menu → Insert → Offset/Scale → Shell

이 옵션을 사용하면 지정된 두께 값을 사용하여 솔리드 바디의 내부를 비우거나 그 주위에 셸을 생성할 수 있다. 각 면에 대해 개별 두께를 할당하고 중공 과정에서 천공할 면의 영역을 선택할 수 있다.

- Type : Shell의 Type Shell All Face Type과 Remove Faces, Then Shell Type으로 되어 있다.
- Face to Pierce : Shell하고 싶은 Faces를 선택한다.
- Thickness : Shell의 두께를 정의한다.
- Alternate Thickness : 서로 다른 두께를 정의한다.

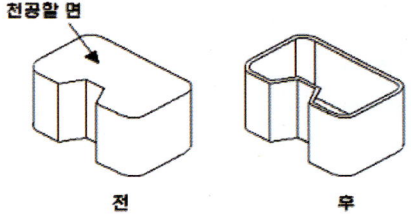

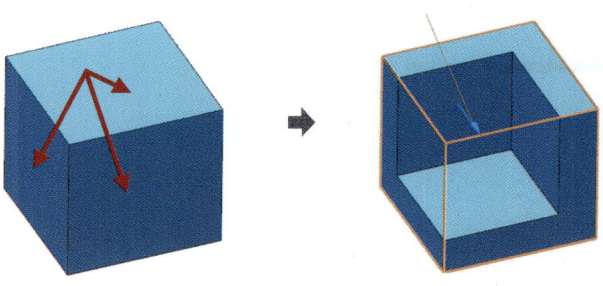

[3개의 면을 선택하여 삭제한 셸]

제15절 두께 주기(Thicken)

▶ 위치 : Menu ▸ → Insert → Offset/Scale → Shell

이 옵션을 사용하면 지정된 두께 값을 사용하여 솔리드 바디의 내부를 비우거나 그 주위에 셸을 생성할 수 있다. 각 면에 대해 개별 두께를 할당하고 중공 과정에서 천공할 면의 영역을 선택할 수 있다.

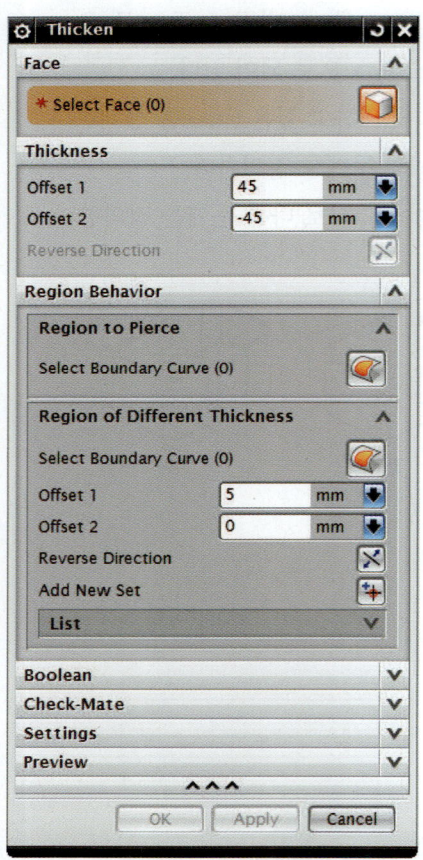

- Face : 두께를 줄 시트 바디나 솔리드 바디의 면을 선택한다.
- Thickness : 부여할 두께 값을 입력한다.
- Region Behavior
  - Region to Pierce : 천공할 면을 선택한다.
  - Region of Different Thickness : 기본 두께 값과는 다른 두께 값을 줄 영역을 선택한다.

| 제1장 Extrude & Revolve | 제2장 Layer | 제3장 Feature Operation | 제4장 Detail Feature | 제5장 Associative Copy | 제6장 Curve | 제7장 Trim | 제8장 Solid Exercise | Chapter ❸ Solid Modeling |

제16절 다트(Dart)

▶ 위치 : Menu ▾ → Insert → Design Feature → Dart

두 면에 대한 교차 곡선을 따르는 Dart 형상을 추가할 수 있다.

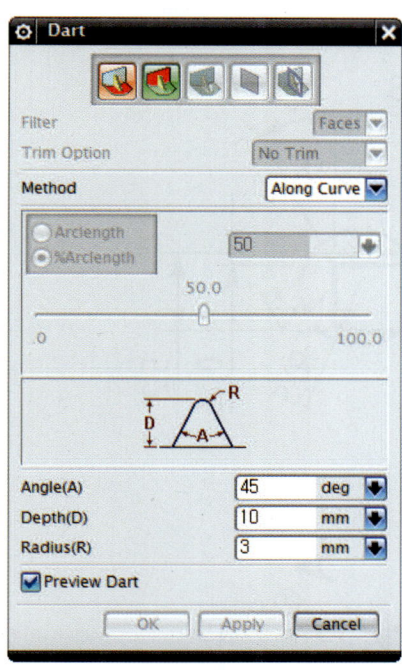

- 🔶 : 첫 번째 면을 선택할 수 있다.
- 🔶 : 두 번째 면을 선택할 수 있다.
- Trim Option
  - Trim and Sew : Dart 형상을 Trim한 후 하나의 Body 로 만든다.
  - No Trim : Dart 형상을 생성한다.
- 🖉 선택한 면과 별도로 하나의 객체가 생성된다.
- Method
  - Along Curve : Curve의 길이에 따라 형상을 생성한다.
  - Position : X, Y, Z 방향에 따라 형상을 생성한다.
- Angle : 각도를 지정합니다.
- Depth : 길이를 지정합니다.
- Radius : Dart형상의 끝부분에 Radius를 형성하게 된다.

각 면과 Dart형상에 대한 크기 및 각도를 지정하면 좌측 그림과 같은 Dart형상을 얻으실 수 있다.

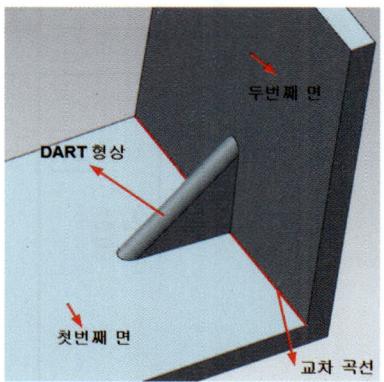

131

제17절　Solid Modeling 연습 예제

01　Solid Modeling - 연습 예제 1

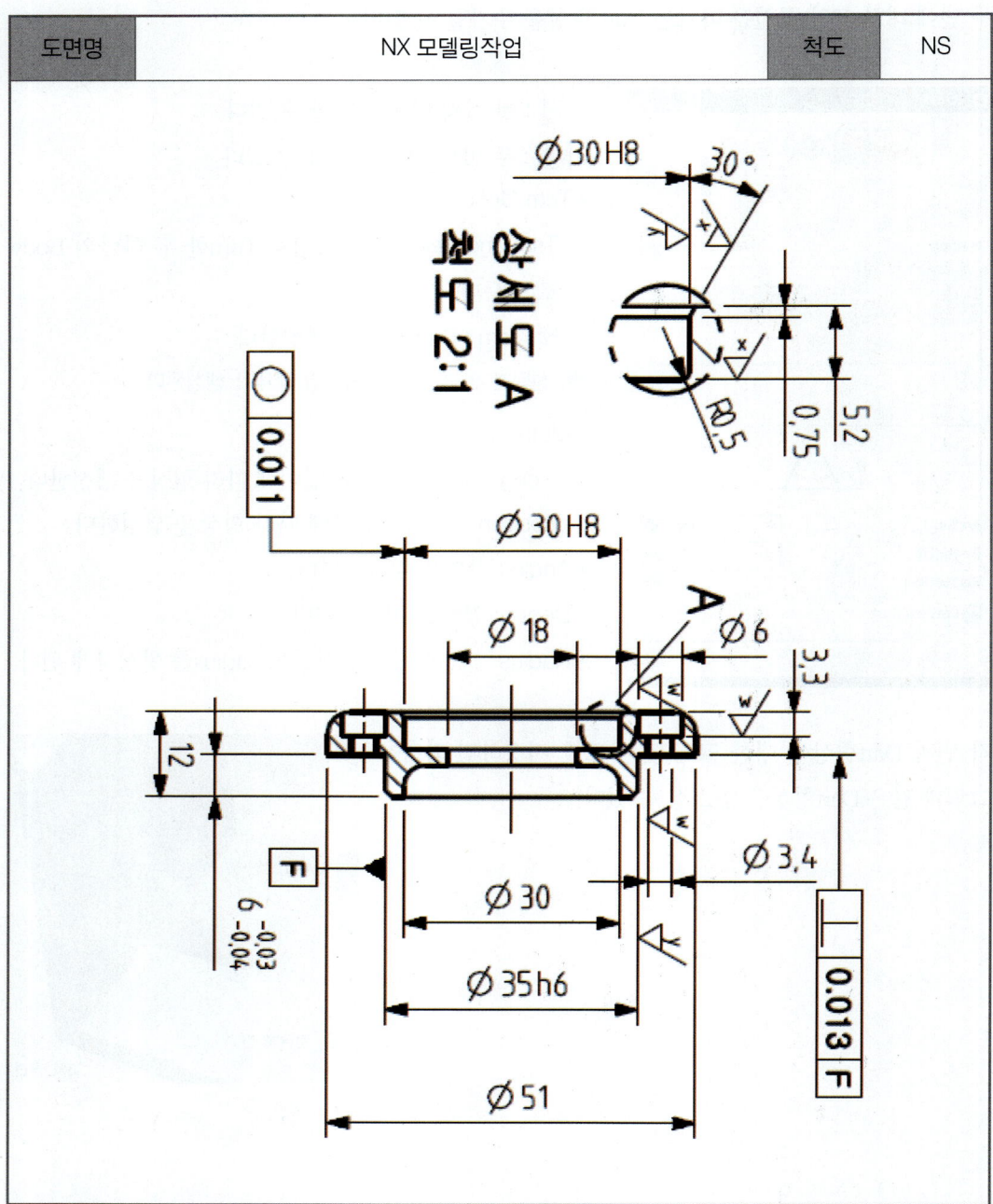

| 제1장
Extrude
& Revolve | 제2장
Layer | **제3장
Feature
Operation** | 제4장
Detail
Feature | 제5장
Associative
Copy | 제6장
Curve | 제7장
Trim | 제8장
Solid
Exercise | **Chapter B
Solid Modeling** |

❶ File → New 혹은 아이콘을 클릭한다.

Name에서 파일 이름(cover)과 Folder에서 파일의 경로를 정의한다.

OK를 클릭하여 새 파트를 생성한다.

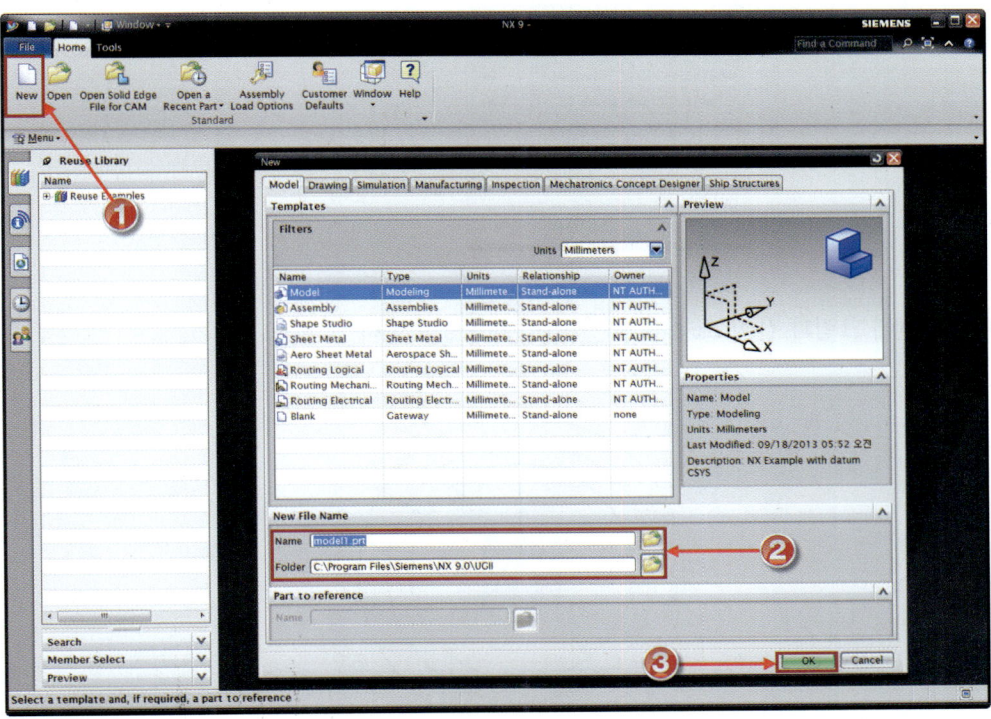

❷ Menu → Insert → Sketch in Task Environment를 클릭한다.

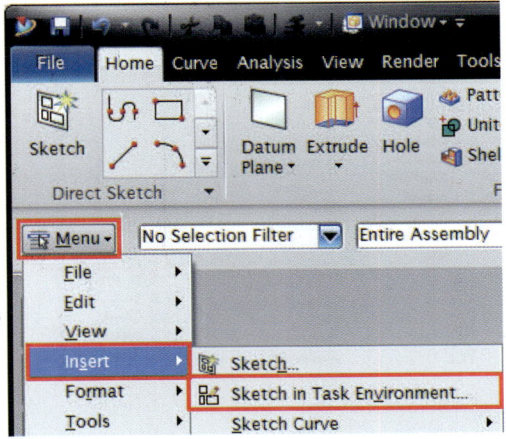

❸ Sketch Type=On Plane, Plane Method=Inferred로 설정한 후 XZ평면을 클릭하고 OK를 클릭한다.

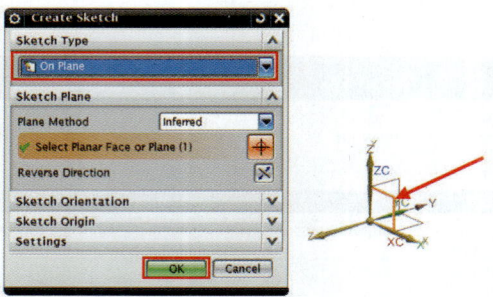

❹ XZ평면에 그림과 같이 스케치 후 🏁 아이콘을 클릭한다.

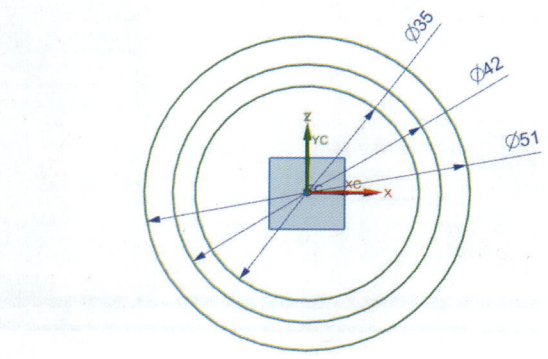

❺ Menu → Insert → Design Feature → Extrude(돌출)(🔲)를 클릭한다.

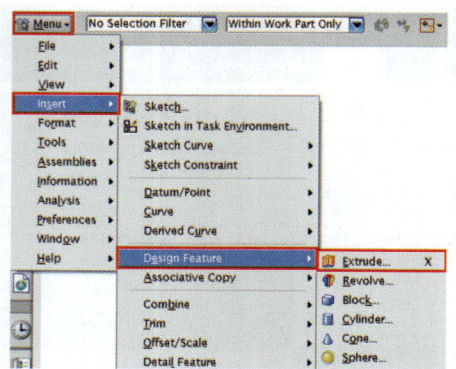

| 제1장
Extrude
& Revolve | 제2장
Layer | 제3장
Feature
Operation | 제4장
Detail
Feature | 제5장
Associative
Copy | 제6장
Curve | 제7장
Trim | 제8장
Solid
Exercise | Chapter B
Solid Modeling |

❻ 선택 옵션(Curve Rule)은 Single Curve 로 설정하고 직경 51mm의 원을 클릭한다. End Distance=6mm으로 설정한 후 Apply를 클릭한다.

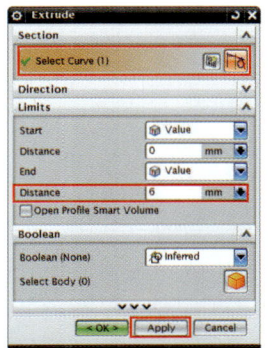 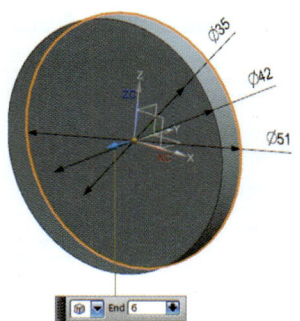

❼ 직경 35mm의 원을 선택한 다음 End distance=12mm, Boolean=Unite( )로 설정한 후 OK를 클릭한다.

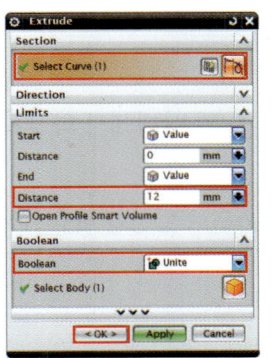 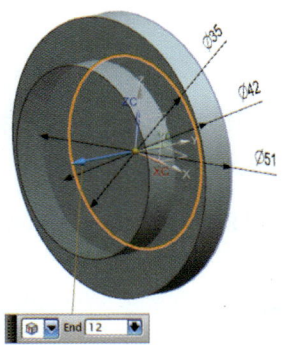

❽ Menu → Insert → Design Feature → Cylinder(원통)( )를 클릭한다.

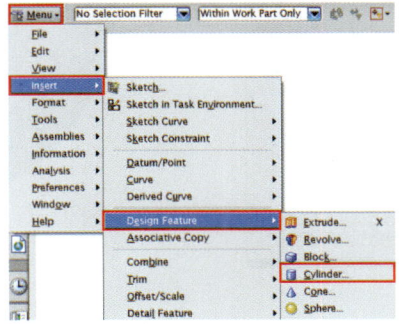

❾ Type=Axis, Diameter and Height, Specify Vector=-YC, Diameter=30mm, Height=4mm, Boolean=Subtract(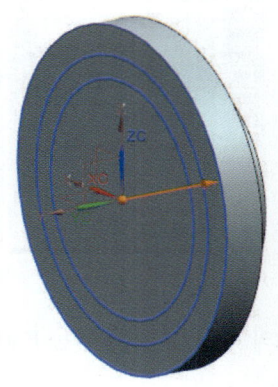)으로 설정한 후 Apply를 클릭한다.

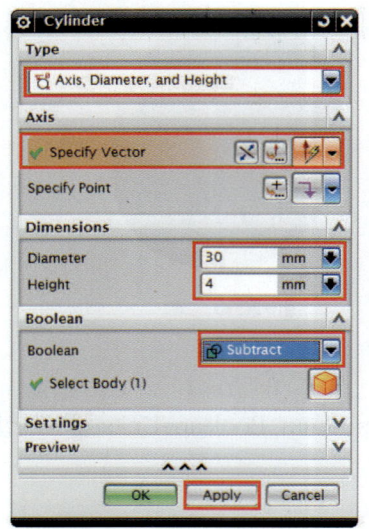

❿ 벡터는 -YC로 정의하고 중심점은 중심점 스냅 옵션을 켠 상태에서 화살표가 가리키는 모서리를 선택한다.

Diameter=18mm, Height=2mm, Boolean=Subtract(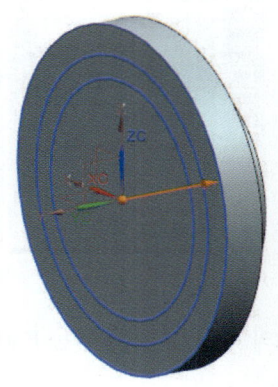)으로 설정한 다음 Apply를 클릭한다.

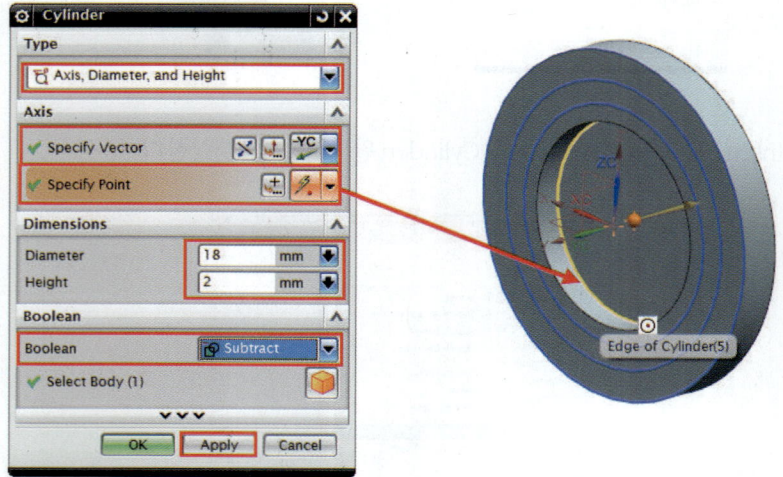

| 제1장
Extrude
& Revolve | 제2장
Layer | 제3장
Feature
Operation | 제4장
Detail
Feature | 제5장
Associative
Copy | 제6장
Curve | 제7장
Trim | 제8장
Solid
Exercise | **Chapter B**
Solid Modeling |

⑪ Specify Vector=-YC, Diameter=30mm, Height=10mm, Boolean=Subtract()으로 설정 후 그림과 같이 원호 중심을 클릭한다.

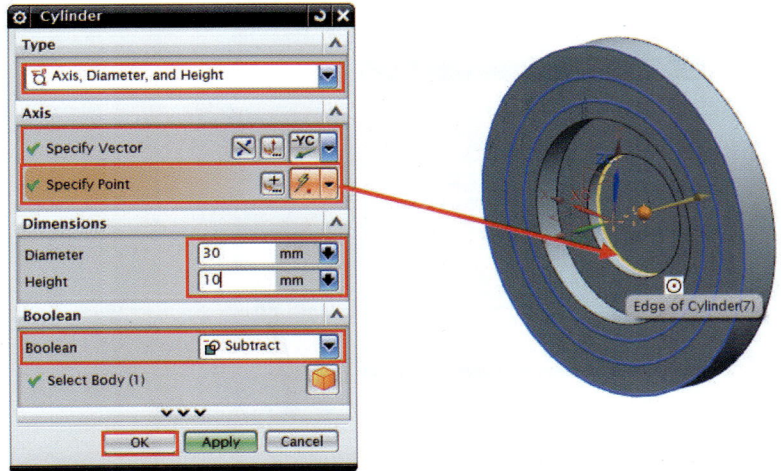

⑫ Insert → Detail Feature → Edge Blend()를 클릭한다.
그림과 같이 R3이 들어갈 모서리를 클릭하고 Add New Set()를 이용하여 R0.5부분도 클릭하고 OK를 클릭한다.

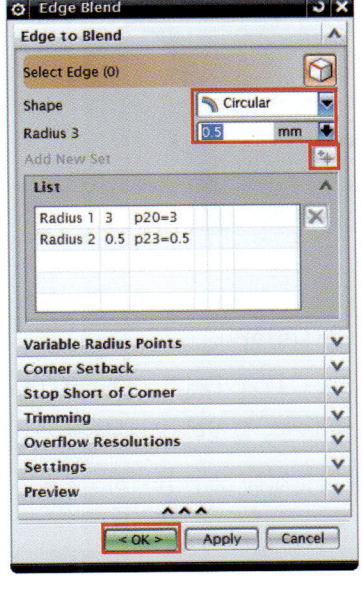 

❸ Menu → Insert → Detail Feature → Chamfer( )를 클릭한다.

Cross Section=Offset and Angle( ), Distance=0.75mm, Angle=30deg로 설정한 후 화살표가 가리키는 모서리 선택 후 Apply를 클릭한다.

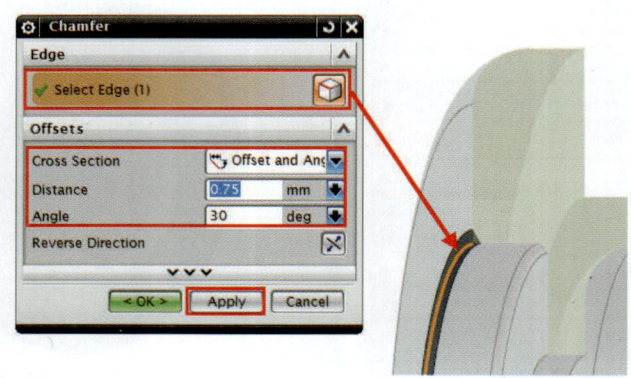

❹ 그 다음 그림에 표시된 모서리 선을 클릭한 다음 Cross Section=Symmetric( ), Distance=1mm로 설정한 후 OK를 클릭한다.

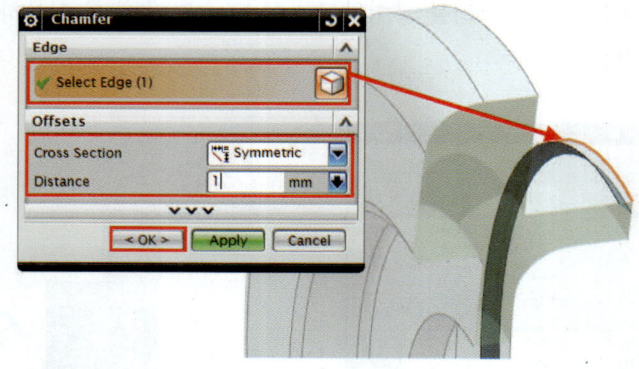

❺ Menu → Insert → Design Feature → Hole( )을 실행한다.

Form=Counterbored( ), C-Bore Diameter=6mm, C-Bore Depth=3.3mm, Diameter=3.4mm, Depth Limits=Through Body, Boolean=Subtract( )으로 설정한 후 사분점 스냅옵션이 활성화 되어있는지 확인한 후 직경 41mm인 원의 4개의 사분점을 모두 클릭하고 OK를 클릭한다.

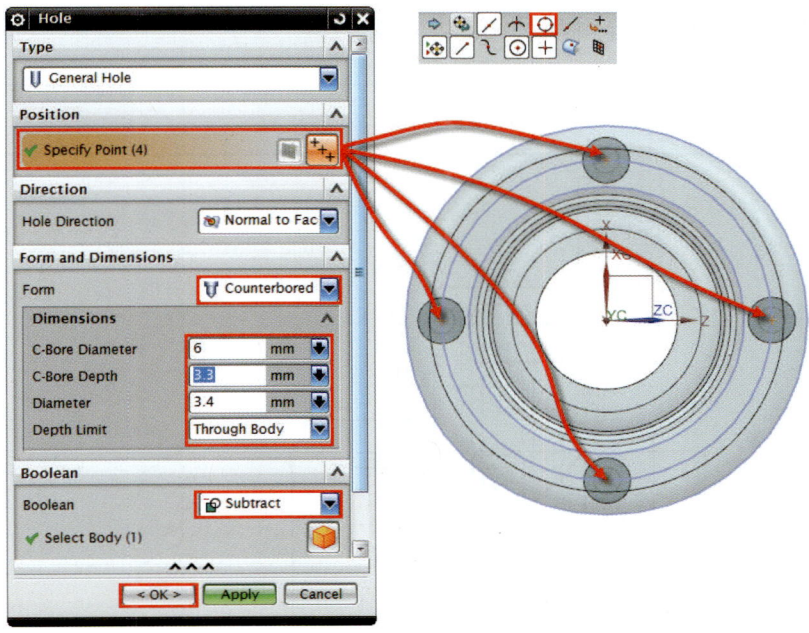

❶❻ 커버 모델링 완성

02 Solid Modeling - 연습 예제 2

| 도면명 | NX 모델링작업 | 척도 | NS |

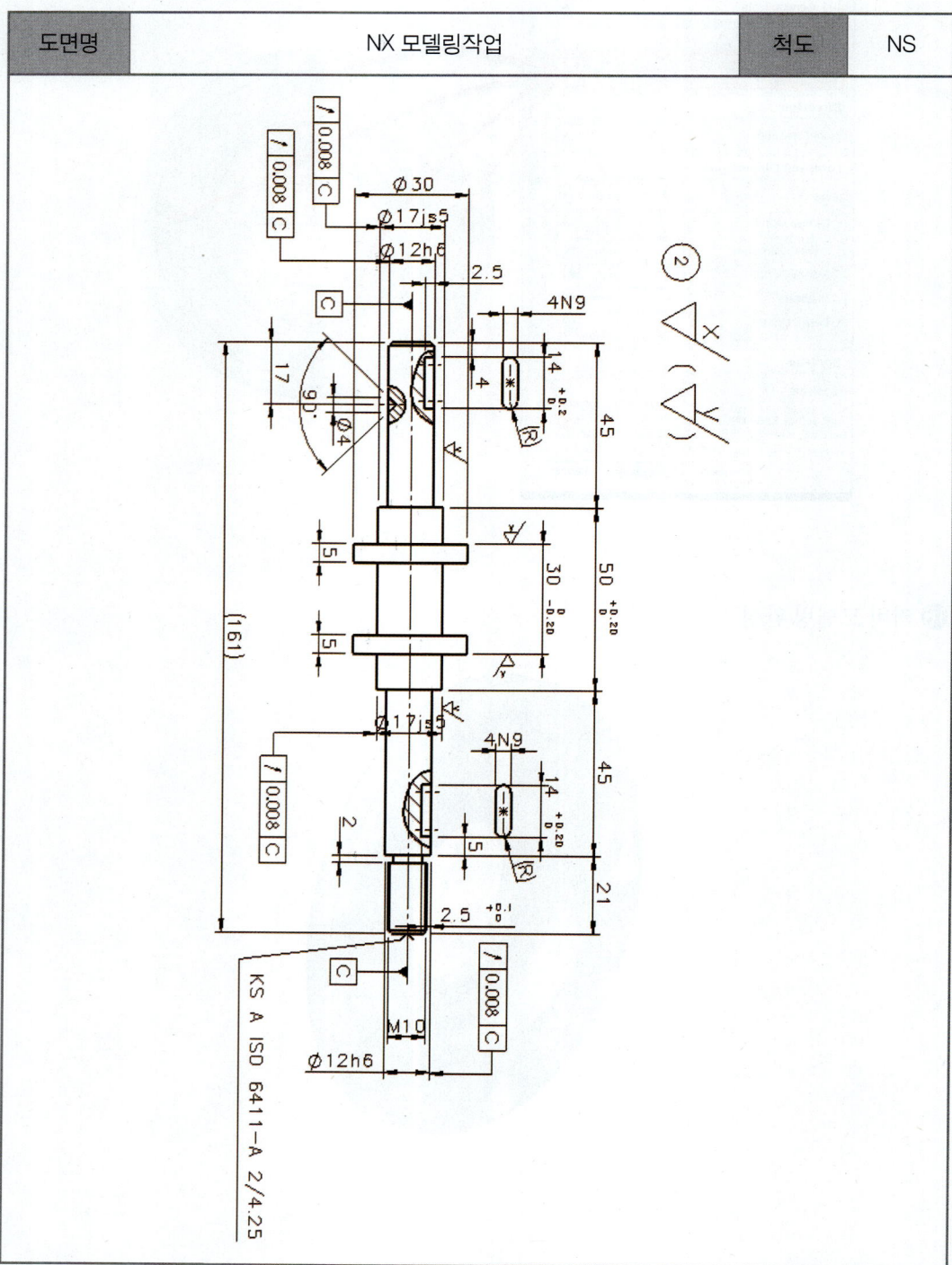

| 제1장
Extrude
& Revolve | 제2장
Layer | **제3장
Feature
Operation** | 제4장
Detail
Feature | 제5장
Associative
Copy | 제6장
Curve | 제7장
Trim | 제8장
Solid
Exercise | **Chapter B
Solid Modeling** |

❶ File → New 혹은 ![New] 아이콘을 클릭한다. Name에서 파일 이름(shaft)과 Folder에서 파일의 경로를 정의한 다음 OK를 클릭하여 새 작업 파트를 생성한다.

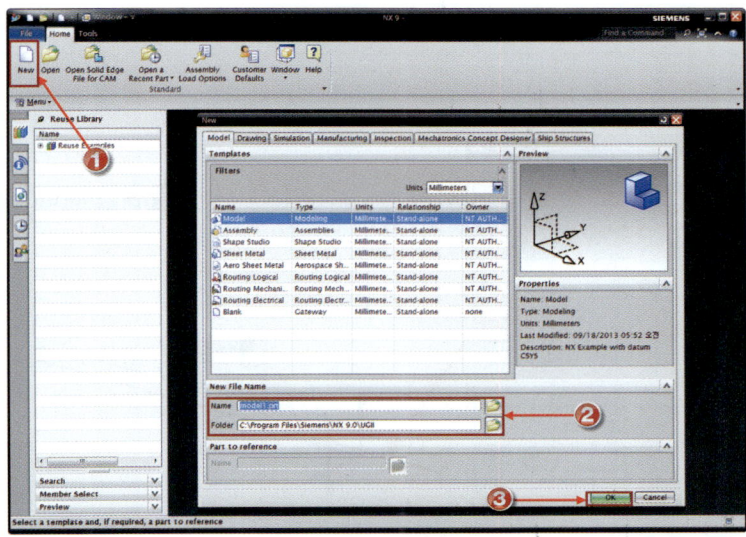

❷ Menu → Insert → Sketch in Task Environment를 클릭한다.
Sketch Type=On Plane, Plane Method=Infrred로 설정한 후 XZ평면을 클릭하고 OK를 클릭한다.

 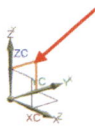

❸ XZ평면에 그림과 같이 스케치 후 ![Finish] 아이콘을 클릭한다.

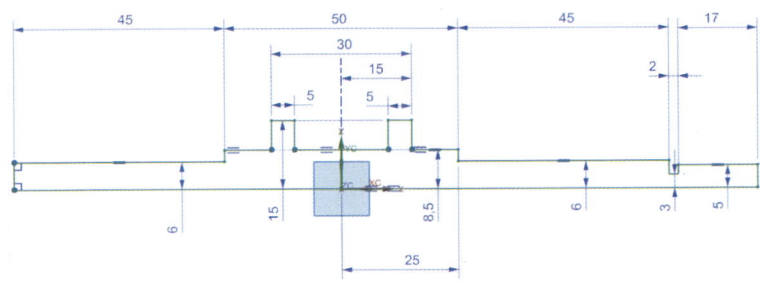

❹ Menu → Insert → Design Feature → 회전(Revolve)( ) 을 클릭한다.
선택 옵션(Curve Rule)을 Region Boundary Curv 로 정의하고 스케치한 선을 선택한 후 Specify Vector=화살표가 가리키는 선, Angle=360, Boolean= None( ) 으로 설정한 다음 OK를 클릭한다.

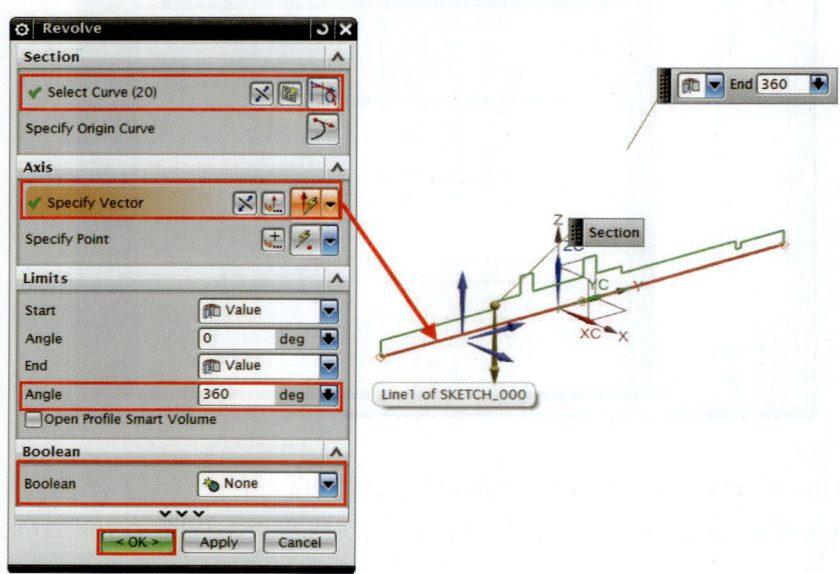

❺ Chamfer( ) 아이콘을 클릭한다. Select Edge 부분에 화살표가 가리키는 모서리와 반대편의 Select Edge를 선택한다. Cross Section=Symmetric, Distance=0.75mm로 정의하고 OK를 클릭한다.

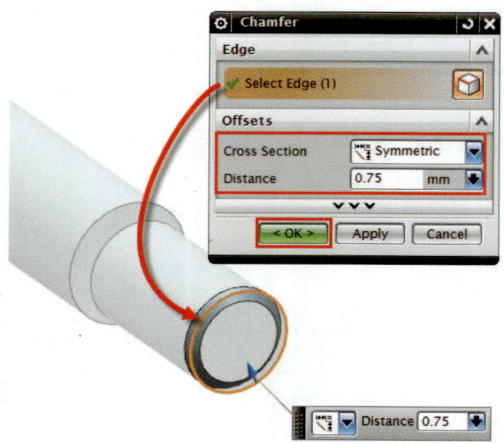

❻ Menu → Insert → Design Feature → Thread(圖)를 클릭한다.

적색 화살표가 가리키는 원통 면을 클릭한 후 Manual input 체크박스를 클릭한다. 이때 스레드 방향을 표시하는 흰색 화살표의 방향이 그림과 맞는 지 확인한다.

Thread Type=Symbolic, Major Diameter=10mm, Minor Diameter=8.5mm, Pitch=1.5mm, Angle=60°, Shaft Size=10mm 위와 같이 정의한 후 OK를 클릭한다.

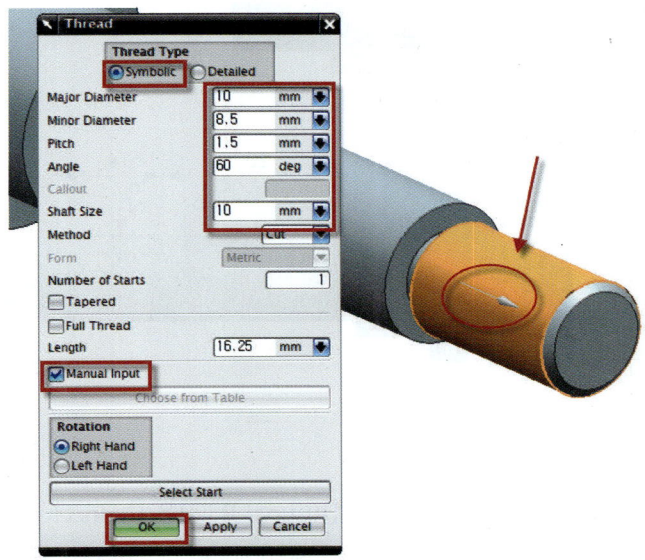

❼ Insert → Sketch In Task Environment를 클릭하고 XZ평면을 선택한 후 OK를 클릭한다.

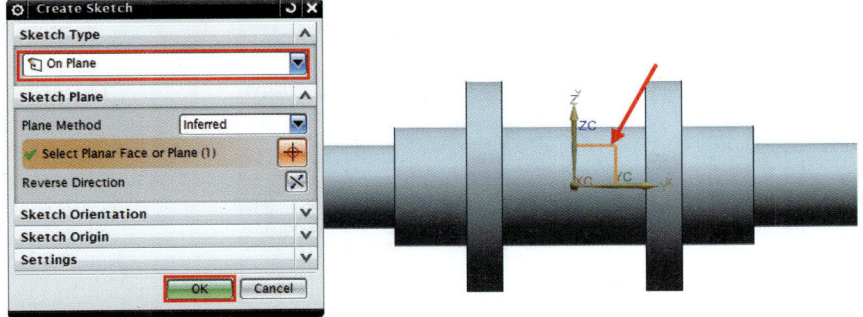

❽ 그림과 같이 축의 왼쪽과 오른쪽에 키 홈과 세트 스크루를 고정하기 위한 홈을 파기 위해 스케치를 그린 후 아이콘을 이용해 스케치 환경으로부터 빠져 나간다.

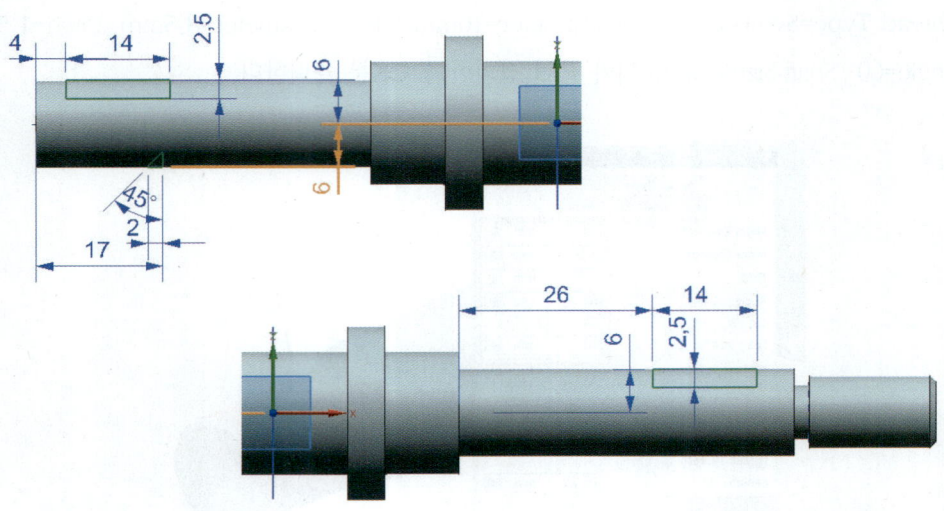

❾ 돌출(Extrude)( ) 아이콘 클릭 후 선택 옵션(Curve Rule)은 Connected Curve로 설정하고 키 홈 부분의 2개의 사각형을 클릭한다. End=Symmetric Value, Distance=2mm, Boolean= Subtract( )로 설정한 후 OK를 클릭한다.

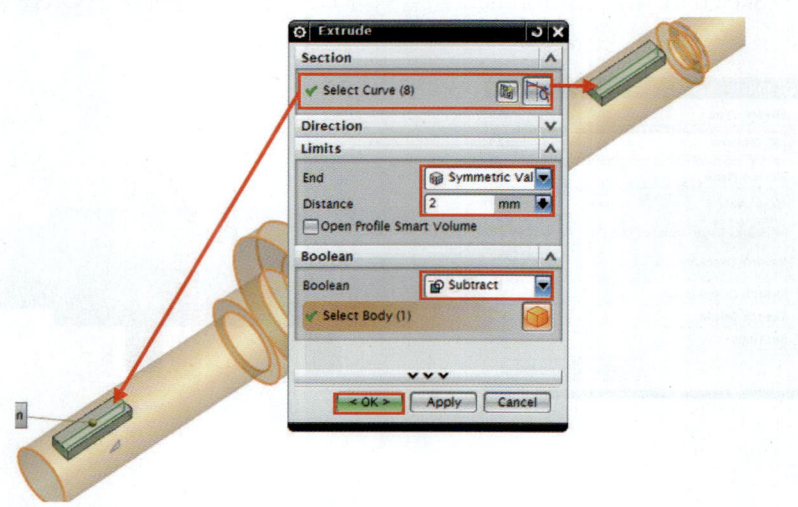

⑩ Edge Blend( ) 아이콘을 클릭하고 키 홈 부분의 8개의 모서리를 선택한다.

Shape=Circular( ), Radius 1=2mm로 설정한 후 OK를 클릭한다.

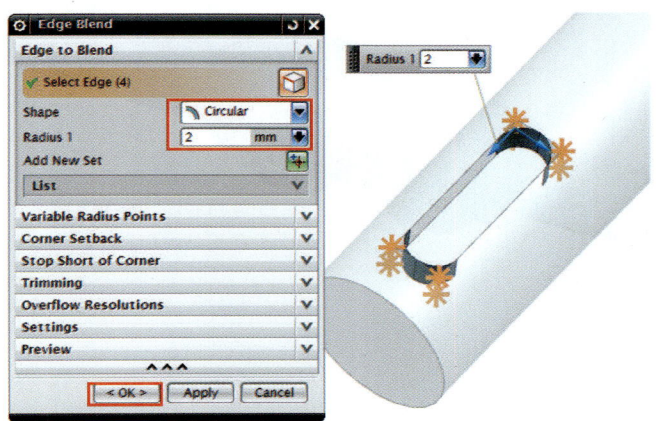

⑪ Revolve( ) 아이콘을 클릭한 후 선택 옵션(Curve Rule)은 Connected Curve로 설정하고 삼각형으로 스케치한 곡선을 선택한다.

Specify Vector=화살표가 가리키는 수직선, Start=0, End=360, Boolean=Subtract( )으로 설정한 후 OK를 클릭한다.

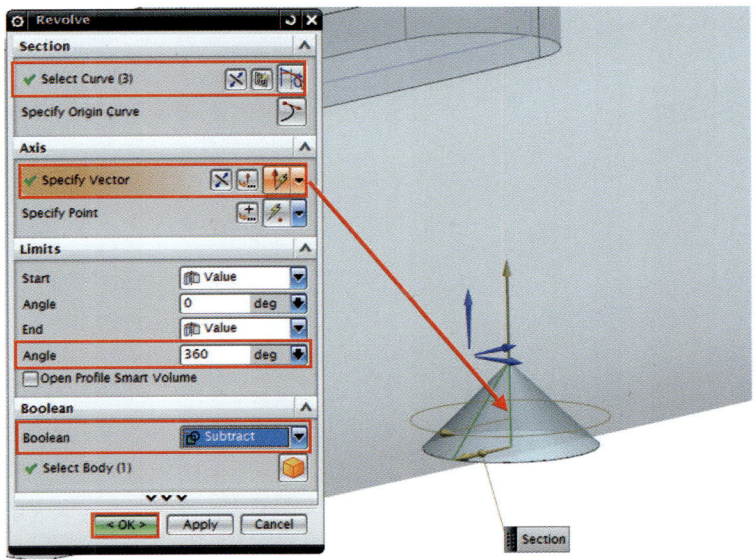

Unigraphics(UGS) CAD/CAM
NX9 모델링 및 CAM 가공

❷ 샤프트 모델링 완성

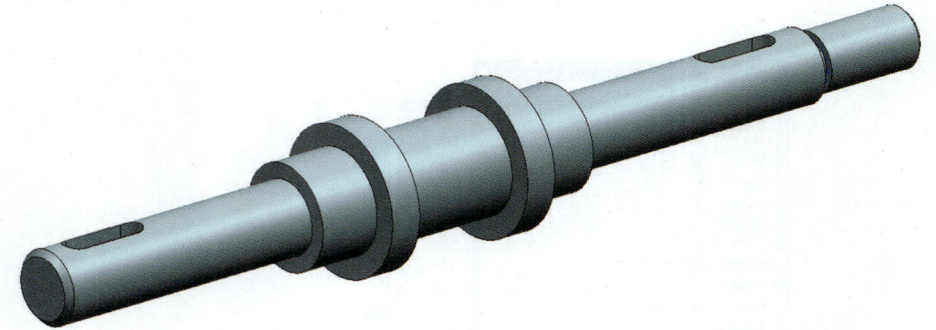

03 Solid Modeling - 연습 예제 3

도면명	NX 모델링작업	척도	NS

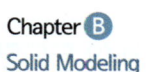

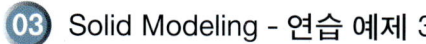

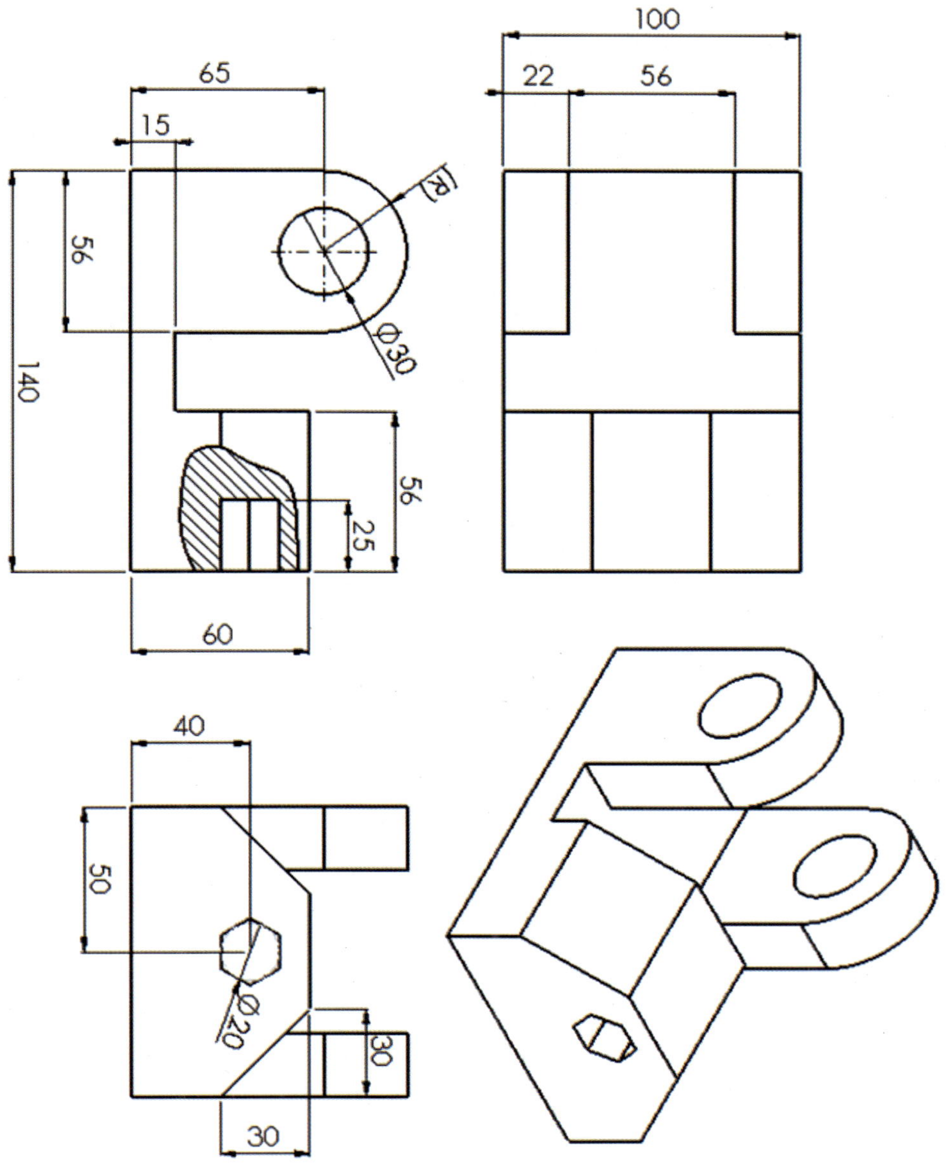

04 Solid Modeling - 연습 예제 4

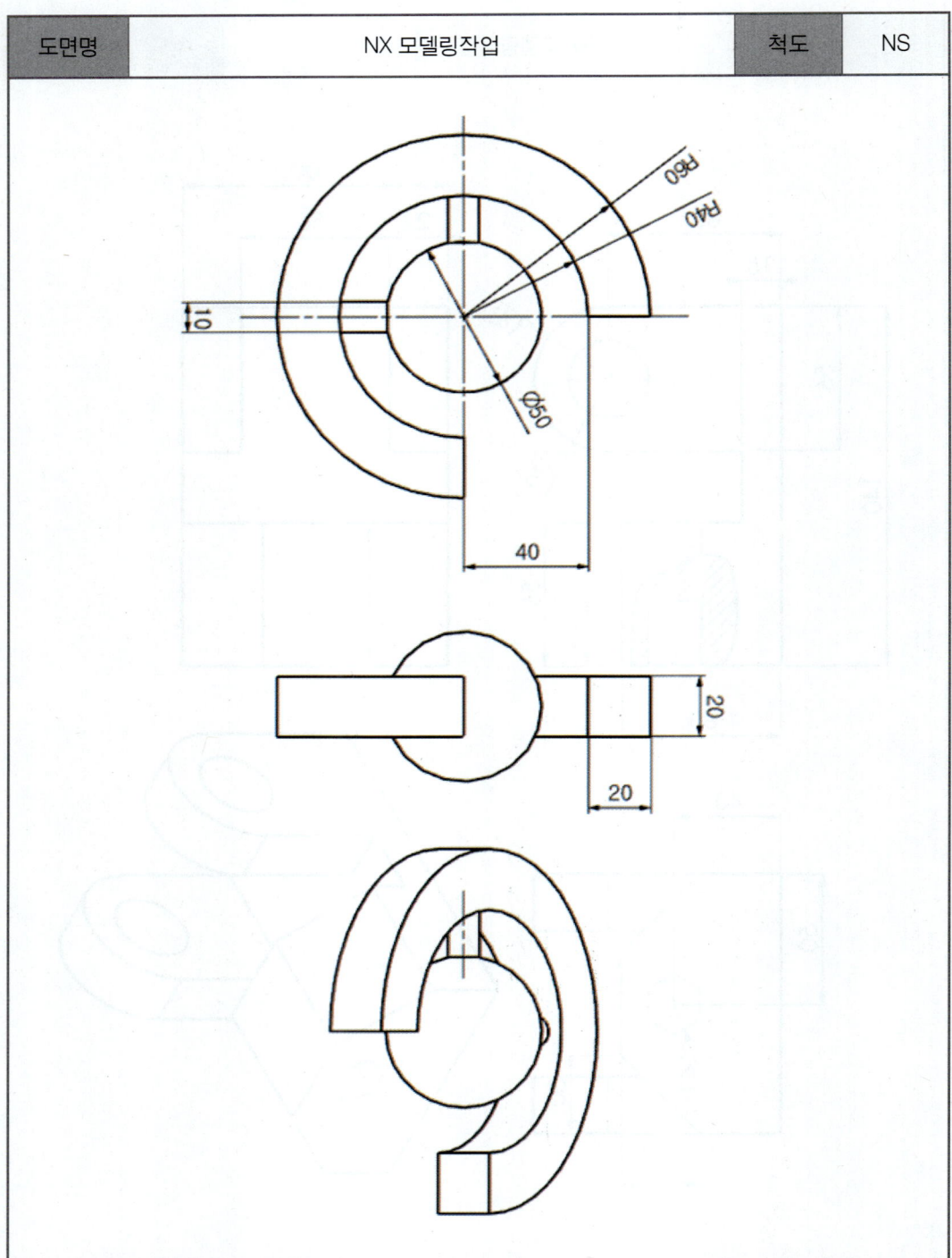

4장 ▶ Detail Feature

제1절 구배(Draft)

▶ 위치 : Menu ▸ → Insert → Detail Feature → Draft

Draft 옵션을 사용하면 지정된 벡터 및 선택적인 참조 점을 기준으로 면 또는 모서리에 테이퍼를 적용할 수 있다. 한 개 이상의 면, 모서리 또는 개별 특징형상을 수정하도록 선택할 수 있다. 그러나 이러한 항목은 모두 동일한 솔리드 바디의 일부여야 한다.

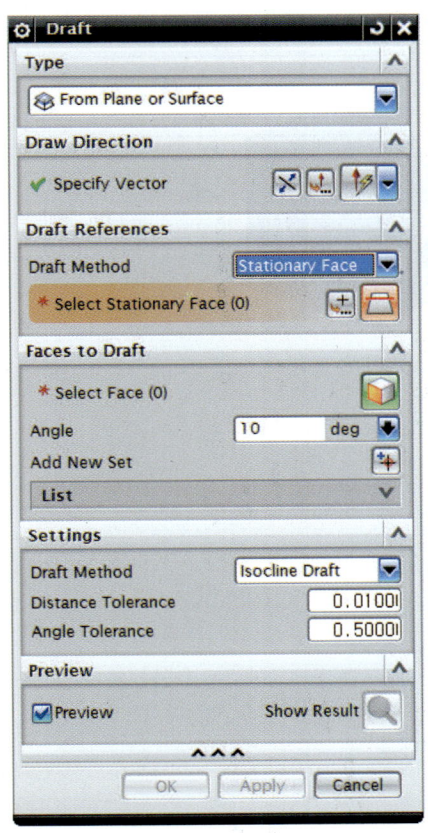

- Type : 작업 Type을 정의한다.
  - Type의 종류 : 아래와 같이 4가지로 나뉜다.

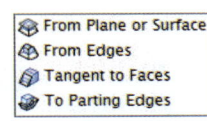

- Draw Direction : 방향을 정의한다.
- Draft References의 종류
  - Stationary Face : 기준 면을 고정 면으로 정의한다.
  - Parting Face : 기준 면을 파팅 면으로 정의한다.
  - Stationary and Parting Face : 기준 면을 고정 면과 파팅 면 두 개 다 정의한다.
- Faces to Draft : Draft할 Plane을 정의한다.
- Settings
  - Distance Tolerance, Angle Tolerance : 생성 시 공차를 정의한다.

Unigraphics(UGS) CAD/CAM
NX9 모델링 및 CAM 가공

01 Type의 종류 및 설명

① From Plane or Surface( ) : 특정 평면 혹은 곡면을 기준으로 구배를 삽입할 수 있다.

② From Edges( ) : 선택된 Edge를 따라 지정된 각도로 테이퍼할 수 있다.

③ Tangent to Faces( ) : 선택한 면에 접선으로 주어진 구배 각도를 통해 테이퍼할 수 있다.

④ To Parting Edges( ) : 선택된 모서리 세트를 따라 지정된 각도로 각도를 줄 수 있다.

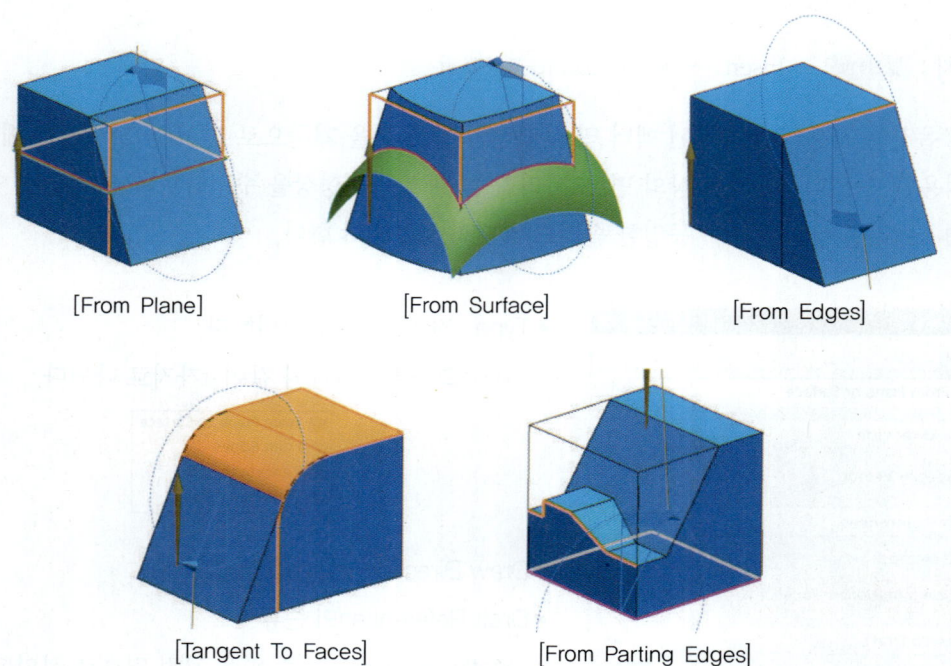

[From Plane]　　　[From Surface]　　　[From Edges]

[Tangent To Faces]　　　[From Parting Edges]

제 2 절 모서리 블렌드(Edge Blend)

▶ 위치 : Menu → Insert → Detail Feature → Edge Blend

Blend 작업은 모서리에서 만나는 면에 볼이 계속 접촉하도록 유지하면서 Blend할 모서리(Blend반경)를 따라 볼을 굴려 수행된다. Blend 볼은 둥근 모서리 Blend(재료 제거)를 생성하는지 또는 필렛 모서리 Blend(재료 추가)를 생성하는지에 따라 면의 안쪽 또는 바깥쪽에서 굴러간다.

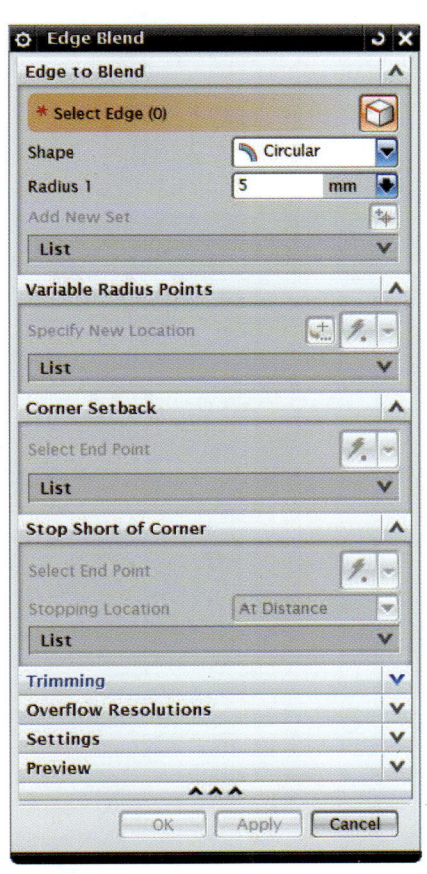

- Edge to Blend : Blend할 모서리 선택 Option이다.
  - Circular : 일정한 값을 지닌 Blend를 생성할 수 있다.
  - Conic : 주어진 Radius 안에 또 다른 Radius를 생성할 수 있다.
- Variable Radius Points : 가변형 Blend 생성 Option이다.
- Corner Setback : Corner Setback거리 지정 Option이다.
- Stop Short of Corner : Corner Blend End Point 선택 Option이다.
- Trimming : Blend Trim Face 선택 Option이다.
- Overflow Resolutions : Blend와 Blend의 접선 부분이나, Blend와 Corner의 접선 부분을 부드럽게 연결시키는 Option이다.

01 Edge to Blend

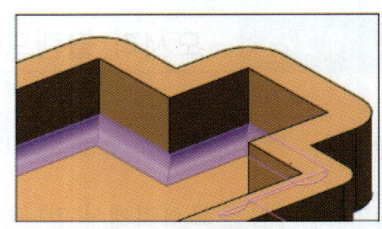

02 Variable Radius Points

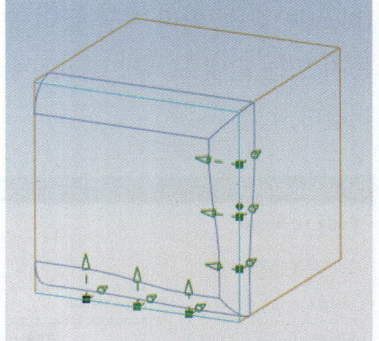

03 Corner Setback

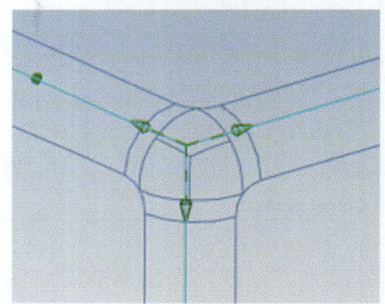

04 Stop Short of Corner

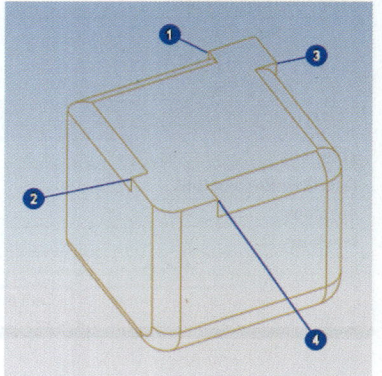

05 Overflow Resolutions

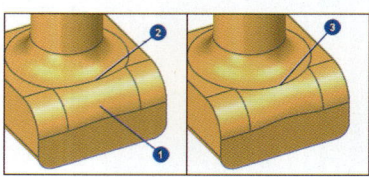

제 3 절 면 블렌드(Face Blend)

▶ 위치 : Menu → Insert → Detail Feature → Face Blend

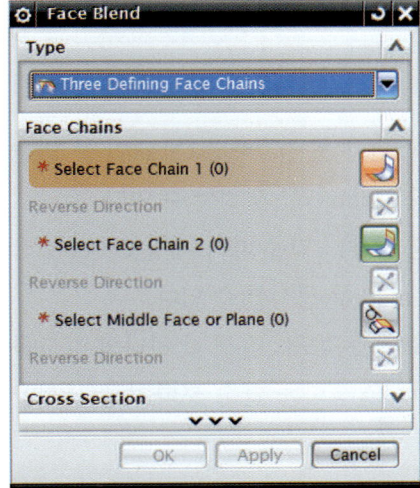

- Type
  - Two Defining Face Chains
  - Three Defining Face Chains
- Face Chains : 작업될 Blend Face 및 Chain을 선택한다.
  - Select Middle Face or Plane : 작업될 중간 면 혹은 평면을 선택한다.
- Blend Cross section : 볼트 모형 표시방법
  - Rolling Ball
  - Swept Section
- Trim and Sew Options : 자르기 및 바느질 추가 옵션

01 Type → Three Defining Face Chains

① Select Face Chain 1 : 첫 번째 외부 면 선택

② Select Face Chain 2 : 두 번째 외부 면 선택

③ Select Middle Face or Plane : 중간 면 선택

④ 완성

제 4 절   모따기(Chamfer)

▶ 위치 : Menu → Insert → Detail Feature → Chamfer

이 옵션을 사용하면 원하는 Chamfer 치수를 정의하여 솔리드 바디의 모서리에 빗각을 낼 수 있다. 선택 방법은 Edge Blend와 동일하다.

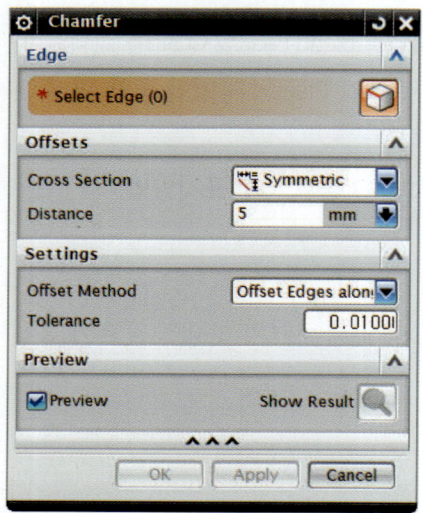

- Offset symmetric(단일 옵셋) : 해당 Offset이 두 면을 따라 동일한 단순 Chamfer를 생성할 수 있다.
- Asymmetric(이중 옵셋) : 면을 따라 해당 Offset이 각기 다른 단순 Chamfer를 생성할 수 있다.
- Offset and Angle(옵셋 각도) : 옵셋 값 하나와 각도를 통해 해당 옵셋이 결정되는 단순 모따기를 생성할 수 있다.
- Settings
  - Offset Edges along Faces
  - Offset Faces and Trim

01 Chamfer

[Symmetric]

[Asymmetric]

[Offset and Angle]

| 제1장
Extrude
& Revolve | 제2장
Layer | 제3장
Feature
Operation | 제4장
Detail
Feature | 제5장
Associative
Copy | 제6장
Curve | 제7장
Trim | 제8장
Solid
Exercise | Chapter **B**
Solid Modeling |

5장 ▶ Associative Copy

제1절   패턴 피쳐(Pattern Feature)

▶ 위치 : Menu → Insert → Associative Copy → Pattern Feature

이 명령을 사용하면 기존의 형상에서 Pattern 배열을 생성할 수 있다.
전 버전들과는 다르게 선형, 원형, 다각형, 나선 등 다양한 패턴을 생성할 수 있다.

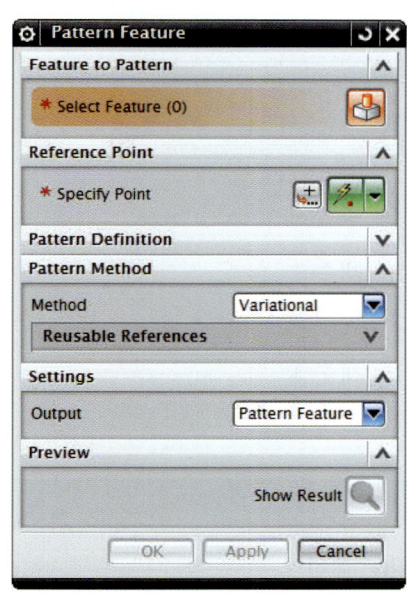

- Feature to Pattern : Pattern할 생성된 Feature를 선택한다.
- Reference Point : Pattern하게 될 포인트를 정한다.
- Pattern Method : Pattern하게 되는 여러 가지 옵션들이 나와 있다.
- Settings
  - Pattern Feature : Pattern하게 된 Feature가 생성되어진다.
  - Copy Features : 각각의 Linked Body로 생성된다.
  - Copy Features into Feature Group : 생성된 Linked Body가 그룹으로 형성된다.

🔖 패턴 특징형상(Pattern Feature)의 레이아웃(Layout) 종류

 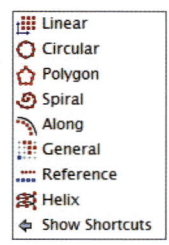

01 선형(Linear)( ) 레이아웃

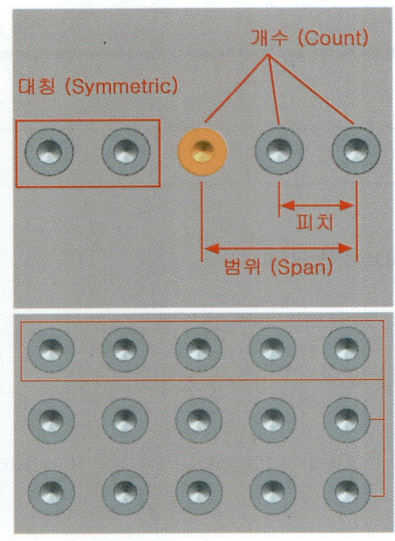
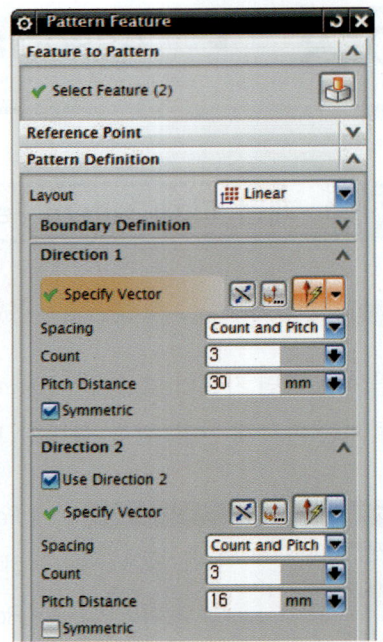

1) 선형 레이아웃의 작업 순서
   ① 배열할 특징형상 선택   ② 방향 1 : 개수 3
   ③ 피치거리   ④ 범위거리
   ⑤ 대칭(Symmetric)   ⑥ 방향 2 : 개수 3

Tip 패턴 특징형상의 간격(Spacing) 옵션

① 개수 및 피치(Count and Pitch) : 배열할 객체수와 사이의 거리로 정의

② 개수 및 범위(Count and Span) : 범위를 정의하고 객체의 개수를 정의

③ 피치 및 범위(Span) : 전체 범위를 정의하고 객체 간 간격(Pitch)을 정의

④ 리스트(List) : 배열할 객체의 개수(Count)를 정의하고 Add New Set을 이용하여 객체마다 간격을 다르게 정의할 수 있다.

개수(Count)가 입력한 간격 세트보다 많은 경우에는 가장 처음의 간격 세트부터 반복된다.

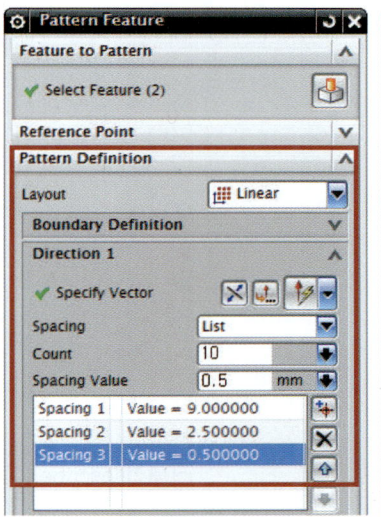

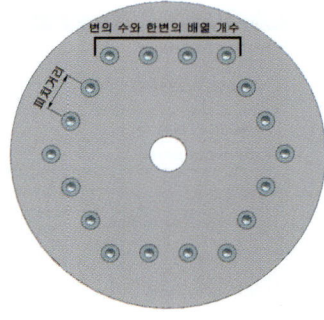

[간격 세트의 반복]

02 다각형(Polygon)( ) 레이아웃

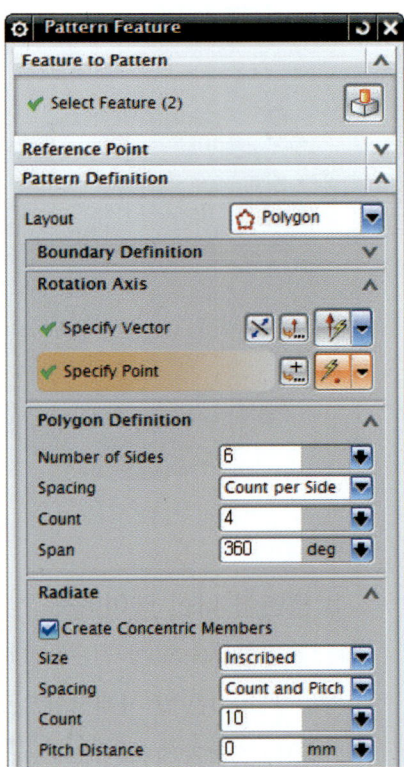

1) 다각형 레이아웃 작업순서

① 배열될 개체 선택

② 회전 중심 벡터 정의

③ 다각형의 변의 수

④ 한 변의 인스턴스 객체 수

⑤ 방사형(Radiate) 거리 정의방법 설정

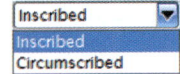 - Inscribe : 내접
- Circumscribe : 외접

⑥ 피치와 범위 정의

2) 다각형 레이아웃의 내접, 외접 동심거리

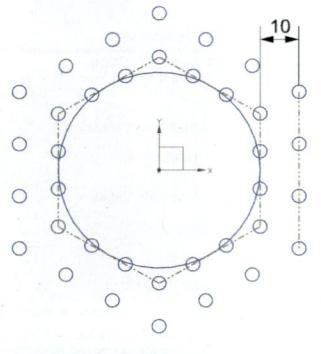
[내접(Inscribe)]

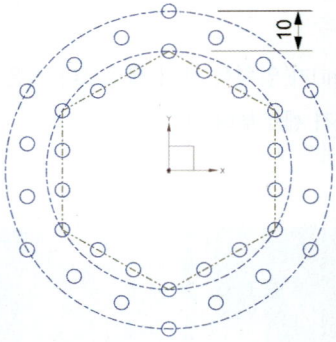
[외접(Circumscribe)]

03 평면형 나선(Spiral)( ) 레이아웃

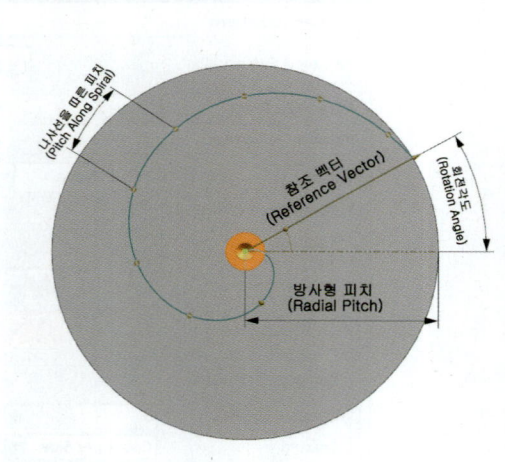

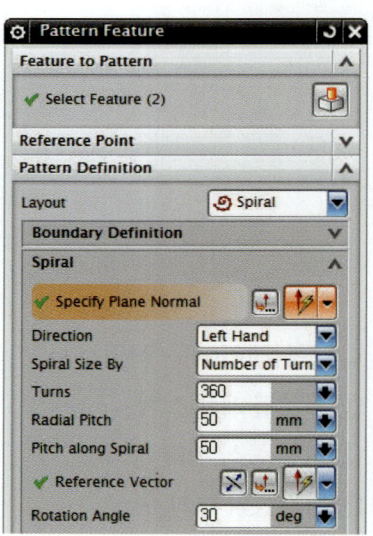

1) 평면형 나선 레이아웃

① 방향(Direction)=왼손(Left Hand) : 왼손(Left Hand)은 시계방향으로 회전, 오른손(Right Hand)은 반 시계방향으로 회전

② 나선 크기(Spiral Size By)( ) : 전체 각도(Total Angle)는 참조 벡터부터 시작된다. 감김 횟수(Number of Turn)도 사용할 수 있다.

③ 방사형 피치(Radial Pitch) : 참조 점으로부터 참조 벡터 방향의 나선의 끝점까지의 거리
④ 나선을 따른 피치(Pitch along Spiral) : 나선을 따라서 생성되는 객체 사이의 거리
⑤ 참조 벡터(Reference Vector) : 방사형 피치 값과 전체 각도 값이 측정을 위한 방향 벡터
⑥ 회전 각도(Rotation Angle) : 참조 벡터의 기울기를 결정하는 각도

04 방향(Along)( ) 레이아웃

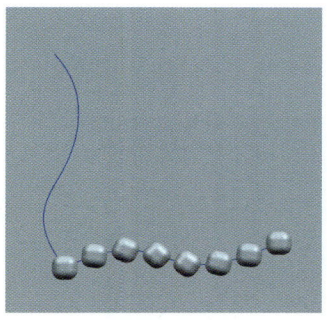

[Direction 1 사용 시]

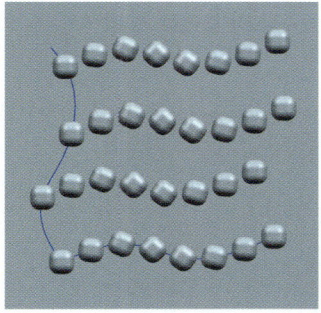

[Direction 1, Direction 2 사용 시]

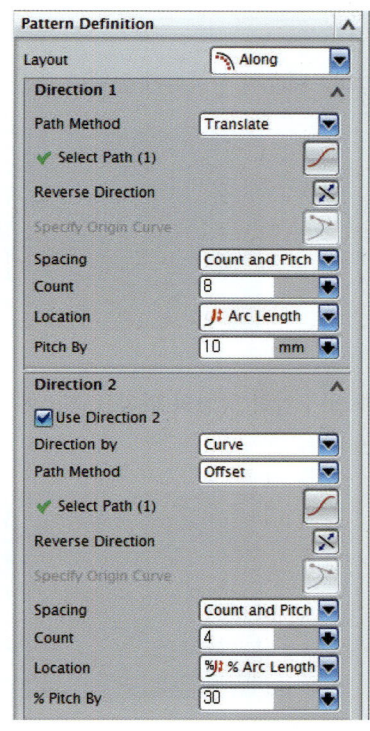

1) 방향(Along) 레이아웃의 작업순서
  ① 배열할 특징형상 선택
  ② 방향 1 : 패스(Path) 선택
  ③ 배열 객체수 정의, 피치거리 정의
  ④ 방향 2 : 벡터 혹은 패스(Path) 선택
  ⑤ 배열 객체수 정의, 피치거리 정의
  ⑥ OK를 클릭하여 생성

> **Tip** 방향(Along) 레이아웃의 3가지 방법(Method)

① 이동(Translate) : 패스를 입력형상의 참조 점을 향해 직선으로 옮긴다. 간격은 옮겨진 후 계산된다.

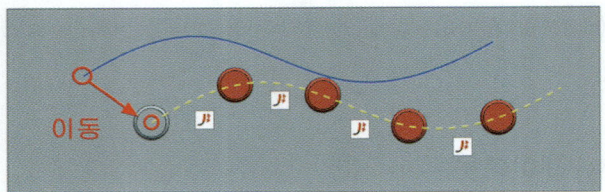

② 고정(Rigid) : 패스의 시작점과 선택한 특징형상의 시작 위치가 고정되어 생성된다.

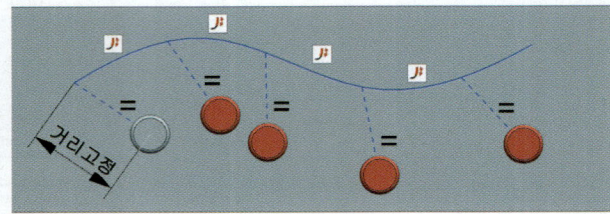

③ 옵셋(Offset) : 입력 형상의 위치를 패스에 최단거리 즉, 수직 방향으로 투영시킨 후 패스를 따라 생성된다.

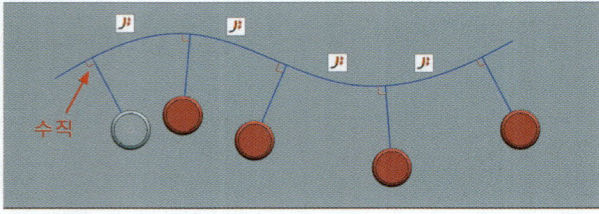

05 일반(General)( ) 레이아웃(Layout)

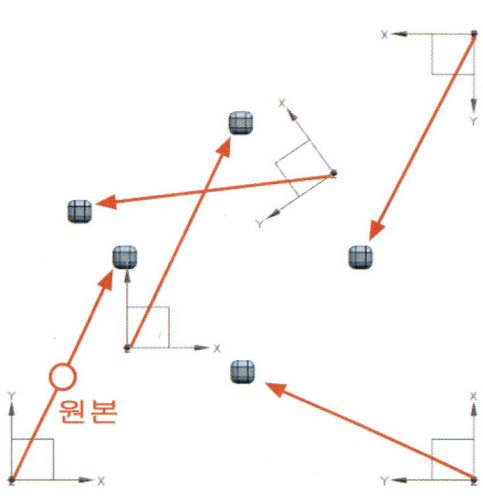

[From CSYS To CSYS 유형]

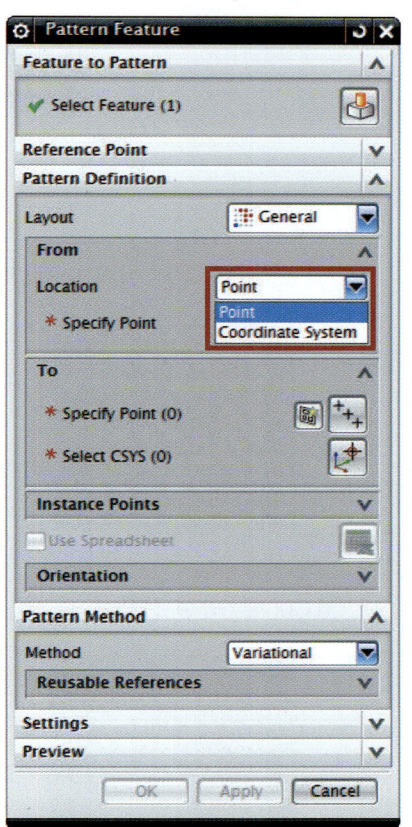

1) 일반(General) 레이아웃의 작업순서

   (1) Point Location

      ① 배열할 특징형상 선택   ② From 참조 점 선택

      ③ To 참조 점 선택 (복수 선택 가능)   ④ OK

   (2) Csys Location

      ① 배열할 특징형상 선택   ② From Csys 선택

      ③ To Csys 선택 (복수 선택 가능)   ④ OK

2) 영역 정의(Boundary Definition)

① None : 경계영역을 정의하지 않는다.

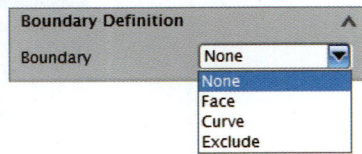

② Face : 면 혹은 면의 모서리를 선택하여 패턴 영역으로 정의한다.

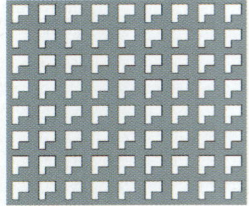 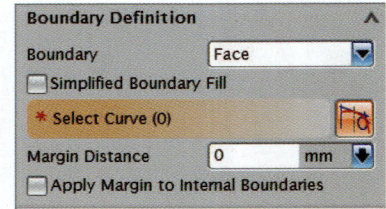

③ Curve : 곡선 선택 혹은 생성하여 패턴 영역으로 정의한다.

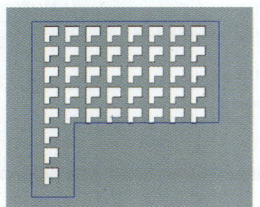 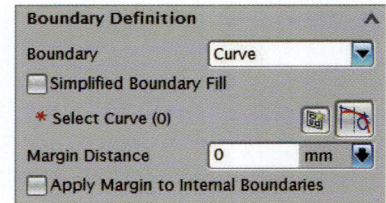

④ Exclude : 곡선 선택 혹은 생성하여 패턴으로부터 제외할 영역을 정의한다.

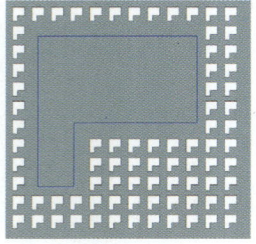 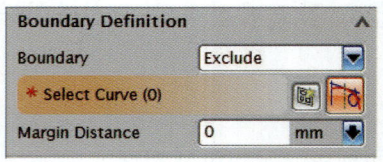

🔖 **단순화된 영역 채우기(Simplified Boundary Fill)** : 영역정의 옵션 중 Face와 Curve 옵션을 사용할 때 단순화된 영역채우기 체크 박스(☐ Simplified Boundary Fill)를 사용할 수 있다.

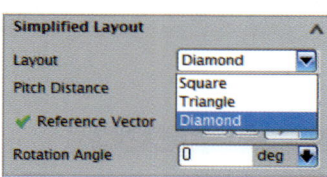

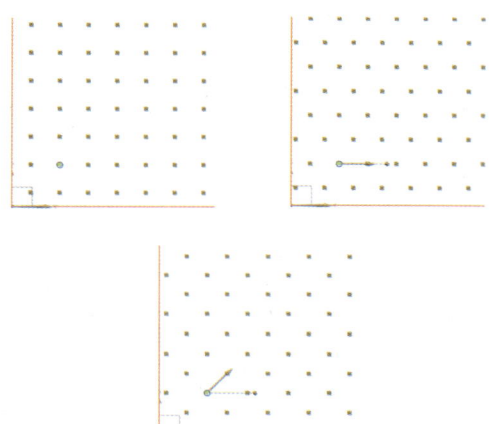

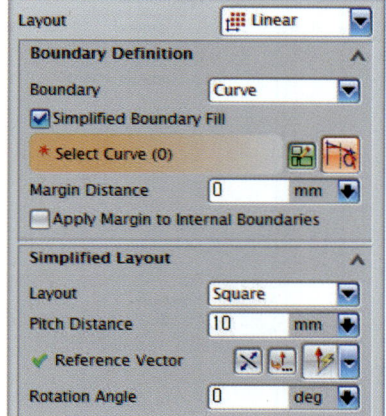

[정사각형(Square)]   [삼각형(Triangle)]

[다이아몬드(Diamond)]

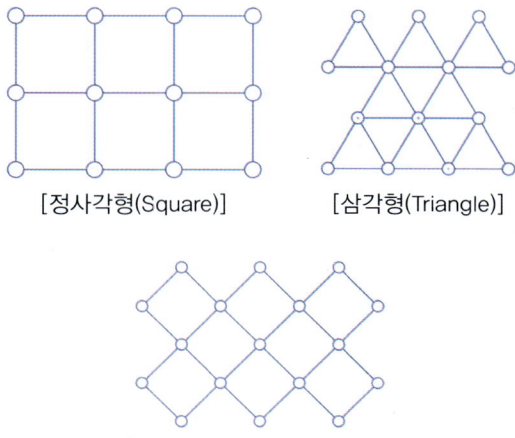

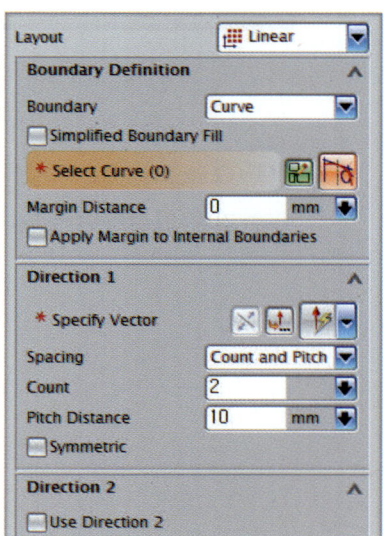

3) 패턴 증분(Pattern Increment)

패턴 특징형상(Pattern Feature) 대화상자에서 패턴 증분(Pattern Increment) 아이콘을 클릭하면 패턴 증분이 가능하다.

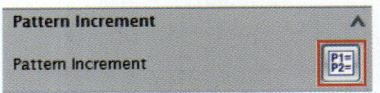

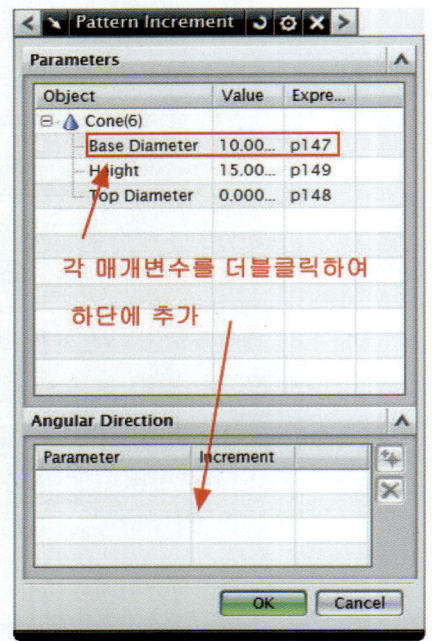

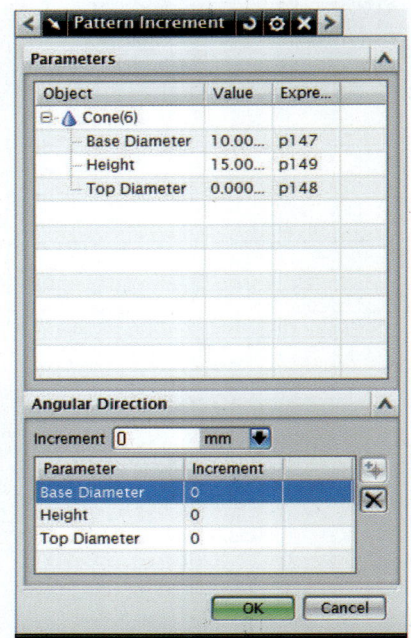

🏷 각 매개변수 마다 따로 증분 값을 정의할 수 있다.

원뿔(Cone)의 바닥 직경을 2만큼 증분 적용하여 원형 배열한 결과이다. 음수 값을 입력하면 축소된다.

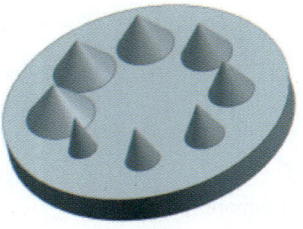

[패턴 증분을 이용한 원형배열]

4) 스프레드시트 사용(Use Spreadsheet)

Use Spreadsheet 체크 박스(　)를 켜고 오른쪽의 아이콘을 클릭하여
아래 우측 그림과 같은 스프레드시트를 열 수 있다.
우측 그림과 같이 선택한 객체의 매개변수와 패턴 매개변수가 모두 표시된다.
배열되는 각각의 객체를 개별적으로 수정할 수 있다.

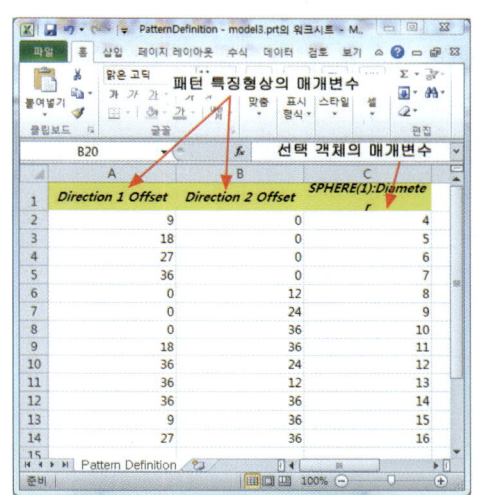

스프레드시트에서 수정을 완료하고 종료하면 아래 그림과 같은 대화상자를 볼 수 있다.

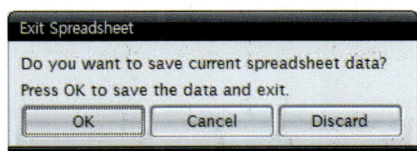

- OK : 수정내용을 패턴 피쳐에 적용
- Discard : 수정내용을 버림.
- Cancel : 스프레드시트 창으로 돌아감.

스프레드시트의 편집을 이용하여 직경 매개변수를 수정한 결과이다.

Tip — 인스턴스 특징형상의 편집

패턴 특징형상(Pattern Feature) 사용 시 배열 조건을 만족시키면 배열될 곳에 미리 인스턴스 점이 생성된다.

인스턴스 점은 우측과 같이 4가지 편집 기능을 사용할 수 있다.

- 억제(Suppress) : 인스턴스 특징형상을 숨긴다.
- 삭제(Delete) : 인스턴스 특징형상을 삭제한다.
- 클록(Clock) : 인스턴스 특징형상을 이동한다.
- 변동 지정(Specify Variance) : 특징형상의 매개변수를 변경한다.

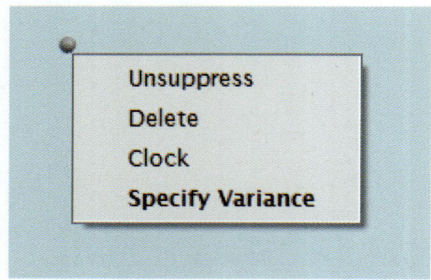

억제(Suppress) 후 MB3 클릭하여 억제 취소(Unsuppress)할 수 있다.

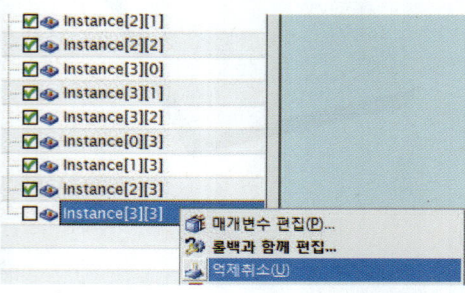

파트 탐색기상의 억제(Suppress), 억제취소(Unsuppress) 기능과 동일하다.

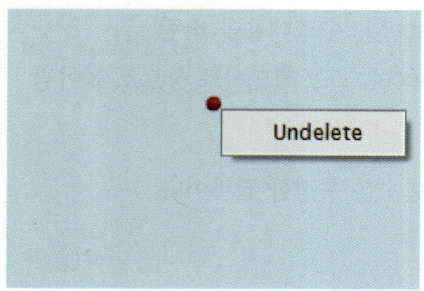

삭제(Delete) 후 MB3 클릭하여 삭제 취소(Undelete)할 수 있다.

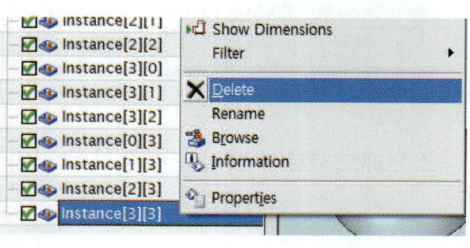

파트 탐색기상에서 삭제(Delete)한 후에도, 좌측 그림의 방법으로 삭제 취소(Undelete)할 수 있다.

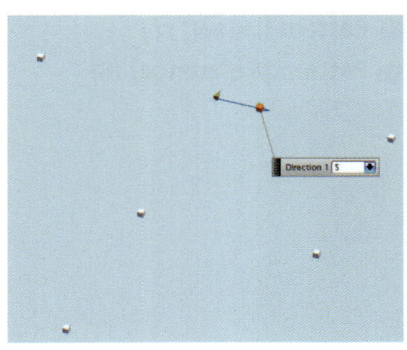 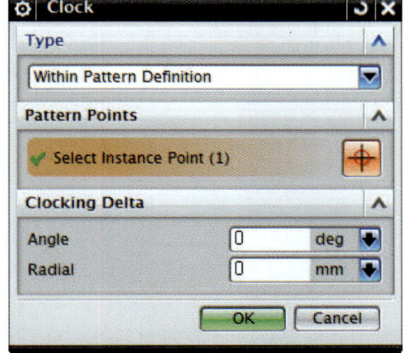

[패턴 정의 내(Within Pattern Definition)]   [선형과 원형 배열의 패턴 정의 내]

선형(Direction)과 원형(Circular) 배열에서만 사용할 수 있는 패턴 정의 내 (Within Pattern Definition) 유형은 패턴 특징형상의 배열 방법에 따라 요구되는 매개변수 값이 변경된다. 선형은 두 개의 방향 (Direction) 값으로, 원형은 각도와 반경 값으로 위치를 제어한다.

 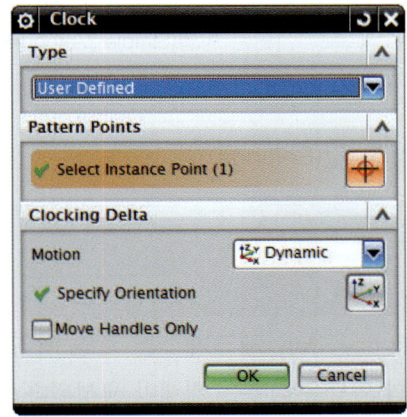

[사용자 정의(User Defined) 유형]

다각형(Polygon), 나선(Spiral), 방향(Along) 레이아웃은 User Defined만 사용가능하며 일반(General), 참조(Reference)는 클록 메뉴를 사용할 수 없다.

🔖 단순 방법(Simple Method)로 두 개 이상의 객체를 배열

단순 방법(Simple Method)로는 여러 개의 피쳐를 배열할 수 없기 때문에 하나의 피쳐는 마스터 특징형상은 사용자가 선택한 레이아웃을 적용하고, 다른 하나의 특징형상은 참조 레이아웃(Reference Layout)을 사용해 패턴을 적용한다.

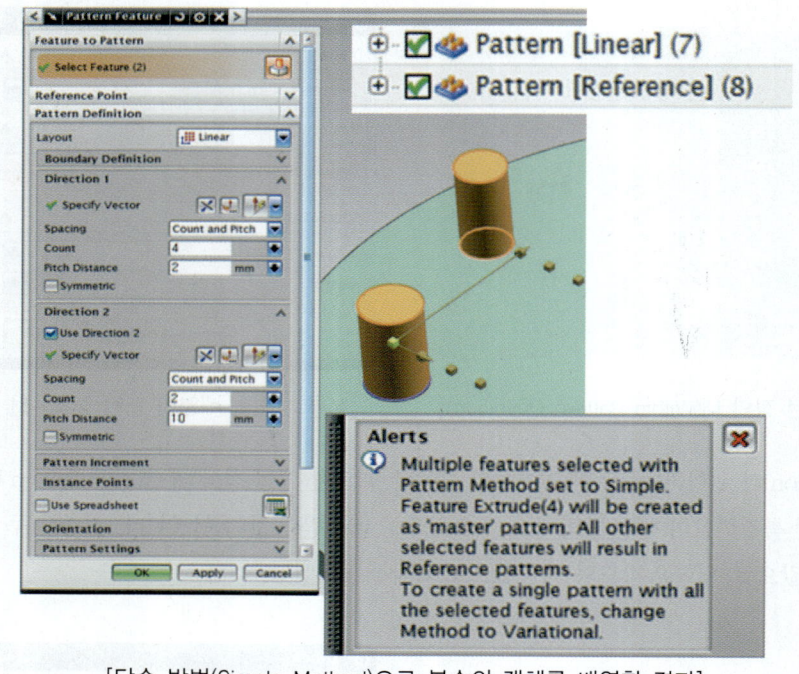

[단순 방법(Simple Method)으로 복수의 객체를 배열한 결과]

5) 설정 값(Settings)

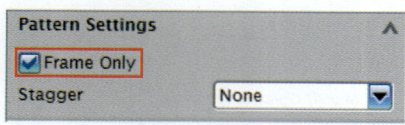

Frame Only 체크박스를 켜면 배열의 외곽을 이루는 개체만 생성된다.

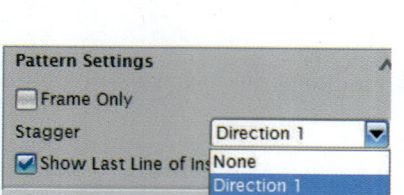

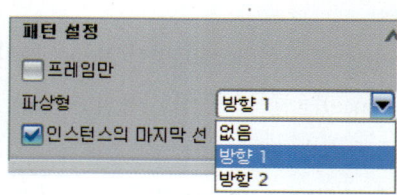

파상형(Stagger)옵션을 사용하면 아래 그림과 같이 번갈아가며 엇갈린 형태의 배열을 생성할 수 있다.

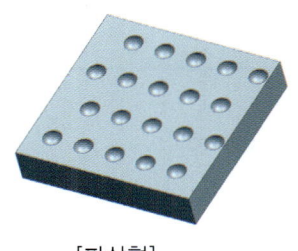
[파상형]

[인스턴스의 마지막 열 지우기]

Show Last Line of Instances 체크박스를 사용하여 마지막 열을 제거할 수 있다.

제 2 절 | 패턴 지오메트리(Pattern Geometry)

▶ 위치 : Menu ▸ → Insert → Associative Copy → Pattern Geometry

독립적인 개체를 이동, 회전, 대칭 복사 등을 할 수 있는 기능이다.

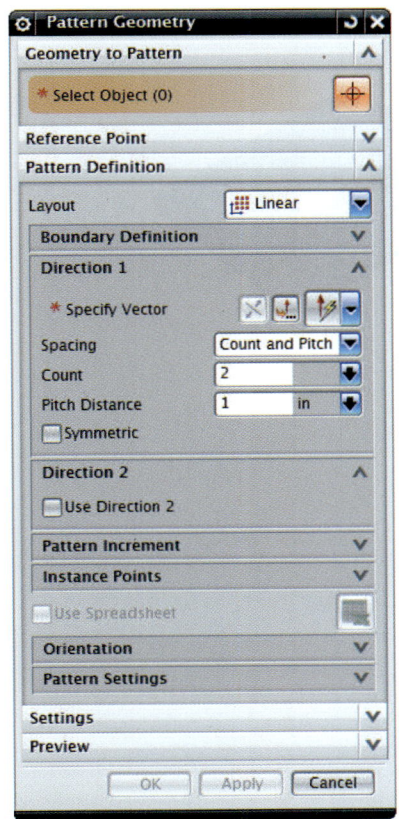

- Geometry to Pattern : 배열할 독립개체, 예를 들어 하나의 솔리드바디, 시트바디, 선, 점 등을 선택하여 배열한다.
- Pattern Definition : 어떠한 방법으로 배열할지를 정의한다.
- Instance Geometry의 모든 기능은 Pattern Feature와 동일하다. 단지 배열을 위해 선택할 수 있는 대상이 다르다.
- Pattern Feature : 특징형상
- Pattern Geometry : 독립된 바디 혹은 곡선

제 3 절　미러 피쳐(Mirror Feature)

▶ 위치 : Menu ▸ → Insert → Associative Copy → Mirror Feature

Feature를 대칭복사할 수 있는 기능이다.

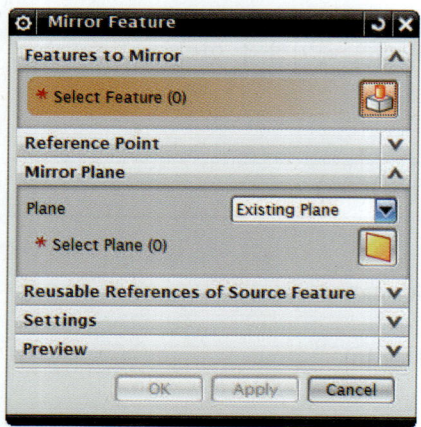

- Feature : 대칭 복사하게 될 Feature를 선택한다.
- Mirror Plane : 대칭 복사하게 될 기준 평면을 선택한다.

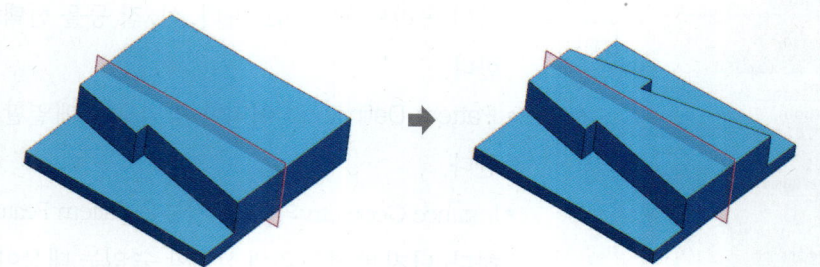

6장 ▶ Curve

제1절 투영 곡선(Project Curve)

▶ 위치 : Menu ▸ → Insert → Derived Curve → Project

Curve 및 Points를 선택한 후 Object로 투영시킬 수 있다.

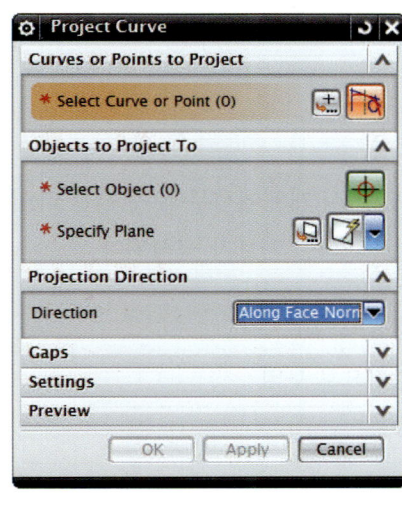

- Curves or Points to Project : Curves, edges, points, sketch를 선택할 수 있다.
- Objects to Project To
  - Select Object : faces, faceted bodies, datum planes를 선택할 수 있다.
  - Specify Plane : Full Plane Tool을 사용하여 Object로 사용할 평면을 새로 만들 수 있다.
- Projection Direction : 투영할 방향
  - Along Face Normal : 면 법선 방향
  - Toward Point : 점을 향해
  - Toward Line : 선을 향해
  - Along Vector : 방향을 지정
  - Angle to Vector : 지정한 방향의 각도에 따라
- Gaps : 간격
  - Create Curves to Bridge Gaps : 떨어져 있는 곡선에 연결 Curve를 생성

01 Projection Direction

1) Along Face Normal : Face를 따라 Normal한 방향으로 프로젝트 커브가 생성된다.

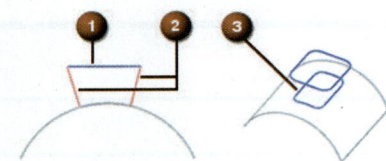

■ 투영할 곡선
② 투영할 면에 대한 법선 방향
③ 투영된 곡선

2) Toward Point : 지정된 포인트를 향해 개체를 프로젝트할 시 개체에서부터 선택한 포인트에 투영되는 커브와 Object의 교차 지점에 프로젝트 커브가 생성된다.

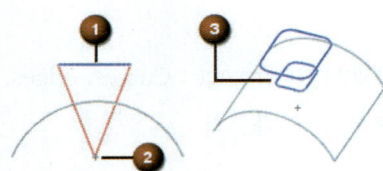

■ 투영할 곡선
② 지정한 점 방향으로 투영
③ 투영된 곡선

3) Toward Line : 개체가 지정된 라인을 향해 프로젝트될 시 개체에서부터 선택한 라인에 수직으로 투영되는 커브와 Object의 교차 지점에 프로젝트 커브가 생성된다.

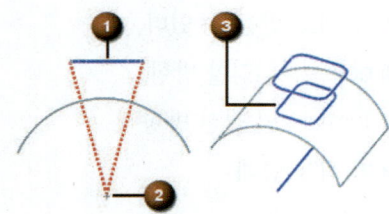

■ 투영할 곡선
② 지정한 선 방향으로 투영
③ 투영된 곡선

4) Along Vector : Vector list나 Vector Constructor를 이용하여 프로젝트 커브가 생성될 방향을 선택한다.

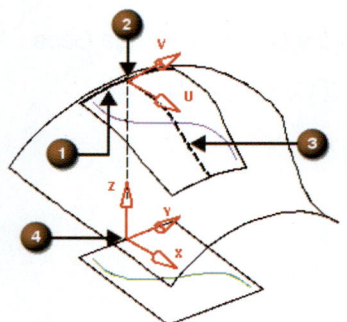

■ V-isocurve
② Point on face
③ U-isocurve
④ Reference point

5) Angle to Vector : 선택한 Vector와 Angle 값을 기준으로 투영 곡선이 생성된다.

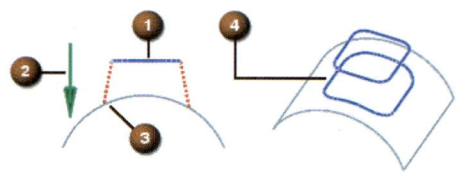

❶ 투영할 곡선
❷ 투영할 방향을 지정
❸ 방향에 대한 각도를 지정
❹ 투영된 곡선

6) Project to Nearest Point along Vector : 옵션을 체크한 후 프로젝트 커브를 투영하면 투영되는 방향에서 바라보았을 때 보이지 않는 부분에 대해선 투영되지 않는다.

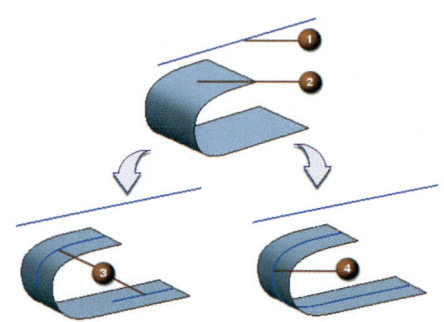

❶ 투영될 곡선
❷ 투영될 면을 선택
❸ 옵션 체크 시 투영될 방향에서 보았을 때 보이는 부분에 대해서만 투영 곡선이 생성되어진다.
❹ 옵션 체크 해제 시 투영될 면 전체에 투영 곡선이 생성되어지게 된다.

02 Gaps

1) Create Curves to Bridge Gaps : 두 세그먼트 사이 Gap에 다리를 놓아 하나의 연결된 곡선으로 투영 될 수 있게 한다.

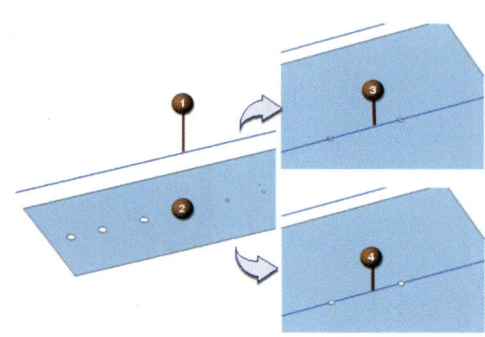

❶ 투영될 커브를 선택
❷ 투영이 진행되어질 면을 선택
❸ 간격 체크 시 간격 길이에 따라 하나의 곡선으로 이어지게 된다.
❹ 체크 해제 시 간격이 발생함으로 간격에 대해 곡선을 생성하지 않고 투영될 면에만 곡선이 생성되어지게 된다.

2) Maximum Bridged Gap Size : 두 세그먼트 사이 Gap의 최대 크기를 명시한다.
3) Gap List : Gap에 대한 정보를 나타내준다.

제 2 절   가상 곡선 추출(Extract Virtual Curve)

▶ 위치 : Menu ▼ → Insert → Derived Curve → Extract Virtual Curve

가상의 중심 곡선을 추출한다.

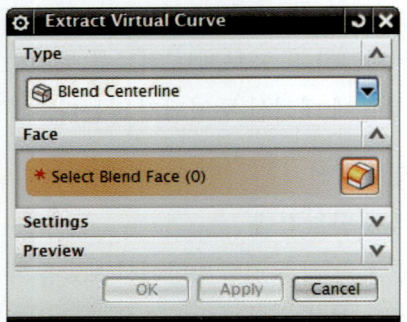

- Type
  - Rotation Axis
  - Blend Centerline
  - Virtual Intersection
- Face : 작업될 Blend Face를 선택한다.

01 Rotation Axis

회전면의 회전축을 가상의 곡선으로 보여준다.

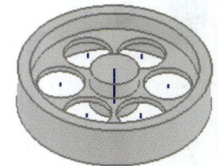

02 Blend Centerline

Blend의 가상 중심 라인을 보여준다.

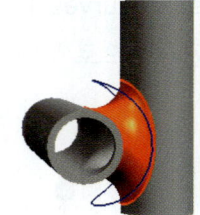

03 Virtual Intersection

Blend가 만들어진 표면의 가상 교차점을 추출하여 가상 교차로 커브를 만들어 보여준다.

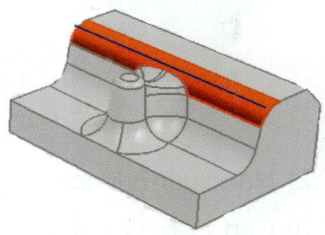

| 제1장
Extrude
& Revolve | 제2장
Layer | 제3장
Feature
Operation | 제4장
Detail
Feature | 제5장
Associative
Copy | 제6장
Curve | 제7장
Trim | 제8장
Solid
Exercise | Chapter B
Solid Modeling |

제 3 절 교차 곡선(Intersection Curve)

▶ 위치 : Menu ▾ → Insert → Derived Curve → Intersection Curve

면과 면의 교차 곡선을 얻을 수 있다.

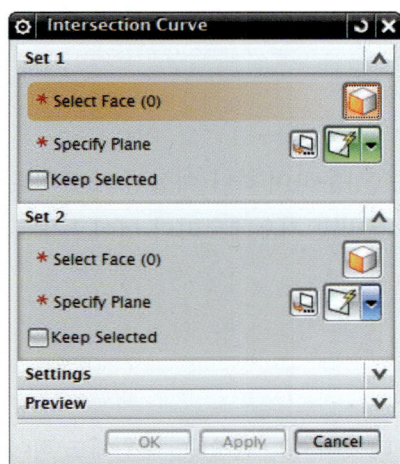

- Set 1
  - 교차시킬 면을 선택
  - 교차시킬 데이텀이나 면을 선택
- Set 2
  - 교차시킬 면을 선택
  - 교차시킬 데이텀이나 면을 선택

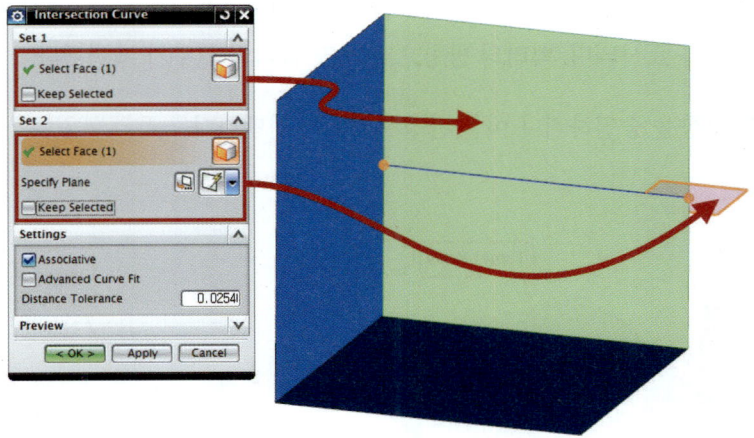

175

7장 ▶ Trim

제1절 바디 트리밍(Trim Body)

▶ 위치 : Menu▼ → Insert → Trim → Trim Body

이 옵션을 사용하면 면, 데이텀 평면 또는 기타 지오메트리를 사용하여 하나 이상의 타깃 바디를 트리밍할 수 있다. 유지하려는 바디의 부분을 선택하면 트리밍 지오메트리의 셰이프가 트리밍 된 바디에 적용된다.

01 바디 트리밍 기본 절차

1) 하나 이상의 타깃 바디를 선택한다. 표시할 수 있는 타깃이 하나만 있는 경우에도 적어도 한 개의 타깃 바디를 선택한 후에 확인을 누른다.

2) 면 또는 데이텀 평면을 선택하거나 다른 지오메트리를 정의하여 타깃 바디를 트리밍하면 벡터가 표시되며, 벡터의 방향으로 타깃 바디의 일부가 제거된다.

3) 벡터의 방향을 승인하거나 이를 반전시키도록 선택한다.

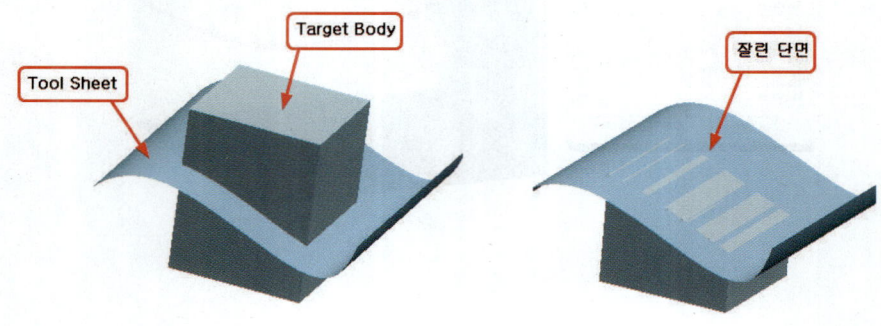

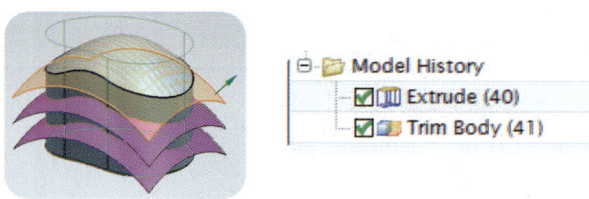

Trim Body는 칼날이 되는 Tool Body를 Multi로 지정할 수 없다. 또한 Tool Body는 하나의 Sheet로 지정된다. sew가 된 면인지 확인한다. 여러 개의 칼을 쓰려면 Apply를 이용하여 연속 Trim작업을 진행한다.

Trim Body는 Target을 Multi로 지정할 수 있다.
작업된 Part Navigator를 확인 해보면 각각의 작업이 이뤄진 Feature를 확인할 수 있다.

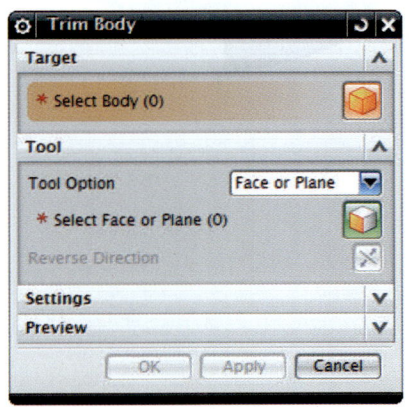

- Target(　) : Trim하려고 하는 Target을 선택한다.
- Tool(　) : Target을 Trim할 수 있는 Tool을 선택한다.
- Reverse Direction(　) : Trim의 방향을 바꾼다.

제 2 절 트리밍 취소(Untrim)

▶ 위치 : Menu → Insert → Trim → Untrim

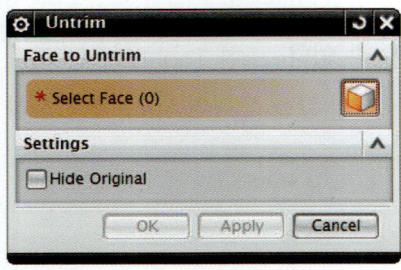

- Face to Untrim : 언트림 할 면을 선택한다.
  솔리드 바디의 Face와 시트 바디의 Face를 선택할 수 있다.
- Hide Original : 원본을 숨길지 여부를 결정한다.

Untrim은 위의 그림과 같이 선택한 Face를 아래의 그림처럼 본래의 Face로 생성시켜주는 명령어 이다. 변형된 또는 Face에 Hole이 작업되어 있을 시 Untrim을 사용하여 Trim영역을 생성할 수 있다.

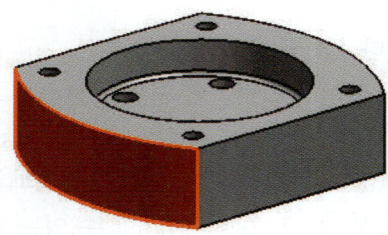 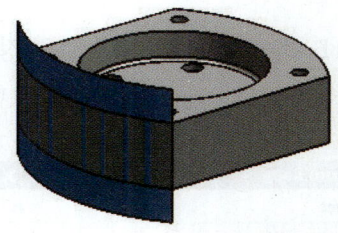

제 3 절 　면 분할(Divide Face)(🔲)/면 결합(Join Face)(🔲)

▶ 위치 : Menu ▾ → Insert → Trim → Divide Face

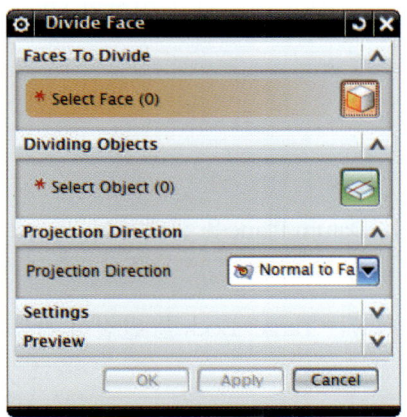

- Face To Devide : 분할할 면 혹은 서피스를 선택한다.
- Dividing Objects : 분할할 기준개체를 선택한다. 곡선 혹은 모서리 등을 선택할 수 있다.

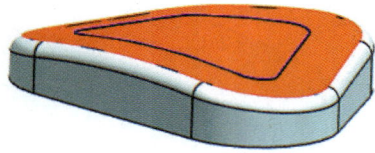 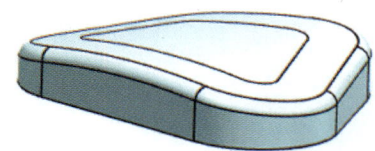

▶ 위치 : Menu ▾ → Insert → Combine → Join Face

On Same Surface를 클릭하고 원하는 면을 선택하면 위의 그림과 같이 분할된 면을 하나의 면으로 병합할 수 있다.

 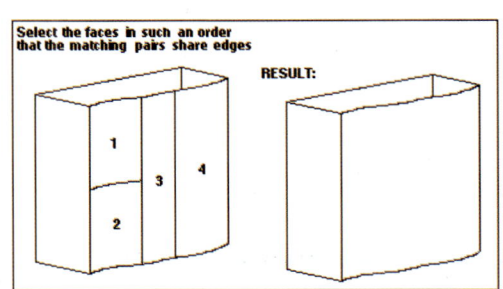

제 4 절 바디 분할(Split)

▶ 위치 : Menu → Insert → Trim → Split

이 옵션을 사용하면 면, Datum Plane 또는 기타 Sheet Body를 사용하여 하나 이상의 Sheet Body나 Solid Body를 분할할 수 있다.

01 타깃 바디(Target Body)

분할해야 할 Body를 선택한 후, 분할할 Sheet Body 또는 Datum Plane을 선택하여, Target Body를 분할할 수 있다.

Sheet Body를 사용하여 바디를 분할하는 경우 Sheet Body는 Target Body를 완전히 관통하여 이를 절단하기에 충분히 커야 한다.

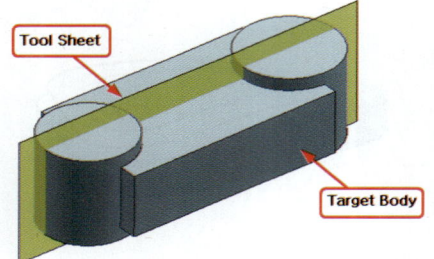
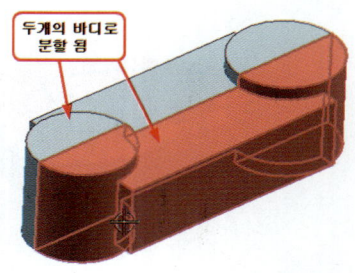

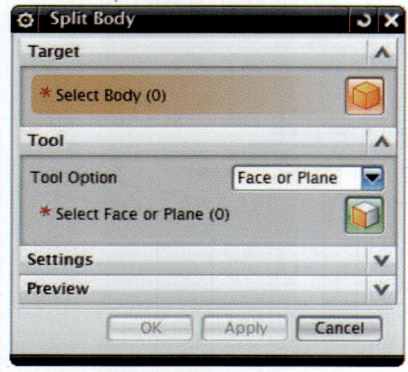

- Target : 분할할 Sheet Body나 Solid Body를 선택한다.
- Tool Body : 잘라낼 기준면을 선택한다.
  Datum Plane 또는 Sheet Body를 선택 가능하다.

제 5 절 Solid Modeling 연습 예제 I

| 도면명 | NX 모델링작업 | 척도 | NS |

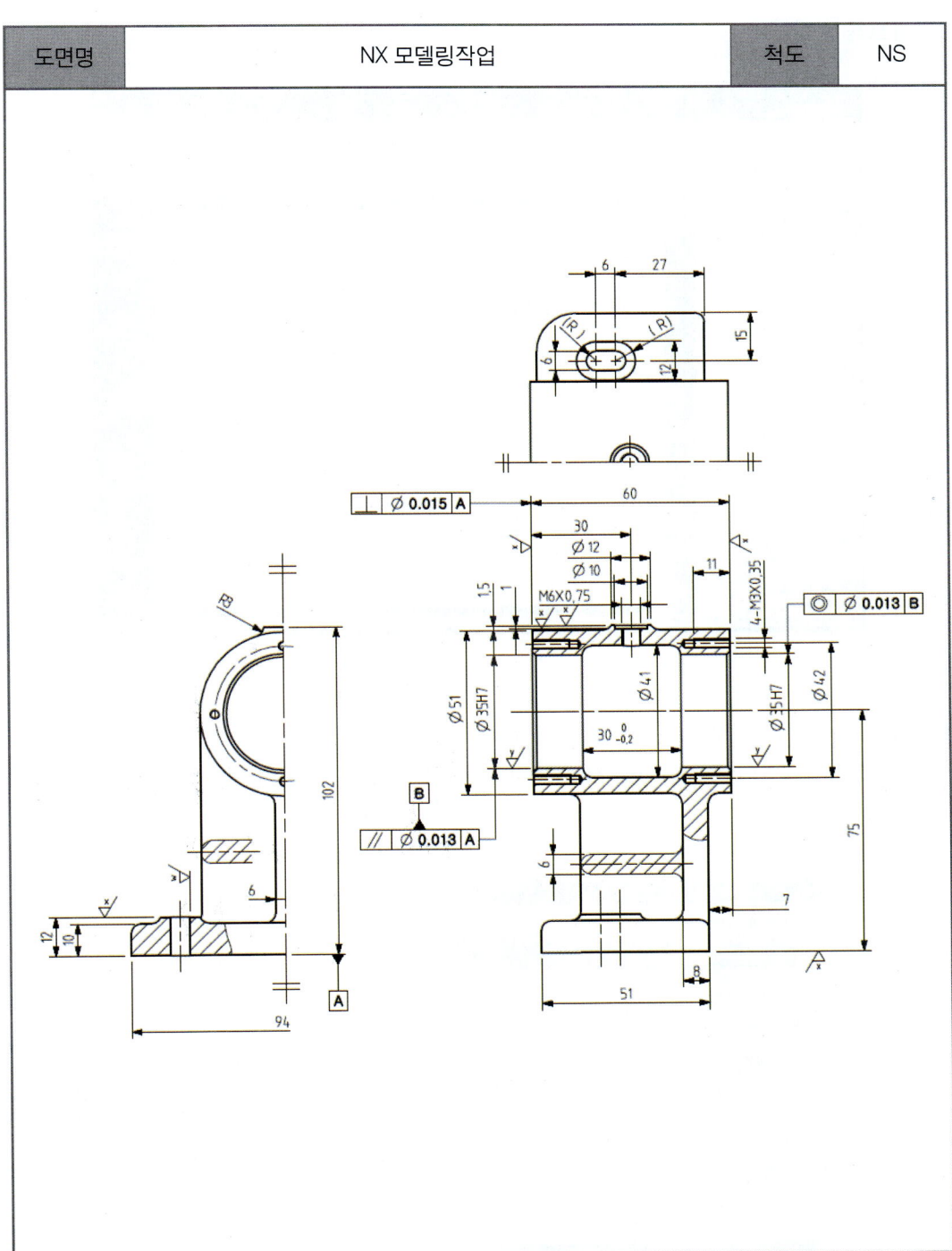

❶ File → New 혹은 아이콘을 클릭한다.
　Name에서 파일 이름(housing)과 Folder에서 파일의 경로를 정의한다. OK를 클릭하여 새 파트를 생성한다.

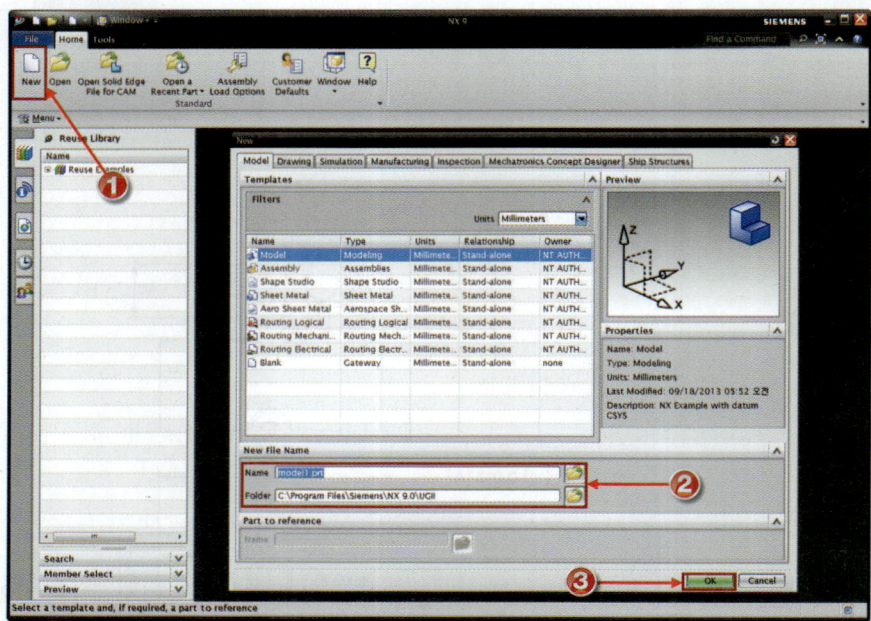

❷ Menu → Insert → Sketch in Task Environment( )를 클릭한다.
　Sketch Type=On Plane, Plane Method=Inferred로 설정한 후 XZ평면을 클릭하고 OK를 클릭한다.

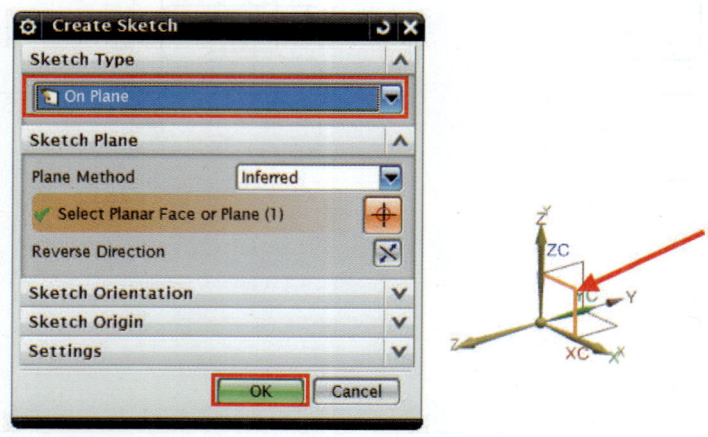

| 제1장
Extrude
& Revolve | 제2장
Layer | 제3장
Feature
Operation | 제4장
Detail
Feature | 제5장
Associative
Copy | 제6장
Curve | 제7장
Trim | 제8장
Solid
Exercise | **Chapter B**
Solid Modeling |

❸ 그림과 같이 스케치하고 🏁 아이콘을 이용해 스케치를 종료한다.

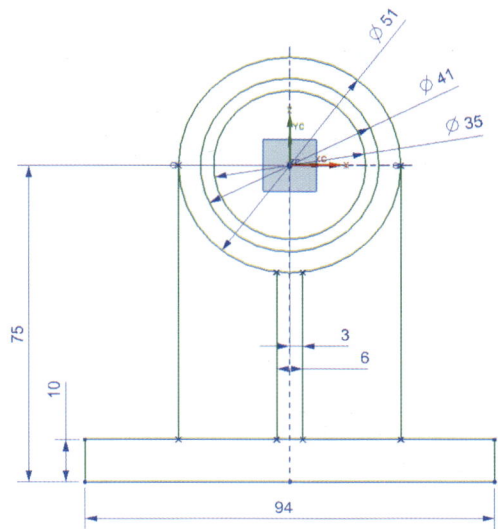

❹ 돌출(Extrude)( ) 아이콘을 클릭한 후 선택 옵션(Curve Rule)은 [Single Curve ▼]로 설정한 후 직경 51mm의 원을 클릭한 후 End Distance=60mm로 입력한 다음 Apply를 클릭한다.

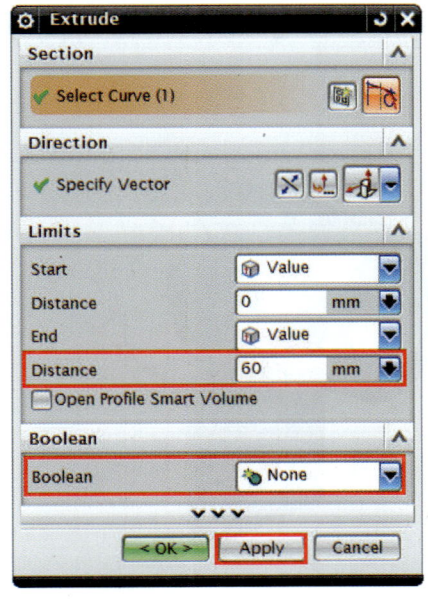 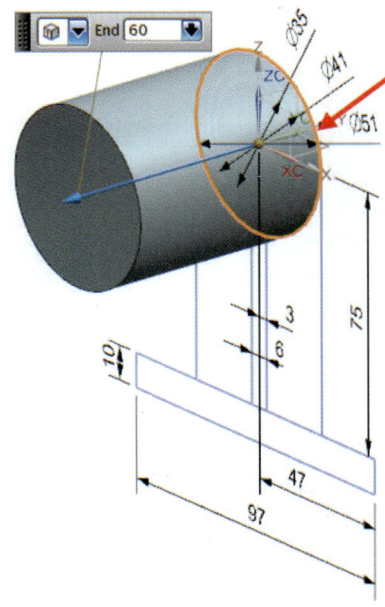

183

❺ 직경 35mm의 원을 클릭한다.

End Distance=60mm, Boolean=Subtract( )로 설정하고, Apply를 클릭한다.

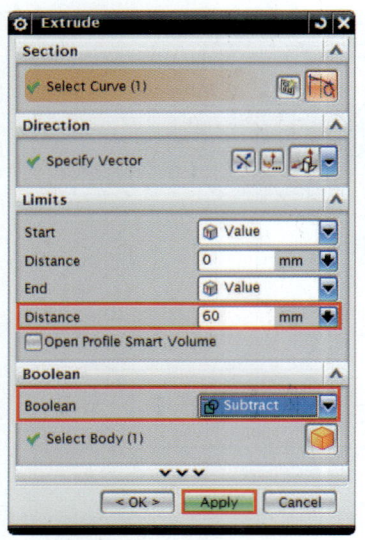
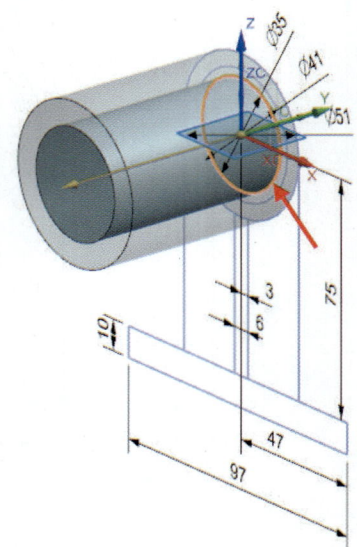

❻ 이어서 선택 옵션(Curve Rule)을 Region Boundary Curv 로 정의하고, 화살표가 가리키는 영역을 클릭한다.

Start Distance=7mm, End Distance=15mm, Boolean= Unite( )로 설정한 후 Apply를 클릭한다.

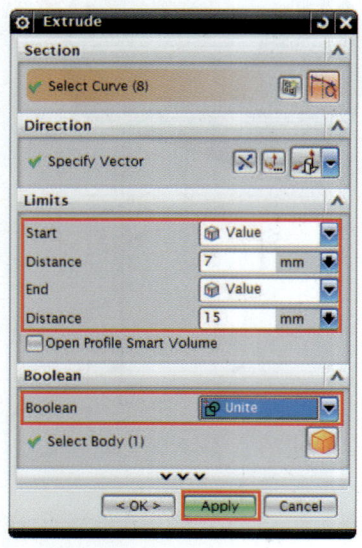
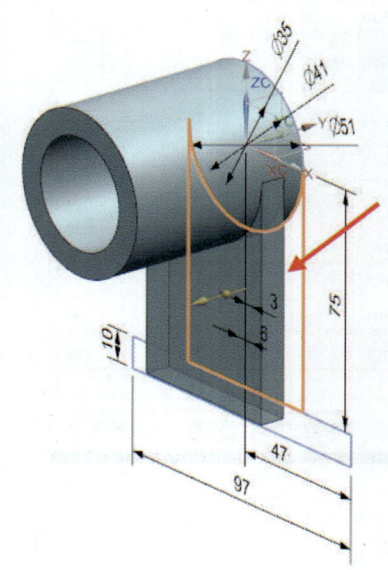

❼ 이어서 화살표가 가리키는 영역을 클릭한다.

Start Distance=7mm, End Distance=51+7mm, Boolean=Unite()로 설정한 후 Apply를 클릭한다.

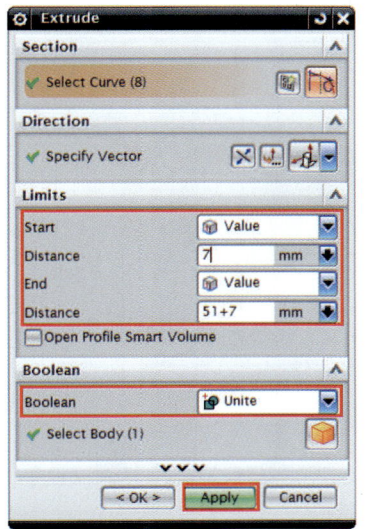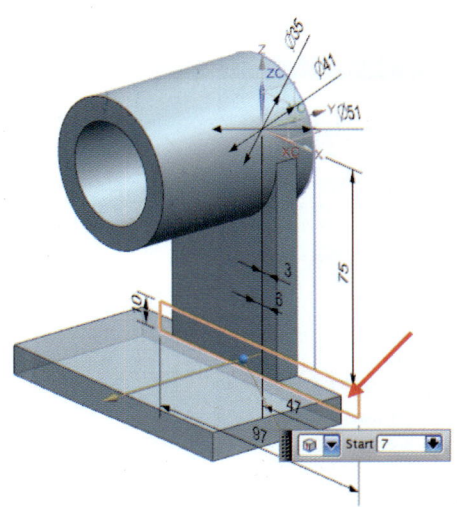

❽ 이어서 화살표가 가리키는 영역을 클릭한다.

Start Distance=7mm, End Distance=7+51-12mm, Boolean=Unite()로 설정하고 Apply를 클릭한다.

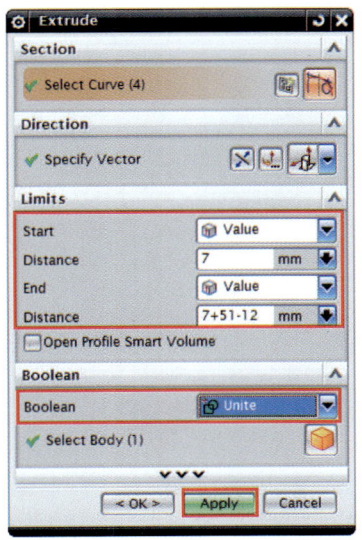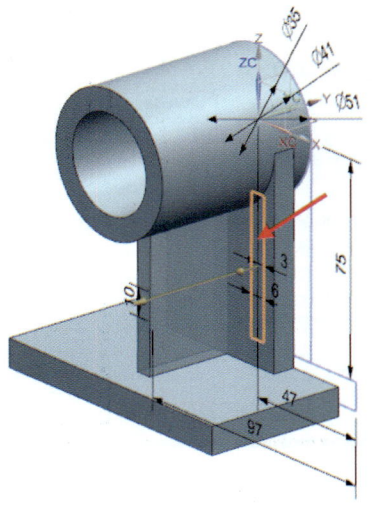

❾ 마지막으로 선택 옵션(Curve Rule)을 [Single Curve]로 정의하고 직경 41mm의 원을 클릭한다.

Start Distance=15mm, End Distance=15+30mm, Boolean= Subtract( )로 설정 후 OK를 클릭한다.

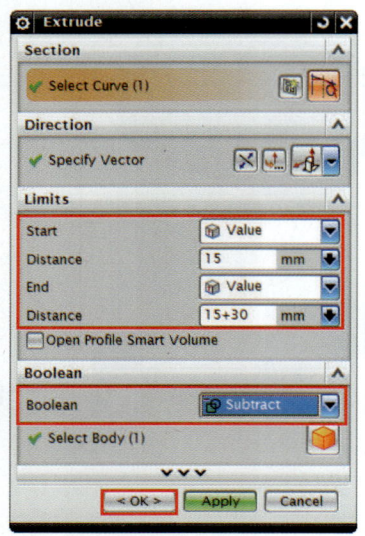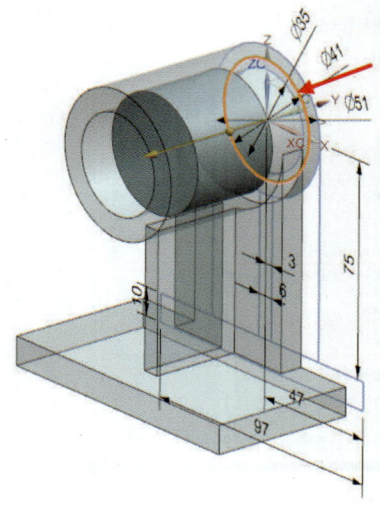

❿ Edge Blend( ) 아이콘을 클릭하고 2개의 타원으로 표시된 모서리를 클릭한다.

Shape=Circular( ), Radius 1=12mm로 설정한 후 Apply를 클릭한다.

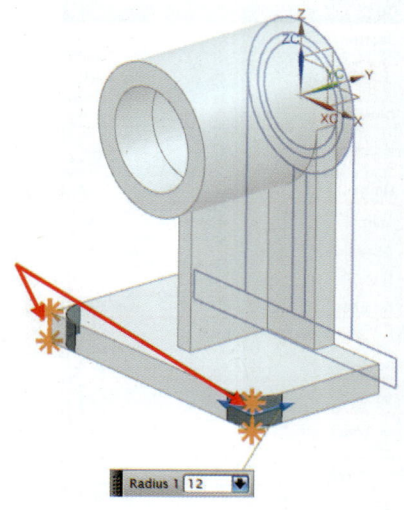

⓫ 그 다음 베이스와 리브의 모든 모서리를 선택한다.

Shape=Circular( ), Radius 1=3mm로 설정한 후 Apply를 클릭한다.

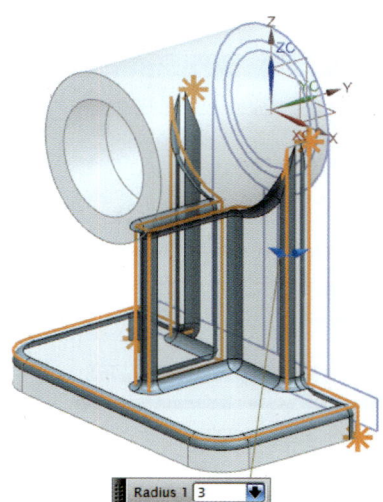

⓬ 마지막으로 원통 안쪽의 2개의 모서리를 클릭한다.

Shape=Circular( ), Radius 1=3mm로 설정한 후 OK를 클릭한다.

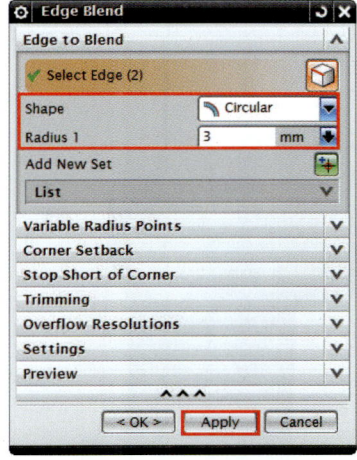
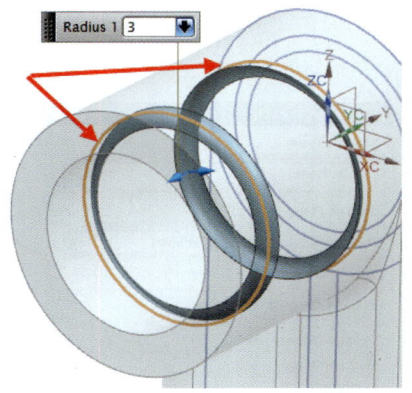

⑬ Datum Plane(☐) 아이콘을 클릭한다.

Type=Inferred, Object to Define Plane=XY평면 선택, Offset Distance=102-75mm로 설정한 후 OK를 클릭한다.

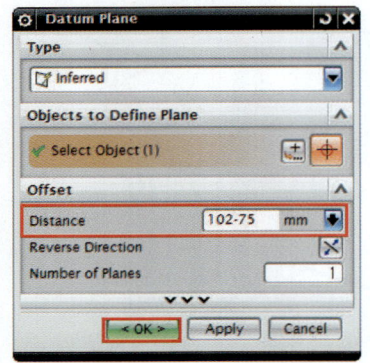
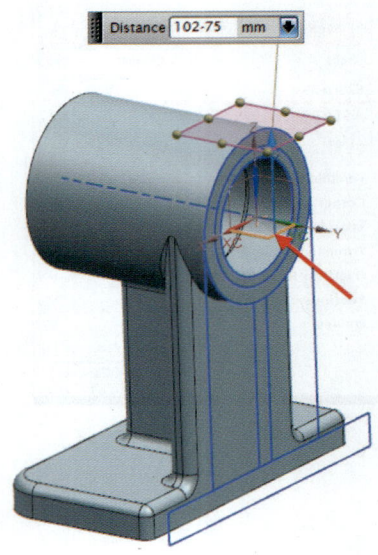

⑭ Menu → Insert → Sketch In Task Environment(🔲)를 클릭한다.

Type=On Plane, Sketch Plane=전 단계에서 생성한 평면을 선택하고 OK를 클릭한다.

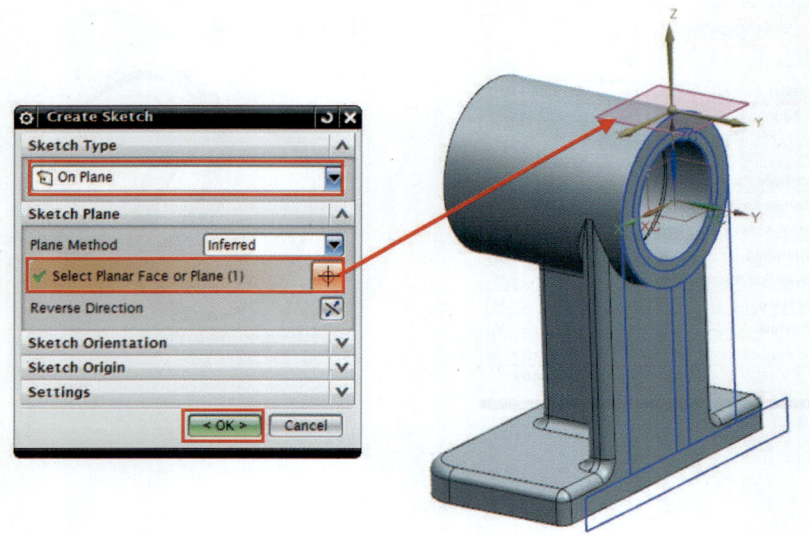

| 제1장
Extrude
& Revolve | 제2장
Layer | 제3장
Feature
Operation | 제4장
Detail
Feature | 제5장
Associative
Copy | 제6장
Curve | 제7장
Trim | 제8장
Solid
Exercise | Chapter **B**
Solid Modeling |

❶❺ 그림과 같이 스케치하고 ![Finish] 아이콘을 클릭하고 스케치에서 빠져나온다.

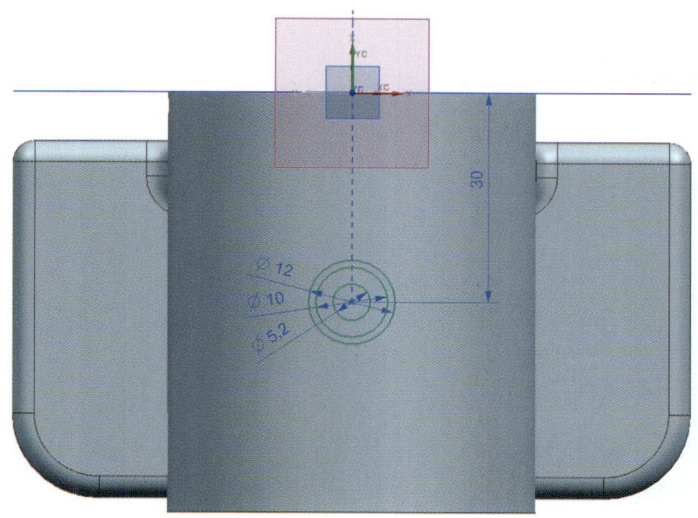

❶❻ 돌출(Extrude)(![]) 아이콘을 클릭한다.

 선택 옵션(Curve Rule)은 `Single Curve`로 설정한 후 직경 12mm의 원을 클릭한다.

 End Limits=Until Next(![]), Boolean= Unite(![])로 설정한 후 Apply를 클릭한다.

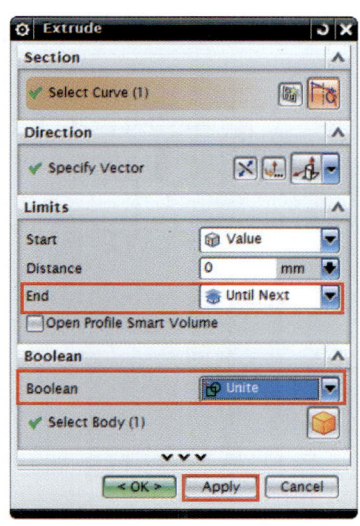 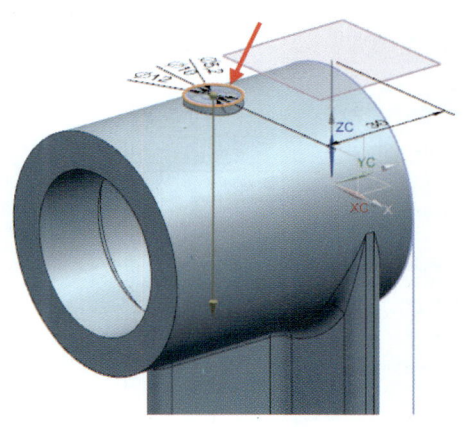

❼ 이어서 직경 10mm의 원을 클릭한다.

End Distance=1mm, Boolean= Subtract( )로 설정한 후 Apply를 클릭한다.

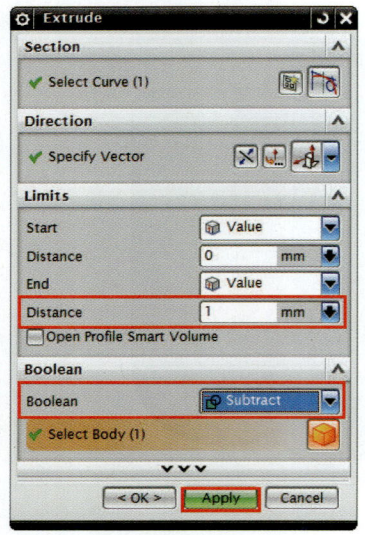 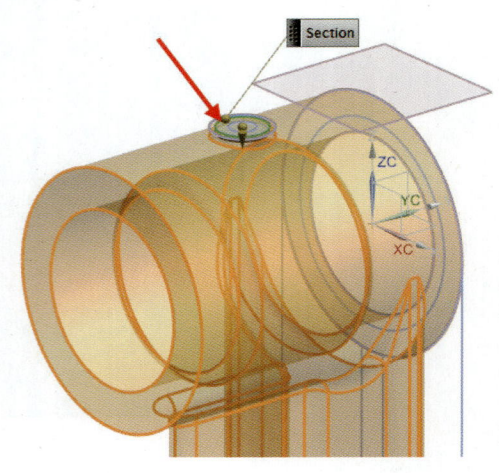

❽ 이어서 직경 5.2mm의 원을 클릭한다.

End Limits=Until next, Boolean= Subtract( )로 설정한 후 OK를 클릭한다.

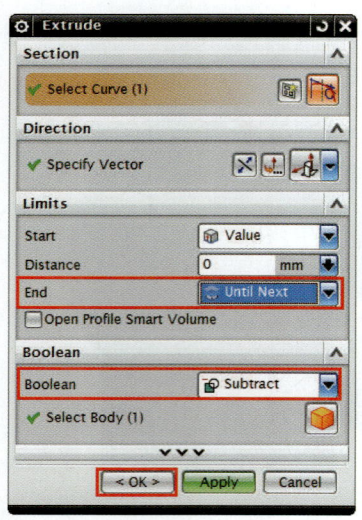 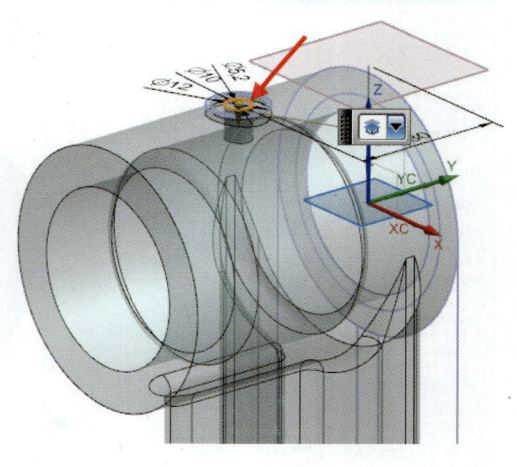

❾ Menu → Insert → Design Feature → Thread(🔩)를 클릭한다.

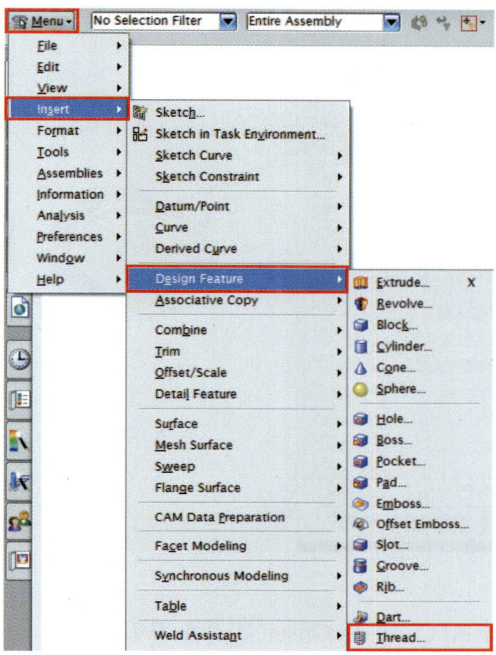

❷⓪ Manual Input과 Full Thread에 체크한 후 Major Diameter=6mm, Minor Diameter=5.2mm, Pitch=0.8mm, Angle=60°로 설정한 후 OK를 클릭한다.

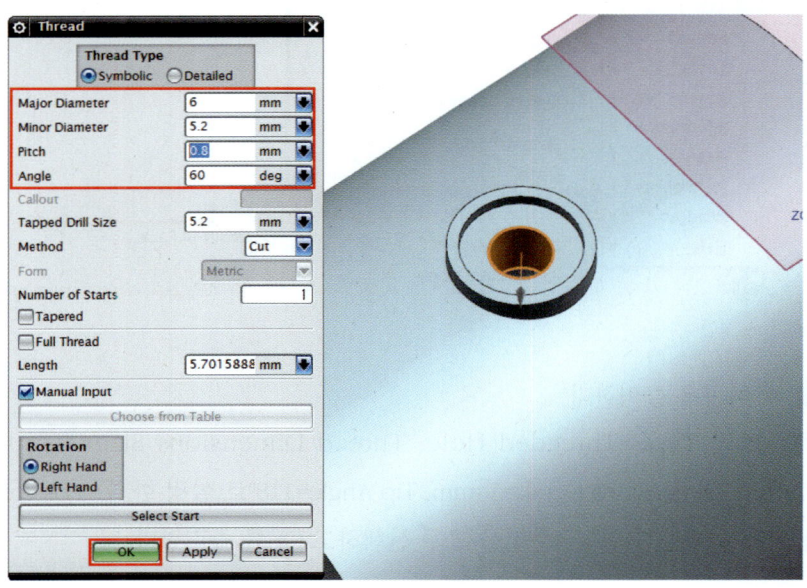

㉑ Edge Blend( ) 아이콘을 클릭하고 본체의 원통 면과 만나는 모서리를 클릭한 다음 반경 3mm를 입력하고 OK를 클릭한다.

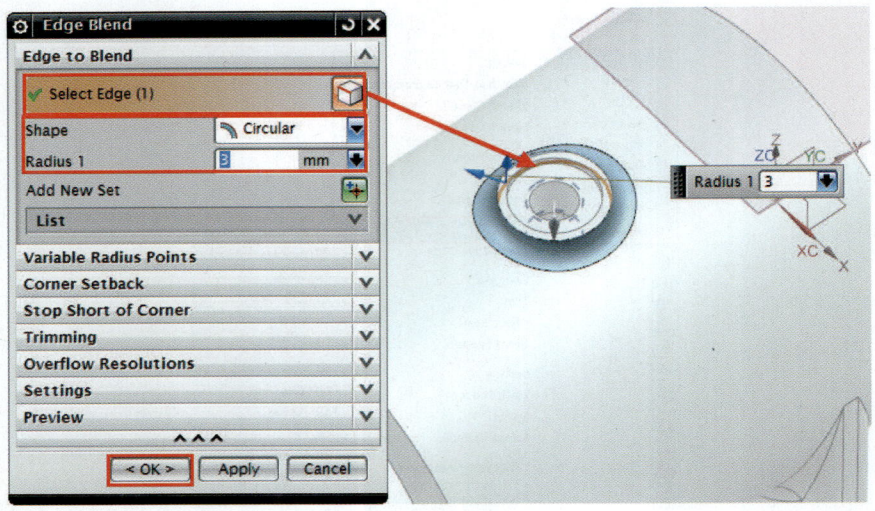

㉒ Menu → Insert → Derived Curve → Offset( )를 클릭한다.

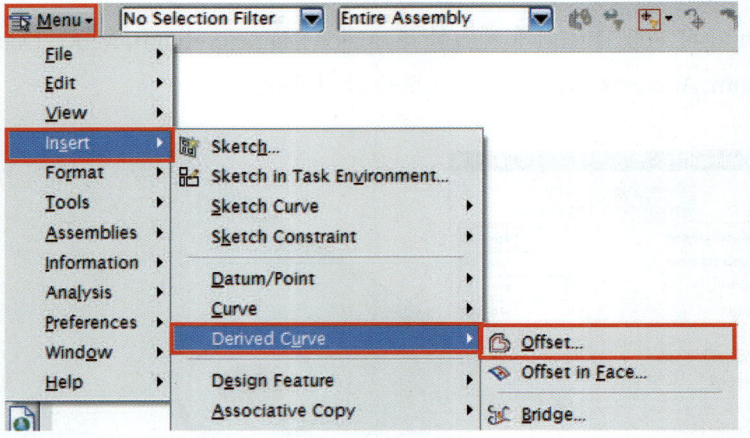

㉓ Hole( ) 아이콘을 클릭한다.

Hole창이 뜨면 Type=Threaded Hole, Thread Dimensions Size=M3×0.5, Thread Depth=11mm, Dimensions Depth=14mm, Tip Angle=118°로 설정 한 후 Position에서 Offset Curve를 이용해 생성한 원의 4분점을 모두 선택하고 OK를 클릭한다.

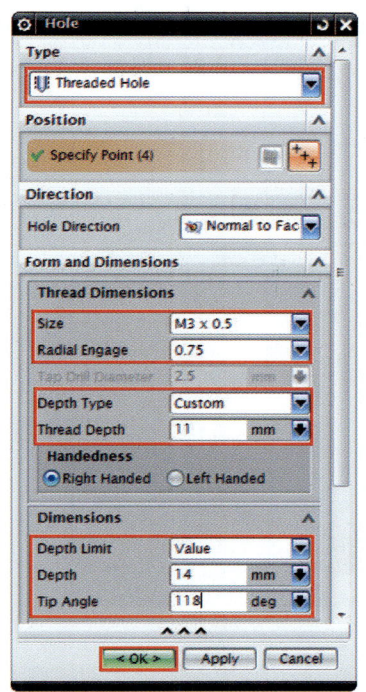
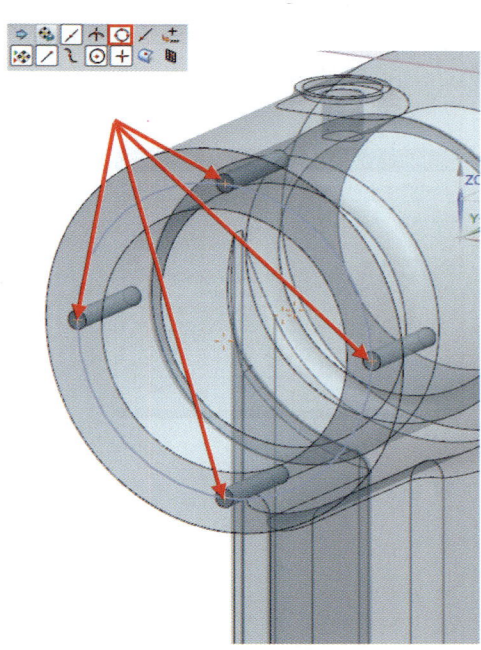

㉔ Menu → Insert → Associative Copy → Mirror Feature( )를 클릭합니다.

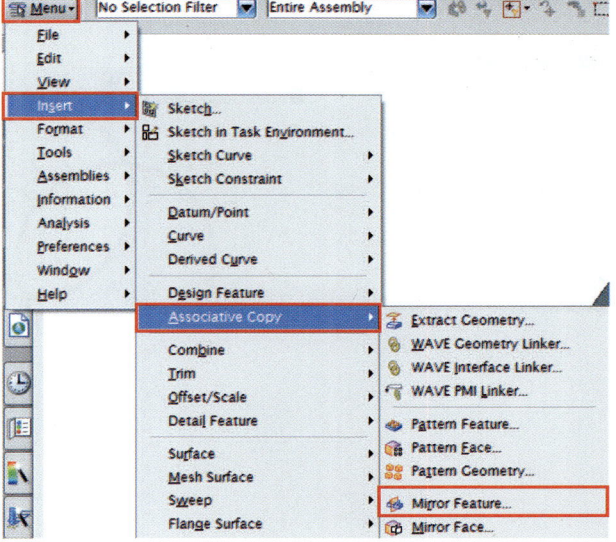

㉕ Select Feature에는 이전 작업에서 생성한 4개의 Thread Hole을 선택하고, Mirror Plane 탭의 Specify Plane에서 New plane으로 설정하고 화살표가 가리키는 면을 선택한 후 Distance(거리 값)를 30mm로 입력한 후 OK를 클릭한다.

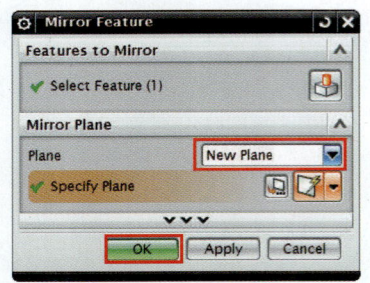
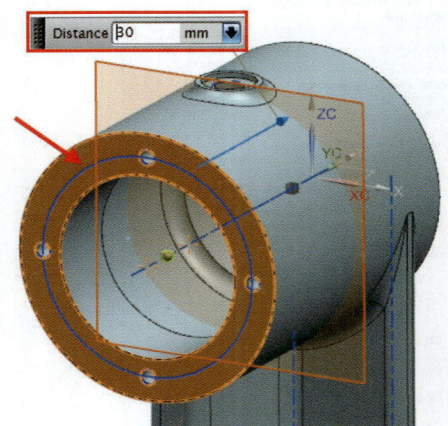

㉖ Chamfer( ) 아이콘을 클릭한다.
Select Edge에서 화살표가 가리키는 모서리를 선택한다.
Cross Section=Symmetric, Distance=1mm로 설정한 후 OK를 클릭한다.

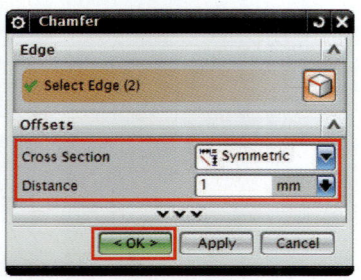
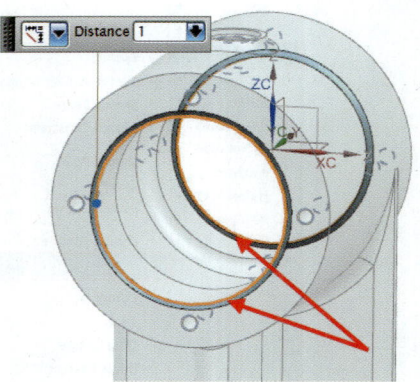

㉗ Menu → Insert → Sketch in Task Environment(🔲)를 클릭한다.
화살표가 가리키는 면을 선택하고 OK를 클릭한다.

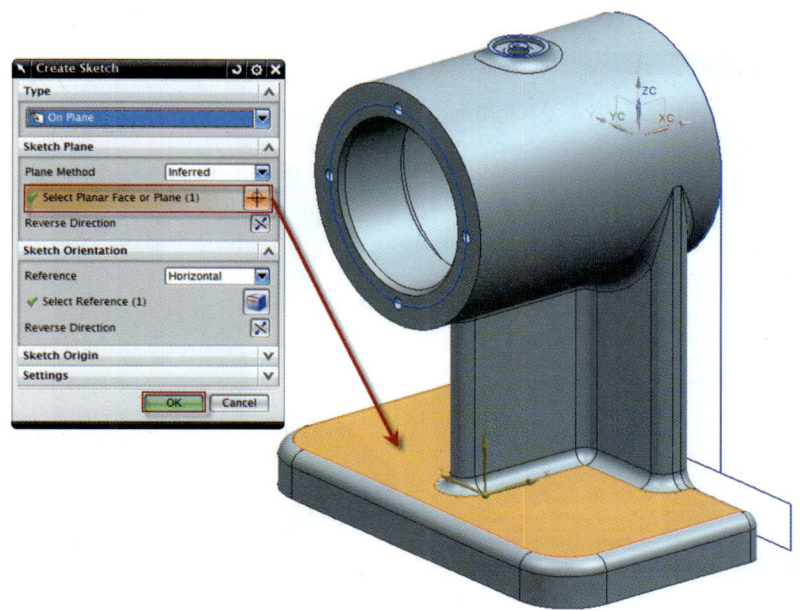

㉘ 한쪽에만 그림과 같이 스케치하고 🏁 아이콘을 클릭하여 스케치 환경에서 빠져 나온다.
Finish

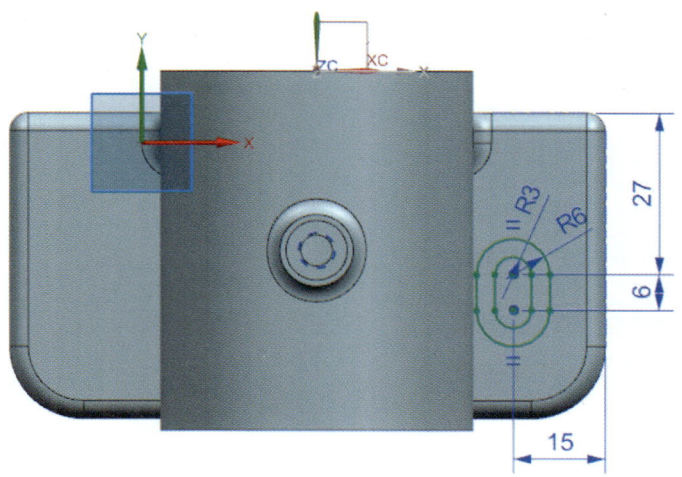

㉙ 돌출(Extrude)( ) 아이콘을 클릭한 후 선택 옵션(Curve Rule)은 Region Boundary Curv 로 선택하고 화살표가 가리키는 영역을 선택한다.

End Distance=2mm, Boolean=Unite로 입력한 후 Apply를 클릭한다.

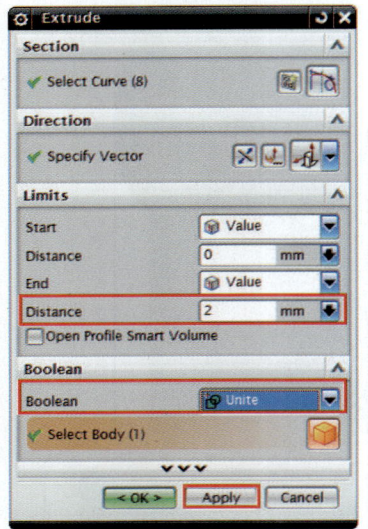
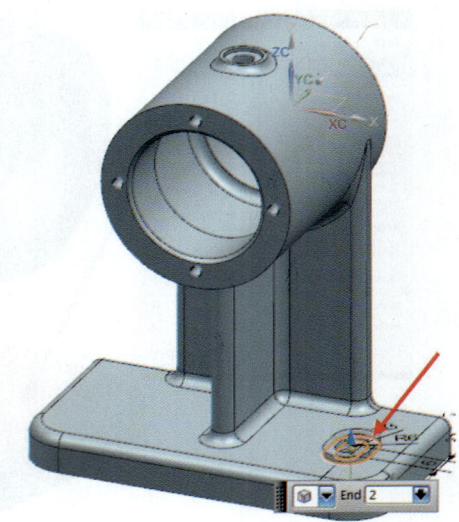

㉚ 그 다음 화살표가 가리키는 안쪽 면을 선택하고 End Distance=Unit Next, Boolean=Subtract( )으로 설정한 후 OK를 클릭한다.

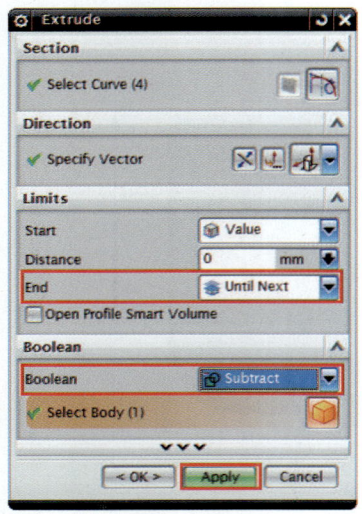
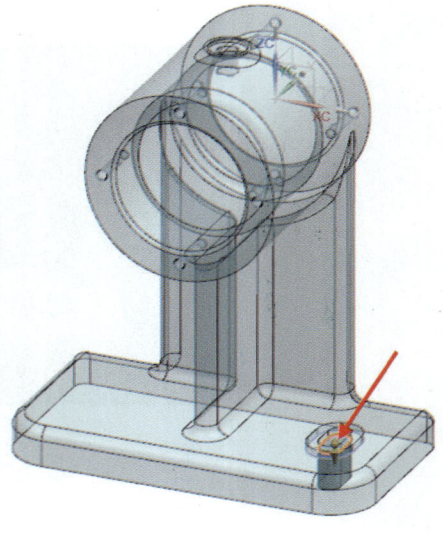

| 제1장
Extrude
& Revolve | 제2장
Layer | 제3장
Feature
Operation | 제4장
Detail
Feature | 제5장
Associative
Copy | 제6장
Curve | 제7장
Trim | 제8장
Solid
Exercise | Chapter B
Solid Modeling |

31 Menu → Insert → Associative Copy → Mirror Feature( )를 클릭한다.

Select Feature에 화살표로 표시된 면을 클릭하고 Plane에는 YZ평면을 클릭한 다음 OK를 클릭한다.

32 Edge Blend( ) 아이콘을 클릭하고 화살표가 가리키는 모서리를 클릭한 다음 radius 1(반경)=3mm를 입력하고 OK를 클릭한다.

 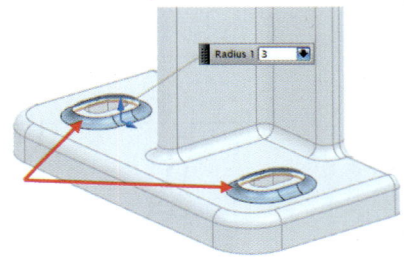

33 하우징 모델링 완성

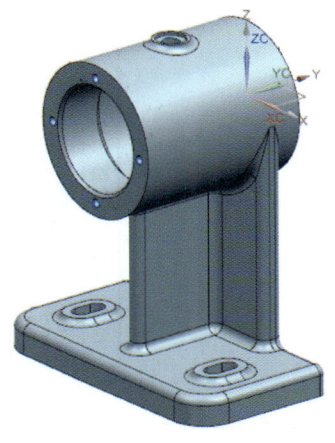

제 6 절 Solid Modeling 연습 예제 II

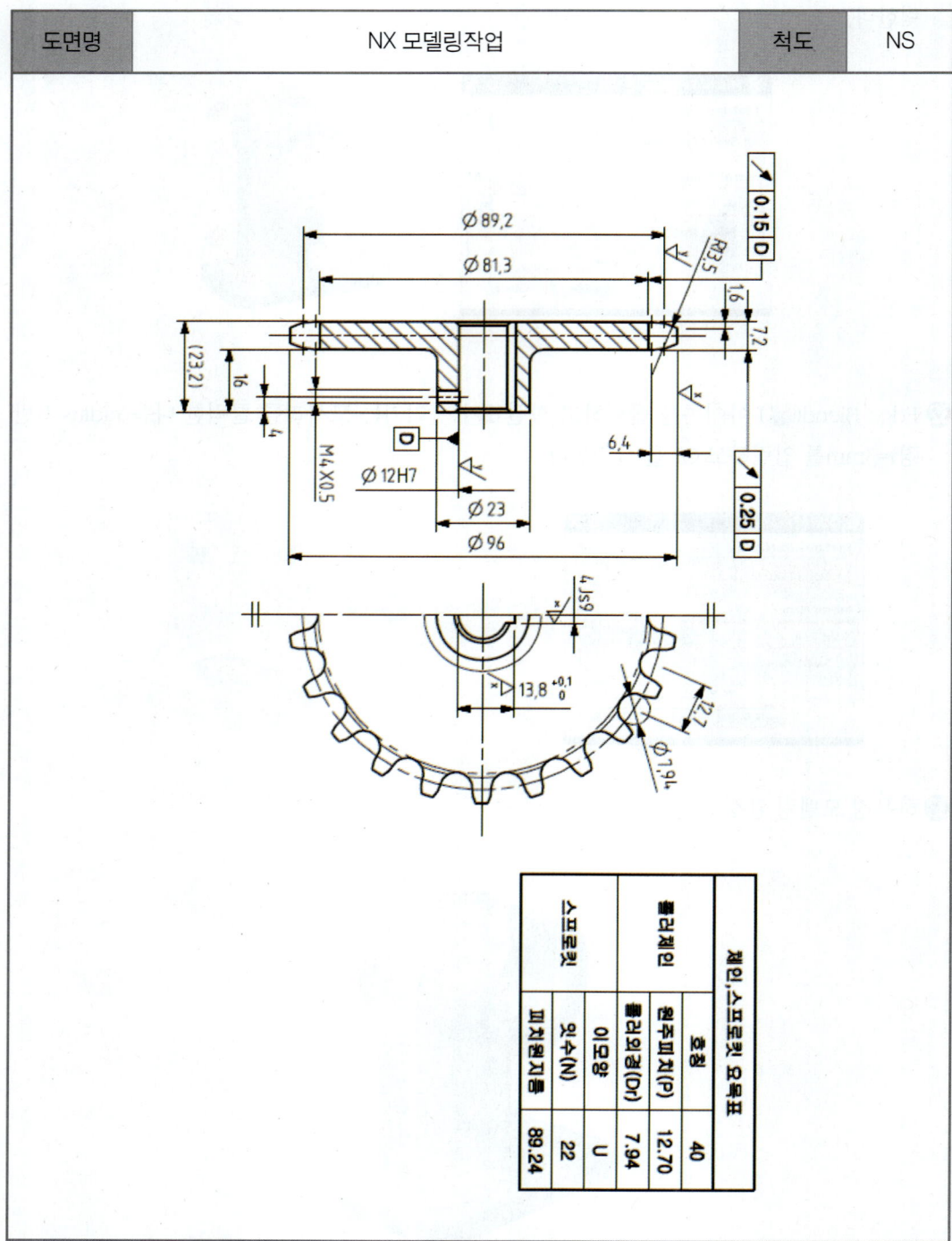

| 제1장
Extrude
& Revolve | 제2장
Layer | 제3장
Feature
Operation | 제4장
Detail
Feature | 제5장
Associative
Copy | 제6장
Curve | 제7장
Trim | 제8장
Solid
Exercise | **Chapter B**
Solid Modeling |

❶ File → New 혹은 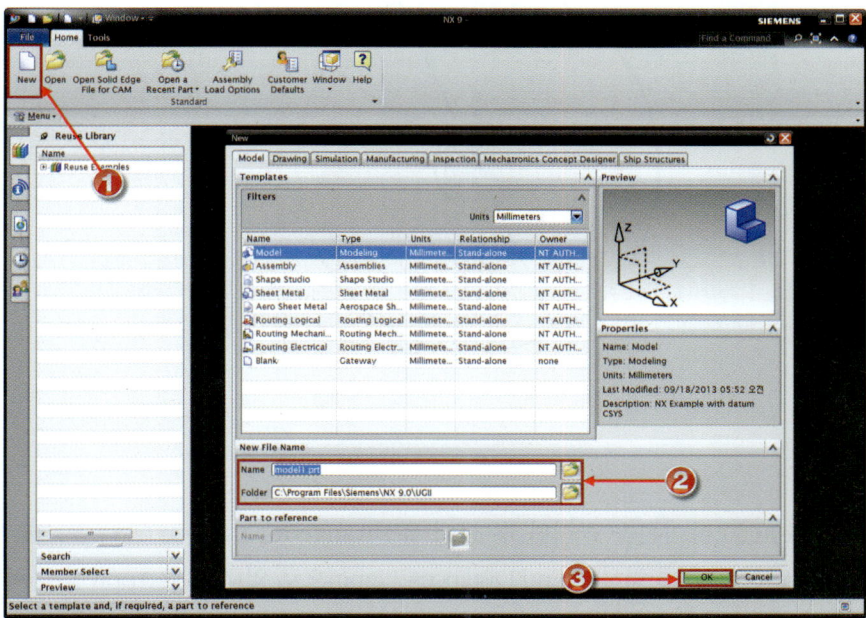 아이콘을 클릭한다.

Name에서 파일 이름(sprocket)과 Folder에서 파일의 경로를 정의한다.

OK를 클릭하여 새 파트를 생성한다.

❷ Menu → Insert → Sketch in Task Environment()를 클릭한다.

Sketch Type=On Plane, Plane Method=Inferred로 설정한 후 XZ평면을 클릭하고 OK를 클릭한다.

 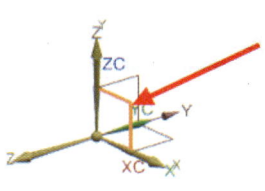

❸ 그림과 같이 스케치하고 아이콘을 이용해 스케치를 종료한다.

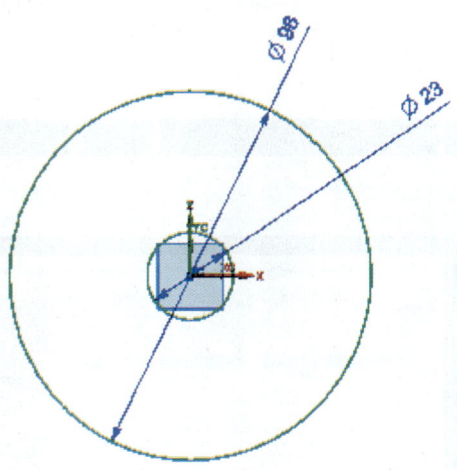

❹ 돌출(Extrude)( ) 아이콘을 클릭한 후 선택 옵션(Curve Rule)은 Single Curve 로 설정한 후 직경 96mm의 원을 클릭하여 End Distance=7.2mm으로 입력한 후 Apply를 클릭한다.

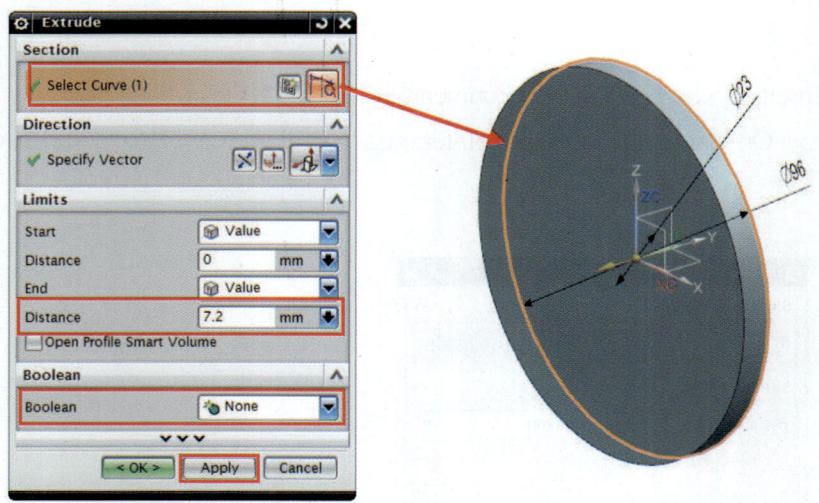

❺ 이어서 직경 23mm의 원을 선택한다.

End distance=7.2+16mm, Boolean=Unite()로 설정한 후 OK를 클릭한다.

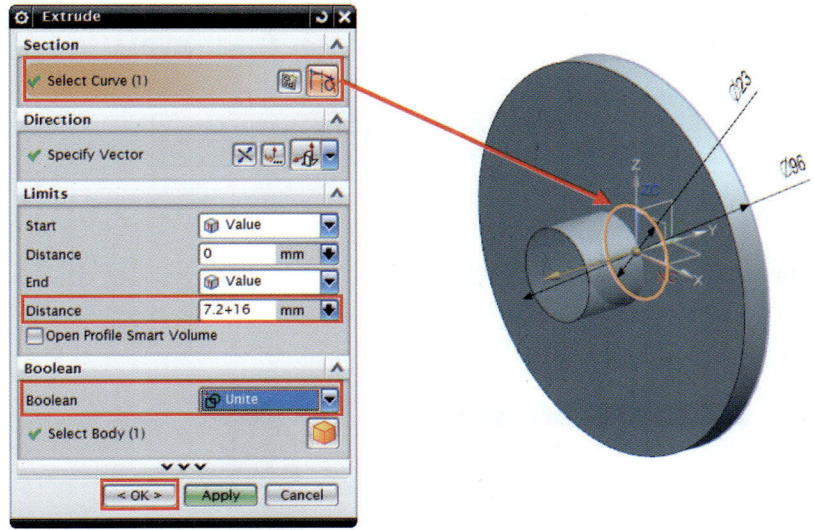

❻ Insert → Sketch in Task Environment(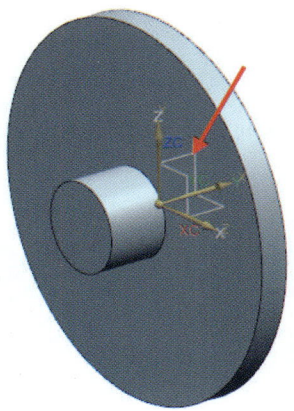)를 클릭한다. Type=On Plane으로 설정한 후 YZ평면을 클릭하고 OK를 클릭한다.

❼ Menu → Insert → Curve from Bodies → Intersection Curve( )를 클릭한다.

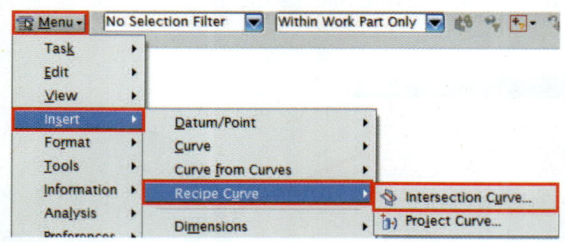

❽ Face to Intersect에 Select Face에는 화살표가 가리키는 두 개의 면을 클릭한 후 OK를 클릭한다.

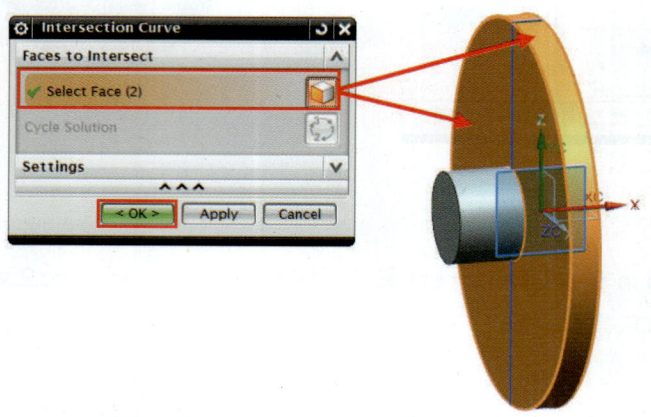

❾ 그림과 같이 스케치하고   아이콘을 클릭하여 스케치를 종료한다.

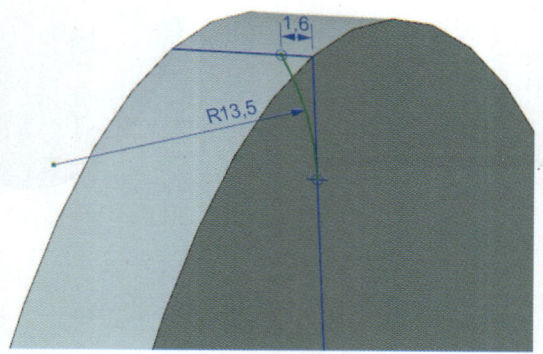

❿ 회전(Revolve)( )을 실행한다.

선택 옵션(Curve Rule)을 Single Curve 과 Stop at Intersection( )을 활성화시키고 화살표가 가리키는 영역을 클릭한다. Specify Vector에서 원통의 모서리를 선택한다. End Angle=360 deg, Boolean=Subtract( )으로 설정한 후 OK를 클릭한다.

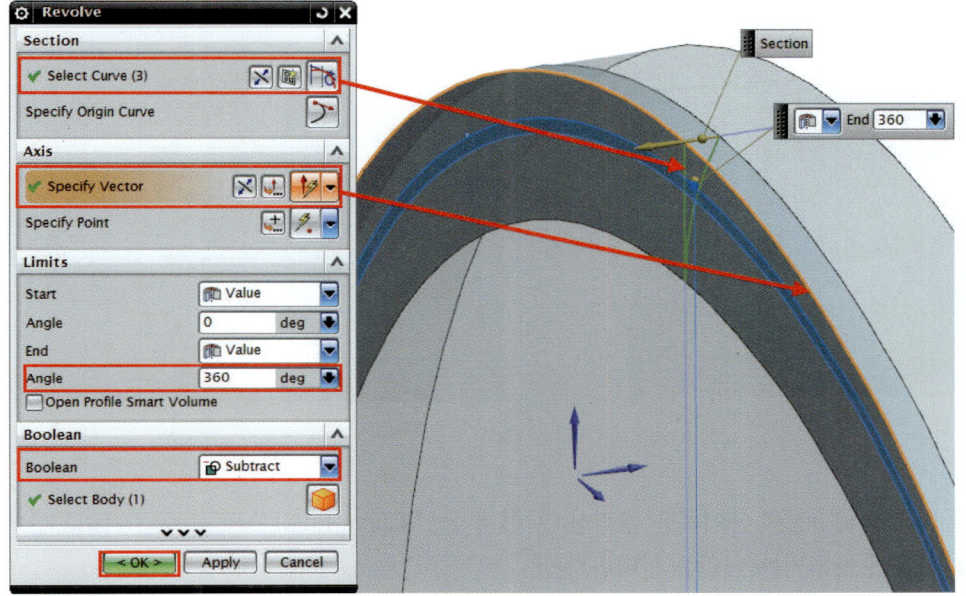

⓫ Menu → Insert → Sketch in Task Environment( )를 클릭한다.

Sketch Type=On Plane, Plane Method=Infrred로 설정한 후 XZ평면을 클릭하고 OK를 클릭한다.

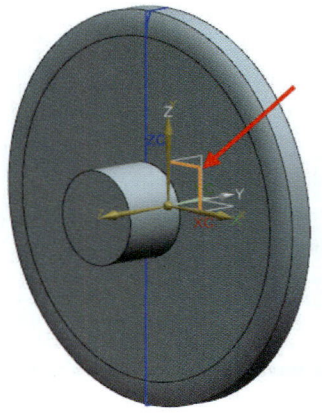

⓬ 그림과 같이 스케치를 생성하여 준 다음 Edit → Curves → Quick Trim( )을 실행하여 그림과 같이 총 5개소를 클릭하여 잘라낸다.(확대된 곳 이외의 선을 먼저 트림해야 구속조건 충돌 가능성이 적다.)

완료가 되면 아이콘을 클릭하여 스케치를 종료한다.

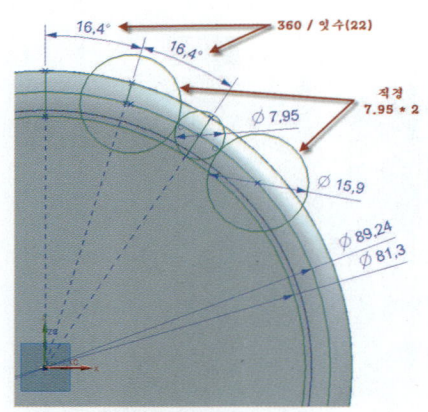
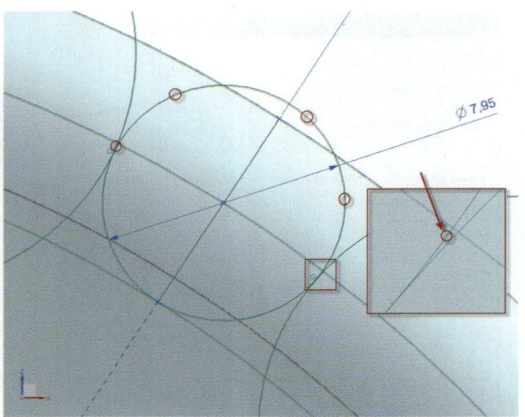

⓭ 돌출(Extrude)( ) 아이콘을 클릭한 후 선택 옵션(Curve Rule) Region Boundary Curv 로 선택하고 화살표가 가리키는 영역을 선택한다.

End Limits=Through All( ), Boolean=Unite( )로 정의한 후 OK를 클릭한다.

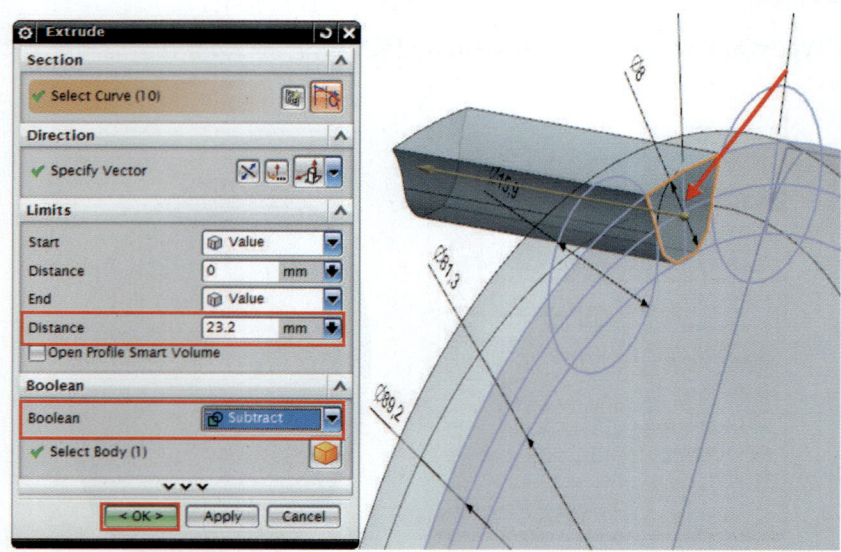

⓮ Menu → Insert → Associative Copy → Patten Feature( )를 클릭한다.

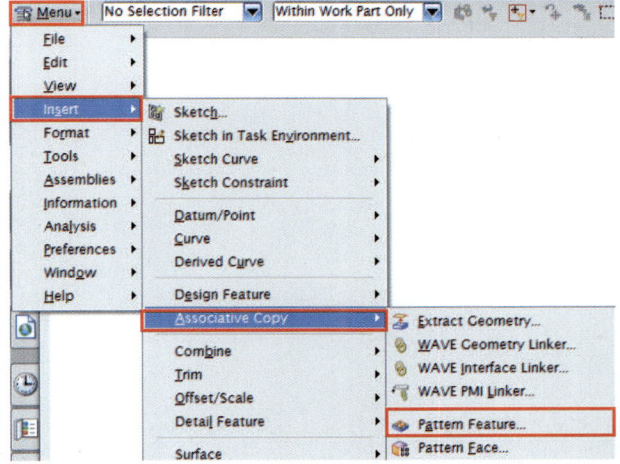

⓯ Select Feature=돌출 작업에서 생성한 면, Layout= Circular , Specify Vector=화살표가 가리키는 면, Spacing=Count and Pitch, Count=22, Pitch Angle=360/22, Pattern Method=Simple로 설정한 다음 OK를 클릭합니다.

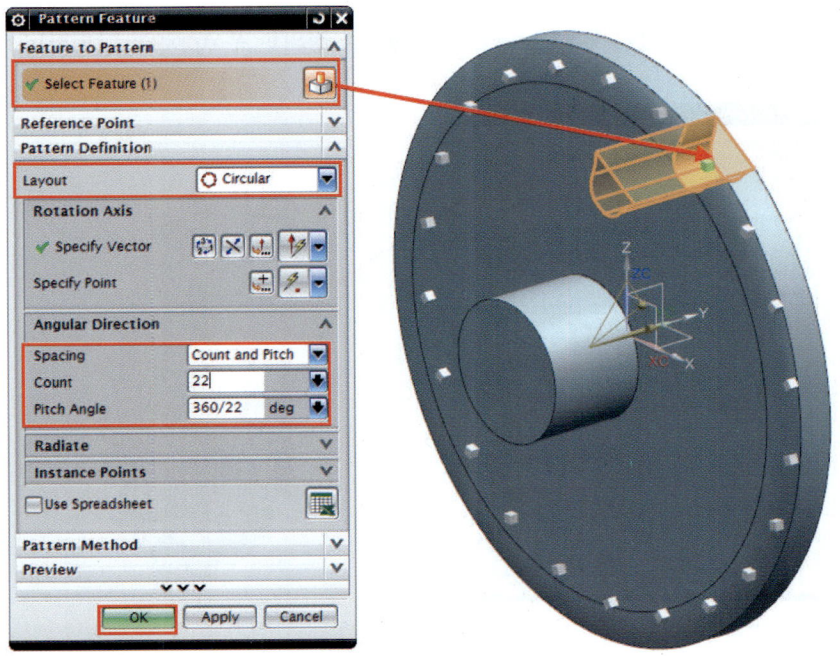

205

❶❻ Menu → Insert → Sketch in Task Environment를 클릭한다.

　　XZ평면을 클릭하여 선택하고 OK를 클릭한 후 그림과 같이 스케치하고 아이콘을 클릭하여 스케치를 종료한다.

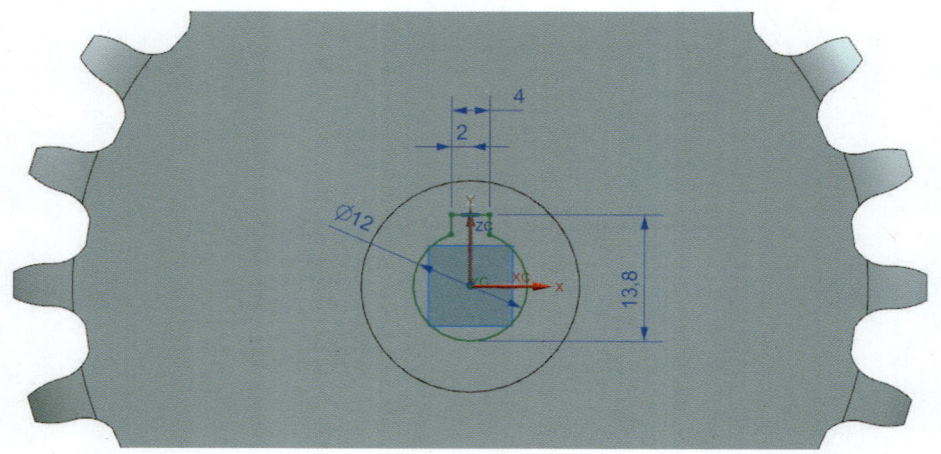

❶❼ 돌출(Extrude)( ) 아이콘을 클릭한 후 선택 옵션(Curve Rule)은 Region Boundary Curv 로 선택하고 화살표가 가리키는 영역을 선택한다.

　　End Limits=Through All( ), Boolean=Subtract( )를 정의한 후 Apply를 클릭한다.

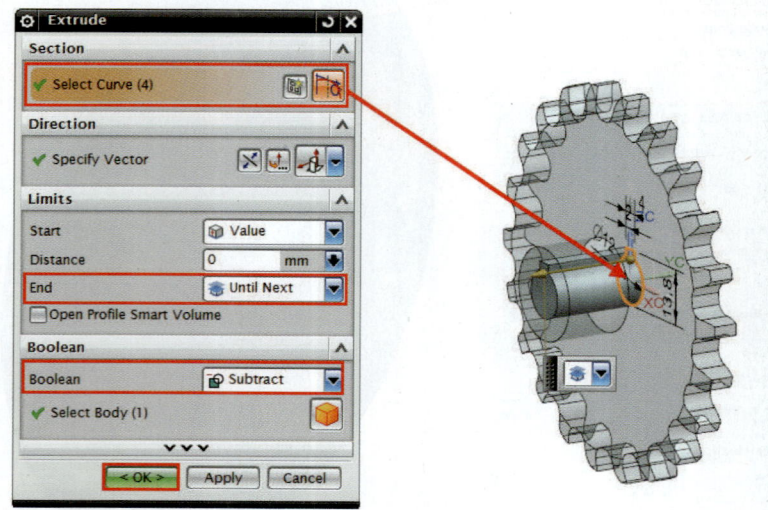

⓲ 모서리 블렌드(Edge Blend)( )를 클릭한다. 그림과 같이 R3이 들어갈 모서리를 클릭한다.
shape=Circular, Radius 1=3mm 으로 설정한 후 OK를 클릭한다.

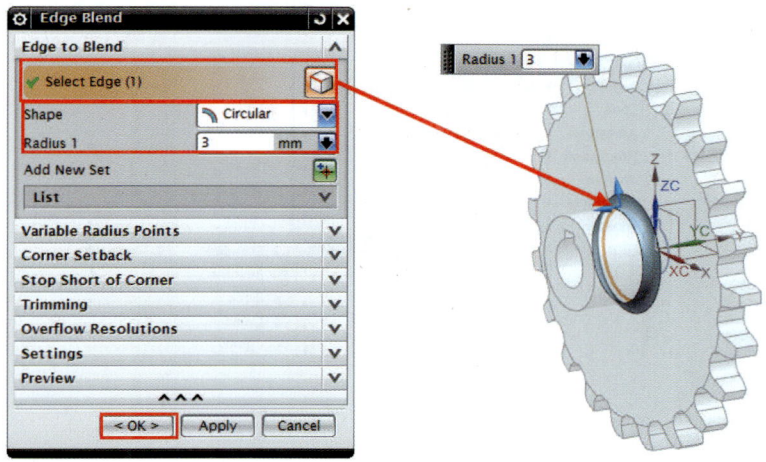

⓳ Menu → Insert → Sketch in Task Environment( )를 클릭한다.
YZ평면을 선택하고 OK를 클릭한다.
YZ평면에 들어가면 그림과 같이 스케치한 후 아이콘을 클릭하여 스케치를 종료한다.

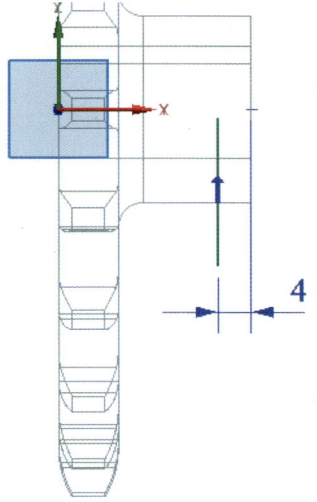

❷⓿ Menu → Insert → Design Feature → Cylinder( )를 클릭한다.

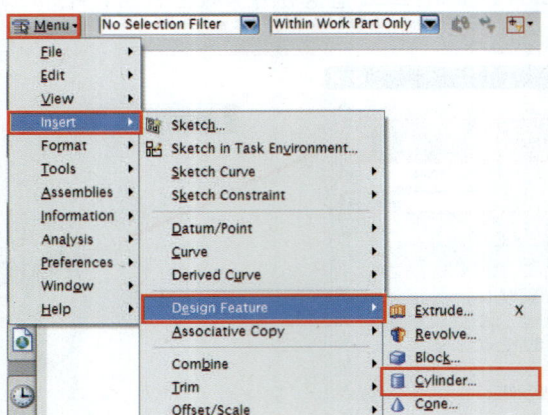

❷❶ Cylinder 창이 뜨면 Type= Axis, Diameter and Height
Specify Vector=z축, Specify Point=선의 끝점(End Point), Diameter=3
Height=41, Boolean=Subtract( )으로 정의한 후 OK를 클릭한다.

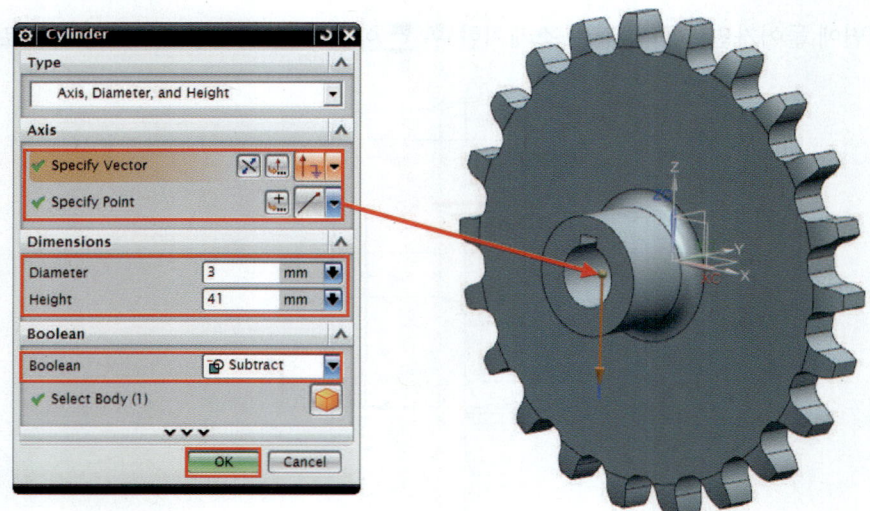

㉒ Menu → Insert → Design Feature → Thread(🔩)를 클릭한 후 아래쪽의 Manual Input과 Full Thread 체크박스에 체크한다. Major Diameter=4, Minor Diameter=3, Pitch=1로 설정하고 화살표가 가리키는 원통 면을 선택한다.

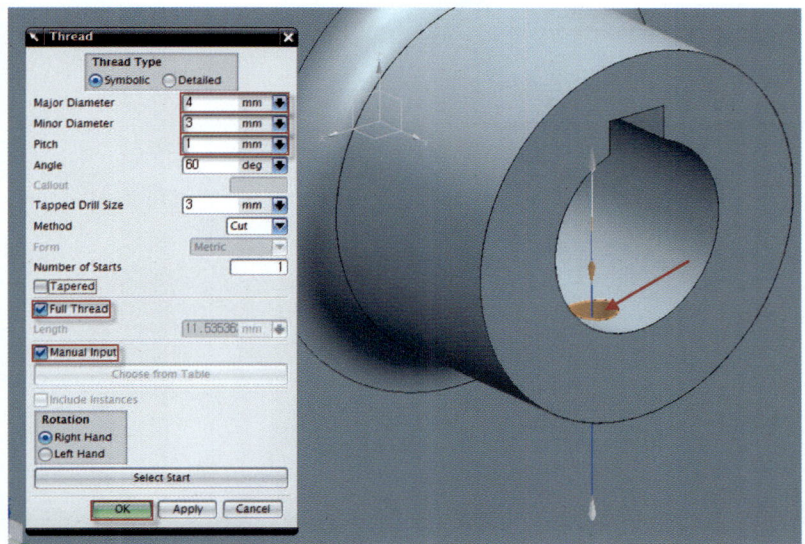

㉓ 이어서 나오는 대화상자에서 스레드 시작 평면을 XY평면으로 선택한다.

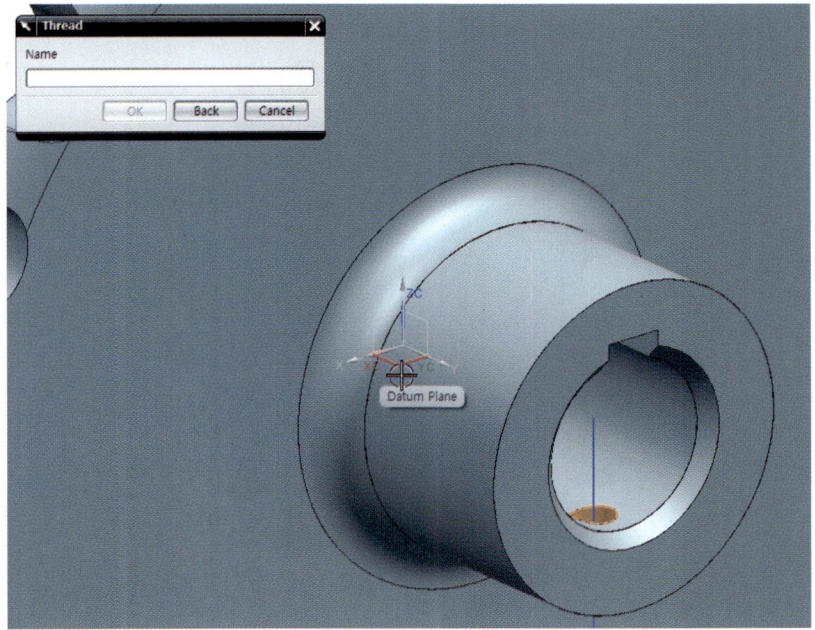

❷④ 계속해서 등장하는 대화상자에서 나사의 진행 방향을 −ZC 방향으로 설정한 후에
Reverse Thread Axis 를 클릭하여 나사 진행 방향을 변경하고 OK를 클릭한다.

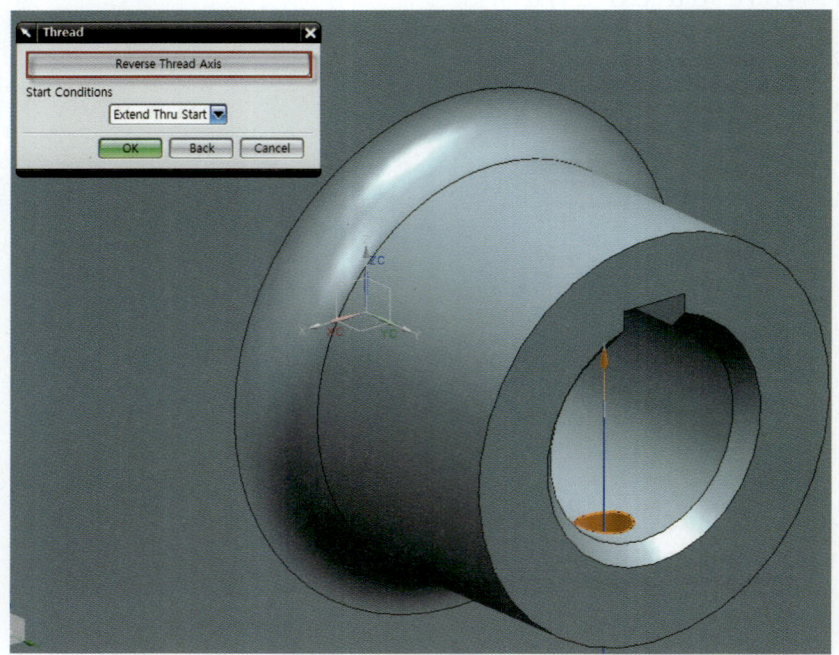

❷⑤ 스프로킷 모델링이 완성

제 7 절 Solid Modeling 연습 예제 Ⅲ

| 도면명 | NX 모델링작업 | 척도 | NS |

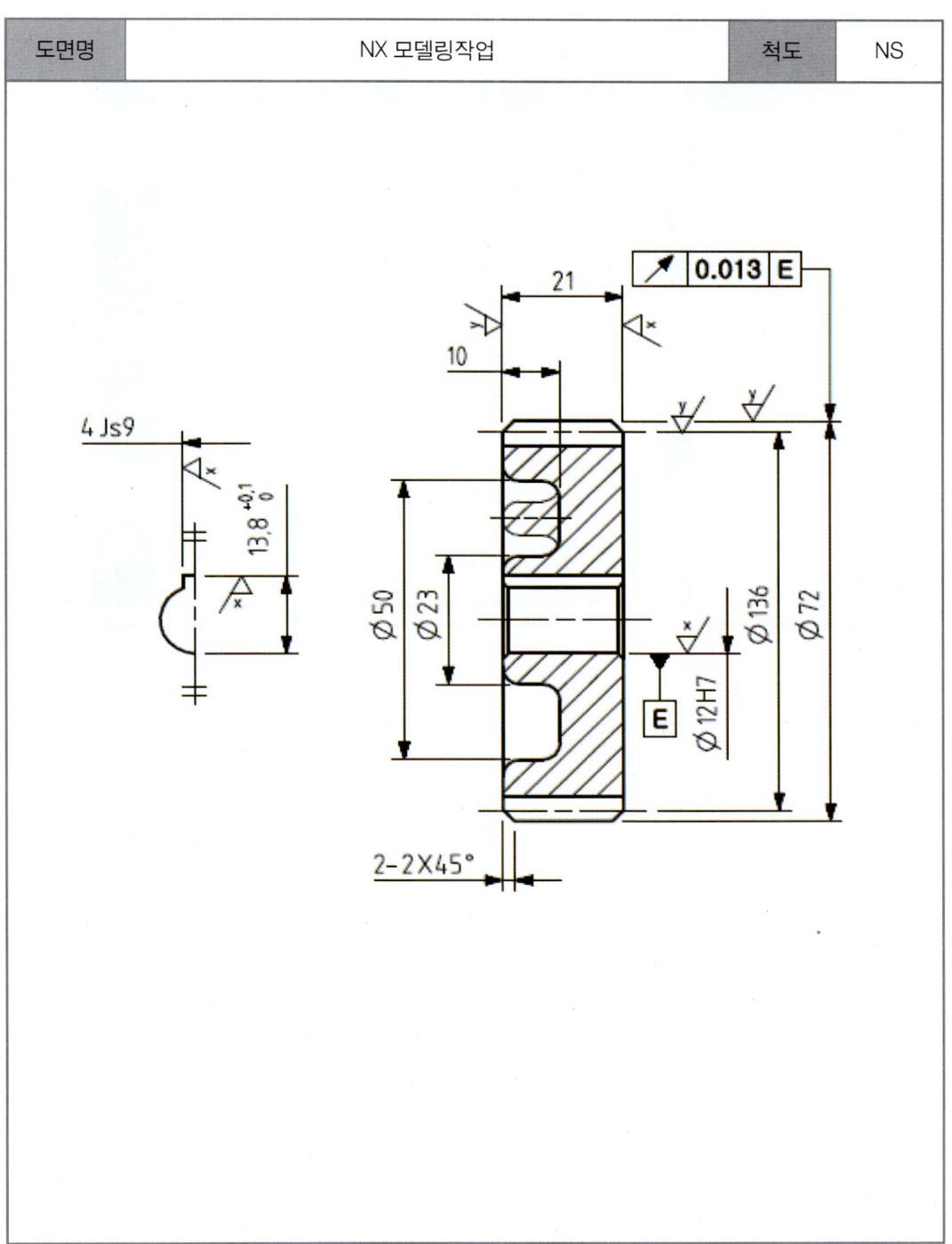

❶ File → New 혹은 아이콘을 클릭한다.

　Name에서 파일 이름(Gear)과 Folder에서 파일의 경로를 정의한다.

　OK를 클릭하여 새 파트를 생성한다.

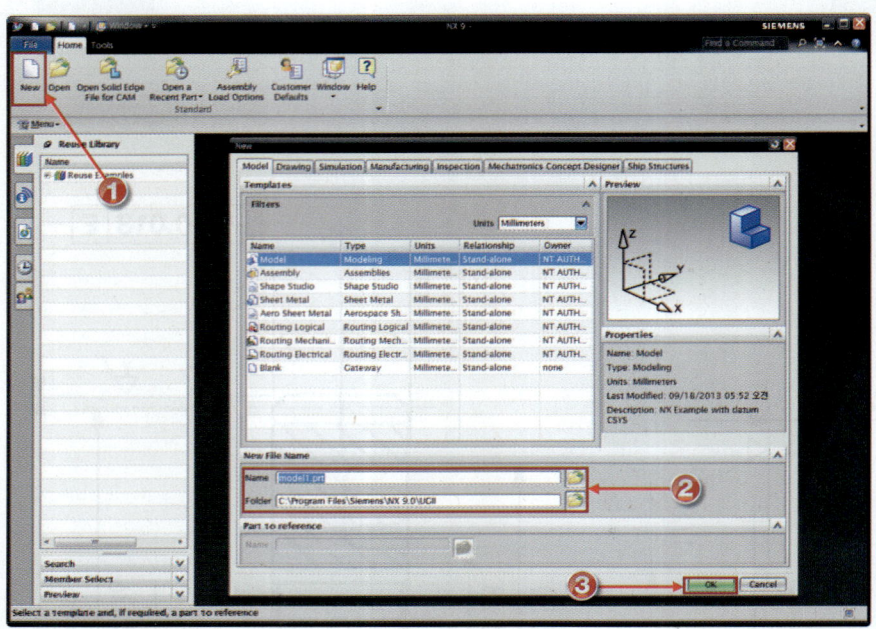

❷ Menu → Insert → Design Feature → Cylinder( )를 선택한다.

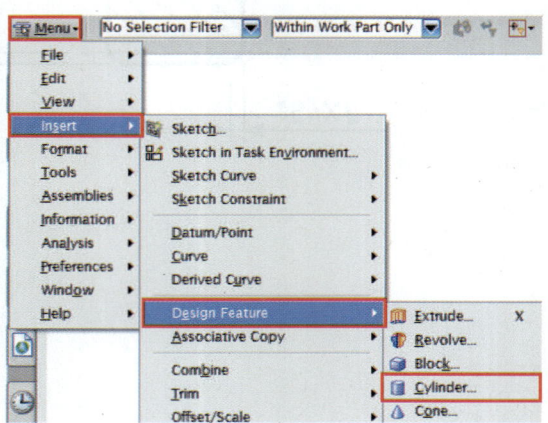

❸ Cylinder 창이 뜨면 Specify Vector=YC, Diameter=72mm, Height=21mm로 설정하고 OK를 클릭한다.

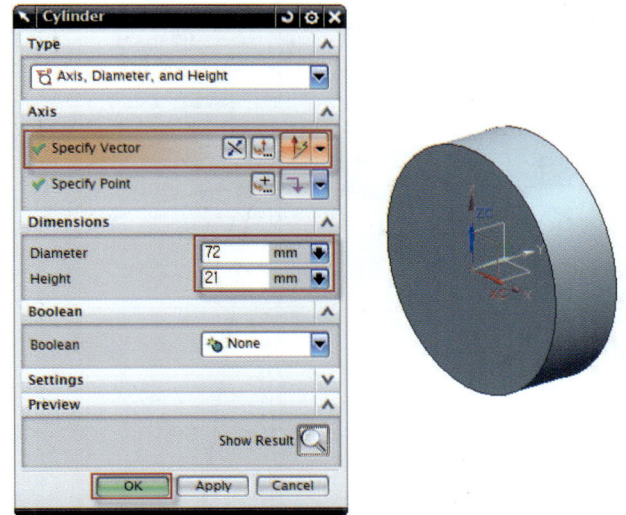

❹ Menu → Insert → Sketch in Task Environment(📐)를 클릭한다.
그 다음 그림과 같이 화살표가 가리키는 면을 클릭한 다음 OK를 클릭합니다.

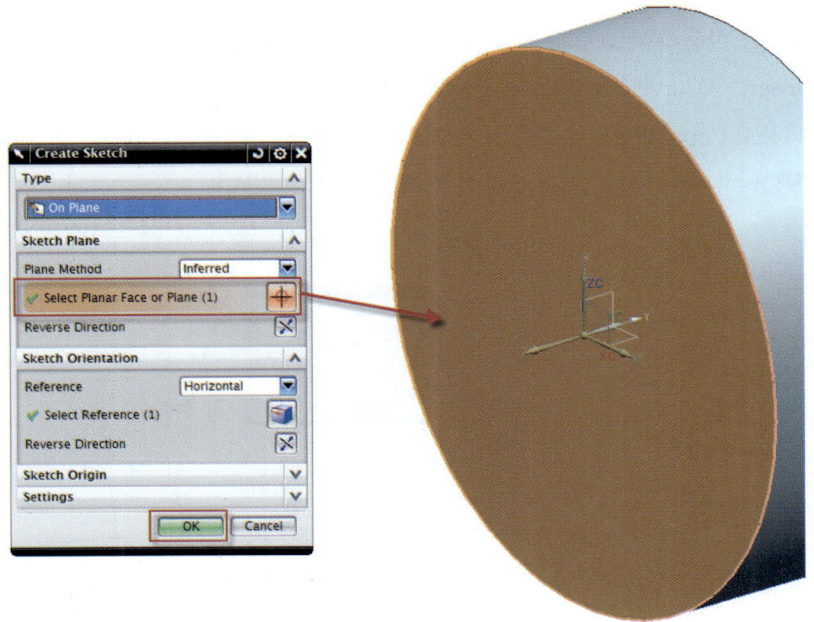

❺ 문제도의 모듈(M)과 이수(Z)를 참고하여 치형을 그린다. 여기서 치형은 약식을 따른다. (P4=360/잇수(34), p5=p4/2, p6=p5/2)

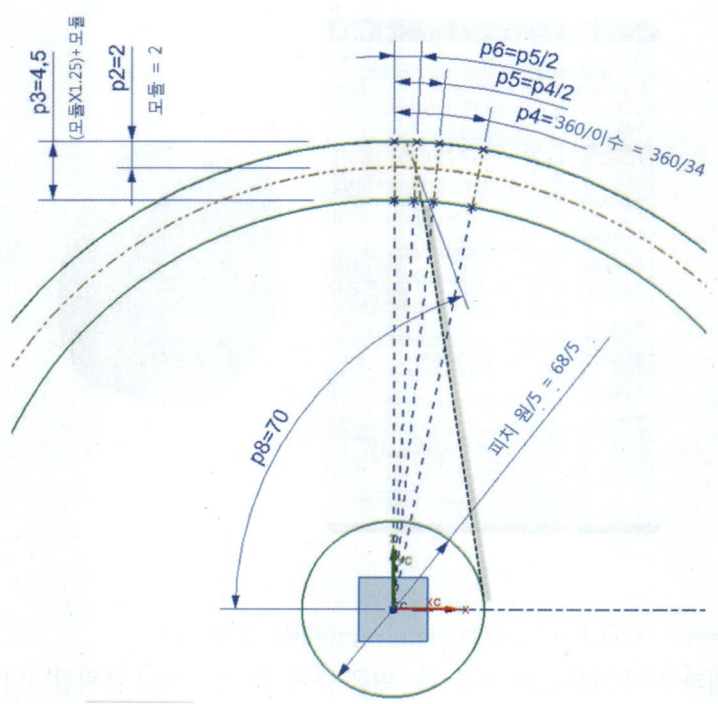

❻ 호(ARC)(⌒)를 이용하여 그림과 같이 3점을 지나는 호를 그린다.
그 다음 Insert → Curve from Curves → Mirror Curve( )를 실행한다.
호를 선택하고 Centerline으로 화살표가 가리키는 선을 선택한 후 OK를 클릭한다.
완료 후 Finish Sketch 아이콘을 클릭하여 스케치를 빠져나온다.

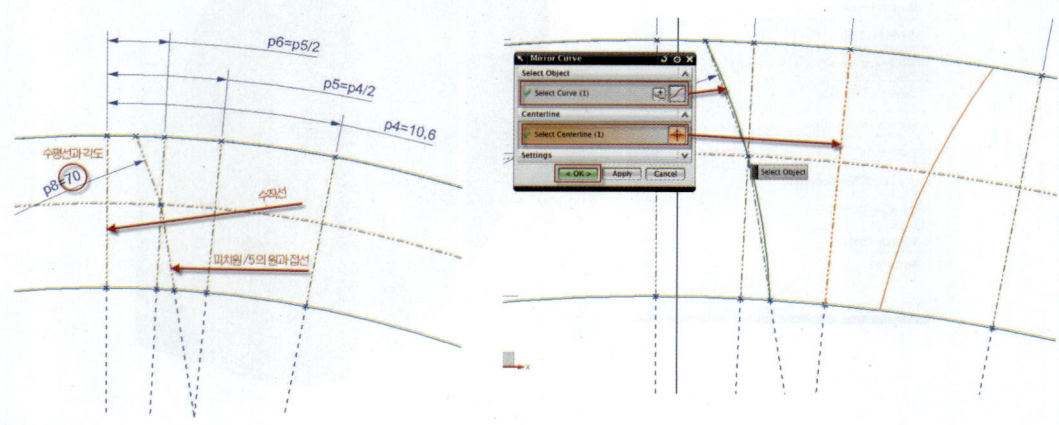

❼ Chamfer( ) 아이콘을 클릭한다.

화살표가 가리키는 두 개의 모서리를 선택한다.

Cross Section= Symmetric, Distance=2mm로 설정하고 OK를 클릭한다.

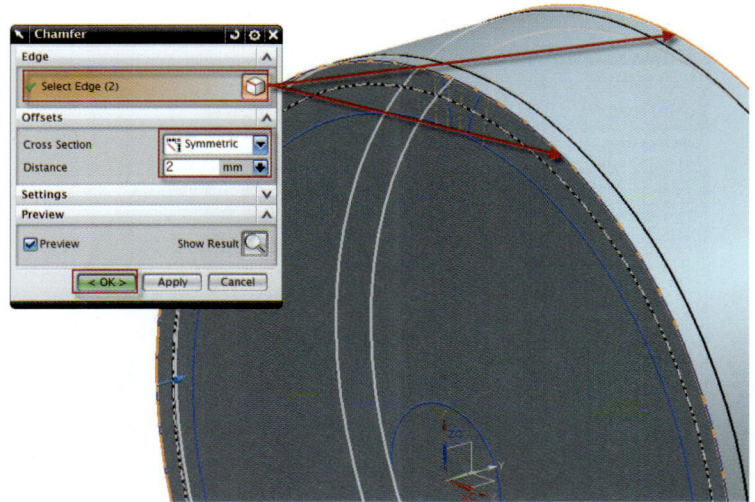

❽ 돌출(Extrude)( ) 아이콘을 클릭한 후 선택 옵션(Curve Rule)을 Region Boundary Curv 로 설정한 후 화살표가 가리키는 영역을 선택한다.

End Limits=Through All( ), Boolean= Subtract( )으로 설정하고 OK를 클릭한다.

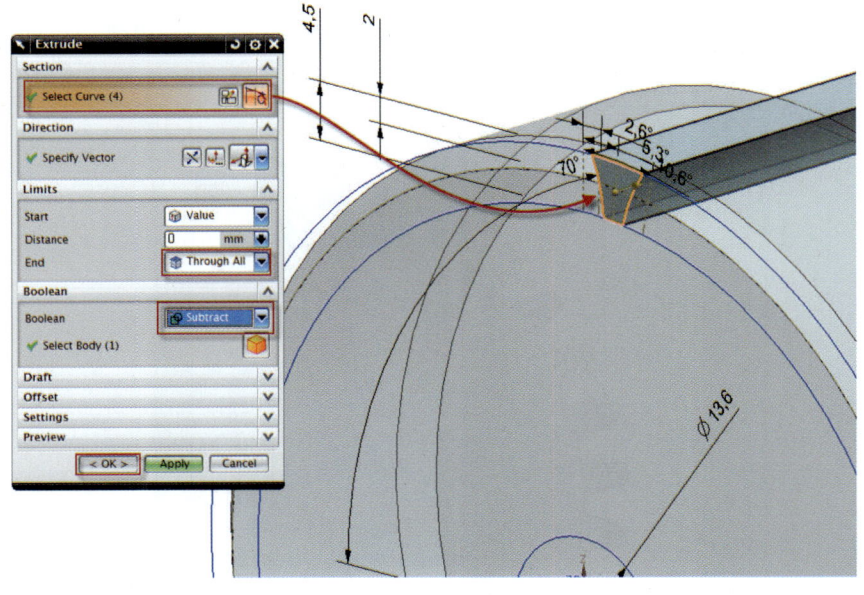

❾ Insert → Associative Copy → Patten Feature( )를 클릭한다.

Select Feature=돌출 작업에서 생성한 면, Layout= Circular , Specify Vector=화살표가 가리키는 면, Specify Point=원통의 모서리, Spacing=Count and Pitch, Count=34, Pitch Angle=360/34, Pattern Method=Simple로 설정한 다음 OK를 클릭합니다.

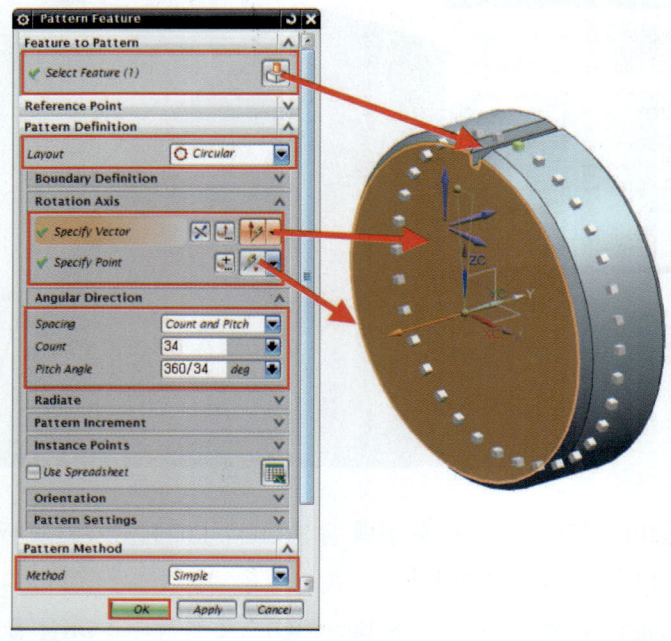

❿ Menu → Insert → Sketch in Task Environment( )를 클릭하여 XY평면에 그림과 같이 스케치한 후 Finish Sketch 아이콘을 클릭하여 스케치를 종료한다.

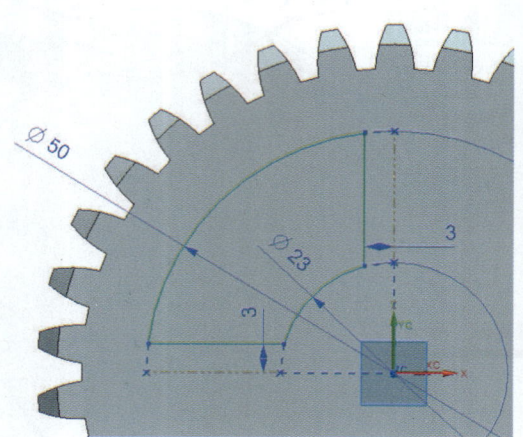

❶❶ 돌출(Extrude)( ) 아이콘을 클릭한 후 선택 옵션(Curve Rule)을 Region Boundary Curv 로 설정한 후 화살표가 가리키는 영역을 선택한다.

End Distance Limits=10mm, Boolean= Subtract( )으로 설정하고 OK를 클릭한다.

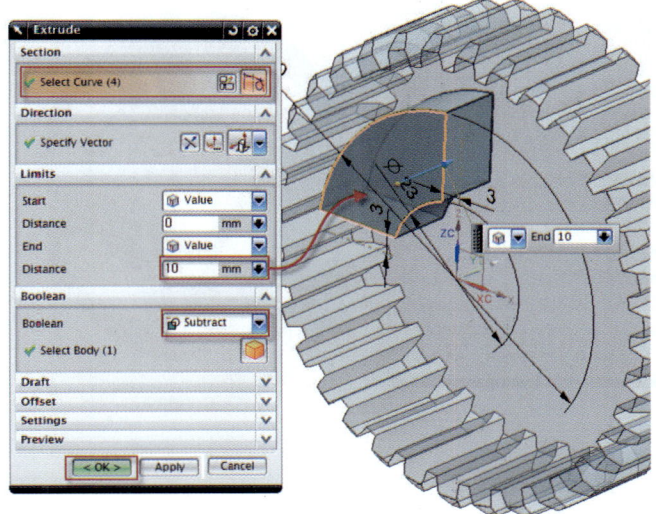

❶❷ Insert → Associative Copy → Patten Feature( )을 클릭한다.

Select Feature=돌출 작업에서 생성한 면, Layout= Circular , Specify Vector=화살표가 가리키는 면, Specify Point=좌표의 중심, Spacing=Count and Pitch, Count=4, Pitch Angle=360/4으로 설정한 다음 OK를 클릭합니다.

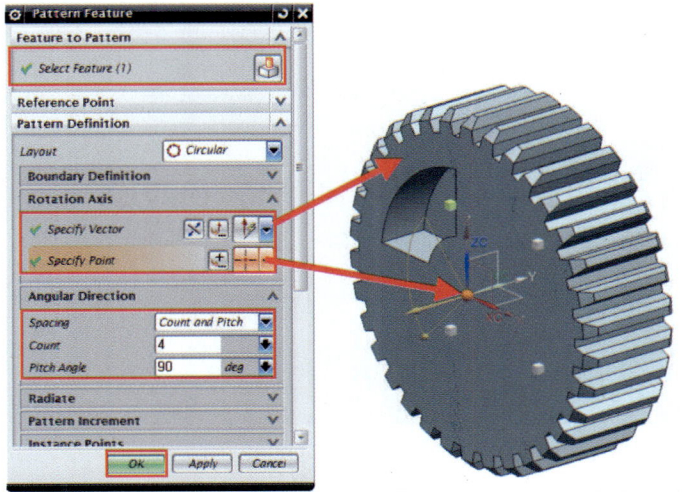

❸ 모서리 블렌드(Edge Blend)( ) 아이콘을 클릭하고 표시된 모든 모서리를 선택 한다.
Shape=Circular( ), Radius 2=3mm으로 설정하고 OK를 클릭한다.

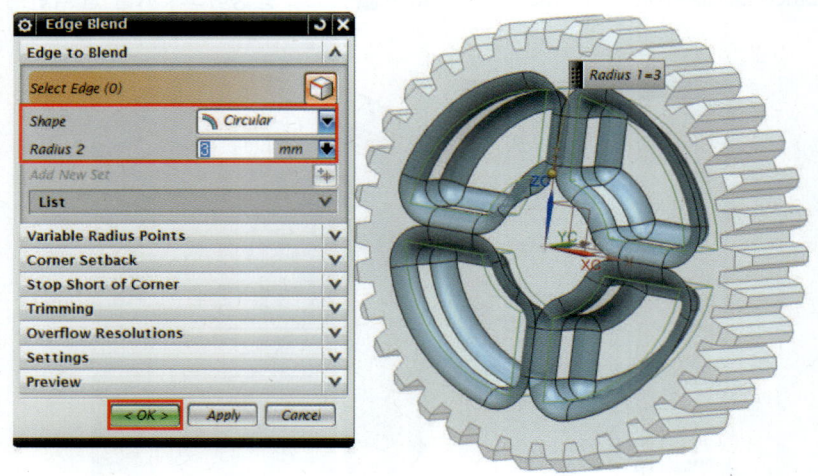

❹ Menu → Insert → Sketch in Task Environment( )를 실행한 후 좌표계의 XZ평면을 선택하고 그림과 같이 스케치한다.

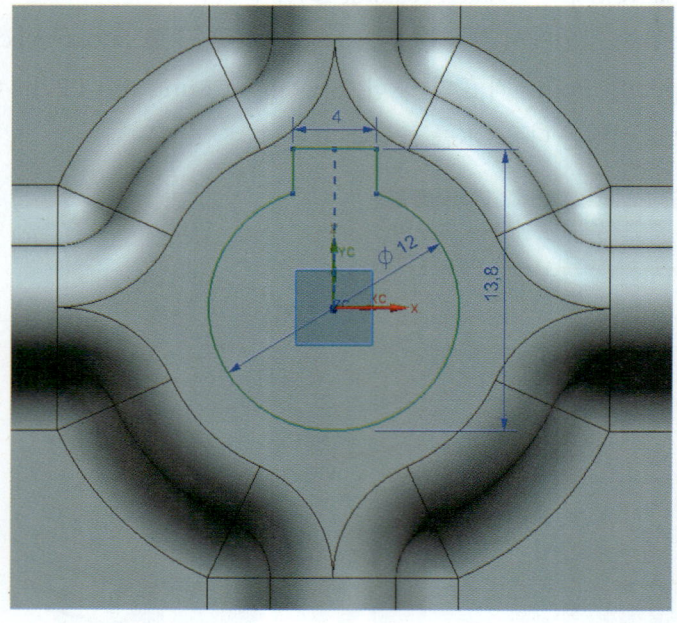

| 제1장
Extrude
& Revolve | 제2장
Layer | 제3장
Feature
Operation | 제4장
Detail
Feature | 제5장
Associative
Copy | 제6장
Curve | 제7장
Trim | 제8장
Solid
Exercise | Chapter B
Solid Modeling |

⓯ 돌출(Extrude)( ) 아이콘을 클릭한 후 선택 옵션(Curve Rule)을 Region Boundary Curv 로 설정한 후 화살표가 가리키는 영역을 선택한다.

End Limits= Through All( ), Boolean= Subtract( )으로 설정하고 OK를 클릭한다.

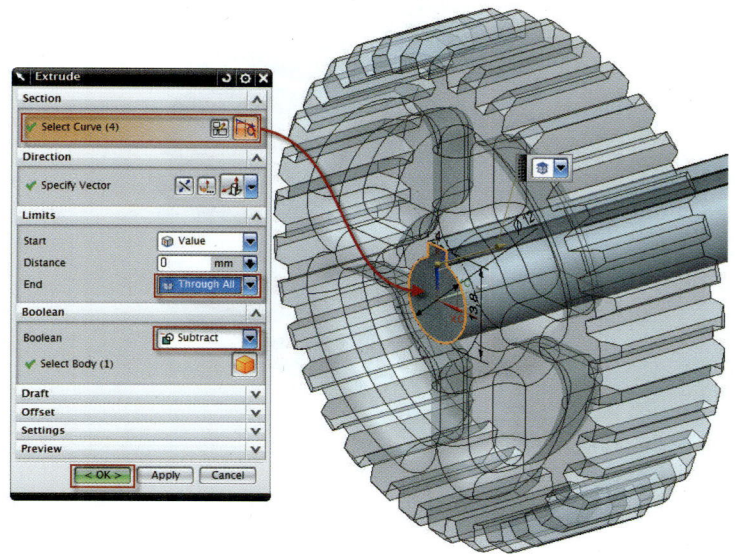

⓰ Chamfer( ) 아이콘을 클릭한다.

Select Edge에서 화살표가 가리키는 모서리를 선택한다.

Cross Section=Symmetric, Distance=1mm으로 설정한 후 OK를 클릭한다.

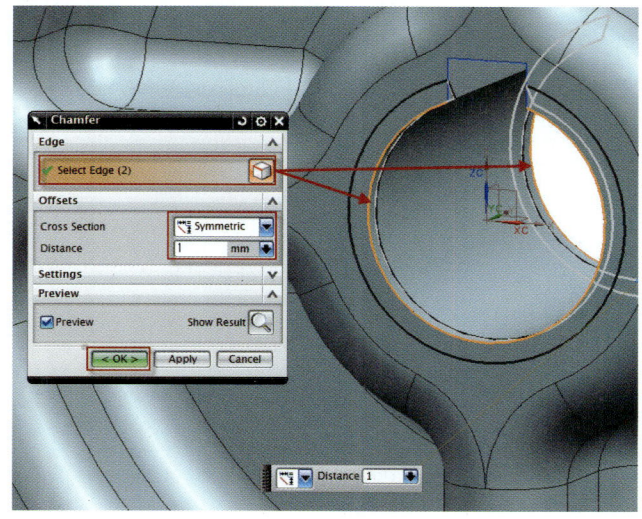

219

❼ 스퍼 기어 모델링 완성

01 Solid Modeling II - 연습 도면 1

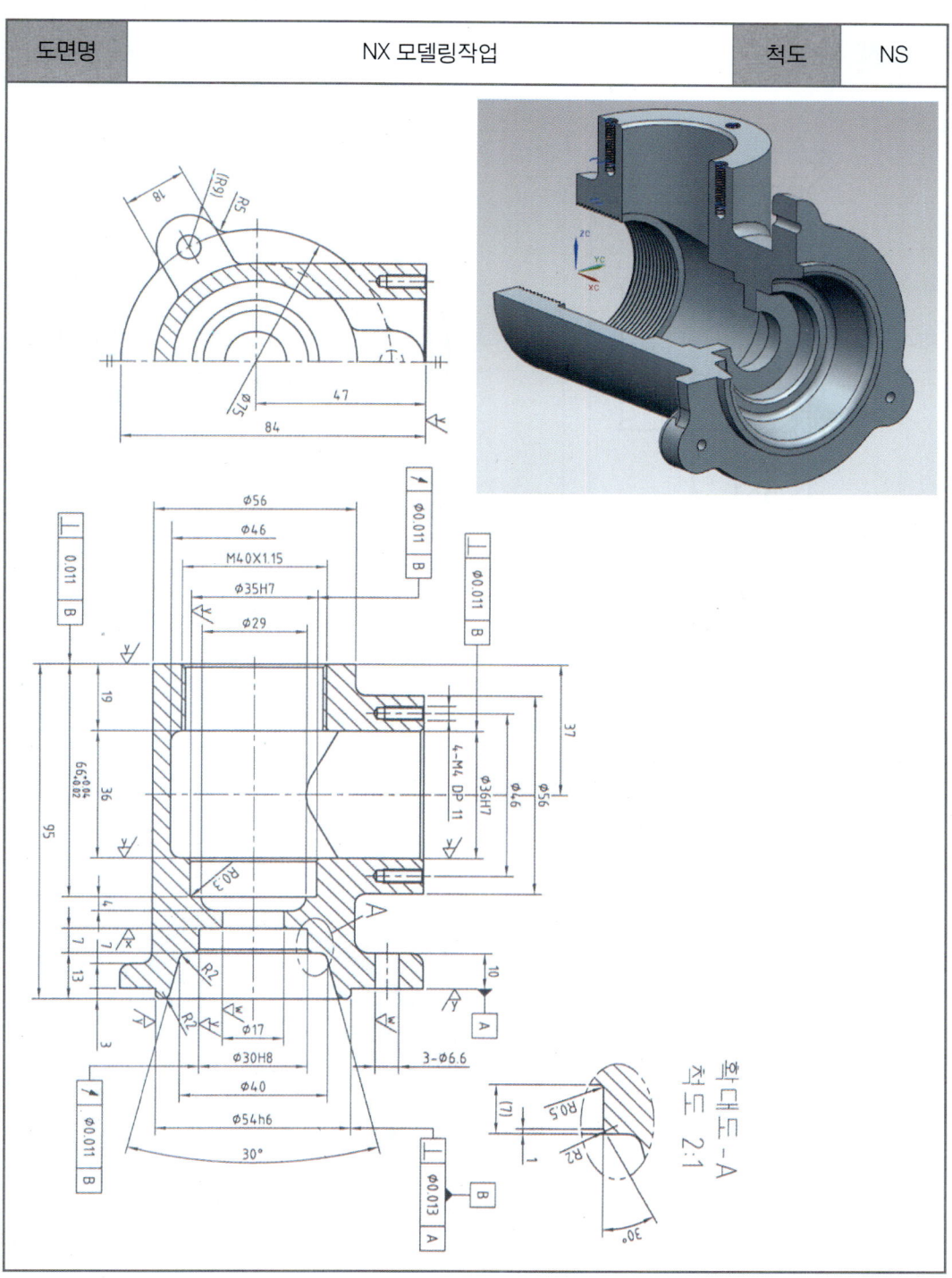

02 Solid Modeling II - 연습 도면 2

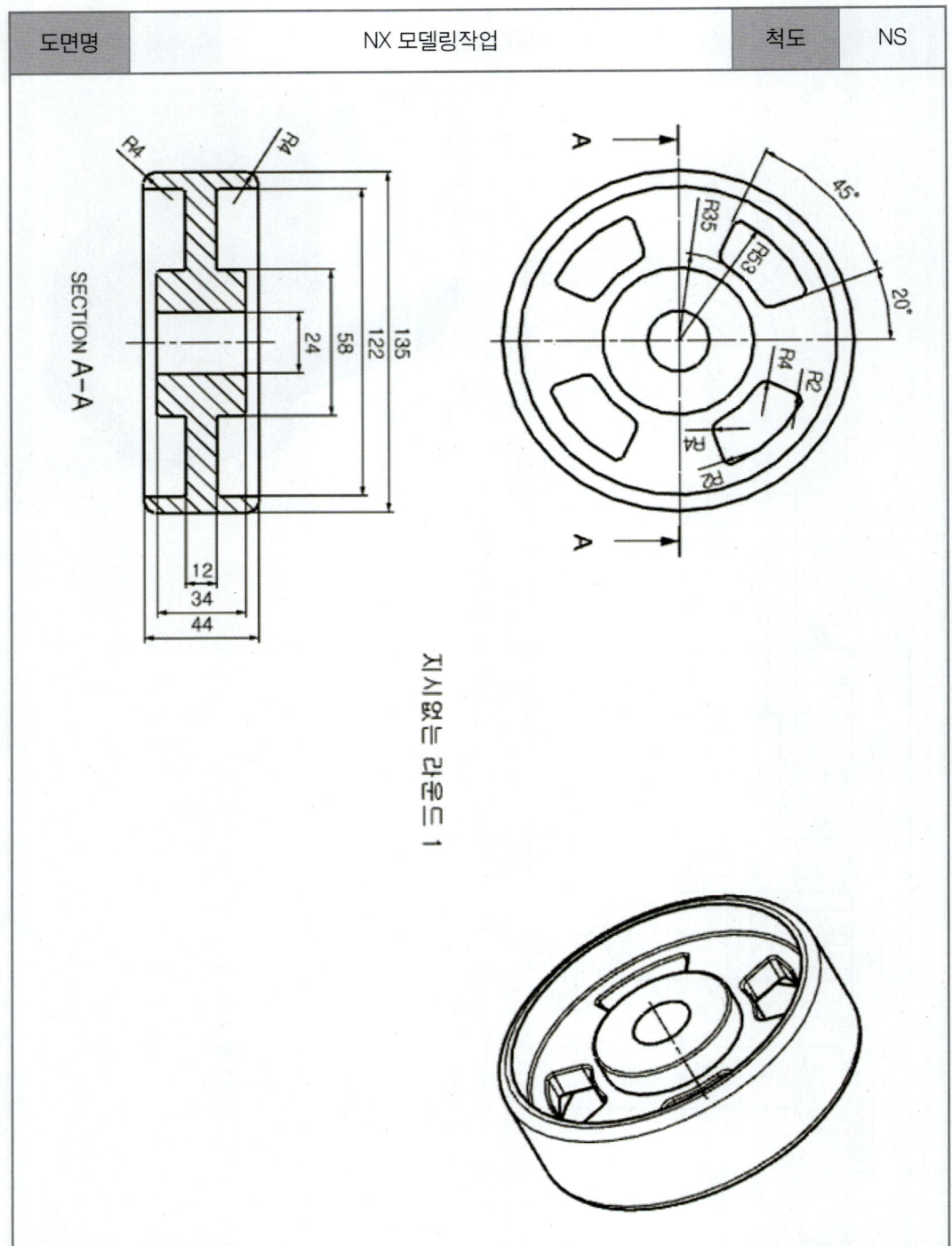

8장 ▶ Solid Exercise

제1절 Solid Modeling 연습 예제 I

| 도면명 | NX 모델링작업 | 척도 | NS |

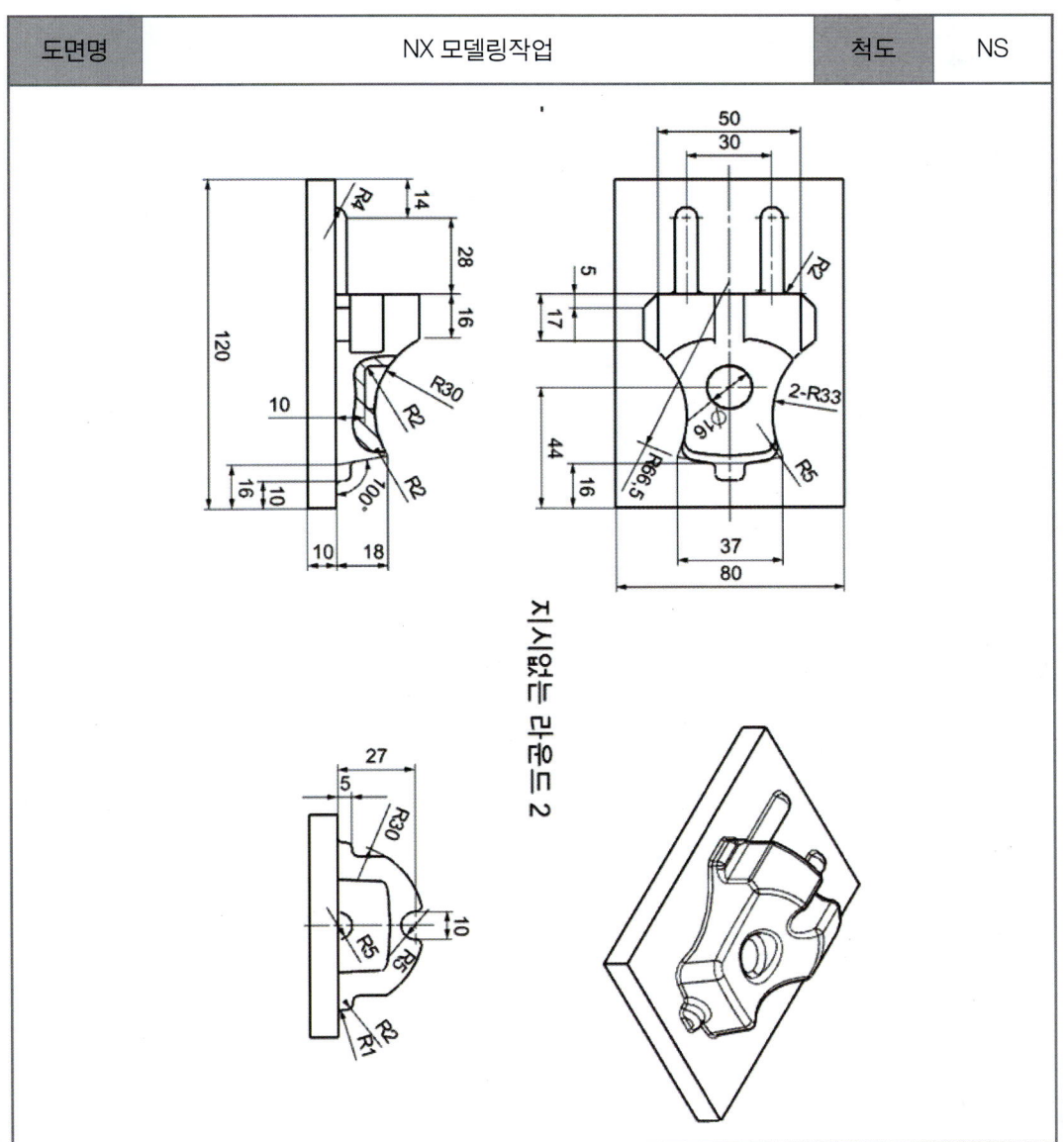

지시없는 라운드 2

❶ File → New 혹은 아이콘을 클릭한다.
Name에서 파일 이름과 Folder에서 파일의 경로를 정의한다.
OK를 클릭하여 새 파트를 생성한다.

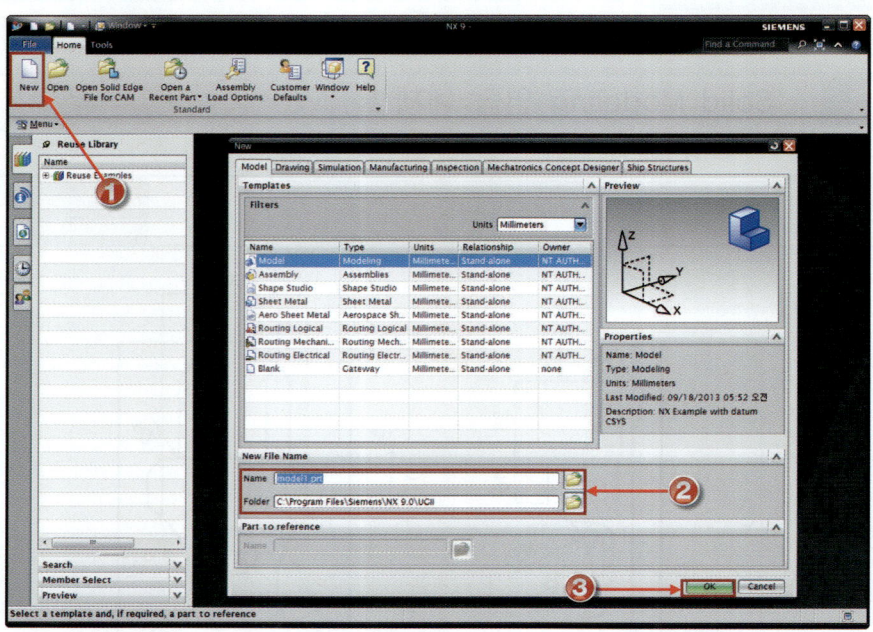

❷ Menu → Insert → Sketch in Task Environment( )를 클릭한다.
Sketch Type=On Plane, Plane Method=Inferred으로 설정한 후 XZ평면을 클릭하고 OK를 클릭한다.

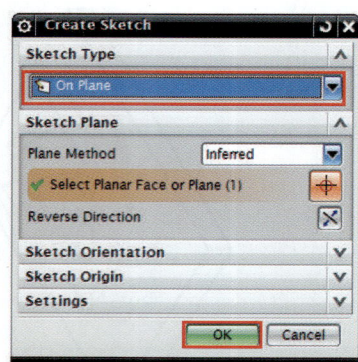 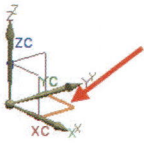

❸ 그림과 같이 스케치하고 🏁 아이콘을 이용해 스케치를 종료한다.
Finish

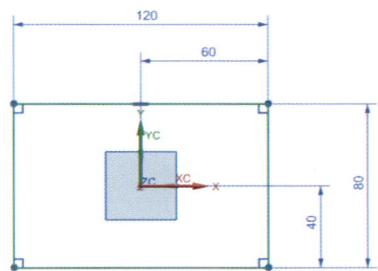

❹ Menu → Insert → Design Feature → Extrude(돌출)를 클릭한다.

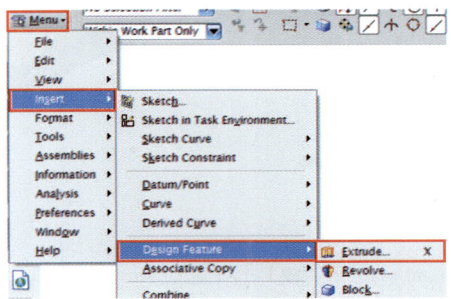

❺ 선택 옵션(Curve Rule)은 Connected Curves 로 설정하고 위에서 그린 스케치를 선택한 후 End Distance=10mm으로 설정한 후 OK를 클릭한다.

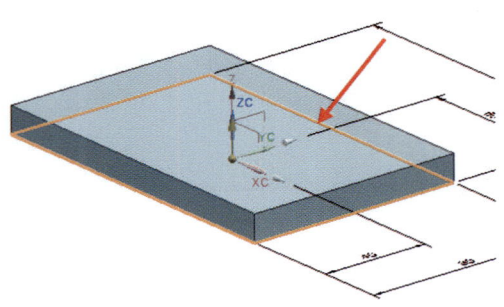

❻ Menu ▾ → Insert → Sketch in Task Environment( )를 클릭한다.

Type=On Plane 화살표가 가리키는 면 클릭 후, Sketch Orientation에 Reference=Vertical 설정 후 OK를 클릭한다.

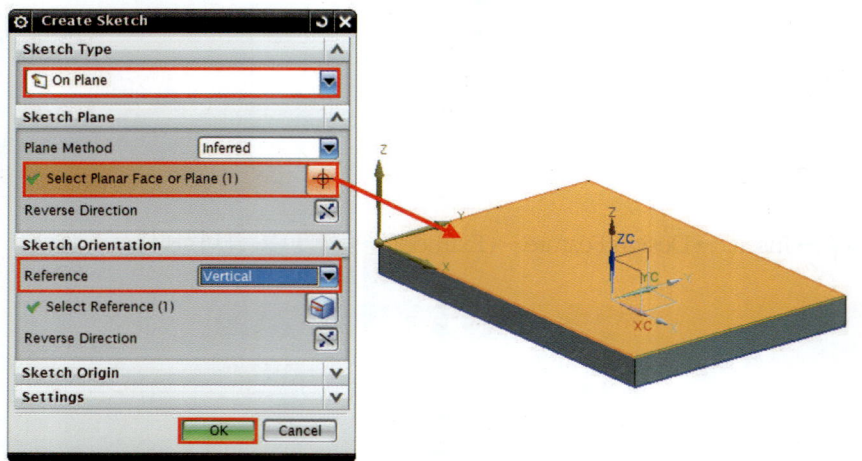

❼ XY평면에 그림과 같이 스케치한 후 ▓ 아이콘을 클릭하여 스케치를 종료한다.
　　　　　　　　　　　　　　　　　Finish

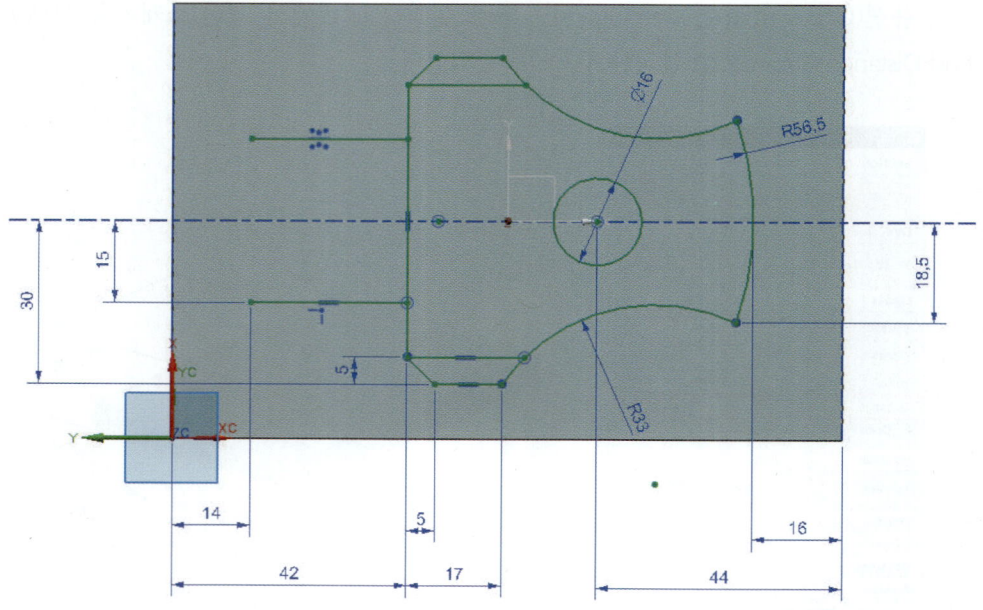

❽ Menu ▾ → Insert → Sketch in Task Environment( )를 클릭한다.

Type=On Plane, ZX평면을 클릭 후, Sketch Orientatation에 Reference=Horizontal로 설정한 다음 OK를 클릭한다.

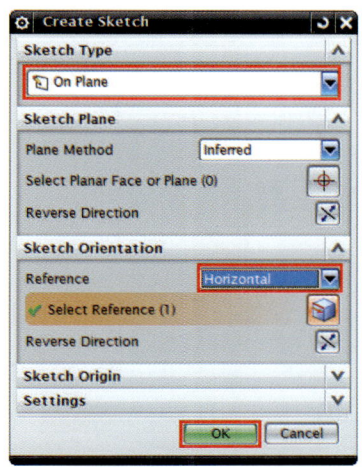
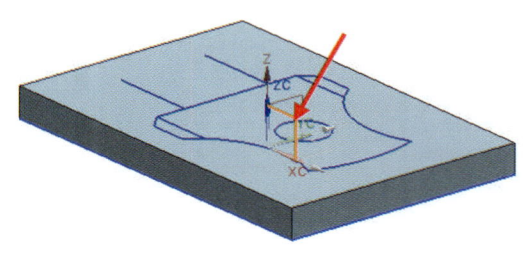

❾ ZX평면에 그림과 같이 스케치한 후 아이콘을 클릭하여 스케치를 종료한다.

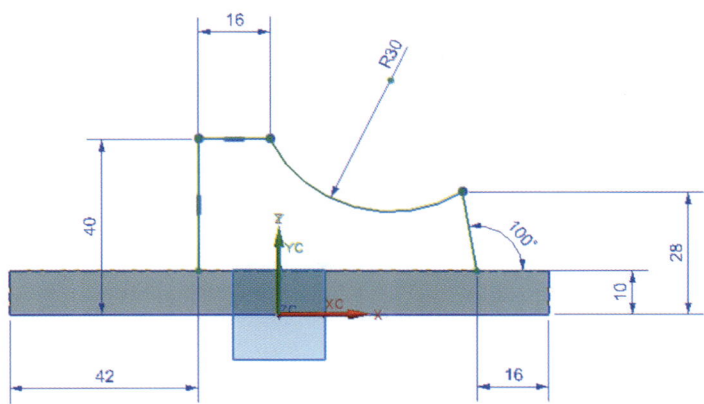

❿ Menu ▼ → Insert → Sketch in Task Environment( )를 클릭한다.

Type=On Path로 설정 후 ZX평면에 스케치한 선을 클릭한다.

Arc Length=0 or 100으로 설정하여 다음과 같은 위치를 지정한 다음 OK를 클릭한다.

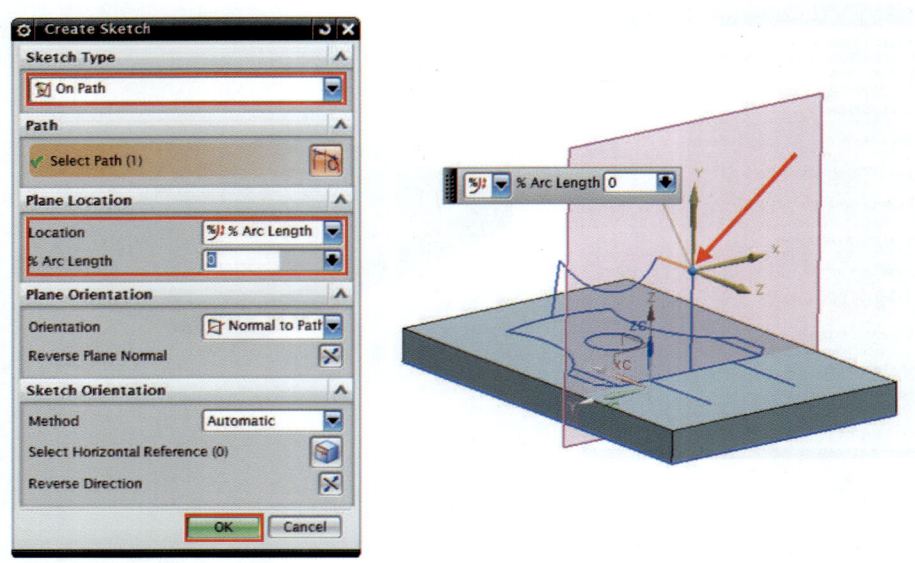

⓫ 그림과 같이 스케치한 후 아이콘을 클릭하여 스케치를 종료한다.

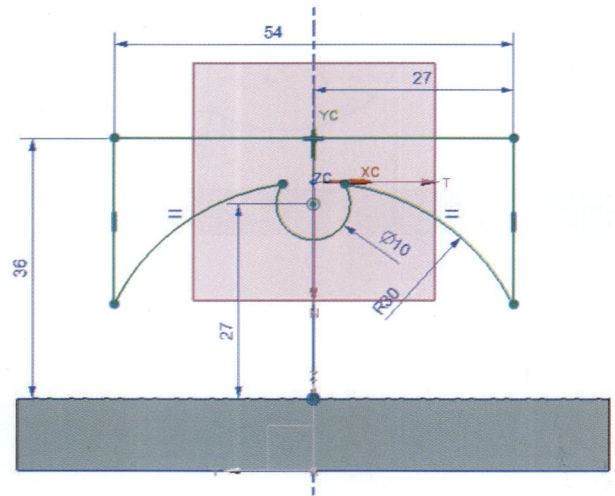

| 제1장
Extrude
& Revolve | 제2장
Layer | 제3장
Feature
Operation | 제4장
Detail
Feature | 제5장
Associative
Copy | 제6장
Curve | 제7장
Trim | 제8장
Solid
Exercise | Chapter **B**
Solid Modeling |

❷ 돌출(Extrude)( ) 아이콘을 클릭한 후 선택 옵션(Curve Rule)을 `Region Boundary Curv`로 설정한 후 화살표가 가리키는 영역을 선택한다.

End Distance=32mm, Boolean= Unite( )로 설정하고 OK를 클릭한다.

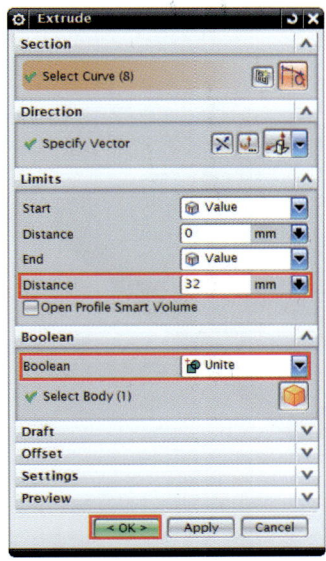
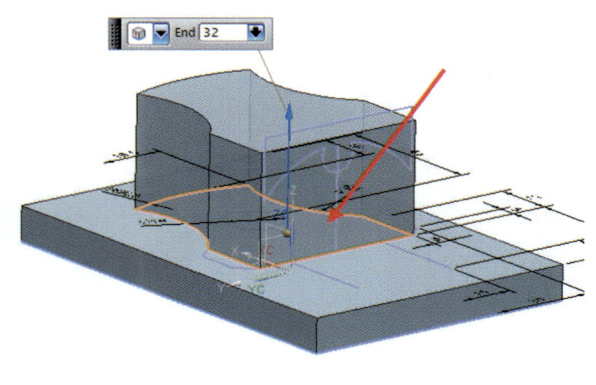

❸ Menu → Insert → Detail Feature → Draft( )를 클릭한다.

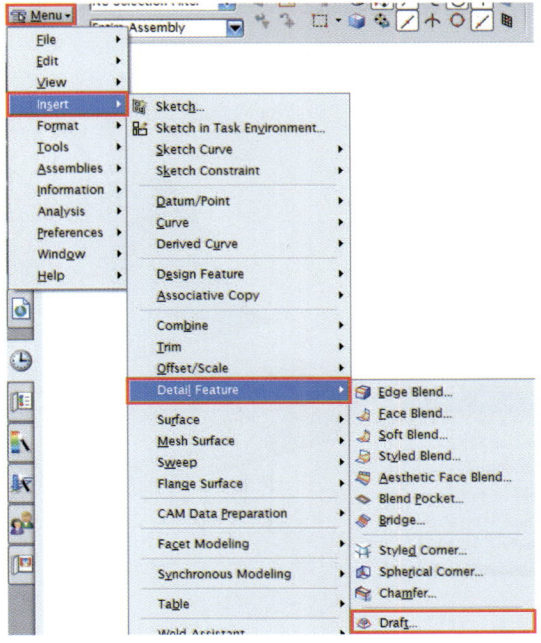

❹ Type=From Plane or Surface, Select Stationary Face=화살표가 가리키는 면, Angle=10deg, Select Face=화살표가 가리키는 면으로 설정한 후 OK를 클릭합니다.

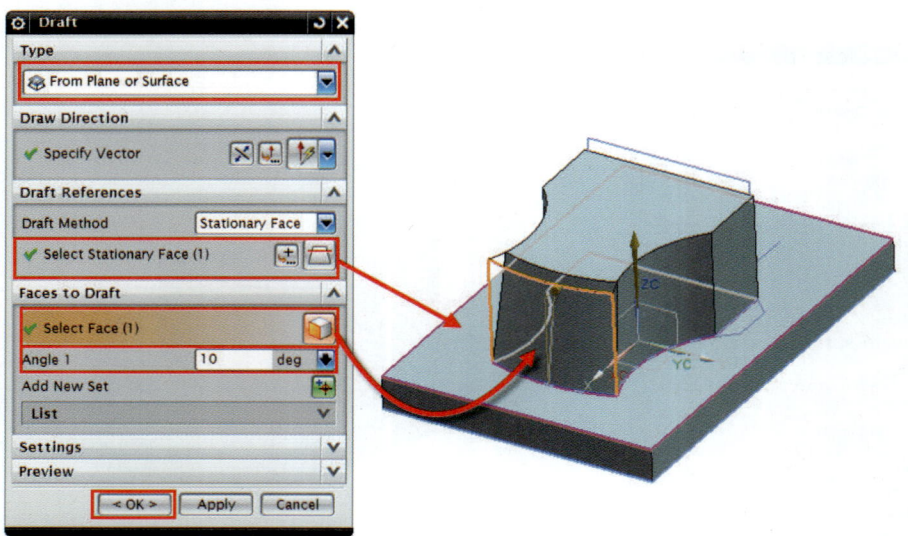

❺ 돌출(Extrude)( ) 아이콘을 클릭한 후 선택 옵션(Curve Rule)을 Single Curve 으로 설정한 후 ZX평면에 생성한 스케치를 선택한다.

End=Symmetric Value, Distance=32mm, Boolean= None으로 설정하고 OK를 클릭한다.

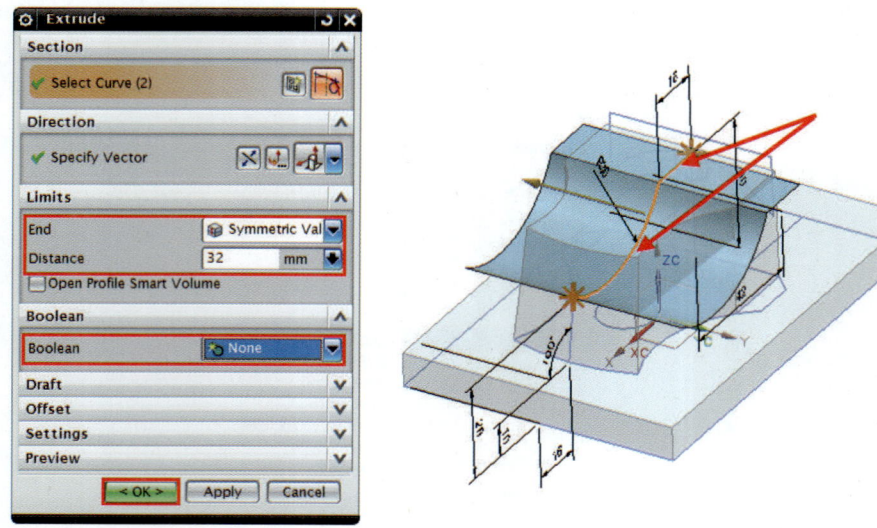

⑯ **Menu ▼** → Insert → Trim → Trim Body( )를 클릭한다.

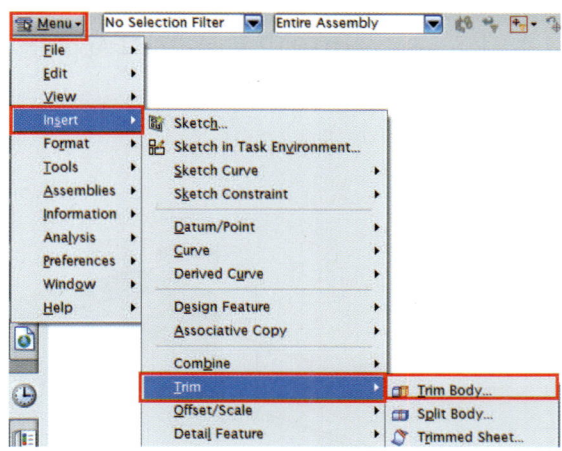

⑰ Select Body=화살표가 가리키는 Body, Tool Option=Face or Plane, Select Face or Plane=생성한 Sheet로 클릭한 후 OK를 클릭한다.

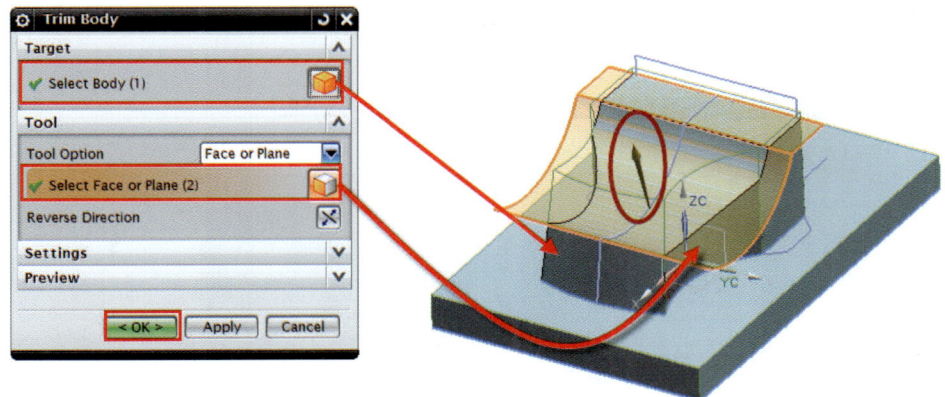

⑱ 돌출(Extrude)( ) 아이콘을 클릭한 후 선택 옵션(Curve Rule)을 Region Boundary Curv ▼ 로 설정한 후 화살표가 가리키는 영역을 선택한다.

End Distance=32mm, Boolean= Subtract( )으로 설정하고 Apply를 클릭한다.

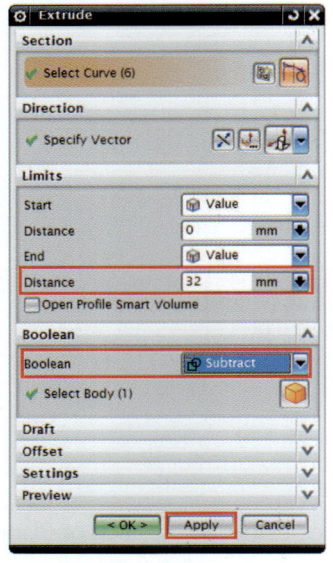
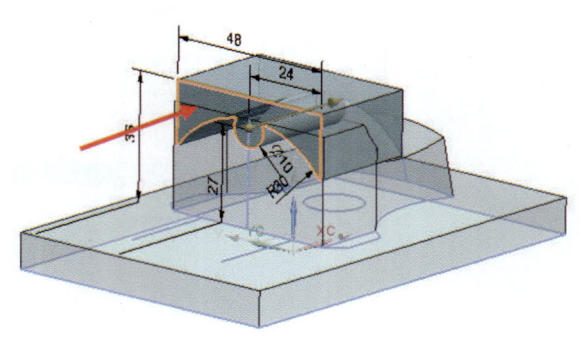

⑲ 선택 옵션(Curve Rule)을 Region Boundary Curv ▼ 로 설정한 후 화살표가 가리키는 영역을 선택한다. End Distance=5mm, Boolean=Unite( )로 설정하고 OK를 클릭한다.

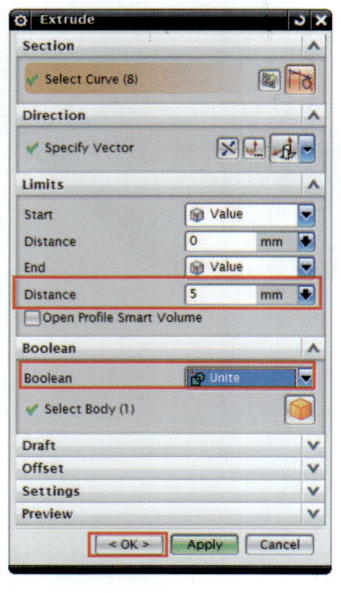
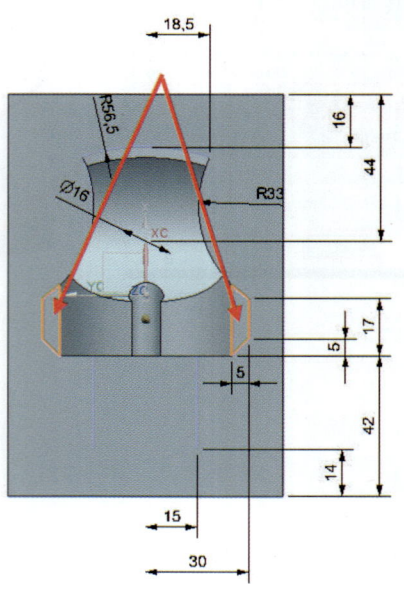

⑳ Menu → Insert → Design Feature → Cylinder( )를 클릭한다.

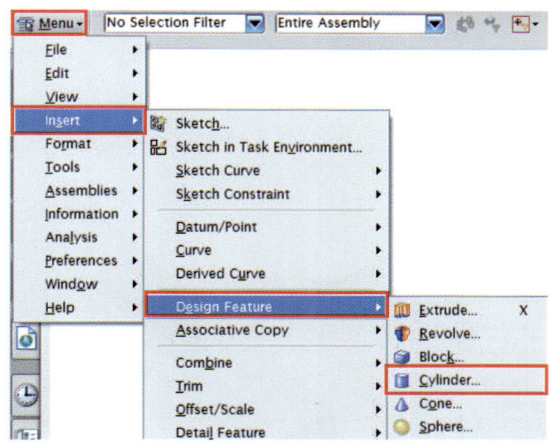

㉑ Type=Axis, Dimeter and Height, Specify Vector=선을 클릭하여 −XC방향 Specify Point=화살표가 가리키는 점, Diameter=8mm, Height=28mm, Boolean=Unite( )로 설정하고 Apply를 클릭한다.

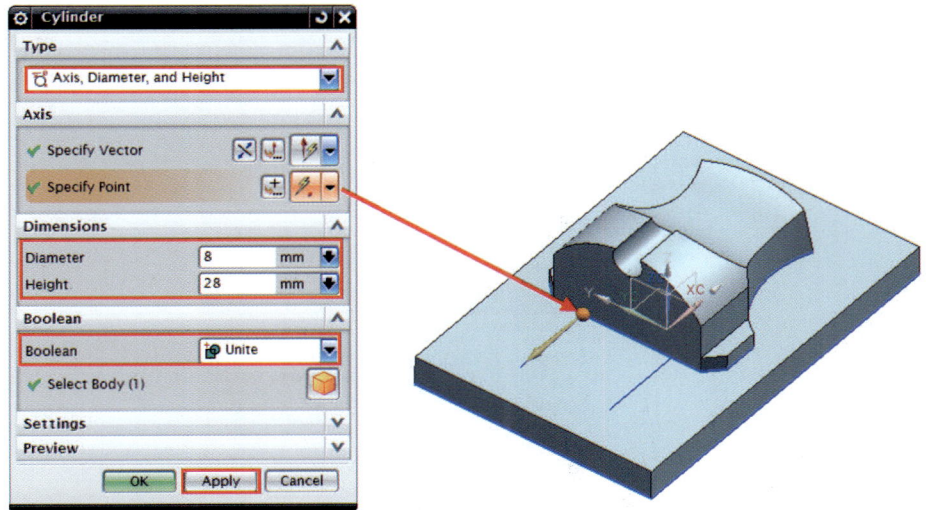

Unigraphics(UGS) CAD/CAM
NX9 모델링 및 CAM 가공

❷❷ Type=Axis, Dimeter and Height, Specify Vector=선을 클릭하여 −XC방향, Specify Point=원 안의 포인트 나머지 부분은 위와 동일하게 설정한 후 OK를 클릭한다.

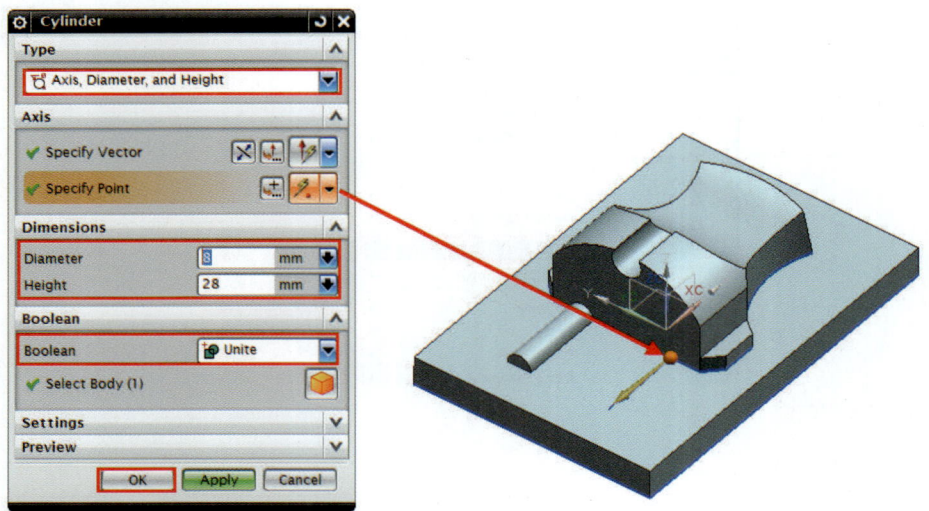

❷❸ Menu → Insert → Design Feature → Sphere( )를 클릭한다.

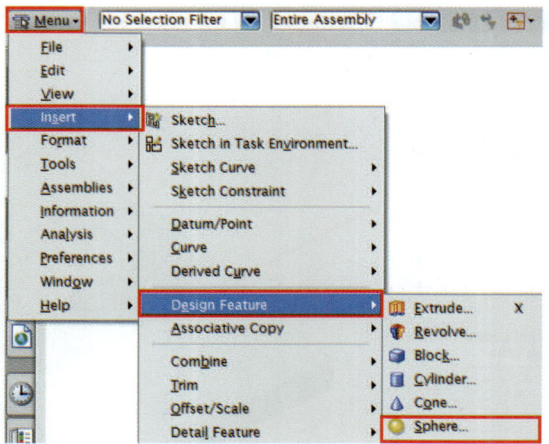

| 제1장 Extrude & Revolve | 제2장 Layer | 제3장 Feature Operation | 제4장 Detail Feature | 제5장 Associative Copy | 제6장 Curve | 제7장 Trim | 제8장 Solid Exercise | Chapter **B** Solid Modeling |

㉔ Type=Center Point and Diameter, Specify Point=원의 중심점, Diameter=8, Boolean= Unite(🟢)로 설정하고 Apply를 클릭한다.

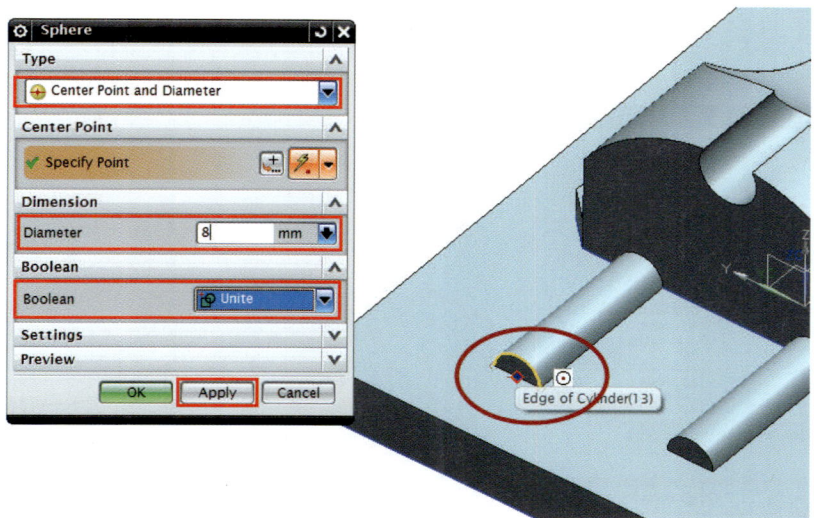

㉕ Type=Center Point and Diameter, Specify Point=원의 중심점, Diameter=8mm, Boolean= Unite(🟢)로 설정하고 OK를 클릭한다.

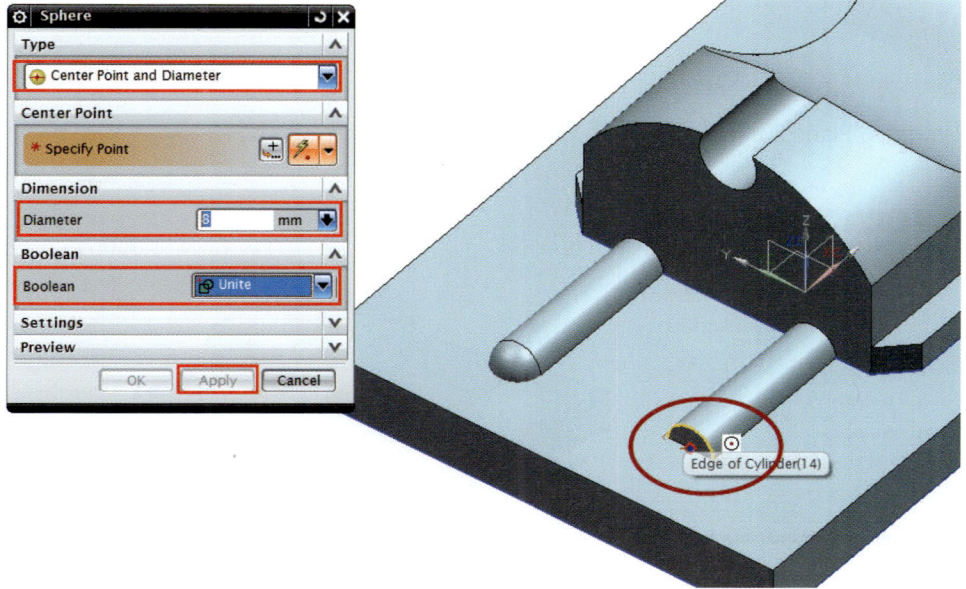

235

㉖ 돌출(Extrude)( ) 아이콘을 클릭한 후 선택 옵션(Curve Rule)을 Region Boundary Curv 로 설정한 후 화살표가 가리키는 영역을 선택한다.

Start Distance=10mm, End Distance=40mm, Boolean=Subtract( )으로 설정하고 OK를 클릭한다.

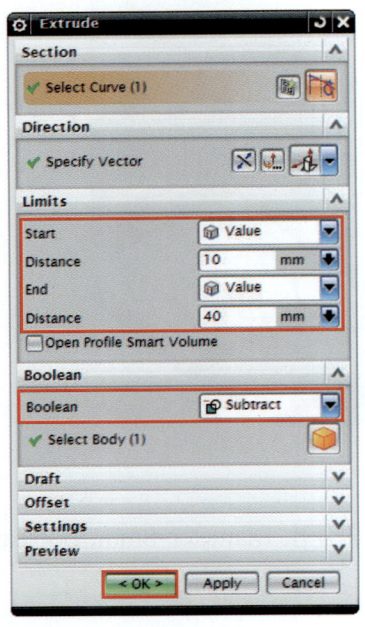
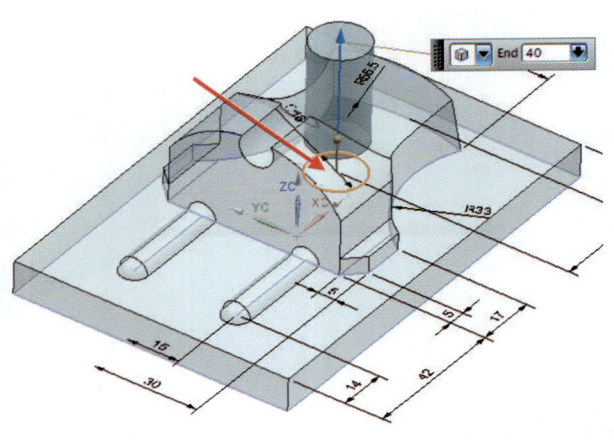

㉗ Menu → Insert → Sketch in Task Environment( )를 클릭한다.
Type=On Plane ZY평면을 클릭 후 OK를 클릭한다.

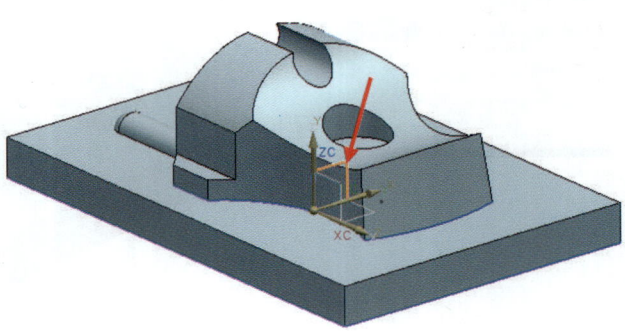

| 제1장 Extrude & Revolve | 제2장 Layer | 제3장 Feature Operation | 제4장 Detail Feature | 제5장 Associative Copy | 제6장 Curve | 제7장 Trim | **제8장 Solid Exercise** | **Chapter B Solid Modeling** |

㉘ 그림과 같이 스케치한 후 아이콘을 클릭하여 스케치를 종료한다.

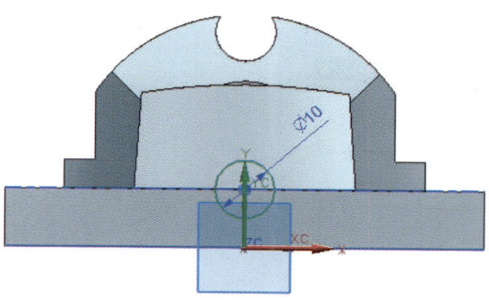

㉙ 돌출(Extrude)( ) 아이콘을 클릭한 후 선택 옵션(Curve Rule)을 Region Boundary Curv 로 설정한 후 화살표가 가리키는 영역을 선택한다.

Start Distance=10mm, End Distance=60-10mm, Boolean= Unite( )로 설정하고 OK를 클릭한다.

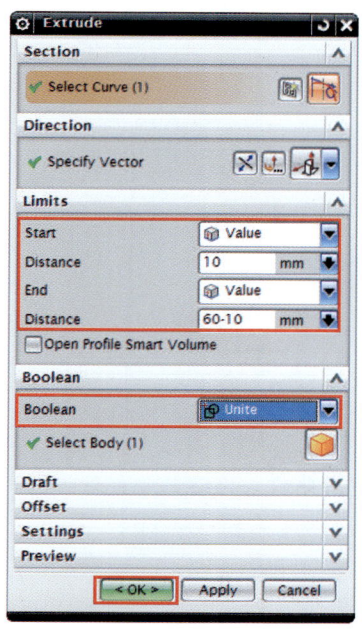
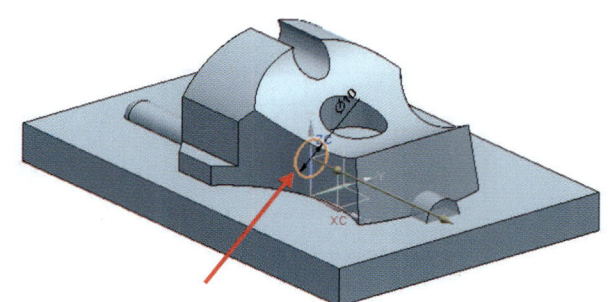

㉚ Menu ▼ → Insert → Detail Feature → Edge Blend( )를 클릭한다.
모서리를 선택한 다음, Shape= Circular( ), Radius 1=5mm로 설정한 뒤 Apply를 클릭한다.

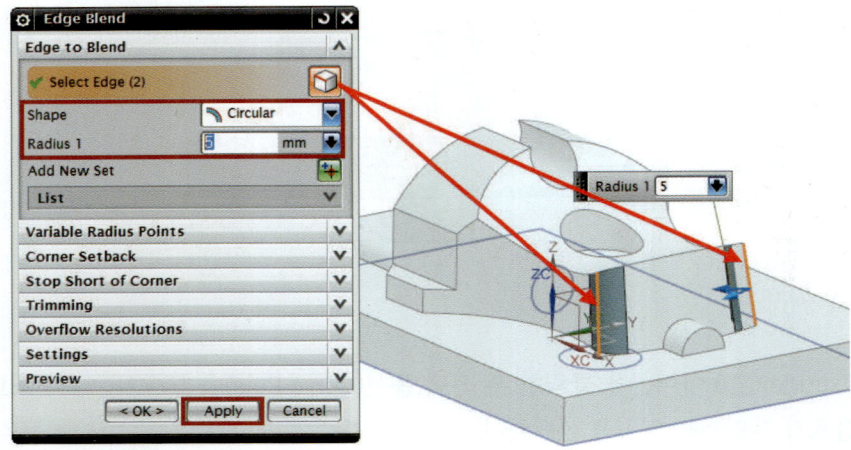

㉛ 그림과 같이 엣지를 선택한 다음, Shape= Circular( ), Radius 1=2mm로 설정한 뒤 Apply를 클릭한다.

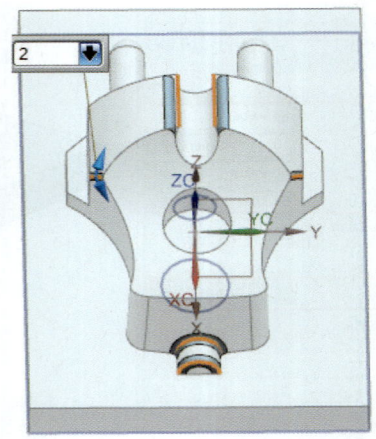

㉜ 그림과 같이 엣지를 선택한 다음, Shape= Circular( ), Radius 1=2mm로 설정한 뒤 Apply를 클릭한다.

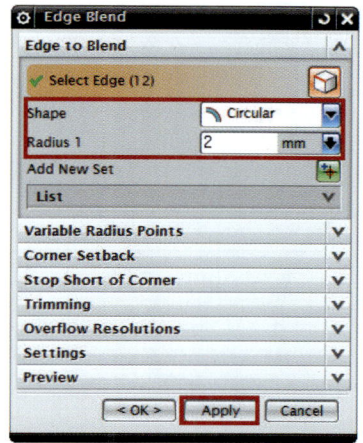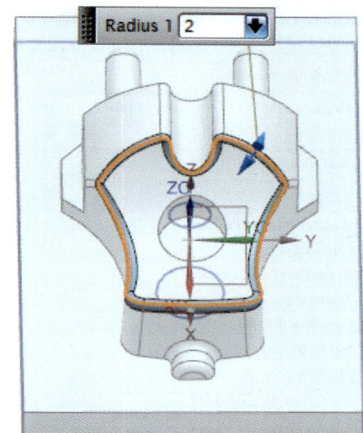

㉝ ㉟그림과 같이 엣지를 선택한 다음, Shape= Circular( ), Radius 1=2mm로 설정한 뒤 Apply를 클릭한다.

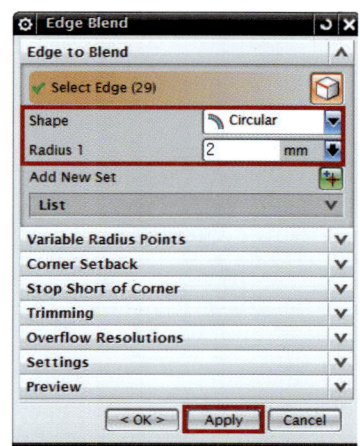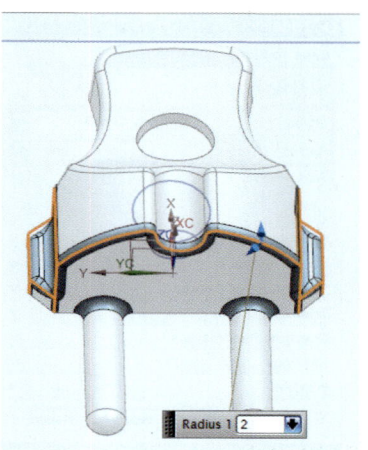

㉞ 그림과 같이 엣지를 선택한 다음, Shape=Circular(◠), Radius 1=1mm로 설정한 뒤 Apply를 클릭한다.

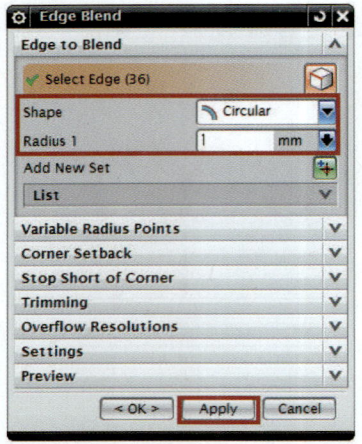 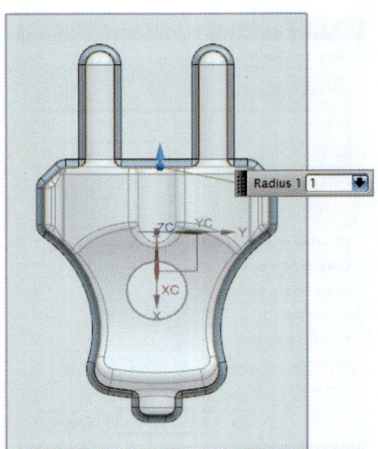

㉟ 그림과 같이 엣지를 선택한 다음, Shape= Circular(◠), Radius 1=2mm로 설정한 뒤 Apply를 클릭한다.

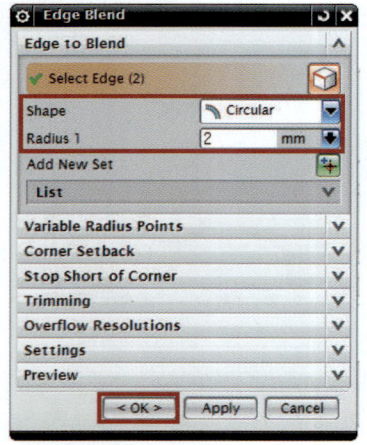 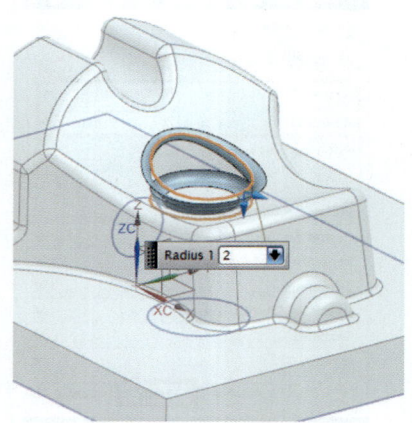

36 완성

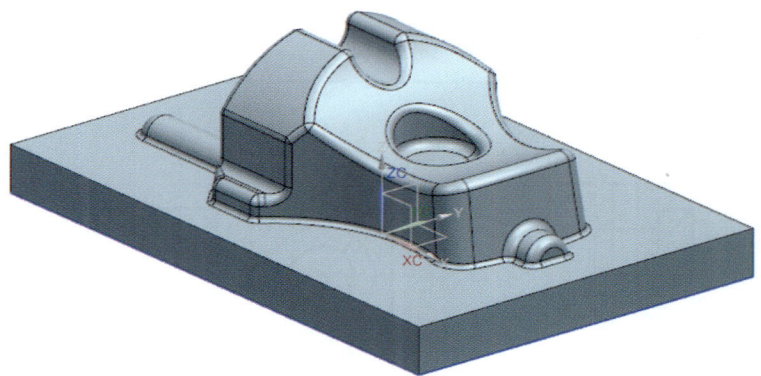

제 2 절 Solid Modeling 연습 예제 II

| 도면명 | NX 모델링작업 | 척도 | NS |

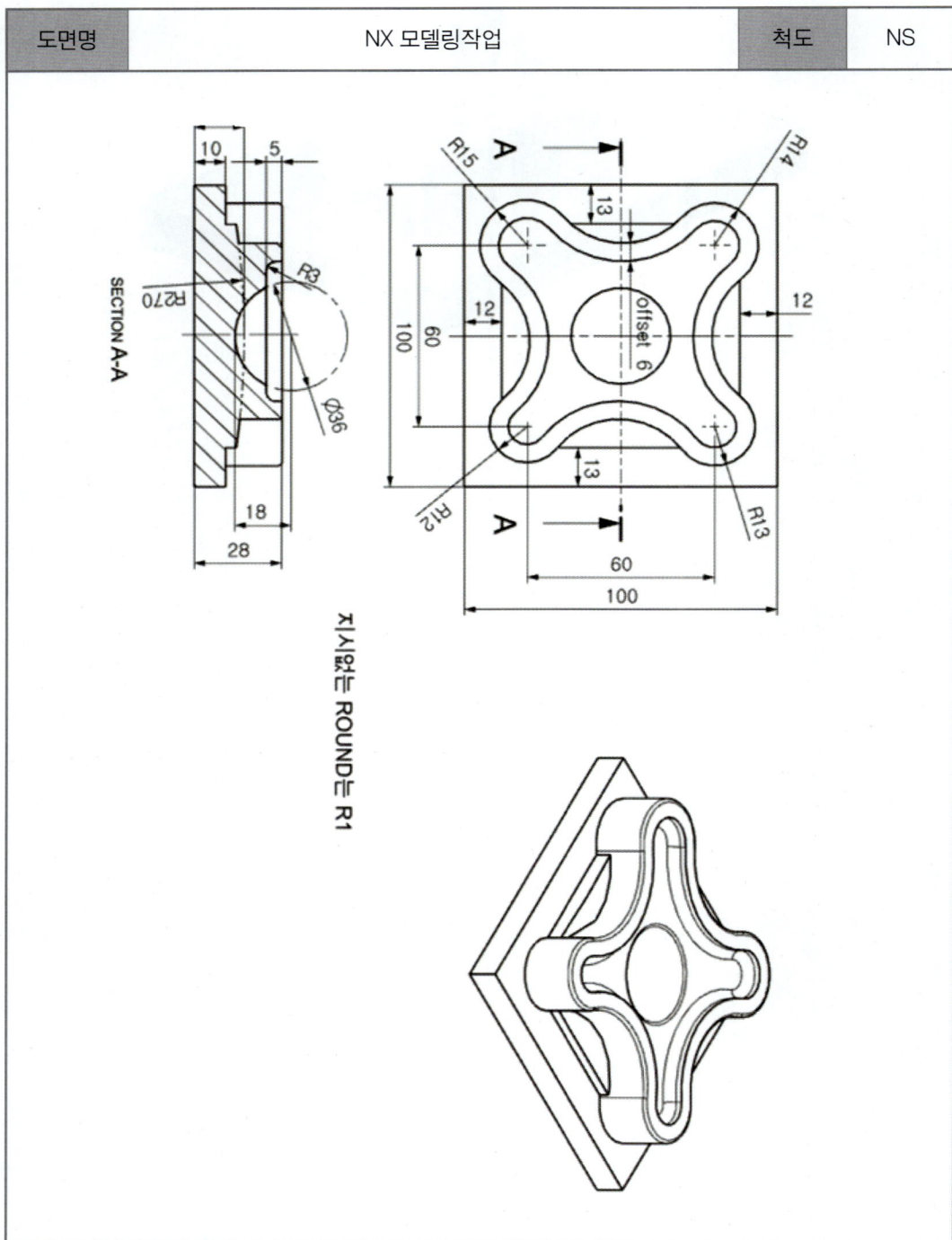

지시없는 ROUND는 R1

| 제1장 Extrude & Revolve | 제2장 Layer | 제3장 Feature Operation | 제4장 Detail Feature | 제5장 Associative Copy | 제6장 Curve | 제7장 Trim | 제8장 Solid Exercise | **Chapter 8** **Solid Modeling** |

❶ File → New 혹은 아이콘을 클릭한다.

Name에서 파일 이름과 Folder에서 파일의 경로를 정의한다.

OK를 클릭하여 새 파트를 생성한다.

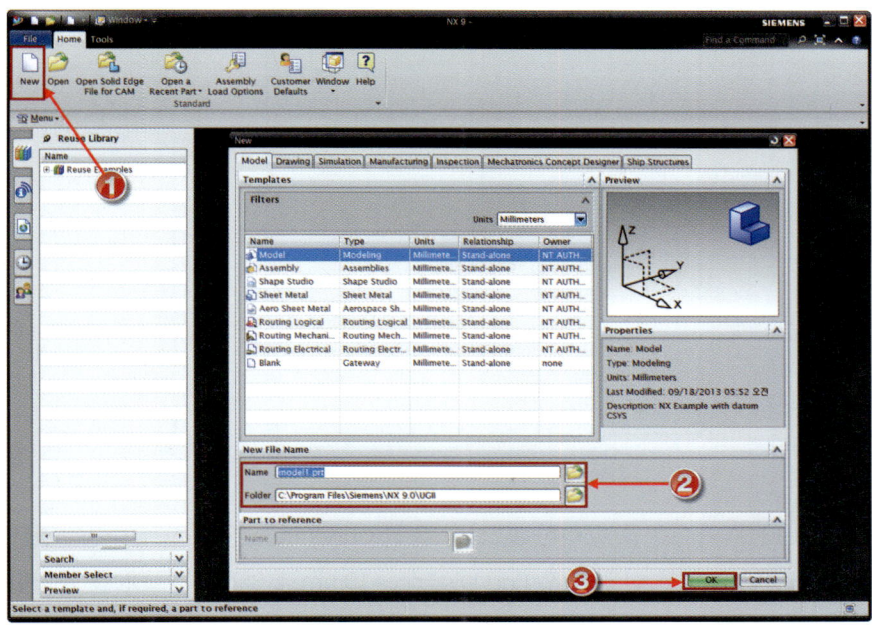

❷ Menu → Insert → Sketch in Task Environment( )를 클릭한다.

Sketch Type=On Plane, Plane Method=Inferred로 설정한 후 XZ평면을 클릭하고 OK를 클릭한다.

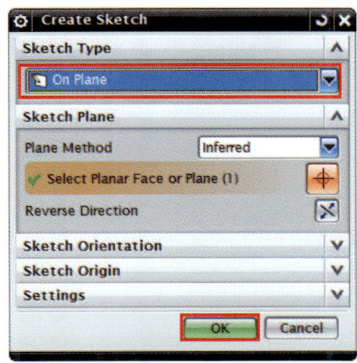 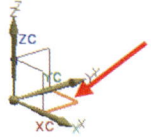

243

❸ 그림과 같이 스케치하고 아이콘을 이용해 스케치를 종료한다.

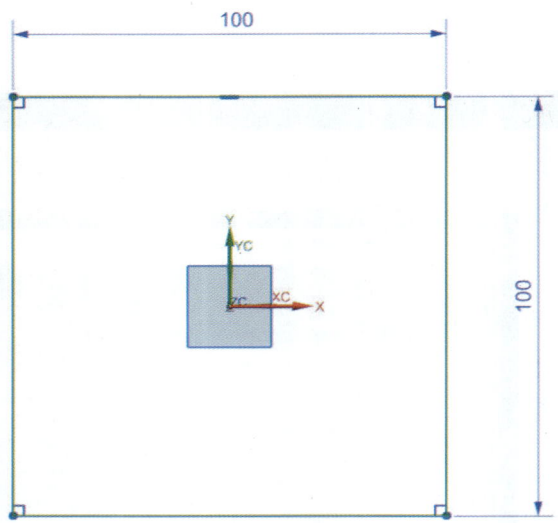

❹ 돌출(Extrude)( ) 아이콘을 클릭한 후 선택 옵션(Curve Rule)은 Connected Curves 로 설정하고 위에서 그린 스케치를 선택한 후 End Distance=10mm로 설정한 후 OK를 클릭한다.

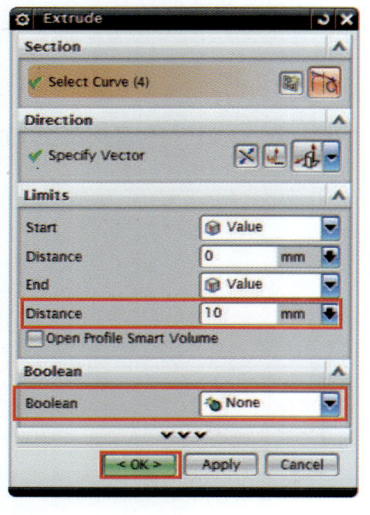
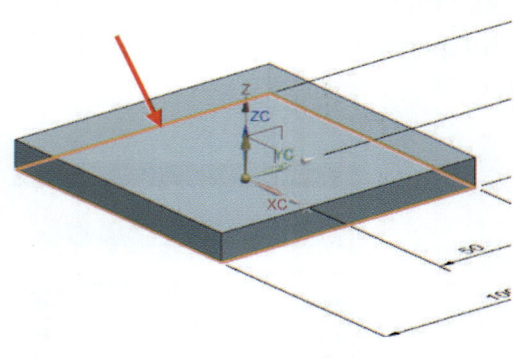

❺ Menu ▼ → Insert → Sketch in Task Environment(　)를 클릭한다.

표시된 면을 선택한 후 Sketch Orientation에 Reference=Vertical로 설정한 다음 OK를 클릭한다.

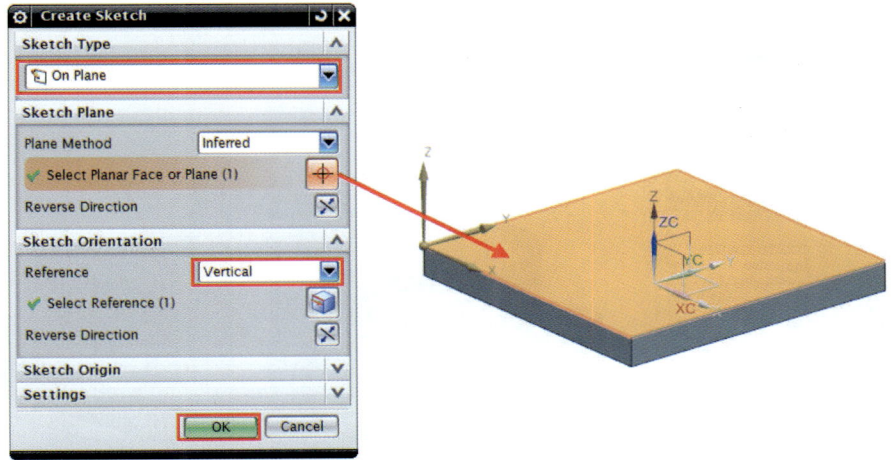

❻ 그림과 같이 스케치한 후 　아이콘을 클릭하여 스케치를 종료한다.
Finish

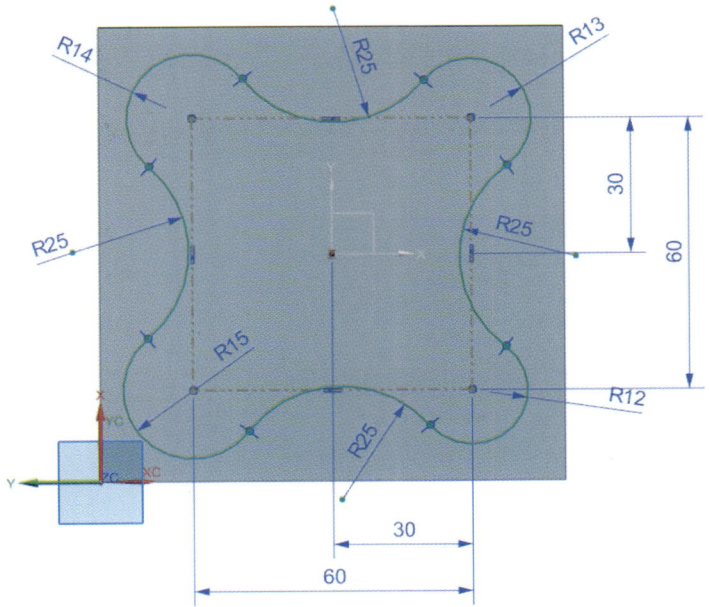

Unigraphics(UGS) CAD/CAM
NX9 모델링 및 CAM 가공

❼ 돌출(Extrude)( ) 아이콘을 클릭한 후 선택 옵션(Curve Rule)은 Connected Curves 로 설정하고 위에서 그린 스케치를 선택한 후 End Distance=18mm, Boolean=Unite( )로 설정한 후 OK를 클릭한다.

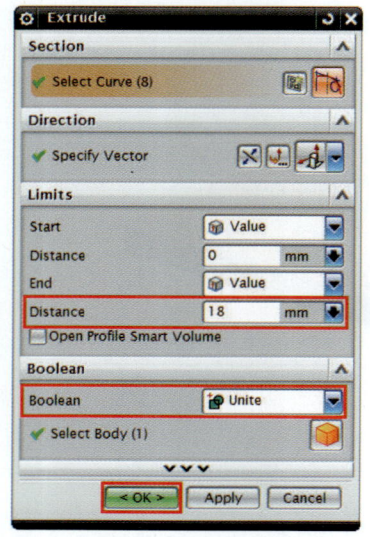
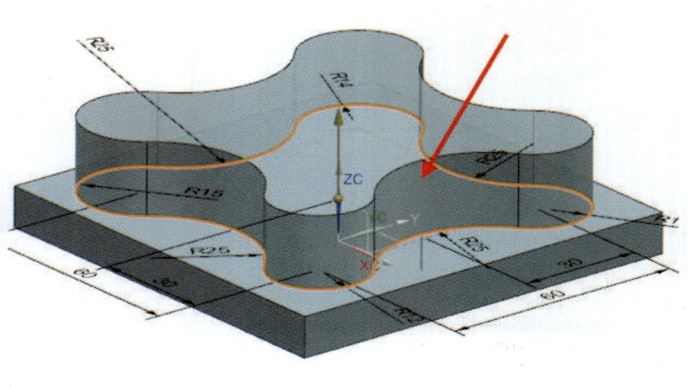

❽ Menu → Derived Curve → Offset을 클릭한다.

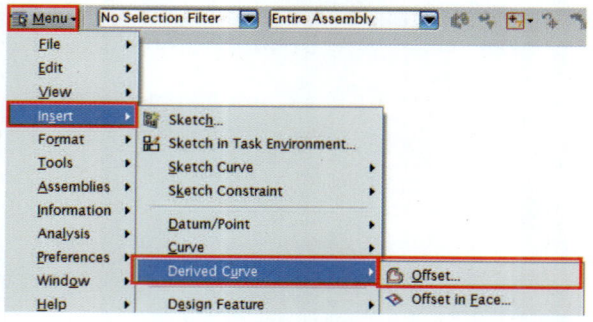

❾ Offest Type=Distance, Curve에 다음과 같이 선을 선택한 다음, Offset Distance=6mm, Number of Copies=1로 설정한 후 방향을 안쪽으로 설정하고 OK를 클릭합니다.

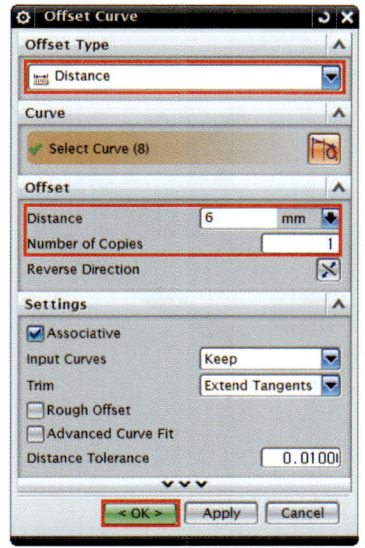
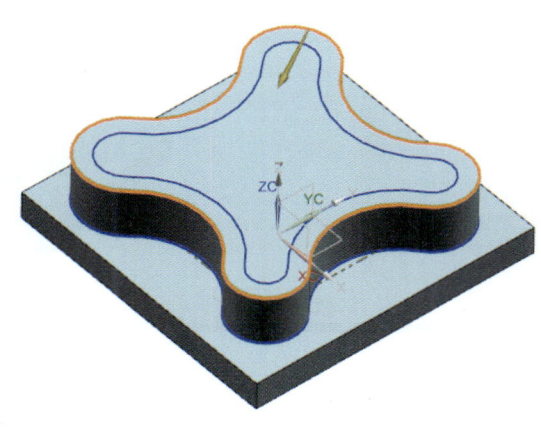

❿ 돌출(Extrude)( ) 아이콘을 클릭한 후 선택 옵션(Curve Rule)은 Connected Curves 으로 설정하고 위에서 그린 스케치를 선택한 후 End Distance=5mm, Boolean=Subtract( )으로 설정한 후 OK를 클릭한다.

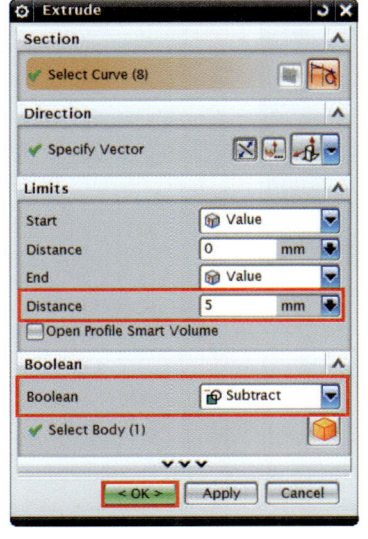
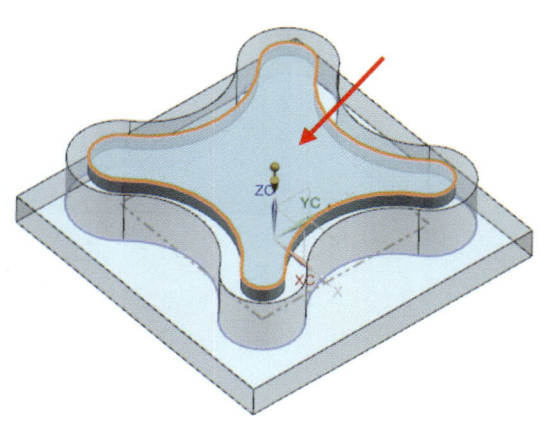

⓫ Menu ▼ → Insert → Sketch in Task Environment(📐)를 클릭한다.
Reset(🔄) 아이콘을 클릭한 다음 OK를 클릭하여 기본 XY평면으로 들어간다.

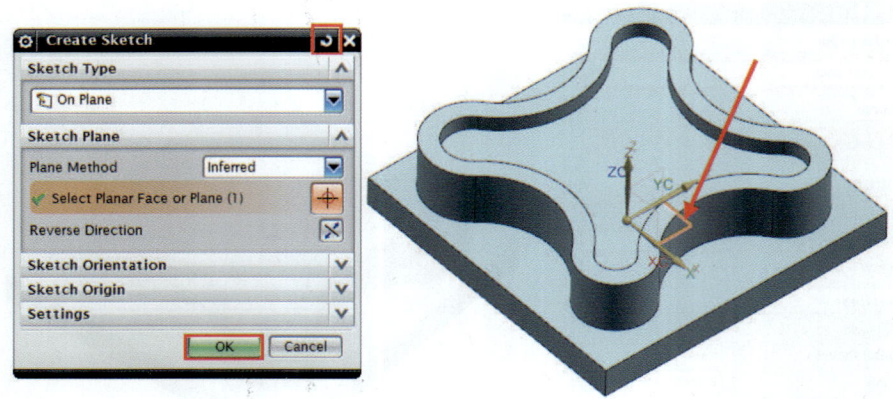

⓬ 그림과 같이 스케치한 후 🏁 아이콘을 클릭하여 스케치를 종료한다.
Finish

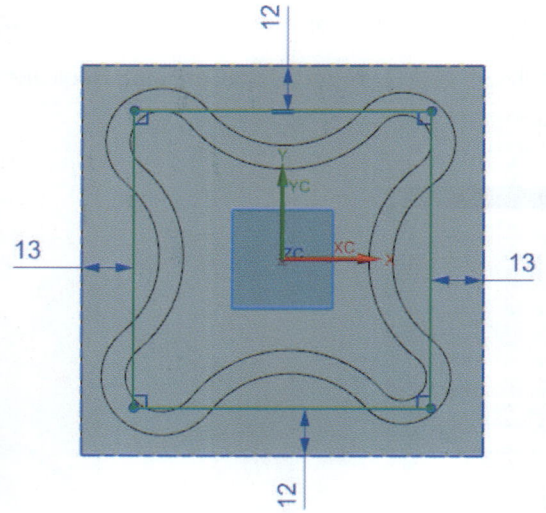

제1장	제2장	제3장	제4장	제5장	제6장	제7장	제8장	Chapter **8**
Extrude & Revolve	Layer	Feature Operation	Detail Feature	Associative Copy	Curve	Trim	Solid Exercise	Solid Modeling

❸ 돌출(Extrude)( ) 아이콘을 클릭한 후 선택 옵션(Curve Rule)은 [Connected Curves]로 설정하고 위에서 그린 스케치를 선택한 후 End Distance=18mm, Boolean=None으로 설정한 후 OK를 클릭한다.

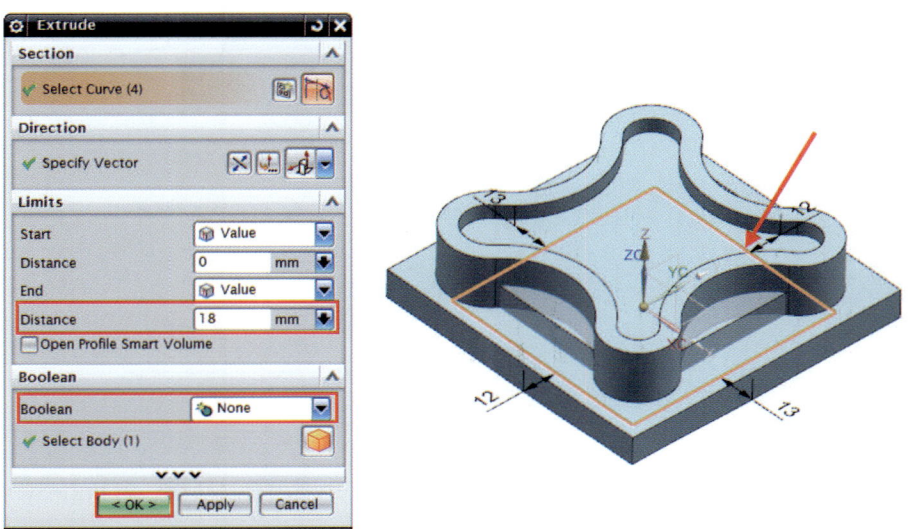

❹ Menu → Insert → Sketch in Task Environment( )를 클릭한다.
XZ평면을 선택한 후 OK를 클릭한다.

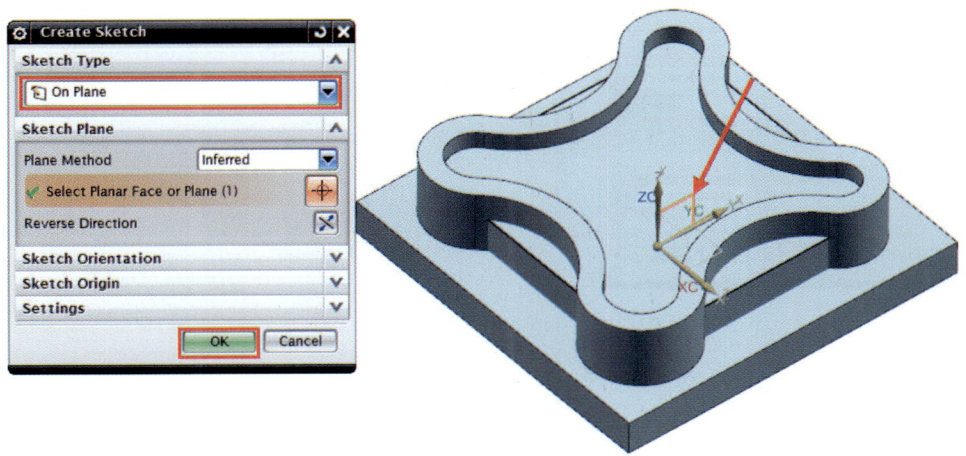

249

❶❺ 그림과 같이 스케치한 후 🏁 아이콘을 클릭하여 스케치를 종료한다.
Finish

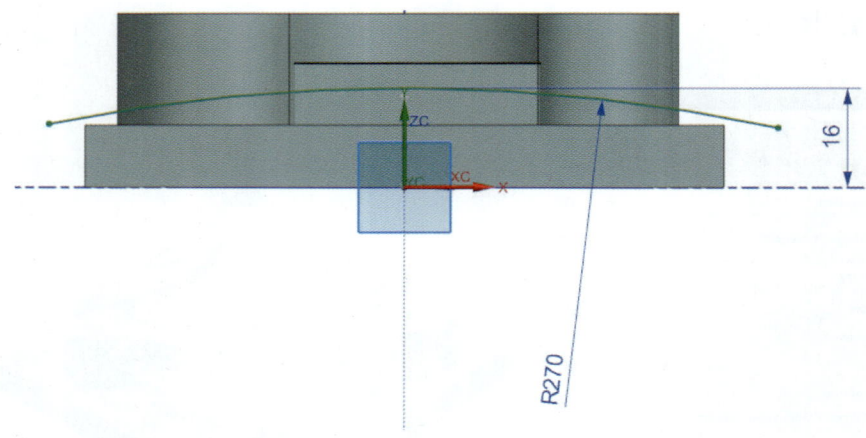

❶❻ 돌출(Extrude)(🟫) 아이콘을 클릭한 후 위에서 그린 스케치를 선택한 후 End=Symmetric Value(🟦), End Distance=51mm, Boolean=None으로 설정한 후 OK를 클릭한다.

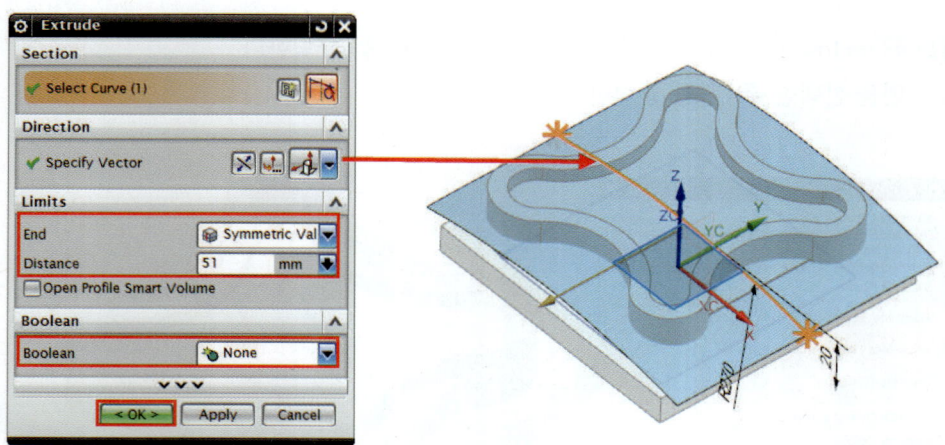

⑰ Menu → Insert → Trim → Trim Body( )를 클릭한다.

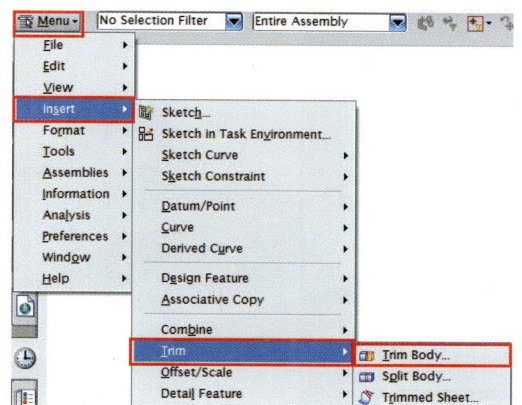

⑱ Select Body=돌출된 작은 사각형, Tool Option=Face or Plane, Select Face or Plane=생성한 sheet 선택한 후 OK를 클릭합니다.

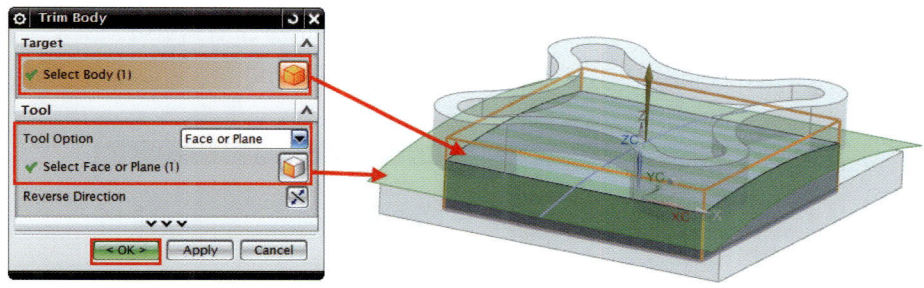

⑲ Menu → Insert → Combine → Unite( )를 클릭한다.

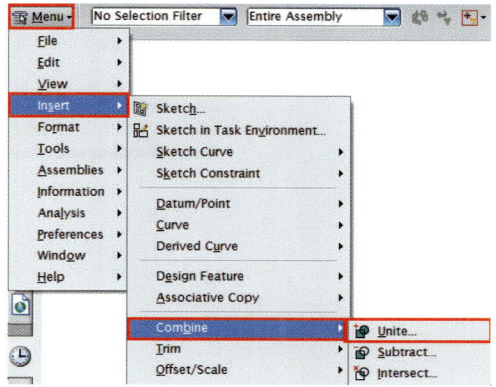

❷⓪ Target Select Body=화살표가 가리키는 Body, Tool Select Body=화살표가 가리키는 Body 로 선택한 다음 OK를 클릭한다.

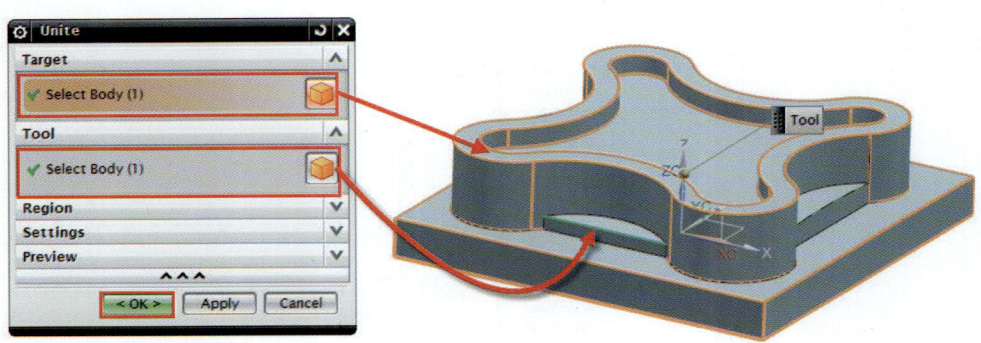

❷① Menu → Insert → Design Feature → Sphere( )를 클릭한다.

Sphere Type=Center Point and Diameter, Specify Point에서 를 클릭한다.

Point Type=Inferred Point, ZC=31로 설정한 후 OK를 클릭합니다.

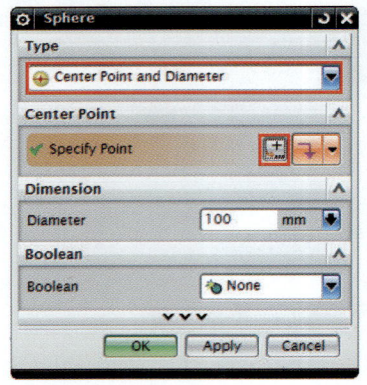 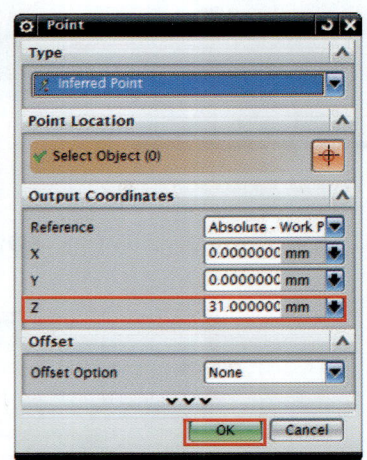

㉒ Diameter=36mm, Boolean=Subtract( )으로 설정한 후 OK를 클릭한다.

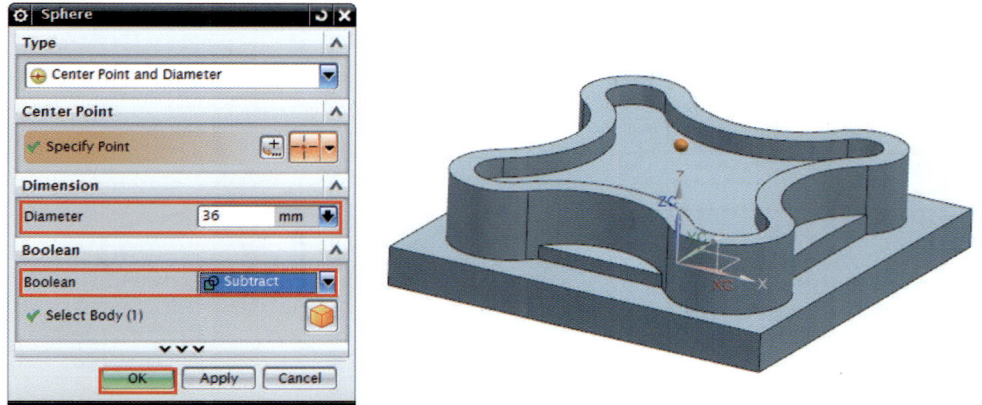

㉓ Menu → Insert → Detail Feature → Edge Blend( )를 클릭한다.

엣지를 선택한 다음 Shape=Circular( ), Radius 1=3mm로 설정한 뒤 Apply를 클릭한다.

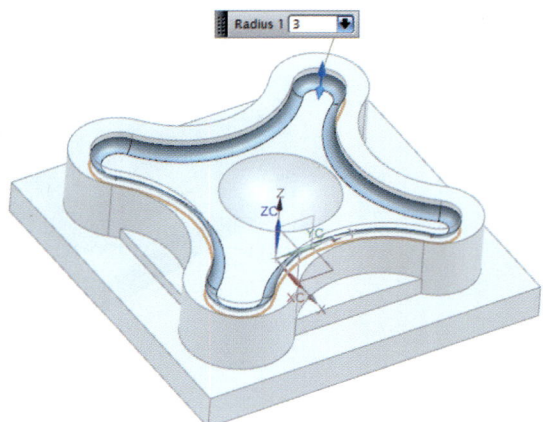

㉔ 그림에 표시된 엣지를 선택한 다음, Shape=Circular(), Radius 1=1mm로 설정한 뒤 OK를 클릭한다.

㉕ 완성

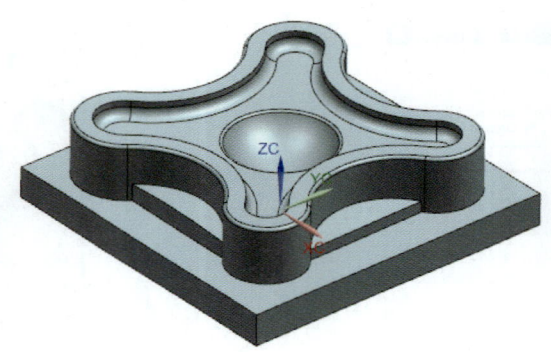

제 3 절 Solid Modeling 연습 예제 Ⅲ

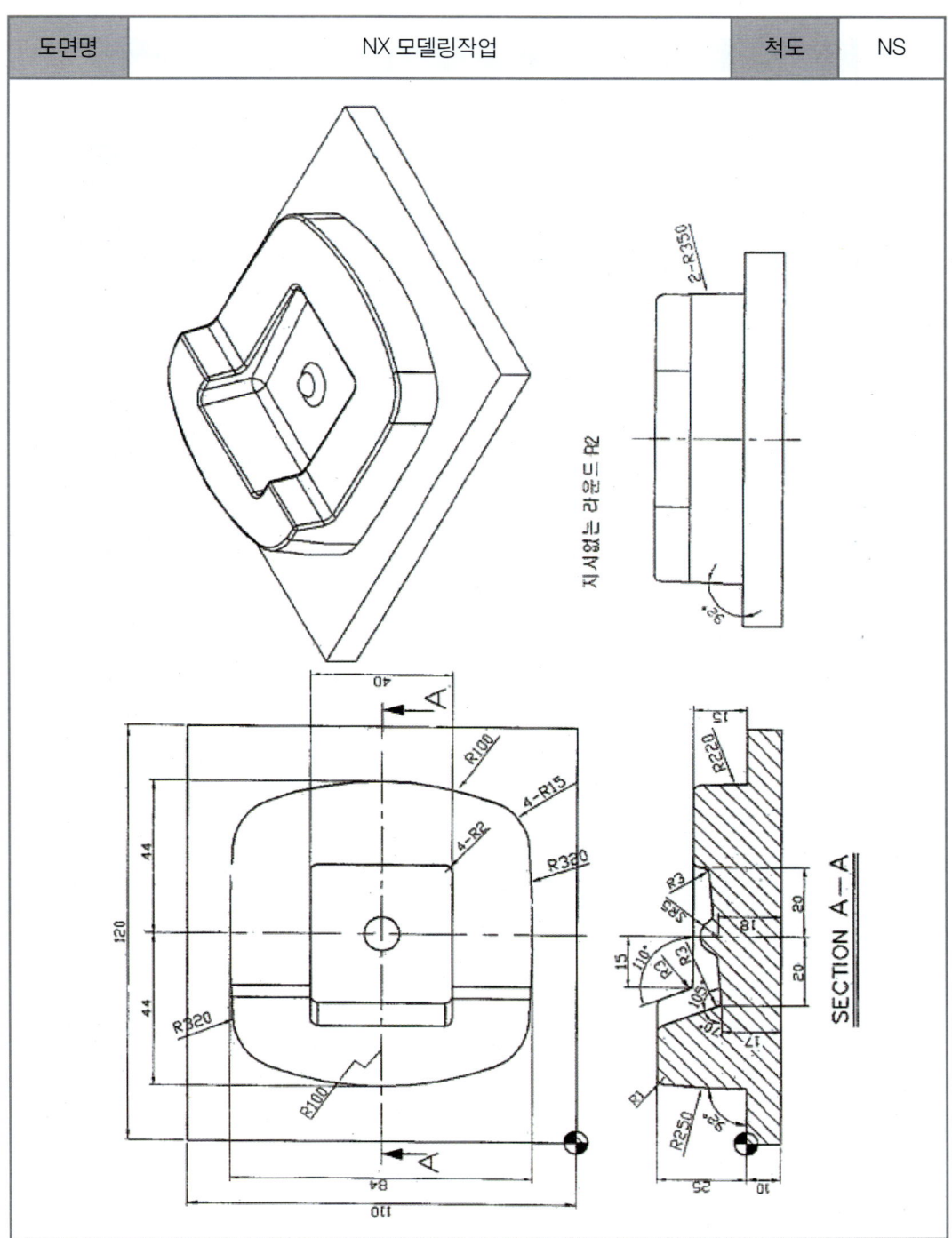

❶ NX9.0을 실행시킨 후 New( ) 아이콘을 클릭한다.
New창이 뜨면 Model을 클릭한 후 Name과 Folder(저장위치)를 설정한 뒤 OK를 클릭한다.

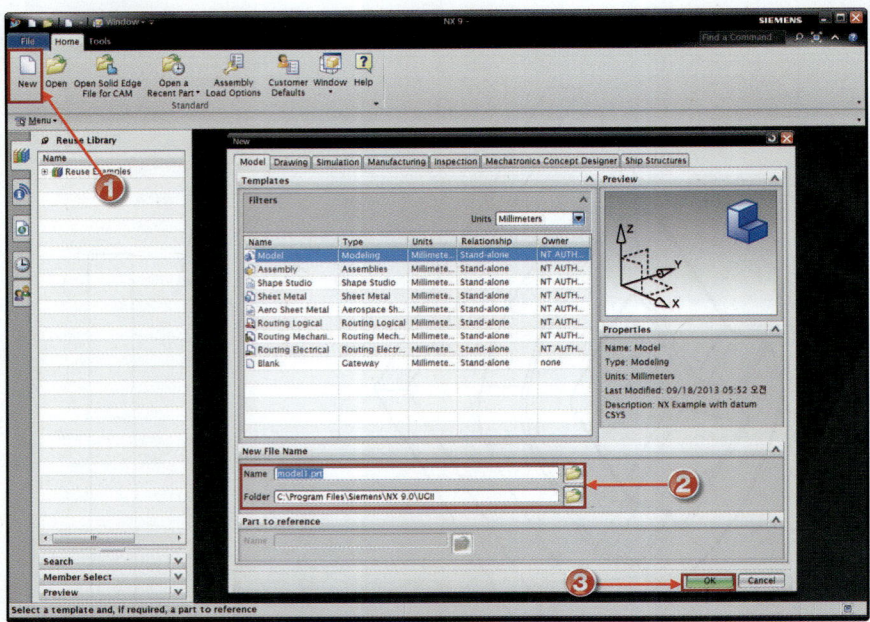

❷ Menu → Insert → Sketch in Task Environment( )를 클릭한다.

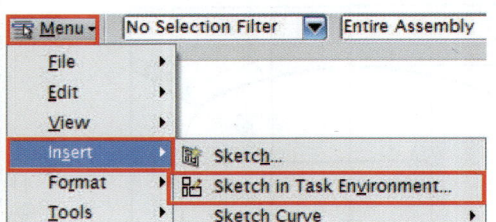

❸ Sketch Type=On Plane, Plane Method=Infrred로 설정한 후 XZ 평면을 클릭하고 OK를 클릭한다.

| 제1장
Extrude
& Revolve | 제2장
Layer | 제3장
Feature
Operation | 제4장
Detail
Feature | 제5장
Associative
Copy | 제6장
Curve | 제7장
Trim | 제8장
Solid
Exercise | Chapter B
Solid Modeling |

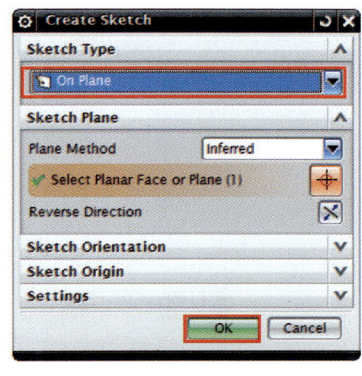
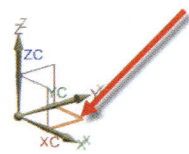

❹ XZ평면에 그림과 같이 스케치 후  아이콘을 클릭한다.

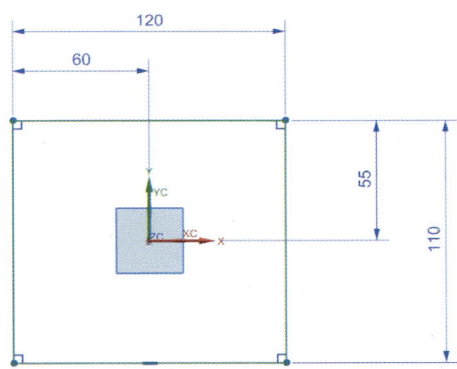

❺ Menu → Insert → Design Feature → Extrude(돌출)( ) 또는 tool bar에서 아이콘을 클릭한다.

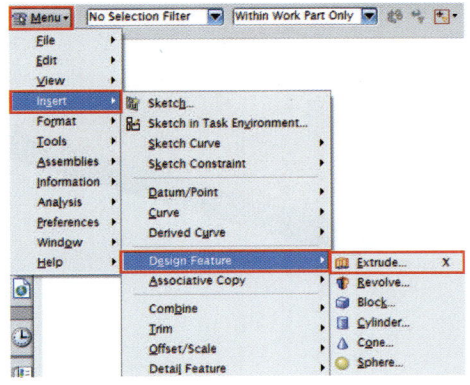

257

❻ 선택 옵션(Curve Rule)은 [Connected Curves]로 설정하고 위에서 생성한 스케치를 클릭한다. End Distance=10mm로 설정한 후 OK를 클릭한다.

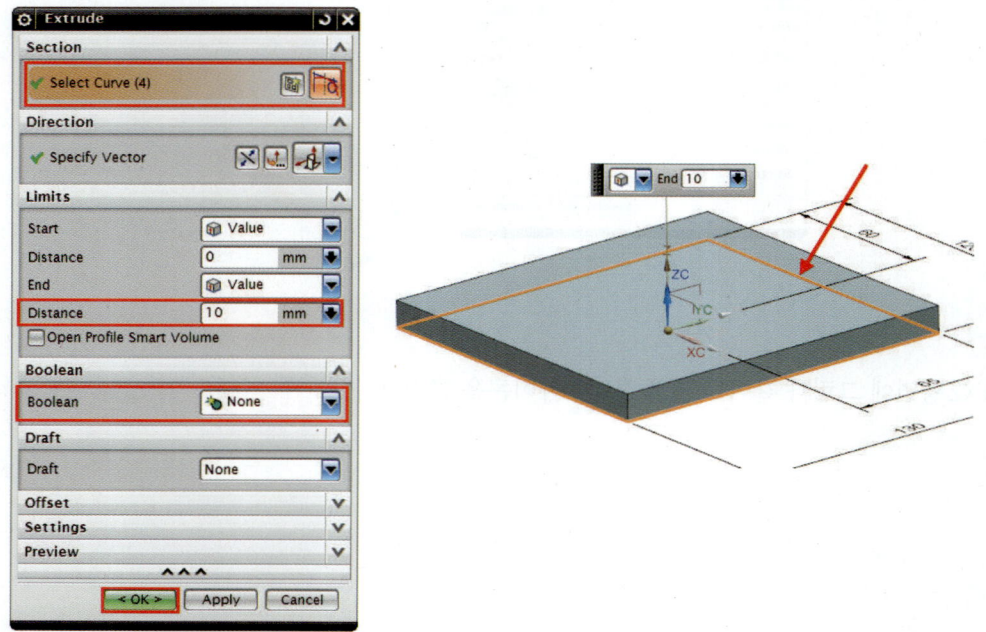

❼ Insert → sketch in Task Environment( )를 클릭한 후 Sketch Type=On Plane, 화살표가 가리키는 면을 클릭 후 OK를 클릭한다.

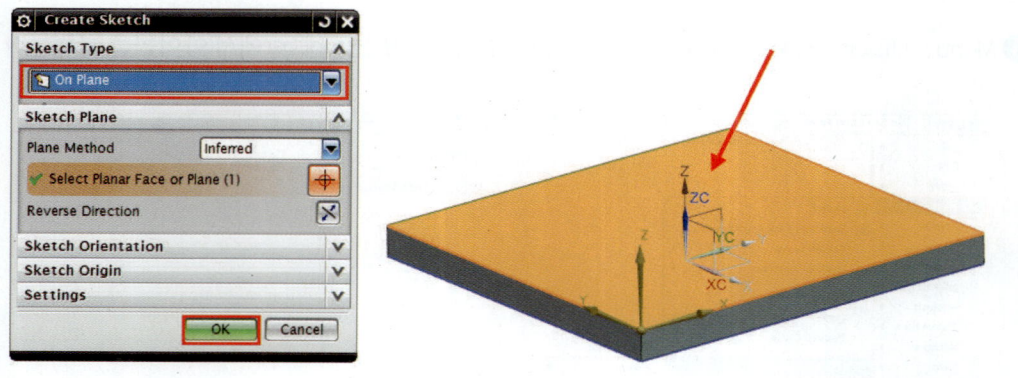

❽ 우선 다음 그림과 같이 스케치를 그려 준다.

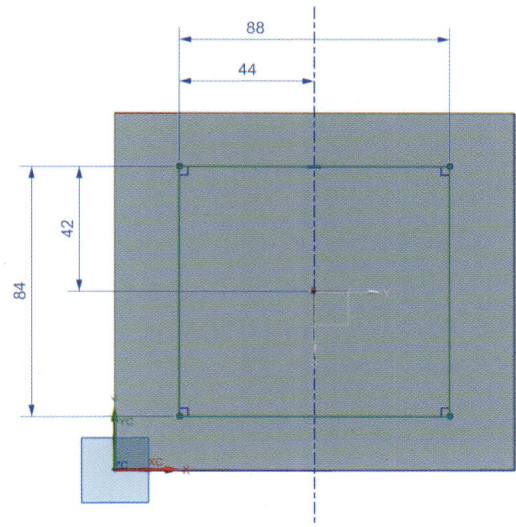

❾ Tool bar 오른쪽에 위치해 있는 역삼각형을 클릭한 후 Convert TO/From Reference( )를 활성화시킨 후 클릭하여 준다.

그리고 Convert To=Reference Curve or Dimension을 클릭하고서 위에서 생성한 사각형 스케치를 전부 클릭한 다음에 OK를 클릭한다.

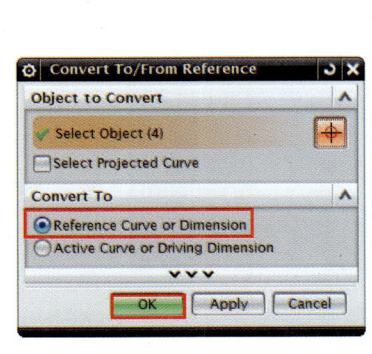
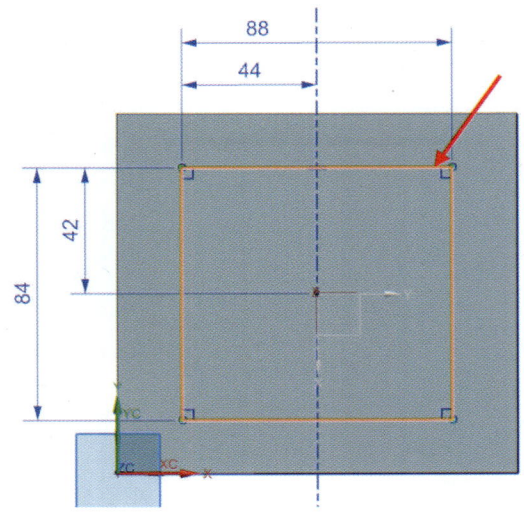

❿ 다음 그림과 같이 원호를 생성한 후 Tool bar에서 Geometric Constraints( )를 클릭한다.

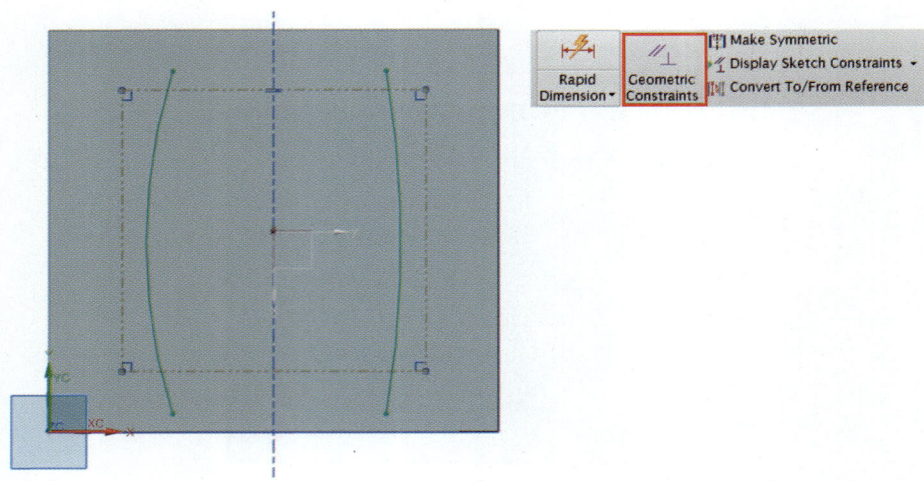

⓫ 다음과 같은 창이 뜨면 아이콘을 클릭한 후 화살표가 가리키는 Curve를 선택한다.
실행시킨 후 반대쪽도 선택하여 구속을 시킨다.

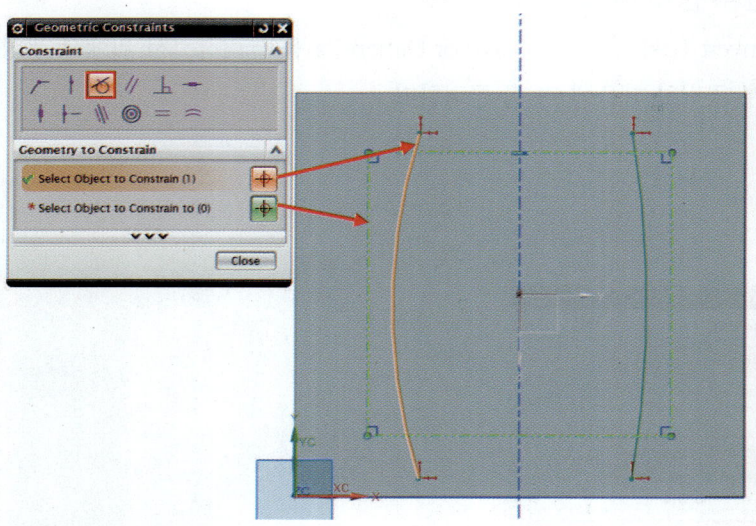

⓬ 그 다음 아이콘을 클릭한 후 원호의 중심점(Point)과 y축을 클릭한다.
반대쪽도 선택하여 구속시킨다.

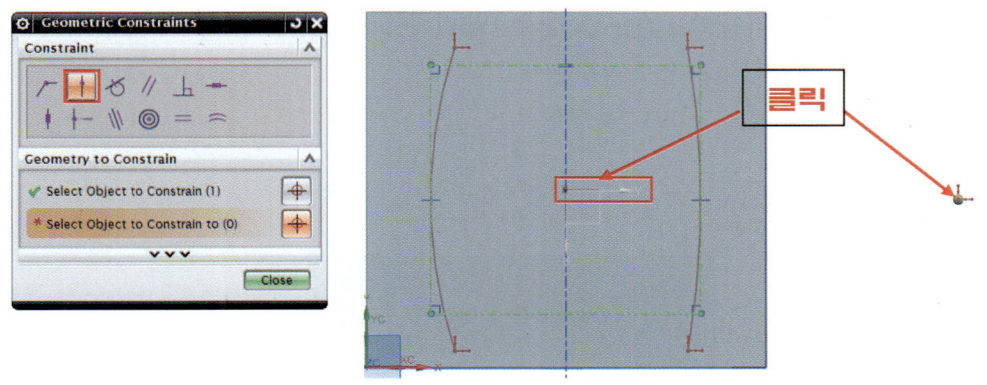

⑬ 마지막으로 [icon] 아이콘을 클릭하여 두 원호선을 클릭한 후 Close를 클릭한다.

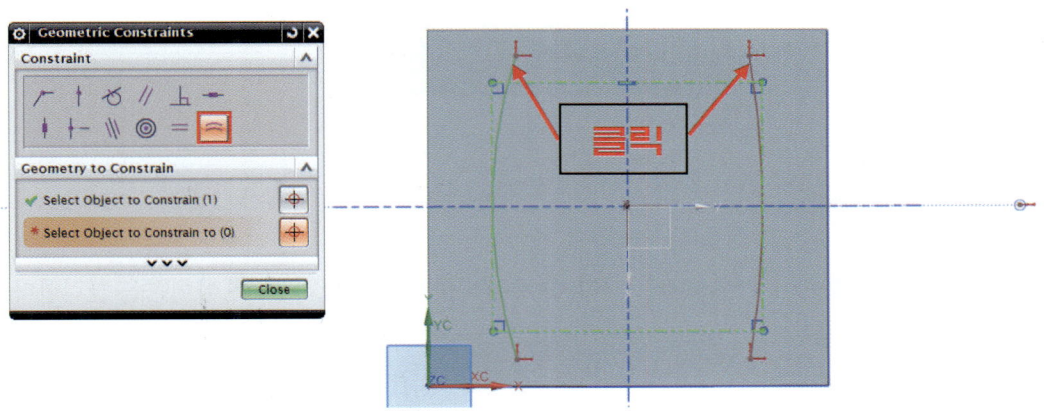

⑭ 치수(R100)를 기입해 준 후 그리고 호를 두 개 그려준다.

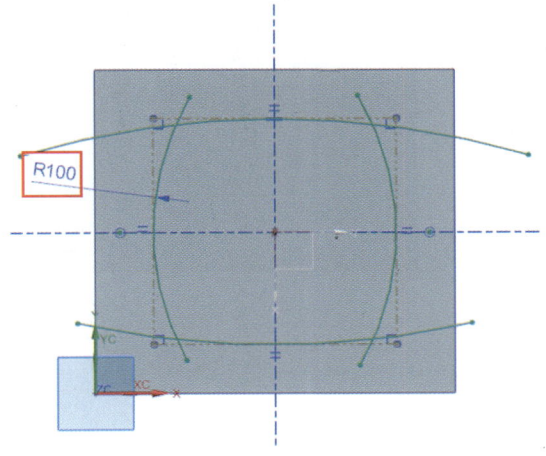

⓯ 위에서 두 원호를 각각 구속조건을 준 것처럼 ⓮번에서 생성한 두 원호도 구속을 시키고 치수(R320)를 기입해준다.

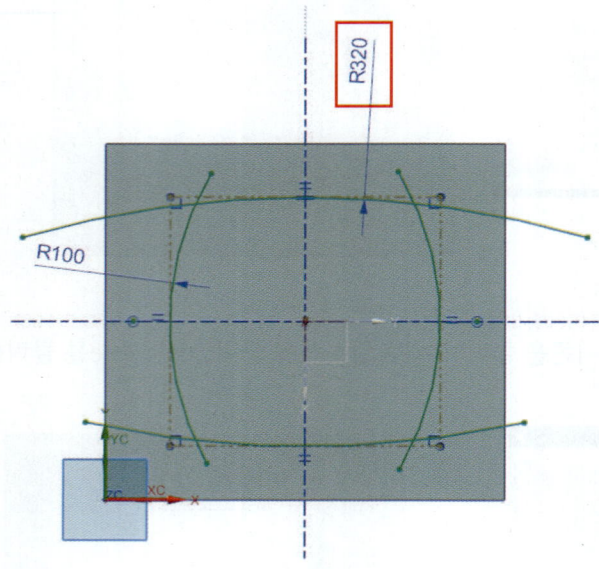

⓰ 필요 없는 부분을 Quick Trim( )을 사용하여 잘라준 다음 완료하면 아이콘을 클릭한다.

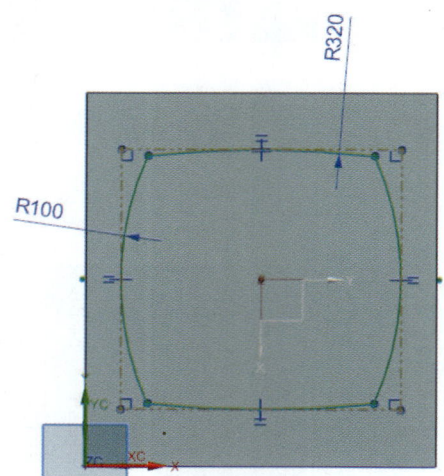

⓱ Sketch in Task Environment()를 클릭한 후 화살표가 가리키는 Z-X평면을 클릭한 후 OK를 클릭한다.

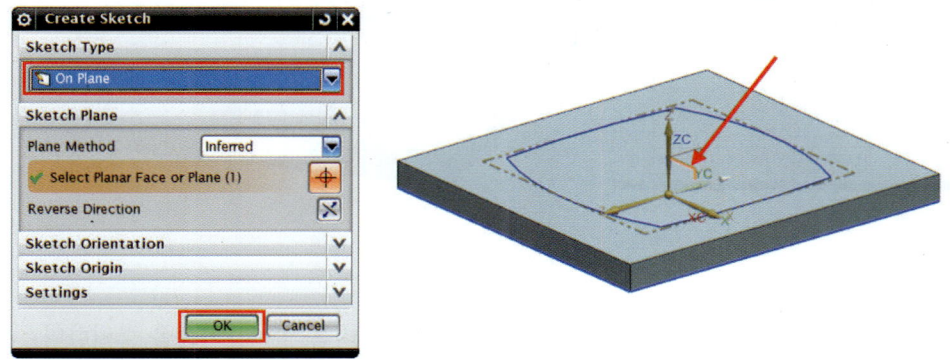

⓲ Menu → Insert → Curve from Curve from Curves → Intersection Point()를 클릭한다.

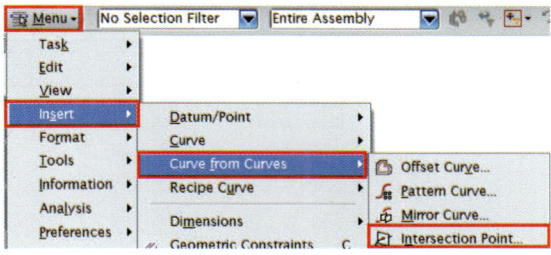

⓳ 화살표가 가리키는 선을 선택하고 OK를 클릭하여 교차점을 생성한다.

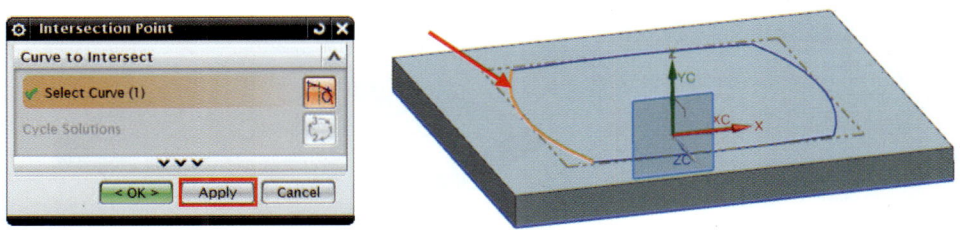

⑳ 반대편도 생성한 후 OK를 클릭합니다.

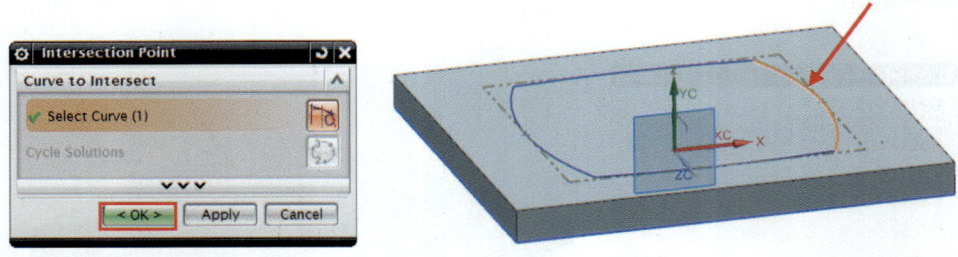

㉑ 교차점이 생성된 것을 중심삼아 다음과 같이 스케치한 다음 아이콘을 클릭한다.

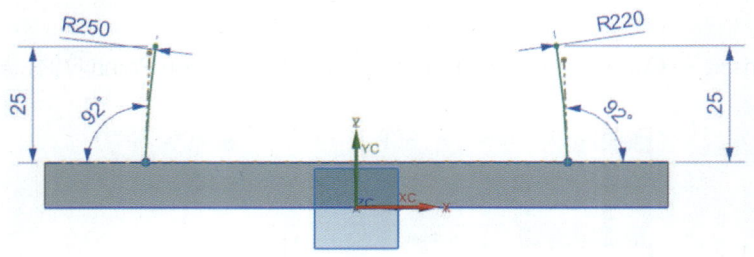

㉒ Sketch in Task Environment( )를 클릭한 후 화살표가 가리키는 Y-Z평면을 클릭한 후 OK를 클릭합니다.

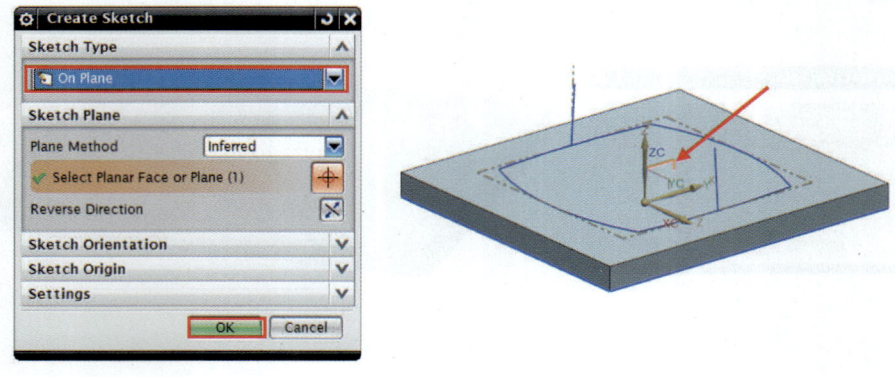

❷❸ 이 평면에서도 동일하게 Intersection Point(⟐)를 클릭하여 곡선에 교차하는 점을 생성하여 준다.

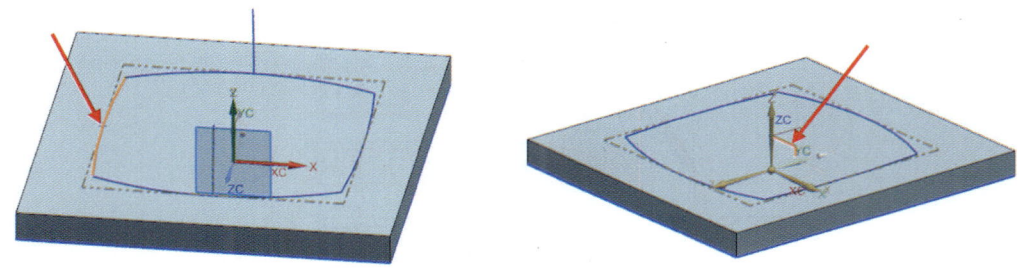

❷❹ 다음 그림과 같이 스케치를 생성하여 준다.

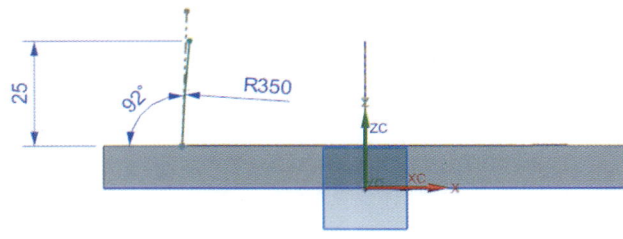

❷❺ Menu → Insert → Curve from Curve from Curves → Mirror Curve를 클릭한다.

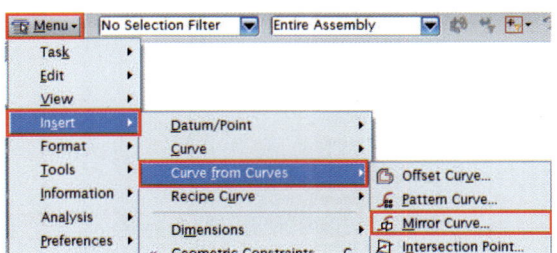

❷❻ Mirror Curve창이 뜨면 Curve to Mirror=스케치한 선, Centerline=YC축을 클릭하여 생성한 후 🏁아이콘을 클릭한다.

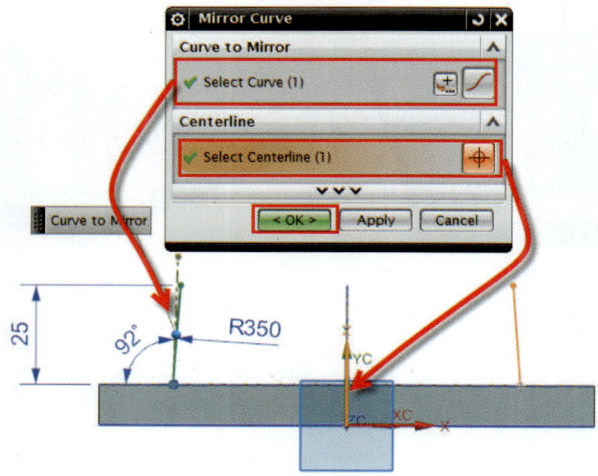

❷❼ Menu → Insert → Sweep → Sweep(　)을 선택한다.

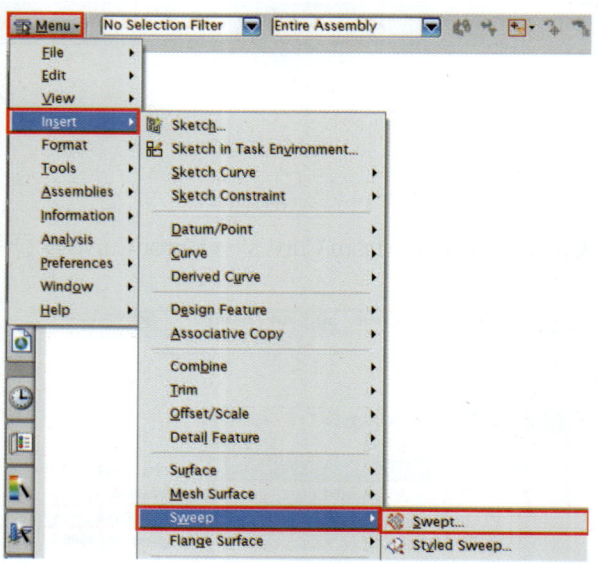

❷❽ Sweep창이 뜨면 Sections=바닥에 있는 스케치(①)를 선택하고, Guides=바닥에 대해서 수직으로 그린 스케치(②)를 선택한 후 Apply를 클릭한다.

㉙ 나머지 부분도 동일하게 밑 선과 밑 선에 대해 수직인 선을 선택하여 다음 그림과 같이 생성하여 준다.

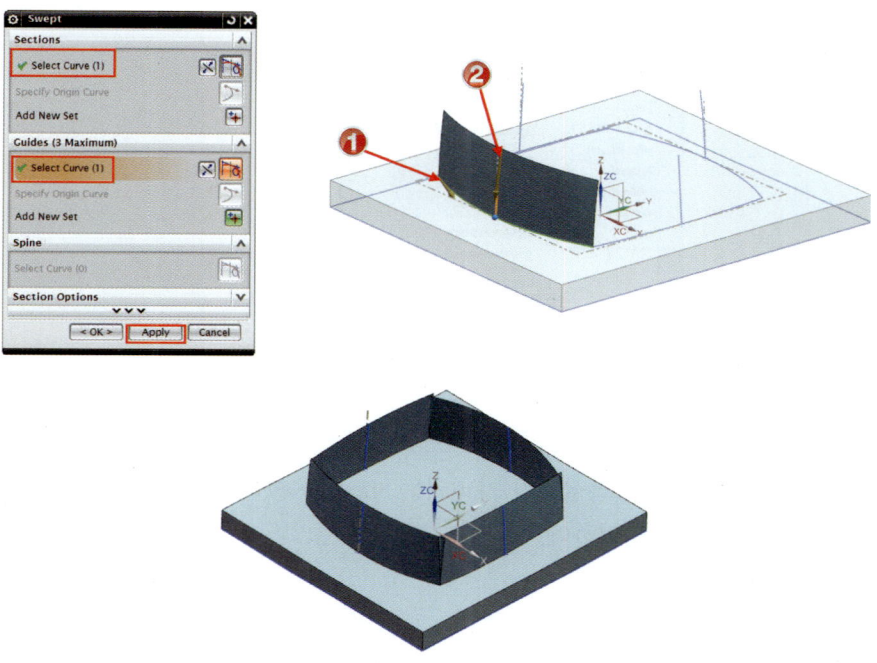

㉚ Extrude( )를 클릭한 후 바닥에 그린 스케치를 선택한 후 Distance =20mm, Boolean=None( ) 을 선택하고 OK를 클릭한다.

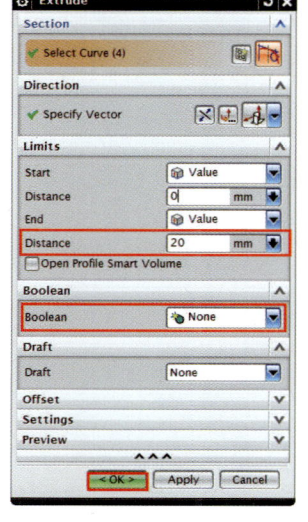
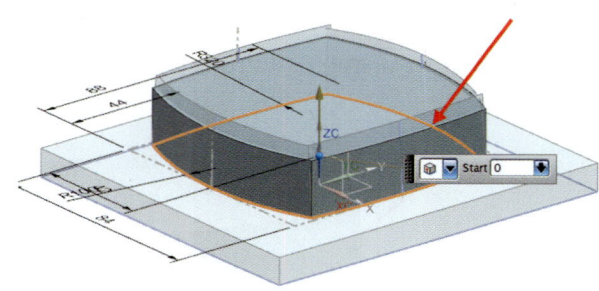

㉛ Menu → Insert → Trim → Trim and Extend( )를 클릭한다.

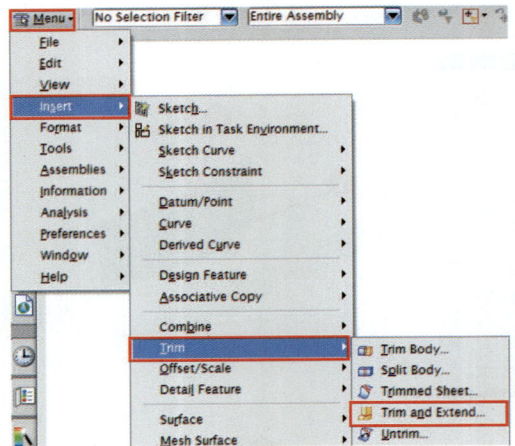

㉜ Trim and Extend창이 뜨면 화살표가 가리키는 Sheet 두 엣지를 선택하고, Distance=10mm 으로 입력한 후 Apply를 클릭한다.

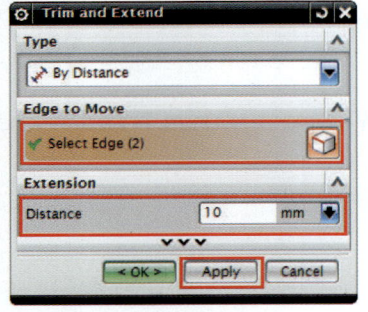 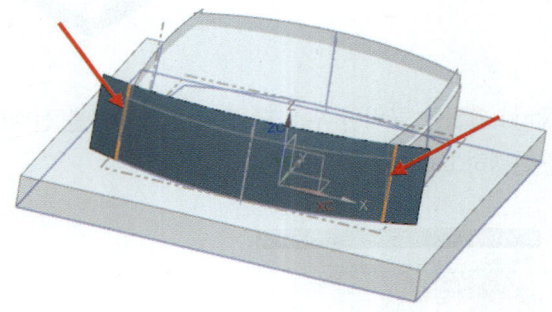

㉝ 생성한 맞은 편 Sheet도 ㉜번과 똑같이 선택하여 생성하여 준다.

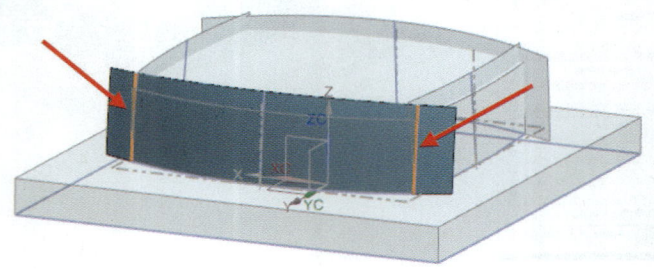

㉞ Menu → Insert → Trim → Trim Body(　)를 클릭한다.

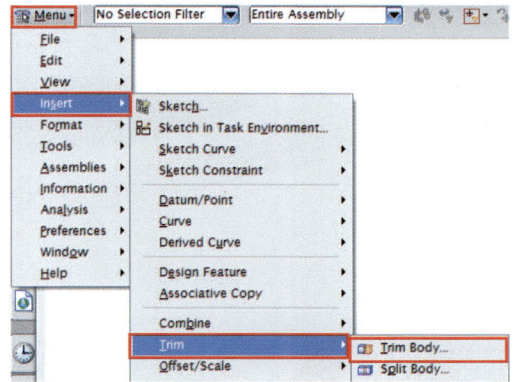

㉟ Trim Body창이 뜨면 Target=돌출한 body를 선택하고, Tool에 생성한 Sheet를 클릭한 후 Apply를 클릭합니다.

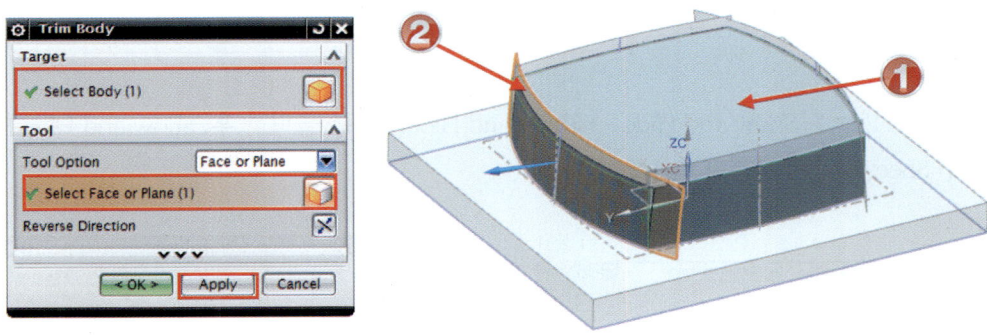

㊱ 나머지 부분도 동일하게 작업해 준다.

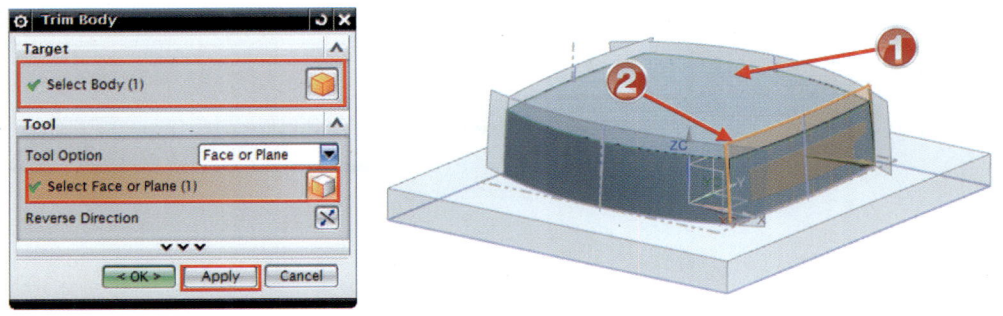

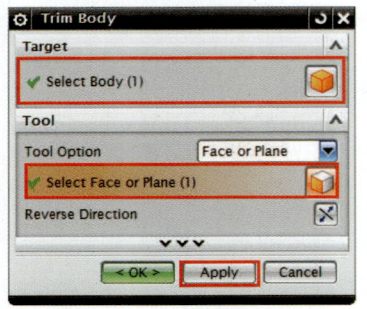
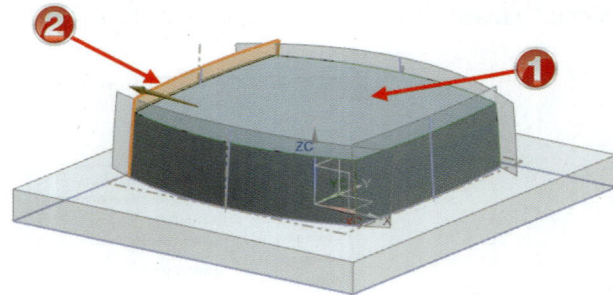

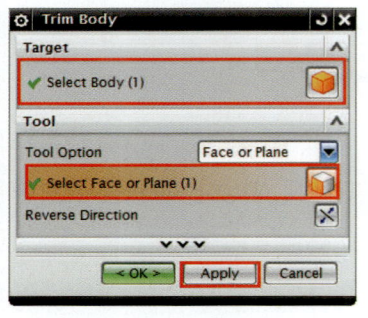
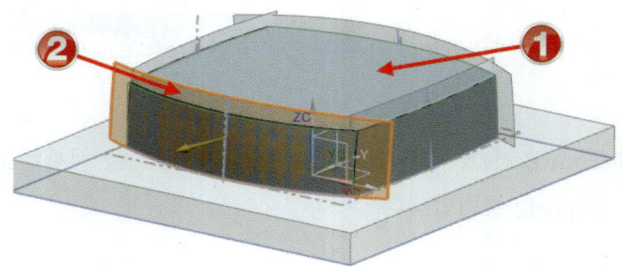

㊲ Menu → Edit → Show and Hide → Show and Hide( )를 클릭한 후, Show and Hide창이 뜨면 Sheet Bodies 부분만 (−)를 클릭한다.

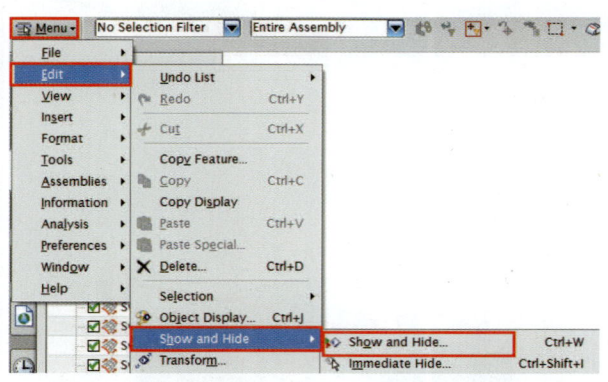
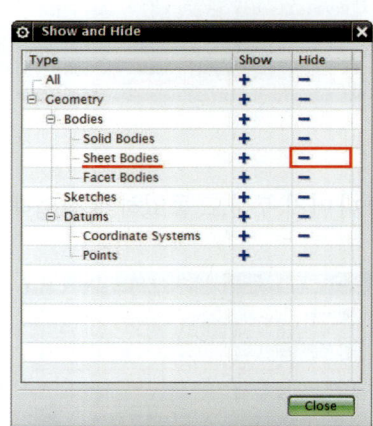

| 제1장
Extrude
& Revolve | 제2장
Layer | 제3장
Feature
Operation | 제4장
Detail
Feature | 제5장
Associative
Copy | 제6장
Curve | 제7장
Trim | 제8장
Solid
Exercise | Chapter B
Solid Modeling |

㊳ Menu → Insert → Synchronous Modeling → Move Face(　)를 클릭한다.

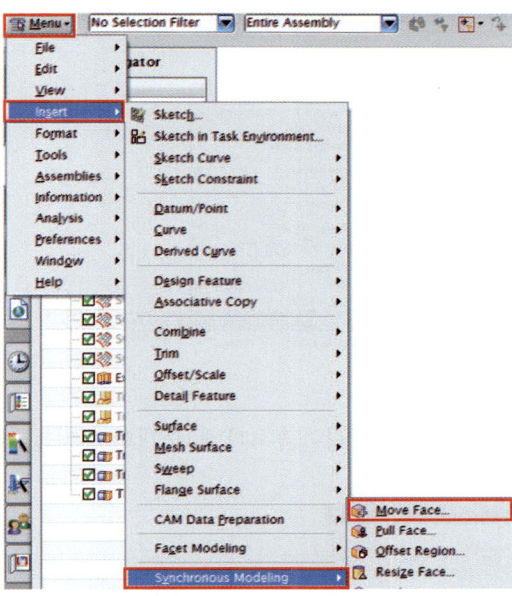

㊴ Move Face창이 뜨면 화살표가 가리키는 면을 선택한 후 Motion=Distance-Angle, Distance=5mm를 입력한 후 OK를 클릭합니다.

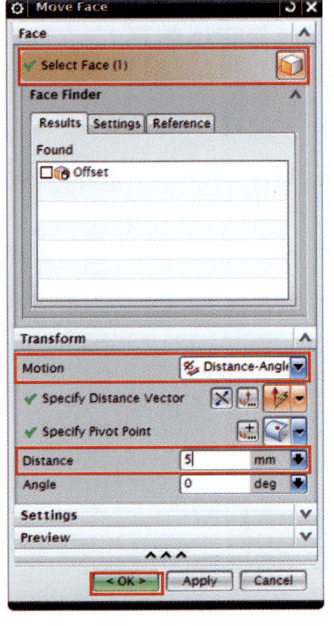
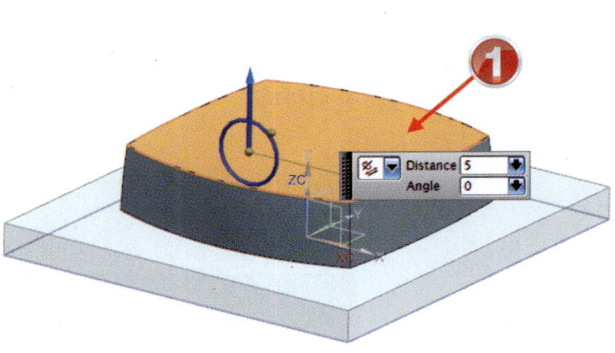

271

❹⓪ Menu → Insert → Detail Feature → Edge Blend( )를 클릭한다.

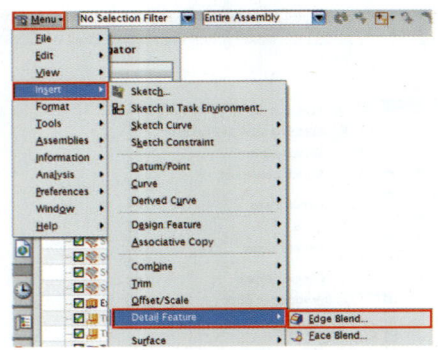

❹① Shape=Circular, Radius 1=15mm를 입력한 후 4각에 네 개의 엣지를 선택한 후 OK를 클릭한다.

 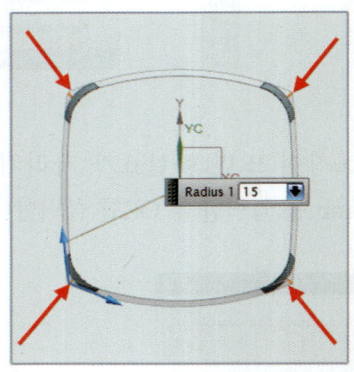

❹② Sketch in Task Environment( )를 클릭한 후 화살표가 가리키는 Y-Z평면에 다음과 같이 생성한 후 아이콘을 클릭한다.
Finish

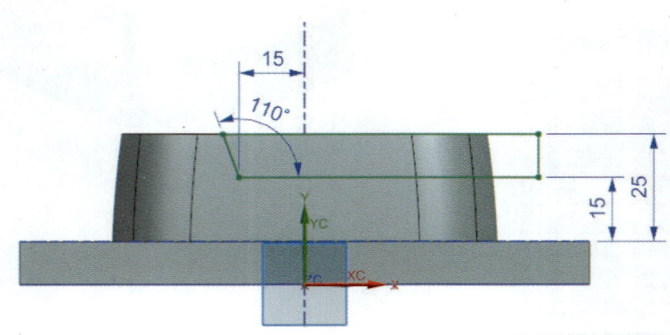

❸ Extrude( )를 클릭한 후 위에서 그린 스케치를 선택한 후 End=Symmetric value( ), Distance=44mm, Boolean=Subtract( ), Select Body=화살표가 가리키는 body(②)를 선택하고 OK를 클릭한다.

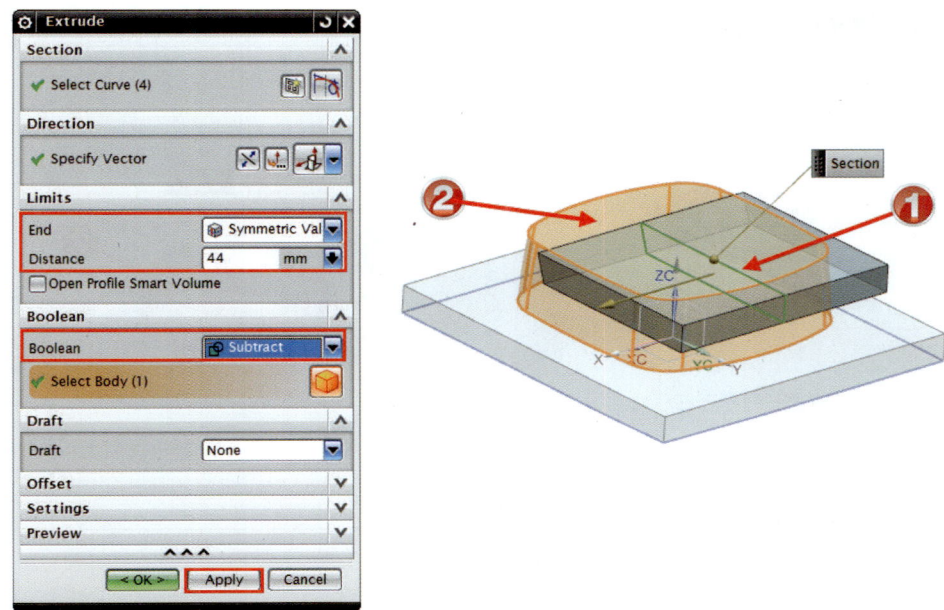

❹ Sketch in Task Environment( )를 클릭한 후 화살표가 가리키는 Y-Z평면에 다음과 같이 생성한 후   아이콘을 클릭한다.
Finish

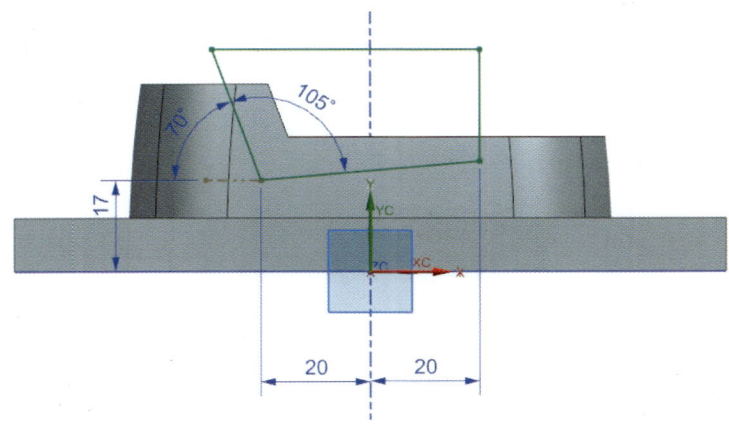

㊺ Extrude()를 클릭한 후 위에서 그린 스케치를 선택한 후 End=Symmetric value(), Distance=20mm, Boolean=Subtract(), Select Body=화살표가 가리키는 body(②)를 선택하고 OK를 클릭한다.

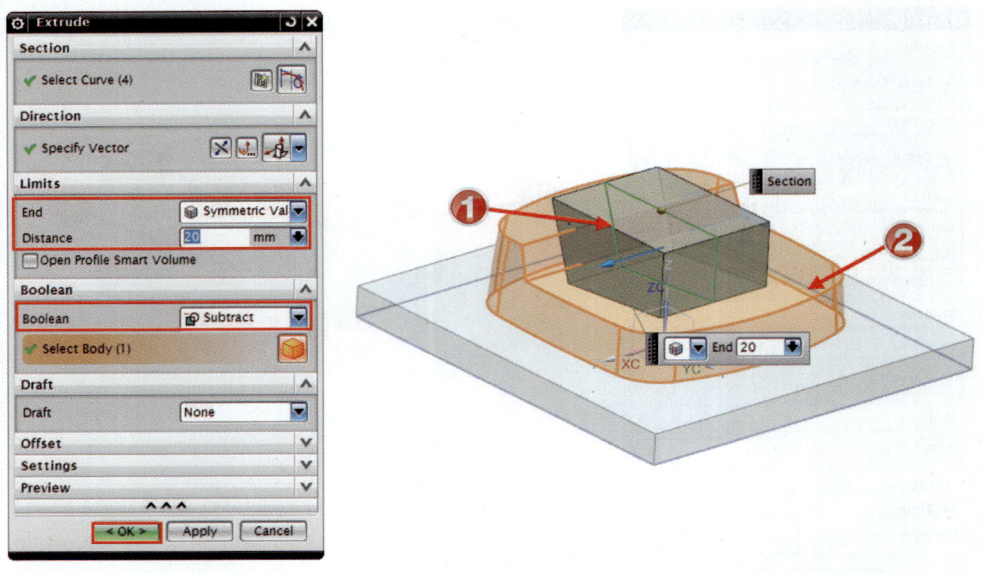

㊻ Menu → Insert → Combine → Unite()를 클릭한다.

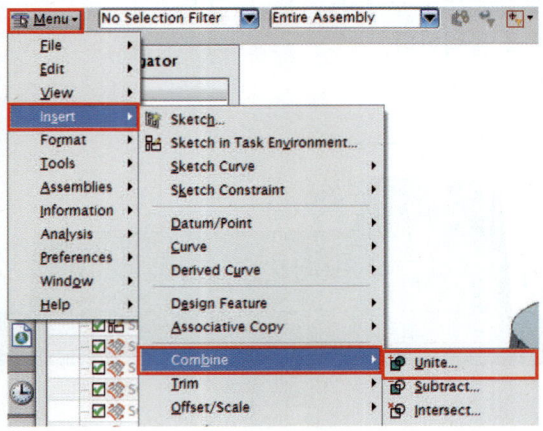

| 제1장
Extrude
& Revolve | 제2장
Layer | 제3장
Feature
Operation | 제4장
Detail
Feature | 제5장
Associative
Copy | 제6장
Curve | 제7장
Trim | 제8장
Solid
Exercise | Chapter **B**
Solid Modeling |

㊼ Tangent, Tool에 두 개의 바디를 선택한 후 OK를 클릭한다.

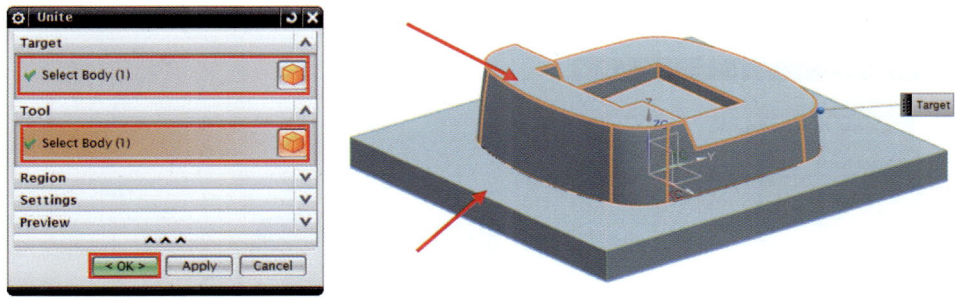

㊽ Menu → Insert → Design Feature → Sphere(◯)를 클릭한다.

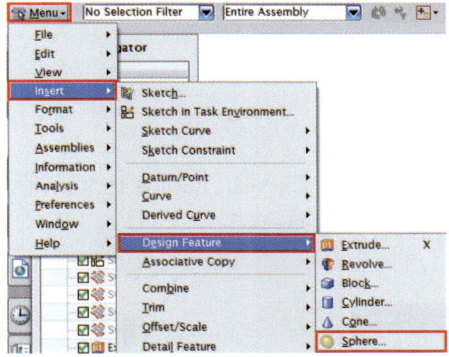

㊾ Type=Center Point and Diameter로 설정한 후 Specify Point에 있는 🞧 아이콘을 클릭한다.
Point 창이 뜨면 ZC=18mm로 입력 후 OK를 클릭한다.

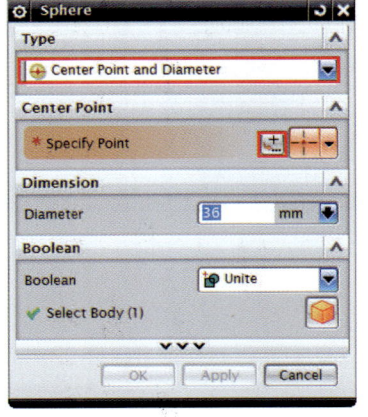 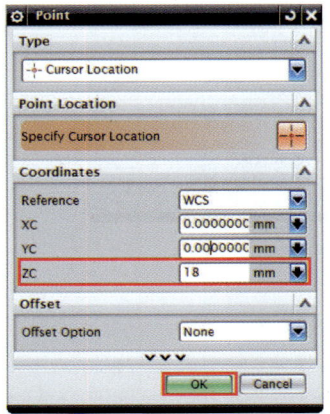

275

㊿ 구 중심이 맞는지 확인한 후 Diameter=10mm, Boolean=Unite( )를 설정한 후 OK를 클릭한다.

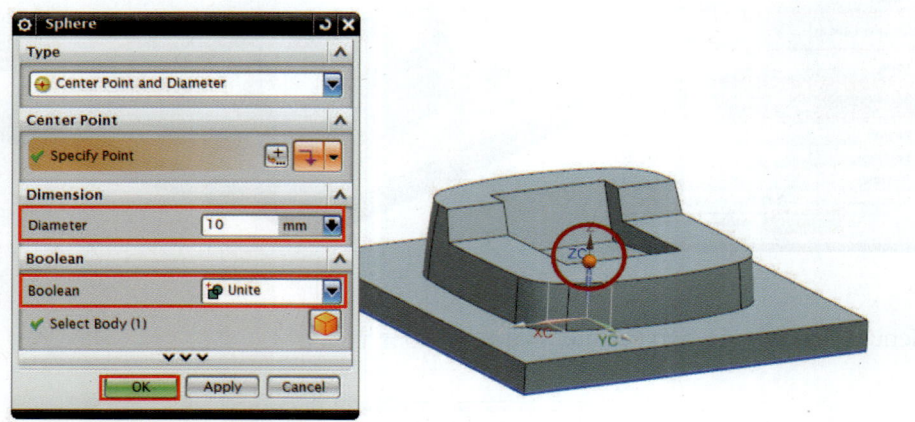

㊶ Edge Blend( )를 클릭한 후 Shape=Circular, Radius 1=3mm를 입력한 후 다음 그림과 같이 표시된 엣지를 선택 후 Apply를 클릭한다.

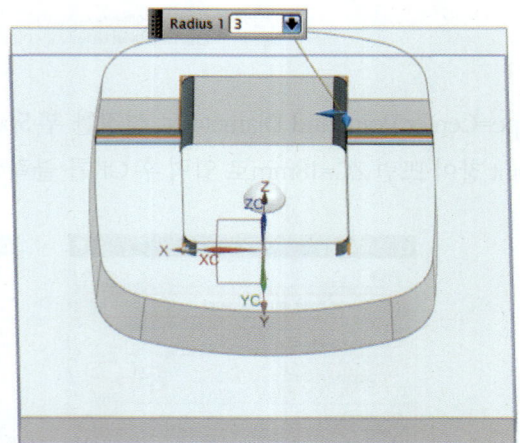

㊾ Shape=Circular, Radius 1=3mm를 입력한 후 다음 그림과 같이 표시된 엣지를 선택 후 Apply를 클릭한다.

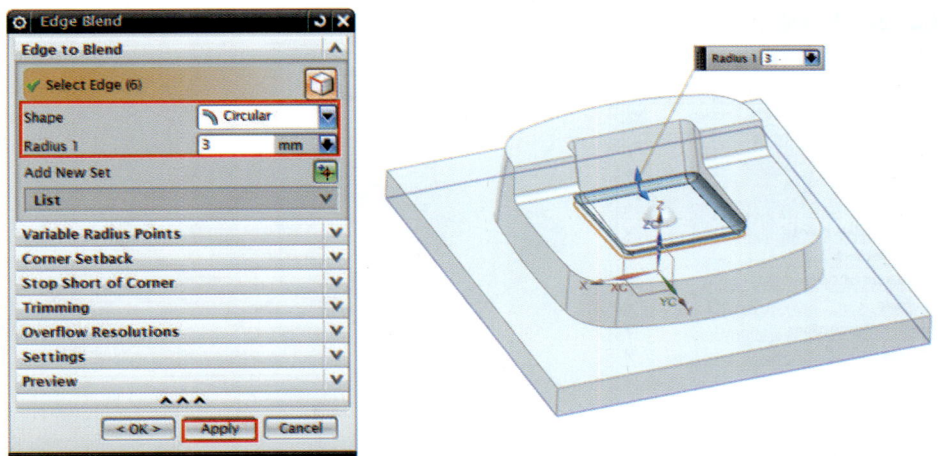

㊿ Shape=Circular, Radius 1=2mm를 입력한 후 다음 그림과 같이 표시된 엣지를 선택 후 Apply를 클릭한다.

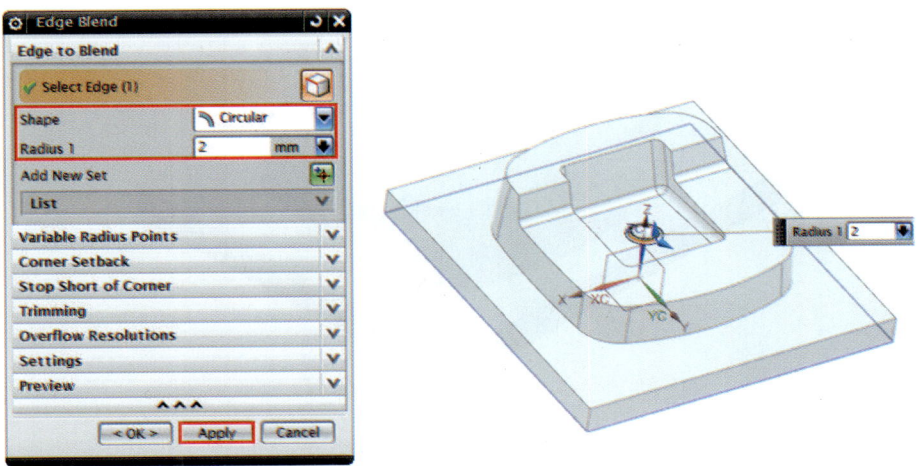

(54) Shape=Circular, Radius 1=1mm를 입력한 후 다음 그림과 같이 표시된 엣지를 선택 후 OK를 클릭한다.

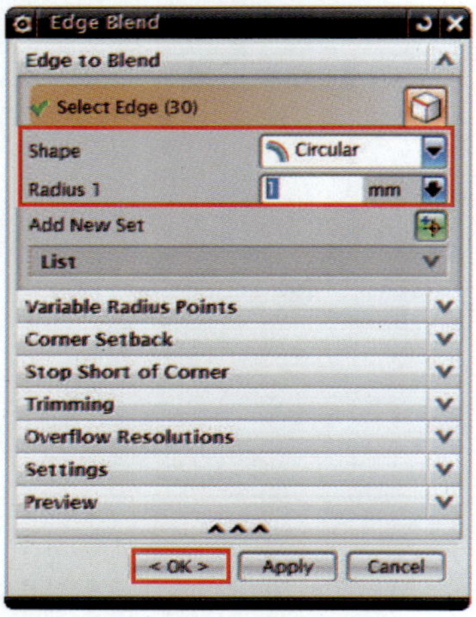

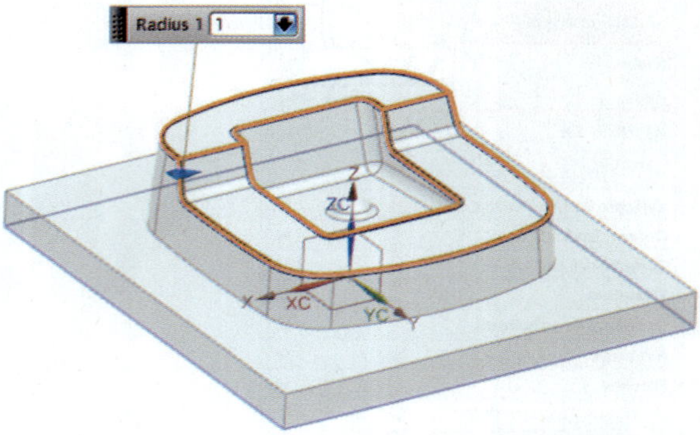

(55) Modeling 완성

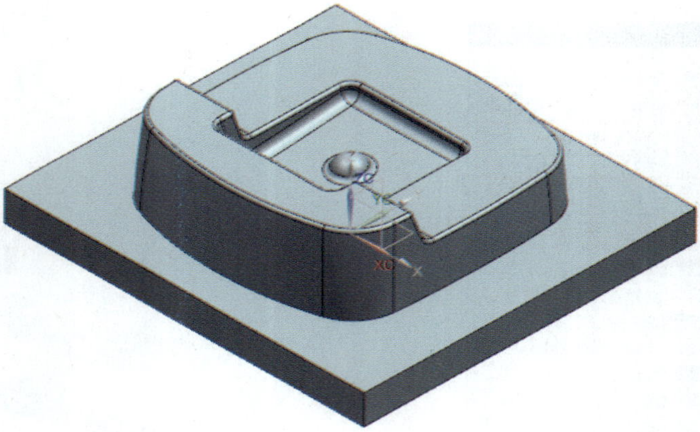

Chapter B — Solid Modeling

01 Solid Modeling - 연습 도면 1

| 도면명 | NX 모델링작업 | 척도 | NS |

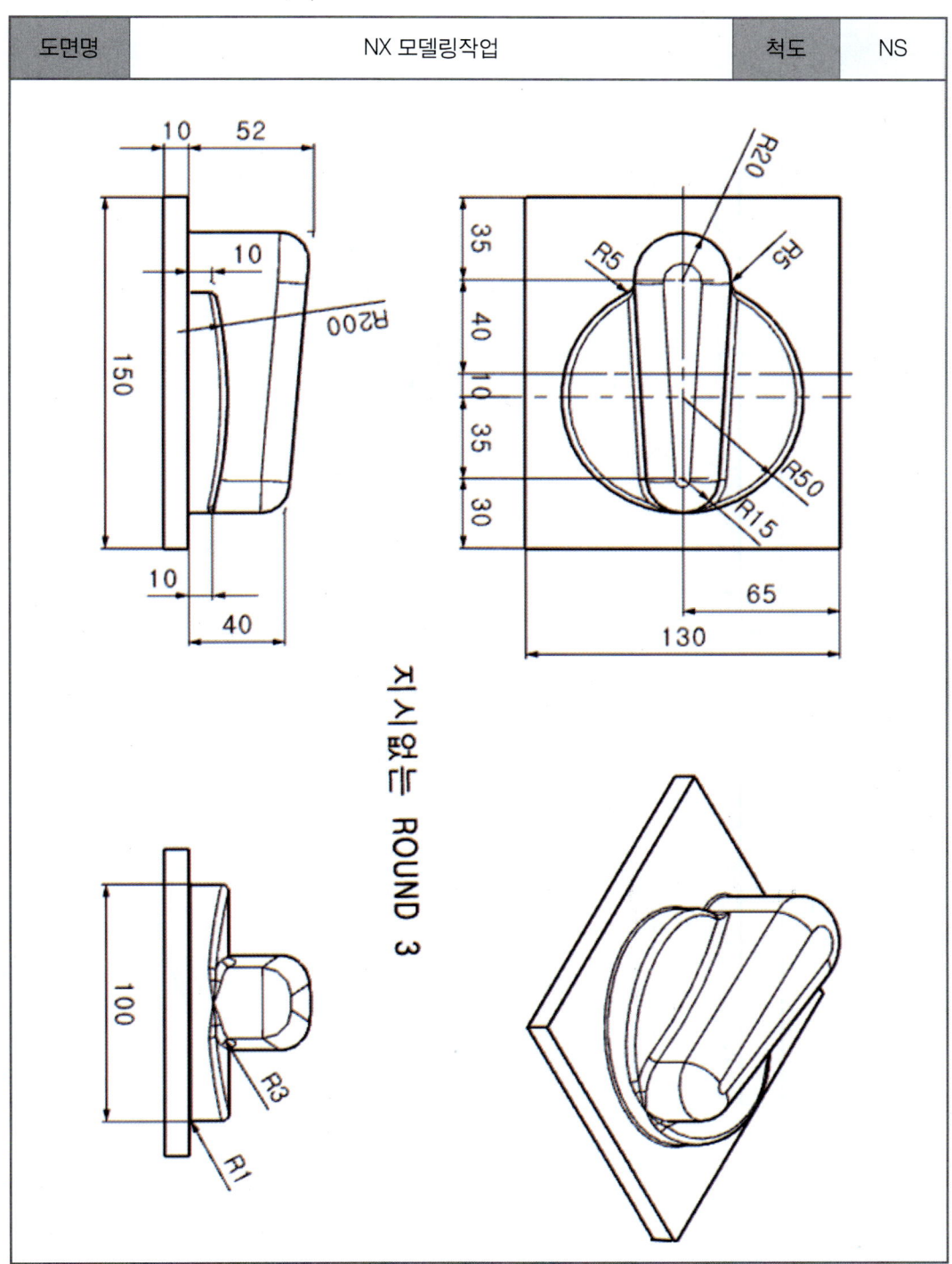

02 Solid Modeling - 연습 도면 2

| 도면명 | NX 모델링작업 | 척도 | NS |

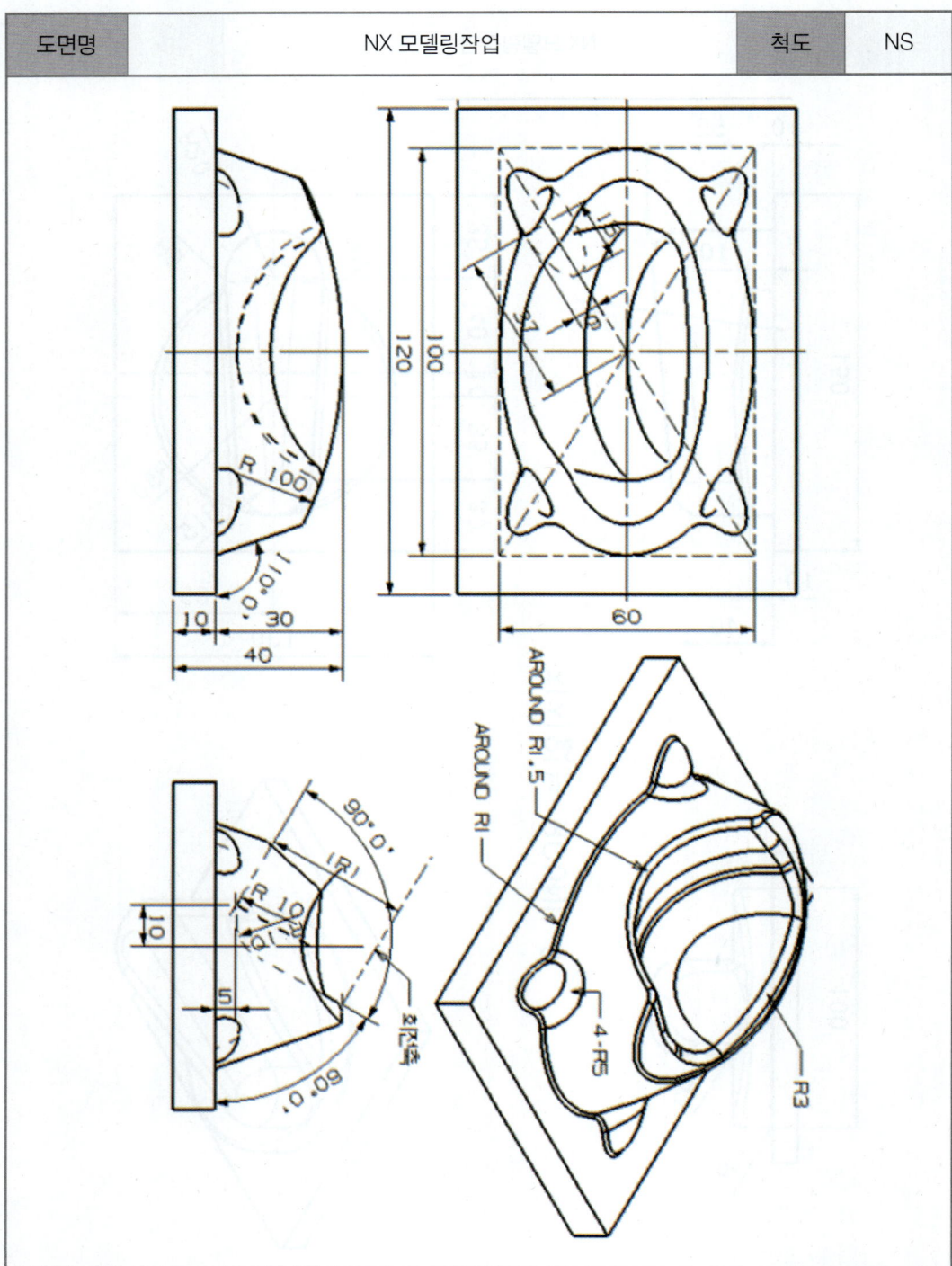

03 Solid Modeling - 연습 도면 3

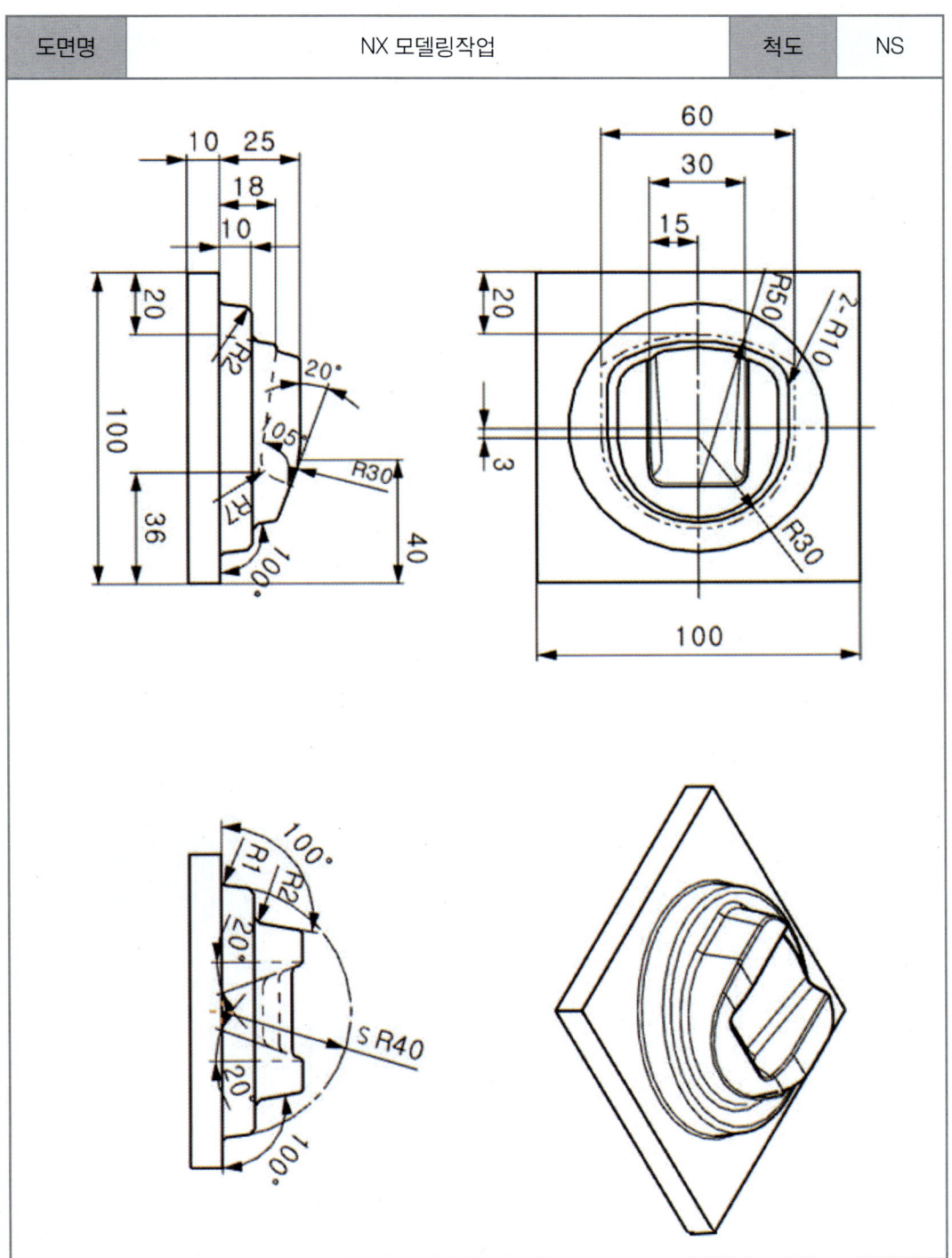

04 Solid Modeling - 연습 도면 4

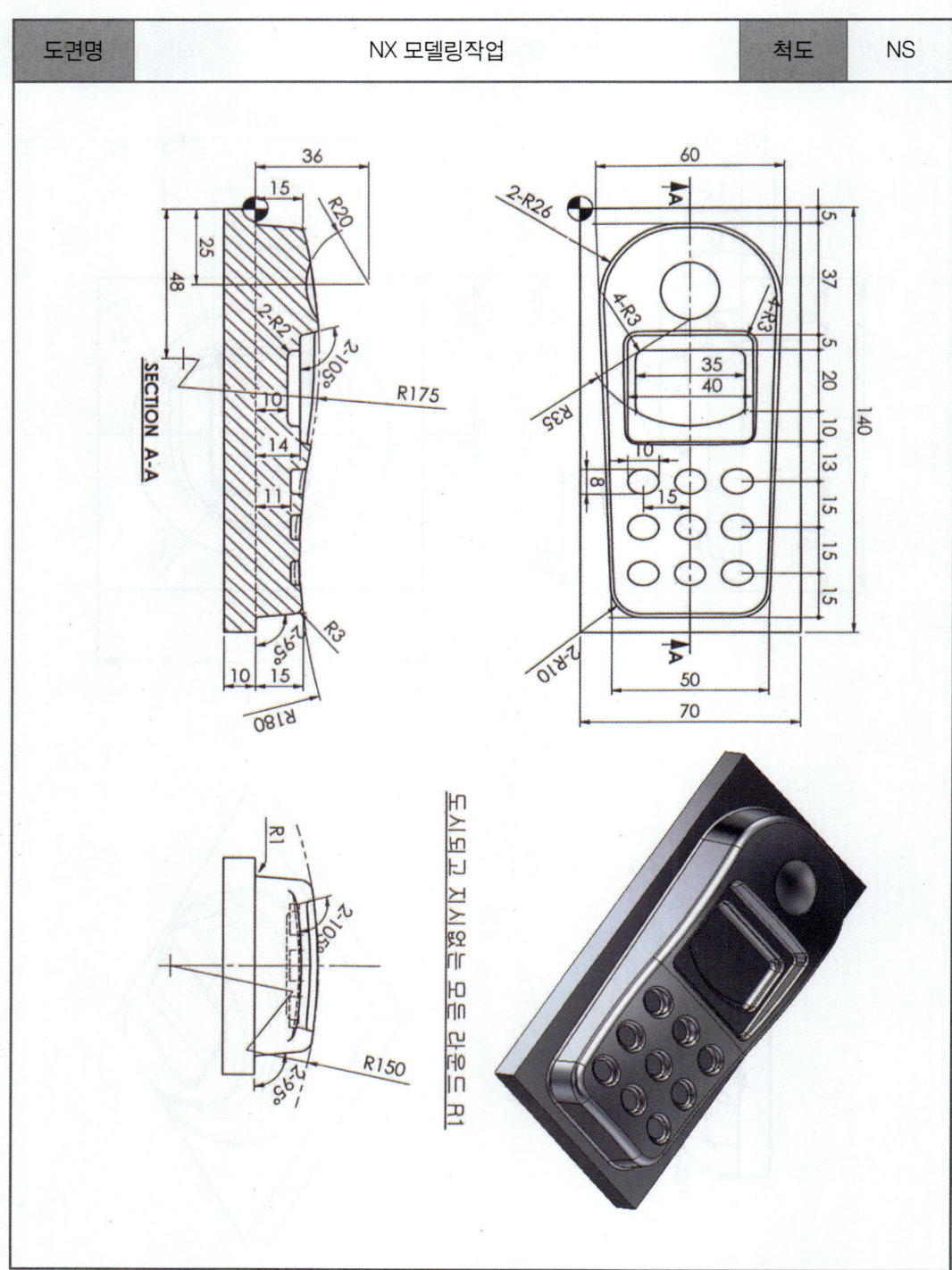

05 Solid Modeling - 연습 도면 5

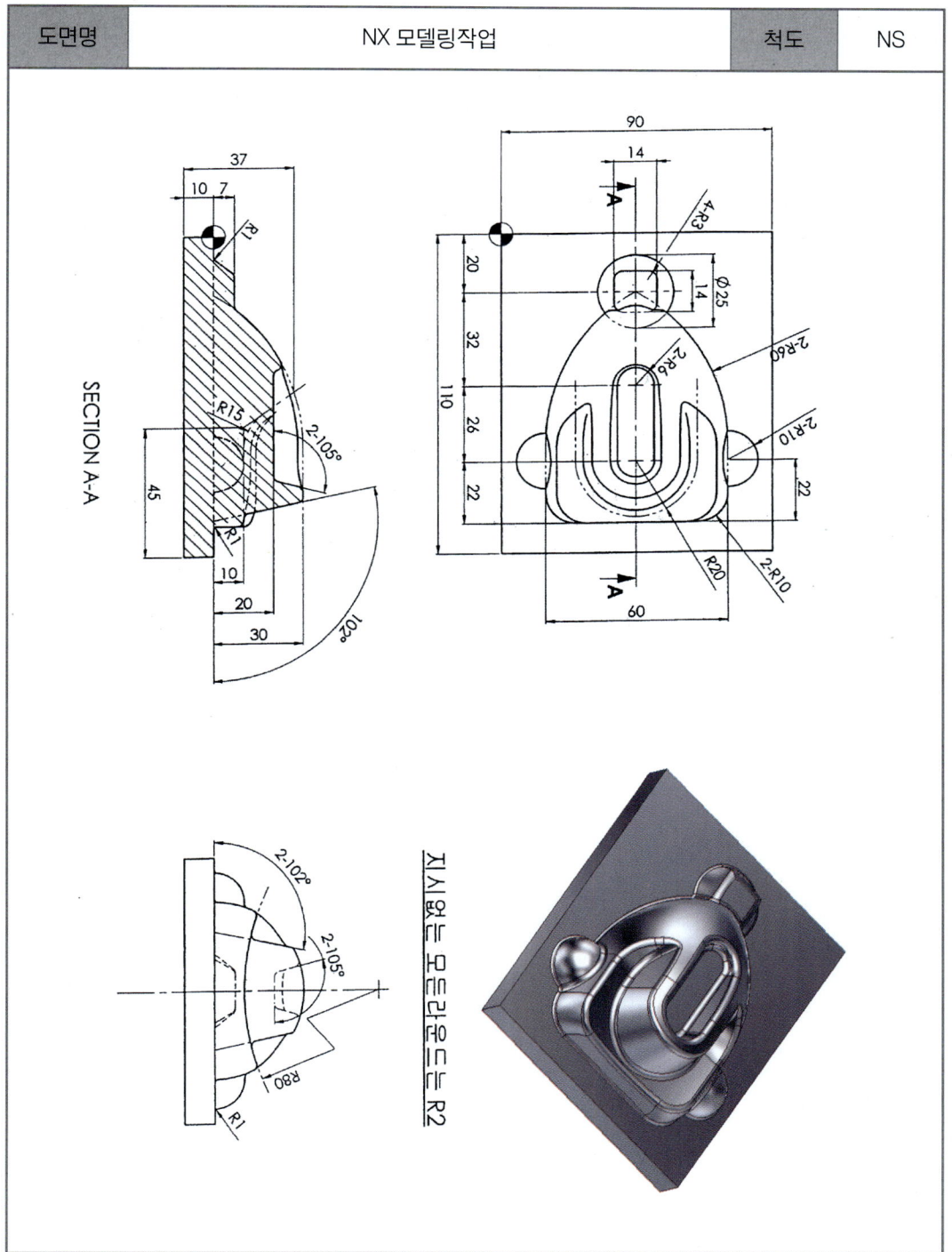

Chapter C

Surface Modeling

- 1장 Sweep
- 2장 Surface Operation
- 3장 Mesh Surface
- 4장 Surface Exercise
- 5장 Synchronous Modeling

1장 ▶ Sweep

제1절   가이드를 따라 스위핑(Sweep Along Guide)

▶ 위치 : Menu▼ → Insert → Sweep → Sweep Along Guide

이 옵션을 사용하면 하나 이상의 곡선, 모서리 또는 면을 통해 구성된 가이드(경로)를 따라 열려있거나 닫힌 경계 스케치, 곡선, 모서리 또는 면을 돌출시켜 단일 바디를 생성할 수 있다.

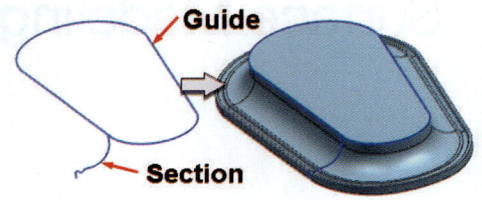

곡선 스트링 선택 방법을 사용하는 경우 곡선 또는 곡선의 스트링(가이드 스트링)을 따라 단면 스트링을 스윕하여 솔리드 또는 시트 바디를 생성할 수 있다. 이 기능은 Freeform 스윕 기능과 유사하게 보일 수도 있다.

그러나 가이드를 따라 스윕 특징형상에서는 다듬기 가이드 오브젝트가 있는지 여부에 상관없이 하나의 단면 스트링과 하나의 가이드 스트링만 선택할 수 있다.

Insert → Sweep → Sweet Along Guide를 사용하면 보간, 배율 또는 방향을 제어할 수 있다.

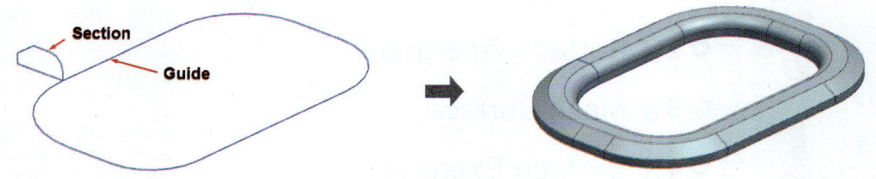

편집 → 특징형상 → 매개변수를 사용하면 Sweep 특징형상의 모든 생성 매개변수를 편집할 수 있다.

| 제1장 Sweep | 제2장 Surface Operation | 제3장 Mesh Surface | 제4장 Surface Exercise | 제5장 Synchronous Modeling | Chapter C Surface Modeling |

01 절차

이 방법을 선택하고 다음 작업을 수행해야 한다.

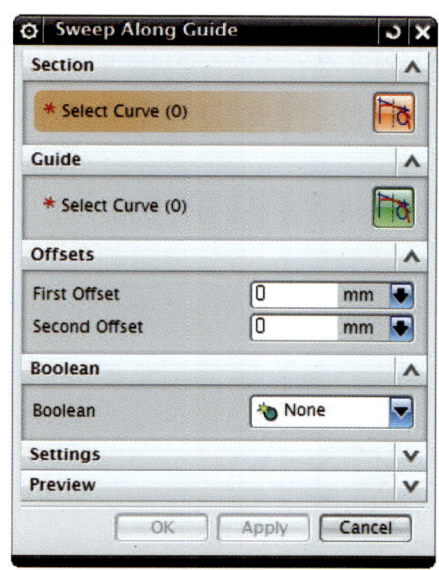

- Section : 단면 스트링을 선택한다. 선택 의도를 사용하면 보다 쉽게 오브젝트를 선택할 수 있고 선택 규칙을 설정할 수 있다.
- Guide : Section이 지나갈 길을 만들어준다. Guide의 직각방향으로 Section이 생성된다.
- Offsets : First Offset, Second Offset 옵셋 값을 입력한다.
- Boolean : 필요한 경우 부울 오퍼레이션을 선택한다.

첫 번째 옵셋 및 두 번째 옵셋은 돌출 바디에 사용되는 옵셋과 동일한 방식으로 동작한다. 가이드 스트링(📄)이 단면 스트링에 직교하지 않는 경우 옵셋이 원하는 대로 동작하지 않을 수 있다. 부울 오퍼레이션을 사용하면 스윕을 공구처럼 사용하여 타깃 솔리드로 생성된 스윕 특징형상과 결합할 수 있다.

02 팁 및 기술

일반적으로 단면 곡선은 열린 가이드 경로의 시작점 또는 닫힌 가이드 경로 곡선의 끝점 부근에 가이드를 기준으로 배치되어야 한다. 단면 곡선이 가이드 곡선에서 너무 멀리 떨어져 있는 경우 원하지 않는 결과가 발생할 수도 있다.

임의의 곡선 오브젝트를 가이드 경로의 일부로 사용할 수 있다.
가이드 경로에 선이 사용되면 시스템에서는 돌출 방법을 사용하여 솔리드 바디의 해당 부분을 생성한다. 스윕 방향은 선 방향이고, 스윕 거리는 선 길이이다.

가이드 경로에 원호가 사용되면 시스템에서는 회전 방법을 사용한다. 회전축은 원호 평면에 법선으로 원호 중심에 배치되는 원호 축이다. 회전 각도는 원호의 시작 및 끝 각도 사이의 차이이다.

선/원호를 통해 구성된 2D 및 다듬기 가이드 스트링의 경우 측면은 평면형 또는 원통형 면이다. 다듬지 않은 원뿔, 스플라인 및 B 스플라인의 경우 정확한 지오메트리가 생성된다.

3D 다듬기 가이드 스트링의 경우 Freeform 스윕 특징형상을 사용하는 것이 좋다.

1) 단면 오브젝트의 루프가 여러 개인 경우 가이드 스트링은 선/원호로 구성되어야 한다.

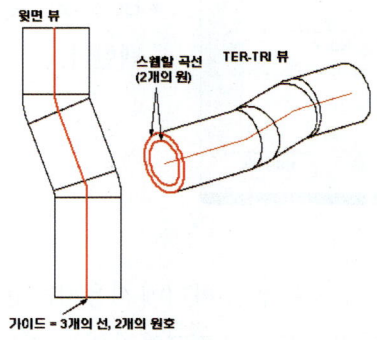

2) 닫힌 샤프 코너 가이드 스트링에 대해 스윕 특징형상을 생성하는 방법을 보여 준다. 닫힌 샤프 코너가 있는 가이드 스트링을 따라 스위핑하는 경우 단면 스트링을 모서리에서 멀리 배치하는 것이 좋다.

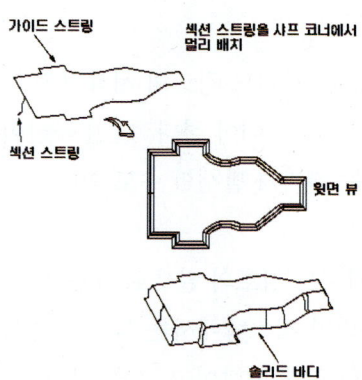

| 제1장 Sweep | 제2장 Surface Operation | 제3장 Mesh Surface | 제4장 Surface Exercise | 제5장 Synchronous Modeling | Chapter C Surface Modeling |

제 2 절   스웹(Swept)( )

▶ 위치 : Menu → Insert → Sweep → Swept

공간상의 정의한 3차원 경로 Guide String을 따라가는 Section String을 선택하여 Sheet Body나 Solid Body를 생성할 수 있다. Section String은 반드시 Guide String에 연결될 필요는 없다.

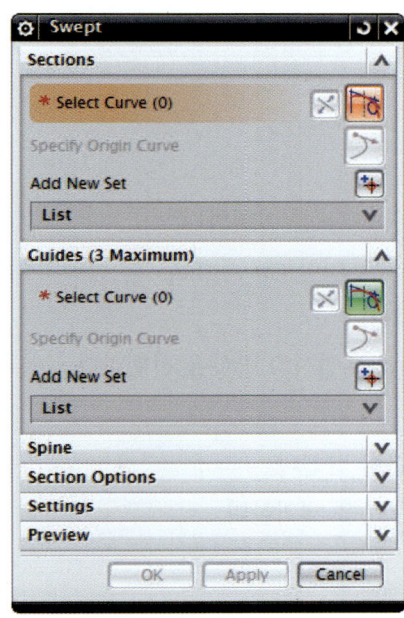

- Sections : Section String을 선택한다. 1~150개까지 선택 가능하며, 선택할 수 있는 객체로는 Curve, Solid Edge, Solid Face를 지정할 수 있다.
- Guides : Guides String을 선택한다. 1~3개의 Guide를 선택할 수 있으며, 선택할 수 있는 객체로는 Curve, Solid Edge, Solid Face를 지정할 수 있다.
- Spine : 단면 연속선의 방향을 더 자세히 제어할 때 사용된다. Spine String은 Section이 1개인 경우에만 Sheet길이에 영향을 준다.
- Section Options : Face의 형태를 정렬하거나, Section 또는 Guides의 개수가 1개일 때 방향이나 배율을 제어할 수 있다.

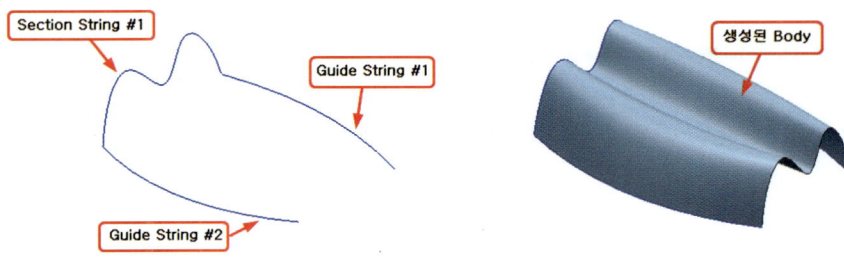

2장 ▶ Surface Operation

제1절 트리밍된 시트(Trimmed Sheet)

▶ 위치 : Menu▼ → Insert → Trim → Trimmed Sheet

Surface를 Edge, Curve를 이용해서 잘라낸다.

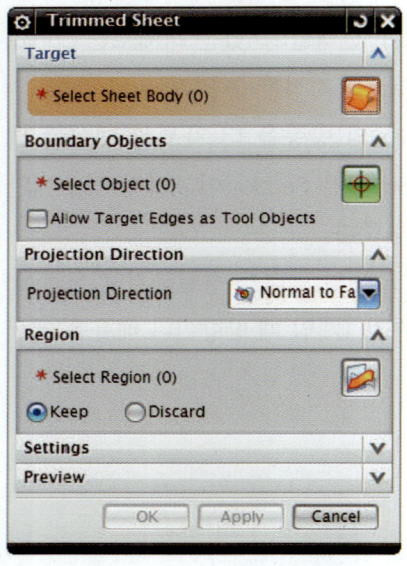

- Target : Trim할 대상 Sheet를 선택한다.
- Boundary Objects : 투영할 Curve, Edge를 선택하여 Trim할 영역을 설정한다.
- Projection Direction : 투영시킬 방향을 선택한다.
- Region
  - Keep : 선택한 부분을 남긴다.
  - Discard : 선택한 부분을 제거한다.

Surface를 Edge, Curve를 이용해서 잘라낸다.

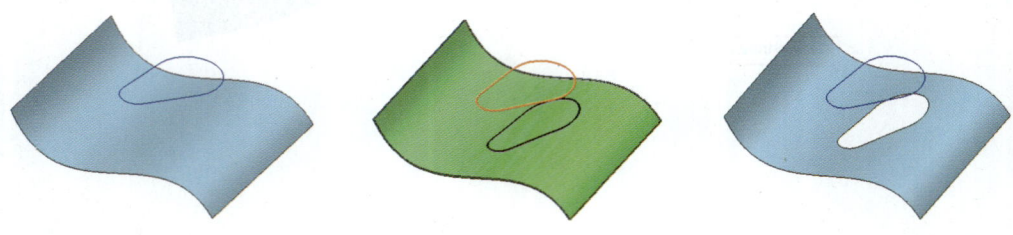

제 2 절   모서리 삭제(Delete Edge)(🗙)

▶ 위치 : Menu → Insert → Trim → Delete

이 옵션을 사용하면 시트 바디에서 하나의 모서리 또는 일련의 모서리가 삭제 가능하며, 또한 구멍을 제거하거나 외부 경계의 트리밍을 취소할 수 있다. 거의 특정 모서리를 제거할 때 쓰인다.

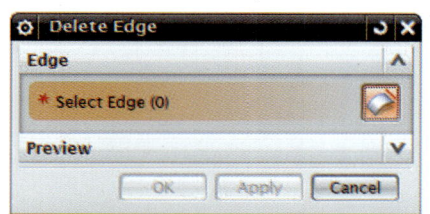

- Edge : 시트 바디에서 특정한 부분의 모서리만 삭제할 부분만 선택하여 OK를 클릭하면 선택한 모서리 부분만 트리밍을 취소할 수 있다.

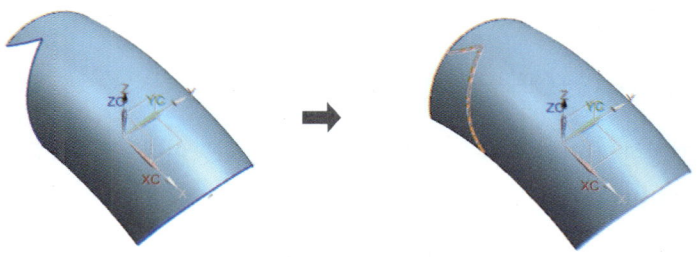

제 3 절   두께 주기(Thicken)( )

▶ 위치 : Menu → Insert → Offset/Scale → Thicken

이 옵션을 사용하면 하나 이상의 연결된 면 또는 시트를 옵셋하여 솔리드 바디를 생성가능하다.

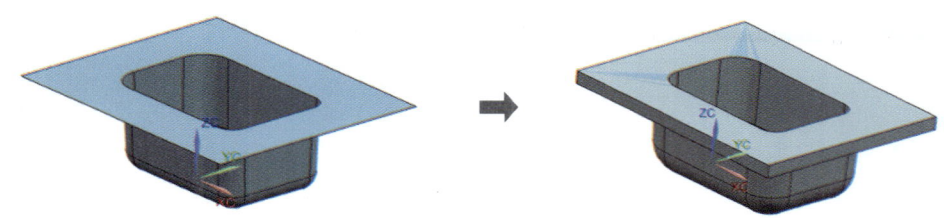

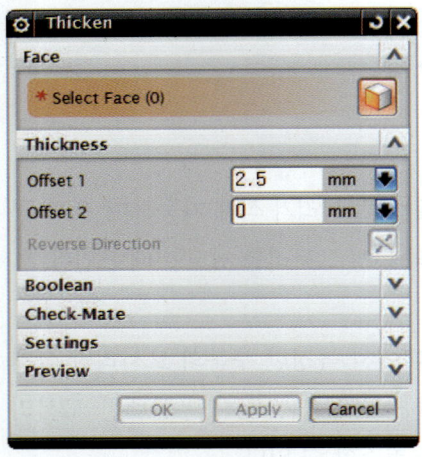

- Face : 두께를 줄 sheet를 클릭한다.
- Thickness
  - Offset 1 : 선택한 sheet에서 End 값을 정한다.
  - Offset 2 : 선택한 sheet에서 Start 값을 정한다.

제 4 절   옵셋 곡면(Offset Surface)()

▶ 위치 : Menu ▸ → Insert → Offset/Scale → Offset Surface

기존 면에 대해 지정한 거리만큼 옵셋을 생성할 수 있는 기능이다. 결과물은 선택한 면을 기준으로 옵셋된 새로운 바디이다.

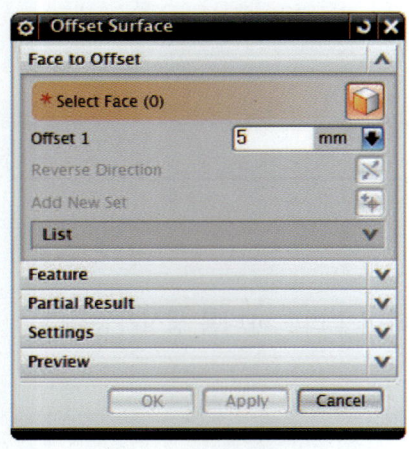
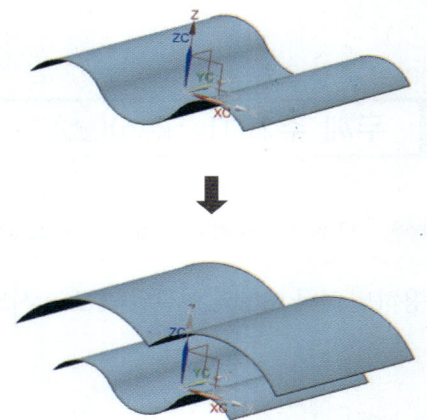

| 제1장 Sweep | 제2장 Surface Operation | 제3장 Mesh Surface | 제4장 Surface Exercise | 제5장 Synchronous Modeling | Chapter C Surface Modeling |

제 5 절   가변 옵셋(Variable Offset)()

▶ 위치 : Menu ▾ → Insert → Offset/Scale → Variable Offset

이 옵션을 사용하면 4점에서 거리가 다르게 옵셋을 할 수 있다.

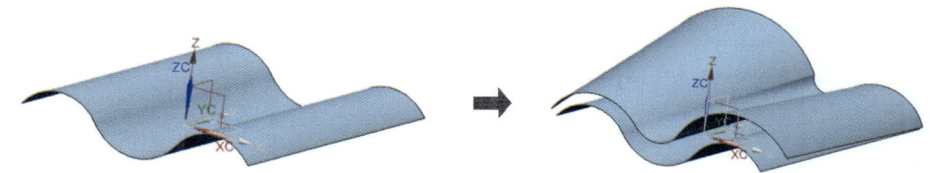

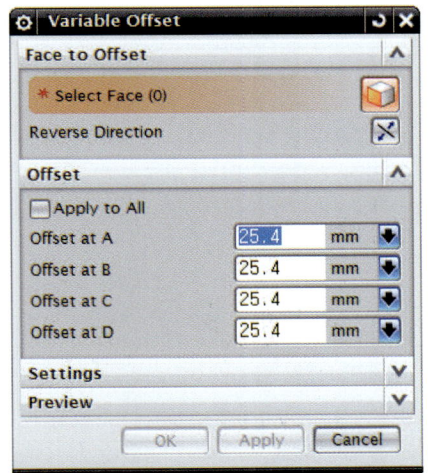

- Face to Offset : 옵셋할 sheet를 클릭한다.
- Offset : 4개의 모서리 위치에서 옵셋할 만큼의 값을 넣어 준다.

제 6 절   Local Untrim and Extend()

▶ 위치 : Menu ▾ → Edit → Surface → Local Untrim and Extend

이 옵션을 사용하면 일정부분의 구멍을 메우거나 또는 연장할 수 있으며, 시트의 면을 잘라낼 수 있다. 원래의 면을 수정하지 않고 새로운 면을 만들어 낼 수도 있다.

Unigraphics(UGS) CAD/CAM
NX9 모델링 및 CAM 가공

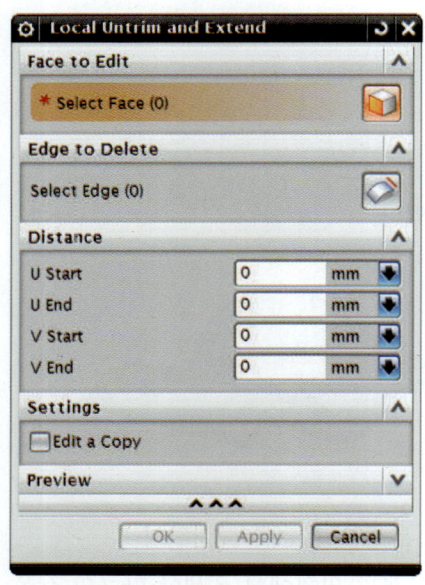

- Face to Edit
  - Select Face : 객체를 선택한다.
- Edge to Delete : 연장하거나 매울 면을 선택한다.
- Distance : 치수를 입력하여 연장할 범위 또는 제거할 범위를 정한다.
  - U Start   - U End
  - V Start   - V End
- Settings
  - Edit a Copy : 형상 복사 여부를 정한다.

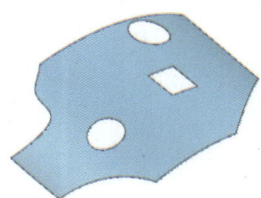

[기존 시트]

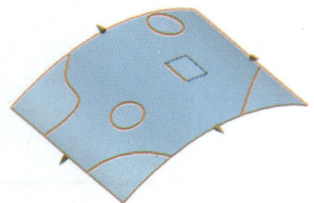

[잘라지지 않은 시트로 복구]

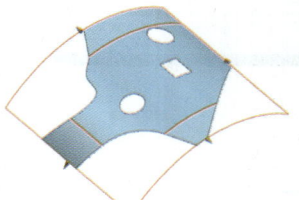

[확장한 시트]

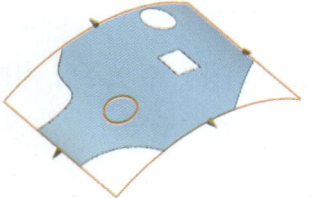

[구멍 삭제]

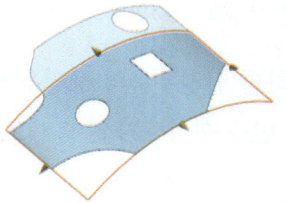

[시트 잘라내기]

제 7 절 연결(Sew)(🕮)

▶ 위치 : Menu ▾ → Insert → Combine → Sew

잇기 옵션을 사용하면 두 개 이상의 시트 바디를 함께 결합하여 단일 시트를 생성할 수 있다. 연결할 시트의 컬렉션이 볼륨을 둘러싸는 경우 솔리드 바디가 생성된다. 선택한 시트에는 지정된 공차보다 큰 간격이 없어야 한다. 그렇지 않으면 결과 바디로 솔리드가 아닌 시트가 생성된다.

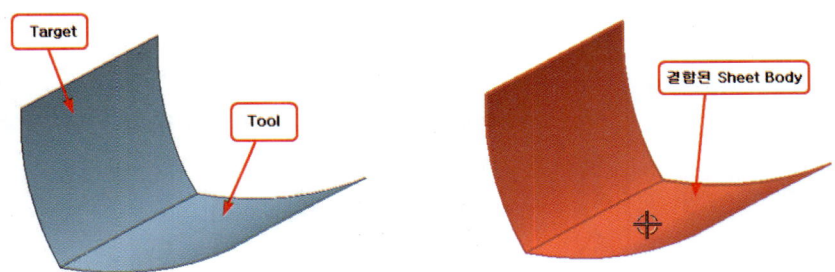

🔖 Sheet Body에서 Solid Type으로 변경하기 위해 Sew를 사용하면 'OK'기능보다는 'Apply'기능으로 작업의 생성을 확인한다.

Sew된 Sheet Body의 연결부분에 오렌지색의 별표가 활성화된다면 공차값 이상으로 떨어져 있는 면이기 때문에 Body Type이 변경될 수 없다. 즉 Solid Type이 될 수 없다.

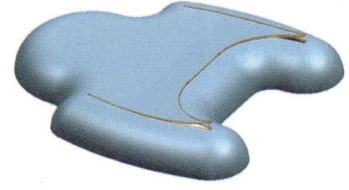

오렌지 색상의 별표와 선이 활성화되었다. 활성화된 부분은 Sew를 정의할 수 없다. 강제로 Tolerance 값을 높여 붙일 수는 있지만 외형의 변형이 올 수 있다.

닫혀진 Sheet Body가 아닌 경우에는 외곽부분에 오렌지색상의 선이 활성화된다. 결과는 Sheet Body로 만들어진다.

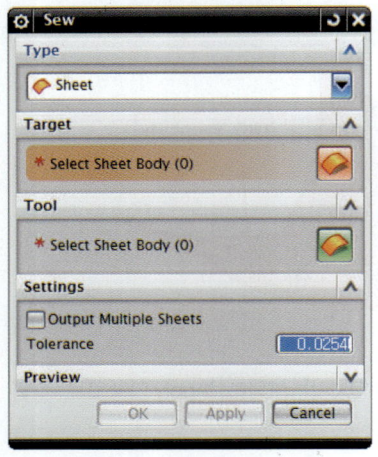

- Target : 이 선택 단계를 활성화하면 타깃 시트를 선택할 수 있다. 입력 종류 잇기를 시트로 설정한 경우에만 사용할 수 있다.
- Tool : 이 선택 단계를 활성화하면 하나 이상의 공구 시트를 선택할 수 있다. 입력 종류 잇기를 시트로 설정한 경우에만 사용할 수 있다.

제 8 절　잇기 취소(Unsew)

▶ 위치 : Menu → Insert → Combine → Unsew

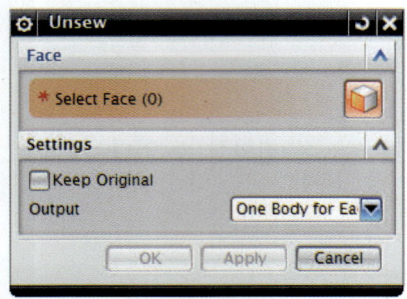

- Face : 바디에서 떼어낼 면을 선택한다.
- Keep Original : 원본바디를 그대로 유지하고 새로운 바디를 복사한 후 지시한 Unsew 작업을 진행한다.
- Output
  - One Body for Connected Face : 복수의 면을 선택하였을 때 서로 연결된 상태로 떼어낸다.
  - One Body for Each Face : 복수의 면을 선택하였을 때 서로 각각 떨어진 상태로 떼어낸다.

| 제1장 Sweep | 제2장 Surface Operation | 제3장 Mesh Surface | 제4장 Surface Exercise | 제5장 Synchronous Modeling | Chapter C Surface Modeling |

아래 좌측 그림의 활성화된 Face를 선택하고 Unsew로 설정하게 되면, 지정된 Face는 원래 Body에서 탈락된다.

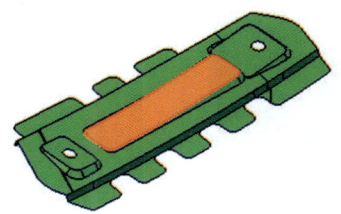 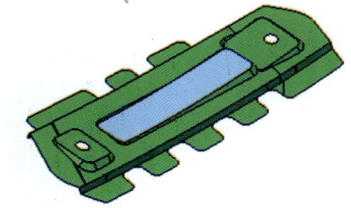

🔖 Solid Body에서 Unsew를 정의하면 Sheet Body로 변경된다.

제 9 절 패치(Patch)()

▶ 위치 : Menu▼ → Insert → Combine → Patch

시트 바디를 통해 솔리드 바디의 면 일부를 교체할 수 있다. 시트를 다른 시트에 패치할 수 있다.

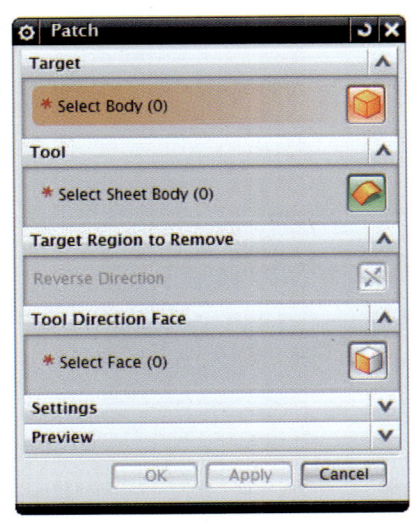

- Target : 우선순위는 Solid이고, Solid 없이 사용될 때는 Sheet를 선택한다.
- Tool : 패치 특징형상의 공구로 사용될 시트를 선택할 수 있다.
- Target Region to Remove : Patch되는 방향을 설정한다.

패치는 다음과 같은 경우에 유용하다. Trim으로 정의를 할 수 있지만 Trim면으로 지정할 땐 Patch되는 부분에 대해서 정확하게 만나있어야 한다.

Sheet Body의 진행방향에 따라 남겨지는 영역이 다르다.

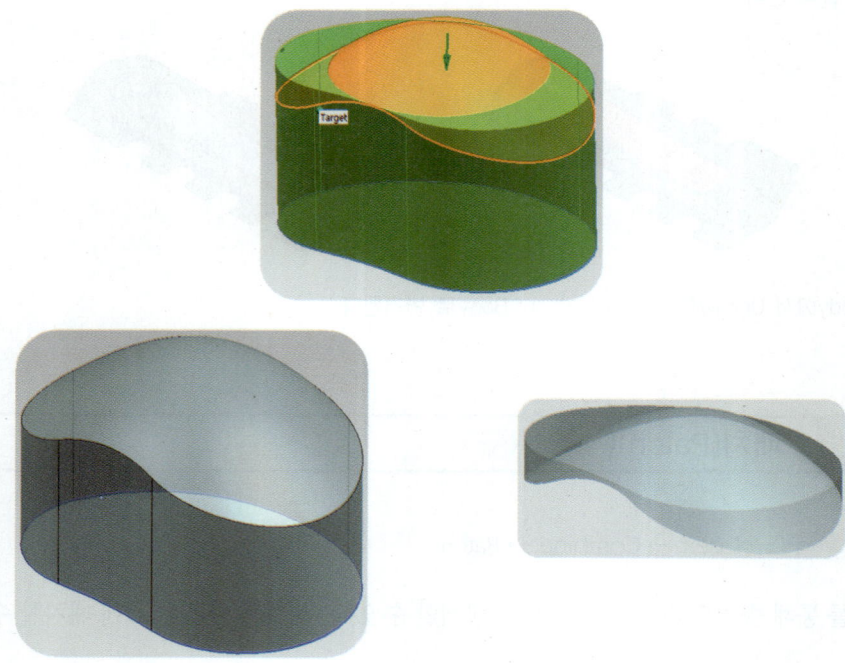

Sheet Body끼리의 Patch를 정의한다. 끝부분이 정확하게 만나있는 상황에서는 Sew기능과 동일하게 사용된다.

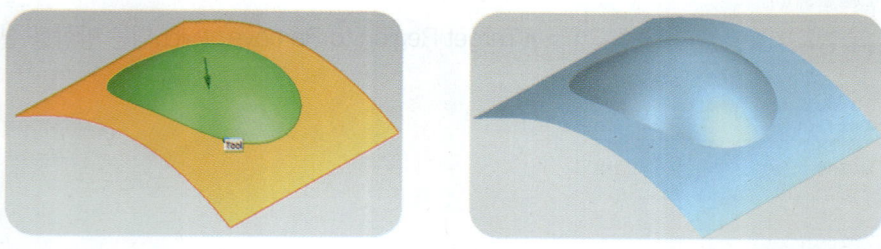

3장 ▶ Mesh Surface

제1절 룰드(Ruled)(　)

▶ 위치 : Menu ▼ → Insert → Mesh Surface → Ruled

마주보는 두 개의 단면 형상을 선택하여 Sheet Body나 Solid Body를 생성한다.

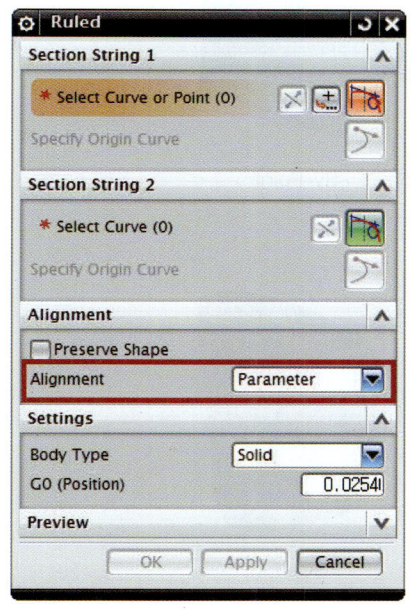

- Section String 1 : 첫 번째 커브 또는 Point 선택
- Section String 2 : 두 번째 커브 선택
- Alignment(정렬)
  - Parameter : 해당 연속선을 따라 같은 매개변수 간격으로 동일한 매개변수 곡선이 지나가도록 점을 배치한다. Section String의 개수가 동일할 때 사용한다.
  - Arc Length : 해당 연속선의 길이를 같은 비율로 나누어 매개변수 곡선이 지나도록 점을 배치한다. Section String의 개수가 다를 때 사용한다.
  - Distance : 두 Section의 교차 지점에 곡면을 생성한다.
  - By Point : 매개변수곡선이 지나가는 점을 직접 정의한다.
  - Angle : 각도 반지름 내의 곡면을 생성한다.
  - Spine Curve : 기준 곡선에 대하여 정의한다.

[그림 B]와 같이 Curve의 시작 방향이 잘못된 경우, Sheet가 생성되지 않거나 꼬인 Sheet가 생성된다.

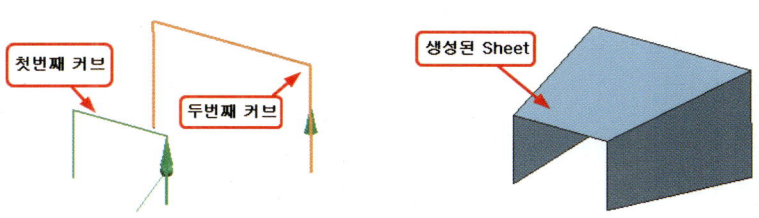

[그림 A]

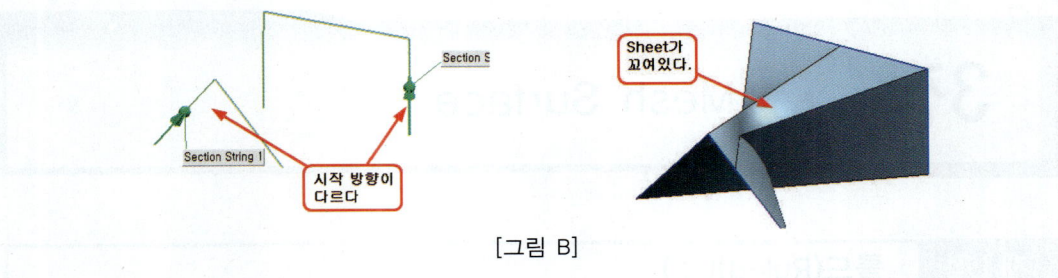

[그림 B]

Alignment를 Parameter로 했을 경우(그림 C)와 By Point로 해서 끝점을 보정해준 경우(그림 D) 이다.

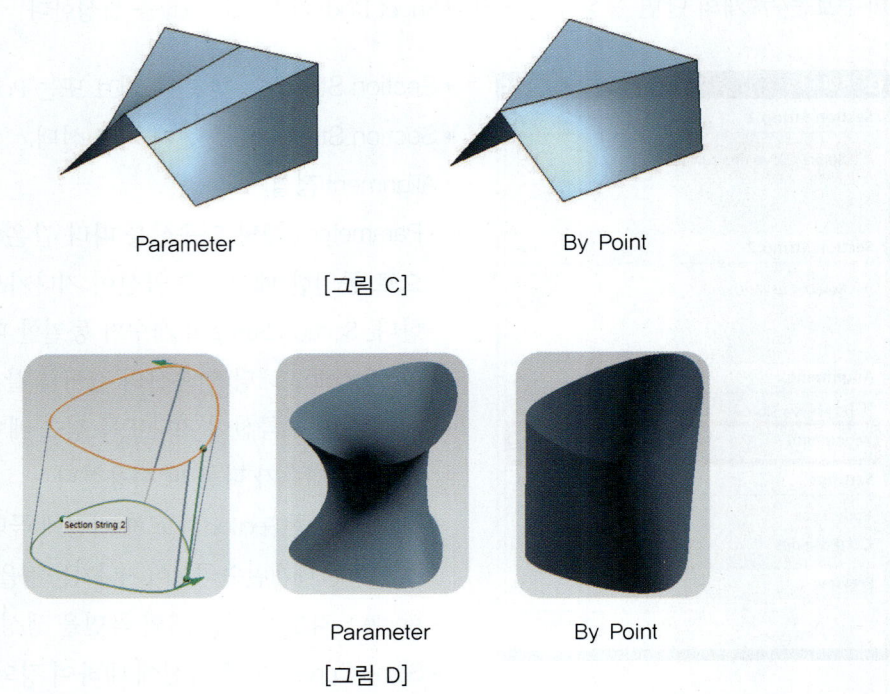

Parameter   By Point

[그림 C]

Parameter   By Point

[그림 D]

[그림 E]와 [그림 F]의 비교 내용이다.

Parameter로 했을 경우 첫 번째 커브와 두 번째 커브가 임의로 연결되는 것을 확인할 수 있다.

Parameter는 위의 설명과 같이 Section String의 개수가 동일할 때 사용하지 않으면 [그림 E]와 같은 현상이 나타난다.

하지만 [그림 F]와 같이 By Point를 이용하면 첫 번째 커브 중 원하는 점에서 두 번째 커브의 원하는 점으로 연결이 가능하다.

| 제1장 Sweep | 제2장 Surface Operation | 제3장 Mesh Surface | 제4장 Surface Exercise | 제5장 Synchronous Modeling | Chapter ③ Surface Modeling |

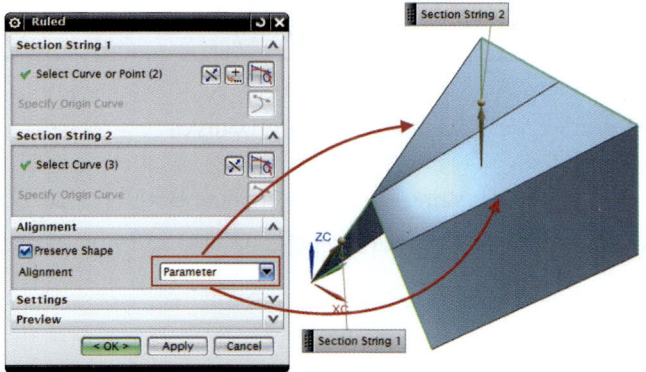

[그림 E]

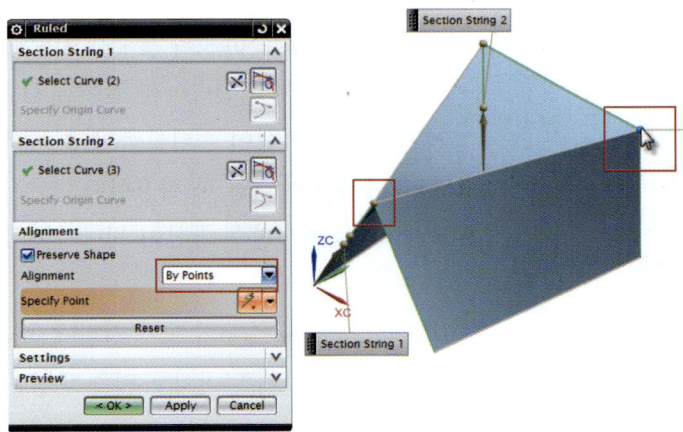

[그림 F]

제 2 절 통과 곡선(Through Curve)

▶ 위치 : Menu → Insert → Mesh Surface → Through Curves

2개의 이상의 단면 연속선(Section string)을 선택하여 Sheet Body나 Solid Body를 생성한다. 단면 연속선(Section string)은 한 객체 또는 여러 객체로 구성될 수 있다. 각 객체로는 Curve, Solid Edge, 또는 Solid Face를 사용할 수 있다.

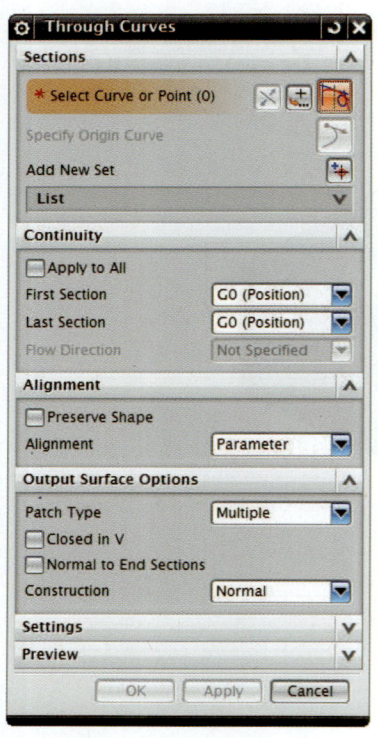

- Alignment(정렬)
  - Parameter : 해당 연속선을 따라 같은 매개변수 간격으로 동일한 매개변수 곡선이 지나가도록 점을 배치한다. Section String의 개수가 동일할 때 사용한다.
- Arc Length : 해당 연속선의 길이를 같은 비율로 나누어 매개변수 곡선이 지나도록 점을 배치한다. Section String의 개수가 다를 때 사용한다.
- By Point : 매개변수 곡선이 지나가는 점을 직접 정의한다.
- Distance : 두 Section의 교차 지점에 곡면을 생성한다.
- Angle : 각도 반지름 내의 곡면을 생성한다.
  - Spine Curve : 기준 곡선에 대하여 정의한다.
- Patch Type : 패치의 종류이다. 단일패치(Single)와 다중 패치(Multiple)가 있다.

Ruled와 마찬가지로 방향에 주의하여 Curve를 선택해야 한다.

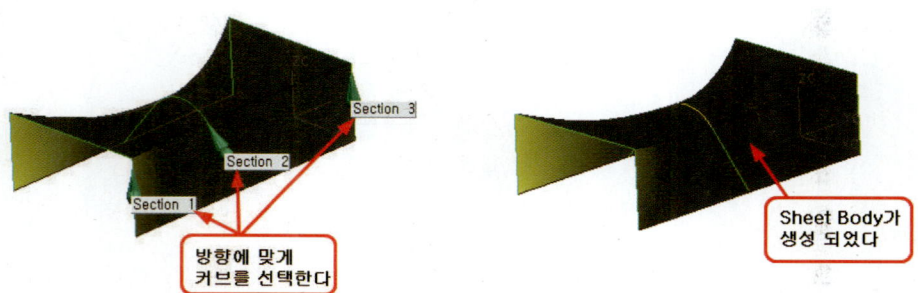

| 제1장 Sweep | 제2장 Surface Operation | 제3장 Mesh Surface | 제4장 Surface Exercise | 제5장 Synchronous Modeling | Chapter C Surface Modeling |

아래 그림과 같이 Curve가 닫혀있을 경우, Solid Body로 생성된다.

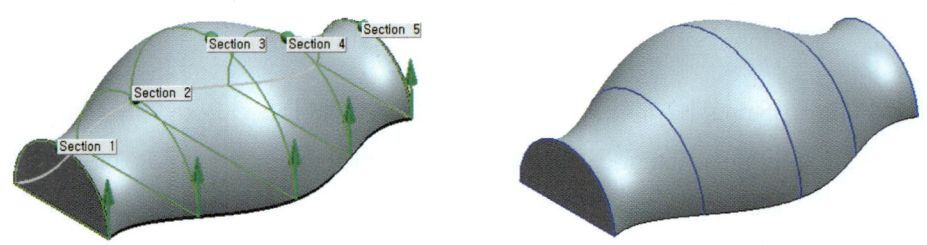

Continuity

아래 그림과 같이 기존에 생성되어 있던 면 혹은 바디를 이용하여 후에 생성되는 개체와 Tangent하게 연결할 수 있다. 그러면 인접해 있는 개체와 자연스럽고 부드럽게 연결이 된다.

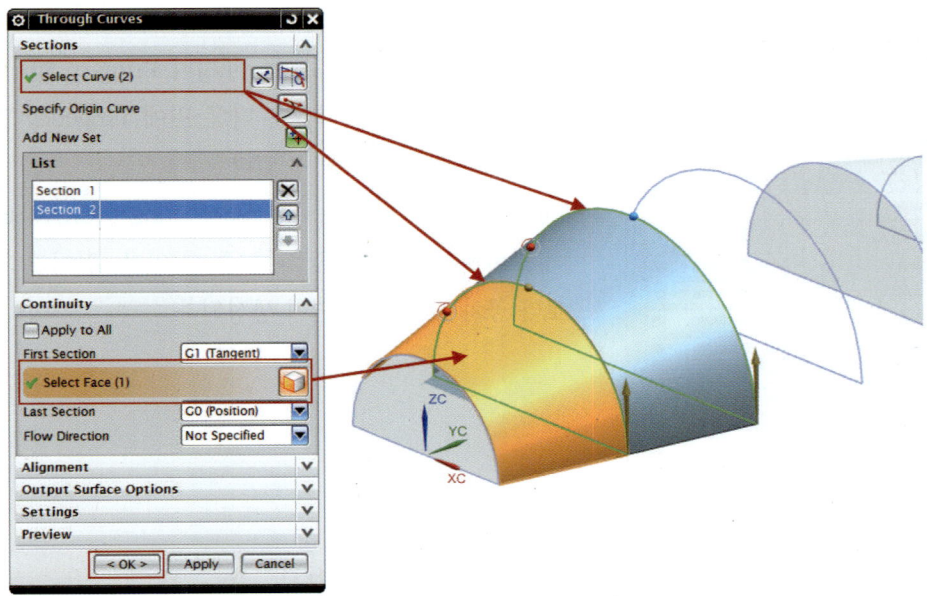

제 3 절   곡선 통과 메시(Through curve Mesh)

▶ 위치 : Menu → Insert → Mesh Surface → Through Curve Mesh

2개 이상의 Primary String과 2개 이상의 Cross String을 선택하여 Sheet Body나 Solid Body를 생성한다. Cross String이 Primary String을 따라가면서 생성된다. Primary String은 Point도 가능하다.

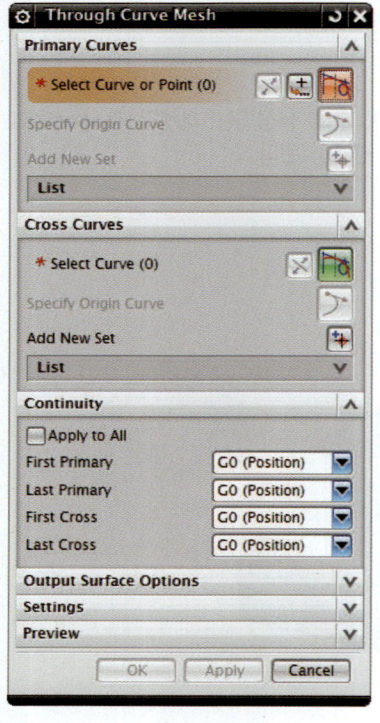

- Primary Curves : Curve, 또는 Point를 선택하고 MB2를 누른다.
- Cross Curves : Primary String과 교차되는 Curve를 선택한 후 MB2를 누른다. 모든 선이 선택될 때까지 반복한다.
- Continuity : 첫 번째 또는 마지막 Primary String과 Cross String의 면과 맞닿은 다른 면에 Tangency 또는 Curvature에 구속을 줄 수 있다.
- Intersection Tolerance : Primary String과 Cross String이 교차하지 않을 때 공차를 줄 수 있다. 떨어진 거리보다 공차 값이 커야 면이 생성된다.

① p1, p3 : 두 개의 Curve가 교차되는 지점에 Point를 지정한다.
② p3, c1, c2, c3 : 원 안에 있는 Curve를 선택한다.

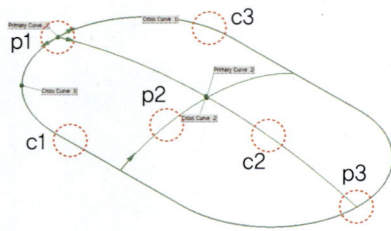
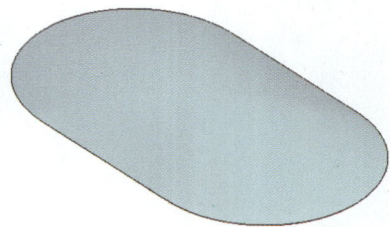

③ p1 : 원 안의 Curve를 전체 선택한다.
④ p2 : 원 안의 교차되는 지점의 Point를 선택한다.
⑤ c1, c2, c3 : 순서에 맞게 선택한다. 단, c1과 c3는 동일한 Curve이다.

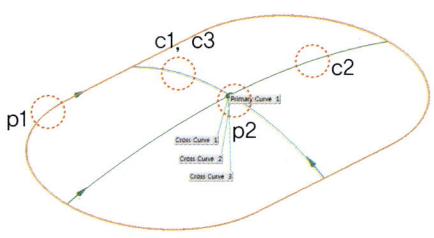 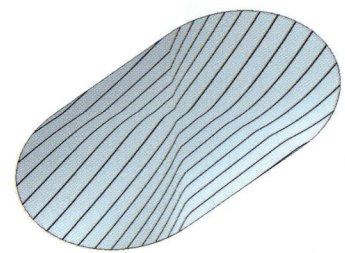

아래 그림과 같이 Primary String과 Cross String이 교차하지 않으면 공차 값을 떨어진 거리보다 크게 해야 한다.

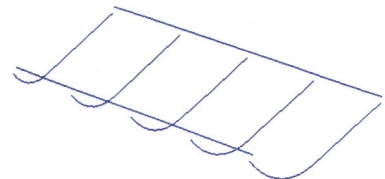 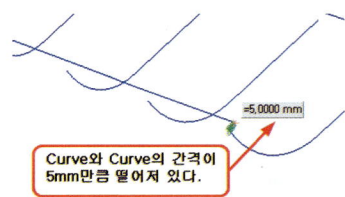

위 그림과 같이 Primary String과 Cross String이 교차하지 않을 경우, 아래 그림과 같이 Tolerance를 떨어진 거리 값보다 크게 줘야한다.

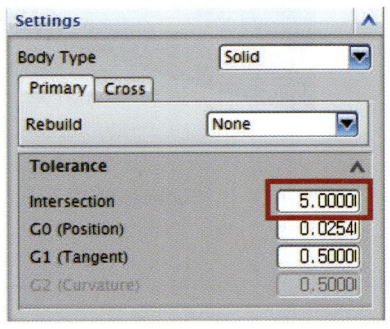 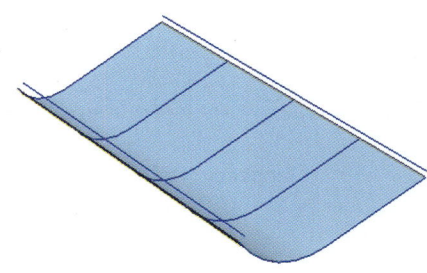

공차가 존재할 경우 Output Surface Option의 Emphasis에서 Surface의 위치를 결정해 줄 수가 있다.

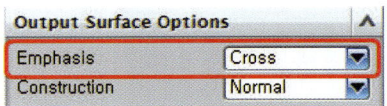

Unigraphics(UGS) CAD/CAM
NX9 모델링 및 CAM 가공

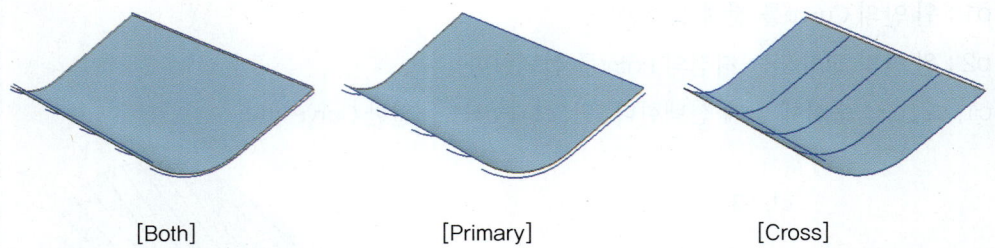

[Both]　　　　　　[Primary]　　　　　　[Cross]

① Both : Cross String과 Primary String 사이에 Body가 생성된다.
② Primary : Primary String에 접하는 Body가 생성된다.
③ Cross : Cross String에 접하는 Body가 생된다.

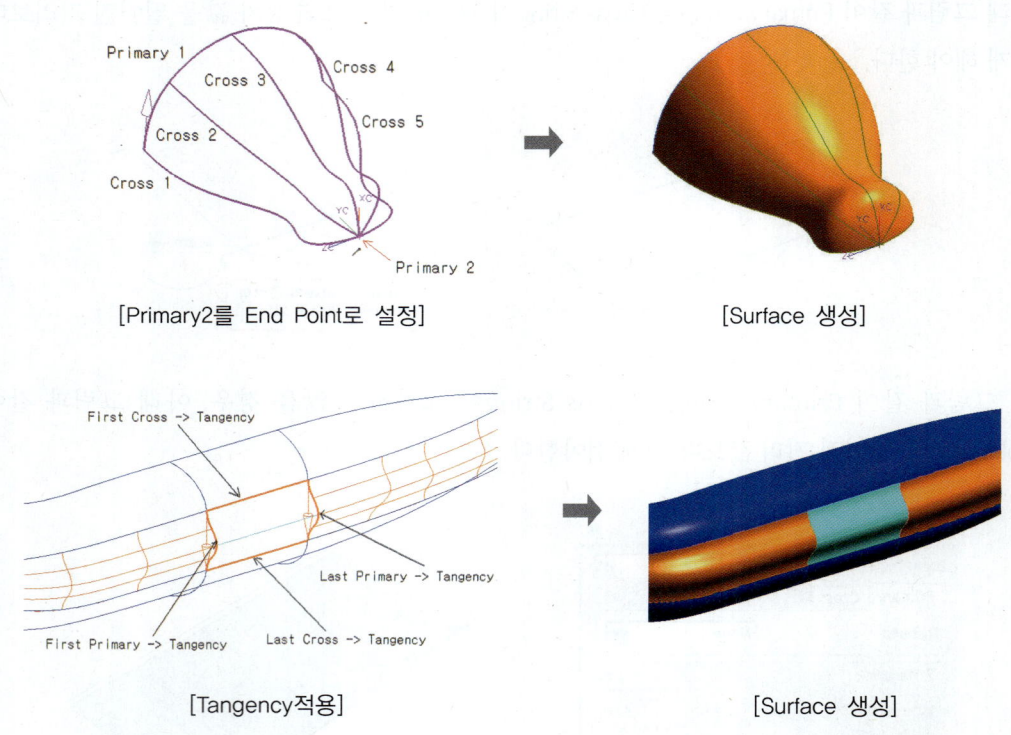

[Primary2를 End Point로 설정]　　　　　　[Surface 생성]

[Tangency적용]　　　　　　[Surface 생성]

제 4 절 | N-변 곡면(N-side Surface)

▶ 위치 : Menu ▼ → Insert → Mash Surface → N-side Surface

n-변 옵션을 사용하면 열려있거나, 닫혀 있는 단순 루프를 생성하거나, 무제한의 곡선 모서리를 갖는 곡면을 생성하여 외부 면에 연속성을 줄 수 있으며, 구멍이나 간격을 제거할 수 있다.

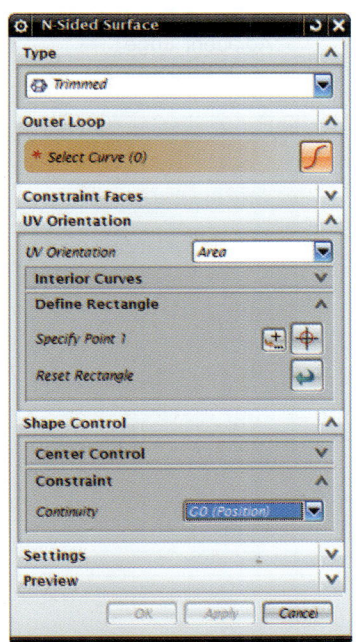

- Type
  - Trimmed : 단순 루프를 생성하여 주며, 연장된 루프를 생성한다.
  - Triangular : 모서리에 맞게 연장된 루프를 생성하여 준다. 또한 Triangular는 Constraint를 필수로 선택해 주어야 한다.
- Outer Loop : 채우려는 선을 선택한다.
- Constraint Faces : 선 주위의 면을 선택하여 면에 대하여 접선으로 작업을 할 때 사용한다.
- UV Orientation : 방향을 정하여 준다.
  - Area : 영역 안에서 임의로 정하여 준다.
  - Vector : 벡터를 지정한다.
- Shape Control : 선과 면의 관계를 설정한다.

01 N-Side Surface의 Type

1) Trimmed

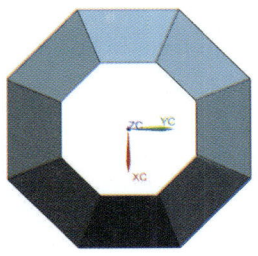
기본 형상

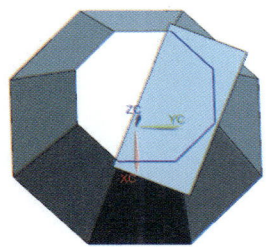
Trimmed
Constraint 설정 안 함
G0(Position)

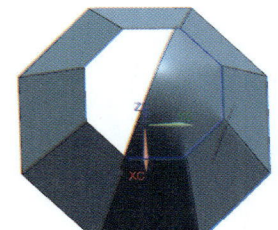
Trimmed
Constraint 설정
G1(Tangent)

2) Triangular

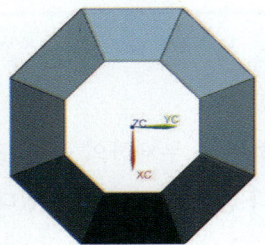

기본 형상

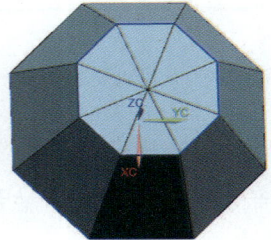

Triangular
Not Specified
G0(Position)

Triangular
Adjacent Edge
G0(Position)

Chapter C — Surface Modeling

4장 ▶ Surface Exercise

제1절　Surface Modeling 연습 예제 Ⅰ

| 도면명 | NX 모델링작업 | 척도 | NS |

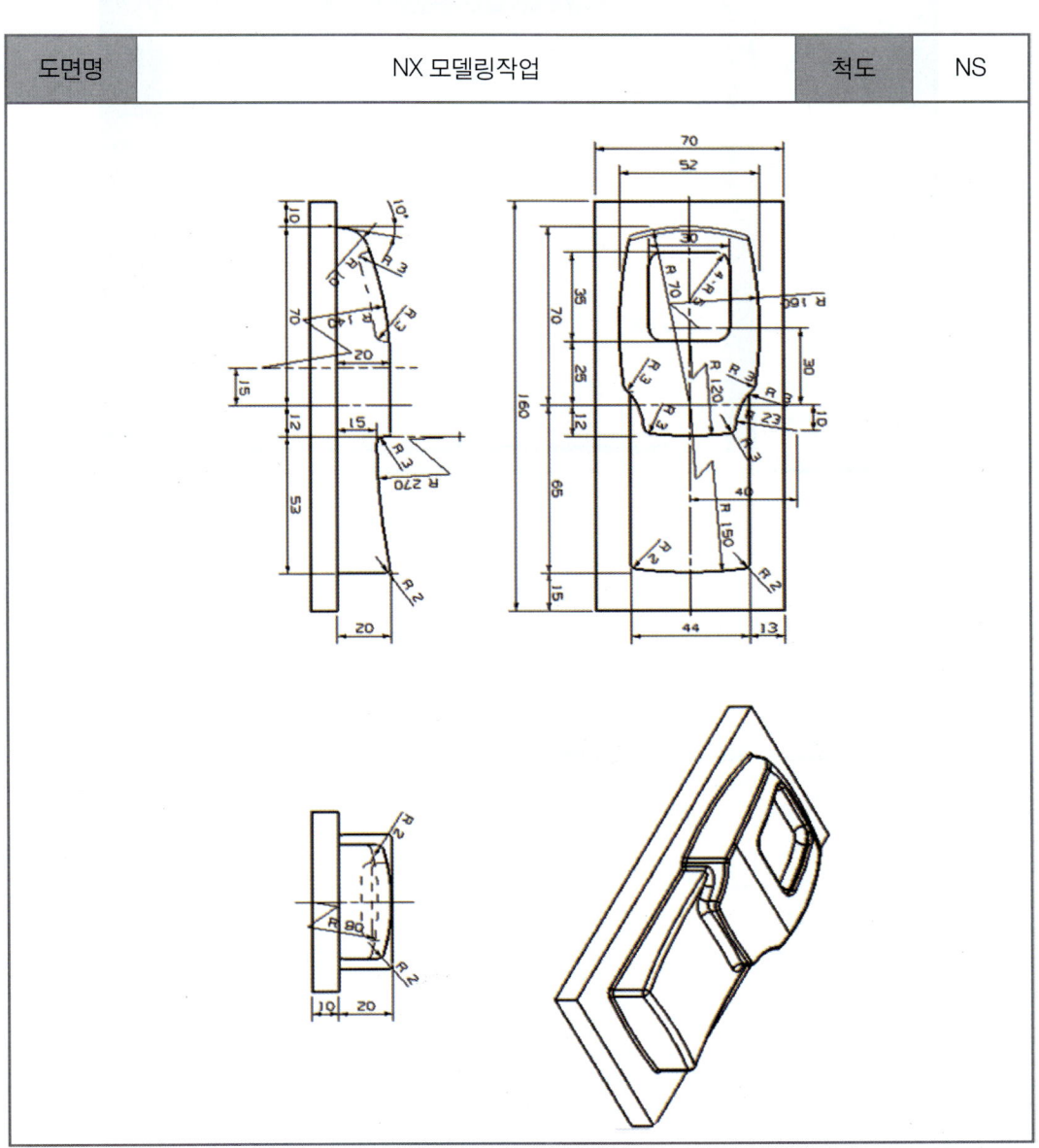

❶ File → New 혹은 아이콘을 클릭한다.

Name에서 파일 이름과 Folder에서 파일의 경로를 정의한다.

OK를 클릭하여 새 파트를 생성한다.

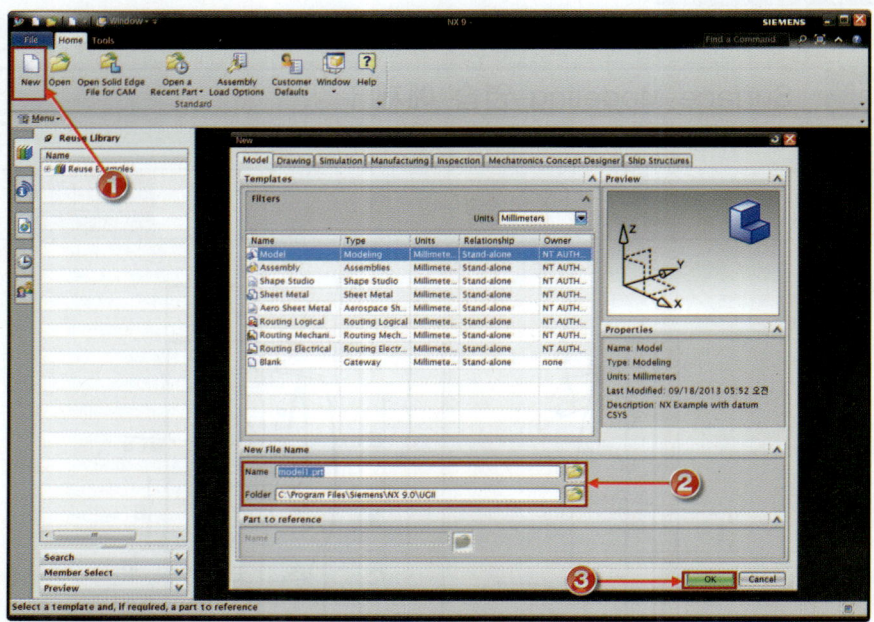

❷ Menu ▼ → Insert → Sketch in Task Environment( )를 클릭한다.

Sketch Type=On Plane, Plane Method=Inferred로 설정한 후 XZ평면을 클릭하고 OK를 클릭한다.

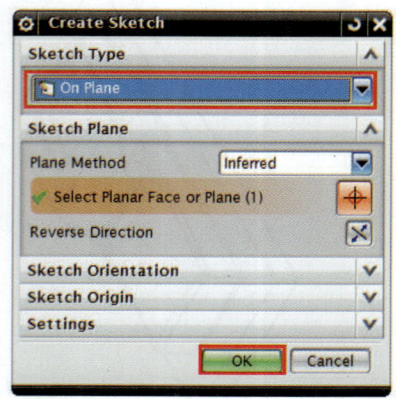
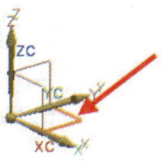

| 제1장 Sweep | 제2장 Surface Operation | 제3장 Mesh Surface | 제4장 Surface Exercise | 제5장 Synchronous Modeling | Chapter ④ Surface Modeling |

❸ 그림과 같이 스케치하고 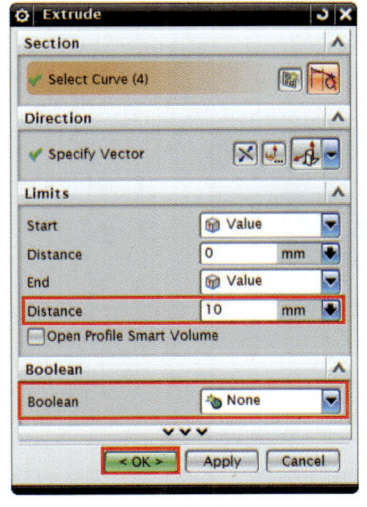 아이콘을 이용해 스케치를 종료한다.

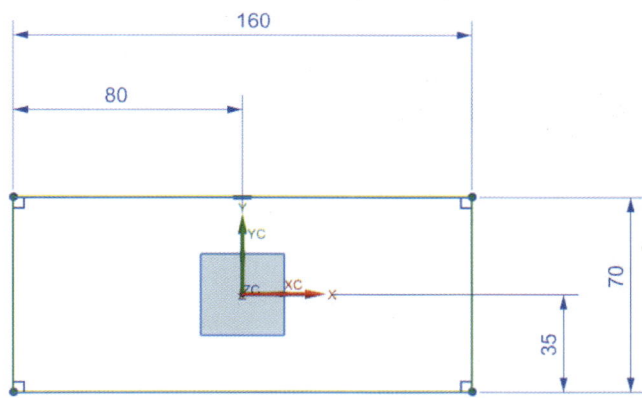

❹ 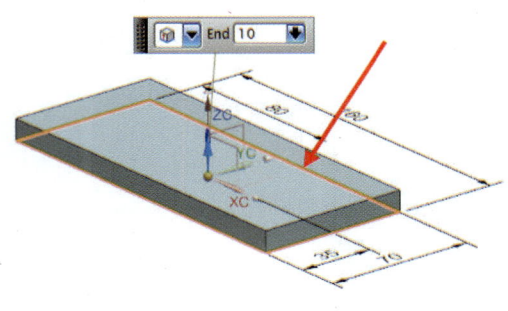 → Insert → Design Feature → Extrude(돌출)(📦)를 클릭한다.
  선택 옵션(Curve Rule)은 `Connected Curves`로 설정하고 ❸에서 그린 스케치를 선택한 후 End Distance=10mm로 설정한 후 OK를 클릭한다.

311

❺ Menu ▼ → Insert → Sketch in Task Environment(　)를 클릭한다.
sketch Type=On Plane, Reference=Vertical으로 설정한 후 화살표가 가리키는 면을 클릭한 다음 OK를 클릭한다.

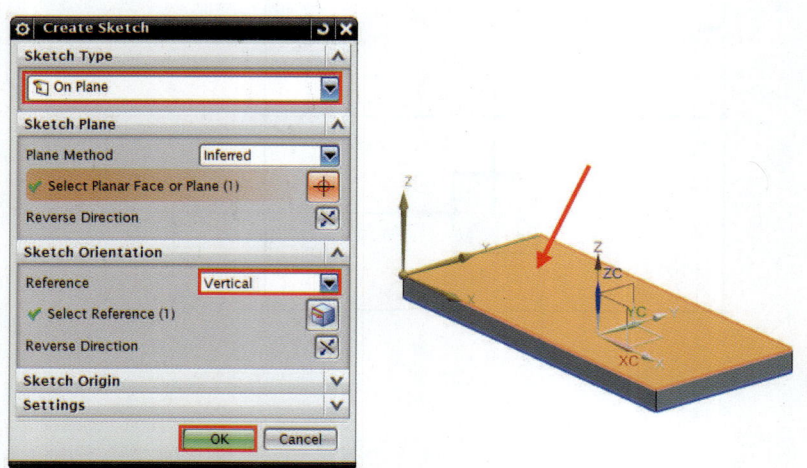

❻ XY평면에 그림과 같이 스케치한 후 　 아이콘을 클릭하여 스케치를 종료한다.
Finish

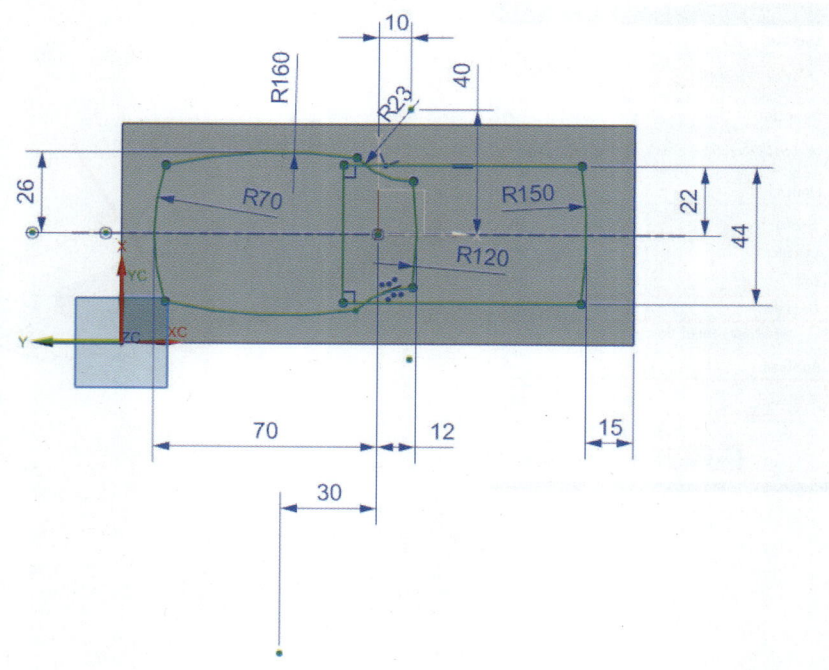

| 제1장 | 제2장 | 제3장 | 제4장 | 제5장 | Chapter C |
| Sweep | Surface Operation | Mesh Surface | Surface Exercise | Synchronous Modeling | Surface Modeling |

❼ Menu → Insert → Sketch in Task Environment(📐)를 클릭한다.

sketch Type=On Plane, ZX평면을 클릭 후 Sketch Orientatation에 Reference=Horizontal로 설정한 다음 OK를 클릭한다.

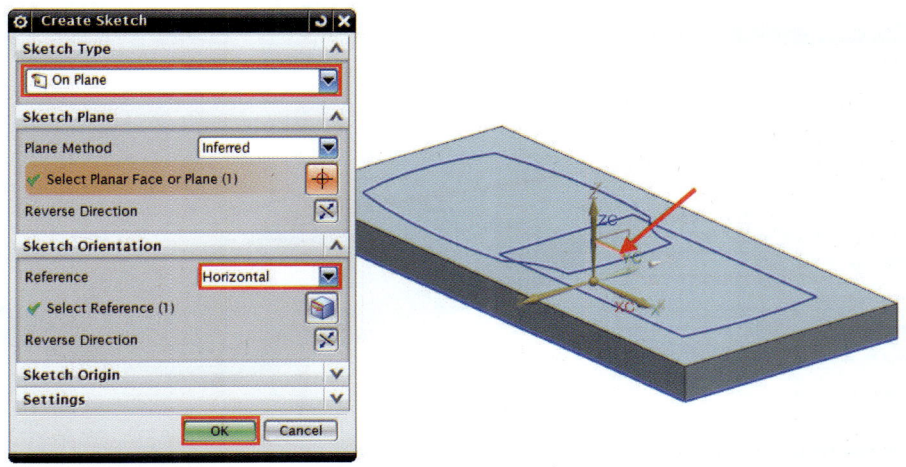

❽ ZX평면에 그림과 같이 스케치한 후 🏁 아이콘을 클릭하여 스케치를 종료한다.
Finish

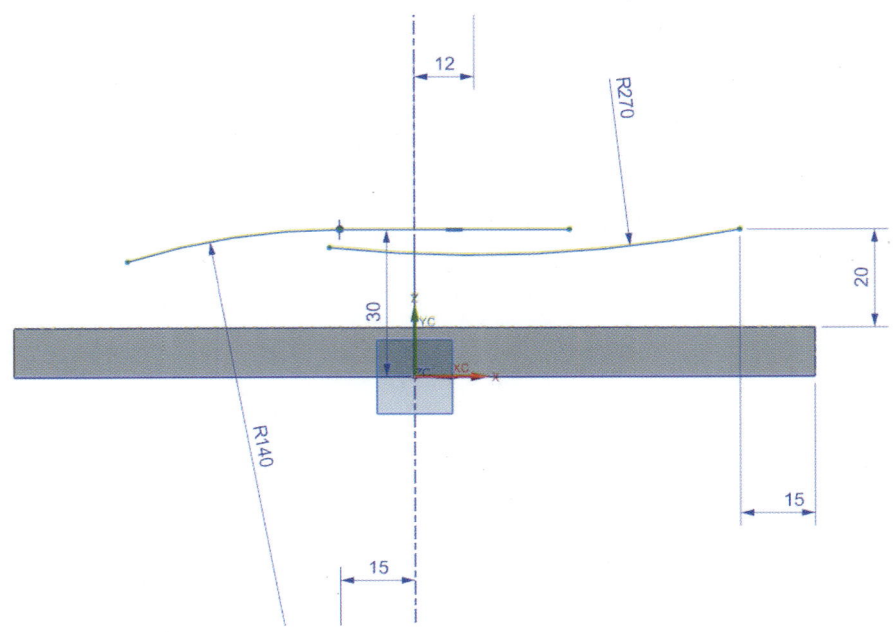

313

❾ Menu ▼ → Insert → Sketch in Task Environment(　)를 클릭한다.
sketch Type=On Path로 설정 후 ZX평면에 스케치한 면을 클릭한다.
Arc Length=0 or 100으로 설정하여 다음과 같은 위치를 지정한 다음 OK를 클릭한다.

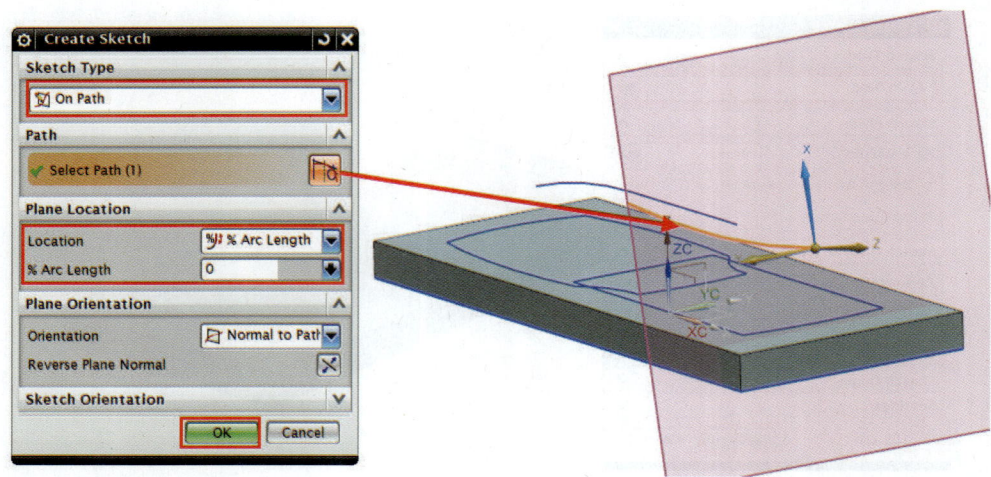

❿ 그림과 같이 스케치한 후 　 아이콘을 클릭하여 스케치를 종료한다.

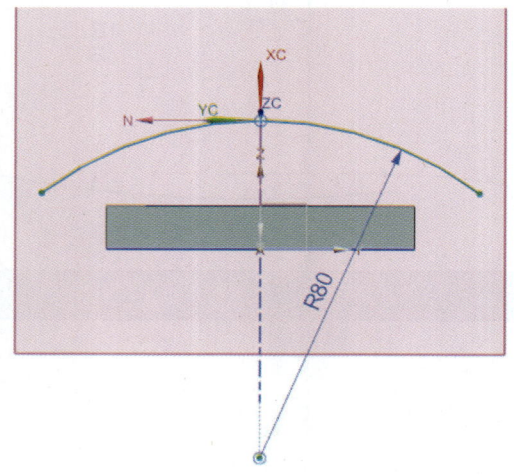

| 제1장 | 제2장 | 제3장 | 제4장 | 제5장 | Chapter C |
| Sweep | Surface Operation | Mesh Surface | Surface Exercise | Synchronous Modeling | Surface Modeling |

⑪ Menu → Insert → Sweep → Swept( )을 클릭한다.

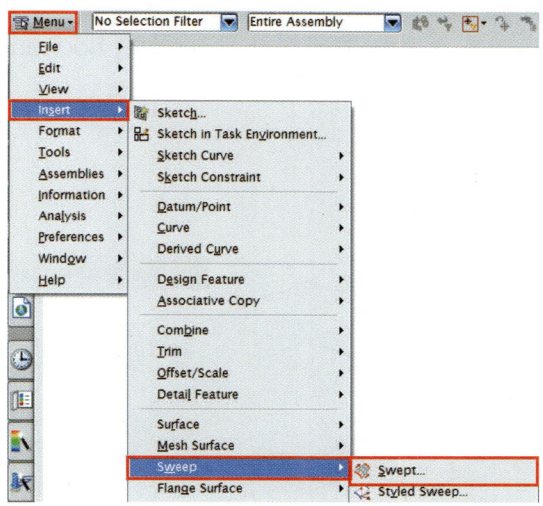

⑫ Sections Select Curve=화살표가 가리키는 곡선, Guide Select Curve=위에서 생성한 곡선으로 설정한 후 OK를 클릭한다.

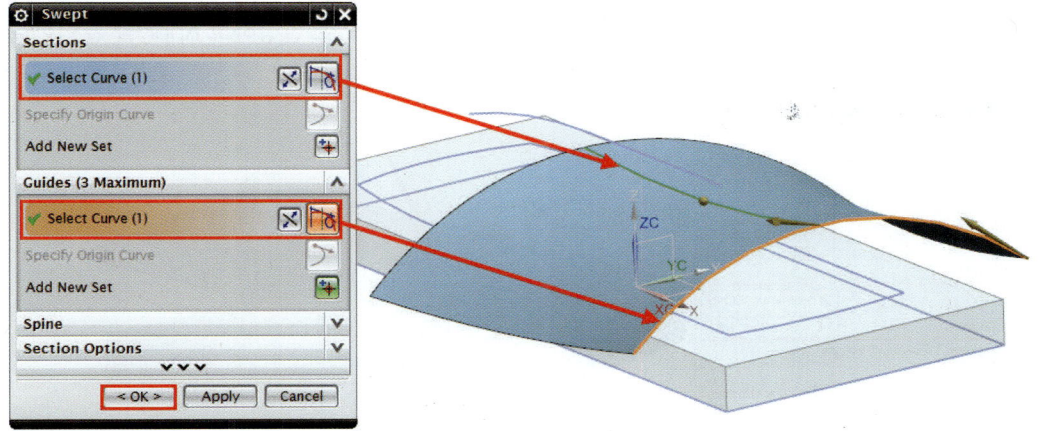

❸ 돌출(Extrude)( ) 아이콘을 클릭한 후 선택 옵션(Curve Rule)을 Connected Curves 로 설정한 후 화살표가 가리키는 영역을 선택한다.

End=Until Selected( )를 선택한 후 생성한 Sheet클릭, Boolean=Unite( )로 설정하고 Apply를 클릭한다.

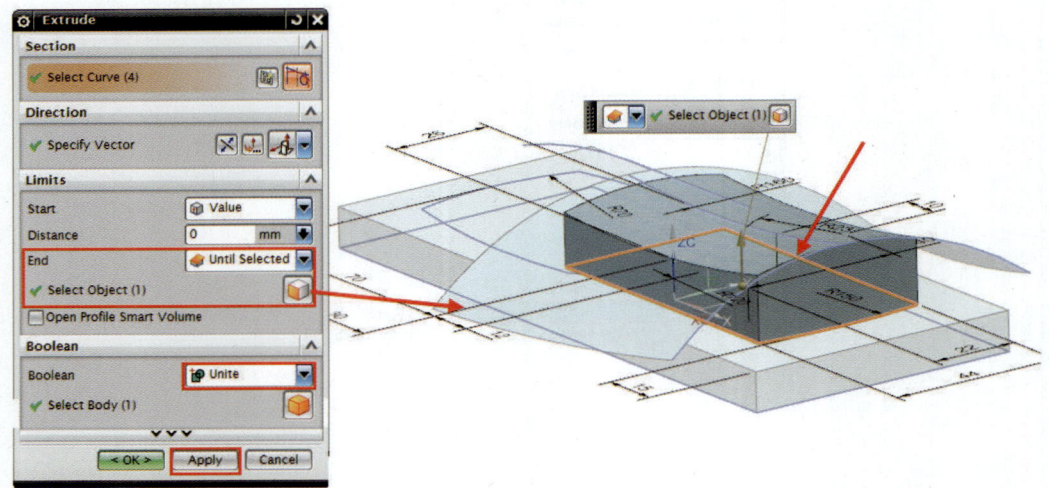

❹ 화살표가 가리키는 영역을 선택한다.

End=Symmetric Value( ), Distance=54mm, Boolean=None으로 설정하고 Apply를 클릭한다.

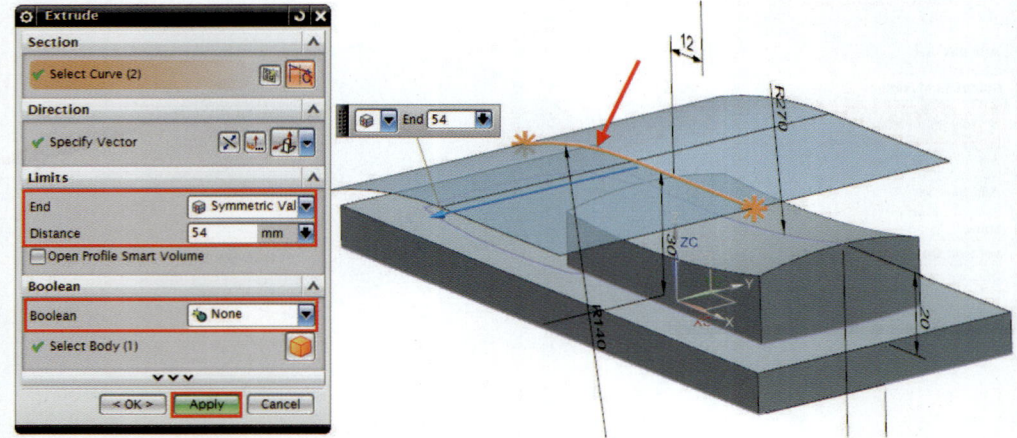

제1장	제2장	제3장	제4장	제5장	Chapter C
Sweep	Surface Operation	Mesh Surface	**Surface Exercise**	Synchronous Modeling	**Surface Modeling**

⑮ 화살표가 가리키는 영역을 선택한다.

End=Value, Distance=30mm, Boolean=Unite( )로 설정하고 OK를 클릭한다.

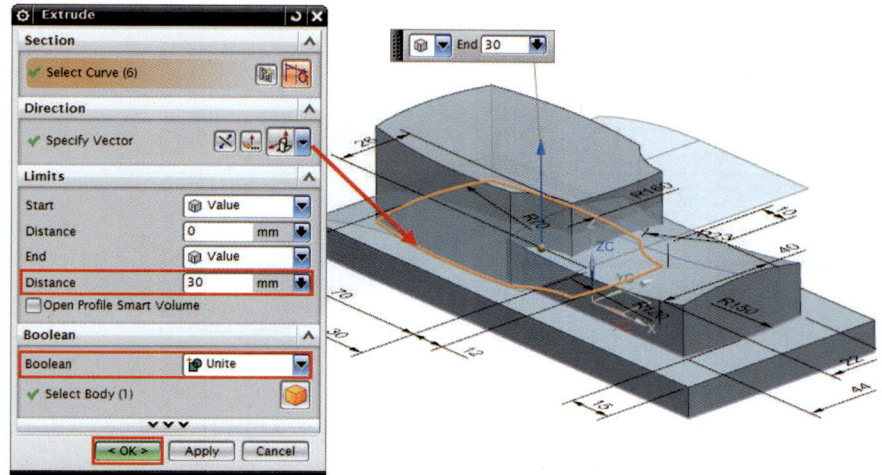

⑯ Menu → Insert → Trim( ) → Trim Body를 클릭한다.

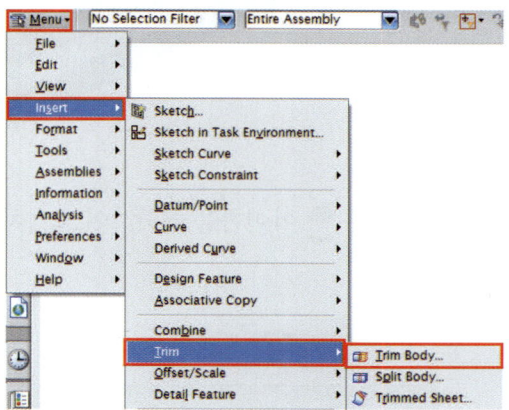

⑰ Select Body=전체 바디를 선택, Tool Option=Face or Plane, Select Face or Plane=생성한 sheet를 클릭한 다음 OK를 클릭한다.

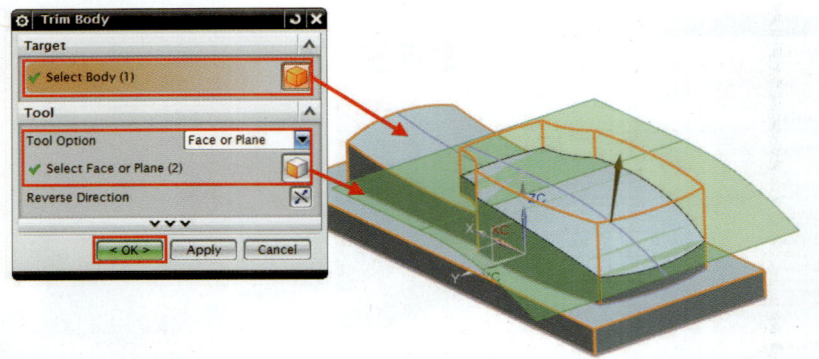

⑱ Menu → Insert → Sketch in Task Environment( )를 클릭한다.
OK를 클릭하여 기본 평면(XY평면)으로 들어간다.

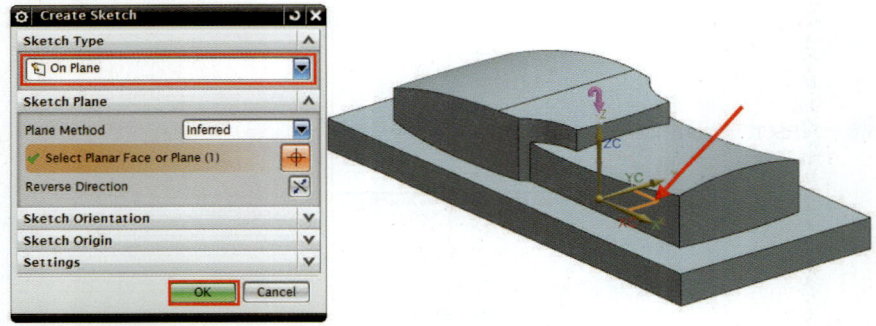

⑲ XY평면에 그림과 같이 스케치한 후 ▧ 아이콘을 클릭하여 스케치를 종료한다.
Finish

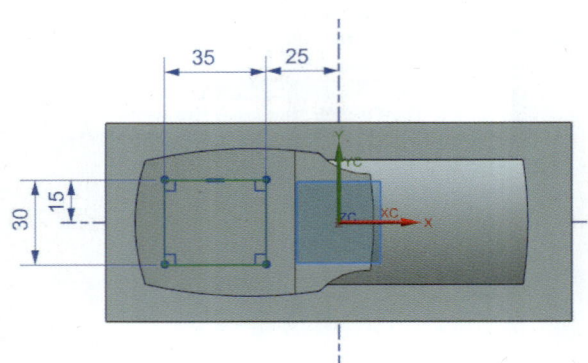

| 제1장 Sweep | 제2장 Surface Operation | 제3장 Mesh Surface | 제4장 Surface Exercise | 제5장 Synchronous Modeling | Chapter C Surface Modeling |

⑳ Menu → Insert → Design Feature → Emboss( )를 클릭한다.

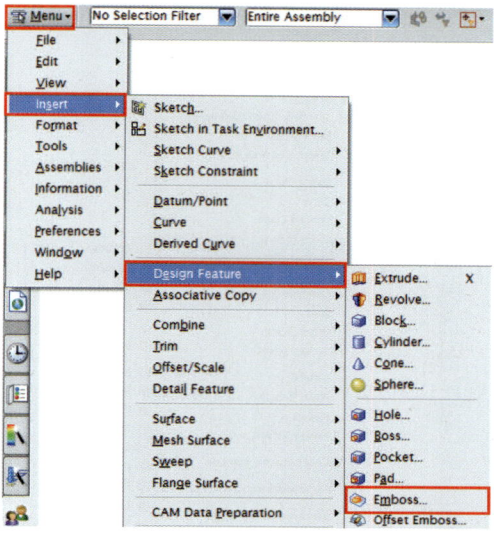

㉑ Section=스케치한 곡선, Face to Emboss=화살표가 가리키는 면, End Cap Geometry=Emboss Faces, Location=Offset, Distance=-5mm, Draft=None으로 설정한 후 OK를 클릭한다.

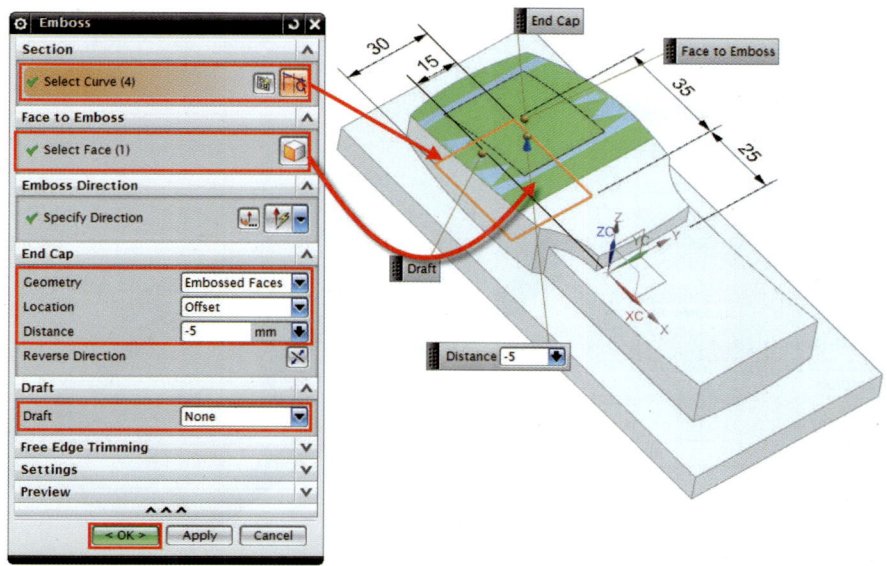

㉒ Menu → Insert → Detail Feature → Draft를 클릭한다.

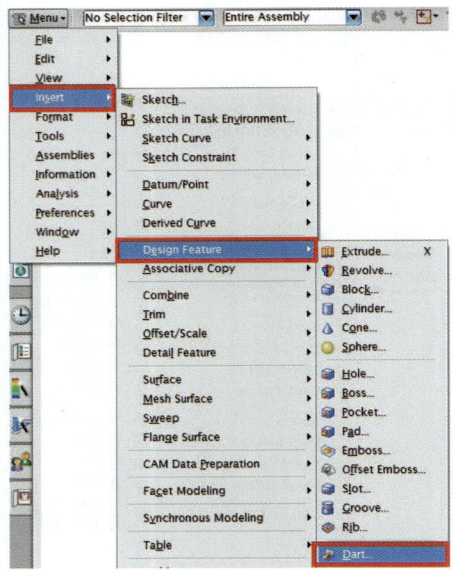

㉓ Type=From Plane or Surface, Draft Method=Stationary Face로 한 다음 화살표가 가리키는 밑면을 클릭하고, Angle 1=10deg, Select Face=화살표가 가리키는 면으로 설정한 후 OK를 클릭한다.

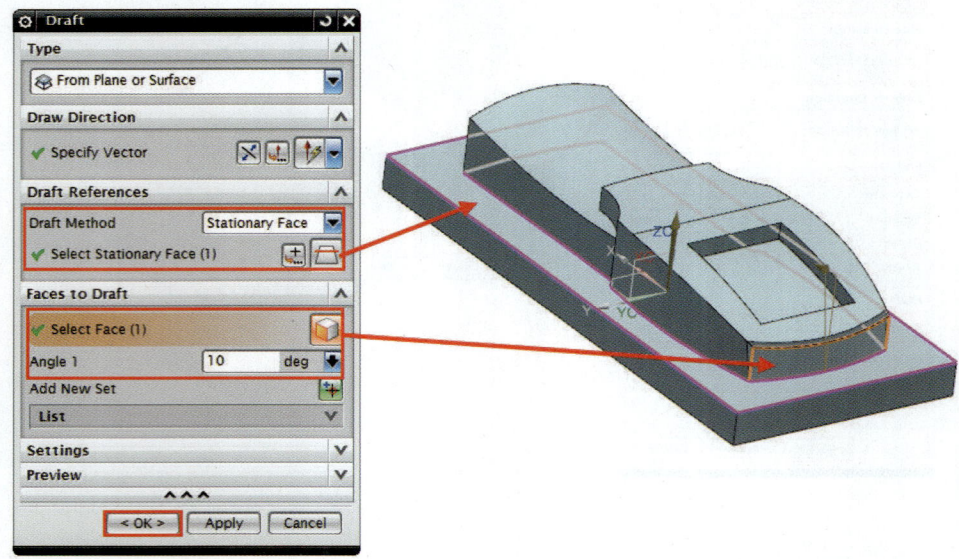

㉔ Menu ▼ → Insert → Detail Feature → Edge Blend( )를 클릭한다.

그림과 같이 Edge Blend를 선택한 후 Shape=Circular( ), Radius 1=10mm로 설정한 뒤 Apply를 클릭한다.

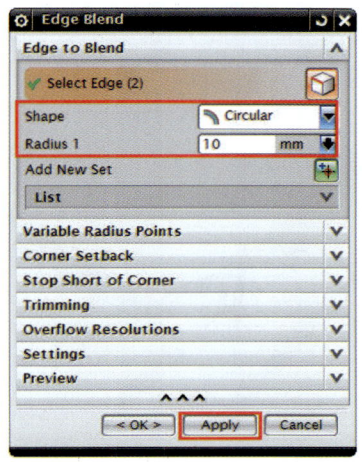
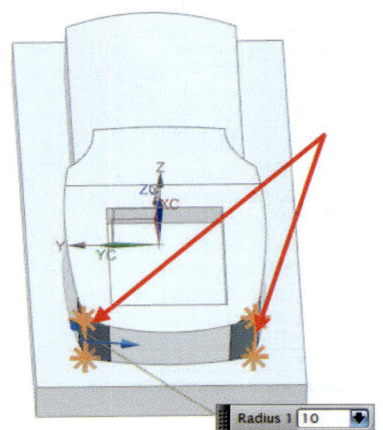

㉕ 그림과 같이 Edge Blend를 선택한 후 Shape=Circular( ), Radius 1=5mm로 설정한 뒤 Apply를 클릭한다.

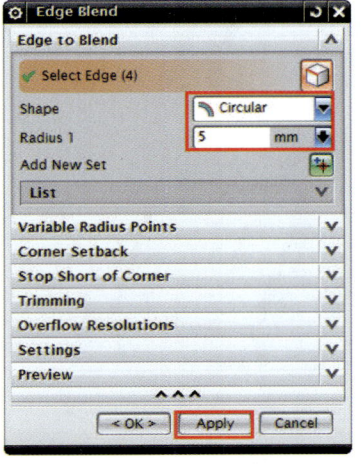
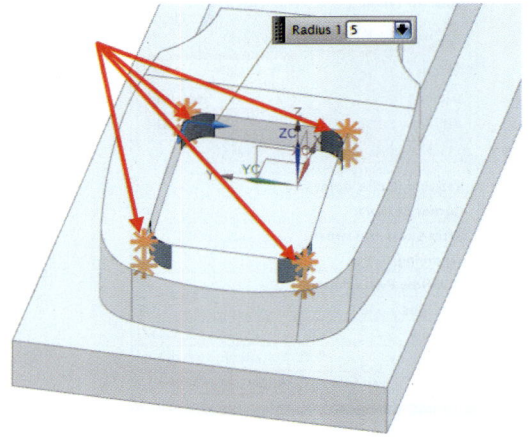

㉖ 그림과 같이 Edge Blend를 선택한 후 Shape=Circular( ), Radius 1=3mm로 설정한 뒤 Apply를 클릭한다.

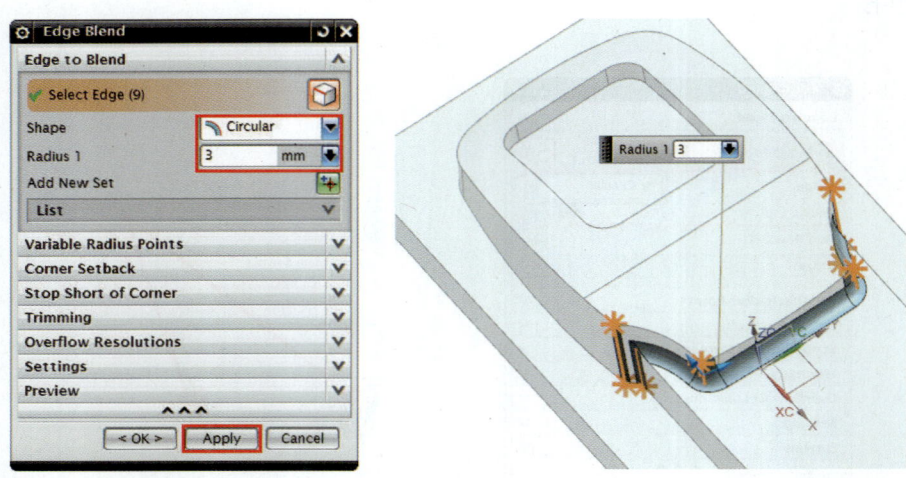

㉗ 그림과 같이 Edge Blend를 선택한 후 Shape=Circular( ), Radius 1=2mm로 설정한 뒤 Apply를 클릭한다.

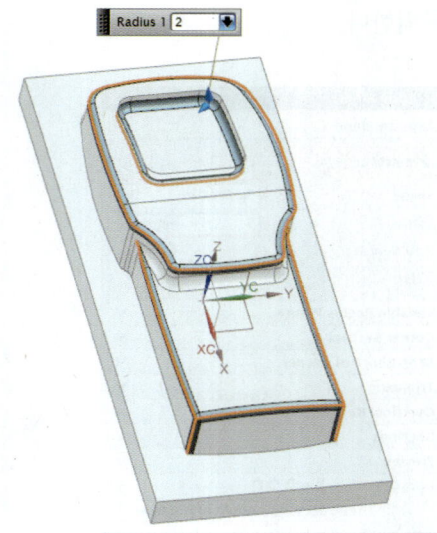

㉘ 그림과 같이 Edge Blend를 선택한 후 Shape=Circular( ), Radius 1=1mm로 설정한 뒤 OK를 클릭한다.

 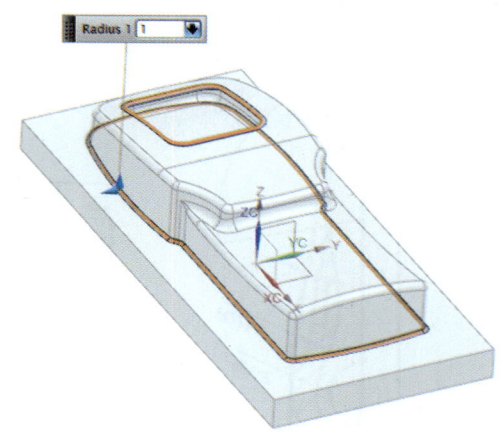

㉙ 완성

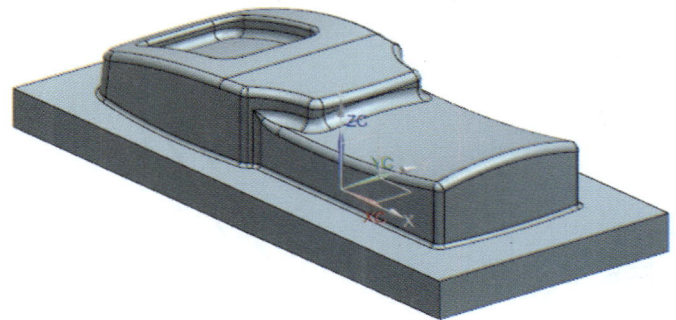

제 2 절 Surface Modeling 연습 예제 II

| 도면명 | NX 모델링작업 | 척도 | NS |

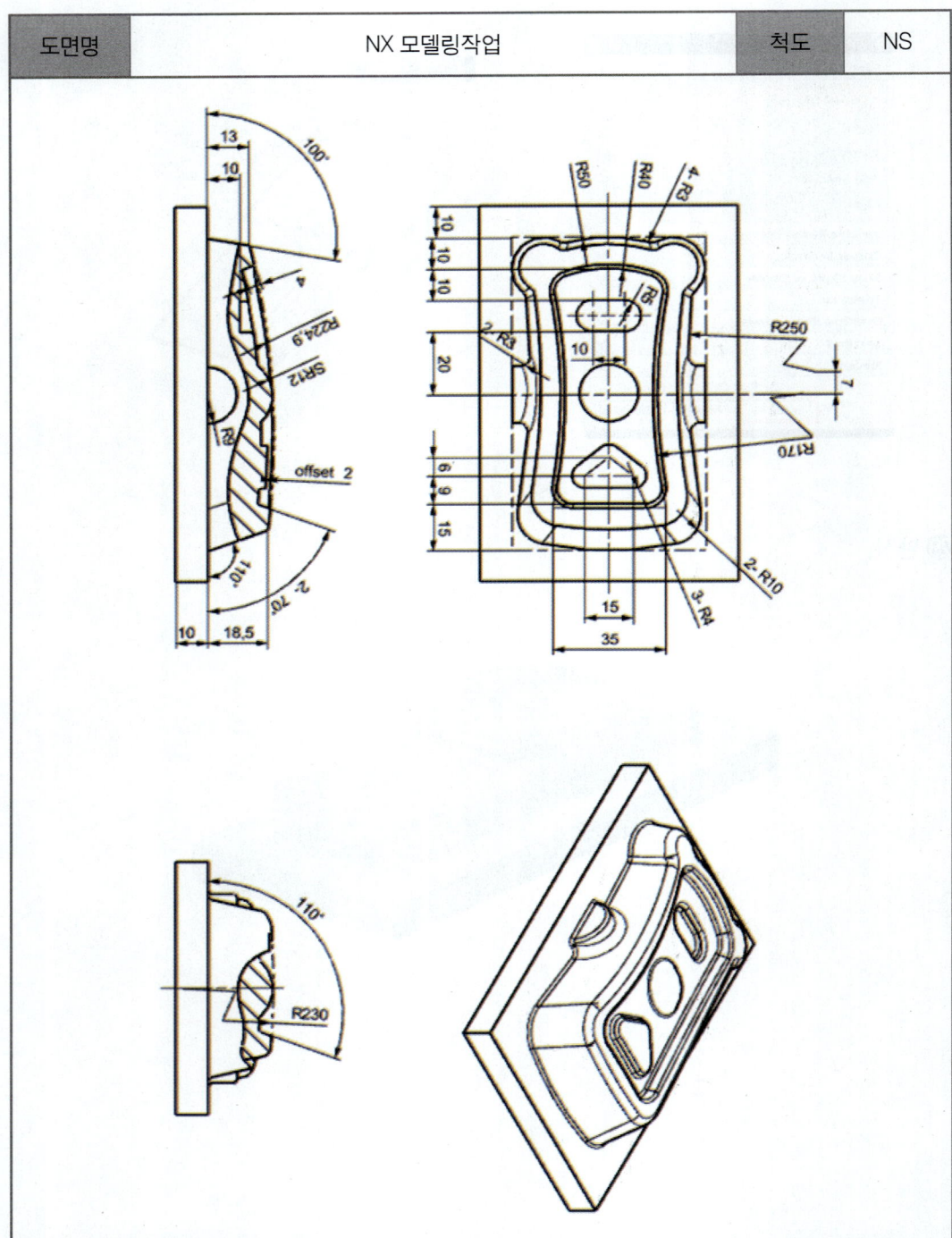

❶ File → New 혹은 [New] 아이콘을 클릭한다.

Name에서 파일 이름과 Folder에서 파일의 경로를 정의한다.

OK를 클릭하여 새 파트를 생성한다.

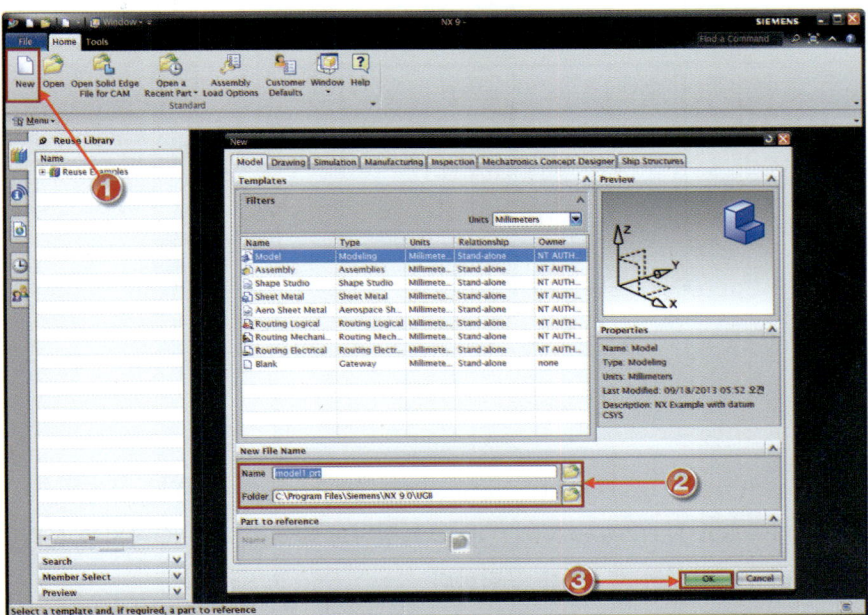

❷ Menu → Insert → Sketch in Task Environment( )를 클릭한다.

Sketch Type=On Plane, Plane Method=Inferred로 설정한 후 XZ평면을 클릭하고 OK를 클릭한다.

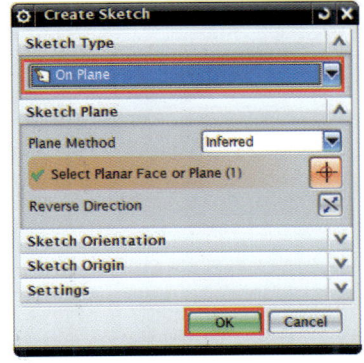 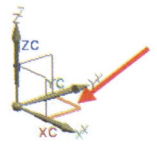

❸ 그림과 같이 스케치하고 Finish 아이콘을 이용해 스케치를 종료한다.

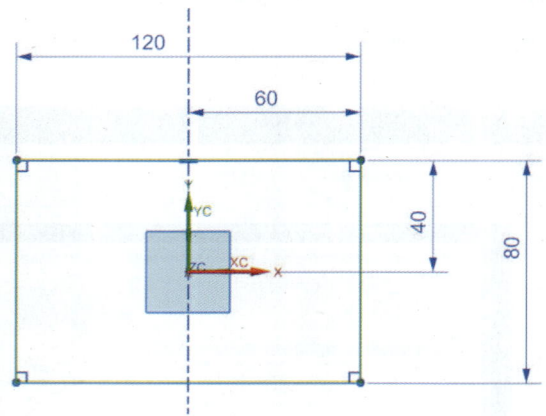

❹ Menu ▼ → Insert → Design Feature → Extrude(돌출)()를 클릭한다.
선택 옵션(Curve Rule)은 Connected Curves 로 설정하고 ❸에서 그린 스케치를 선택한 후 End Distance=10mm로 설정한 후 OK를 클릭한다.

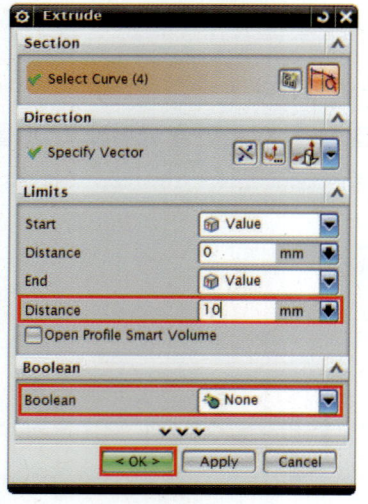
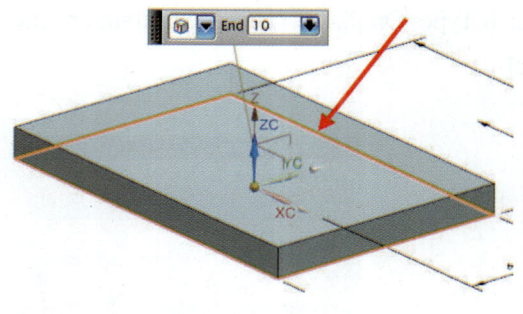

제1장	제2장	제3장	제4장	제5장	Chapter
Sweep	Surface Operation	Mesh Surface	**Surface Exercise**	Synchronous Modeling	**Surface Modeling**

❺ Menu → Insert → Sketch in Task Environment( )를 클릭한다.

sketch Type=On Plane, 화살표가 가리키는 면을 클릭한 다음 Reference=Vertical로 설정하고 OK를 클릭한다.

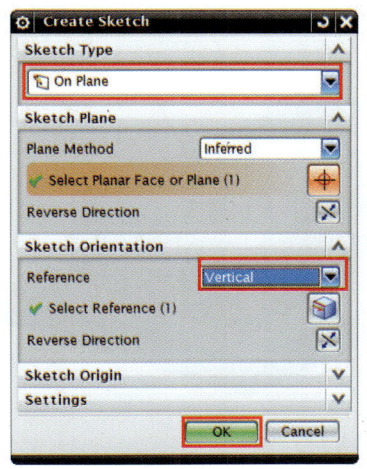 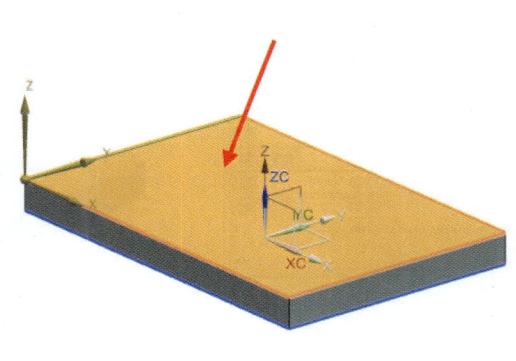

❻ XY평면에 그림과 같이 스케치한 후 아이콘을 클릭하여 스케치를 종료한다.

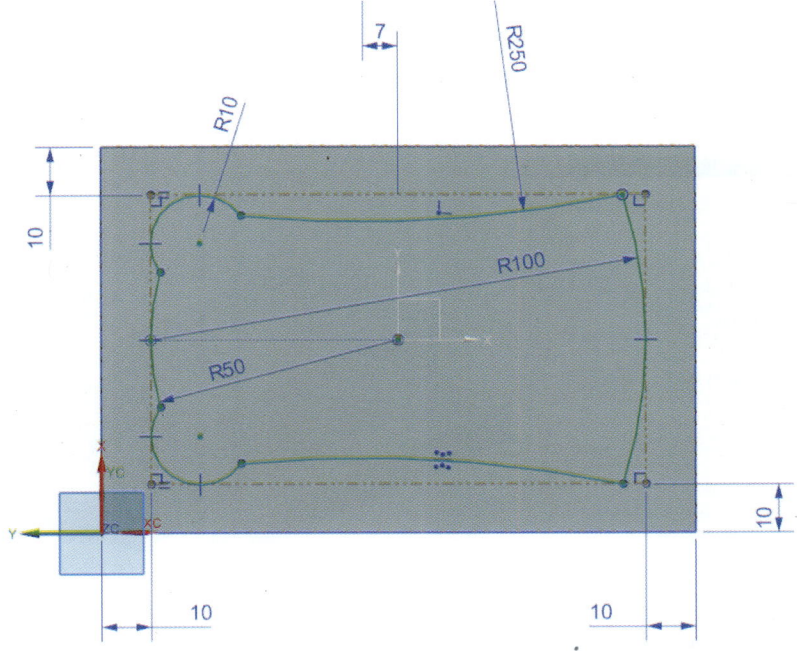

❼ 돌출(Extrude)( ) 아이콘을 클릭한 후 선택 옵션(Curve Rule)을 Region Boundary Curv 로 설정한 후 화살표가 가리키는 영역을 선택한다.

End Distance=25mm, Boolean=Unite( )로 설정하고 OK를 클릭한다.

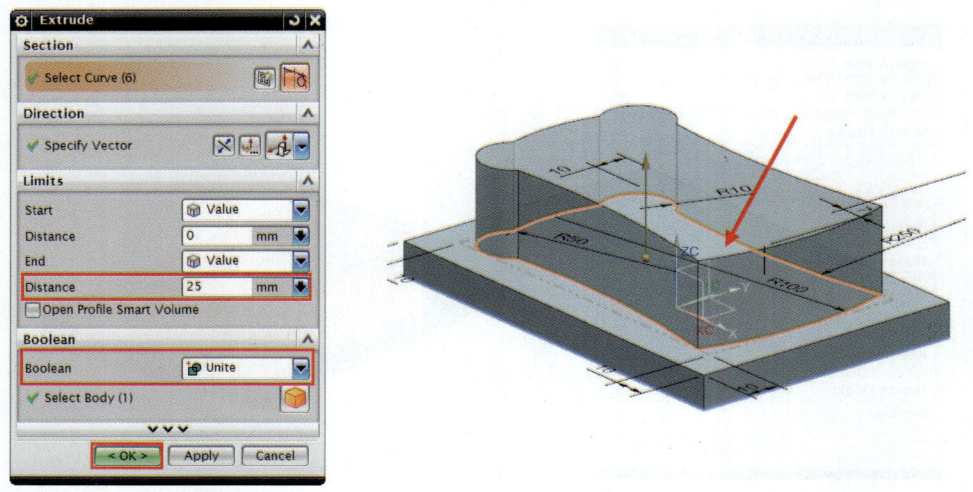

❽ Menu → Insert → Detail Feature → Draft( )를 클릭한다.

Type =From Plane or Surface, Select Stationary Face =화살표가 가리키는 면, Angle 3=20deg, Select Face=화살표가 가리키는 면으로 설정한 후 Apply를 클릭한다.

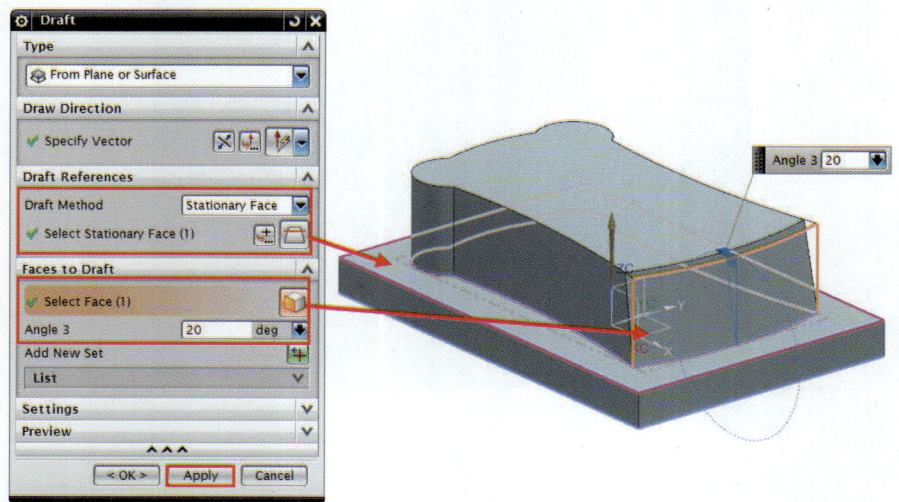

제1장	제2장	제3장	제4장	제5장	Chapter C
Sweep	Surface Operation	Mesh Surface	Surface Exercise	Synchronous Modeling	Surface Modeling

❾ Type=From Plane or Surface, Select Stationary Face (1)=화살표가 가리키는 면, Angle 1=10deg, Select Face (5)=화살표가 가리키는 세 면으로 설정한 후 OK를 클릭한다.

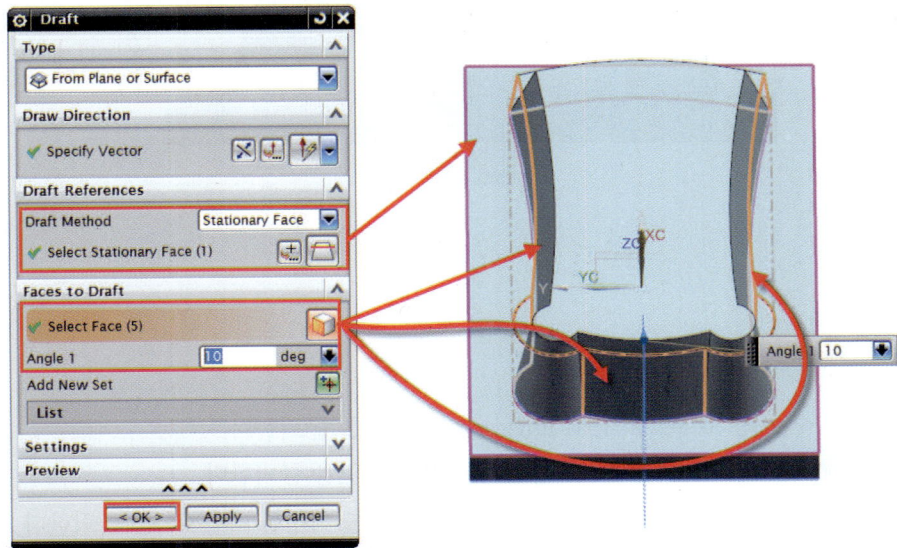

❿ Menu → Insert → Sketch in Task Environment(📐)를 클릭한다.
sketch Type=On Plane, ZX평면을 클릭한 후 Reference=Horizontal로 설정하고 OK를 클릭한다.

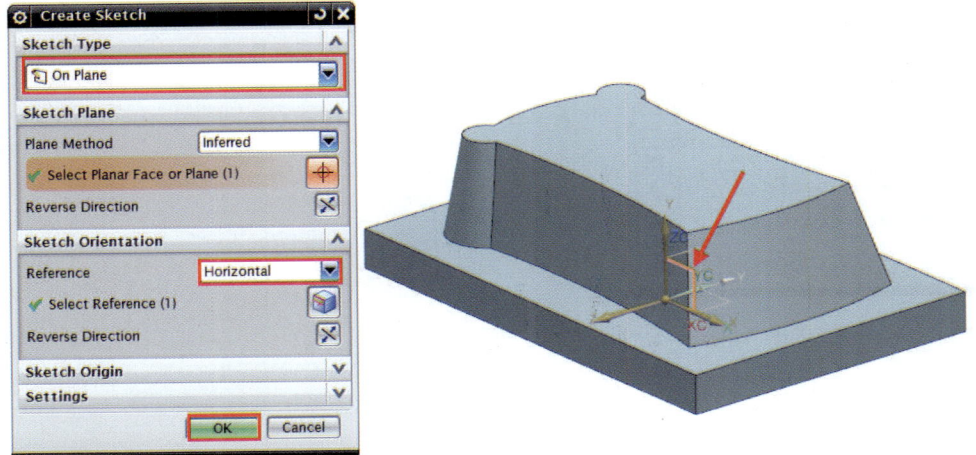

❶❶ ZX평면에 그림과 같이 스케치한 후 ![Finish] 아이콘을 클릭하여 스케치를 종료한다.

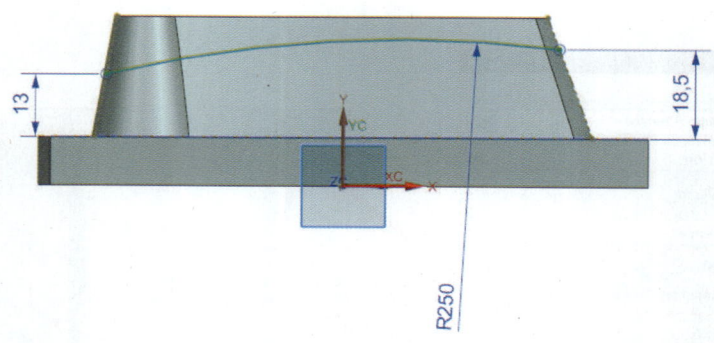

❶❷ Menu ▸ → Insert → Sketch in Task Environment(🖼)를 클릭한다.
sketch Type=On Path로 설정 후 ZX평면에 스케치한 면을 클릭한다.
Arc Length=0 or 100으로 설정하여 다음과 같은 위치를 지정한 다음 OK를 클릭한다.

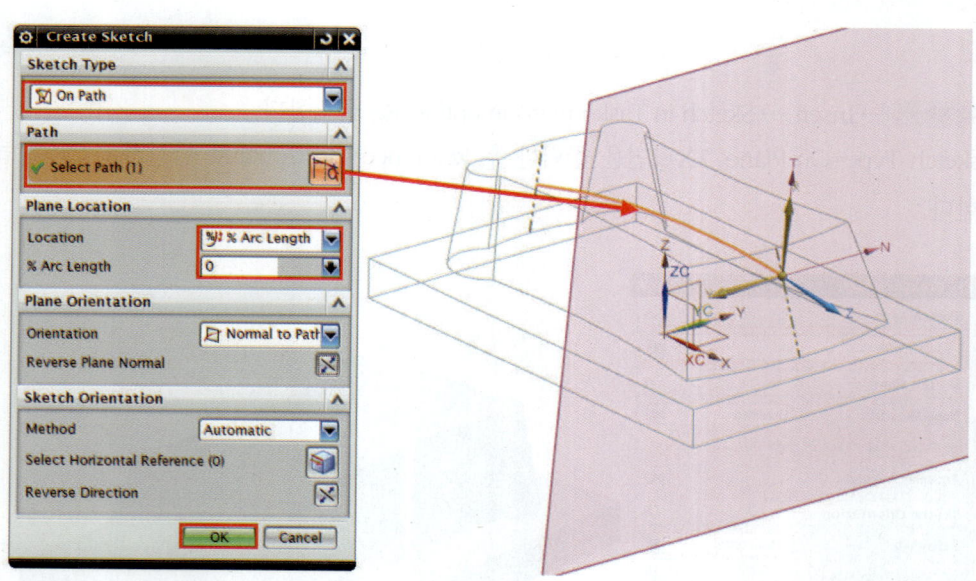

| 제1장 | 제2장 | 제3장 | 제4장 | 제5장 | Chapter C |
| Sweep | Surface Operation | Mesh Surface | Surface Exercise | Synchronous Modeling | Surface Modeling |

⓭ 그림과 같이 스케치한 후 아이콘을 클릭하여 스케치를 종료한다.

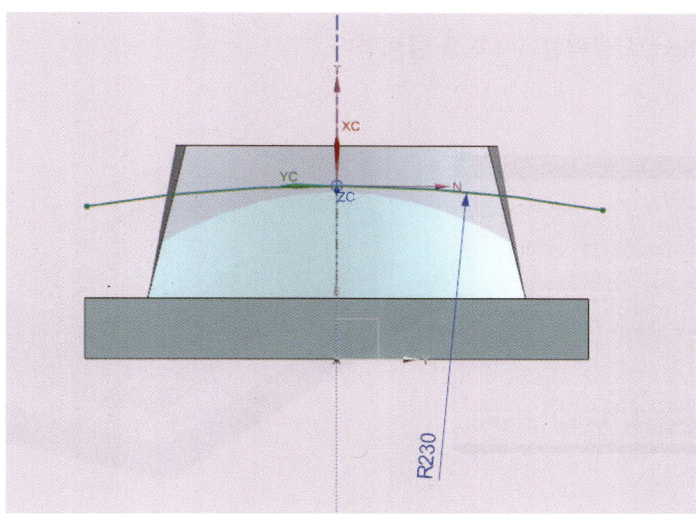

⓮ Menu → Insert → Sweep → Swept( )을 클릭한다.

Sections Select Curve (1)=화살표가 가리키는 곡선, Guide Select Curve (1)=위에서 생성한 곡선으로 설정한 후 OK를 클릭한다.

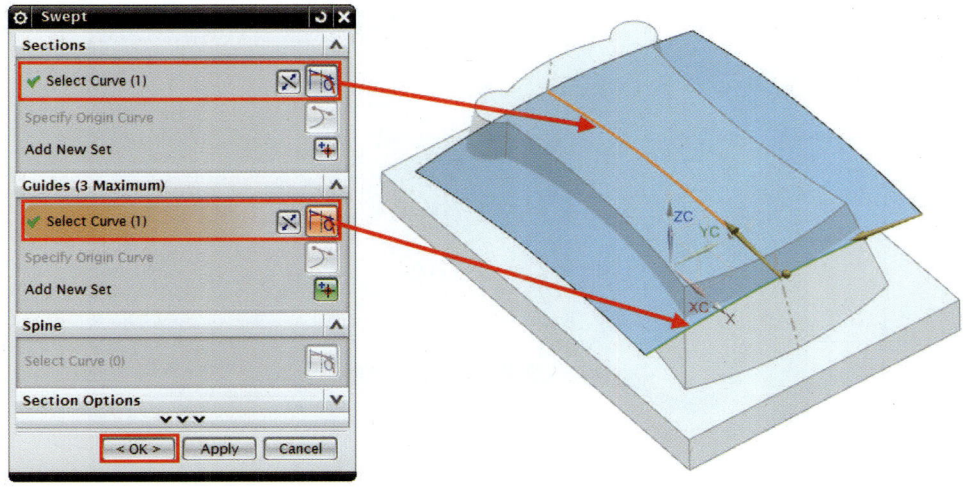

⓯ Menu ▼ → Insert → Trim → Trim Body( )를 클릭한다.

Select Body (1)=화살표가 가리키는 Body, Tool Option=Face or Plane, Select Face or Plane (1)=생성한 Sheet로 클릭한 후 OK를 클릭한다.

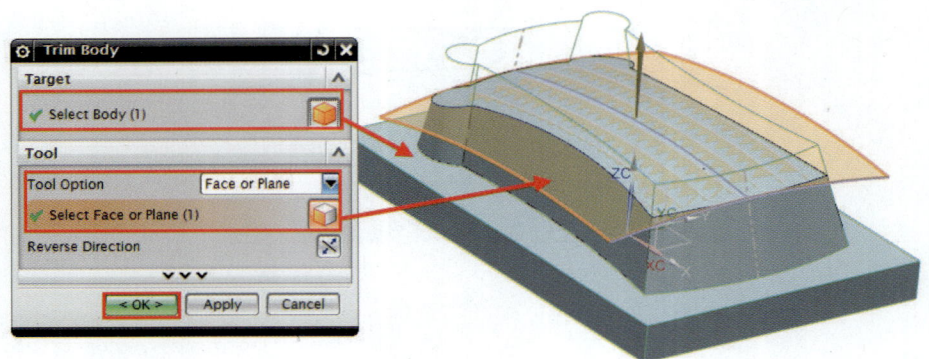

⓰ Menu ▼ → Insert → Sketch in Task Environment( )를 클릭하고 OK를 클릭하여 XY평면으로 들어간다.

그림과 같이 스케치한 다음 Finish 아이콘을 클릭하여 스케치를 종료한다.

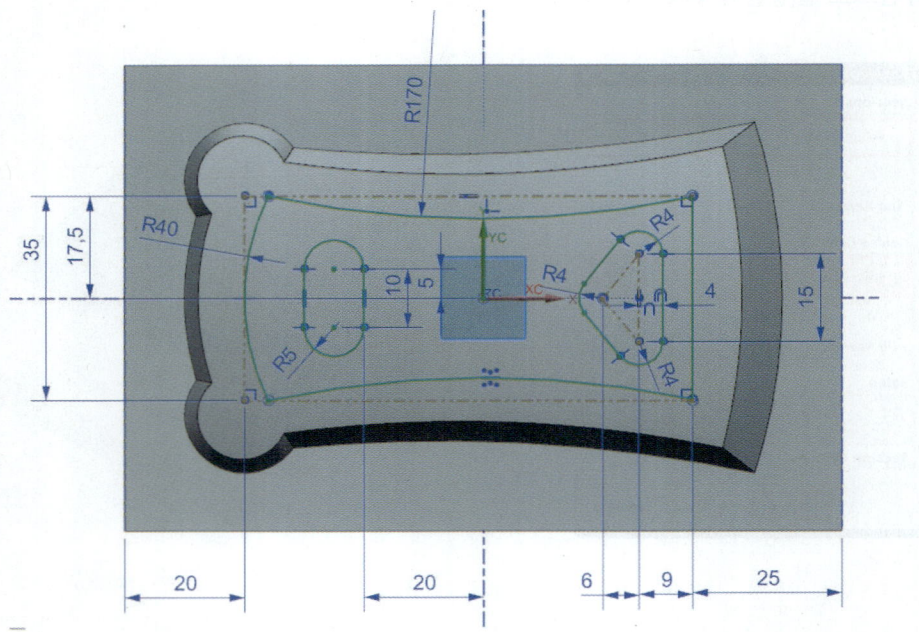

제1장	제2장	제3장	제4장	제5장	Chapter C
Sweep	Surface Operation	Mesh Surface	Surface Exercise	Synchronous Modeling	Surface Modeling

⓱ Menu → Insert → Offset/Scale → Offset Surface( )를 클릭한다.

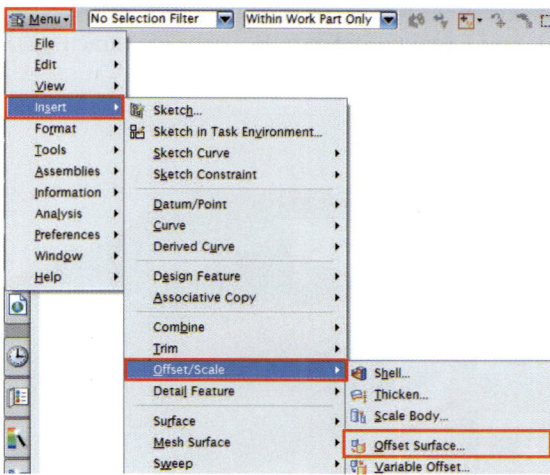

⓲ Select Face (1)=화살표가 가리키는 sheet, Offset 1=4mm로 입력하고 OK를 클릭한다.

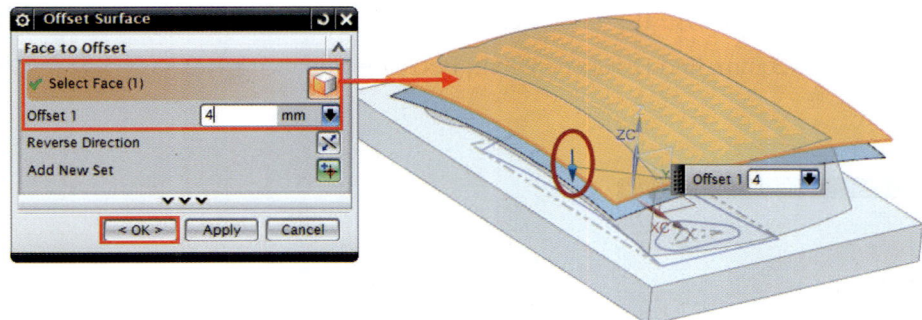

❶❾ Menu ▾ → Insert → Design Feature → Extrude(돌출)(   )를 클릭한다.

선택 옵션(Curve Rule)은 Connected Curves 로 설정하고 위에서 그린 스케치를 선택한 후 Start=Until Extended, End Distance =35mm, Boolean =Subtract(   )으로 설정한 후 Apply를 클릭한다.

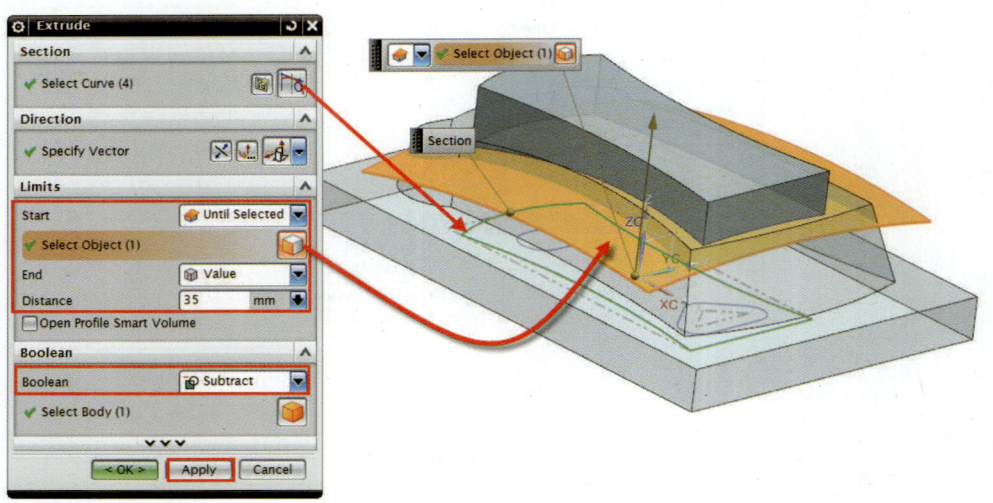

❷⓪ 선택 옵션(Curve Rule)은 Connected Curves 로 설정하고 위에서 그린 스케치를 선택한 후 Start Distance=20mm, End Distance=35mm, Boolean= Subtract(   )으로 설정한 후 OK를 클릭한다.

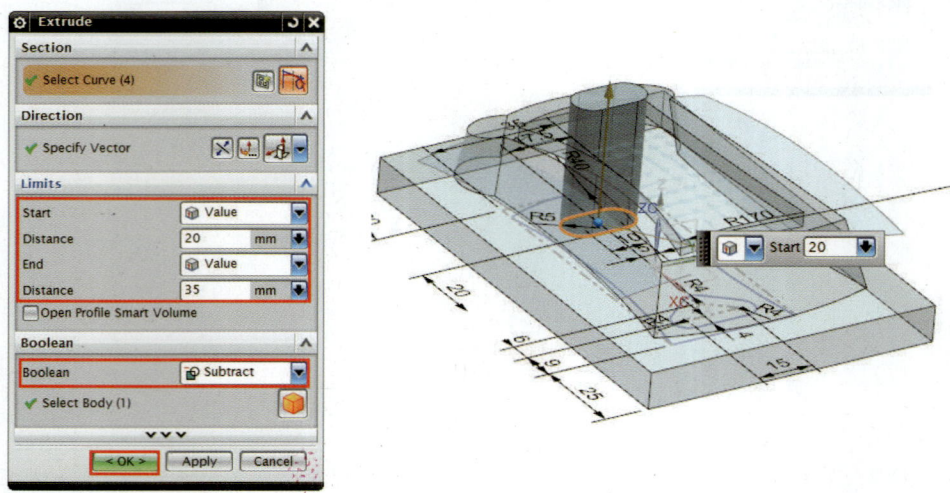

| 제1장 Sweep | 제2장 Surface Operation | 제3장 Mesh Surface | 제4장 Surface Exercise | 제5장 Synchronous Modeling | Chapter C Surface Modeling |

㉑ Menu → Insert → Offset/Scale → Offset Surface( )를 클릭한다.

Select Face=sweep으로 생성했던 sheet, Offset1=2mm로 입력하고 OK를 클릭한다.

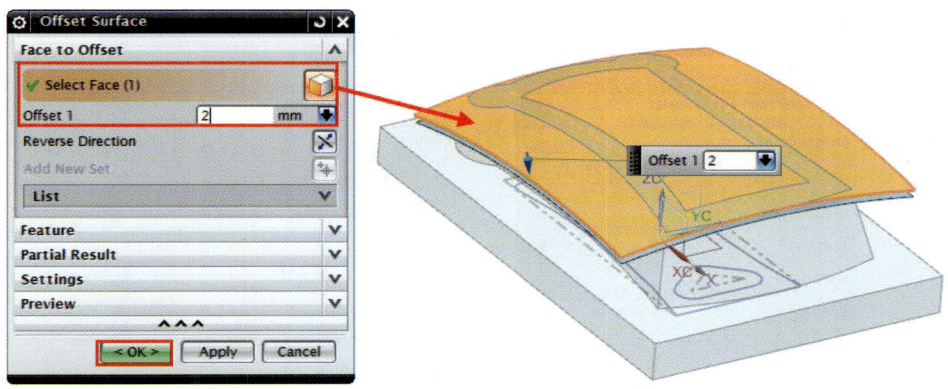

㉒ Menu → Insert → Design Feature → Extrude(돌출)( )를 클릭한다.

선택 옵션(Curve Rule)은 Connected Curves 로 설정하고 위에서 그린 스케치를 선택한 후 End=Until Extended, Boolean=Unite( )로 설정한 후 OK를 클릭한다.

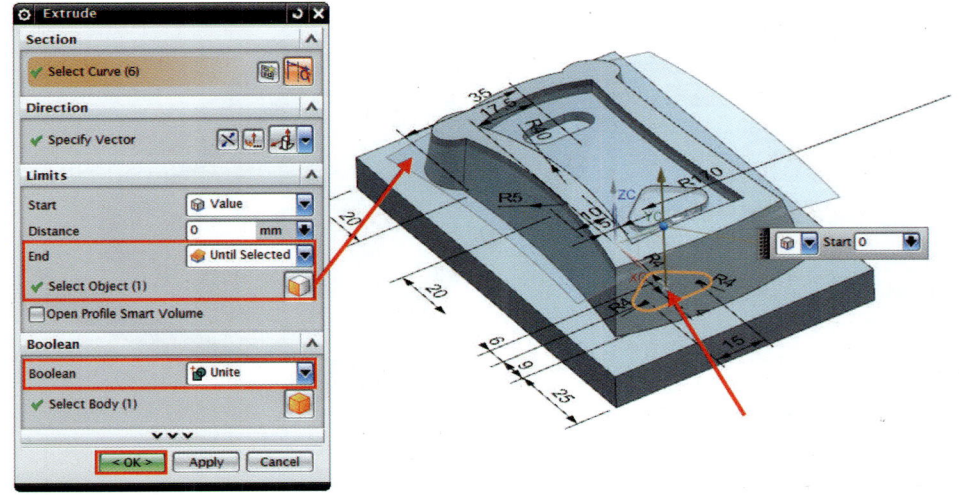

❷❸ Menu → Insert → Design Feature → Sphere(⬤)를 클릭한다.
Sphere Type=Center Point and Diameter, Specify Point에서 ⊞를 클릭한다.
Point Type=Inferred Point, ZC=18으로 설정한 후 OK를 클릭한다.

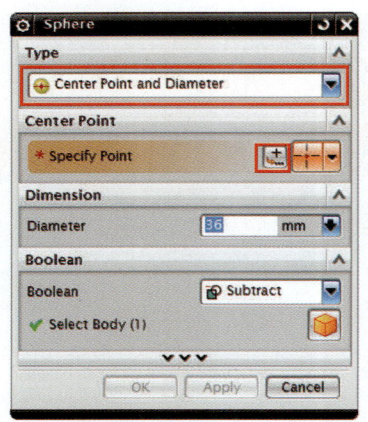
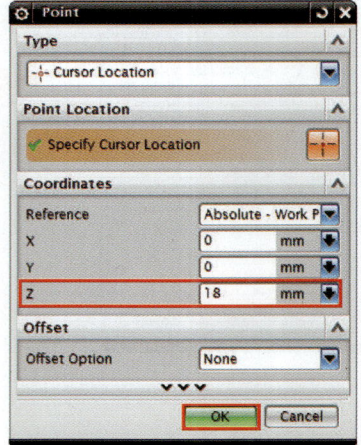

❷❹ Diameter=24mm, Boolean=Unite(⬤)로 설정한 후 OK를 클릭한다.

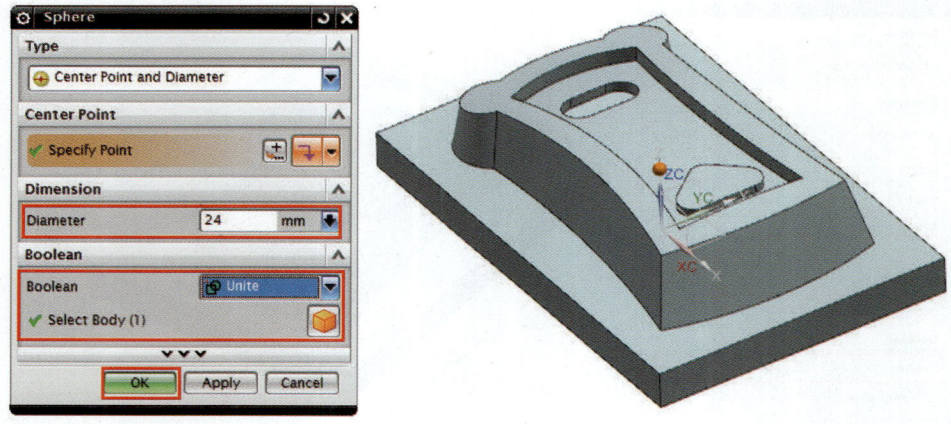

㉕ Menu → Insert → Design Feature → Cylinder( )를 선택한다.
Cylinder=Specify Point에서 를 클릭힌다.
Point ZC=10mm로 입력한 후 OK를 클릭한다.

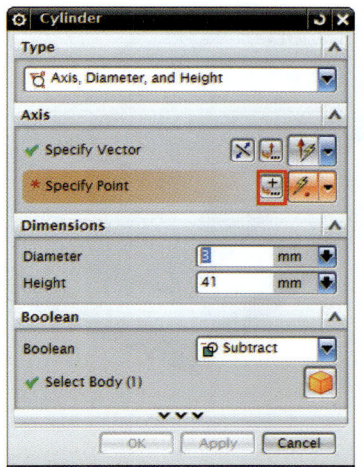
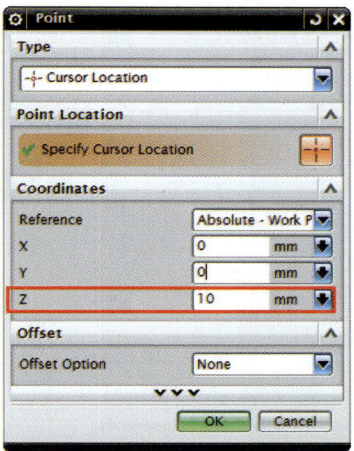

㉖ Cylinder창이 뜨면 Specify Vector=YC, Diameter=18mm, Height=30mm, Boolean=Unite( )로 설정하고 Apply를 클릭한다.

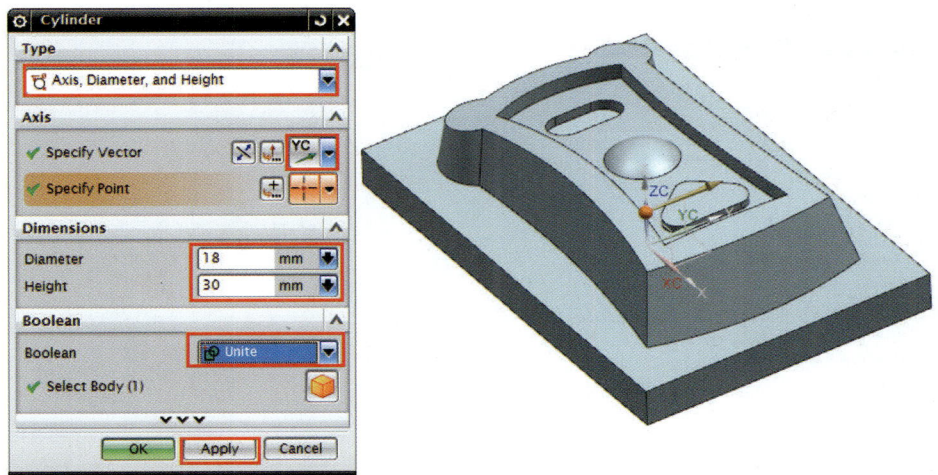

㉗ Specify Vector=-YC, Diameter=18mm, Height=30mm, Boolean=Unite( )로 설정하고 OK를 클릭한다.

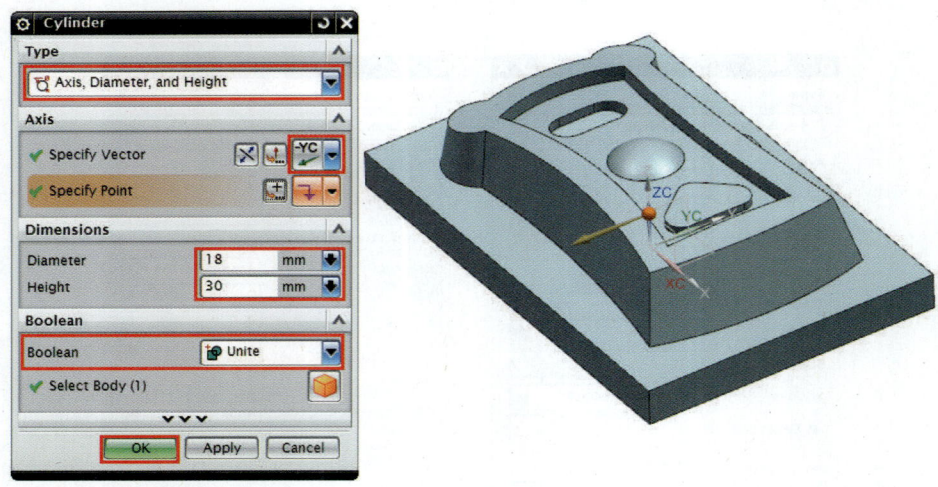

㉘ 모서리 블렌드(Edge Blend)( ) 아이콘을 클릭하고 표시된 모든 모서리를 선택한다. Shape=Circular( ), Radius 1=5mm로 설정하고 Apply를 클릭한다.

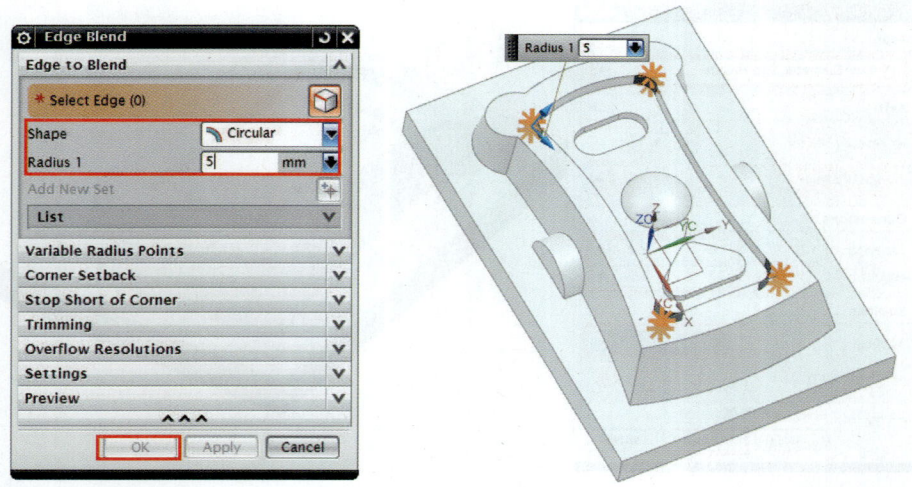

| 제1장 Sweep | 제2장 Surface Operation | 제3장 Mesh Surface | 제4장 Surface Exercise | 제5장 Synchronous Modeling | Chapter **C** Surface Modeling |

㉙ Menu → Insert → Detail Feature → Draft( )를 클릭한다.

Type=From Plane or Surface, Select Stationary Face (1) =화살표가 가리키는 면, Angle 1=20deg, Select Face (8)=화살표가 가리키는 옆면으로 설정한 후 OK를 클릭한다.

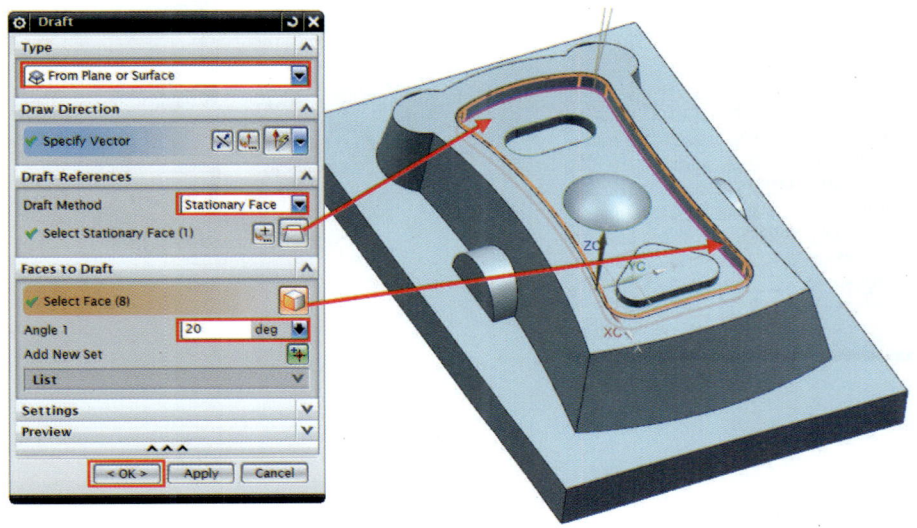

㉚ 모서리 블렌드(Edge Blend)( ) 아이콘을 클릭하고 표시된 모든 모서리를 선택한다.

Shape=Circular( ), Radius 1=10mm로 설정하고 Apply를 클릭한다.

 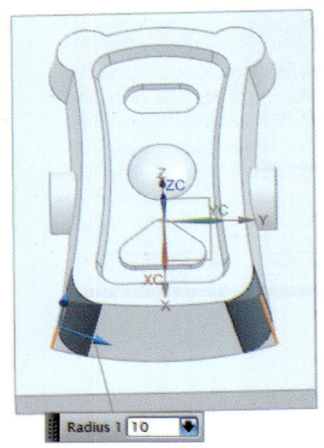

339

③ Shape=Circular( ), Radius 1=3mm로 설정하고 Apply를 클릭한다.

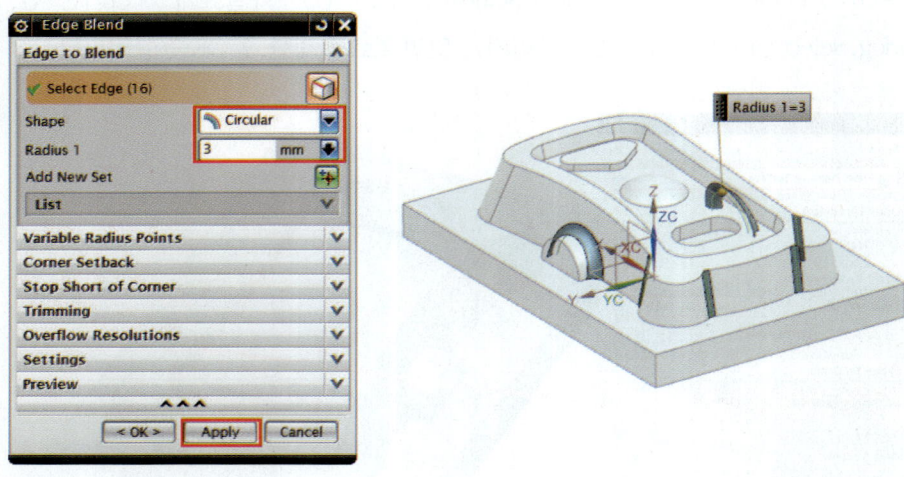

㉜ Shape=Circular( ), Radius 1=3mm로 설정하고 Apply를 클릭한다.

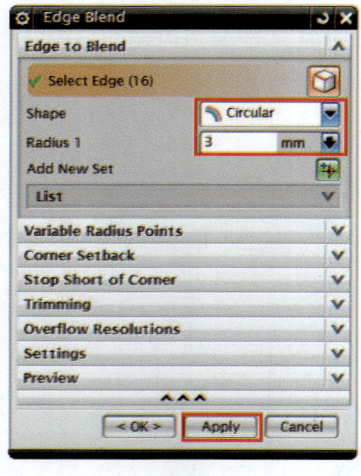
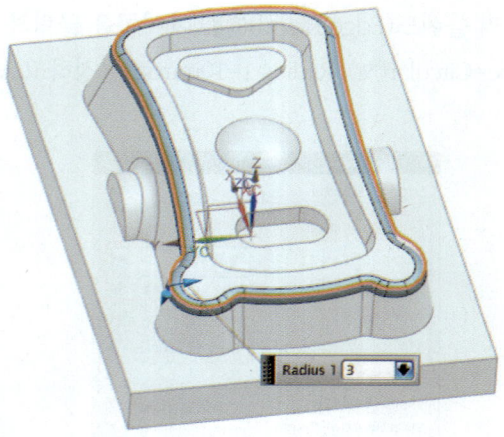

㉝ Shape=Circular( ), Radius 1=1mm로 설정하고 Apply를 클릭한다.

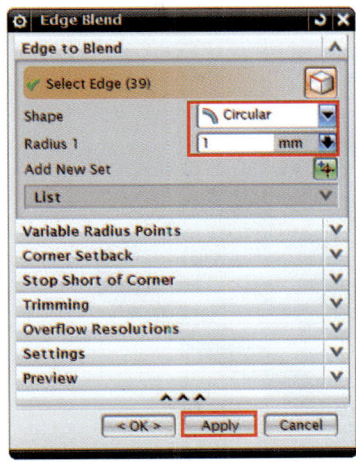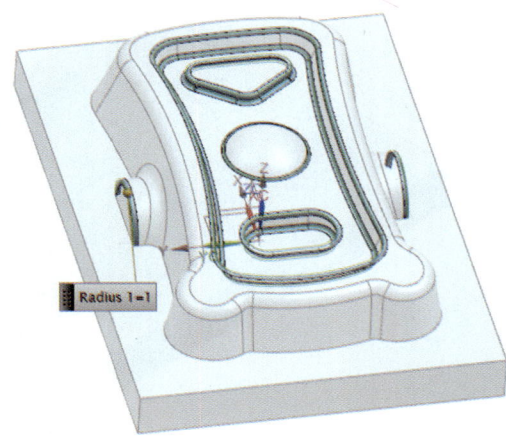

㉞ Shape=Circular( ), Radius 1=1mm로 설정하고 OK를 클릭한다.

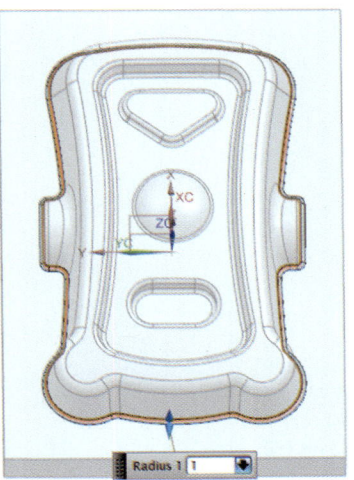

㉟ 완성

제3절 Surface Modeling 연습 예제 Ⅲ

| 도면명 | NX 모델링작업 | 척도 | NS |

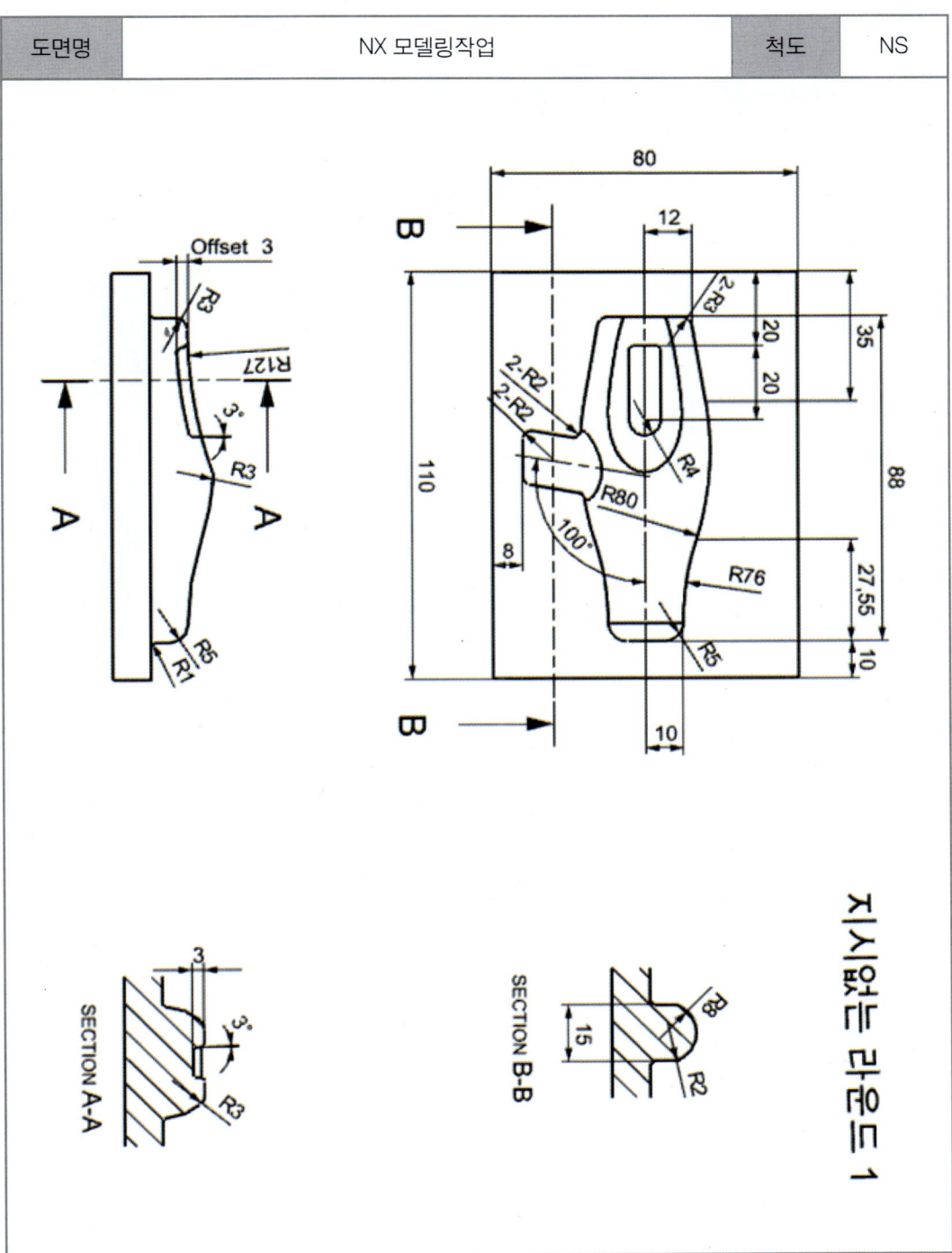

❶ File → New 혹은 아이콘을 클릭한다.

Name에서 파일 이름과 Folder에서 파일의 경로를 정의한다.

OK를 클릭하여 새 파트를 생성한다.

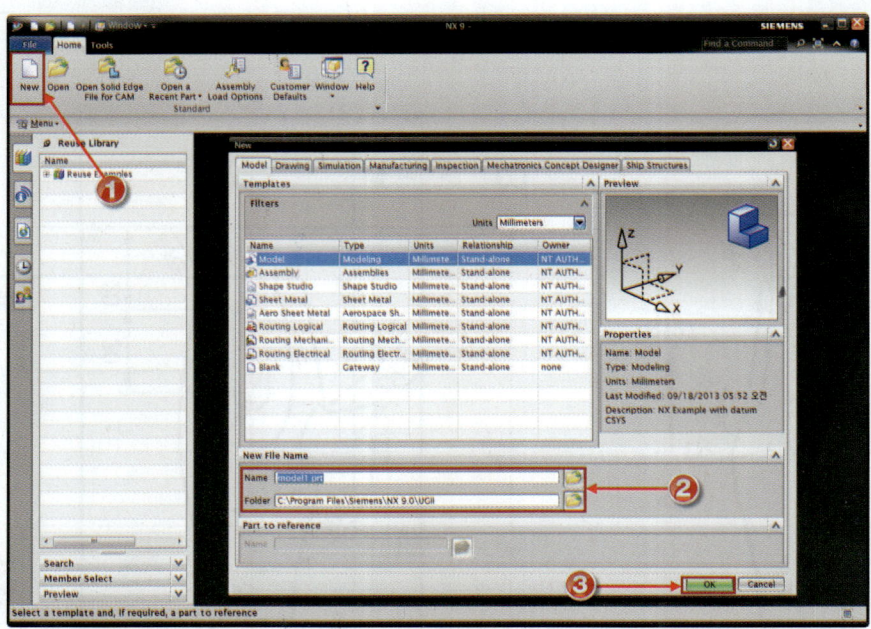

❷ Menu → Insert → Sketch in Task Environment( )를 클릭한다.

Sketch Type=On Plane, Plane Method=Inferred로 설정한 후 XZ평면을 클릭하고 OK를 클릭한다.

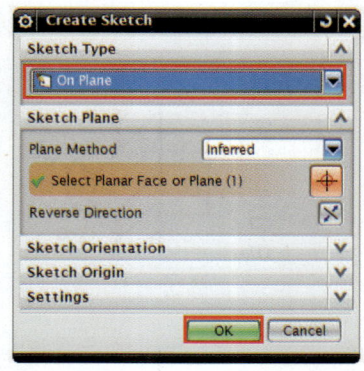 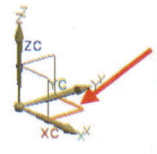

❸ 그림과 같이 스케치하고 아이콘을 이용해 스케치를 종료한다.

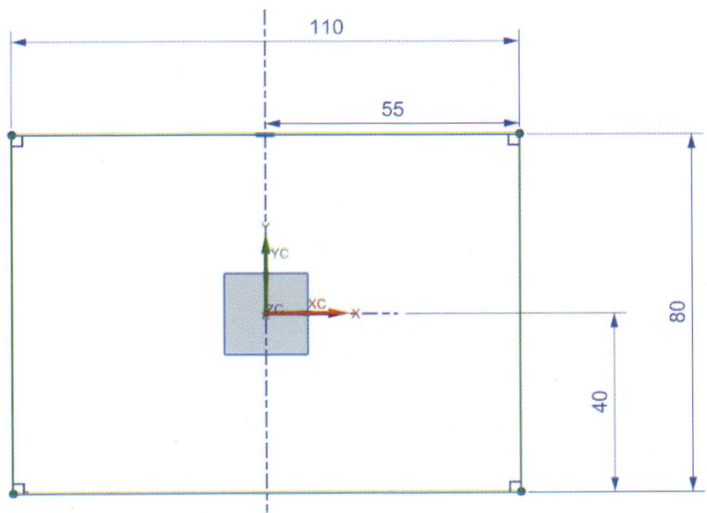

❹ Menu → Insert → Design Feature → Extrude(돌출)( )를 클릭한다.

선택 옵션(Curve Rule)은 Connected Curves 로 설정하고 ❸에서 그린 스케치를 선택한 후 End Distance=10mm로 설정한 후 OK를 클릭한다.

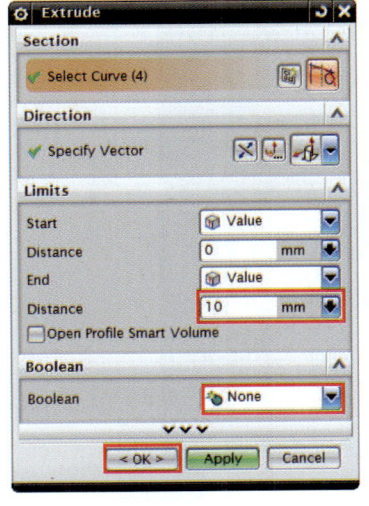
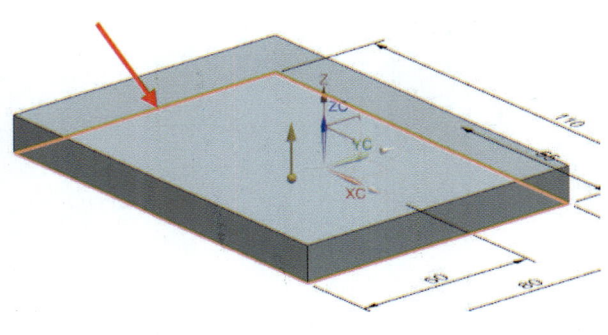

❺ Menu ▾ → Insert → Sketch in Task Environment(🖼)를 클릭한다.
sketch Type=On Plane, 화살표가 가리키는 면을 클릭 후 OK를 클릭하여 XY평면상으로 들어간다.

❻ XY평면에 그림과 같이 스케치한 후 🏁 아이콘을 클릭하여 스케치를 종료한다.
Finish

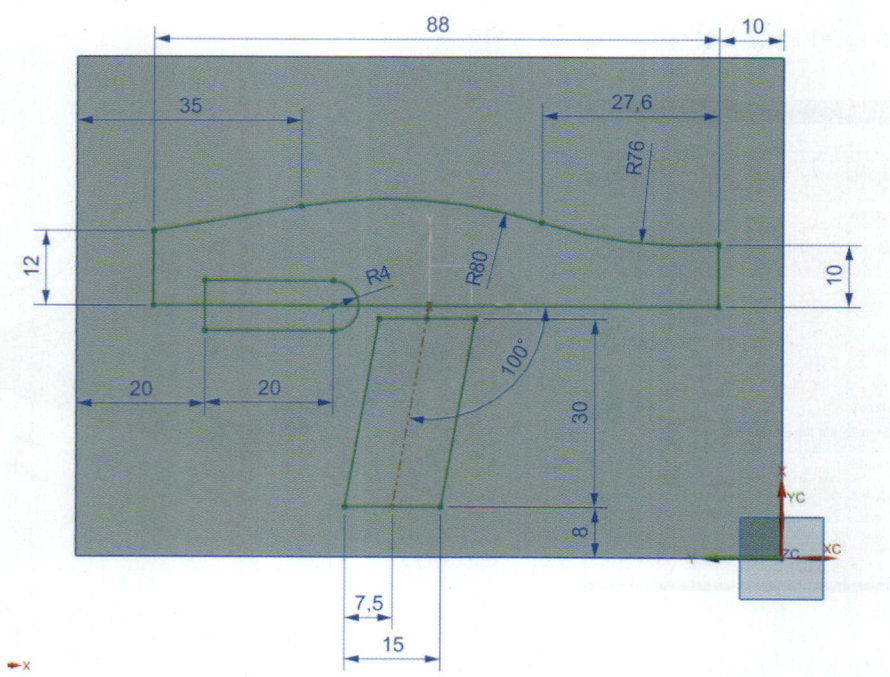

| 제1장 Sweep | 제2장 Surface Operation | 제3장 Mesh Surface | 제4장 Surface Exercise | 제5장 Synchronous Modeling | Chapter C Surface Modeling |

❼ Menu ▼ → Insert → Design Feature → Extrude(돌출)(▦)를 클릭한다.
선택 옵션(Curve Rule)은 [Connected Curves]로 설정하고 위에서 그린 스케치를 선택한 후 End Distance=12mm, Boolean= Unite(➡)로 설정한 후 OK를 클릭한다.

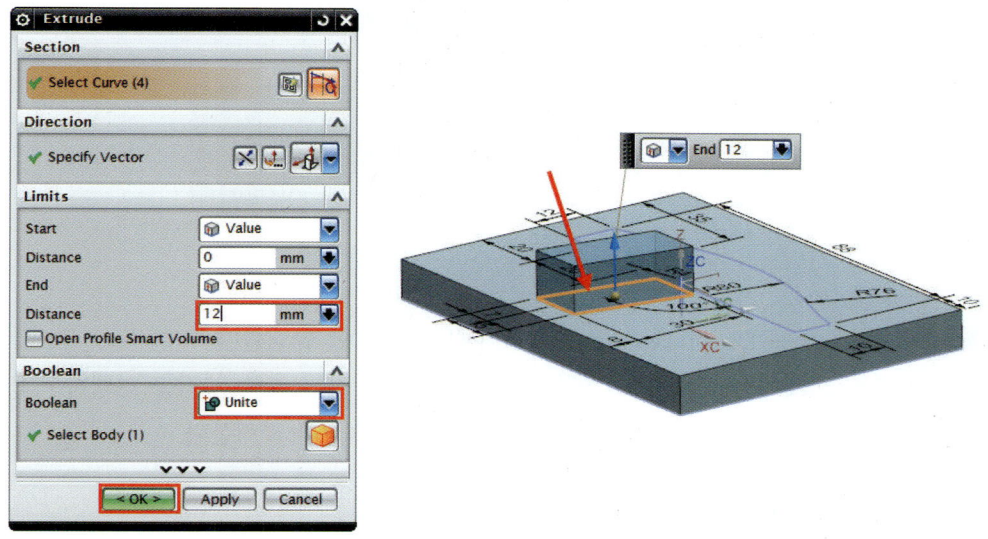

❽ Menu ▼ → Insert → Sketch in Task Environment(▦)를 클릭한다.
sketch Type=On Plane, 화살표가 가리키는 면을 클릭한 후 OK를 클릭하여 평면상으로 들어간다.

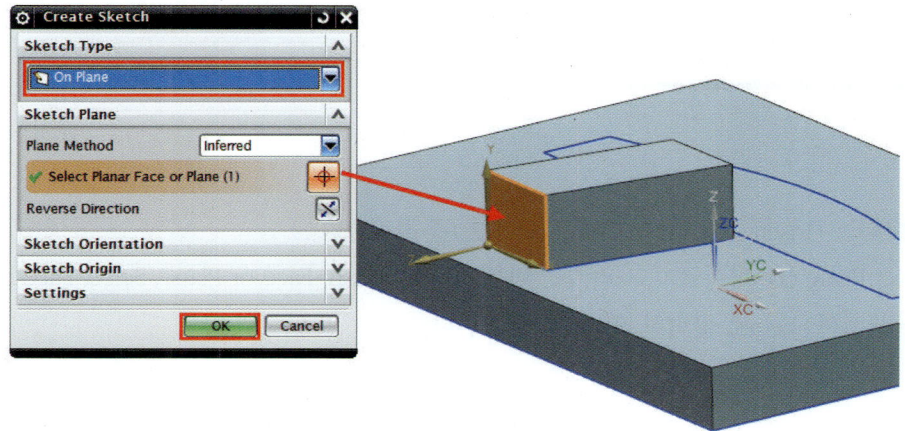

347

❾ 평면에 그림과 같이 스케치한 후 아이콘을 클릭하여 스케치를 종료한다.

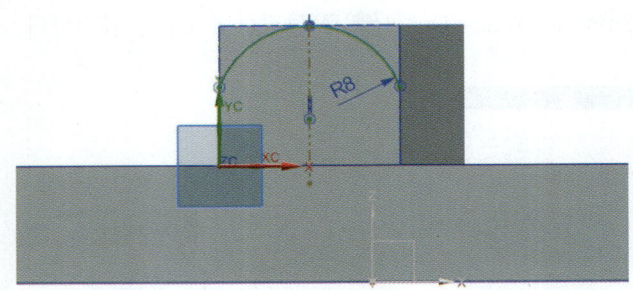

❿ Menu → Insert → Design Feature → Extrude(돌출)()를 클릭한다.
위에서 그린 스케치를 선택하고 벡터를 화살표가 가리키는 돌출 엣지를 선택하고 End= Symmetric Value(), End Distance=35mm로 설정한 후 OK를 클릭한다.

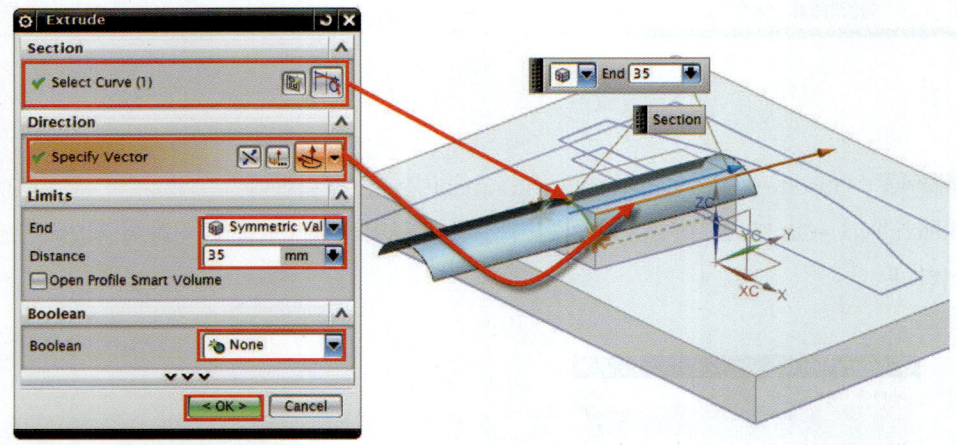

⓫ Menu → Insert → Trim → Trim Body()를 클릭한다.
Select Body (1)=화살표가 가리키는 바디, Tool Option=Face or Plane, Select Face or Plane (1)=생성한 Sheet로 클릭한 후 OK를 클릭한다.

| 제1장 Sweep | 제2장 Surface Operation | 제3장 Mesh Surface | 제4장 Surface Exercise | 제5장 Synchronous Modeling | Chapter C Surface Modeling |

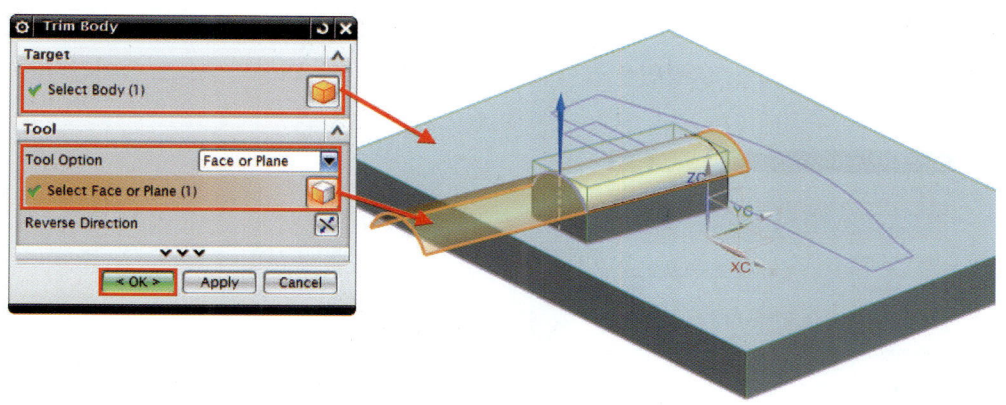

⓬ Menu ▸ → Insert → Design Feature → Revolve( )를 클릭한다.

선택 옵션(Curve Rule)은 Connected Curves 로 설정하고 ①번 화살표가 가리키는 스케치를 선택한 후 Section=화살표가 가리키는 선, Angle=180deg, Boolean=Unite( )로 설정한 뒤 OK를 클릭한다.

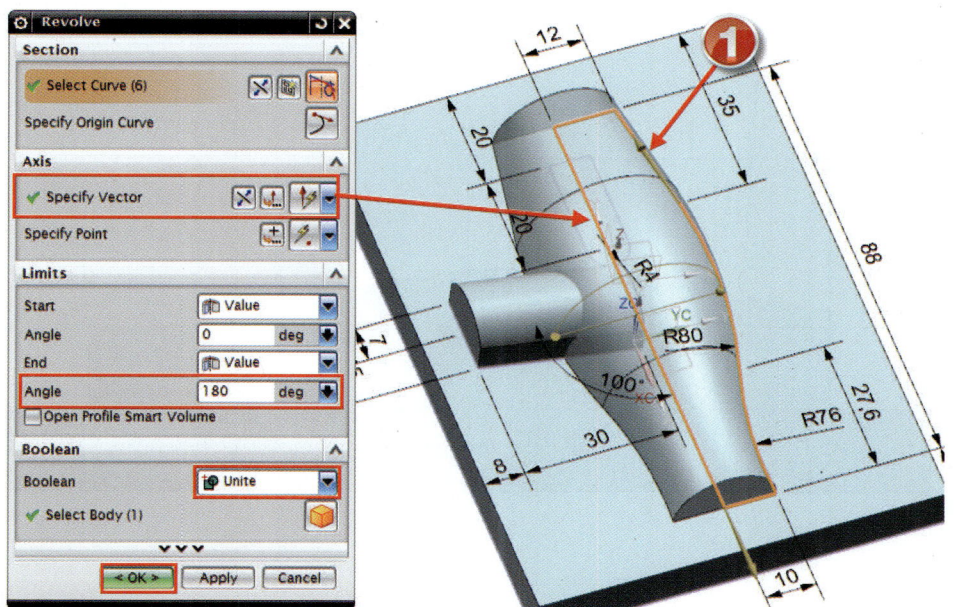

❸ Menu ▸ → Insert → Sketch in Task Environment( )를 클릭한다.

sketch Type=On Plane, ZX평면을 클릭한 후 OK를 클릭하여 ZX평면상으로 들어간다.

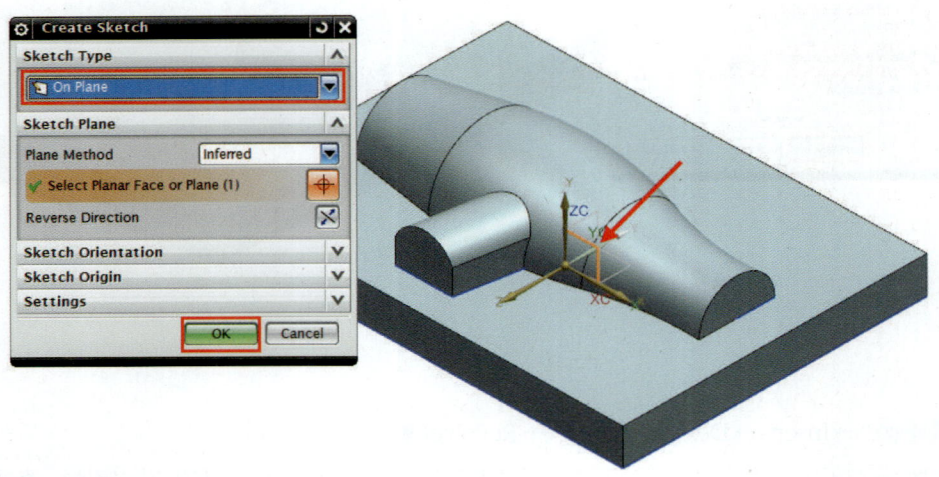

❹ ZX평면에 그림과 같이 스케치한 후 Finish 아이콘을 클릭하여 스케치를 종료한다.

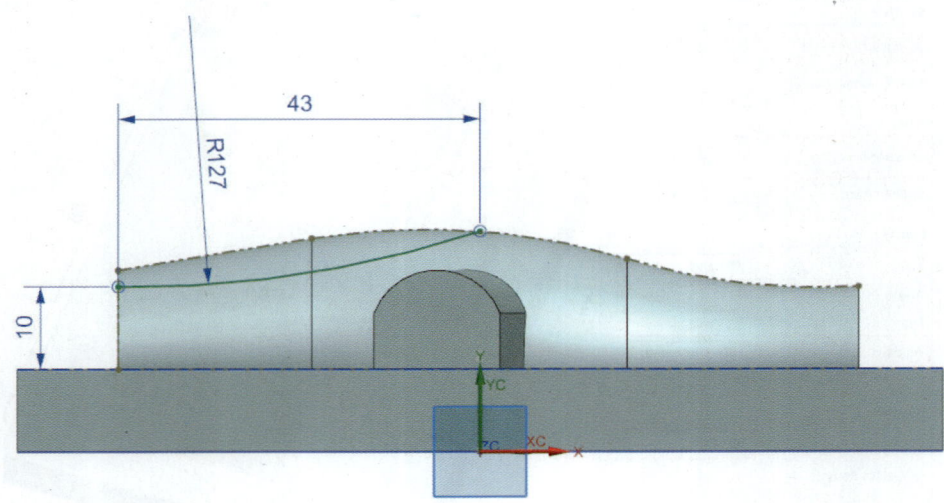

제1장	제2장	제3장	제4장	제5장	Chapter C
Sweep	Surface Operation	Mesh Surface	Surface Exercise	Synchronous Modeling	Surface Modeling

⓯ Menu → Insert → Design Feature → Extrude(돌출)(　)를 클릭한다.

위에서 그린 스케치를 선택한 후 End=Symmetric Value(　), End Distance=30mm로 설정한 후 OK를 클릭한다.

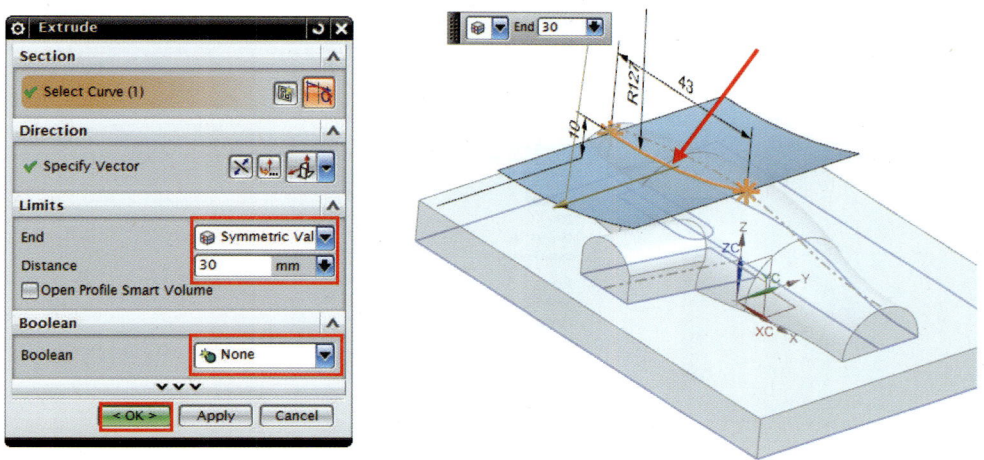

⓰ Menu → Insert → Trim → Trim Body를 클릭한다.

Select Body (1)=화살표가 가리키는 바디, Tool Option=Face or Plane, Select Face or Plane (1)=생성한 Sheet로 클릭한 후 OK를 클릭한다.

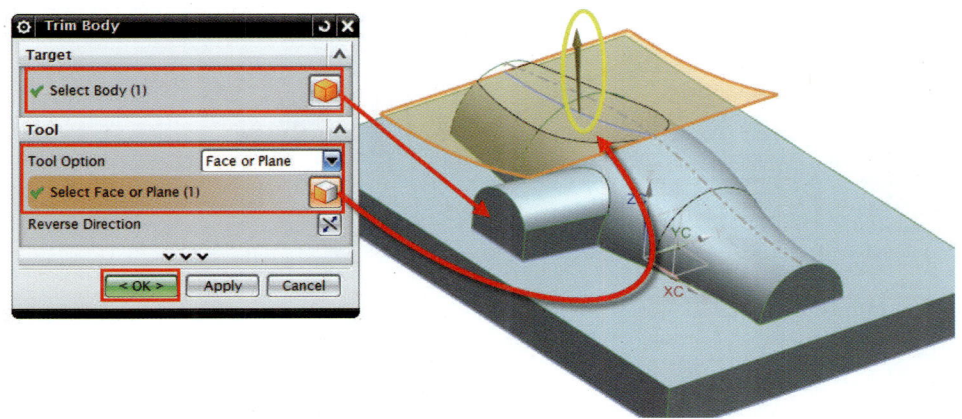

351

⓱ Menu ▼ → Insert → Design Feature → Emboss( )를 클릭한다.

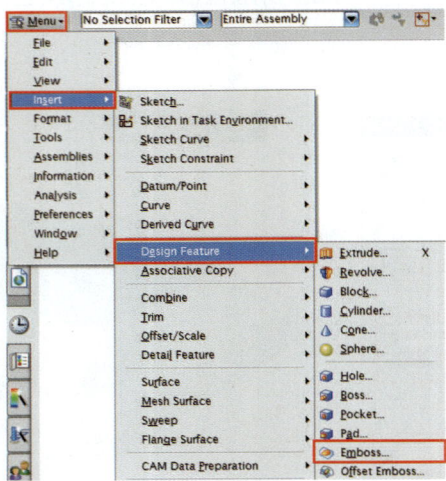

⓲ Section=스케치한 곡선, Face to Emboss=화살표가 가리키는 면, Geometry=Embossed Faces, Location=Offset, Distance=-3mm, Draft=From End Cap, Draft Angle 1=3deg으로 설정한 후 OK를 클릭한다.

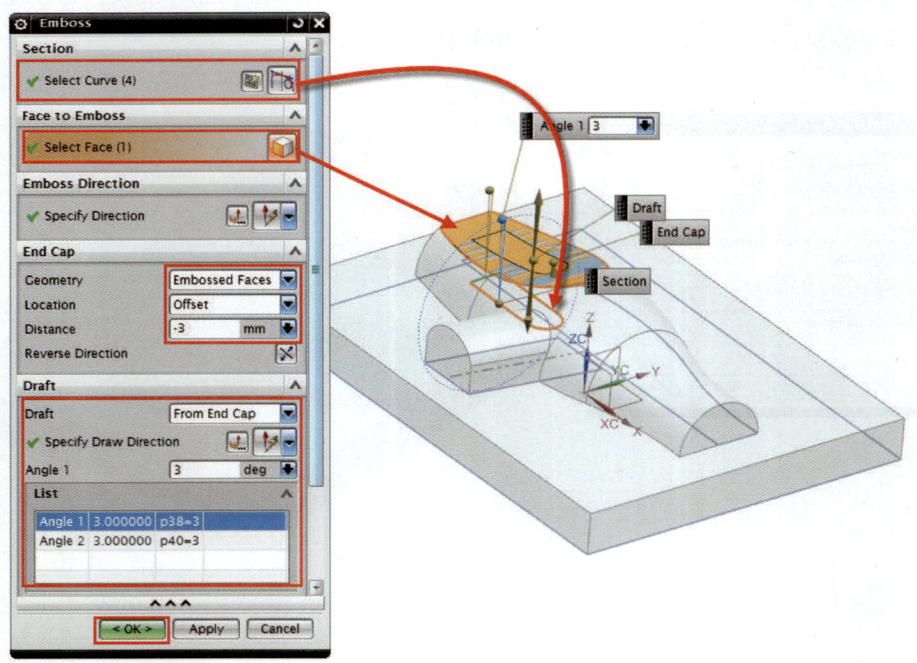

⓳ 모서리 블렌드(Edge Blend)( ) 아이콘을 클릭하고 표시된 모든 모서리를 선택한다.
Shape=Circular( ), Radius 1=5mm로 설정하고 Apply를 클릭한다.

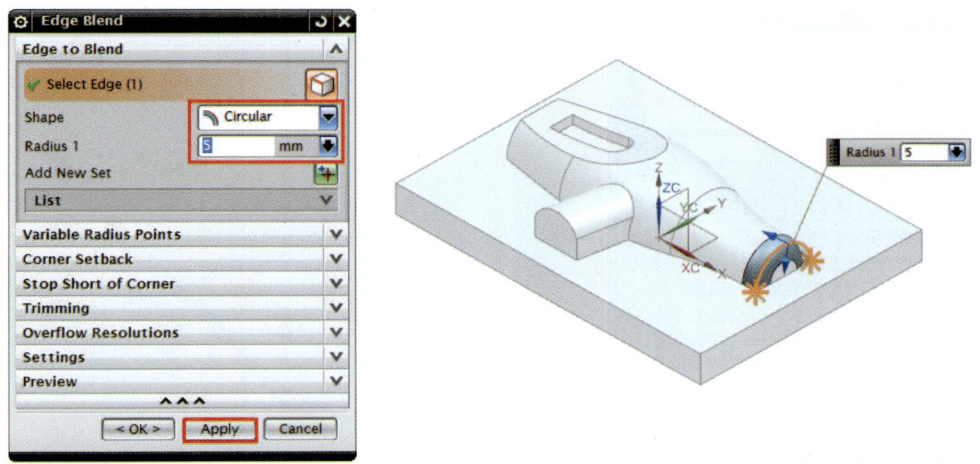

⓴ 표시된 모든 모서리를 선택한 다음 Shape=Circular( ), Radius 1=3mm로 설정하고 Apply를 클릭한다.

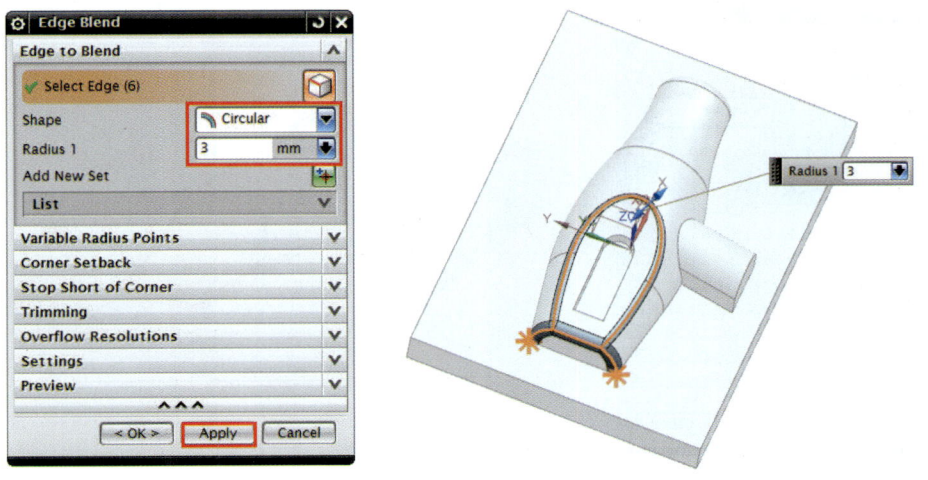

㉑ 표시된 모든 모서리를 선택한 다음 Shape=Circular( ), Radius 1=2mm으로 설정하고 Apply를 클릭한다.

 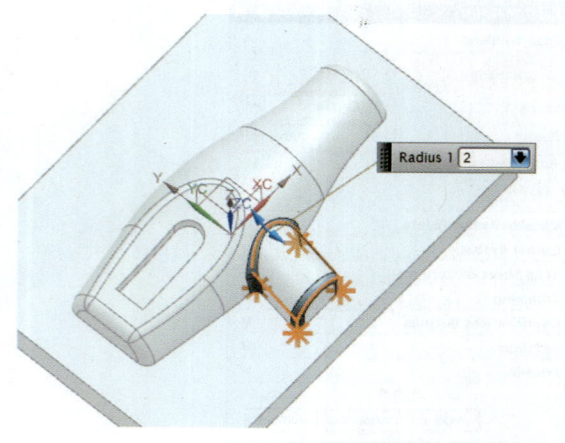

㉒ 표시된 모든 모서리를 선택한 다음 Shape=Circular( ), Radius 1=1mm로 설정하고 OK를 클릭한다.

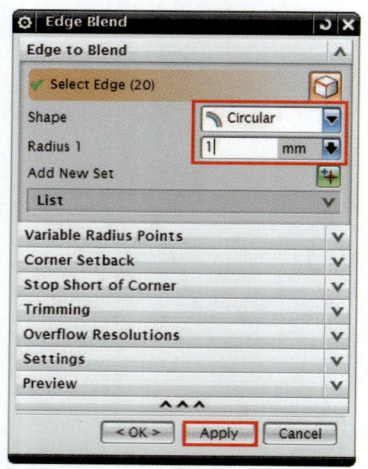 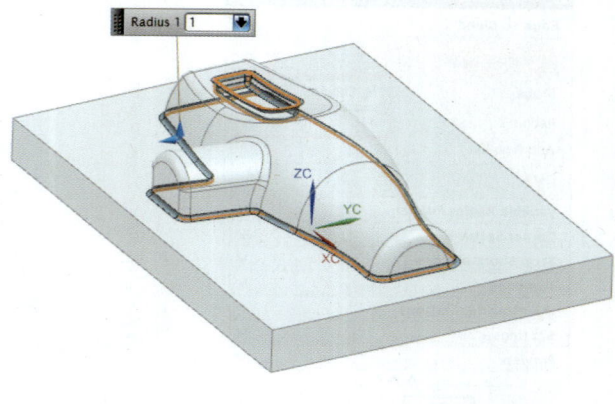

㉓ 완성

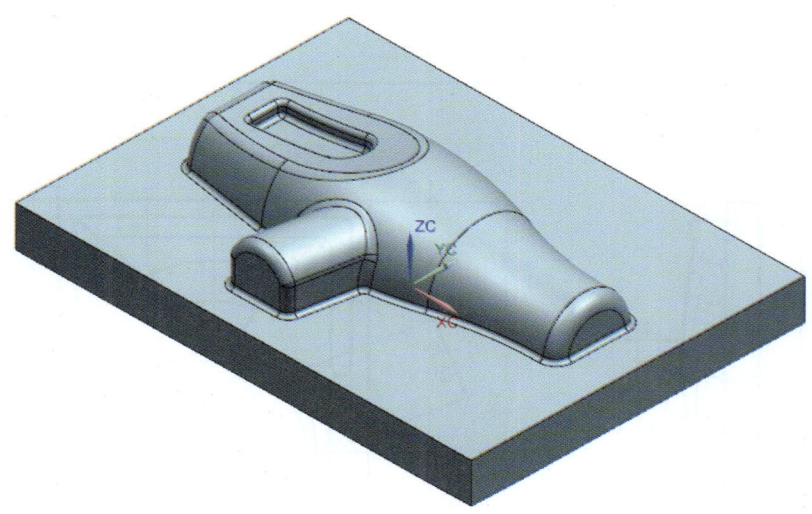

제 4 절 Surface Modeling 연습 예제 Ⅳ

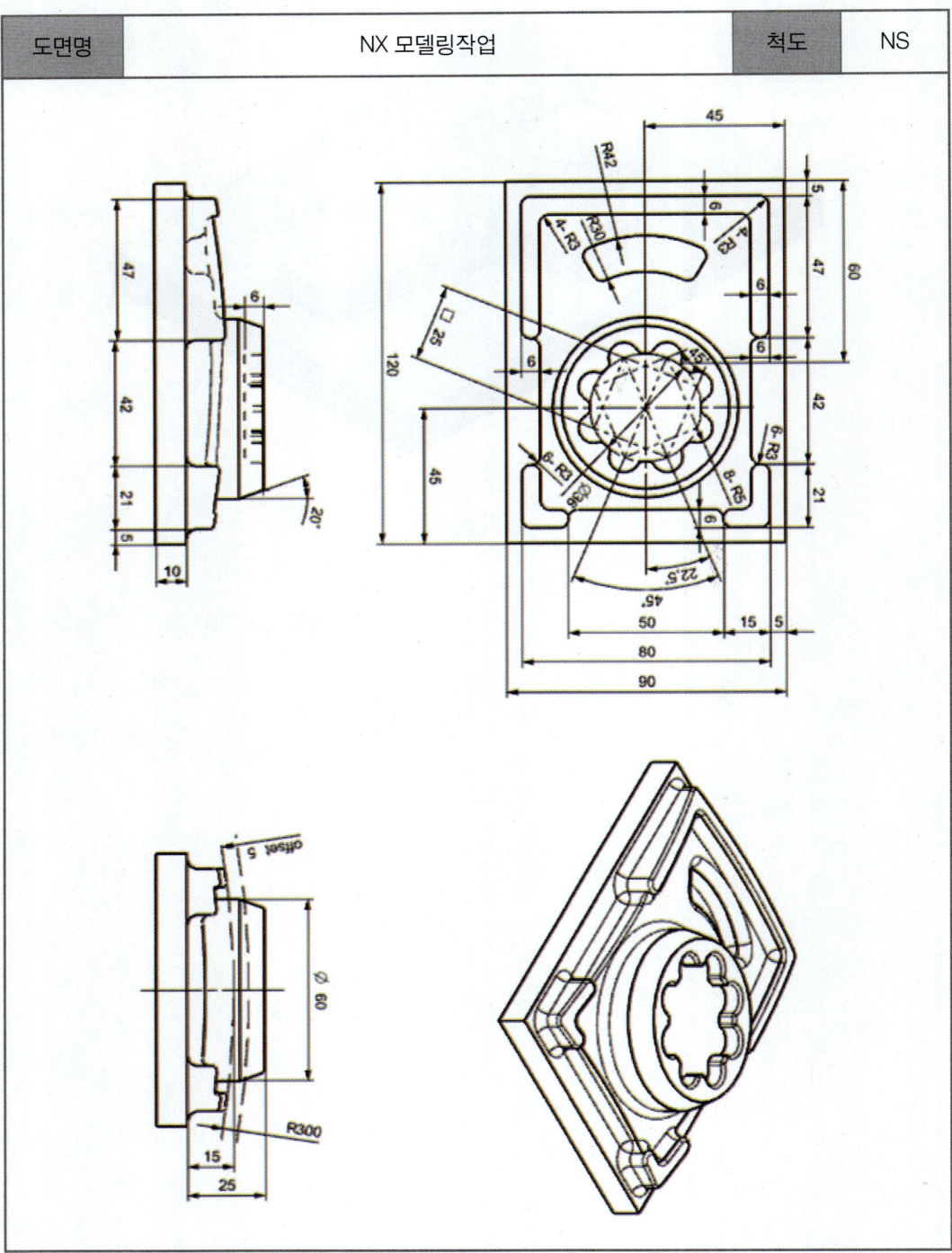

제1장	제2장	제3장	제4장	제5장	Chapter
Sweep	Surface Operation	Mesh Surface	Surface Exercise	Synchronous Modeling	Surface Modeling

❶ File → New 혹은 아이콘을 클릭한다.

Name에서 파일 이름과 Folder에서 파일의 경로를 정의한다.

OK를 클릭하여 새 파트를 생성한다.

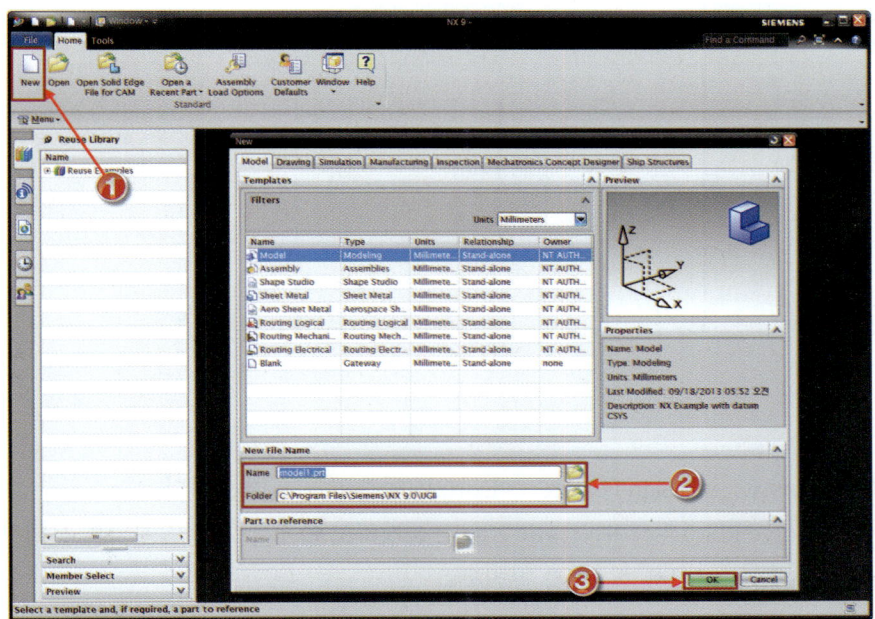

❷ Menu → Insert → Sketch in Task Environment( )를 클릭한다.

Sketch Type=On Plane, Plane Method=Inferred로 설정한 후 XZ평면을 클릭하고 OK를 클릭한다.

 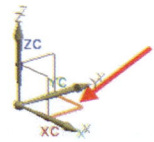

357

❸ 그림과 같이 스케치하고 아이콘을 이용해 스케치를 종료한다.

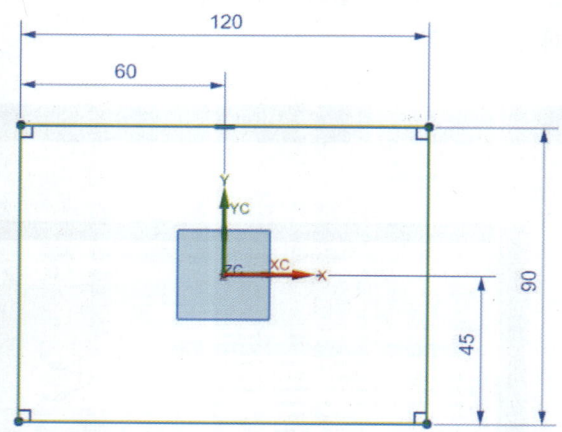

❹ Menu → Insert → Design Feature → Extrude(돌출)를 클릭한다.
선택 옵션(Curve Rule)은 Connected Curves로 설정하고 ❸에서 그린 스케치를 선택한 후 End Distance=10mm로 설정한 후 OK를 클릭한다.

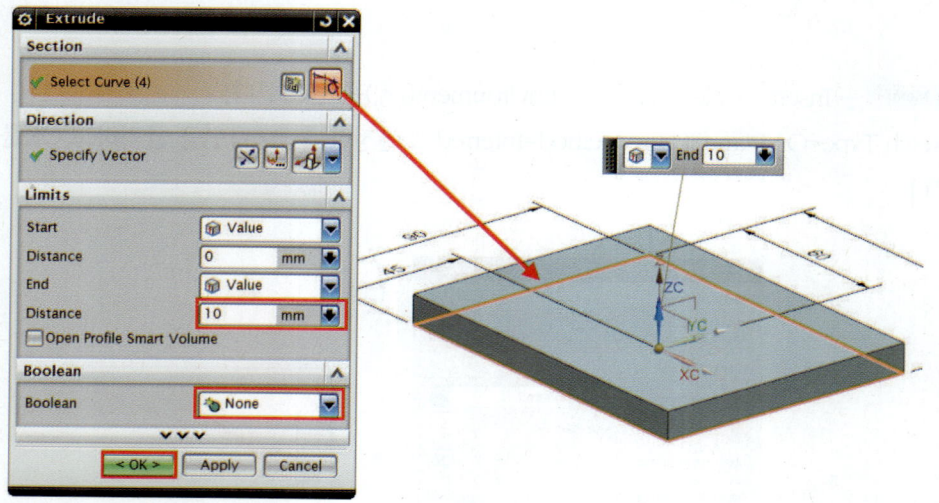

| 제1장 Sweep | 제2장 Surface Operation | 제3장 Mesh Surface | 제4장 Surface Exercise | 제5장 Synchronous Modeling | Chapter **C** Surface Modeling |

❺ Menu → Insert → Sketch in Task Environment(📐)를 클릭한다.
sketch Type=On Plane, 화살표가 가리키는 면을 클릭한 다음 OK를 클릭한다.

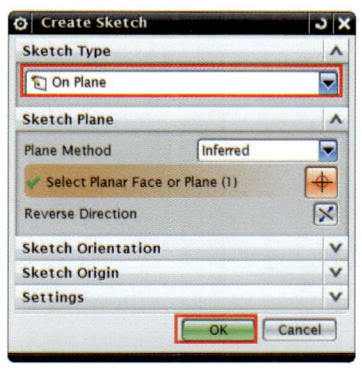 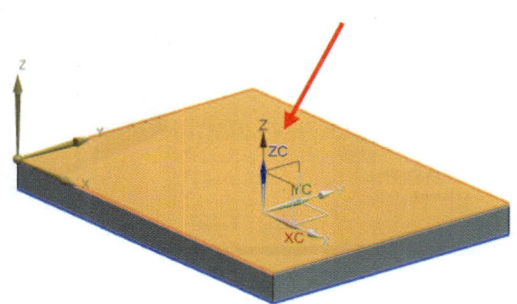

❻ XY평면에 그림과 같이 스케치한 후 ▨ 아이콘을 클릭하여 스케치를 종료한다.
Finish

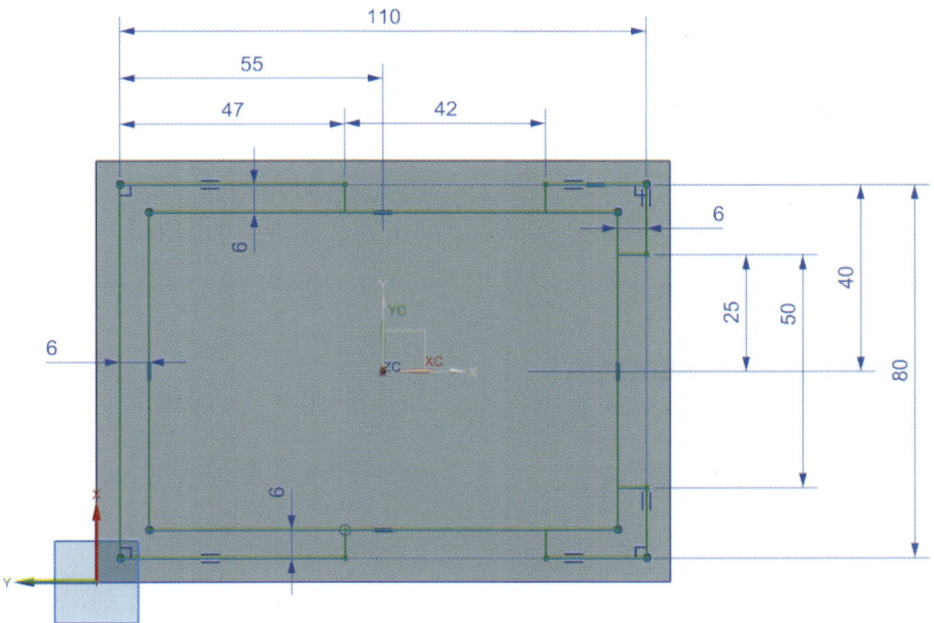

359

❼ ☰ Menu ▾ → Insert → Sketch in Task Environment(📋)를 클릭한다.
sketch Type=On Plane, ZX평면을 클릭 후 설정한 다음 OK를 클릭한다.

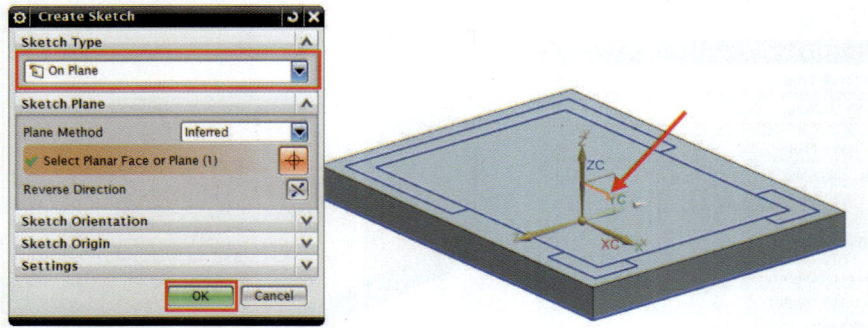

❽ ZX평면에 그림과 같이 스케치한 후 🏁 아이콘을 클릭하여 스케치를 종료한다.
Finish

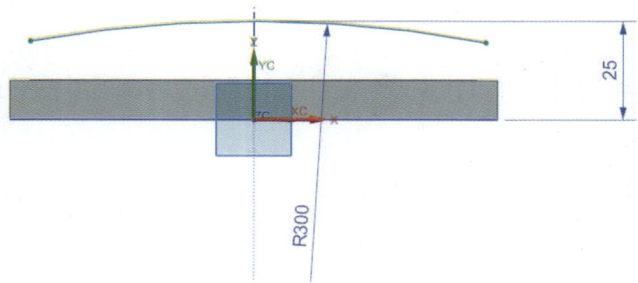

❾ ☰ Menu ▾ → Insert → Sketch in Task Environment(📋)를 클릭한다.
sketch Type=On Path로 설정 후 ZX평면에 스케치한 면을 클릭한다.
Arc Length=0 or 100으로 설정하여 다음과 같은 위치를 지정한 다음 OK를 클릭한다.

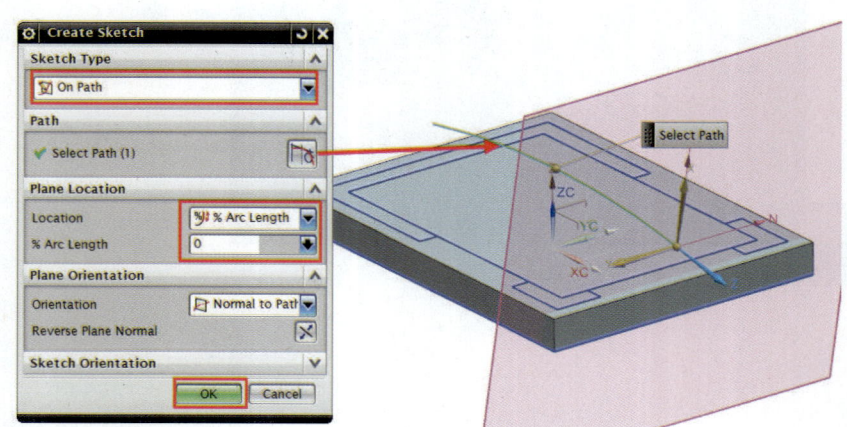

❿ 그림과 같이 스케치한 후 ▨ 아이콘을 클릭하여 스케치를 종료한다.
Finish

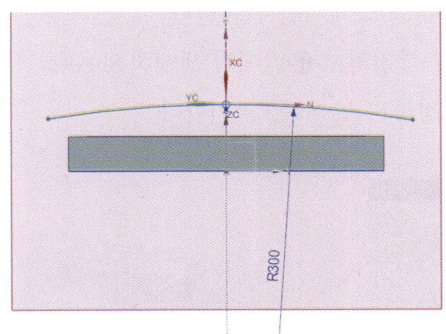

⓫ ▥ Menu ▾ → Insert → Sweep → Swept(◈)을 클릭한다.
Sections Select Curve=화살표가 가리키는 곡선, Guide Select Curve=❿번에서 생성한 곡선
으로 설정한 후 OK를 클릭한다.

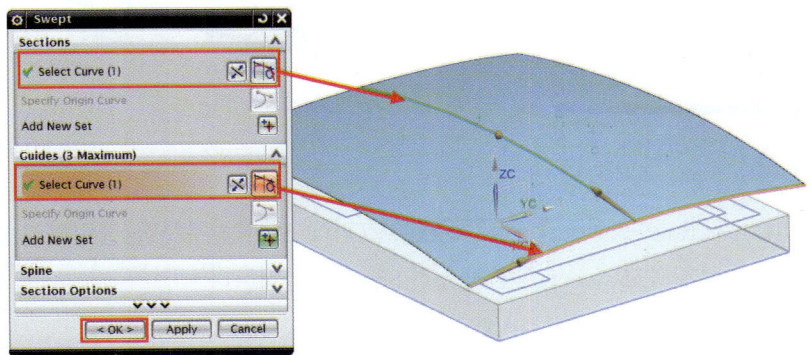

⓬ ▥ Menu ▾ → Insert → Offset/Scale → Offset Surface(▨)를 클릭한다.
Select Face (1)=화살표가 가리키는 sheet, Offset 1=5mm로 입력하고 OK를 클릭한다.

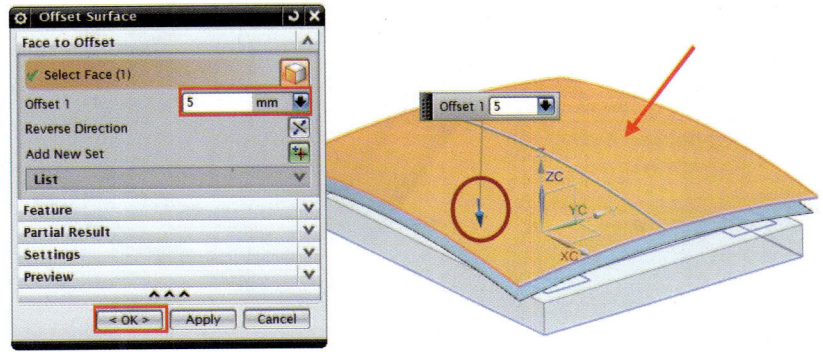

❸ 돌출(Extrude)( ) 아이콘을 클릭한 후 선택 옵션(Curve Rule)을 Connected Curves 로 설정한 후 화살표가 가리키는 사각형 스케치를 선택한다.

End=Until Selected( )로 설정하고 ⓬번에서 생성한 Sheet를 선택한다.

Boolean=Unite( )로 설정하고 Apply를 클릭한다.

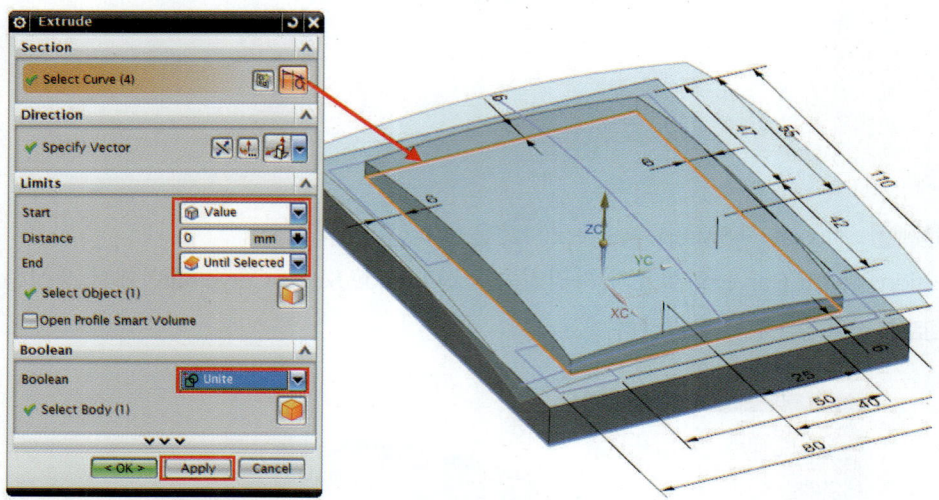

❹ 선택 옵션(Curve Rule)을 Region Boundary Curv 로 그림에 보이는 부분을 클릭하고, End= Until Selected( )로 설정하고 sweep으로 생성한 Sheet를 선택한다.

Boolean= Unite( )로 설정하고 Apply를 클릭한다.

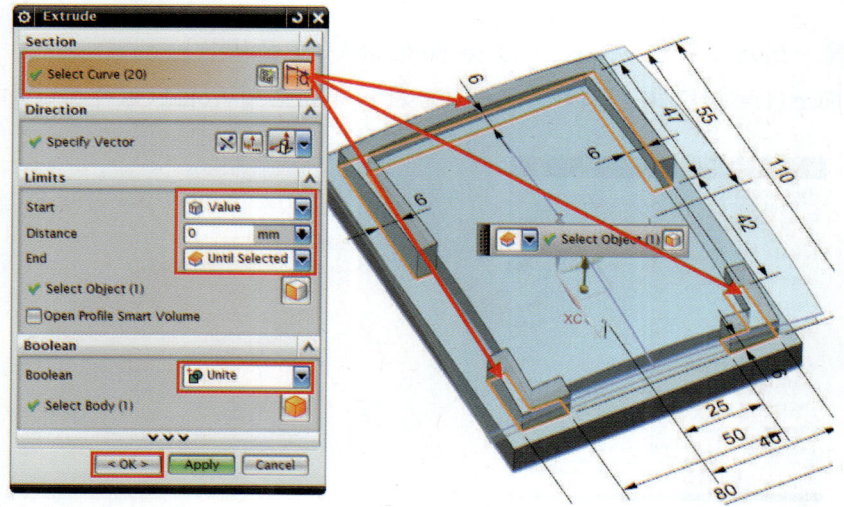

⓯ Menu ▼ → Insert → Datum/Point → Datum Plane(　)을 클릭한다.

Type=Inferred, Select Object (1)=화살표가 가리키는 면, Distance=25-8로 설정한 후 OK를 클릭한다.

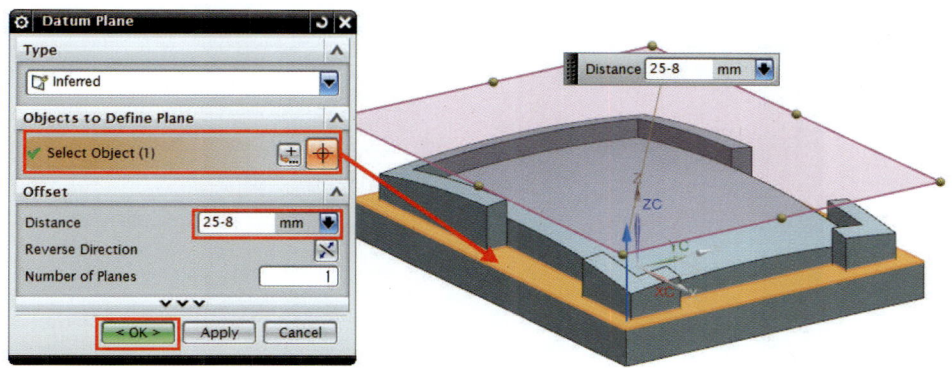

⓰ Menu ▼ → Insert → Sketch in Task Environment(　)를 클릭한다.

sketch Type=On Plane, 생성한 데이텀 평면을 클릭 후 OK를 클릭하여 데이텀 평면상으로 들어간다.

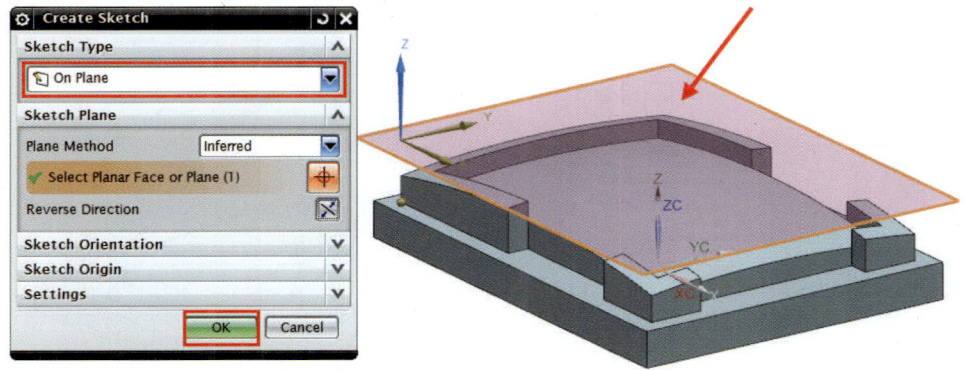

⑰ 평면에 그림과 같이 스케치한 후 아이콘을 클릭하여 스케치를 종료한다.

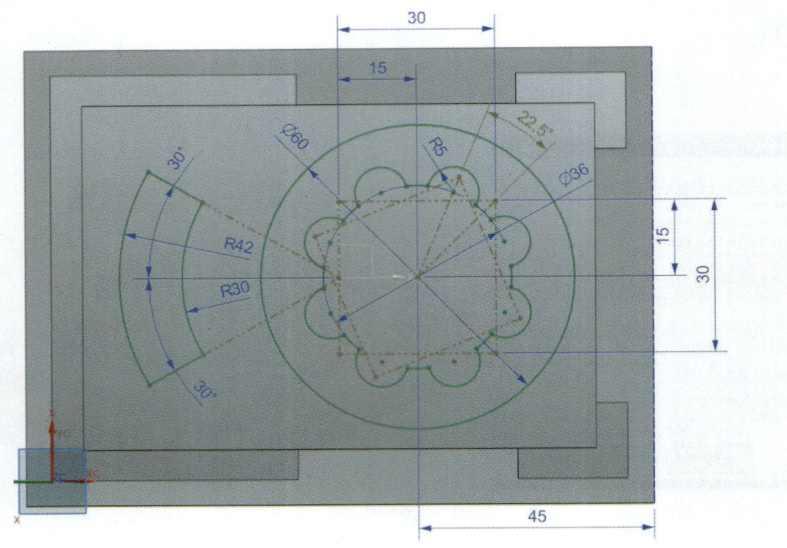

⑱ Menu → Insert → Design Feature → Extrude(돌출)를 클릭한다.

선택 옵션(Curve Rule)은 Connected Curves 로 설정하고 ⑰에서 그린 스케치를 선택한 후 End Distance=25-8mm, Boolean=Subtract( )으로 설정한 후 Apply를 클릭한다.

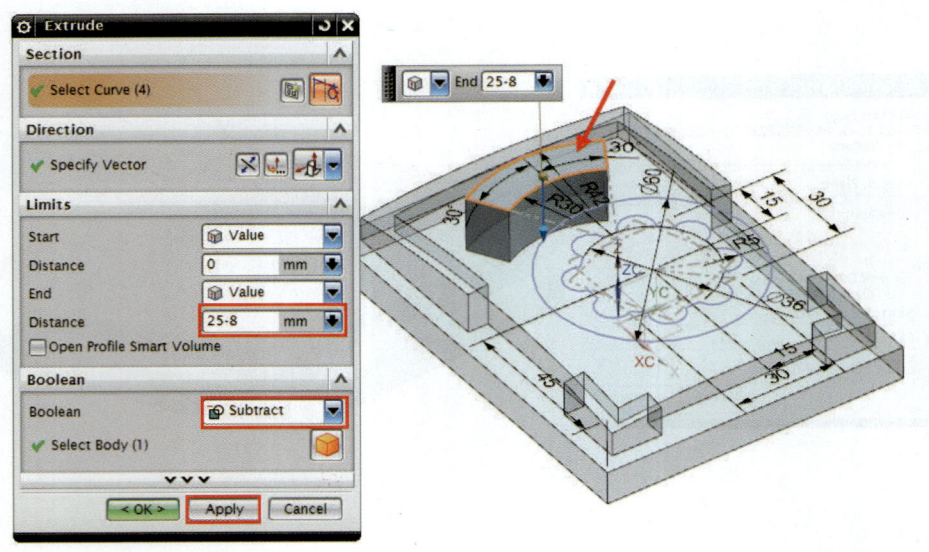

⓳ 화살표가 가리키는 스케치를 선택한 후 End Distance=17mm, Boolean= Unite(   )로 설정한 후 Apply를 클릭한다.

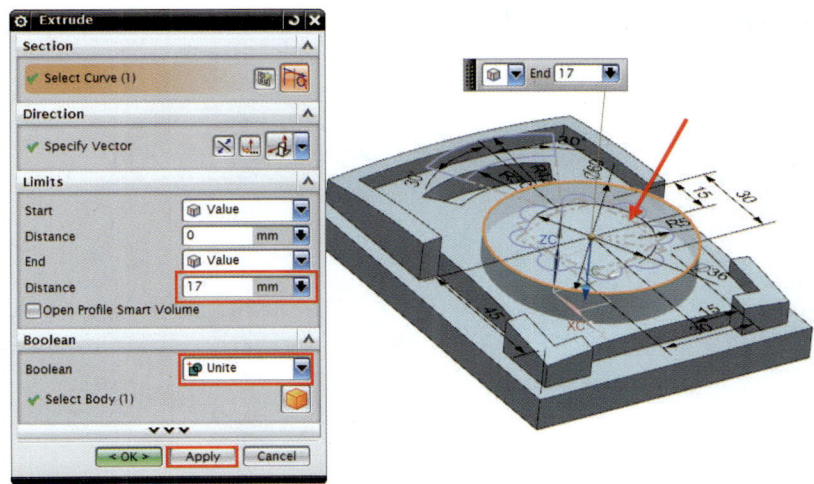

⓴ 화살표가 가리키는 스케치를 선택한 후 End Distance=8mm, Boolean= Unite(   ), Draft =From Start Limit, Angle=20deg로 설정한 후 Apply를 클릭한다.

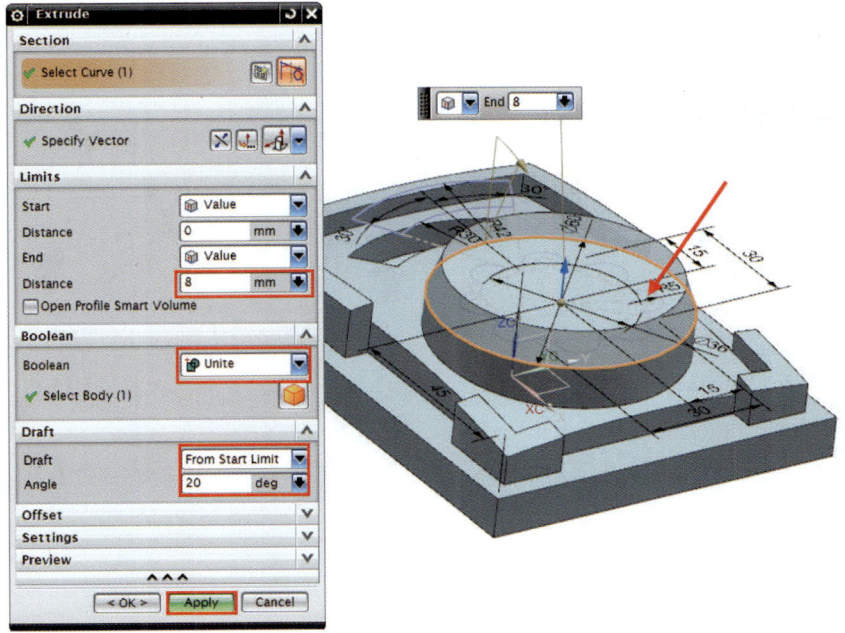

㉑ 화살표가 가리키는 스케치를 선택한 후 Start Distance=2mm, End Distance=8mm, Boolean=Subtract( )으로 설정한 후 OK를 클릭한다.

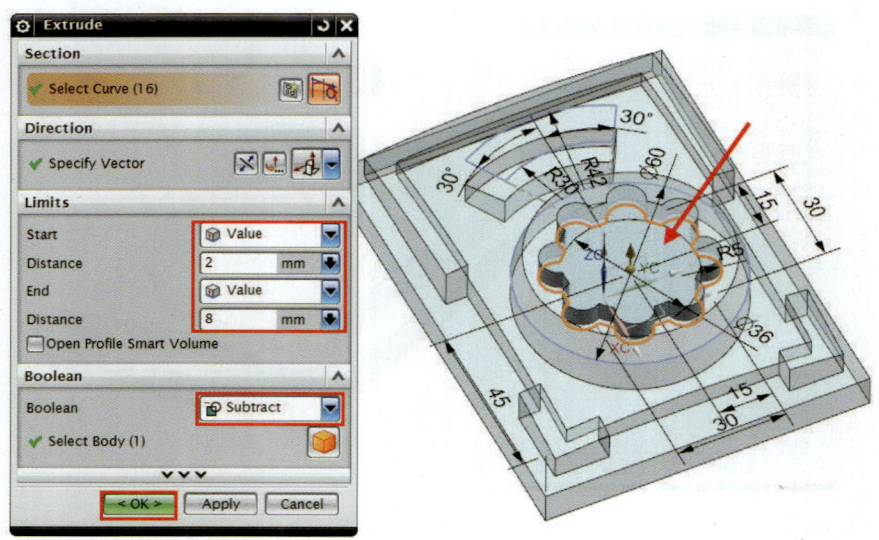

㉒ Menu → Insert → Detail Feature → Edge Blend( )를 클릭한다.
그림과 같이 엣지를 선택한 다음, Shape=Circular( ), Radius 1=3mm로 설정한 뒤 Apply를 클릭한다.

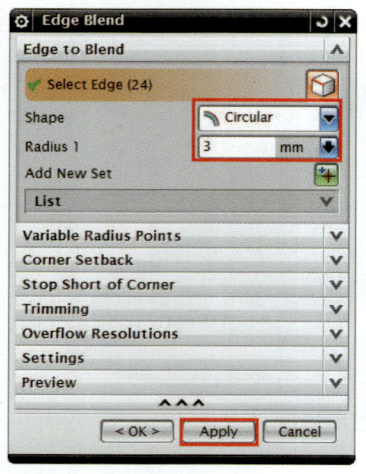
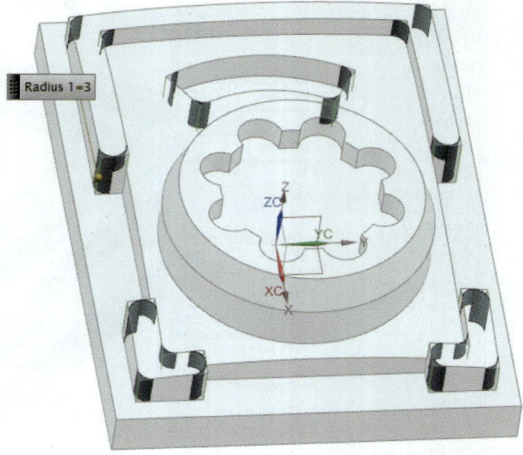

| 제1장 Sweep | 제2장 Surface Operation | 제3장 Mesh Surface | 제4장 Surface Exercise | 제5장 Synchronous Modeling | Chapter C Surface Modeling |

㉓ Shape=Circular(), Radius 1=3mm로 설정한 다음 그림과 같이 엣지를 선택한 후 Apply를 클릭한다.

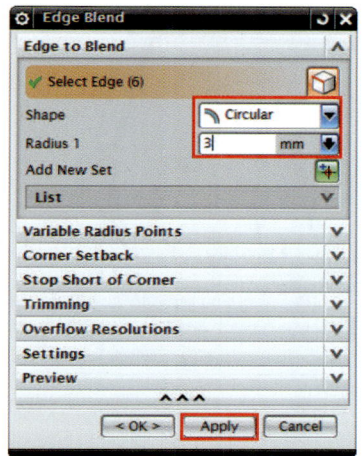 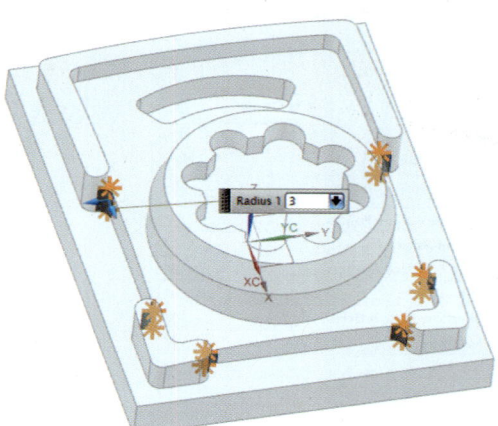

㉔ Shape=Circular(), Radius 1=3mm로 설정한 다음 그림과 같이 엣지를 선택한 후 Apply를 클릭한다.

 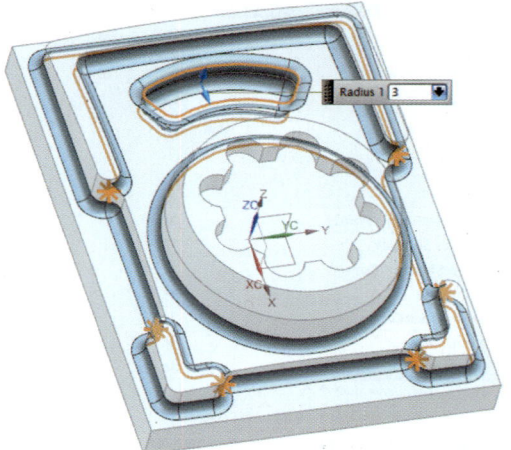

㉕ Shape=Circular( ), Radius 1=1mm로 설정한 다음 그림과 같이 엣지를 선택한 후 Apply를 클릭한다.

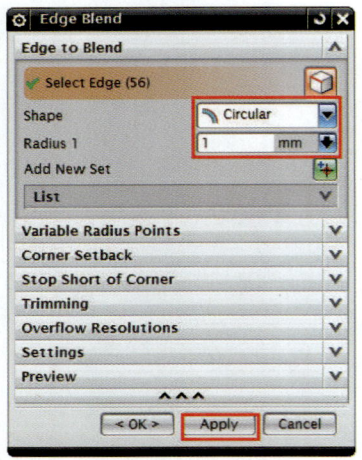 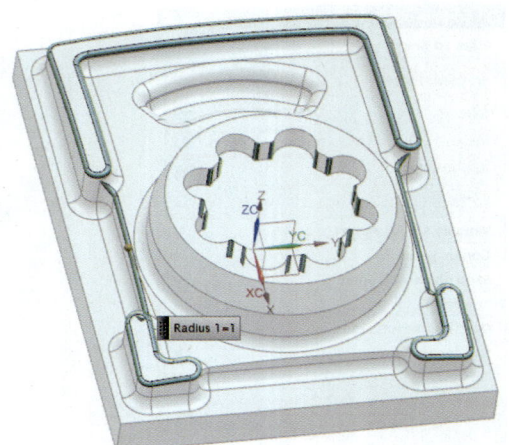

㉖ Shape=Circular( ), Radius 1=1mm로 설정한 다음 그림과 같이 엣지를 선택한 후 Apply를 클릭한다.

 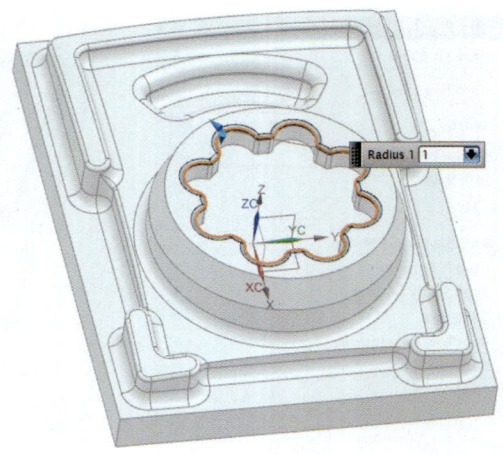

제4장 Surface Exercise | Chapter C Surface Modeling

27 완성

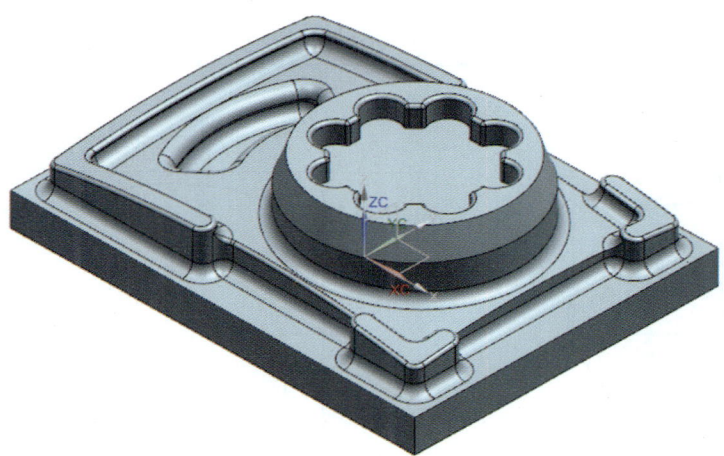

01 Surface Modeling Ⅲ - 연습 도면 1

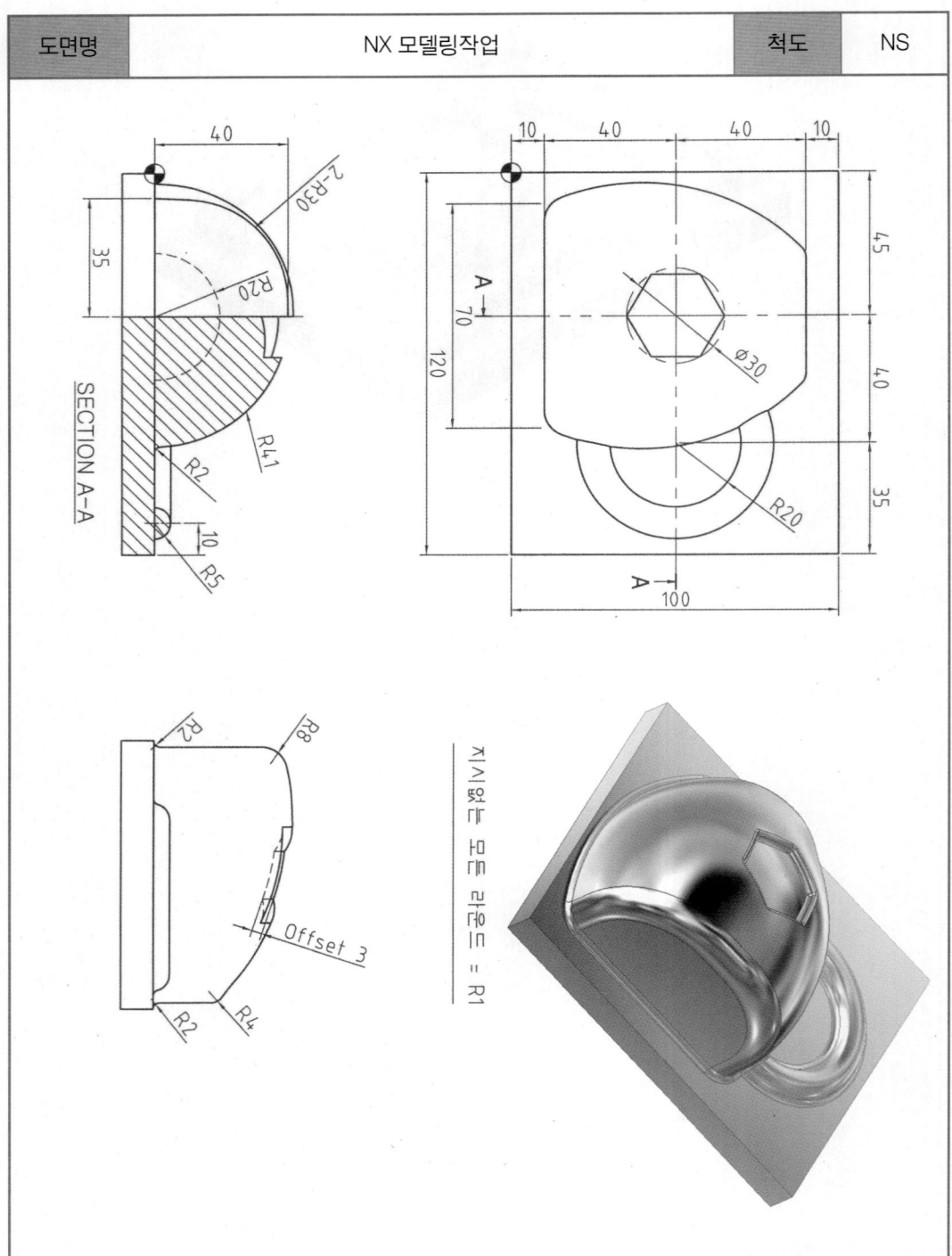

02 Surface Modeling Ⅲ - 연습 도면 2

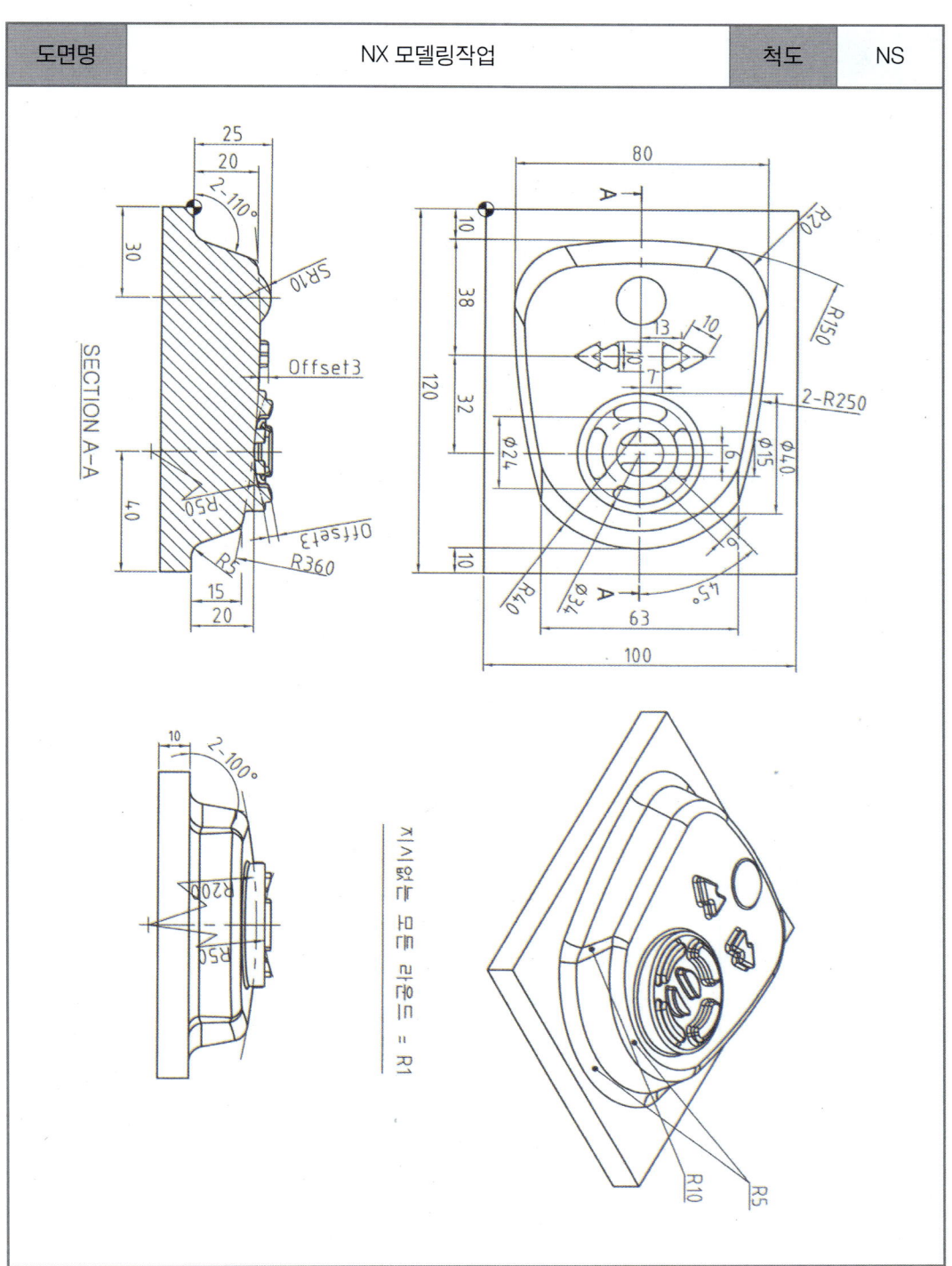

03 Surface Modeling Ⅲ - 연습 도면 3

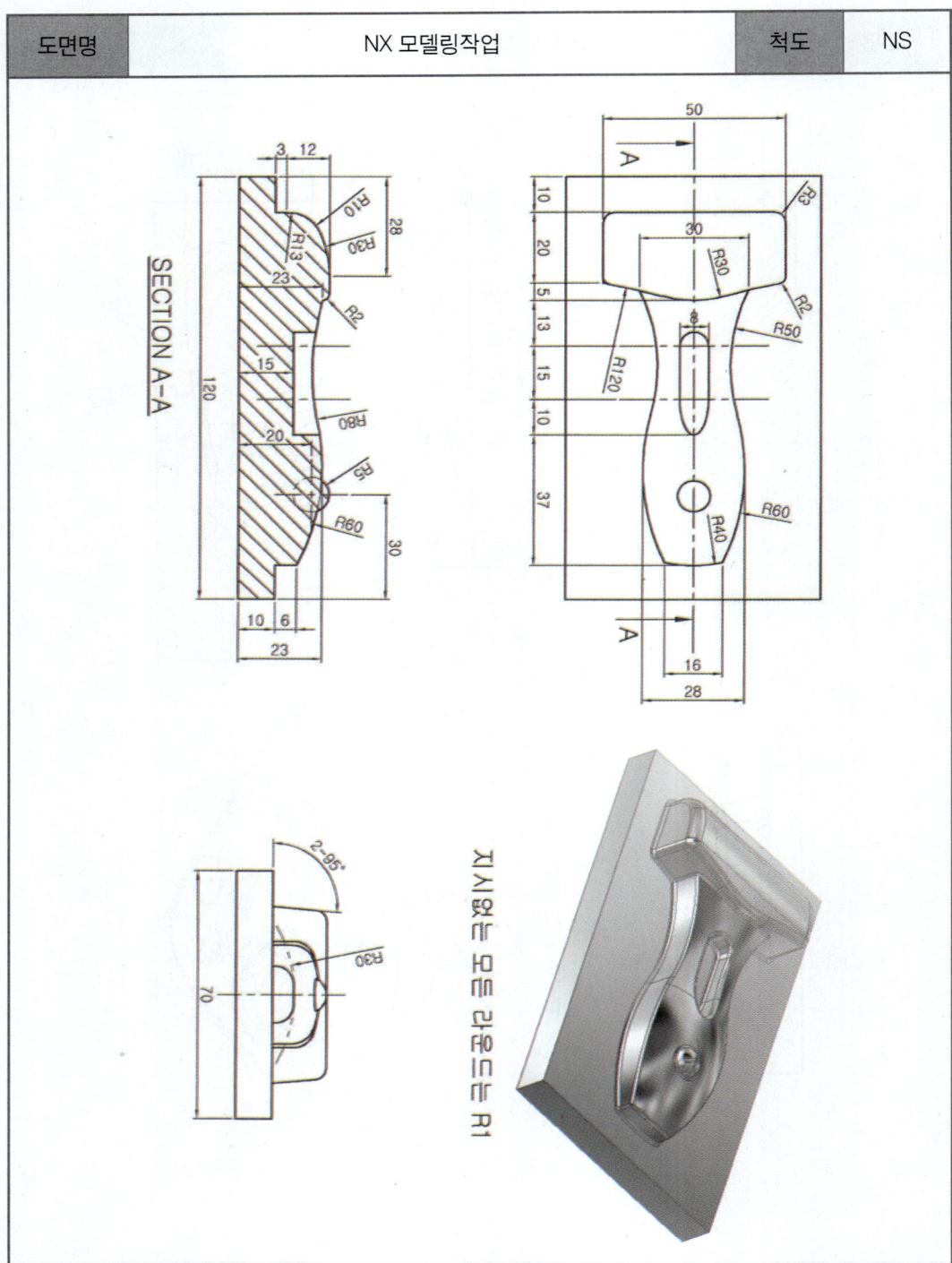

| 제1장 Sweep | 제2장 Surface Operation | 제3장 Mesh Surface | 제4장 Surface Exercise | 제5장 Synchronous Modeling | Chapter C Surface Modeling |

04 Surface Modeling III - 연습 도면 4

| 도면명 | NX 모델링작업 | 척도 | NS |

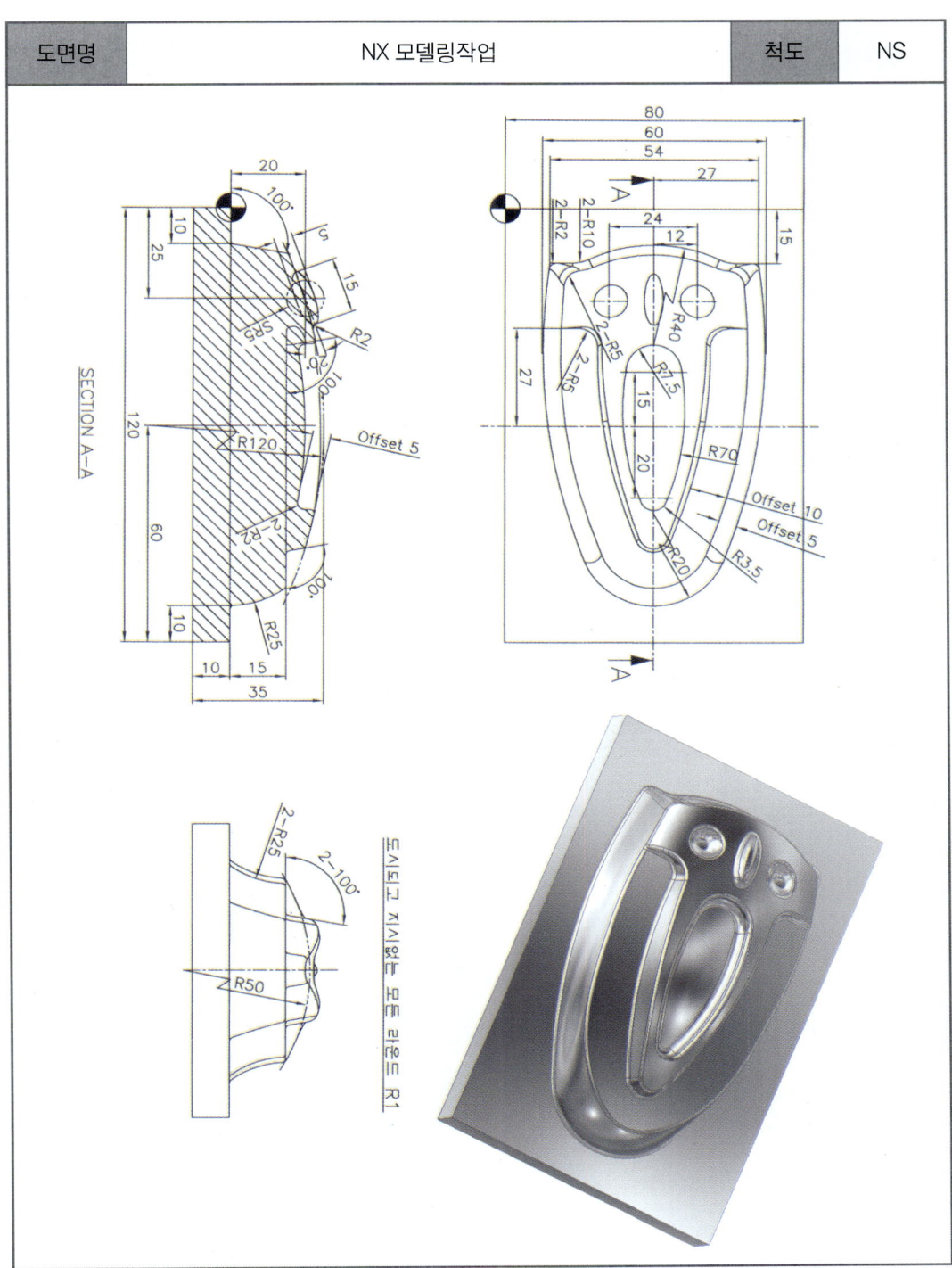

05 Surface Modeling Ⅲ - 연습 도면 5

| 도면명 | NX 모델링작업 | 척도 | NS |

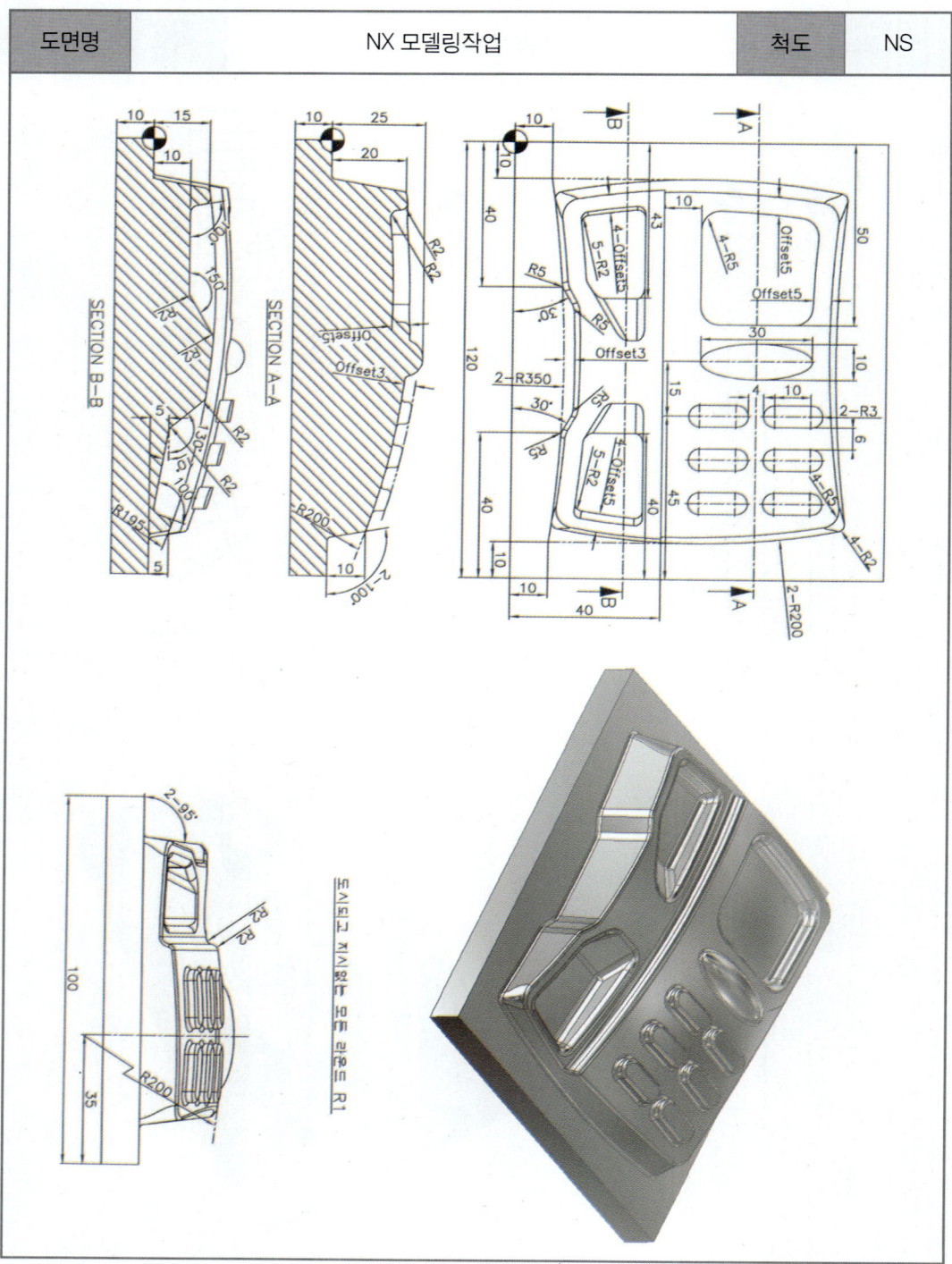

06 Surface Modeling III - 연습 도면 6

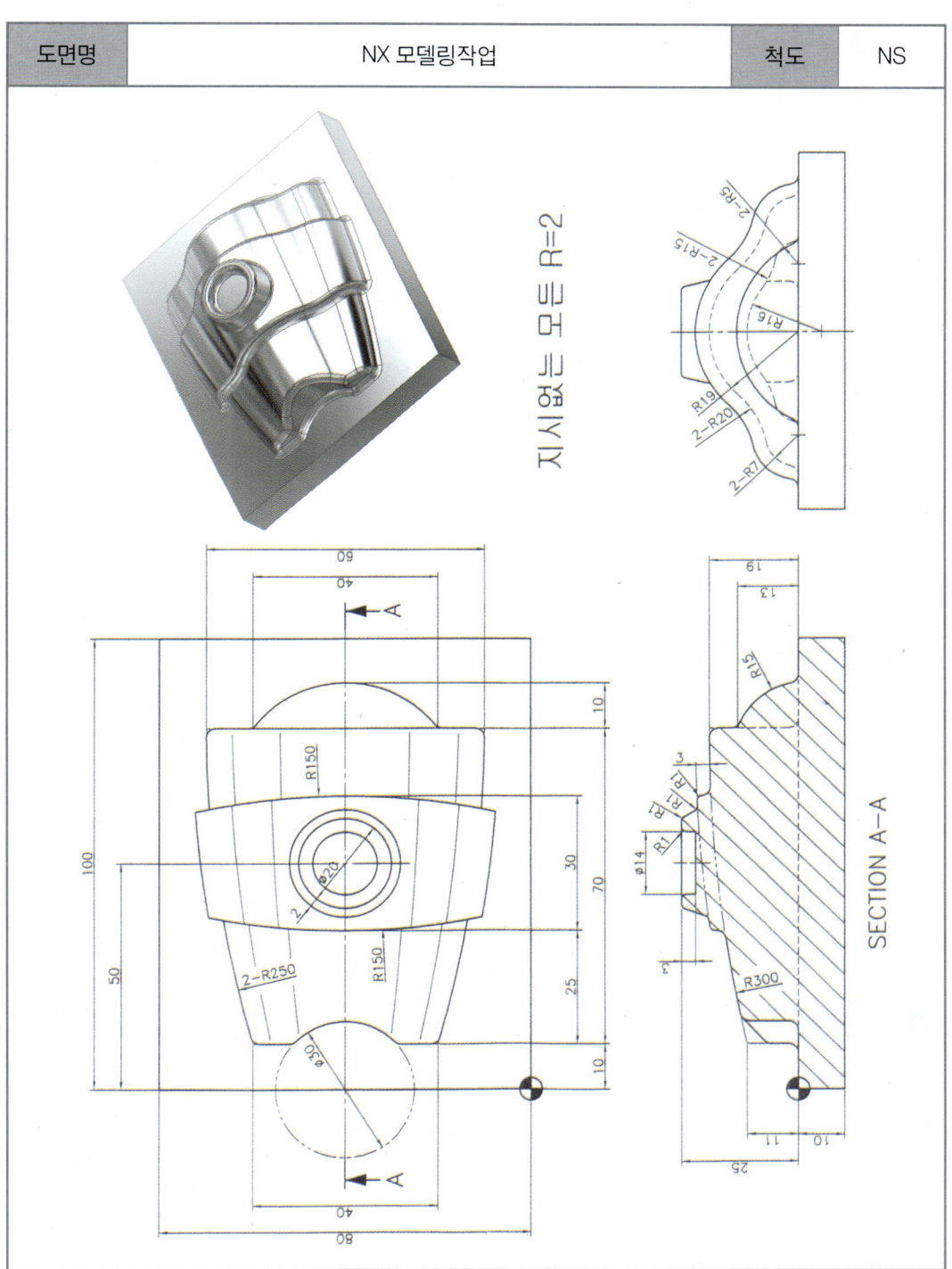

5장 ▶ Synchronous Modeling

제1절 동기식 모델링(Synchronous Modeling)의 이해

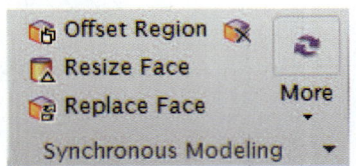 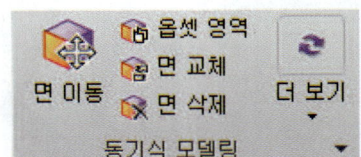

Synchronous(동기화)는 현재 작업상태의 모델을 수정하고, synchronous 관계로 고유의 지오메트리 조건을 유지하는 디자인 변경을 위한 방법이다.

Synchronous modeling은 생성된 위치와 방법을 고려하지 않고 적용하며, Feature의 history는 저장되지 않고, Feature 생성순서에 의존하지 않는다.

사용자는 좀 더 빠르고 단순하게 더 개방된 환경에서 빠르게 디자인할 수 있다. 동기식 모델링의 장점은 아래와 같다.

1) Model은 feature의 생성순서에 제한되지 않아서 모델의 원점, associativity, Feature history와 관계 없이 편집 및 수정할 수가 있다.

2) History가 없으므로 Feature playback이 없지만, associativity가 없는 것은 아니다. 예를 들면 Drawing은 여전히 Model과 associativity를 가지고 있다.

> **Tip** 동기식 모델링을 사용하는 이유
>
> Synchronous Model로 변경되는 모델에 대한 계획 없이 빠르게 디자인하기 위해 사용한다. 또한 두 개의 모드를 이용해 작업할 수 있다.
>
> 1) History Mode
>   History Mode는 기존의 모델링 방식으로 Parameter를 유지하면서 작업이 가능하다.

2) History-Free Mode

History Mode에서 모델링을 수정할 때는, 작업 순서에 따라 모델링을 수정해야 하기때문에 모델링의 순서가 앞에 있을 경우 모든 작업을 되돌아간 후 모델링을 수정해야만 했다. 이 경우 모델링의 형상이 복잡할 경우 많은 시간이 걸리고, 변경한 작업에 따라 오류발생확률이 많았다. 하지만 History-Free Mode에서는 작업순서와 Parameter에 구애받지 않고 Geometry형상을 즉각적으로 수정이 가능하다. 그러나 History Mode에서 History-Free Mode로 넘어갈 경우, 기존에 있던 Parameter는 삭제되기 때문에 주의해야 한다.

① Part Navigator의 가장 윗부분에 있는 History Mode부분에서 MB3를 누르면 History Mode와 History-Free Mode를 선택할 수 있다.

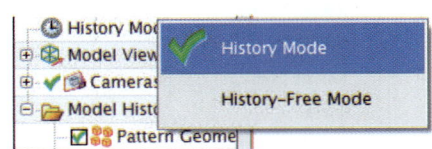

② History-Free Mode로 변경 시 그림과 같은 경고 메시지가 뜨게 된다.

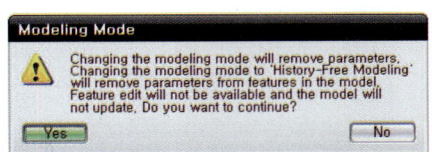

③ History Mode에서는 일부 명령이 비활성화되어 있다.

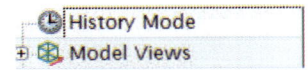

④ 일부 명령이 비활성화되어 있다(shell body, cross section edit 등).

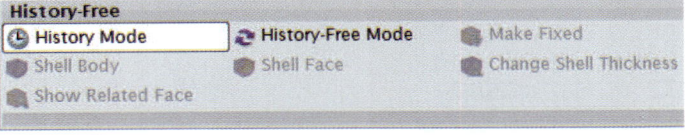

⑤ 그림과 같은 History-Free Mode로 변경한다.

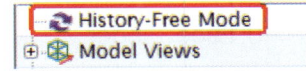

⑥ 그림과 같이 모든 기능이 전부 활성화된다.
　　shell body와 shell face 등의 안쪽에 숨겨져 있던 기능들도 전부 활성화가 된다.

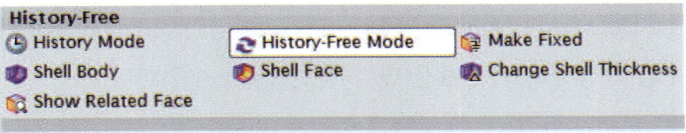

제 2 절 동기식 모델링(Synchronous Modeling)의 기능

01 면 이동(Move Face)

▶ 위치 : Menu → Insert → Synchronous Modeling → Move Face

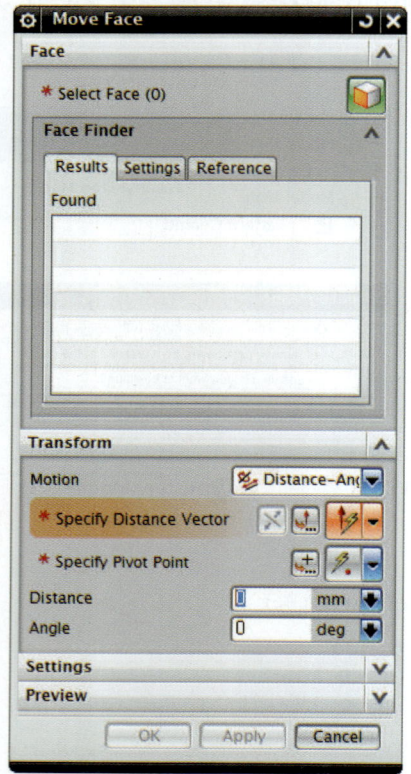

- Face : 이동할 면을 선택한다.
- Face Finder : 선택한 면과 비슷한 형상을 갖고 있는 경우, 일괄 선택이 가능하다.

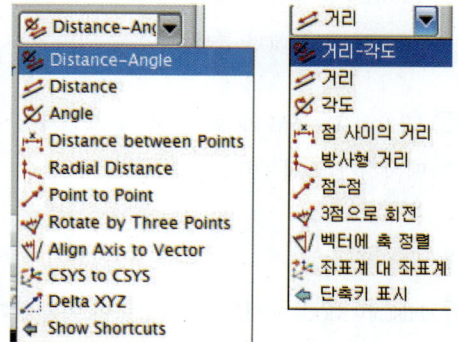

motion 안의 탭을 열면 위의 그림과 같이 기능이 열리며, 위의 기능들은 다음과 같다.

1) Face Finder

   ① Distance-Angle( ) : 치수 편집과 angle을 동시에 수정할 수 있는 기능
   ② Distance( ) : 일정한 vector를 이용하여 면을 Offset시킬 수 있는 기능
   ③ Angle( ) : 하나의 point와 vector를 이용하여 면의 angle을 조절할 수 있다.
   ④ Distance Between Points( ) : Origin point와 measurement point를 이용하여 간격의 치수를 측정하며, 측정값을 변경해서 모델을 수정한다.
      ⓐ Origin point : 원점
      ⓑ measurement point : 측정점

⑤ Radial Distance( ) : 면에 하나의 점을 이용하여 방사형으로 측정 편집한다.
⑥ Point to Point( ) : 첫 point를 두 번째 point로 이동시켜 주는 기능이다.
⑦ Rotate by Three Points( ) : 원점을 기준으로 두 개의 point를 이용하여 회전시킨다.
⑧ Align Axis to Vector( ) : 면을 선과 축의 정렬되는 방향으로 편집한다.
⑨ CSYS to CSYS( ) : 좌표계에서 좌표계로 이동한다.
⑩ Delta XYZ( ) : 카테시안 좌표계의 xyz 3방향으로의 변위 값을 직접 입력하여 이동시킨다.

2) 그림과 같이 이동시키면 측면 blend도 유동적으로 이동된다.

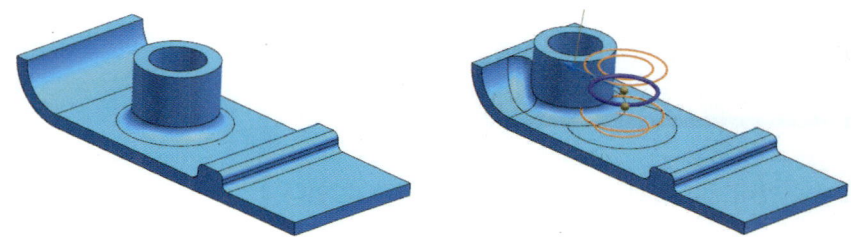

3) 그림과 같이 수평이던 면을 각도를 적용시킬 수 있다.

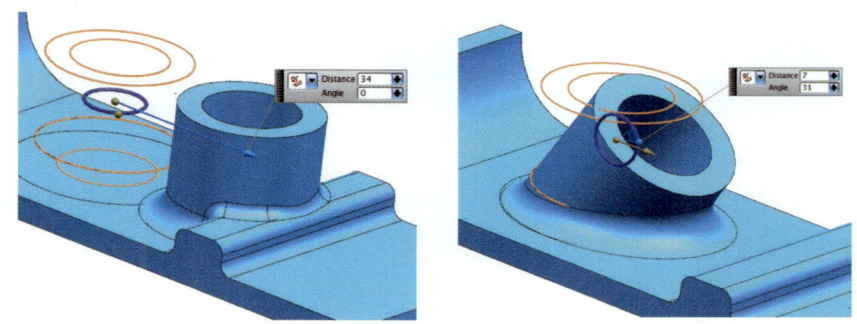

4) 그림과 같이 face finder에서 설정을 변경하여 선택한 면과 같은 면을 자동 선택할 수 있다.

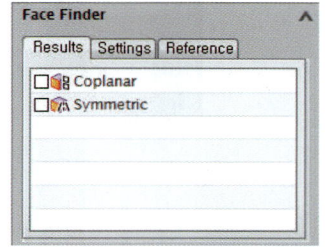 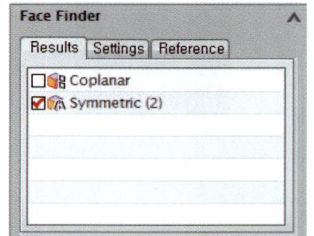

02 면 당기기(Pull Face)

▶ 위치 : Menu → Insert → Synchronous Modeling → Pull Face

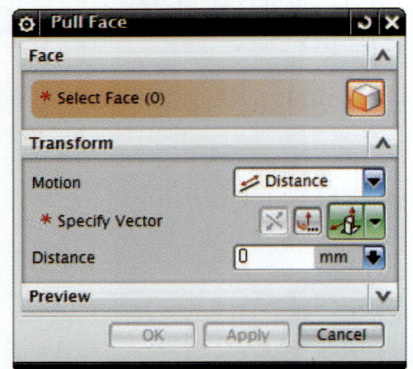

- Face : 일정한 면을 선택한다.
- Transform : 움직일 방향 및 거리 값을 선택할 수 있다.

1) 그림과 같이 자유롭게 면을 늘이거나 줄여줄 수 있다.

2) 그림과 같이 옆면의 경사면으로 이동하였을 때 Move Face는 옆의 면 속성에 따라 움직이지만, Pull Face는 상관없이 늘어난다.

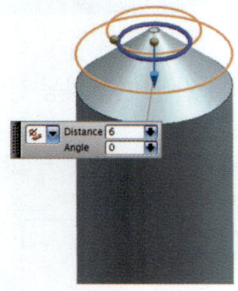 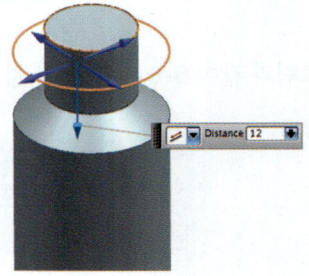

[Move Face의 경우]   [Pull Face의 경우]

03 옵셋 영역(Offset Region)

- Face : 일정한 면을 선택한다.
- Offset : 확장 또는 축소시킬 면을 선택한다.

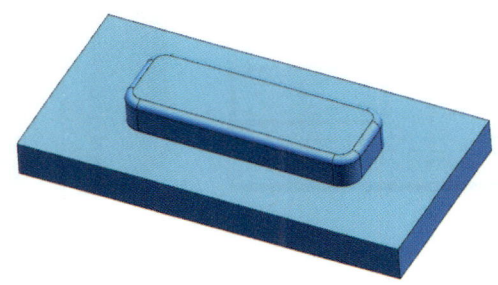

1) 그림과 같이 Blend가 포함된 Boss를 offset시킬 수 있다.

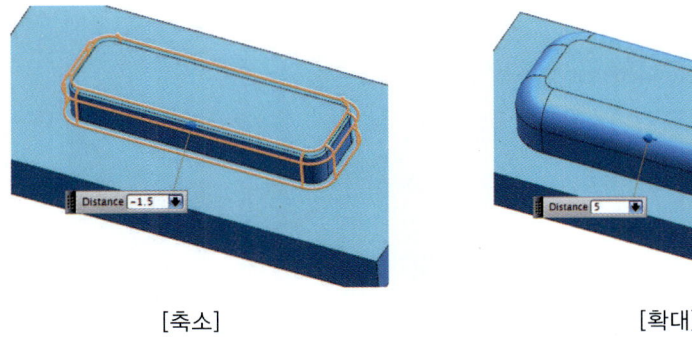

[축소]　　　　　　　　　　　　[확대]

04 면 크기 조정(Resize Face)( )

원통형 면의 크기를 자유롭게 조정할 수 있다.

1) 원통형 면을 선택하면 아래의 그림과 같이 해당 면의 직경이 표시된다.

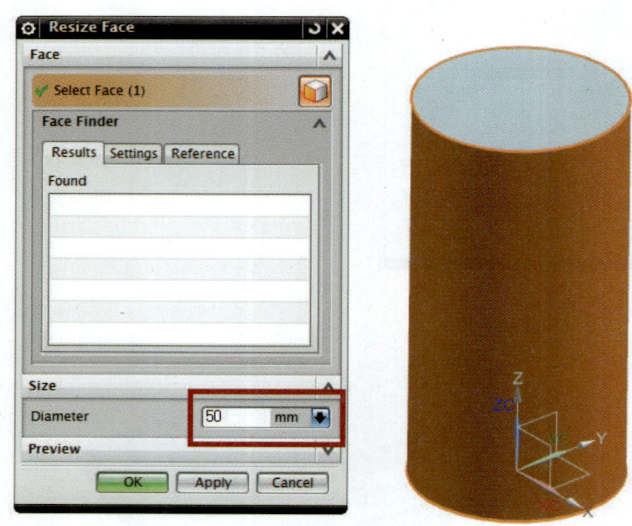

2) 표시된 값을 변경하면 변경한 값으로 원통면의 직경이 변경된다.

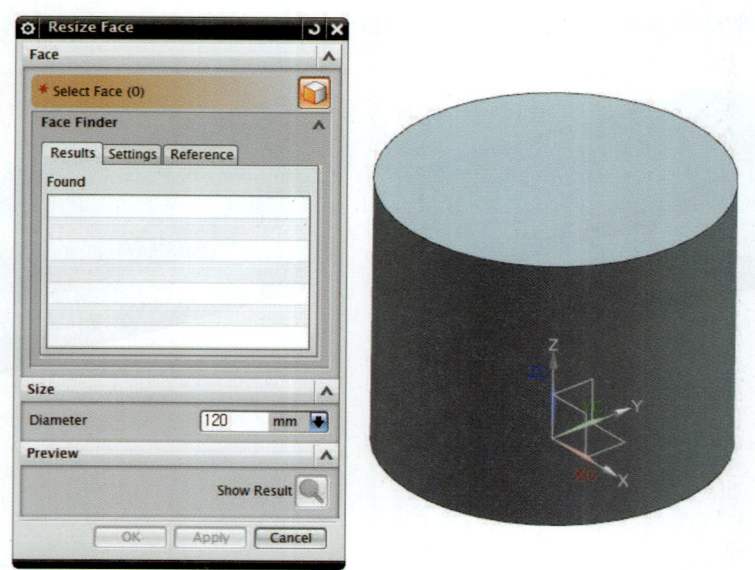

05 면 교체(Replace Face)

선택한 면을 특정 면의 속성으로 변경시킨다.

▶ 위치 : Menu ▸ → Insert → Synchronous Modeling → Replace Face

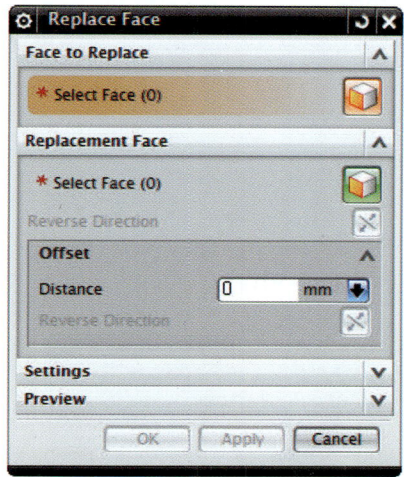

- Face : 움직일 면을 선택한다.
- Replacement Face : 기준이 되어줄 면을 선택하고 또한 기준면에서 Offset되는 값을 입력할 수 있다.

1) 원통형 면을 선택하면 그림과 같이 해당 면의 직경이 표시된다.

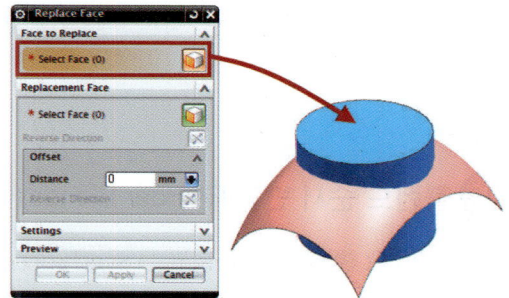

2) 두 번째 변경될 변을 선택하면 해당 곡면으로 솔리드 바디의 윗면이 교체된다.

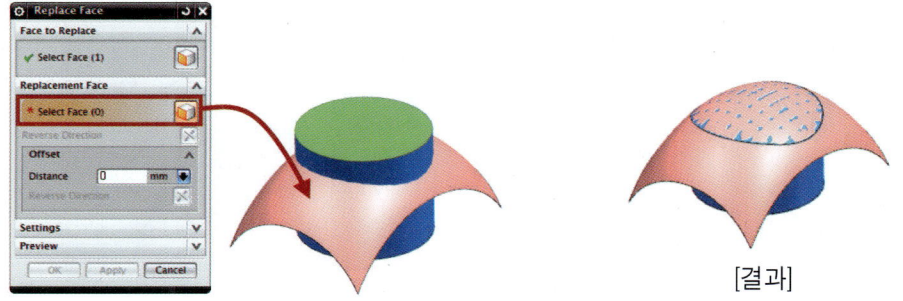

[결과]

06 블렌드 크기 변경(Resize Blend)( )

▶ 위치 : Menu → Insert → Synchronous Modeling → Resize Blend

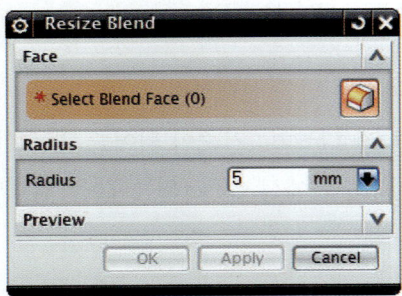

- Face : Face를 선택한 후 Radius값을 이용하여 수정이 가능하다.

Blend면을 클릭한 후 치수 값을 바꿔서 Blend를 수정할 수 있다.

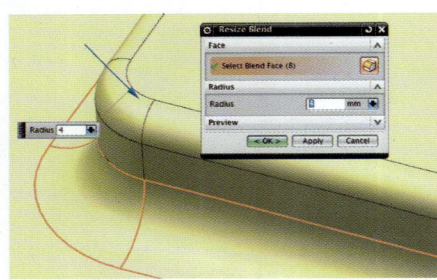
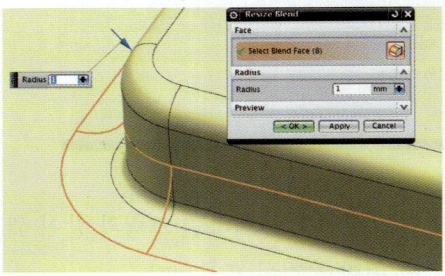

07 블렌드 순서 변경(Reorder Blends)( )

▶ 위치 : Menu → Insert → Synchronous Modeling → Reorder Blends

히스토리의 종속성과는 무관하게 두 개의 모서리 블렌드(Edge Blend)가 교차된 부분의 순서를 변경할 수 있다.

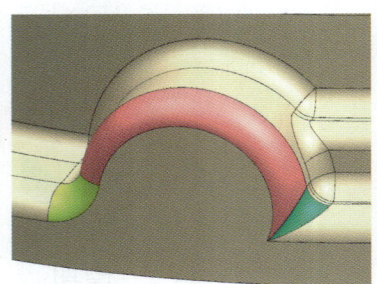
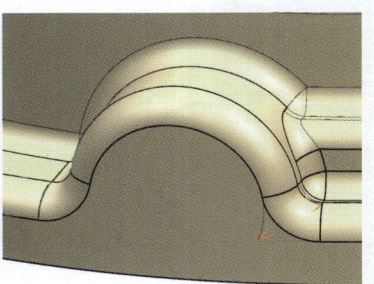

다른 순서로 블렌드를 재생성할 때 많은 시간이 소비되는 것을 막을 수 있다.

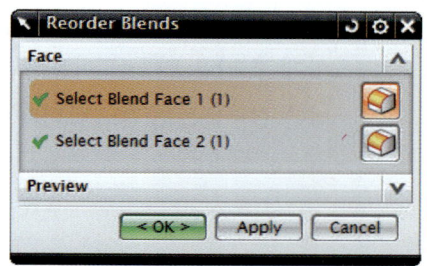

08 면 삭제(Delete Face)

▶ 위치 : Menu ▼ → Insert → Synchronous Modeling

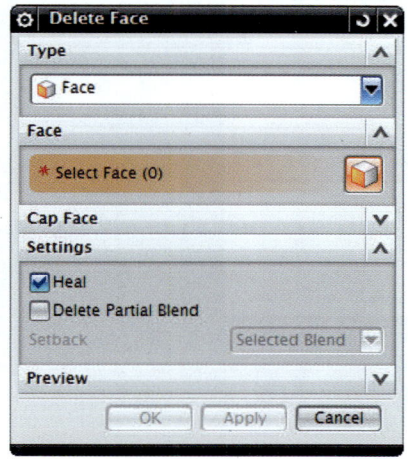

- Type : Face 또는 Hole을 지정할 수 있다.
- Face : Face 또는 Hole을 이용하여 삭제할 면의 형태를 선택한다.
- Settings
  - Heal : 삭제 후 남은 면으로 면을 막을지 여부를 선택한다.
  - Delete Partial Blend : 블렌드 삭제 시 블렌드의 일부분만 삭제 가능하도록 지정할지 여부를 결정한다.

1) 그림과 같이 Face를 선택하여 삭제할 수 있다.

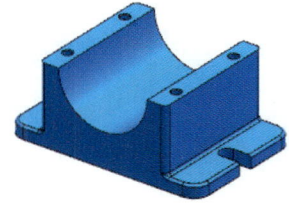 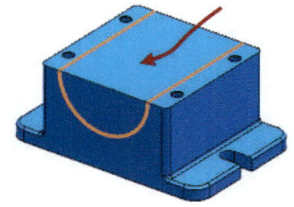

2) 체크 마크(☐Heal)가 꺼져 있는 경우에는 우측의 그림처럼
   삭제 후 남은 면들을 이용하여 면을 닫지 않는다.
   남은 결과물은 솔리드 바디가 아닌 시트 바디로 남게 된다.

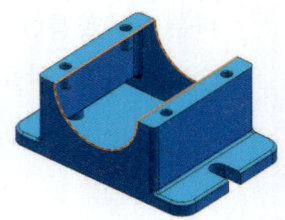

3) ☑Delete Partial Blend에 체크를 하면 복잡한 블렌드 중 일부의
   블렌드만 삭제할 수도 있다.

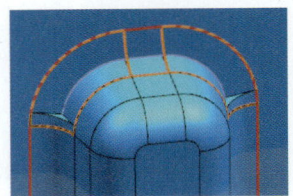

4) Cap Face 옵션을 이용하여 원하는 위
   치까지 블렌드를 삭제할 수도 있다.

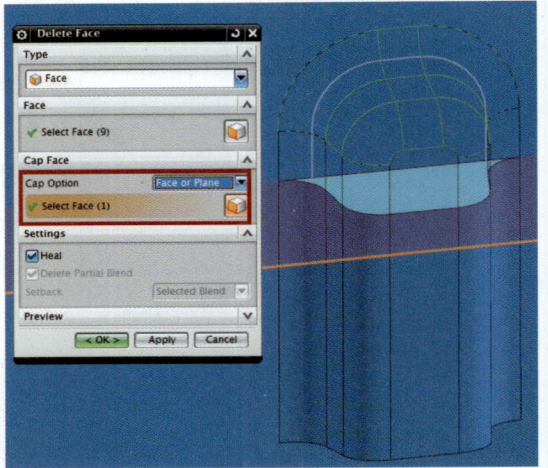

5) Hole 기능을 이용하여 Hole을 삭제할 수 있으며,
   Select Holes By Size를 체크하여 선택할 수 있는 최
   소 size를 설정할 수 있다.

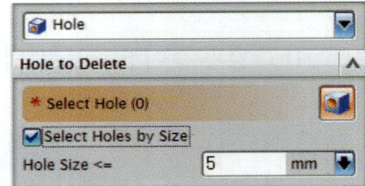

6) Delete Face의 Hole을 이용하여 삭제
   했으며 또한 Hole의 Size를 4로 지정
   해서 4mm 이하만 선택이 되어 삭제
   됐다. (각 hole은 2, 3, 4, 5, 6mm이다.)

제 3 절 구속 등 기타 기능을 이용한 동기식 모델링

01 면 복사(Copy Face)( )와 면 잘라내기(Cut Face)( )

▶ 위치 : Menu ▸ → Insert → Synchronous Modeling → Reuse → Copy(Cut) Face

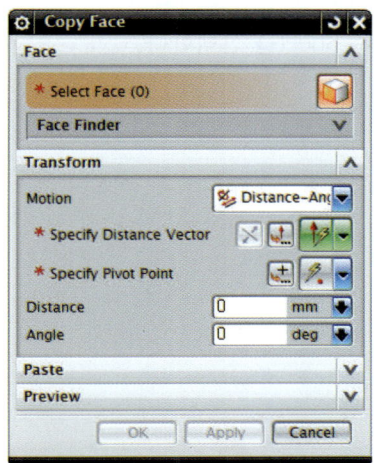

- Face : 면을 선택한다.
- Transform : 선택한 면을 따라 Copy(Cut)를 작업한다.
- Paste : Copy(Cut)되는 Face가 Sheet로 만들어지는 것을 Solid로 변경해준다.

1) Copy Face는 원본을 남겨 놓고 이동하고 Cut은 삭제하며 이동한다. Sheet로 만들어 지는 형상에 ☑Paste Copied Faces 를 체크한다.

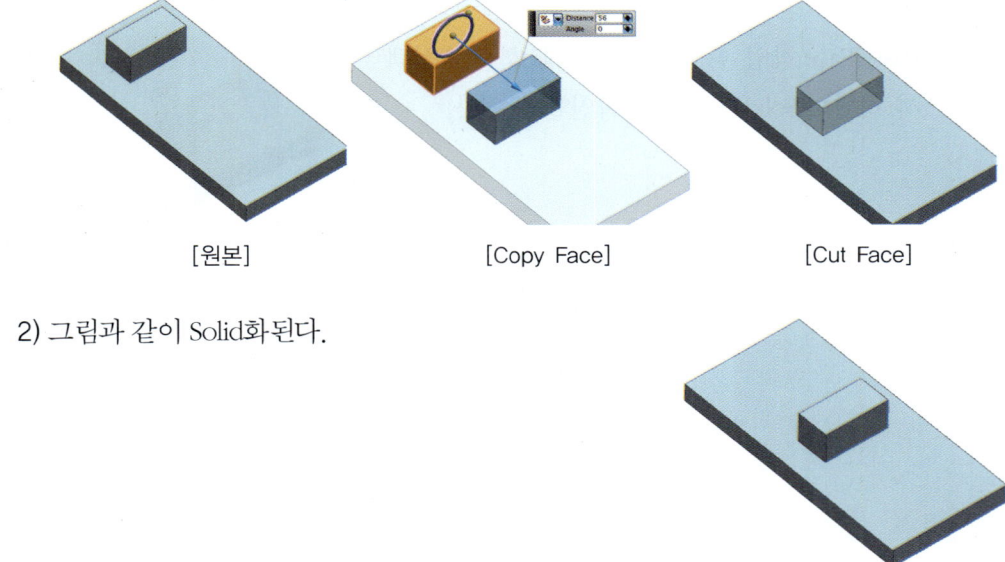

[원본]　　　　　　　[Copy Face]　　　　　　　[Cut Face]

2) 그림과 같이 Solid화된다.

02 면 붙여넣기(Paste Face)

Copy 및 Cut Face한 작업에서 Sheet 면을 Solid로 변경시켜 주는 기능이다.

▶ 위치 : Menu ▼ → Insert → Synchronous Modeling → Reuse → Paste Face

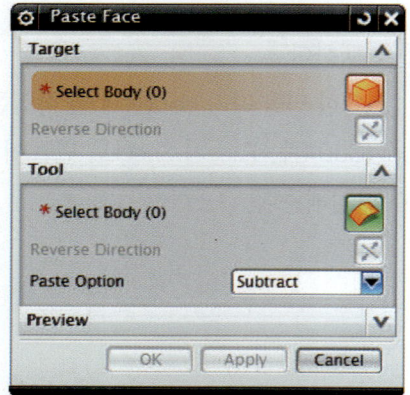

- Target : 합쳐질 Solid를 선택한다.
- Tool : 합쳐질 Sheet를 선택한다.

1) Paste Face 작업 전 따로 Sheet로 Copy되어 있는 면이다.

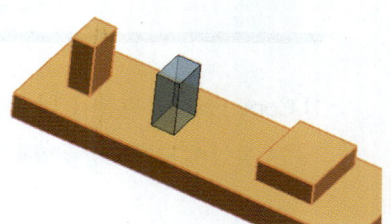

2) Paste Face 작업 후 Sheet 면이 Solid화되어 선택 시 하나의 Solid가 된 것을 확인할 수 있다.

03 면 대칭(Mirror Face)( )

▶ 위치 : Menu ▾ → Insert → Synchronous Modeling → Reuse → Mirror Face

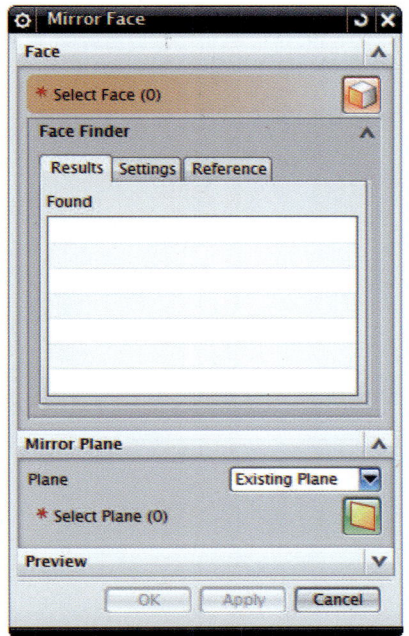

- Face : 투영시킬 면을 선택한다.
- Plane : 기준이 되어줄 원점을 선택하여 주며, Datum 또는 Face를 선택할 수 있다.

1) 중간의 Datum을 기준으로 Boss 와 Pocket이 Mirror된다.

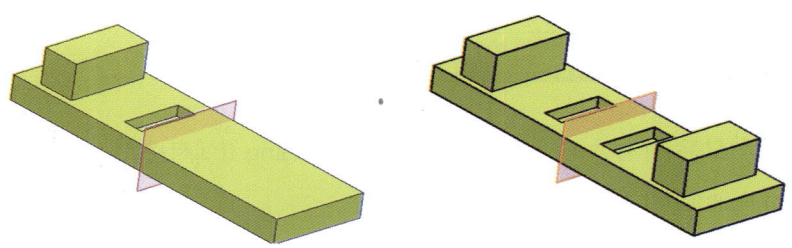

04 패턴 면(Pattern Face)

▶ 위치 : Menu → Insert → Associative Copy

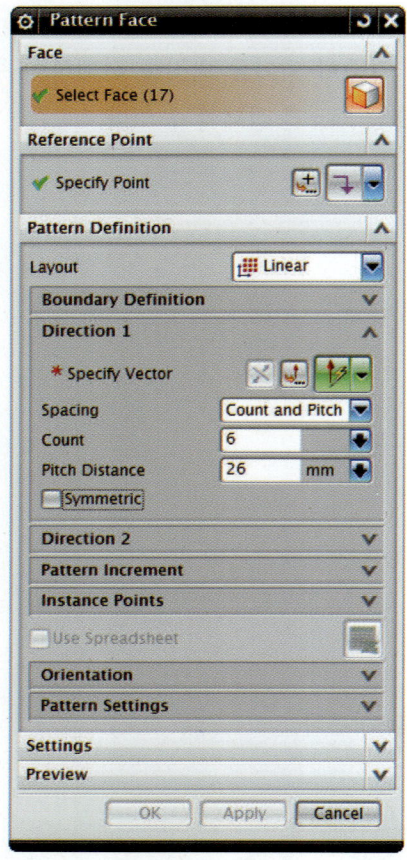

- Face : 배열시킬 면을 선택 한다.
- Layout : 사용할 패턴방법을 정의한다.
- Reference Point : 배열 참조점을 정의한다.

Layout 등 모든 상세한 내용은 5차시 Solid Modeling II에서 설명되었던 패턴 특징형상(Pattern Feature)과 동일하다.

제1장	제2장	제3장	제4장	제5장	Chapter C
Sweep	Surface Operation	Mesh Surface	Surface Exercise	Synchronous Modeling	Surface Modeling

제 4 절 연결(Relate) 기능의 종류

01 동일면으로 만들기(Make Coplanar)

▶ 위치 : Menu → Insert → Synchronous Modeling → Relate → Make Coplanar

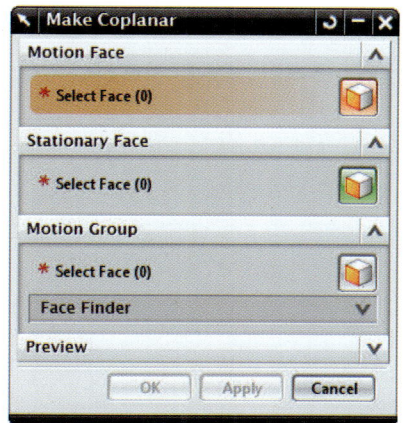

- Motion Face : 움직일 면을 선택한다.
- Stationary Face : 움직이기 위해 기준이 될 면을 선택한다.
- Motion Group : 움직일 Group을 선택한다.

1) 아래 그림처럼 선택 후 Face Finder에서 원하는 옵션을 선택하면 법칙에 따라 주위의 다른 면도 동시에 선택할 수 있다.

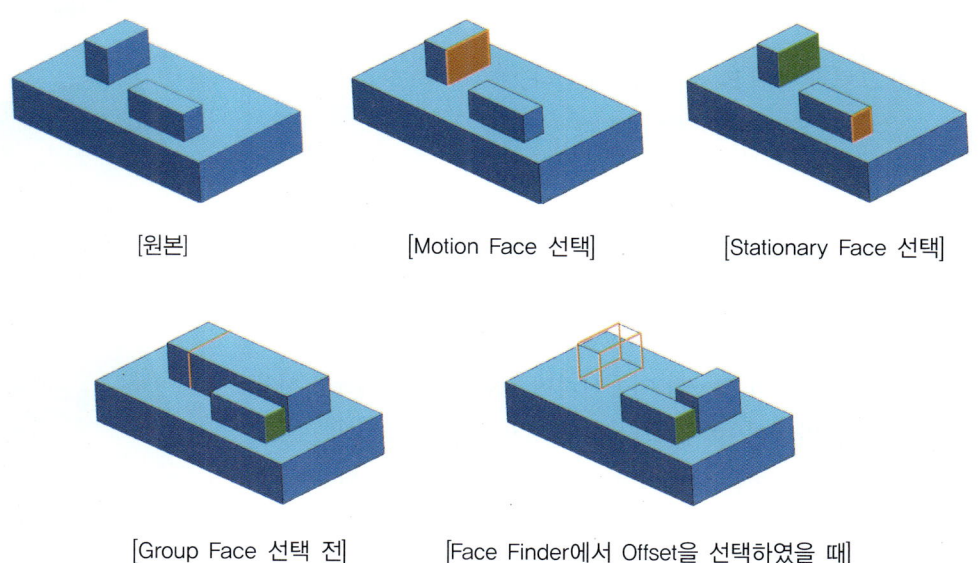

[원본]　　　　　　[Motion Face 선택]　　　　　　[Stationary Face 선택]

[Group Face 선택 전]　　　　[Face Finder에서 Offset을 선택하였을 때]

02 동일 축으로 만들기(Make Coaxial)( )

Circle 또는 Arc를 이용하여 면 또는 Solid를 동심원으로 만들어 주는 기능

▶ 위치 : Menu▼ → Insert → Synchronous Modeling → Relate → Make Coaxial

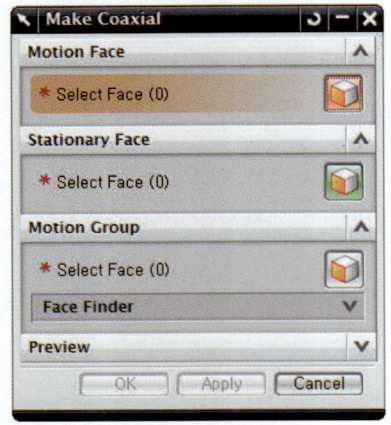

- Motion Face : 움직일 면을 선택해준다.
- Stationary Face : 기준이 될 면을 선택한다.
- Motion Group : 움직일 그룹을 선택한다.

1) 그림과 같은 형상에서 세 개를 합친다.

2) 그림과 같이 Boss를 이동시킨다.

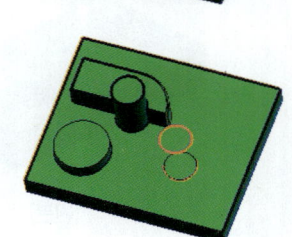

3) 나머지 Boss를 합쳐서 그림과 같이 만든다.
그림과 같이 Face를 이동시키며 같은 원의 Center를 사용하게 만들어 주며, 하나의 Solid가 이동되므로 자동으로 Unite되어 있는 형상이며 하나의 Solid로 완성이 된다.

03 평행으로 만들기(Make Parallel)

▶ 위치 : Menu ▾ → Insert → Synchronous Modeling → Relate → Make Coaxial

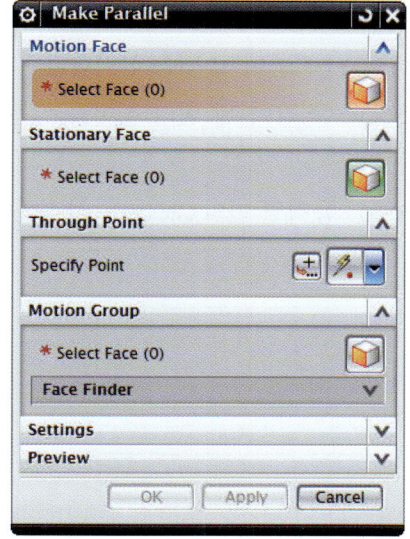

- Motion Face : 3개의 움직일 면을 선택한다.
- Stationary Face : 기준이 될 면을 선택한다.
- Through Point : 평행의 면이 위치할 높이를 지정할 수 있다
- Motion Group : 움직일 면의 그룹을 정한다.

1) 움직일 면을 선택하고 기준이 될 면을 선택하면 평행이 되며, 거기에 원점까지 정해주면 그 원점에 맞게 높이가 정해진다.

04 수직으로 만들기(Make Perpendicular)

▶ 위치 : Menu → Insert → Synchronous Modeling → Relate → Make Perpendicular

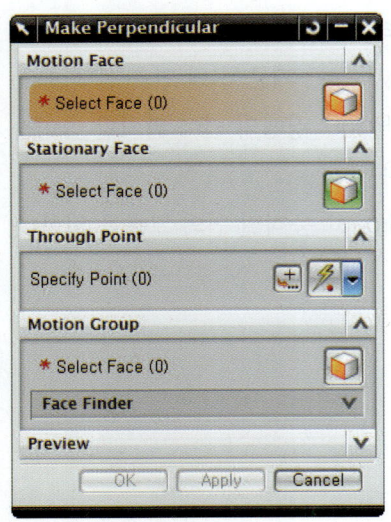

- Motion Face : 움직일 면을 선택한다.
- Stationary Face : 기준이 될 면을 선택한다.
- Through Point : 직각이 된 면의 높이를 설정해줄 원점을 잡는다.
- Motion Group : 움직일 면의 Group을 설정한다.

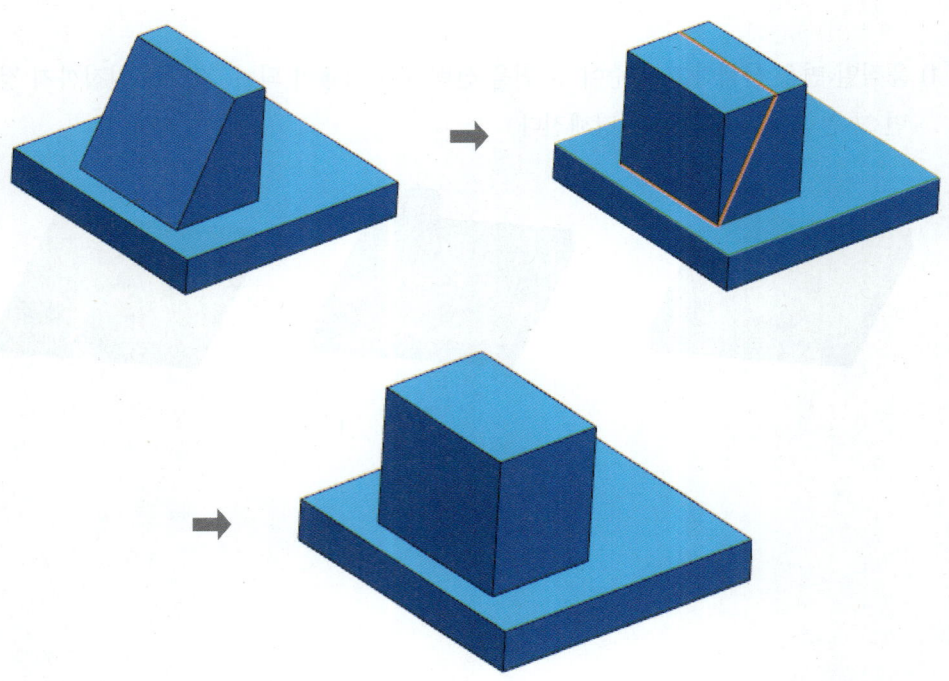

제 5 절   치수(Dimension) 기능의 종류

01 선형 치수(Linear Dimension)( )

▶ 위치 : Menu ▼ → Insert → Synchronous Modeling → Dimension → Linear Dimension

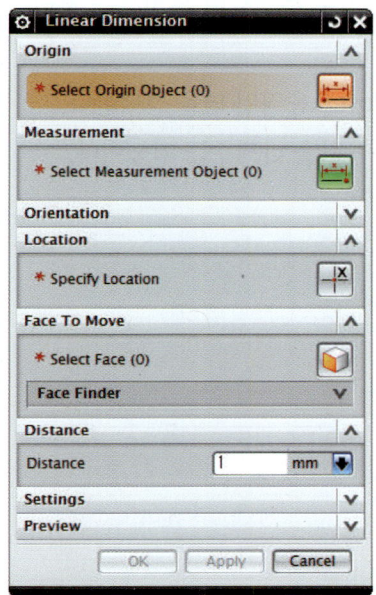

- Object : 거리 값 측정을 위한 두 개의 Point를 만든다.
- Location : 치수 측정값이 위치하는 자리를 만들어 준다.
- Face to Move : 움직일 면을 선택한다.
- Distance : 치수 값을 바꿔주는 기능이다.

1) 현재 그림상의 20이라는 간격의 Block을 변경한다.

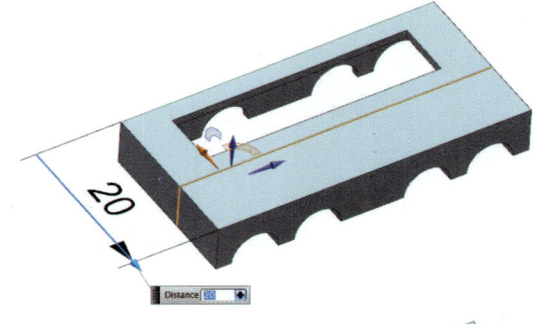

2) 그림과 같이 치수 값을 변경하며 모델링이 변경된 것을 확인한다.

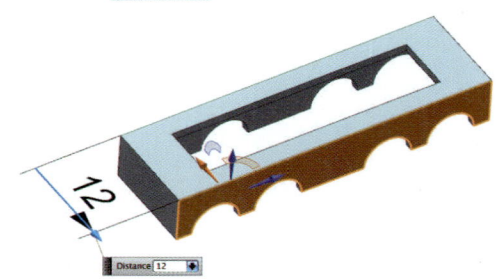

02 각도 치수(Angle Dimension)

▶ 위치 : Menu ▼ → Insert → Synchronous Modeling → Dimension → Angular Dimension

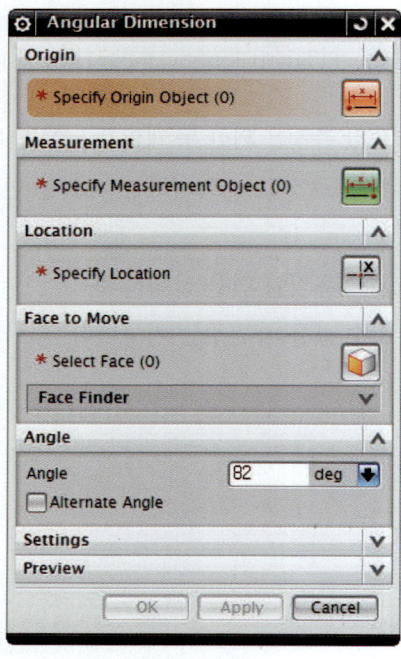

- Object : 거리 값 측정을 위한 두 개의 Point를 만든다.
- Location : 치수 측정값이 위치하는 자리를 만들어 준다.
- Face to Move : 움직일 면을 선택한다.
- Angle : 치수 값을 바꿔주는 기능이다.

1) 현재 그림상의 90이라는 간격의 Block을 변경한다.

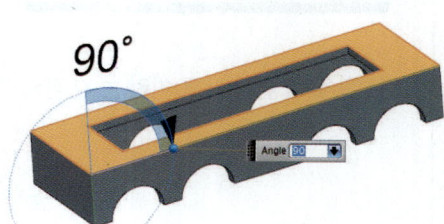

2) 그림과 같이 치수 값을 변경하며 모델링이 변경된 것을 확인한다.

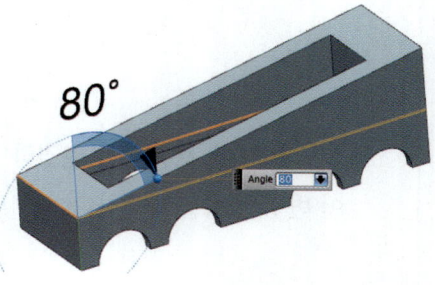

03 반경 치수(Radial Dimension)

▶ 위치 : Menu ▼ → Insert → Synchronous Modeling → Dimension → Radial Dimension

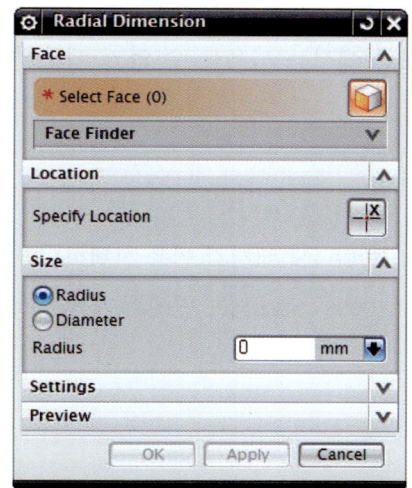

- Face : 아크 및 원의 면을 선택한다.
- Location : 측정된 치수 값을 배열한다.
- size : 반지름 또는 지름으로 둘레값을 측정 후 변경한다.

1) 면을 선택하면 자동으로 지름 값을 계산해준다.

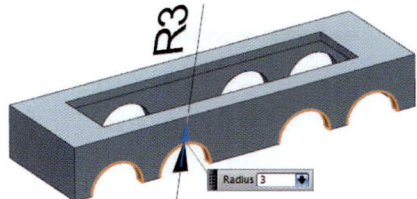

2) 지름 값을 변경하여 원의 크기를 조절할 수 있다.

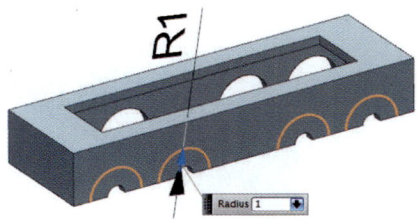

제 6 절 | History Free Mode의 동기식 기능

01 셸 바디(Shell Body)( )

Offset/Scale에 들어있는 Shell은 History Free Mode에서는 사용할 수 없기 때문에 Shell Body를 사용해야만 한다.

▶ 위치 : Menu → Insert → Synchronous Modeling → Shell → Shell Body

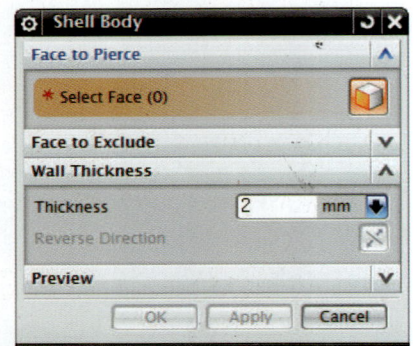

- Face to Pierce : Shell시킬 면을 선택한다.
- Wall Thickness : Shell되는 면에 두께를 설정한다.

1) 일반 Shell 기능과 동일하게 천공할 면을 선택하고 나머지 면으로 가져야 할 두께 값을 입력하면, 그림과 같이 Shell 작업이 진행되는 것을 알 수 있다.

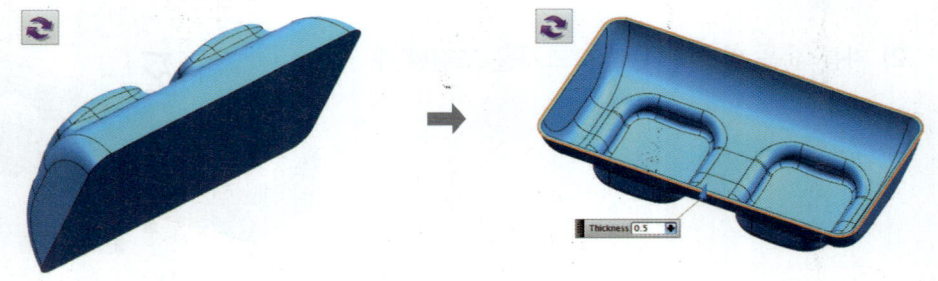

02 셸 면(Shell Face)

▶ 위치 : Menu → Insert → Synchronous Modeling → Shell → Shell Face

- Face to Shell : Shell의 기준이 될 면을 선택 한다.
- Face to Piece : Shell 기능이 적용될 면을 선택한다.
- Wall Thickness : 만들어지는 면의 두께를 설정한다.

1) 우측의 그림과 같이 History Free Mode에서 Shell Body 작업을 이용한 후 추가적으로 바디를 생성 하였을 때 추가된 부분만 별도로 셸 작업을 할 수 있다.

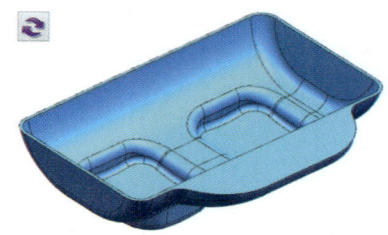

2) Face to Shell 항목에서 위의 그림과 같이 지정한다.

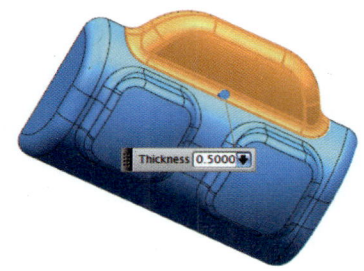

3) 다음으로 위의 녹색 부분과 같이 Face to Pierce를 지정하면 입력한 두께 값만큼 부분적으로 셸이 되는 것을 확인할 수 있다.

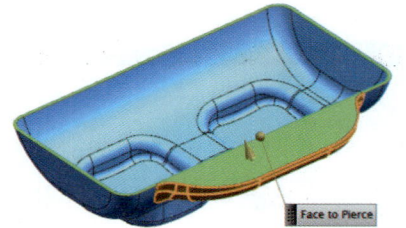

4)

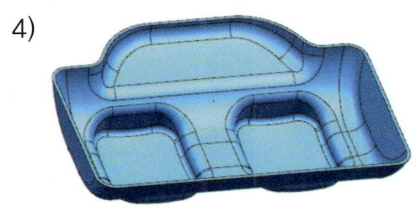

03 셸 두께 변경(Change Shell Thickness)

▶ 위치 : Menu → Insert → Synchronous Modeling → Shell → Change Shell Thickness

- Face to Change Thickness : 면을 선택하는 기능이며, Select Neighbors With Same Thickness를 클릭하여 각기 다른 면을 선택한다.
- Wall Thickness : 면의 두께 값을 수정한다.

1) 기존의 셸 작업에서 작성한 형상의 두께를 수정할 수 있다.

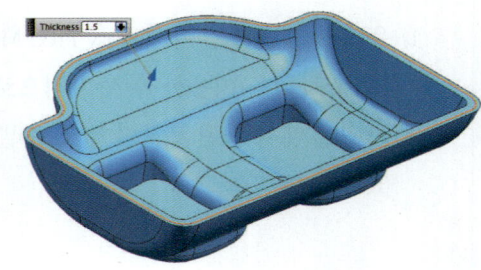

04 교차 단면 편집(Edit Cross Section)

▶ 위치 : Menu → Insert → Synchronous Modeling → Edit Cross Section

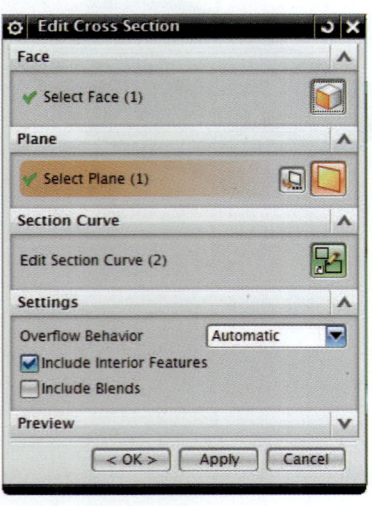

- Face : 단면의 수정할 면을 선택한다.
- Plane : 단면의 위치를 선택한다.

1) 그림과 같이 단면을 선택하여 Section을 얻을 수 있으며, 자동으로 Sketch 화면으로 전환이 되며, 스케치상의 원하는 Curve를 클릭하여 이동시킬 수 있다.

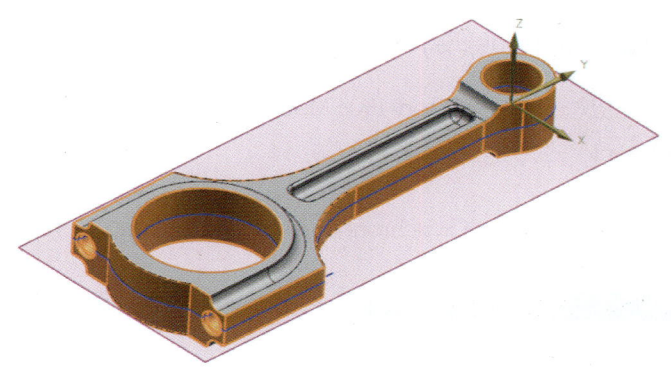

2) 아래의 그림과 같이 원하는 Curve 하나를 선택하여 움직여 주면 형상이 변하게 된다. 단, 단면변화에 따라 지오메트리를 유지할 수 없는 경우는 오류가 발생할 수도 있다.

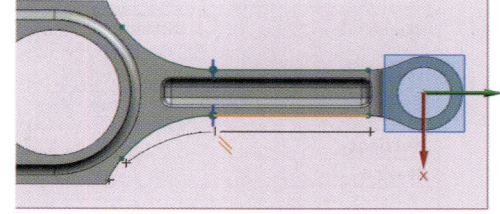

3) 또한 Sketch에서 작업하므로 Dimension 기능을 이용하여 모델을 수정할 수 있다.

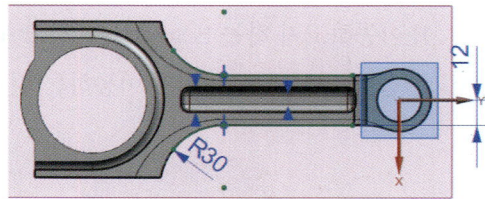

4) Finish Sketch 아이콘을 이용하여 Sketch를 나간 후 OK버튼을 누르면 선택한 면이 수정된다.

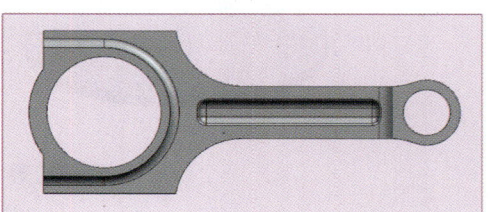

제 7 절 　 모서리(Edge) 기능의 종류

01 모서리 이동(Move Edge)

Offset/Scale에 있는 Shell은 History Free Mode에서는 사용할 수 없기 때문에 Shell Body를 사용해야만 한다.

▶ 위치 : Menu ▸ → Insert → Synchronous Modeling → Edge → Move Edge

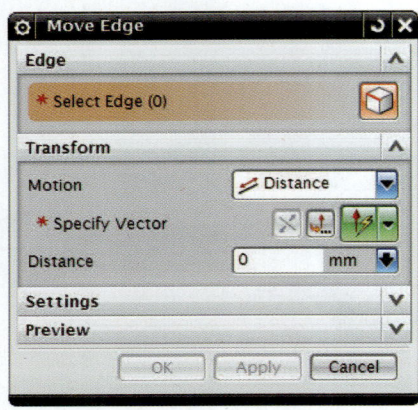

- Edge : 이동하고자 하는 부분의 모서리를 선택한다.
- Transform : 법선 방향을 정의하기 위한 면을 선택한다.
- Motion : 선형 및 이동할 선을 선택 Edge(모서리) 각도 변환방법을 정의한다.

1) 이동하고자 하는 Edge를 선택하고 윗면을 선택해서 법선 방향을 정의한 후, Distance값을 입력하면, 모서리가 이동하는 것을 확인할 수 있다.

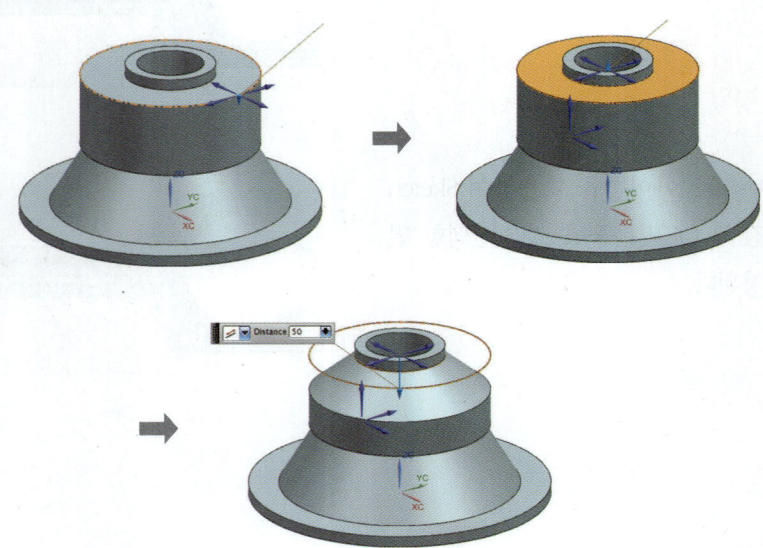

| 제1장 Sweep | 제2장 Surface Operation | 제3장 Mesh Surface | 제4장 Surface Exercise | 제5장 Synchronous Modeling | **Chapter C** Surface Modeling |

02 모서리 옵셋(Offset Edge)( )

Offset/Scale에 있는 Shell은 History Free Mode 에서는 사용할 수 없기 때문에 Shell Body를 사용해야만 한다.

▶ 위치 : Menu ▼ → Insert Synchronous Modeling → Edge → Offset Edge

- Edge : 옵셋을 진행하려는 모서리를 선택한다.
- Offset : 인접한 면 또는 가장자리 평면을 따라 옵셋을 정의한다.

1) Distance값을 입력하여 선택한 모서리와 인접한 면을 바깥쪽 또는 안쪽으로 옵셋을 진행할 수 있다.

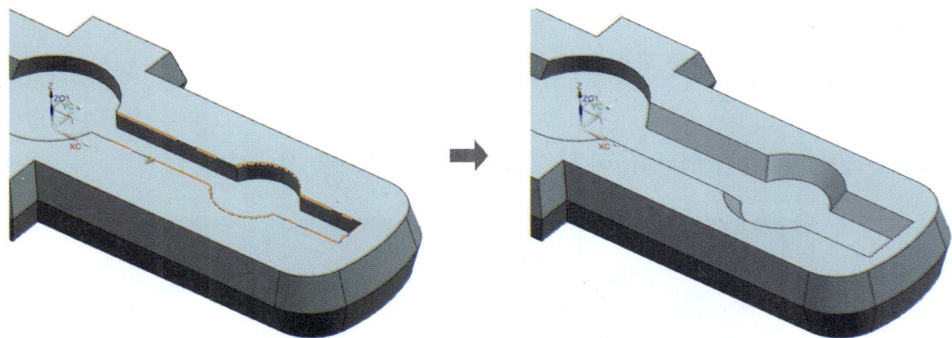

403

제 8 절　종합 따라 하기 예제 Ⅰ

❶ All.prt 파일을 오픈한다.

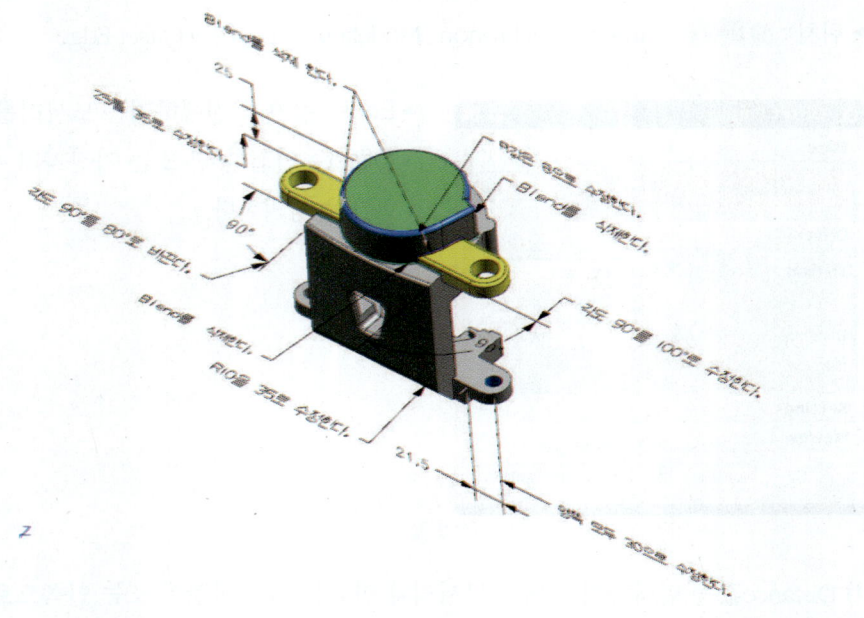

❷ PMI 기능을 이용하여 수정해야 할 부분이 표시가 되어 있고 수정 시 선택하여야 할 면이 컬러로 표시되어 있는 것을 확인할 수 있다.

❸ Delete Face( )를 실행한다. 아래 그림과 같이 블렌드를 선택한다.

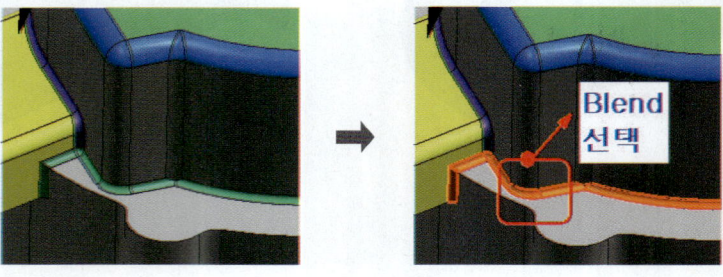

제1장	제2장	제3장	제4장	제5장	Chapter C
Sweep	Surface Operation	Mesh Surface	Surface Exercise	Synchronous Modeling	Surface Modeling

❹ 선택완료 후 Apply 버튼을 클릭한다.

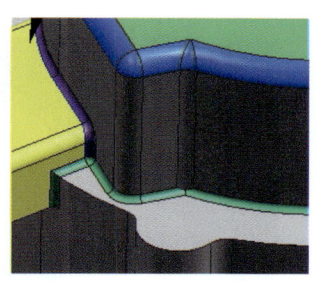 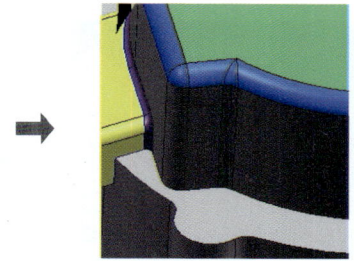

❺ 반대쪽 Blend도 연결되어 있는 같은 색의 면은 모두 선택한다.

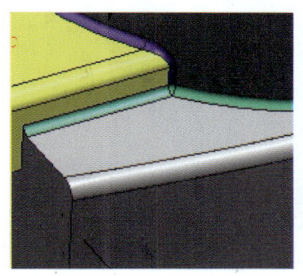 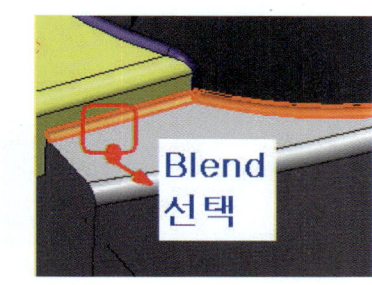

❻ 선택완료 후 Apply 버튼을 클릭한다.

❼ 아래 그림과 같이 보라색의 필렛 면도 선택한 후 Apply 버튼을 클릭한다.

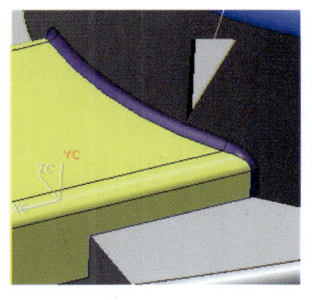  

❽ 아래 그림과 같이 보라색의 Blend도 선택한 후 OK 버튼을 클릭한다.

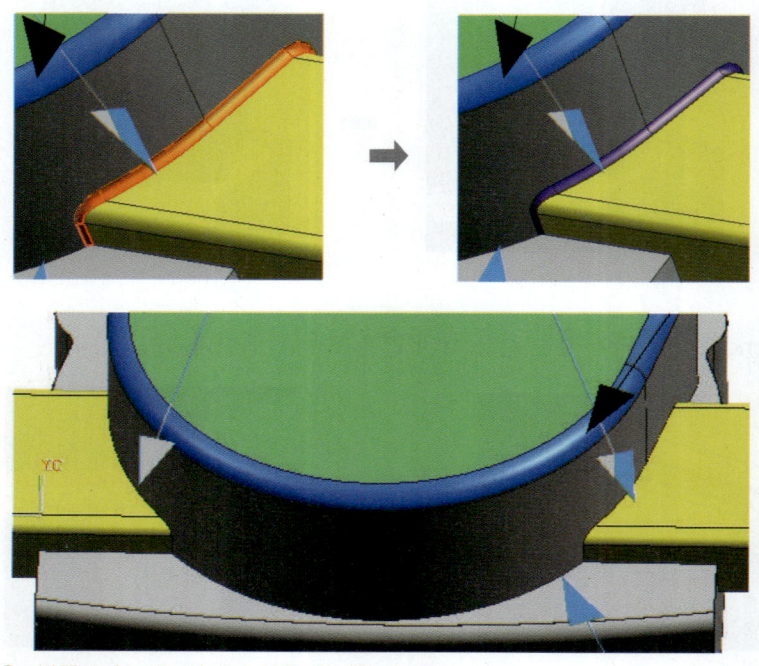

🗨 블렌드가 모두 삭제된 것을 확인할 수 있다.

❾ Move Face( ) 아이콘을 클릭한다.
   아래 그림과 같이 형상의 윗부분을 선택한다.

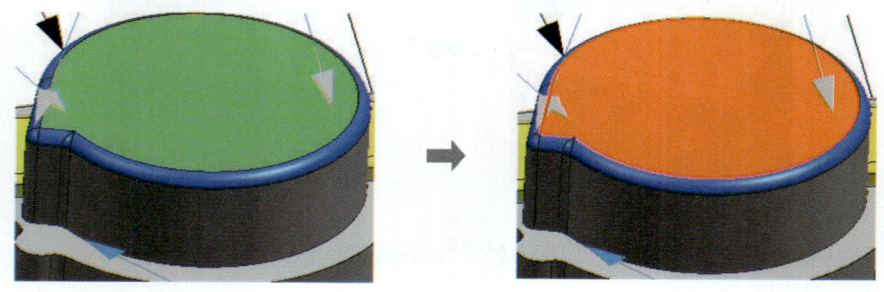

❿ Move Face창에서 Transform부분의 Motion은 Distance로 바꾸고 Specify Vector는 Y축으로, Distance값은 10으로 입력한 후 Apply 버튼을 클릭한다.

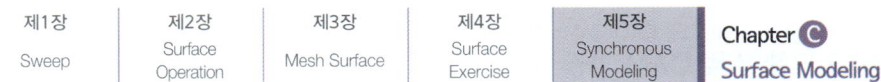

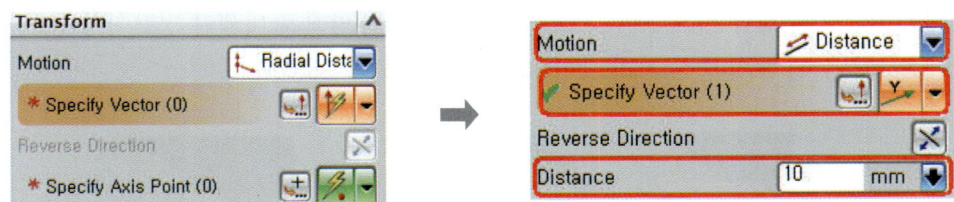

⓫ 수정된 것을 확인할 수 있으며 자동으로 PMI의 치수도 수정된 것을 확인할 수 있다.

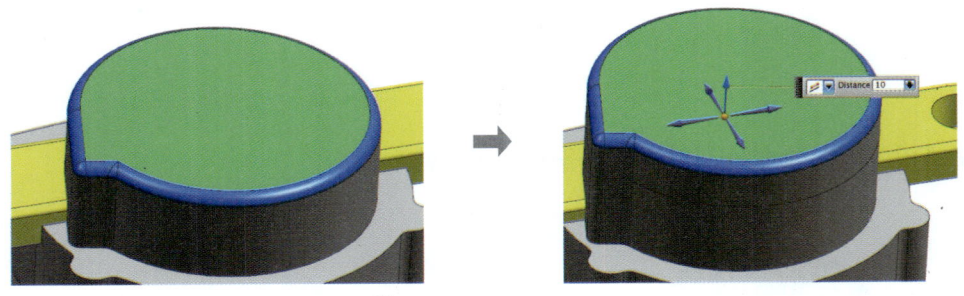

⓬ 형상 하단에 있는 21.5라는 치수를 30으로 수정하기 위해 파란색의 Hole과 외곽 부분의 라운드 면을 선택한다.

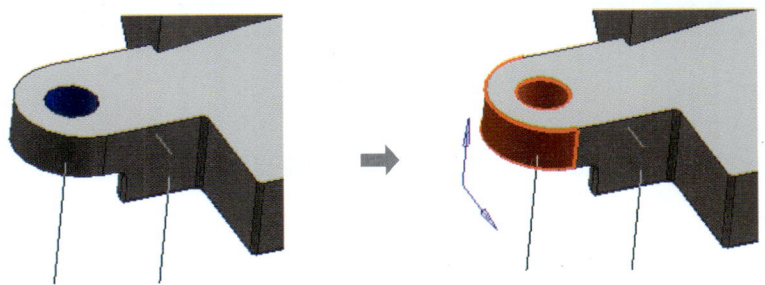

⓭ Move Face창에서 Transform부분의 Motion은 Distance로 바꾸고 Specify Vector는 −XC 축으로 변경하고 Distance값은 30−21.5로 입력한 후 Apply 버튼을 클릭한다.

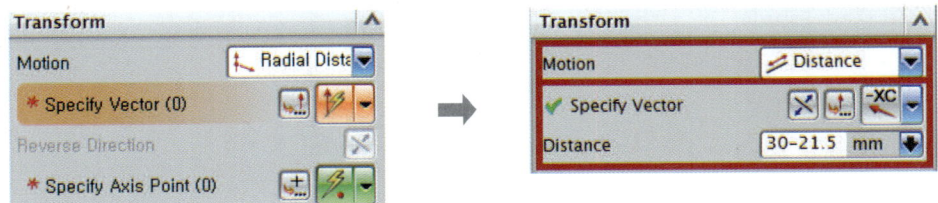

⓮ 반대쪽 부분을 수정할 시 Specify Vector는 −X가 아닌 X축으로 바꿔야 정확히 수정된다. 반대쪽 부분도 Hole의 중심 거리 값이 30이 될 수 있도록 수정한다.

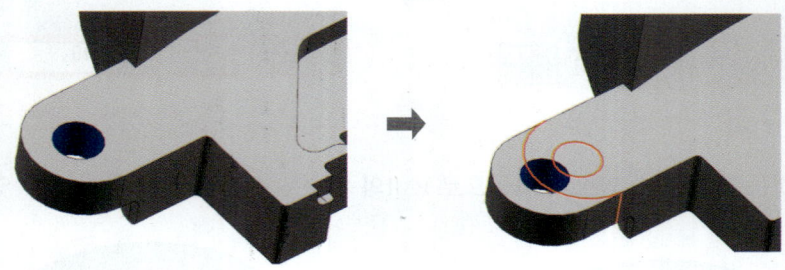

⓯ 모델 양쪽 부분에 있는 노란색의 면을 모두 선택한다.

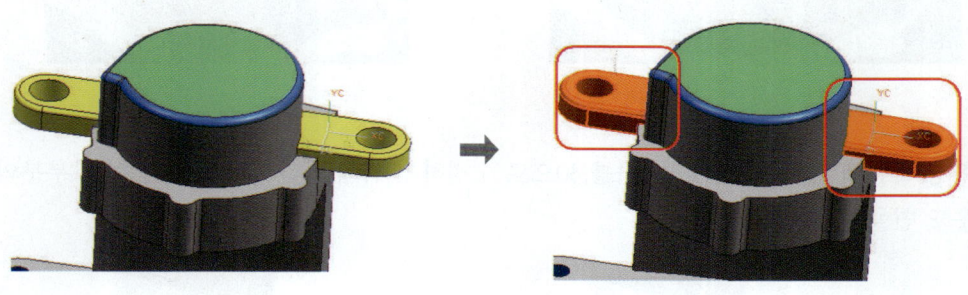

⓰ Move Face 창에서 Transform부분의 Motion은 Angle로 바꾸고, Specify Vector는 Y축으로 선택한다.

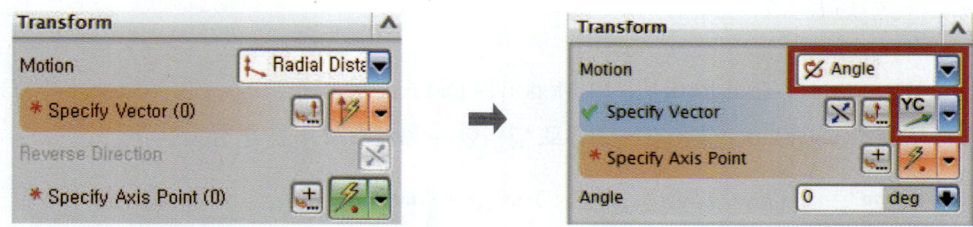

⓱ Specify Axis Point는 양쪽 날개 사이에 Point를 선택한다.

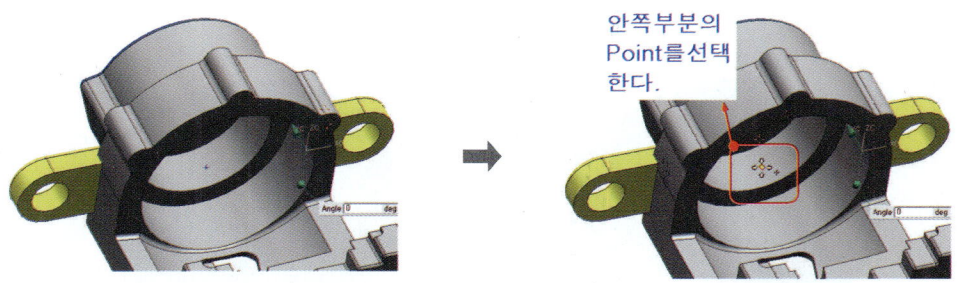

⓲ 마지막으로 Angle값은 10으로 입력한 후 OK 버튼을 클릭한다.

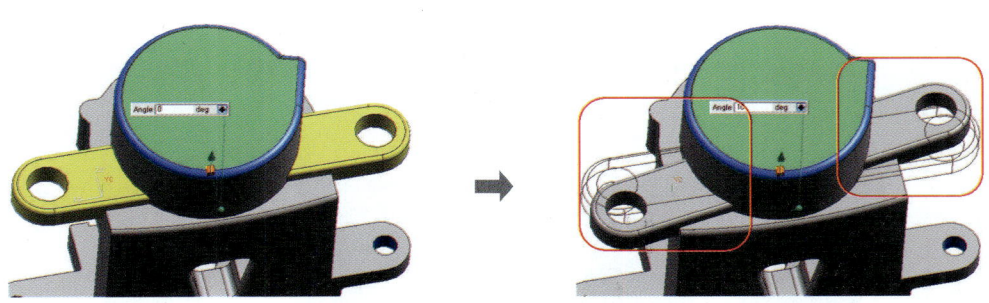

⓳ Resize Blend( ) 아이콘을 클릭한다.
선택 Option은 Single Face로 바꾸고 아래 그림과 같이 연결되어 있는 같은 색 Blend는 모두 선택한다.

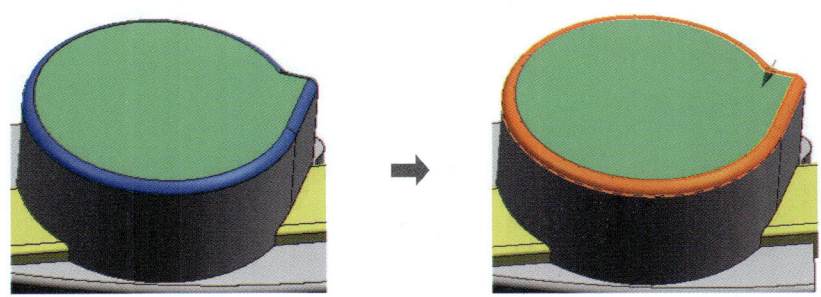

❷⓿ 자동으로 Blend 값이 3으로 등록되는 것을 확인할 수 있다.
Radius 값을 8로 수정 후 Apply 버튼을 클릭한다.

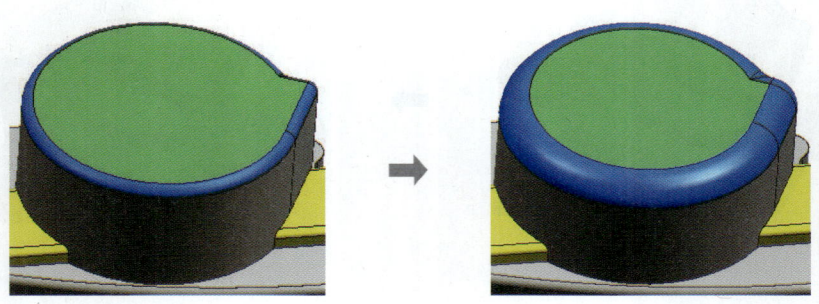

❷❶ 모델링 뒷부분에 있는 녹색 Blend를 선택한다.

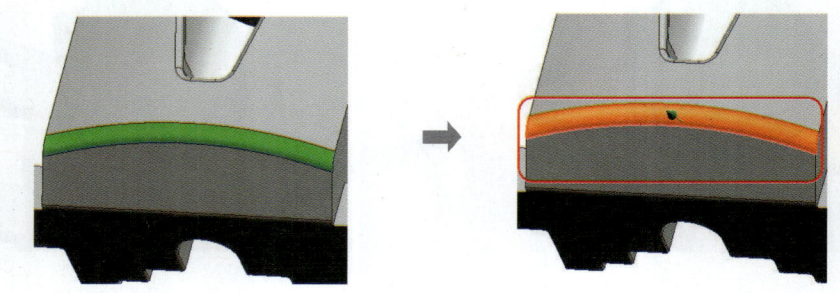

❷❷ 자동으로 R값이 10으로 입력된 것을 확인할 수 있다.
Radius값을 35로 수정한 후 OK 버튼을 클릭한다.

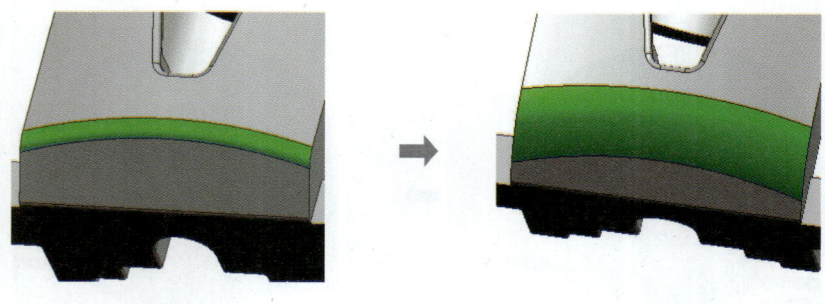

❷❸ 키보드 자판에서 Ctrl+B 버튼을 선택한다. 나타나는 Class Selection창에서 화면에 있는 모델링 Body를 선택한 후 OK 버튼을 클릭한다.

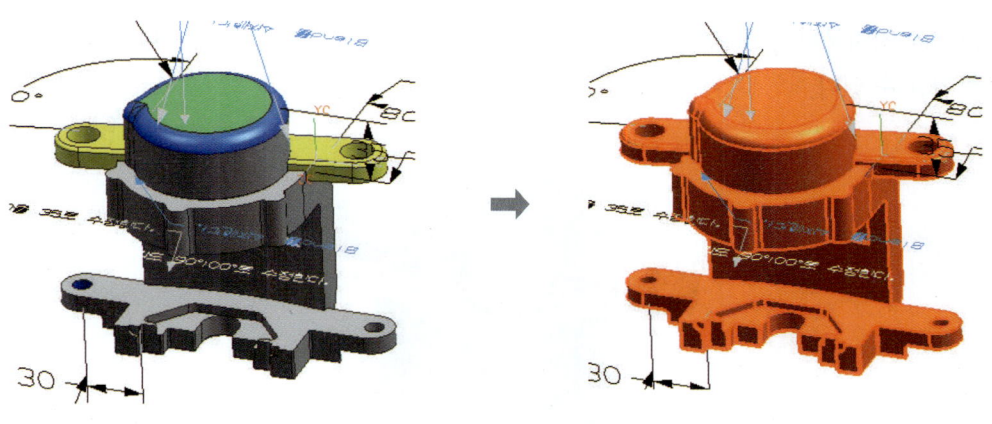

㉔ 모델링 Body가 화면에서 사라진 것을 확인할 수 있다.

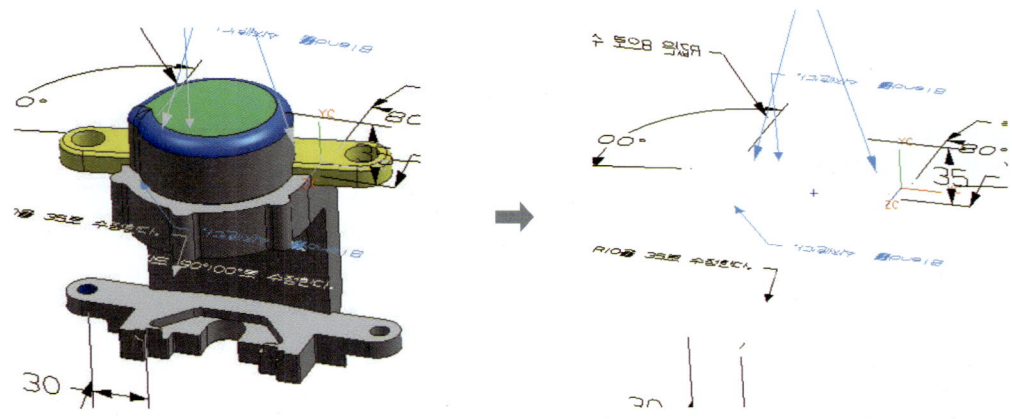

㉕ 키보드 자판에서 Ctrl+Shift+B를 선택한다.

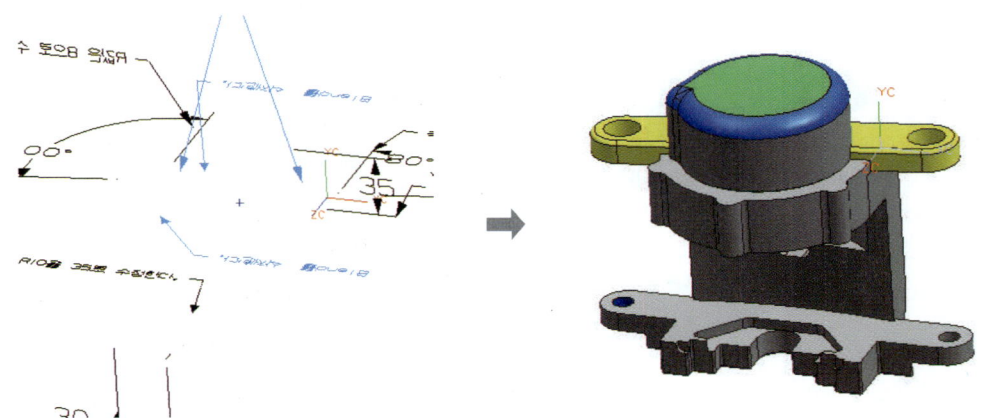

❷❻ 화면에 지저분한 치수선(PMI)들이 모두 사라지고 모델링 Body만 화면에 다시 나타난 것을 확인할 수 있다.

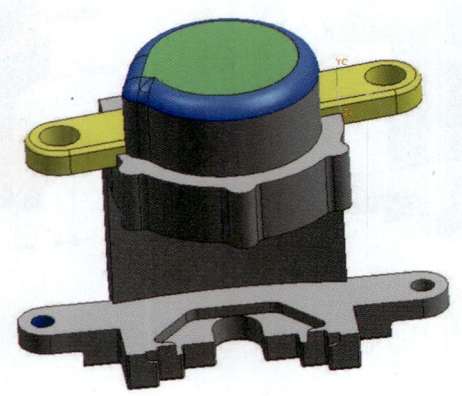

제 9 절 종합 따라 하기 예제 Ⅱ

❶ Face.prt를 Open한다.

Copy face( ) 아이콘을 클릭한다.

선택 옵션은 Tangent Faces로 바꾼다.

❷ Body의 한쪽 날개부분을 선택한다.

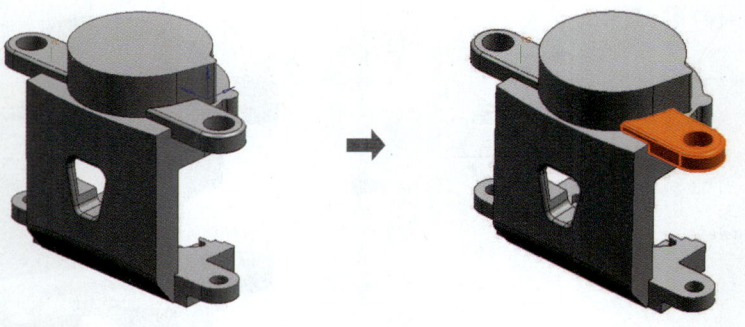

✎ 선택 옵션을 Tangent Face로 바꿔 선택하지만 Hole 안쪽 부분과 밑면은 직접 선택하여 한쪽 날개 부분은 모두 선택한다.

❸ Copy Face 창에서 Motion은 Angle로, Specify Vector는 Y축으로 바꾼다.

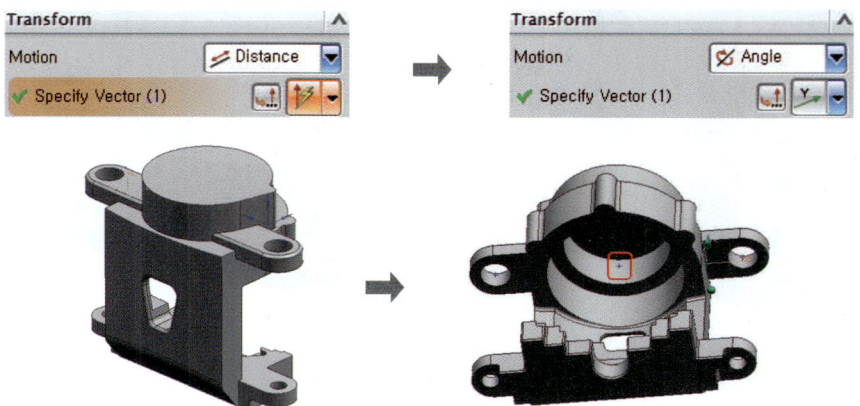

❹ Angle 값은 45로 입력한 후 키보드 자판의 Enter를 선택한다.

❺ 투명한 Body가 Copy되는 것을 Preview로 확인할 수 있다.

❻ Copy Face 창에서 Paste의 Paste Copied Faces옵션을 체크한다.

❼ Copy되는 투명한 Body가 Solid Body로 바뀌는 것을 확인할 수 있다.
　　Apply 버튼을 클릭한다.

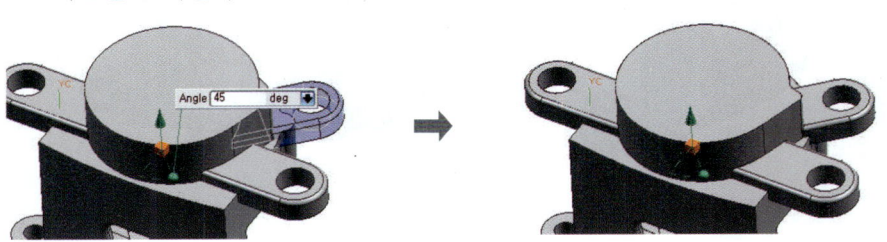

❽ 반대쪽 날개 부분을 선택한다.

❾ Copy Face창에서 Motion은 Angle로, Specify Vector는 Y축으로 바꾼다.

❿ Specify Axis Point는 ➕ Point로 바꾼 후 모델링 안쪽의 Point를 선택한다.

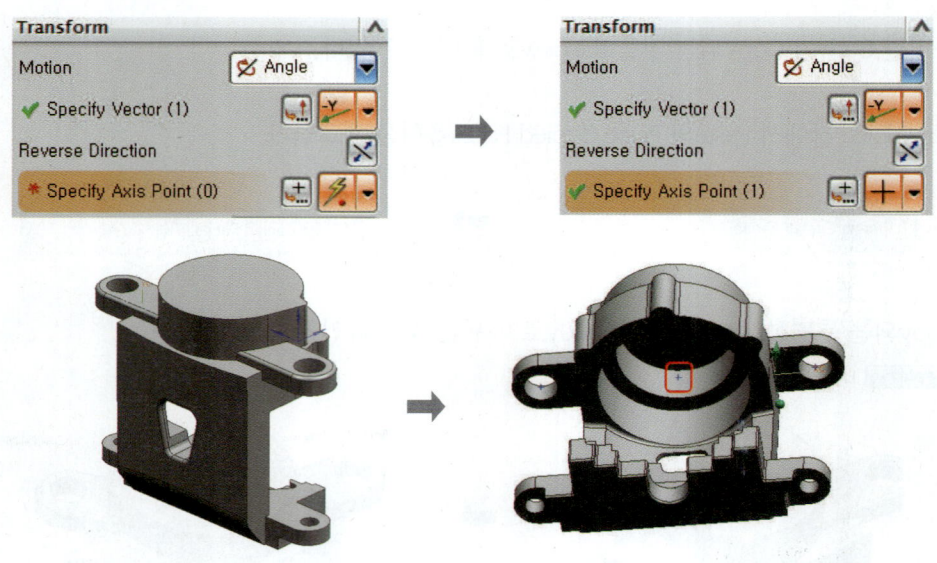

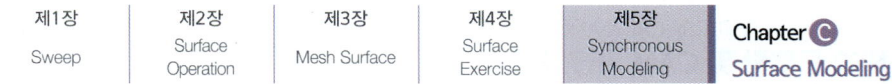

⓫ Angle 값은 45로 입력한 후 키보드 자판의 Enter를 선택한다.

Copy Face 창에서 Paste의 Paste Copied Faces옵션을 끈다.

⓬ Copy되는 Face가 투명한 Face로 바뀌는 것을 확인할 수 있다.

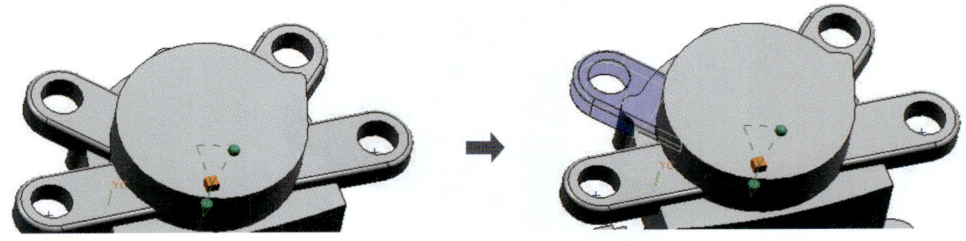

⓭ OK 버튼을 클릭한다.

⓮ Paste Face( ) 아이콘을 클릭한다.

나타나는 Paste Face 창에서 Target Body는 Solid Body를 선택하고 Tool Body는 Surface를 선택한다.

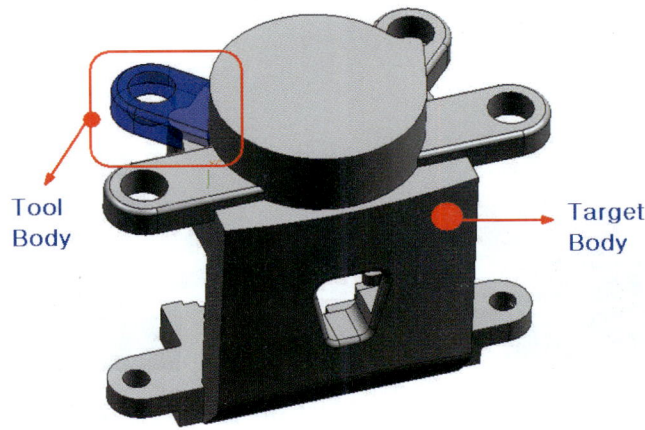

❶❺ OK 버튼을 클릭한다.

색상은 다르지만 Solid Body 생성된 것을 확인할 수 있다.

Menu의 Edit → Object Display명령을 실행한다.

키보드에서 Ctrl+J를 누른다. 마우스 포인트를 Solid Body 위로 이동시킨다.

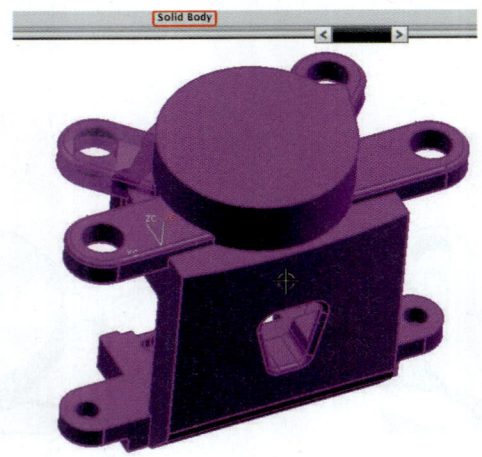

✎ 전체가 동시에 선택되면서 모델링을 하는 창 바로 윗부분에 Solid Body로 표시되는 것을 확인할 수 있다.

❶❻ Cut Face( ) 아이콘을 클릭한다.

선택 옵션은 Tangent Faces로 바꾼다.

❶❼ Body의 한쪽 날개부분을 선택한다.

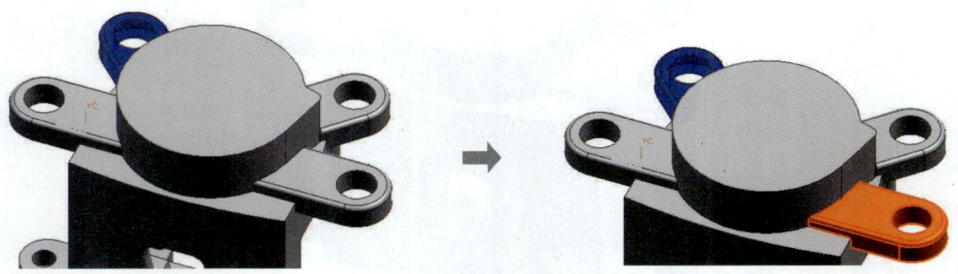

✎ 선택 옵션을 Tangent Face로 바꿔 선택하지만 Hole안쪽 부분과 밑면은 직접 선택하여 한쪽 날개 부분은 모두 선택한다.

❽ Cut Face창에서 Motion은 Angle로, Specify Vector는 Y축으로 바꾼다.

❾ Specify Axis Point는 Point로 바꾼 후 모델링 안쪽에 있는 Point를 선택한다.

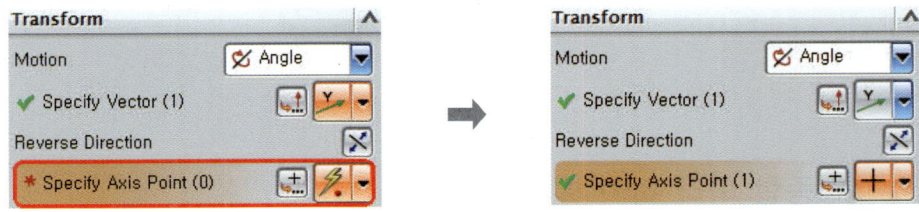

❿ Angle 값은 90으로 입력한 후 키보드 자판의 Enter를 선택한다.

㉑ 모델링이 수정되는 것을 확인할 수 있다. OK 버튼을 클릭한다.

㉒ 선택했던 Feature가 Cut되어 이동된 것을 확인할 수 있다.

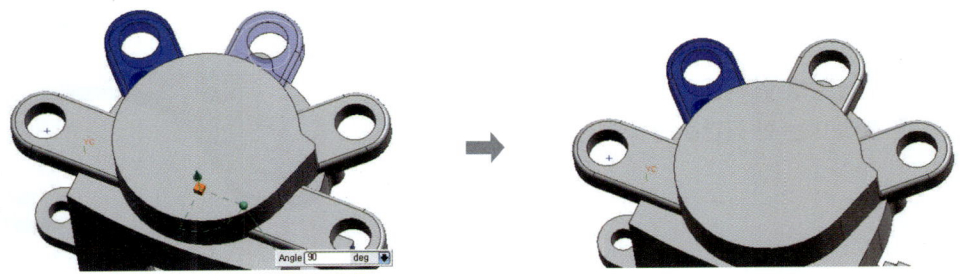

㉓ 완료

제10절 종합 따라 하기 예제 Ⅲ

❶ Dimension.prt를 Open한다.
　Solid Body가 나타난 것을 확인할 수 있다.
　Linear Dimension( ) 아이콘을 클릭한다.

❷ 한쪽 부분을 우측의 그림과 같이 선택한다.
　처음 선택하는 부분이 기준 위치가 된다.

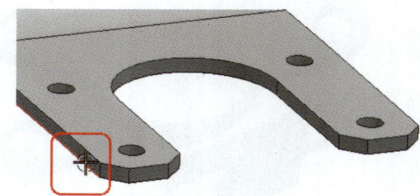

❸ 자동으로 다음 스텝으로 넘어감으로 바로 반대쪽 부분의 Edge도 선택한다.

❹ 치수선이 생성될 위치을 선택한다.
　🔖 눈에 잘 보이는 빈 공간을 클릭한다.

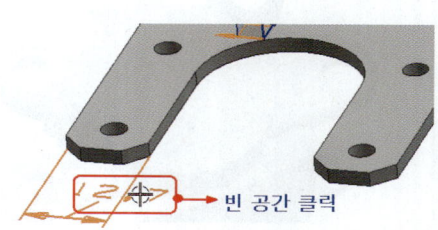

| 제1장 Sweep | 제2장 Surface Operation | 제3장 Mesh Surface | 제4장 Surface Exercise | 제5장 Synchronous Modeling | Chapter C Surface Modeling |

❺ Face To Move에서 Select Face(⬚) 아이콘을 선택한다.
같이 움직여야 될 Hole면을 선택한다.

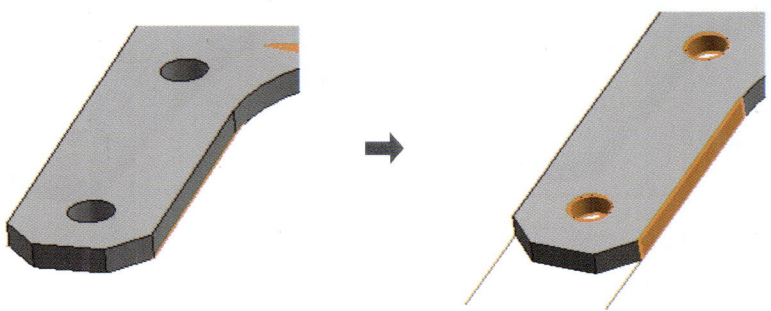

❻ Distance 값을 12.5에서 10으로 수정한 후 Apply 버튼을 클릭한다.

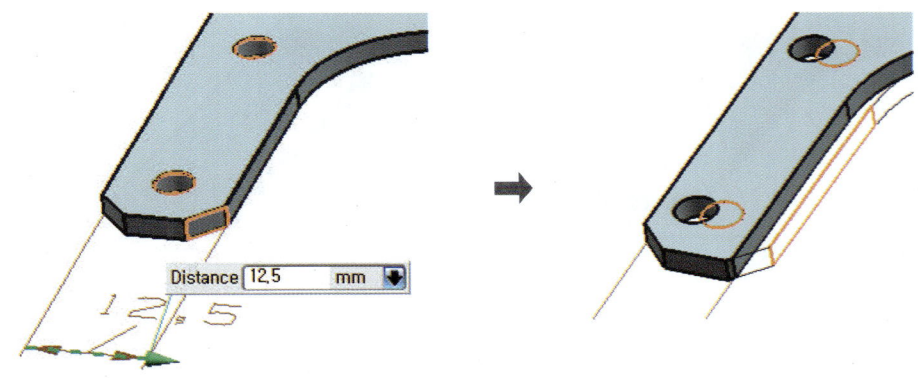

❼ 반대쪽 부분도 동일하게 수정한다.

❽ 고정될 Edge부분을 선택하고 이동이 될 Edge부분을 선택한다.

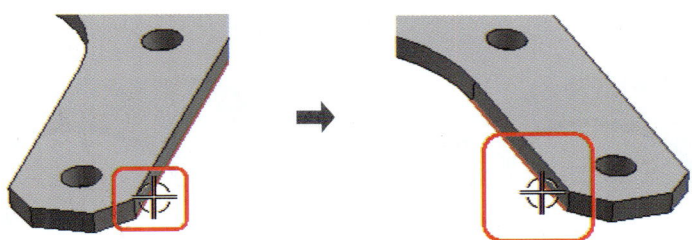

❾ 빈 공간에 치수선을 고정하고 Select Face( ) 아이콘을 클릭한 후 Hole과 모따기 면을 선택한다.

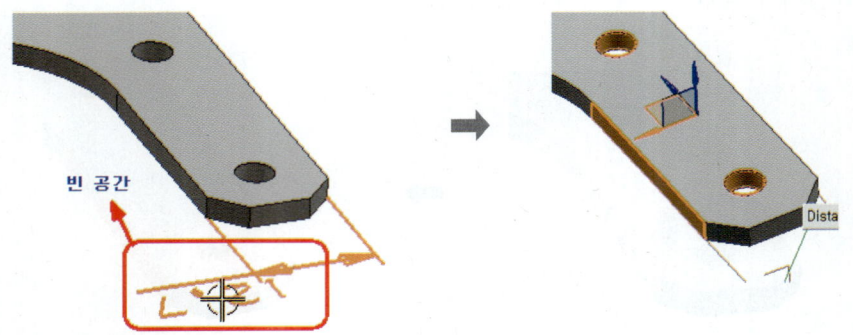

❿ Distance 값을 12.7에서 10으로 수정한 후 Apply 버튼을 클릭한다.

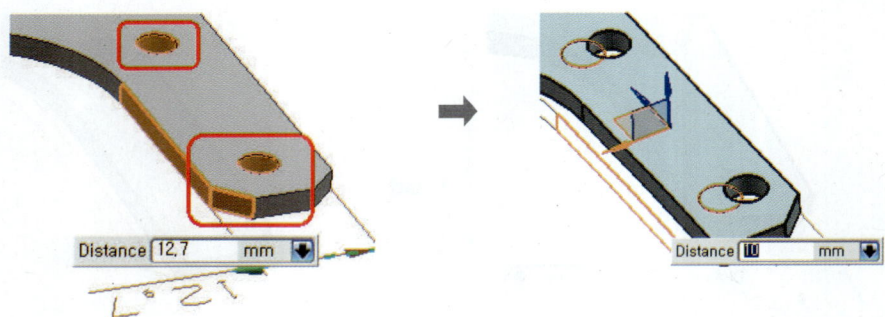

⓫ 나타나는 Linear Dimension창에 Snap Point는 Center Point만 체크한다.

⓬ Solid Body 가운데 있는 가장 큰 Hole의 Center Point를 선택한다.

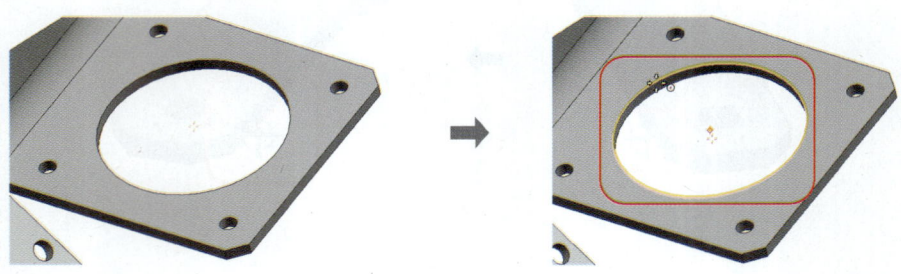

제1장	제2장	제3장	제4장	제5장	Chapter ⓒ
Sweep	Surface Operation	Mesh Surface	Surface Exercise	Synchronous Modeling	**Surface Modeling**

⑬ Solid Body 윗부분에 있는 작은 Hole의 Center를 선택한다.

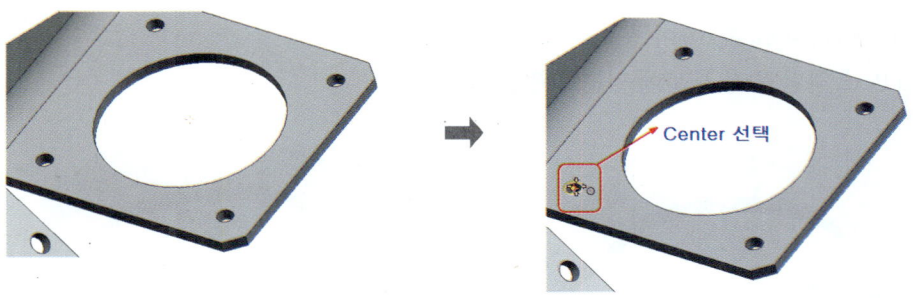

⑭ 치수선을 고정하기 위해 빈 공간을 클릭한다.

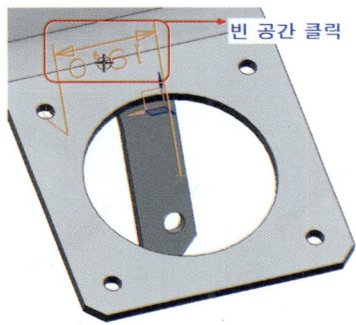

⑮ Face To Move에서 Select Face(🟦) 아이콘을 클릭한다.
   반대쪽 Hole을 선택한다.

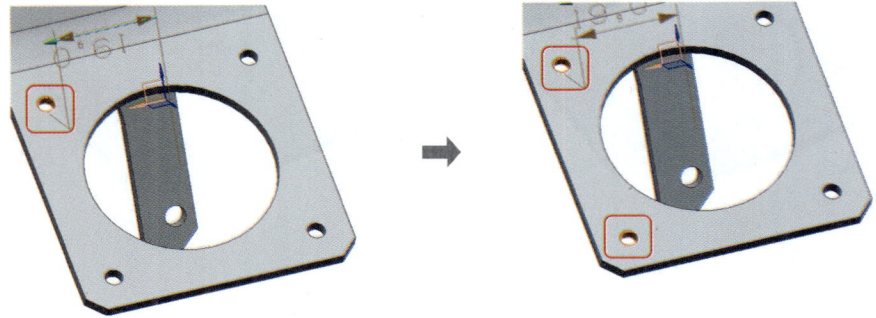

⑯ Distance 값은 15로 수정한 후 Apply 버튼을 클릭한다.

⑰ 반대 Hole부분도 같은 방법으로 Distance값을 15.4로 수정하고 OK 버튼을 클릭한다.

⑱ Radial Dimension( ) 아이콘을 클릭한다.
Solid Body하단 중간 부분에 있는 반원을 선택한다.

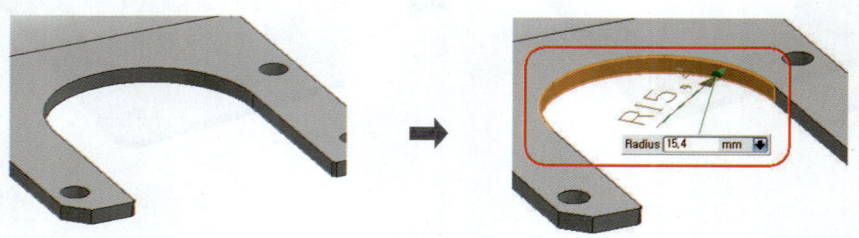

⑲ Radius 값은 15.4에서 17로 수정한 후 Apply 버튼을 클릭한다.

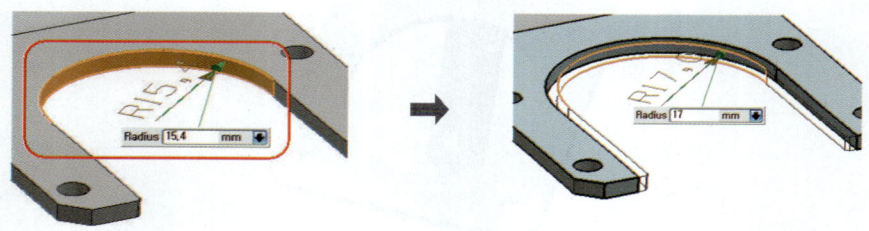

⑳ 윗부분의 작은 Hole 4개를 모두 선택한다.

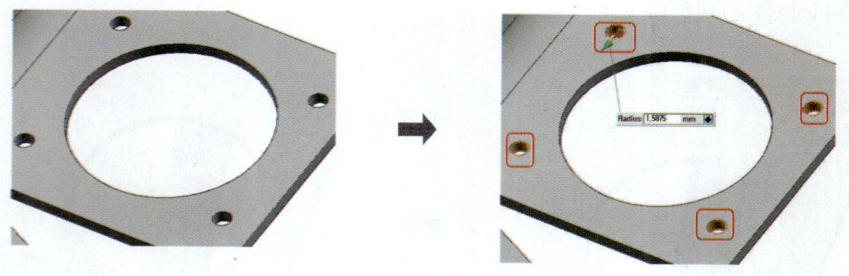

㉑ Radius 값은 3으로 수정한 후 OK 버튼을 클릭한다.

㉒ Body의 윗부분 Edge를 선택한다.

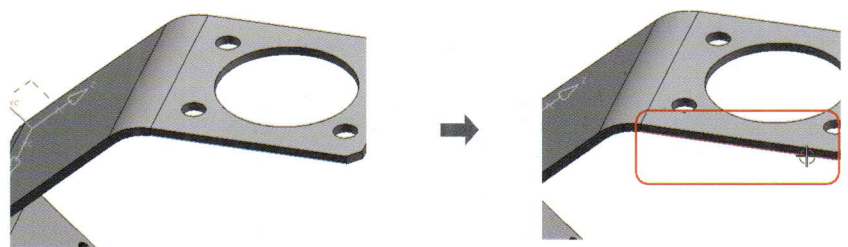

㉓ 대각선으로 잇는 Edge부분을 선택한다.

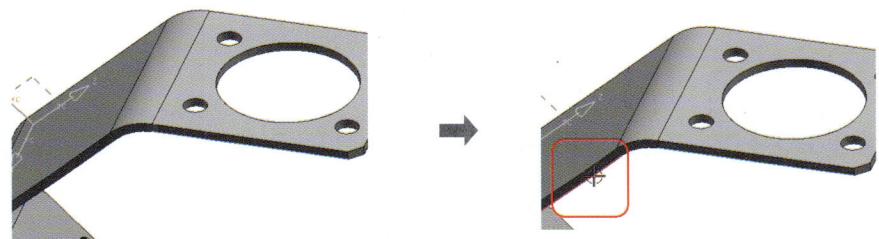

㉔ Angle 값은 135에서 120으로 수정한다.

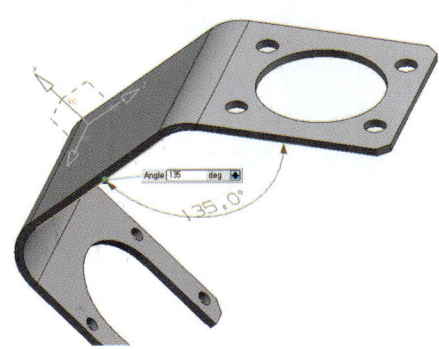

㉕ Solid Body가 바뀌는 것을 확인할 수 있다.

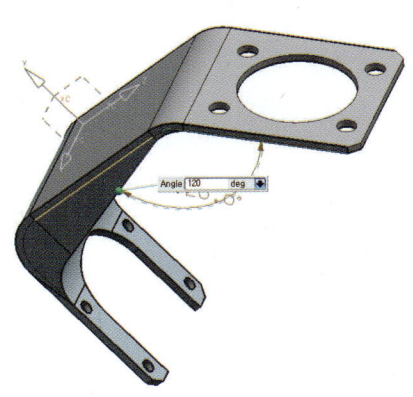

㉖ Face To Move에서 Select Face( ) 아이콘을 클릭한다.
Solid Body의 수직 평면을 선택한다.

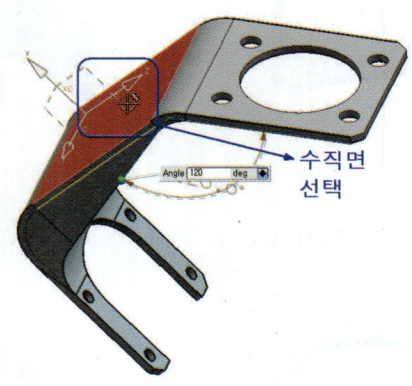

㉗ 모델링이 수정된 것을 확인한 후 할 수있다. OK 버튼을 클릭한다.

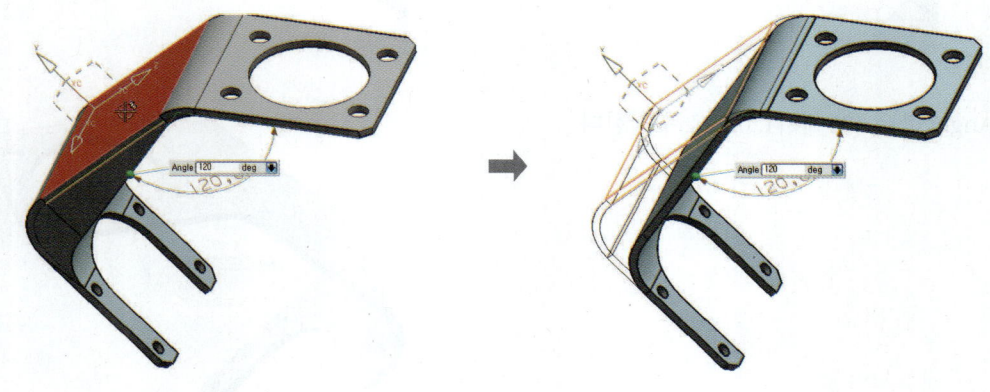

Chapter D

Assembly

- 1장 Assembly 개요
- 2장 Context Coltrol
- 3장 Component
- 4장 View
- 5장 Assembly Exercise

1장 ▸ Assembly 개요

제1절 어셈블리(Assembly) 개요

01 Assembly application의 활용

Assembly를 이용하면 실제 작업을 시작하기 전에 디지털 모의 표현을 생성할 수 있다. 또한 조립되는 부품 사이의 거리 및 각도 등의 수치를 측정할 수도 있다.

Assembly를 이용하여 조립된 상태로 완성하고 그것을 이용하여 조립 도면을 만들 수도 있다. 부품을 조립하거나 분해하는 데 필요한 동작을 보여주는 sequence를 정의할 수 있다.

02 Assembly application 시작

NX Assembly application은 다른 Application과 다르게 독립적으로 사용되지 않고, 다음 application과 함께 Sub application으로 사용된다.

- Gateway
- Drafting
- NX Sheet Metal

- Modeling
- Manufacturing
- Shape Studio

✎ Assembly를 선택하여 메뉴를 활성화시킨 후 사용한다.

| 제1장 Assembly 개요 | 제2장 Context Control | 제3장 Component | 제4장 View | 제5장 Assembly Exercise | Chapter D Assembly |

제 2 절 어셈블리 탐색기(Assembly Navigator)

▶ 위치 : Resource bar → Assembly Navigator

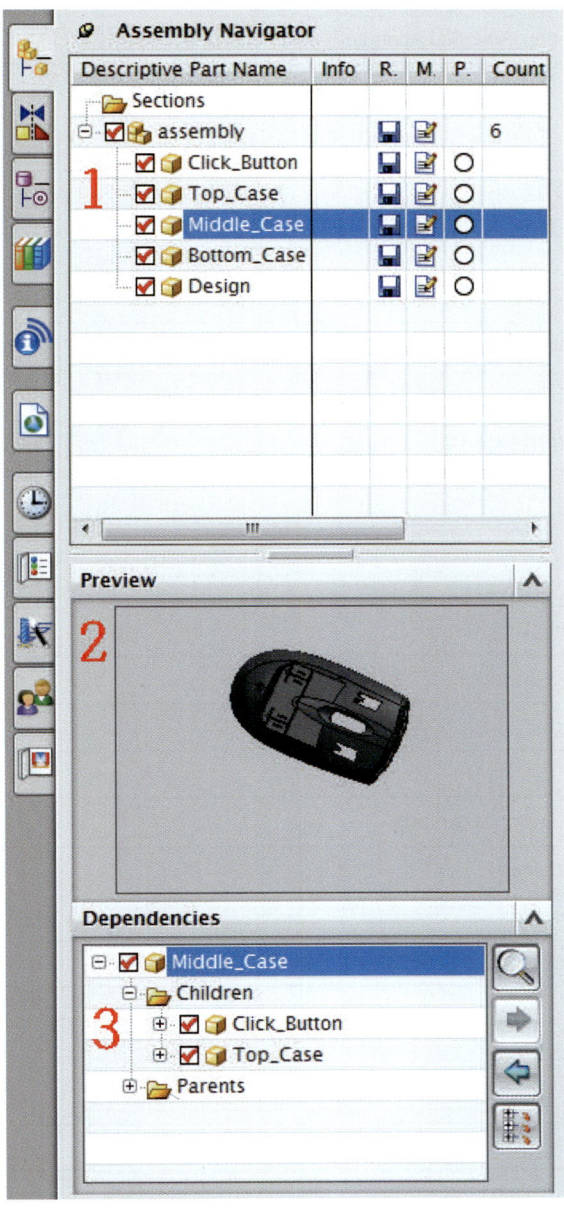

1 Assembly Navigator main panel columns : 특정 구성 요소를 식별하고 계층구조 트리를 보여준다.

2 Preview panel : 선택한 구성 요소에 대한 저장된 부분의 미리보기를 표시한다.

3 Dependencies panel : 선택한 어셈블리 또는 부분의 일부 노드에 대한 부모-자식 종속성을 표시한다.

Unigraphics(UGS) CAD/CAM
NX9 모델링 및 CAM 가공

01 Assembly Navigator main panel columns

특정 구조 요소를 식별하고 계층구조 트리를 보여준다.

Columns	Icon	상세 설명
Descriptive Part Name	-	File Name, Description, Specified Attribute
Info	📕	참조 파트
	🔗	링크된 파트
	🟥	그룹 파트의 일부 파트
Read-Only	💾	읽기-쓰기
	🔒	읽기 전용
	🟥	그룹 파트의 일부 파트 읽기 전용
	⬜	부분적 로드
Modified	📝	현재 세션이 수정되었는지 여부
Position	●	Fully constrained
	○	Fully mated
	⊥	Fixed
	●	Fully constrained, implicit override
	○	Fully mated, implicit override
	◐	Partially constrained
	◐	Partially mated
	◐	Partially constrained, explicit override
	❌	Inconsistently constrained
	❓	Deferred constraints
	○	Unconstrained/Unmated
	○	Suppressed
	✔	All Geometry Loaded
Count	-	어셈블리 구성 요소의 개수
Reference Set	-	Reference Set의 현재 상태

제 3 절　Assembly Modeling

Assembly Modeling 방식에는 크게 Bottom-up 방식과 Top-Down 방식 두 가지로 나뉜다.

01 Bottom-up(상향식) Modeling

일반적으로 사용되는 방식으로 부품별로 Modeling하여 Modeling된 Part를 라이브러리에 등록시켜 Assembly하는 방식이다.

먼저 부품을 하나씩 Modeling하여 Assembly한다. Assembly 시 일정한 규칙만을 준수하면 누구나 손쉽게 Assembly가 가능하다.

02 Top-Down(하향식) Modeling

상위 Assembly에서부터 필요한 부품을 연관 설계하는 모델링 방식이다.
Assembly에서 설정한 설계초기 정보를 모든 부품에 적용이 가능하다.
한 Part 안에서 Assembly형태로 Modeling한다. Modeling된 Assembly에서 부품을 추출한다. 설계초기에 정보를 만든 부품에 적용하기 때문에 원하는 Part를 수정하면 연관이 있는 다른 Part도 같이 자동으로 수정이 되는 방식이다. 하지만 Assembly의 특성을 이해해야 하기 때문에 상당한 노력이 필요하다.

제1장	제2장	제3장	제4장	제5장	Chapter D
Assembly 개요	Context Control	Component	View	Assembly Exercise	Assembly

2장 ▶ Context Control

제1절 컨텍스트 제어(Context control menu)

▶ 위치 : Assembly → Context Control

Context Control 메뉴에 대하여 알아보도록 한다.

Icon	명칭	명령어 설명
	Find Component	전역 특성을 사용하는 컴포넌트를 찾는다.
	Open Components	현재 표시된 어셈블리에서 선택한 컴포넌트를 연다.
	Open by Proximity	선택한 컴포넌트로부터 지정한 거리 안에 있는 컴포넌트를 로드한다.
	Show Only	선택한 컴포넌트만 표시합니다. 다른 컴포넌트는 숨긴다.
	Hide Components in View	뷰에서 선택한 컴포넌트를 숨긴다.
	Show Components in View	뷰에서 선택한 컴포넌트를 표시한다.
	Define Product Outline	제품 외곽선에 위치하는 개체를 정의한다. 이는 어셈블리 전체 크기와 형상을 가늠하게 해주는 지오메트리 집합이다.
	Show product Outline	전체 어셈블리의 외곽선을 표시한다.
	Save Context	컨텍스트, 즉 작업 파트와 컴포넌트 가시성을 저장한다.
	Restore Context	앞서 저장한 컨텍스트, 즉 작업 파트와 컴포넌트 가시성을 복원한다.
	Set Work Part	어느 파트가 작업 파트인지 정의한다.
	Set Displayed Part	어느 파트가 표시된 파트인지 정의한다.
	Show Lightweight	선택한 컴포넌트의 솔리드 및 시트 지오메트리에 대한 경량형 표현을 표시한다.
	Show Exact	선택한 컴포넌트의 솔리드 및 시트 지오메트리에 대한 정확한 표현을 표시한다.

Unigraphics(UGS) CAD/CAM
NX9 모델링 및 CAM 가공

01 Find Component( )

전역 특성을 사용하는 컴포넌트를 찾는다.

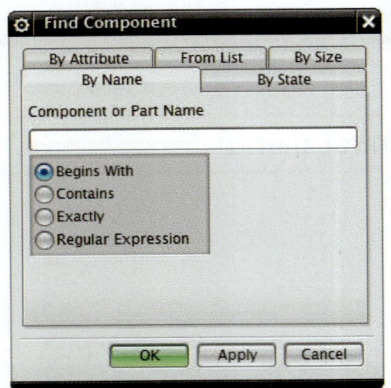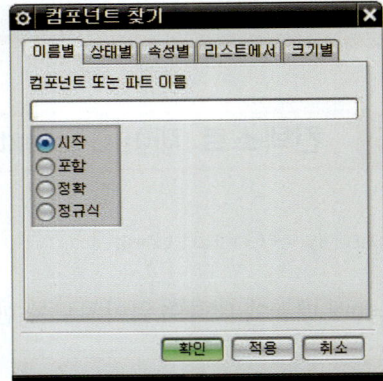

02 Open Components( )

현재 표시된 어셈블리에서 선택한 컴포넌트를 연다.

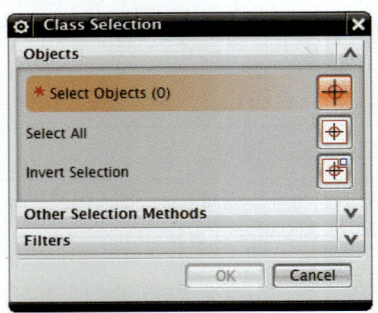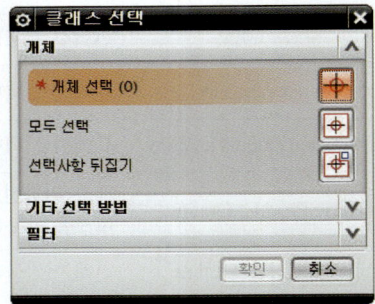

03 Open by Proximity( )

선택한 컴포넌트로부터 지정한 거리 안에 있는 컴포넌트를 로드한다.

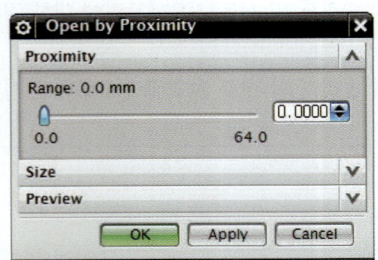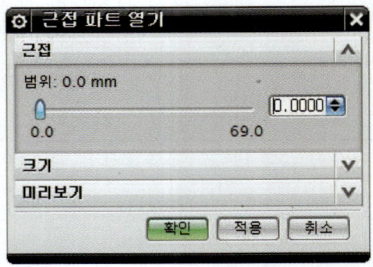

04 Show Only( )

선택한 컴포넌트만 표시한다. 다른 컴포넌트는 숨긴다.

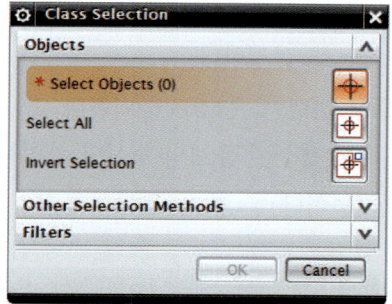 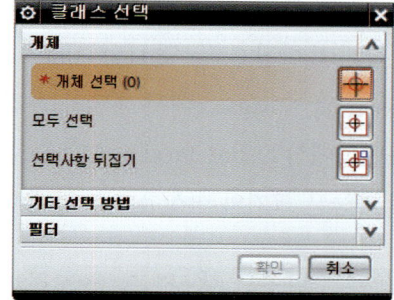

05 Hide Components in View( )

뷰에서 선택한 컴포넌트를 숨긴다.

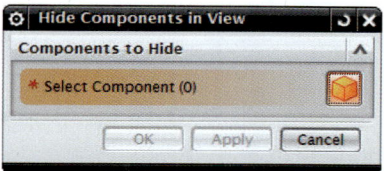 

06 Show Components in View( )

뷰에서 선택한 컴포넌트를 표시한다.

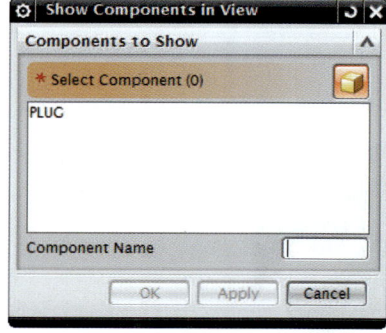 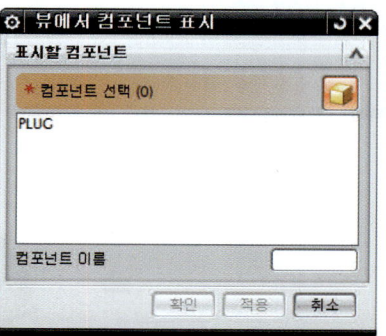

Unigraphics(UGS) CAD/CAM
NX9 모델링 및 CAM 가공

07 Define Product Outline( )

구성 요소가 로드되지 않은 상태에서도 어셈블리 전체 크기와 형상을 가늠하게 해준다.

1) Define Product Outline을 이용하여 화면에 표시할 개체를 선택한다.
2) 형상이 표현될 Color 및 Line Font, Translucency를 설정한다.
3) Assembly Navigator에서 해당하는 컴포넌트를 선택한 뒤 MB3 클릭한다.
4) 화면상에서 Define Product Outline을 이용하여 생성된 물체의 형상만 확인할 수 있다.
   이 기능은 크기와 형상을 가늠하게 해주는 기능이다.

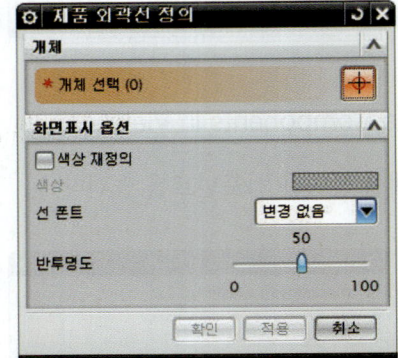

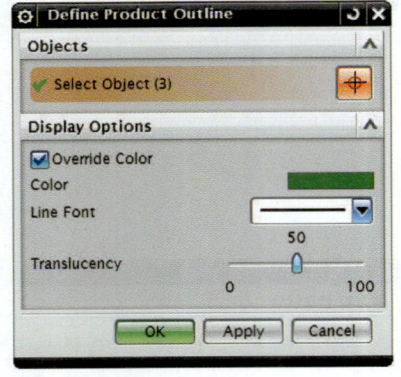
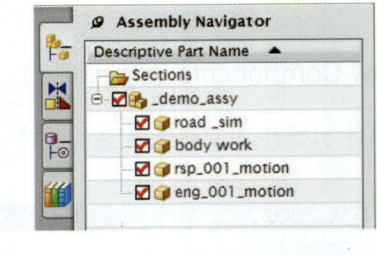

08 Show product Outline( )

전체 어셈블리의 외곽선을 표시한다.

Define Product Outline 작업창과 동일한 작업창을 사용한다.

09 Save Context( )

컨텍스트, 즉 작업 파트와 컴포넌트 가시성을 저장한다.

10 Restore Context( )

앞서 저장한 컨텍스트, 즉 작업 파트와 컴포넌트 가시성을 복원한다.

11 Set Work Part( )

어느 파트가 작업 파트인지 정의한다.

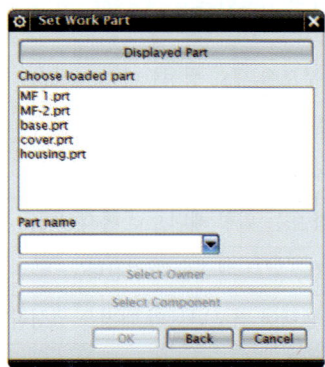 

12 Set Displayed Part( )

어느 파트가 표시된 파트인지 정의한다.

13 Show Lightweight( )

선택한 컴포넌트의 솔리드 및 시트 지오메트리에 대한 경량형 표현을 표시한다.

14 Show Exact( )

선택한 컴포넌트의 솔리드 및 시트 지오메트리에 대한 정확한 표현을 표시한다.

Unigraphics(UGS) CAD/CAM
NX9 모델링 및 CAM 가공

3장 ▶ Component

제1절 컴포넌트(Component Menu)

▶ 위치 : Menu → Assembly → Components

Component 메뉴에 대하여 알아보도록 한다.

Icon	명칭	명령어 설명
	Add Component	디스크에 있는 파트 또는 로드된 파트를 선택하여 어셈블리에 컴포넌트를 추가한다.
	Create New Component	지오메트리를 선택하여 컴포넌트로 저장하는 방법으로 어셈블리에 컴포넌트를 추가한다.
	Create New Parent	현재 표시된 파트의 부모를 새로 생성한다.
	Replace Component	컴포넌트를 다른 컴포넌트로 교체한다.
	Make Unique	선택한 컴포넌트의 새 파트 파일을 생성한다.
	Pattern Component	컴포넌트를 직사각형 또는 원형 패턴으로 복사한다.
	Edit Component Array	어셈블리에서 기존 컴포넌트 배열을 편집한다.
	Mirror Assembly	전체 어셈블리 또는 선택한 컴포넌트의 대칭을 생성한다.
	Suppress Component	화면에서 컴포넌트와 컴포넌트의 자식을 제거한다.
	Unsuppress Component	앞서 억제한 컴포넌트를 표시한다.
	Edit Suppression State	어셈블리 배치에서 컴포넌트의 억제 상태를 정의한다.
	Part Family Update	파트 패밀리 구성원을 업데이트한다.
	Deform Component	변형 가능한 컴포넌트의 형상을 재정의한다.

01 Add Component( )

▶ 위치 : Menu → Assemblies → Components → Add Component

디스크에 있는 파트 또는 로드된 파트를 선택하여 어셈블리에 컴포넌트를 추가한다.

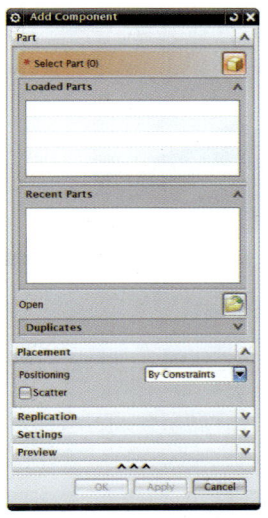 

02 Create New Component( )

▶ 위치 : Menu ▼ → Assemblies → Components → Create New Component

지오메트리를 선택하여 컴포넌트로 저장하는 방법으로 어셈블리에 컴포넌트를 추가한다.

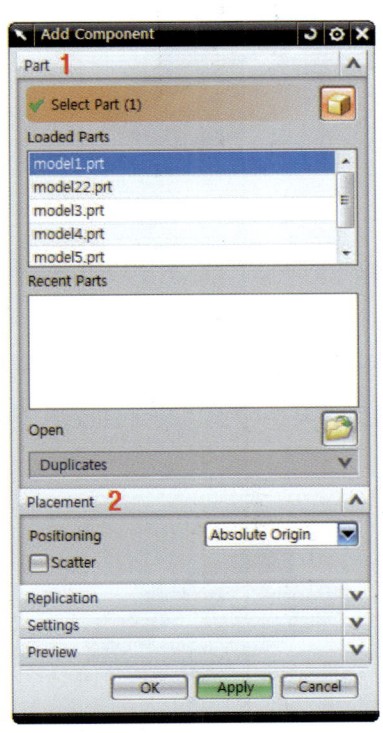

❶ 추가할 컴포넌트(파트 파일)를 선택

❷ 컴포넌트가 위치할 위치 지정방법 선택 후 OK
- Absolute Origin : 절대 원점
- Select Origin : 원점 선택
- By Constraints : 구속조건으로
- Move : 이동

❸ Assembly Navigator에서 컴포넌트 추가 확인 가능
 (현재 Work 작업창 파트 하위로 컴포넌트가 위치한 것을 확인할 수 있다.)

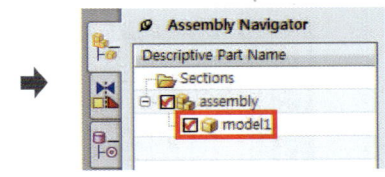

■ 한 작업 파트에 모든 부품 모델링이 진행되어 있다. Create New Component를 실행하여 새로 생성될 컴포넌트 파트 이름과 위치를 지정한 뒤 OK를 클릭한다.

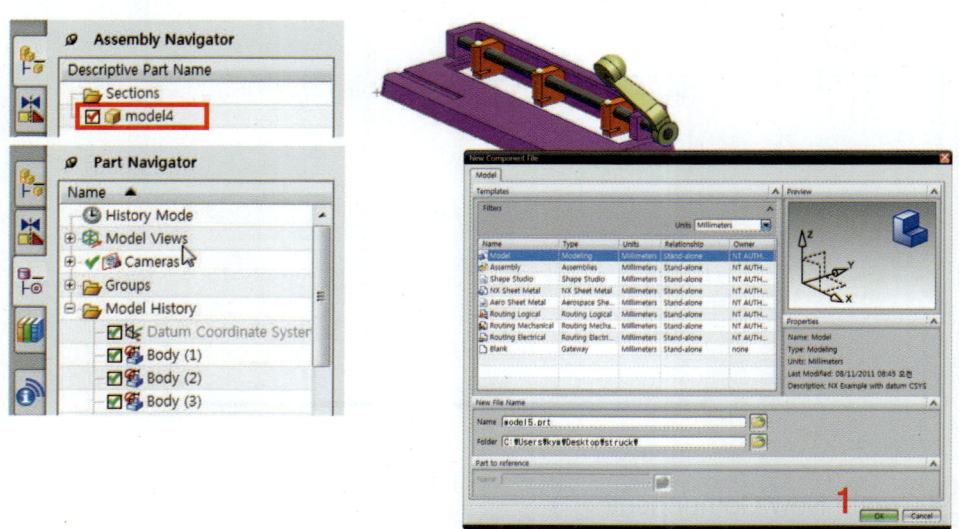

■ 새로 생성하는 컴포넌트 파트에 보낼 개체를 선택한 뒤 OK를 클릭한다.

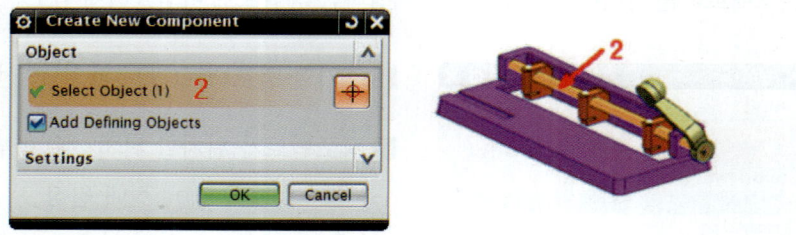

■ Create New Component작업을 진행한 후 Assembly Navigator를 확인하면, 현재 작업 파트 하위로 새로운 컴포넌트(파트파일)가 만들어진 것을 확인할 수 있다.
새로 만들어진 컴포넌트를 선택하여 MB3-Hide를 진행한 뒤 작업 화면을 확인해보면, Create New Component를 이용하여 생성하여 내보낸 부분이 화면상에 Hide된 것을 확인할 수 있다.

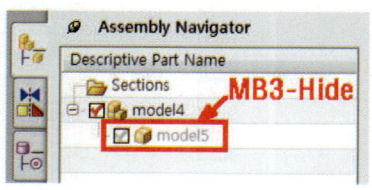 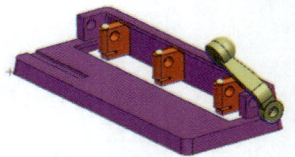

📝 작업창 변경하기

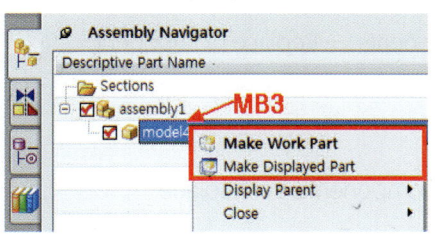

선택한 컴포넌트를 작업 상태로 변경
선택한 컴포넌트가 Open됨

03 Create New Parent( )

▶ 위치 : Menu ▼ → Assemblies → Components → Create New Parent

현재 표시된 파트의 상위 컴포넌트를 새로 생성한다.

1 한 작업 파트에 모든 부품 모델링이 진행되어 있다. Create New Parent를 실행하여 새로 생성될 컴포넌트 파트 이름과 위치를 지정한 뒤 OK를 클릭한다.

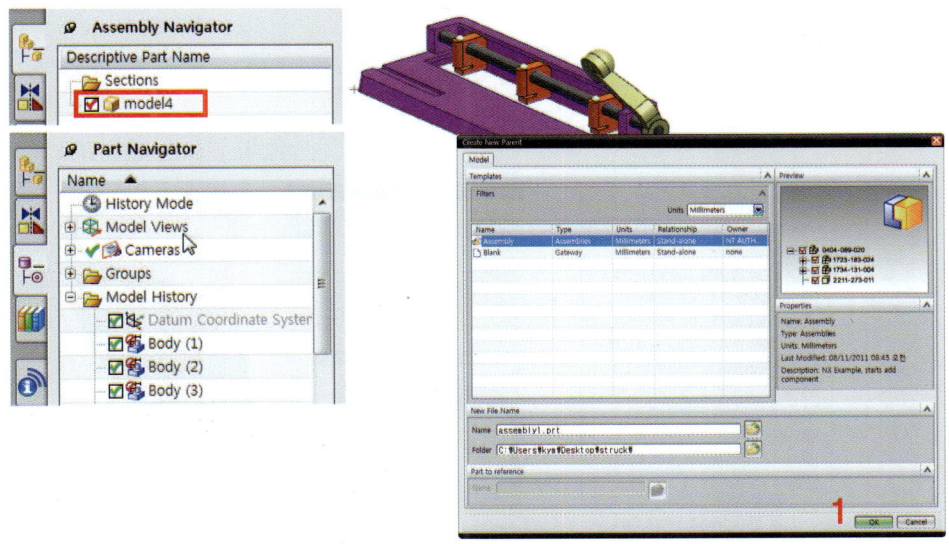

2 Assembly Navigator를 살펴보면 현재 작업 파트 상위에 부모 파트가 생성된 것을 확인할 수 있다.

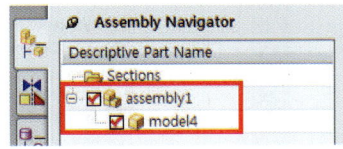

04 Replace Component

▶ 위치 : Menu → Assemblies → Components → Replace Component

컴포넌트를 다른 컴포넌트로 교체한다.

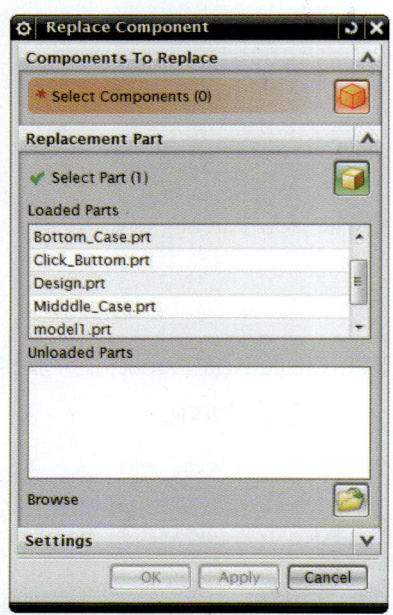

- Components To Replace
  - Select Component : 교체할 컴포넌트를 선택한다.
- Replacement Part : 교체될 컴포넌트를 선택한다.

❶ Assembly Navigator에서 교체를 원하는 컴포넌트를 선택 → MB3 → Replace Component

❷ Replacement Part 부분에서 교체할 파트로 선택한 뒤 OK를 클릭하면 손잡이 부분 교체 된 것을 확인할 수 있다.

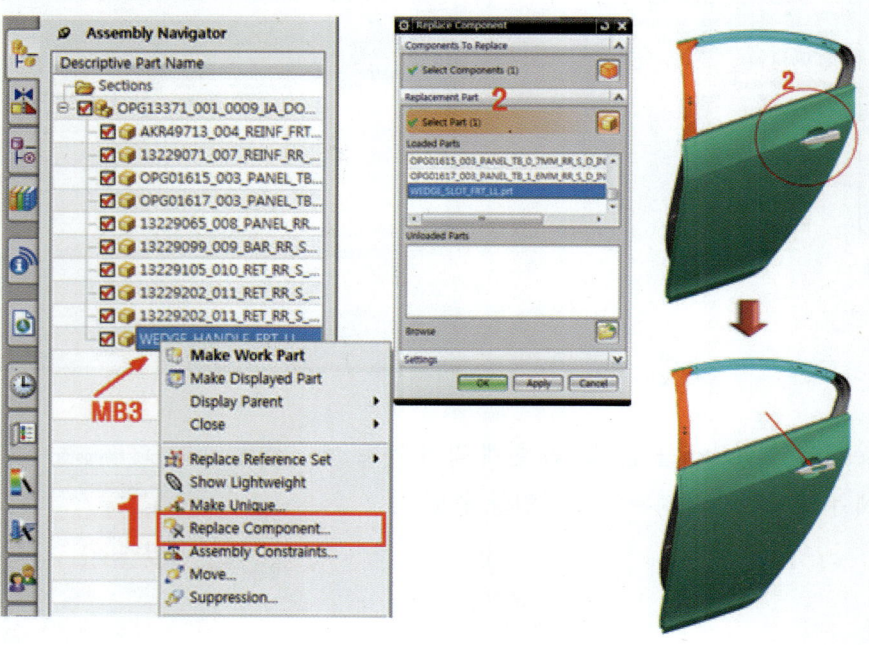

05 Make Unique( )

▶ 위치 : Menu ▼ → Assemblies → Components → Make Unique

선택한 컴포넌트의 새 파트 파일을 생성한다.

1 Assembly를 진행할 때 동일한 부품이 다중으로 사용될 때 Assembly Navigator에는 동일한 이름으로 제시되어 부품을 정확히 알기 어렵다. 이때 Make Unique를 이용하여 현재 Assembly되어 있는 동일한 부품을 고유 컴포넌트로 변경해준다.

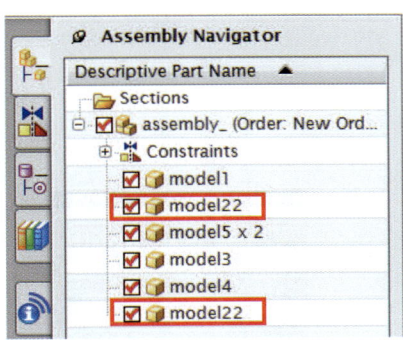

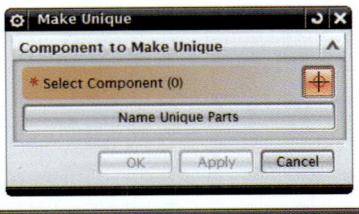

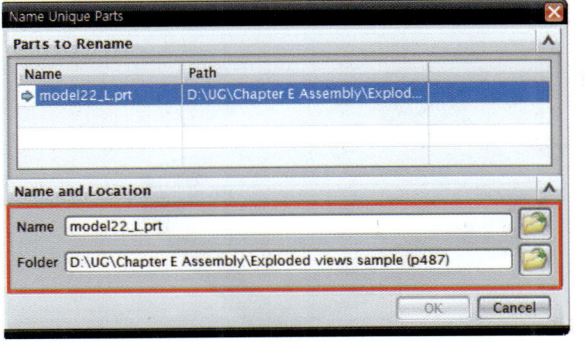
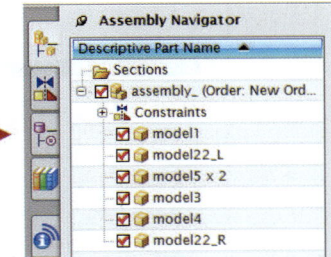

06 Pattern Component

▶ 위치 : Menu → Assemblies → Components → Pattern Component

컴포넌트를 직사각형 또는 원형 패턴으로 복사한다.

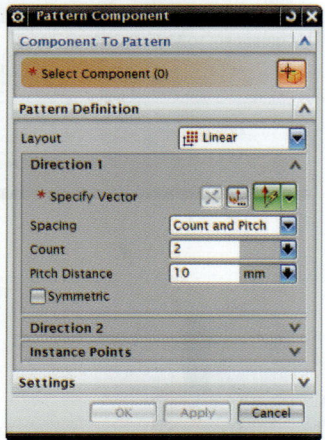

1 Create Component Array를 진행할 객체를 선택한다.
2 배열 타입을 지정한다.
3 배열 방향 및 복사 개수, 옵셋 거리 입력 후 OK를 클릭한다.

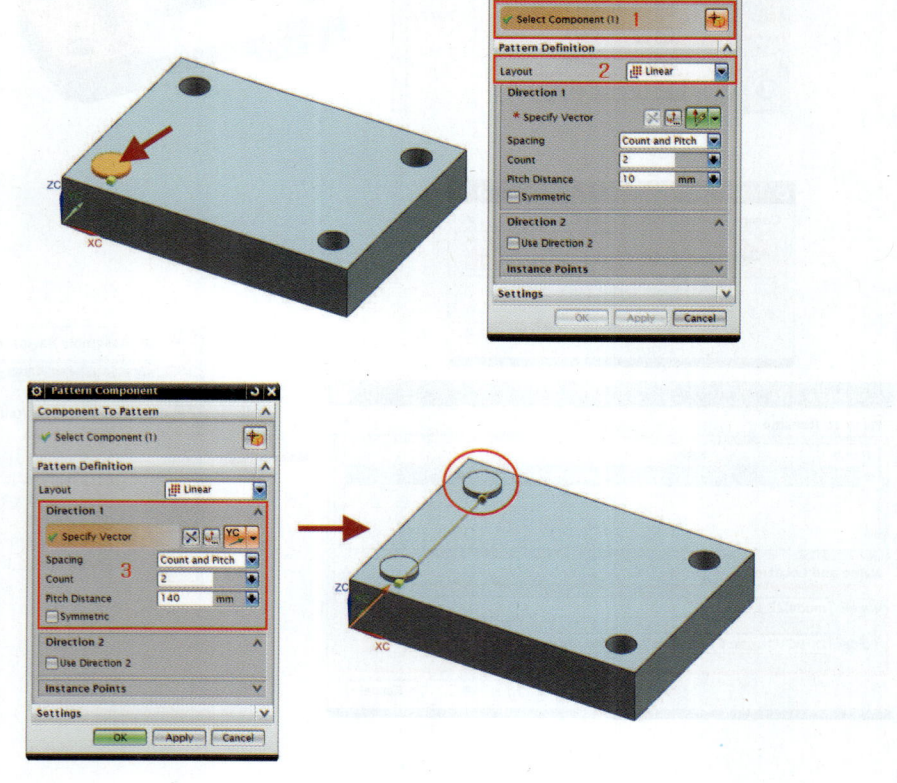

07 Mirror Assembly( )

▶ 위치 : Menu ▾ → Assemblies → Components → Mirror Assembly

선택한 컴포넌트를 대칭 기준면의 반대쪽으로 대칭 복사한다.

1 Mirror Assembly를 진행할 객체 선택 후 Next를 클릭한다.

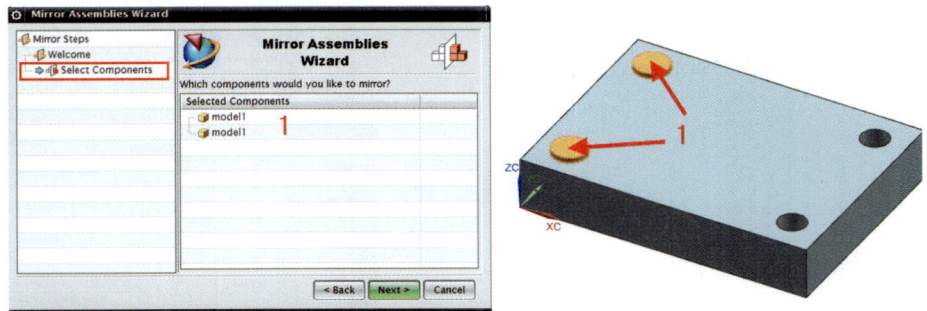

2 Mirror Assembly의 기준이 되는 평면 선택 후 Next, 위치 확인 후 Next를 클릭한다.

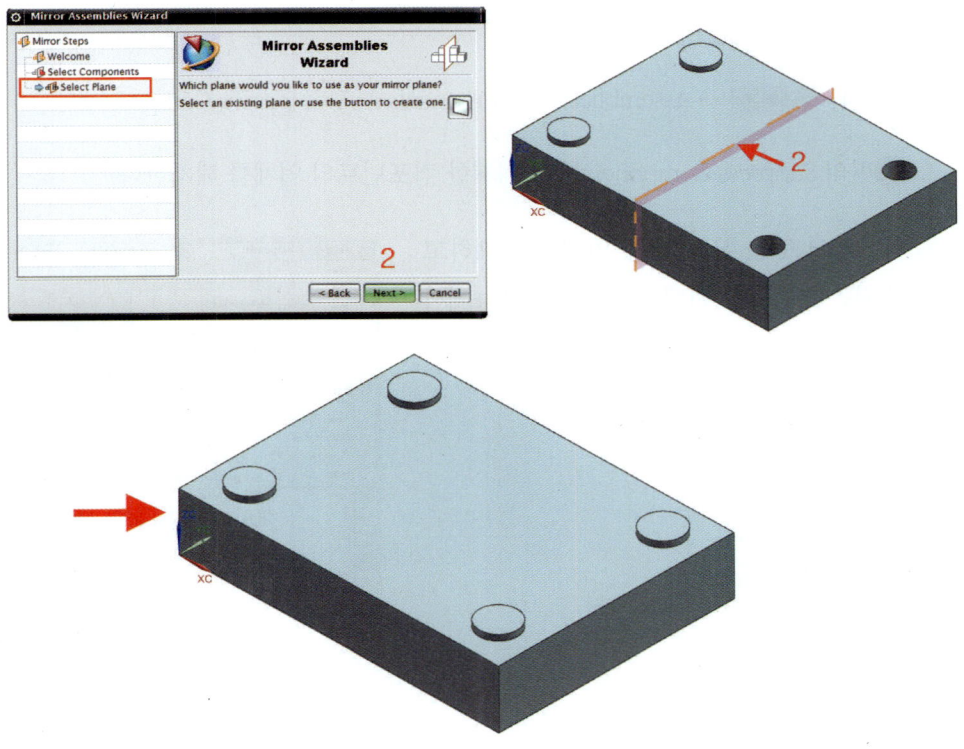

08 Suppress Component( )

▶ 위치 : Menu → Assemblies → Components → Suppress Component

선택한 컴포넌트를 억제한다. 억제된 컴포넌트는 Suppress를 해제할 때까지 화면에 표시되지 않으며, 편집이나 여타 작업이 불가능하다.

억제하고자 하는 부품들을 선택하고 풀다운 메뉴에서 Suppression을 선택한다.

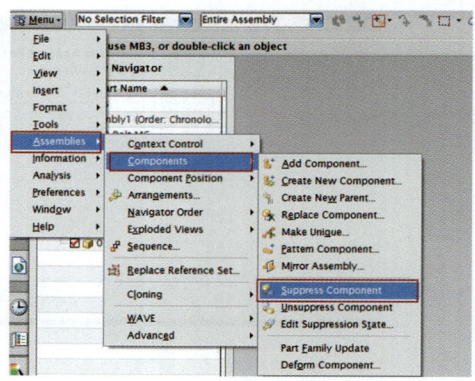

09 Unsuppress Component( )

▶ 위치 : Menu → Assemblies → Components → Unsuppress Component

08번의 Suppress Component에서 억제한 컴포넌트의 억제를 해제한다.

억제되어 있는 부품들 중 억제를 해제하고자 하는 부품들을 선택하여 풀다운 메뉴에서 Unsuppress Component를 선택한다.

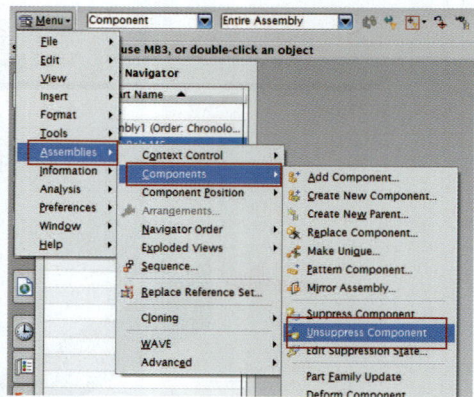

제1장	제2장	제3장	제4장	제5장	Chapter D
Assembly 개요	Context Control	Component	View	Assembly Exercise	Assembly

⑩ Edit Suppression State( )

▶ 위치 : Menu ▼ → Assemblies → Components → Edit Suppression State

컴포넌트의 억제 상태를 정의한다.

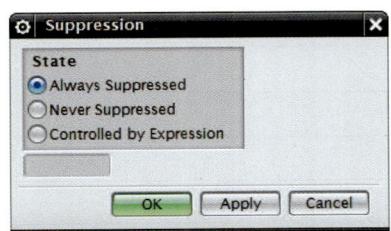

- Always Suppressed : 선택한 개체를 항상 억제한다.
- Never Suppressed : 선택한 개체를 억제, 해제한다.
- Controlled by Expression : 선택한 개체를 수식에 의해 제어한다.

제 2 절 컴포넌트 이동(Move Component)( )

▶ 위치 : Menu ▼ → Assembly → Component Position → Move Component

어셈블리 내 컴포넌트를 이동한다.
컴포넌트를 이동하여 위치시킬 뿐 위치에 대한 자유도를 제어하진 않는다.

① Components to Move Group - Select Components : 컴포넌트 선택

 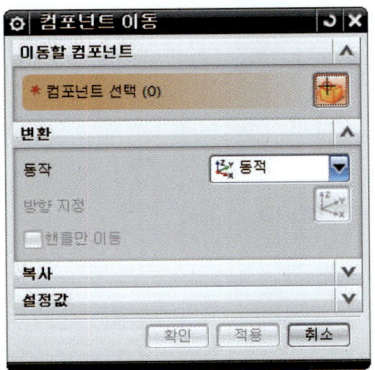

02 Transform Group - Motion

Icon	명칭	명령어 설명
	Touch Align	접촉정렬로 위치 구속
	Concentric	동심으로 구속
	Distance	거리값을 이용하여 위치 구속
	Fix	위치 고정 구속
	Parallel	평행으로 위치 구속
	Perpendicular	수직으로 구속
	Fit	볼트 홀 중심축 맞춤으로 구속
	Bond	두 객체를 하나로 묶어 구속
	Center	중심 면을 이용하여 구속
	Angle	각도를 이용하여 구속

03 Copy Group mode

1) Manual Copy

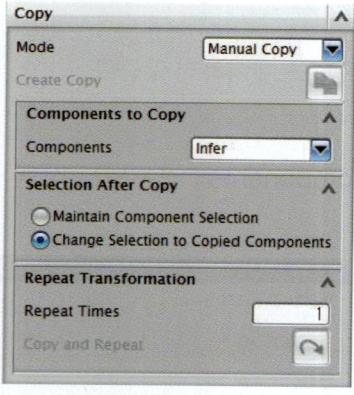 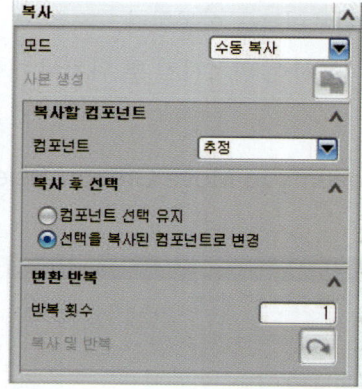

04 Setting Group

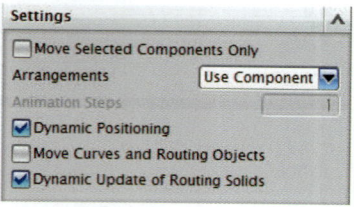 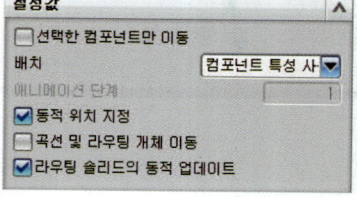

제 3 절　어셈블리 구속조건(Assembly Constraints)

▶ 위치 : Menu▼ → Assembly → Component Position → Assembly Constraints

구속조건 관계를 지정하여 다른 컴포넌트를 기준으로 컴포넌트 위치를 지정한다.

● Type Group

Icon	명칭	명령어 설명
	Touch Align	접촉정렬로 위치 구속
	Concentric	동심으로 구속
	Distance	거리를 이용하여 위치 구속
	Fix	위치 고정 구속
	Parallel	평행으로 위치 구속
	Perpendicular	수직으로 구속
	Fit	볼트 홀 중심축 맞춤으로 구속
	Bond	두 객체를 하나로 묶어 구속
	Center	중심면을 이용하여 구속
	Angle	각도를 이용하여 구속

01 Touch Align( )

면과 면을 선택하여 마주보게 정의하거나 같은 방향을 바라보게 정의한다.

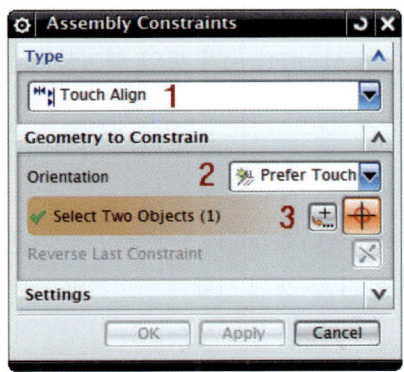

❶ Type-Touch Align 선택

❷ Geometry to Constrain → Orientation → Prefer Touch 선택

● Orientation
 - Prefer Touch( )　　- Touch( )
 - Align( )　　- Infer Center/Axis( )

❸ 두 개의 객체를 선택하여 구속조건 부여

1) Geometry to Constraint

① Prefer Touch( ) : Touch, Align, Infer Center/Axis 중 자동으로 추정하여 사용된다.

② Touch( ) : Surface Normal의 방향이 서로 반대 방향에 있도록 개체를 구속한다.

③ Align( ) : Surface Normal의 방향이 같은 방향이 되도록 개체를 구속한다.

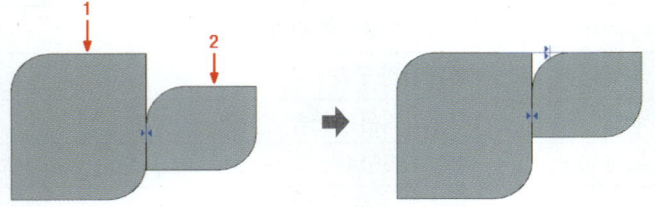

④ Infer Center/Axis( ) : 추정되는 중심, 중심축을 일치하여 구속한다.

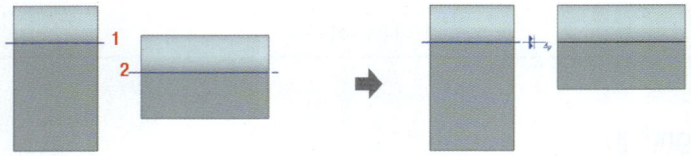

02 Concentric( )

Concentric은 동심구속 조건으로 중심이 일치하고 모서리(Edge)가 동일 평면상에 놓이도록 두 컴포넌트를 원형 또는 타원형 모서리로 구속한다.

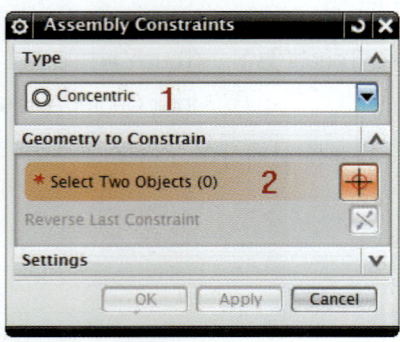

❶ Type → Concentric 선택

❷ Geometry to Constrain → 원형 또는 타원형 모서리를 가진 두 객체 선택

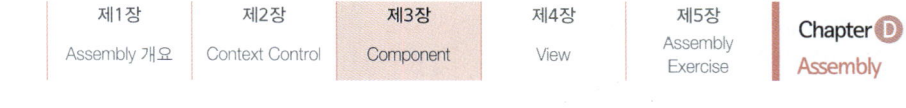

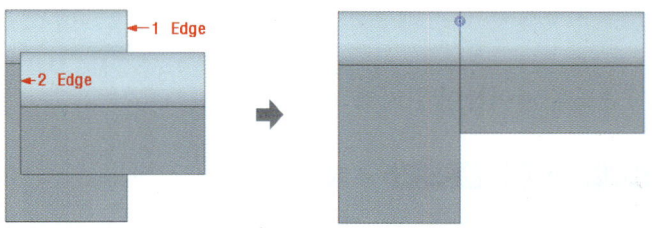

03 Distance( )

두 객체 사이를 거리 값으로 위치 구속한다.

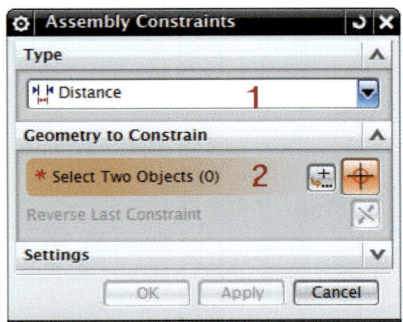

❶ Type → Distance 선택

❷ Geometry to Constrain → 두 객체 선택 후 사이 거리 값 입력

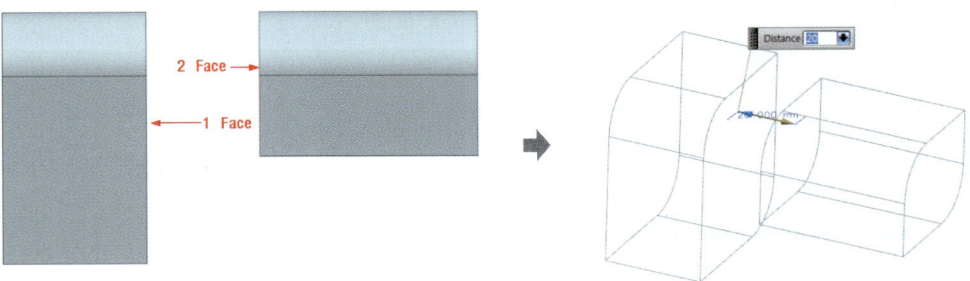

04 Fix( )

객체의 위치자유도를 제어하여 위치에 고정시킨다.

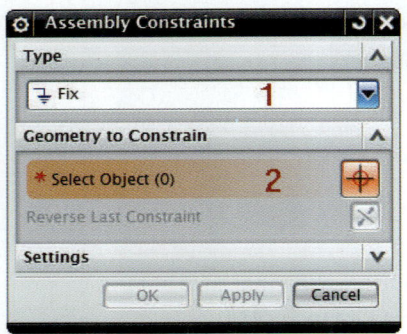

① Type → Fix 선택
② Geometry to Constrain → 고정 구속 부여할 개체 선택

05 Parallel( )

Parallel은 두 개체의 방향 벡터를 서로 평행하게 정의한다.

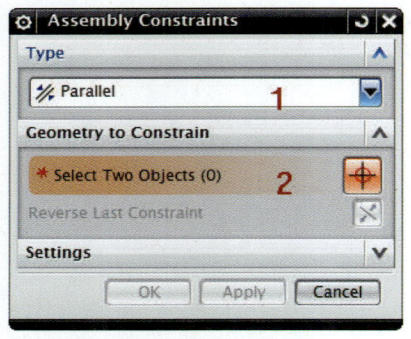

① Type → Parallel 선택
② Geometry to Constrain → 평행 구속시킬 두 객체 선택

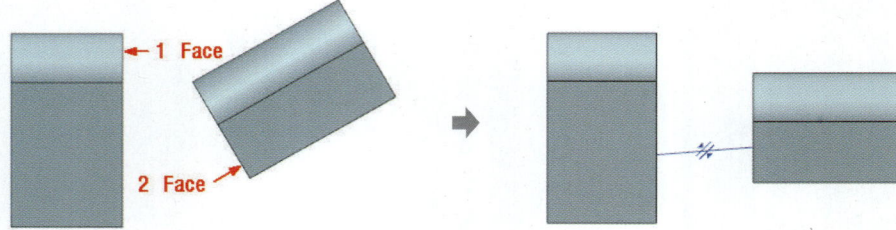

06 Perpendicular( )

직교 구속조건은 두 개체의 방향 벡터를 서로 직교로 정의한다.

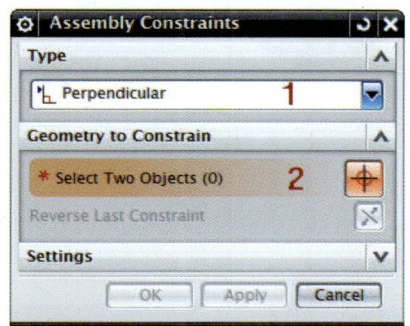

❶ Type → Parallel 선택

❷ Geometry to Constrain → 직교 구속시킬 두 객체 선택

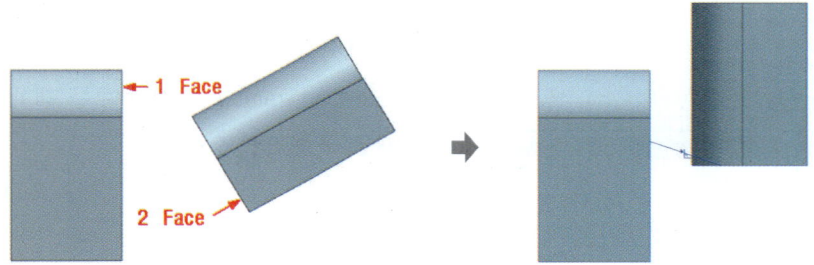

07 Fit(=)

선택한 두 개의 Hole을 중심축으로 일치시킨다.

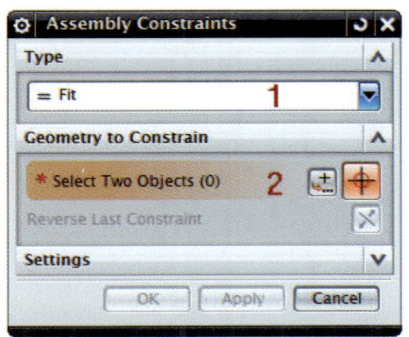

❶ Type → Fit 선택

❷ Geometry to Constrain → 중심축을 일치시킬 두 개의 Hole 선택

Unigraphics(UGS) CAD/CAM
NX9 모델링 및 CAM 가공

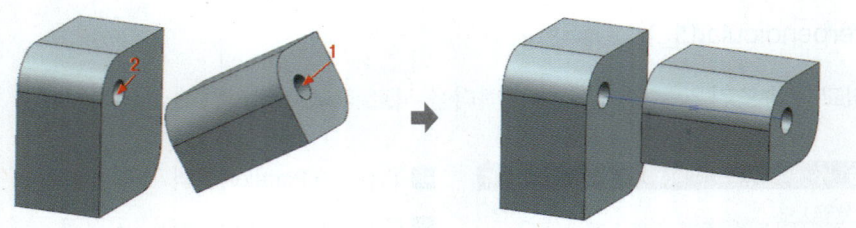

08 Bond( )

두 객체를 하나로 연결시킨다.

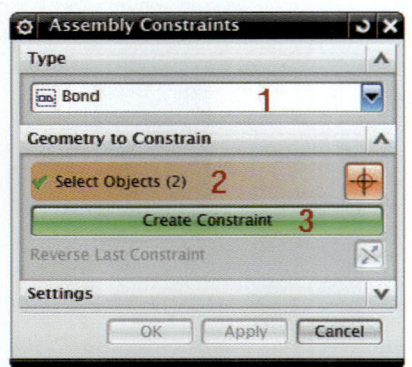

① Type → Bond 선택

② Geometry to Constrain → 하나로 묶일 두 객체를 선택

③ Create Constraint을 클릭하여 두 객체를 하나의 객체로 구속조건 생성

09 Center( )

선택하는 객체의 위치를 일치시켜 중심 면을 구속한다.

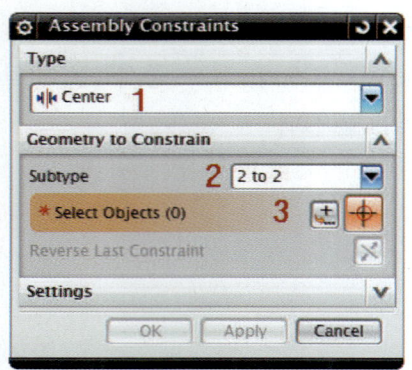
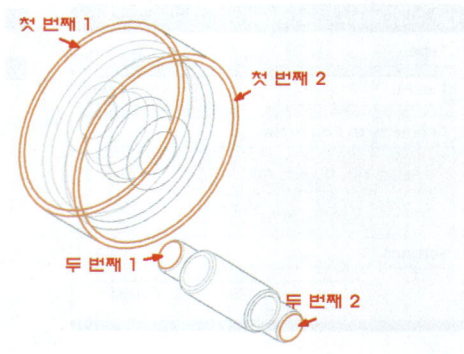

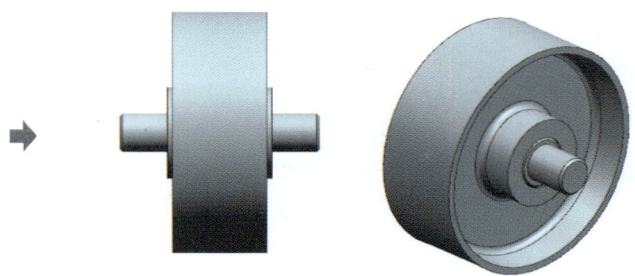

1 Type → Center 선택

2 Geometry to Constrain-Subtype → 2 to 2 선택

　　첫 번째 1번 면 선택, 첫 번째 2번 면 선택

　　연이어 두 번째 1번 면 선택, 두 번째 2번 면 선택

3 첫 번째 선택한 객체의 중심 면과 두 번째 선택한 객체의 중심 면이 일치된다.

4장 ▶ View

제1절 분해 뷰(Exploded Views)

▶ 위치 : Menu → Assembly → Exploded Views

Icon	명칭	명령어 설명
	New Explosion	작업 뷰에서 새 분해를 생성한다.
	Edit Explosion	현재 분해에서 선택한 어셈블리의 위치를 변경한다.
	Auto-Explode Components	어셈블리 구속조건에 따라 분해 내에서 컴포넌트 위치를 변경한다.
	Unexplode Component	컴포넌트를 분해되지 않은 원래 위치로 되돌린다.
	Delete Explosion	뷰에서 표시되지 않은 어셈블리 분해를 삭제한다.
	Hide Explosion	뷰에서 선택한 컴포넌트를 숨긴다.
	Show Explosion	뷰에서 선택한 컴포넌트를 표시한다.
	Tracelines	분해에서 컴포넌트 추적선을 생성한다.
	Show Toolbar	분해된 뷰 도구 모음의 표시를 제어한다.

01 New Explosion( )

작업 뷰에서 새 분해를 생성한다.

새로운 분해에서 컴포넌트 위치를 변경하여 분해된 뷰를 생성할 수 있다.

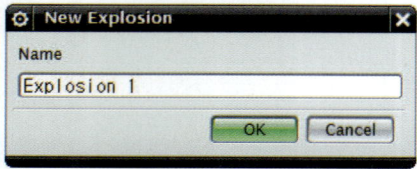

02 Edit Explosion( )

현재 분해에서 선택한 어셈블리의 위치를 변경한다.

 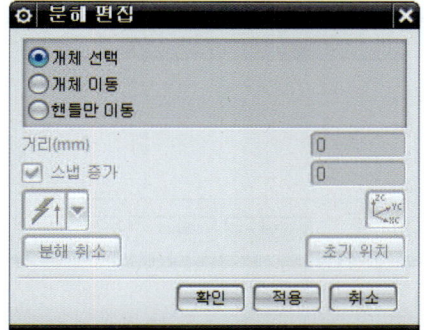

03 Auto-Explode Components( )

어셈블리 구속조건에 따라 분해 내에서 컴포넌트 위치를 변경한다.

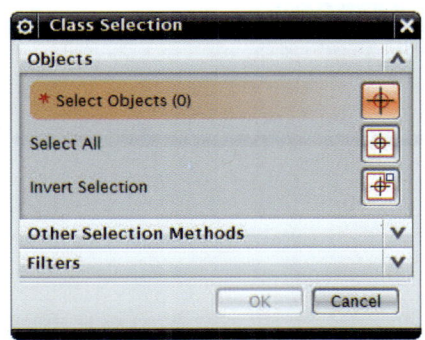 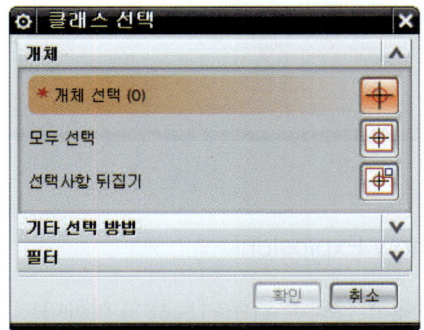

04 Unexplode Component( )

컴포넌트를 분해되지 않은 원래 위치로 되돌린다.

05 Delete Explosion( )

뷰에서 표시되지 않은 어셈블리 분해를 삭제한다.

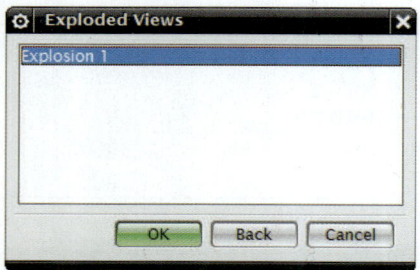 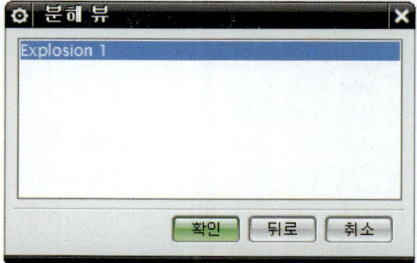

06 Hide Explosion( )

뷰에서 선택한 컴포넌트를 숨긴다.

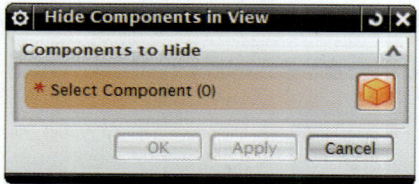 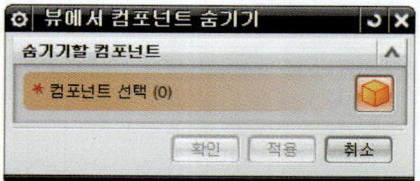

07 Show Explosion( )

뷰에서 선택한 컴포넌트를 표시한다.

 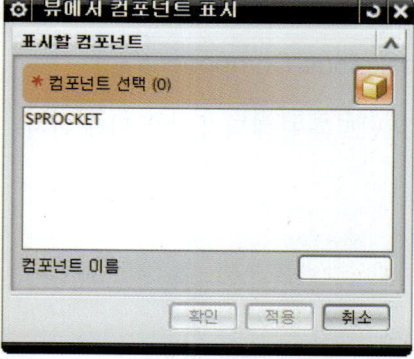

08 Tracelines( )

분해에서 컴포넌트 추적선을 생성한다. 추적선을 컴포넌트가 조립된 위치를 표시한다.

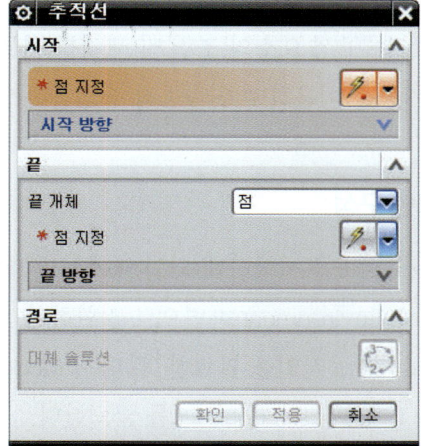

09 Show Toolbar( )

분해된 뷰 도구 모음의 표시를 제어한다. 분해된 뷰 도구 모음은 어셈블리 내 컴포넌트의 분해를 생성하고 편집하는 명령을 제공한다.

제 2 절　순서(Sequence)

▶ 위치 : Menu ▼ → Assembly → Sequence

Sequence는 구성 요소의 조립 및 해체를 시뮬레이션하기 위해 주로 사용된다.
Movie 기능을 이용하여 연속동작 장면을 동영상으로 내보낼 수도 있다.

01 화면구성

Sequence를 시작하게 되면 Sketch in Task Environment와 유사하게 Assembly Sequencing Task Environment 화면으로 전환한다.
Sequence 작업을 완료한 후 다시 Modeling 화면으로 돌아가려면 Finish 아이콘을 선택하거나 Task-Finish Sequence를 클릭한다.
Sequence 메뉴는 Sequence Tool, Sequence Playback, Sequence Analysis 메뉴로 나뉜다.

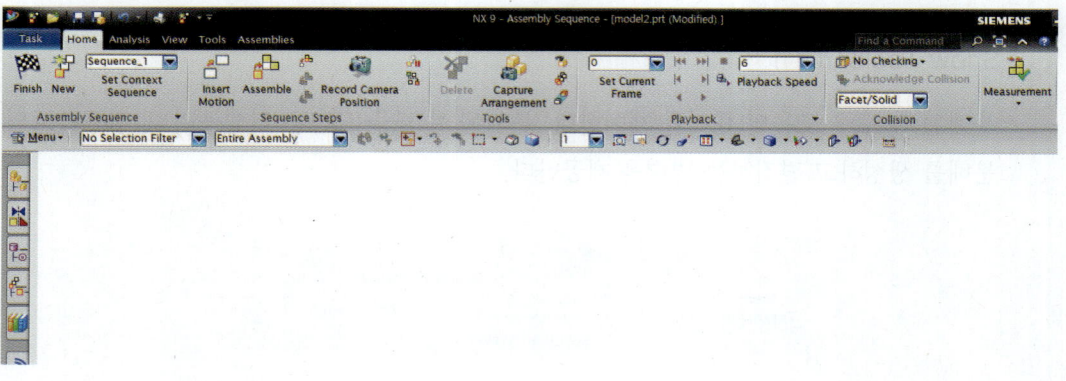

제 3 절　순서 도구(Sequence Tool)

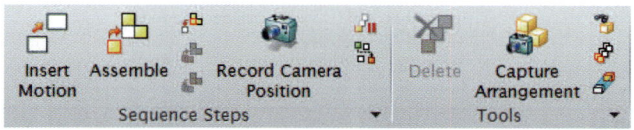

Icon	명칭	명령어 설명
	Insert Motion	컴포넌트를 애니메이션할 수 있도록 컴포넌트에 동작단계를 삽입한다.
	Assembly	선택한 컴포넌트에 개별 조립단계를 생성한다. 조립단계를 생성하는 순서는 컴포넌트를 선택한 순서와 같다.
	Assembly Together	단일 순서 단계에서 한 단위로 컴포넌트 집합을 조립한다.
	Disassembly	선택한 컴포넌트의 조립을 해제하는 단계를 생성한다.
	Disassembly Together	단일 순서 단계에서 한 단위로 선택한 하위 그룹이나 컴포넌트 세트의 조립을 해제한다.
	Record Camera	현재 뷰 방향을 캡처하여 순서 단계로 배율을 조정한다. 즉, 순서를 재생하면 뷰가 이 카메라 위치로 이동한다.
	Insert Pause	순서에 일시중지 단계를 삽입한다. 즉, 순서를 재생하면 뷰가 이 단계에서 일시적으로 정지한다.
	Extraction Path	선택한 컴포넌트에 대하여 시작 위치에서 끝 위치까지 충돌이 없도록 추출 경로의 순서 단계를 생성한다. 간격 값은 선택한 컴포넌트의 동작 경로가 뷰의 다른 컴포넌트와 충돌하지 않게 한다.
	Delete	선택한 순서 또는 순서 단계를 삭제한다.
	Find in Sequence	순서 탐색기에서 컴포넌트를 찾는다.
	Show All Sequence	순서 탐색기에 표시된 파트의 순서를 모두 표시한다.
	Capture Arrangement	어셈블리 컴포넌트의 현재 위치를 배치로 캡처한다.
	Motion Envelope	연속적인 순서의 동작단계를 따라(어셈블리 컴포넌트, 솔리드 바디, 시트 바디, 컴포넌트 내 파셋 바디 등) 선택한 개체를 스위핑하는 방법으로 표시된 파트 또는 새 파트에 동작 Envelope를 생성한다.

제 4 절 순서 재생(Sequence Playback)

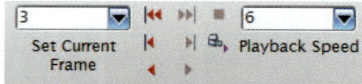

Icon	명칭	명령어 설명
1 ▼	Set Current Frame	순서에서 현재 프레임을 표시하고 선택/입력한 프레임으로 이동한다.
◀◀	Rewind to Start	순서 내 첫 번째 프레임으로 이동한다.
◀	Previous Frame	순서 내 이전 프레임으로 이동한다.
◀	Play Backwards	순서 내 모든 프레임을 역순으로 재생한다.
▶	Play Forwards	순서 내 모든 프레임을 정순으로 재생한다.
▶	Next Frame	순서 내 다음 프레임으로 이동한다.
▶▶	Fast Forward to	순서 내 마지막 프레임으로 이동한다.
	Export fo Movie	동영상으로 순서 프레임 내보내기 한다.
■	Stop	현재 프레임에서 순서 재생을 정지한다.
6 ▼	Playback Speed	재생 속도를 제어한다. (숫자가 높을수록 빠르다.)

제 5 절 순서 해석(Sequence Analysis)

Icon	명칭	명령어 설명
	No Checking	동적 충돌 감지를 끄고 충돌을 무시한다.
	Acknowledge Collision	충돌을 인식하고 동작을 계속한다.
Facet/Solid ▼	Checking Type	동작 중 간격을 확인할 개체 유형을 지정한다. 빠른 파셋은 속도가 빠른 반면 파셋/바디는 좀 더 정확하다.
	Stop after Violation	컴포넌트를 계속 이동하면서 요구사항을 위반하는 측정을 강조표시한다.
	Acknowledge Measurement Violation	측정 위반을 인식하고 동작을 계속한다.
5 ▼	Measurement Update	동작 중 측정 치수의 화면표시가 업데이트되는 횟수를 정의한다. 단위는 프레임이다.

| 제1장 Assembly 개요 | 제2장 Context Control | 제3장 Component | 제4장 View | 제5장 Assembly Exercise | Chapter D Assembly |

제 6 절 어셈블리 간격(Assembly Clearance)

▶ 위치 : Menu▼ → Analysis → Assembly Clearance

01 단순 간격 체크(Simple Clearance Check)

아이콘을 선택하면 Class Selection 창이 나오고, 간격 체크할 부품을 선택한 후 OK를 클릭하면 부품 간의 간격을 간단하게 검사할 수 있다.

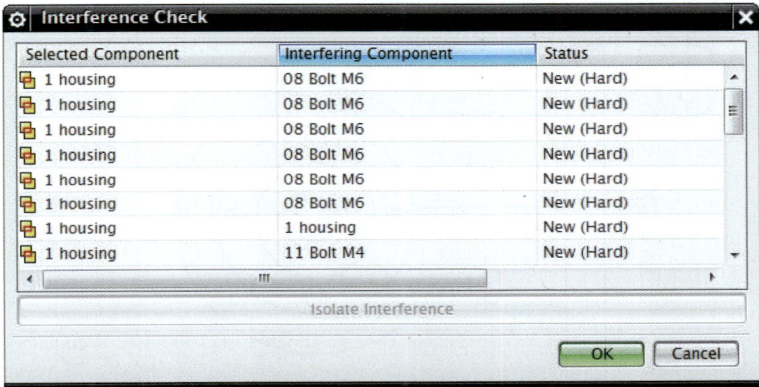

- Touching( ) : 부품이 맞닿아 있는 상태
- Hard( ) : 부품이 간섭되어 있는 상태

5장 ▸ Assembly Exercise

제1절 Bottom Up 어셈블리 따라 하기

| 도면명 | NX 모델링작업 | 척도 | NS |

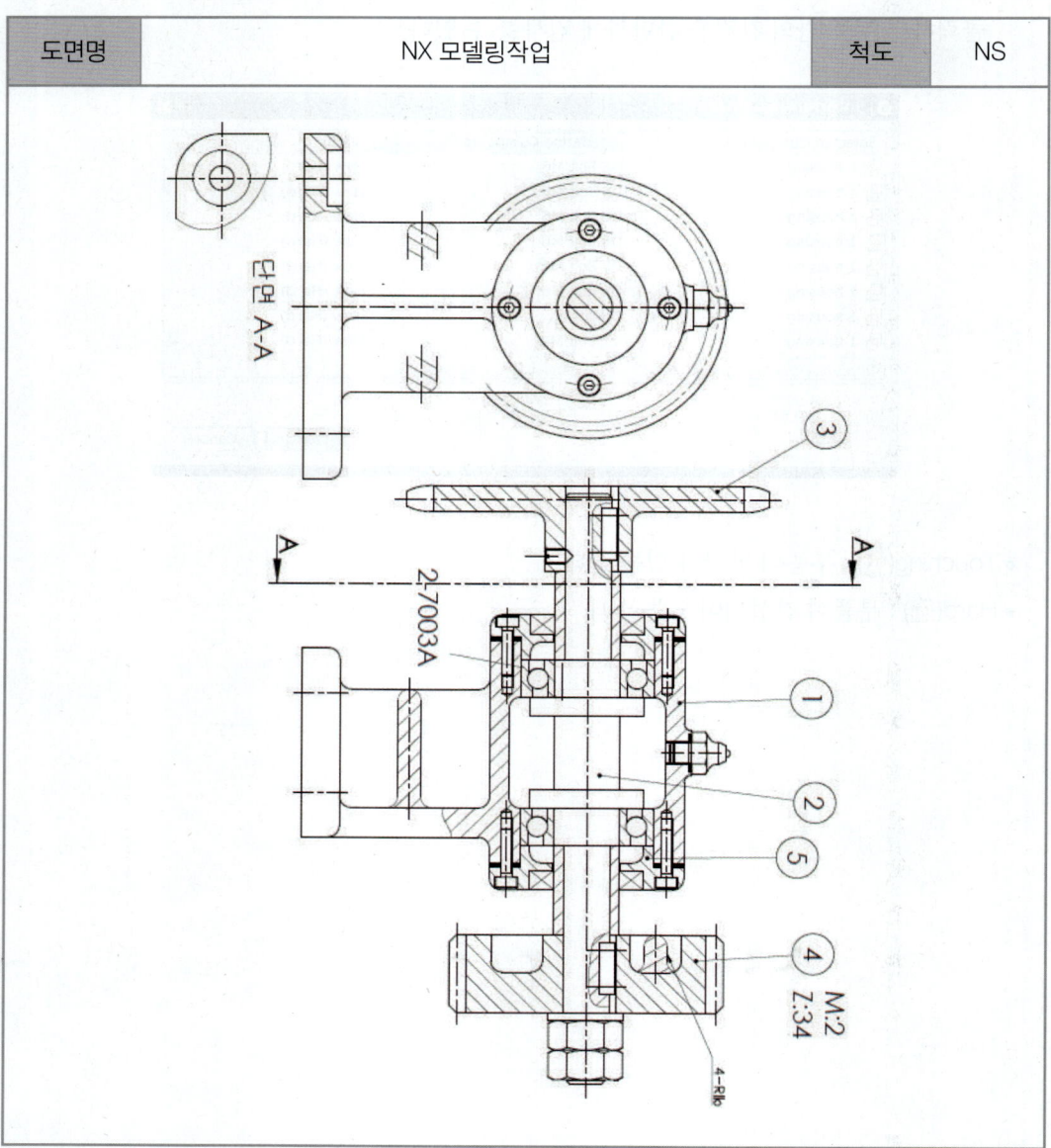

❶ New 아이콘을 클릭하고 Assembly를 선택한 다음 Name=assembly 1로 입력하고 저장할 곳을 선택한 후 OK를 클릭하여 새로운 파일을 생성한다.

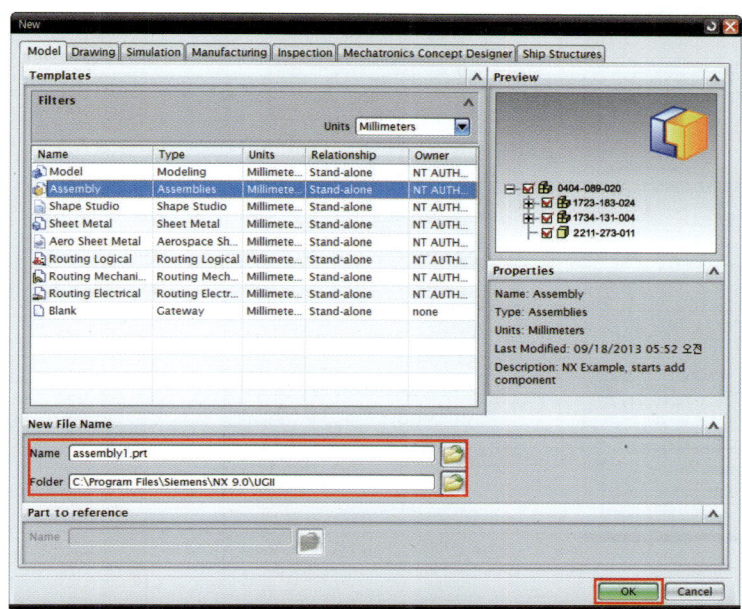

❷ 창이 하나 뜨면 Close를 클릭하여 창을 닫고,
Menu → Assemblies → Components → Add Component( )를 클릭한다.

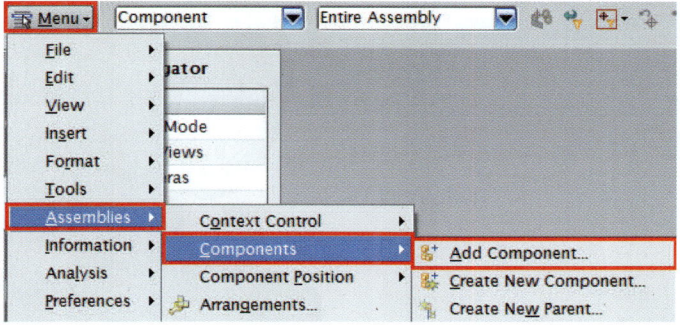

Unigraphics(UGS) CAD/CAM
NX9 모델링 및 CAM 가공

❸ open폴더를 클릭한 후, 디스크에 있는 전체 파트를 선택하고 OK하여 컴포넌트를 추가한다.

 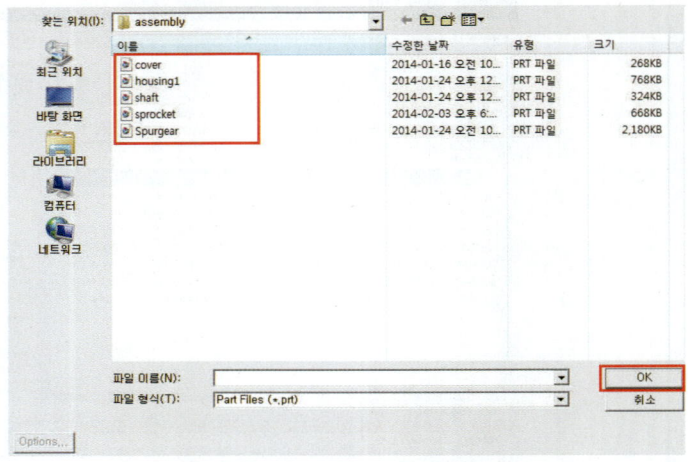

❹ 기준 부품 housing 1.prt를 선택하고, Positioning=Absolute Origin을 선택한 후 Apply를 클릭한다.

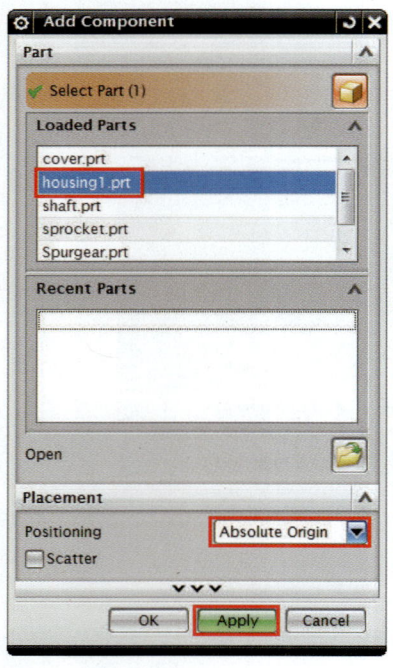 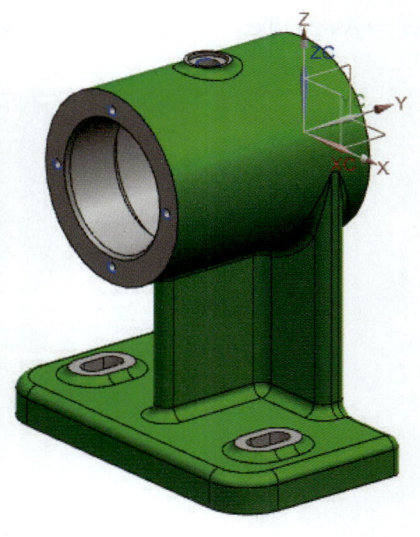

❺ part=shaft.prt를 선택하고, Positioning=By Constraints를 선택한 후 Apply를 클릭한다.

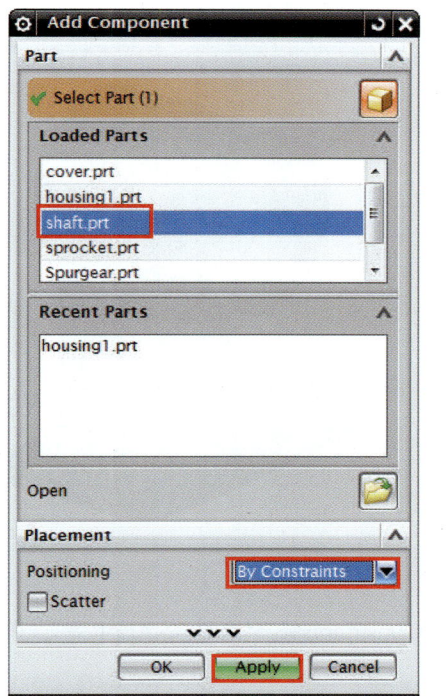
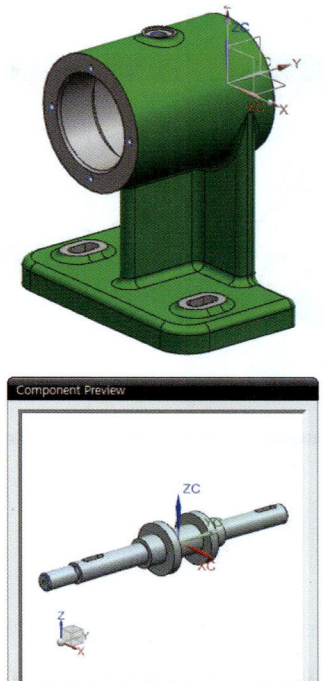

❻ Assembly Constraints 창이 뜨면 Type=Center, Subtype=2 to 2로 설정한다.

❼ 첫 번째로 shaft의 ①, ② 평면을 선택하고, 두 번째로 Housing의 ③, ④ 평면을 선택한 후 OK한다.

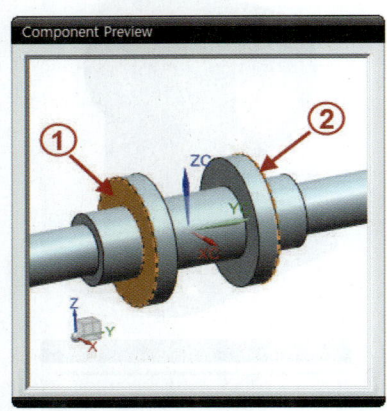
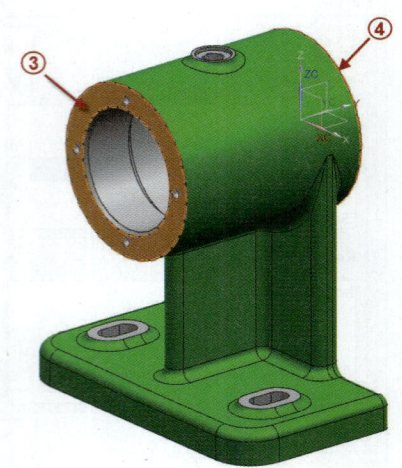

❽ Part=Cover.prt를 클릭하고 Positioning=By Constraints를 선택한 후 Apply를 클릭한다.

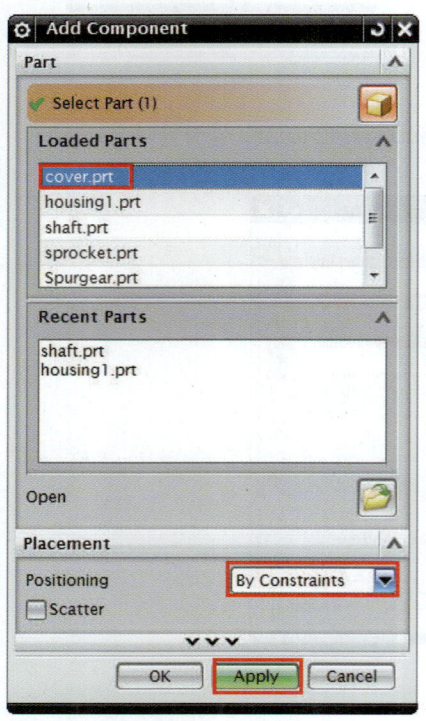
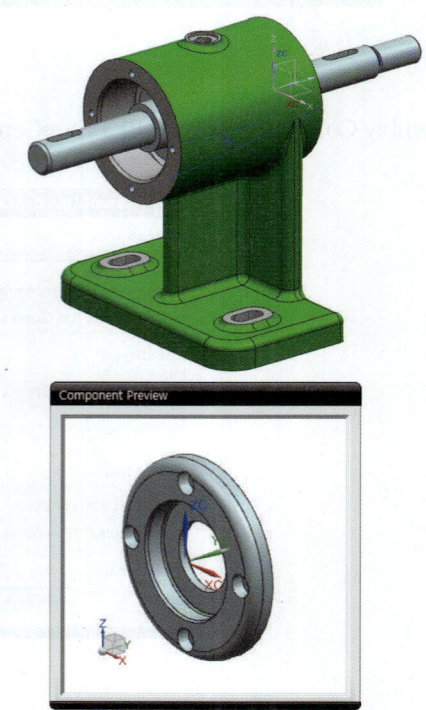

❾ Assembly Constraints창이 뜨면 Type=Touch Align, Geometry to Constrain=Touch로 설정한다.

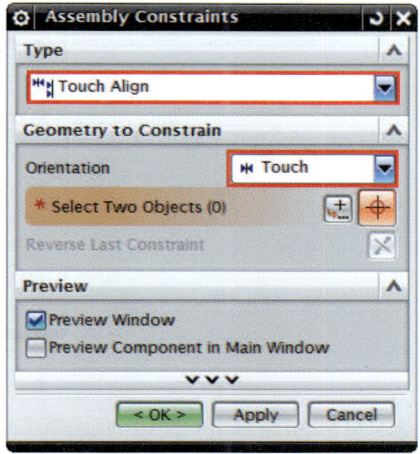

❿ 그리고 첫 번째로 Cover의 ① 평면을 선택하고, 두 번째로 Housing의 ② 평면을 선택한다.

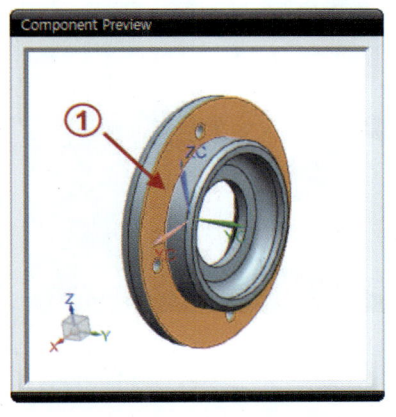
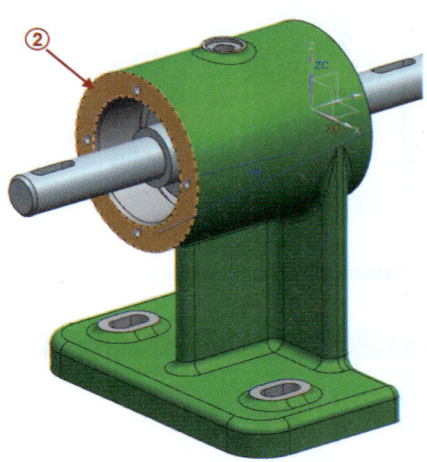

⓫ 그다음 Type=Touch Align, Geometry to Constrain=Align 으로 설정한다.

⓬ 첫 번째로 ①, ② Hole의 중심선을 선택하고, 두 번째로 ③, ④ Hole의 중심선을 선택한 다음 OK를 클릭한다.

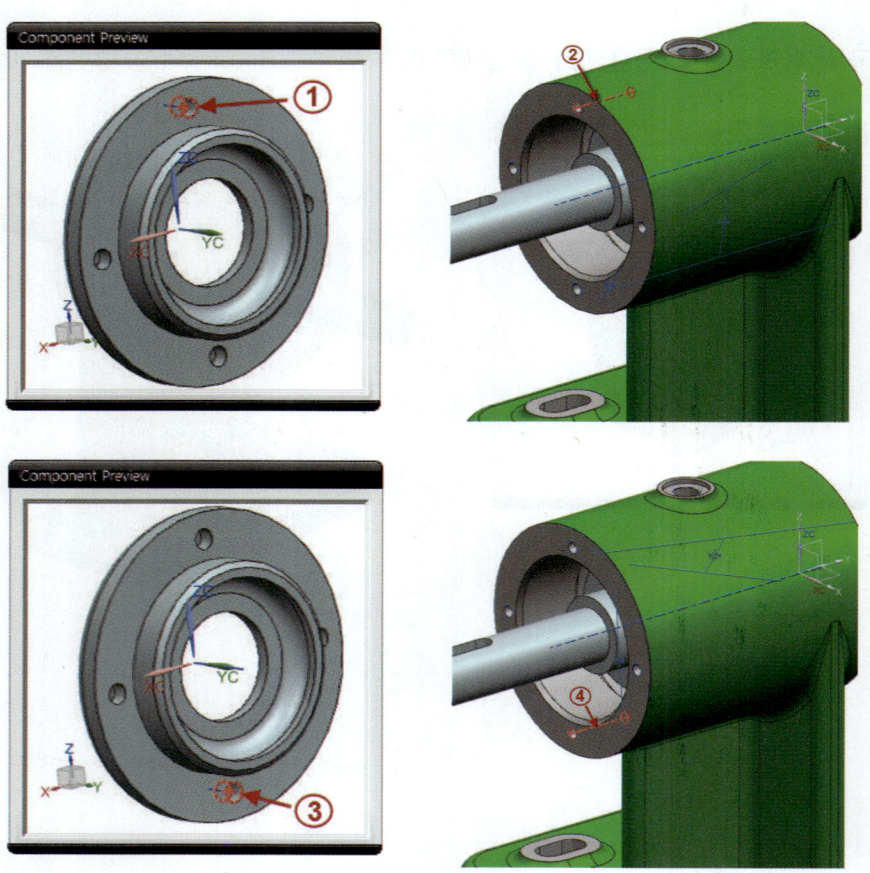

제1장	제2장	제3장	제4장	제5장	Chapter D
Assembly 개요	Context Control	Component	View	Assembly Exercise	Assembly

❸ 그리고 아래 그림과 같이 반대쪽도 같은 방법으로 조립하여 준다.

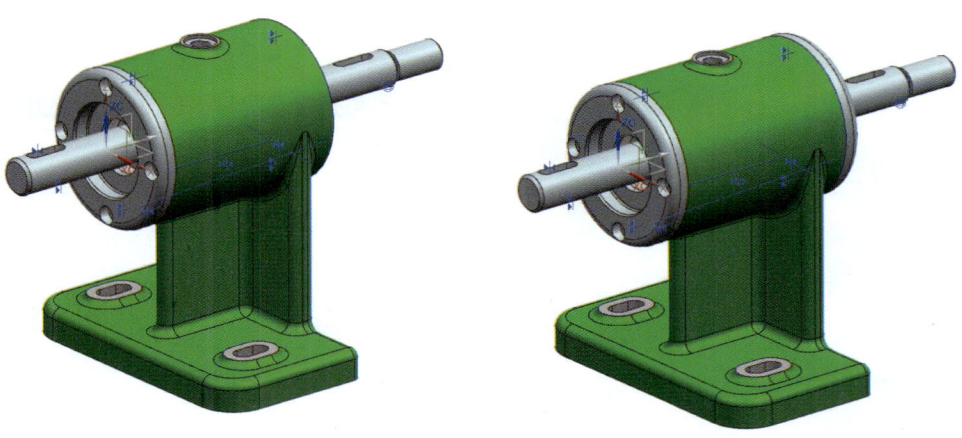

❹ Part=sprocket, Positioning=By Constraints를 선택한 후 Apply를 클릭한다.

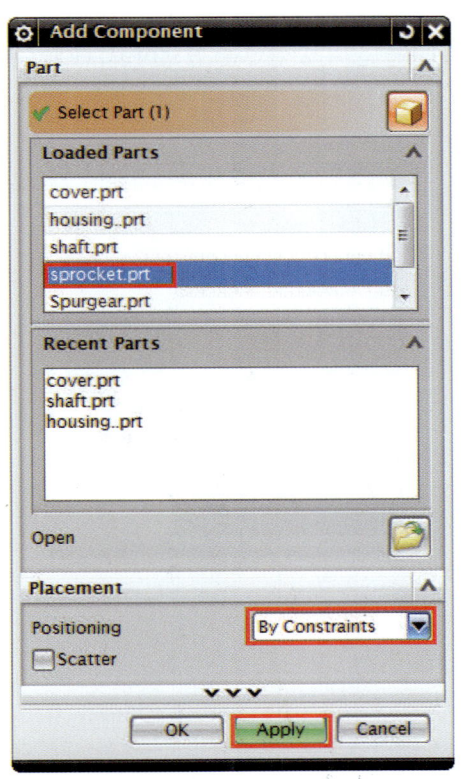

469

❶❺ Type=Touch Align으로 선택하고 Geometry to Constrain=Touch로 설정한다. 첫 번째로 shaft의 ①을 선택하고, 두 번째로 sprocket의 ②를 선택한다.

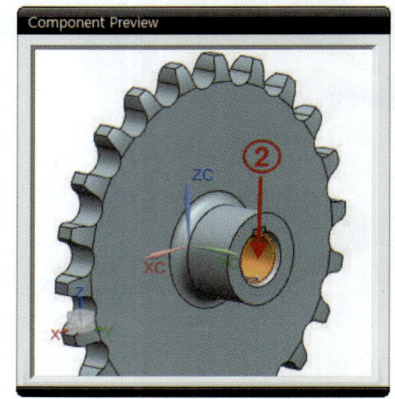

❶❻ Geometry to Constrain=Align을 선택 후 첫 번째로 Hole ③의 중심선을 선택하고, Hole ④의 중심선을 선택한다.

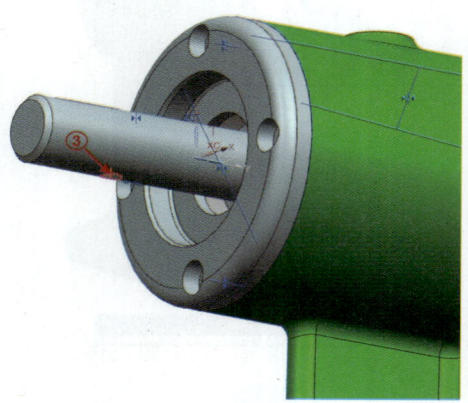
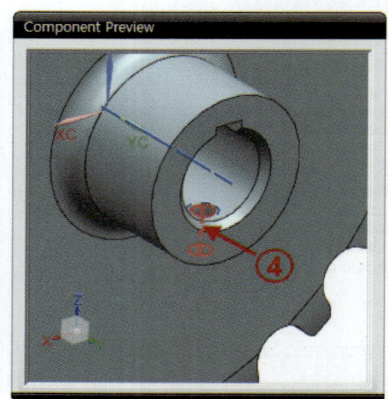

| 제1장 | 제2장 | 제3장 | 제4장 | 제5장 | Chapter D |
| Assembly 개요 | Context Control | Component | View | Assembly Exercise | Assembly |

⓱ OK를 클릭한 후 아래 그림과 같이 조립된 것을 확인한다.

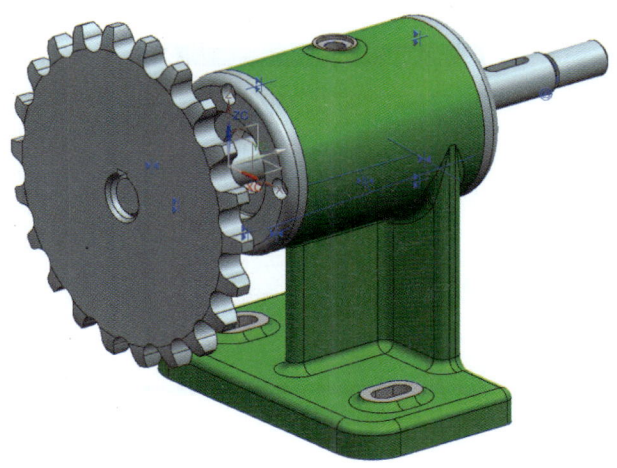

⓲ Part=spur gear를 선택하고, By Constraints를 선택한 후 OK를 클릭한다.

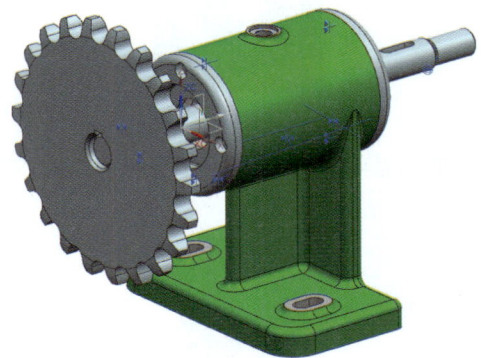

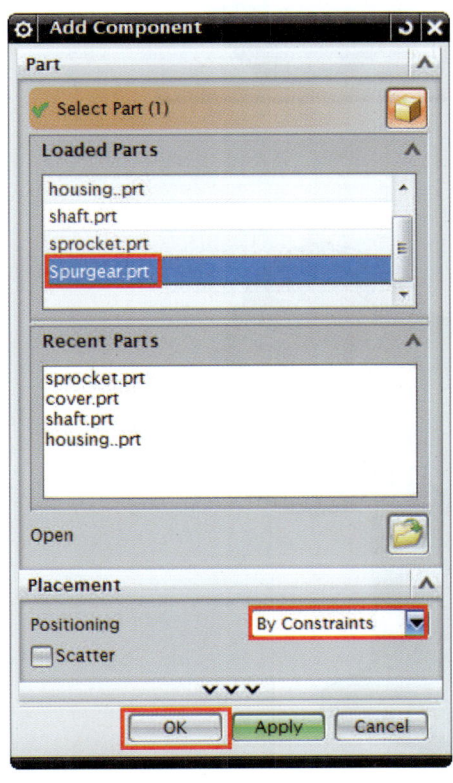

471

⑲ Type=Concentric으로 선택한 후 첫 번째로 line ①을 선택하고, 두 번째로 line ②를 선택하고 OK를 클릭한다.

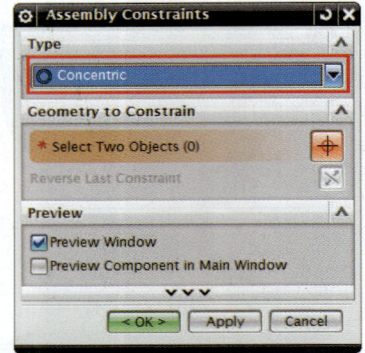

⑳ 아래 그림과 같이 완성된 모습을 확인할 수 있다.

㉑ Menu ▾ → Analysis → Assembly Clearance → Simple Clearance Check( )를 이용해서 컴포넌트 간의 간섭체크를 한다.

드래그하여 Assembly Part를 모두 선택한 후 OK한다.

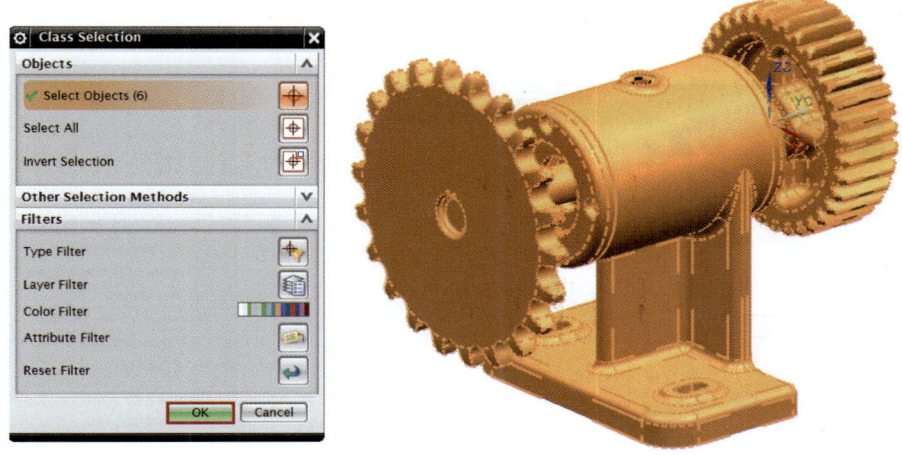

㉒ 아래와 같이 컴포넌트 간의 간섭 여부를 확인해볼 수 있다.

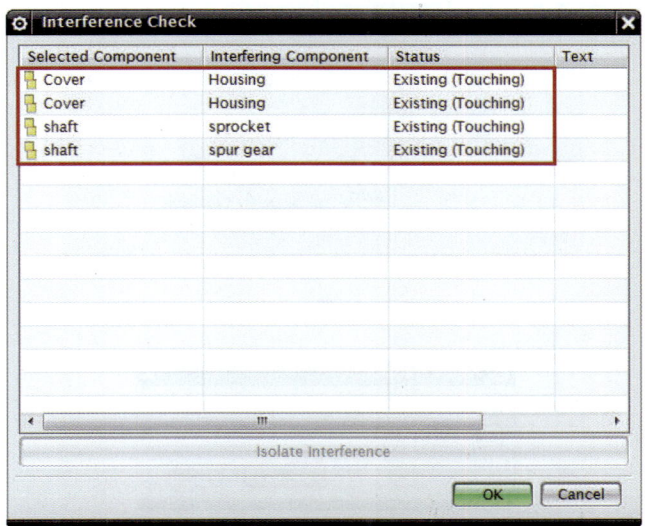

Unigraphics(UGS) CAD/CAM
NX9 모델링 및 CAM 가공

㉓ 상단 메뉴모음에 있는 Assemblies → Exploded Views( ) 가 있으며 Assembly가 없다면 ①과 같이 설정하면 나타나며, 또한 Exploded Views가 없다면 ②와 같이 설정하면 생성이 된다.

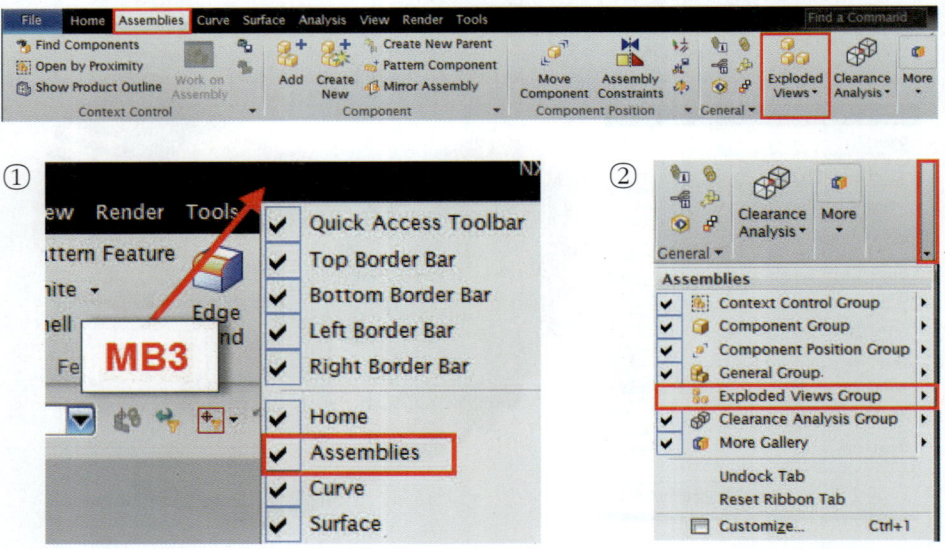

㉔ New Explosion( ) 아이콘을 클릭한 후, New Explosion창에 Name을 입력하여 전개 뷰를 생성한다. 전개 뷰를 생성하게 되면 비활성화되어 있는 Explosion 메뉴가 활성화된다.

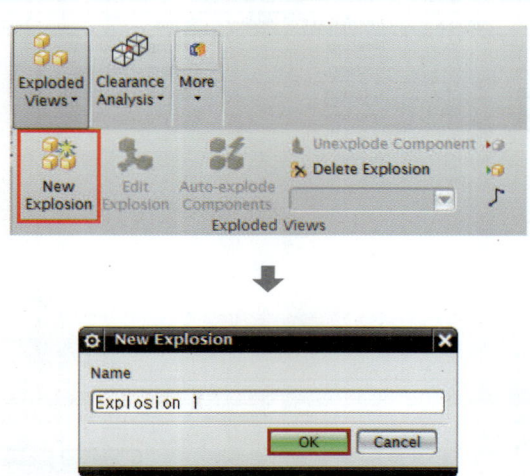

㉕ Exploded Views( ) → Edit Explosion( )을 선택하여 전개 작업을 진행한다.

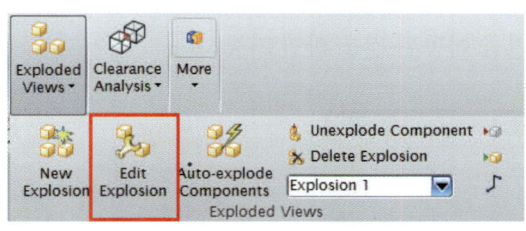

㉖ Select Objects를 클릭하고 화살표가 가리키는 개체를 선택한다.

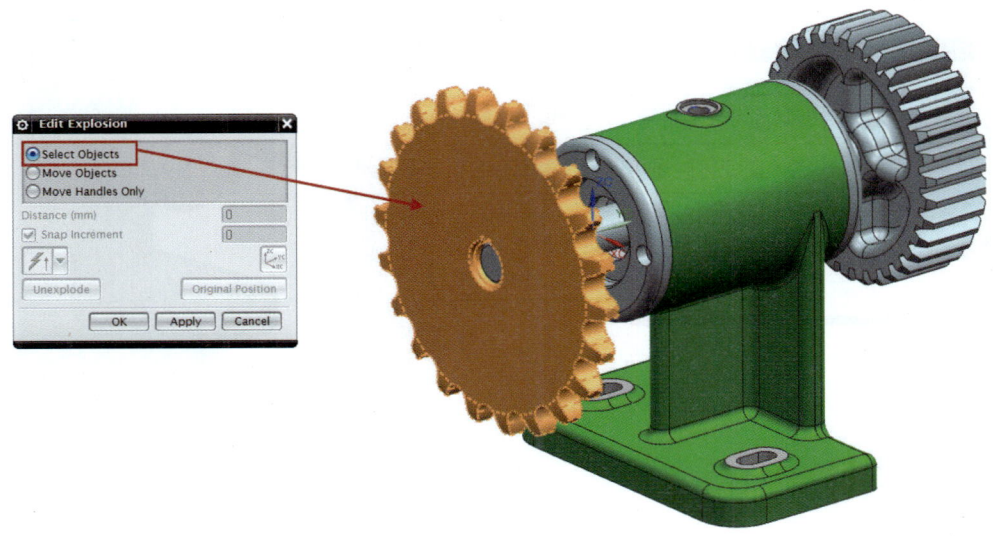

㉗ 개체 선택 후 Move Objects를 클릭하면 핸들이 생성된다.
아래 그림과 같이 Y방향 화살표를 선택하고 Distance=-50mm입력하고 Apply를 클릭하면 -Y방향으로 50mm만큼 이동된 것을 확인 가능하다.

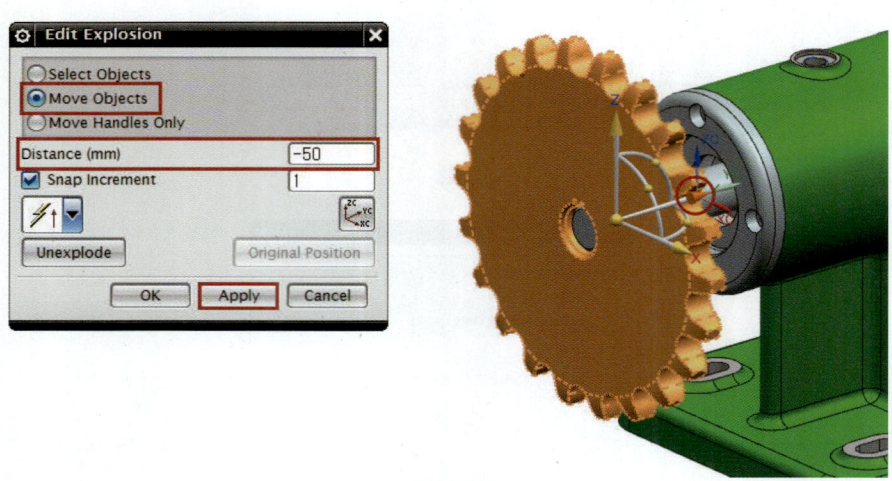

㉘ 계속해서 다시 Select Objects를 선택한 후 화살표가 가리키는 개체를 선택한다.

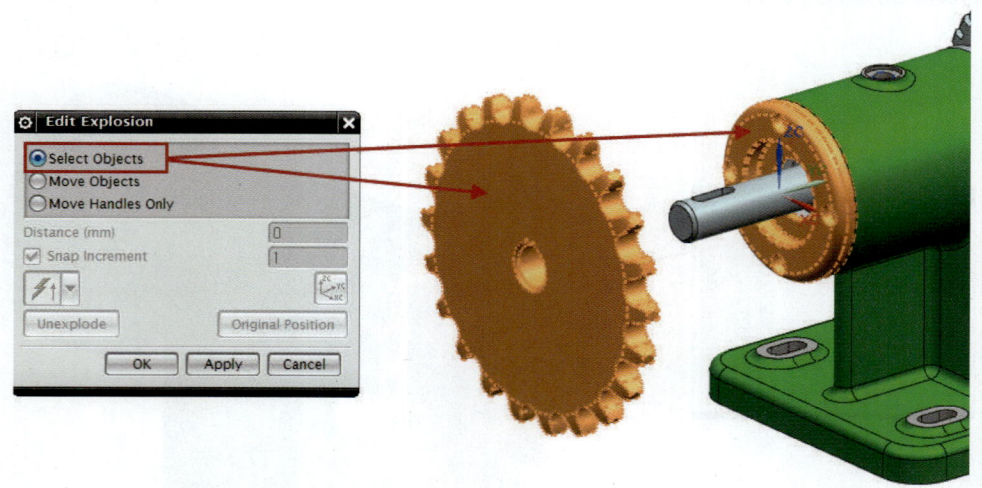

㉙ Move Objects를 클릭하고, Y방향 화살표를 선택하고, Distance=-100mm입력하고, Apply 를 클릭하여 -Y방향으로 100mm 만큼 이동시킨다.

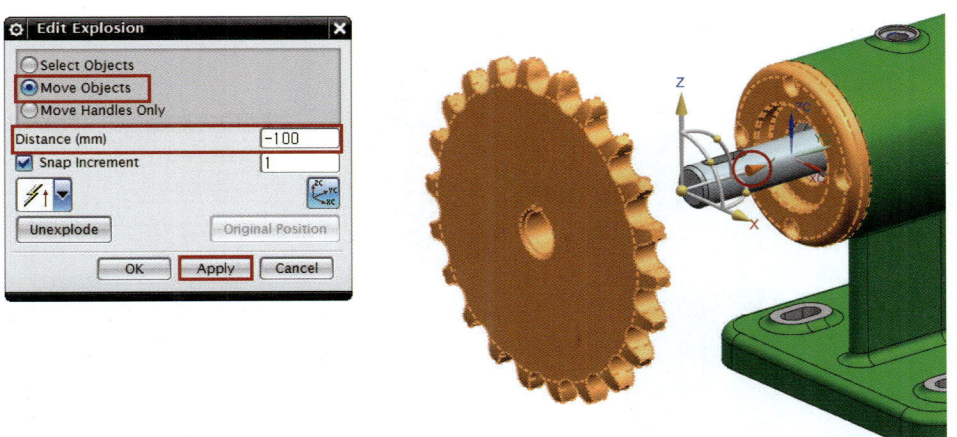

㉚ Select Objects를 선택한 후 전개할 반대편에 화살표가 가리키는 개체를 선택한다.

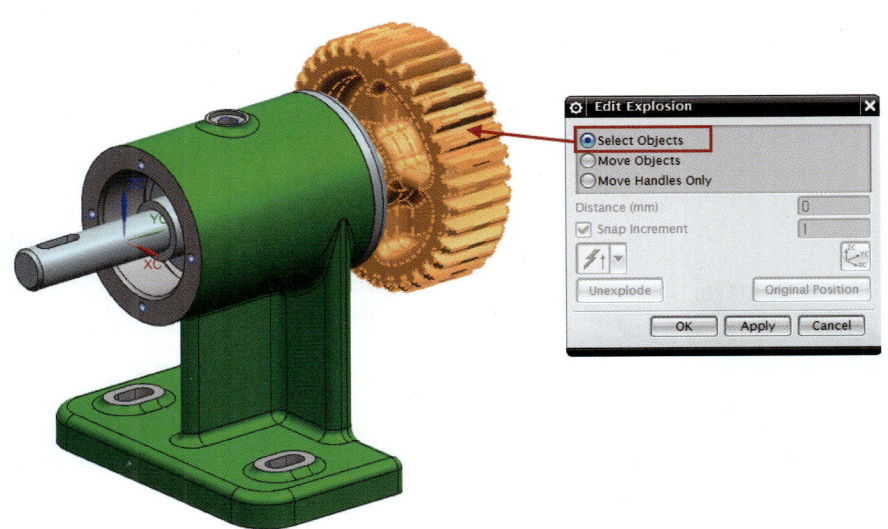

㉛ Move Objects를 클릭하고 Y방향 화살표를 선택하고, Distance=50mm을 입력하고 Apply를 클릭하여 +Y방향으로 50mm만큼 이동시킨다.

㉜ Select Objects를 클릭해서 전개할 개체를 선택한 후 Move Objects를 클릭하고, +Y방향으로 100mm 이동시킨다.

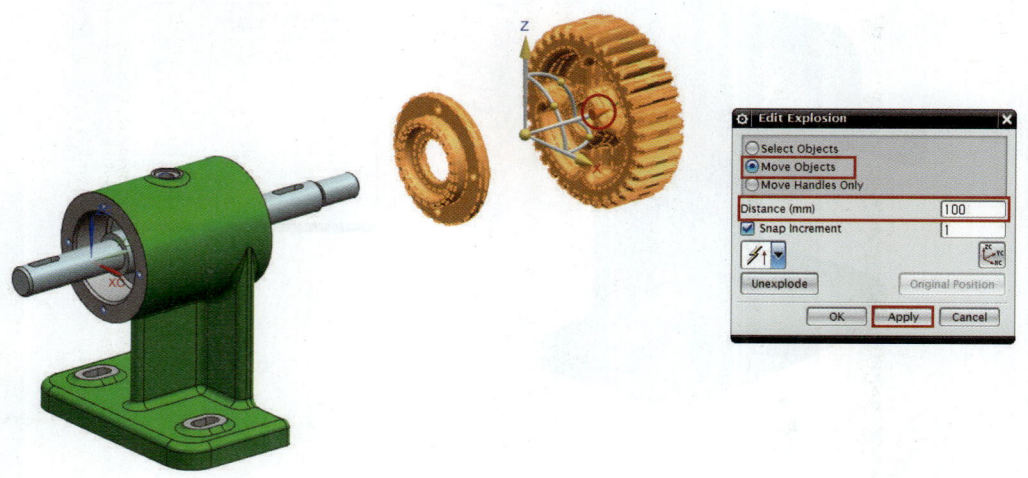

제1장	제2장	제3장	제4장	제5장	Chapter D
Assembly 개요	Context Control	Component	View	Assembly Exercise	Assembly

❸❸ Select Objects를 클릭해서 전개할 개체를 선택한 후 Move Objects를 클릭하고, +Y방향으로 150mm 이동시킨다.

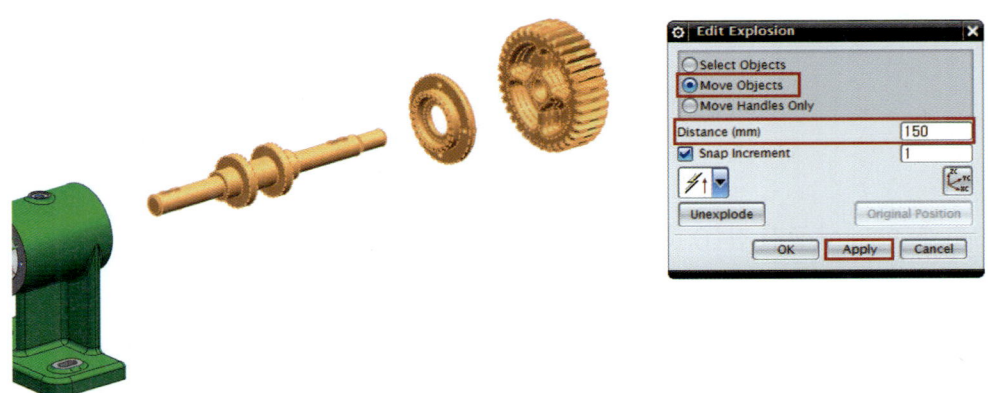

❸❹ Edit Explosion을 이용하여 아래와 같이 전개를 완성한다.

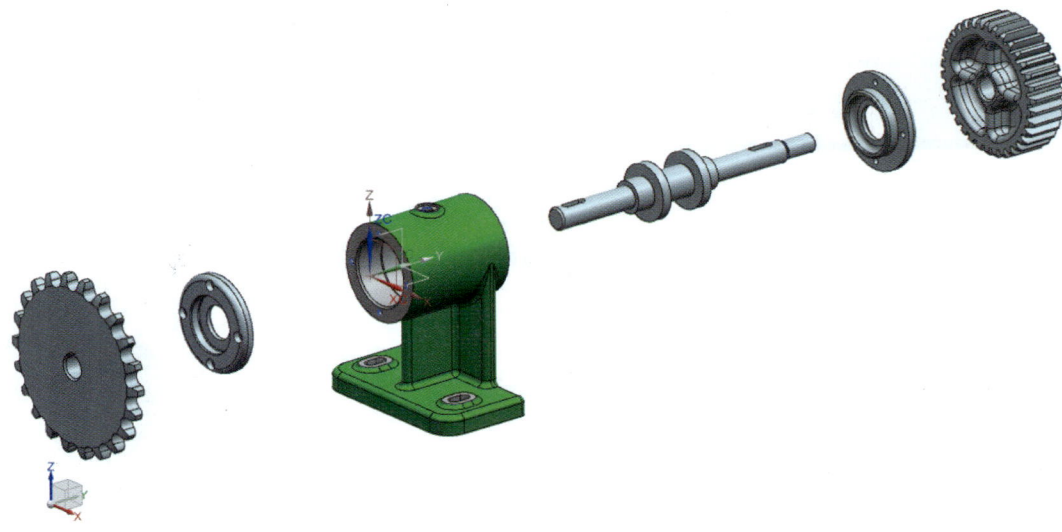

Unigraphics(UGS) CAD/CAM
NX9 모델링 및 CAM 가공

㉟ Exploded Views → Tracelines(♪)를 클릭한다. Tracelines를 이용하여 추적 선을 생성한다.

㊱ Specify Point에 중심 점 ①, ②를 선택하고 Apply를 클릭한다.

🔖 Direction 화살표가 마주보고 있어야 추적선이 일직선으로 생성된다.

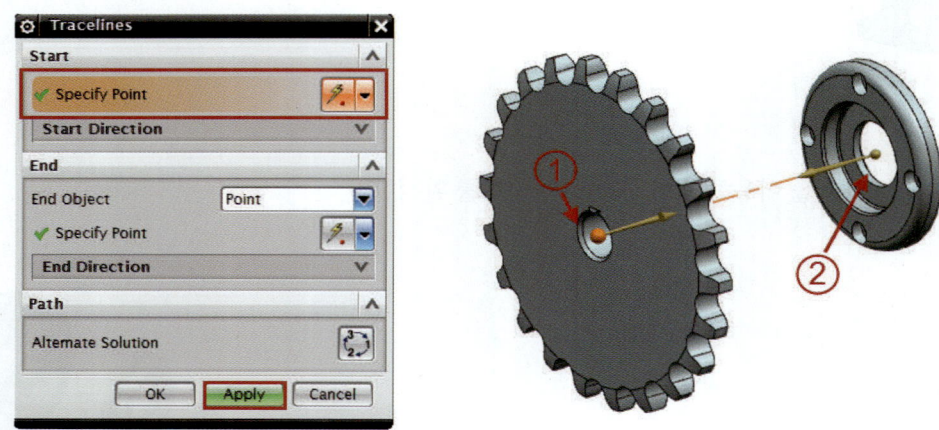

㊲ 나머지 부품도 같은 방법으로 추적 선을 생성하여 아래와 같이 전개를 완성한다.

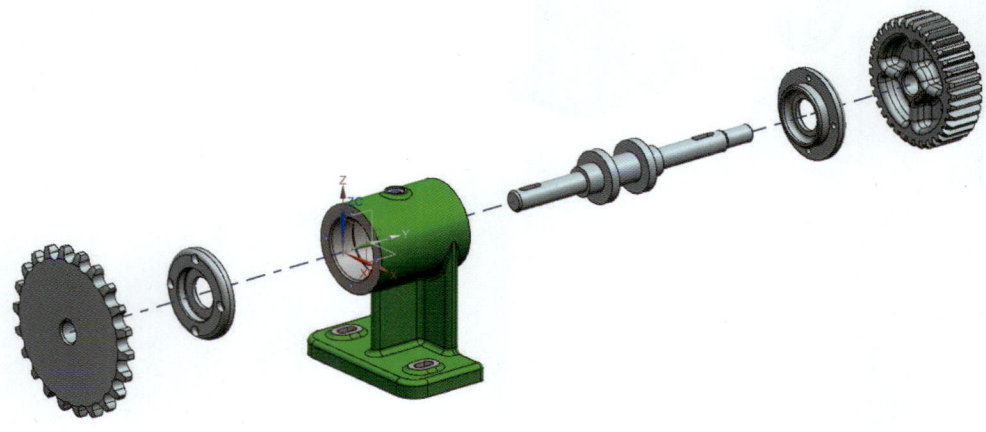

제1장	제2장	제3장	제4장	제5장	Chapter D
Assembly 개요	Context Control	Component	View	Assembly Exercise	Assembly

㊳ Explosion 작업을 완료하고 Assembly 화면으로 돌아가려면 Exploded Views( ) → Explosion 1을 No Explosion으로 Type을 바꿔준다.

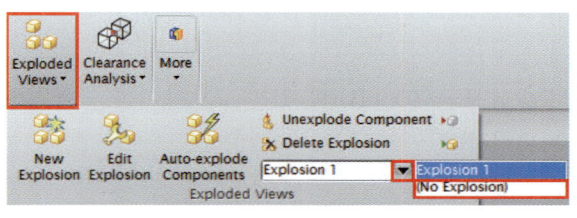

㊴ Menu → Assembly → Sequence( )를 클릭하여 Sequence in Task Environment로 이동한다.

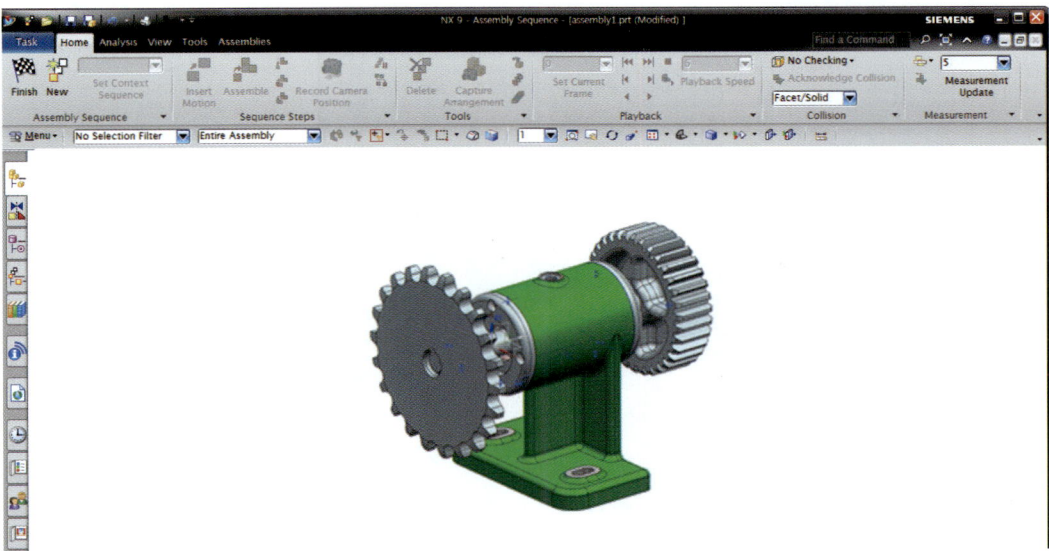

㊽ Task → New Sequence( ) 또는 아이콘을 클릭하여 새로운 Sequence를 생성한다.

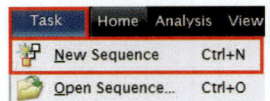

㊶ Menu → Insert → Motion 또는 Tool Bar에 있는 아이콘을 클릭하여 구속조건 상태에서의 연속 위치 동작을 생성한다.

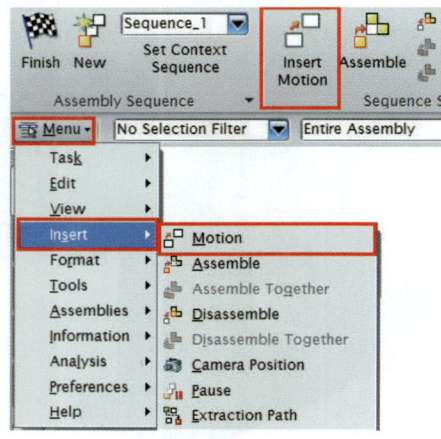

㊷ Record Component Motion창이 뜨면 Select Object( )를 클릭하여 sprocket, shaft, spur gear를 선택한다.

제1장	제2장	제3장	제4장	제5장	Chapter D
Assembly 개요	Context Control	Component	View	Assembly Exercise	Assembly

❹❸ Move Handles Only(　)를 클릭한다. 핸들의 기준 위치는 선택한 model이 돌아가는 중심으로 맞추어진다.

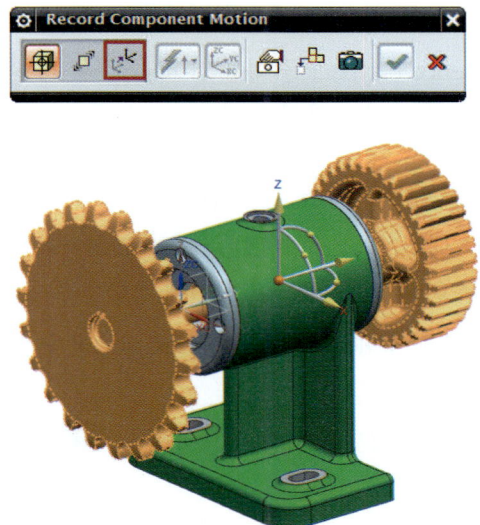

❹❹ Move Object(　)를 클릭하여 X축과 Z축 사이의 Pole을 선택하여 회전 움직임을 부여한다.

㊺ OK(☑)를 클릭하여 움직임 촬영을 완료한다.

㊻ Menu ▼ → Tool → Sequence Playback을 이용해서 촬영한 Motion 재생 및 동영상 파일로 생성한다.

① Playback Speed(7 ▼) : 재생 속도를 조절한다. 높은 숫자일수록 빠르게 재생된다.
② ◄◄ ◄ ► ►► : Play를 이용하여 Motion을 화면에 재생할 수 있다.
③ Export to Movie( ) : 촬영한 Motion을 동영상으로 내보낼 수 있다.

㊼ Sequence Analysis를 이용하여 컴포넌트 간의 간섭을 체크한다.
간섭체크는 두 가지 방법으로 확인해볼 수 있다.

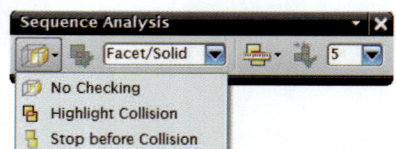

① Highlight으로 설정한 후 Play하면, Motion이 진행되면서 간섭이 일어나는 부분은 적색으로 표시된다.
② Stop before Collision으로 설정한 후 Play하면, Motion이 진행되지 않고 간섭이 일어나는 부분이 적색으로 표시된다.

㊽ 간섭되는 Model을 수정하기 위해서 🏁 아이콘을 클릭하여 종료한다.

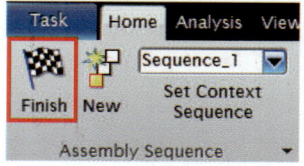

㊾ Assembly Navigator에서 간섭되는 Model을 선택한 후 MB3을 클릭하여 Make Displayed Part를 클릭하여 수정을 진행한다.

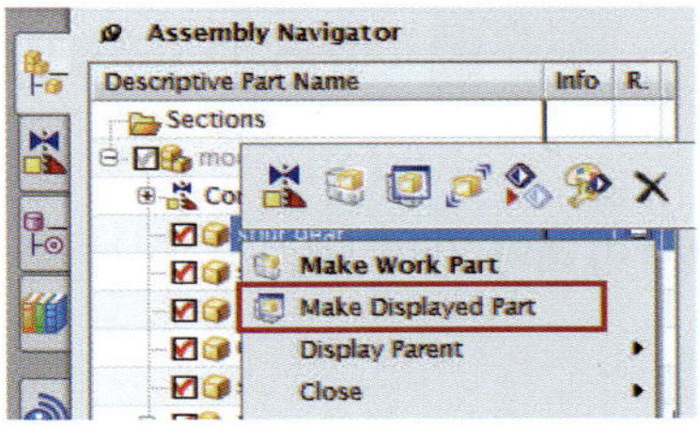

㊿ 수정을 완료한 후 Assembly Navigator에서 Model을 클릭하고 MB3을 선택하여 Assembly파트로 되돌아간다.

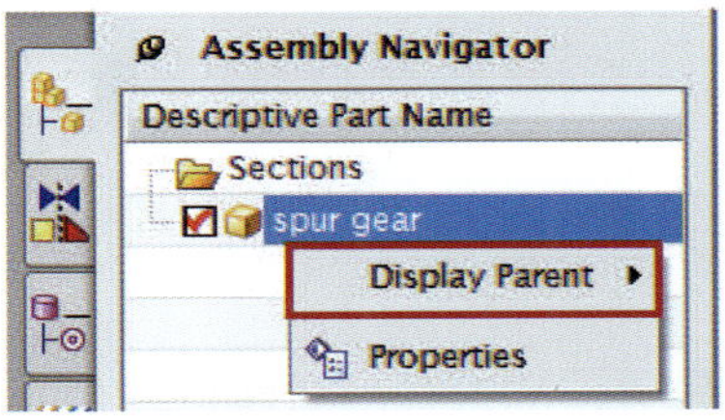

(51) Assembly 구조로 돌아온 후 최상위 파트(Assembly 파트)를 선택한다.
그다음 MB3 클릭 또는 더블클릭하여 Make Work Part 상태로 전환한다.

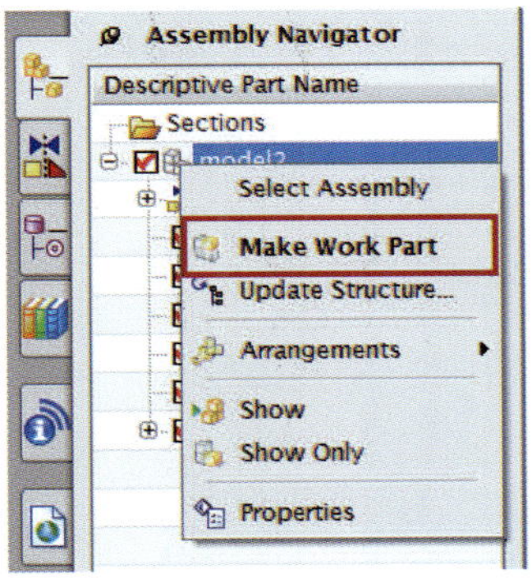

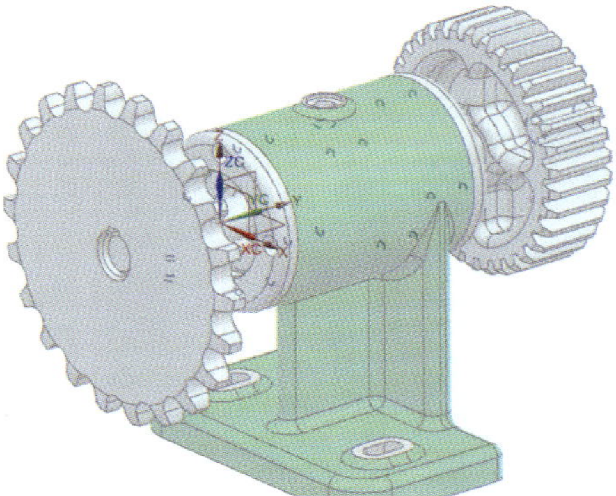

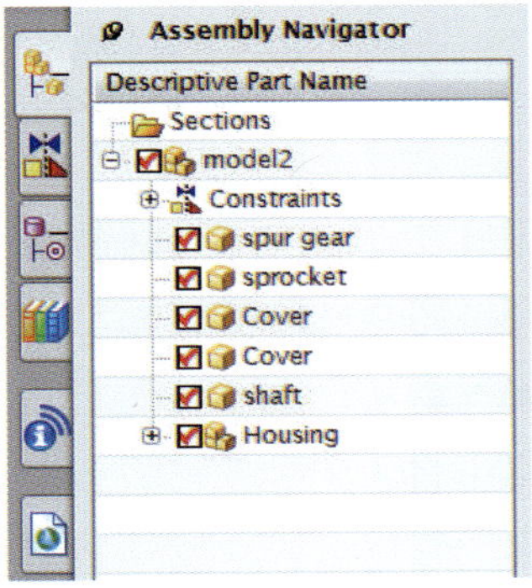

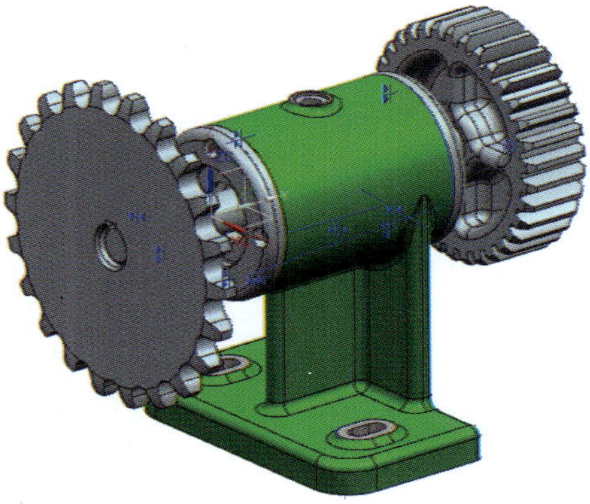

제 2 절 Top Down 방식의 Assembly 따라 하기

❶ 아래와 같이 모델을 생성한다.

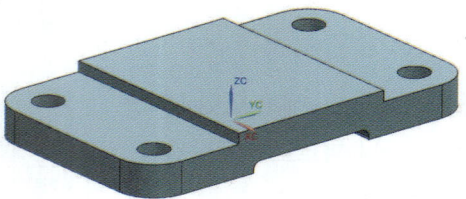

❷ Assembly를 선택한 다음 Name, Folder를 지정한 후 OK를 클릭하여 생성한다.

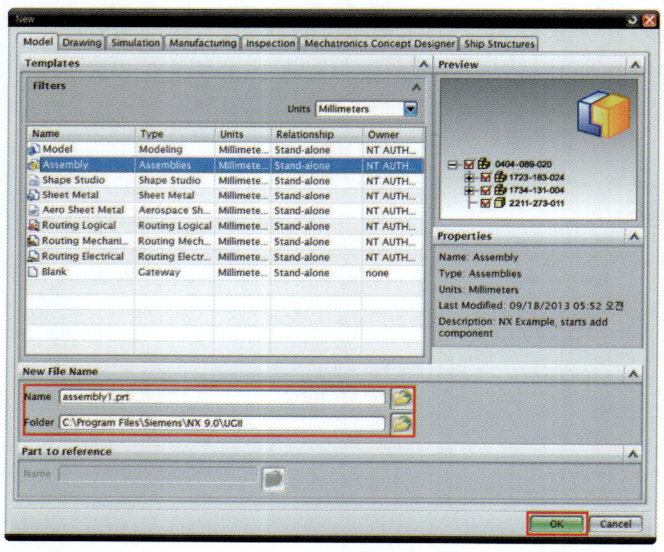

❸ 좌측의 Assembly Navigator에 assembly1 Part가 생성된 것과 assembly1 Part 안에 model01 이 속해있는 것을 확인해볼 수 있다.

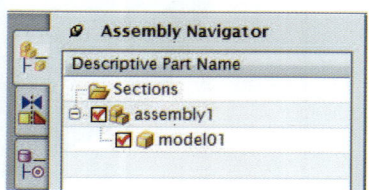

❹ Menu → Assemblies → Components → Create New Component( )를 클릭한다.
Templates → Model을 선택하고 Name, Folder를 지정한 후 OK한다.

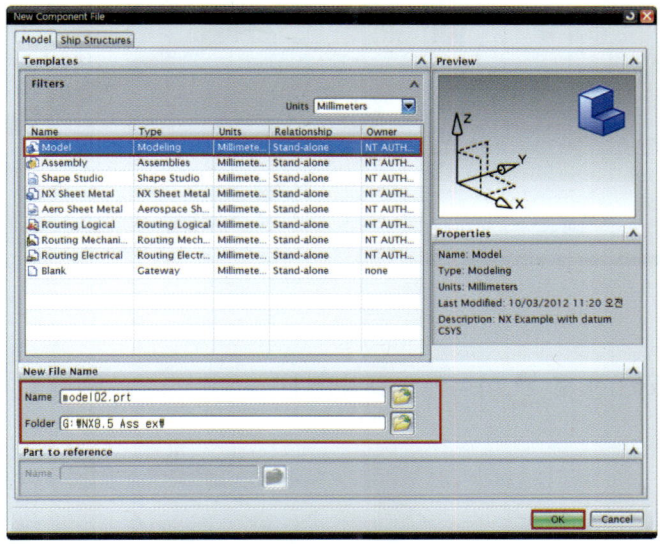

❺ 나타나는 창에서 바로 OK를 클릭한다.
Assembly Navigator에서 assembly1 Part 안에 model02가 생성된 것을 확인해볼 수 있다.

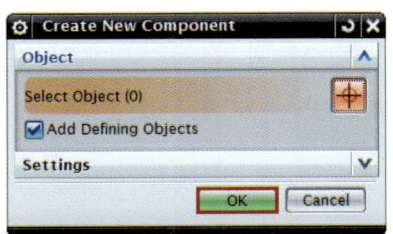 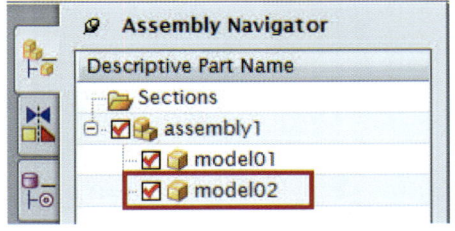

❻ model02를 더블클릭하여 활성화한다.
Insert → Sketch in Task Environment를 클릭하고 Type을 Entire Assembly 로 설정하고 Sketch Plane을 선택한다.

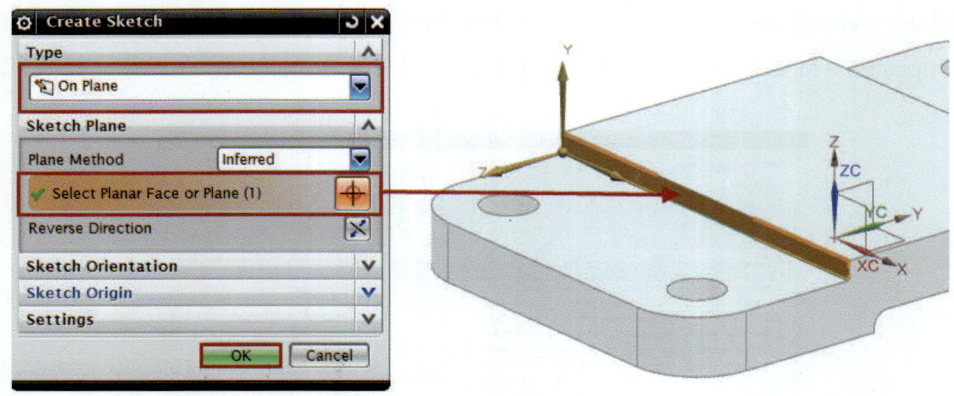

❼ 아래와 같이 Sketch한 후 ▶ 아이콘을 클릭한다.
　　　　　　　　　　　Finish

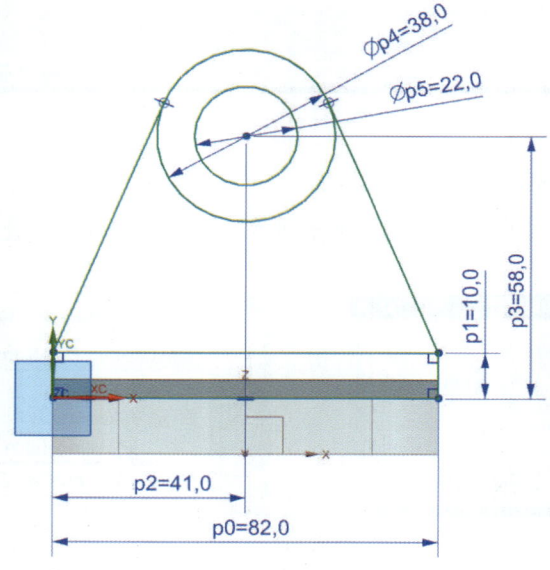

❽ Menu → Insert → Design Feature → Extrude(　)를 클릭한다.
line을 선택하고 End Distance=38mm, Boolean=None으로 설정한 후 Apply한다.

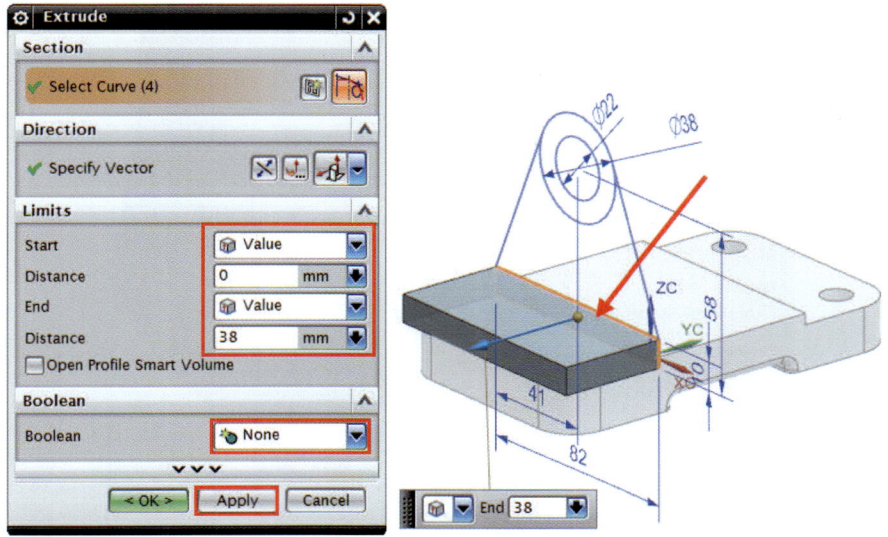

❾ 아래와 같이 line을 선택하고 End Distance=10mm, Boolean=Unite로 설정한 후 Apply를 클릭한다.

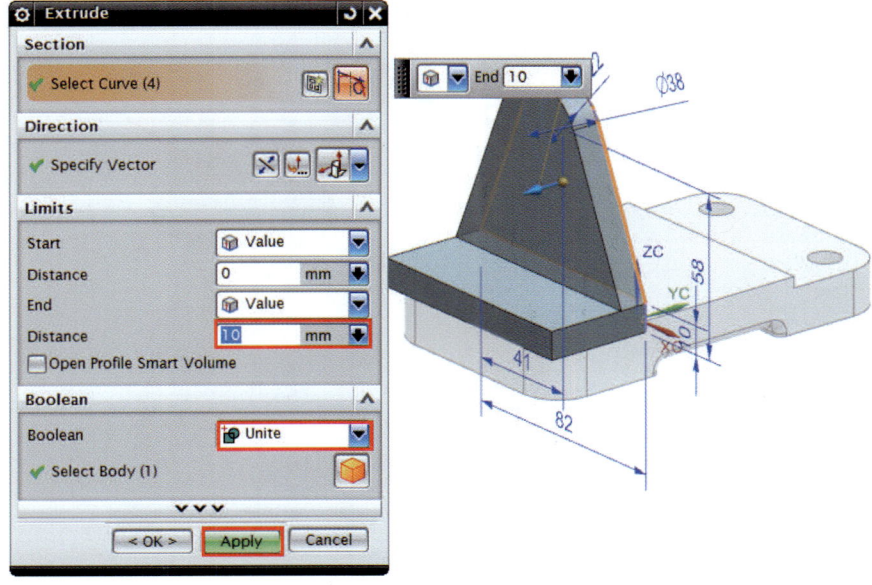

❿ 38mm Circle을 클릭하고 End Distance=2, Boolean=Unite로 설정한 후 Apply를 클릭한다.

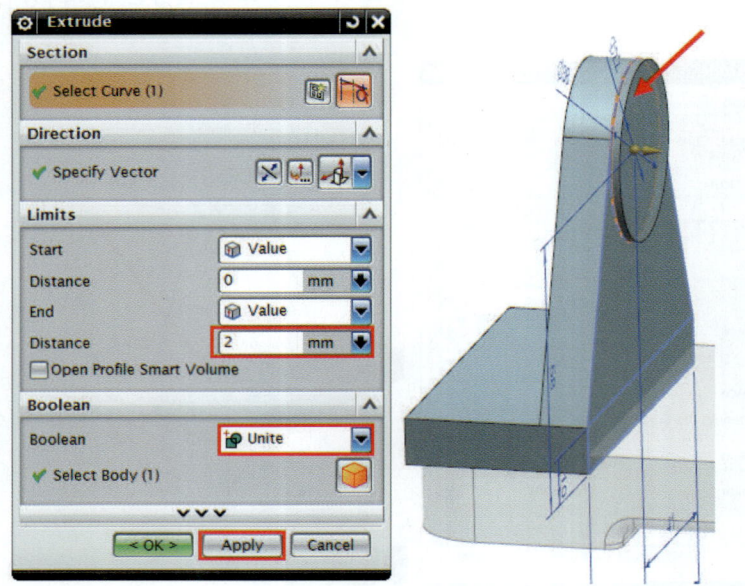

⓫ 22mm Circle을 클릭하고 Limits End=Symmetric Value, End Distance=20mm, Boolean=Subtract 으로 설정하고 OK를 클릭한다.

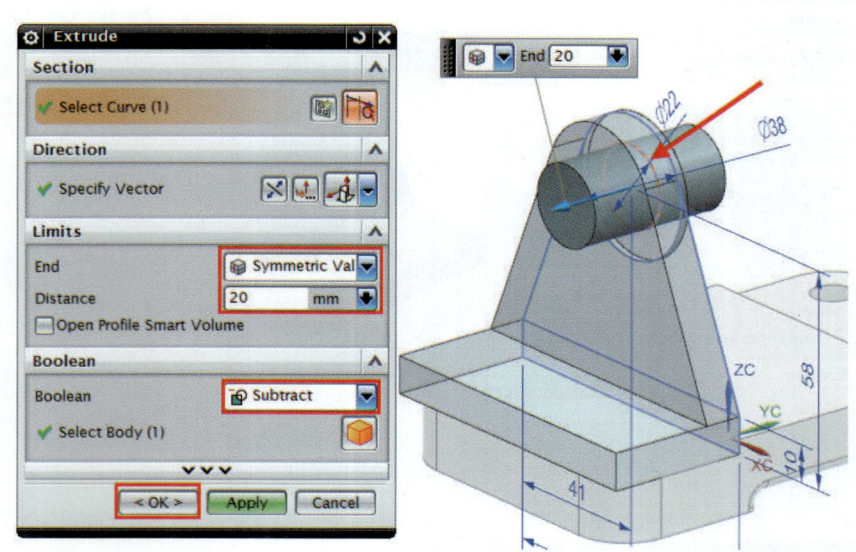

❷ Menu → Insert → Detail Feature → Edge Blend( )를 클릭한다.

그림과 같이 엣지를 선택한 다음, Shape=Circular( ), Radius 2=14mm로 설정한 뒤 OK를 클릭한다.

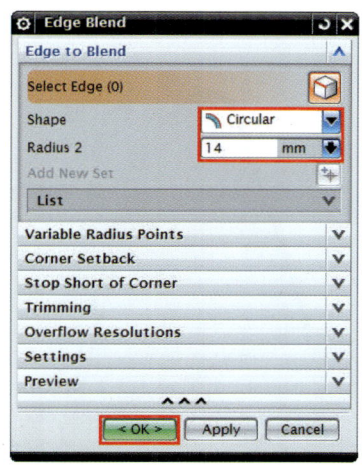
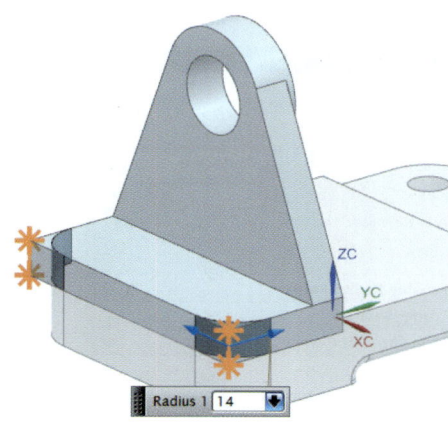

❸ Menu → Insert → Design Feature → Hole( )을 클릭한다.

화살표가 가리키는 Arc Center를 클릭한 다음 From=Counterbored, C-Bore Diameter=16mm, C-Bore Depth=2mm, Diameter=11mm, Depth Limit=Until Next, Boolean=Subtract으로 한 후 OK를 클릭한다.

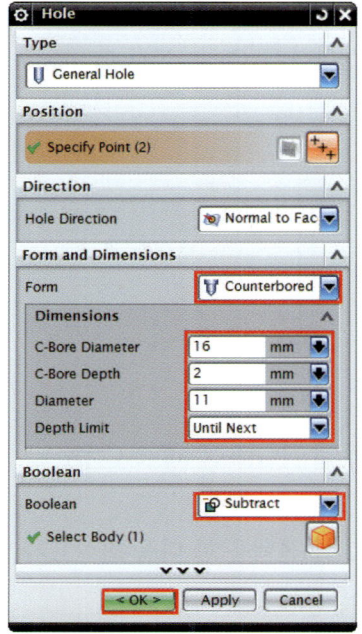
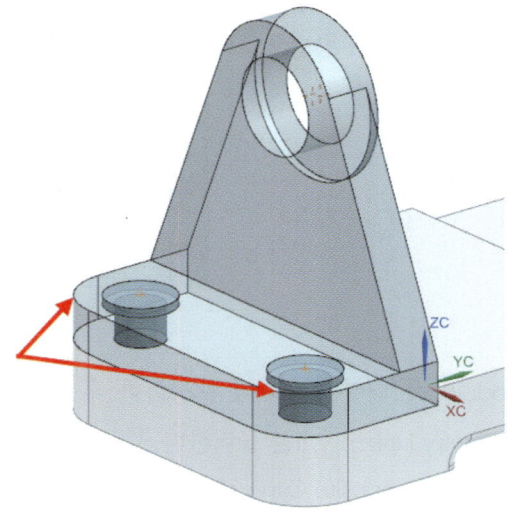

⑭ Edge Blend(￼)를 클릭한다.

그림과 같이 엣지를 선택한 다음, Shape=Circular(￼), Radius 1=2mm로 설정한 뒤 OK를 클릭한다.

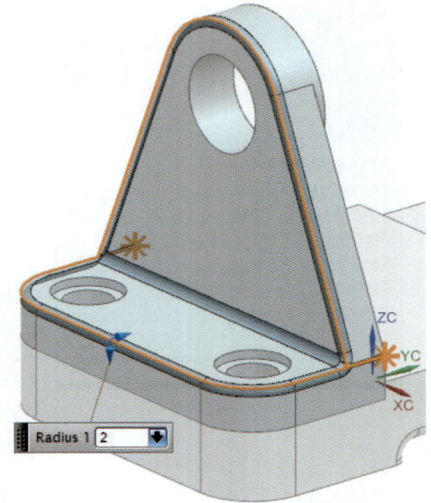

⑮ File → save(￼)를 클릭하여 저장을 한다.

⑯ Assembly Navigator에서 assembly1을 더블클릭해서 활성화한 후 Create New Component(￼)를 클릭해서 같은 방법으로 model03을 생성한다.

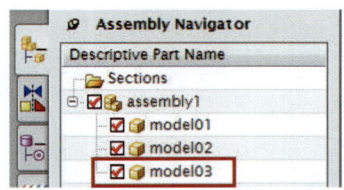

⑰ model03을 더블클릭하여 활성화한 후 Menu → Insert → Associative Copy → WAVE Geometry Linker(￼)를 클릭한다.

Type → Composite Curve로 설정하고, Select Curve (2)를 선택을 한 다음 화살표가 가리키는 엣지를 선택한 후 OK를 클릭한다.

제1장	제2장	제3장	제4장	제5장	Chapter D
Assembly 개요	Context Control	Component	View	Assembly Exercise	Assembly

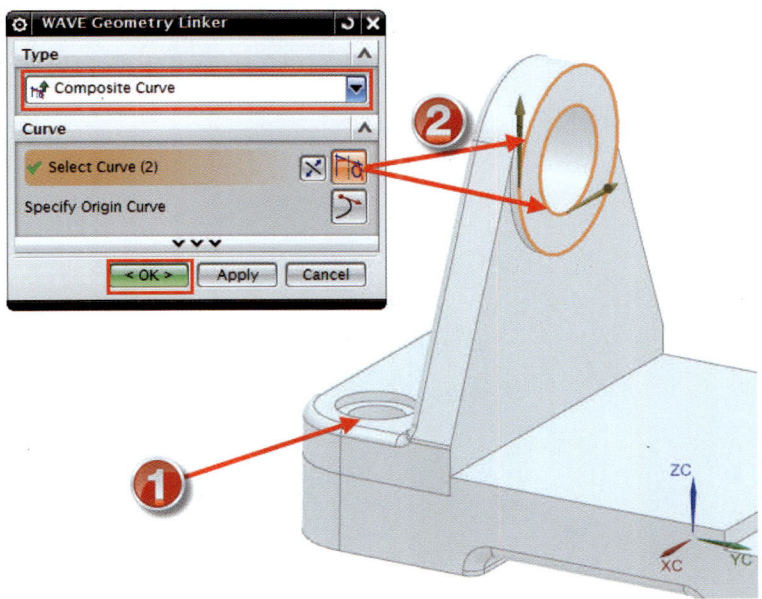

⑱ Extrude(▦) 아이콘을 클릭하고, 안쪽 Circle을 선택한 후 End Distance=12mm로 입력한 다음 Apply를 클릭한다.

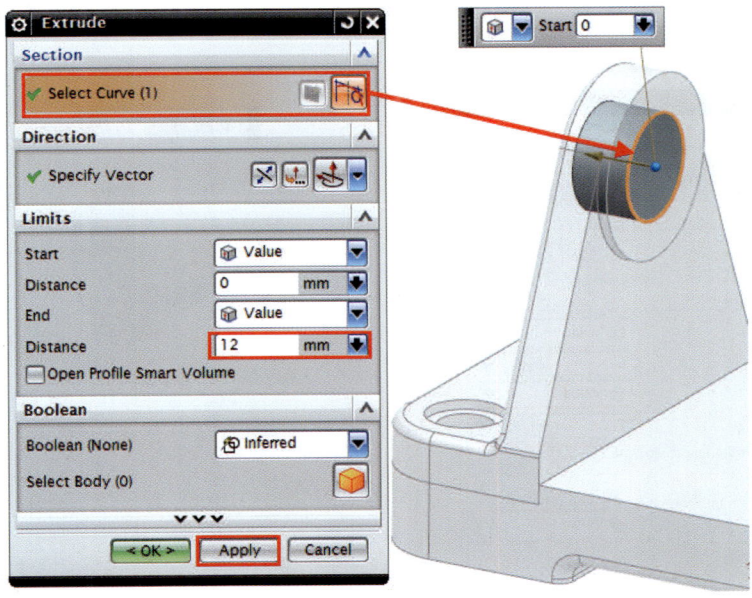

493

❶❾ Menu → Insert → Sketch in Task Environment( )를 클릭한다.

Circle표면을 클릭하고 OK를 클릭하여 스케치 평면으로 들어간 후 그림과 같이 스케치한 다음 아이콘을 클릭한다.

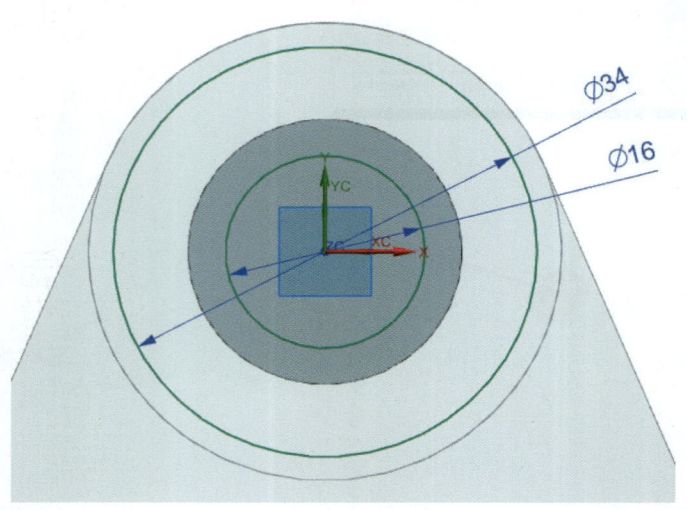

❷⓿ Extrude( ) 아이콘을 클릭하고, 지름 34원을 선택한 후 End Distance=7mm, Boolean=Unite 로 설정하고 Apply를 클릭한다.

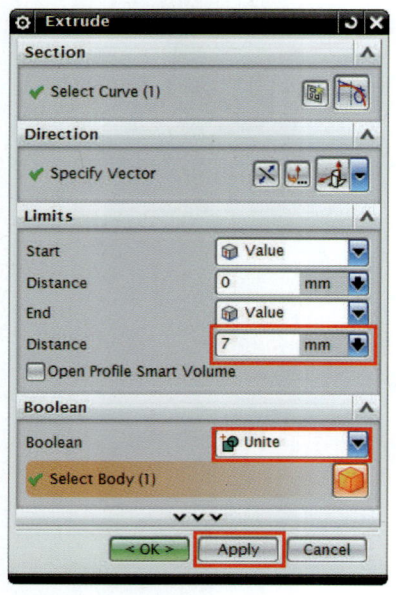
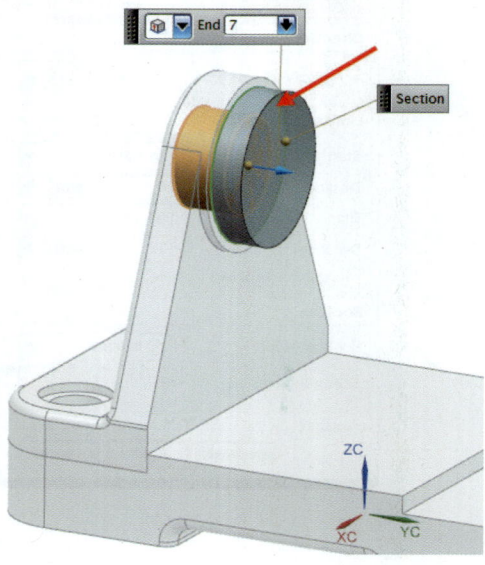

❷❶ 지름 16원을 선택하고, Limits Start · End=Until Next, Boolean=Subtract으로 설정한 후 OK를 클릭한다.

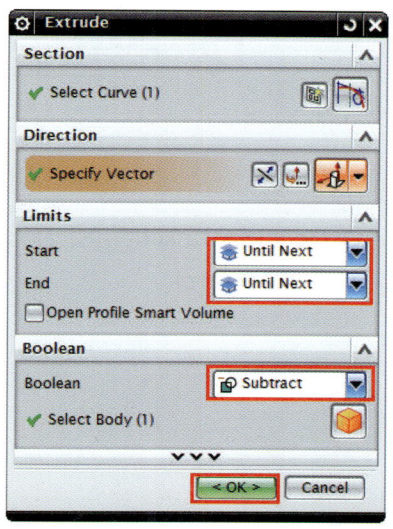 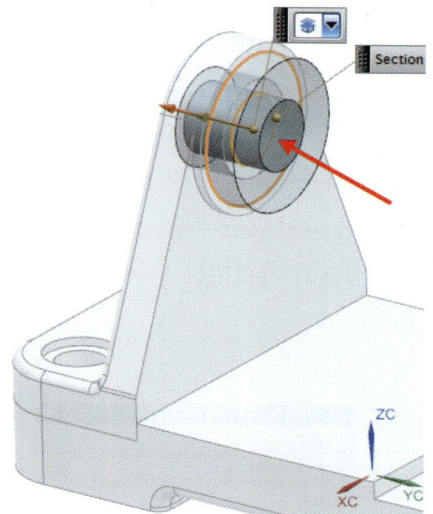

❷❷ Menu → Insert → Detail Feature → chamfer()를 클릭한다.
　　Offsets Cross Section=Symmetric, Distance=1mm로 설정한 후 OK를 클릭한다.

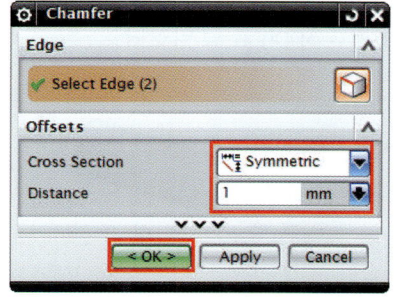 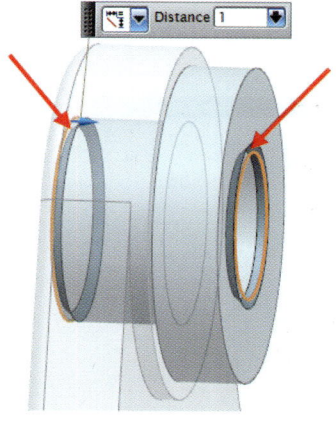

❷❸ File → save()를 클릭하여 저장을 한다.

Unigraphics(UGS) CAD/CAM
NX9 모델링 및 CAM 가공

㉔ Assembly Navigator에서 assembly1을 더블클릭해서 활성화시킨 후, Create New Component( )를 클릭해서 같은 방법으로 model04를 생성한다.

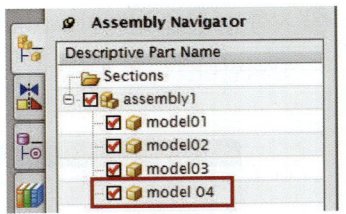

㉕ model04를 더블클릭하여 활성화시킨다.

그 다음 Menu → Insert → Associative Copy → WAVE Geometry Linker( )를 클릭한다. 그리고 화살표가 가리키는 두 개의 엣지를 선택하고 OK를 클릭한다.

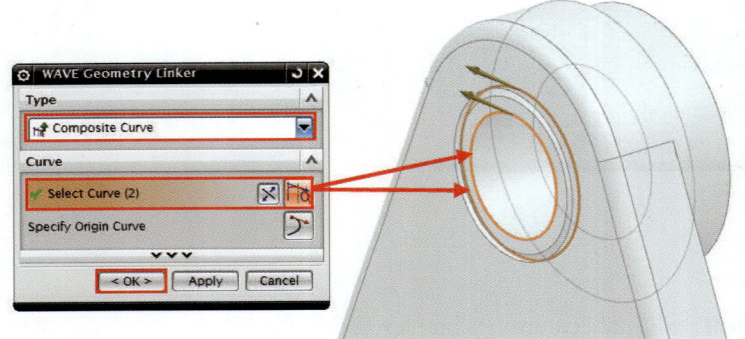

㉖ Extrude( )아이콘을 클릭하고 안쪽 Circle을 선택한다.

End Distance=80mm, Boolean=None으로 설정하고 Apply를 클릭한다.

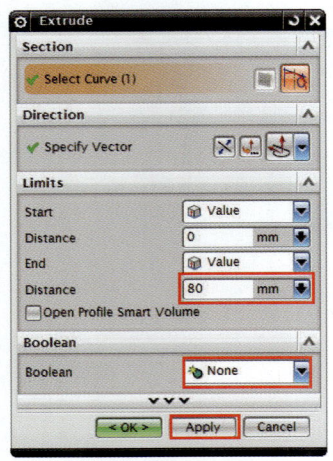
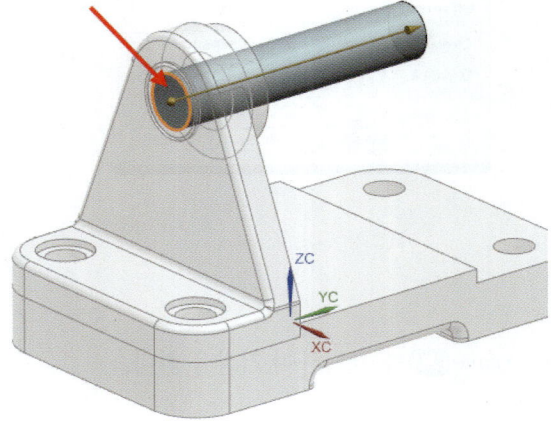

㉗ 이어서 바깥쪽 Circle을 선택한다. Start Distance=19mm, End Distance=61mm로 입력하고 Boolean=Unite로 설정한 후 OK를 클릭한다.

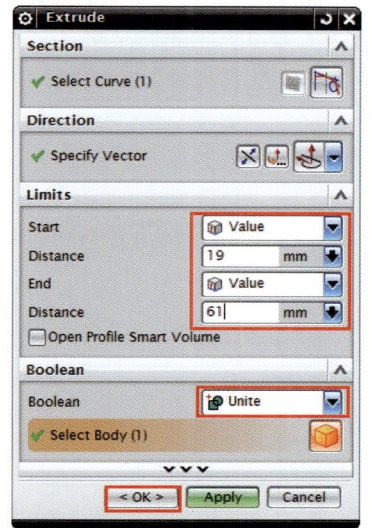
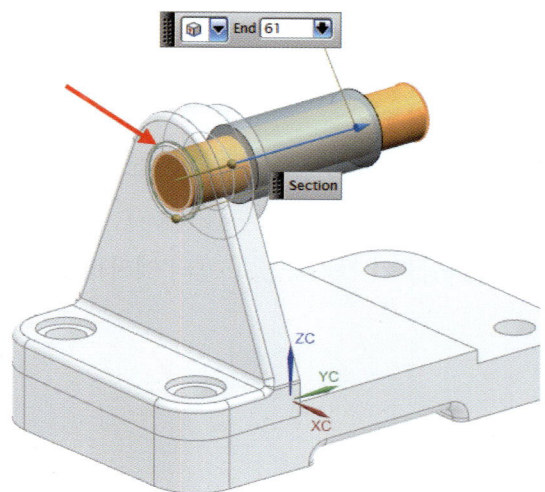

㉘ chamfer( ) 아이콘을 클릭하고 Offsets Cross Section=Symmetric, Distance=1mm로 설정한 다음 그림과 같이 엣지를 선택한 후 OK를 클릭한다.

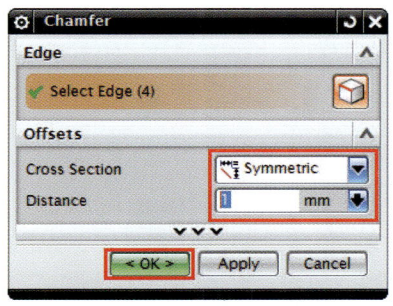
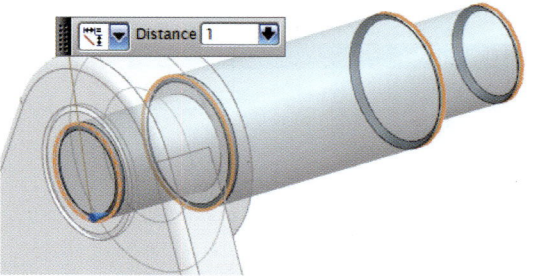

㉙ File → save( )를 클릭하여 저장을 한다.

㉚ Assembly Navigator에서 assembly1을 더블클릭해서 활성화시킨 후, Create New Component를 클릭해서 model05를 생성한다.

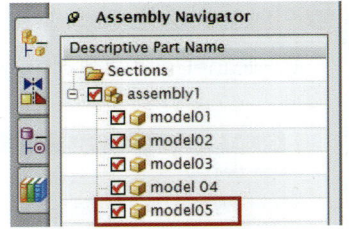

㉛ model05를 더블클릭하여 활성화시킨다.

그 다음 Menu → Insert → Associative Copy → WAVE Geometry Linker( )를 클릭한다. 그리고 화살표가 가리키는 두 개의 엣지를 선택하고 OK를 클릭한다.

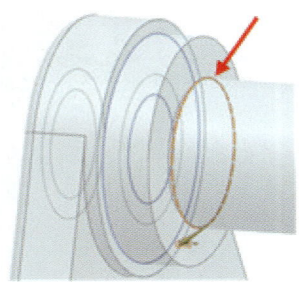 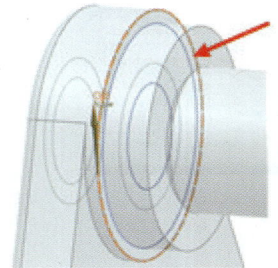

㉜ Extrude( ) 아이콘을 클릭하고 바깥쪽 큰 Circle을 선택한다.

Start Distance=10mm, End Distance=46mm로 Boolean=None으로 설정하고 OK를 클릭한다.

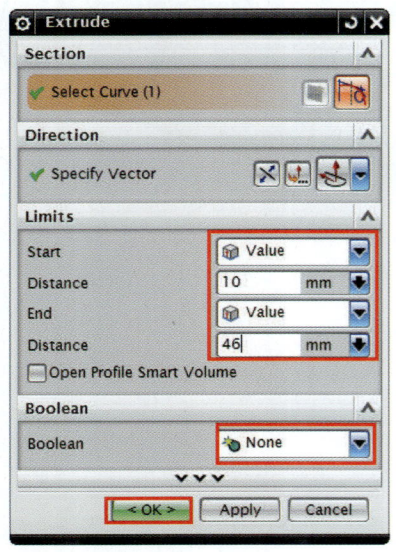 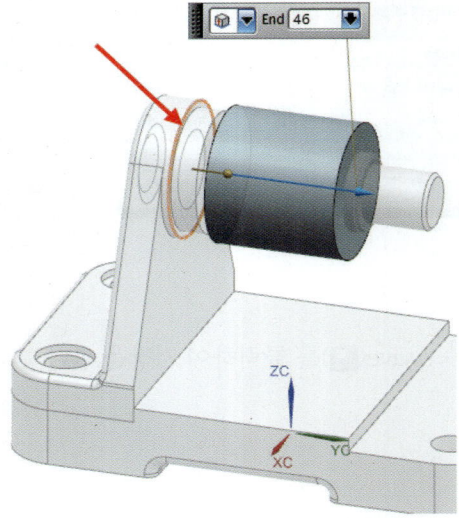

㉝ Menu → Insert → Sketch in Task Environment(📄)를 클릭한다.
화살표가 가리키는 평면을 클릭하고 OK를 클릭한다.

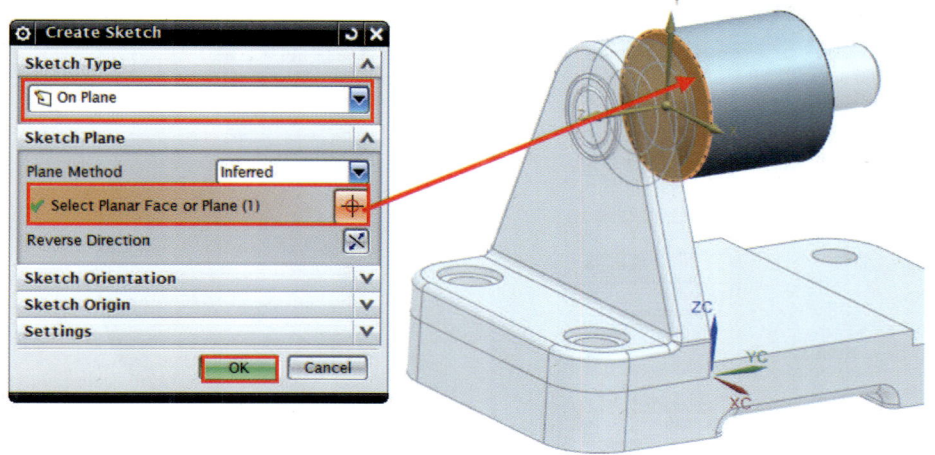

㉞ 그림과 같이 스케치한 다음 🏁 아이콘을 클릭한다.
       Finish

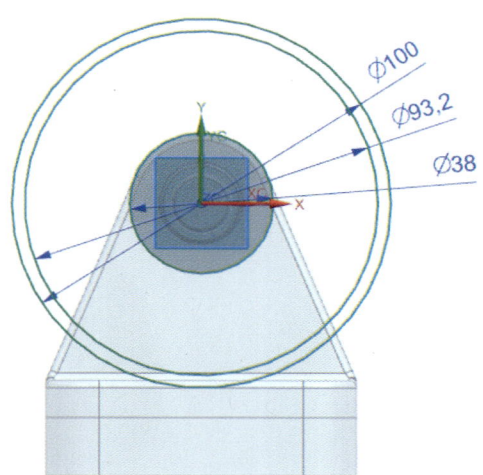

㉟ Extrude( ) 아이콘을 클릭하고 지름 100mm원을 선택한다.

Start Distance=2mm, End Distance=34mm, Boolean=Unite로 설정한 후 Apply를 클릭한다.

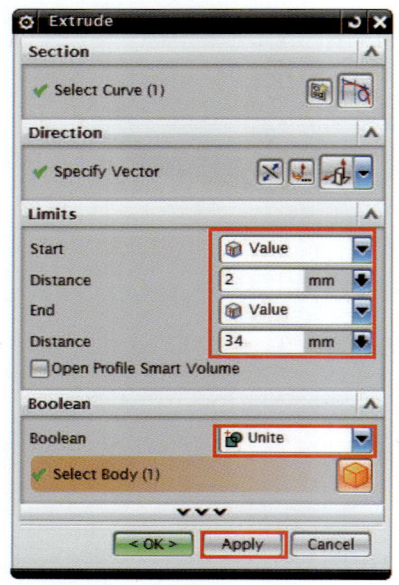 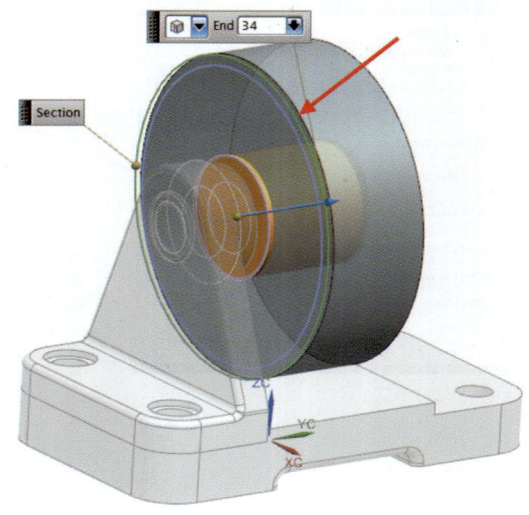

㊱ 지름 93.2mm 원과 지름 38mm 원을 선택한다.

Start Distance=2mm, End Distance=13mm, Boolean=Subtract으로 설정한 후 Apply를 클릭한다.

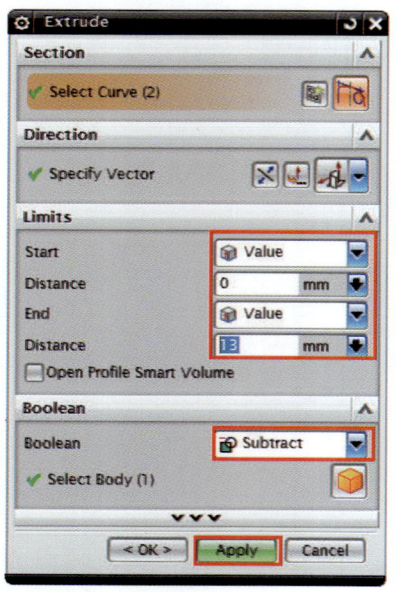 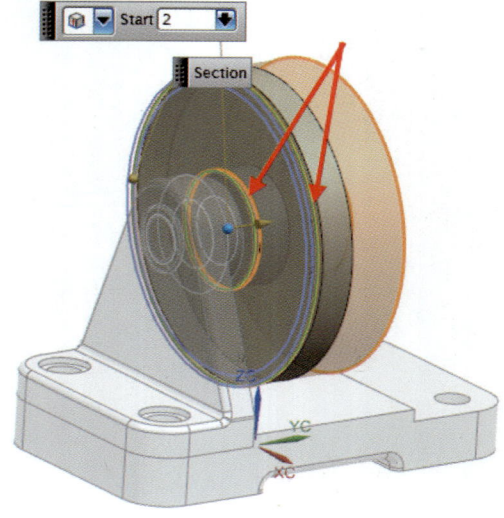

㊲ 지름 93.2mm 원과 지름 38mm 원을 선택하고, Start Distance=34-13mm, End Distance=Until Next, Boolean=Subtract으로 설정한 후 Apply를 클릭한다.

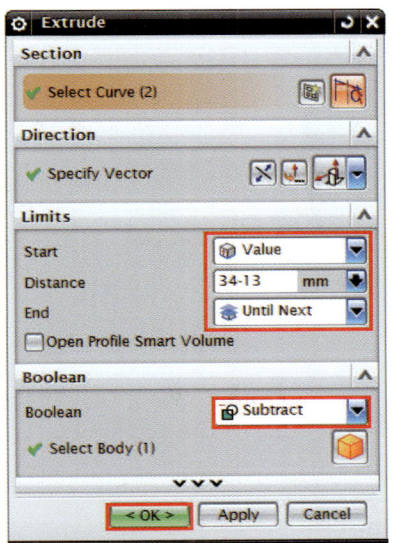
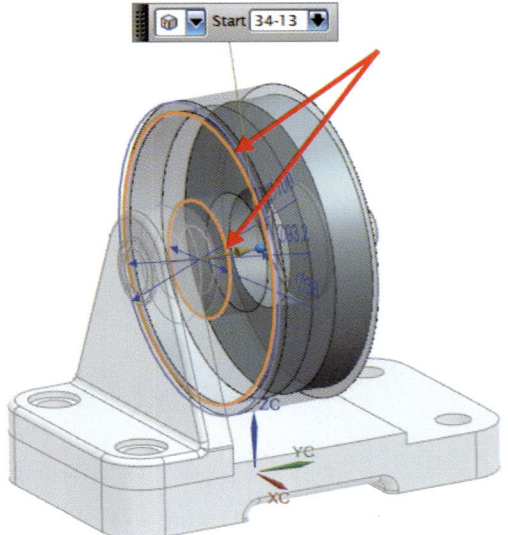

㊳ Menu → Insert → Sketch in Task Environment()를 클릭한다.
화살표가 가리키는 평면을 클릭하고 OK를 클릭한다.

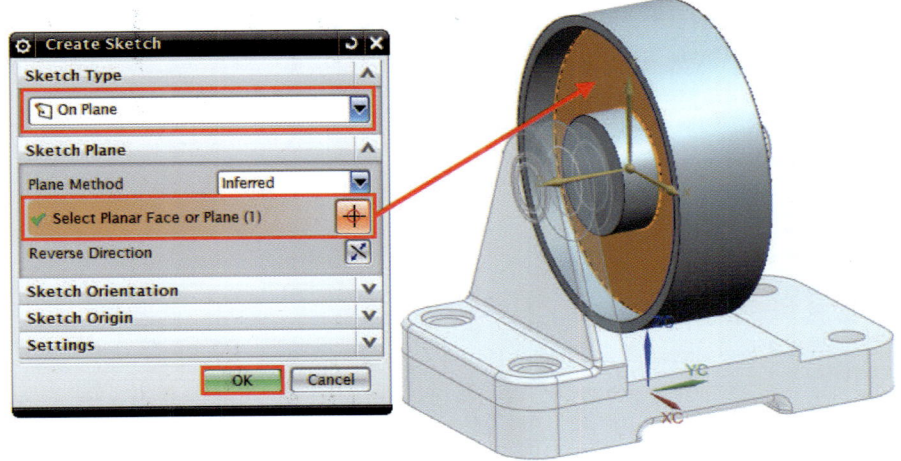

㊴ 그림과 같이 스케치한 다음 🏁 아이콘을 클릭한다.

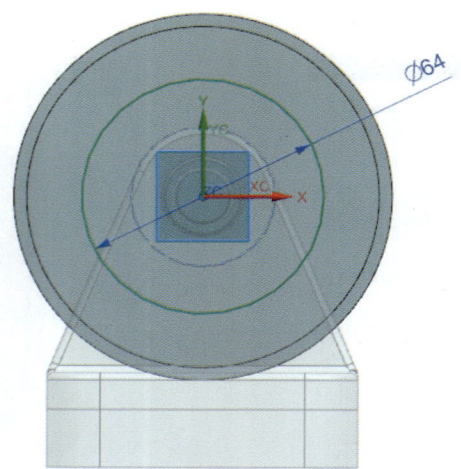

㊵ Menu → Insert → Design Feature → Hole(🔘)을 클릭한다.

오른쪽 위에 다음 사분점(🔘) 아이콘을 활성화 시킨 후 네 점을 클릭하고, Form=Simple, Diameter=8mm, Depth Limit=Until Next, Boolean=Subtract으로 설정하고 OK를 클릭한다.

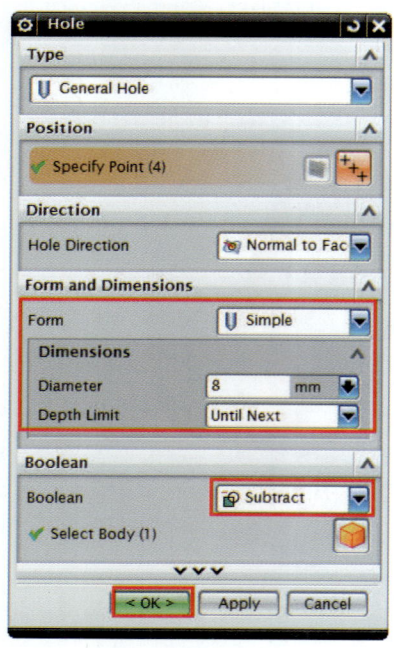
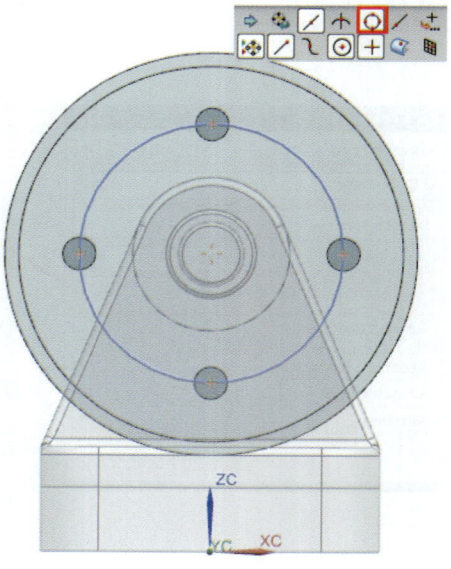

❹ Assembly Navigator에서 assembly1을 더블클릭해서 전체를 활성화한다.

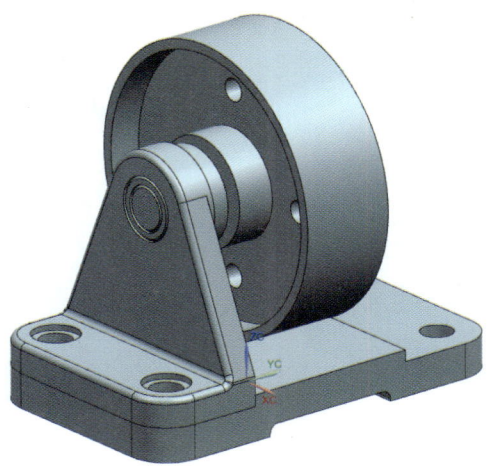

❷ model02, model03을 Assemblies → Components → Mirror Assembly를 이용해서 반대쪽에도 생성하여 Assembly를 완성한다.

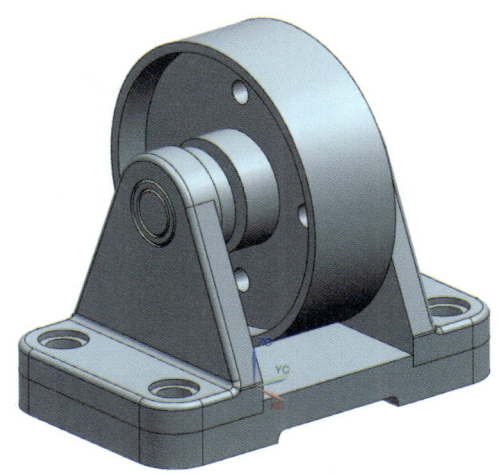

Unigraphics(UGS) CAD/CAM
NX9 모델링 및 CAM 가공

제 3 절 Mirror Assembly & Make Unique 따라 하기

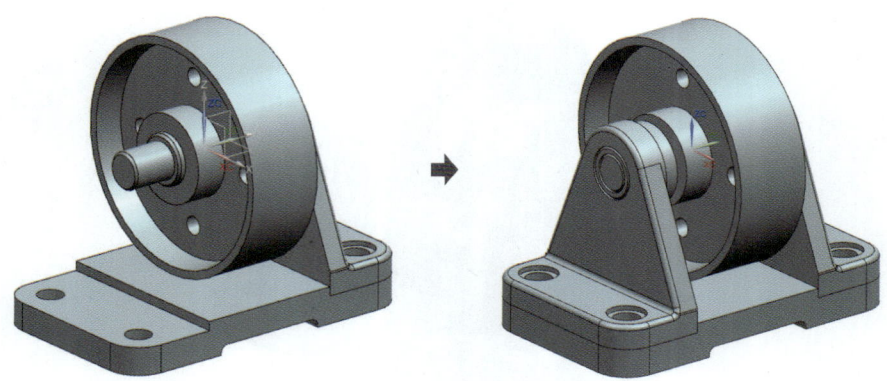

❶ Mirror Assembly를 이용하여 두 개의 컴포넌트를 반대쪽 동일한 위치에 대칭 복사한다.

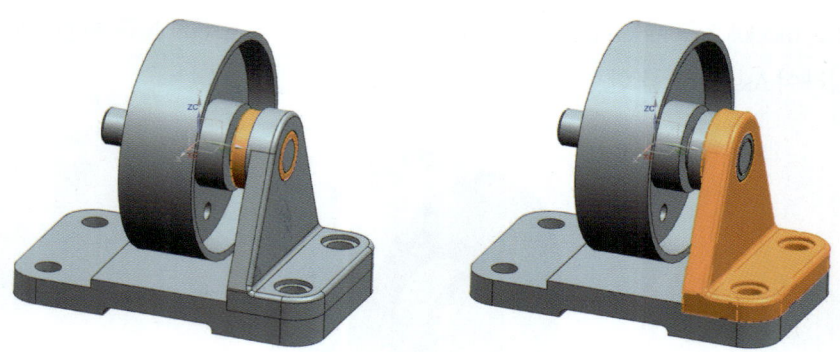

❷ Menu → Assemblies → components → Mirror Assembly를 클릭한다.

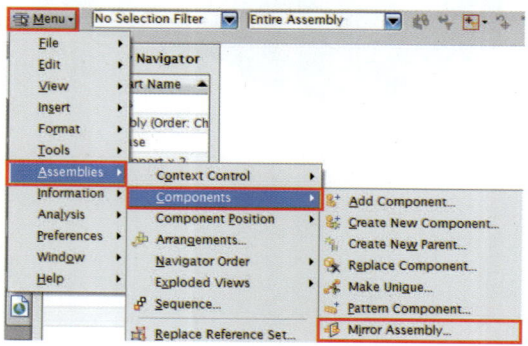

❸ Mirror Assemblies Wizard 창이 열리면 Next를 클릭한다.

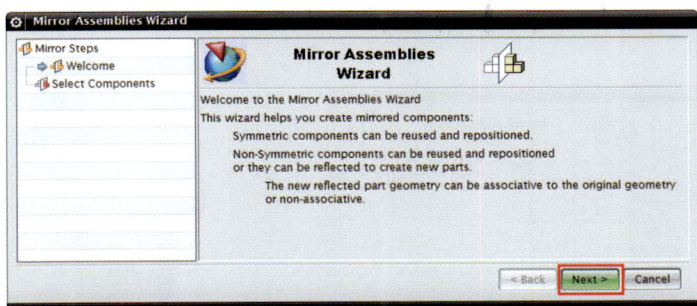

❹ Next를 클릭하면 컴포넌트 선택 창이 열린다.

❺ 대칭할 컴포넌트를 선택한다.

컴포넌트를 선택을 하면 Selected Components에 나타나며 Next를 클릭한다. 대칭할 컴포넌트는 작업 어셈블리의 자식이어야 평면 선택 페이지가 표시된다.

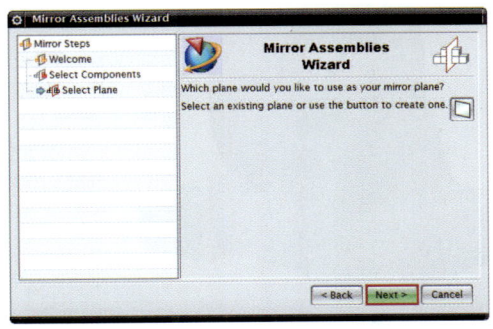 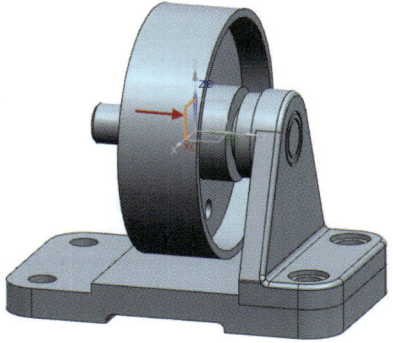

❻ 평면을 선택하는데 두 가지 방법이 있다.
　① 기존 평면 선택 XZ평면을 선택하고 Next를 클릭한다.

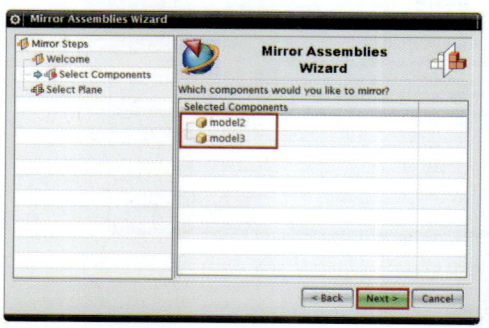
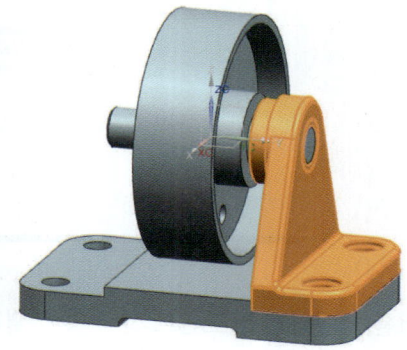

② 데이텀 평면 생성

　평면 선택 창에서 Create Datum Plane(□) 아이콘을 클릭하여 데이텀 평면을 생성한 후, Next를 클릭한다.

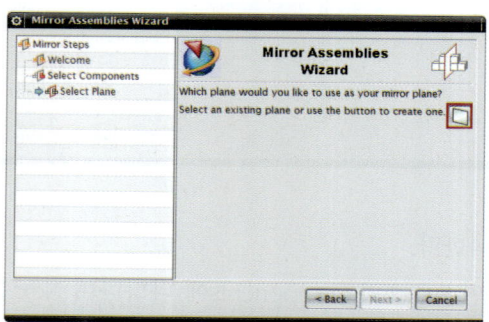

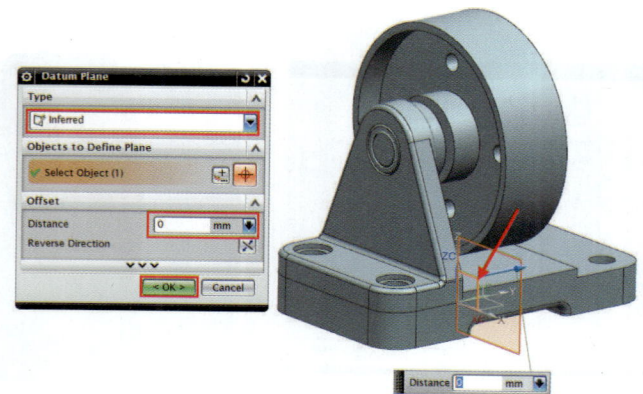

제1장	제2장	제3장	제4장	제5장	Chapter D
Assembly 개요	Context Control	Component	View	Assembly Exercise	Assembly

❼ 대칭 설정 페이지가 나타나며 기본대칭 유형 Reuse and Reposition으로 자동 설정되어 있으며 바로 Next를 클릭한다.

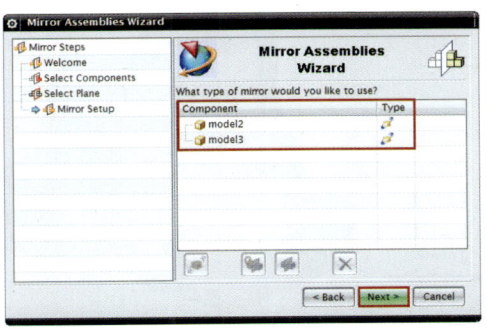 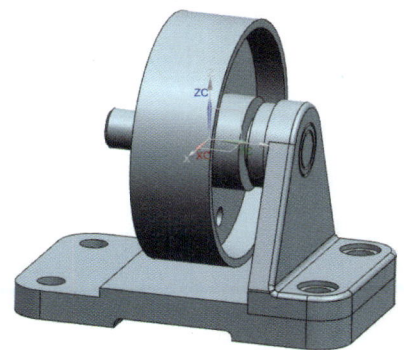

❽ 대칭 설정을 바꾸려면 컴포넌트 리스트에서 컴포넌트를 선택하고, 아래쪽에 있는 Type을 선택한 후 Next를 클릭한다.

① Associative Mirror( ) : 컴포넌트의 반대편 연관 버전을 생성하고 새 파트를 생성한다.

② Non Associative Mirror( ) : 컴포넌트의 반대편 비연관 버전을 생성하고 새 파트를 생성한다.

507

❾ 반대쪽에 대칭이 제대로 되었는지 확인하고 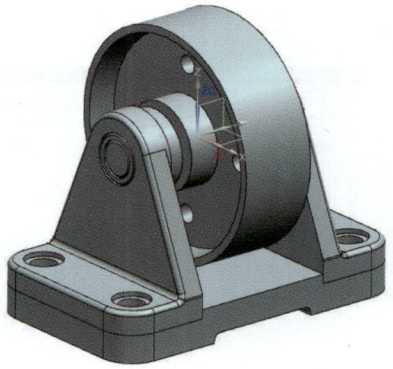 아이콘을 클릭한다.

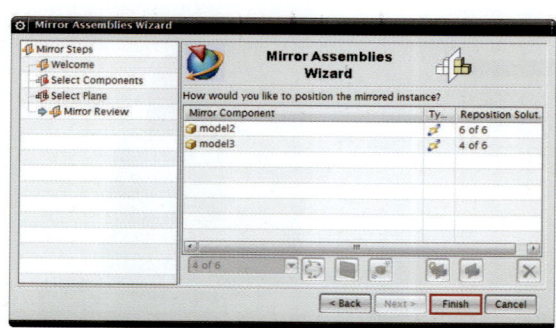

❿ Mirror Assembly가 완료되었다.

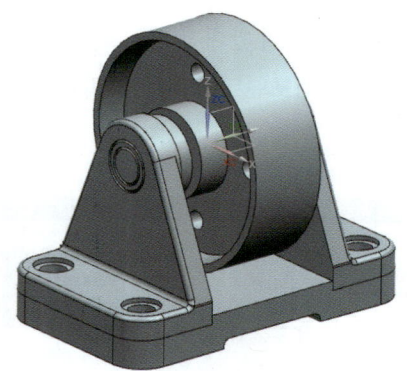

⓫ Assembly Navigator에 보면 Mirror Assembly한 컴포넌트가 나타나 있다.
컴포넌트가 동일한 이름으로 되어 있기 때문에 Make Unique를 이용하여 고유 컴포넌트로 변경한다.

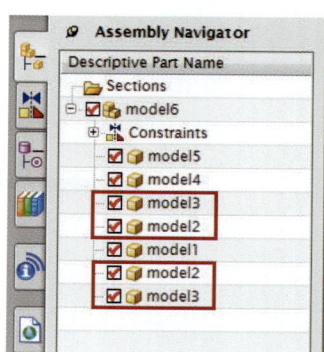

⓬ Assemblies → components → Make Unique를 클릭한다.

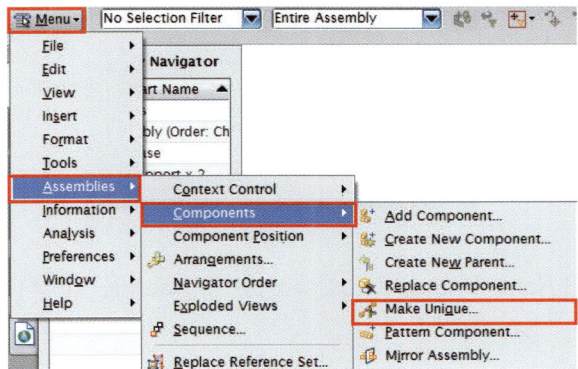

⓭ Make Unique할 대상 model3을 선택하고, Name Unique Parts를 클릭한다.

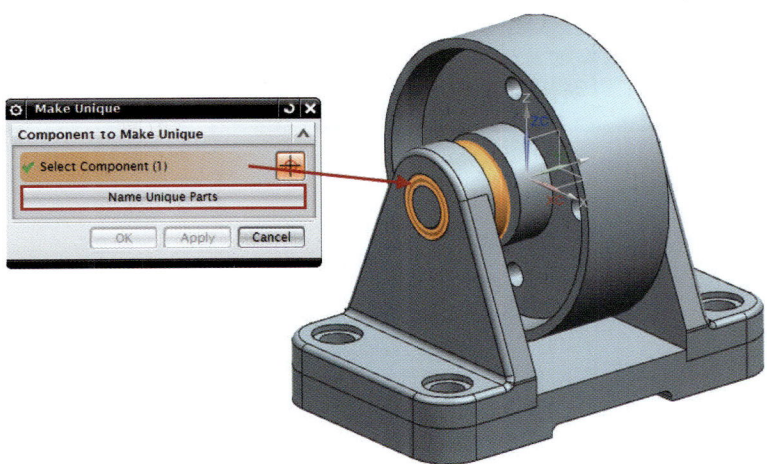

⓮ Name and Location에서 Name을 입력하고 Folder를 지정한 후 OK한다.

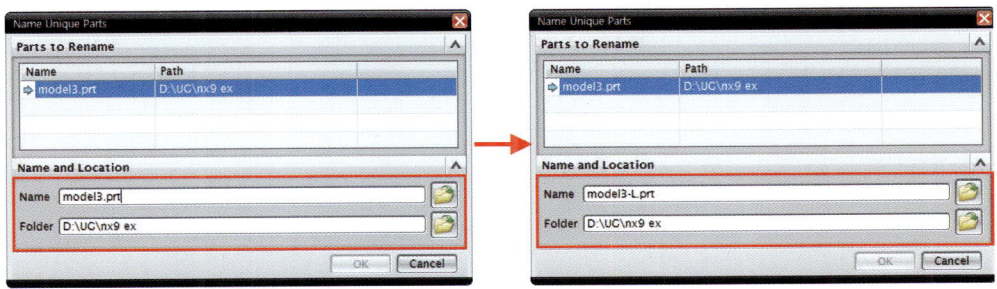

⓯ 그다음 Apply를 클릭한다.

⓰ model2를 선택하고 Name Unique Parts를 클릭한 후 Name을 입력하고, Folder를 지정한 다음 OK한다.

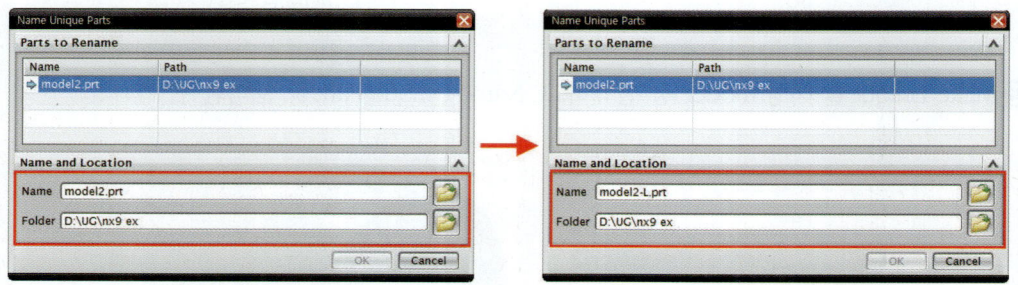

⓱ Assembly Navigator에서 변경된 것을 확인할 수 있다.

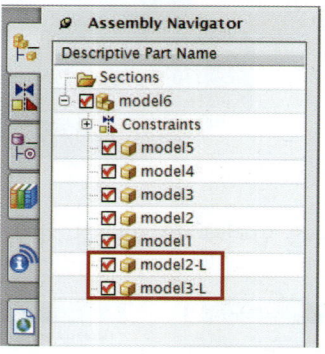

Chapter E

Drafting

- 1장 Drafting
- 2장 Drafting View
- 3장 Drafting Dimension
- 4장 Drafting Exercise

1장 ▸ Drafting

제1절 드래프팅(Drafting) 개요

Start → Drafting을 선택하여 Drafting으로 시작한다.

드래프팅은 설계 모델을 도면으로 생성하고 관리하는 도구를 제공한다.

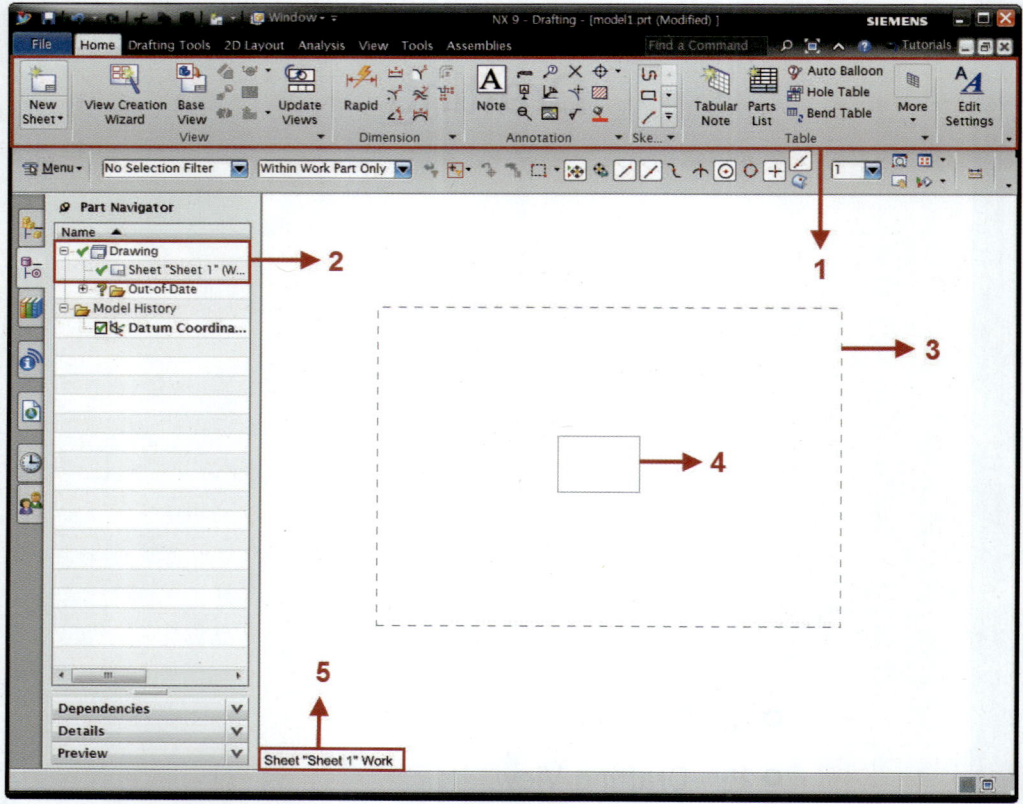

❶ Ribbon Bar
❷ Drawing node on the Part Navigator
❸ Drawing Sheet Boundary
❹ View boundary
❺ Drawing Sheet name

2장 ▶ Drafting View

제1절 Drafting Menu

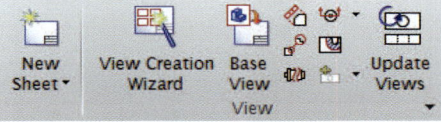

Icon	명칭	명령어 설명
	New Sheet	새 도면 시트를 생성한다.
	View Creation Wizard	도면 시트에 하나 이상의 뷰를 추가한다.
	Base View	도면 시트에 모델 기준 뷰를 생성한다.
	Standard Views	도면 시트에서 표준 방향의 여러 뷰를 생성한다.
	Projected View	부모 도면 뷰에서 투영된 직교 뷰 또는 보조 뷰를 생성한다.
	Detail View	도면 뷰의 확대 영역을 포함하는 뷰를 생성한다.
	Section View	부모 도면 뷰에서 투영된 단면 뷰를 생성한다.
	Half Section View	부모 도면 뷰에서 투영된 반단면 뷰를 생성한다.
	Revolved Section View	부모 도면 뷰에서 투영된 회전 단면 뷰를 선택한다.
	Break-out Section View	부모 도면 뷰에서 파트 일부를 제거하여 분할 단면 뷰를 생성한다.
	View Break	뷰를 여러 경계로 분할하는 데 사용되는 분할선을 생성한다.
	Drawing View	도면 시트에 빈 뷰를 생성하여 스케치와 뷰 독립 개체를 생성한다.
	Update Views	선택한 뷰에 있는 은선, 실루엣, 뷰 경계 등을 편집하여 모델에 가해진 변경을 반영한다.

01 New Sheet( )

▶ 위치 : Menu → Insert → View

새 도면 시트를 생성한다.

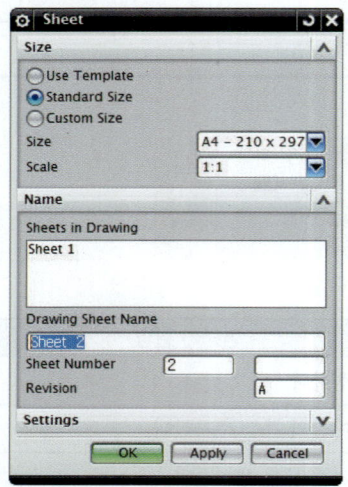 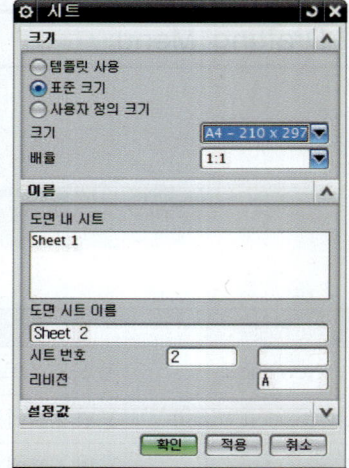

1 도면의 사이즈 및 비율을 결정한다.
2 도면에 사용할 단위 및 등각법 선택한다.

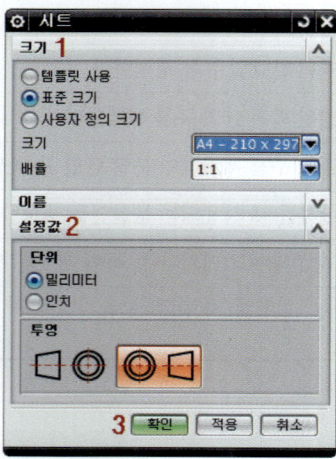 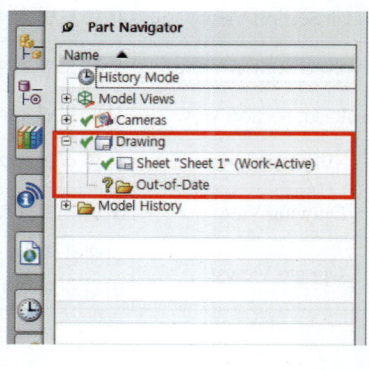

3 시트 만들기를 이용하여 시트를 생성하면 우측 그림과 같이 작업창 좌측 Part Navigator → Drawing 부분에 Sheet 정보가 표시된다.

| 제1장 Drafting | 제2장 Drafting View | 제3장 Drafting Dimesion | 제4장 Drafting Exercise | Chapter E Drafting |

02 Veiw Creation Wizard( )

▶ 위치 : Menu → Insert → View

도면 시트에 하나 이상의 뷰를 추가한다.

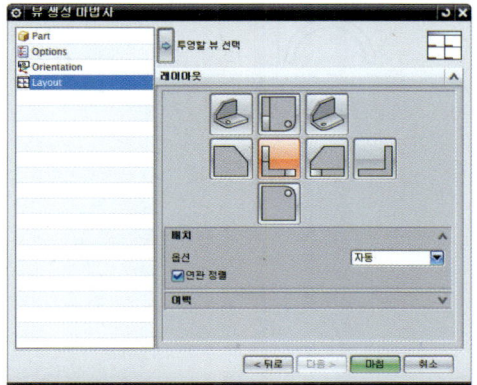 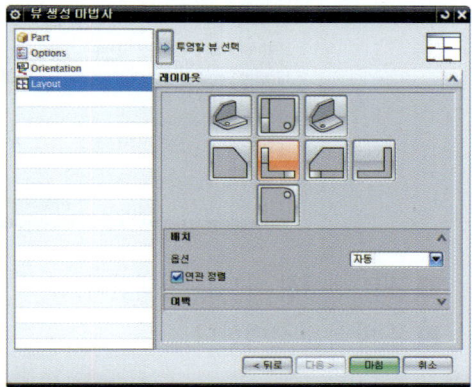

03 Base View( )

▶ 위치 : Menu → Insert → View

도면 시트에 모델 기준 뷰를 생성한다.

모델링 파일을 Sheet에 2D로 생성하는 작업이다.

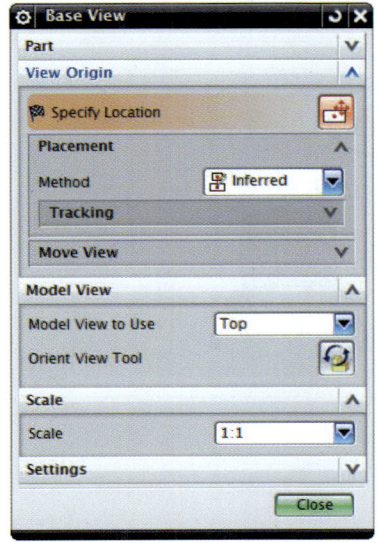 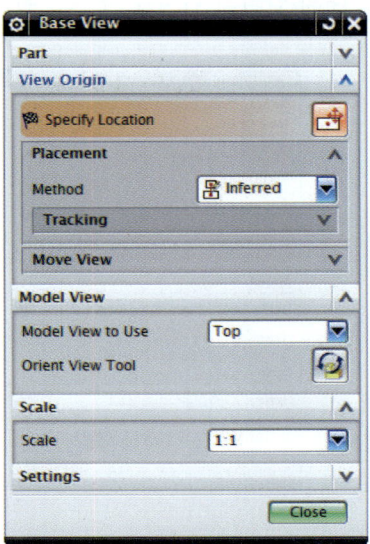

Unigraphics(UGS) CAD/CAM
NX9 모델링 및 CAM 가공

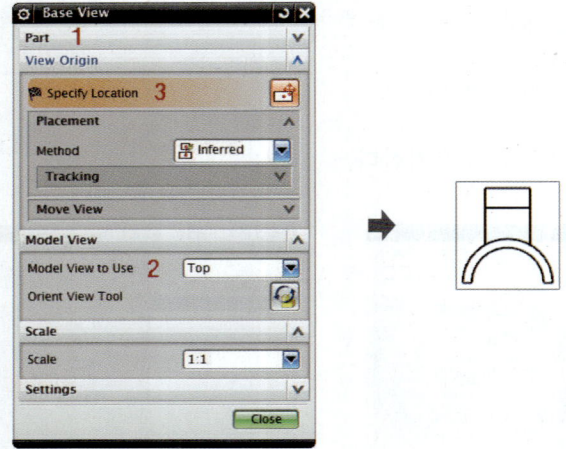

1 뷰로 생성할 파트를 선택한다.

2 뷰 방식을 선택한다.

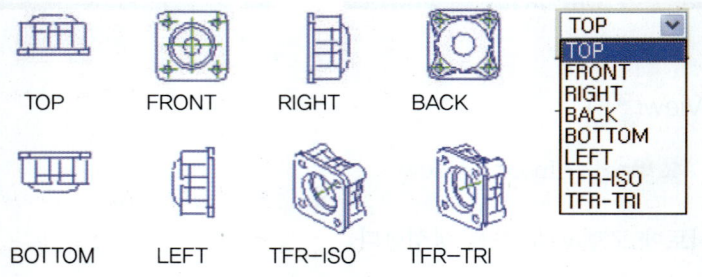

3 시트 내의 임의의 위치를 마우스 왼쪽 버튼으로 클릭한다.

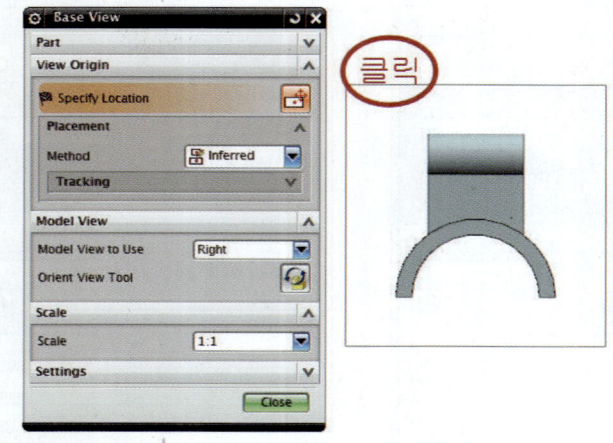

04 Standard Views(　)

▶ 위치 : Menu ▸ → Insert → View

도면 시트에서 표준 방향의 여러 뷰를 생성한다.

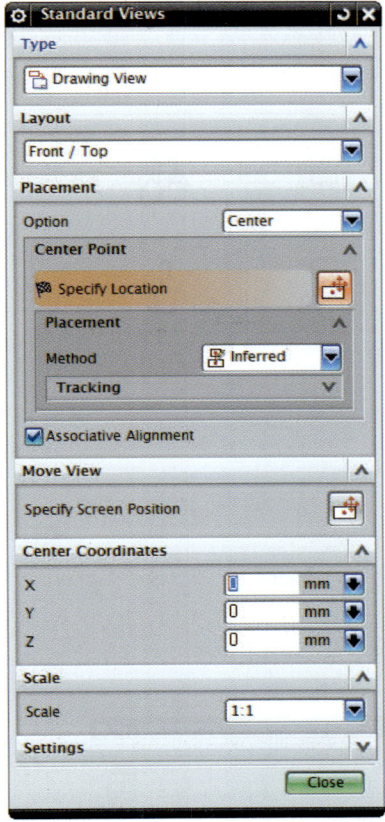 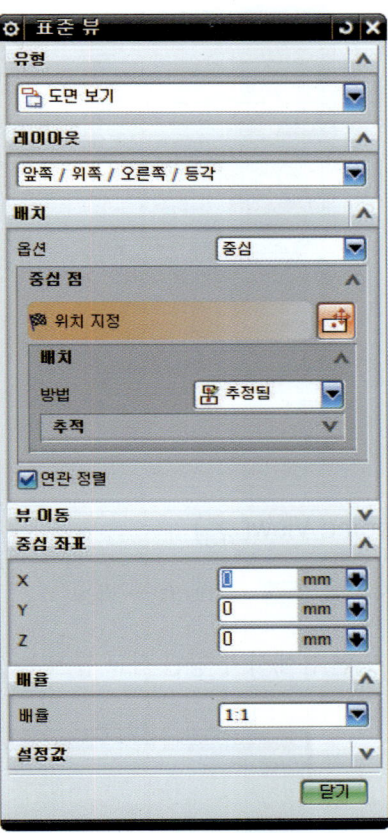

1 Standard Views 타입을 선택한다.
2 Layout을 설정한다.
3 Scale을 Auto-Scale to fit으로 지정하여 생성되는 뷰가 View Boundary를 넘지 않게 생성되는 뷰 크기를 자동으로 설정한다.

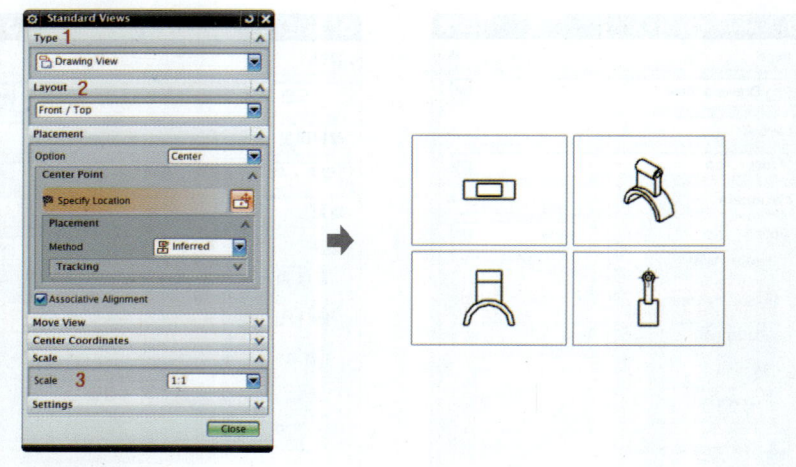

05 Projected View( )

▶ 위치 : Menu ▼ → Insert → View

부모 도면 뷰에서 투영된 직교 뷰 또는 보조 뷰를 생성한다.

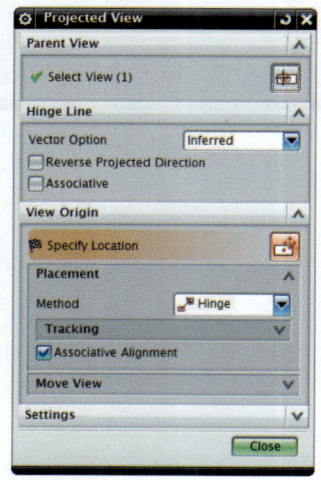 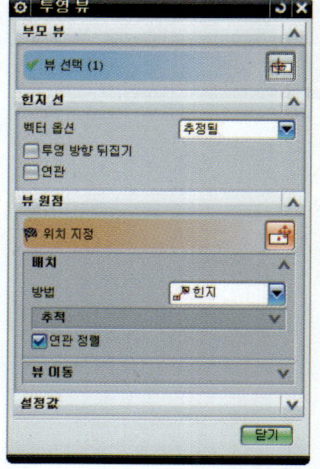

❶ 파생될 부모 뷰를 선택한다.
❷ 뷰가 생성될 위치를 지정한다.

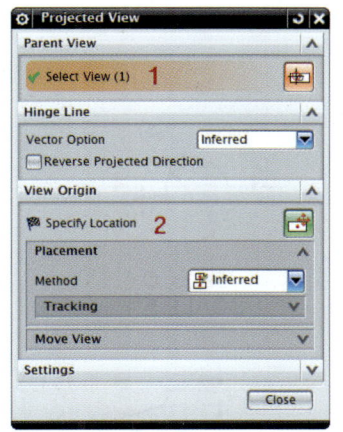
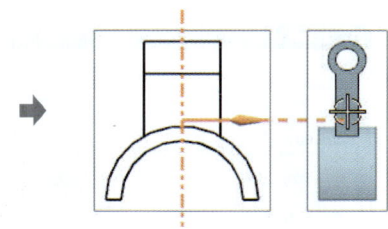

06 Detail View( )

▶ 위치 : Menu → Insert → View

도면 뷰의 확대 영역을 포함하는 뷰를 생성한다.

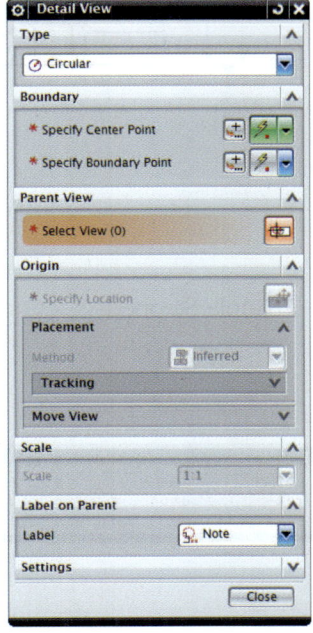
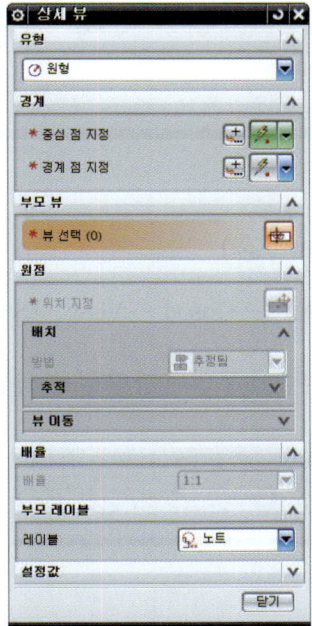

1 Detail View를 진행할 뷰를 선택한다.
2 Scale을 지정한다.
3 상세 뷰가 진행될 부분 Center Point와 Boundary Point를 순차적으로 선택한다.
4 Detail View가 생성될 위치를 지정한다.

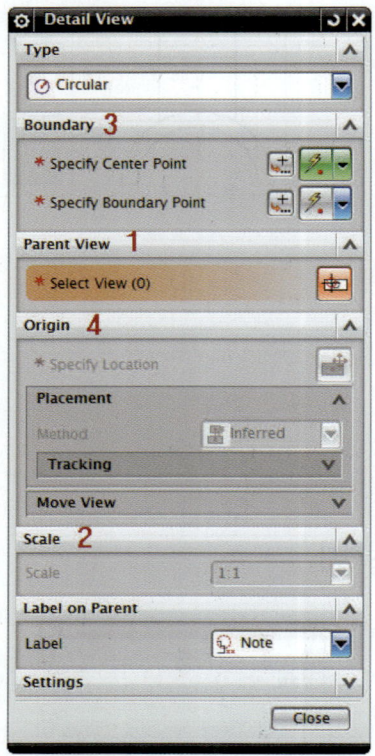
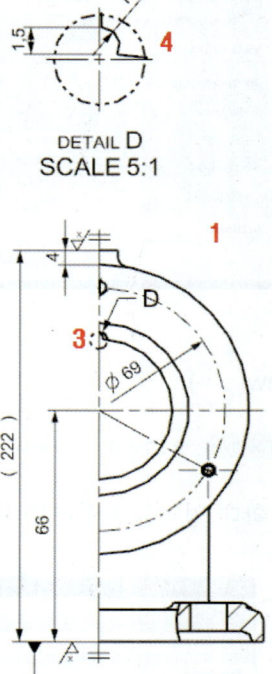

07 Section View( )

▶ 위치 : Menu ▸ → Insert → View → Section → Simple/Stepped

부모 도면 뷰에서 투영된 단면 뷰를 생성한다.

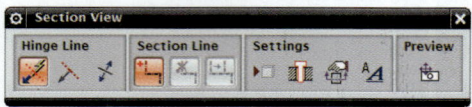

❶ Section View를 진행할 기준 뷰를 선택한다.

❷ 단면이 진행될 위치를 뷰 안에서 선택한다.(ex) 단면을 생성하기 위하여 뷰의 중심을 선택할 때, 파트 홀의 중심 포인트를 이용)

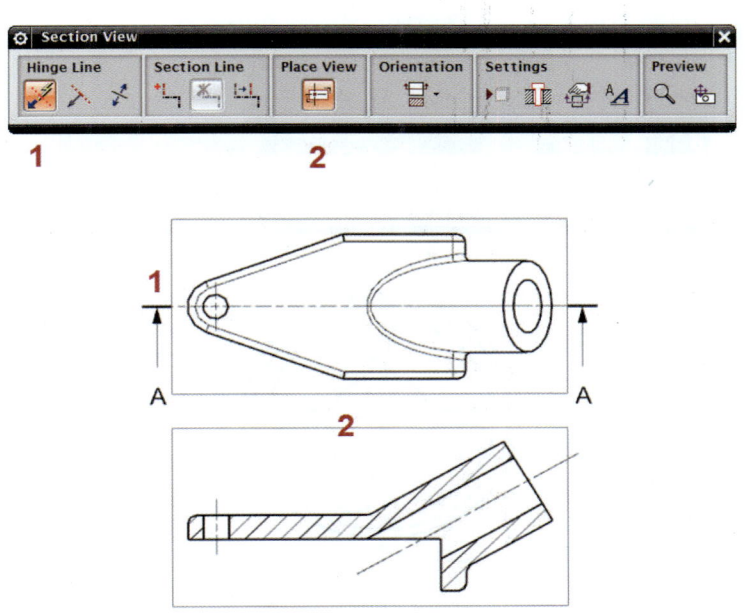

❸ Section View가 생성될 위치를 지정한다.

08 Half Section View( )

▶ 위치 : Menu → Insert → View → Section

부모 도면 뷰에서 투영된 반단면 뷰를 생성한다.

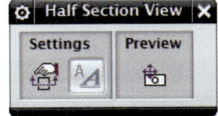 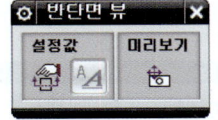

1 Half Section View를 진행할 기준 뷰를 선택한다.
2 첫 번째 기준이 되는 Half Section View 위치를 선택한다.
3 두 번째 단면 기준이 되는 Half Section View 위치를 선택한다.

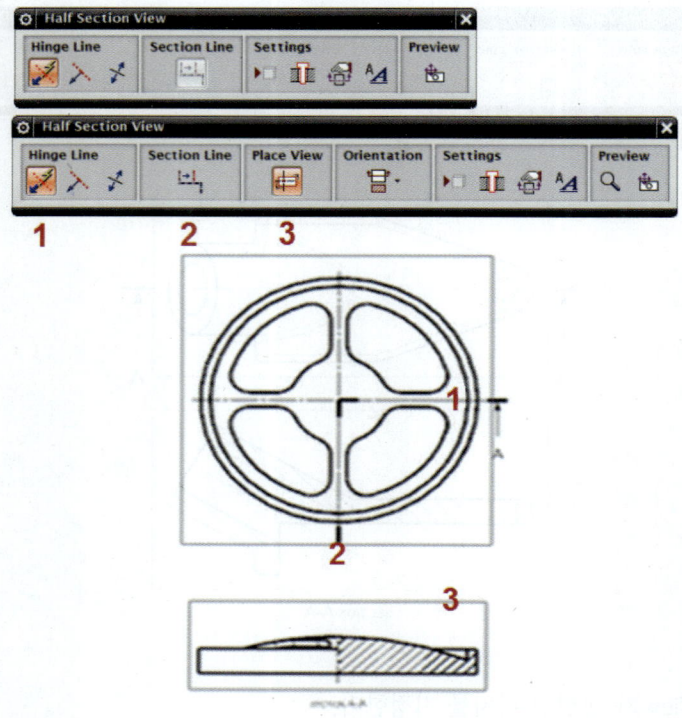

Half Section View가 생성될 위치를 지정한다.

09 Revolved Section View( )

▶ 위치 : Menu → Insert → View → Section

부모 도면 뷰에서 투영된 회전 단면 뷰를 선택한다.

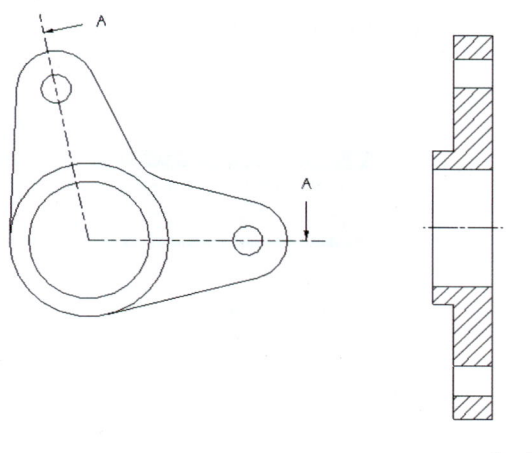

SECTION A-A

10 Folded Section View( )

▶ 위치 : Menu ▼ → Insert → View → Section

부모 뷰에서 지정한 점들을 잇는 단면 선을 사용하여 접힌 단면 뷰를 생성한다.

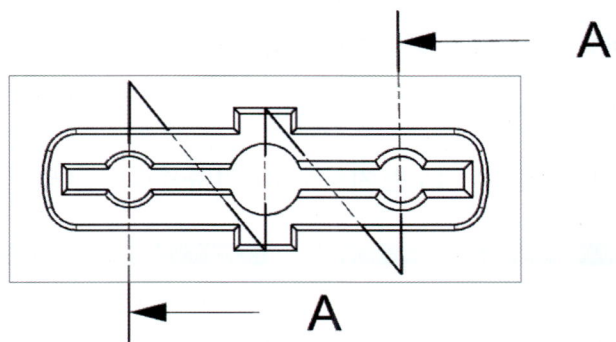

Delete Segment를 클릭해서 단면 선의 생성을 마무리한다.

⑪ Unfolded Point to Point Section View( )

▶ 위치 : Menu → Insert → View → Section

부모 뷰에서 지정한 점들을 잇는 단면 선을 사용하여 전개된 단면 뷰를 생성한다.

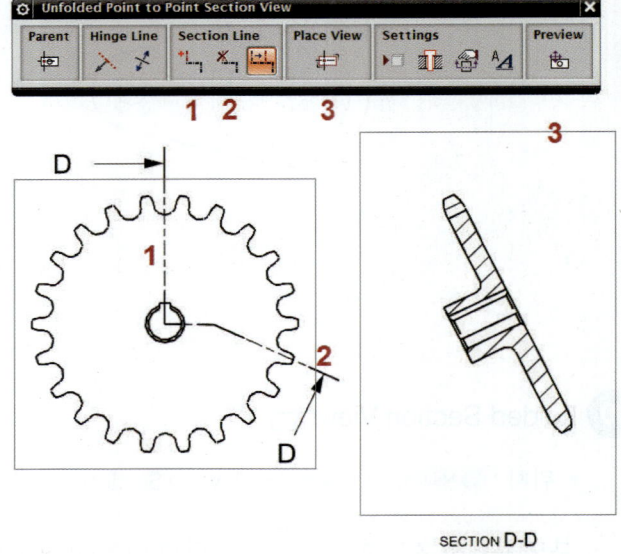

SECTION D-D

⑫ Unfolded Point and Angle Section View( )

▶ 위치 : Menu → Insert → View → Section

단면 선 세그먼트의 위치와 각도를 지정하여 단면 뷰를 생성한다.

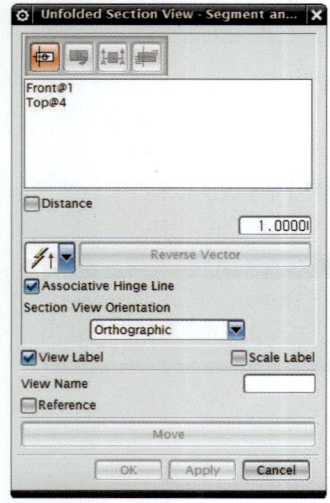 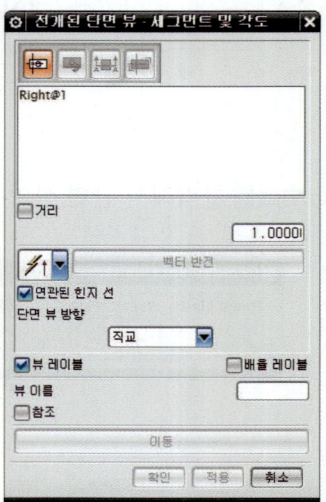

| 제1장 Drafting | 제2장 Drafting View | 제3장 Drafting Dimesion | 제4장 Drafting Exercise | Chapter ⓔ Drafting |

⑬ Pictorial Section View( )

▶ 위치 : Menu ▼ → Insert → View → Section

부모 도면 뷰에서 입체 뷰를 기반으로 단면 뷰를 생성한다.

⑭ Half Pictorial Section View( )

▶ 위치 : Menu ▼ → Insert → View → Section

부모 도면 뷰에서 입체 뷰를 기반으로 반단면 뷰를 생성한다.

⑮ Break-out Section View( )

▶ 위치 : Menu ▼ → Insert → View → Section

부모 도면 뷰에서 파트 일부를 제거하여 분할 단면 뷰를 생성한다.

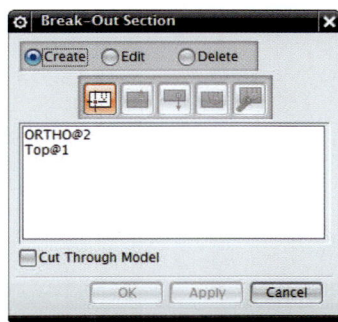 

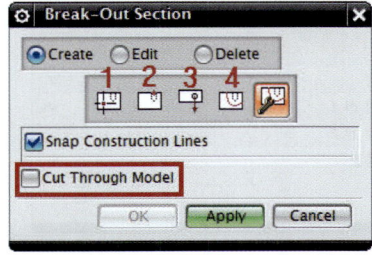 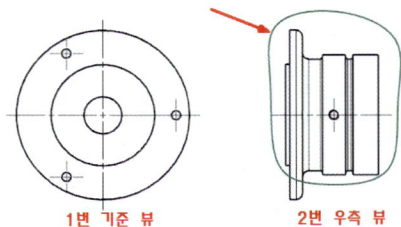

1번 기준 뷰   2번 우측 뷰

1 Select View : 부분 단면을 진행할 뷰를 선택한다.(단면될 부분을 스케치 스플라인으로 미리 그려놓은 2번 우측 뷰)

❷ Indicate Base Point : 단면이 시작될 기준 포인트를 선택한다.(1번 기준 뷰에서 선택한다.)

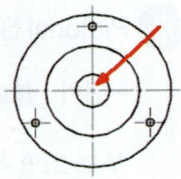

❸ Indicate Extrusion Vector(　) : 기준점을 선택하면 자동으로 지정된다.

❹ Select Curves(　) : 미리 2번 우측 뷰에 그려놓은 스플라인 스케치 커브를 선택한다(2번 뷰를 Active Sketch View 상태로 만든 후 커브를 그려야한다.).

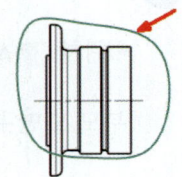

❺ Cut Through Model : 선택 시 선택한 스케치 커브 부분이 잘려나간다. 미선택 시 선택한 스케치 커브 부분이 해칭으로 잘린다. 불필요한 1번 Base 뷰는 삭제해도 된다.

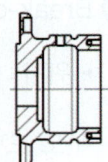

[작업완료]

⑯ View Break(　)

▶ 위치 : Menu → Insert → View

뷰를 여러 경계로 분할하는 데 사용되는 분할 선을 생성한다.

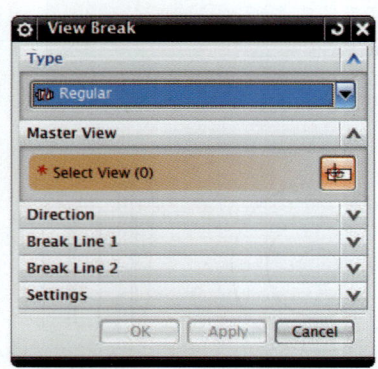 

❶ 파단이 진행될 방향을 선택한다.
❷ 뷰 안에서 포인트로 파단이 될 첫 번째 위치를 선택한다(Offset으로 파단 위치 조절 가능).

3 뷰 안에서 포인트를 이용하여 파단이 될 두 번째 위치를 지정한다(Offset으로 파단 위치 조절 가능).

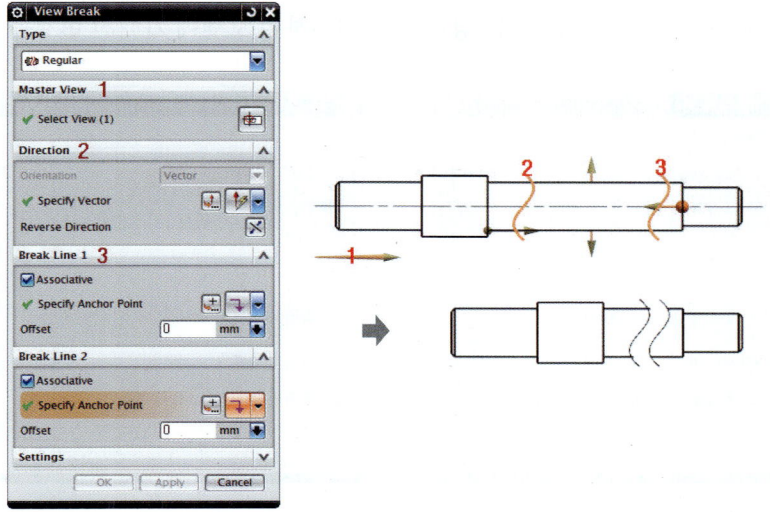

17 Drawing View( )

▶ 위치 : Menu ▼ → Insert → View

도면 시트에 빈 뷰를 생성하여 스케치와 뷰 독립 개체를 생성한다.

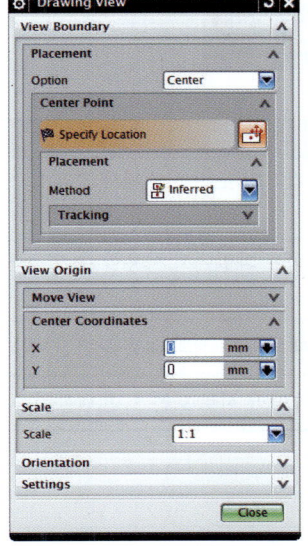 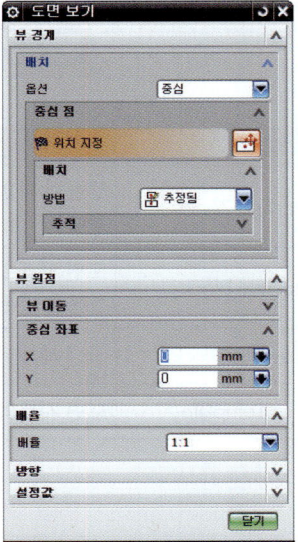

⑱ Update Views(

▶ 위치 : Menu → Insert → View → Update

선택한 뷰에 있는 은선, 실루엣, 뷰 경계 등을 편집하여 모델에 가해진 변경을 반영한다.

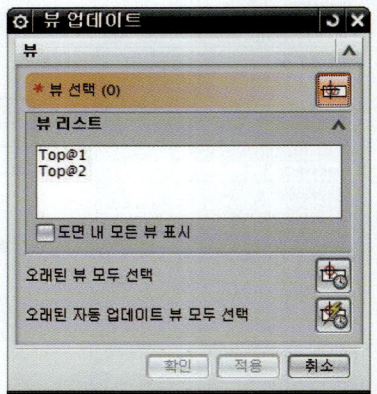

제 2 절 Drawing Format

▶ 위치 : Menu → Tool → Drawing Format

Icon	명칭	명령어 설명
	Borders and Zones	템플릿 파일 안의 각각의 도면 시트에서 경계 및 영역을 생성하고 수정한다.
	Define Title Block	도면 템플릿 또는 파트 파일에서 사용할 수 있는 사용자가 정의된 제목 블록을 만든다.
	Populate Title Block	잠금 해제된 개별 제목 블록 셀의 내용을 편집한다.
	Mark as Template	도면 시트의 구성에 따라 시트 또는 도면 템플릿을 생성할 수 있다.

Chapter E Drafting

01 Borders and Zones

▶ 위치 : Tool → Drawing Format → Borders and Zones

파트에서 활성도면 시트에 연관 경계 및 영역을 추가한다.

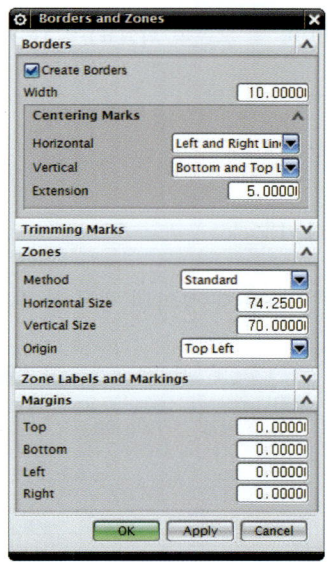 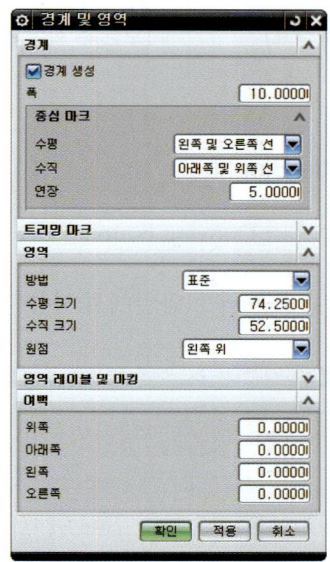

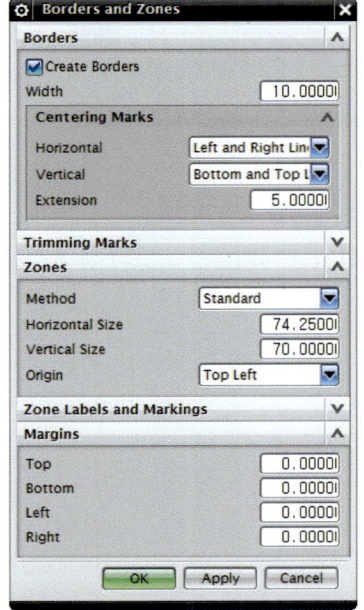

- Create Borders : 도면 시트의 모서리와 평행한 경계를 생성한다.
- Centering Marks : 중심선과 일치하는 경계 위에 중심 마크를 배치한다.
- Trimming Marks : 재단 마크의 크기를 결정한다.
- Zone Labels and Markings : 인접 영역 사이의 영역 마킹을 표시한다.
- Margins : 시트 경계로부터 도면 영역까지의 여백을 정의한다.

1) Centering Marks : 중심마크의 종류

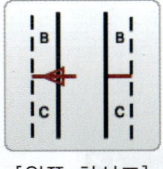
[왼쪽 화살표]

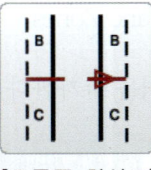
[오른쪽 화살표]

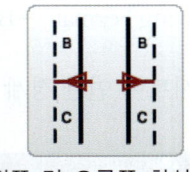
[왼쪽 및 오른쪽 화살표]

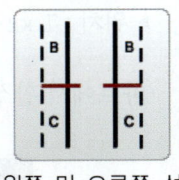
[왼쪽 및 오른쪽 선]

02 Define Title Block( )

▶ 위치 : Tool → Drawing Format → Define Title Block

도면 템플릿 또는 파트 파일에서 사용할 수 있는 사용자 정의된 제목 블록을 만들 수 있다.

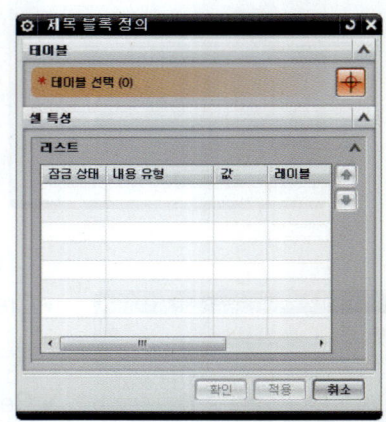

- Tables : 테이블형 노트를 선택한다.
- Cell Properties : 선택한 테이블형 노트의 셀 특성을 편집한다.

03 Populate Title Block( )

▶ 위치 : Tool → Drawing Format → Populate Title Block

잠금 해제된 개별 제목 블록 셀의 내용을 편집한다.

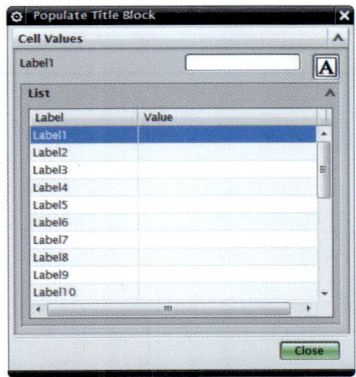
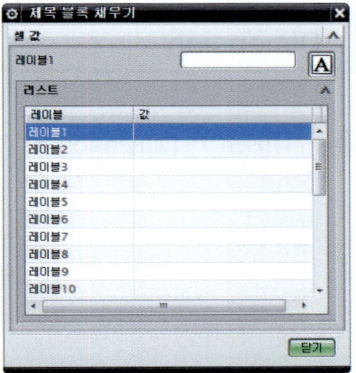

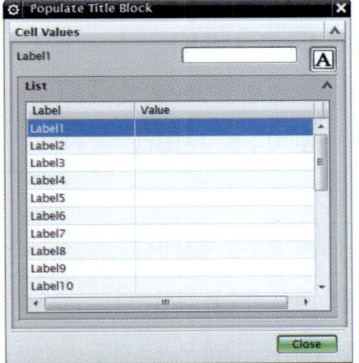

- Cell Values
  - Label1 : 잠금 해제된 셀의 값을 편집할 수 있다.
  - List : 제목 블록 테이블 셀의 레이블 및 내용이 나열 된다.

3장 ▶ Drafting Dimension

제1절 Dimension

▶ 위치 : Menu ▼ → Insert → Dimension

Icon	명칭	명령어 설명
	Rapid	선택한 개체와 커서 위치로부터 치수 유형을 추정하여 치수를 생성한다.
	Linear	두 개체 또는 점 위치 간에 선형 치수를 생성한다.
	Radial	원형 개체에 대한 반경 또는 직경 치수를 생성한다.
	Angular	평행하지 않은 두 객선 사이에 각도 치수를 생성한다.
	Chamfer	모따기 곡선의 치수를 생성한다.
	Thickness	두 곡선 사이 거리를 측정하는 두께 치수를 생성한다.
	Arc Length	원호 둘레 거리를 측정하는 원호 길이 치수를 생성한다.
	Perimeter Dimension	선택한 선과 원호의 총 길이를 제어하는 둘레 구속조건을 생성한다.
	Ordinate	공통 점에서 좌표 기준선을 따라 개체 상의 한 위치까지 거리를 측정하는 좌표 치수를 생성한다.

제1장	제2장	제3장	제4장	Chapter E
Drafting	Drafting View	Drafting Dimesion	Drafting Exercise	Drafting

01 Rapid Dimension( )

선택한 개체와 커서 위치로부터 치수 유형을 추정하여 치수를 생성한다.

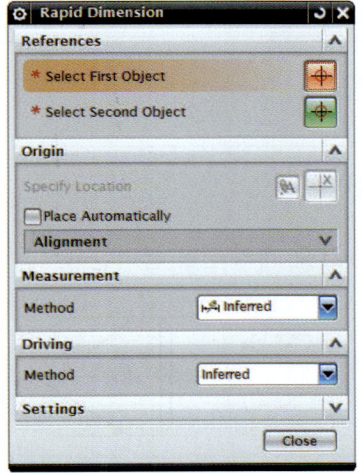 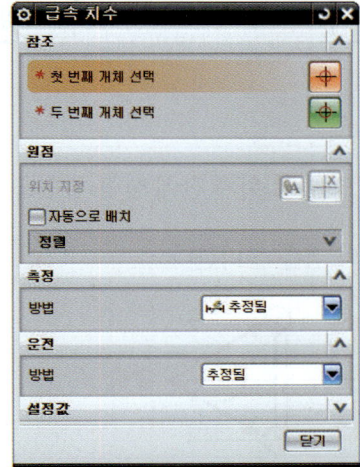

1) 첫 번째 치수 시작 부분을 클릭한다.

2) 두 번째 치수 끝나는 부분을 클릭한다.

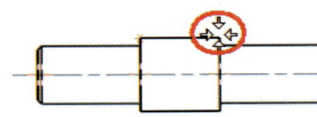

3) 첫 번째 클릭 ~ 두 번째 클릭 부분까지 치수가 제시된다.
원하는 곳에 마우스를 위치한 뒤 클릭하여 치수를 생성한다.

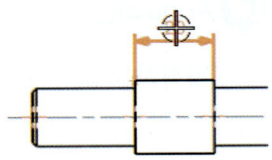

Inferred Dimension 아이콘 툴바의 하위 메뉴

Icon	명칭	명령어 설명
	Horizontal	두 점 사이의 수평 거리를 표시하는 치수
	Vertical	두 점 사이의 수직 거리를 표시하는 치수
	Point-to-Point	두 점 사이의 최단거리를 표시하는 치수
	Perpendicular	선에 직교 방향으로 최단거리를 표시하는 치수

533

	Cylindrical	원을 직경으로 표시하는 치수
	Angular	각도를 표시는 치수
	Radial	원호를 반경을 표시하는 치수
	Diametral	원의 양끝을 가리키는 화살표 치수

02 Linear( )

두 개체 또는 점 위치 간에 선형 치수를 생성한다.

1) 두 개의 점을 클릭한다.

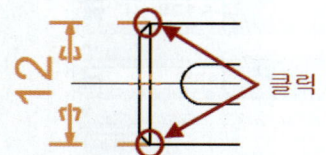

2) 두 개의 선을 클릭한다.

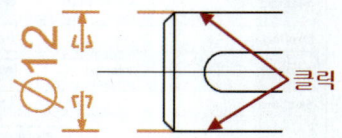

03 Radial( )

원형 개체에 대한 반경 또는 직경 치수를 생성한다.

04 Angular( )

평행하지 않은 두 직선 사이에 각도 치수를 생성한다.

05 Chamfer( )

모따기 곡선의 치수를 생성한다.

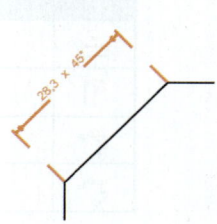

| 제1장 Drafting | 제2장 Drafting View | 제3장 Drafting Dimesion | 제4장 Drafting Exercise | Chapter E Drafting |

06 Thickness( )

두 곡선 사이 거리를 측정하는 두께의 치수를 생성한다.

07 Arc Length( )

원호 둘레 거리를 측정하는 원호 길이의 치수를 생성한다.

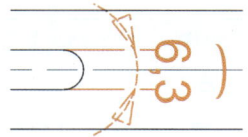

08 Perimeter Dimension( )

선택한 선과 원호의 총 길이를 제어하는 둘레 구속조건을 생성한다.

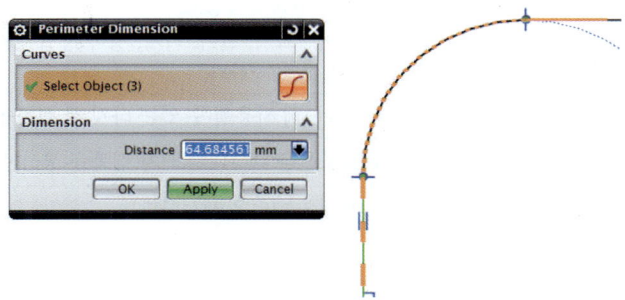

09 Ordinate( )

공통 점에서 좌표 기준선을 따라 개체 상의 한 위치까지 거리를 측정하는 좌표 치수를 생성한다.

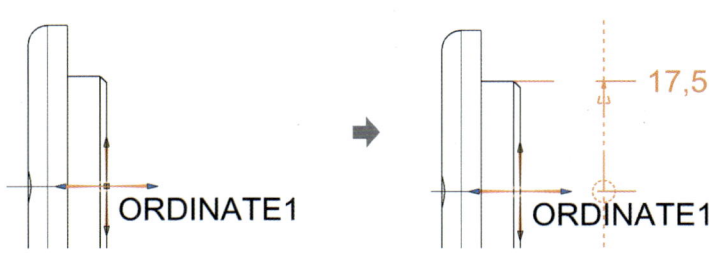

제 2 절 Annotation

▶ 위치 : Insert → Annotation

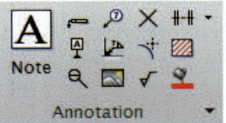

Icon	명칭	명령어 설명
A	Note	노트를 생성한다.
	Feature Control Frame	단일 행, 복수 행 또는 복합 특징형상 제어 프레임을 생성한다.
	Datum Feature Symbol	데이텀 특징형상 심볼을 생성한다.
	Datum Target	데이텀 타깃을 생성한다.
	Balloon	풍선 도움말을 생성한다.
	Surface Finish Symbol	거칠기, 처리 또는 코팅, 패턴, 가공 허용치 등 곡면 매개변수를 지정하는 곡면 다듬질 심볼을 생성한다.
	Weld Symbol	유형, 윤곽 형상, 크기, 길이, 피치, 정삭 방법 등 용접 매개변수를 지정하는 용접 심볼을 생성한다.
×	Target Point Symbol	치수를 생성하는데 사용될 수 있는 타깃 점 심볼을 생성한다.
	Intersection Symbol	코너 치수 보조선을 나타내는 교차 심볼을 생성한다.
	Crosshatch	지정된 경계 내에 패턴을 생성한다.
	Area Fill	지정된 경계 내에 패턴 또는 솔리드 채우기를 생성한다.

01 Note()

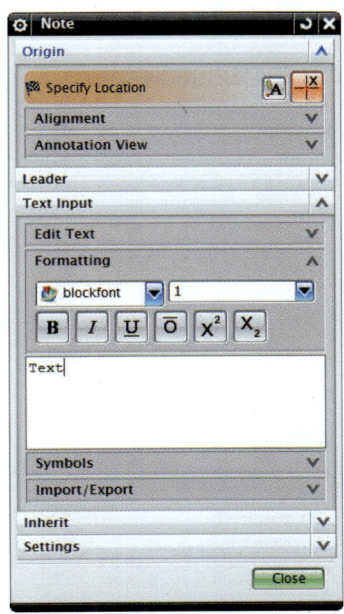

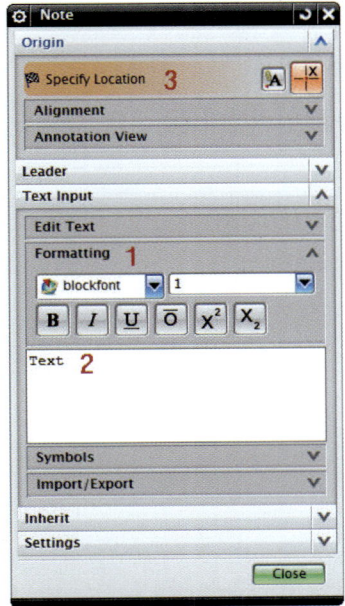

1 폰트 및 텍스트 크기를 지정한다.

2 입력란에 텍스트를 입력한다(한글 입력 시 모든 한글 폰트를 지원가능하다. 단, 영문으로 NX를 실행하였을 경우 한글폰트명이 영문으로 변경되어있다.(ex) 굴림 → gulim).

3 텍스트 위치를 지정한다.

02 Feature Control Frame(📁)

단일 행, 복수 행 또는 복합 특징형상 제어 프레임을 생성한다.

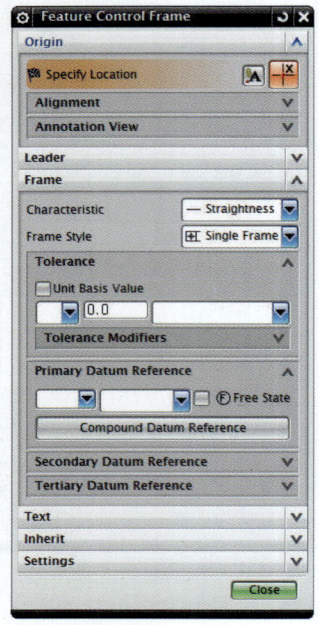 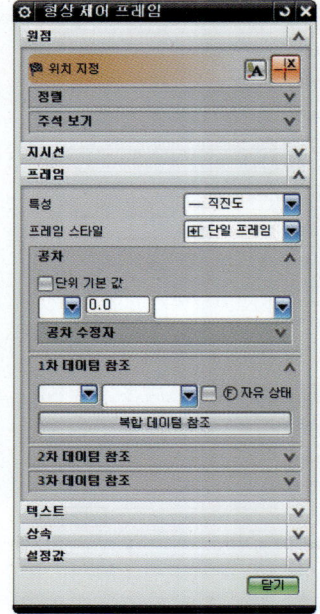

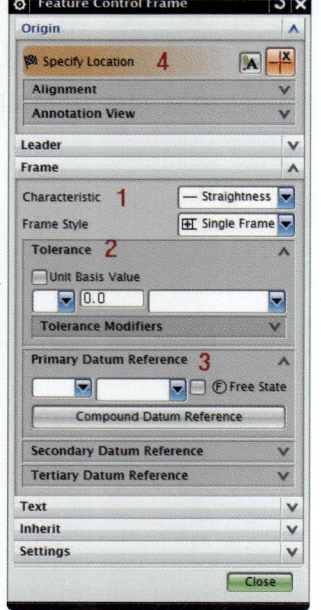

1 해당하는 기호를 선택한다(ex 동축 심볼).

2 기호 선택하고, 공차를 입력한다(ex 선택, 동축도 공차 0.011 입력).

3 기준 축직선을 기입한다(D 입력).

4 프레임 생성될 위치를 지정한다.

　(완성 ex ◎ ∅0.011 D)

03 Datum Feature Symbol(＊)

데이텀 특징형상 심볼을 생성한다.

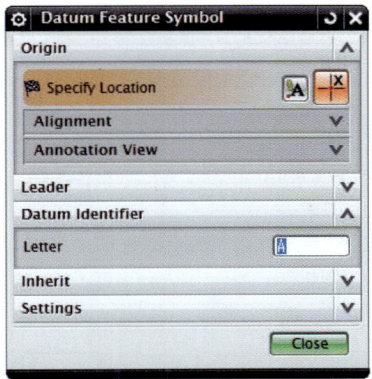 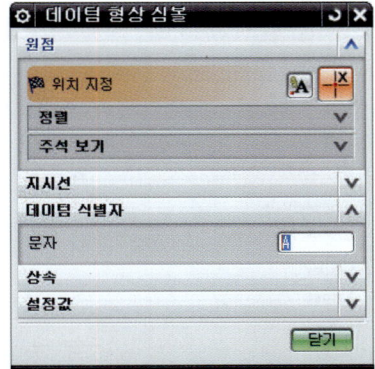

■ Datum Letter를 입력한다.
■ Datum 지시선 시작 위치를 클릭한다.
■ Datum 생성 위치 클릭하여 완성한다.
■ Datum Target 데이텀 타깃을 생성한다.

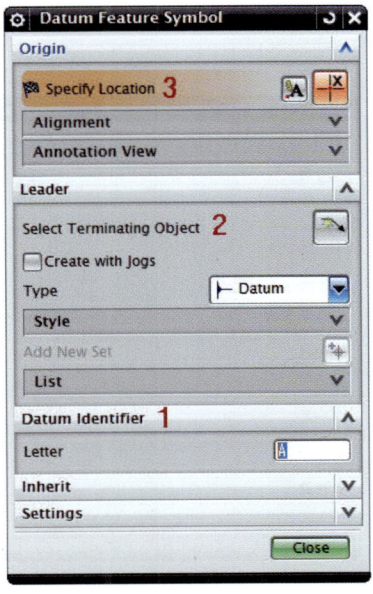 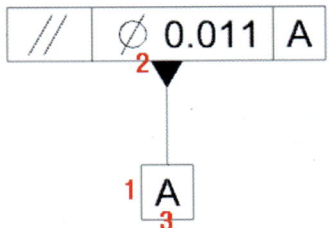

04 Datum Target( )

데이텀 타깃을 생성한다.

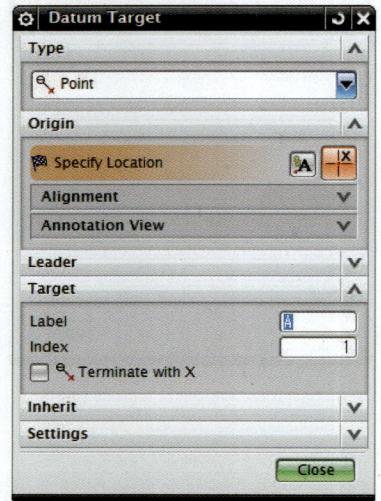 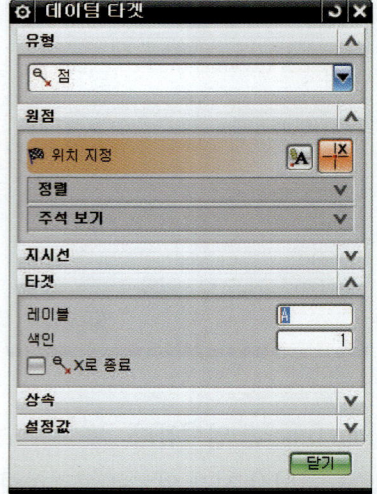

05 Balloon( )

풍선 도움말을 생성한다.

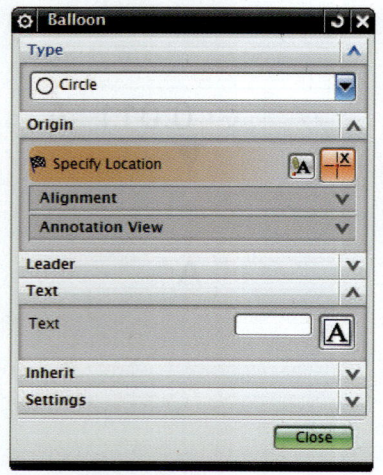 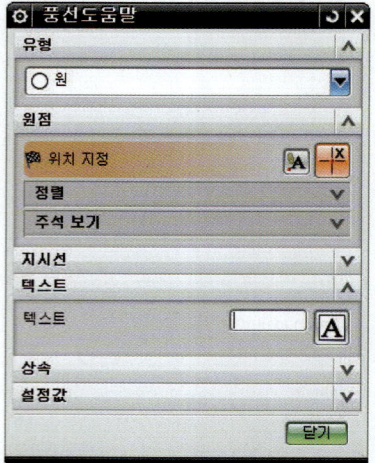

06 Surface Finish Symbol(√)

거칠기, 처리 또는 코팅, 패턴, 가공 허용치, 파동 정도 등 곡면 매개변수를 지정하는 곡면 다듬질 심볼을 생성한다.

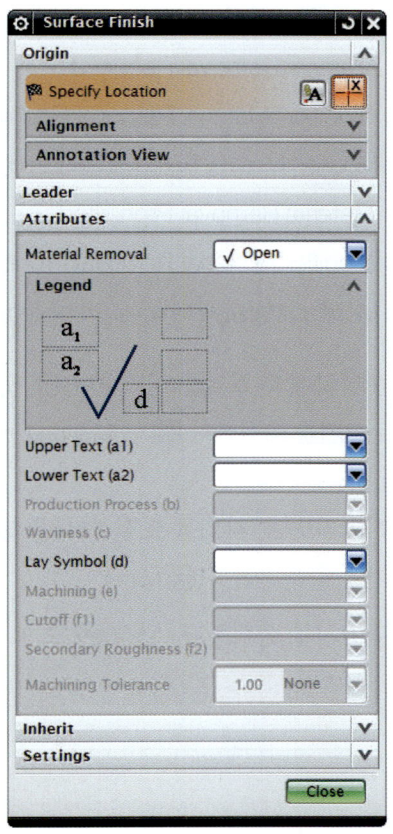
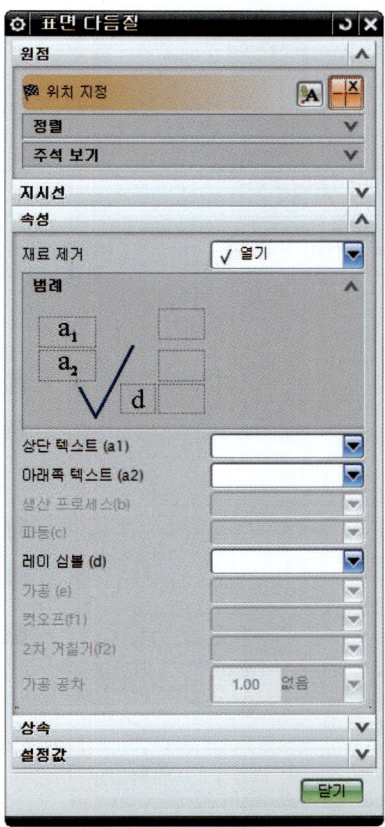

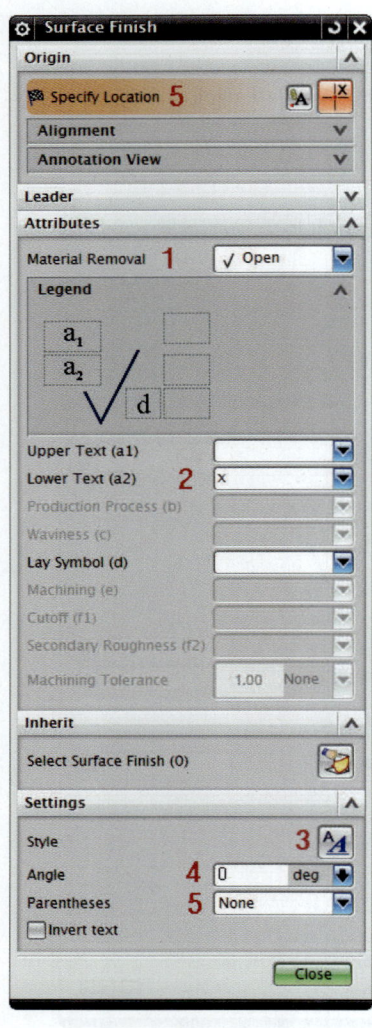

1 표면 거칠기 기호 타입을 선택한다[⒠ Material Removal Required(√)].

- √ : Open
- √ : Open, Modifier
- √ : Modifier, All Around
- √ : Material Removal Required
- √ : Modifier, Material Removal Required
- √ : Modifier, Material Removal Required, All Around
- √ : Material Removal Prohibited
- √ : Modifier, Material Removal Prohibited
- √ : Modifier, Material Removal Prohibited, All Around

2 원하는 위치에 텍스트를 입력한다(⒠ X).

3 텍스트 크기를 조절한다(🅰 → Lettering → Character Size).

4 표면 거칠기 기호 각도를 조절한다(⒠ 0deg).

5 괄호 기호를 추가한다(⒠ None).

6 생성할 위치를 선택한다.(완성 ⒠ √)

07 Weld Symbol( )

유형, 윤곽 형상, 크기, 길이, 피치, 정삭 방법 등 용접 매개변수를 지정하는 용접 심볼을 생성한다.

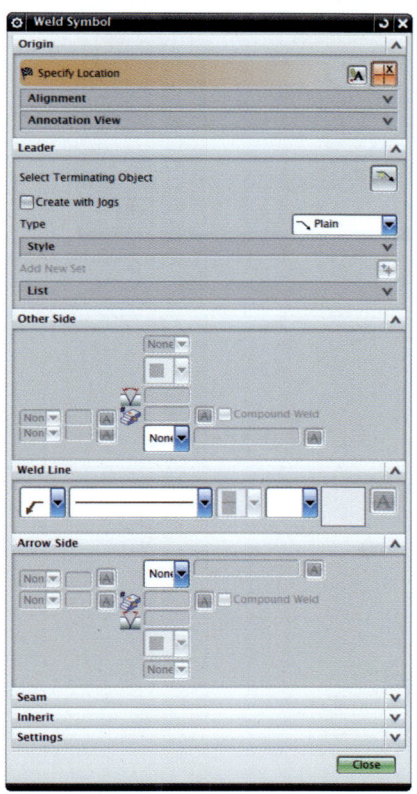 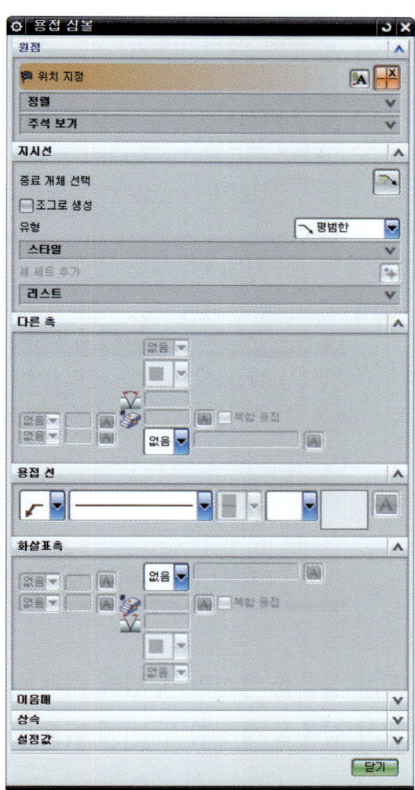

08 Target Point Symbol(✕)

치수를 생성하는데 사용될 수 있는 타깃 점 심볼을 생성한다.

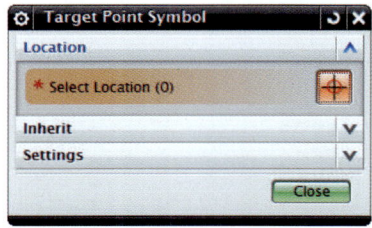 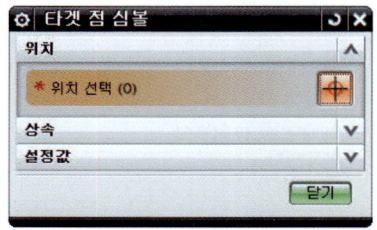

09 Intersection Symbol(✛)

코너 치수 보조선을 나타내는 교차 심볼을 생성한다.

 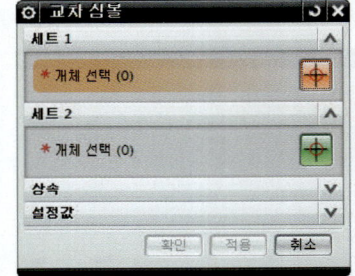

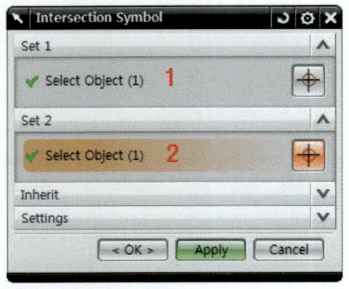 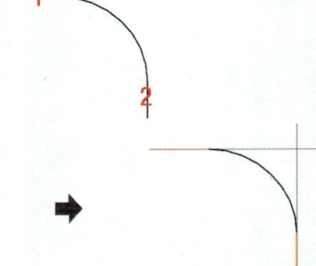

1 교차 심볼을 생성할 첫 번째 객체를 선택한다.
2 교차 심볼을 생성할 두 번째 객체를 선택한다.

10 Crosshatch(▨)

지정된 경계 내에 패턴을 생성한다.

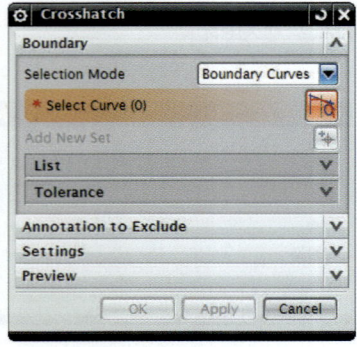 

11 Area Fill()

지정된 경계 내에 패턴 또는 솔리드 채우기를 생성한다.

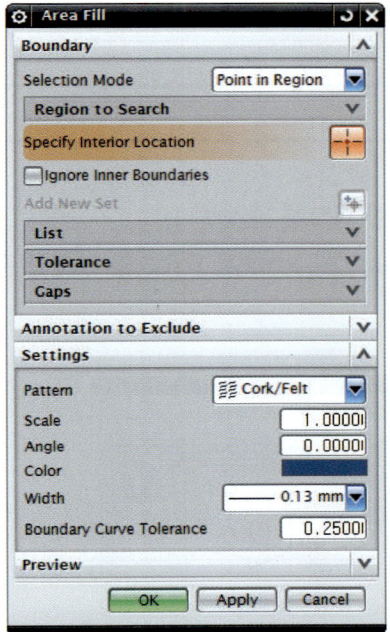
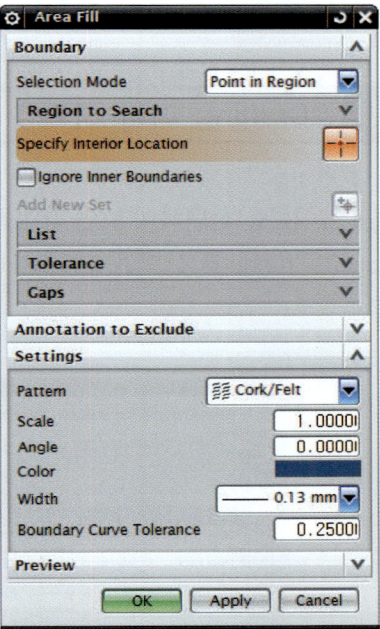

4장 ▶ Drafting Exercise

제1절　Drafting 따라 하기 I

❶ New( ) 아이콘을 선택하여 도면 작업을 시작할 파트를 생성한다.

Templates → model로 선택하고 New File Name에서 Name과 Folder를 지정한 후 OK를 클릭한다.

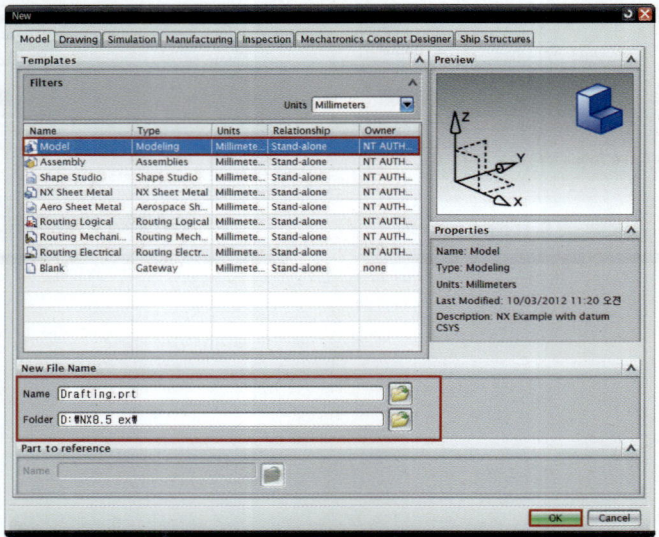

❷ Start → Drafting을 선택한다.

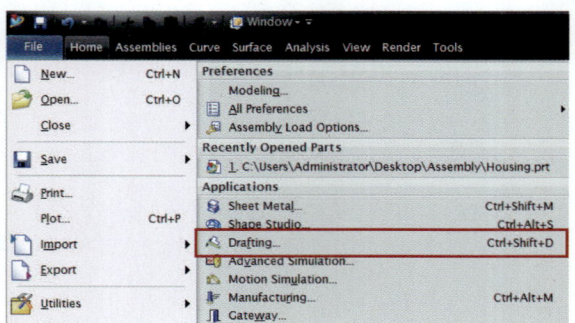

제1장	제2장	제3장	제4장	Chapter E
Drafting	Drafting View	Drafting Dimesion	Drafting Exercise	Drafting

❸ Sheet를 생성하는 창이 뜨면 다음과 같이 설정한 후 OK를 클릭한다.

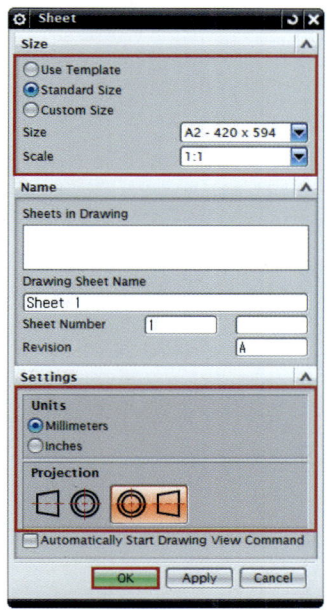

- Size
  - Standard Size
  - Size : A2-420×594
  - Scale : 1:1
- Settings
  - Units : Millimeters
  - Projection : 3rd Angle projection

❹ Insert → View → Base View 또는 Icon Toolbar에서 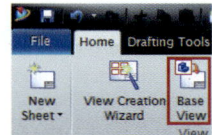 아이콘을 클릭한다.

❺ Open( ) 아이콘을 클릭한 후 모델링파트가 저장되어 있는 폴더에서 Housing을 로드한다.

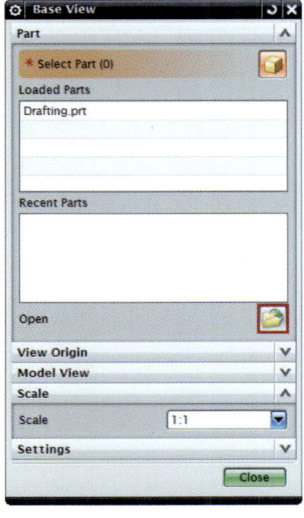
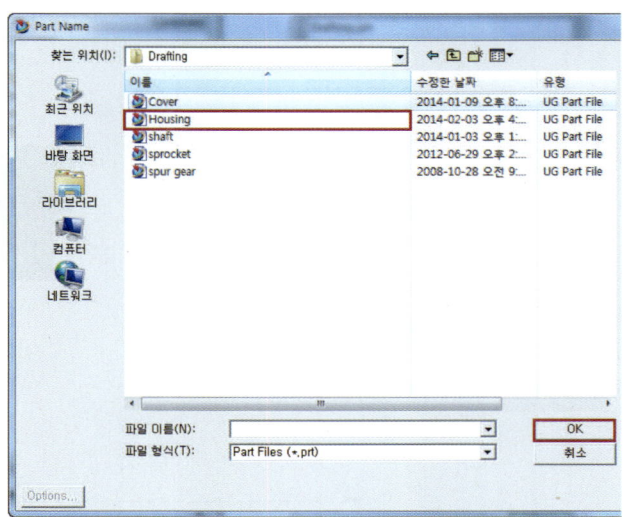

547

❻ 로드된 Housing을 선택하고 Model View → Model View to Use → Right로 설정한다.

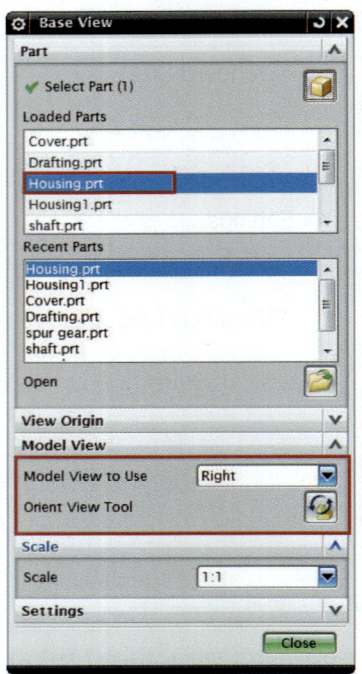

❼ Sheet의 원하는 뷰 위치에 마우스를 위치시킨 후 MB1을 클릭한다.

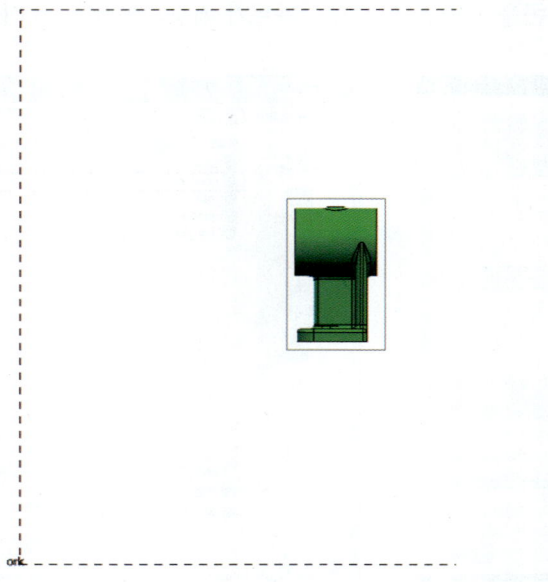

| 제1장 | 제2장 | 제3장 | 제4장 | Chapter E |
| Drafting | Drafting View | Drafting Dimesion | Drafting Exercise | Drafting |

❽ Base View를 생성하면 Projected View( )가 곧바로 실행된다.
마우스를 왼쪽으로 드래그한 후 원하는 위치에서 MB1을 클릭한다.

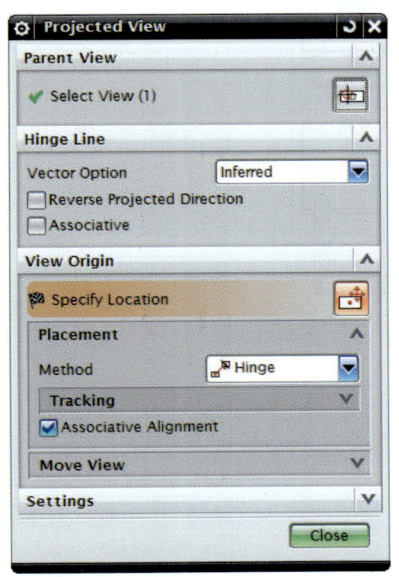 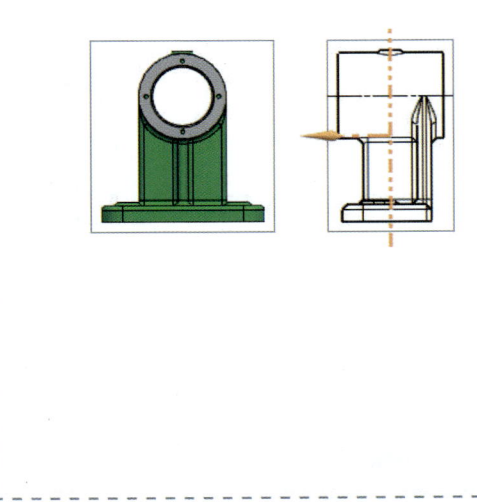

❾ 그다음 위쪽으로 드래그하여 원하는 위치에서 MB1을 클릭하고 Close 또는 Esc를 클릭한다.

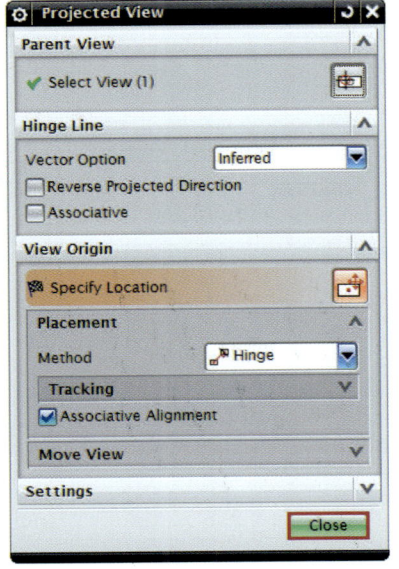 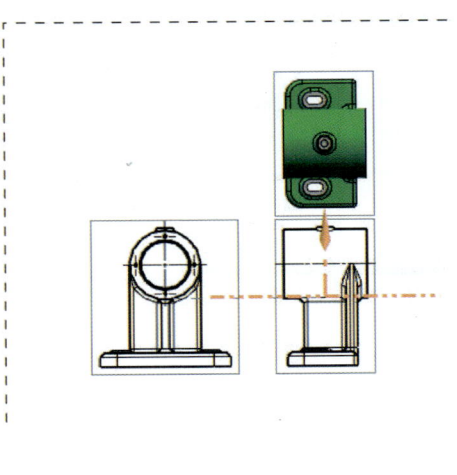

Unigraphics(UGS) CAD/CAM
NX9 모델링 및 CAM 가공

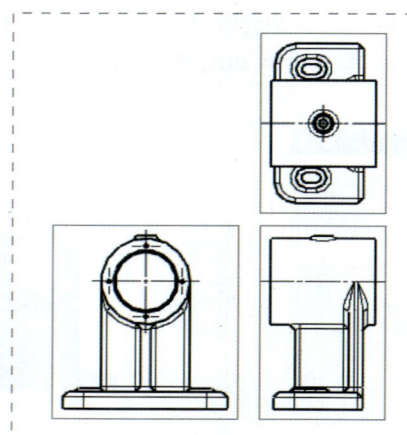

❿ Base View( )를 선택하고 Open( ) 아이콘을 클릭하여 shaft를 로드한다.

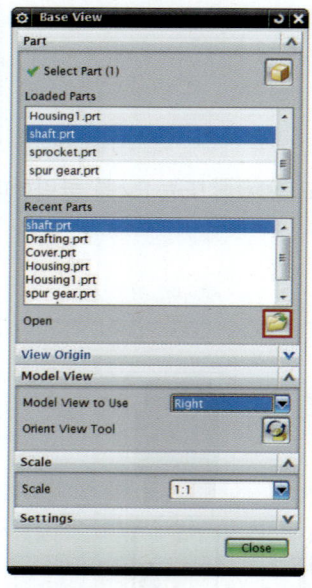
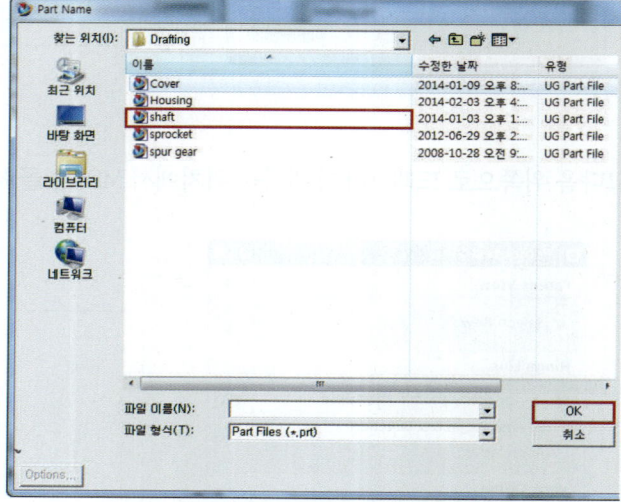

제1장 Drafting | 제2장 Drafting View | 제3장 Drafting Dimesion | 제4장 Drafting Exercise | Chapter E Drafting

⓫ 로드된 shaft를 선택하고 Model View → Model View to Use → Right로 설정한 후 Housing 아래쪽에 배치한다.

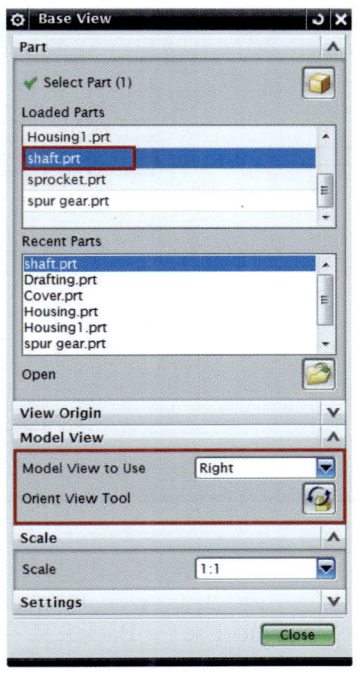

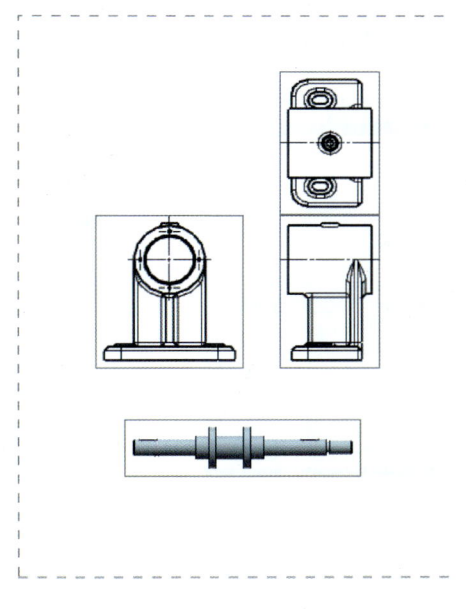

그다음 Top으로 배치하여 우측 그림과 같이 한다.

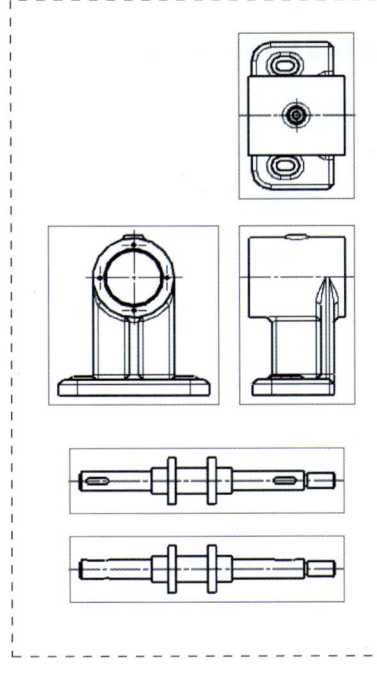

551

❷ Base View(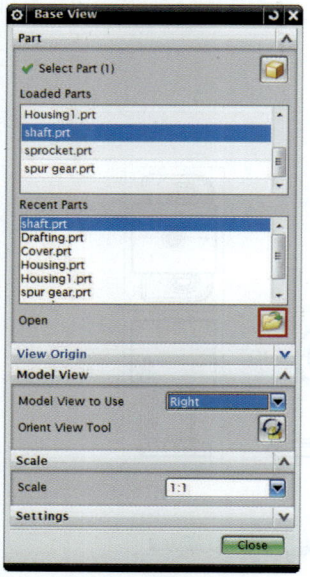)를 선택하고 Open( ) 아이콘을 클릭하여 sprocket을 로드한다.

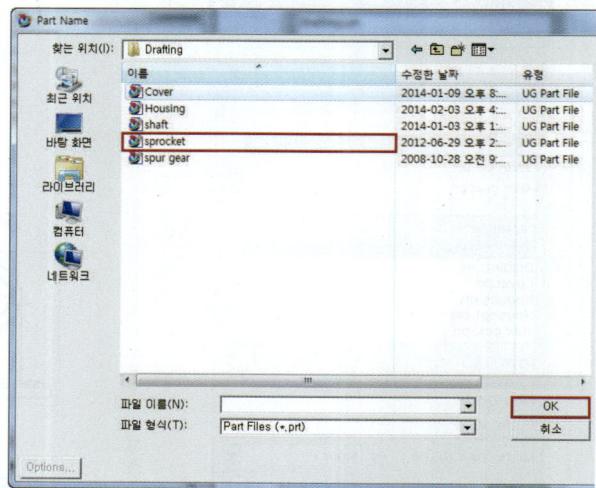

❸ 로드된 sprocket을 선택하고 Model View → Model View to Use → Back으로 설정한 후 Housing 오른쪽에 배치한다.

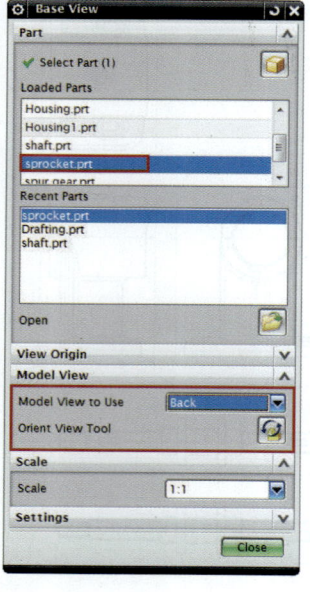
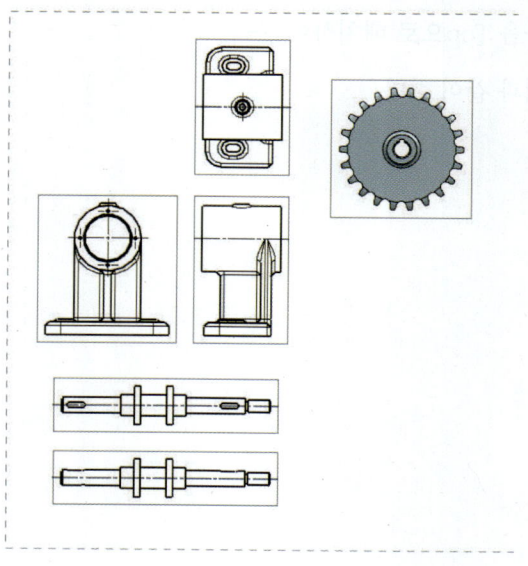

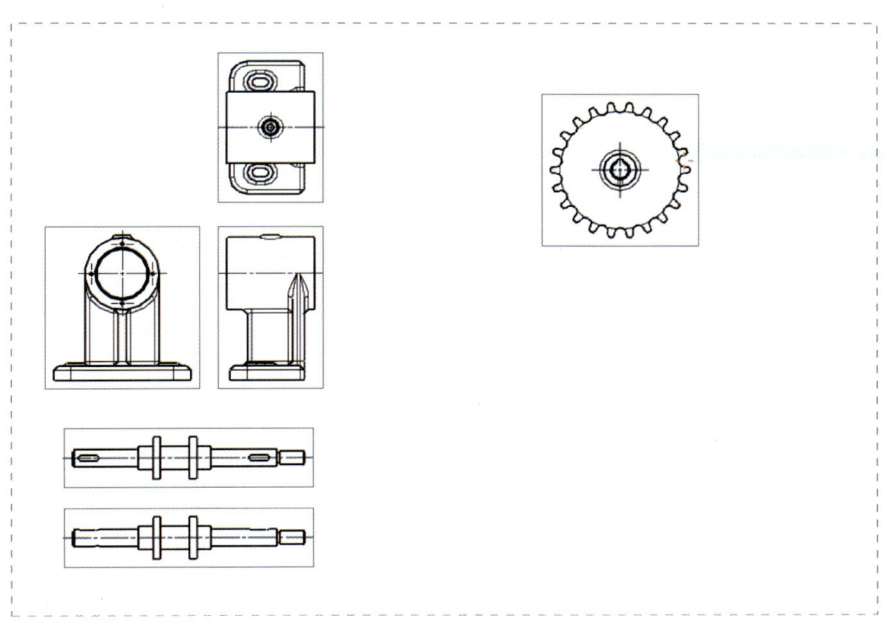

⓮ Base View( )를 선택하고 Open( ) 아이콘을 클릭하여 Cover를 로드한다.

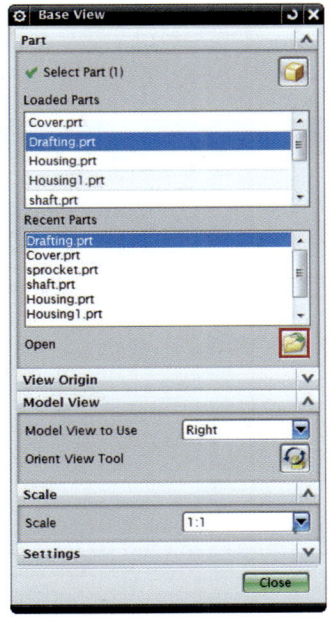
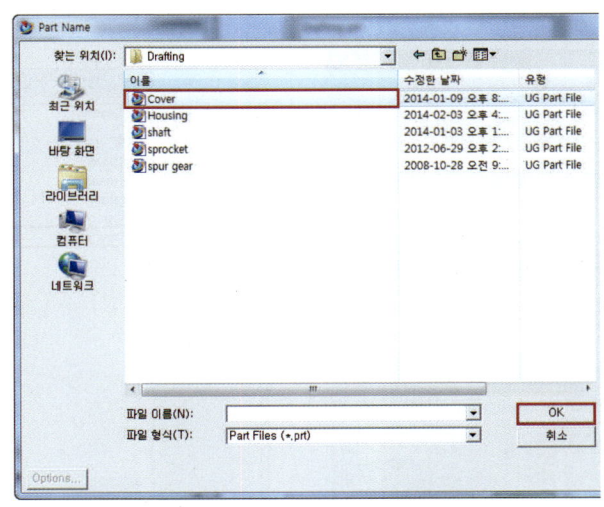

553

Unigraphics(UGS) CAD/CAM
NX9 모델링 및 CAM 가공

⓯ 로드된 sprocket을 선택하고 Model View → Model View to Use → Right로 설정한 후 그림과 같이 배치한다. Projected View 창이 뜨면 Close를 클릭한다.

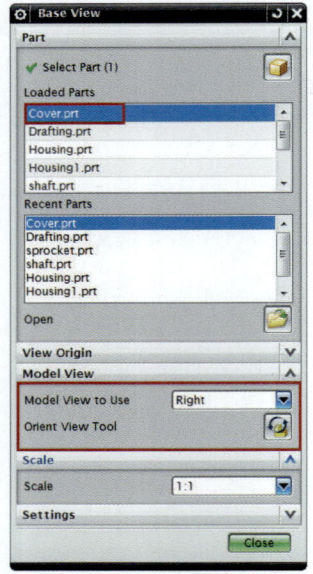
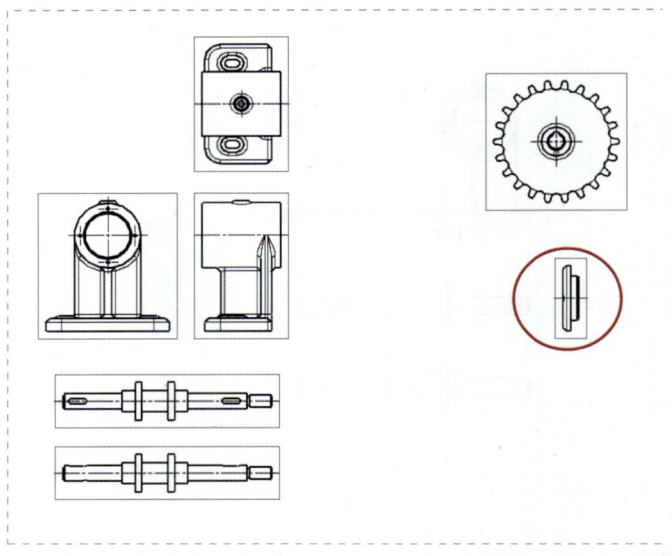

⓰ Base View( )를 선택하고 Open( ) 아이콘을 클릭하여 Cover를 로드한다.

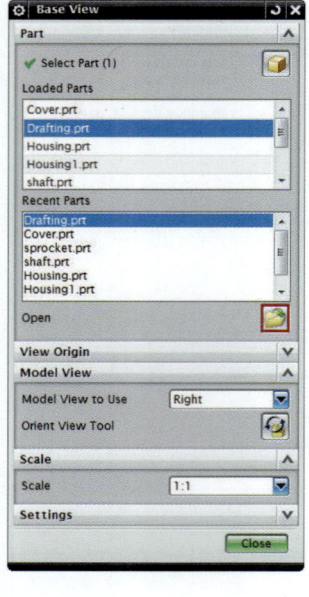
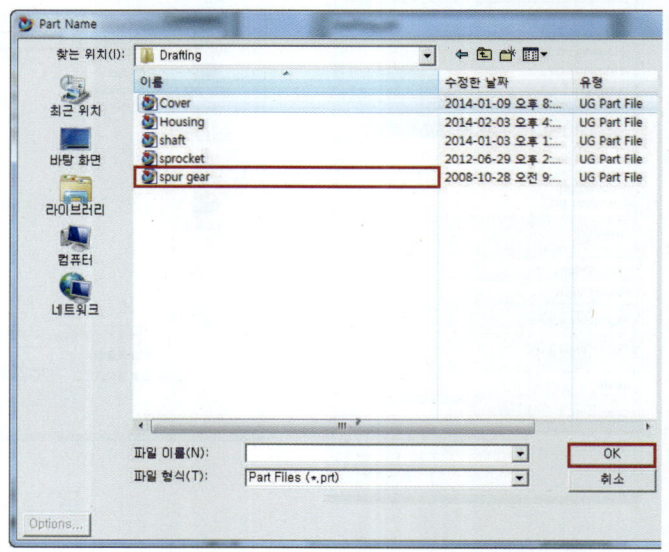

제1장	제2장	제3장	제4장	Chapter E
Drafting	Drafting View	Drafting Dimesion	Drafting Exercise	**Drafting**

⓱ 로드된 spur gear을 선택하고 Model View → Model View to Use → Front로 설정한 후 원하는 위치에서 MB1을 클릭한다.

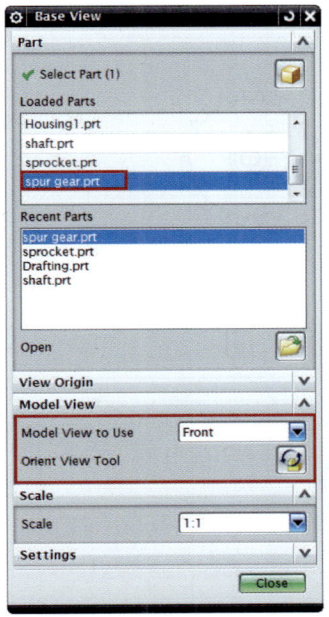
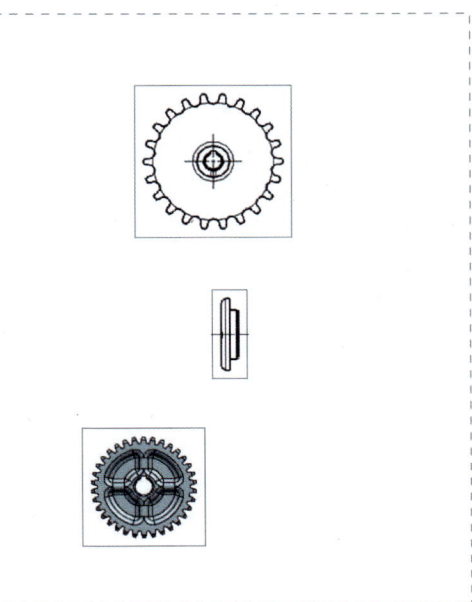

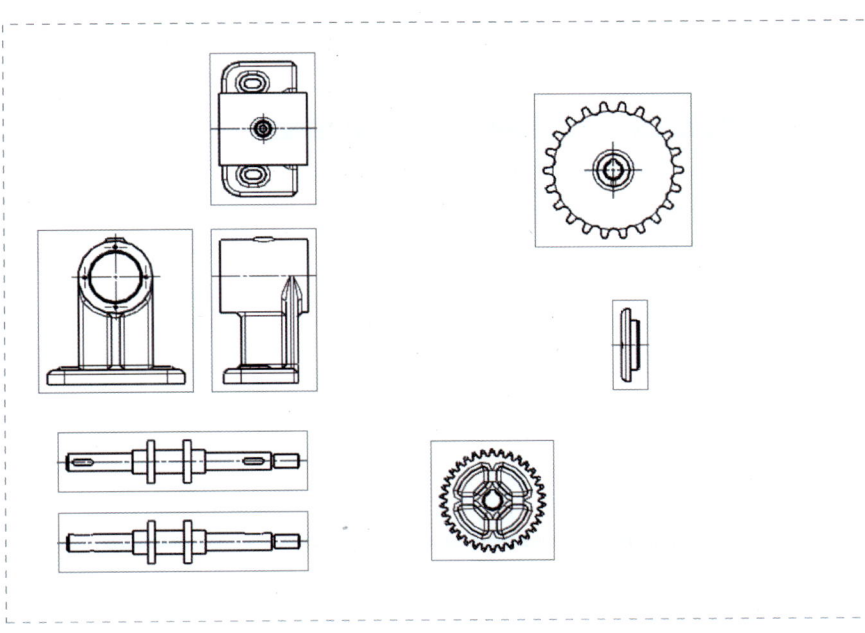

555

⓲ 위의 그림과 같이 model을 모두 배치한 후 생성한 뷰를 모두 선택하고 MB3을 클릭한다. 그다음 Style(🔠)을 선택한다.

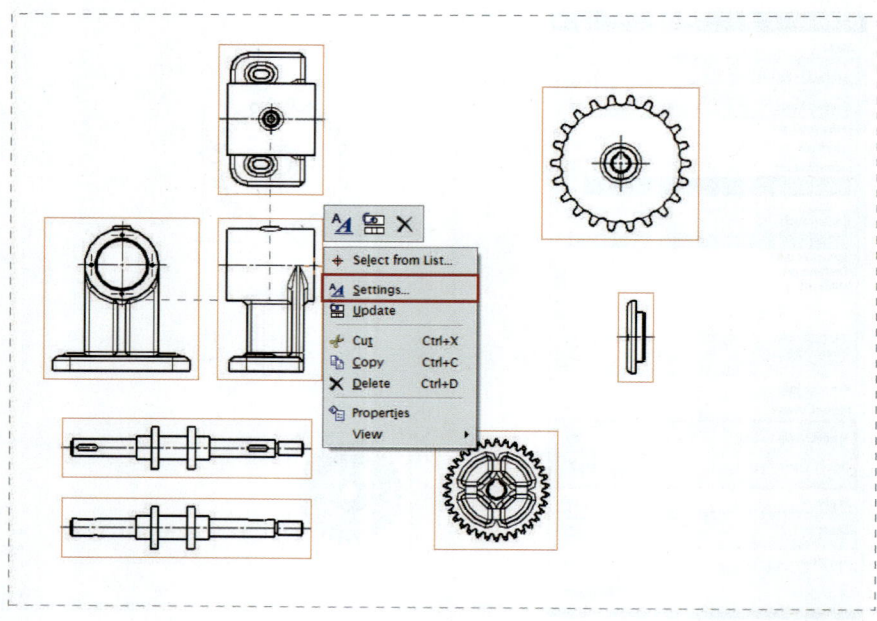

⓳ Smooth Edges 탭을 선택하고 Smooth Edges에 체크해제를 한 후 OK를 클린한다.

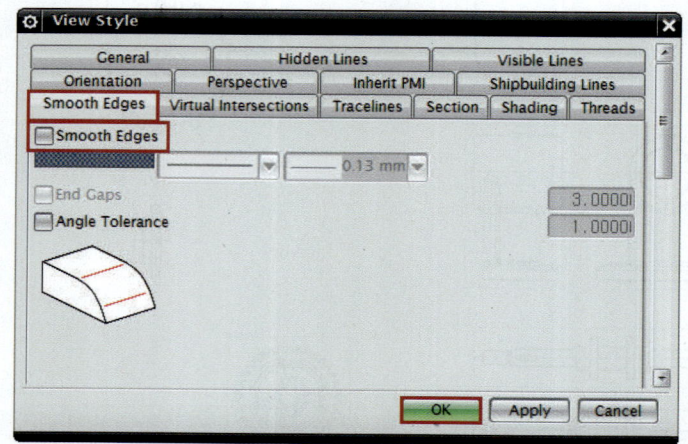

| 제1장 | 제2장 | 제3장 | 제4장 | Chapter E |
| Drafting | Drafting View | Drafting Dimesion | Drafting Exercise | Drafting |

⑳ 1번 부품 뷰의 외각선을 선택하고 MB3을 클릭하여 Active Sketch View(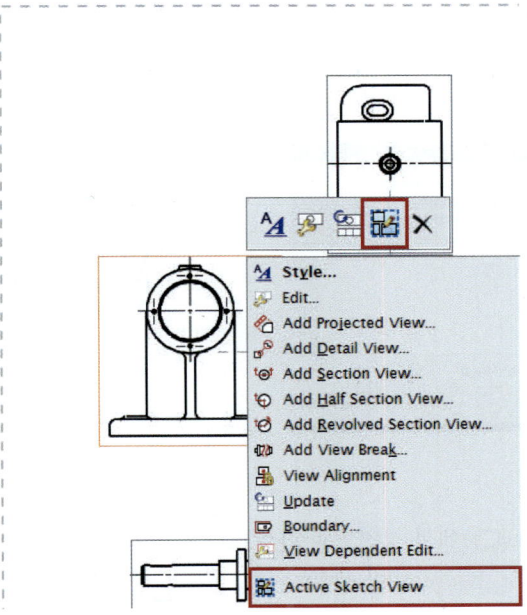)를 클릭한다.

㉑ Insert → Sketch Curve 또는 Sketch Tool을 이용해서 단면뷰를 정확히 2등분하는 사각라인을 생성한다.

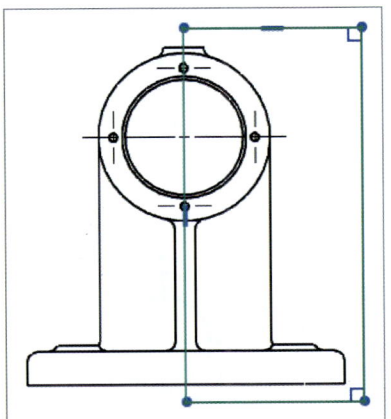

㉒ Insert → View → Section → Break-Out Section 또는 Icon toolbar에서 🖼을 이용해서 스케치한 부분을 절단한다.

① Select View(🖼)에서 스케치한 뷰를 선택한다. 뷰를 선택하면 자동으로 다음 아이콘으로 넘어가게 된다.

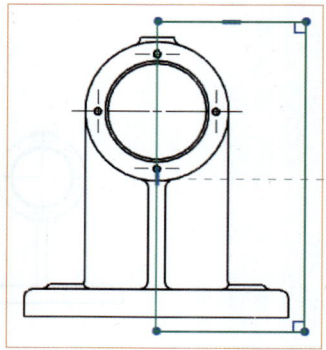

② Indicate Base Point(🖼)에서 정면도의 화살표가 가리키는 라인의 시작점을 선택한다.

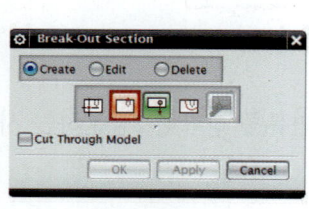
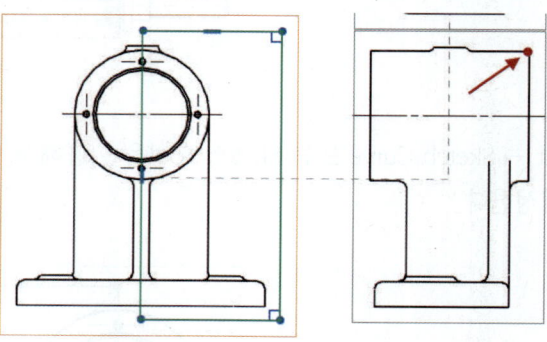

③ Indicate Extrusion Vector(🖼)에서는 따로 설정하지 않고 오른쪽에 있는 Break-Out Section View(🖼) 아이콘을 선택한다.

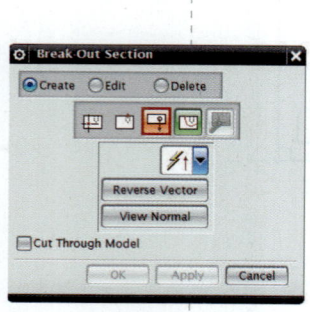
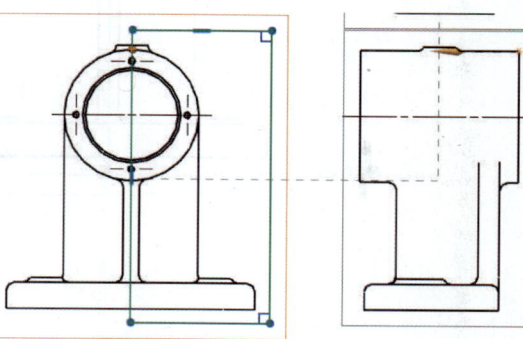

④ Break-Out Section View(📷)에서 Sketch line을 선택한다. line을 선택할 때 한 방향으로 순차적으로 선택한다.

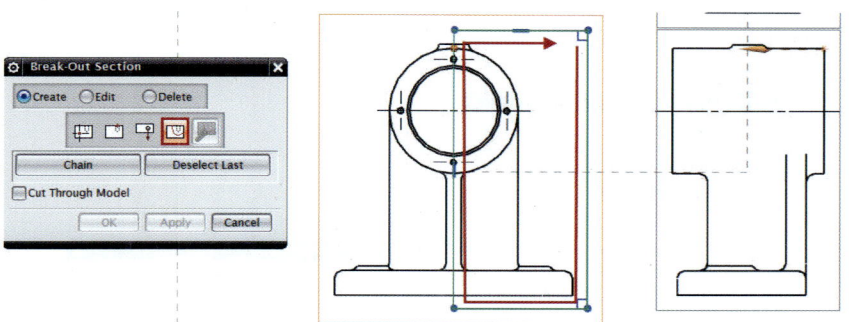

⑤ Modify Boundary Curves(📷)에서 Apply를 클릭한다.

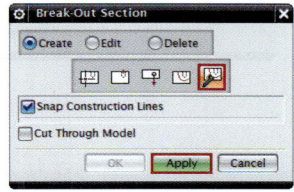 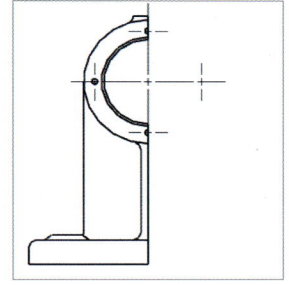

㉓ Edit → View → View Dependent(📷)를 이용하여 불필요한 line을 정리한다.
View Dependent Edit창이 나타나면 line을 정리할 뷰를 클릭한다.

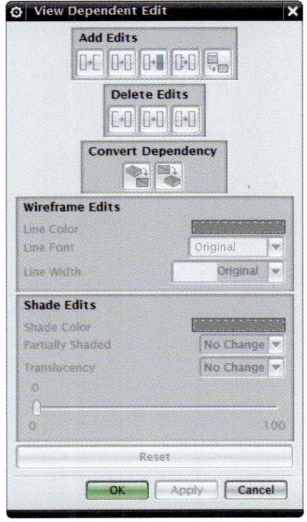 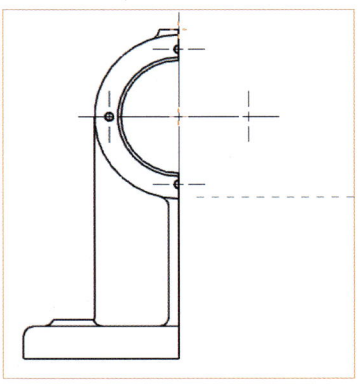

㉔ Icon이 활성화 되면 Erase Object( )를 클릭한다.

그다음 Class Selection 창에서 Objects → Select Objects 붉은 직사각형과 같이 정리할 line을 선택한다.

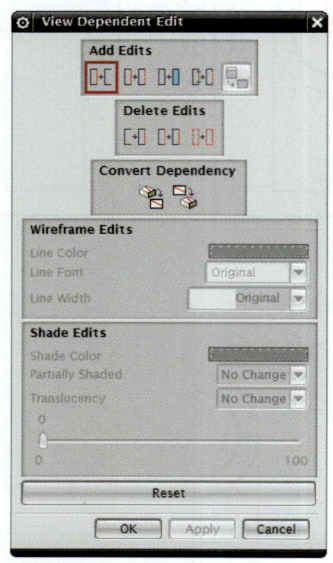
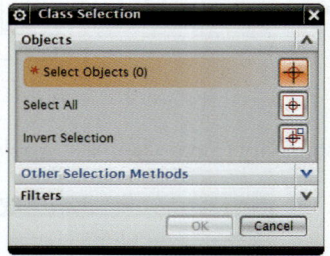
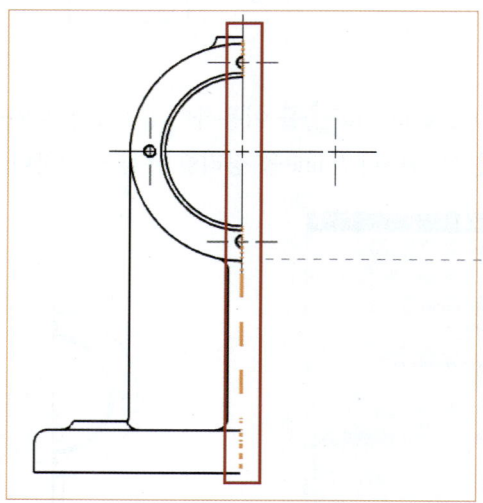

㉕ line을 모두 선택한 후 OK한다.

그다음 View Dependent Edit 창에서 Cancel을 클릭한다.

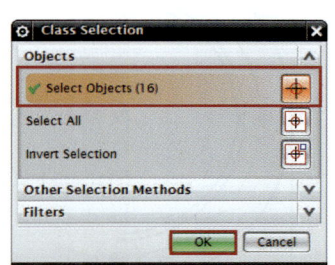
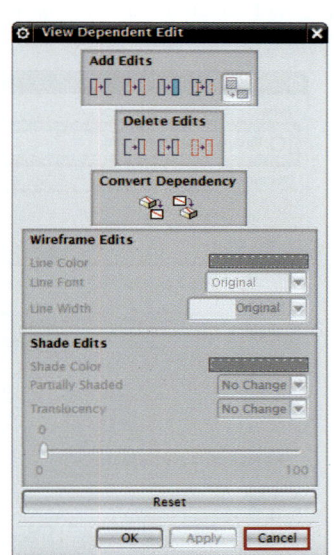

㉖ 그다음 중심 라인을 선택하고 MB3을 클릭하여 Delete한다.

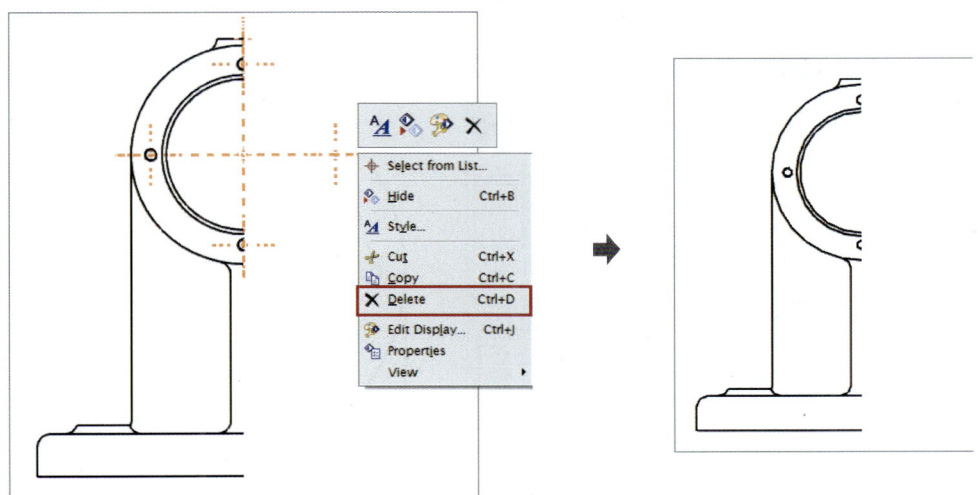

㉗ Insert → Centerline → Circular Centerline(◯)을 이용하여 중심선을 생성한다.
Type → Through 3 or More Points로 설정하고, Placement → Select Object → Hole 3개의 중심점 선택한 후 Full Circle에 체크 해제한다.

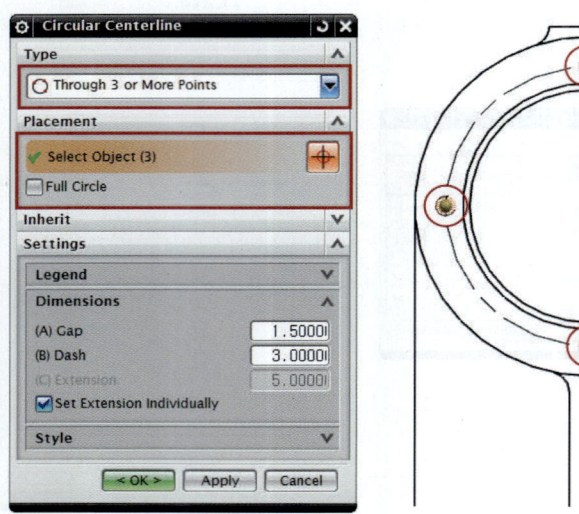

㉘ Settings 아래쪽에 있는 Set Extension Individually에 체크해제를 한 후에 Dimensions → (C) Extension=0 으로 입력하고 OK를 클릭한다.

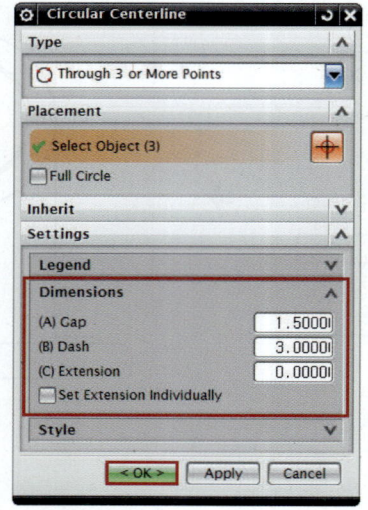 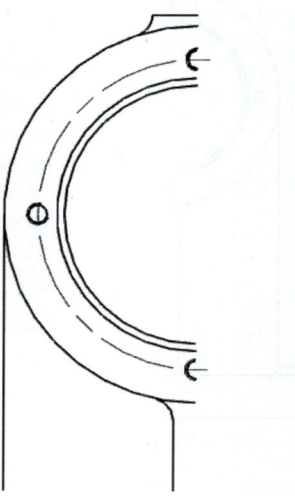

㉙ Insert → Centerline → Symmetrical Centerline(#)을 이용하여 대칭 중심점을 생성한다.
Type → Start and End로 설정한 후 Start → Select Object (0)에 Point ①을 선택하고, End → Select Object (0)에 Point②를 선택한다.

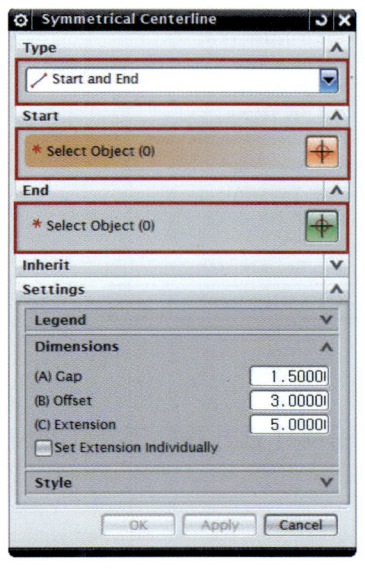
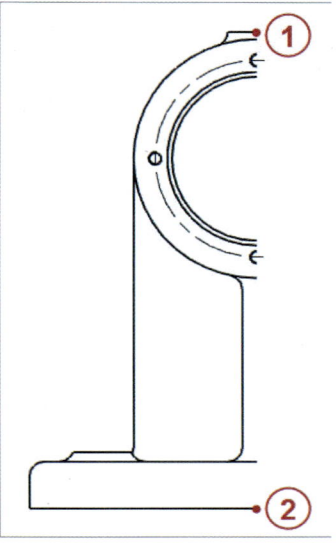

㉚ OK를 클릭하면 아래와 같이 대칭 중심선이 생성된다.

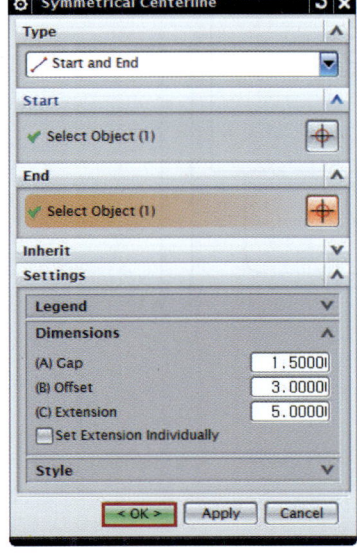
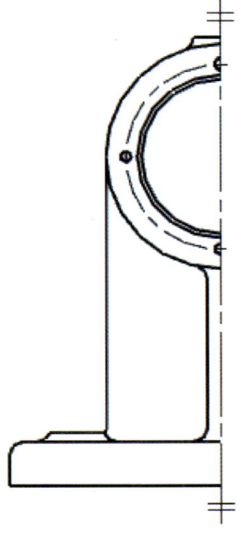

㉛ 평면도를 선택하고 MB3을 클릭하여 Active Sketch View( )를 클릭한다.

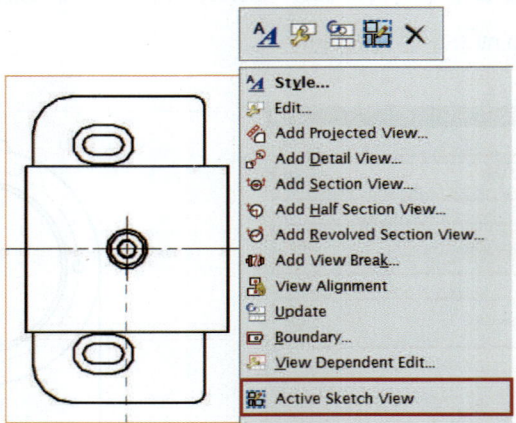

㉜ Insert → Sketch Curve 또는 Sketch Tool을 이용해서 단면 뷰를 정확히 2등분하는 사각라인을 생성한다.

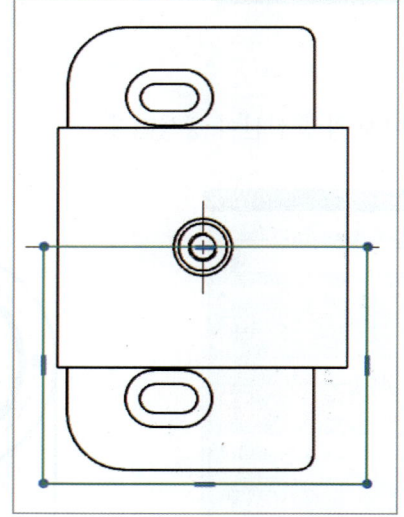

| 제1장 Drafting | 제2장 Drafting View | 제3장 Drafting Dimesion | 제4장 Drafting Exercise | Chapter E Drafting |

㉝ Insert → View → Section → Break-Out Section 또는 Icon toolbar에서 Break-out Section View( ) 아이콘을 이용해서 좌측면도와 같은 방법으로 절단한다.

① Select View( )에서 스케치한 뷰를 선택한다. 뷰를 선택하면 자동으로 다음 아이콘으로 넘어가게 된다.

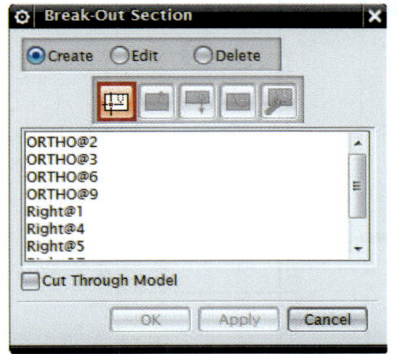
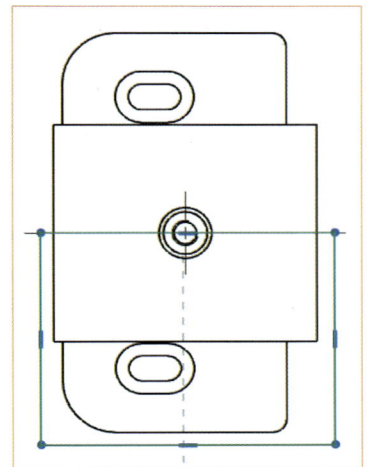

② Indicate Base Point( )에서 정면도의 화살표가 가리키는 라인의 시작점을 선택한다.

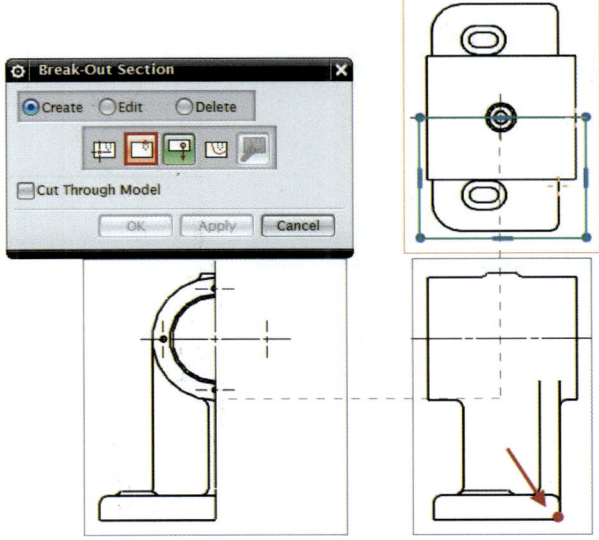

565

③ Indicate Extrusion Vector(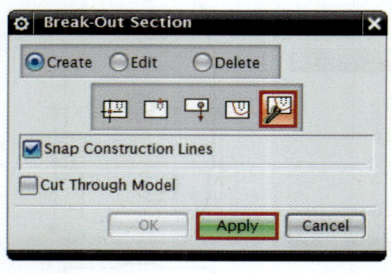)에서는 따로 설정하지 않고 오른쪽에 있는 Select Curves(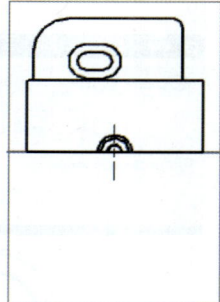) 아이콘을 선택한다.

그다음 Sketch line을 한 방향으로 순차적으로 선택한다.

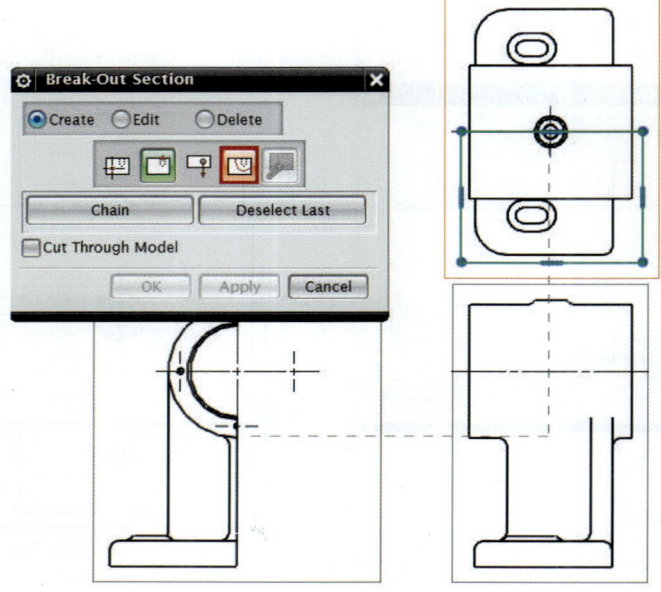

④ Modify Boundary Curves( )에서 Apply를 클릭한다.

㉞ Edit → View → View Dependent Edit( )를 이용하여 불필요한 line을 정리한다.
View Dependent Edit창이 나타나면 line을 정리할 뷰를 클릭한다.

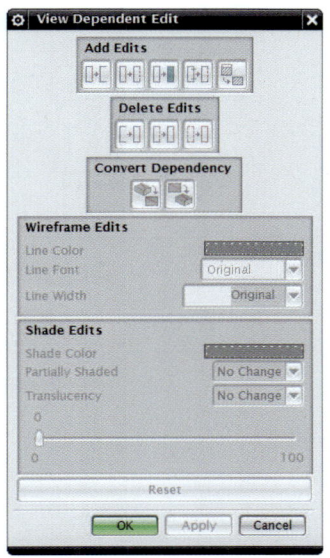
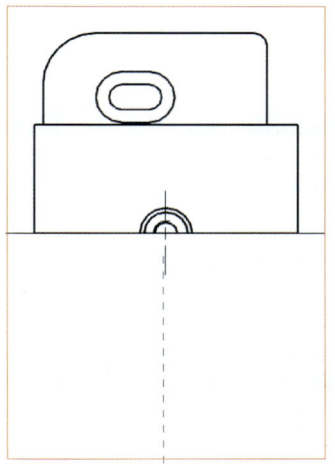

㉟ Icon이 활성화되면 Erase Object( )를 클릭한다.
그다음 Class Selection 창에서 Objects → Select Objects 붉은 직사각형과 같이 정리할 line을 선택한다.

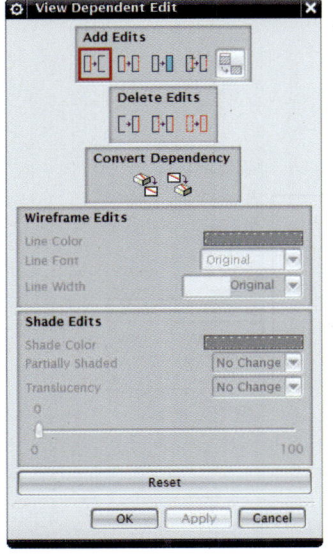
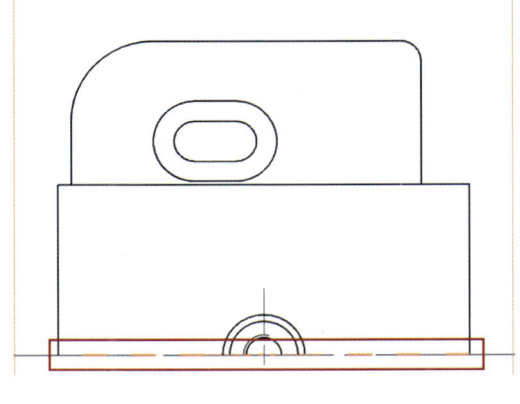

㊱ line을 모두 선택한 후 OK를 클릭한다. 그다음 View Dependent Edit 창에서 Cancel을 클릭한다.

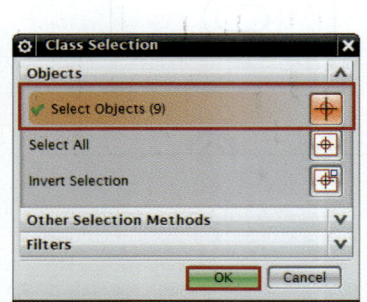
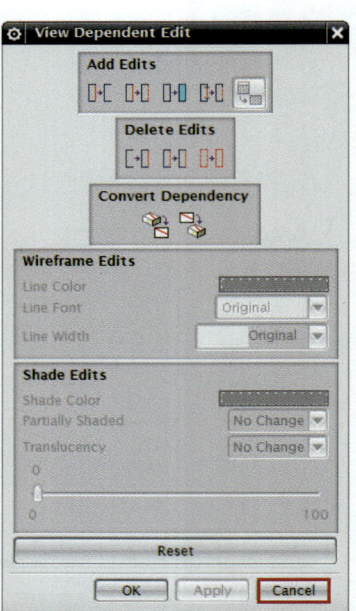

㊲ 중심 라인을 선택하고 MB3을 클릭하여 Delete한다.

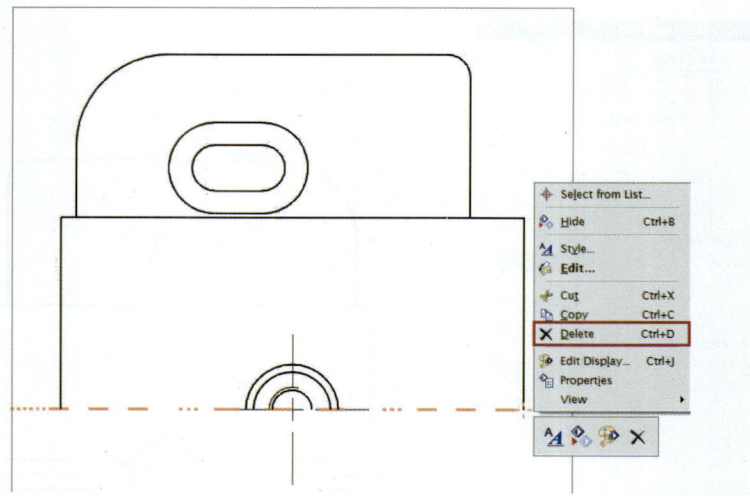

㊳ Insert → Centerline → Symmetrical(┤┤)을 이용하여 대칭 기호를 생성한다.
Type → Start and End로 설정한 후 Start → Select Object에 Point ①을 선택하고 End → Select Object에 Point ②를 선택한다.

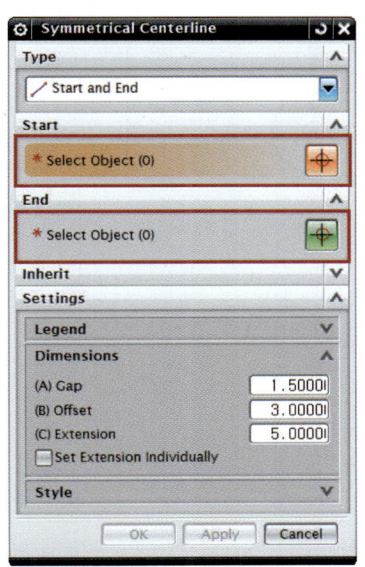 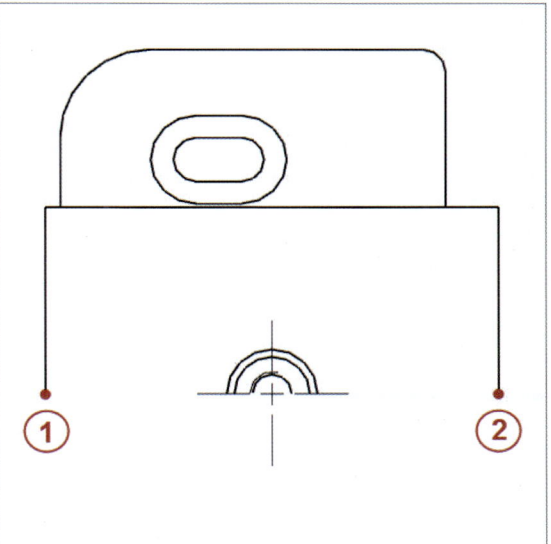

㊴ OK를 클릭하면 아래와 같이 대칭 중심선이 생성된다.

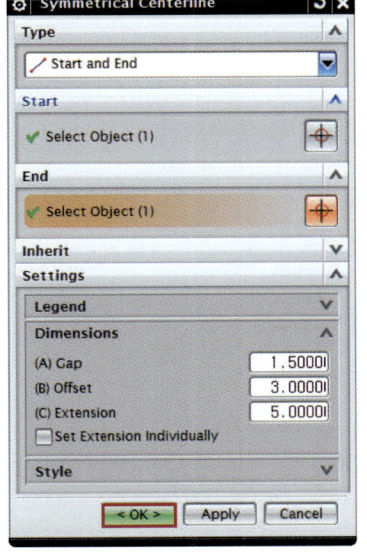 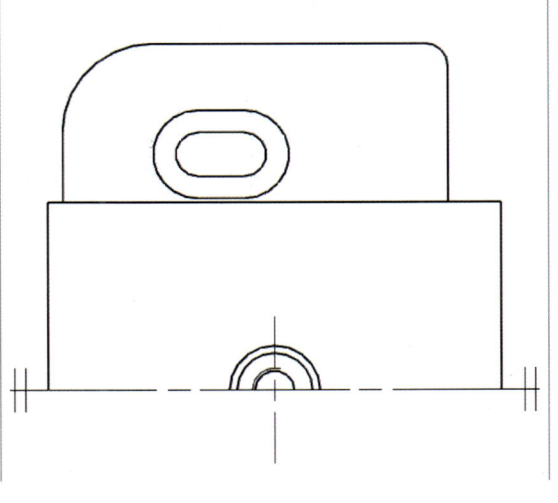

㊵ Insert → Centerline → Center Mark(⊕)를 이용하여 중심선을 생성한다.
Location → Select Object → 구멍의 중심점을 선택한 후 OK를 클린한다.

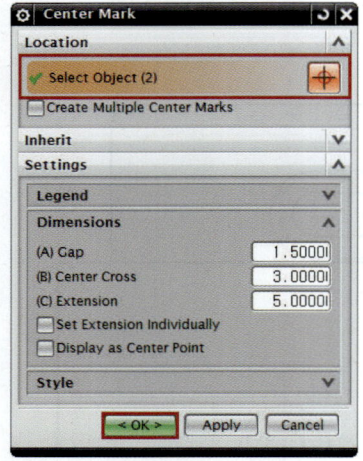
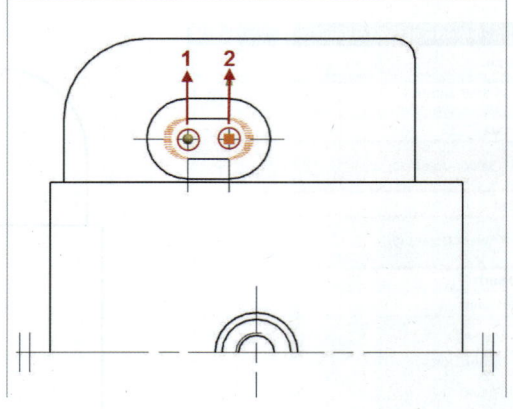

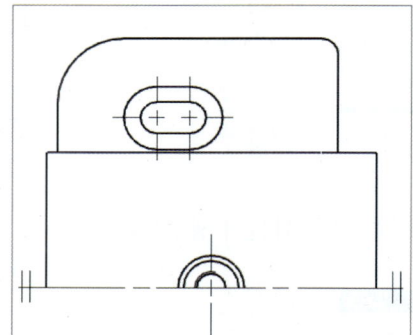

㊶ 정면도를 클릭하고 MB3을 클릭한 후 Active Sketch View(🔲)를 클릭한다.

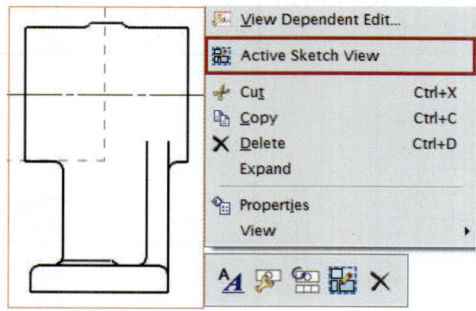

㊷ Insert → Sketch Curve → Studio Spline( )을 선택하여 아래 그림과 같이 한다.

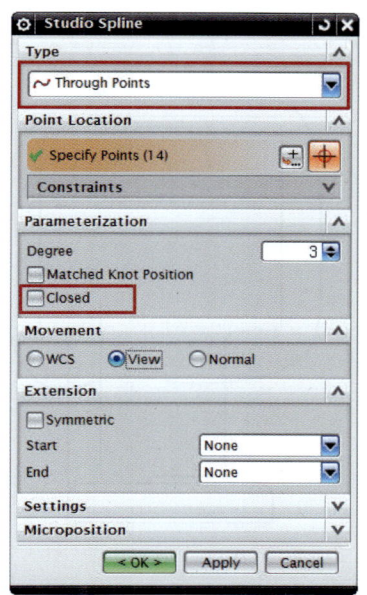 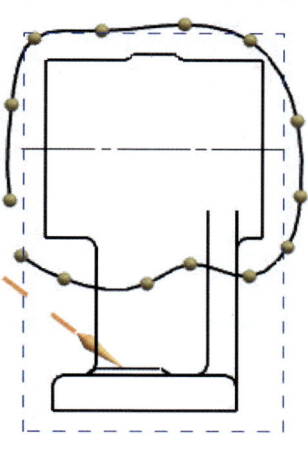

㊸ Closed를 체크해서 line을 이어준 후 OK를 클린한다.

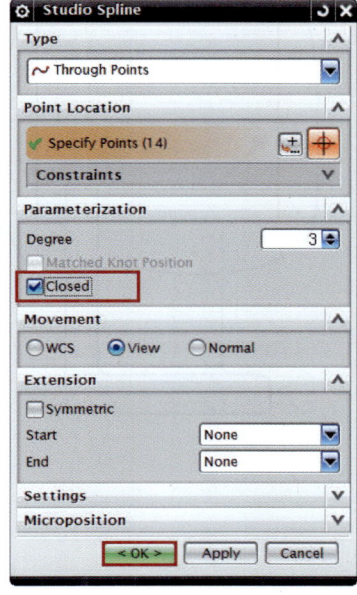 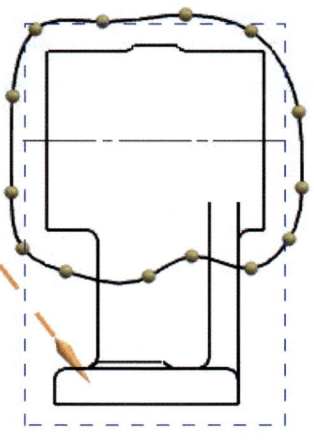

㊹ Insert → View → Section → Break-Out Section View를 클릭한다.
Select View(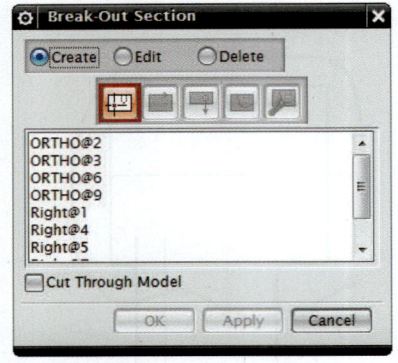) → View를 클릭한다.

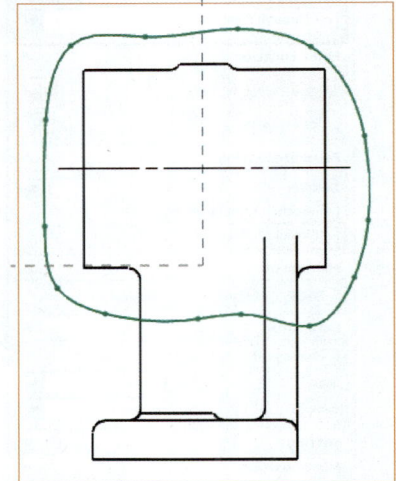

㊺ Indicate Base Point()에서 중심점을 선택한다.

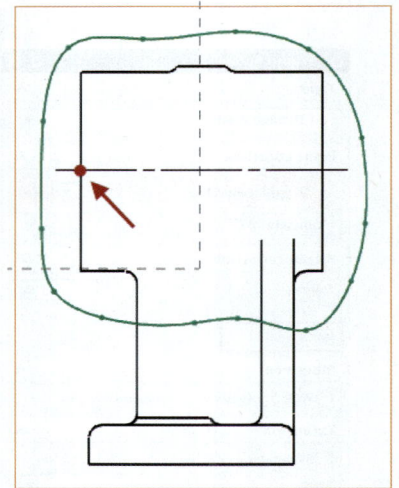

| 제1장 Drafting | 제2장 Drafting View | 제3장 Drafting Dimesion | 제4장 Drafting Exercise | Chapter E Drafting |

㊻ Select Curves(⌷)를 클릭하고 Studio Spline을 선택한다.

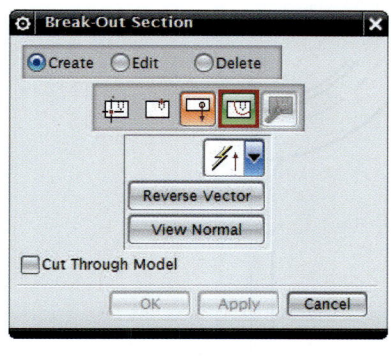
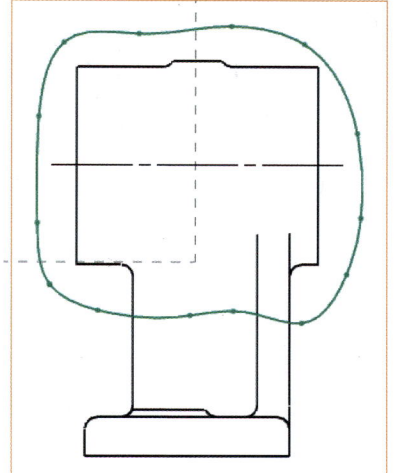

㊼ Modify Boundary Curves(⌷)에서 Apply한다.

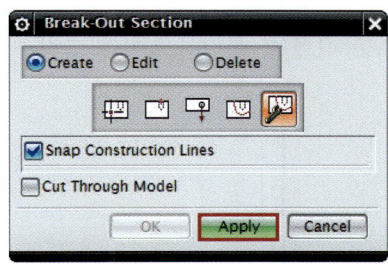
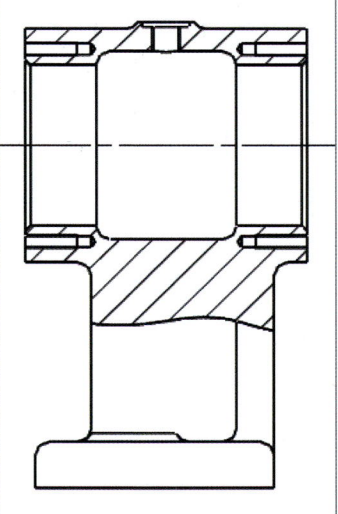

㊽ 좌측면도를 정면도와 같은 방법으로 MB3을 클릭하고 Active Sketch View를 클릭한 후 Studio Spline(　)을 이용해서 아래 그림과 같이 한다.

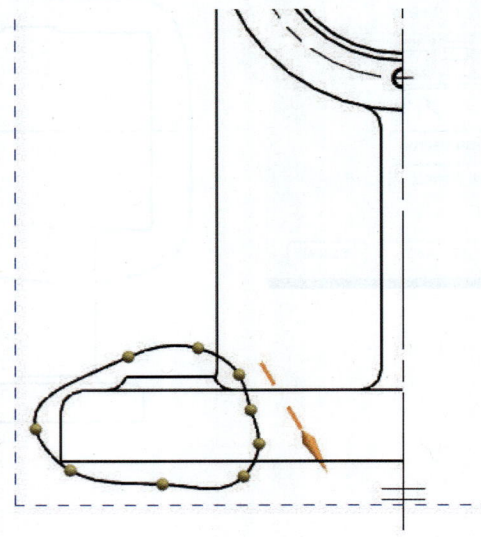

㊾ Insert → View → Section → Break-Out Section View(　)를 클릭하고 아래 그림과 같이 한다.

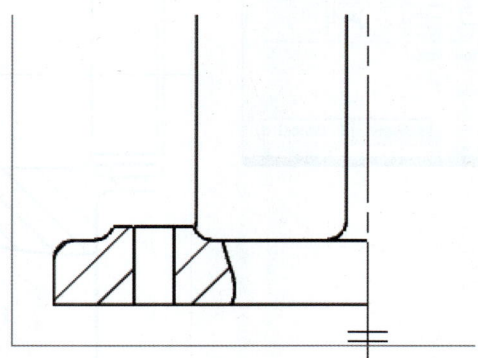

㊿ View Boundary의 크기를 적당한 크기로 조정한다.

View를 선택하고 MB3을 클릭하여 Boundary를 클릭한다.

Type을 Manual Rectangle로 설정한 후 붉은색 직사각형과 같이 드래그한다.

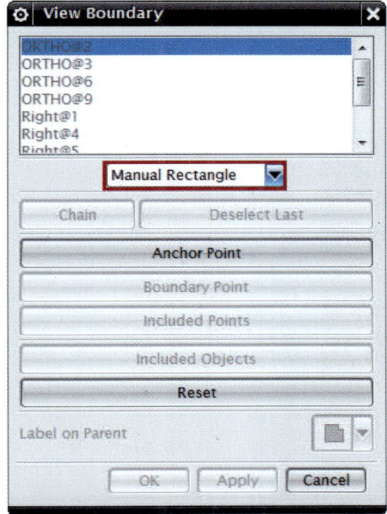 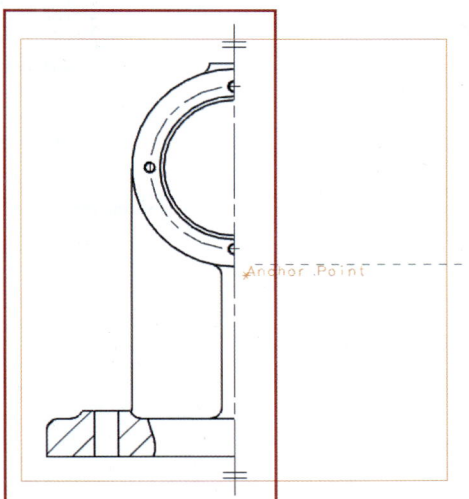

㊶ 평면도도 동일한 방법으로 View Boundary를 지정한다.

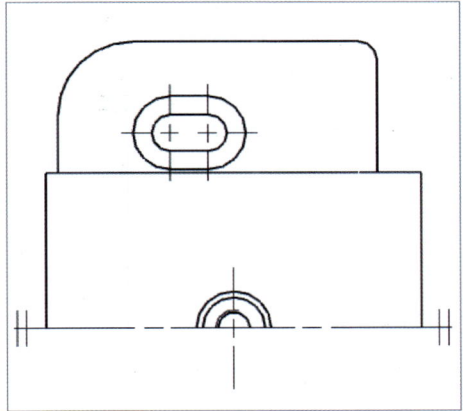

㊾ 정면도에서 MB3을 클릭하여 View Dependent Edit( )를 이용해서 불필요한 line을 지워준다. 아래 그림의 창이 뜨면 Erase Objects( )를 클릭한다.

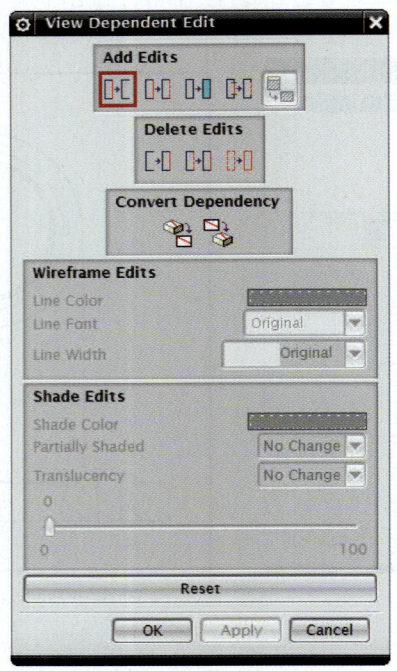

㊿ 해칭선과 line을 선택하고 OK를 클릭한다.

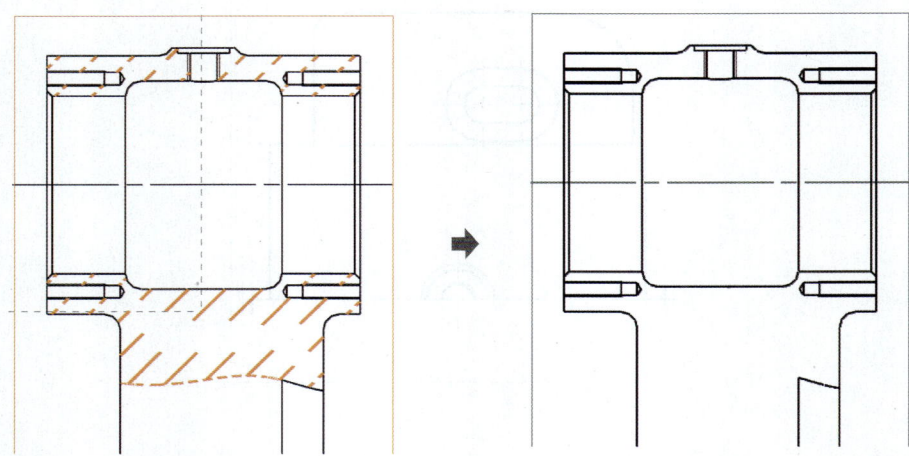

| 제1장 | 제2장 | 제3장 | 제4장 | Chapter E |
| Drafting | Drafting View | Drafting Dimesion | Drafting Exercise | Drafting |

㊋ 다시 View Dependent Edit(　)를 클릭하고 Add Edits → Edit Entire → Objects(　)를 선택한다.
그다음 Wireframe Edits → Line Width → 0.13mm 설정한 후 Apply한다.

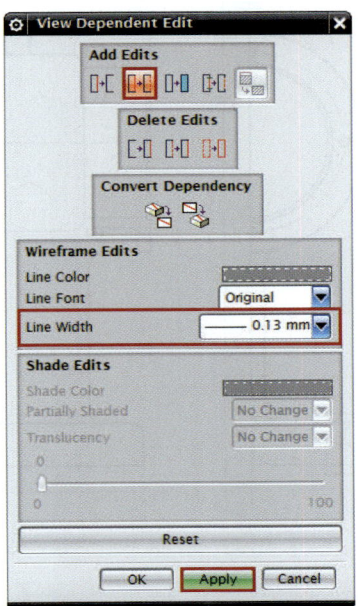

㊌ 파단선을 선택하여 OK하고 가는 선으로 설정한다.

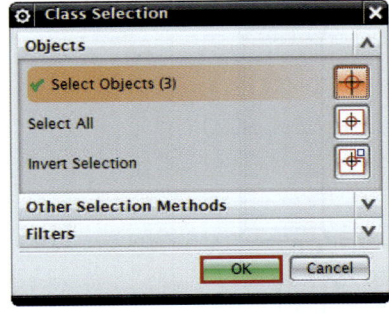
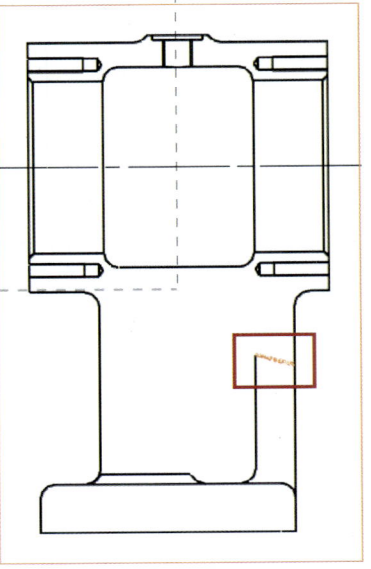

56 좌측면도 또한 같은 방법으로 파단선을 가는 선으로 설정해준다.

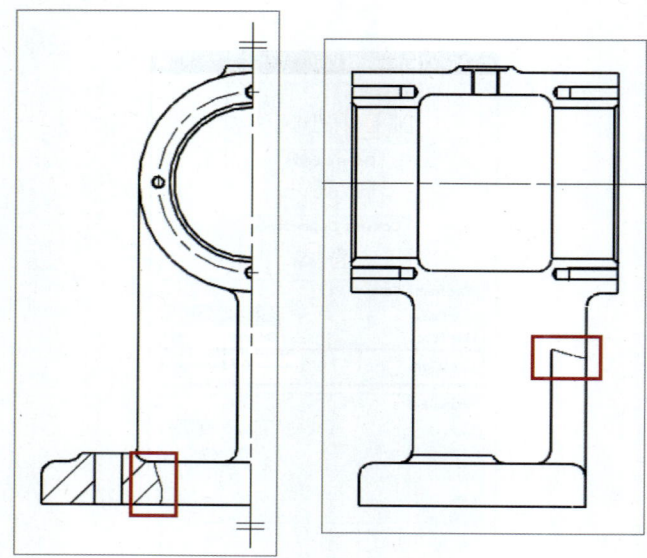

57 정면도의 뷰 경계를 클릭하고 MB3을 클릭하여 Active Sketch View(📐)를 선택한 후 아래 그림과 같이 스케치한다. 그다음 Finish Sketch 아이콘을 클릭한다.

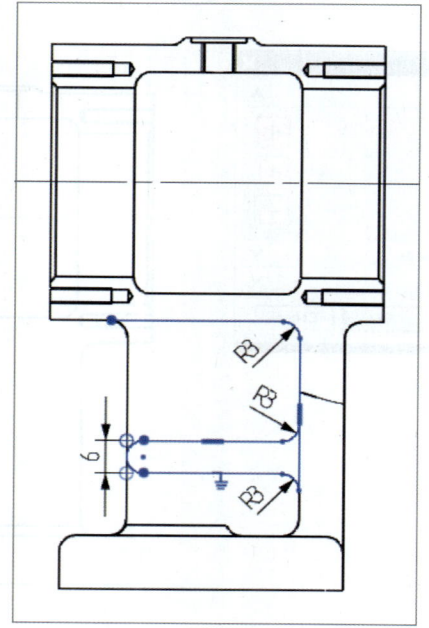

| 제1장 Drafting | 제2장 Drafting View | 제3장 Drafting Dimesion | 제4장 Drafting Exercise | Chapter E Drafting |

58 치수를 클릭하고 MB3을 클릭한 후 Hide로 숨겨둔다.

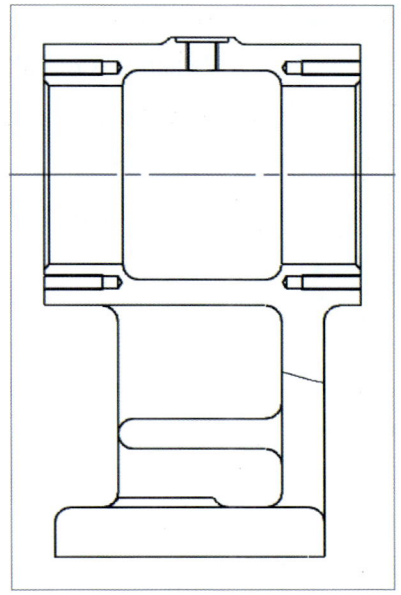

59 Insert → Annotation → Crosshatch(▨)를 클릭한다.

Selection Mode → Point in Region으로 설정한 후 해칭이 들어가야 할 부분을 클릭한다. 해칭이 들어갈 부분을 클릭할 때 나사산과 불완전 나사부 부분도 같이 선택한다.

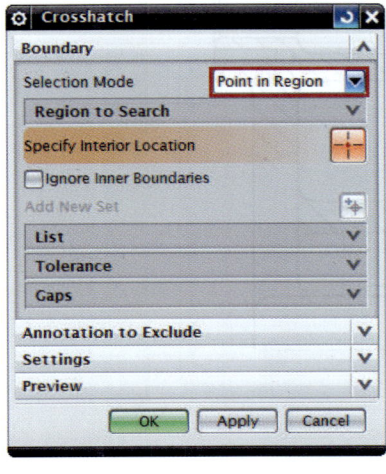
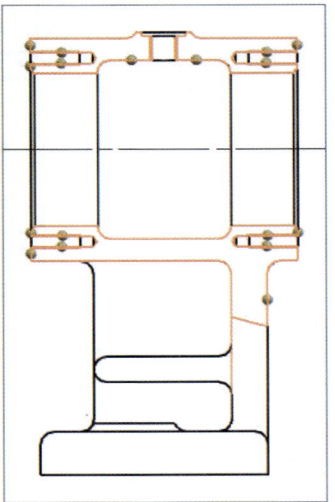

579

(60) 아래 그림과 같이 설정한 후 Apply한다.

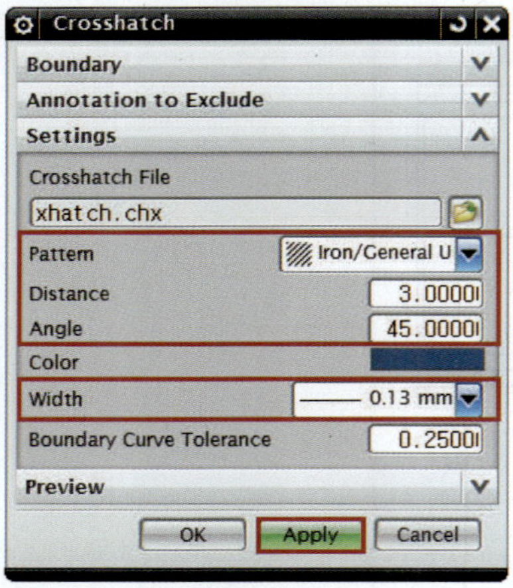

- Settings
  - Pattern : IRON/GENERAL Use
  - Distance : 3
  - Angle : 45
  - Width : 0.13mm

(61) 회전도시 단면도를 클릭하고 OK하여 해칭을 한다.

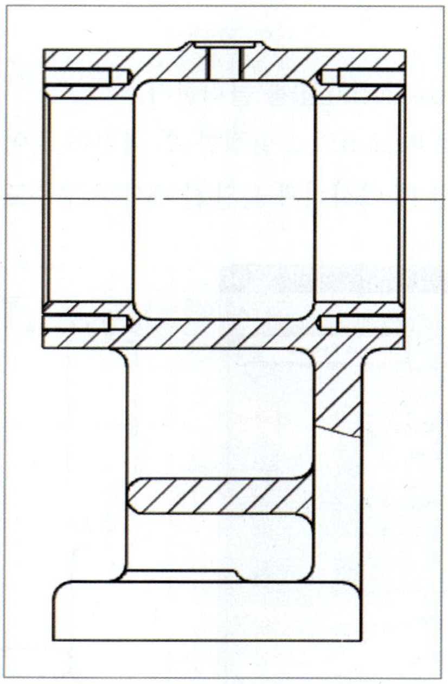

(62) 좌측면도를 클릭하고 MB3을 클릭하여 Active Sketch View( )를 선택한 후 아래 그림과 같이 스케치한다.

그다음 Finish Sketch 아이콘을 클릭한다.

그다음 정면도의 회전도시 단면도와 같은 방법으로 해칭한다.

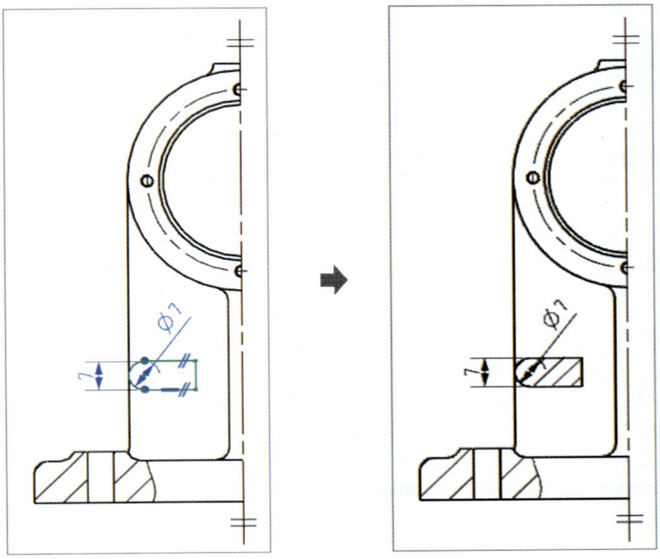

(63) 치수와 해칭을 위해 그린 line을 클릭하고 MB3을 클릭하여 Hide로 숨긴다.

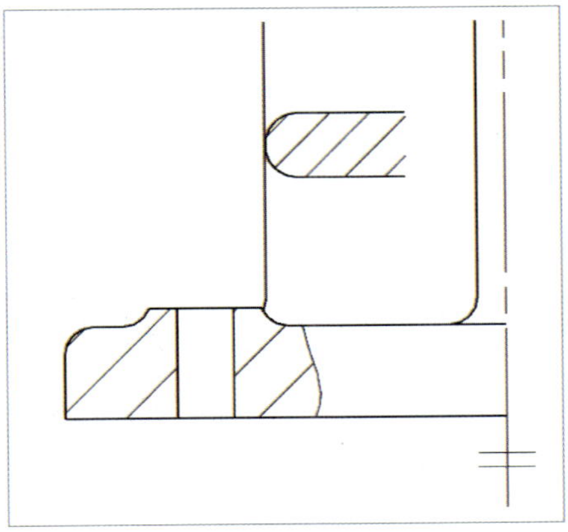

❻❹ Insert → Centerline → 3D Centerline(⊕)을 클릭한다.
그다음 정면도에서 아래 그림과 같이 면을 선택해서 Centerline의 길이를 알맞게 정의한다.

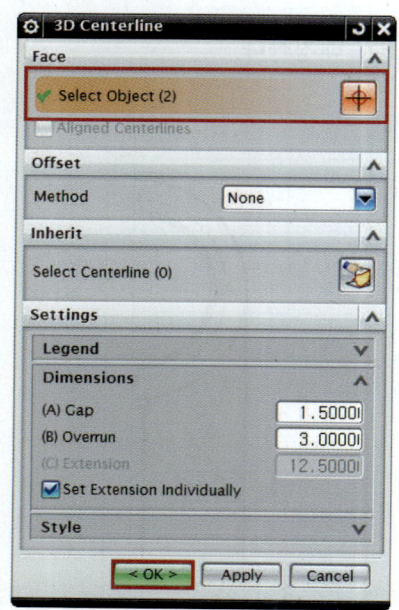
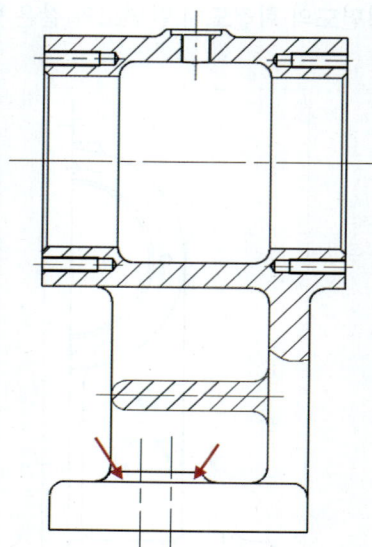

❻❺ Insert → Centerline → 2D Centerline(⊞)을 클릭한다.
그다음 좌측면도에서 두 개의 line을 선택하고 OK를 클릭한다.

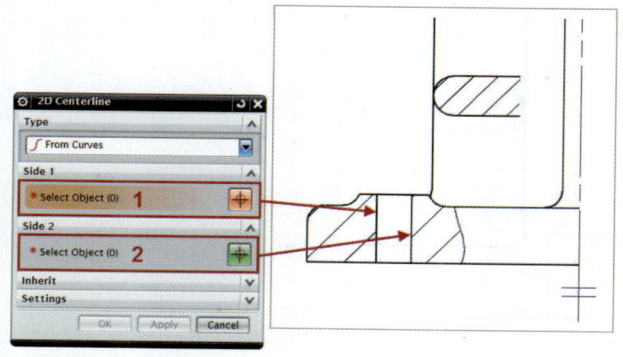
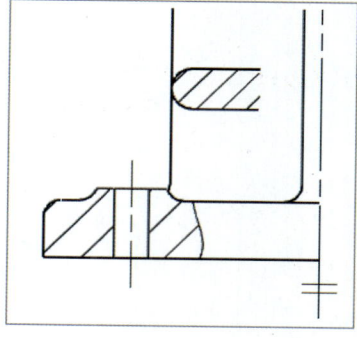

(66) 나머지 Centerline이 들어가야 할 곳에 동일하게 작업을 진행한다.

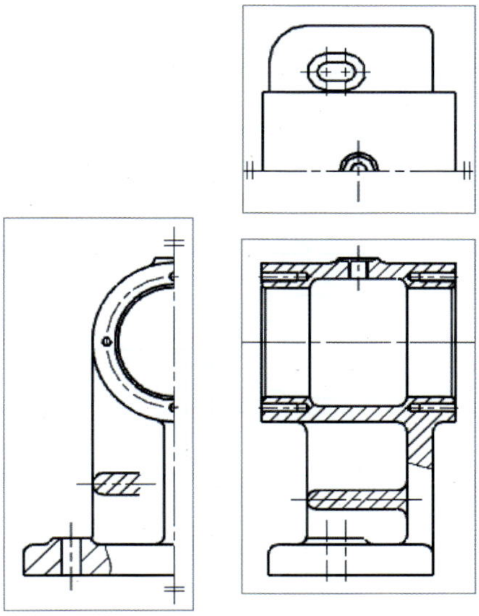

(67) 2번 부품 뷰의 외곽선을 선택하고 MB3을 클릭하여 Active Sketch View()를 한 후 Break-Out이 필요한 부분에 스케치를 한다.

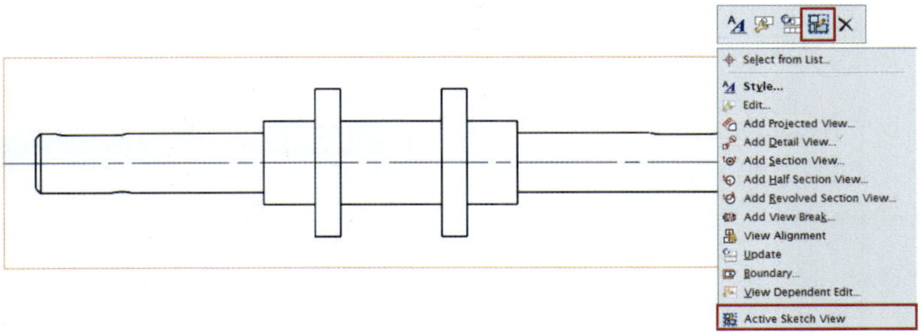

(68) 스케치한 후 Insert → View → Section → Break-Out Section View()를 이용해서 아래 그림과 같이 작업한다.

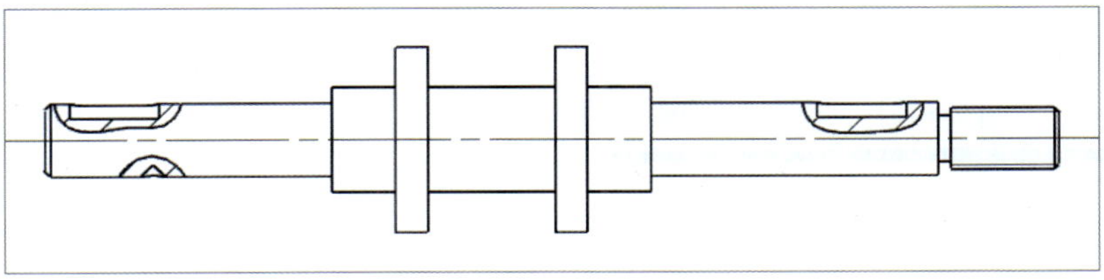

❻❾ 양쪽에 박스 친 부분을 View Dependent Edit를 이용해서 지운다.

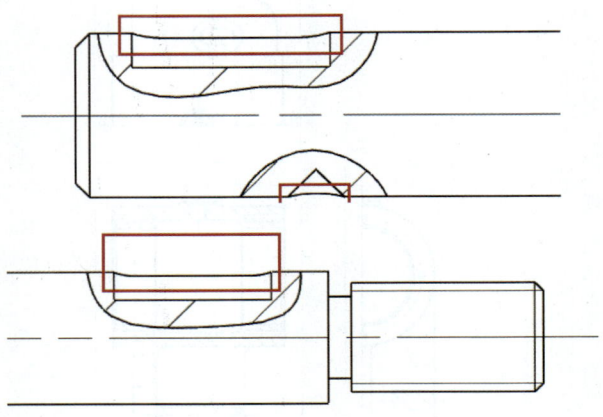

❼⓿ Erase Objects를 클릭하고 Select Objects에 line을 선택한 후 OK를 클린한다.

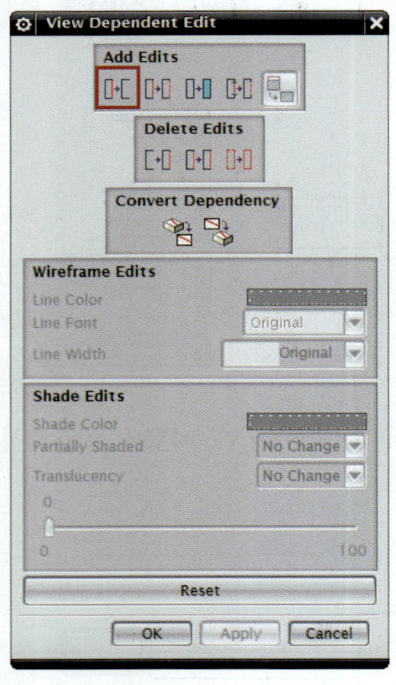
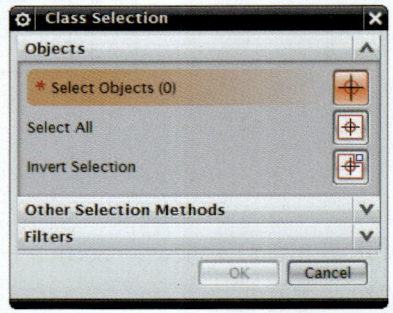

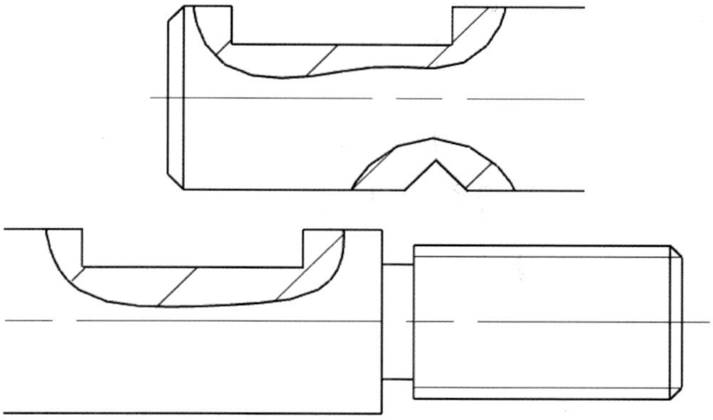

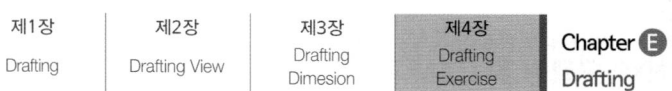

(71) 삭제된 부분에 line을 그린 후 Finish Sketch한다.

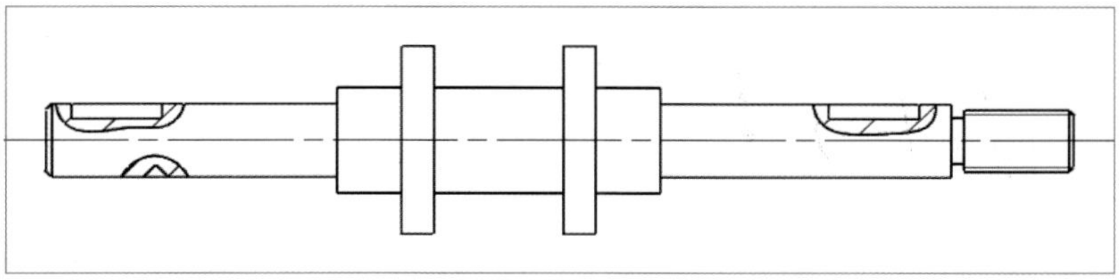

(72) 평면도는 키홈만 남기고 View Dependent Edit를 이용해서 모두 지우고 남아있는 중심선도 삭제한다.

73 Center Mark를 이용해서 평면도 키홈의 중심선을 생성하고 3D Centerline을 이용해서 정면도의 키홈과 멈춤나사 홈의 중심선을 생성한다.

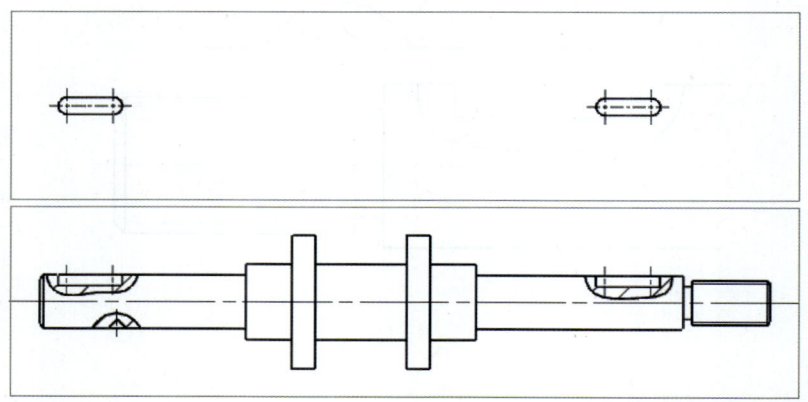

74 View Dependent Edit을 이용해서 파단선을 가는 선으로 변경한다.
Add Edits → Edit Entire Objects를 클릭하고 변경하려는 line을 클릭한다.

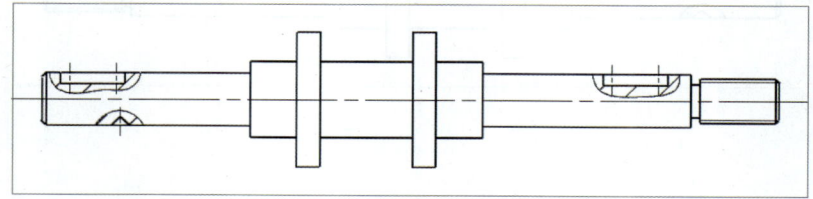

75 Insert → View → Section → Revolved( )를 클릭하여 3번 부품 뷰의 좌측면도를 생성한다. Parent → Base 뷰를 클릭한다.

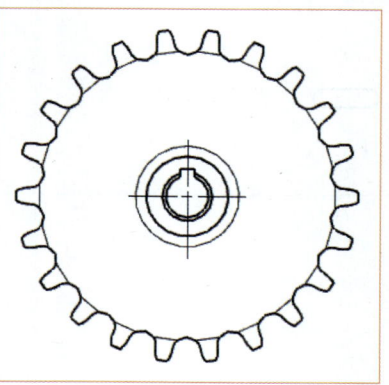

76 sprocket의 중심점을 클릭한다.

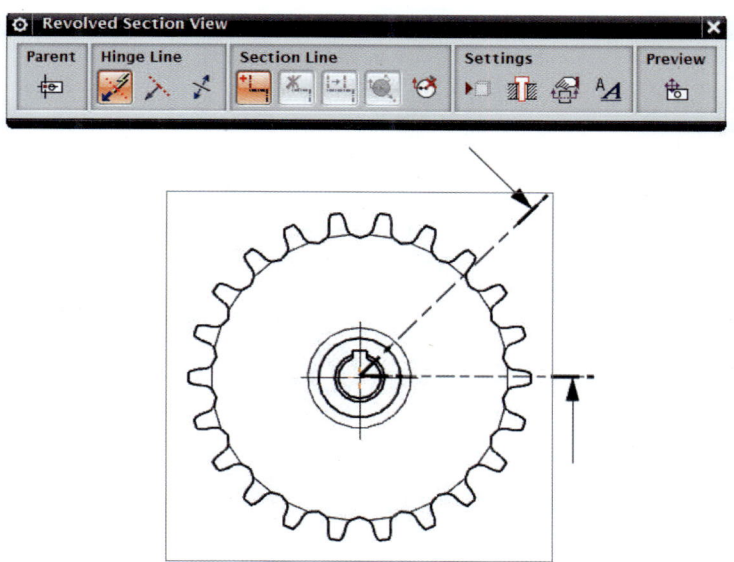

77 두 개의 힌지 선을 sprocket의 이가 단면될 수 있도록 아래 그림과 같이 배치한다.

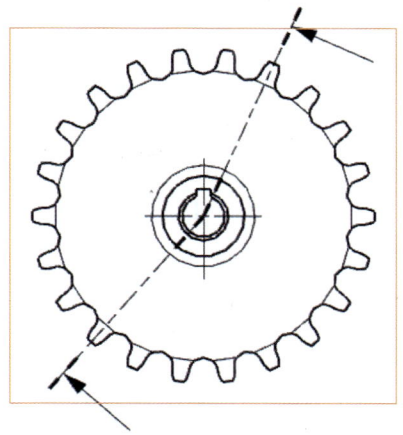

㊸ Add Segment(▣)를 클릭하고 위쪽에 있는 힌지 선을 클릭한다.

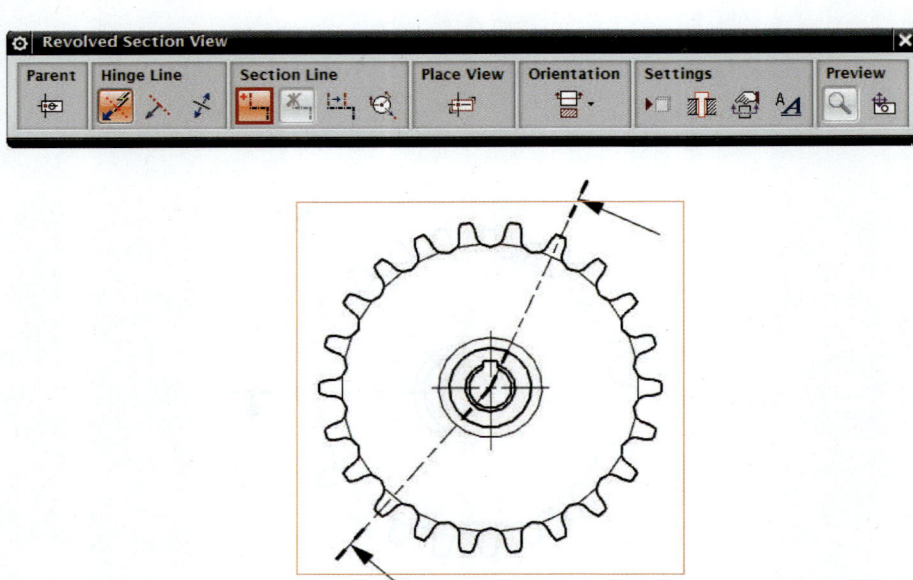

㊹ 좌측면도에 키홈을 나타내기 위해서 Selection Bar에서 Quadrant Point(○)를 활성화 시키고 보스부의 사분점을 클릭한다.

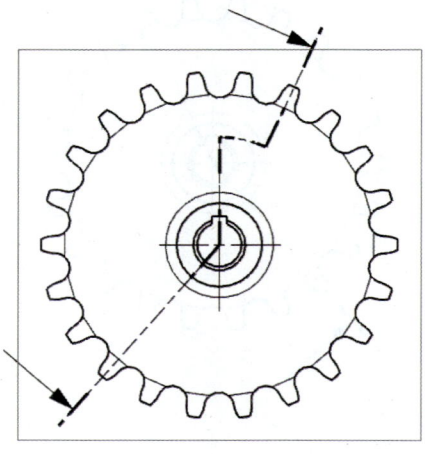

| | 제1장
Drafting | 제2장
Drafting View | 제3장
Drafting Dimesion | 제4장
Drafting Exercise | Chapter E
Drafting |

⑧⓪ 아래쪽에 있는 힌지 선을 클릭하고 멈춤 나사부를 나타내기 위해서 보스부의 사분 점을 클릭한다.

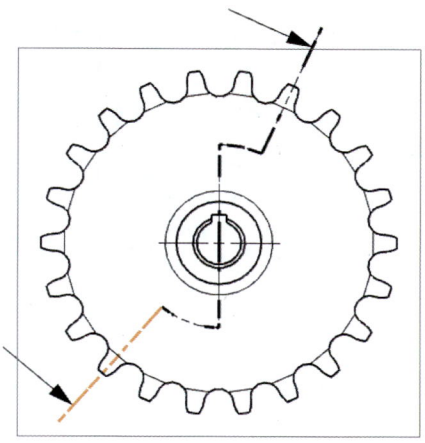

⑧① Place View( )를 클릭해서 드래그한 후 좌측면도를 생성한다.

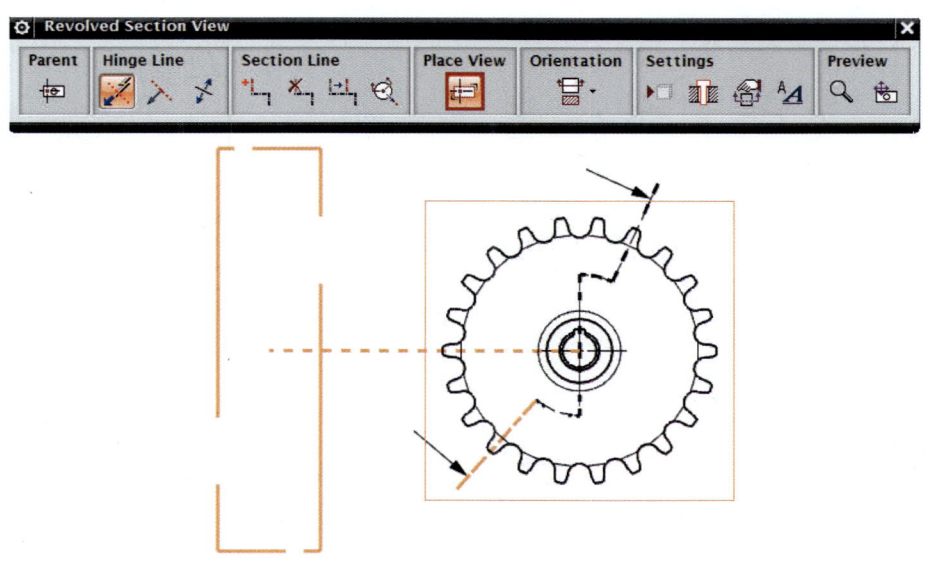

589

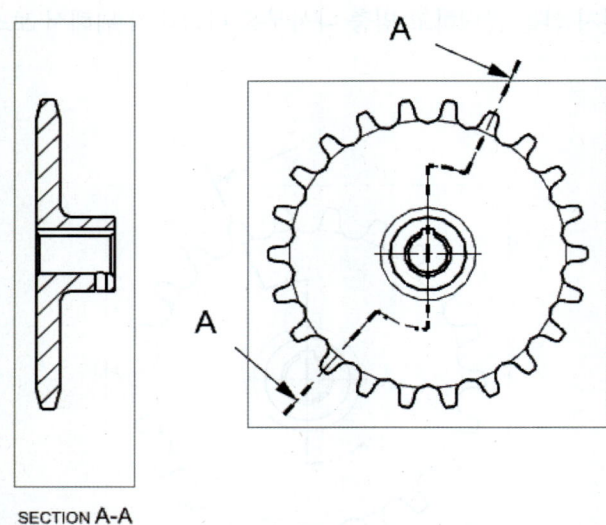

SECTION A-A

⑧ 정면도를 Active Sketch View하여 그림과 같이 Sketch하고 Break-Out Section View(圖)를 이용해서 파단한다.

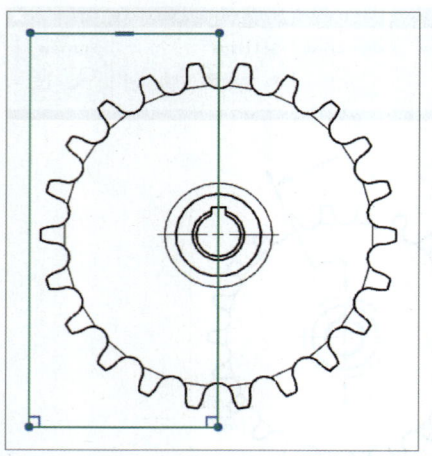
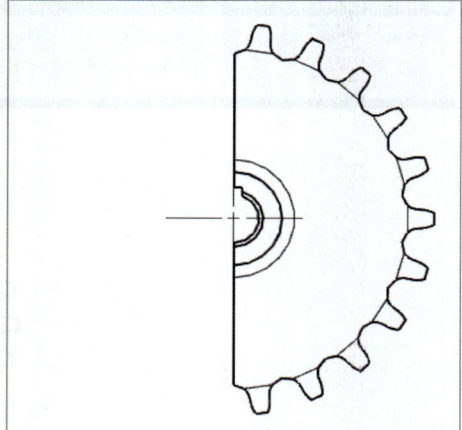

❽❸ View Dependent Edit를 이용해서 아래 그림과 같이 line과 해칭을 삭제한 후 좌측면도에 Sketch로 line을 다시 생성한다.

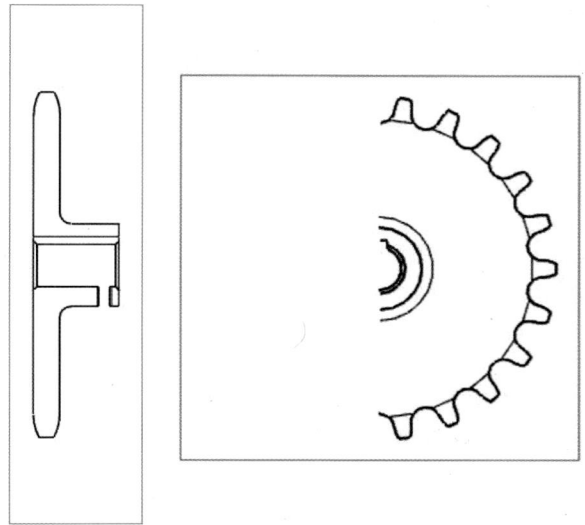

❽❹ Symmetrical을 이용해서 대칭 중심선을 생성하고 2D Centerline을 이용해서 Centerline을 생성한다. Centerline의 길이는 적당하게 연장하여 생성한다.

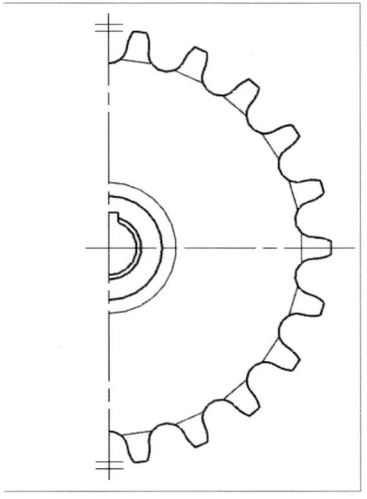

㊆ Insert → Centerline → Circular Centerline(◯)를 이용해서 원형중심선을 생성한다.
Type → Through 3 or More Points를 선택하고 그림과 같이 point를 클릭한다.

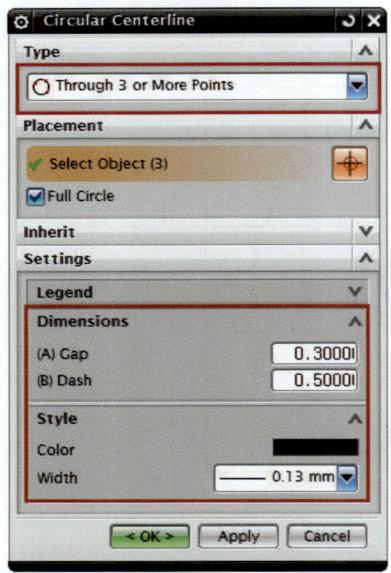 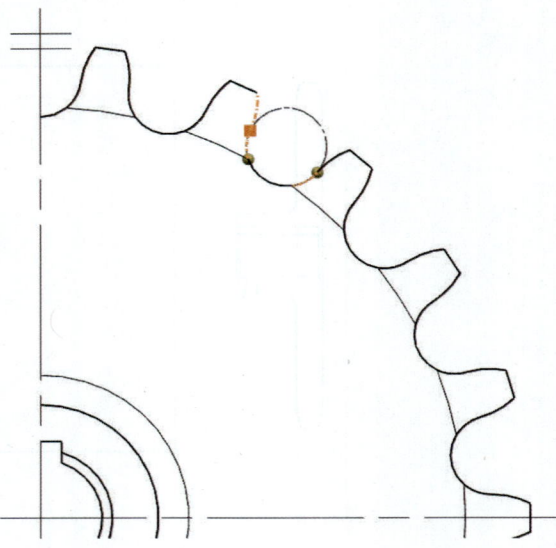

㊇ Settings → Dimensions → Gap : 0.3, Dash : 0.5로 설정하고 Style → Width → 0.13mm로 설정한 후 Apply한다.

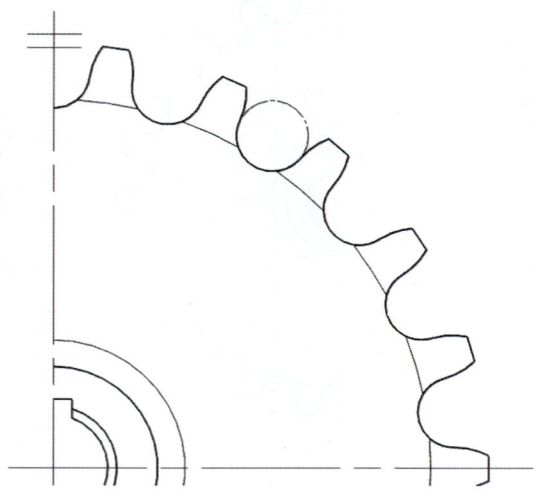

�87 Type → Center Point로 설정한 후 ①, ②중심점을 선택하고 길이를 알맞게 지정한 다음 OK를 클릭한다.

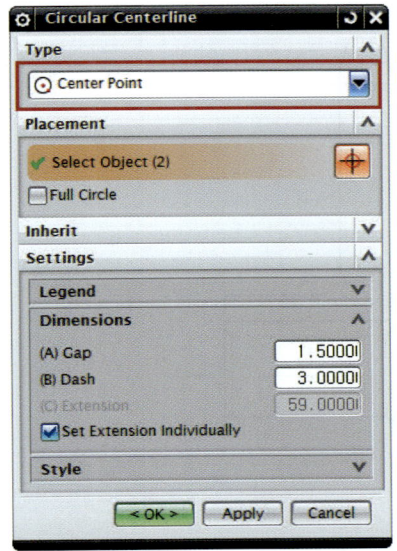
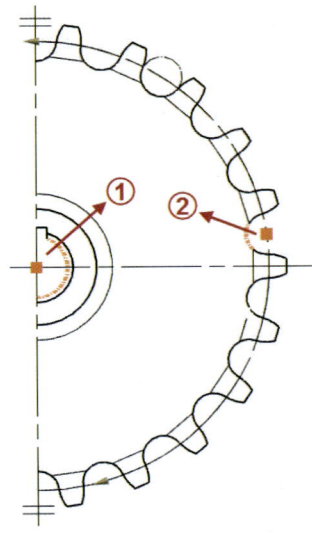

�88 정면도를 Active Sketch View(🔲)한 후 아래 그림과 같이 Sketch하고, MB3을 클릭하여 Edit Display → Line Font → Centerline, Width → 0.13mm로 설정하고 OK를 클릭한다.

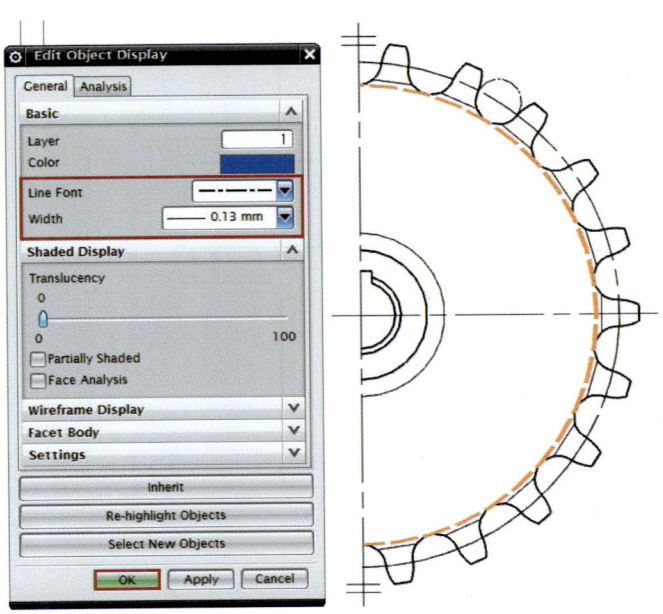

㉙ 좌측면도를 Active Sketch View(📐)한 후 그림과 같이 Sketch하고, Mirror Curve를 이용해서 반대쪽에도 만들어 준다.

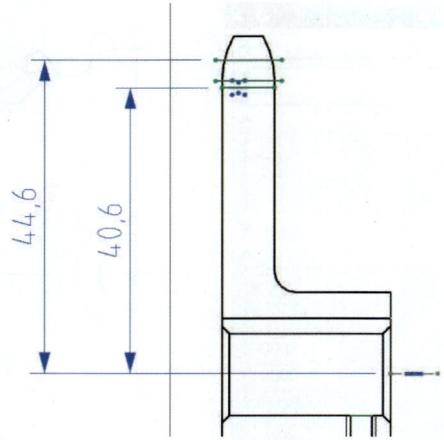

㉚ 치수선과 Mirror Curve를 위해 생성한 line을 선택하고 MB3을 클릭하여 Hide한다.

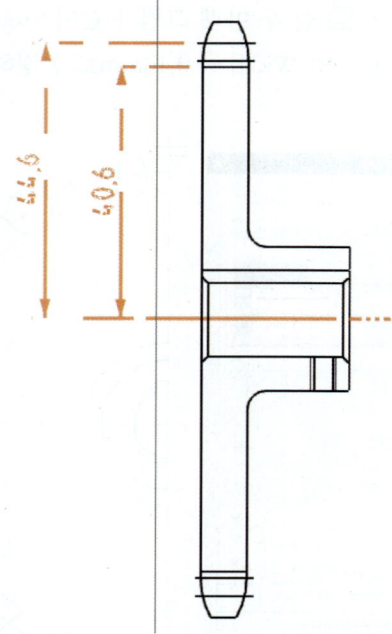

㉑ 2개의 line을 선택하고 MB3을 클릭하여 Edit Display를 선택한다.

그다음 Line Font → Dotted Dashed, Width → 0.13mm로 설정한 후 OK를 클릭한다.

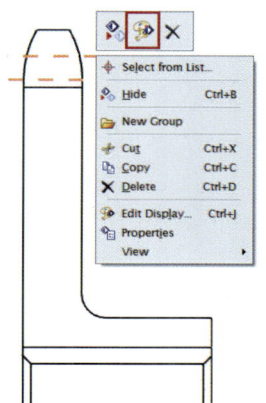 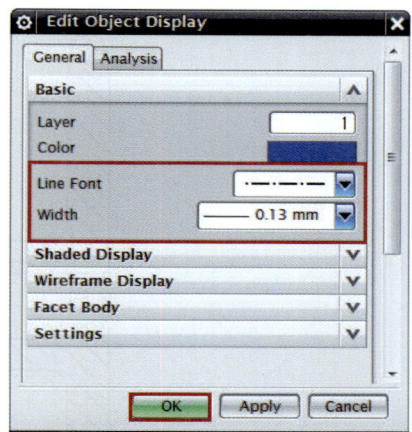

㉒ 2D Centerline을 이용해서 3개 부분의 Centerline을 생성한다.

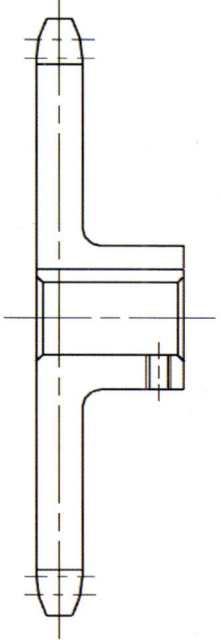

❾❸ Insert → Annotation → Crosshatch(▨)를 클릭하고 좌측면도에 해칭을 생성한다.
Boundary → Point in Region로 설정하고 영역을 선택한 후 OK를 클릭한다.

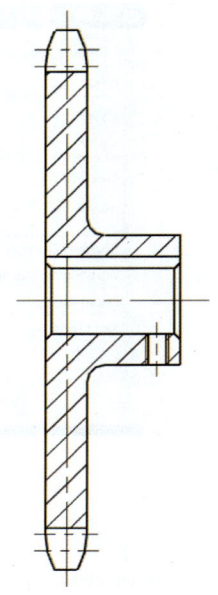

❾❹ Insert → View → Section → Revolved Section View(⌀)를 클릭한다.
4번 부품 뷰를 그림과 같이 생성한 후 Place View를 클릭하여, 우측으로 뷰를 배치한다.

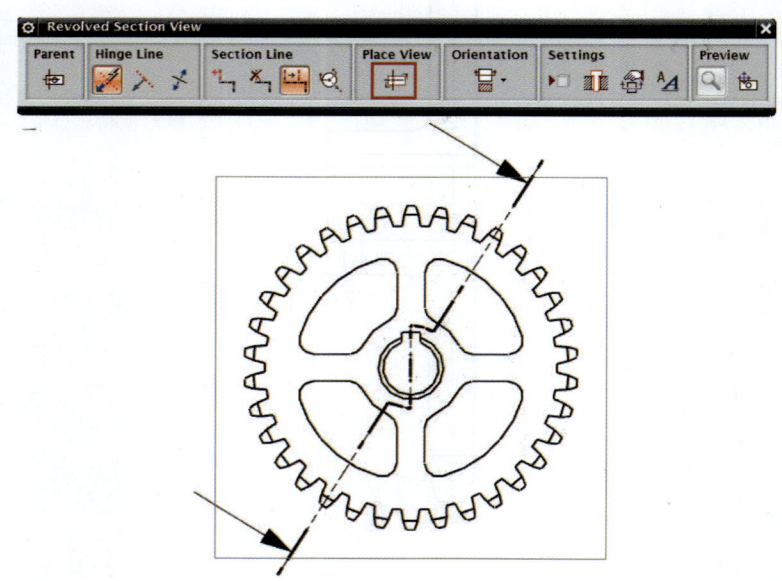

❾❺ 힌지 선과 문자를 선택하고 MB3을 클릭한 후 Hide로 숨겨둔다.
그다음 View Dependent Edit을 이용해서 불필요한 line과 해칭선을 삭제한다.

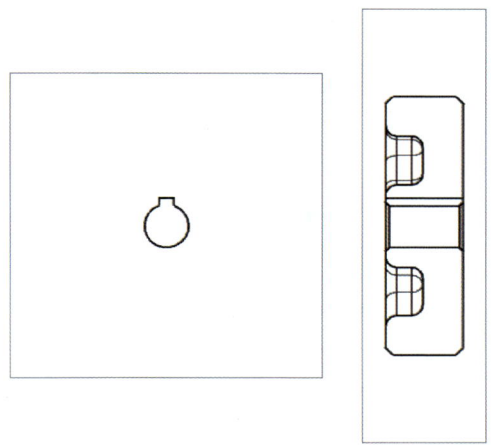

❾❻ 오른쪽 뷰를 선택하고 MB3을 클릭한 후 Style을 클릭한다.
Smooth Edges탭을 클릭하고, Smooth Edges에 체크해제한 다음 OK를 클린한다.

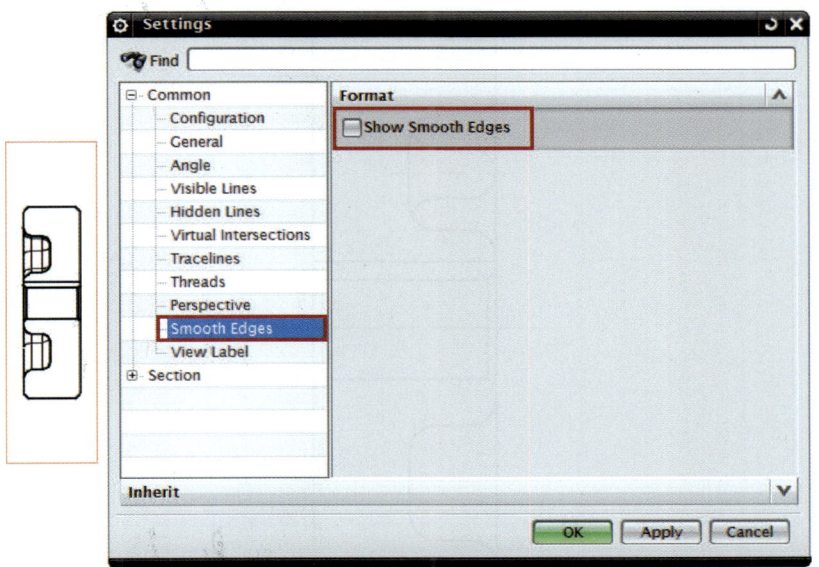

❾❼ 4번 부품 뷰를 클릭하고 MB3을 클릭하여 Active Sketch View(🔲)를 실행한다.
Sketch를 그림과 같이 한 후 수평line을 Mirror Curve를 이용해서 반대쪽도 똑같이 생성한다.

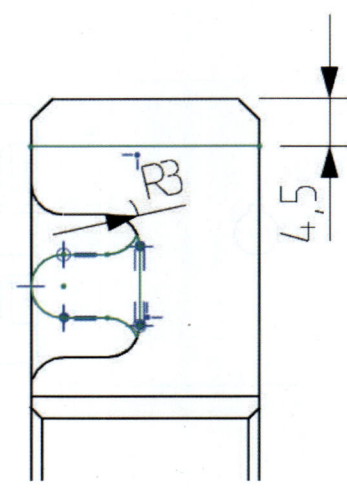

❾❽ 2D Centerline을 이용해서 아래 그림과 같이 생성한다.

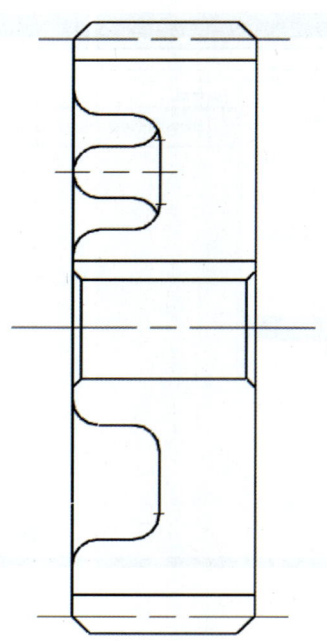

❾❾ Sketch를 클릭하고 MB3을 클릭한 후 Edit Display를 클릭한다.
그다음 Width → 0.13mm로 설정하고 OK를 클릭한다.

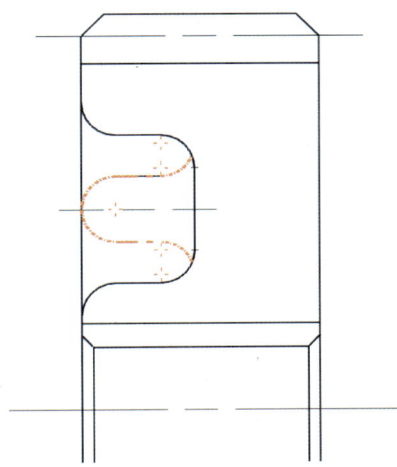
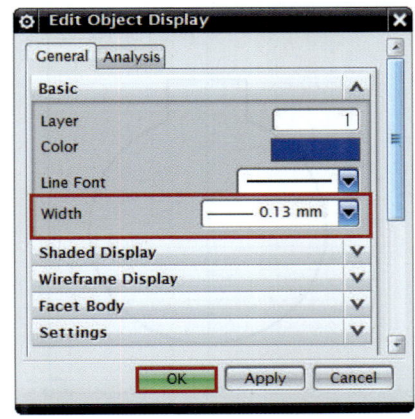

❿ Insert → Annotation → Crosshatch(▨)를 클릭한다.
Boundary → Point in Region으로 설정한 후 영역을 선택하고 OK를 클릭한다.

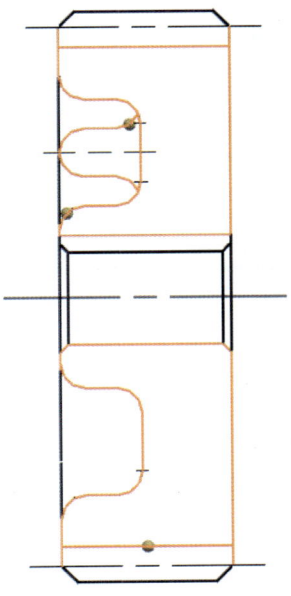
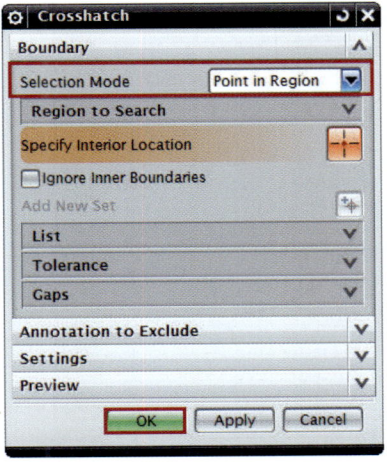

599

101 좌측 뷰를 Active Sketch View(⊞)로 설정하고 그림과 같이 Sketch한 후 Break-Out으로 잘라 낸다.

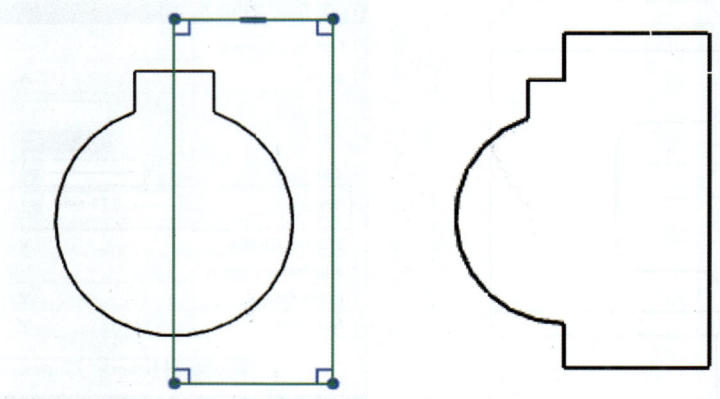

102 View Dependent Edit → Erase Objects를 이용해서 불필요한 line을 선택하고 삭제한다.

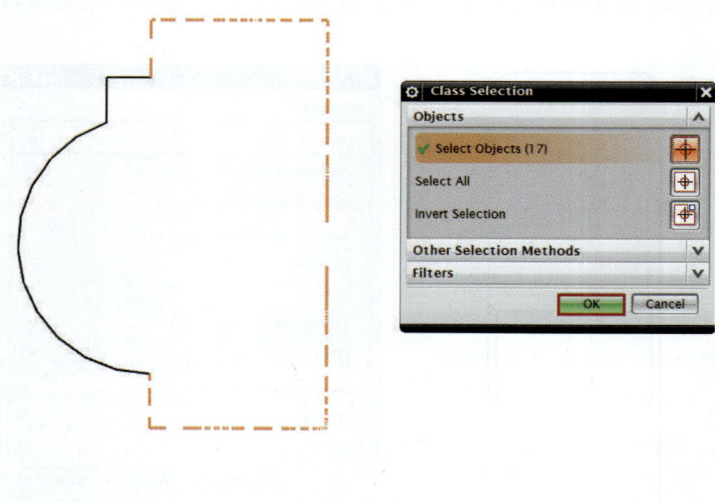

| 제1장 | 제2장 | 제3장 | 제4장 | Chapter E |
| Drafting | Drafting View | Drafting Dimesion | Drafting Exercise | Drafting |

⑩ 중심에 line을 Sketch하고 Insert → Centerline → Symmetrical을 클릭한다.

Type → Start and End로 하고 ①, ②Point를 클릭한 후 길이를 알맞게 지정하고 OK를 클린한다.

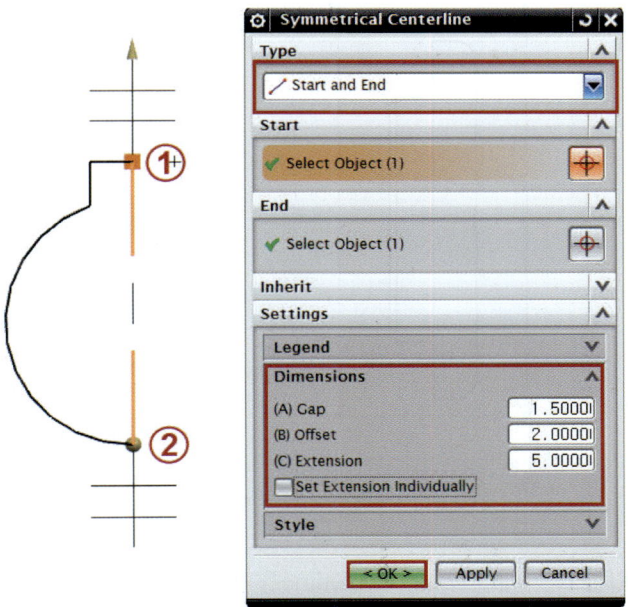

⑩ Sketch한 line을 Hide로 숨기고 MB3을 클릭한 후 Boundary를 선택한다.

그다음 Manual Rectangle로 선택하고 적절한 크기로 정의한다.

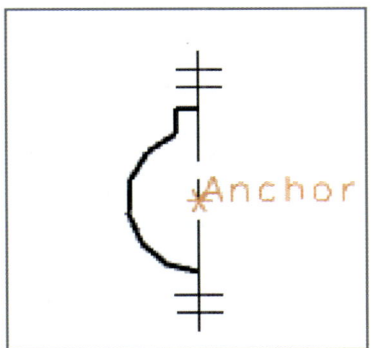

601

⑩⑤ 5번 부품 뷰를 클릭하고 Active Sketch View(📷)를 선택하고 Rectangle을 이용해서 Sketch한 후 Break-Out한다.

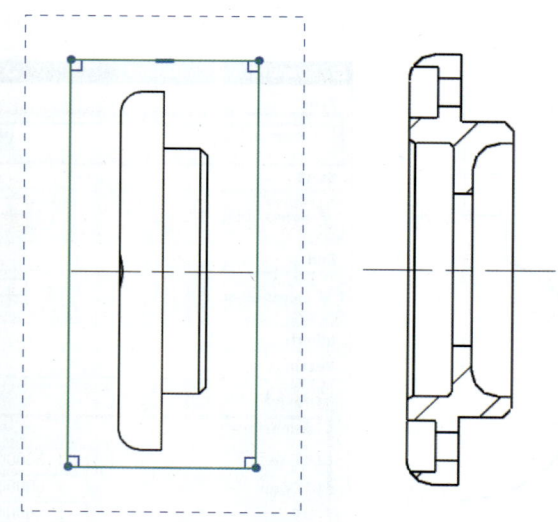

⑩⑥ Centerline을 클릭하고 삭제한 후 2D Centerline을 이용해서 생성한다.
Type → From Curves로 하고 ①, ② line을 선택한 후 길이를 알맞게 지정한다.

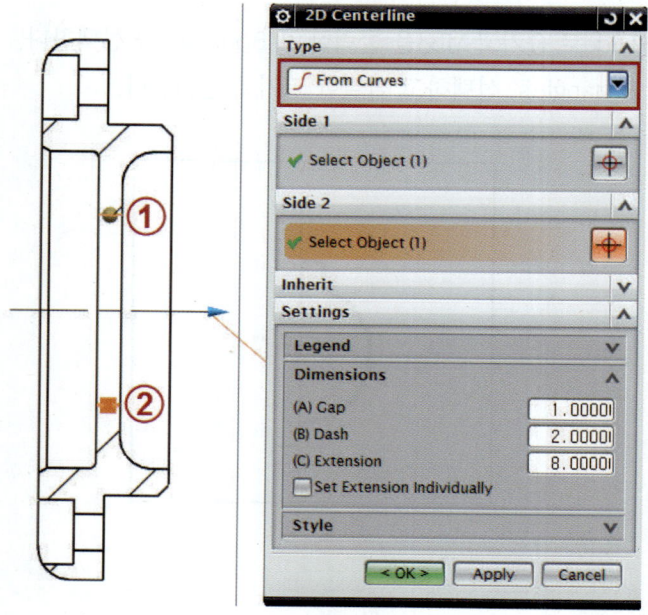

❿ 같은 Type으로 ①, ②를 선택하고 길이를 알맞게 지정하여 중심선을 생성한다. 반대쪽도 같은 방법으로 생성한다.

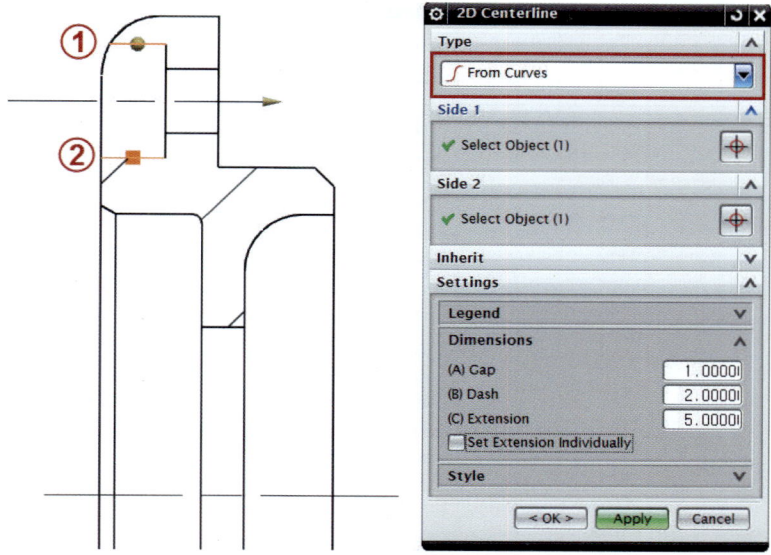

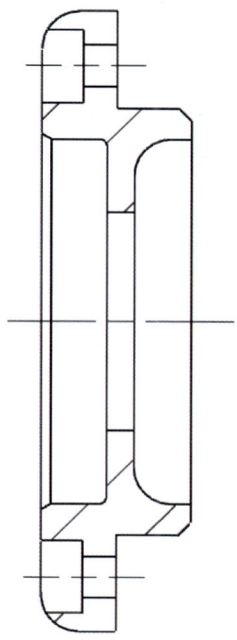

⑩ Insert → View → Detail( )을 이용해서 상세도를 생성한다.
Boundary → Specify Center Point에서 Circular의 중심점을 클릭한다.

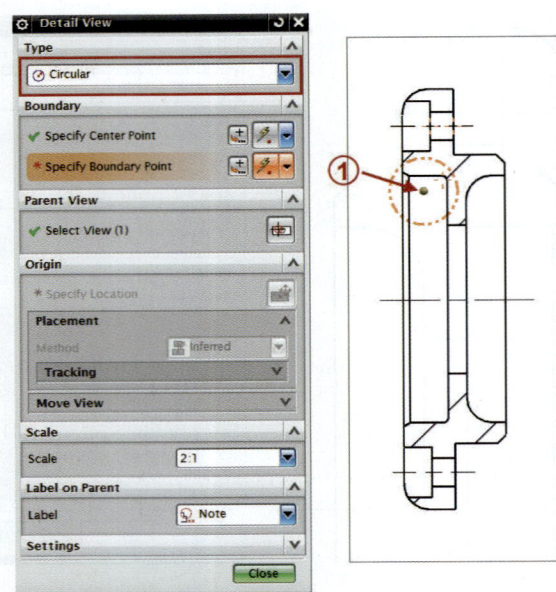

⑩ 중심점에서 떨어진 위치로 드래그하고 원형 상세 경계의 반경을 정의한다.

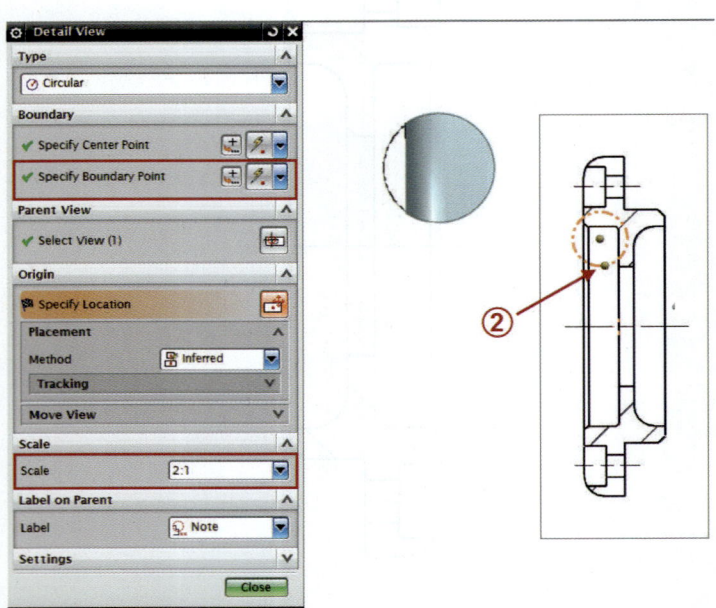

⑩ Scale → 2:1로 설정하고 도면 시트에서 원하는 위치를 클릭하여 배치한다.

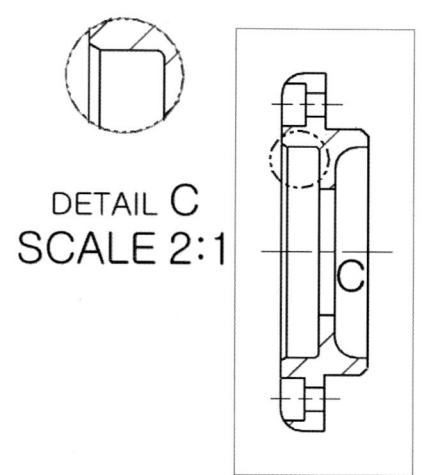

NX9 모델링 및 CAM 가공

제 2 절 Drafting 따라 하기 Ⅱ

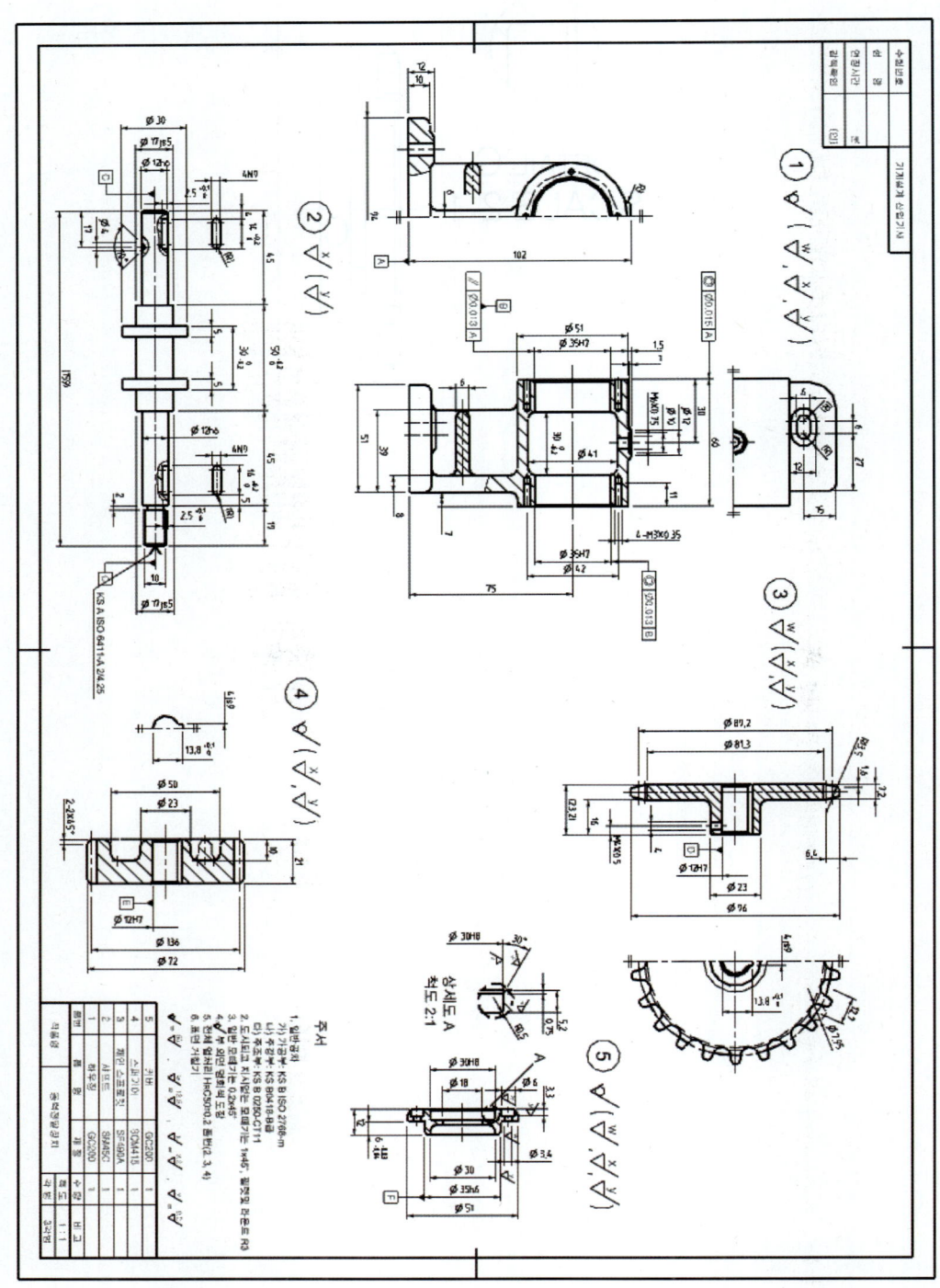

| 제1장 Drafting | 제2장 Drafting View | 제3장 Drafting Dimension | 제4장 Drafting Exercise | Chapter E Drafting |

❶ Preferences → Annotation을 클릭한 후 아래와 같이 설정한다.

① Line/Arrow

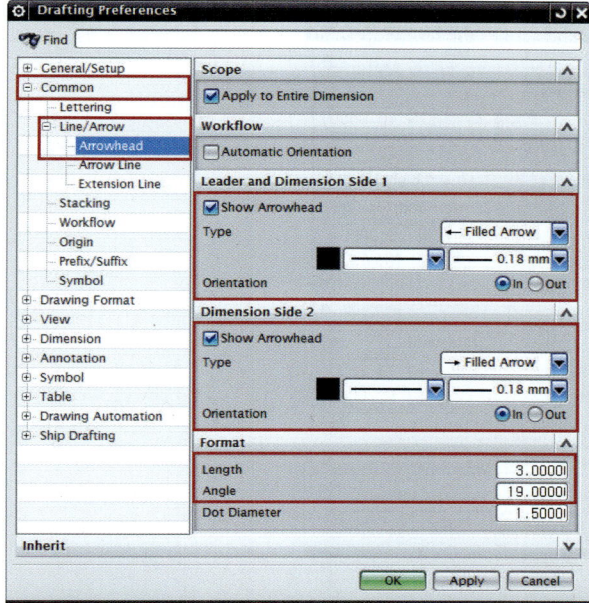

- Leader and Dimension Side 1
  - 화살표 타입
  - 치수선 두께
- Dimension Side 2
  - 화살표 타입
  - 치수선 두께
- Format
  - 화살표 크기
  - 화살표 각도

② Lettering

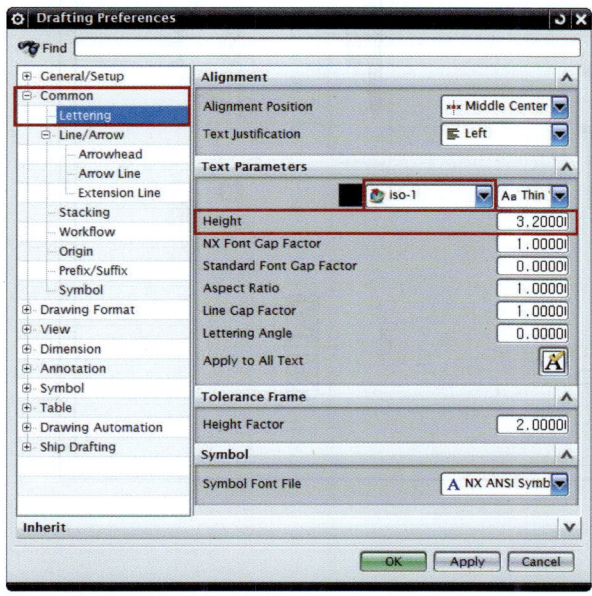

- Text Parameters
  - Font : Iso-1 또는 Iso_font
  - 글자 높이 : 3.2mm

Unigraphics(UGS) CAD/CAM
NX9 모델링 및 CAM 가공

❷ Tool → Drawing Formet → Borders and Zones를 클릭한다.
그림과 같이 설정한 후 OK를 클린한다.

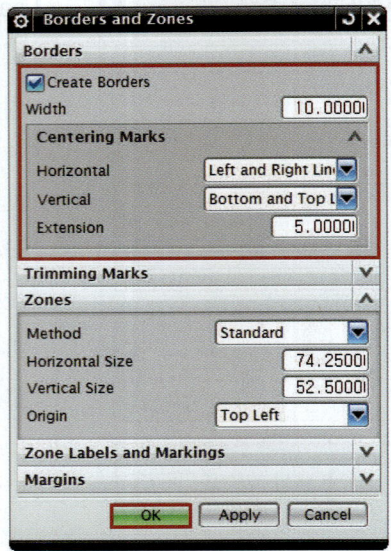

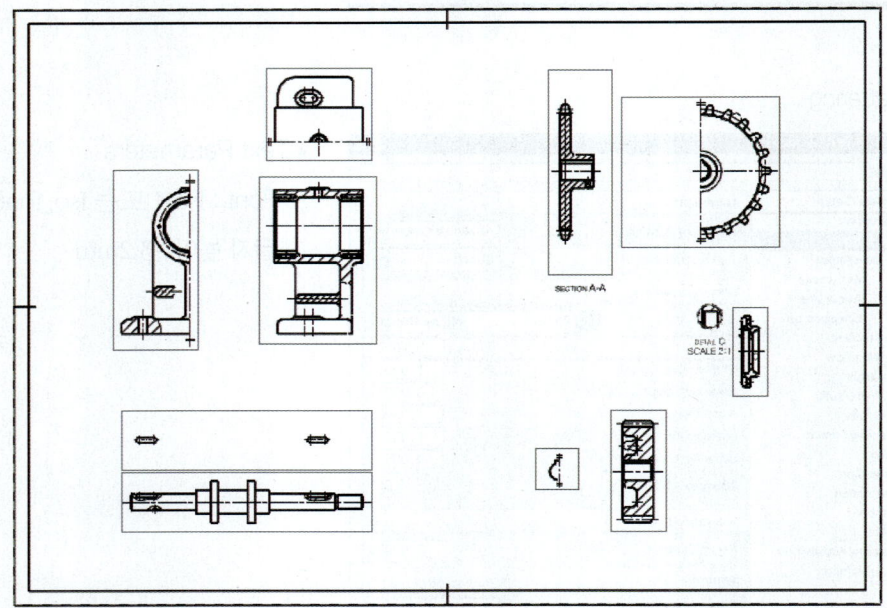

❸ Preferences → Drafting → View 에서 Borders → Display에 체크해제를 하고 OK를 클릭한다.

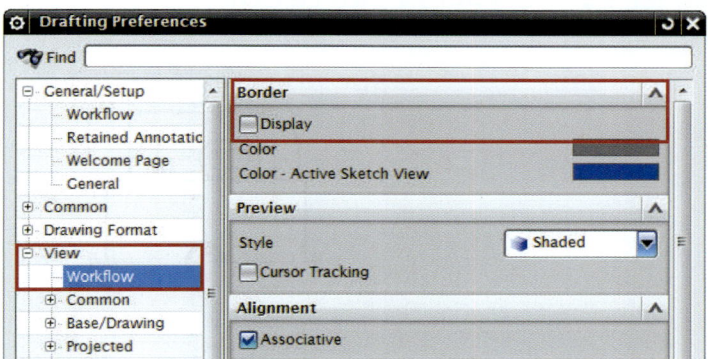

❹ Insert → Dimension → Rapid( )를 클릭한 후 아래 그림과 같이 기본적인 치수를 기입한다.

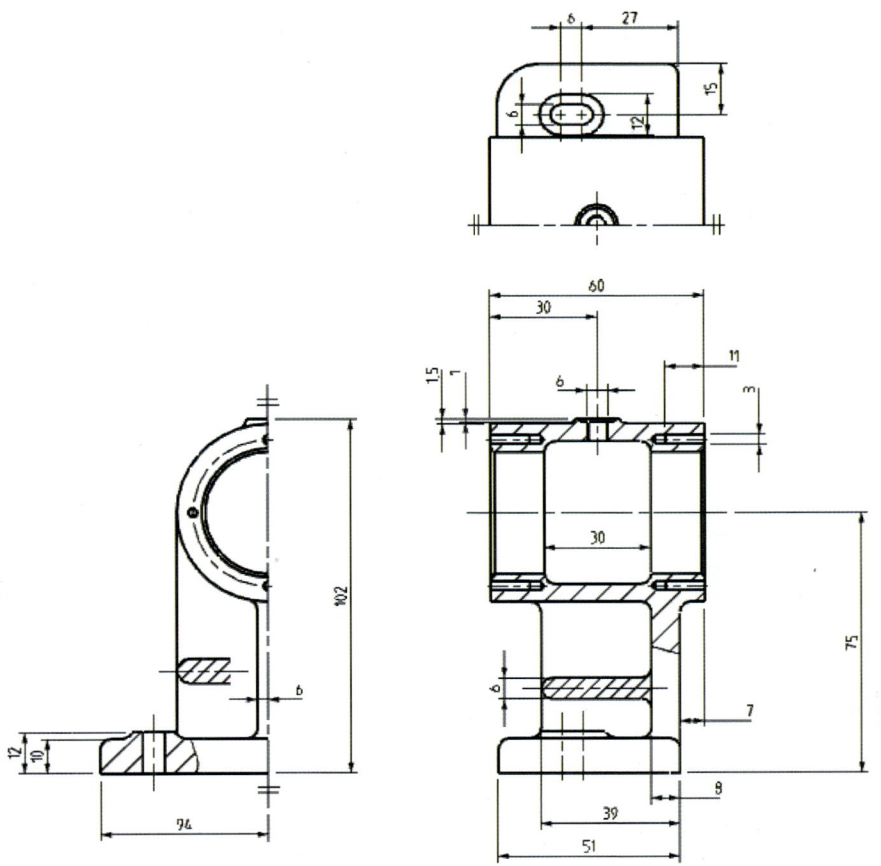

❺ Insert → Dimension → Rapid → Cylindrical( )을 클릭한다.
직경치수가 들어가야 할 부분에 모두 치수를 기입한다.

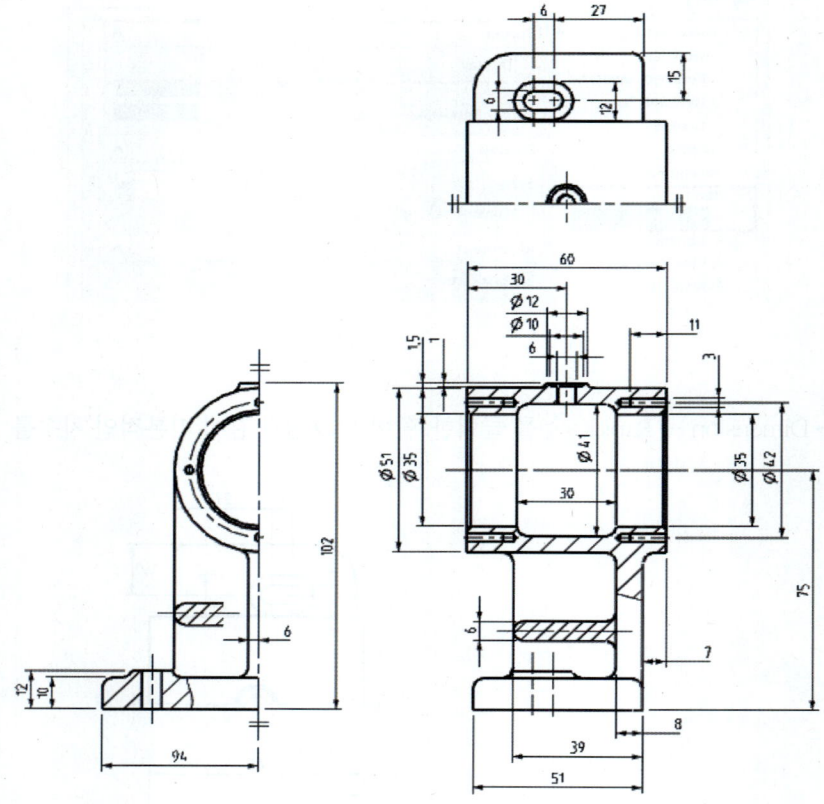

❻ Insert → Dimension → Radius( )을 이용해서 좌측면도와 평면도의 반경 값을 입력한다.

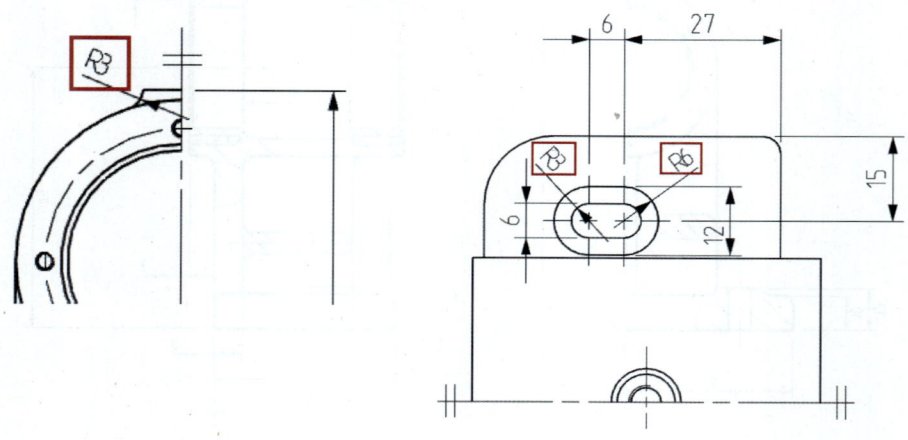

| 제1장 Drafting | 제2장 Drafting View | 제3장 Drafting Dimesion | 제4장 Drafting Exercise | Chapter E Drafting |

❼ 3개의 반경 값을 선택하고 MB3을 클릭하여 Style을 클릭한다.

Line/Arrow → Arrowhead → Workflow에서 Automatic Orientation를 클릭해서 치수를 화살표 바깥쪽으로 배치하도록 설정한 후 OK한다.

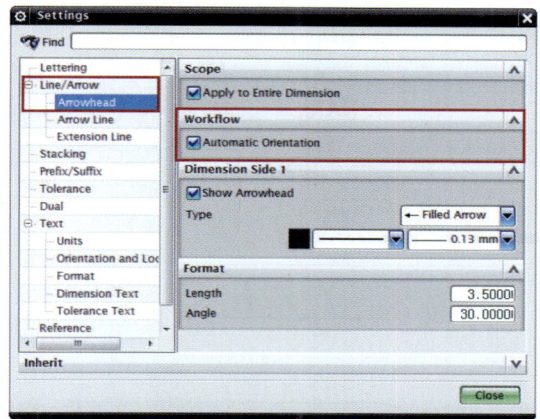

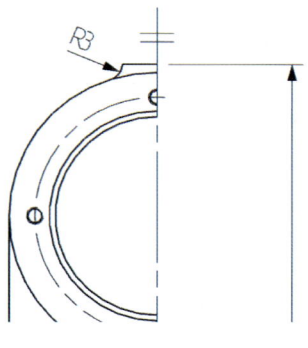
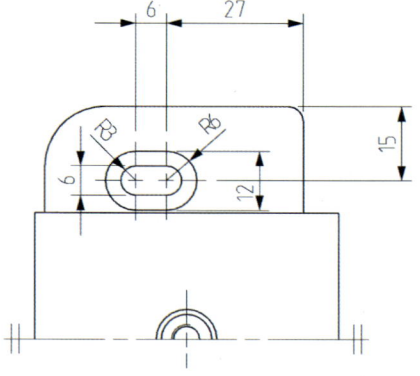

❽ Edit → Annotation → Text( )를 클릭한다.

평면도의 반경 값 R3의 숫자를 클릭하고 Text Input에서 숫자를 지우고 space bar를 누른다.

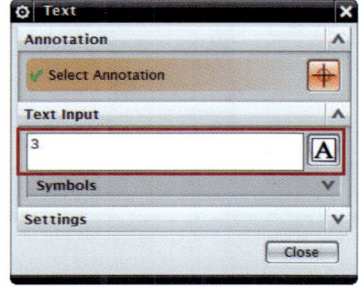
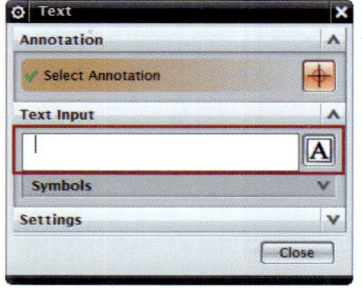

❾ R을 클릭하고 Text Input에 (R)을 입력한다.
R6도 같은 방법으로 설정한다.

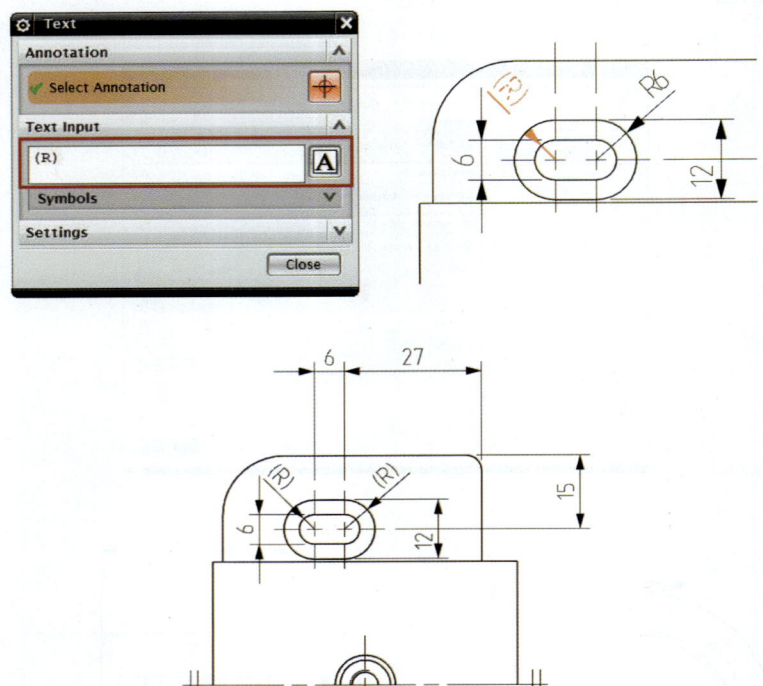

❿ 아래 그림과 같이 한쪽의 치수 보조선과 화살표를 지우기 위해 Style → Line/Arrow → Arrowhead에서 Scope와 Dimension Side 1에 체크해제를 한 후 OK한다.

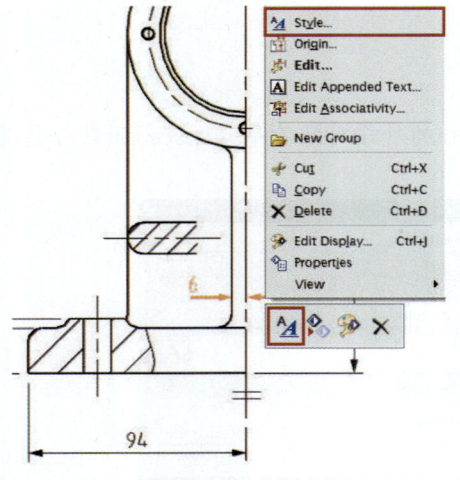
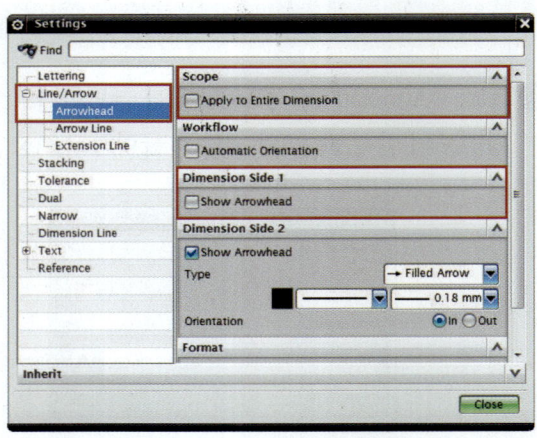

❶❶ 동일하게 필요한 부분에 설정한다.

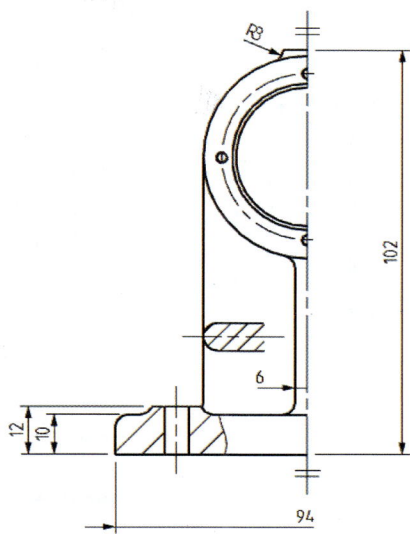

❶❷ 수정하고자 하는 치수를 클릭하고, MB3을 클릭한 후 Edit Appended Text를 이용하여 2개의 끼워맞춤 공차를 입력한다.

누락된 2개소의 나사부도 수정한다.

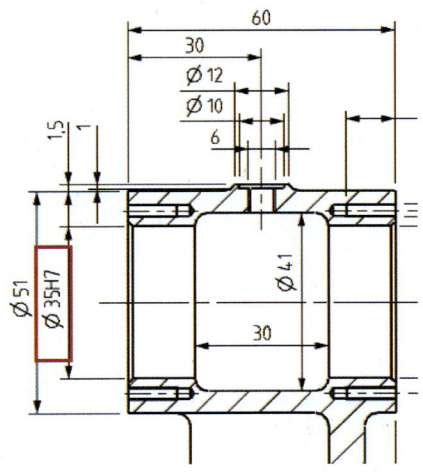
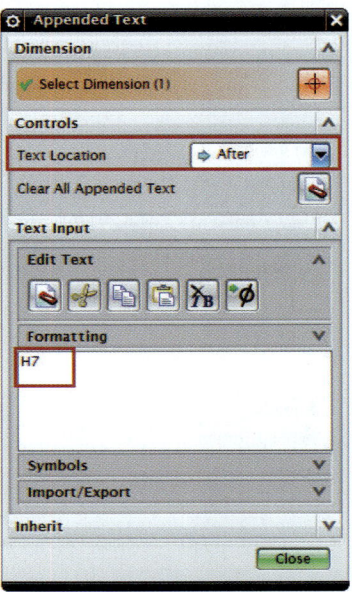

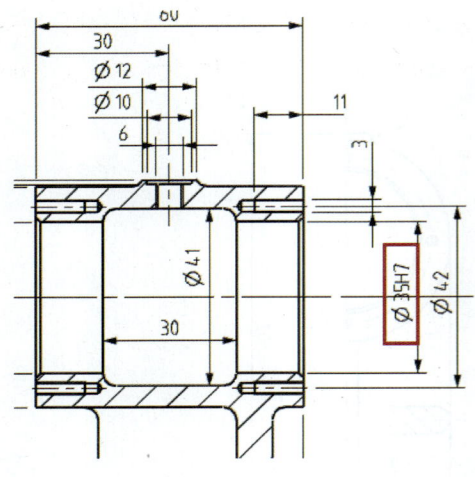
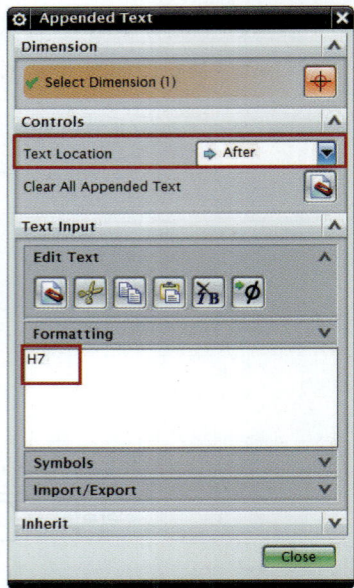

⓭ 누락된 2개소의 나사부도 같은 방법으로 수정한다.

치수를 클릭하고 Before를 클릭하고 M을 입력한 후 After를 클릭하고 X0.75를 입력한다.

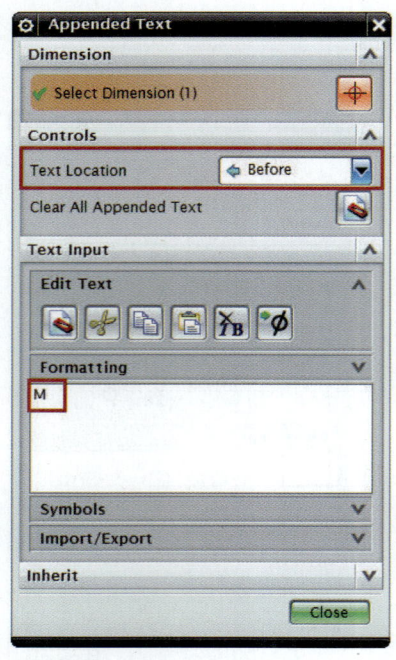
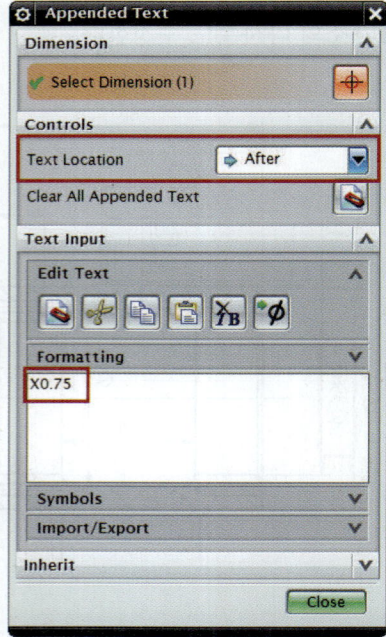

| | 제1장
Drafting | 제2장
Drafting View | 제3장
Drafting Dimesion | 제4장
Drafting Exercise | Chapter E
Drafting |

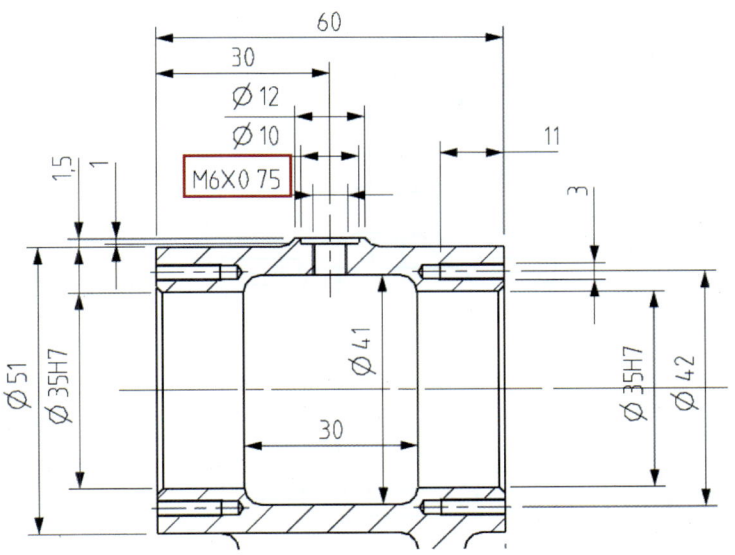

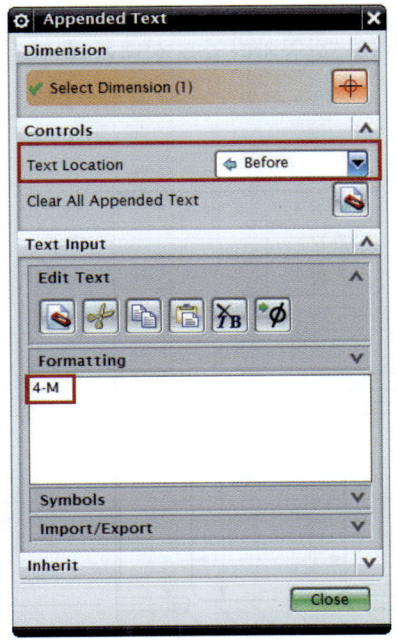
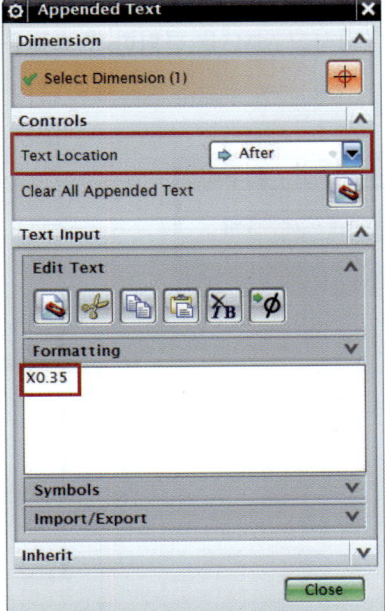

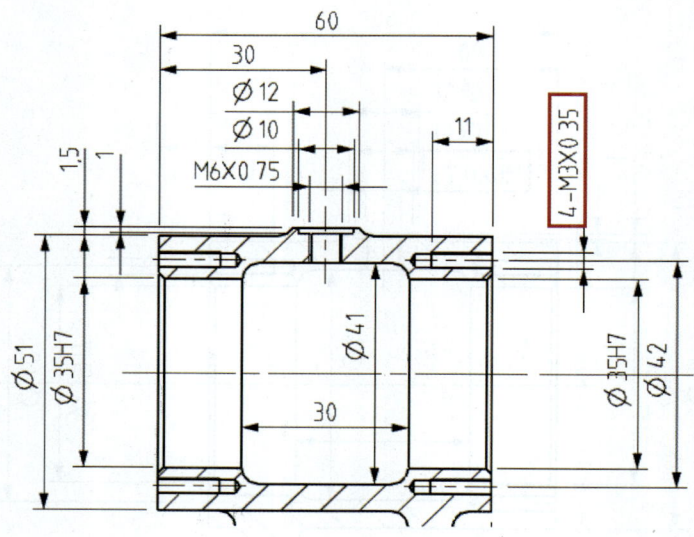

⓮ 칼라의 고정을 위해 아래 그림과 같이 공차를 입력한다.
　치수를 클릭하고 MM3을 클릭한 후 Edit을 클릭하고, 공차타입을 선택한 후 값을 알맞게 입력한다.

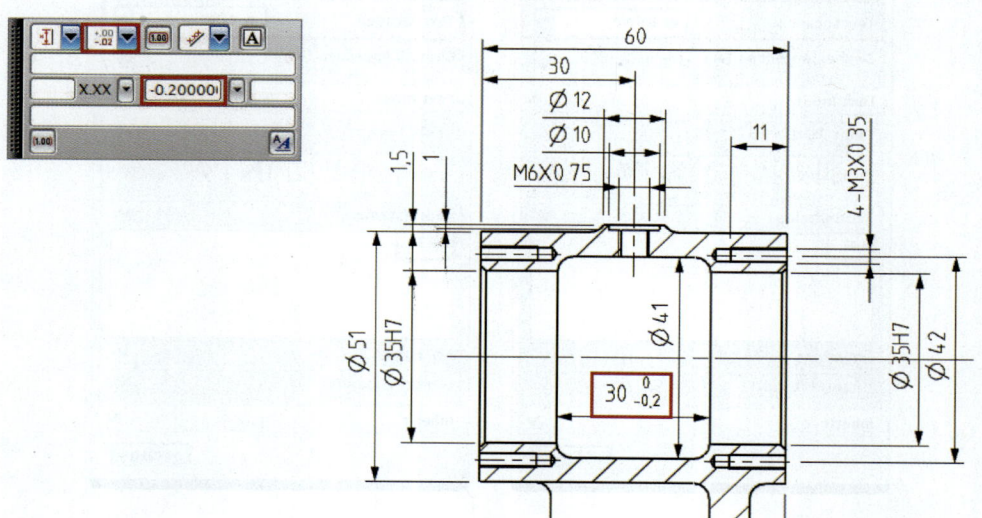

❶❺ 공차를 입력하는 창의 오른쪽 아래쪽에 있는 Text Settings를 클릭해서 Text → Units → Decimal Delimiter에 Period로 선택한다.

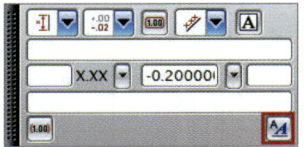
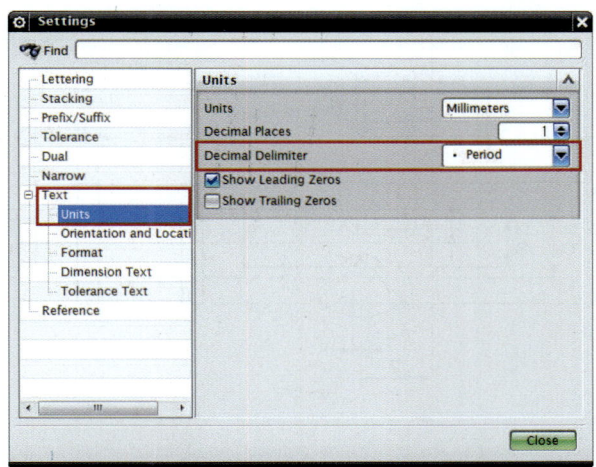

❶❻ 2번 부품의 기본 치수를 Rapid( )를 이용해서 입력한다.

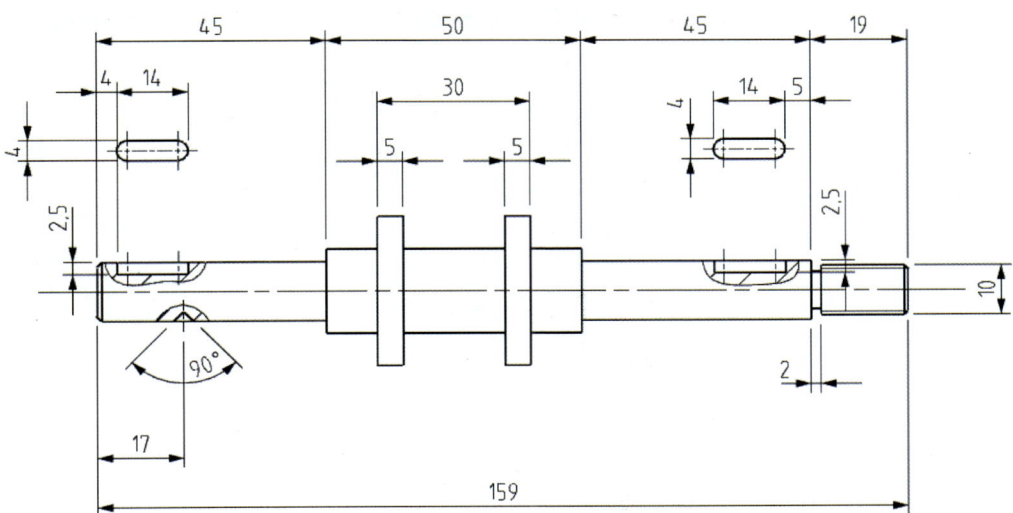

❶❼ Cylindrical(　)을 이용해서 양 끝단에 직경 치수가 필요한 곳에 입력하고 Radius(　)를 이용해서 평면도의 반경 값을 입력한다.

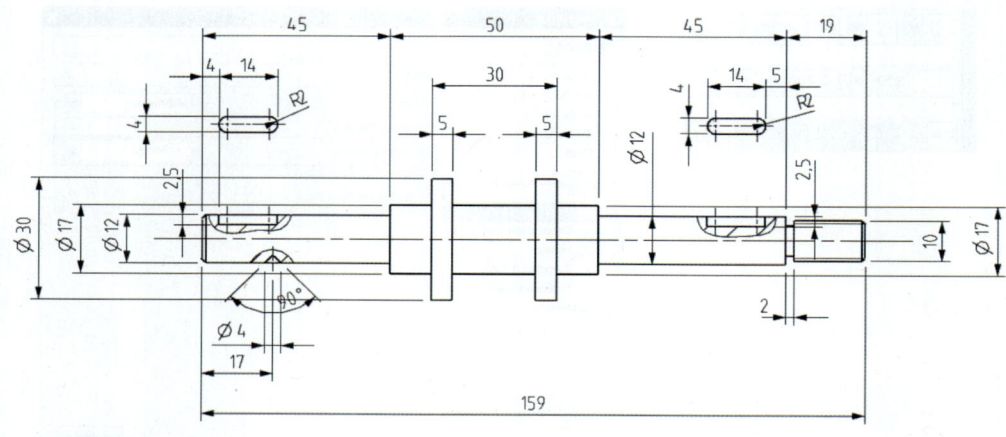

❶❽ Edit Appended Text를 이용해서 전체 길이인 159는 위쪽의 직렬치수와 중복되므로 괄호를 기입해준다.

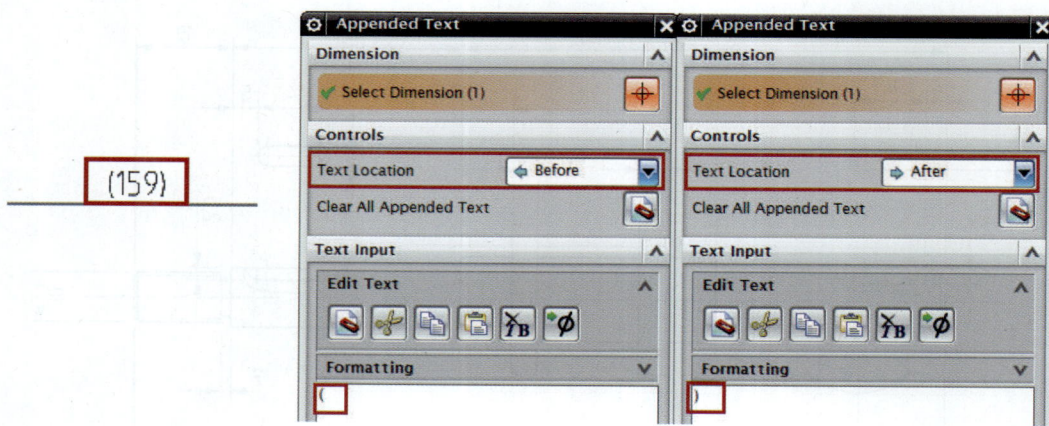

⑲ Edit → Annotation → Text( )를 클릭한 후 반경 값의 문자를 수정한다.

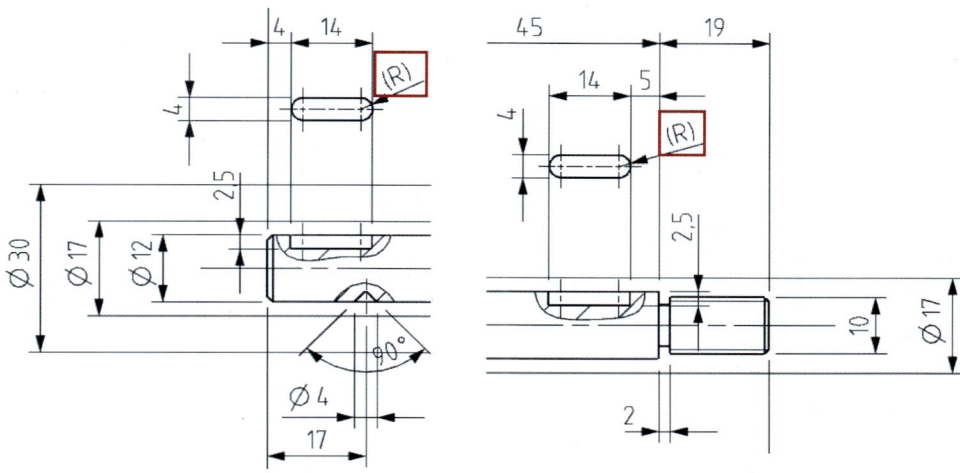

⑳ Edit Appended Text를 이용하여 3번 부품과 4번 부품이 끼워지는 부분과 키 홈 부분에 알맞은 끼워 맞춤을 입력한다.

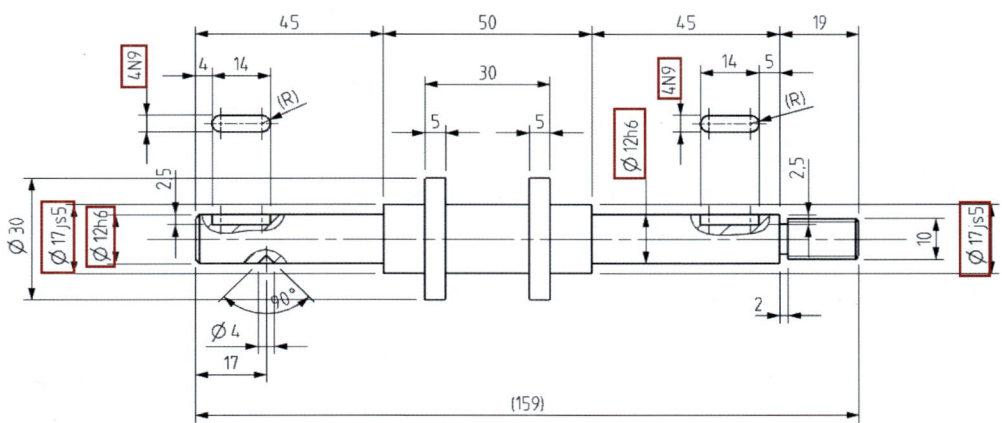

㉑ 키 홈 부분과 치수공차 기입이 필요한 부분에 Edit을 클릭하고 공차타입을 선택한 후 값을 알맞게 입력한다.

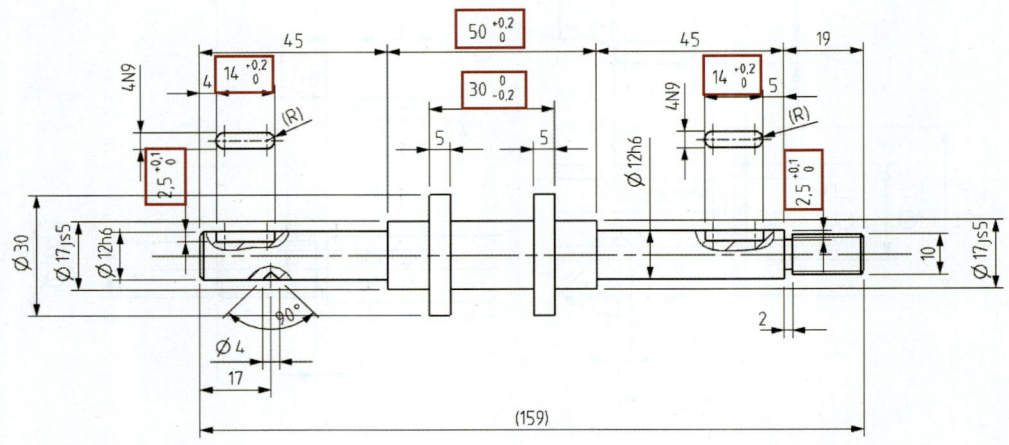

㉒ 3번 부품의 기본 치수를 Rapid( )를 이용해서 입력한다.

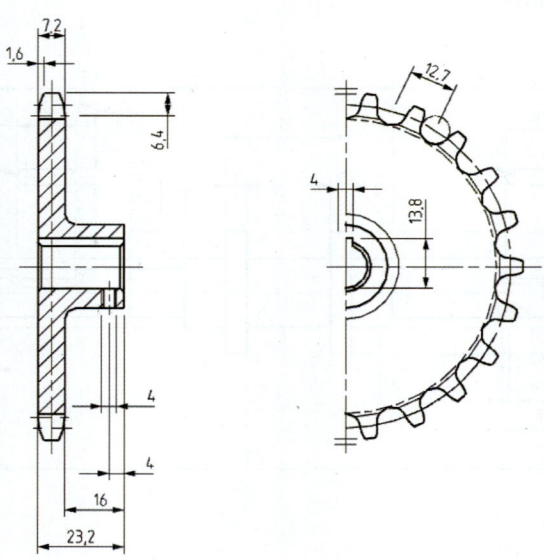

㉓ Cylindrical( )을 이용해서 양 끝단에 직경 치수가 필요한 곳에 입력하고 Radius( ), Radius to Diameter Dimension( )을 이용해서 치수 값을 입력한다.

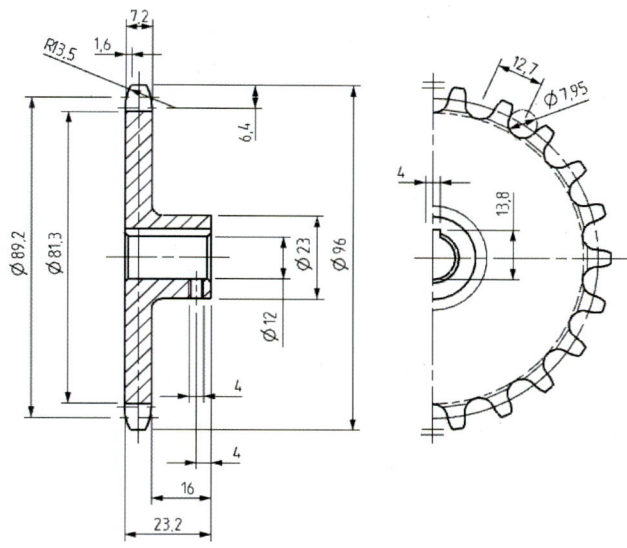

㉔ Edit Appended Text를 이용해서 전체 길이인 23.2는 중복되는 치수이므로 괄호를 기입해준다.

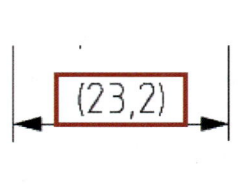
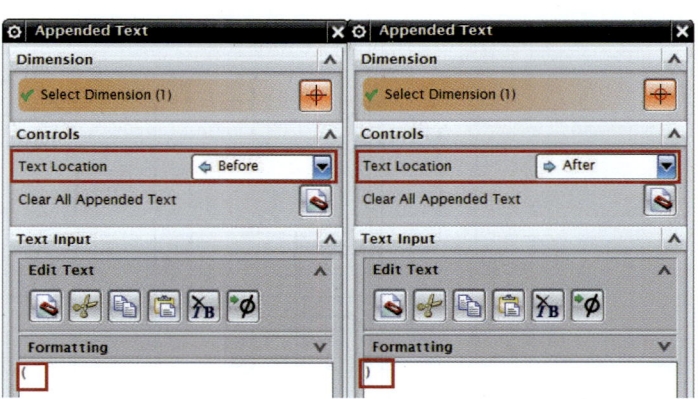

㉕ 치수를 클릭하고 MB3을 클릭한 후 Style → Line/Arrow의 치수 배치 리스트를 아래 그림과 같이 설정한 후 OK한다.

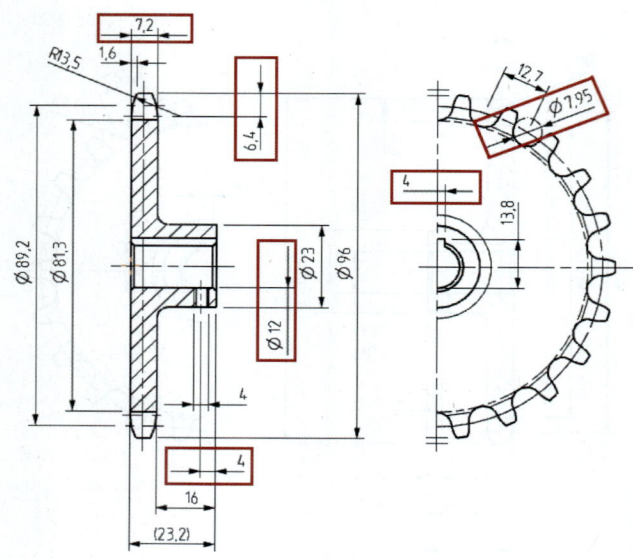

㉖ Edit Appended Text을 이용해서 끼워 맞춤 공차와 멈춤 나사부의 누락된 부분을 기입한다.

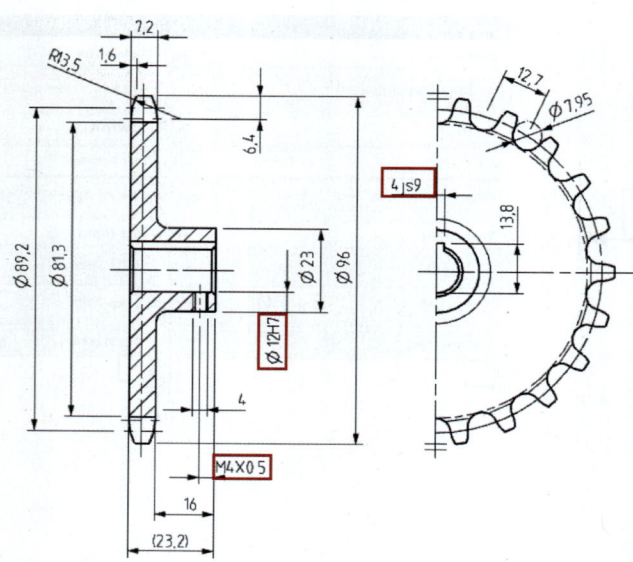

㉗ Edit클릭한 후 아래와 같이 치수공차를 기입한다.

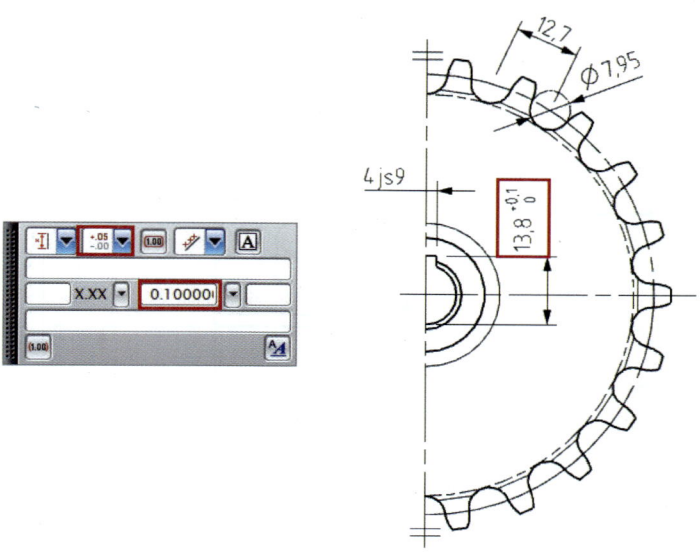

㉘ 3번 부품의 기본 치수를 Rapid( )를 이용해서 Cylindrical( )을 이용해서 직경 치수가 필요한 곳에 입력한다.

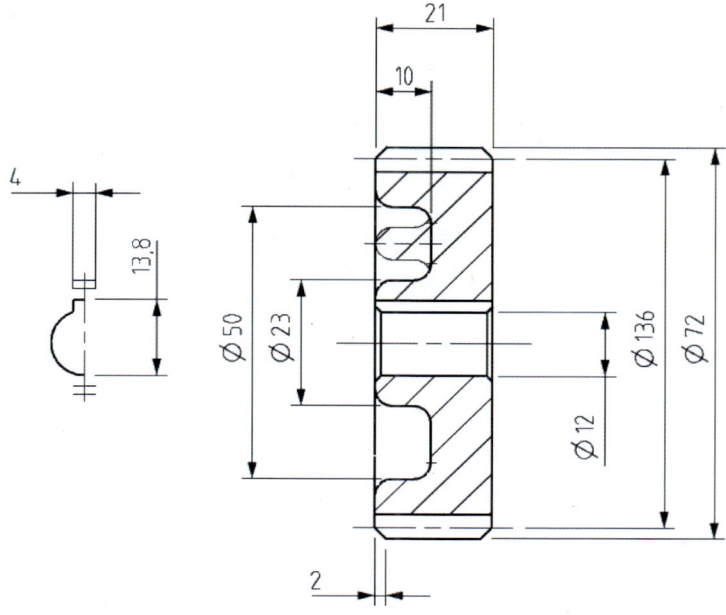

㉙ 구멍부의 끼워 맞춤 공차와 치수공차를 기입한다.

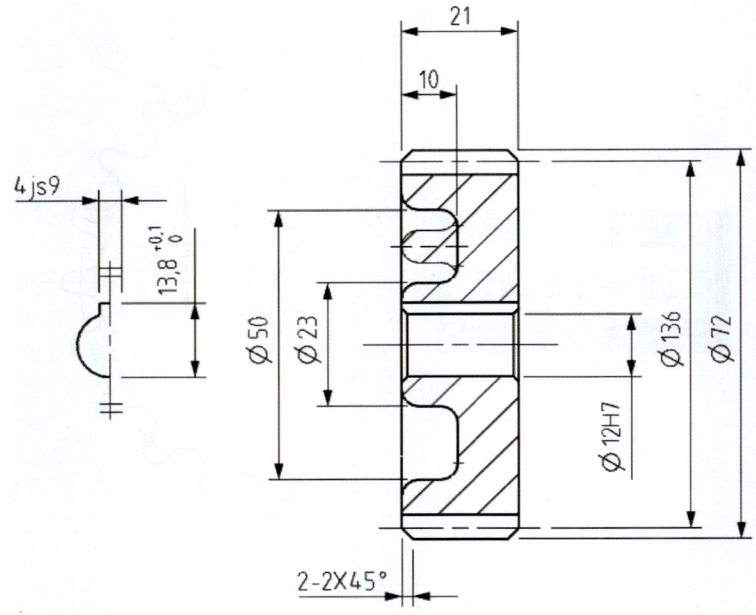

㉚ 모따기의 도(deg) 기호는 Edit Appended Text의 Symbols에서 찾을 수 있다.

제1장	제2장	제3장	제4장	Chapter E
Drafting	Drafting View	Drafting Dimesion	Drafting Exercise	Drafting

31 아래 그림과 같이 치수선을 변경한다.

한쪽 화살표를 제거한 경우, Scope에 체크를 해제하고 Dimension Side 1에 체크를 해제한다.

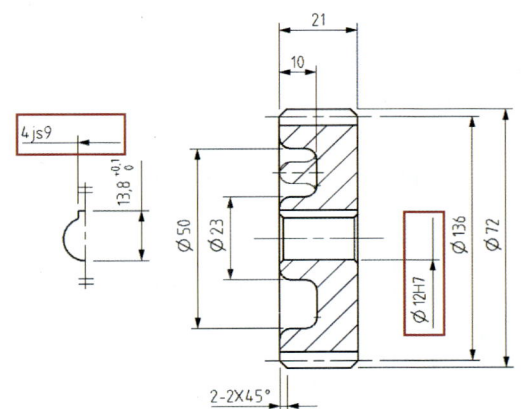 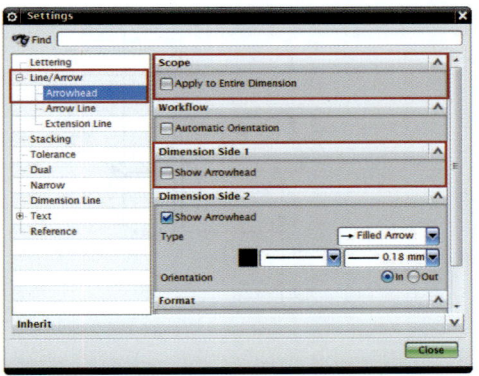

32 5번 부품의 기본 치수를 Rapid( )를 이용해서 입력한다.

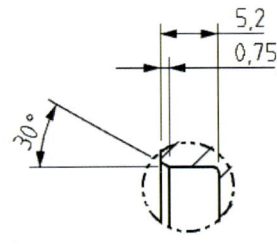 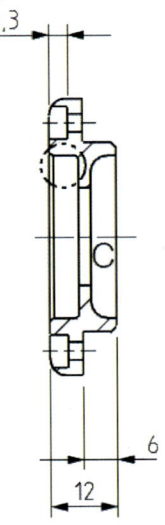

❸❸ Cylindrical(　)을 이용해서 양 끝단에 직경 치수가 필요한 곳에 입력하고 Radius Dimension(　) 을 이용해서 치수 값을 입력한다.

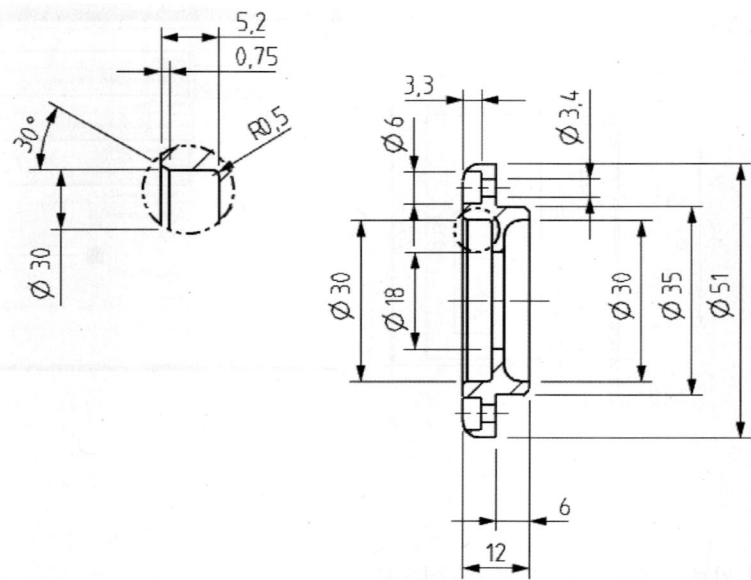

❸❹ 끼워 맞춤 공차와 치수공차를 알맞은 위치에 기입하고 상세도의 치수선을 수정한다.

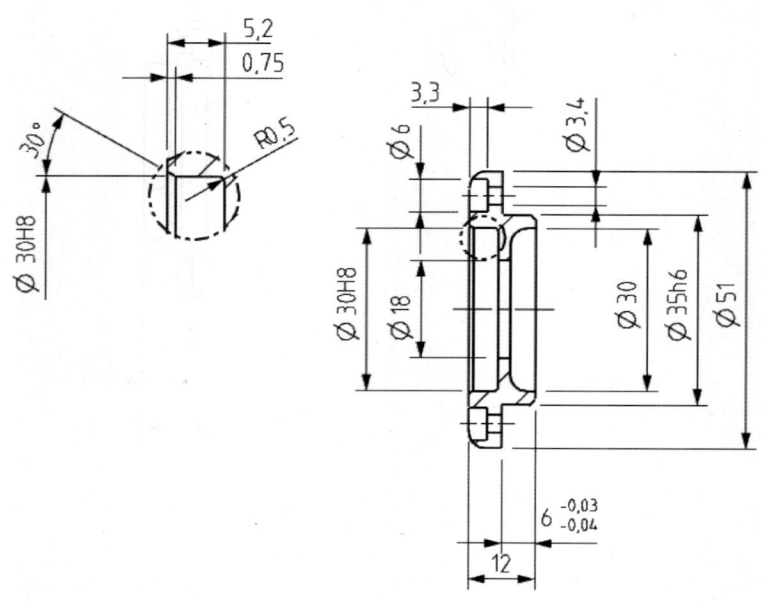

㉟ Insert → Table → Tabular Note(　)를 이용해서 왼쪽 위와 오른쪽 아래에 ㊱번의 과정과 같이 생성한다.

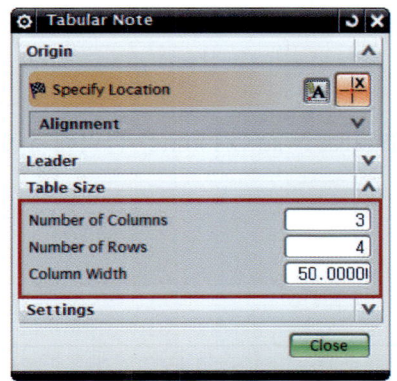 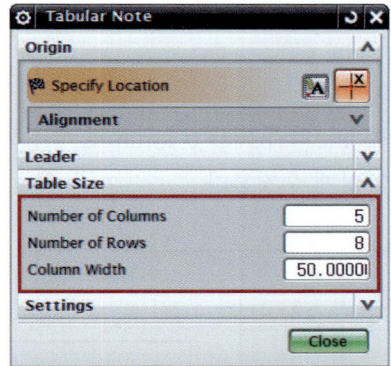

㊱ 좌측 위 Note에서 3개 칸을 선택하고 MB3을 클릭한 후 Style을 선택한다.
Common → Cells → Border에서 Right, Bottom, Middle, Center를 모두 No Change로 설정한 후 OK한다.

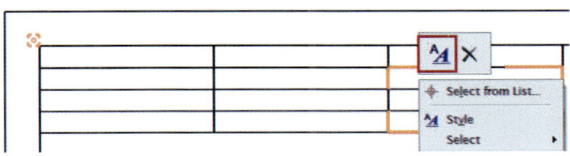

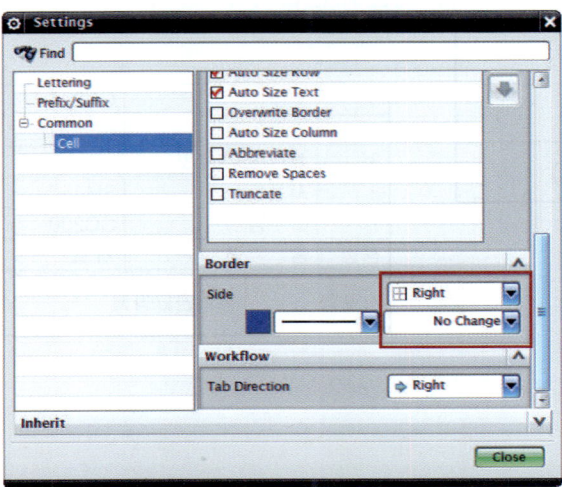

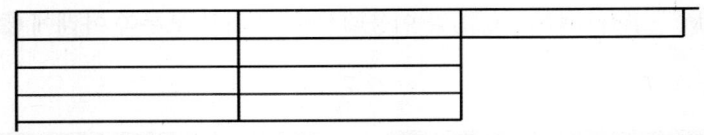

㊲ Note 안쪽 line의 두께를 0.13mm로 수정하고 Tabular Note Column을 클릭해서 드래그하여 너비를 알맞게 수정한다.

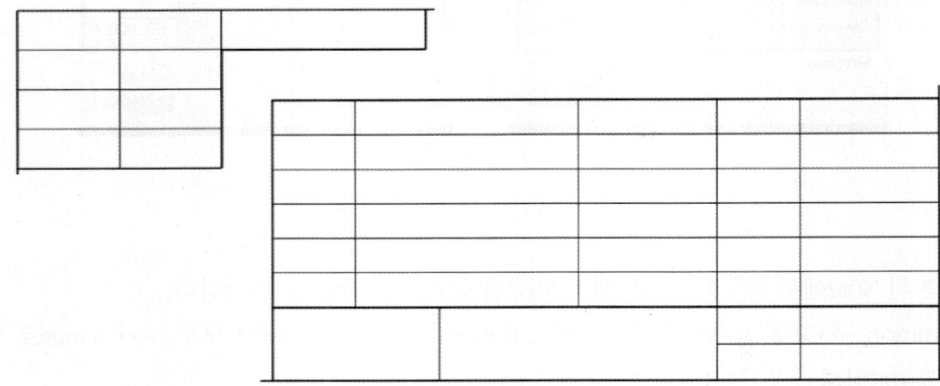

㊳ 칸을 더블클릭해서 각 칸에 알맞게 Text를 입력한다.

수험번호		기계설계 산업기사				
성 명						
연장시간	분					
감독확인	(인)	5	커버	GC200	1	
		4	스퍼기어	SCM415	1	
		3	체인 스프로킷	SF490A	1	
		2	샤프트	SM45C	1	
		1	하우징	GC200	1	
		품번	품 명	재 질	수 량	비 고
		작품명	동력전달장치		척 도	1:1
					각 법	3각법

❸❾ Note를 클릭하고 MB3을 클릭한 후 Style을 선택한다.

Cells 탭에서 Text Alignment을 Middle Center(☰)로 설정하고 OK한다.

❹⓪ 아래 그림과 같이 클릭하고 MB3을 클릭한 후 Style을 선택한다.

Cells → Format에서 Text Alignment을 Middle Right(☰)로 설정하고 OK한다.

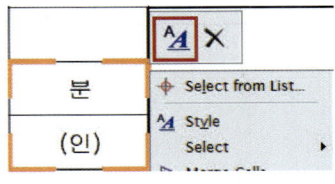
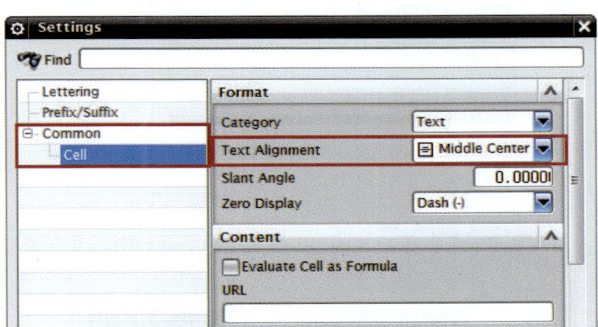

❹① 아래쪽 Note도 Text Alignment을 Middle Center(☰)로 설정하고 OK한다.

5	커버	GC200	1	
4	스퍼기어	SCM415	1	
3	체인 스프로킷	SF490A	1	
2	샤프트	SM45C	1	
1	하우징	GC200	1	
품번	품 명	재 질	수 량	비 고
작품명	동력전달장치		척 도	1:1
			각 법	3각법

㊷ Insert → Annotation → Note(A)를 이용해서 주서를 생성한다.
Formatting에 주서의 내용을 작성한 후 표제란 위쪽에서 클릭하여 배치한다.

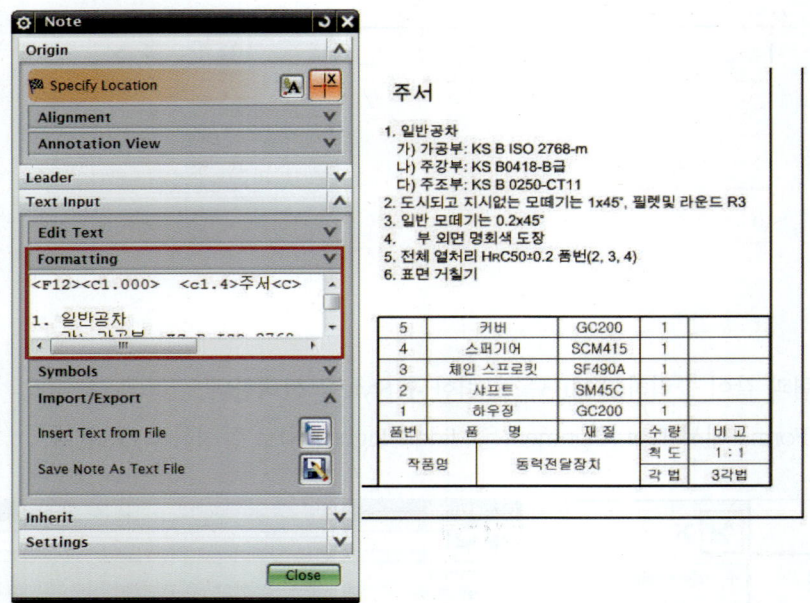

㊸ Note(A)를 이용해서 5번 부품 상세도에 대한 내용을 작성한 후 배치한다.

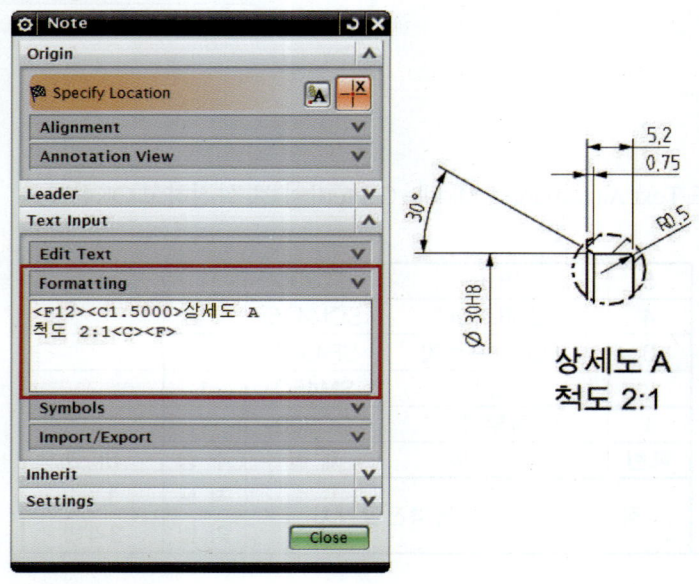

제1장	제2장	제3장	제4장	Chapter E
Drafting	Drafting View	Drafting Dimesion	Drafting Exercise	Drafting

44 Insert → Annotation → Balloon(🔍)를 이용해서 품번을 생성한다.

Type → Circle로 선택하고 Text에 품번 1을 입력한 후 빈 공간에 배치한다.

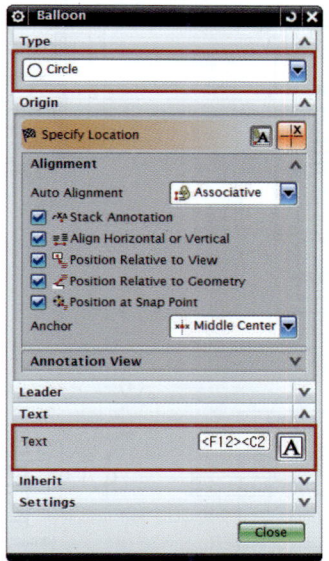

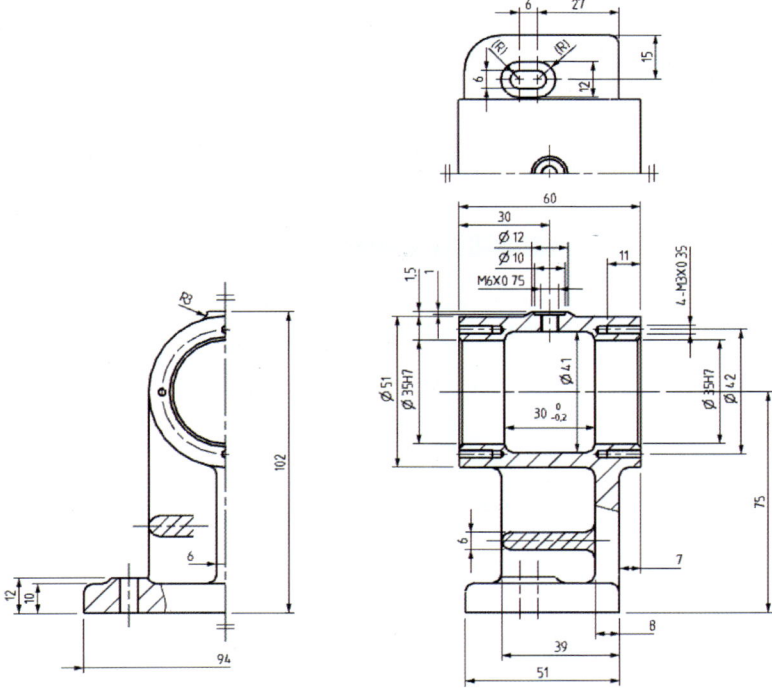

631

㊺ 나머지 품번도 같은 방법으로 알맞은 위치에 배치한다.

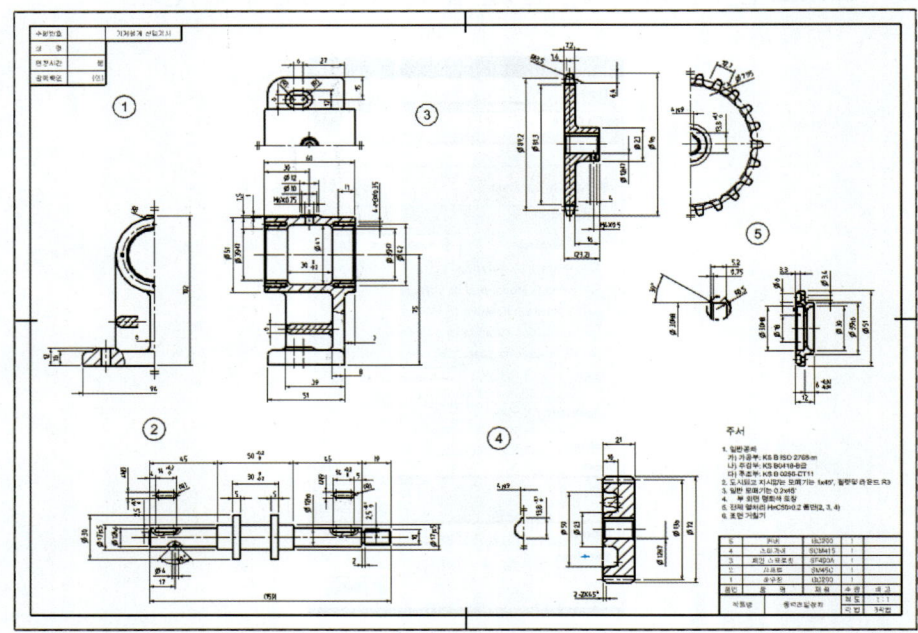

㊻ Insert → Annotation → Surface Finish Symbol(√)을 이용해서 품번에 입력하는 거칠기 기호를 정의한다.

Material Removal에서 Material Removal Prohibited를 선택하고 Style(A𝐴)을 클릭한다.

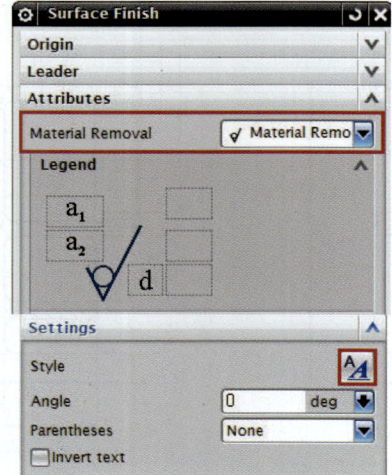

㊼ Lettering에서 Height를 4.4로 입력하고 OK한 후 품번 우측에 배치한다.

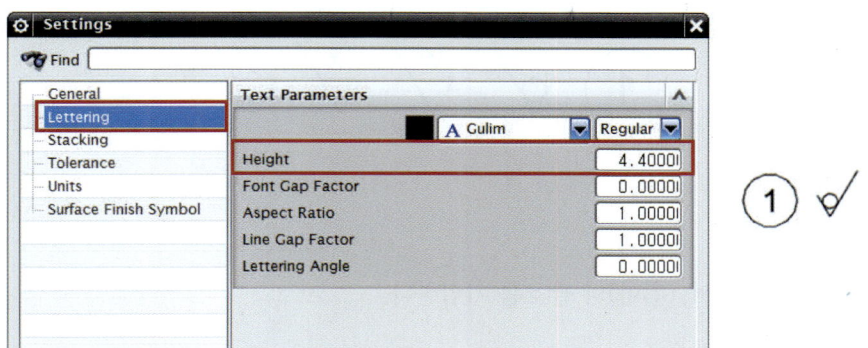

㊽ Material Removal에서 Material Removal Required로 선택하고 Lower Text (a2)에 w를 입력한다.

그다음 Style을 클릭하고 Height를 4.4로 입력한 후 배치한다.

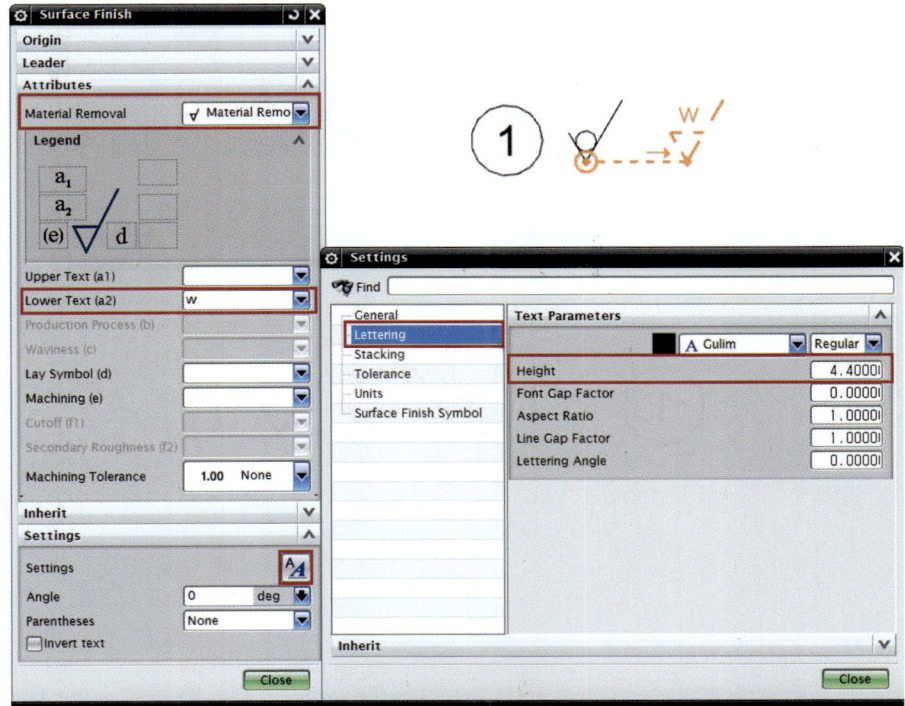

㊾ x, y거칠기 기호도 같은 방법으로 생성한다.

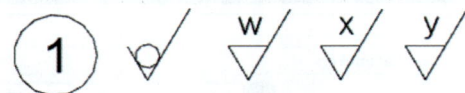

㊿ Note(A)를 이용해서, (컴마)와 괄호를 기입한다.

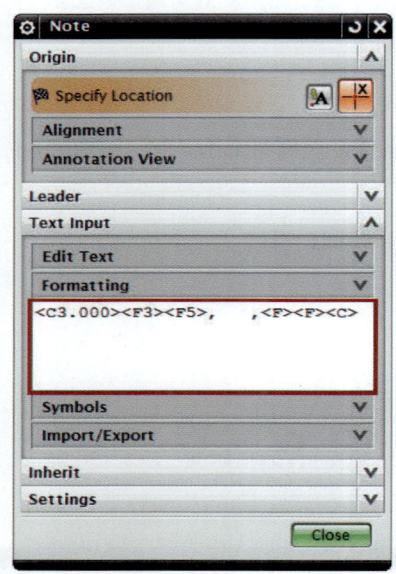
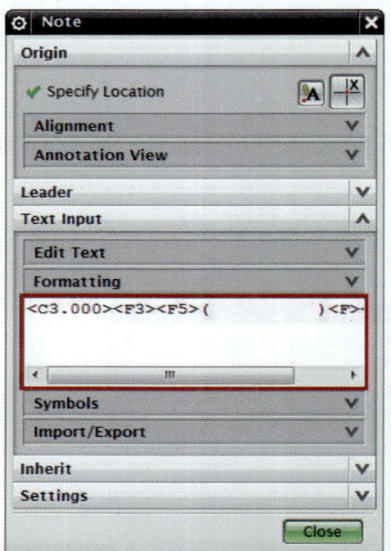

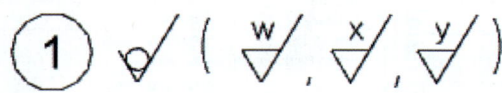

| 제1장 Drafting | 제2장 Drafting View | 제3장 Drafting Dimesion | **제4장 Drafting Exercise** | Chapter **E** Drafting |

❺❶ 나머지 품번에도 같은 방법으로 거칠기 기호를 알맞게 기입한다.

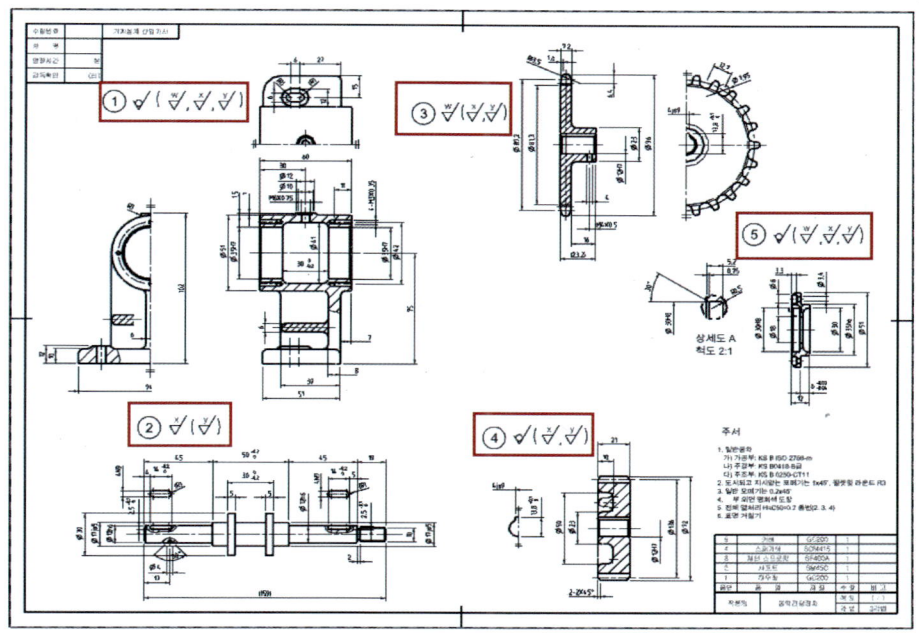

❺❷ Surface Finish Symbol(√)을 이용해서 부품의 표면 거칠기를 기입한다. 부품에 기입하는 거칠기의 Character Size는 2.2로 입력한다.

① 1번 부품

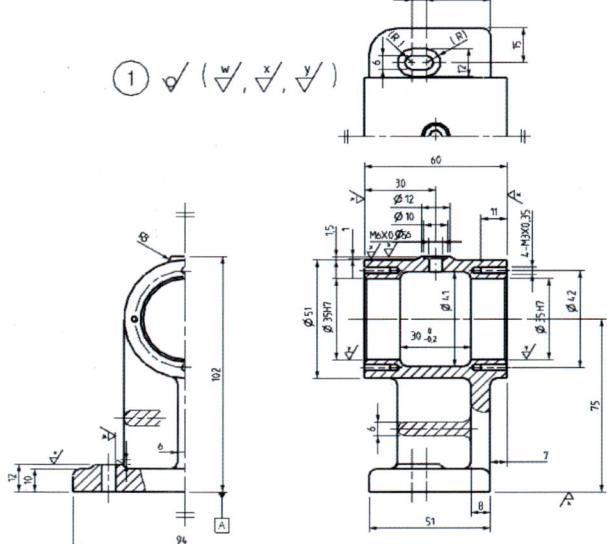

② 2번 부품

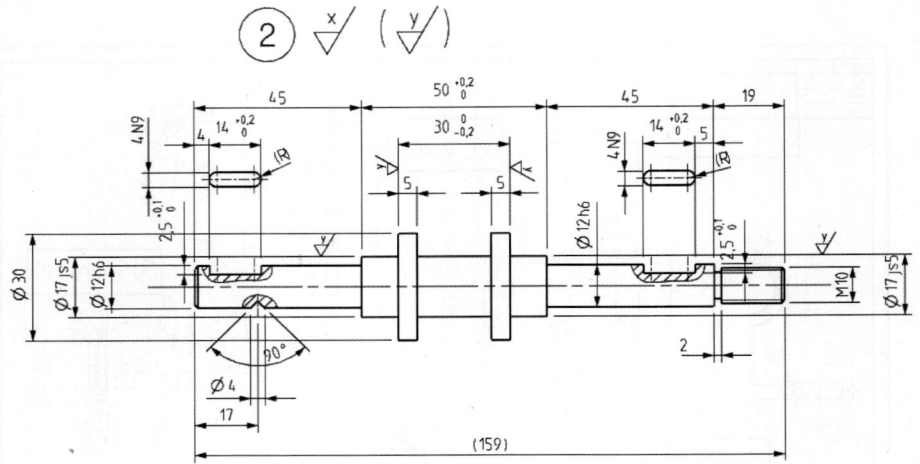

③ 3번 부품

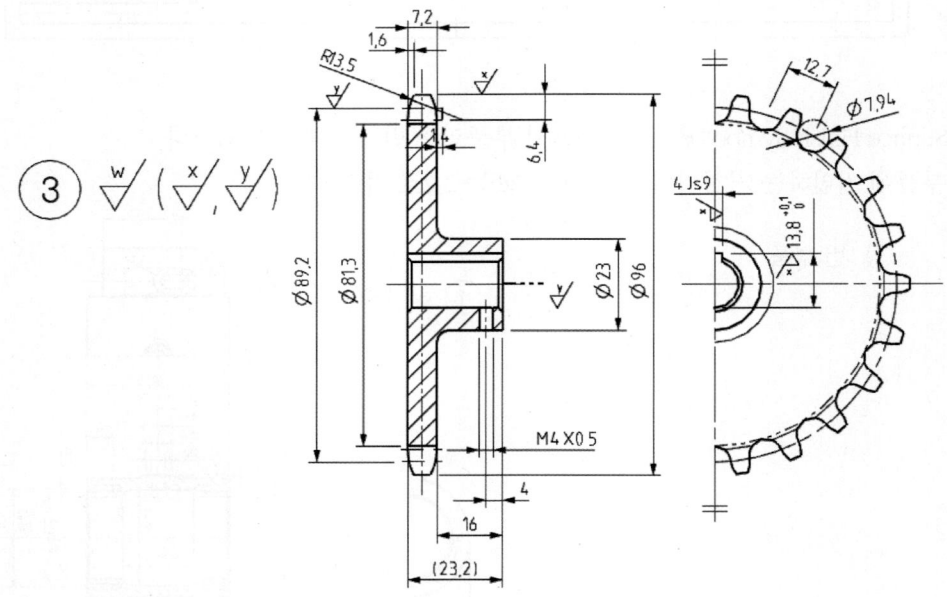

④ 4번 부품

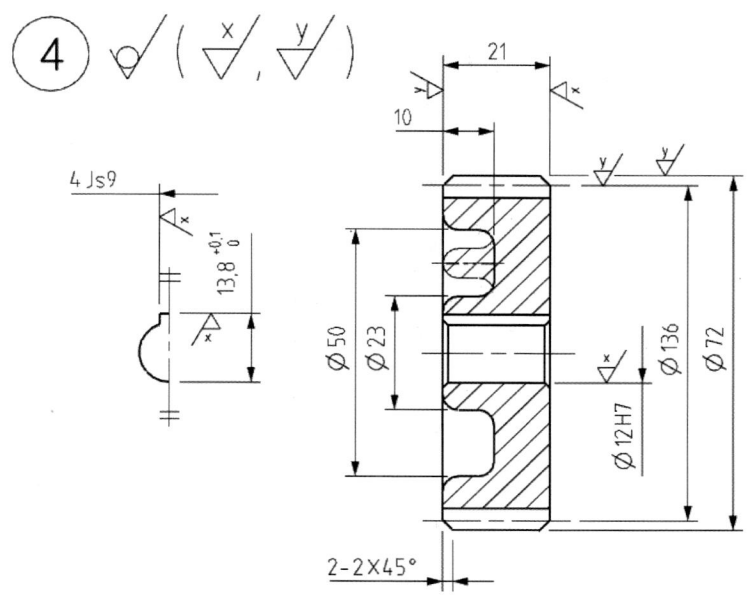

⑤ 5번 부품

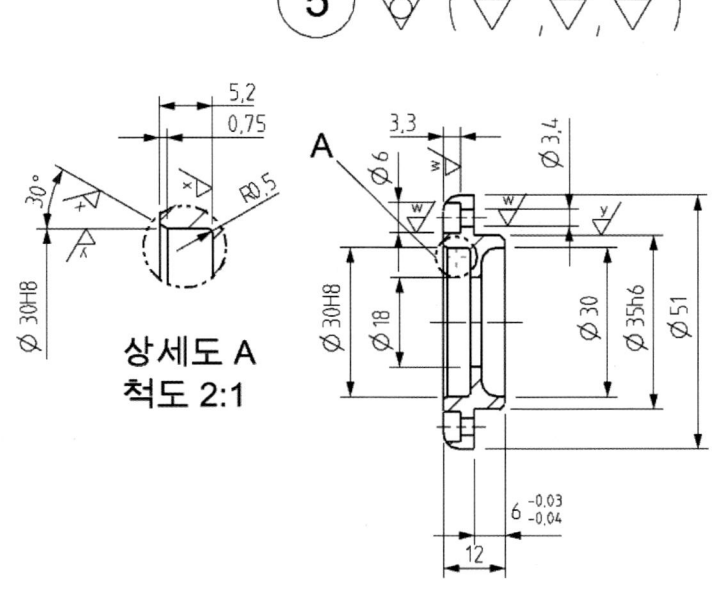

53 부품에 기입한 거칠기와 같은 방법으로 주서에 표면 거칠기를 기입해준다.
2번 부품의 센터구멍 유무포시를 Active Sketch View( )를 이용해서 직접 스케치한다.
그다음 Edit Display를 이용해서 지시 선을 가는 선으로 설정한다.

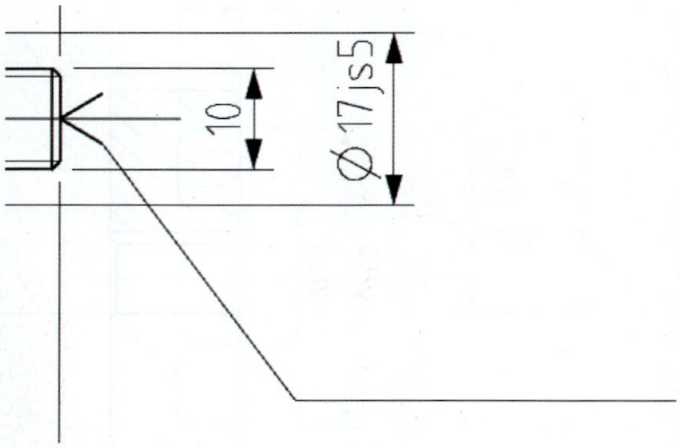
10
Ø17js5

54 Note(A)를 이용해서 그림과 같이 기입한다.

주서

1. 일반공차
   가) 가공부: KS B ISO 2768-m
   나) 주강부: KS B0418-B급
   다) 주조부: KS B 0250-CT11
2. 도시되고 지시없는 모떼기는 1x45°, 필렛및 라운드 R3
3. 일반 모떼기는 0.2x45°
4. ∀ 부 외면 명회색 도장
5. 전체 열처리 HRC50±0.2 품번(2, 3, 4)
6. 표면 거칠기

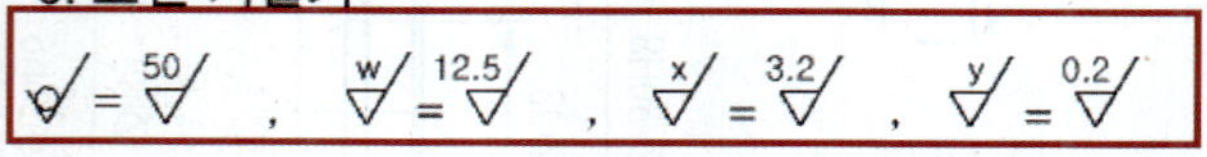
50
w
12.5
x
3.2
y
0.2

㉟ Insert → Annotation → Datum Featyre Symbol(🔲)을 클릭한다.
데이텀 문자는 A로 정의하고 Type을 Datum으로 하여 데이텀 문자를 배치한다.

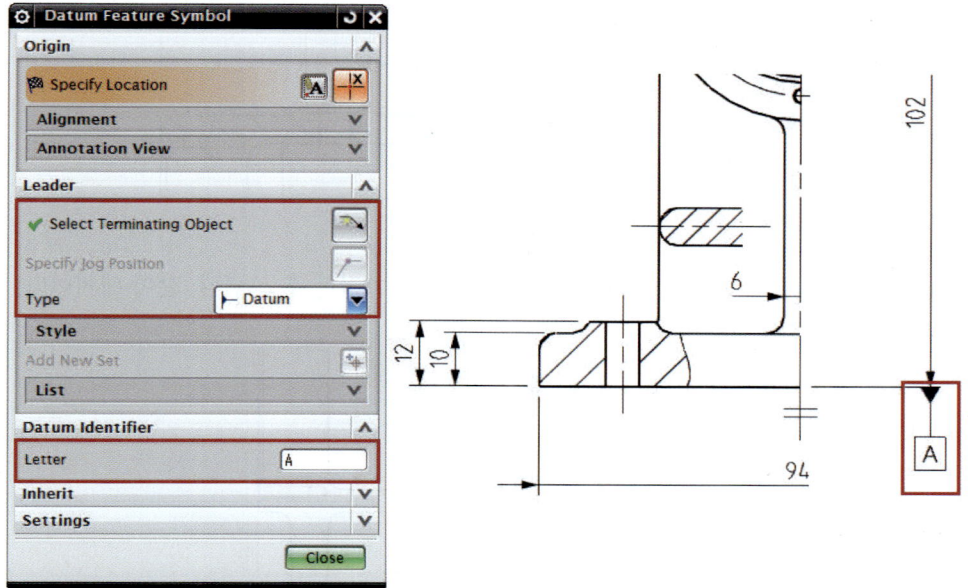

㊶ Insert → Annotation → Feature Control Frame(🔲)을 이용하여 기하 공차를 아래 그림과 같이 기입한다.

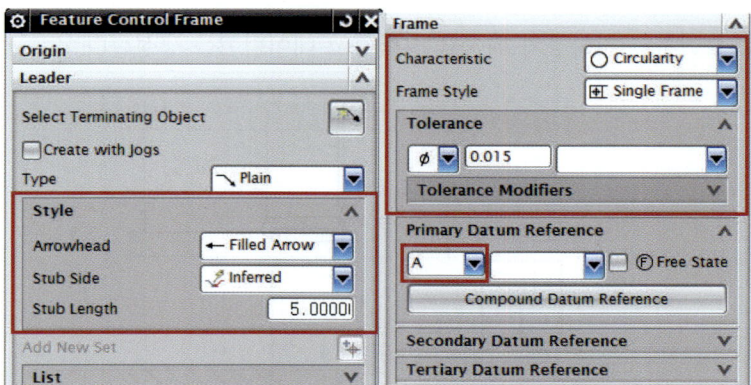

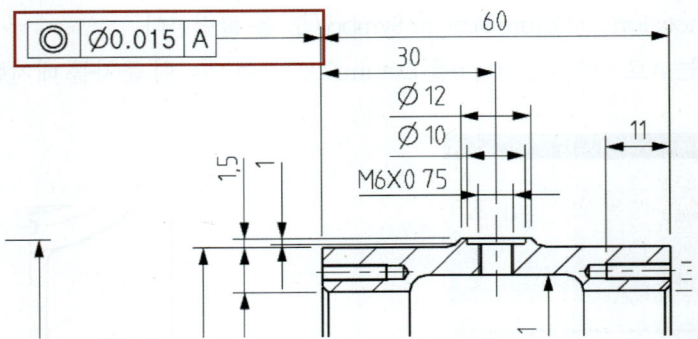

57 Characteristic → Parallelism, Tolerance → 0.013으로 설정한 후 그림과 같이 배치한다.

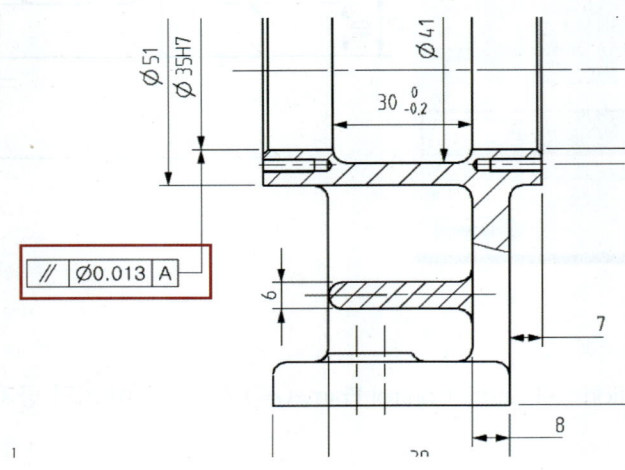

58 Symbol(￼) 클릭하고 기하공차 위쪽을 선택하고 데이텀 B를 생성한다.

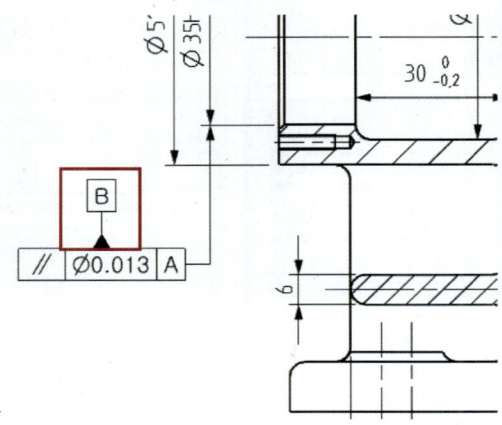

제1장 Drafting	제2장 Drafting View	제3장 Drafting Dimesion	제4장 Drafting Exercise	Chapter E Drafting

❺❾ 데이텀B에 대한 기하공차를 그림과 같이 기입한다.

나머지 부품도 같은 방법으로 데이텀과 기하공차를 알맞게 기입한다.

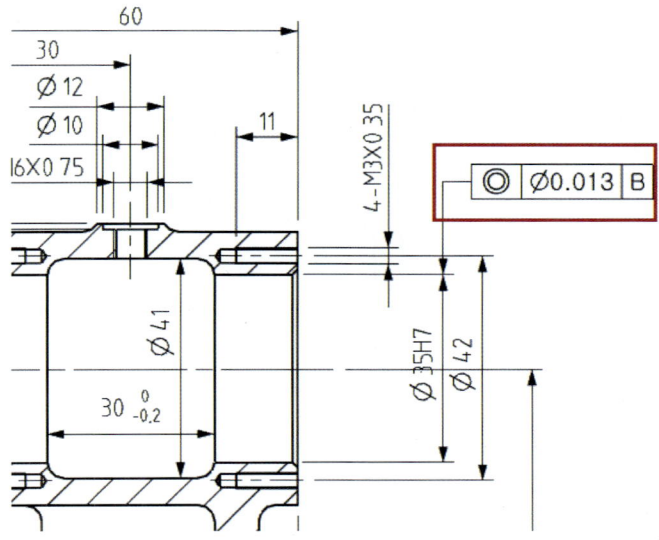

① 2번 부품

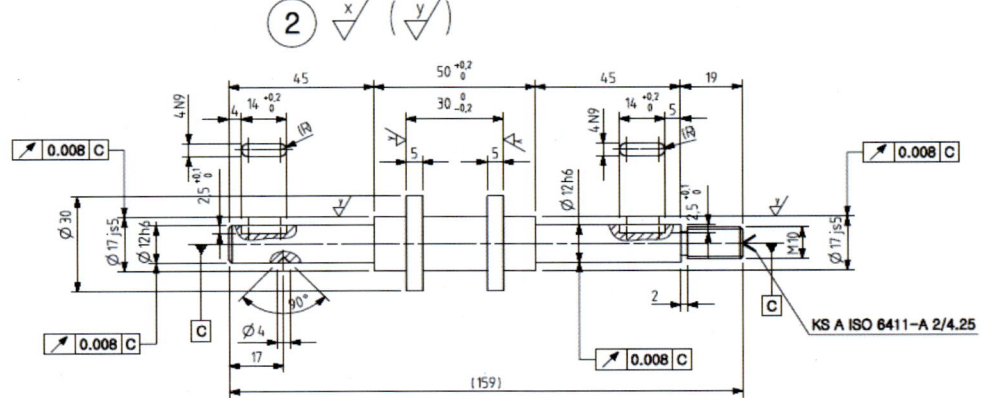

641

② 3번 부품

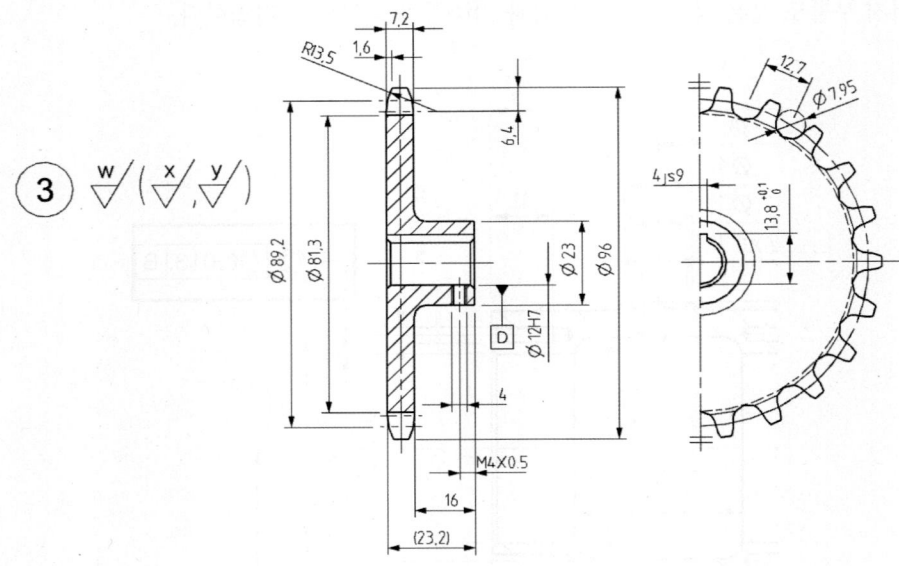

③ 4번 부품

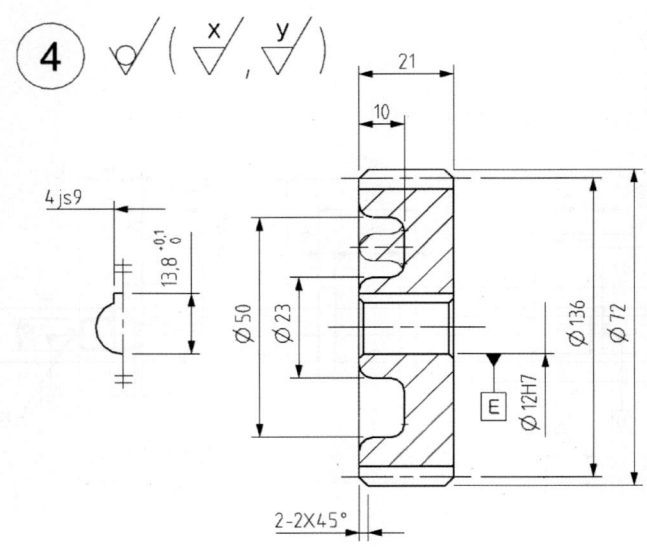

④ 5번 부품

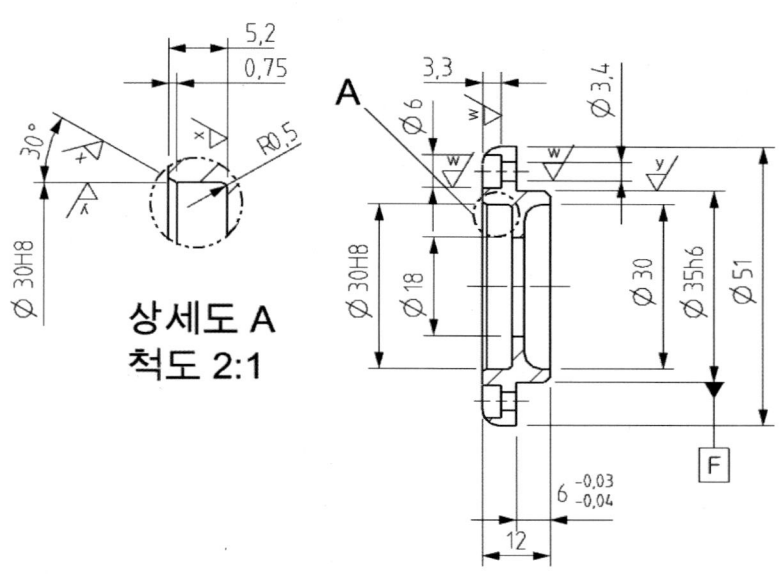

⑥⓪ Insert → Annotation → Note(A)를 이용해서 스퍼기어 요목표와 체인, 스프로킷 요목표를 기입한 후 알맞은 위치에 배치한다.

스퍼기어 요목표		
기어치형		표준
공구	치형	보통이
	모듈	2
	압력각	20°
잇수		34
피치원지름		P.C.D 68
전체높이		4.5
다듬질 방법		호브절삭
정밀도		KS B 1450,5급

체인,스프로킷 요목표		
롤러체인	호칭	40
	원주피치(P)	12.70
	롤러외경(Dr)	7.94
스프로킷	이모양	U
	잇수(N)	22
	피치원지름	89.24

⑥ 따라 하기 완성

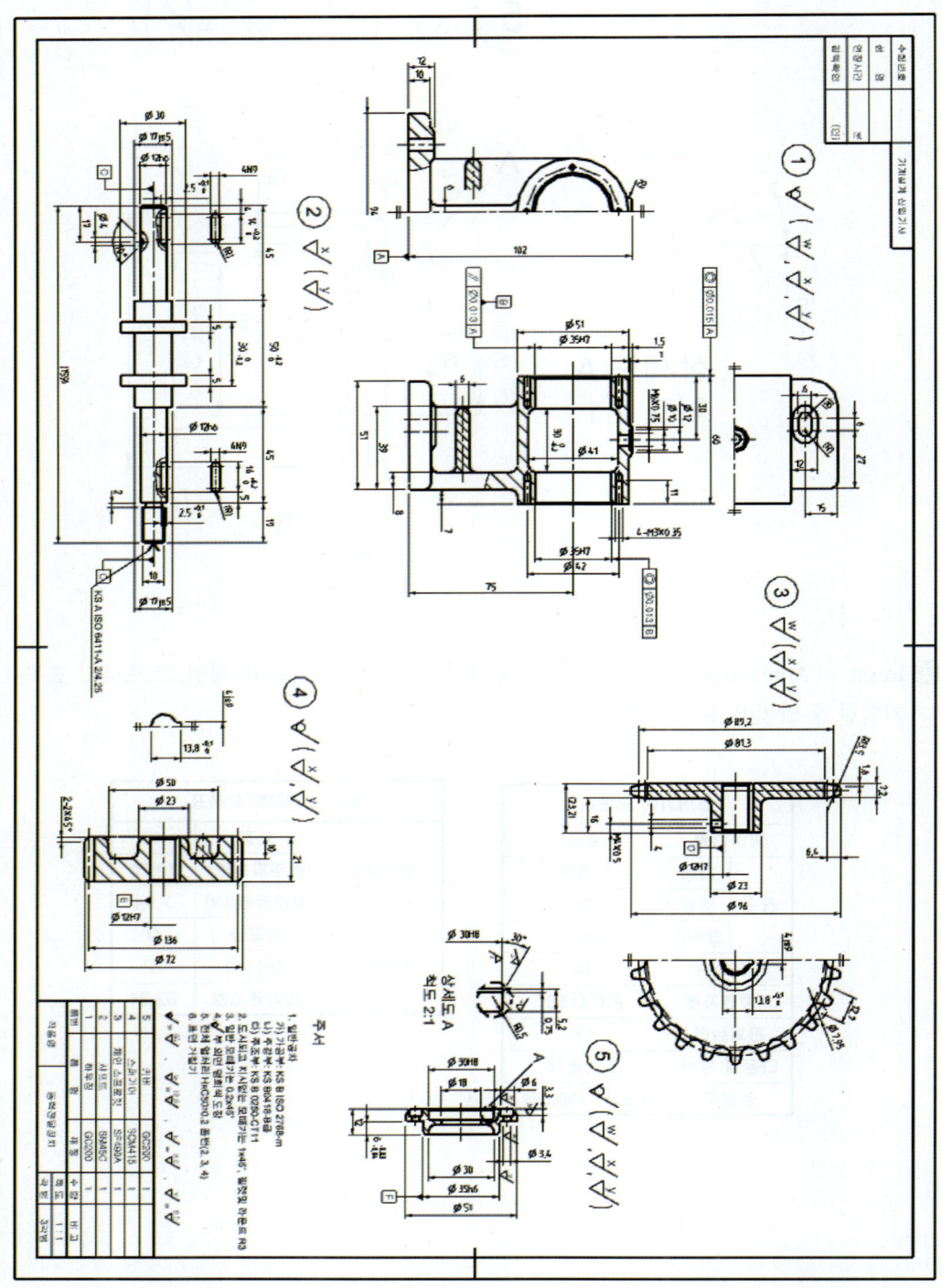

Chapter F

Manufacturing

- 1장　Manufacturing
- 2장　Mill Contour
- 3장　Verify & NC Data
- 4장　Face Milling
- 5장　Manufacturing Exercise
- 6장　Turning(CNC선반) 가공

1장 ▶ Manufacturing

제1절 Manufacturing의 시작

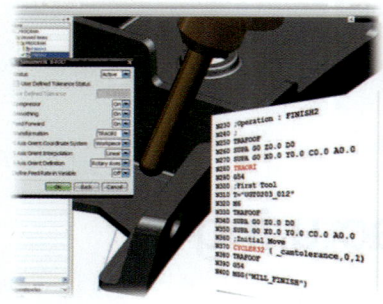
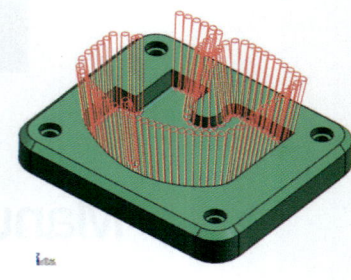

01 Manufacturing 시작하기

Manufacturing을 시작하기 위해서 모델링을 오픈한 상태에서 아래 그림과 같이 File → Application → Manufacturing을 선택한다.

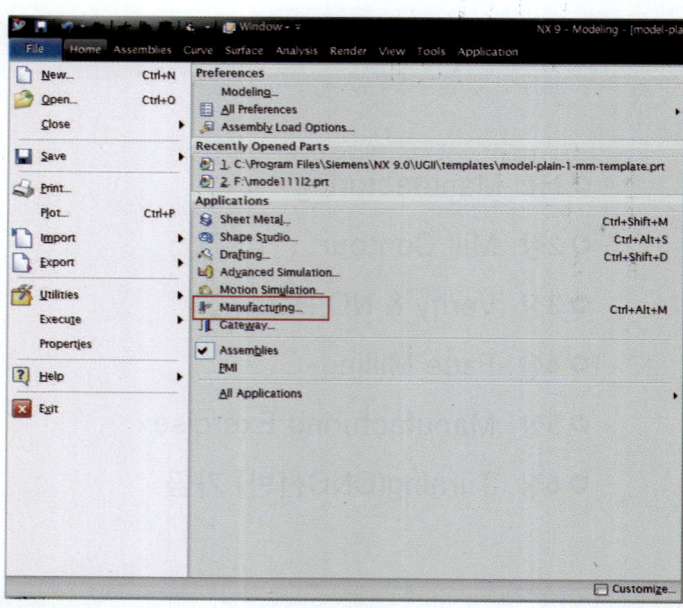

Manufacturing을 선택하게 되면 아래 그림과 같이 Machining Environment창이 나타나며 가공환경을 설정해 주어야 한다.

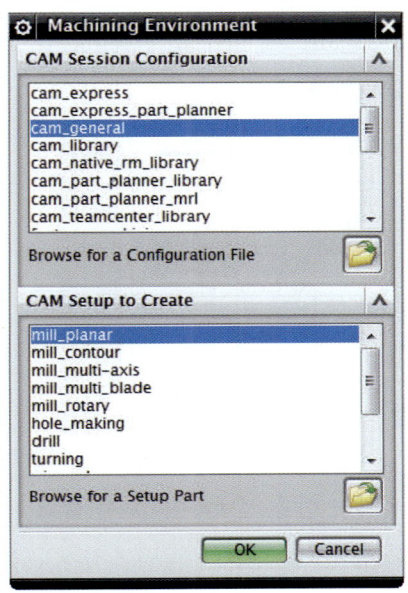

CAM Setup to Create에서 사용자가 하고자 하는 작업을 선택하고 OK를 클릭한다.

- Mill_planar : 2D 평면가공
- Mill_contour : 3D 3축 가공
- Mill_ multi-axis : 다축 가공
- Hole_making : 홀 가공
- Drill : 드릴가공
- Turning : 선반가공
- Wire_edm : 와이어 컷 가공

🗨 CAM환경에 들어가서 변경이 가능하다.

제 2 절   Manufacturing의 구성환경

01 MCS (Manufacturing Coordinate System)

MCS는 CAM작업을 할 때 기준이 되는 가공 좌표계를 의미한다.
기본적으로 모델링할 때 기준이 되는 WCS와 동일한 위치에 생성된다.
아래 그림과 같이 사용자가 원하는 위치로 이동할 수 있다.

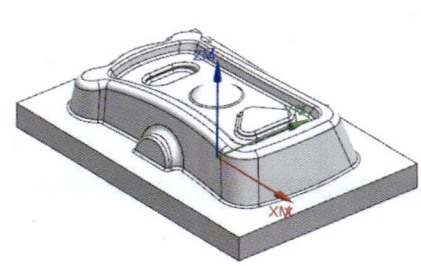
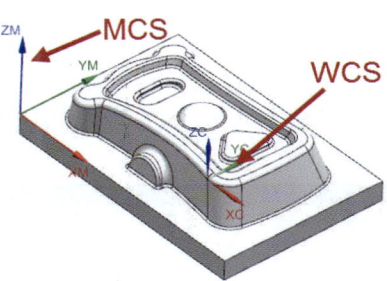

Tip MCS 이동방법

① Top Border Bar의 내용이 변경되었으므로 Full Down Menu 우측의 Geometry View 아이콘을 선택한다.

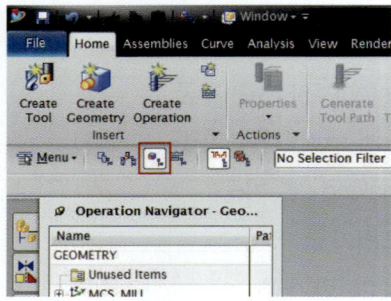

② 변경된 Operation Navigator에서 MCS_MILL에 마우스 우측버튼을 클릭한다.

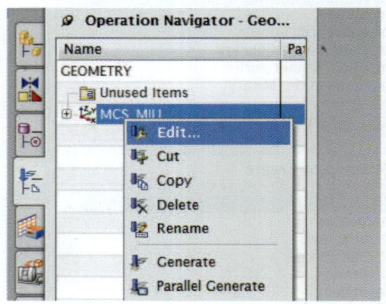

③ Specify MCS에서 CSYS Dialog를 클릭한다.

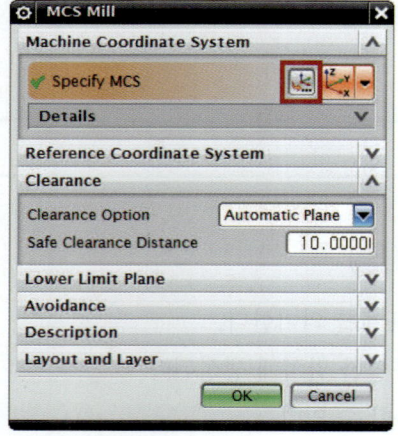

④ 원하는 점을 선택하여 OK를 클릭한다.

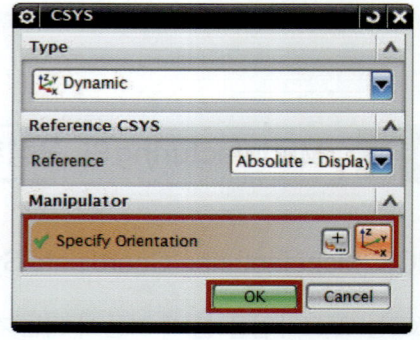

02 Manufacturing Ribbon Bar 메뉴 아이콘

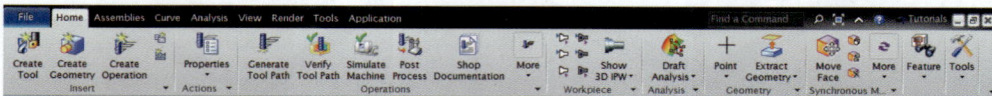

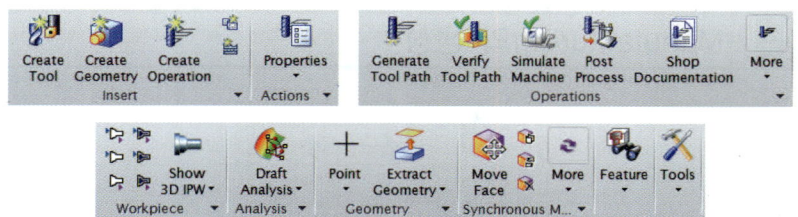

03 Operation Navigator View

CAM 작업할 때 4개의 View를 필요에 따라 선택하여 진행 중인 작업내역을 보거나 수정 시에 용이하게 쓰인다.
좌측 그림처럼 Operation Navigator의 빈 공간에서 MB3을 클릭하거나 좌상단의 아이콘 바에서 원하는 View를 선택할 수 있다.

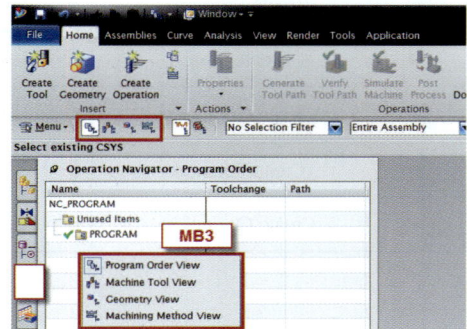

아래 좌측 그림과 같이 리소스 바의 Navigator 아이콘 상에서 MB3을 클릭하여 Undock을 선택하거나 더블클릭하면 아래 우측 그림과 같이 Navigator를 분리하여 원하는 위치에 배치할 수 있다.

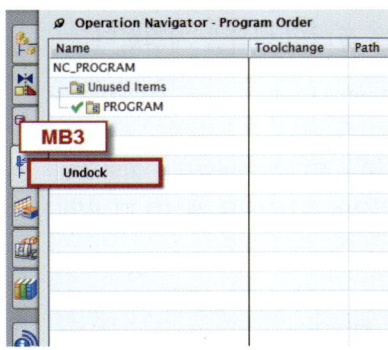
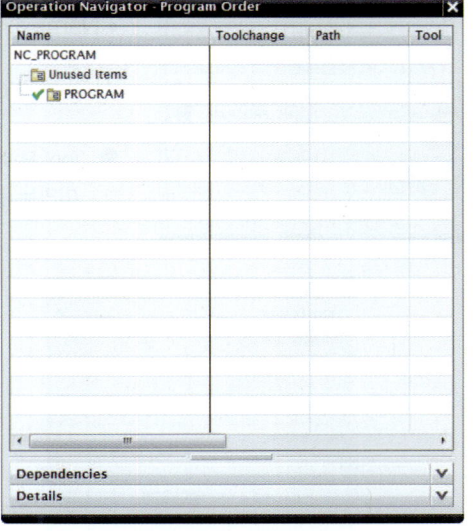

제 3 절 Manufacturing의 생성

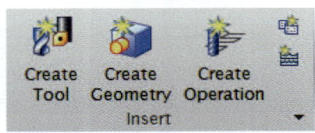

NX CAM에서 필요한 가공환경들을 생성 및 설정할 수 있다.

Icon	명칭	명령어 설명
	Create Program	프로그램 폴더를 생성할 수 있다.
	Create Tool	공구를 생성할 수 있다.
	Create Geometry	가공하고자 하는 형상의 조건들을 설정할 수 있다.
	Create Method	황삭, 정삭 등을 구별하여 가공변수를 설정할 수 있다.
	Create Operation	Tool Path를 생성할 수 있다.

01 Create Program( )

▶ 위치 : Menu → Insert → program

- Type : 가공타입을 선택한다.
- Location : 생성되는 위치를 지정한다.
- Name : 생성되는 폴더의 이름을 지정한다.

설정하고 OK하면 생성된다.

🔖 Tool Path를 저장하는 폴더의 개념으로서 기본적으로 "Program" 이라는 폴더가 있으며 추가적으로 생성할 때 쓰인다.

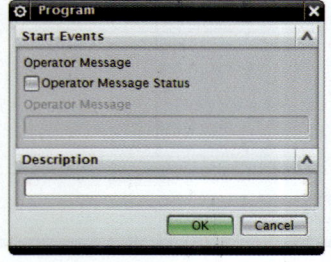
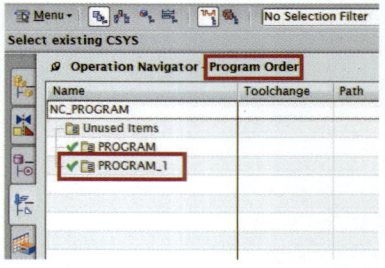

02 Create Tool( )

▶ 위치 : Menu → Insert → Tool

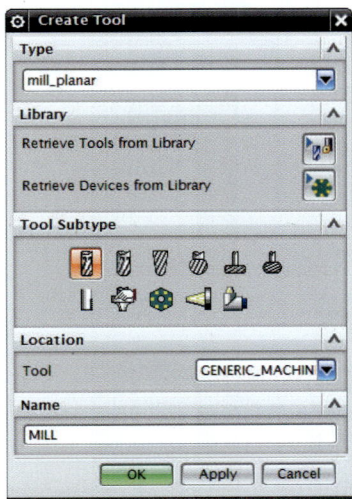

- Type : 가공 타입을 선택한다.
  Type에 따라 Subtype에 다른 종류의 공구가 나타난다.
- Library : Library에서 공구를 불러 올 수 있다.
- Tool Subtype : 생성할 공구의 종류를 선택한다.
- Location : 공구가 생성되는 위치를 지정한다.
- Name : 공구의 이름을 입력한다.

🔖 가공에 필요한 공구를 생성할 수 있다.

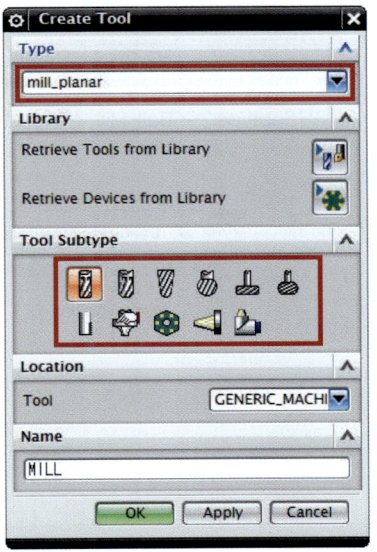

[Type → mill_planar 선택]

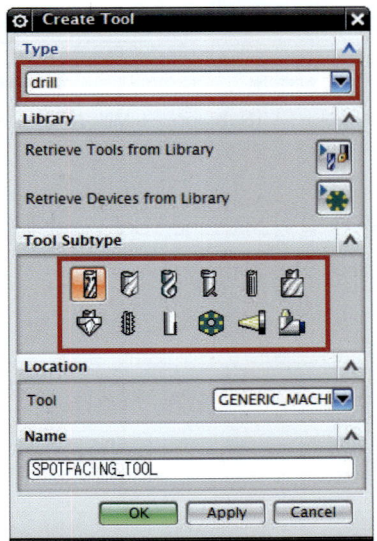

[Type → drill 선택]

Unigraphics(UGS) CAD/CAM
NX9 모델링 및 CAM 가공

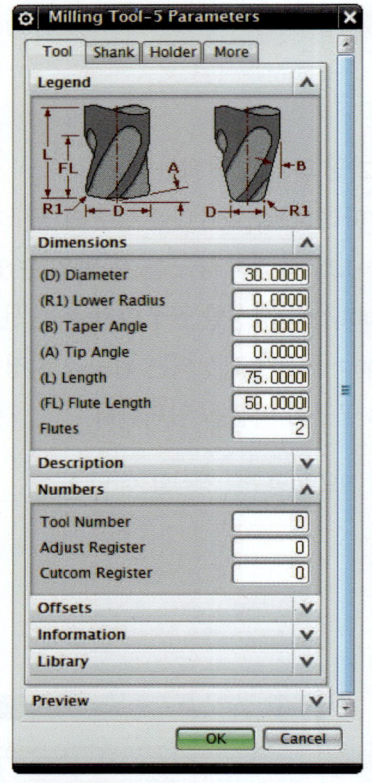

[Subtype → Mill 선택]

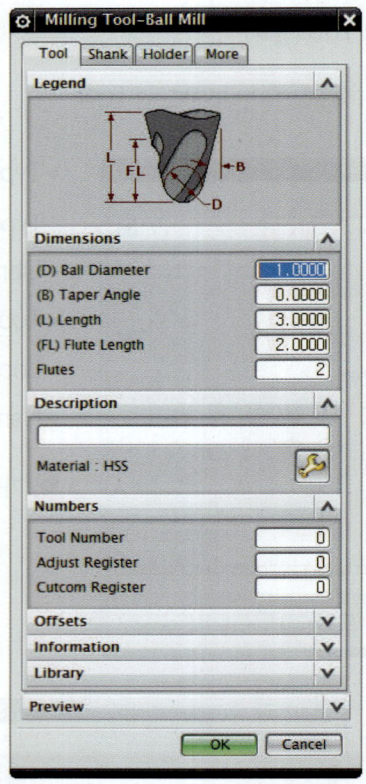

[Subtype → Ball_Mill 선택]

우측과 같이 Machine Tool View에서 생성된 공구를 확인 가능하다.

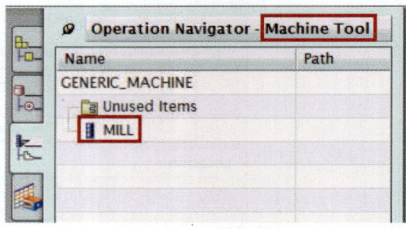

03 Create Geometry

▶ 위치 : Menu → Insert → Geometry

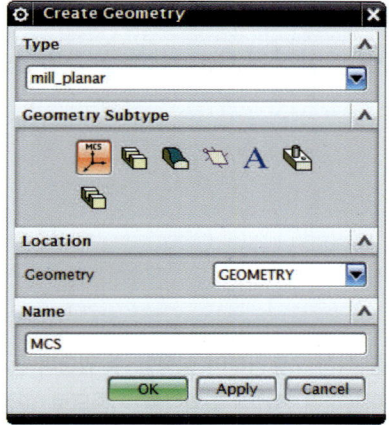

- Type : 가공 타입을 선택한다.
  Type에 따라 Subtype이 다르게 나타난다.
- Geometry Subtype : 생성할 Geometry의 종류를 선택한다.
- Location : Geometry가 생성되는 위치를 지정한다.
- Name : Geometry의 이름을 입력한다.

설정하고 OK하면 생성된다.

🔖 생성하고자 하는 형상의 조건들을 추가적으로 생성할 수 있으며 WORKPIECE와 MCS는 기본적으로 생성되어 있다.

1) Workpiece

Workpiece : 가공소재

- Geometry : 가공에 필요한 형상을 설정한다.
- Offsets : Part에 대한 Offset값을 지정한다.
- Description : 가공소재의 재질을 선택한다.
- Layout and Layer : Layout / Layer 설정을 저장할 수 있다.

🔖 기본적으로 Geometry만 설정해 주면 되며, Workpiece를 이용하여 Tool Path를 쉽고 빠르게 생성할 수 있다.

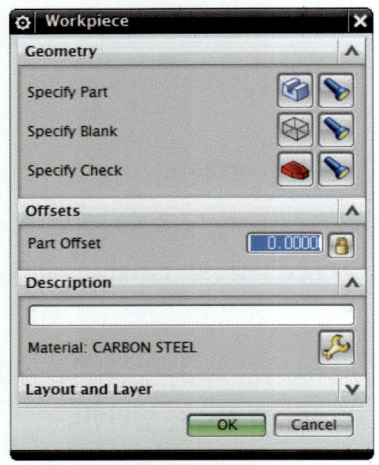

- Specify Part( ) : 가공 완성 후 형상을 설정한다.
- Specify Blank( ) : 가공 소재의 형상을 설정한다.
- Specify Check( ) : 가공하지 말아야 할 부분의 형상을 설정한다.
- Display( ) : 설정된 Geometry를 화면상에 표시해 준다.

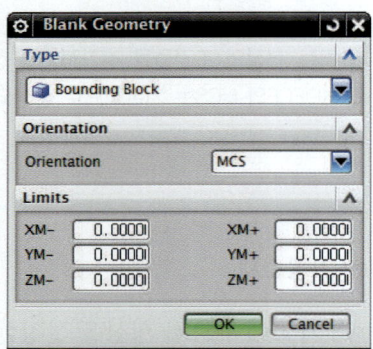

🔖 가공소재를 직접 모델링하여 설정할 수 있으며 Bounding block을 이용하여 Part의 최외각을 기준으로 설정할 수 있다.

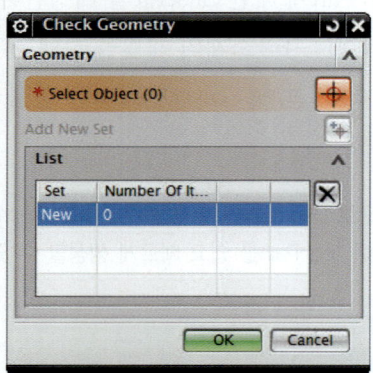

🔖 예를 들면 가공소재를 고정하기 위한 클램프가 고정되는 부분에 대해서 솔리드 바디 형태로 작성한 후 이 옵션에서 선택해주면 해당 위치는 패스가 생성되지 않도록 작업할 수 있다.

2) MCS

MCS - 가공좌표계

가공좌표계를 추가적으로 생성할 수 있다.
아래 그림처럼 쉽게 설정할 수 있게 되어있다.

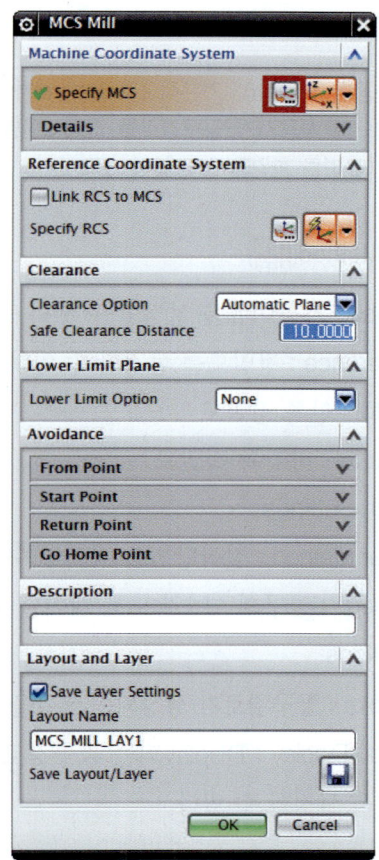 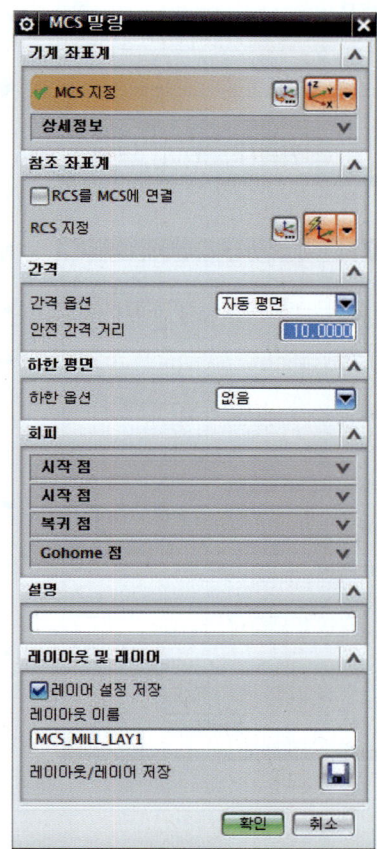

- Machine Coordinate System : CSYS Dialog를 통해 기계좌표계를 지정할 수 있다.
- Reference Coordinate System : 참조좌표계를 지정할 수 있다.
- Clearance : 자동 혹은 평면으로 안전높이를 지정할 수 있다.
- Lower Limit Plane : 하한평면을 지정할 수 있다.
- Avoidance : 공구의 시작점, 복귀점, Gohome점 등을 지정할 수 있다.
- Layout and Layer : Layout / Layer를 저장할 수 있다.

- Type : 가공 타입을 선택한다.
  Type에 따라 Subtype이 다르게 나타난다.
- Method Subtype : Method의 종류를 선택한다.
- Location : Method가 생성되는 경로를 지정한다.
- Name : Method의 이름을 입력한다.

🔖 가공환경에 따라 기본적으로 Method가 생성이 되어 있으며 사용자가 공구경로를 가공패턴별로 구별하고 그에 따른 환경을 설정할 수 있다.

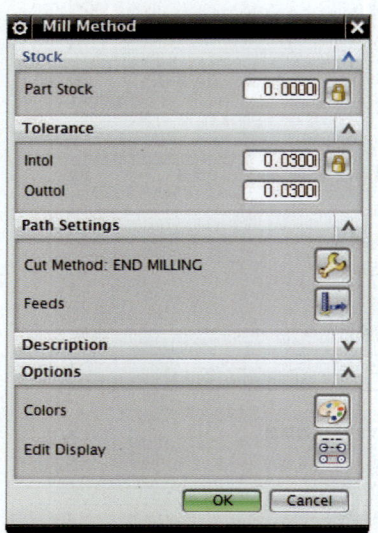

Mill_Method( )

- Stock : 가공여유를 설정할 수 있다.
- Tolerance : 정밀도를 설정할 수 있다.
  - Intol : 안쪽 정밀도
  - Outtol : 바깥쪽 정밀도
- Path Settings
  - Cut Method : 절삭방법을 정의할 수 있다.
  - Feeds : 공구의 이송속도를 제어할 수 있다.
- Options
  - Color : 공구경로가 생성되는 색깔을 정의한다.
  - Edit Display : Display되는 공구경로에 대한 옵션을 설정할 수 있다.

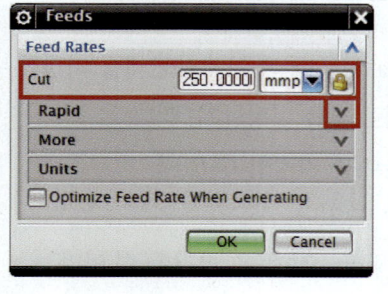

- Feeds : Cut 부분의 값을 입력하여 준다.
  세부적인 이송속도는 More 옵션을 열어 설정할 수 있다.

04 Create Method( )

▶ 위치 : Menu → Insert → Method

| 제1장
Manufacturing | 제2장
Mill Contour | 제3장
Verify & NC Data | 제4장
Face Milling | 제5장
Manufacturing Exercise | 제6장
Turning (CNC선반)가공 | Chapter F
Manufacturing |

05 Create Operation

▶ 위치 : Menu → Insert → Operation〉

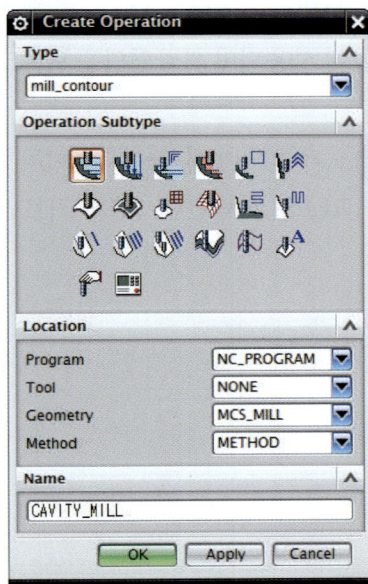

Operation : 공구경로를 생성한다.

- Type : 가공 타입을 선택한다.
  Type에 따라 생성할 수 있는 공구경로가 다르게 나타난다.
- Operation Subtype : 공구경로/가공방법의 종류를 선택한다.
- Location
  - Program : 공구경로를 저장할 프로그램 폴더를 지정한다.
  - Tool : 공구경로를 생성할 공구를 지정한다.
  - Geometry : 좌표계 및 가공소재를 지정한다.
  - Method : 가공패턴을 지정한다.
- Name : 공구경로의 이름을 지정한다.

설정하고 OK를 클릭한다.

Tip 주로 사용되는 가공 방법

① Mill_Contour

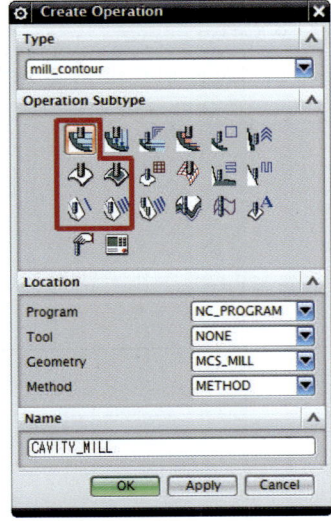

- Cavity Mill( ) : 평면적인 가공으로 주로 황삭 가공에 널리 쓰인다.
- Fixed Contour( ) : 중삭, 정삭가공으로 사용되며 가공영역을 Boundary형식으로 선택하여 가공한다.
- Contour Area( ) : 중삭, 정삭가공으로 사용되며 가공영역을 면으로 선택하여 가공한다.
- Flow Cut_Single( ) : 펜슬가공으로 모서리부분을 따라 한 번 회전한다.
- Flow Cut_Multiple( ) : 펜슬가공으로 모서리부분을 따라 여러 번 회전한다.

② Mill_Planar

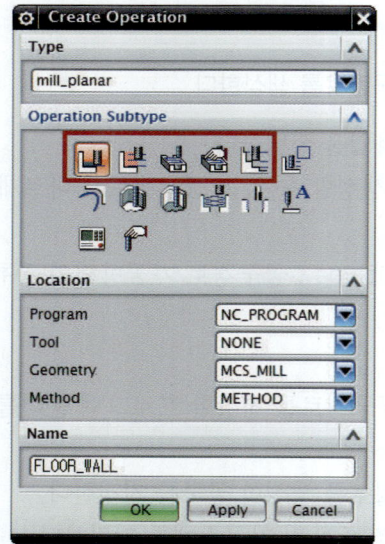

- Floor and Wall( )/with IPW( )
- with Boundaries( )/Face Milling Manual( )
  : 주로 평면가공에 사용되며 가공영역을 면으로 선택한다.
- Planar Mill( ) : 주로 평면가공에 사용되며 가공영역을 커브나 Edge로 선택한다. 2D의 커브만 있어도 가능하다.

③ Drill

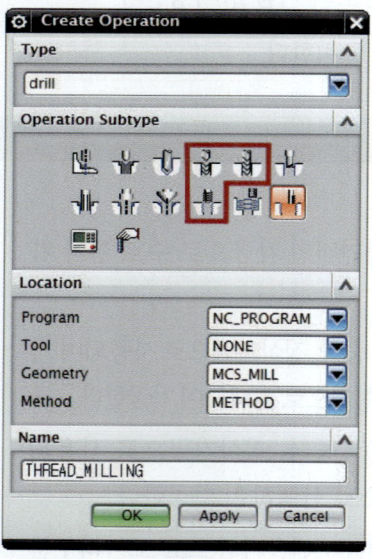

- Peck_Drilling( ) : 구멍가공 시 사용하며 지정된 값만큼 진입하고 진입높이까지 퇴각하는 반복적인 공정으로 가공한다.
- Breakchip_Drilling( ) : 구멍가공 시 사용하며 지정된 값만큼 진입했다가 지정된 값만큼 퇴각하는 반복적인 공정으로 가공한다.
- Tapping( ) : 구멍에 나사산을 만드는 가공이다.

제 4 절 오퍼레이션 탐색기(Operation Navigator)

Operation Navigator 아이콘을 선택하여 Operation Navigator View 에 사용자가 원하는 View를 보면서 작업을 할 수 있다. Operation Navigator창에서 사용된 공구, 공구번호, Geometry, Method 등을 모두 확인할 수 있다.

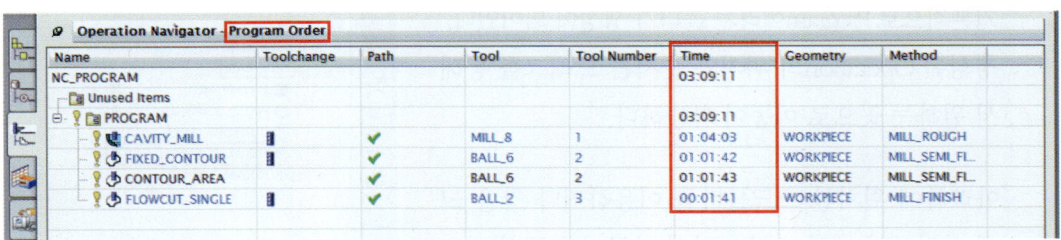

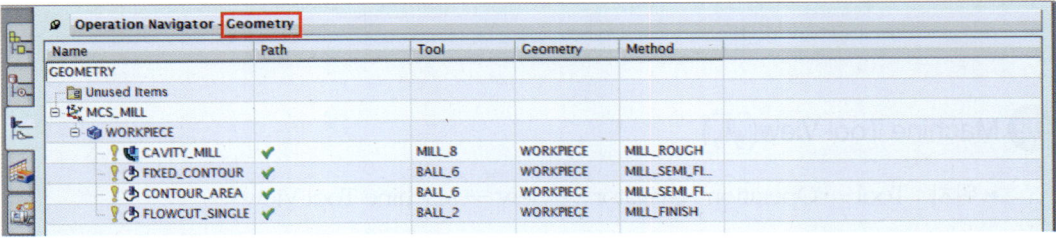

Operation에 관련된 것들을 모두 수정할 수 있다. CAM작업을 할 때는 Operation Navigator창을 항상 고정해놓고 작업을 하는 것이 좋다.

01 Program Order View( )

▶ 위치 : Tool → Operation Navigator → View → Program Order View

프로그램 폴더를 기준으로 표현된다.
기본적으로 Program이라는 폴더가 생성이 되어있다.
생성된 Operation의 위치와 순서는 드래그를 통해서 원하는 곳으로 이동이 가능하다.

아래쪽에 위치한 스크롤바를 이용하거나 창을 크게 키워보면 아래 그림과 같이 가공시간 등의 내용을 확인할 수 있다.

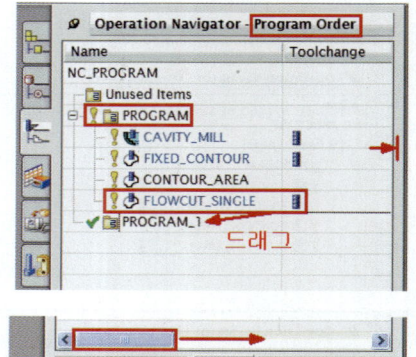

Toolchange	Path	Tool	Tool Number	Time	Geometry	Method
				03:09:11		
				03:09:11		
▉	✔	MILL_8	1	01:04:03	WORKPIECE	MILL_ROUGH
▉	✔	BALL_6	2	01:01:42	WORKPIECE	MILL_SEMI_FI...
	✔	BALL_6	2	01:01:43	WORKPIECE	MILL_SEMI_FI...
▉	✔	BALL_2	3	00:01:41	WORKPIECE	MILL_FINISH

02 Machine Tool View( )

▶ 위치 : Tool → Operation Navigator → View → Machine Tool View

사용되는 공구를 기준으로 표현된다.
공구를 더블클릭하거나 MB3클릭하여 Edit로 들어가서 공구를 확인 및 수정할 수 있다. 생성된 Operation의 위치도 드래그를 통해서 이동이 가능하다.

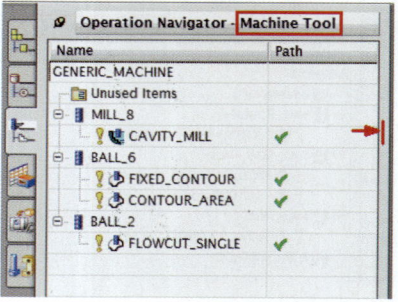

아래쪽에 위치한 스크롤바를 이용하거나 창을 크게 키워보면 다음 그림과 같은 내용을 확인할 수 있다.

Path	Tool	Description	Tool Number	Geometry	Method	Order Group
		Generic Machine				
		mill_contour				
		Milling Tool-5 Paramet...	1			
✓	MILL_8	CAVITY_MILL	1	WORKPIECE	MILL_ROUGH	PROGRAM
		Milling Tool-Ball Mill	2			
✓	BALL_6	FIXED_CONTOUR	2	WORKPIECE	MILL_SEMI_FI...	PROGRAM
✓	BALL_6	CONTOUR_AREA	2	WORKPIECE	MILL_SEMI_FI...	PROGRAM
		Milling Tool-Ball Mill	3			
✓	BALL_2	FLOWCUT_SINGLE	3	WORKPIECE	MILL_FINISH	PROGRAM

03 Geometry View(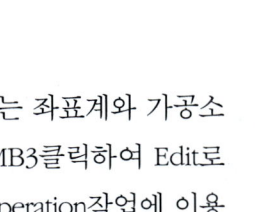)

▶ 위치 : Menu▼ → Tool → Operation Navigator → View → Geometry View

기본적으로 가공좌표계(MCS_MILL)와 가공소재(Workpiece)가 생성이 되어있다.
필요 시 새롭게 Geometry를 추가하여 Operation 작업에 이용할 수 있다.

🔖 Geometry를 기준으로 표현된다.

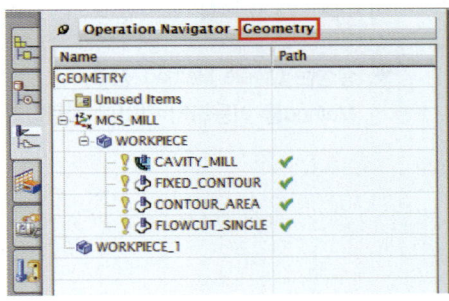

기본적으로 생성되어 있는 좌표계와 가공소재를 더블클릭 하거나 MB3클릭하여 Edit로 들어가서 설정을 하여 Operation작업에 이용할 수 있다.

🔖 설정은 Create Geometry 참고

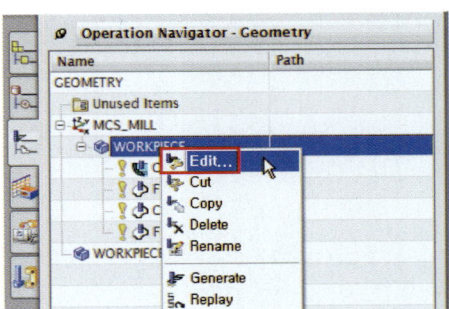

661

04 Method View(📋)

▶ 위치 : ☰ Menu ▼ → Tool → Operation Navigator → View → Method View

가공 환경을 Mill_Contour로 선택했을 때 기본적으로 4가지의 Method가 생성되어있다.

🔖 Method를 기준으로 표현된다.

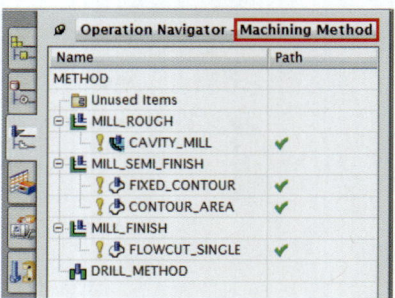

기본적으로 생성되는 Method를 더블클릭하거나 MB3클릭하여 Edit로 들어가서 설정 값을 변경해서 Operation작업에 이용할 수 있다.

🔖 설정은 Create Method 참고
　Method를 이용하지 않아도 상관없다.

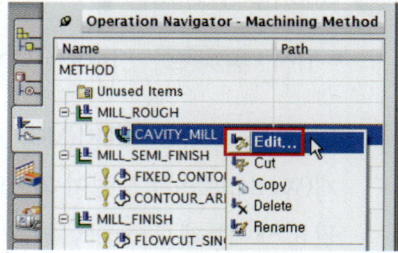

2장 ▶ Mill Contour

제1절 Cavity Mill의 정의 및 시작

Cavity Mill은 평면 레이어에서 재료의 볼륨을 제거하는 공구 경로를 생성한다. 일반적으로 황삭가공을 하는 데 사용되며 3축 가공에서 사용되는 평면 밀링이다. Cavity Mill은 Create Operation을 메뉴의 Mill_Contour타입에서 생성할 수 있다.

01 Cavity_Mill 시작

1) Menu▼ → Insert → Operation을 선택하거나, Insert 아이콘 바에서 Create Operation을 선택한다.

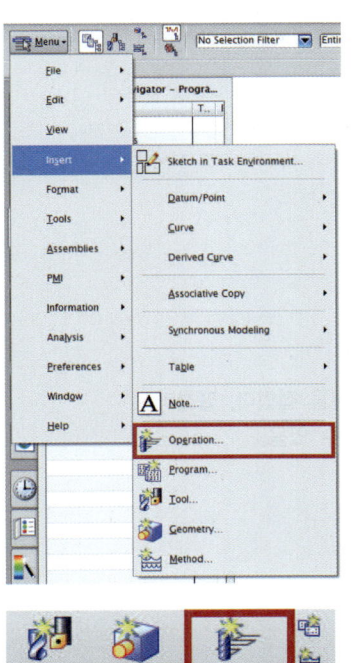

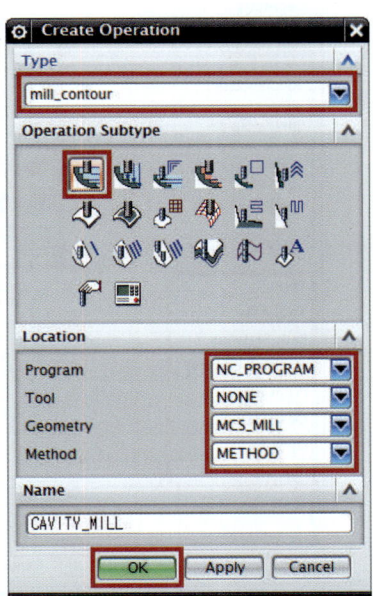

2) 1)의 그림과 같이 Type은 Mill_Contour를 선택하고 Operation Subtype에서 Cavity_Mill 을 선택하고 Location옵션을 설정하고 OK하면 Cavity_Mill창이 나타난다.

3) Cavity_Mill창에서 그냥 OK하면 아래 그림과 같이 Navigator에 Cavity_Mill이 생성되어 있는 것을 볼 수 있다.

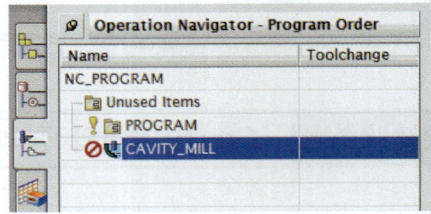

02 Cavity Mill Options

아래 그림과 같이 옵션이 하나의 창에 표현이 되며 아이콘으로 간편화하였다.
크게 Geometry, Tool, Path Settings, Machine Control, Program, Option, Actions로 나누어져 있고 옵션을 접었다 펼쳤다 할 수 있게 이루어져 있다.

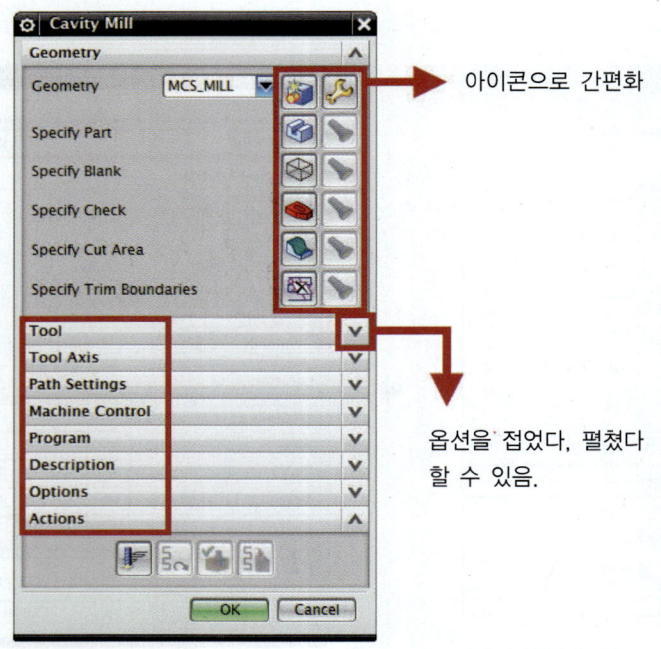

03 Geometry

모델링, 가공소재, 가공영역 등의 Geometry를 설정, 재설정할 수 있다.
Geometry를 Workpiece로 설정하면 Workpiece에서 설정한 부분은 선택이 비활성화된다.

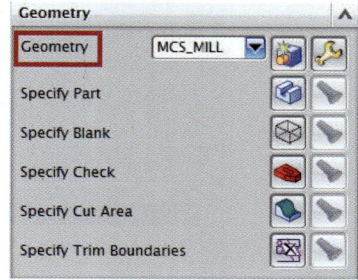

1) Geometry

그림과 같이 기본 Geometry 설정을 쉽게 변경할 수 있다.

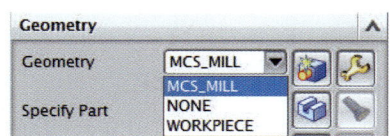

- Create New(📄) : Geometry를 새로 만든다.
- Edit(🔧) : 현재 설정된 Geometry를 수정한다.

2) Specify Part(📦)

가공 후 완성된 형상, 즉 모델링된 형상을 의미한다.
아이콘을 클릭하여 창이 뜨면 형상을 선택하고 OK를 클릭한다.

3) Specify Blank(📦)

가공 소재를 의미한다.
아이콘을 클릭하여 다음 그림과 같은 창이 뜨면 가공소재를 선택하고 OK를 클릭한다.
Cavity Mill의 Blank에는 Bounding Block이 없으므로 가공소재를 모델링해서 설정하여야 한다.

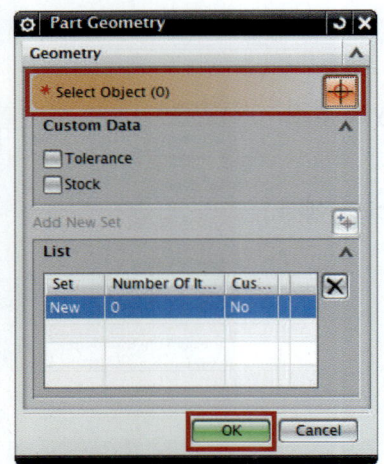 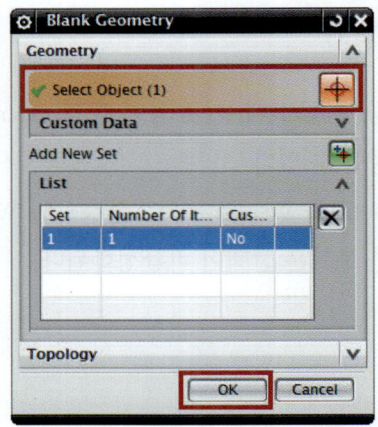

4) Specify Check( )

공구경로를 생성할 때 공구가 지나가지 말아야 할 부분을 설정한다.

예를 들어 가공소재를 클램프로 고정하는 경우 클램프 자리를 회피하기 위해 아래 그림과 같이 모델링한 형상을 선택하고 OK를 클릭한다.

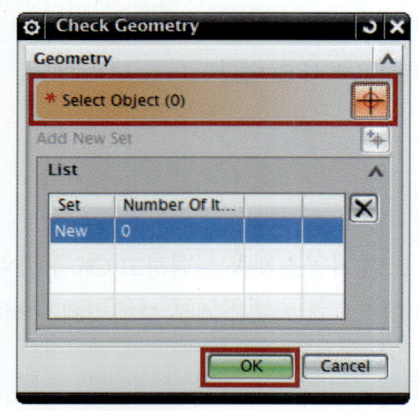 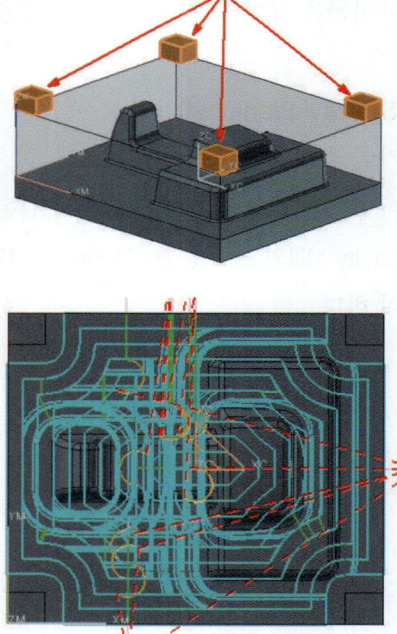

5) Specify Cut Area(🔖)

가공영역을 의미한다. 가공하고자 하는 부분만 선택하여 가공할 수 있다.

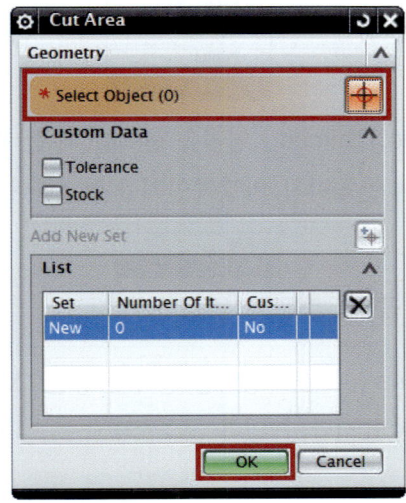
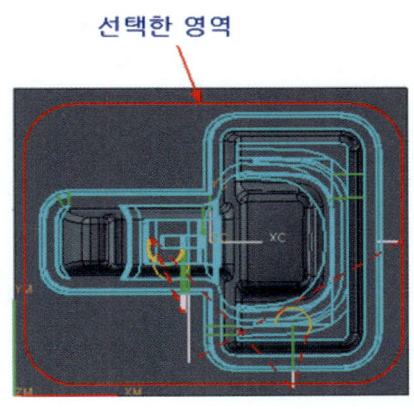

선택한 영역

6) Specify Trim Boundaries(🔲)

작업자가 직접 영역을 선택하여 공구경로가 지나가지 않게 할 수 있으며, Check와 비슷하지만 영역을 선택할 때 더 다양한 방법으로 선택할 수 있다.
NX9 이전 버전과는 약간 다른 대화상자로 변형되었다.

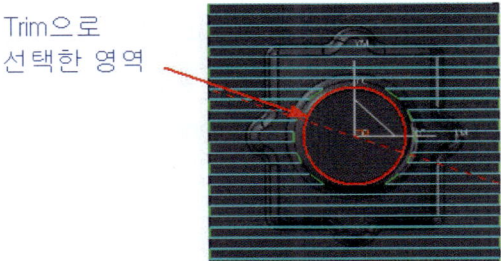

Trim으로 선택한 영역

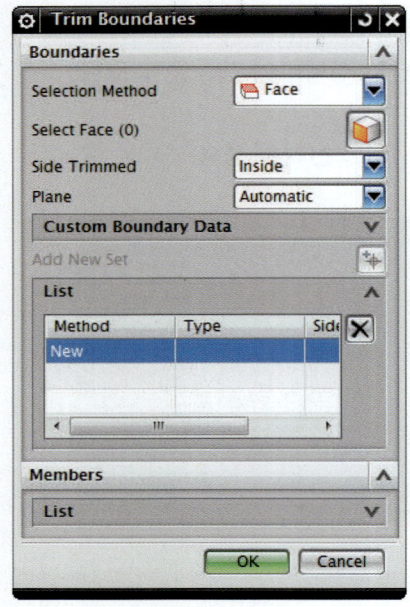

- Selection Method : 영역을 선택할 때 면이나, 모서리, 점 등을 이용해서 선택할 수 있다.

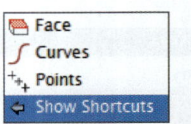

- Side Trimmed : 영역을 선택할 때 선택한 영역의 안쪽인지, 바깥쪽인지를 설정한다.

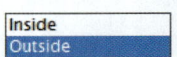

  곡면은 영역으로 선택할 수 없다.

- Plane : 트림할 영역을 원하는 평면으로 투영하여 표시할 수 있다.

04 Tool

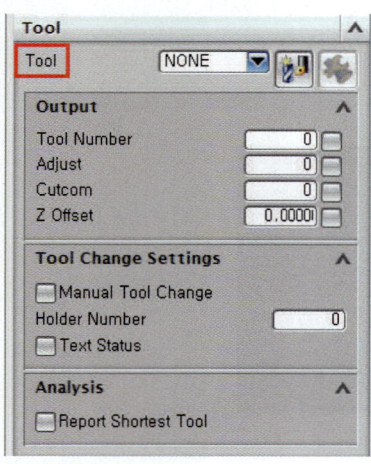

- Tool(MILL (Milli)) : 공구를 선택할 수 있다.
  - Create New( ) : 공구를 생성할 수 있다.
  - Edit/Display( ) : 현재 선택된 공구를 화면상에 표시하고 수정할 수 있다.
- Output : 공구에 관련된 Option
- Tool Change Settings : 공구교환 Option
- Analysis : 공구에 대한 해석

05 Path Settings

1) Method(METHOD)

   Method를 선택할 수 있다.

   ① Create New( ) : Method를 생성할 수 있다.
   ② Edit( ) : 현재 선택된 Method를 수정할 수 있다.

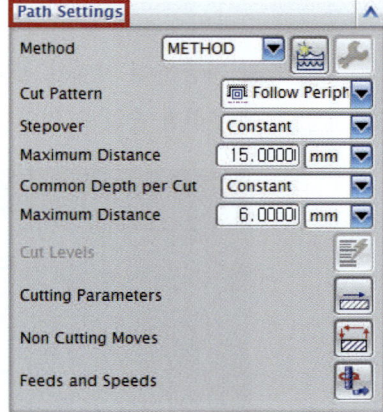

2) Cut Pattern

   ① Zig-Zag(Zig Zag)
   공구가 왕복으로 이동하면서 가공을 하는 방법이다. 즉, 갈 때 한번 올 때 한번, 두 번 가공된다.

   ② Zig(Zig)
   공구가 갈 때 가공되고, 올 때는 사용자가 지정한 안전높이까지 이동하여 급속 이송하여 다시 가공이 시작된다.

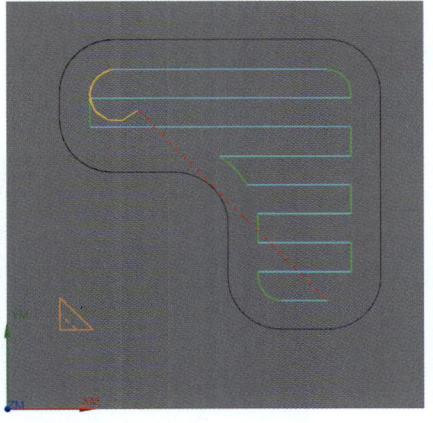
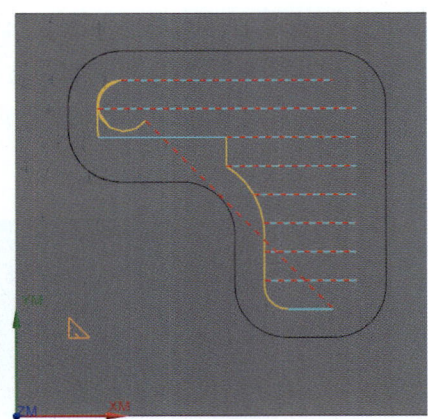

③ Zig With Contour(Zig with Cc)

보편적으로 사용되는 가공방법으로 지그방법으로 가공이 되면서 윤곽의 형태로 가공하여 기계와 공작물, 공구 사이에 부하를 줄일 수 있다.

④ Follow Periphery(Follow Peri)

모델링의 윤곽을 따라 가공하는 방법이다. 아이콘의 모양처럼 안쪽에서 바깥쪽으로 가공하거나 바깥쪽에서 안쪽으로도 가공이 가능하다.

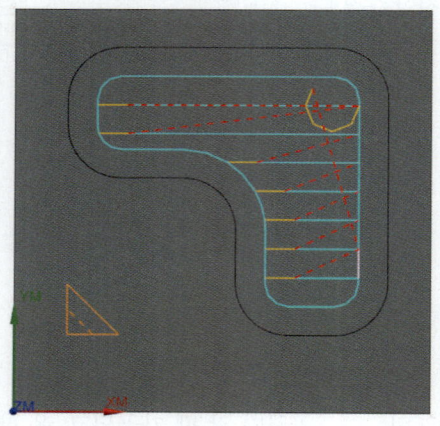

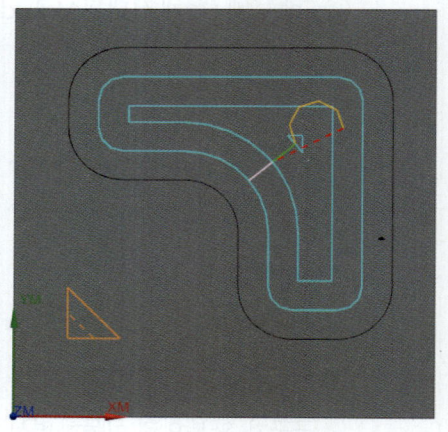

⑤ Follow Part(Follow Part)

모델링의 윤곽을 따라 가공하는 방법이다. 포켓 가공은 Follow periphery와 크게 다르지 않고 외곽 가공일 경우 형상에서 옵셋된 가공 패스를 생성한다.

⑥ Trochoidal(Trochoidal)

모델링의 윤곽을 따라 가공하는 방법이며 공구에 가해지는 부하와 마모를 작게 하기 위해 원 운동이 추가된 가공 방법이다.

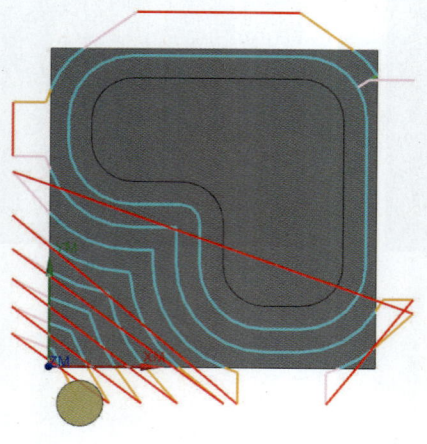

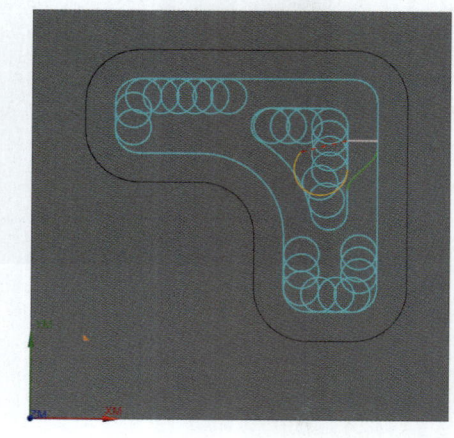

⑦ Profile()

형상의 윤곽을 따라서 한번만 가공되는 가공으로 잔삭이나 면취 가공에 이용할 수 있다.

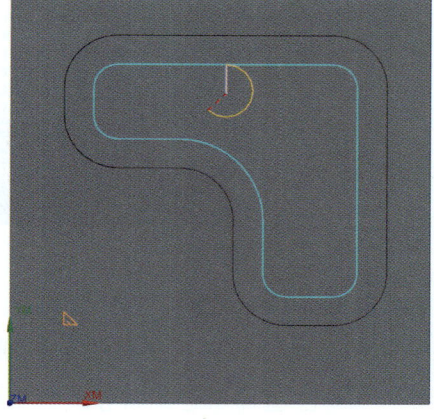

3) Stepover

공구가 한번 절삭 후 다음 가공에 들어갈 때 측면으로 이동되는 값을 의미한다.

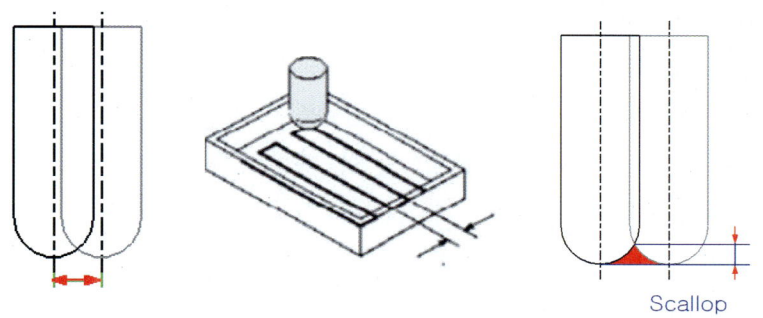

① `Constant` : Stepover값을 직접 상수 값으로 입력하여 설정한다.

② `Scallop` : 공구가 이동하면서 피치와 피치사이에 산모양의 절삭 산이 발생하는데 이 산의 높이를 제어하여 Stepover값을 설정한다.

③ `% Tool Flat` : 공구의 지름을 이용하여 Stepover값을 지정하는 방법이다. 공구 지름의 몇 %만큼 이동할 것인가를 설정한다.

④ `Multiple` : 가변화된 Stepover값을 설정한다.

4) Common Depth per cut

한번 가공할 때 공구 축 방향의 절삭 깊이를 의미한다.
Z방향의 깊이 값을 입력한다.

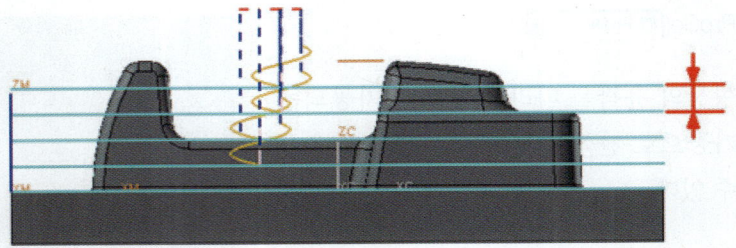

5) Cut Level(📄)

Cavity 및 Z단계 밀링의 경우 재료를 제거하기 위해 공구로 얼마나 깊게 절삭할지 결정하는 절삭 평면을 지정할 수 있다.

공구가 가공 시 Z축으로 정의한 값만큼만 Level로 가공이 된다.

공구의 처음 진입위치 및 Range를 지정한다.

① Range Type

ⓐ Automatic(📄) : 임의의 평면형 수평면에 정렬되도록 범위를 설정한다.

이는 파트의 중요 깊이다. 국소부위 범위를 추가하거나 수정하지 않는 한 절삭 단계는 파트와의 연관성을 유지한다. 파트의 새 수평곡면을 감지하고 여기에 단계를 추가한다.

ⓑ User Defined(📄) : 사용자가 직접 절삭 깊이를 정의할 수 있다.

이 기능을 사용할 때는 자동으로 새로운 수평곡면을 감지할 수 없다.

ⓒ Single(📄) : 파트와 가공 재료 지오메트리를 기반으로 절삭 범위 하나를 설정한다.

② Cut Level : 절삭단계 설정방법을 지정한다.

③ Common Depth per Cut : 원하는 깊이 값을 지정한다.

④ Maximum Distance : 최대 깊이 값을 지정한다.

⑤ Top of Range 1 : 범위의 가장 높은 위치를 정의한다.

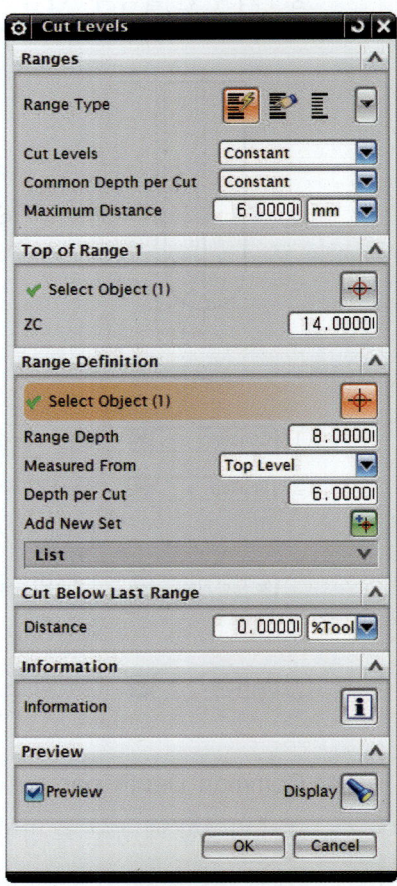

⑥ Range Definition : 현재 선택된 범위의 매개변수를 수정할 수 있다.

⑦ Range Depth : 바닥범위를 정의할 수 있다.

거리는 Measured from에서 정의된 위치부터이다.

⑧ Measured from : 깊이 측정 방법을 설정하는 옵션이다.

ⓐ Top Level : 첫 번째 절삭 영역의 최상위에 범위 깊이를 참조한다.

ⓑ Current Range Top : 현재 강조된 영역의 최상위에서 범위 깊이를 참조한다.

ⓒ Current Range Bottom : 현재 강조된 영역의 최하위에서 범위 깊이를 참조한다.

ⓓ WCS Origin : WCS의 원점에서부터 범위 깊이를 참조한다.

⑨ Depth per Cut : 한번 가공할 때에 공구 방향의 절삭 깊이를 설정한다.

⑩ Cut Below Last Range : 공구 끝을 최저 절삭 범위로부터 얼마나 더 깊게 위치시킬지를 정의한다.

5) Cutting Parameters( )

파트 재료에 절삭을 연결하는 옵션을 설정할 수 있다. 이러한 절삭 매개변수는 전부는 아니지만 대부분의 프로세서에서 공유하는 옵션이다. 이 옵션은 기능을 쉽게 인식할 수 있게 화면이 구성되어 있으며, 각각의 옵션마다 그림으로 이해를 돕고 있다. 기본적으로 설정되어 있으며 필요에 따라서 수정을 할 수 있게 구성되어 있다.

① Strategy

가장 일반적으로 사용되는 매개변수나 주요 매개변수를 정의하는 옵션이다.

ⓐ Cut Direction - Climb Cut : 하향식 절삭방법이다.
- Conventional Cut : 상향식 절삭방법이다.

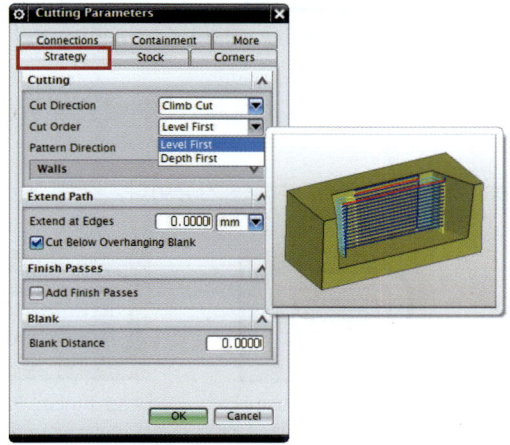

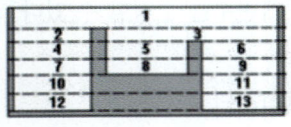 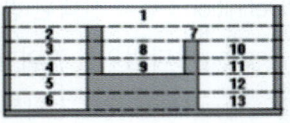

[level First]   [Depth First]

ⓑ Cut Order

- Level First : 단계별 가공으로 즉 레벨별로 가공하는 방식이다.

 단계별로 가공이 이루어지므로 G00으로 떠서 이동하는 구간이 많아지게 된다.

- Depth First : 깊이를 우선으로 가공하는 방식이다.

 구멍별(깊이별)로 가공이 이루어지므로 G00으로 떠서 이동하는 구간이 적다.

ⓒ Extend Path : 패스를 가공영역 바깥쪽으로 입력한 값만큼 연장한다.

ⓓ Cut Below Overhanging Blank

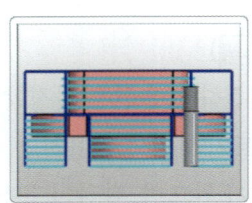

ⓔ Pattern Direction

- Outward : 안쪽에서 바깥쪽으로 가공하는 방식이다.
- Inward : 바깥쪽에서 안쪽으로 가공하는 방식이다.

[Outward]   [Inward]

이 설정은 Cut Method의 Follow Periphery(回)를 선택했을 때만 나타난다.

ⓕ Finish Passes : 정삭 패스를 추가하는 기능이다.

[No Finish Passes]   [Add Finish Passes]

ⓗ Blank Distance : 파트 경계나 파트 지오메트리에 offset거리를 적용하여 가공 재료 지오메트리를 생성한다. 즉 기존의 Blank에서 입력한 거리 값만큼 Blank를 정의할 수 있다.

② Stock

Stock Option은 현재 오퍼레이션 후에 파트에 남는 재료의 양을 결정한다.

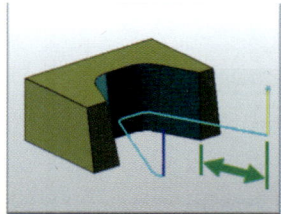
[Extend Path]

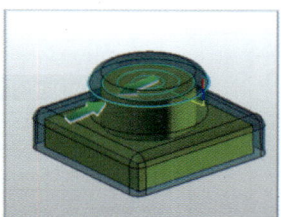
[Blank Distance]

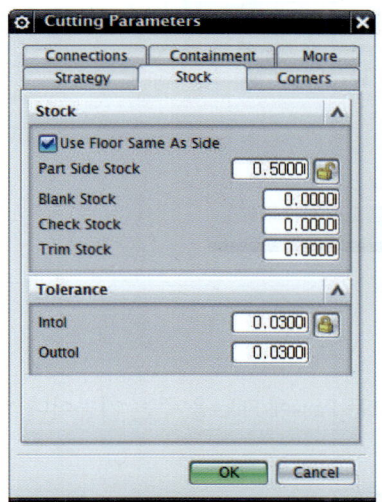

ⓐ Use Floor Same As Side : 재료의 바닥면과 측면의 가공 여유를 동일하게 남기고 싶을 때 체크한다. 이 옵션을 체크하면 Part Floor Stock이 비활성화된다.

ⓑ Part Side Stock : Part 측면의 가공 여유를 뜻한다. Use Floor Same As Side체크 시에는 측면과 바닥 전체의 가공 여유를 뜻한다.

ⓒ Part Floor Stock : Part 바닥의 가공 여유를 뜻한다.

ⓓ Blank Stock : Geometry에서의 Blank의 가공 여유이다.

ⓔ Check Stock : Geometry에서의 Check의 가공 여유이다.

ⓕ Trim Stock : Geometry에서의 Trim의 가공 여유이다.
ⓖ Tolerance : 실제 파트곡면에서 공구가 이탈하는 데 사용할 수 있는 허용 가능한 안쪽 바깥쪽 공차를 정의한다. 값이 작으면 작을수록 정밀한 절삭이 가능하다.

③ Corners

코너 절삭 시 공구의 휨이나 패이는 것을 방지하기 위해 패스를 제어한다.

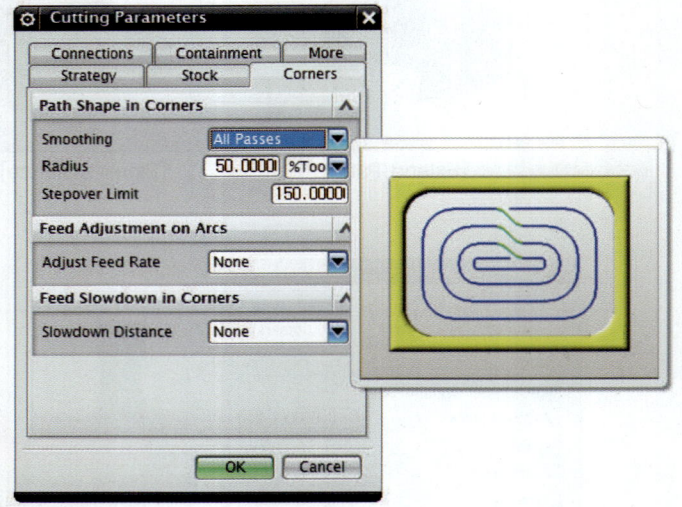

ⓐ Smoothing : 다듬기

- All Passes : 코너 부분의 모든 Pass에 Fillet을 주는 기능이다. 반경과 스텝오버 한계 값을 지정해 줄 수 있다.

ⓑ Adjust Feed Rate : 이송률 조정

- On All Arcs : 이 옵션은 모든 원 레코드에서 이송률을 조정하여 커터의 중심이 아닌 가장자리에서 이송률을 유지한다. 파트의 볼록 코너의 외부 둘레를 절삭할 때는 이송률이 증가하고 오목 코너의 내부를 절삭할 때는 감소한다. 두 가지의 값을 입력하는 부분이 있는데, 이러한 값은 원호 둘레의 이송률과 곱해져서 보정 계수의 크기를 제한한다.

ⓒ Compensation Factors : 원형 이송률 보정계수를 정의한다.

ⓓ Slowdown Distance : 감속 길이, 시작 위치 및 비율을 설정할 수 있다.

- Current Tool : 현재 공구 직경의 백분율을 사용하여 감속 이동 길이를 결정하도록

지정한다. 백분율은 % 공구 직경 필드에 입력한다. 감속은 공구 직경과 파트 지오메트리가 접하는 점에서 시작하고 끝난다.
- Previous Tool : 이전 공구의 직경 또는 공구 직경 필드에 입력된 직경을 사용하여 감속 이동 길이를 결정하도록 지정한다. 감속은 공구 직경과 파트 지오메트리가 접하는 점에서 시작하고 끝난다.

④ Connections

절삭이동 상의 모든 이동을 정의하는 옵션이다.

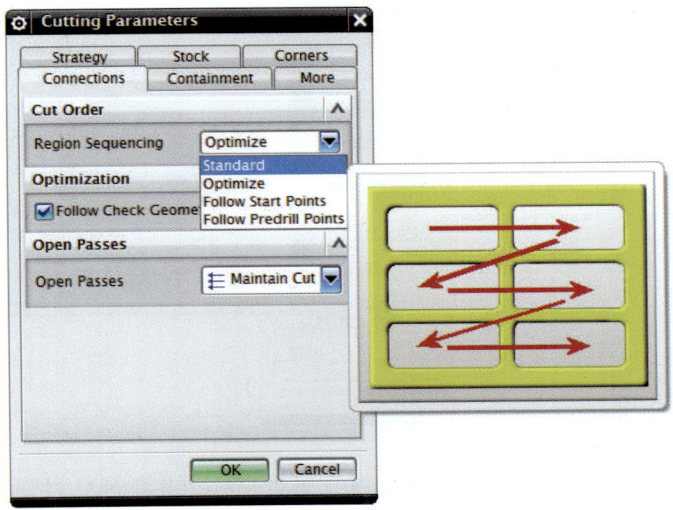

ⓐ Region Sequencing
- Standard : 절삭 영역을 가공할 순서를 프로세서에서 결정한다.
- Optimize : 가장 효율적인 가공 시간으로 절삭 영역의 가공 순서를 지정한다.
- Follow Start Points / Follow Predrill Points : 절삭 영역 시작점이나 사전 드릴 진입점을 지정한 순서에 따라 절삭 영역의 가공 순서를 지정한다. 영역 순서 지정에 이러한 점을 사용할 수 있도록 활성화해야 한다.

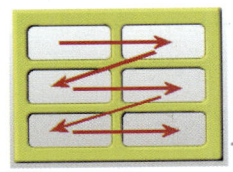 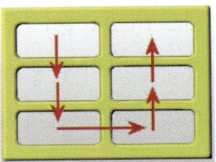 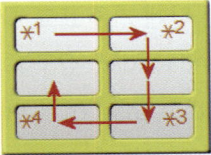 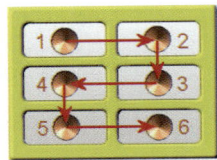

[Standard]   [Optimize]   [Follow Start Points]   [Follow Predrill Points]

ⓑ Region Connection

Region Connection을 생성하는 동안 아일랜드, 채널 또는 경로의 기타 장애물로 인해 절삭 단계의 가공 가능한 영역 내에서 패스가 여러 개의 하위 영역으로 분할될 수 있다.
하위 영역은 한 영역에서 진출하고 다음 하위 영역에서 파트를 다시 진입하여 연결된다. 영역 연결은 이러한 하위 영역을 연결하여 패스를 이동하는 방법을 결정한다.

⑤ Containment

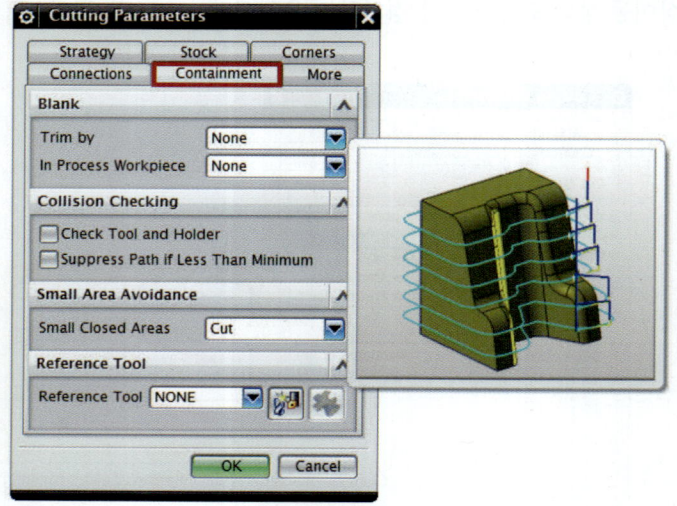

ⓐ Trim By : 선택된 파트 지오메트리의 외부 모서리(윤곽)에서 가공재료 지오메트리를 생성한다.

ⓑ In-Process Workpiece : 오퍼레이션 후에 남는 재료를 지정하는 절삭 매개변수이다.
- None : 가능한 경우 기존의 가공 재료 지오메트리를 사용하거나 전체 캐비티를 절삭한다.
- Use 3D : 동일한 지오메트리 그룹에서 이전 오퍼레이션의 3D IPW 지오메트리를 사용한다.
- Use Level Based : 동일한 지오메트리 그룹에서 이전 오퍼레이션의 절삭 영역을 사용한다. 다른 단계 기준 프로세서의 재료만 필요한 경우에 사용하도록 설계되었다.

ⓒ Check Tool and Holder : 공구홀더와 가공물 사이에 충돌 여부를 확인한다.

ⓓ Suppress Path if Less Than Minimum : 제조 공정에 있는 가공물, 공구 홀더 또는 Reference Tool을 사용하는 경우에 제거할 최소 재료를 결정한다.

ⓔ Reference Tool : 이전의 공구에서 절삭하지 못한 코너의 소재를 가공할 때 사용한다.

| 제1장
Manufacturing | 제2장
Mill Contour | 제3장
Verify & NC Data | 제4장
Face Milling | 제5장
Manufacturing Exercise | 제6장
Turning (CNC선반)가공 | Chapter F
Manufacturing |

ⓕ Steep : Reference Tool이 선택되어있는 경우 사용할 수 있다.

임의의 지점에서 파트의 경사도는 공구의 축과 면의 법선 사이의 각도로 정의한다. 급경사 영역은 지정된 급경사 각도보다 파트의 경사도가 더 큰 영역이다. 급경사 각도를 켜면 경사도가 지정된 급경사 각도보다 크거나 같은 파트 영역만 절삭된다. 급경사 각도를 끄면 파트 지오메트리와 임의의 제한 절삭 영역 지오메트리로 절삭된다.

6) Non Cutting Moves( )

비 절삭이동의 매개변수를 정의하는 옵션이다.

① Engage : 공구가 공작물에 진입할 때의 방법을 설정해주는 기능이다.

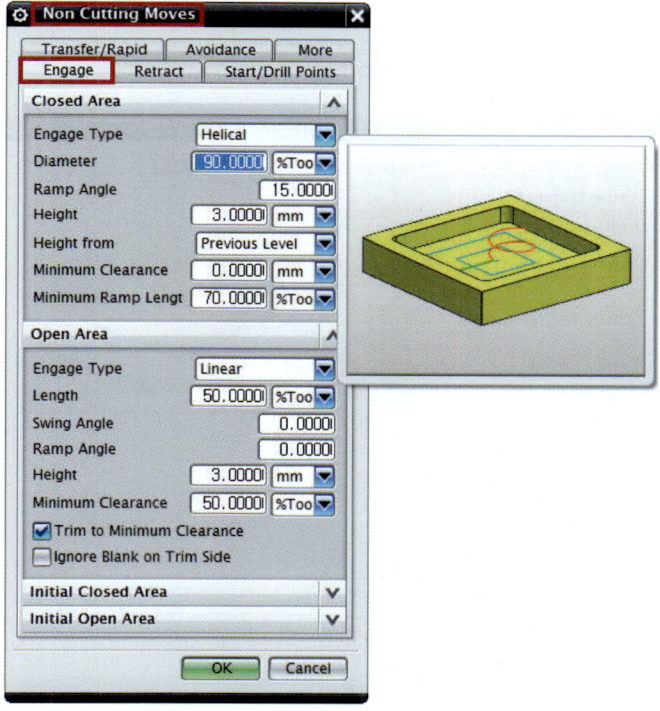

ⓐ Closed Area : 닫힌 영역의 진입방법을 설정한다.

- Engage Type : 진입할 때 공구의 램프방법을 설정한다.
- Diameter : 나선형 램프의 지름 값을 정의한다.
- Ramp Angle : 램핑을 수행하는 동안 공구가 재료를 절삭하는 각도를 정의한다.
- Height : 램프의 높이를 정의한다.

- Minimum Clearance : 공작물과의 최소 간격를 정의한다.
- Minimum Ramp Length : 최소 램프거리를 정의한다.
ⓑ Open Area : 열린 영역의 진입방법을 설정한다.

🔖 기능별로 그림으로 나타내주므로 쉽게 이해할 수 있다.

② retract : 공구의 이탈방법을 설정해 주는 기능이다.

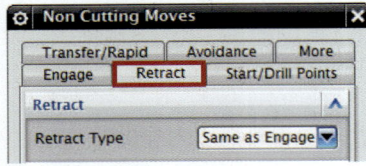

- Retract Type - Same as Engage : 진입과 동일한 방법으로 이탈한다.

🔖 나머지는 활성화되는 그림을 참고

③ Start/Drill Points

공구의 시작점을 설정해 주는 기능이다.

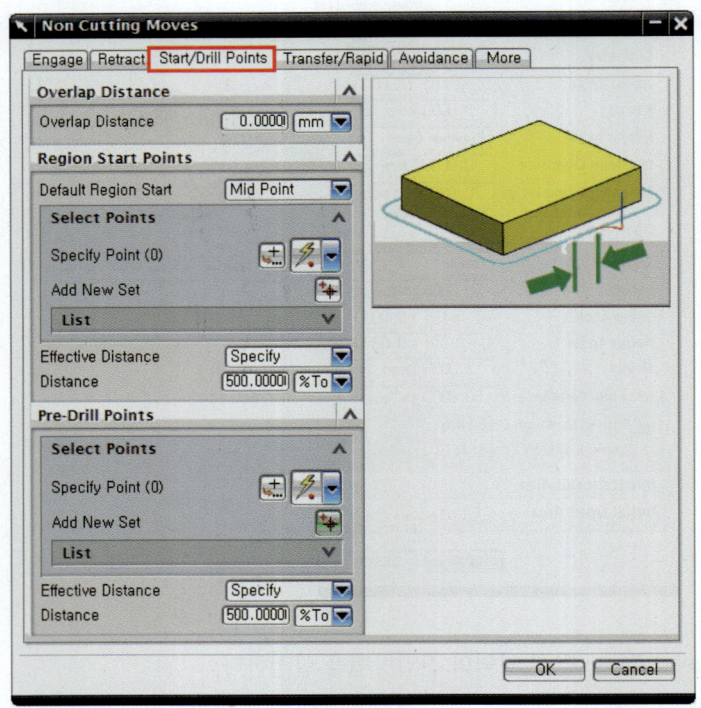

ⓐ Overlap Distance : 진입과 이탈의 교차되는 양을 정의한다.
ⓑ Region Start Points : 시작점을 지정하여 공구의 진입위치와 스텝오버 방향을 정의한다.
ⓒ Pre-Drill Points : 이전 드릴링 한 구멍이나 빈 공간 안에 진입 위치를 지정한다.

④ Transfer/Rapid

공구가 작업 전이나 후에 이동하는 방법 및 급속이송 방법을 설정해 주는 옵션이다.

ⓐ Common Clearance : 공구가 작업 전과 후에 이동하는 안전한 높이를 정의한다.
ⓑ Between Regions : 영역과 영역 사이의 이동유형을 정의한다.
ⓒ Within Regions : 영영 내에서의 이동방법과 유형을 정의한다.

Tip — Clearance 지정 방법

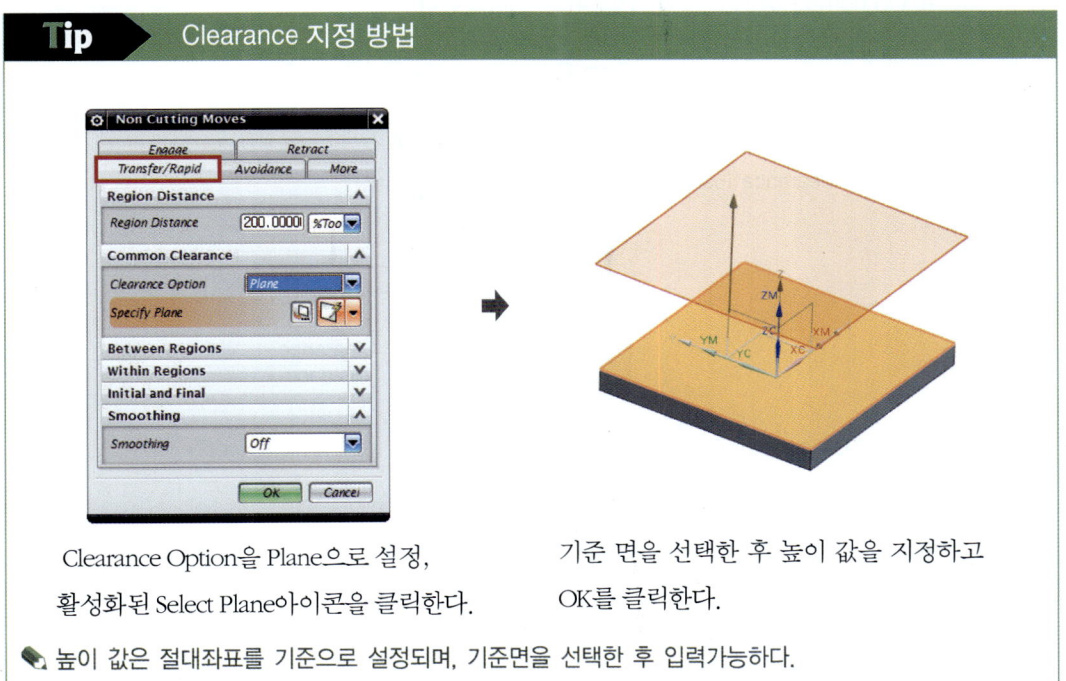

Clearance Option을 Plane으로 설정, 활성화된 Select Plane아이콘을 클릭한다.

기준 면을 선택한 후 높이 값을 지정하고 OK를 클릭한다.

🔖 높이 값은 절대좌표를 기준으로 설정되며, 기준면을 선택한 후 입력가능하다.

⑤ Avoidance

공구경로 전, 후의 비 절삭 이동에 사용되는 점을 지정 가능하다.

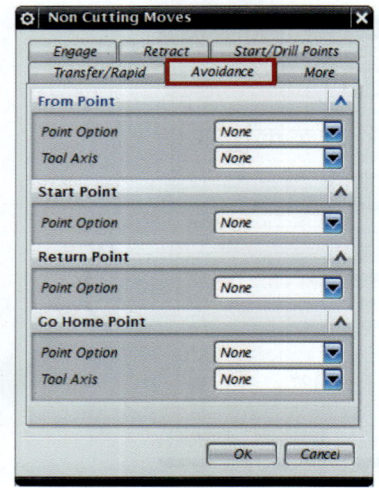

ⓐ From Point : 최초의 공구위치를 지정한다.

ⓑ Start Point : 절삭 순서가 시작될 때의 공구 위치를 지정한다.

ⓒ Return Point : 절삭 순서가 끝날 때의 공구 위치를 지정한다.

ⓓ Go home Point : 최종 공구의 위치를 지정한다.

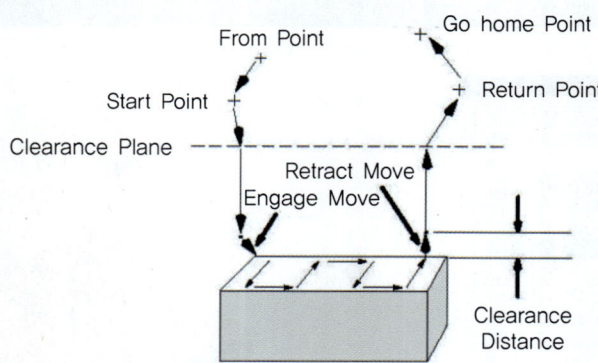

⑥ Cutter Compensation

커터에 대한 보정 값을 설정할 수 있다.

7) Feeds and Speeds( )

공구의 회전 속도 및 이송 속도를 제어하는 옵션이다.

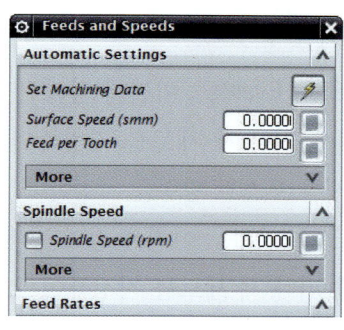 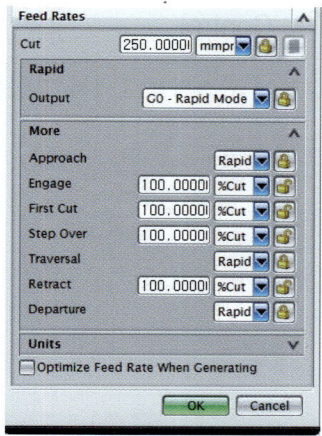

① Automatic Settings

    ⓐ Surface Speed : 공구의 절삭속도이다.

      곡면의 각 이 끝에 있는 절삭 모서리에 분당 피트 또는 미터단위로 측정한다.

    ⓑ Feed per Tooth : 이 끝 당 제거된 재료의 양을 측정한 값이다.

② Spindle Speed

    ⓐ Spindle Speed : 공구의 회전 속도이다.

    ⓑ Output Mode

      - RPM : 분당 회전수, SFM : 분당 곡면 이송, SMM : 분당 곡면 미터

    ⓒ Direction

      - None : 지정하지 않음, CLW : 스핀들 시계방향 회전, CCLW : 스핀들 시계 반대방향 회전

③ Feed Rates

    ⓐ Cut : 가공하는 동안의 이송률이다.

    ⓑ Rapid : 공구 경로 및 CLSF의 다음 Go · to점에서만 적용되는 이송률이다.

    ⓒ Approach : 시작점에서 진입 위치까지의 공구 이동에 대한 이송률이다.

    ⓓ Engage : 진입 위치에서 초기 절삭위치로의 공구 이동에 대한 이송률이다.

    ⓔ Fist Cut : 초기 절삭 패스에 대한 이송률이다.

    ⓕ Step Over : 다음 평행 절삭 패스로 이동할 때에 대한 이송률이다.

    ⓖ Traversal : 진입/진출 메뉴의 이전 방법 옵션 상태가 간격 평면이 아닌 이전 단계인 경우, 고속 수평비 절삭 공구 이동에 사용되는 이송률이다.

    ⓗ Retract : 공구를 복귀 점으로 이동하기 위한 이송률이다.

    ⓘ Departure : 최종 공구 경로 절삭 위치에서 진출 위치로의 공구 이동에 대한 이송률이다.

06 Machine Control

공구 경로에 포스트프로세서 명령을 입력할 수 있다.

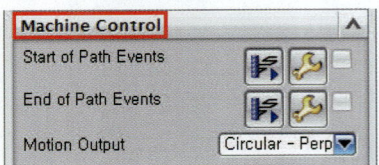

- Start Events : 이전에 정의된 매개변수 세트를 사용하거나 새 세트를 지정하여 오퍼레이션에 대한 시작 포스트 명령을 지정한다.
- End Events : 이전에 정의된 매개변수 세트를 사용하거나 새 세트를 지정하여 오퍼레이션에 대한 끝 포스트 명령을 지정한다.

07 Program

- Program(NC_PROGR) : 프로그램 폴더를 선택할 수 있다.
- Create( ) : 프로그램 폴더를 새로 생성할 수 있다.
- Edit( ) : 프로그램 폴더를 수정할 수 있다.

08 Description

생성하는 Operation에 주석 등의 설명을 추가할 수 있다.

09 Options

- Edit Display : 디스플레이에 관련된 옵션을 설정할 수 있다.
- Other Options : 그 밖에 메뉴 환경에 대한 옵션을 설정할 수 있다.

10 Actions

- Generate : Tool Path를 생성한다. 설정 변경할 때 마다 Generate를 해야 한다.
- Replay : Tool Path를 다시 표시한다.
- Verify : 모의 가공을 볼 수 있다.
- List : List를 볼 수 있다.

제 2 절 Fixed Contour

윤곽이 있는 곡면으로 형성된 영역을 정삭 하는 데 사용되는 가공 방법이다.
영역을 설정하는 방식은 Boundary방식이며 중·정삭 및 잔삭가공도 가능하다.

01 Fixed Contour의 시작

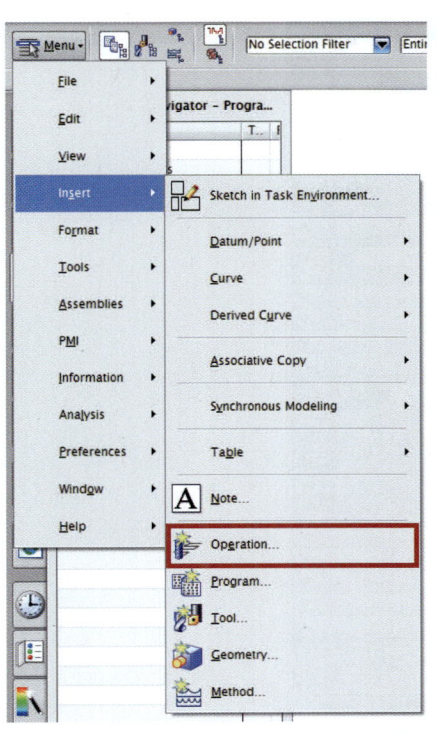 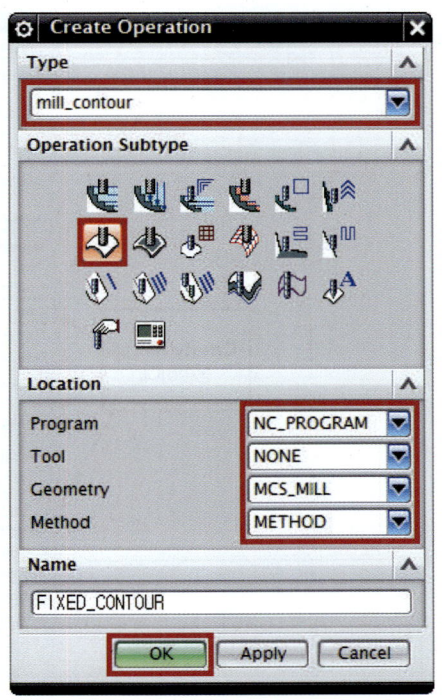

1) ⚙ Menu ▾ → Insert → Operation을 선택하거나 Manufacturing Ribbon Bar Insert에서 Create Operation을 선택한다.

2) 위 우측 그림과 같이 Type은 Mill_Contour를 선택하고 Operation Subtype에서 Fixed_Contour를 선택하고 Location옵션을 설정하고 OK하면 Fixed_Contour창이 나타난다.

3) Fixed_Contour창에서 OK를 클릭하면 그림과 같이 Navigator에 Fixed_Contour가 생성되어 있는 것을 볼 수 있다.

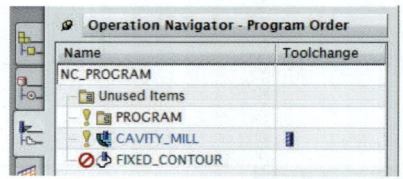

02 Fixed Contour Options

Option은 크게 Geometry, Drive Method, Projection Vector, Tool, Tool Axis, Path Settings, Machine Control, Program, Option, Actions로 나누어져 있고 옵션을 접었다 펼쳤다 할 수 있게 이루어져 있으며 Cavity Mill과 비슷하다.
Cavity Mill과 동일한 부분의 설명은 생략한다.

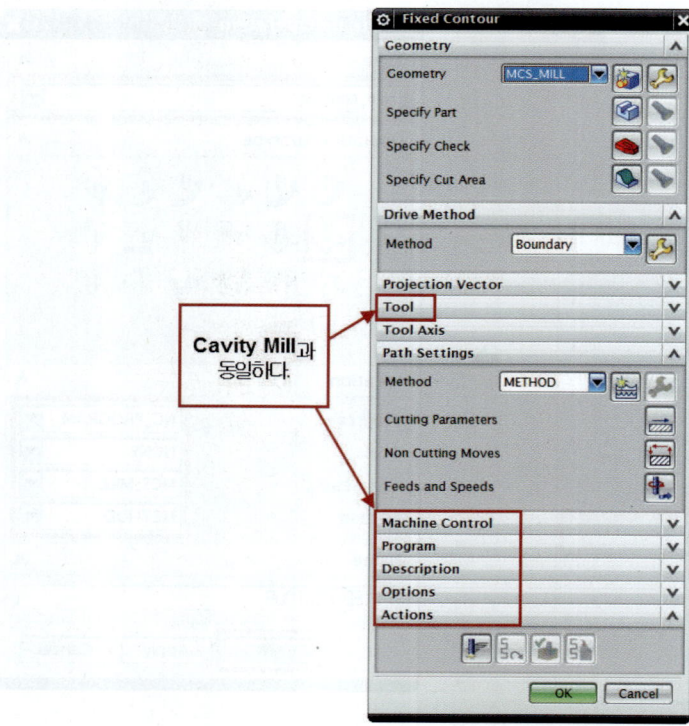

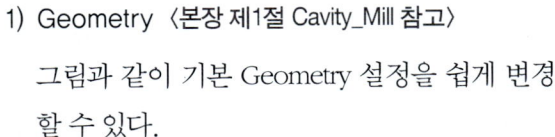

03 Geometry

Cavity_Mill과 거의 동일하며 Part만 설정되면 된다.
Check는 필요시 설정하면 된다.
Geometry를 Workpiece로 설정하면 Workpiece에서 설정한 부분은 선택이 비활성화된다.

1) Geometry 〈본장 제1절 Cavity_Mill 참고〉

그림과 같이 기본 Geometry 설정을 쉽게 변경할 수 있다.

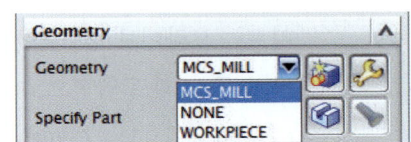

2) Specify Part( ) 〈본장 제1절 Cavity_Mill 참고〉

가공 후 완성된 형상, 즉 모델링을 의미한다.

3) Specify Check( ) 〈본장 제1절 Cavity_Mill 참고〉

공구경로를 생성할 때 공구가 지나가지 말아야 할 부분을 설정한다.
예를 들어 가공소재를 클램프로 고정하는 경우 클램프 자리를 회피하기 위해 모델링한 클램프 형상을 설정한다.

04 Drive Method

선택하는 종류에 따라 영역설정 방법이 다르다.
기본적으로는 Boundary가 설정되어 있다.

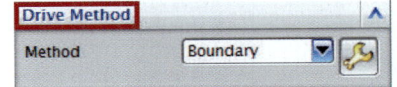

1) Drive Method의 종류

① Curve/Point : 점을 지정하거나 곡선을 선택하여 드라이브 지오메트리를 정의할 수 있다.
② Spiral : 지정된 중심점에서 바깥쪽으로 나선 회전하는 드라이브 점을 정의할 수 있다.
③ Boundary : 경계와 루프를 지정하여 절삭 영역을 정의할 수 있다.
　파트 곡면의 형상이나 크기에 종속되지 않는 반면 루프는 외부 파트 곡면 모서리에 일치해야 한다.

④ Area Milling : 절삭 영역을 지정하고 원하는 경우 급경사 제한과 트리밍 경계 구속조건을 추가하여 고정 축 곡면 윤곽선 오퍼레이션을 정의할 수 있다. Operation의 Contour Area(　)와 같은 방식이다.

⑤ Surface Area : 드라이브 곡면의 그리드에 놓인 드라이브 점의 배열을 생성할 수 있다.

⑥ Streamline : 표면의 형상을 따라 유선형의 패스를 작성한다.

⑦ Tool Path : CLSF(커터위치 원본파일)의 공구 경로를 따라 드라이브 점을 정의하여 오퍼레이션에서 유사한 곡면 윤곽선 공구 경로를 생성할 수 있다.

⑧ Redial Cut : 지정된 스텝오버 거리, 대역폭과 절삭 종류를 통해 지정된 경계를 수직으로 따르는 드라이브 경로를 생성할 수 있다.

⑨ Flow Cut : 파트 곡면으로 형성된 오목코너와 골을 따라 공구 경로를 생성할 수 있다. Operation의 Flow Cut(　)과 같은 방식이다.

⑩ Text : 문자형상의 가공을 할 때 사용되는 드라이브 방식이다.

⑪ User Defined : 사용자 함수를 사용하면 NX를 잠시 중단하고 내부 사용자 함수 프로그램을 실행하여 드라이브 경로를 생성할 수 있다.

2) Edit Parameters(　)

경계 구성원 및 경계 구성원에 연관된 매개변수를 추가하거나 제거하는 데 사용할 수 있는 지오메트리 편집 대화상자이다.

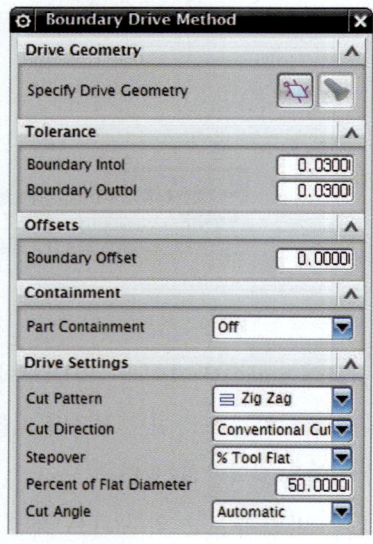

① Drive Geometry : 곡선/모서리나 점, 면을 이용하여 가공영역을 정의한다.

② Tolerance : 경계에 대한 안쪽과 바깥쪽 공차 값을 정의할 수 있다.

③ Offset : 옵셋 값을 지정하여 경계를 따라 남길 재료의 양을 제어할 수 있다.

④ Containment : 선택된 곡면 영역과 파트 곡면의 외부 모서리를 따라 루프를 생성하여 절삭 영역을 정의할 수 있다.

⑤ Drive Settings

   ⓐ Cut Pattern : 공구 경로의 형상을 정의한다.

   ⓑ Stepover : 공구가 한번 가공하고 난 후 다음 가공에 들어갈 때 측면으로 이동되는 값을 설정한다. 〈본장 제1절 Cavity Mill과 동일〉

   ⓒ Cut Angle : 가공되는 방향의 각도를 정의한다.

   ⓓ Cut Type : 가공타입을 정의한다.

⑥ More : 영역에 관련된 기타옵션들을 설정할 수 있다.

⑦ Preview

   - Display( ) : 선택된 영역을 화면에 표시할 수 있다.

Tip — Drive Geometry 설정 방법

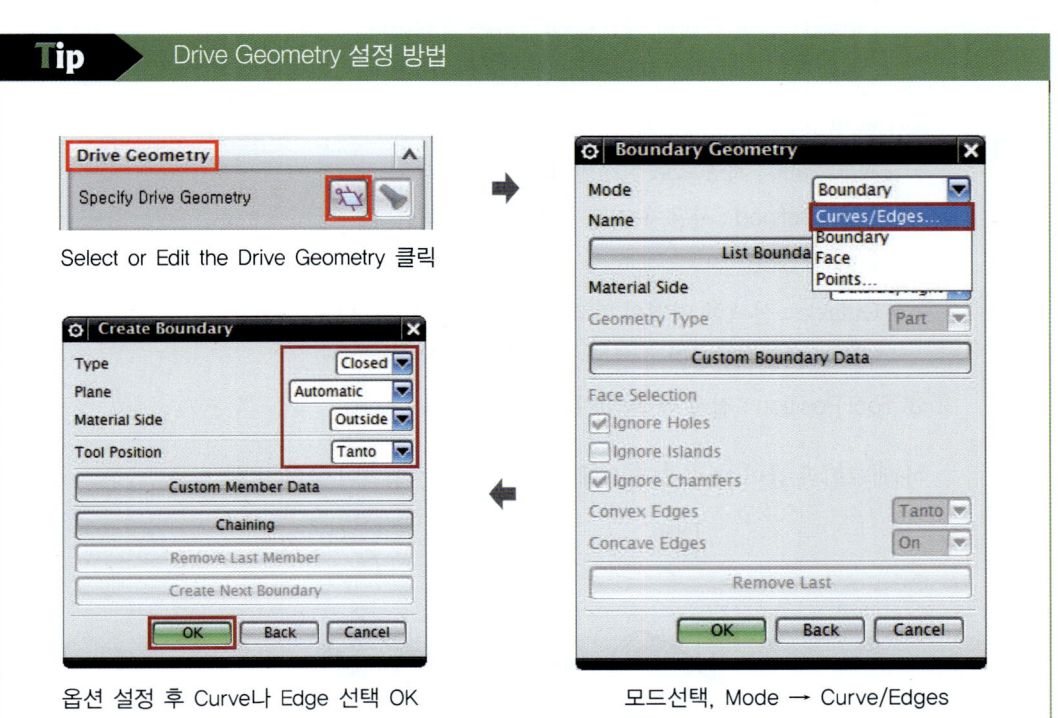

○ Mode → Face 설정 시

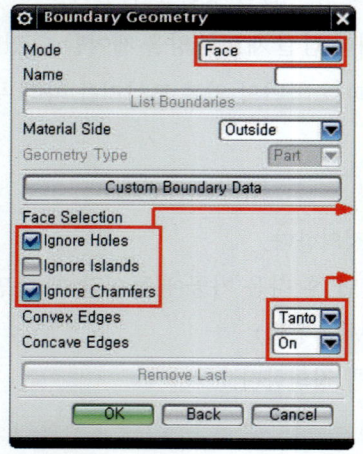

면 선택 시 Hole, Island, Chamfer를 무시할 수 있는 옵션이다.

홈이나 돌출부분의 Edge 가공 시 옵션을 Tanto, On으로 설정할 수 있다.

② Create Boundary 옵션

　ⓐ Type

　　- Closed : 닫힌 형태의 커브를 설정하는 방식이다.

　　- Open : 열린 형태의 커브를 설정하는 방식이다.

　ⓑ Plane : 가공시작 높이를 지정한다.

　　- Automatic : 자동으로 설정한다.

　　- User_Defined : 사용자 지정 높이 값을 정의한다.

　ⓒ Material Side

　　- Outside : 선택한 영역의 바깥쪽을 가공하지 않는다.

　　- Inside : 선택한 영역의 안쪽을 가공하지 않는다.

　ⓓ Tool Position : 접촉 공구의 위치를 정의한다.

아래 그림과 같이 Material Side에 따라 가공되는 영역이 달라진다.

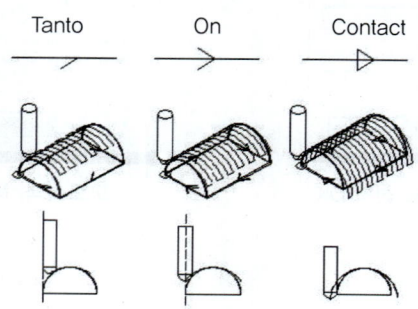

③ Pattern

ⓐ Follow Periphery(   ) : 절삭 영역의 윤곽선을 따라 일련의 동심 패스를 만드는 절삭 패턴이다.

ⓑ Profile(   ) : 절삭 영역의 둘레를 따르는 절삭패턴이다.

ⓒ Parallel Line(   ) : 평행 패스로 정의되는 절삭패턴이다.

ⓓ Redial Lines(   ) : 사용자가 지정하거나 자동으로 계산된 최적의 중심점에서 연장되는 선형 절삭패턴이다.

ⓔ Concentric(   ) : 사용자가 지정하거나 자동으로 계산된 최적의 중심점에서 점점 커지거나 점점 작아지는 원형 절삭패턴이다.

ⓕ Standard Drive(   ) : 절삭 영역의 둘레를 따르는 프로파일과 유사한 절삭패턴이다.

05 Projection Vector

Tool Path의 투영방향을 설정할 수 있다.
기본적으로 공구의 축 방향으로 설정되어 있다.

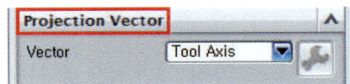

06 Tool Axis

공구의 축 방향을 설정할 수 있다.
기본적으로 Z축 방향이 설정되어 있다.

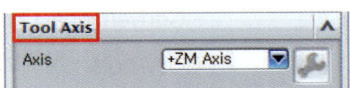

07 Path Settings

- Method(   ) : Method를 선택할 수 있다.
- Create New(   ) : Method를 생성할 수 있다.
- Edit(   ) : 현재 선택된 Method를 수정할 수 있다.

1) Cutting Parameters( )

파트 재료에 절삭을 연결하는 옵션을 설정할 수 있다.

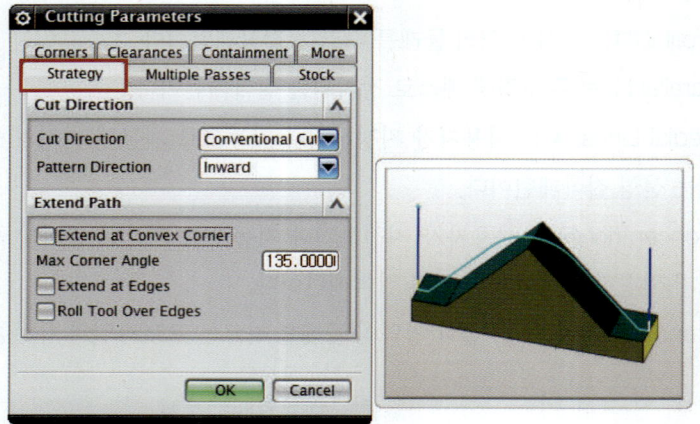

① Strategy

가장 일반적으로 사용되는 매개변수나 주요 매개변수를 정의하는 옵션이다.

ⓐ Cut Direction
- Climb Cut : 하향식 절삭방법이다.
- Conventional Cut : 상향식 절삭방법이다.
ⓑ Cut Angle : 절삭각도를 정의한다.
- Automatic : 자동으로 정의한다. 직선 방향으로 가공된다.
- User_Defined : 사용자 정의 절삭각도를 설정할 수 있다.
ⓒ Extend at Edges : 아래 그림과 같이 절삭 영역의 외부 모서리를 모두 접선으로 연장하여 가공한다. 이 방법을 이용하여 파트 주변의 과도하게 남은 재료를 가공할 수 있다.

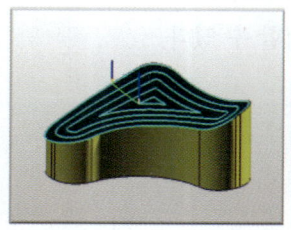 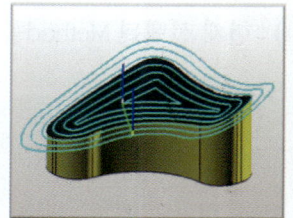

② Multiple Passes

윤곽 밀링에서 적용되는 다중패스 옵션을 설정할 수 있다.

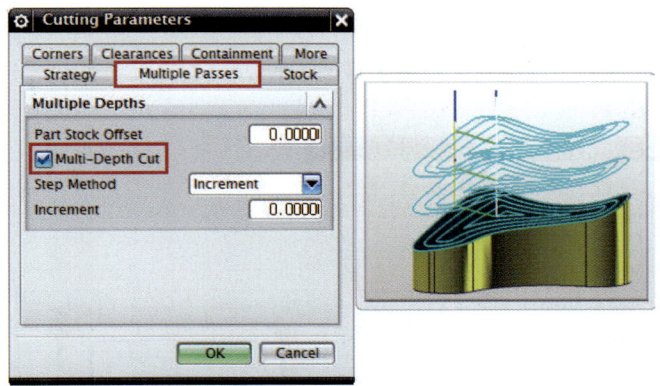

ⓐ Part Stock Offset : 파트 스톡 옵셋은 오퍼레이션 과정에서 제거되는 재료의 양이다. 파트 스톡은 오퍼레이션을 마친 후에 남는 재료의 양이다.

즉, 파트 스톡 옵셋과 파트 스톡을 더한 값은 오퍼레이션을 시작하기 전의 재료 양이다. 따라서 파트 스톡 옵셋은 파트 스톡에 더해지는 추가 스톡이다.

ⓑ Multi-Depth Cut : 이 옵션을 체크하면 다중패스 기능을 정의할 수 있다.

Part Stock Offset이 0보다 크거나 같은 경우에만 사용할 수 있다.

ⓒ Step Method Increment : 나누어 가공하는 양을 지정하는 다중패스방식이다.

- Passes : 나누어 가공하는 횟수를 지정하는 다중패스방식이다.

> ex) Part Stock Offset은 2를 입력하고, Multi-Depth Cut을 체크한 후 Increment의 설정 값에 1을 입력하면 두 번에 나누어 가공이 되는 것이다. Passes에 2를 입력하면 두 번에 나누어서 가공, 3을 입력하면 세 번에 나누어서 가공된다.

③ Stock

Cavity Mill과 거의 동일하다. 〈본장 제1절 Cavity Mill 참고〉

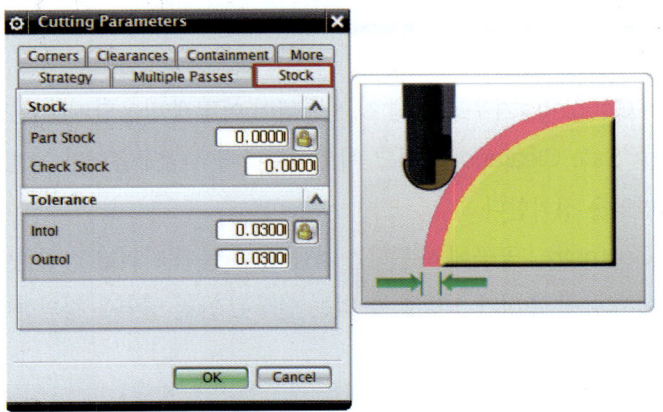

④ Corners

Cavity Mill과 거의 동일하다. 〈본장 제1절 Cavity Mill 참고〉

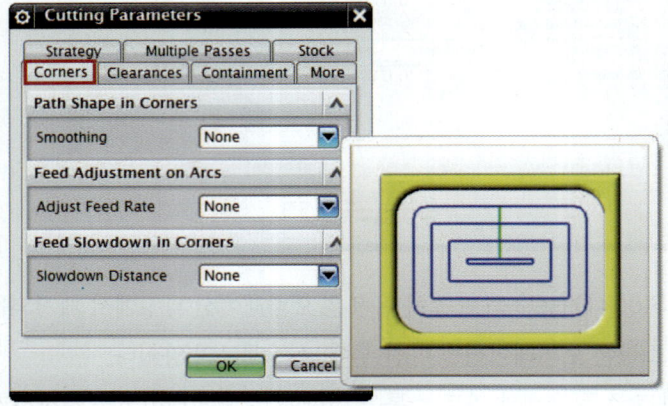

⑤ Clearances

지오메트리를 안전하게 회피하는 방법을 정의한다.

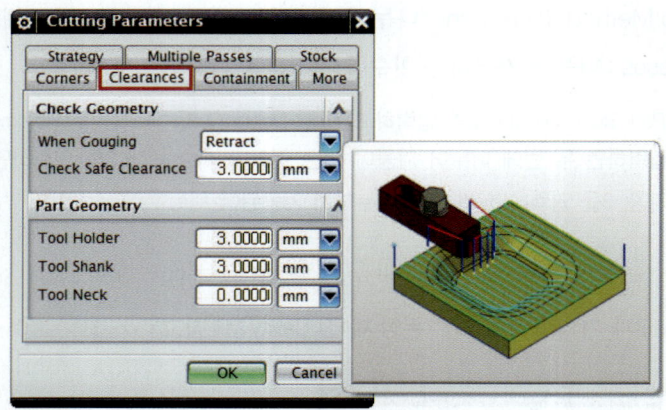

ⓐ When Gouging : 가우즈 발생 시 시스템이 어떻게 반응할지를 결정할 수 있다.

ⓑ Check Safe Clearance : 체크 지오메트리에서 공구홀더가 침범할 수 없는 연장된 안전영역을 정의한다.

ⓒ Part Geometry : 공구에 사용되는 자동 진입/복귀 거리를 정의한다.
파트에서 공구 홀더가 침범할 수 없는 연장된 안전 영역을 정의한다.

ⓖ More

추가적인 매개변수를 정의한다.

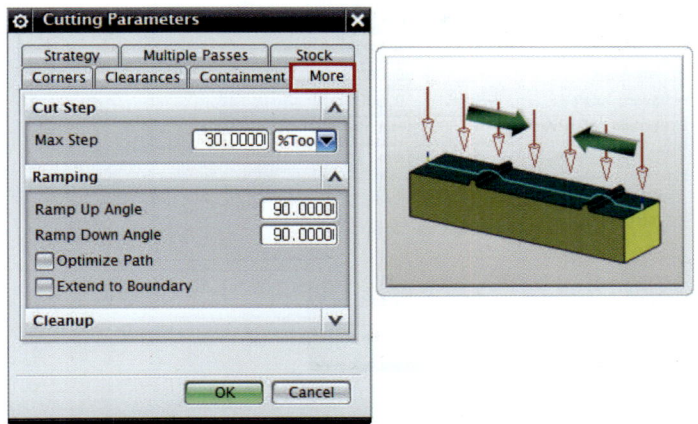

ⓐ Cut Step : 절삭 방향으로 파트 지오메트리에서 공구위치 점 사이의 직선거리를 제어한다.

단계가 작을수록 공구 경로가 파트 지오메트리의 윤곽선을 더 정확하게 따른다.

절삭 단계에 입력한 값은 단계 크기가 지정된 Part Intol/Part Outol 값을 위반하지 않는 범위 내에서 적용된다.

ⓑ Ramp up Angle, Ramp Down Angle : 아래 그림과 같이 공구가 위쪽과 아래쪽으로 이동하는 각도의 한계를 지정할 수 있다.

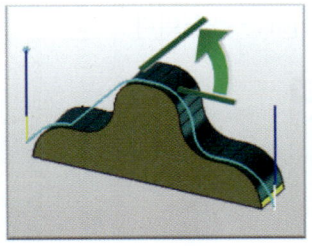 

2) Non Cutting Moves(   )

비 절삭이동의 매개변수를 정의하는 옵션이다.

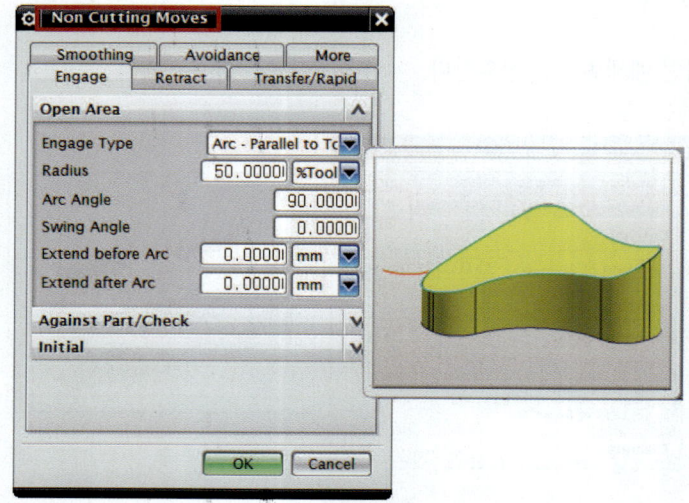

① Engage : 공구가 공작물에 진입할 때의 방법을 설정해주는 옵션이다.

② Retract : 공구의 이탈방법을 설정해 주는 옵션이다.

③ Transfer/Rapid : 공구가 작업 전이나 후에 이동하는 방법 및 급속이송 방법을 설정해 주는 옵션이다.

④ Avoidance : 공구경로 전 또는 후의 비 절삭 이동에 사용되는 점을 지정할 수 있다.

🍃 기능별로 그림으로 나타내주므로 쉽게 이해할 수 있으며, Cavity Mill과 거의 동일하다. 〈본장 제 1절 Cavity Mill Non-Cutting Moves 참고〉

3) Feeds and Speeds( )

공구의 회전 속도 및 이송 속도를 제어하는 옵션이다.

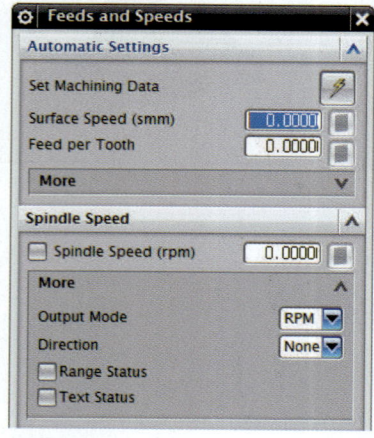 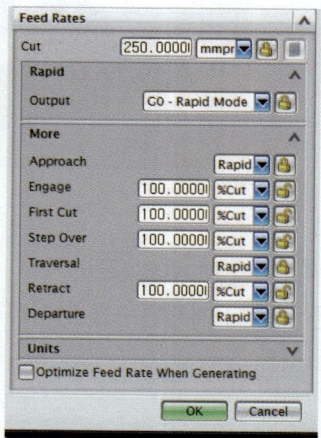

① Automatic Settings

    ⓐ Surface Speed : 공구의 절삭속도이다.

        이 값은 곡면의 각 이 끝에 있는 절삭 모서리에 분당 피트 또는 미터단위로 측정한다.

    ⓑ Feed per Tooth : 이 끝 당 제거된 재료의 양을 측정한 값이다.

② Spindle Speed

    ⓐ Spindle Speed : 공구의 회전 속도이다.

    ⓑ Output Mode

        - RPM : 분당 회전수, SFM : 분당 곡면 이송, SMM : 분당 곡면 미터

    ⓒ Direction

        - None : 지정하지 않음, CLW : 스핀들 시계방향 회전, CCLW : 스핀들 시계 반대방향 회전

③ Feeds Rates

    ⓐ Cut : 가공하는 동안의 이송률이다.

    ⓑ Rapid : 공구 경로 및 CLSF의 다음 Go · to점에서만 적용되는 이송률이다.

    ⓒ Approach : 시작점에서 진입 위치까지의 공구 이동에 대한 이송률이다.

    ⓓ Engage : 진입 위치에서 초기 절삭위치로의 공구 이동에 대한 이송률이다.

    ⓔ Fist Cut : 초기 절삭 패스에 대한 이송률이다.

    ⓕ Step Over : 다음 평행 절삭 패스로 이동할 때에 대한 이송률이다.

    ⓖ Traversal : 진입/진출 메뉴의 이전 방법 옵션 상태가 간격 평면이 아닌 이전 단계인 경우 고속 수평비 절삭 공구 이동에 사용되는 이송률이다.

    ⓗ Retract : 공구를 복귀 점으로 이동하기 위한 이송률이다.

    ⓘ Departure : 최종 공구 경로 절삭 위치에서 진출 위치로의 공구 이동에 대한 이송률이다.

제 3 절 Contour Area

01 Contour Area Options

윤곽이 있는 곡면으로 형성된 영역을 정삭 하는 데 사용되는 가공 방법이다.
Fixed_Contour와 거의 동일하고 가공영역을 설정하는 방식은 Face선택 방식이며 중·정삭 모두 가능하다.

1) Contour Area의 시작

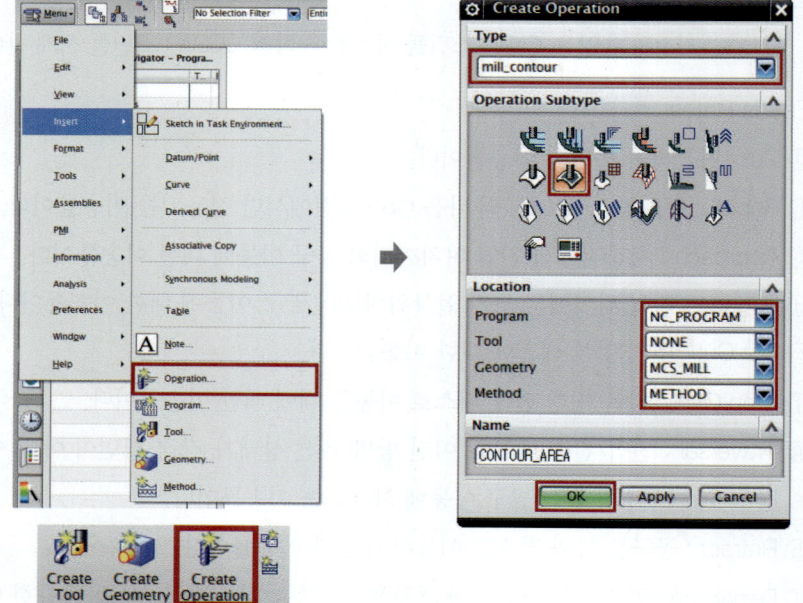

① Menu → Insert → Operation을 선택하거나 Manufacturing Create 아이콘 바에서 Create Operation을 선택한다.

② 위 그림과 같이 Type은 Mill_Contour를 선택하고 Operation Subtype에서 Contour_Area를 선택하고 Location옵션을 설정하고 OK하면 Contour_ Area창이 나타난다.

③ Contour_Area창에서 그냥 OK하면 아래 그림과 같이 Navigator에 Contour_Area가 생성되어 있는 것을 볼 수 있다.

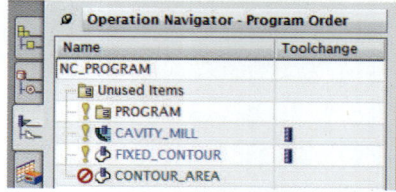

02 Geometry Area

Cavity_Mill의 Geometry와 거의 동일한 환경이다. 〈본장 제1절 Cavity_Mill 참고〉

 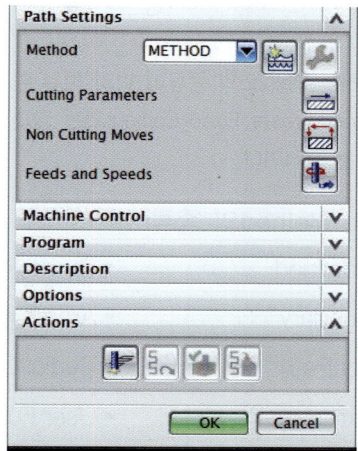

1) Geometry

   그림과 같이 기본 Geometry설정을 쉽게 변경할 수 있다.

   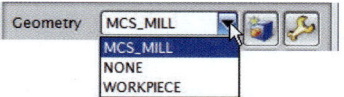

2) Specify Part( )

   가공 후 완성된 형상, 즉 모델링을 의미한다.

3) Specify Check( )

   공구경로를 생성할 때 공구가 지나가지 말아야 할 부분을 설정한다.

4) Specify Cut Area( )

   가공영역을 의미한다. 사용자가 가공하고자 하는 부분만 선택하여 가공할 수 있다. Fixed_Contour보다 쉽게 가공영역을 설정할 수 있다.

5) Specify Trim Boundaries( )

   작업자가 직접 영역을 선택하여 공구경로가 지나가지 않게 할 수 있으며 Check와 비슷하지만 영역을 선택할 때 더 다양한 방법으로 선택할 수 있다.

03 Drive Method

선택하는 종류에 따라 영역설정 방법이 다르다.
기본적으로는 Area Milling으로 설정되어 있다.

🔖 선택하는 Method의 종류에 따라 메뉴 환경이 바뀌게 된다.
Contour_Area는 Fixed_Contour와는 달리 Drive Geometry가 없으며 Cut Area를 통해 가공영역을 설정하는 방식이다.

1) Drive Method의 종류

- Undefined
- Curve/Point
- Spiral
- Boundary
- Area Milling
- Surface Area
- Tool Path
- Redial Cut
- Flow Cut
- Text
- User Function

〈본장 제2절 Fixed Contour 참고〉

2) Edit(🔧)

경계 구성원 및 경계 구성원에 연관된 매개변수를 추가하거나 제거하는데 사용할 수 있는 경계 지오메트리 편집 대화상자이다.

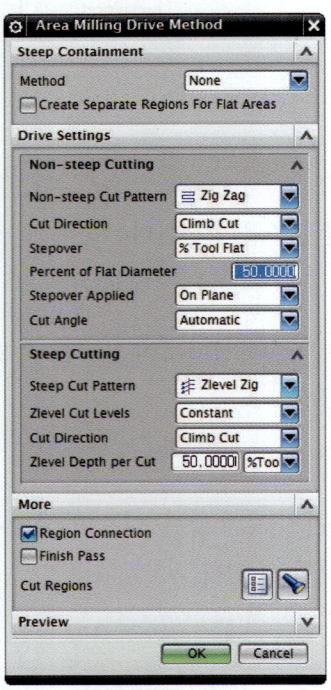

- Steep Containment : 급경사 제한 옵션이다.
  - Non-Steep : 비급경사 구간만 절삭한다.
  - Directional Steep : 특정 방향으로 경사진 구간을 절삭한다.
  - Steep and Non-steep : 급경사 구간과 비 급경사 구간 모두를 절삭한다.
- Drive Settings : 절삭 방법을 정의한다.
  - Non-steep Cut Pattern : 비 급경사 부분의 절삭 방법을 정의한다.
  - Steep Cutting : 급경사 구간의 절삭 방법을 정의한다.
- More
  - ☑ Region Connection
  - ☑ Finish Pass

〈본장 제2절 Fixed Contour 참고〉

04 Path Settings

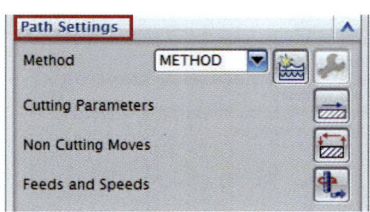

- Method : Method를 선택할 수 있다.
- Create New( ) : Method를 생성할 수 있다.
- Edit( ) : 현재 선택된 Method를 수정할 수 있다.

1) Cutting Parameters( ) 〈본장 제2절 Fixed Contour 참고〉
   파트 재료에 절삭을 연결하는 옵션을 설정할 수 있다.

2) Non Cutting Moves( ) 〈본장 제2절 Fixed Contour 참고〉
   비 절삭이동의 매개변수를 정의하는 옵션이다.

3) Feeds and Speeds( ) 〈본장 제2절 Fixed Contour 참고〉
   공구의 회전 속도 및 이송 속도를 제어하는 옵션이다.

4) Actions 〈본장 제2절 Fixed Contour 참고〉

- Generate : Tool Path를 생성한다.
  설정 변경할 때 마다 Generate를 해줘야 한다.
- Replay : Tool Path를 다시 표시한다.
- Verify : 모의 가공을 볼 수 있다.
- List : List를 볼 수 있다.

제 4 절 Flow Cut

파트 곡면으로 생성된 오목 코너와 골을 따라 공구 경로를 생성할 수 있다.
기본적으로 가공영역을 선택하지 않아도 모델링을 인식하여 자동으로 생성해 주며 잔삭가공 혹은 펜슬 가공이라고도 한다.
종류는 single, Multiple, Reference Tool, Smooth가 있다.
Fixed Contour의 Drive Method를 Flow Cut으로 설정하여 생성할 수도 있다.

01 Flow Cut의 시작

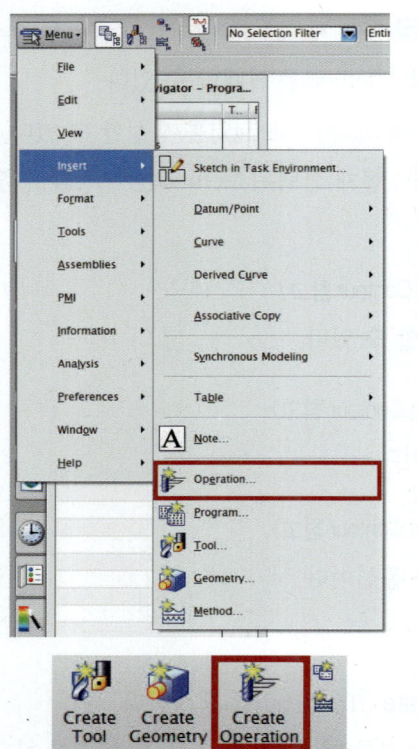

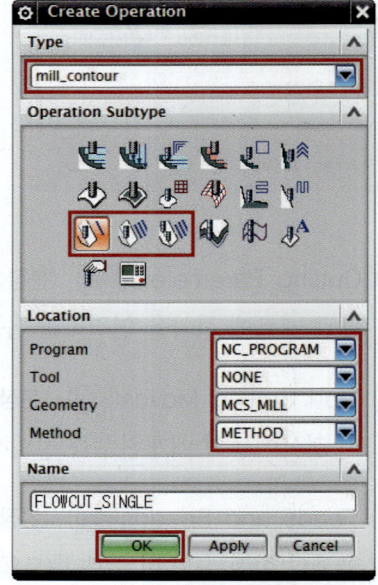

1) Insert → Operation을 선택하거나 Insert 아이콘 바에서 Create Operation을 선택한다.

2) 위 그림과 같이 Type은 Mill_Contour를 선택하고 Operation Subtype에서 Flow Cut 종류를 선택하고 Location옵션을 설정하고 OK하면 Flow Cut창이 나타난다.

3) Flow Cut창에서 그냥 OK하면 아래 그림과 같이 Navigator에 Flow Cut이 생성되어 있는 것을 볼 수 있다.

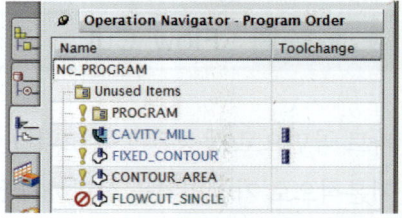

02 Flow Cut Single Option

파트 곡면으로 생성된 오목 코너와 골을 따라 한번 가공되는 경로를 생성할 수 있다.

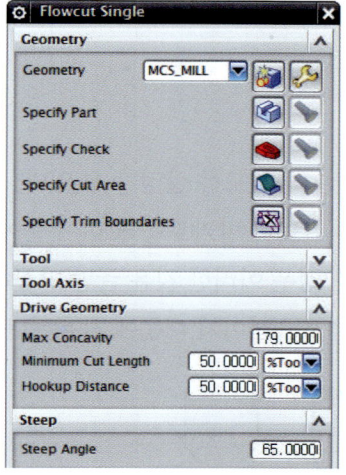 

03 Geometry

모델링, 가공소재, 가공영역 등의 Geometry를 설정, 재설정할 수 있다.
Geometry를 Workpiece로 설정하면 Workpiece에서 설정한 부분은 선택이 비활성화된다.

1) Geometry

그림과 같이 기본 Geometry설정을 쉽게 변경할 수 있다.

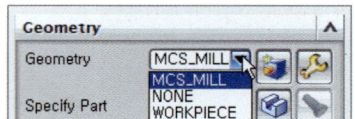

2) Specify Part( )

가공 후 완성된 형상, 즉 모델링을 의미한다.

3) Specify Check( )

공구경로를 생성할 때 공구가 지나가지 말아야 할 부분을 설정한다.

4) Specify Cut Area( )

가공영역을 의미한다. 사용자가 가공하고자 하는 부분만 선택하여 가공할 수 있다.
Fixed_Contour보다 쉽게 가공영역을 설정할 수 있다.

5) Specify Trim Boundaries(▨)

작업자가 직접 영역을 선택하여 공구경로가 지나가지 않게 할 수 있으며, Check와 비슷하지만 영역을 선택할 때 더 다양한 방법으로 선택할 수 있다.

04 Drive Geometry

1) Max Concavity

지정코너 부위 잔삭 시 지정한 각도 이하만 가공하도록 설정할 수 있다.

이 기능은 전 오퍼레이션의 패스에서 깊은 골이나 날카로운 코너 부분에 더 많은 재료가 남아 누락된 깊은 골을 다시 가공하려는 경우 이러한 깊은 골만 가공하고 이전 패스에서 이미 가공된 얕은 골은 건너뛰는 것이 효율적이기 때문에 사용된다.

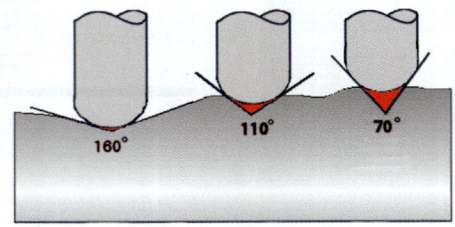

아래 그림은 최대 오목면의 각도를 179도와 160도로 설정했을 때의 모습이다.

왼쪽 그림에서는 모든 골이 가공되고 있지만, 오른쪽 그림에서는 160도보다 작거나 같은 골 부분만 가공된다.

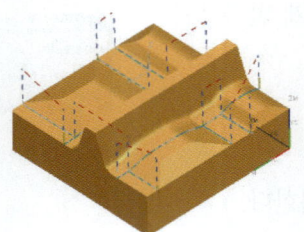 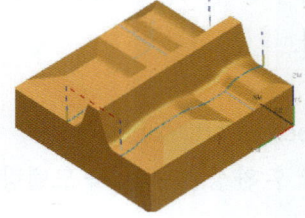

[179도 설정 시]   [160도 설정 시]

2) Minimum Cut Length

파트의 고립된 영역에서 발생할 수 있는 짧은 공구경로를 제거할 수 있다.

지정한 길이보다 작은 Tool Path는 자동 삭제하고 지정한 길이 이하는 Tool Path를 생성하지 않는다.

3) Hookup Distance

끊어진 Tool Path를 연결하여 공구 경로에서 작은 단속성이나 원하지 않는 갭을 제거할 수 있다. 지정한 길이 안에 불연속 Tool Path를 하나의 Path로 연결하고 지정한 길이 이내는 Tool Path 연결하여 생성한다.

05 Steep

공구 경로를 급경사나 비 급경사 섹션으로 분할할 수 있다.
비 급경사 절삭 방향을 사용하여 급경사 섹션의 절삭 방향을 지정할 수 있다.

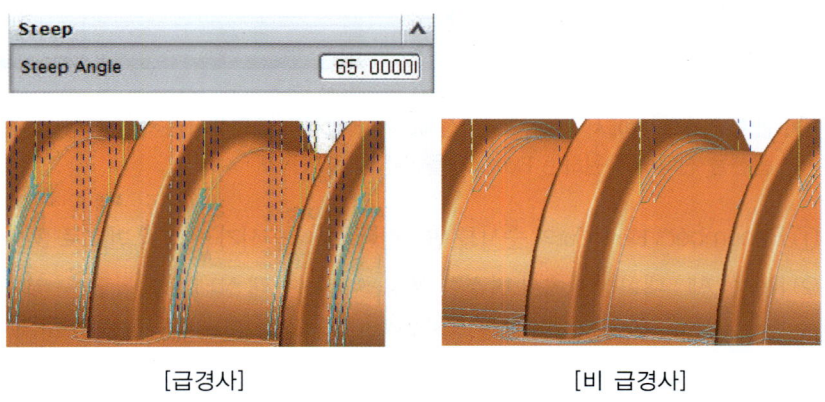

[급경사]　　　　　　　　　　[비 급경사]

그림과 같이 경사면과 비 경사면을 구분하여 패스를 생성할 수 있다.

06 Drive Settings

절삭 방법을 지정한다.

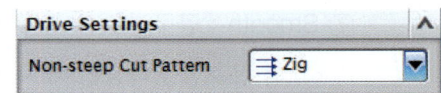

07 Output

- Cut Order : Flow Cut의 순서를 자동, 수동으로 설정할 수 있다.

🔖 User Defined로 설정하고 Tool Path 생성 시 Manual Assembly창이 활성화된다.

1) Manual Assembly

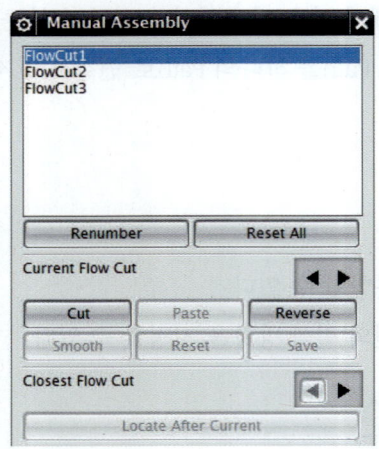 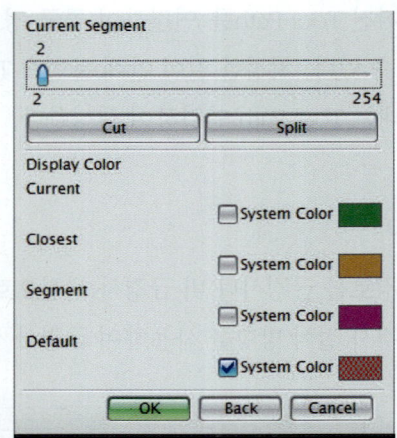

🔖 먼저 리스트 창에서 Flow Cut을 선택하거나 그래픽 화면에서 선택한 다음 대화상자에서 적절한 옵션을 선택하여 원하는 Flow Cut을 수정할 수 있다.

① Renumber : Flow Cut의 순서를 변경한 후 절삭 순서가 반영된 번호로 표시할 수 있다.

② Reset All : 대화상자에서 변경한 설정을 모두 원래 상태로 되돌릴 수 있다.

③ Current Flow Cut : 이전과 다음 화살표를 이용하여 Flow Cut을 한 번에 하나씩 지정할 수 있다.

④ Cut : 현재 선택된 Flow Cut을 잘라내는 데 사용된다.

⑤ Paste : 잘라낸 Flow Cut을 순서에 다시 삽입하는 데 사용된다.

⑥ Reverse : 현재 Flow Cut에 대해 표시된 벡터를 뒤집어 반대방향으로 절삭하는 데 사용된다.

⑦ Smooth : 공구경로에서 급작스럽게 변경되는 일부 변동부분을 제거하여 현재 Flow Cut의 접촉점을 다듬는 데 사용된다.

⑧ Reset : 저장을 마지막으로 사용한 이후 현재 Flow Cut에 대해 편집한 내용을 모두 실행 취소하는 데 사용된다.

⑨ Save : 현재 Flow Cut의 변경 사항을 모두 저장하는 데 사용된다.

⑩ Closest Flow Cut : 현재 Flow Cut에 대한 거리를 기준으로 개별 Flow Cut을 선택하고 가장 가까운 흐름으로 순서를 변경하는 데 사용할 수 있는 세 가지 버튼이 포함되어 있다.

⑪ Display Color : 화면에 표시되는 색상을 변경할 수 있다.

08 Path Settings

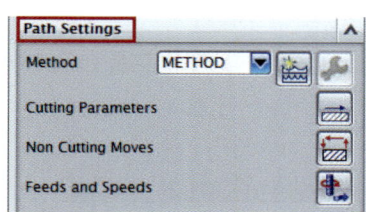

- Method : Method를 선택할 수 있다.
- Create New( ) : Method를 생성할 수 있다.
- Edit( ) : 현재 선택된 Method를 수정할 수 있다.

1) Cutting Parameters( ) 〈본장 제1절 Cavity Mill 참고〉
   파트 재료에 절삭을 연결하는 옵션을 설정할 수 있다.

2) Non Cutting Moves( ) 〈본장 제1절 Cavity Mill 참고〉
   비 절삭이동의 매개변수를 정의하는 옵션이다.

3) Feeds and Speeds( ) 〈본장 제1절 Cavity Mill 참고〉
   공구의 회전 속도 및 이송 속도를 제어하는 옵션이다.

09 Actions

- Generate : Tool Path를 생성한다.
  설정 변경할 때 마다 Generate를 해줘야 한다.
- Replay : Tool Path를 다시 표시한다.
- Verify : 모의 가공을 볼 수 있다.
- List : List를 볼 수 있다.

제 5 절　Flow Cut Multiple

파트 곡면으로 생성된 오목 코너와 골을 따라 가공하는 경로를 생성할 때 경로를 Offset하여 여러 절삭 패스를 생성할 수 있다.

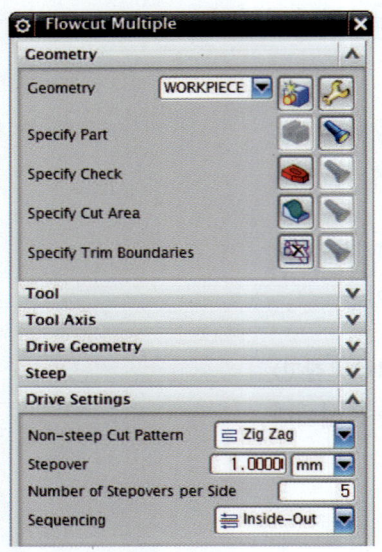

01 Geometry

모델링, 가공소재, 가공영역 등의 Geometry를 설정, 재설정할 수 있다.
Geometry를 Workpiece로 설정하면 Workpiece에서 설정한 부분은 선택이 비활성화된다.

1) Geometry

   그림과 같이 기본 Geometry설정을 쉽게 변경할 수 있다.

2) Specify Part( )

   가공 후 완성된 형상, 즉 모델링을 의미한다.

3) Specify Check( )

   공구경로를 생성할 때 공구가 지나가지 말아야 할 부분을 설정한다.

4) Specify Cut Area(　)

　　가공영역을 의미한다. 사용자가 가공하고자 하는 부분만 선택하여 가공할 수 있다. Fixed_Contour보다 쉽게 가공영역을 설정할 수 있다.

5) Specify Trim Boundaries(　)

　　작업자가 직접 영역을 선택하여 공구경로가 지나가지 않게 할 수 있으며, Check와 비슷하지만 영역을 선택할 때 더 다양한 방법으로 선택할 수 있다.

02 Drive Settings

1) Cut Type

　　한 절삭 패스에서 다음 절삭 패스로 공구가 이동하는 방식을 정의할 수 있다.

2) Stepover Distance

　　아래 그림과 같이 Pass간의 간격을 의미한다.

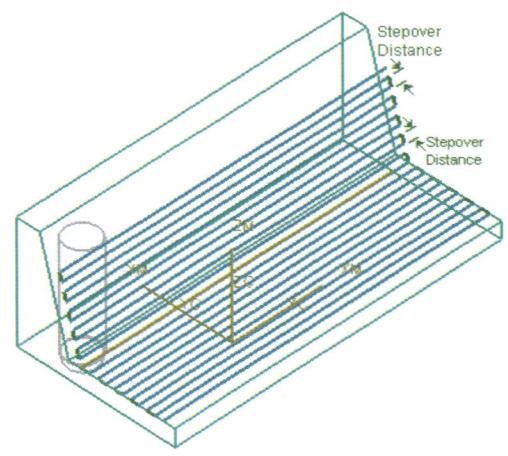

3) Number of Offset

　　아래 그림과 같이 Pass의 횟수를 의미한다.

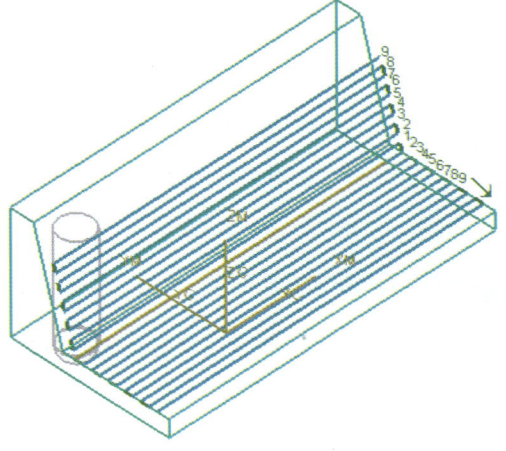

4) Sequencing

① Inside-Out(`Inside-Out`)

공구가 가운데 Flow Cut에서 시작하여 바깥쪽 패스 중 하나를 향해 이동한다. 그런 다음 공구가 다시 가운데 절삭으로 이동하여 바깥쪽을 향해 이동한다. 순서 지정을 시작할 가운데 Flow Cut의 한쪽 측면을 선택할 수 있다.

② Outside-In(`Outside-In`)

Outside-In을 사용하면 공구가 바깥쪽 패스 중 하나에서 시작하여 가운데 Flow Cut으로 이동한다.

③ Steep Last(`Steep Last`)

Steep Last를 사용하면 비 급경사에서 급경사로 Flow Cut 골을 가공할 수 있다.

④ Steep First(`Steep First`)

Steep First를 사용하면 항상 급경사 측면의 바깥쪽 패스에서 비 급경사 측면의 바깥쪽 패스까지 한 방향으로 가공할 수 있다. 즉, 바깥쪽 옵셋에서 안쪽으로 급경사 측면의 패스가 출력된 다음 필요한 경우 가운데 Flow Cut을 출력하고, 마지막으로 안쪽 옵셋에서 바깥쪽으로 비 급경사 측면의 패스를 출력한다.

⑤ Inside-Out Alternate(`Inside-Out`)

항상 가운데 Flow Cut 패스에서 Flow Cut 골을 가공한다. 오퍼레이션에서 이 순서를 지정하면 커터가 가운데 패스에서 시작하여 안쪽 패스로 이동한 다음 다른 쪽 측면의 다른 안쪽 패스로 이동한다. 그런 다음 커터가 첫 번째 측면의 다음 쌍에 있는 패스로 이동한 후 두 번째 측면의 동일한 쌍에 있는 패스로 이동한다.

⑥ Outside-In Alternate(`Outside-In`)

두 측면 중 한쪽을 선택하여 패스를 가공할지 또는 한쪽을 완료한 다음 다른 쪽으로 전환할지 여부를 제어한다. 이 옵션을 사용하면 골의 한쪽 측면에서 다른 쪽으로 전환되는 패스를 완전히 가공할 수 있다.

03 Path Settings

절삭·비 절삭 매개변수 및 공구의 회전속도, 이송속도를 설정할 수 있다.
〈본장 제1절 Cavity Mill 참고〉

04 Actions

- Generate : Tool Path를 생성한다.
  설정 변경할 때 마다 Generate를 해줘야 한다.
- Replay : Tool Path를 다시 표시한다.
- Verify : 모의 가공을 볼 수 있다.
- List : List를 볼 수 있다.

3장 ▶ Verify & NC Data

제1절   가공 시뮬레이션 검증

Verify를 사용하여 애니메이션 된 공구 경로를 여러 가지 방법으로 볼 수 있다.

아래 그림과 같이 Operation창에서 Verify를 선택한다. 또는 우측 그림과 같이 Operation Navigator창에서 원하는 Operation을 선택하고 MB3을 클릭하여 Tool Path → Verify를 선택한다.

🏷 동시에 여러 오퍼레이션의 시뮬레이션을 보고자 한다면 모두 선택 후 Verify를 선택하면 된다.

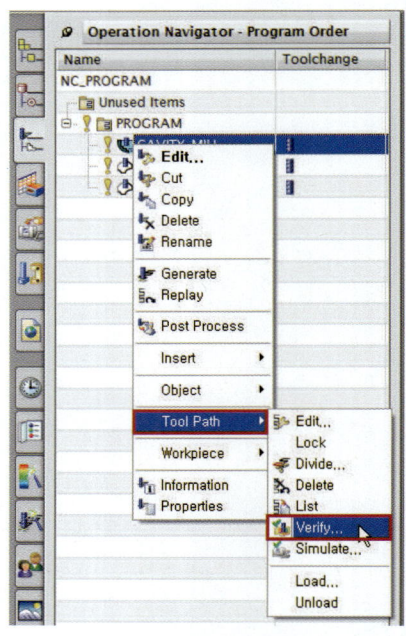

아래 그림과 같은 창이 나타난다.

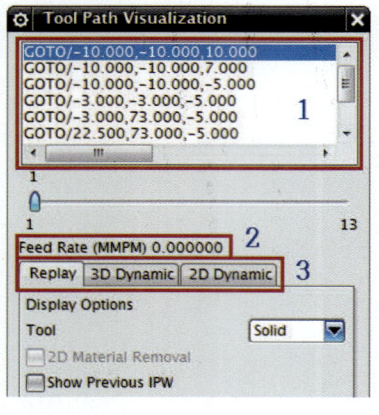

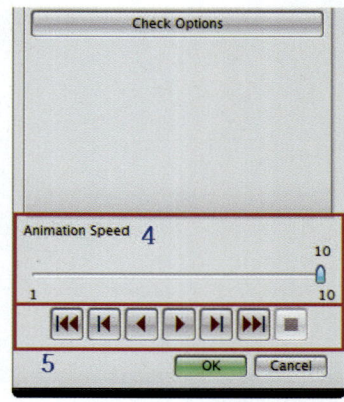

| | 제1장
Manufacturing | 제2장
Mill Contour | 제3장
Verify & NC Data | 제4장
Face Milling | 제5장
Manufacturing Exercise | 제6장
Turning (CNC선반)가공 | Chapter F
Manufacturing |

1 경로 리스트 창 : 경로 리스트 창에는 재생 중인 오퍼레이션에 대한 공구 경로가 나열된다. 경로 리스트 창에서 동작을 선택하면 이 동작이 표시되고 그래픽 표시 창에서 해당 커터 위치가 강조표시 된다.

2 이송률 : 현재 이동에 대한 이송률을 표시한다.

3 시뮬레이션을 작동할 때 다양한 동적 움직임을 선택할 수 있다.

4 애니메이션 속도 : 공구 경로 재생 속도를 선택할 수 있다. 1은 가장 느린 속도이고, 10은 가장 빠른 속도이다.

5 애니메이션 제어 아이콘

01 애니메이션 제어 아이콘

Icon	명령어 설명
⏮	공구가 공구 경로의 첫 번째 동작에 위치한 경우에는 일련의 오퍼레이션에서 이전오퍼레이션이 선택된다. 또는 공구가 공구 경로의 첫 번째 동작에 위치하지 않은 경우에는 공구 위치가 첫 번째 동작으로 재설정 된다.
◀|	공구 경로 한 동작 뒤로 이동하려는 경우 이 버튼을 선택할 수 있다.
◀	공구 경로 애니메이션을 역순으로 시작하려는 경우 이 버튼을 선택할 수 있다.
▶	공구 경로 애니메이션을 시작하려면 이 버튼을 선택할 수 있다.
|▶	공구 경로 한 동작 앞으로 이동하려면 이 버튼을 선택할 수 있다.
⏭	일련의 오퍼레이션에서 다음 오퍼레이션으로 바로 이동하려면 이 버튼을 선택할 수 있다. 현재 공구 경로의 마지막 동작에서 이 버튼을 선택하면 즉시 다음 오퍼레이션으로 이동한다.
■	3D동적 재료 제거에만 정지 버튼을 사용하여 언제든지 시각화를 정지할 수 있다.

02 Replay

Replay 특성 페이지의 첫 번째 영역에서는 경로 리스트 또는 그래픽 표시 창에서 동작을 선택할 수 있으며, Verify - Replay의 일부 화면 표시 기능을 제어할 수 있다.

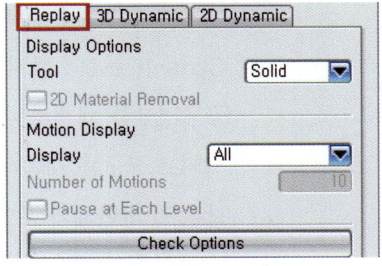

Replay는 각 프로그램 위치에서 커터를 표시 하고 NC프로그램의 신속한 View를 제공하기 위한 것이다. 이는 Verify 옵션 중 가장 빠르게 수행된다. 이는 하나 이상의 공구 경로를 따라 이동하는 공구 또는 공구 어셈블리를 표시하고 와이어 프레임, 솔리드 및 공구 어셈블리와 같은 여러 가지 모드에서 공구를 표시할 수 있다. 재생에서 가우즈가 발견되면 재생이 완료된 후 가우즈를 강조 표시하고 정보 창에 보고할 수 있다.

1) Display Option

재생하는 동안 그래픽 창에 공구가 표시되는 방식을 설정할 수 있다.

① Tool

ⓐ ON : 현재 위치에서 공구의 와이어프레임 표현을 표시한다.
ⓑ Point : 현재 위치에서 공구 끝에 대한 점을 표시한다.
ⓒ Axis : 공구 끝의 현재 위치에서 공구 축의 선을 표시한다.
ⓓ Solid : 현재 위치에서 공구 및 홀더의 솔리드 바디 표현을 표시한다.
ⓔ Assembly : 공구의 현재 위치에서 데이터베이스에서 로드된 공구를 나타내는 NX파트를 표시한다.

② 2D Material Option

공구 경로를 재생하는 동안 2D 재료 제거를 동적으로 시각화할 수 있다. 현재 레이아웃의 뷰가 여러 개인 경우 재료 제거는 현재 작업 뷰에만 표시된다.

공구 경로를 반대 방향으로 재생하거나 역순으로 단계를 진행할 때는 재료 제거나 화면 표시에서 일시적으로 숨겨진다. 반대 방향 재생을 중지하거나 역순으로 진행한 단계를 마치면 재료 제거가 다시 표시된다.

2) Motion Display

오퍼레이션의 공구 경로 중 그래픽 창에 표시할 부분을 선택할 수 있다.

① Display

ⓐ All : 그래픽 창에 전체 공구 경로가 표시된다.
ⓑ Current Level : 현재 절삭 단계에 속하는 모든 동작을 표시한다. 앞으로 이동하거나 공구경로를 재생하여 공구가 표시된 절삭단계의 끝에 도달하면 다음 절삭 단계가 표시되고 공구는 계속해서 이동한다. 이 옵션은 공구 경로에 캐비티 밀링 또는 Z단계와 같은 절삭 단계가 포함된 경우에만 사용할 수 있다.
ⓒ Next N Motion : 현재 공구 위치 앞의 공구 경로 동작을 지정된 수만큼만 표시한다.

ⓓ Gouges : 가우즈를 일으키는 공구 경로 동작만 표시한다. 처음 공구 경로를 재생하기 시작하는 경우에는 그래픽 창에 알려진 가우즈는 없고 공구 경로 동작이 표시되지 않는다. 가우즈가 이미 있는 경우에는 가우즈를 선택하면 이러한 동작이 표시된다.

② Number Of Motion

그래픽 창에 지정된 수의 공구 경로 동작을 표시한다. 새 값을 입력하면 입력한 동작 수를 표시하며 그래픽 창에 공구 경로가 다시 그려진다. 항상 최소한 하나의 공구 경로 동작은 표시된다. 1보다 작은 값은 입력할 수 없다.

③ Check Options

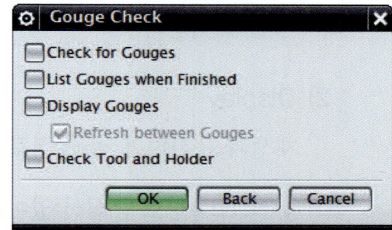

ⓐ Check For Gouges : 가우즈 체크를 설정 또는 해제한다.

ⓑ List Gouges Wien Finished : 애니메이션이 중지된 이후나 단일 단계 이후에 정보 창에서 발견된 모든 가우즈를 나열한다.

ⓒ Display Gouges : 그래픽 창에 가우즈를 강조 표시한다.

ⓓ Refresh between Gouges : 여러 가우즈 공구 경로 동작이 감지될 경우 마지막으로 감지된 가우즈만 그래픽 창에 강조 표시한다.

ⓔ Check Tool and Holder : 공구 홀더에 대한 추가 가우즈 체크를 제공한다.

03 3D Dynamic

3D Dynamic제거는 제거 중인 재료를 나타내는 하나 이상의 공구 경로를 따라 이동하는 공구 및 공구 홀더를 표시한다.
이 모드를 사용하면 그래픽 창에서 확대/축소, 회전 및 이동할 수도 있다.

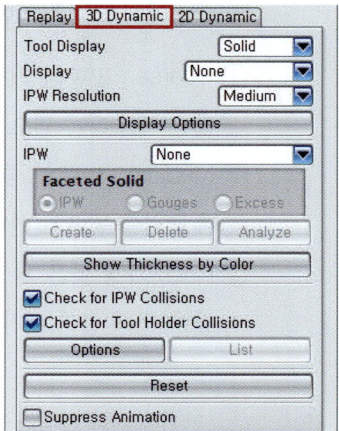

1) Tool Display

공구를 사용하여 재생하는 동안 그래픽 표시 창에 공구가 표시되는 방식을 선택할 수 있다. 선반 오퍼레이션의 경우 이 옵션은 회색으로 표시된다. 다음 옵션 중에서 선택할 수 있다.

① ON : 현재 위치에서 공구의 와이어프레임 표현을 표시한다.
② Point : 현재 위치에서 공구 끝에 대한 점을 표시한다.
③ Axis : 공구 끝 현재 위치에서 공구 축의 선을 표시한다.
④ Solid : 현재 위치에서 공구 및 홀더의 솔리드 바디 표현을 표시한다.
⑤ Assembly : 공구의 현재 위치에서 데이터베이스에서 로드된 공구를 나타내는 NX 파트를 표시한다.

2) Display

재생과 유사하게 공구 경로 동작을 표시할 수 있다. 사용할 수 있는 모드는 다음과 같다.

① None : 경로 중심선 없이 재료 제거만 표시한다.
② All : 현재 오퍼레이션의 모든 공구 경로 동작을 표시한다.
③ Current Level : 절삭 단계의 공구 경로 동작만 표시한다. 공구 경로에 절삭 단계가 없는 경우에는 이 옵션을 사용할 수 없다.
④ Next N Motion : 현재 공구 위치 앞쪽으로 다음 n개 동작을 표시한다.
⑤ +/- n Motion : 현재 공구 위치를 기준으로 다음 n개 동작과 마지막 n개 동작을 표시한다.
⑥ Collision : 공구가 래피드 동작으로 IPW를 침범하는 공구 경로 동작을 표시한다.

3) IPW Resolution

IPW의 해상도를 정의한다. 이전의 픽셀 기반 DMR에서와 같은 해상도를 사용할 수 있다.

① Coarse : IPW의 저해상도 모델을 생성한다. 이 해상도에서는 IPW가 빠르게 생성되고 많은 메모리가 필요하지 않는다.
② Medium : IPW의 중간 해상도 모델을 생성한다. 이 옵션은 Coarse보다 더 많은 시간과 메모리를 필요로 한다.
③ Fine : 가장 높은 해상도의 IPW 모델을 생성한다. 이 옵션은 모델을 생성하는 데 가장 시간이 오래 걸리고 가장 많은 메모리를 필요로 한다.

4) Display Option(Display Options)

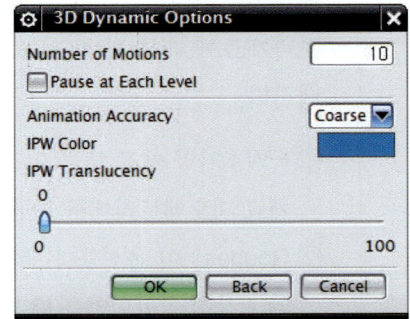

① Number of Motions : 동작 화면표시가 다음 n 동작 또는 +/- n 동작으로 설정되어 있는 경우 이 옵션이 반응한다. 공구 앞쪽 또는 공구 둘레에 표시할 동작 수를 입력한다.

② Pause at Each Level : 공구 경로가 절삭 단계를 포함하고 모든 절삭 단계의 끝에서 애니메이션을 중지하여 IPW의 현재 상태를 조사하려면 이 옵션을 선택한다.

③ Animation Accuracy : 성능을 높이기 위해 IPW에 그려지는 파셋 수와 정확도를 낮출 수 있다.

　ⓐ Fine : 최상의 정확도로 IPW를 그린다.

　ⓑ Coarse : 애니메이션동안 정확도를 낮춘다.

　　애니메이션이 정지하면 IPW는 다시 정교 해상도로 그려진다.

④ IPW Color : IPW에 대한 색상을 정의한다.

　2D 동적 재료 제거와 대조적으로 전체 IPW가 한 가지 색상으로 표시된다.

⑤ IPW Translucency : IPW의 반 투명도를 정의한다. 반투명도는 0(불투명)과 100(보이지 않음) 사이의 범위에 있을 수 있다.

5) IPW

이 옵션은 IPW를 오퍼레이션과 함께 저장하거나 이후에 사용할 수 있도록 개별 파트 파일에 솔리드 또는 파셋 바디로 저장한다. 다음과 같은 옵션을 사용할 수 있다.

① None : IPW와 바디 모두 저장하지 않는다.

② Save : 오퍼레이션과 함께 IPW를 저장한다. IPW는 이후에 다른 오퍼레이션에서 입력 IPW로 사용하거나 오퍼레이션 탐색기에서 표시할 수 있다.

③ Save as Component : IPW를 개별 파트 파일에 솔리드 또는 파셋 바디로 저장한다. 각 바디는 각각의 참조 세트에 저장된다. 이는 이전의 픽셀 기반 DMR과 같다. 파트 파일을 저장할 위치는 CAM 환경설정에서 결정된다.

6) Faceted Solid

애니메이션이 정지하면 이전의 픽셀 기반 DMR과 마찬가지로 IPW, 가우즈 영역 또는 초과재료에 대해 Faceted Solid를 생성할 수 있다. 생성할 바디 종류에 대한 버튼을 선택한다.

① IPW : 가공 재료 또는 이전 IPW에 공구 경로가 적용된 후의 재료 상태이다. 이는 가공 재료 지오메트리에서 공구 경로(또는 여러 공구 경로)를 실행한 결과이다.
② Gouges : 이 옵션을 선택하면 가우즈 영역의 Faceted Solid가 생성된다. 가우즈 영역은 intol 값이 침범되었을 때 결정된다.
③ Excess : 이 옵션을 선택하면 아직 제거할 재료가 남아 있는 영역을 표시하는 Faceted Solid가 생성된다.

7) Create(Create)

선택한 종류의 바디를 생성한다. 한 번에 여러 종류의 파셋화된 바디를 생성할 수 있다.

8) Delete(Delete)

선택한 종류의 파셋 바디를 삭제한다.

9) Analyze(Analyze)

이 버튼을 선택하면 해석 대화상자가 열리기 전에 각 동적 IPW가 정적 IPW로 대체된다.
이 정적 IPW는 밀링 오퍼레이션의 경우에는 파셋 바디이고, 선삭 오퍼레이션의 경우에는 회전의 솔리드 바디이다.

동적 IPW는 해석이 쉽지 않은 데 비해 솔리드 바디는 해석이 쉬우므로 적어도 선삭 오퍼레이션의 경우 이 옵션은 측정의 정확도를 높일 수 있는 이점이 있다.

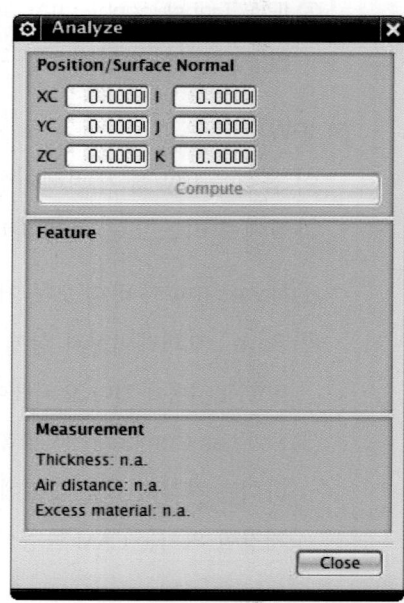

10) Check for IPW Collisions

이 확인란을 선택하면 공구가 IPW를 침범하는지에 대해 공구의 래피드 동작이 검사 된다.

11) Options(Options)

① Pause on Collision : 이 확인란을 선택하면 커터가 래피드 속도로 IPW와 충돌할 때 애니메이션이 일시 중지된다. 또한 공구 홀더가 임의의 속도로 파트와 충돌할 경우 애니메이션이 일시 중지된다.

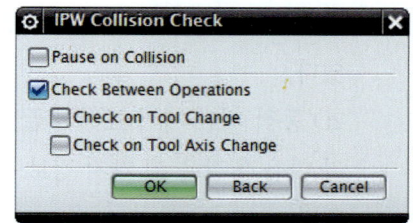

② Check Between Operation : 이 토글(toggle)을 선택하면 시스템은 내부적으로 한 오퍼레이션에서 다음 오퍼레이션까지의 이동에 대한 이동을 생성하고 이러한 이동에 대해 충돌을 검사한다. 이 대화상자에서는 다음과 같은 두 개의 추가 옵션을 사용할 수 있다.

ⓐ Check on Toll Change : 이 토글을 사용하면 공구가 변경될 때 오퍼레이션 간 충돌을 체크할 수 있다. 이 토글의 선택을 해제하면 공구가 변경해도 충돌이 체크되지 않는다.

ⓑ Check on Tool Axis Change : 이 토글을 사용하면 공구 축이 변경될 때 오퍼레이션 간의 충돌을 체크할 수 있다. 이 토글의 선택을 해제하면 오퍼레이션 간에 공구 축이 변경해도 충돌이 체크되지 않는다.

12) Reset(Reset)

3D 동적 특성 페이지를 원래 상태로 다시 초기화한다. 3D 동적 재료 제거창은 삭제된다. 일련의 첫 번째 오퍼레이션이 현재 오퍼레이션으로 만들어진다. 동적 재료 제거를 다시 실행하려면 재설정을 선택해야 한다.

13) Suppress Animation

애니메이션 억제 확인란을 선택하면 애니메이션이 끝까지 재생되기를 기다리지 않고 시각화 프로세스의 마지막 결과를 볼 수 있다. 이 옵션을 사용하면 결과를 표시 또는 비교하고 파셋 바디를 생성할 수도 있다.

04 2D Dynamic

2D Dynamic제거는 제거 중인 재료를 나타내는 하나 이상의 공구 경로를 따라 이동하는 공구를 표시한다.

이 모드는 공구를 음영처리 솔리드로만 표시할 수 있다.

2D 동적 재료 제거 표시가 끝날 때는 가우즈가 아니라 다음과 같은 세 가지 정보 세트를 강조 표시할 수 있다.

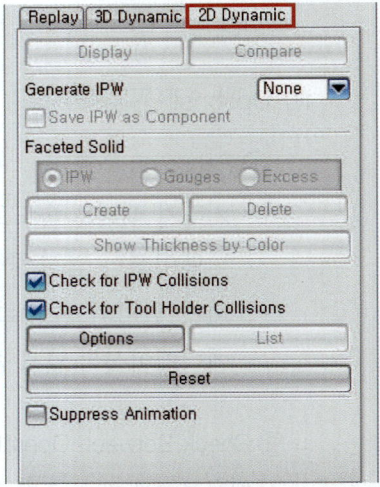

1) Display(Display)

동적 재료 제거창의 내용을 다시 그려서 비 절삭 영역 및 가공된 영역을 다른 색상으로 표시한다. 화면표시는 한 단계 앞으로 또는 앞으로 재생에 의해 동적 화면표시가 시작된 후에만 작동된다. 이 전에 화면표시는 회색으로 표시된다.

래피드 이동 동안 재료와 마주친 상황은 빨강색으로 강조 표시되어 잘못된 공구 이동의 가능성을 경고한다.

2) Compare(Compare)

절삭 파트와 설계 파트를 비교하여 결과를 표시한다. 이는 공구에 의해 파트가 파진 위치와 파트에 초과 재료가 남아 있는 위치를 확인하는 데 도움을 준다. 기본적으로 녹색은 설계파트에서 모든 재료가 절삭된 영역을 나타낸다. 회색은 파트에 비 절삭 재료가 남아 있는 영역을 나타내고 빨강색은 설계 파트가 커터에 의해 침범된 영역을 나타낸다.

Preference → Manufacturing → Visualize 또는 CAM 기본 파일에서 화면표시 색상을 변경할 수 있다.

3) Generic IPW

Generic IPW 생성은 재생이 완료될 때 내부적으로 저장된 IPW를 저장하도록 지시한다. Generic IPW는 이후의 시각화에 사용되며, 이후의 캐비티 밀링 오퍼레이션에서 자동 가공 재료로 사용할 수 있다. Generic IPW는 내부적으로 저장되고 모델 탐색기에서는 볼 수 없다. IPW의 품질을 지정하기 위한 다음과 같은 네 가지 옵션이 있다.

① None : IPW 생성을 해제한다.
② Coarse : IPW의 저해상도 모델을 생성한다. 이 해상도에서는 IPW가 빠르게 생성되고 많은 메모리가 필요하지 않는다.

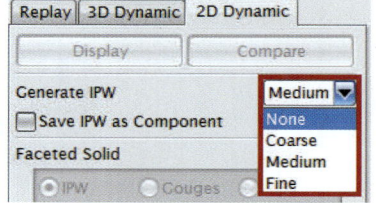

③ Medium : IPW의 중간 해상도 모델을 생성한다. 이 옵션은 거침보다 더 많은 시간과 메모리를 필요로 한다.
④ Fine : 가장 높은 해상도의 IPW 모델을 생성한다. 이 옵션은 모델을 생성하는 데 가장 시간이 오래 걸리고 가장 많은 메모리를 필요로 한다.

4) Faceted Solid

애니메이션이 정지된 후에 다음 지오메트리에 대한 파셋화된 솔리드로 생성할 수 있다.

① IPW : 가공 재료 또는 이전 IPW에 공구 경로가 적용된 후의 재료 상태이다. 이는 가공 재료 지오메트리에서 공구 경로(또는 여러 공구 경로)를 실행한 결과이다.
② Gouges : 가우즈 영역의 파셋화된 솔리드를 생성합니다. 가우즈 영역은 intol 값이 침범되었을 때 결정됩니다. 파트 스톡과 사용자 정의 스톡이 고려된다.
③ Excess : 아직 제거할 재료가 남아 있는 영역을 표시하는 파셋화된 솔리드를 생성한다.
④ Check for IPW Colisions : IPW와의 급속 동작 충돌을 확인한다.
⑤ Check Tool and Holder : 공구 홀더의 충돌을 체크한다.
⑥ Suppress Animation : 애니메이션을 재생하지 않고 애니메이션의 끝 결과를 표시 한다.

제 2 절 NC Data 생성

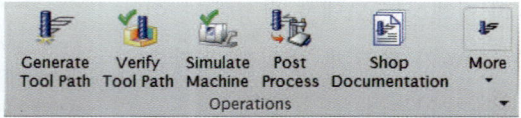

01 Post Process( )

Post process 기능을 이용하여 NC Data를 출력할 수 있다.
Post Builder 프로그램을 이용하여 만들어진 Post파일을 이용하여야 기계에 맞는 NC Data를 출력할 수 있다.

우측 그림과 같이 NC Data를 생성하고자 하는 오퍼레이션을 선택하고 Postprocess( ) 아이콘을 클릭한다.(선택하지 않았을 경우 아이콘 비활성화)

▶ 위치 : Menu → Tools → Operation Navigator → Output → Post Postprocess

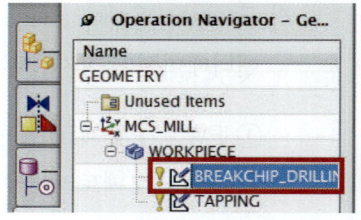

Postprocess( ) 아이콘을 클릭하게 되면 우측 그림과 같은 창이 나타나게 된다.
가공기계 타입을 결정하고 파일의 저장경로와 이름을 입력하고 단위를 선택하여 OK하면 NC Data가 생성된다.

- Postprocessor에 기본적으로 제공되는 예제 자체로는 실제 가공을 하기가 힘들기 때문에 제공되는 예제로 NC Data를 생성 후 기계에 맞게 NC Data를 수정하거나 Post Builder로 기계에 맞게 작성한 포스트프로세서기를 선택하여 실제 가공을 할 수 있다.

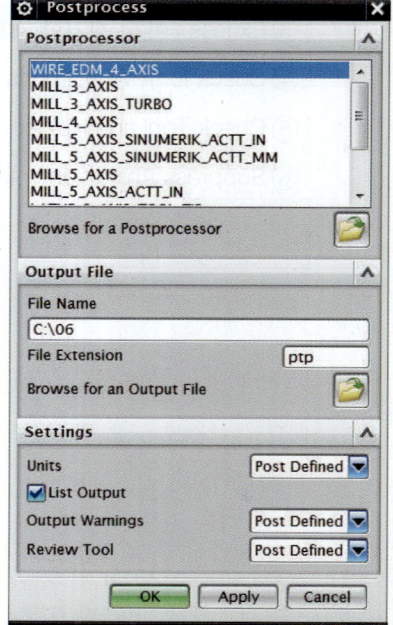

1) Postprocessor

서로 다른 가공기계를 위한 기본적인 예제가 제공된다. 원하는 프로세서기를 선택하거나 Post Builder로 작성한 포스트프로세서기를 Browse를 통해서 불러와서 NC Data를 생성한다.

① WIRE_EDM_4_AXIS : Mitsubishi 제어장치를 장착한 4축 Wire EDM기계이다.

② MILL_3_AXIS : Fanuc 제어장치를 장착한 3축 수직 밀 기본 포스트이다.

③ MILL_3_AXIS_TURBO : Fanuc 제어장치를 장착한 3축 수직 밀 TURBO 포스트이다.

④ MILL_4_AXIS : Fanuc 제어장치 및 B축 회전테이블을 장착한 4축 수평 밀이다.

⑤ MILL_5_AXIS : Fanuc 제어장치 및 A/B축 회전테이블을 장착한 5축 밀이다.

⑥ LATHE_2_AXIS_TOOL_TIP : 공구 팁으로 프로그래밍된 선반이다.

⑦ LATHE_2_AXIS_TURRET_REF : 터릿 참조 점으로 프로그래밍된 선반이다.

⑧ MILLTURN : XYZ 또는 XZC동작, 선반 공구 팁, Fanuc 제어장치로 이루어진 밀/선삭 가공센터는 오퍼레이션 종류에 따라 모드가 달라진다.

⑨ MILLTURN_MULTI_SPINDLE : Fanuc 제어장치가 포함된 가공 센터는 LATHE_2_AXIS_TOOL_TIP, Z축 스핀들이 포함된 XZC 밀, X축 스핀들이 포함된 XZC 밀링 등 세 가지 포스트프로세서기를 연결한다. 이는 헤드 UDE에 따라 포스트프로세서기를 변경한다.

⑩ TOOL_LIST(text) : 선택된 프로그램이 사용하는 공구 리스트를 텍스트 형식으로 생성한다.

⑪ TOLL_LIST(html) : 선택된 프로그램이 사용하는 공구 리스트를 HTML형식으로 생성한다.

⑫ OPERATION_LIST(text) : 선택된 프로그램에 포함된 오퍼레이션 리스트를 텍스트 형식으로 생성한다.

⑬ OPERATION_LIST(html) : 선택된 프로그램에 포함된 오퍼레이션 리스트를 HTML형식으로 생성한다.

Browse for a Postprocessor
NX상에서 기본예제로 제공되는 포스트프로세서기 이외에 작업자가 기계에 맞게 만든 포스트프로세서기를 찾아 선택하여 NC Data를 출력한다.

2) Output file

① File Name : NC Data의 저장위치와 파일 이름을 직접 입력한다.

② Browse for a Output File : NC Data의 저장 위치를 검색하고 파일 이름을 입력한다.

3) Settings

① Units

포스트프로세서된 출력의 좌표 정보에 사용할 출력 단위를 결정한다.

ⓐ Post Defined : 이 단위는 Post Builder에 의해 생성된 Postprocessor에서만 적용되며, Postprocessor기의 설정된 단위에 따라 적용된다.

ⓑ Inch : 파트 단위는 미터법이고 포스트프로세서기 단위는 인치법인 포스트프로세서를 위해 인치 좌표는 미터법으로 변환된다.

ⓒ Metric / PART : 파트단위가 인치법이면 Postprocessor기 단위로 인치법이, 파트단위가 미터법이면 Postprocessor기 단위로 미터법이 사용된다.

② List Output

이 옵션을 체크하면 아래 그림과 같이 NC Data를 Information창으로 미리 보여준다.

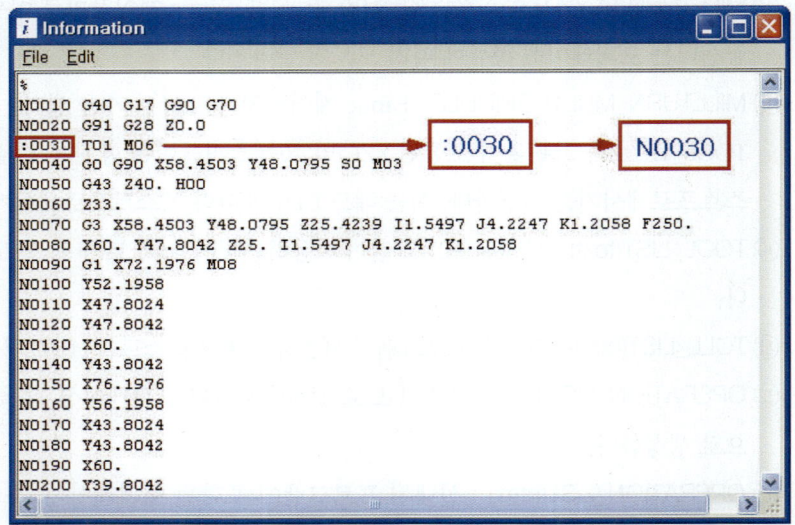

🔖 작업자가 기계에 맞게 만든 포스트프로세서기로 생성했다면 원하는 확장자로 생성되지만 기본적으로 제공되는 예제로 생성한 NC Data는 확장자가 ptp이다. 이때는 생성된 NC Data를 원하는 확장자로 이름을 변경해 주고 Data를 기계에 맞게 수정하면 된다.

🔖 기본적으로 주어진 Postprocessor기로 NC DATA를 생성하면 위 그림과 같이 시퀀싱 번호의 'N'자가 제대로 나오지 않게 된다. 이 부분을 수정하여야 한다.

02 CLSF 출력( )

▶ 위치 : Tool → Operation Navigator → Output → CLSF

GPM 및 기타 포스트 프로세서기에서 사용할 커터 위치 원본 파일(CLSF)에서 내부 공구 경로를 내보낼 수 있다. 사용자 정의를 통해 특정 요구사항에 따라 이벤트 핸들러(.tcl) 및 정의(.def) 파일을 변경하여 이러한 형식을 수정할 수 있다.

03 Shop Documentation( )

▶ 위치 : Information → Shop Documentation

가공 오퍼레이션과 관련된 정보로 이루어진 보고서를 생성하여 다양한 형식으로 표시한다. 여러 가지 보고서를 자동으로 생성할 수 있는 기능이 제공된다. 그러나 Shop문서는 네 가지 뷰(방법, 지오메트리, 프로그램, 공구)의 사용자 정의 형식으로 만든 리스트일수도 있다.

4장 ▶ Face Milling

제1절 Face Milling

솔리드 바디에서 평면을 절삭하는 데 가장 적합한 가공이며, 면을 선택하여 가공한다.
면을 선택하면 파트의 나머지 부분을 파내지 않도록 자동으로 설정된다.
종류는 Floor and Wall, Floor and Wall with IPW, Face Milling with Boundaries, Face Milling Manual 이와 같이 4종류이다.

01 Face Milling의 시작

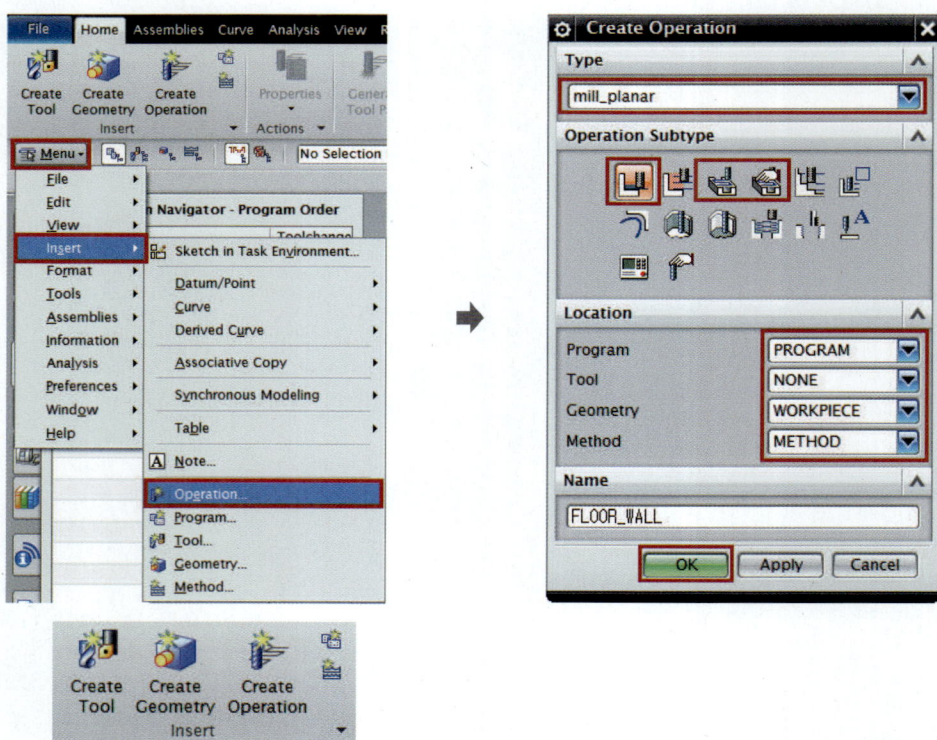

1) Full Down Menu나 Ribbon Bar Insert의 Create Operation을 선택한다.

2) 그림과 같이 Type은 Mill_Planar를 선택하고 Operation Subtype에서 Face_Milling의 종류를 선택하고 Location옵션을 설정하고 OK하면 Face_Milling창이 나타난다.

3) Face_Milling창에서 OK를 클릭하면 우측 그림과 같이 Navigator에 Face_Milling이 생성되어 있는 것을 볼 수 있다.

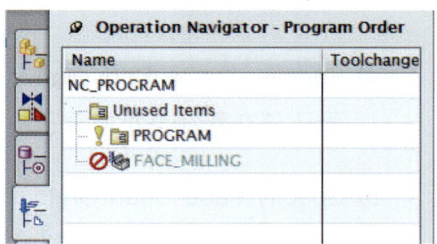

모델링, 가공소재, 가공영역 등의 Geometry를 설정, 재설정할 수 있다.
Geometry를 Workpiece로 설정하면 Workpiece에서 설정한 부분은 선택이 비활성화된다.

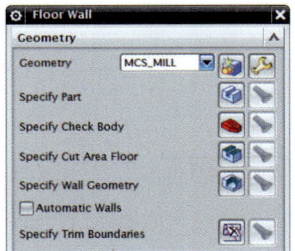 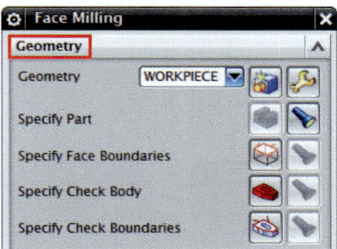 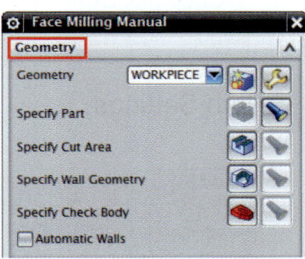

[Floor and Wall]　　　　[Face Milling with Boundaries]　　　　[Face Milling Manual]

02 Geometry

그림과 같이 기본 Geometry설정을 쉽게 변경할 수 있다.

- Create New( ) : Geometry를 새로 생성한다.
- Edit( ) : 현재 설정된 Geometry를 수정한다.

1) Specify Part( )
   가공 후 완성된 형상, 즉 모델링을 의미한다.

2) Specify Cut Area( )
   가공영역을 의미한다. 사용자가 가공을 원하는 부분만 선택하여 가공할 수 있다.

3) Specify Wall Geometry( )

Wall Stock과 함께 이용하면 파트 바디에서 가공 면에 관련된 벽에 대해 전역 파트 스톡을 재 정의한다.

4) Specify Check Body( )

공구 경로를 생성할 때 공구가 지나가지 말아야 할 부분을 설정한다.

5) Specify Face Boundary( )

가공영역을 설정한다. 구멍이 있는 면을 선택 시 구멍을 무시한다.
즉 해당 내부 재료가 가공할 영역을 나타내는 닫힌 경계로 구성된다.

6) Check Boundary( )

Check Body와 비슷하지만 면이나 모서리, Point 등을 선택한다.

03 Path Settings

  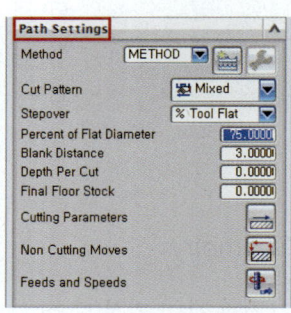

[Floor and Wall]　　　　[Face Milling with Boundaries]　　　　[Face Milling Manual]

1) Method

① Method(METHOD) : Method를 선택할 수 있다.

② Create New( ) : Method를 생성할 수 있다.

③ Edit( ) : 현재 선택된 Method를 수정할 수 있다.

2) Cut Pattern

가공 패턴을 선택할 수 있다.

① Zig-Zag(Zig Zag) : 공구가 왕복으로 이동하면서 가공을 하는 방법이다. 즉 갈 때 한 번, 올 때 한번 가공된다.

② Zig(⊟ Zig ▼) : 공구가 갈 때 가공되고, 올 때는 사용자가 지정한 안전높이까지 이동하여 급속 이송한다.

③ Zig With Contour(⇆ Zig with Cc ▼) : 보편적으로 사용되는 가공방법으로 지그방법으로 가공이 되면서 윤곽의 형태로 가공해서 기계와 공작물, 공구 사이에 부하를 줄일 수 있다.

④ Follow Periphery(▣ Follow Peri ▼) : 모델링의 윤곽을 따라 가공하는 방법이다. 아이콘의 모양처럼 안쪽에서 바깥쪽으로 가공하거나 바깥쪽에서 안쪽으로도 가공이 가능하다.

⑤ Follow Part(▣ Follow Part ▼) : 모델링의 윤곽을 따라 가공하는 방법이다.
아이콘의 모양처럼 ㄷ자 형태로 가공이 되며, 바깥쪽에서 안쪽으로 가공이 된다.

⑥ Trochoidal(◎ Trochoidal ▼) : 모델링의 윤곽을 따라 가공하는 방법이며, Follow Part와 비슷한 모양으로 가공이 된다.

⑦ Profile(▣ Profile ▼) : 형상의 윤곽을 따라서 한 번만 가공되는 가공으로 잔삭에 이용할 수 있다.

3) Stepover

공구가 한번 가공하고 난 후 다음 가공에 들어갈 때 측면으로 이동되는 값을 설정한다.

① Constant : Stepover값을 직접 상수 값으로 입력하여 설정한다.

② Scallop : 공구가 이동하면서 피치와 피치 사이에 산 모양의 절삭 산이 발생하는데, 이 산의 높이를 제어하여 Stepover값을 설정한다.

③ Tool Diameter : 공구의 지름을 이용하여 Stepover값을 지정하는 방법이다.
공구 지름의 몇 %만큼 이동할 것인가를 설정한다.

④ Variable : 가변화된 Stepover값을 설정한다.

4) Blank distance

제거할 재료의 총 두께를 정의한다. 이 두께는 선택한 면 지오메트리의 평면 위에서 공구 축을 따라 측정된다. 이 옵션은 제거할 재료의 실제 두께를 결정하기 위해 Final Floor Stock과 함께 사용되며, 절삭 깊이와 함께 사용하면 각 면에 생성되는 절삭 깊이의 수를 결정할 수 있다. 이 값을 입력하지 않으면 선택한 면이 한 번에 가공된다.

5) Depth Per Cut

절삭 단계, 즉 한 번에 가공되는 양을 의미한다.

6) Final Floor Stock

면 밀링과 평면 밀링에 적용되는 절삭 매개변수이다. 면 지오메트리 위에 절삭하지 않은 채 남길 재료의 두께를 정의한다. 제거할 재료의 총 두께는 가공 재료 거리와 최종 바닥 스톡 사이의 거리이다.

7) Cutting Parameters( )

파트 재료에 절삭을 연결하는 옵션을 설정할 수 있다. Face Milling에만 적용되는 기능만 설명하겠다. 〈나머지는 다른 오퍼레이션 참고〉

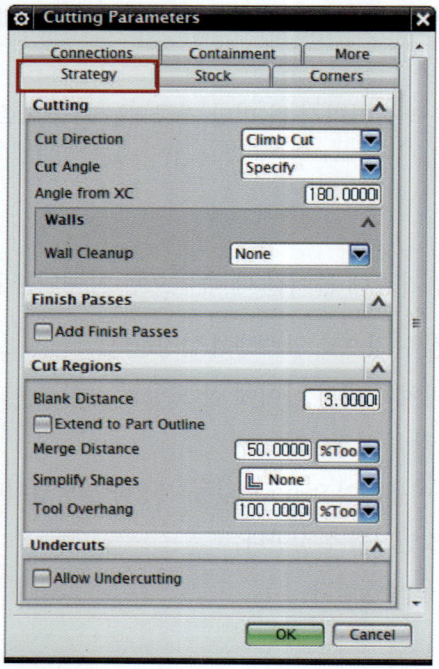
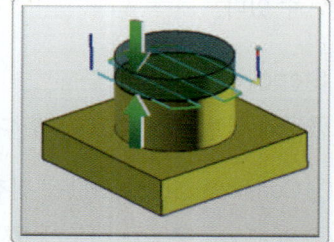

① Strategy

ⓐ Simplify Shapes : 복잡한 면을 가공 시 단순화시켜 Tool Path를 생성할 수 있다.

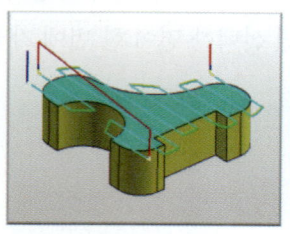
[None]

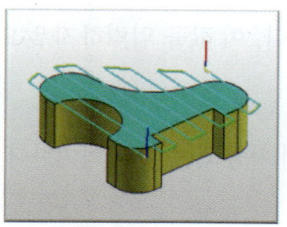
[Convex Hull]

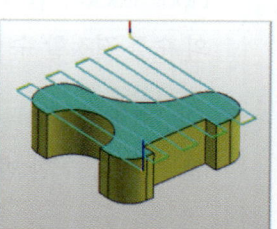
[Minimum Box]

ⓑ Prevent Undercutting : 공구경로를 생성할 때 언더컷 지오메트리를 고려하여 파트 지오메트리에 대해 섕크가 마찰을 일으키지 않도록 한다.

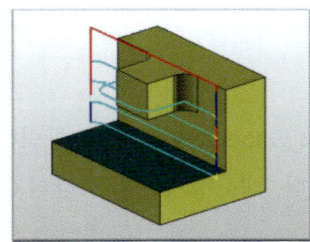
[Non Prevent Undercutting]

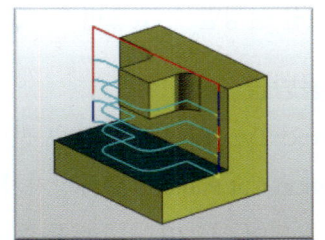
[Prevent Undercutting]

② Stock - Wall Stock : 이 옵션을 이용하면 Geometry의 Wall Geometry를 사용할 수 있다.

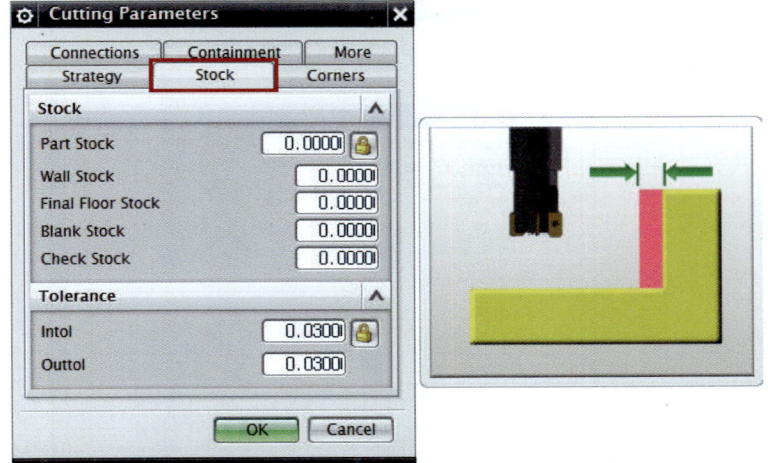

8) Non Cutting Moves( )

비 절삭이동의 매개변수를 정의하는 옵션이다.

9) Feeds and Speeds( )

공구의 회전 속도 및 이송 속도를 제어하는 옵션이다. 〈제2장 제1절 Cavity Mill 참고〉

04 Mixed

Cut Pattern에서 Mixed를 선택하고 Tool Path를 생성하면 서로 다른 영역에 각기 다른 절삭패턴을 설정할 수 있으며 Cut Level별로 원하는 가공패턴을 설정할 수 있다.

1) 사용방법

Mixed Type의 가공패턴을 선택하고 Generate아이콘을 클릭하면 아래 그림과 같이 Region Cut Patterns 대화상자가 열린다. 대화상자에는 각각의 Cut Level별로 리스트가 기록 되어 있으며, 리스트를 이용하여 Cut Level별 가공패턴을 설정하면 된다.

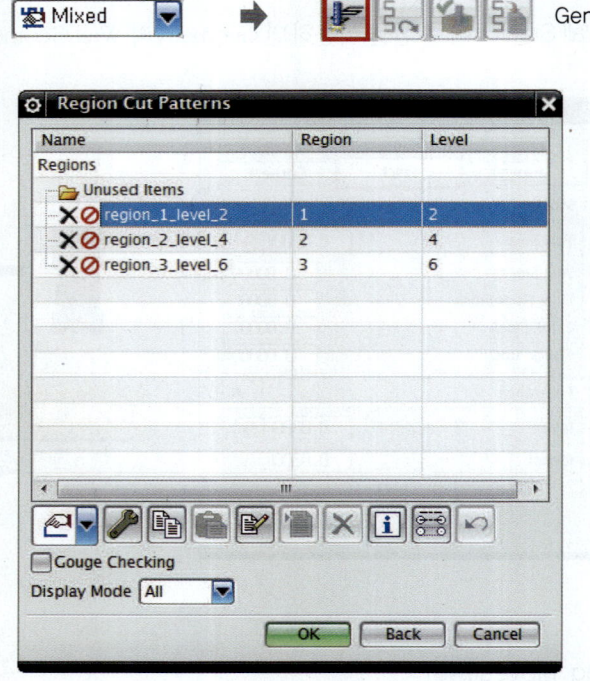

2) Option

① 절삭 패턴 선택( ) : 강조 표시된 영역의 절삭 패턴을 선택한다. 즉 리스트에서 선택된 영역에 대한 절삭 패턴을 설정할 수 있다. Operation창에서의 Cut Method의 절삭 패턴과 동일하게 선택할 수 있다.

② Edit( ) : 절삭 패턴에 관한 내용을 수정할 수 있다. 자동 절삭 패턴의 절삭 매개변수에 액세스하거나 수동 절삭 패턴을 생성 및 편집할 수 있다.

③ Copy(🗐) : 수정된 패턴을 복사할 수 있다.

④ Paste(📋) : 복사된 패턴을 다른 영역에 붙여넣기할 수 있다.

⑤ Rename(✏️) : 선택된 영역의 이름을 바꿀 수 있다.

⑥ Insert(📋) : 기존의 패턴에 추가 동작을 삽입한다. 자동 패턴으로 영역에 절삭 매개변수를 삽입한다.

⑦ Delete(✖) : 수동 패턴이나 절삭 매개변수를 삭제한다.

⑧ Information(ℹ️) : 팝업 창에 정보를 표시한다.

⑨ Path Display Options(🖳) : 공구 경로 표시 옵션을 설정한다.

⑩ Undo(↩) : 마지막 동작(삭제, 붙여넣기 등)을 취소한다.

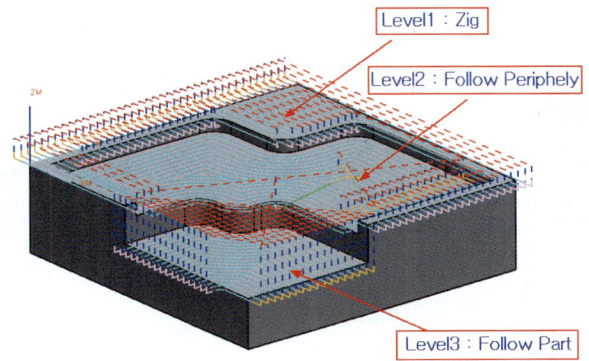

🔖 위 그림과 같이 Region Cut Patterns를 이용하여 Level별 가공 패턴을 다르게 설정할 수 있다.

제 2 절   Planar Mill

평면 레이어에서 재료의 볼륨을 제거하는 공구 경로를 생성한다. Planar Mill은 모델링을 이용하여 작업할 수도 있지만 2D커브의 형상만을 이용하여 작업할 수도 있다.

01 Planar Mill의 시작

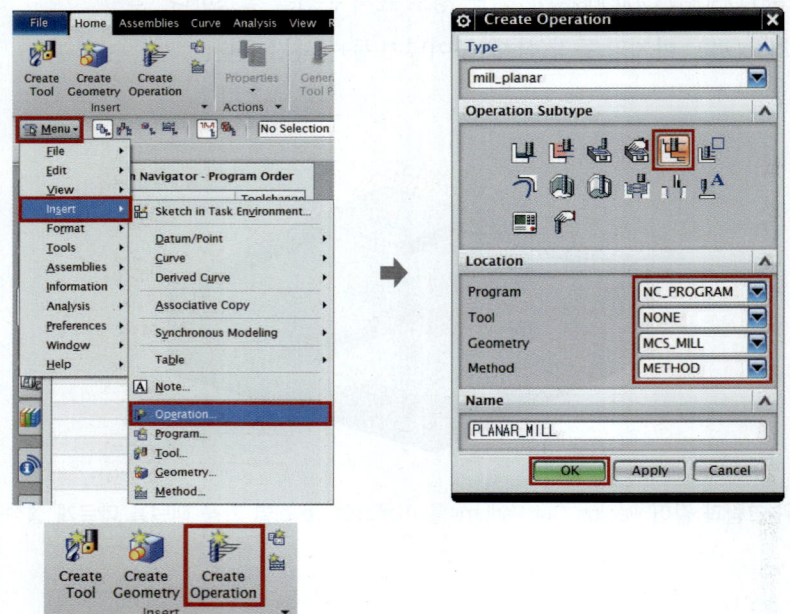

1) Full Down Menu나 Ribbon Bar Insert의 Create Operation을 선택한다.

2) 위 그림과 같이 Type은 Mill_Planar를 선택하고, Operation Subtype에서 Planar_Mill을 선택하고, Location옵션을 설정하고, OK하면 Planar_Mill창이 나타난다.

3) Planar_Mill창에서 OK를 클릭하면 우측 그림과 같이 Navigator에 Planar_Mill이 생성되어 있는 것을 볼 수 있다.

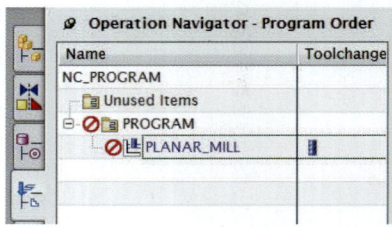

제 3 절　Planar Mill Options

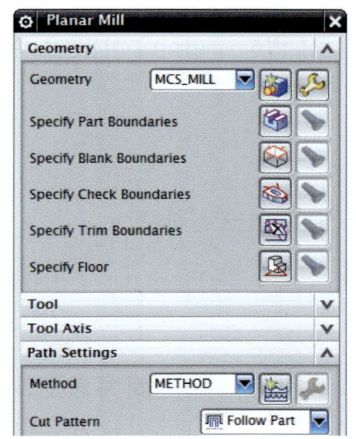
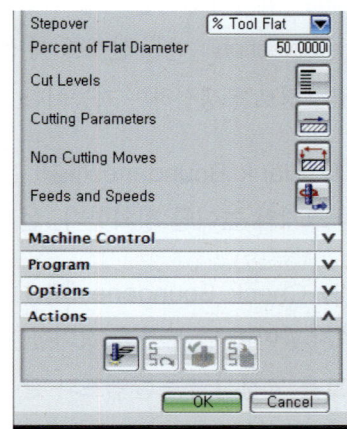

01 Geometry

Planar Mill의 Geometry는 Boundary방식으로 설정한다.
모델링의 면을 이용하거나 2D커브를 이용하여 Geometry를 설정할 수 있다.

1) Geometry

그림과 같이 기본 Geometry설정을 쉽게 변경할 수 있다.

2) Specify Part Boundaries(　)

가공영역을 정의하거나 가공하지 말아야 할 부분을 정의한다. 내부(Inside) 옵션을 이용하여 가공하지 말아야 할 부분을 선택하거나 외부(Outside) 옵션을 이용하여 가공할 부분을 선택할 수 있다.

① Mode : 영역을 선택하는 방법을 설정한다. 면을 선택하거나 Curve, Edge로 선택이 가능하다.

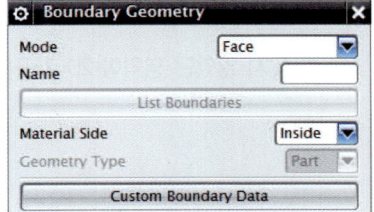

② Material side
- Outside : 영역의 바깥쪽을 가공하지 않는다.
- Inside : 영역의 안쪽을 가공하지 않는다.
③ Face Selection : 면을 선택할 때 선택한 면에 대한 구멍이나 기둥, 모따기 등을 무시하고 공구경로를 생성하는 기능이다.

3) Specify Blank Boundaries( )
재료의 크기와 높이를 정의한다. 설정방법은 Part와 동일하다.

4) Specify Check Boundaries( )
가공하지 말아야 할 부분을 정의한다.
즉, 파트를 고정시키는 클램프와 같은 영역을 선택하여 침범하지 않도록 정의한다.

5) Specify Trim Boundaries( )
가공하지 말아야 영역 또는 실제 가공되는 영역을 따로 지정할 수 있다.
Part를 어떻게 선택하였느냐에 따라서 내부와 외부 옵션을 이용하여 지정한다.
Part와는 반대로 선택한다.

6) Specify Floor( )
가공영역에서의 바닥면, 즉 실제 가공이 이루어지는 깊이를 정의한다.

7) Save 2D In-process Workpiece
대형 공구에서 놓친 나머지 재료를 식별하고 더 작은 공구를 사용하는 다음 오퍼레이션에서 이러한 재료를 처리하도록 지정할 수 있다.

🔖 2D IPW 저장을 체크하게 되면 다음과 같은 결과가 발생하게 된다.
① 동일한 지오메트리 그룹에서 이전에 2D 가공물을 저장한 오퍼레이션이 있는지 여부를 현재 오퍼레이션에서 확인한다. 이러한 오퍼레이션을 찾으면 다른 오퍼레이션의 2D 가공물을 현재 오퍼레이션에서 트리밍 지오메트리로 사용하여 공구의 절삭 동작을 포함시킨다. 이 오퍼레이션에서 흰색으로 윤곽선이 그려진 특정 재로만 절삭할 수 있다. 나머지 재로만 대상으로 하면 불필요한 공구 이송을 줄일 수 있으므로 작업이 더 효율적이다.
② 경로가 생성되면 공구의 직경 때문에 공구가 맞지 않았던 영역이 2D 가공물로 내부 저장된다.

제1장	제2장	제3장	제4장	제5장	제6장	Chapter F
Manufacturing	Mill Contour	Verify & NC Data	Face Milling	Manufacturing Exercise	Turning (CNC선반)가공	Manufacturing

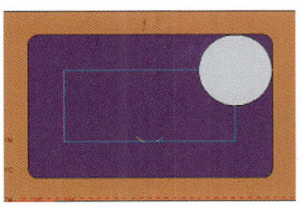
직경이 너무 커서 코너에 맞지 않는 공구

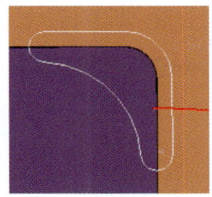
각 코너의 비 절삭 재료를 2D IPW로 저장

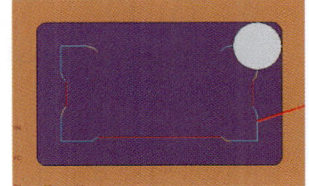
첫 번째 오퍼레이션에서 저장된 2D IPW를 사용하여, 두번 째 오퍼레이션의 나머지 재료를 추가로 절삭

📎 이러한 동작은 각 오퍼레이션에서 계속 진행된다. 예를 들어, 프로그램에 다섯 개의 오퍼레이션이 있는 경우 위 그림은 첫 번째 오퍼레이션 공구 경로를 나타낸다. 위 그림에서 저장된 2D IPW는 두 번째 오퍼레이션의 절삭을 좌측 그림과 같이 재료가 남아 있는 코너만 제한하는 데 사용된다.

02 Path Settings

1) Method

① Method(MILL_ROUG) : Method를 선택할 수 있다.

② Create New( ) : Method를 생성할 수 있다.

③ Edit( ) : 현재 선택된 Method를 수정할 수 있다.

2) Cut Pattern

가공 패턴을 선택할 수 있다. 다른 오퍼레이션과 동일하다.

① Follow Part(Follow Part)　② Follow Periphery(Follow Peri)
③ Profile(Profile)　④ Standard Drive(Standard Drive)
⑤ Trochoidal(Trochoidal)　⑥ Zig(Zig)
⑦ Zig-Zag(Zig Zag)　⑧ Zig With Contour(Zig with Co)

3) Stepover

공구가 한번 가공하고 난 후 다음 가공에 들어갈 때 측면으로 이동되는 값을 설정한다.

① Constant : Stepover값을 직접 상수 값으로 입력하여 설정한다.

② Scallop : 공구가 이동하면서 피치와 피치 사이에 산 모양의 절삭 산이 발생하는데, 이 산의 높이를 제어하여 Stepover값을 설정한다.

③ Tool Diameter : 공구의 지름을 이용하여 Stepover값을 지정하는 방법이다.

공구 지름의 몇 %만큼 이동할 것인가를 설정한다.

④ Variable : 가변화된 Stepover값을 설정한다.

4) Cut Levels(▤)

다중 깊이 오퍼레이션의 절삭 단계를 결정할 수 있다. 절삭 깊이는 직접 값을 입력하거나 아일랜드 윗면과 바닥 평면을 사용하여 정의할 수 있다.

① Type : 절삭 깊이를 정의하는 데 사용되는 방법을 지정한다.

어떠한 방법을 선택하는지에 따라 입력할 수 있는 값이 달라진다.

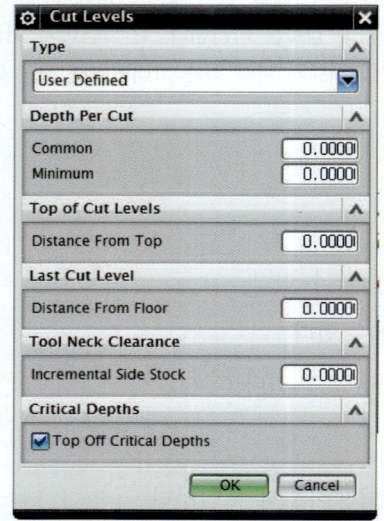
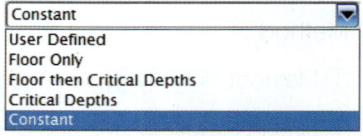

ⓐ User Defined : 숫자 값을 입력하는 것만으로 절삭 깊이를 지정할 수 있으며 이 옵션을 사용하면 공통, 최소, 초기, 최종, 증분 측면 스톡 필드가 활성화된다.

ⓑ Floor Only : 바닥 평면에서 절삭 단계 하나를 생성한다.

ⓒ Floor Then Critical Depths : 각 아일랜드의 상단에서 클린업 경로로 이어지는 절삭 단계 하나를 바닥 평면에 생성한다.

ⓓ Critical Depths : 바닥 평면에서 절삭 단계 하나로 이어지는 평면형 절삭 단계를 각 아일랜드의 윗면에 생성한다.

ⓔ Constant : 일정한 깊이로 여러 절삭 단계를 생성한다.

② Common : 초기 단계 이후 최종 단계 이전에 발생하는 각 절삭 단계에 대해 허용할 수 있는 가장 큰 절삭 깊이를 의미한다.

③ Minimum : 초기 단계 이후 최종 단계 이전에 발생하는 각 절삭 단계에 대해 허용할 수 있는 가장 작은 절삭 깊이를 의미한다.

④ Distance From Top : 다중 단계 평면 밀링 오퍼레이션의 첫 번째 절삭 단계에 대한 절삭 깊이를 정의할 수 있다.

⑤ Distance From Floor : 다중 단계 평면 밀링 오퍼레이션의 마지막 절삭 단계에 대한 절삭 깊이를 정의할 수 있다.

⑥ Incremential Side Stock : 다중 단계 황삭 공구 경로에서 이어지는 각 절삭 단계 측면 스톡 값을 추가한다.

⑦ Top Off Critical Depths : 이 옵션을 해제한 경우에는 프로세서가 절삭 단계 하나로 처음에 제거할 수 없는 각 아일랜드의 윗면에서 개별 경로가 생성된다.

5) Cutting Parameters( )

파트 재료에 절삭을 연결하는 옵션을 설정할 수 있다.

Planar Mill에만 적용되는 기능만 설명하겠다. 〈나머지는 다른 오퍼레이션 참고〉

① Strategy : Cavity Mill과 동일하다.
② Stock - Final Floor Stock : 현재 오퍼레이션으로 생성되는 공구경로를 완성한 후 포켓의 바닥에 남는 재료의 양을 지정할 수 있다.

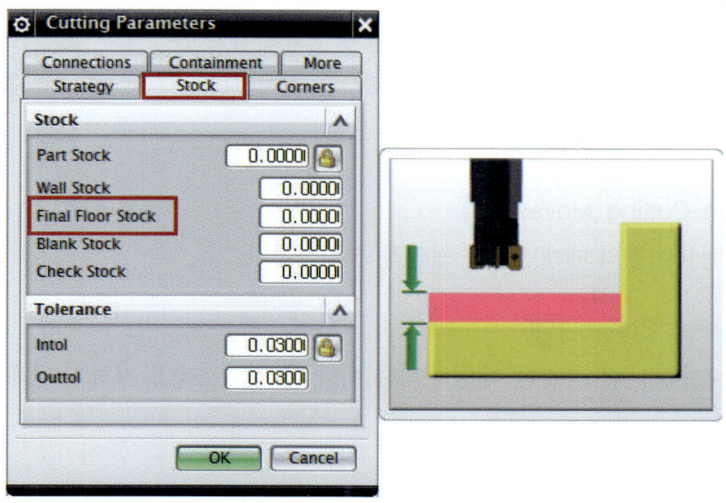

③ Connections : 15차 시의 Cavity Mill과 동일하다.
④ Containment : 평면 밀링에 적용되는 절삭 매개변수이다.

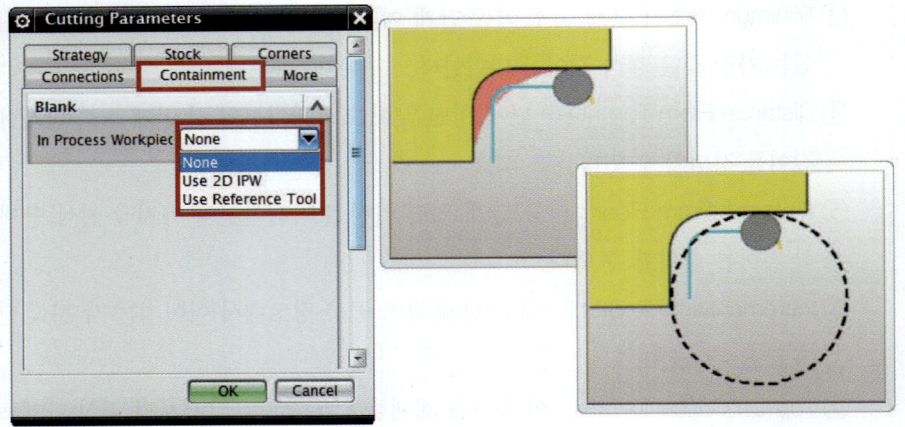

평면 밀링에서 공구가 도달하지 못하여 절삭되지 않고 남는 재료는 파트 지오메트리와 체크 지오메트리에서 생성된 경계를 통해 식별할 수 있다. 모든 비 절삭 영역 경계는 공구 위치가 Tanto인 닫힌 경계로 출력된다. 이러한 경계를 이후의 정삭 오퍼레이션에 사용되는 가공 재료 지오메트리로 선택하여 나머지 재료를 클린아웃할 수 있다. 경계를 생성하려면 아래에서 설명하는 경계 자동 저장 옵션을 활성화해야 한다. 경계 종류와 겹침 거리는 경계의 특성을 결정한다.
〈우측 그림 참고〉

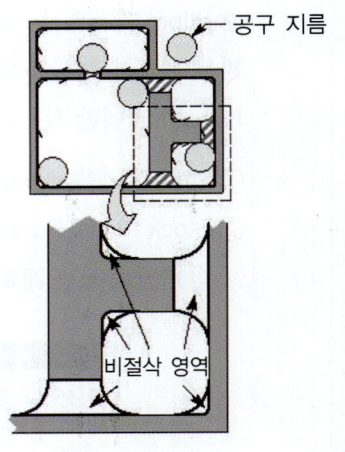

6) Non Cutting Moves( )

비 절삭이동의 매개변수를 정의하는 옵션이다.

7) Corner Control( )

Tool이 코너를 회전할 때 공구의 휨이나 패이는 것을 방지하기 위해 Feed를 제어한다.

8) Feeds and Speeds( )

공구의 회전 속도 및 이송 속도를 제어하는 옵션이다. 〈제2장 제1절 Cavity Mill 참고〉

제 4 절 Peck Drilling

Peck_Drilling가공은 많은 홀 가공 시 사용하며, 지정된 값만큼 진입하고 Minimum Clearance 높이까지 퇴각하는 반복적인 공정으로 가공이 된다.

01 Peck_Drilling의 시작

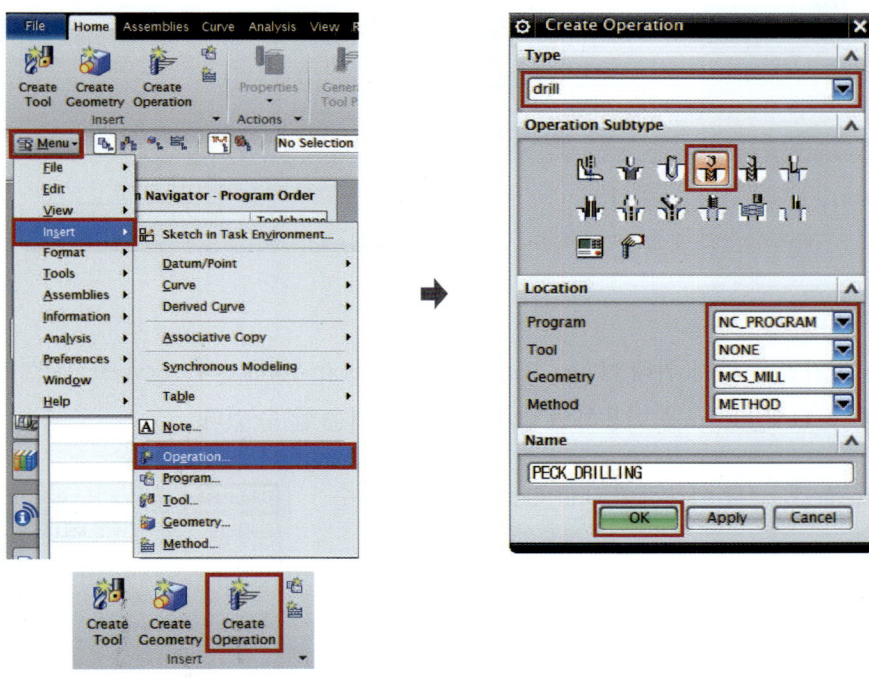

1) Full Down Menu나 Ribbon Bar Insert의 Create Operation을 선택한다.

2) 위 그림과 같이 Type은 Drill을 선택하고 Operation Subtype에서 Peck_Drilling을 선택하고 Location옵션을 설정하고 OK하면 Peck_Drilling창이 나타난다.

3) Peck_Drilling창에서 그냥 OK하면 아래 그림과 같이 Navigator에 Peck_Drilling이 생성되어 있는 것을 볼 수 있다.

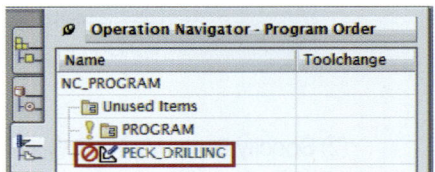

02 Peck_Drilling Options

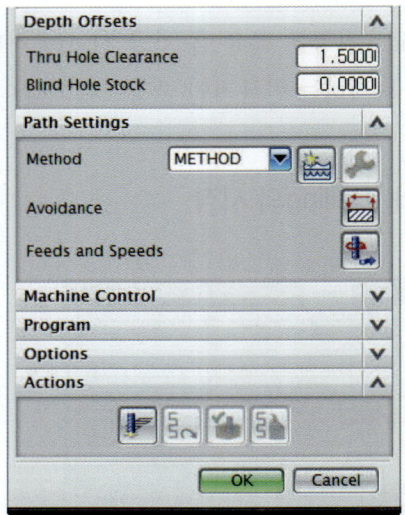

1) Geometry

드릴가공을 하기 위해 Holes, Part Surface, Bottom Surface의 Geometry를 설정하여야 한다. Drill_Geom을 이용하면 쉽게 드릴링 작업을 할 수 있다.

Create New를 이용하여 Drill_Geom을 생성할 수 있다.

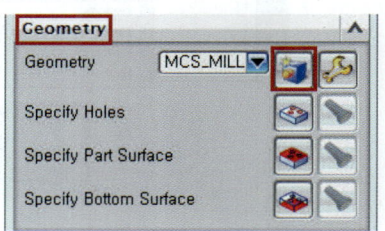

① Geometry

그림과 같이 기본 Geometry설정을 쉽게 변경할 수 있다.

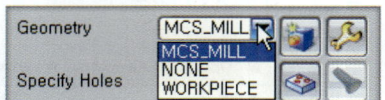

- Create New( ) : Geometry를 새로 생성한다.
- Edit( ) : 현재 설정된 Geometry를 수정한다.

② Specify Holes( ) : 드릴 가공할 구멍을 선택한다.
다음 구멍으로 이동하는 높이를 구간별로 지정할 수도 있다. (Avoid)

◎ 설정방법

1. Specify Holes 아이콘 클릭
2. Select를 클릭
3. 가공할 홀의 Curve/Edge, Point, Face를 선택(선택한 순서가 가공 순서) OK클릭
   Curve/Edge는 바로 선택 가능 → point 선택 → Face 선택

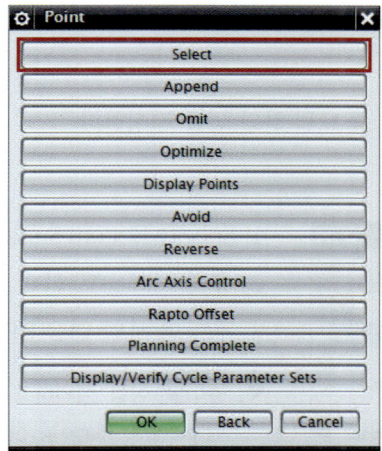

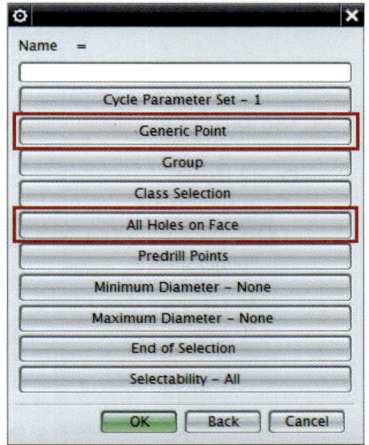

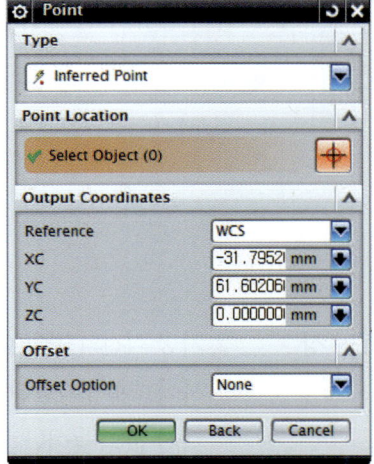

[Generic Point 선택 시]

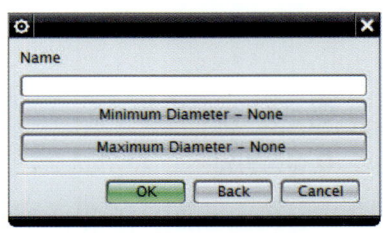

[All Holes on Face 선택 시]

③ Specify Part Surface( ) : 상단 면 높이, 즉 시작높이를 지정한다.
   Holes 선택 시 높이가 지정되므로 설정하지 않아도 된다.

○ 설정방법

1. Specify Part Surface 아이콘 클릭
2. 유형을 Face로 선택
3. 구멍의 상단 면을 선택하고 OK

🏷 높이를 직접 정의 하고자 한다면 ZC Plane이
나 Genetic Plane을 선택하여 높이 지정

④ Bottom Surface( ) : 바닥깊이, 즉 드릴 하단 면을 지정한다.

○ 설정방법

1. Specify Bottom Surface 아이콘 클릭
2. 유형을 Face로 선택
3. 구멍의 하단 면을 선택하고 OK

🏷 높이를 직접 정의하고자 한다면 ZC Plane이
나 Genetic Plane을 선택하여 높이 지정

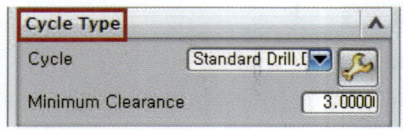

드릴의 종류와 관련된 옵션을 설정한다.

🏷 Minimum Clearance : 드릴의 진입, 퇴각
높이

2) Cycle Type

○ 설정방법

1. Peck Drill을 선택, 선택되어 있는 상
태에서는 🔧 클릭

2. 가공 직전의 높이 값을 지정하고 OK(전
사이클에서 가공된 깊이를 기준으로 입
력된 값의 높이만큼 진입한다.)

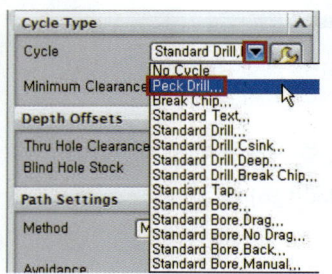

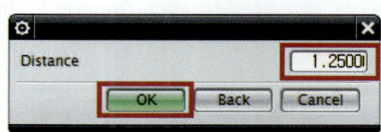

3. 즉시 OK, 각 구간 사이클 횟수 지정하는 것이므로 지정하지 않는다.

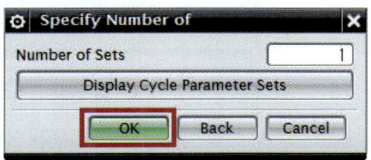

4. 가공 직전의 높이 값을 지정하고 OK(전 사이클에서 가공된 깊이를 기준으로 입력된 값의 높이만큼 진입한다.)

5. Tool Tip Depth를 클릭 일반적으로 Tool Tip Depth로 지정한다.

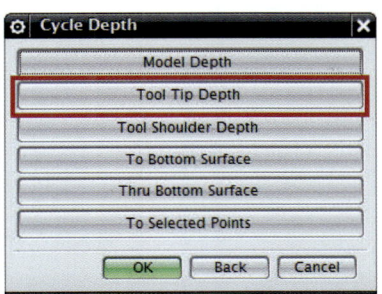

6. Depth값을 넣고 OK(양수로 입력) 실제 가공해야 할 구멍의 깊이이다.

7. Feedrate 클릭

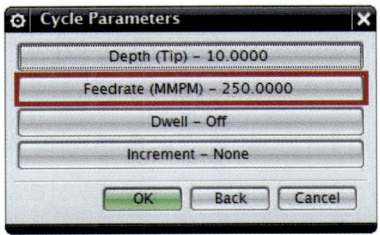

8. Feed 값 지정 후 OK

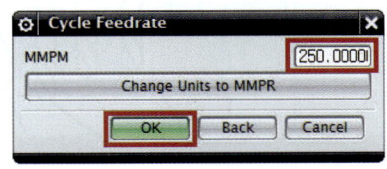

9. Dwell 클릭

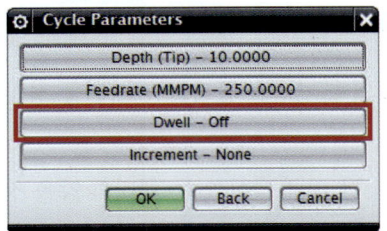

10. Off 클릭
   휴지(몇 초간 정지 기능) 사용하지 않음.

11. Increment 클릭(지정하지 않으면 구멍
    이 지정된 깊이만큼 한 번에 가공된다.)

12. Constant 클릭

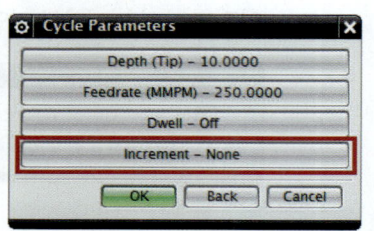
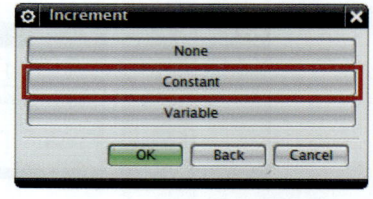

13. 한 번에 가공되는 양을 지정 OK

14. OK하여 완료

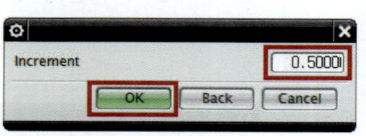

① Depth 종류

한 가지만 지정하여 설정하면 된다.

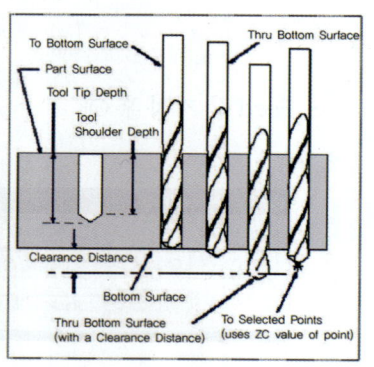

- Tool Tip Depth : 드릴 끝단까지 거리를 지정한다.
- Tool Shoulder Depth : 드릴 끝단을 뺀 거리를 지정한다.
- To Bottom Surface : 면 바닥까지 지정한다.
- Thru Bottom Surface : 면 바닥까지 지정된 거리에서 드릴, 탭 끝단을 뺀 거리까지 지정한다.
- To Selected Points : Point를 선택하여 지정한다.

3) Depth Offsets

이 옵션은 Cycle Parameter Set에서 설정한 깊이에 사용되는데, 이 경우 옵셋은 모델 깊이에 적용된다.

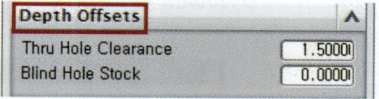

- Thru Hole Clearance : 드릴이 관통 구멍의 분기점을 통과하는 거리를 정의한다. 필요 시에 지정한다.
- Blind Hole Stock : 한쪽으로 막힌 구멍 하단 위에 남아 있는 재질의 양을 정의하며, 이 옵션은 Tool의 팁을 사용한다.

4) Path Settings

① Method

- Method([METHOD ▼]) : Method를 선택할 수 있다.
- Create New(   ) : Method를 생성할 수 있다.
- Edit(   ) : 현재 선택된 Method를 수정할 수 있다.

② Avoidance(   )

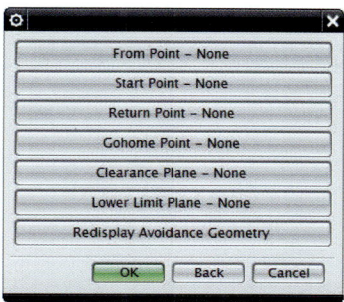

- From Point : 최초의 공구위치를 지정한다.
- Start Point : 공구시작 순서에서의 공구 위치를 지정한다.
- Return Point : 절삭 순서가 끝날 때의 공구 위치를 지정한다.
- Gohome Point : 최종 공구의 위치를 지정한다.
- Clearance Plane : 작업 전과 후에 공구가 이동하는 안전한 높이를 지정한다.
- Lower Limit Plane : 공구가 위반하는 것에 대한 경고를 출력한다.

③ Feeds and Speeds(   )

공구의 회전 속도 및 이송 속도를 제어한다.

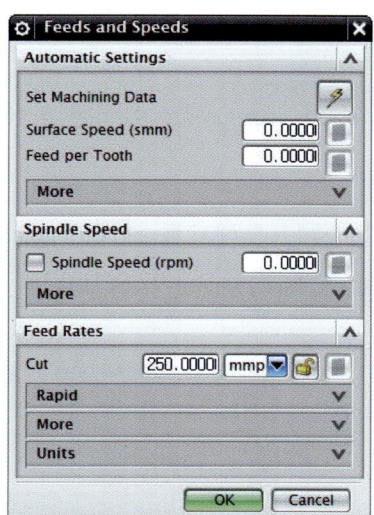

- Spindle Speed : 공구 회전속도

🔧 Settings를 열면 회전속도의 단위와 회전방향을 지정할 수 있다.

- Feed Rates
- Cut : 가공할 때 공구의 이송속도

🔧 More부분을 열면 다른 부분의 이송속도를 지정할 수 있다.

〈기타 다른 옵션과 자세한 옵션은 다른 오퍼레이션과 동일하다.〉

제 5 절 　Breakchip Drilling

Breakchip_Drilling가공은 많은 홀 가공 시 사용하며, 지정된 값만큼 진입했다가 지정된 값만큼 퇴각하는 반복적인 공정으로 가공이 이루어진다.

01　Breakchip_Drilling의 시작

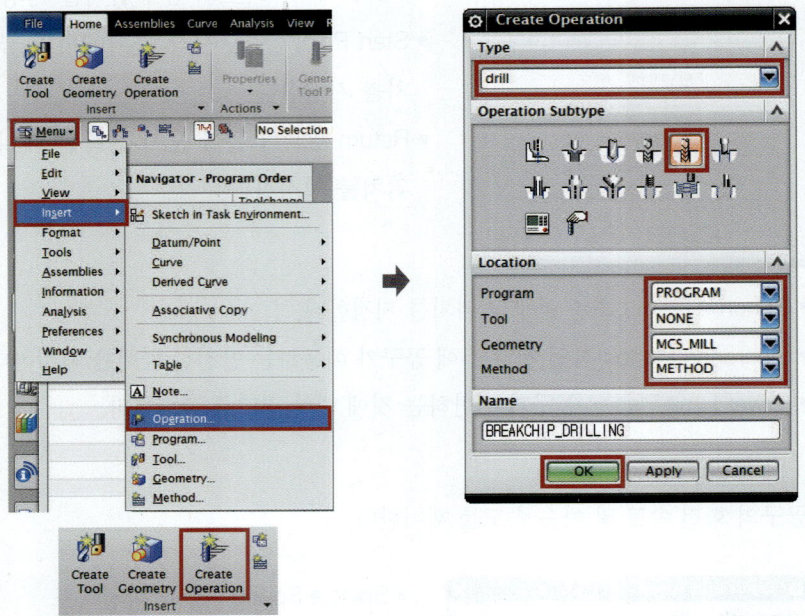

1) Insert → Operation을 선택하거나, Manufacturing Create 아이콘 바에서 Create Operation을 선택한다.

2) 위 그림과 같이 Type은 Drill을 선택, Operation Subtype에서 Breakchip_Drilling을 선택, Location옵션을 설정한 후 OK를 클릭하면 Breakchip_Drilling창이 나타난다.

3) Breakchip_Drilling창에서 그냥 OK하면 우측 그림과 같이 Operation Navigator에 Breakchip_Drilling이 생성되어 있는 것을 볼 수 있다.

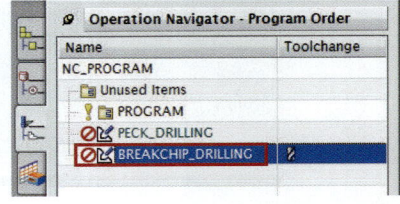

02 Breakchip Drilling Options

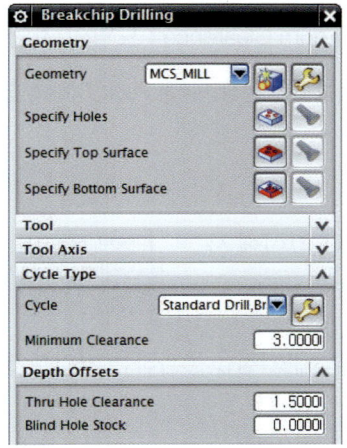

1) Geometry

드릴가공을 하기 위해 Holes, Part Surface, Bottom Surface의 Geometry를 설정하여야 한다. Drill_Geom을 이용하면 쉽게 드릴링 작업을 할 수 있다.

Create New를 이용하여 Drill_Geom을 생성할 수 있다.

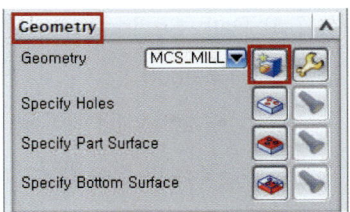

① Geometry

그림과 같이 기본 Geometry 설정을 쉽게 변경할 수 있다.

- Create New(🗔) : Geometry를 새로 생성한다.
- Edit(🔧) : 현재 설정된 Geometry를 수정한다.

② Specify Holes(🗔) : 드릴 가공할 구멍을 선택한다.
다음 구멍으로 이동하는 높이를 구간별로 지정할 수도 있다.(Avoid)

③ Specify Part Surface(🗔) : 상단 면 높이, 즉 시작높이를 지정한다.
Holes 선택 시 높이가 지정되므로 설정하지 않아도 된다.

④ Bottom Surface(🗔) : 바닥깊이, 즉 드릴 하단 면을 지정한다.
〈설정 방법은 본장 제4절 Peck_Drilling 참고〉

2) Cycle Type

드릴의 종류와 관련된 옵션을 설정한다.

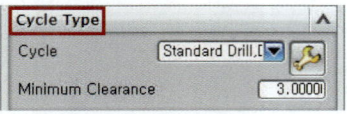
- Minimum Clearance : 드릴의 진입 높이

〈설정방법은 본장 제4절 Peck_Drilling 참고〉

3) Depth Offsets

이 옵션은 Cycle Parameter Set에서 설정한 깊이에 사용되는데, 이 경우 옵셋은 모델 깊이에 적용된다.

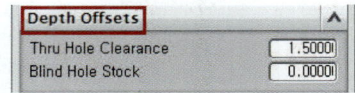

- Thru Hole Clearance : 드릴이 관통 구멍의 분기점을 통과하는 거리를 정의한다. 필요시에 지정한다.
- Blind Hole Stock : 한쪽으로 막힌 구멍 하단 위에 남아 있는 재질의 양을 정의하며, 이 옵션은 Tool의 팁을 사용한다.

4) Path Settings

① Method

- Method(METHOD ▼) : Method를 선택할 수 있다.
- Create New(📋) : Method를 생성할 수 있다.
- Edit(🔧) : 현재 선택된 Method를 수정할 수 있다.

② Avoidance(📐)

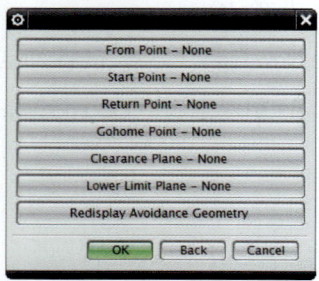

- From Point : 최초의 공구 위치를 지정한다.
- Start Point : 공구시작 순서에서의 공구 위치를 지정한다.
- Return Point : 절삭 순서가 끝날 때의 공구 위치를 지정한다.
- Gohome Point : 최종 공구의 위치를 지정한다.
- Clearance Plane : 작업 전과 후에 공구가 이동하는 안전한 높이를 지정한다.
- Lower Limit Plane : 공구가 위반하는 것에 대한 경고를 출력한다.

③ Feeds and Speeds(🔧)

공구의 회전 속도 및 이송 속도를 제어한다.

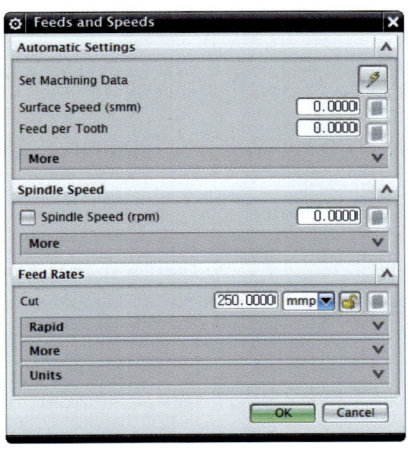

- Spindle Speed : 공구 회전속도

🍃 Settings를 열면 회전속도의 단위와 회전방향을 지정할 수 있다.

- Feed Rates
  - Cut : 가공할 때 공구의 이송속도

🍃 More부분을 열면 다른 부분의 이송속도를 지정할 수 있다.

제 6 절   Tapping

Tapping 가공은 구멍에 나사산을 만드는 가공이다.

01 Tapping의 시작

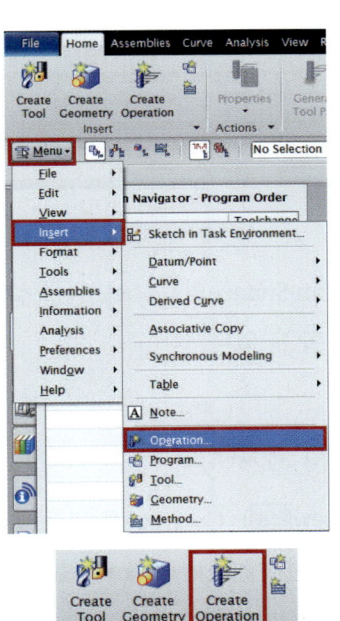
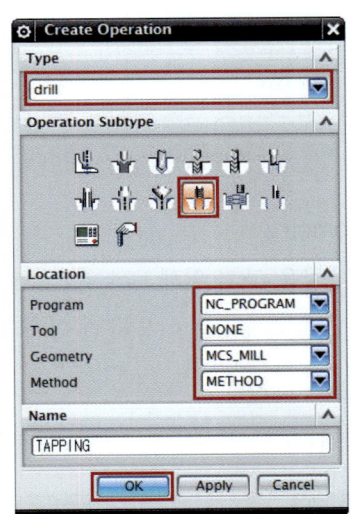

1) Insert → Operation을 선택하거나 Manufacturing Create 아이콘 바에서 Create Operation을 선택한다.

2) 앞 그림과 같이 Type은 Drill을 선택, Operation Subtype에서 Tapping을 선택, Location 옵션을 설정한 후 OK하면 Tapping창이 나타난다.

3) Tapping창에서 OK을 클릭하면 우측 그림과 같이 Navigator에 Tapping이 생성되어 있는 것을 볼 수 있다.

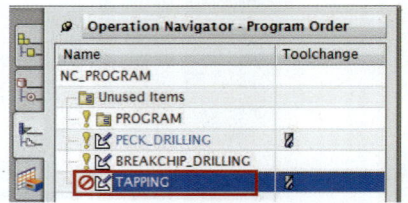

02 Tapping Options

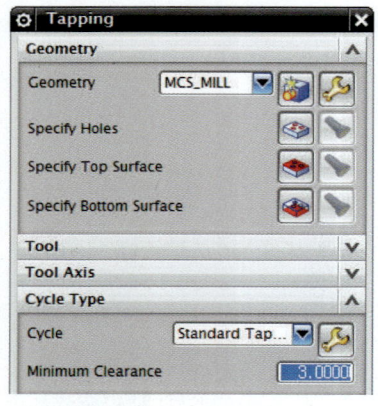
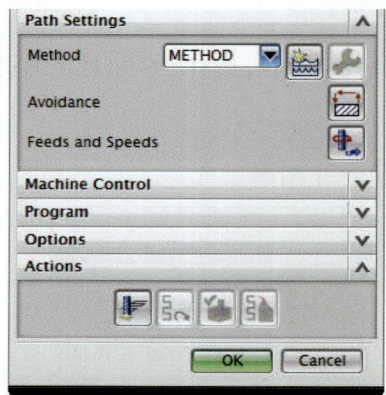

1) Geometry

탭 가공을 하기 위해 Holes, Part Surface, Bottom Surface의 Geometry를 설정하여야 한다. Drill_Geom을 이용하면 쉽게 탭핑 작업을 할 수 있다.

① Geometry

그림과 같이 기본 Geometry설정을 쉽게 변경할 수 있다.

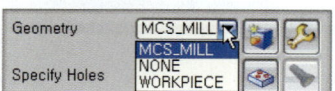

- Create New( ) : Geometry를 새로 생성할 수 있다.
- Edit( ) : 현재 설정된 Geometry를 수정할 수 있다.

② Specify Holes( ) : 탭 가공할 구멍을 선택한다.

다음 구멍으로 이동하는 높이를 구간별로 지정할 수도 있다.(Avoid)

③ Specify Part Surface(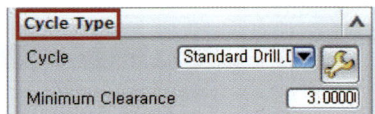) : 상단 면 높이, 즉 시작높이를 지정한다.
Holes 선택 시 높이가 지정되므로 설정하지 않아도 된다.

④ Bottom Surface( ) : 바닥깊이, 즉 탭 하단 면을 지정한다.
〈설정 방법은 본장 제4절 Peck_Drilling 참고〉

2) Cycle Type

탭과 관련된 옵션을 설정한다.

• Minimum Clearance : 탭의 진입 높이

○ 설정방법

1. Standard Tapping 선택

선택된 상태에서는 🔧 클릭

2. OK

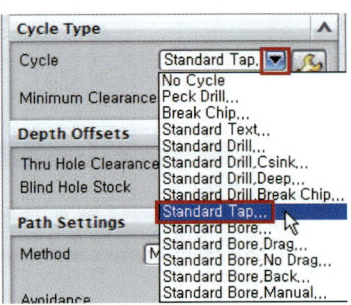

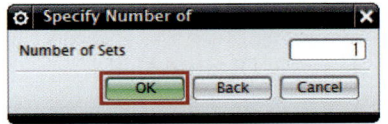

3. Depth를 클릭

4. Depth의 종류 중 하나를 클릭

〈종류는 본장 제4절 Peck Drilling 참고〉

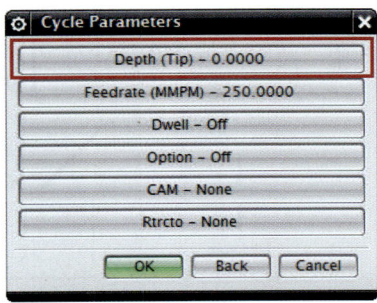

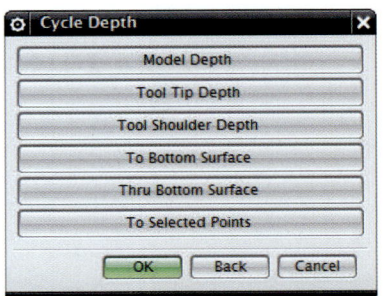

5. Depth값 설정 OK
   (Depth는 양수로 지정한다.)

6. Feedrate 클릭

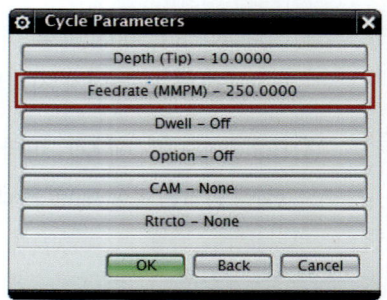

7. Feed 지정 OK(나사 피치 * RPM)

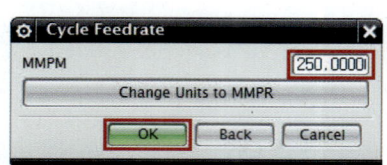

8. Rtrcto 클릭

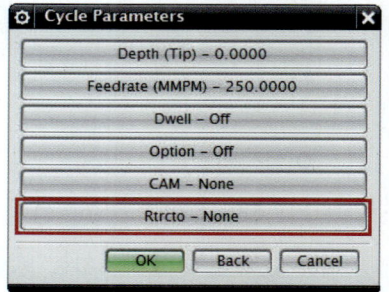

9. Distance 클릭

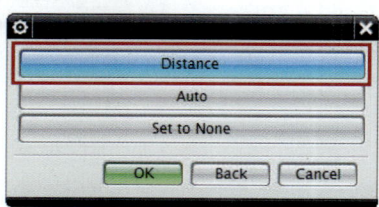

10. 수치 입력 OK 완료

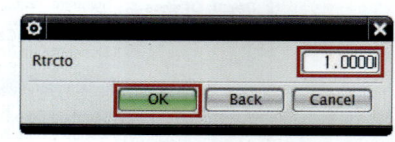

🔖 수치를 넣어 주면 G99(R점 복귀)이며, 수치를 넣어주지 않고 AUTO로 두면 G98(시작점 복귀)로 나온다. 일반적으로 G99로 나오게 하는 것이 좋다. 수치는 1 이상인 수를 넣으면 된다.

(RTRCTO - Cycle retract 거리)

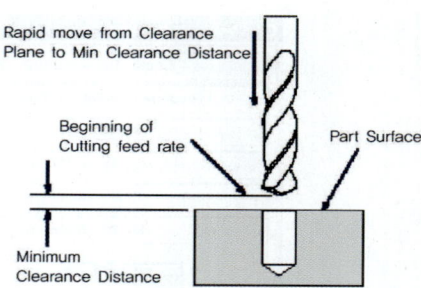

3) Depth Offsets

이 옵션은 Cycle Parameter Set에서 설정한 깊이에 사용되는데, 이 경우 옵셋은 모델 깊이에 적용 된다.

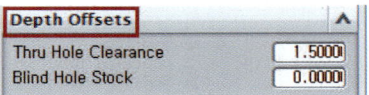

- Thru Hole Clearance : 드릴이 관통 구멍의 분기점을 통과하는 거리를 정의한다. 필요시에 지정한다.
- Blind Hole Stock : 한쪽으로 막힌 구멍 하단 위에 남아 있는 재질의 양을 정의하며, 이 옵션은 Tool의 팁을 사용한다.

4) Path Settings

① Method

- Method(METHOD) : Method를 선택할 수 있다.
- Create New( ) : Method를 생성할 수 있다.
- Edit( ) : 현재 선택된 Method를 수정할 수 있다.

② Avoidance( )

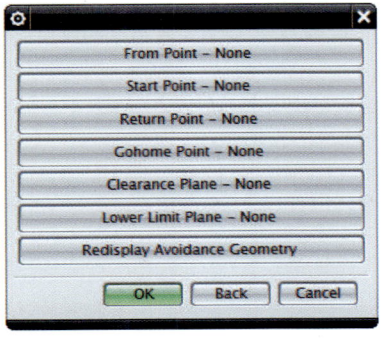

- From Point : 최초의 공구위치를 지정한다.
- Start Point : 공구시작 순서에서의 공구 위치를 지정한다.
- Return Point : 절삭 순서가 끝날 때의 공구 위치를 지정한다.
- Gohome Point : 최종 공구의 위치를 지정한다.

- Clearance Plane : 작업 전과 후에 공구가 이동하는 안전한 높이를 지정한다.
- Lower Limit Plane : 공구가 위반하는 것에 대한 경고를 출력한다.

③ Feeds and Speeds( )

공구의 회전 속도 및 이송 속도를 제어한다.

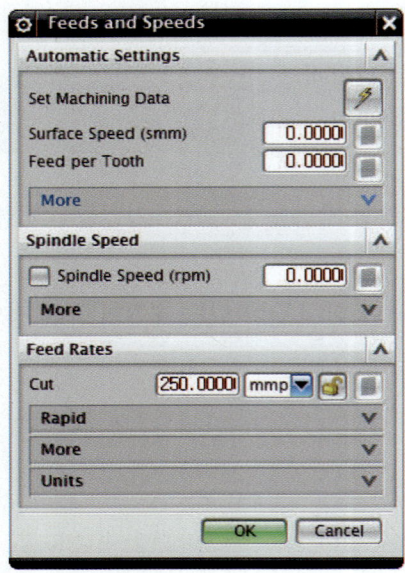

- Spindle Speed : 공구 회전속도

  🔖 Settings를 열면 회전속도의 단위와 회전방향을 지정할 수 있다.

- Feed Rates

  - Cut : 가공할 때 공구의 이송속도
    일반적으로 탭 작업을 할 때는 Engage, Retract의 Feed 값도 입력한다.

    🔖 More부분을 열면 다른 부분의 이송속도를 지정할 수 있다.

〈기타 다른 옵션과 자세한 옵션은 다른 오퍼레이션과 동일하다.〉

5장 ▶ Manufacturing Exercise

제1절 곡면가공 종합 따라 하기 I

01 황삭가공

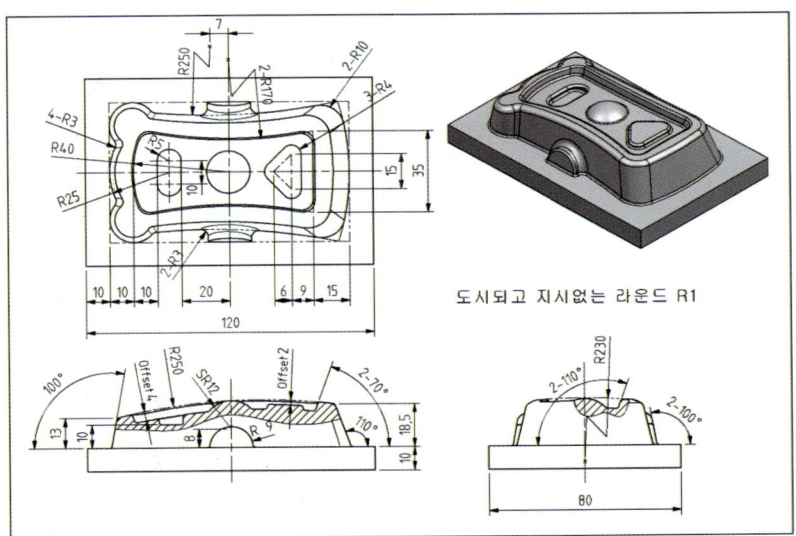

도시되고 지시없는 라운드 R1

공구번호	공구직경	회전수	이송속도	가공잔량	절입량	경로간격
1	평 12	4500	1500	0.5	3	4
안전높이				소재규격		
가공좌표계에서 Z방향으로 40mm 높은 곳				120 × 80 × 35		

Unigraphics(UGS) CAD/CAM
NX9 모델링 및 CAM 가공

❶ 다운로드한 파일 중에서 NX9.0 Manufacturing1을 Open( )한다.
CAM작업을 하기 위해서 File에서 Application에 Manufacturing을 선택한다.

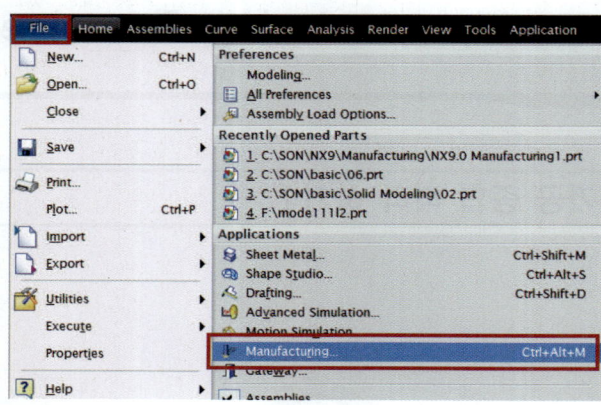

❷ Machining Environment창에서 CAM Setup부분을 mill_contour를 선택하고 OK를 클릭한다. Manufacturing환경으로 들어가게 된다.

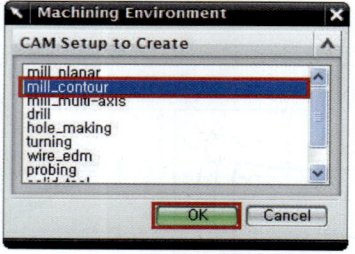

❸ 리소스 바에서 Operation Navigator를 선택하고 빈 공간에서 MB3을 클릭하여 Geometry View를 선택한다. 또는 Top Border Bar에서 Menu 우측의Geometry View를 클릭한다.

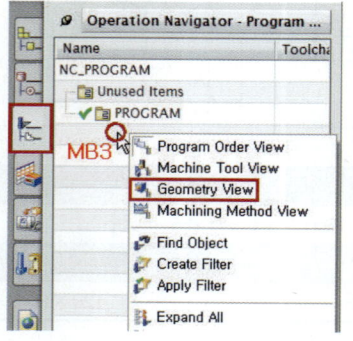

| 제1장 | 제2장 | 제3장 | 제4장 | 제5장 | 제6장 | Chapter F |
| Manufacturing | Mill Contour | Verify & NC Data | Face Milling | Manufacturing Exercise | Turning (CNC선반)가공 | Manufacturing |

❹ Geometry View에서 MCS_MILL을 선택하고 MB3을 클릭하여 Edit를 선택한다.

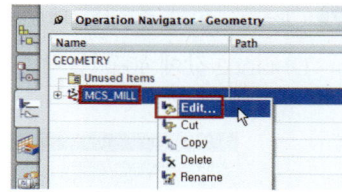

❺ Mill Orient창에서 CSYS Dialog()를 클릭한다.

❻ 아래 그림과 같이 왼쪽 코너 모서리 부분을 클릭하고 OK를 클릭한다.

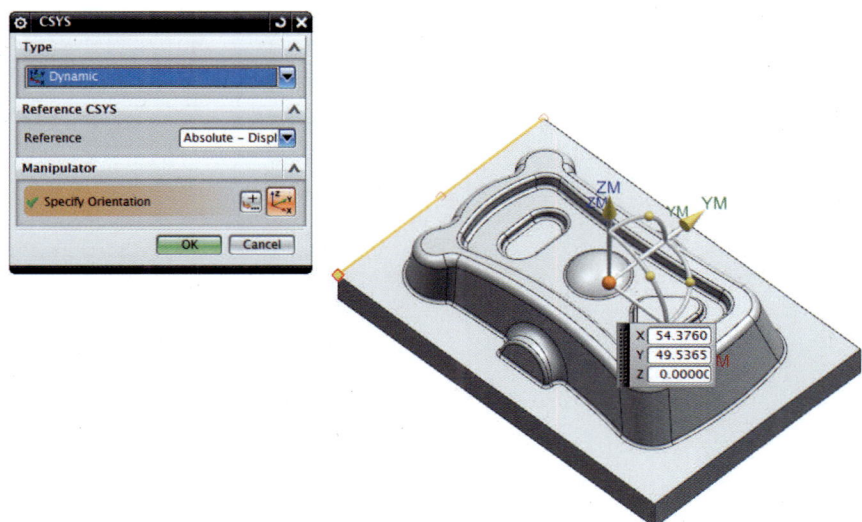

759

❼ Clearance Method를 Plane으로 변경하고, 화살표가 가리키는 공작물의 상면을 선택한다. Distance 값에 40을 입력하고 OK를 클릭한다.

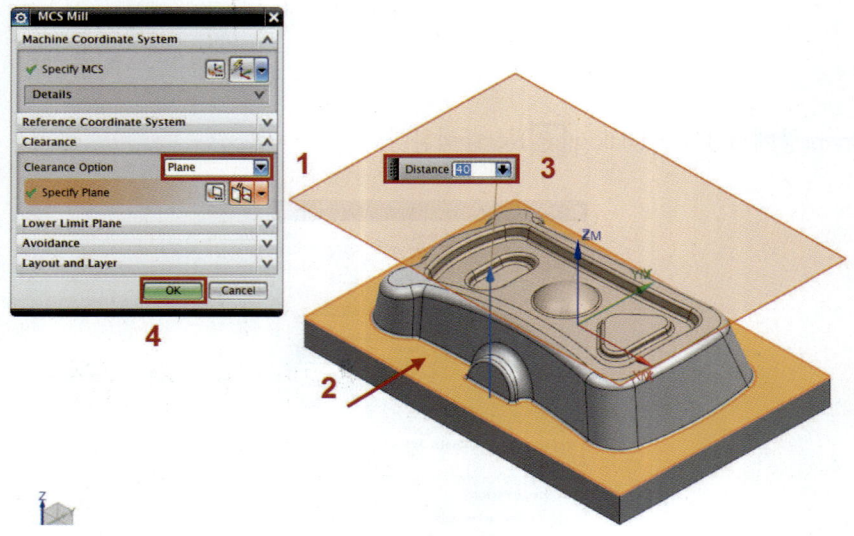

❽ MCS_MILL 앞부분의 +를 클릭하면 WORKPIECE가 나타난다. 선택하고 MB3을 클릭하여 Edit를 선택한다.

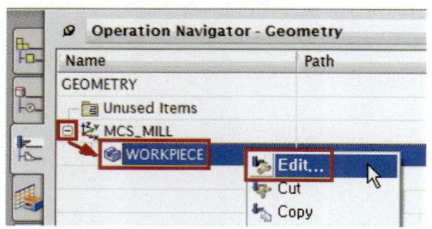

❾ Workpiece창이 나타난다. Specify Part의 Select or Edit the Part Geometry 아이콘을 클릭한다.

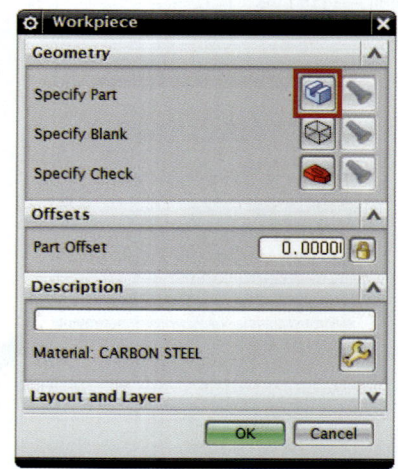

제1장	제2장	제3장	제4장	제5장	제6장	Chapter F
Manufacturing	Mill Contour	Verify & NC Data	Face Milling	Manufacturing Exercise	Turning (CNC선반)가공	Manufacturing

❿ 아래 그림과 같이 가공하고자 하는 모델링을 선택하고 OK를 클릭한다.

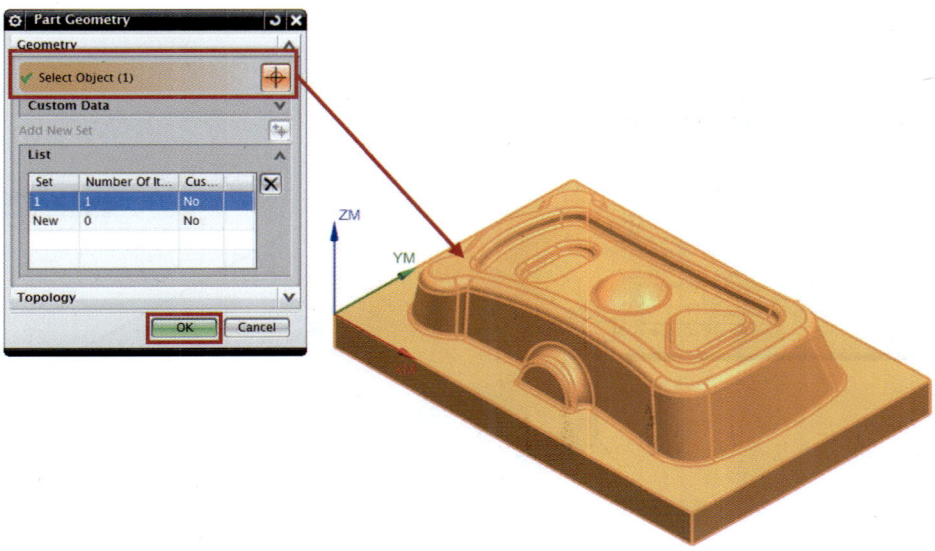

⓫ Specify Blank의 Select or Edit the Blank Geometry 아이콘을 클릭한다.

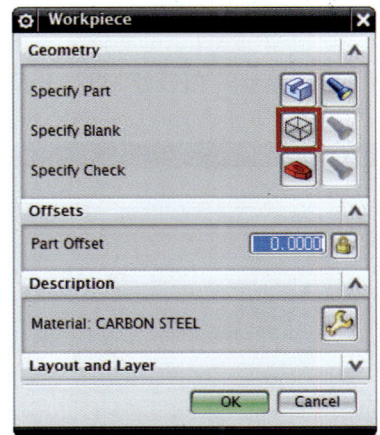

761

⓬ Blank Geometry창에서 Bounding Block을 선택, ZM+에 5를 입력한 후 OK를 클릭한다. 가공소재를 직접 생성하였다면 Geometry상태에서 생성한 블록을 직접 선택한다. 다시 OK를 클릭한다.

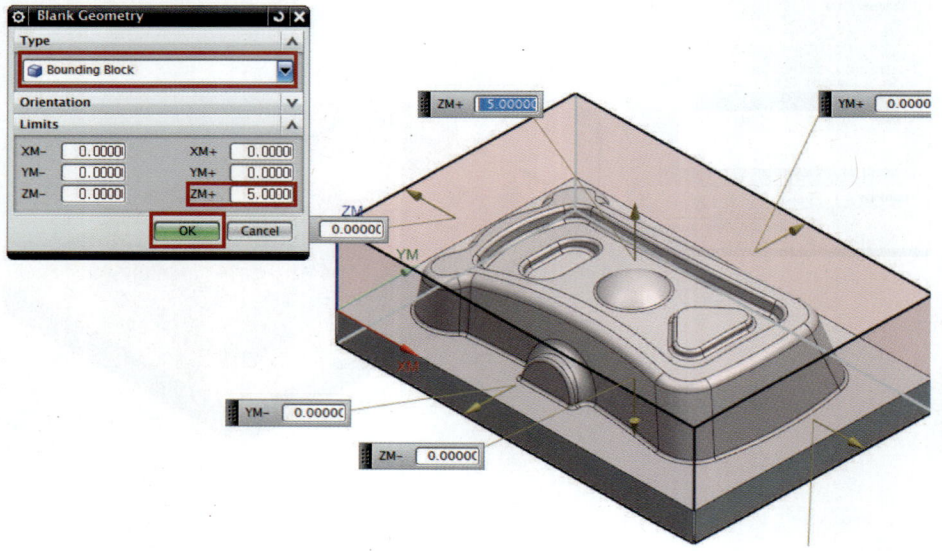

⓭ 공구를 생성하기 위해 Insert에서 Create Tool( )을 클릭한다.

⓮ Tool Subtype에서 Mill을 선택하고, 공구의 이름을 MILL_10으로 입력하고 OK를 클릭한다.

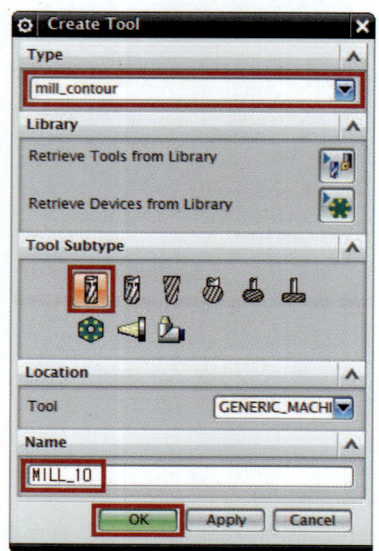

⓯ 공구의 지름 10, 공구의 번호 1을 입력하고 OK를 클릭한다.

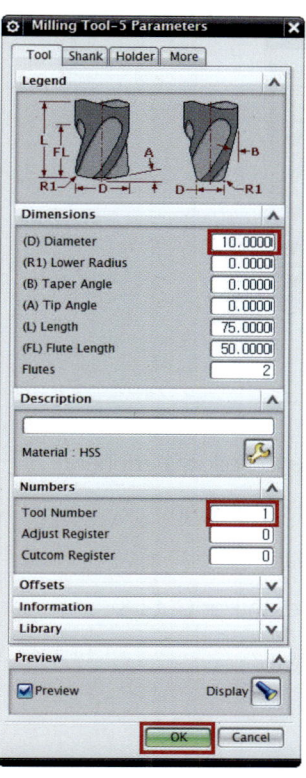

⓰ Machine Tool View를 보면 MILL_10이 생성된 것을 볼 수 있다.

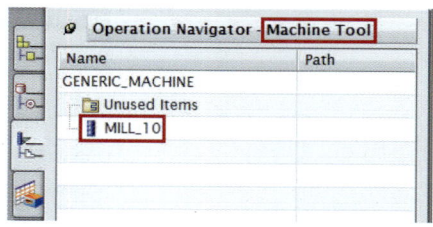

⓱ Cavity Mill을 생성하기 위해 Ribbon Bar Insert에서 Create Operation을 선택한다.

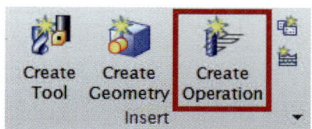

⓲ 그림과 같이 설정하고 OK를 클릭한다.

- Type : mill_contour
- Operation Subtype : Cavity_Mill( )
- Location
  - Program : PROGRAM
  - Tool : MILL_10
  - Geometry : WORKPIECE
  - Method : METHOD

⓳ Geometry를 WORKPIECE로 설정했기 때문에 Part와 Blank는 비활성화되어 있는 것을 볼 수 있다. 🔖 WORKPIECE 미설정 시 직접 설정한다.

⓴ 그림과 같이 설정한다.

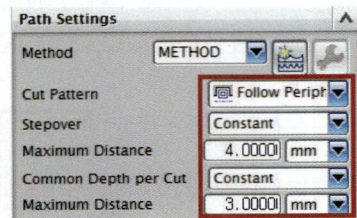

- Cut Patten : Follow Periphery
- Stepover : Constant
- Distance : 4
- Global Depth Per Cut : 3

㉑ Cutting Parameters를 클릭한다.

㉒ 그림과 같이 설정한다.
Cut Order는 Depth First Pattern Direction은 Inward로 지정한다.

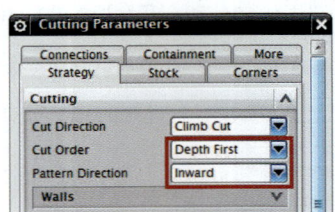

㉓ Stock을 탭을 선택하여 Use Floor Same As Side가 체크된 상태로, Part Side Stock에 0.5를 입력하고 OK를 클릭한다.

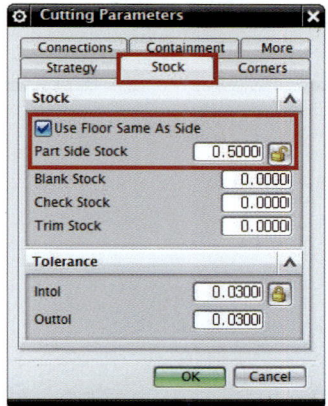

㉔ Feeds and Speeds 아이콘을 클릭한다.

㉕ 그림과 같이 공구의 회전속도와 이송속도를 입력하고 OK를 클릭한다.

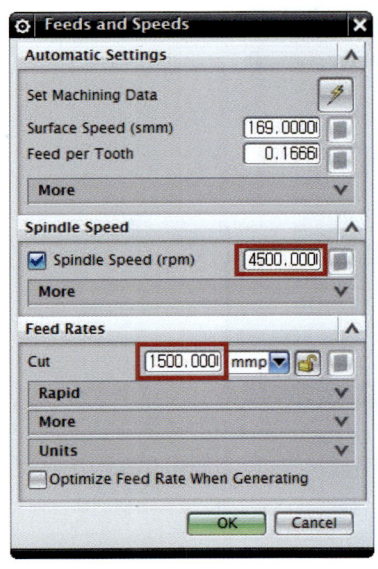

- Spindle Speed : 4500
- Cut Feed : 1500

🔖 기타 진입/퇴각 부분 등의 이송속도를 지정하고자 할 때는 More Option을 열어 설정하면 된다.

㉖ Generate(　) 아이콘을 클릭하여 Tool Path를 생성한다.

㉗ 위 그림과 같이 Tool Path가 생성되었다.

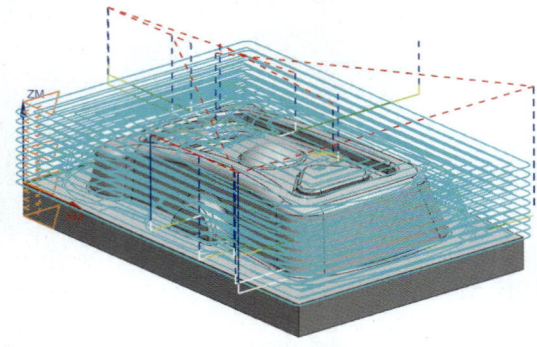

㉘ OK하여 Cavity_mill창을 닫는다.

㉙ 그림과 같이 Operation Navigator에 Cavity_mill이 생성되어 있다.

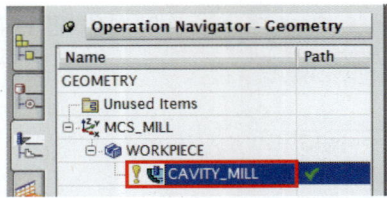

[Cavity Mill 완료]

02 Fixed Contour를 이용한 중·정삭 가공

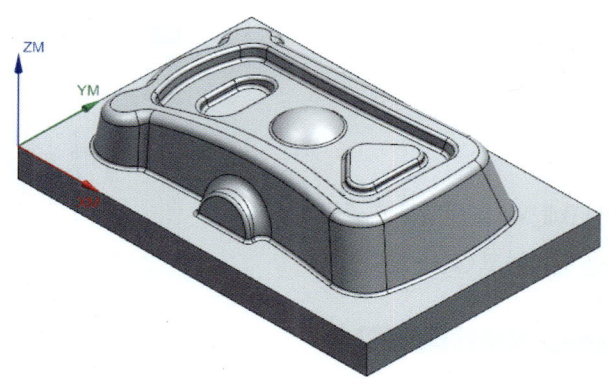

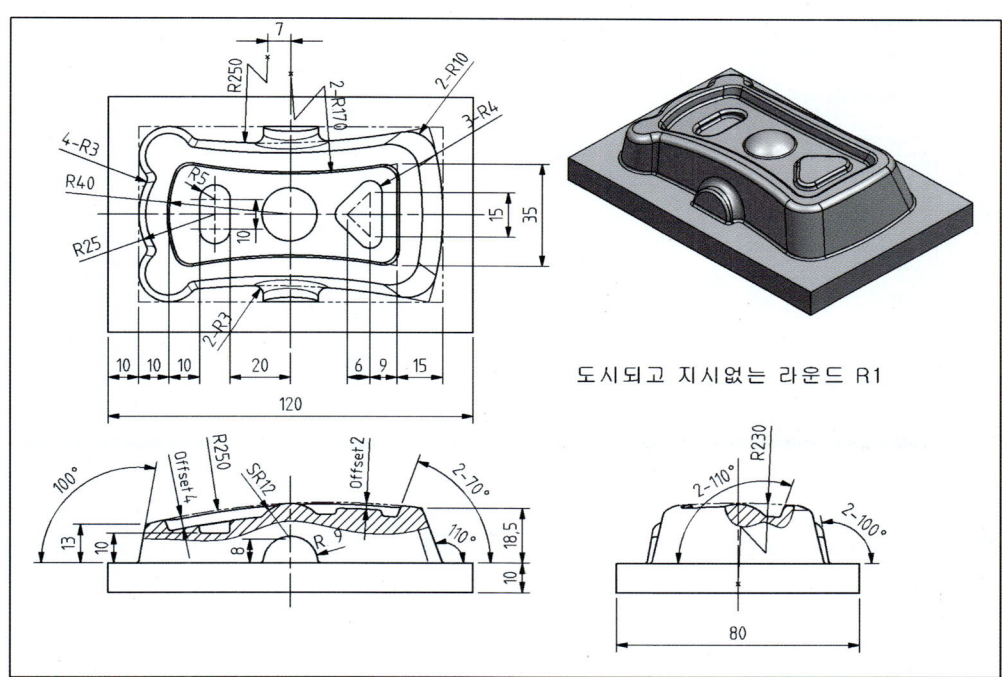

도시되고 지시없는 라운드 R1

공구번호	공구직경	회전수	이송속도	가공잔량	절입량	경로간격
2	볼 6	6000	3500	0.2	-	1
안전높이				소재규격		
가공좌표계에서 Z방향으로 40mm 높은 곳				120 × 80 × 35		

767

Unigraphics(UGS) CAD/CAM
NX9 모델링 및 CAM 가공

❶ Ribbon Bar Insert에서 Create Tool을 클릭한다.

❸ 공구의 지름 6, 공구의 번호 2를 입력하고 OK를 클릭한다.

❷ Tool Subtype에서 Ball_Mill을 선택하고 공구의 이름은 BALL_6을 입력하고 OK를 클릭한다.

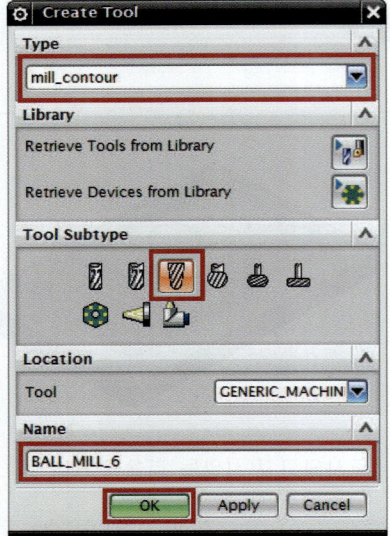

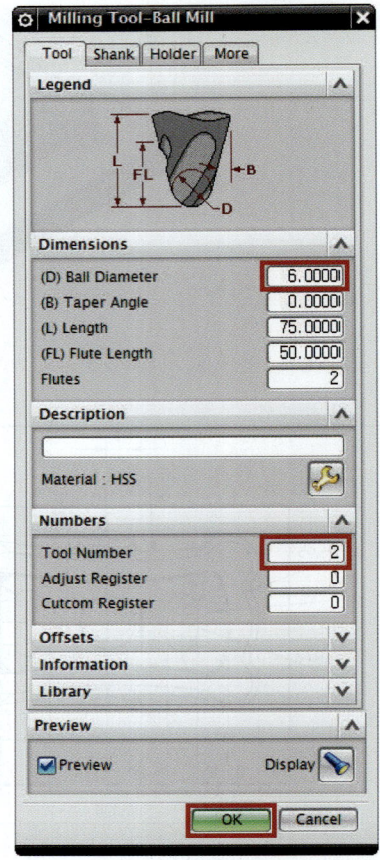

❹ Machine Tool View에서 생성된 공구를 확인할 수 있다.

❺ Insert 아이콘 바에서 Create Operation을 클릭한다.

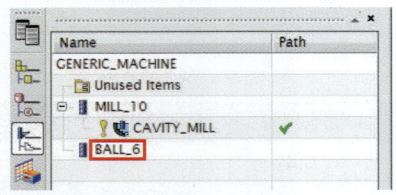

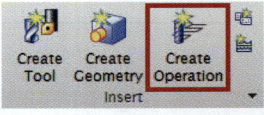

❻ 그림과 같이 설정하고 OK를 클릭한다.

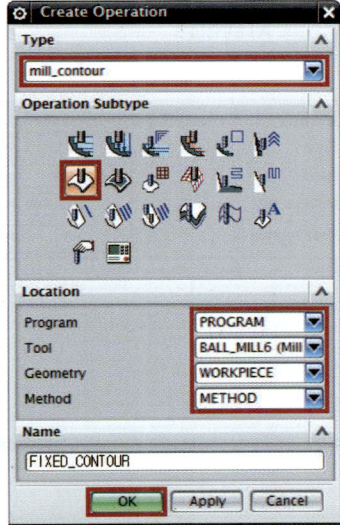

- Type : mill_contour
- Operation Subtype : Fixed_Contour( )
- Location
  - Program : PROGRAM
  - Tool : BALL_MILL6
  - Geometry : WORKPIECE
  - Method : METHOD

❼ Geometry가 WORKPIECE로 설정되어 있기 때문에 Part가 비활성화되어 있는 것을 볼 수 있다. 🔖 WORKPIECE 미설정 시 직접 설정한다.

❽ Method - Boundary 상태에서 Edit( ) 아이콘을 클릭한다.

❾ Specify Drive Geometry( ) 아이콘을 클릭한다.

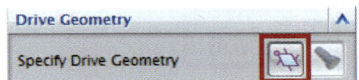

❿ Mode를 Curves/Edges로 선택한다.

⓫ Create Boundary창이 나타나면 위 그림과 같이 설정하고 아래 그림처럼 바닥면의 모서리를 선택한다.

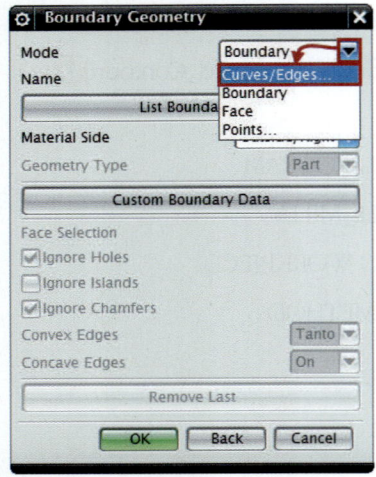

⓬ Boundary Geometry창을 OK하여 빠져나간다.

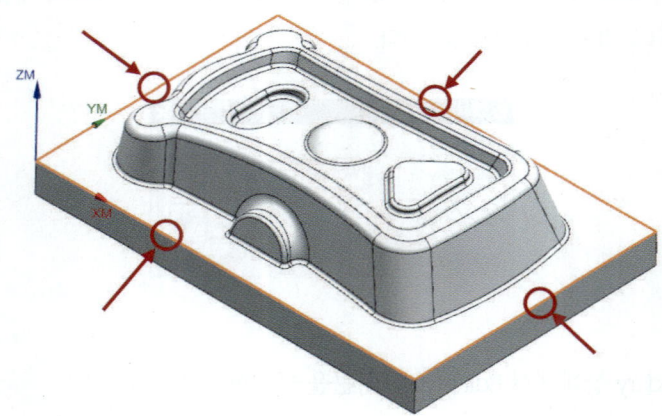

⓭ 그림과 같이 설정하고 OK를 클릭한다.

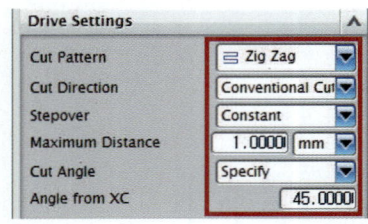

- Stepover : Constant
- Distance : 1
- Cut Angle : User Defined
- Degrees : 45

⓮ Cutting Parameters를 클릭한다.

⓯ Stock 탭에서 Part Stock을 0.2 입력하고 OK를 클릭한다.

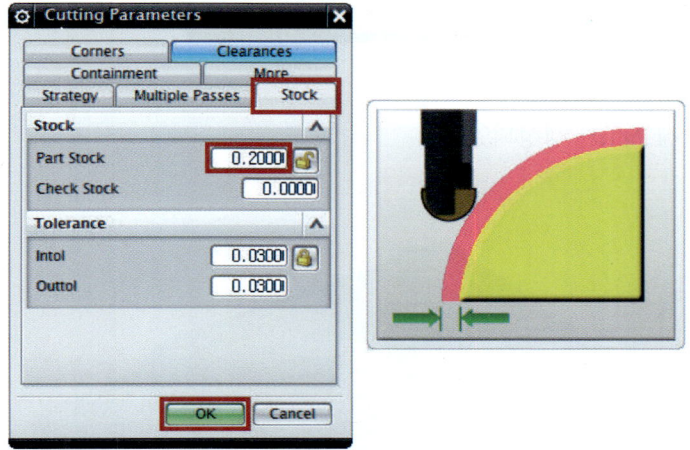

⓰ Transfer/Rapid 탭을 선택하여 Clearance Option을 Plane으로 설정한다.

⓱ Feeds and Speeds 아이콘을 클릭한다.

⓲ 그림과 같이 공구의 회전속도와 이송속도를 입력하고 OK를 클릭한다.

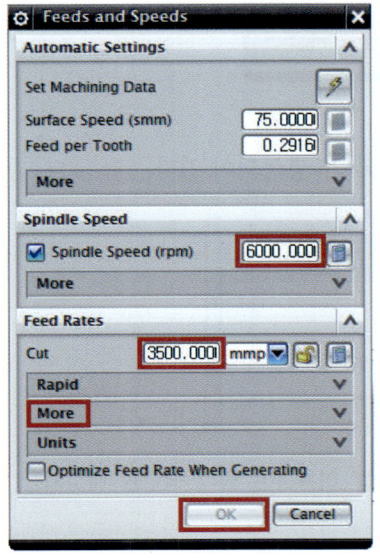

- Spindle Speed : 6000
- Cut Feed : 3500

🔖 기타 진입/퇴각 부분 등의 이송속도를 지정하고자 할 때는 More Option을 열어 설정하면 된다.

⓳ Generate( ) 아이콘을 클릭하여 Tool Path를 생성한다.

⓴ 그림과 같이 Tool Path가 생성되었다.

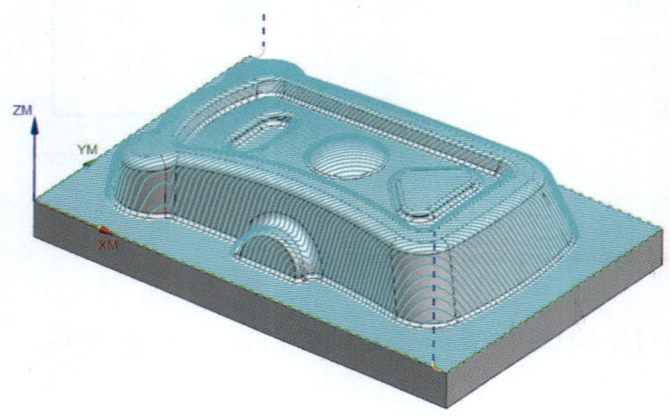

㉑ OK하여 Fixed_Contour창을 닫는다.

㉒ 그림과 같이 Operation Navigator에 Fixed_Contour가 생성되어 있다.

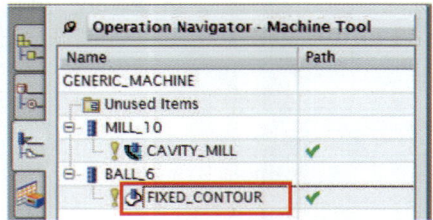

🔖 중삭 작업을 완료하였는데, 작업한 Fixed_contour를 이용하여 정삭 작업을 하고자할 때는 Fixed_contour를 복사하여 설정을 변경하여 사용하면 된다.

㉓ Fixed_contour에서 MB3을 클릭하여 Copy를 선택한다.

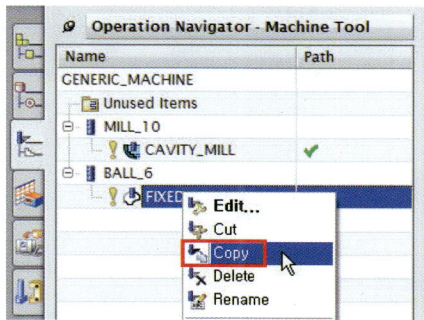

㉔ Fixed_contour에서 MB3을 클릭하여 Paste를 선택한다.

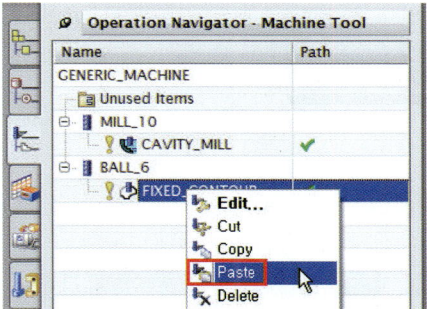

㉕ Fixed_contour_Copy에서 MB3을 클릭하여 Edit를 선택한다.

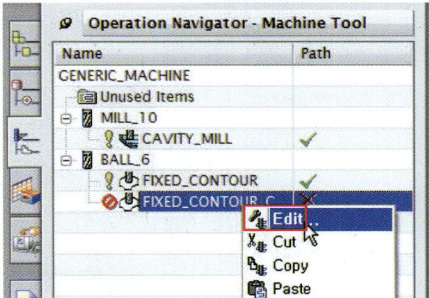

㉖ Fixed_contour창에서 Method - Edit를 클릭한다.

㉗ 그림과 같이 설정하고 OK를 클릭한다.

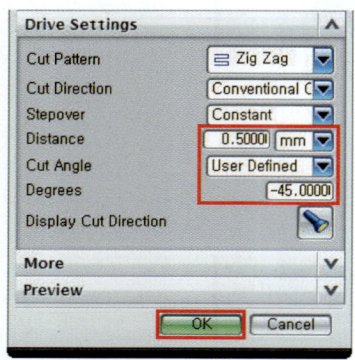

- Stepover - Distance : 0.5
- Cut Angle - Degrees : -45

🗨 Cut Angle은 중삭과 반대로 한다.
만약 중삭에서 가공각도가 -45도였다면
정삭에서는 45도로 설정한다.

㉘ Cutting Parameters를 클릭한다.

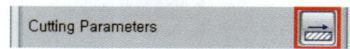

㉙ Stock 탭에서 Part Stock을 0으로 입력하고, Toleanace를 모두 0.01로 입력한 후 OK를 클릭한다.

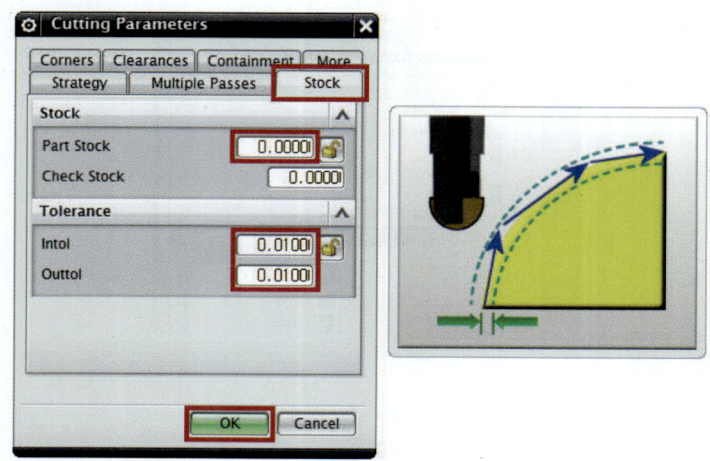

❸⓪ Generate() 아이콘을 클릭하여 Tool Path를 생성한다.

❸① 그림과 같이 Tool Path가 생성되었다. OK를 클릭한다.

[Fixed Contour 완료]

03 Contour Area를 이용한 정삭 가공

따라 하기 2의 과정으로 중·정삭 과정은 충분히 완료되었다.
Fixed Contour와 Contour Area는 생성되는 툴 패스가 거의 동일하기 때문에 본 장의 2절과 3절의 과정을 양쪽 모두 진행할 필요는 없다. 하지만 본 교재에서는 Contour Area Subtype을 설명하기 위해 다시 한번 정삭 가공을 진행하도록 한다.

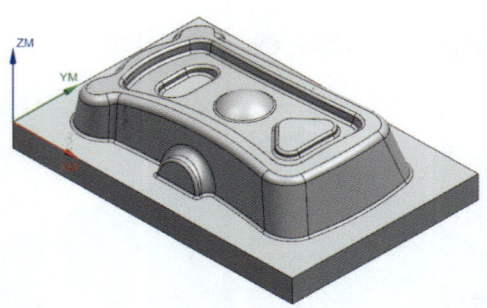

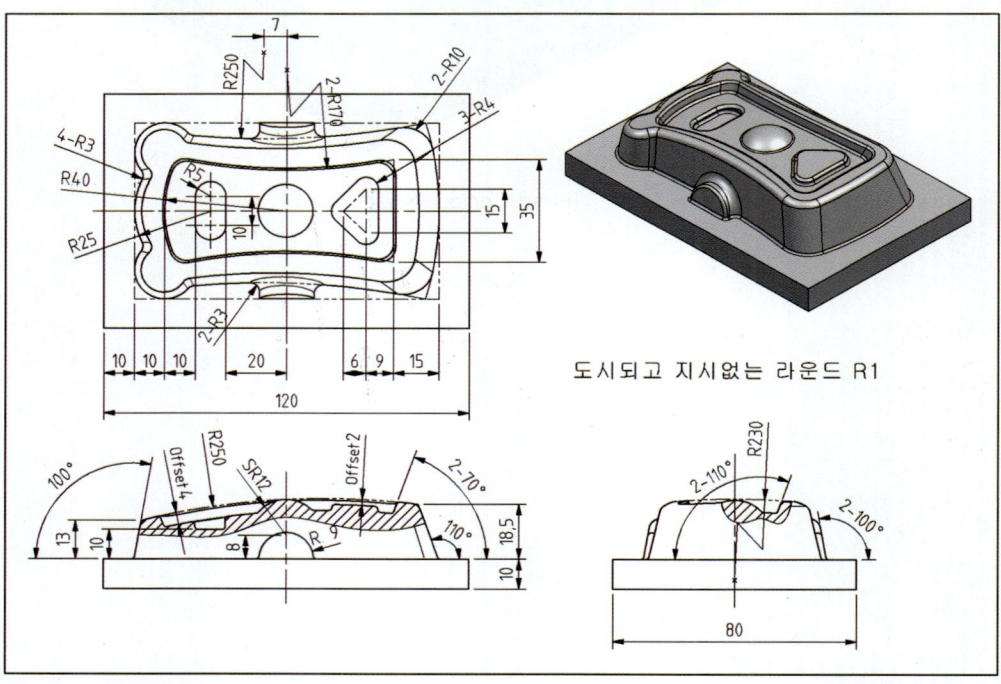

도시되고 지시없는 라운드 R1

공구번호	공구직경	회전수	이송속도	가공잔량	절입량	경로간격
2	볼 6	6000	3500	0	-	0.5
안전높이				소재규격		
가공좌표계에서 Z방향으로 40mm 높은 곳				120 × 80 × 35		

❶ Insert 아이콘 바에서 Create Operation을 클릭한다.

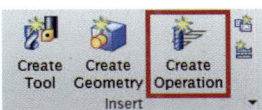

❷ 그림과 같이 설정하고 OK를 클릭한다.

- Type : mill_contour
- Operation Subtype : Contour_Area
- Location
  - Program : PROGRAM
  - Tool : BALL_MILL6
  - Geometry : WORKPIECE
  - Method : METHOD

❸ Geometry가 WORKPIECE로 설정되어 있기 때문에 Part가 비활성화되어 있는 것을 볼 수 있다.

🔖 WORKPIECE 미설정 시 직접 설정한다.

Specify Cut Area( ) 아이콘을 클릭한다.(선택하지 않아도 상관없다.)

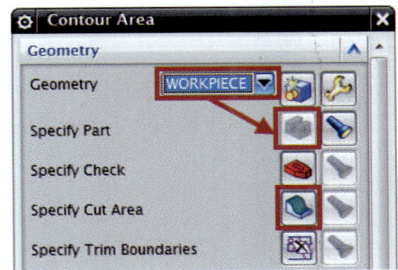

❹ 아래 그림과 같이 선택 옵션을 Tangent Faces로 변경한 후 화살표가 가리키는 윗면을 클릭하여 그림과 같이 면을 선택하고 OK를 클릭한다.

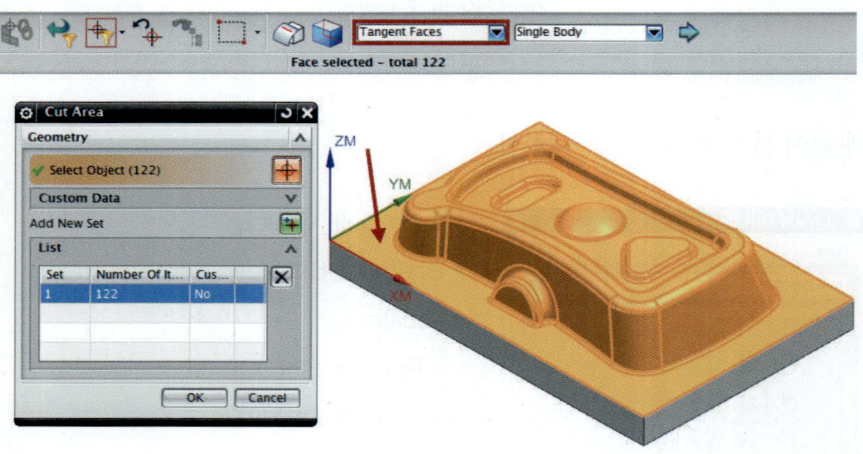

❺ Drive Method - Area Milling 상태에서 Edit를 클릭한다.

❻ 그림과 같이 설정하고 OK를 클릭한다.

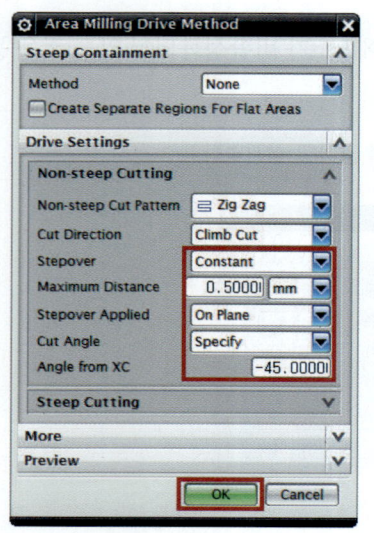

- Non-steep Cutting
    - Stepover : Constant
    - Maximum Distance : 0.5
    - Stepover Applied : On Plane
    - Cut Angle : Specify
    - Angle from XC : -45 (중삭과 반대)
- Steep Cutting : 급경사 구간 설정

제1장	제2장	제3장	제4장	제5장	제6장	Chapter F
Manufacturing	Mill Contour	Verify & NC Data	Face Milling	Manufacturing Exercise	Turning (CNC선반)가공	Manufacturing

❼ Cutting Parameters를 클릭한다.

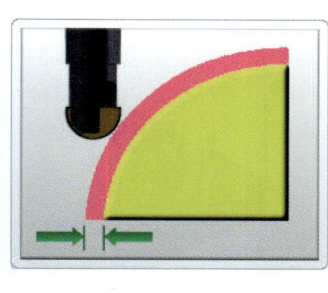

❽ Stock 탭에서 Part Stock은 0으로 입력하고 OK를 클릭한다.

이때 Tolerance값을 모두 작게 주면 좀 더 정밀한 면을 얻을 수 있다.

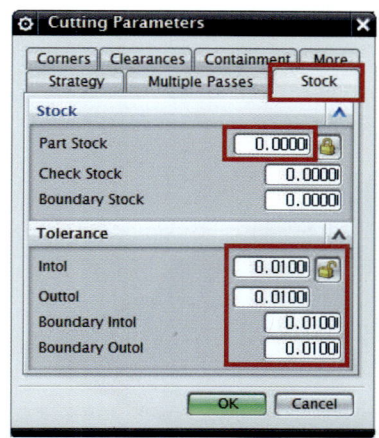

❾ Feeds and Speeds 아이콘을 클릭한다.

❿ 그림과 같이 공구의 회전속도와 이송속도를 입력하고 OK를 클릭한다.

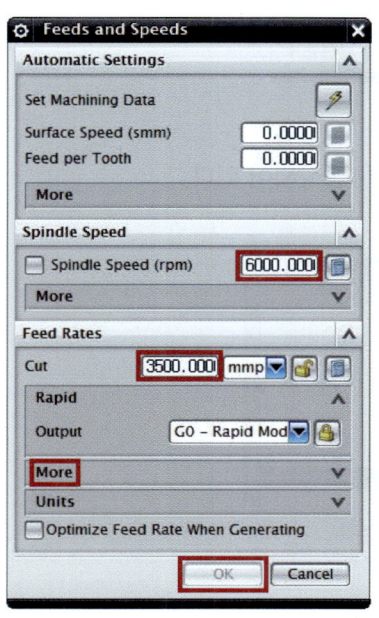

- Spindle Speed : 6000
- Cut Feed : 3500

입력한 후 🗐버튼을 눌러주면 OK가 활성화된다.

기타 진입/퇴각 부분 등의 이송속도를 지정하고자 할 때는 More Option을 클릭하여 설정하면 된다.

❶ Generate( ) 아이콘을 클릭하여 Tool Path를 생성한다.

❷ 그림과 같이 Tool Path가 생성되었다.

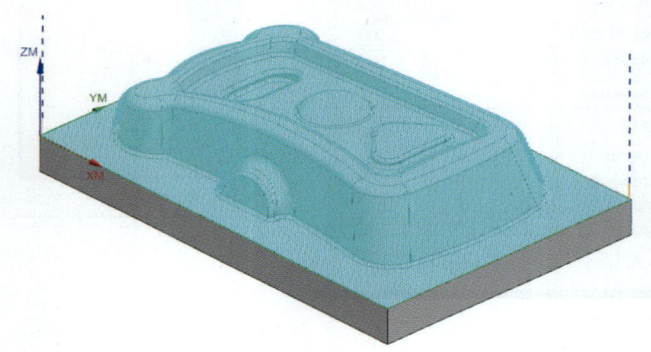

❸ OK하여 Contour_Area창을 닫는다.

❹ 그림과 같이 Operation Navigator에 Contour_Area가 생성되어 있다.

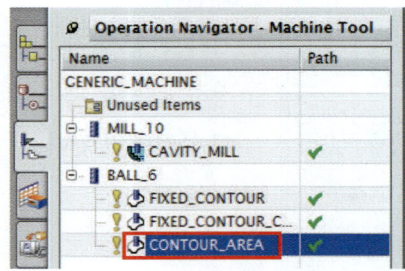

[Contour Area 완료]

| 제1장 Manufacturing | 제2장 Mill Contour | 제3장 Verify & NC Data | 제4장 Face Milling | 제5장 Manufacturing Exercise | 제6장 Turning (CNC선반)가공 | Chapter F Manufacturing |

04 Flow Cut을 이용한 잔삭가공

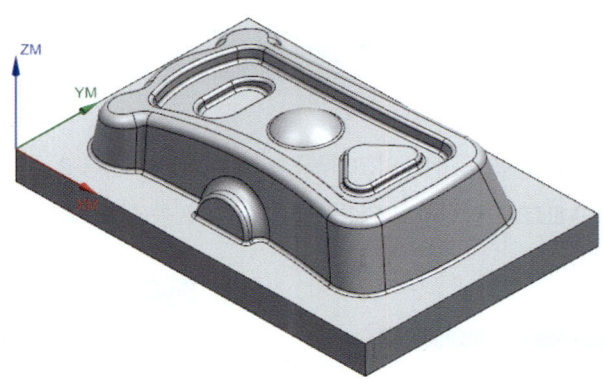

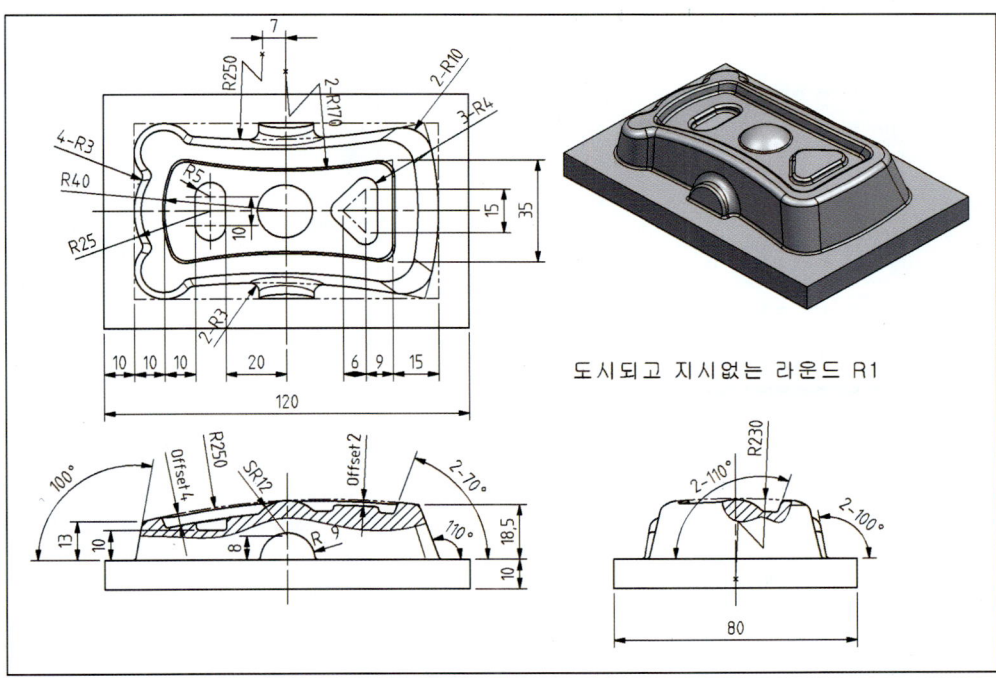

도시되고 지시없는 라운드 R1

공구번호	공구직경	회전수	이송속도	가공잔량	절입량	경로간격
3	볼 2	5000	4500	0	-	-
안전높이				소재규격		
가공좌표계에서 Z방향으로 40mm 높은 곳				$160 \times 70 \times 35$		

Unigraphics(UGS) CAD/CAM
NX9 모델링 및 CAM 가공

❶ Ribbon Bar Insert에서 Create Tool을 클릭한다.

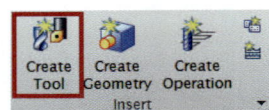

❷ Tool Subtype에서 Ball_Mill을 선택하고 공구의 이름을 BALL_MILL2로 입력하고 OK를 클릭한다.

❸ 공구의 지름 2, 공구의 번호 3을 입력하고 OK를 클릭한다.

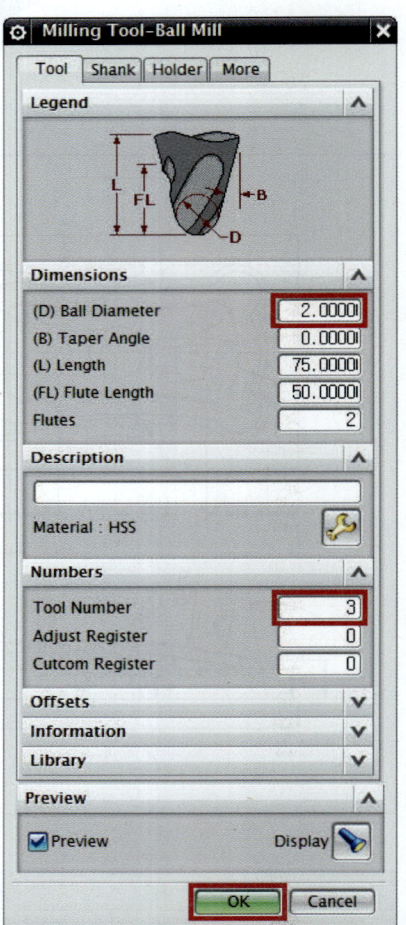

❹ Machine Tool View에서 생성된 공구를 확인할 수 있다.

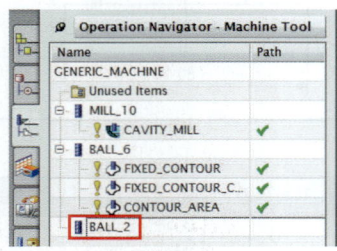

❺ Ribbon Bar Insert에서 Create Operation을 클릭한다.

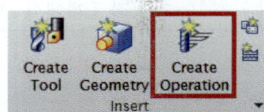

❻ 그림과 같이 설정하고 OK를 클릭한다.

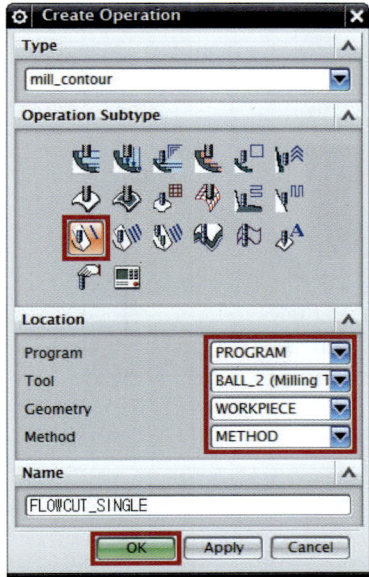

- Type : mill_contour
- Operation Subtype : Flow Cut_Single
- Location
  - Program : PROGRAM
  - Tool : Ball_2
  - Geometry : WORKPIECE
  - Method : METHOD

❼ Geometry가 WORKPIECE로 설정되어 있기 때문에 Part가 비활성화되어 있는 것을 볼 수 있다.

　🔖 WORKPIECE 미설정 시 직접 설정한다.
　　Flow_cut은 Part만 설정되면 자동으로 코너 부분을 인식하여 가공할 수 있다(필요시 Cut Area 지정).

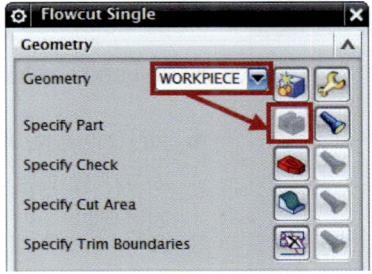

❽ Cutting Parameters를 클릭한다.

❾ Stock 탭에서 Part Stock을 0으로 입력하고 OK를 클릭한다.
이때 Tolerance값을 모두 작게 주면 좀 더 정밀한 면을 얻을 수 있다.

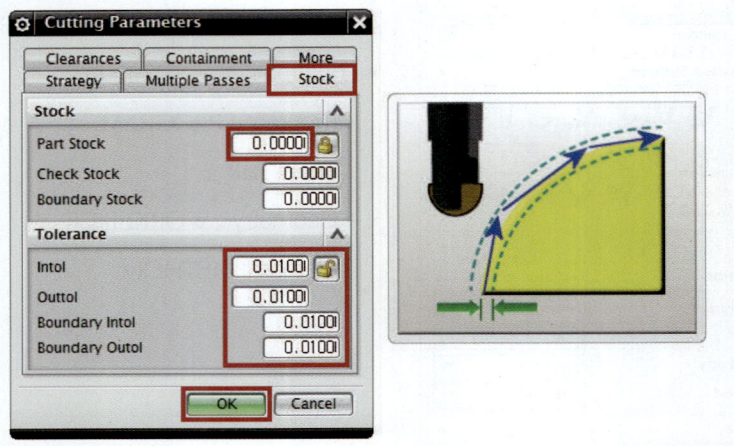

❿ Feeds and Speeds 아이콘을 클릭한다.

⓫ 그림과 같이 공구의 회전속도와 이송속도를 입력하고 OK를 클릭한다.

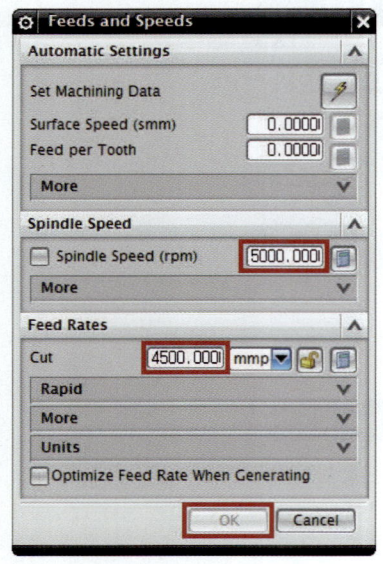

- Spindle Speed : 5000
- Cut Feed : 4500

🔖 기타 진입/퇴각 부분 등의 이송속도를 지정하고자 할 때는 More Option을 열어 설정하면 된다.

⓬ Generate( ) 아이콘을 클릭하여 Tool Path를 생성한다.

⓭ 그림과 같이 Tool Path가 생성되었다.

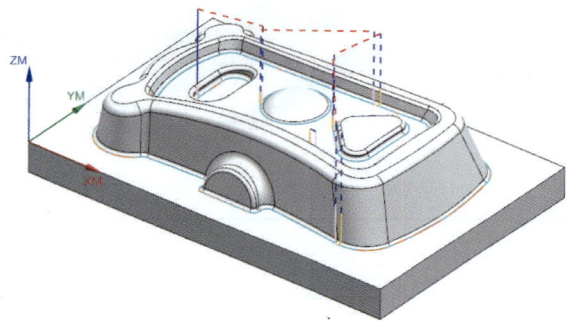

⓮ OK하여 Flowcut_Single창을 닫는다.

⓯ 그림과 같이 Operation Navigator에 Flowcut_Single이 생성되어 있다.

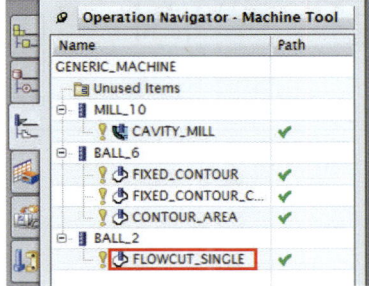

[Flowcut 완료]

05 가공 시뮬레이션과 NC Data 생성 따라 하기

따라 하기를 통하여 가공 시뮬레이션과 NC Data를 생성하는 작업을 연습해보자.

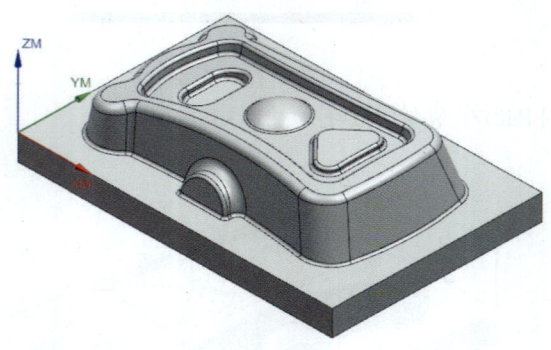

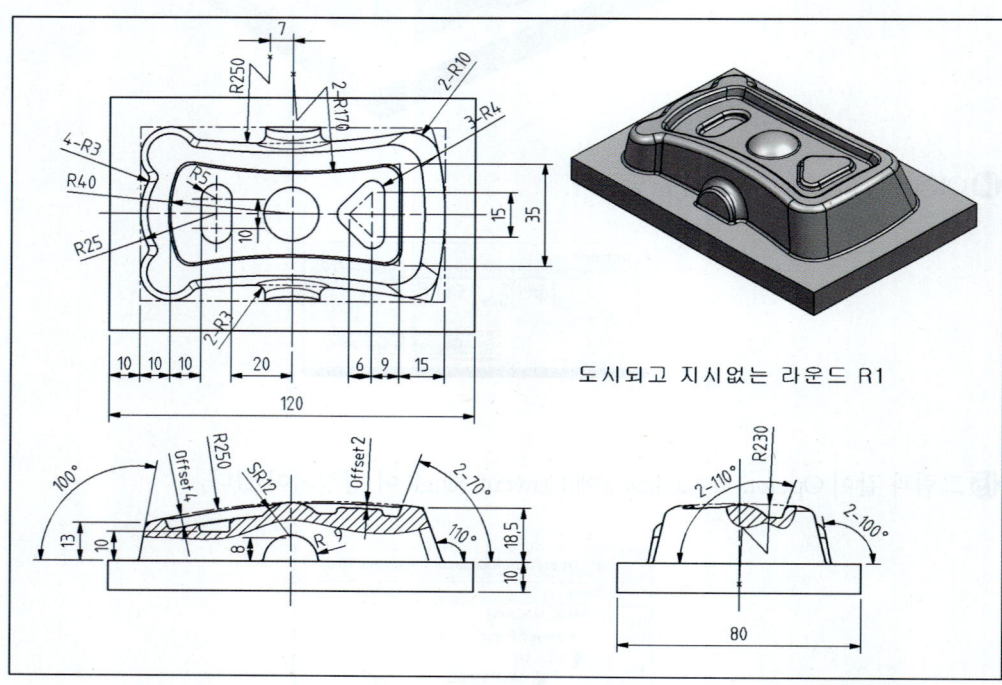

도시되고 지시없는 라운드 R1

제1장	제2장	제3장	제4장	제5장	제6장	Chapter F
Manufacturing	Mill Contour	Verify & NC Data	Face Milling	Manufacturing Exercise	Turning (CNC선반)가공	Manufacturing

❶ 그림과 같이 원하는 Operation을 선택하고 MB3을 클릭하여 Tool Path → Verify를 선택한다.

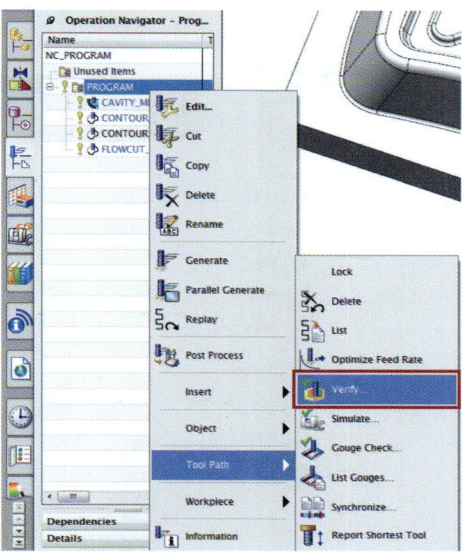

❷ 2D Dynamic을 선택하고 재생 버튼을 누르면 모의가공이 진행된다.

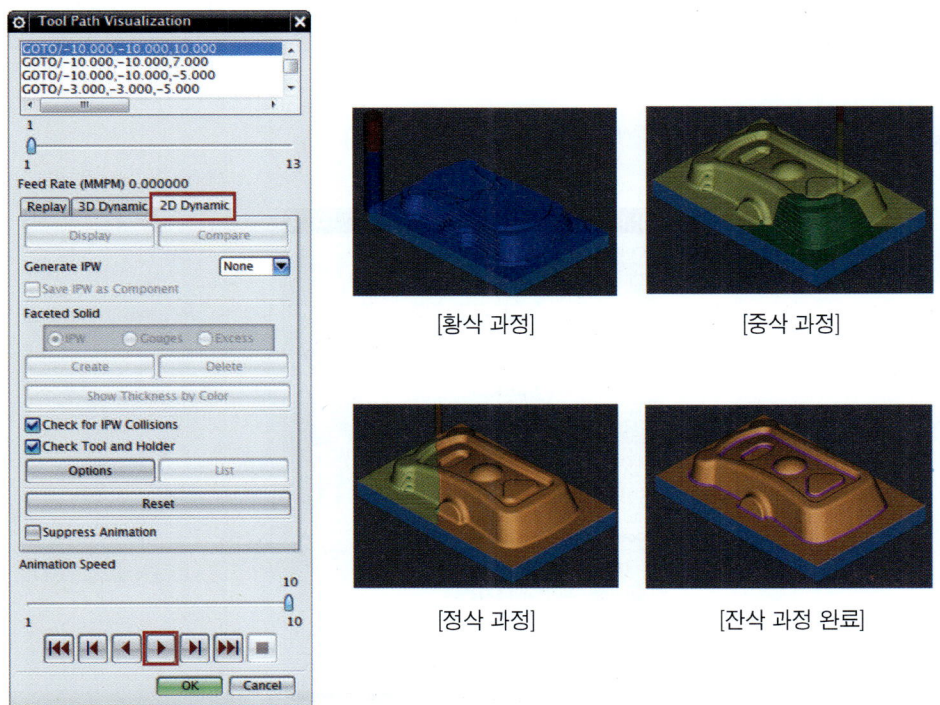

[황삭 과정]   [중삭 과정]

[정삭 과정]   [잔삭 과정 완료]

❸ 그림과 같이 원하는 Operation을 선택하고 MB3을 클릭하여 Tool Path → Gouge Check을 선택한다.

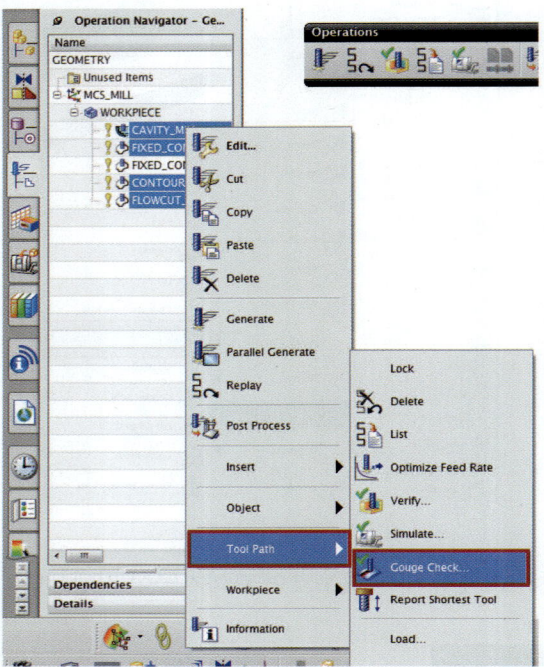

❹ OK를 클릭한다.

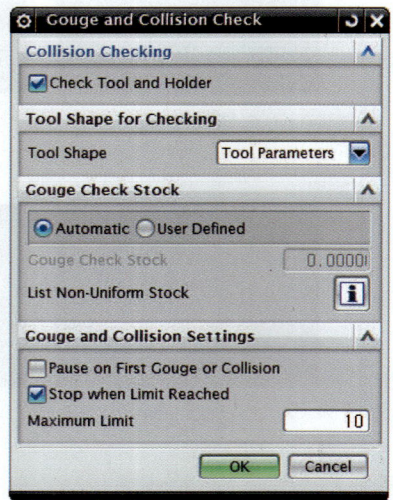

❺ 그림과 같이 각 Operation의 가우즈를 체크하여 준다.

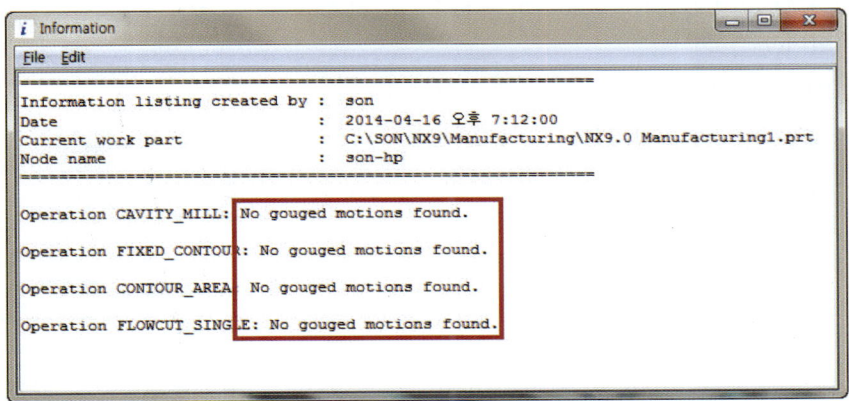

❻ NC Data를 생성할 Operation을 선택하고 MB3을 클릭하여 Post Process를 선택한다. 한꺼번에 NC Data를 생성하고자 한다면 모두 선택 후 Post Process를 선택한다. (Operations 아이콘 바에서 Post Process를 선택하거나, Tools → Operation Navigator → Output → NX Post Process를 선택한다.)

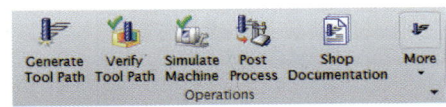
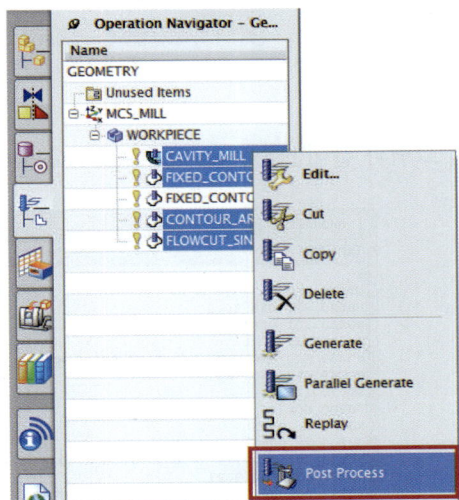

❼ Postprocessor창에서 3축가공기에 해당하는 Mill_3_Axis 를 선택한다.(기계에 맞는 Post가 있으면 Browse로 찾아서 선택한다.)
Output File에서 저장될 경로와 이름을 정의한다.
Units는 Metric/PART로 설정한다.
모두 설정하고 OK를 클릭한다.

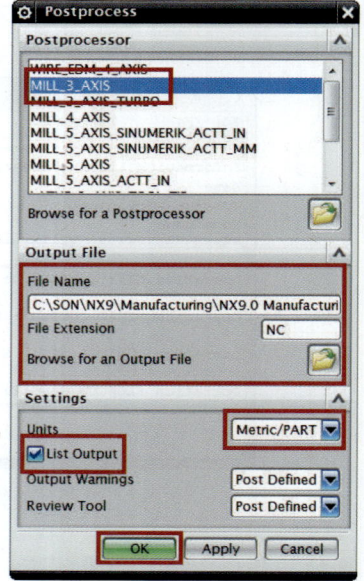

❽ 그림과 같은 창이 뜨면 OK를 클릭한다.

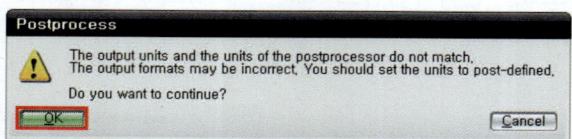

❾ 위 그림과 같이 Information창으로 NC Data를 보여준다.

| 제1장 Manufacturing | 제2장 Mill Contour | 제3장 Verify & NC Data | 제4장 Face Milling | 제5장 Manufacturing Exercise | 제6장 Turning (CNC선반)가공 | Chapter F Manufacturing |

❿ 저장된 경로에서 확장자가 ptp로 되어 있는 Data파일을 찾을 수 있다.
   확장자를 'nc'로 변경하고 메모장을 이용하여 파일을 연다.

   NX Manufacturing(NCDATA).ptp   NX Manufacturing(NCDATA).nc

⓫ 아래 그림과 같이 시퀀싱 번호가 제대로 나오지 않는 부분이 존재하면 수정하여 준다.
   기본적인 Postprocessor로 Data를 생성하였기 때문에 기계에 맞게 Data를 수정한다.

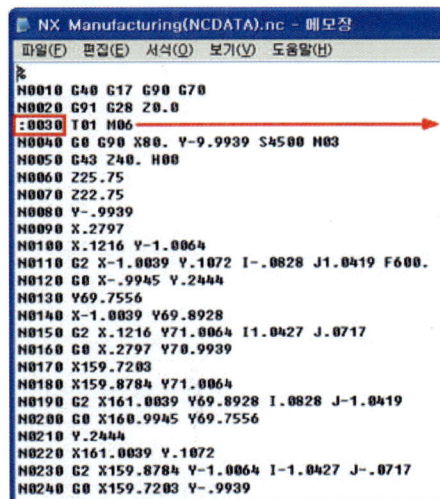 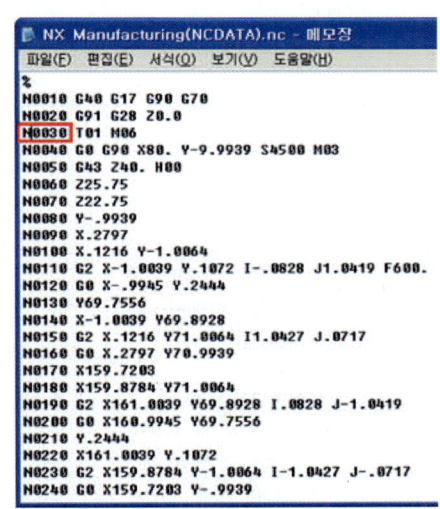

[NC 데이터 생성 완료]

컴퓨터 응용 가공 산업기사 절삭 조건표

NO (공구 번호)	작업 내용	파일명 (비번호가 2번일 경우)	공구조건 종류	공구조건 직경	경로 간격(mm)	절삭조건 회전수(rpm)	절삭조건 이송(mm/min)	절삭조건 절입량(mm)	절삭조건 잔량(mm)	비고
1	황삭	02황삭.nc	평E/M	Ø12	5	1400	100	6	0.5	
2	중삭	02정삭.nc	볼E/M	Ø4	1	1800	90			
3	잔삭	02잔삭.nc	볼E/M	Ø2		3700	80			

[수검자 주의사항]

가. 반드시 도면에 명시된 원점을 기준으로 Modeling 및 NC data를 생성하여야 한다.
   (임의로 원점을 변경하여 작업할 시에는 채점시 불이익을 받을 수 있음)

나. NC data 생성 후 T code, M code 등은 절삭 지시서에 맞도록 반드시 수정하여야 한다.

다. NC data 시작 부분은 아래와 같이 순서대로 2블록을 삽입하여 시작되도록 편집한다.
   G90 G80 G40 G49 G17;
   T01 M06; (황삭인 경우) 또는 T02 M06; (정삭인 경우) 또는 T03 M06; (잔삭인 경우)
   ※ 주의 : 숫자 "0"과 영문자 "O"를 확실히 구분하시오

라. 공작물을 고정하는 베이스(10mm) 부위를 제외하고 윗 부분만 NC data를 생성하여야 한다.

마. 황삭 가공에서 Z 방향의 시작 높이는 공작물의 상면으로부터 10mm 높은 곳으로 정한다.

바. 공구번호, 작업내용, 공구조건, 공구경로 간격, 절삭조건은 반드시 절삭 지시서에 준해야 한다.

사. 안전 높이는 원점에서 Z 방향으로 50mm 높은 곳으로 한다.

아. 소재의 규격은 가로(120mm) × 세로(70mm) × 높이(40mm)로 한다.

자. 시험 종료시 디스켓의 제출 자료는 다음과 같다.

- 다 음 -
① 황 삭 NC data
② 정 삭 NC data
③ 잔 삭 NC data

▶ 곡면가공 연습 도면 1

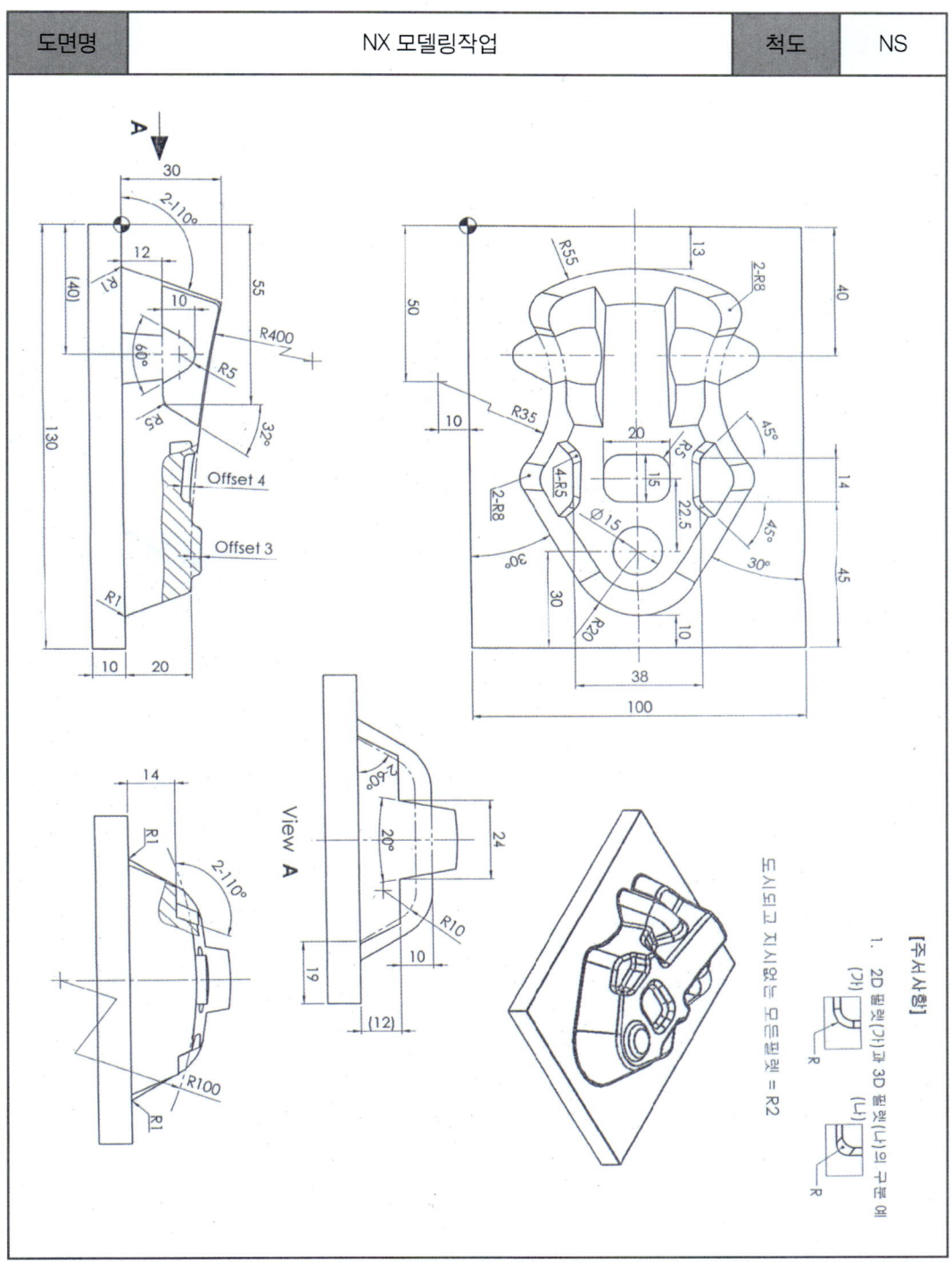

▶ 곡면가공 연습 도면 2

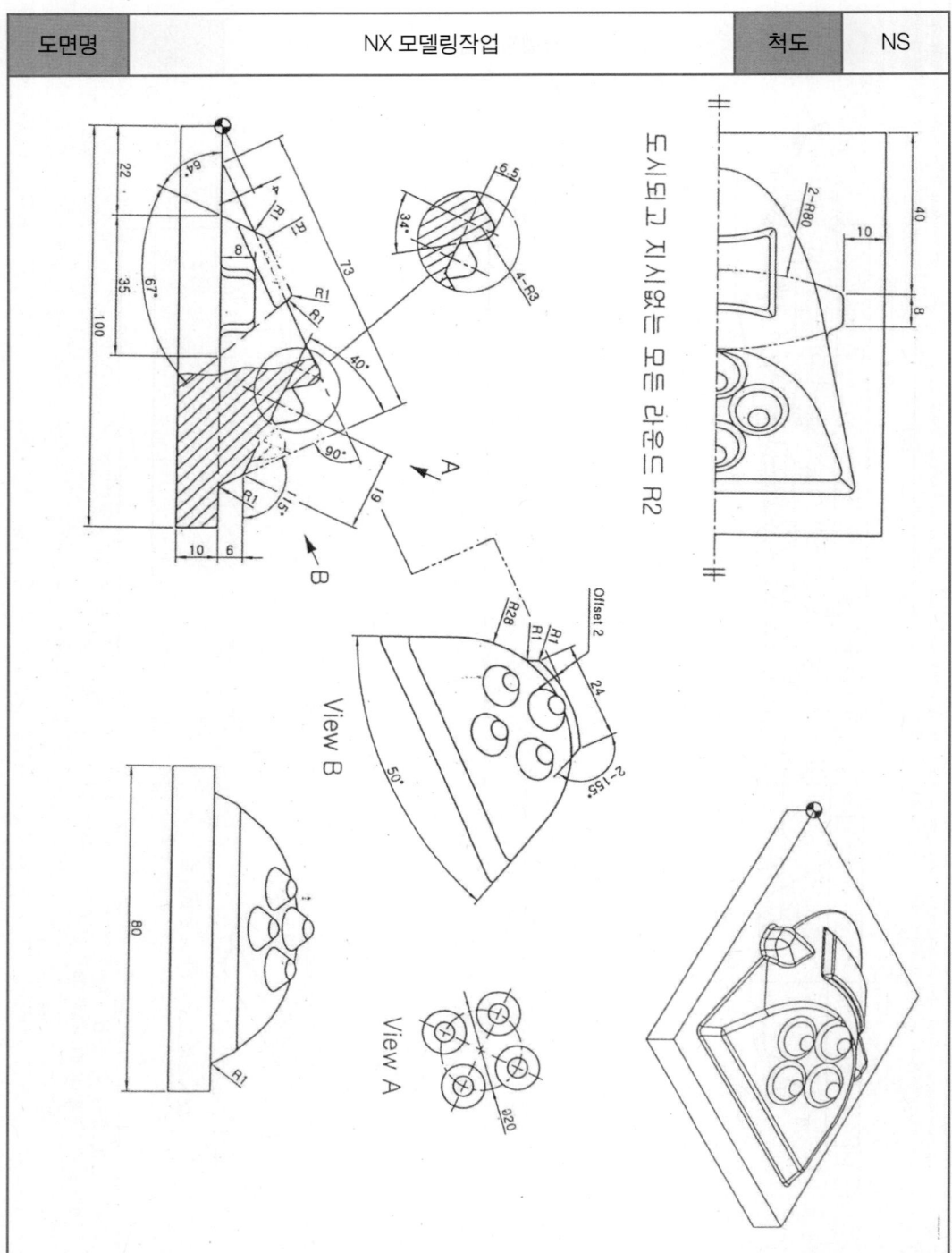

제 2 절　곡면가공 종합 따라 하기 Ⅱ(사출금형 CAM 가공)

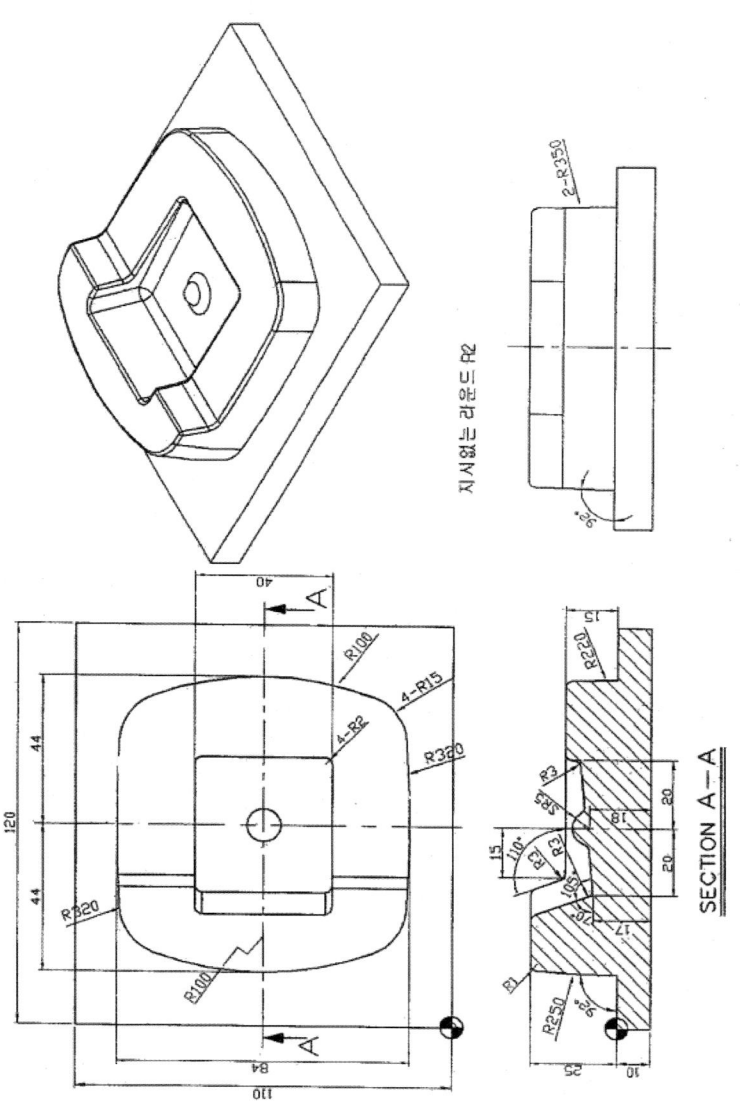

NO (공구 번호)	작업 내용	파일명 (비번호가 1 번일 경우)	공구조건		경로 간 격(mm)	절삭조건				비고
			종류	직경		회전수 (rpm)	이송 (mm/min)	절입량 (mm)	잔량 (mm)	
1	황삭	01황삭.nc	평E/M	Ø6	3	1200	100	6	0.5	
2	중삭	01정삭.nc	볼E/M	Ø4	1	2200	90			
3	잔삭	01잔삭.nc	볼E/M	Ø2		2600	80			

795

❶ 먼저 생성한 형상을 열기한 후 File → Manufacturing을 선택한다.

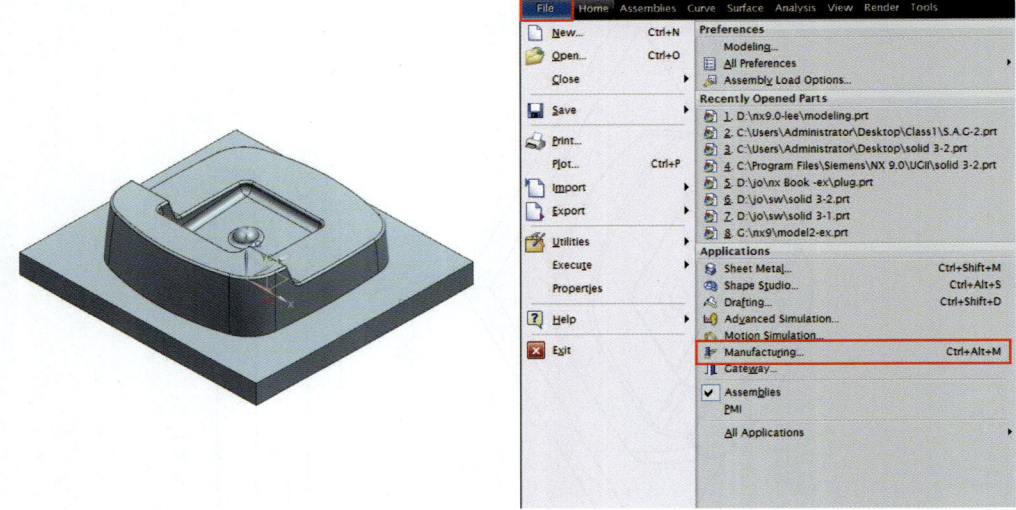

❷ 왼쪽에 리소스 바에서 Manufacturing Wizards를 클릭한 후 두 번째 아이콘을 선택한다. Express Milling Quick Start창이 뜨면 Cancel를 클릭하고 No를 클릭한다.

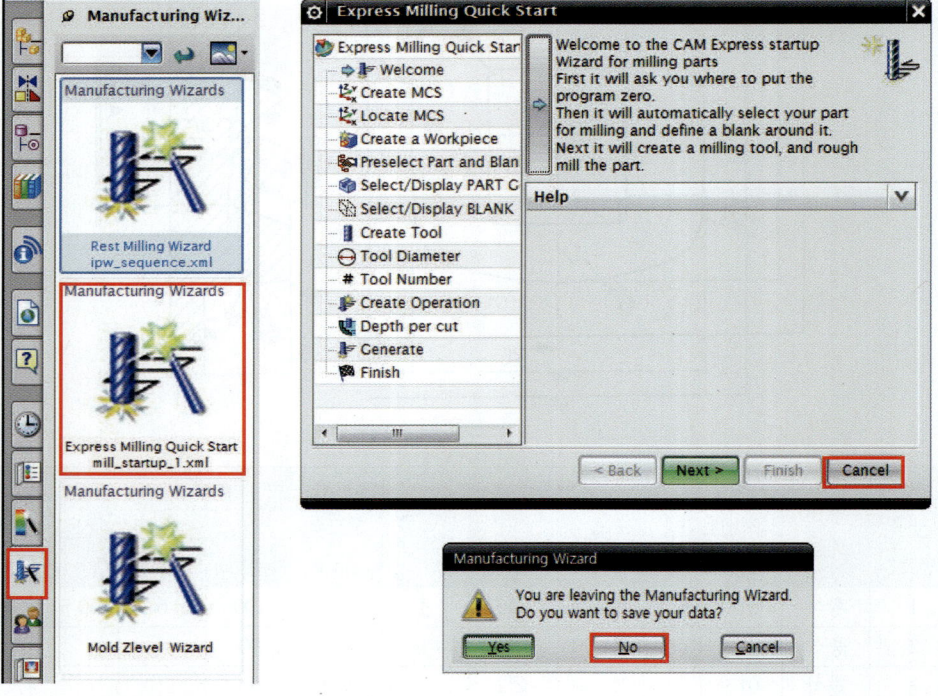

❸ Geometry View를 클릭 리소스 바에 Unused ltems를 클릭한 후 마우스 오른쪽 버튼(MB3)을 클릭한 후 Insert → Geometry를 선택한다.

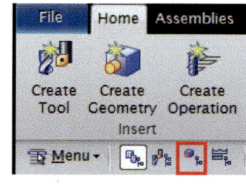 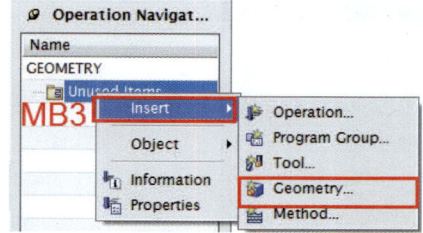

❹ Create Geometry 창이 뜨면 Type=mill_contour로 설정한 후 MCS 아이콘을 클릭한 후 OK를 클릭한다.

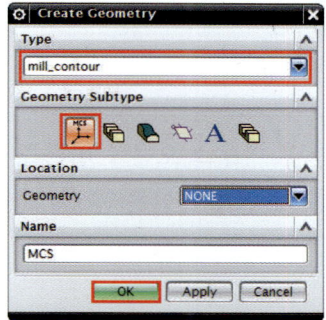

❺ MCS창이 뜨면 Specify MCS가 활성화(주황색)되어 있는지 확인한 후 다음 표시되어 있는 점을 선택하여 원점 위치를 잡아준다.

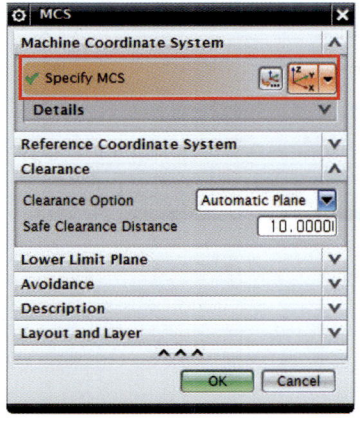 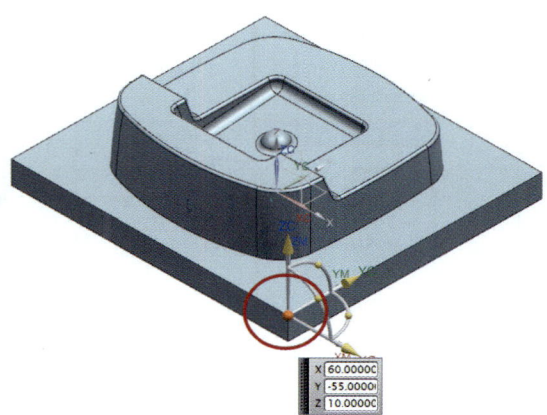

❻ Clearance Option=Plane으로 설정한 후 화살표가 가리키는 평면을 선택한 후 50을 입력한 후 OK를 클릭한다.

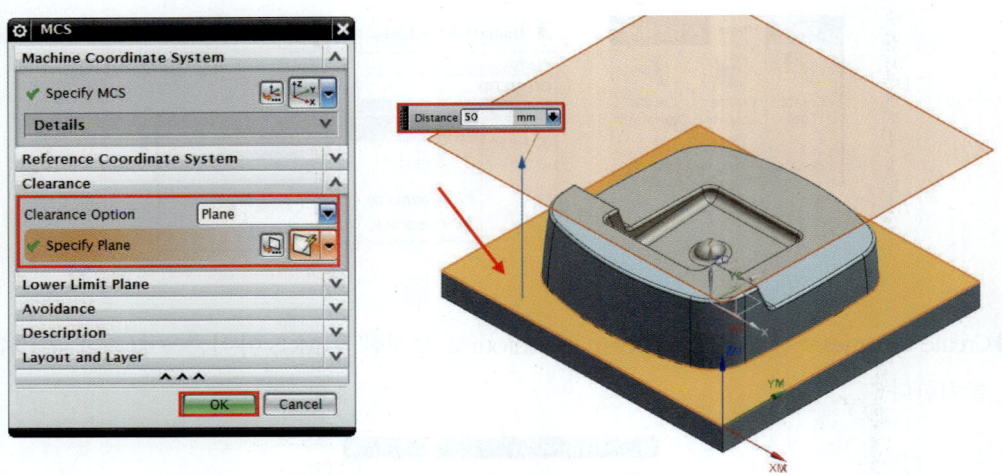

❼ 리소스 바 안에 MCS를 클릭한 후 마우스 오른쪽 버튼을 클릭, Insert → Geometry를 선택, Type=mill_contour로 설정한 후 두 번째 아이콘(Workplace)을 선택하고 OK를 클릭한다.

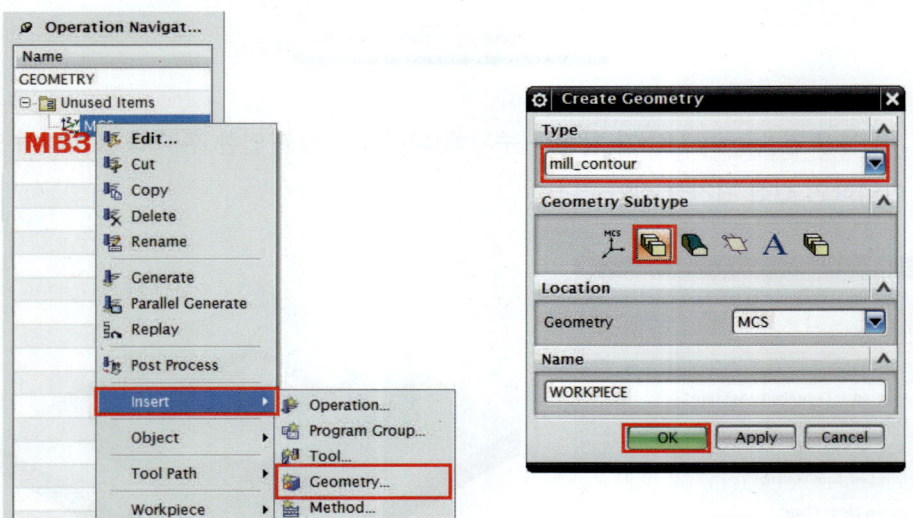

제1장	제2장	제3장	제4장	제5장	제6장	Chapter F
Manufacturing	Mill Contour	Verify & NC Data	Face Milling	Manufacturing Exercise	Turning (CNC선반)가공	Manufacturing

❽ Workplace창이 뜨면 Specify Part 아이콘을 클릭한 후 형상을 클릭하고 OK를 클릭한다.

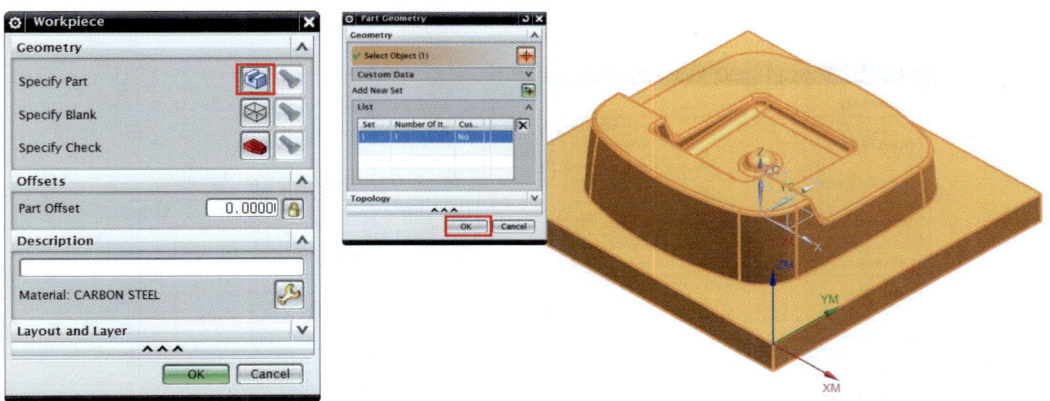

❾ 그다음 Specify Blank 아이콘을 클릭한다.

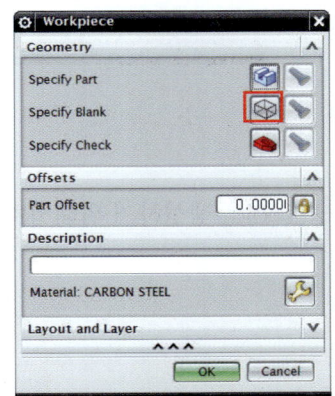

❿ Blank Geometry창이 뜨면 Type=Bounding Block를 선택하고 ZM+=5를 입력한 뒤 OK를 클릭한다.

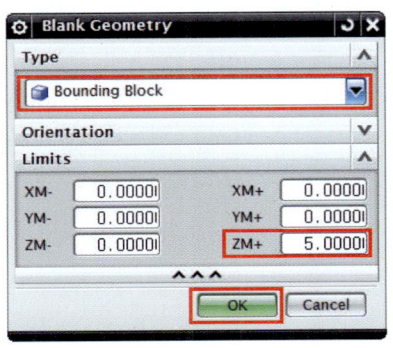
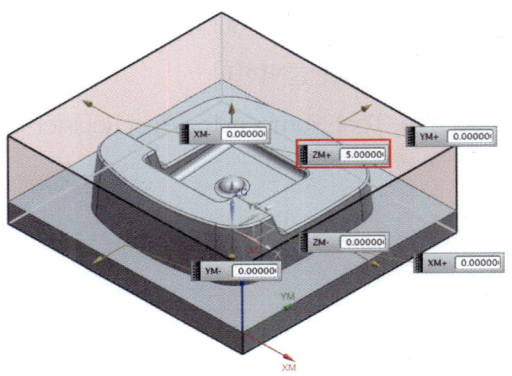

799

⓫ 두 개의 부분에 손전등 모양이 활성화되면 OK를 클릭하여 창을 닫는다.

다음과 같이 리소스 바에 MCS와 Workplace가 생성되어 있는 것을 확인할 수 있다.

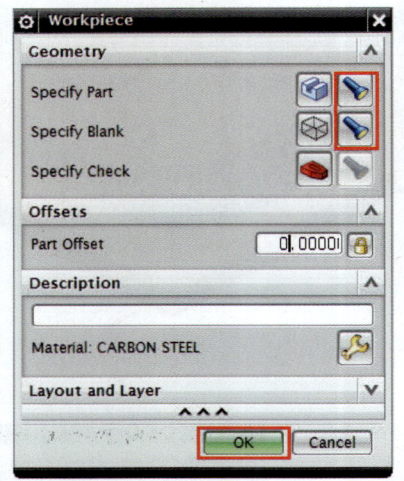
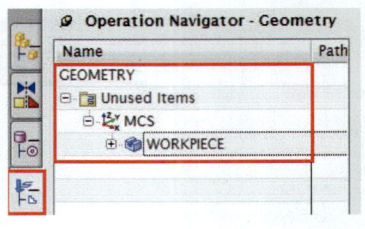

⓬ 가공 Tool을 생성하기 위해서 아이콘 toolbar에서 Create Tool아이콘을 클릭한다.

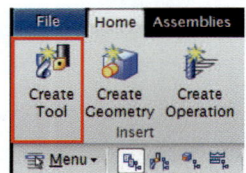

⓭ 첫 번째 황삭 Tool을 작성한다.

Type=mill_contour, Tool Subtype=MILL 선택하고, Name은 알아보기 쉽도록 지름 MILL6으로 입력한 후 OK를 클릭한다.

Diameter=6, Tool Number=1, Adjust Register=1, Cutcom Register=1로 입력한 후 Apply를 클릭한다.

| 제1장 Manufacturing | 제2장 Mill Contour | 제3장 Verify & NC Data | 제4장 Face Milling | 제5장 Manufacturing Exercise | 제6장 Turning (CNC선반)가공 | Chapter F Manufacturing |

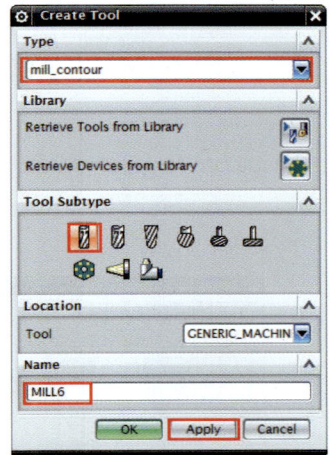
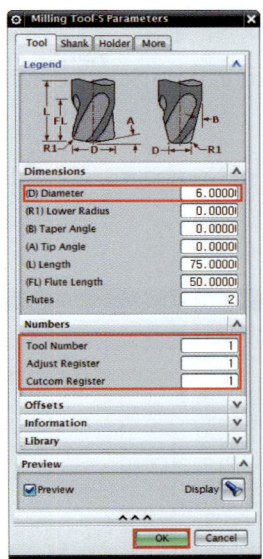

❹ 두 번째 정삭 Tool을 작성한다.

Type=mill_contour, Tool Subtype=BALL_MILL 선택하고, Name=BALL_MILL4으로 입력한 후 OK를 클릭한다.

Diameter=4, Tool Number=2, Adjust Register=2, Cutcom Register=2로 입력한 후 Apply를 클릭한다.

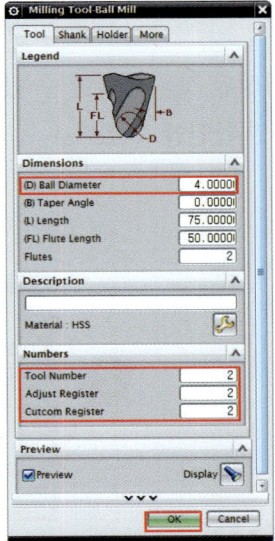

❶❺ 세 번째 잔삭 Tool을 작성한다.

Type=mill_contour, Tool Subtype=MILL을 선택하고, Name=MILL4로 입력한 후 OK를 클릭한다.

Diameter=4, Tool Number=3, Adjust Register=3, Cutcom Register=3으로 입력한 후 OK를 클릭한다.

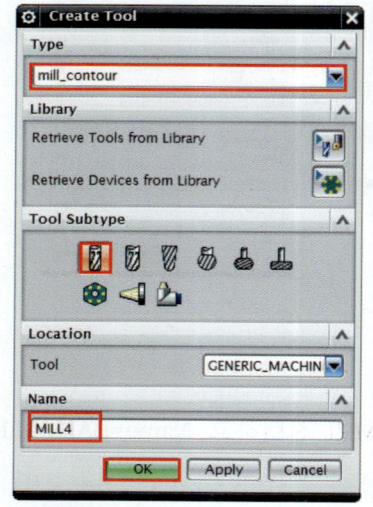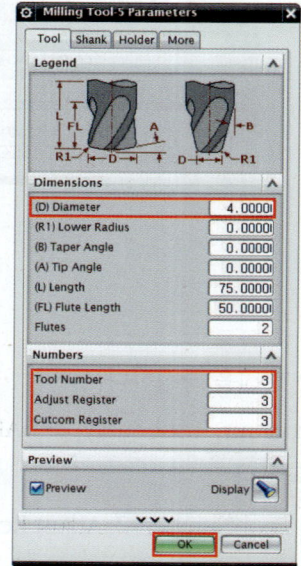

❶❻ 다음과 같이 생성된 것을 확인할 수 있다.(확인 경로는 Machine Tool View → 리소스 바 아이콘을 클릭하면 확인할 수 있다.)

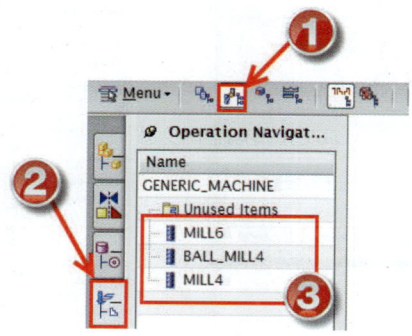

⓱ 다음으로 가공 경로를 생성한다.

아이콘 Tool bar에서 Create Operation을 클릭한다.

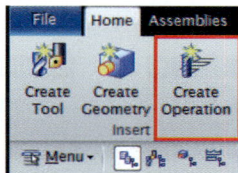

⓲ Create Operation창이 뜨면 Type=cavity_mill, Program=PROGRAM, Tool=MILL6, Geometry=WORKPIECE, Method=METHOD를 선택 후 Apply를 클릭한다.

Cavity Mill창이 뜨면 Cut Pattem=Follw Perphery, Stepover=Comstant, Maximum Distance=3, Common Depth per Cut=Constant, Maximum Distance=3으로 설정한 후 Non Cutting Moves 아이콘을 클릭한다.

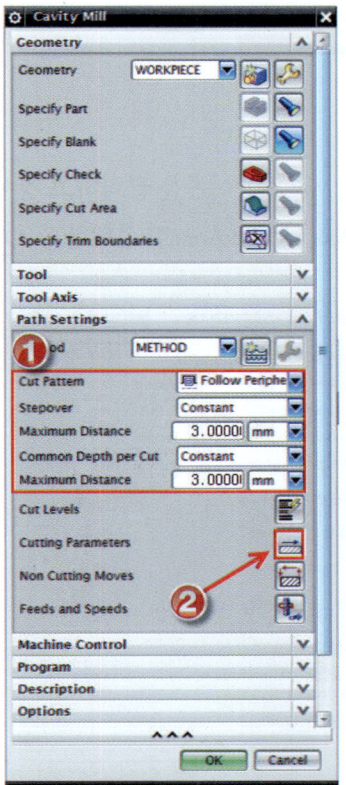

❶❾ Cutting Parameters창이 뜨면 Strategy를 클릭하고, Cut Direction=Climb Cut, Cut Order=Depth First, Pattern Direction=Inward를 선택한 후 Stock을 클릭한다.
Stock창에서 Part Side Stock=0.5를 입력한 후 OK를 클릭한다.

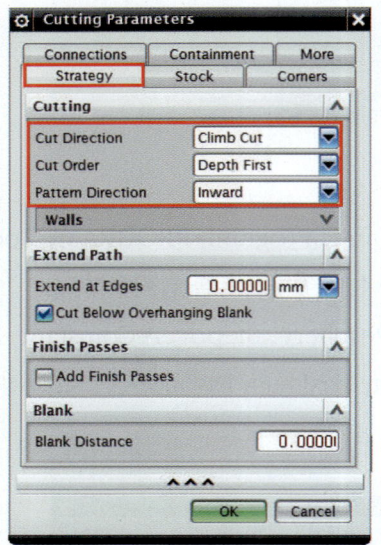
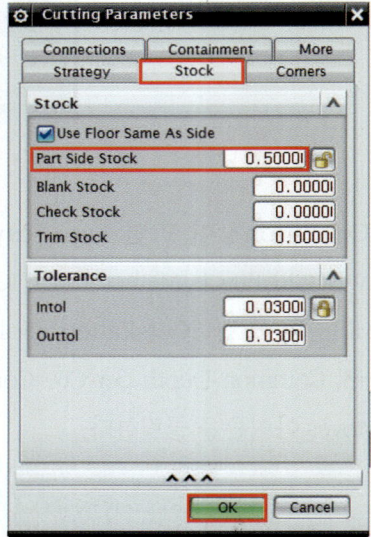

❷⓿ Non Cutting Moves아이콘을 클릭하고 창이 뜨면 Close Engage Type=Plunge, Open Engage Type=Same as Closed Area로 선택한 후 OK를 클릭한다.

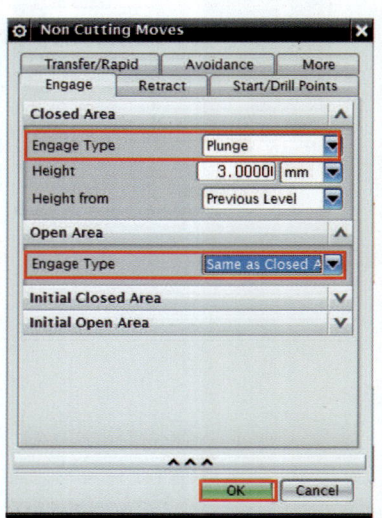

㉑ Feeds and Speeds 아이콘을 클릭한 후 창이 뜨면 Spindle Speed(rpm)=1200, Cut=100으로 입력한 후 OK를 클릭한다.

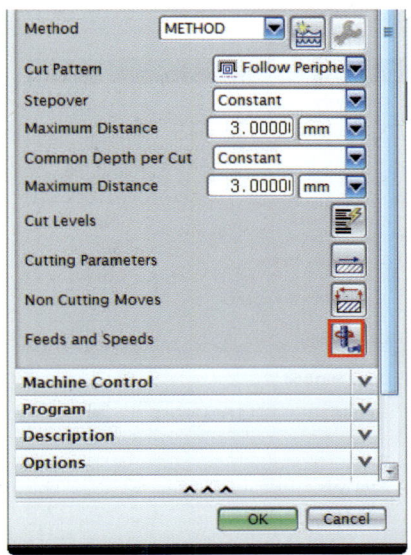 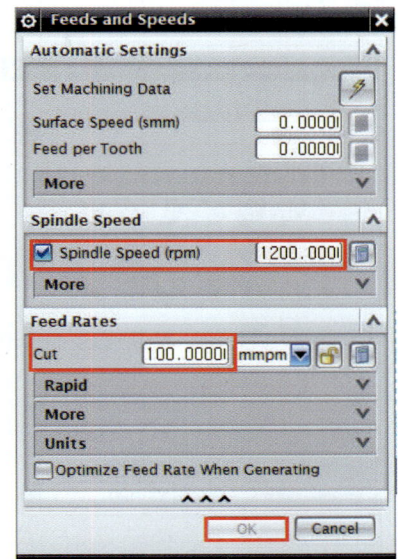

㉒ 여기까지 완료가 되어 Generate를 클릭하면 다음과 같이 가공 경로가 생성된 것을 볼 수 있다.

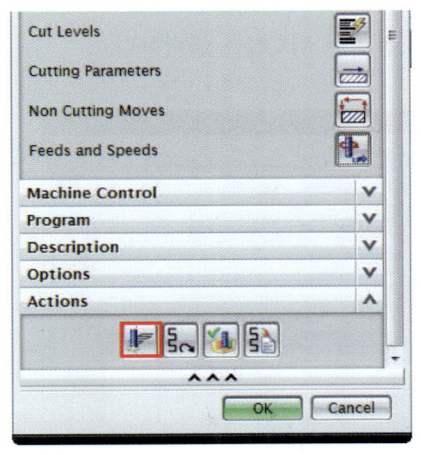 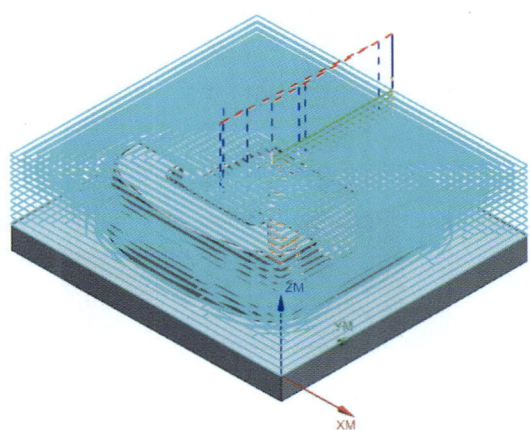

㉓ Create Operation창이 뜨면 Type=Contour_area, Program=PROGRAM, Tool=BALL_MILL6, Geometry=WORKPIECE, Method=METHOD를 선택 후 Apply를 클릭한다.
Contour_area, 창이 뜨면 Specify Cut Area를 클릭한다.

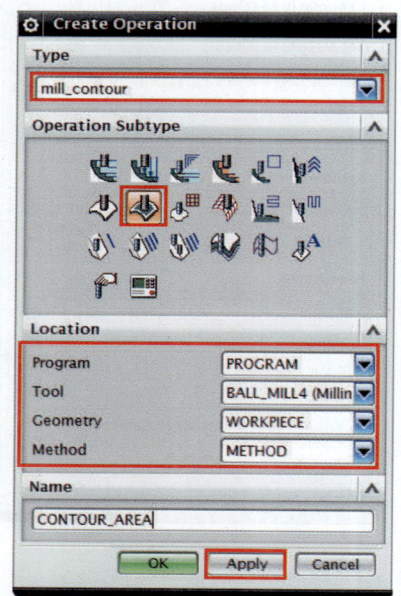 

㉔ Cut Area창이 뜨면 다음 화살표 방향으로 드래그하여 선택한 뒤 OK를 클릭한다.

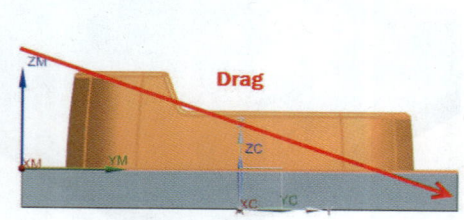 

㉕ Method에서 Area Milling으로 설정 후 표시된 아이콘을 클릭한다.

창이 뜨면 Non-steep Cut Pattern=Zig Zag, Cut Direction=Climb Cut, Stepover=Constant, Maimum Distance=1mm, Stepover Applied=On Plane, Cut Angle=Specify, Angle frrom XC=45로 설정한 후 OK를 클릭한다.

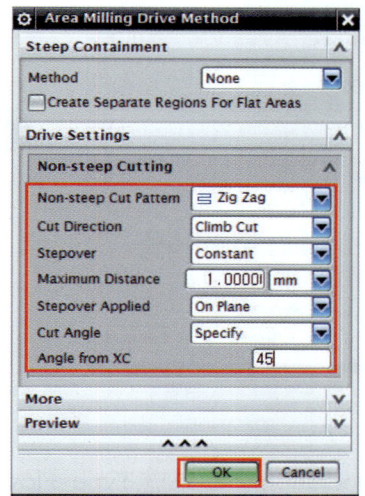

㉖ Feeds and Speeds 아이콘을 클릭한 후 창이 뜨면 Spindle Speed(rpm)=2200, Cut=90으로 입력한 후 OK를 클릭한다.

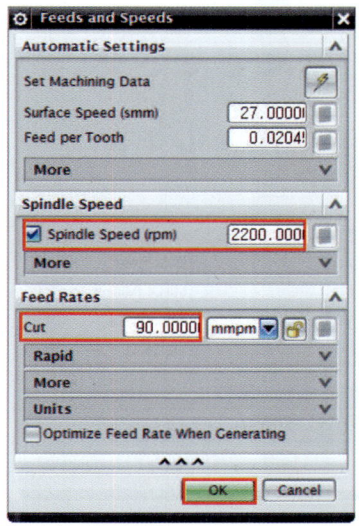

㉗ 여기까지 완료가 되어 Generate를 클릭하면 다음과 같이 가공 경로가 생성된 것을 볼 수 있다.

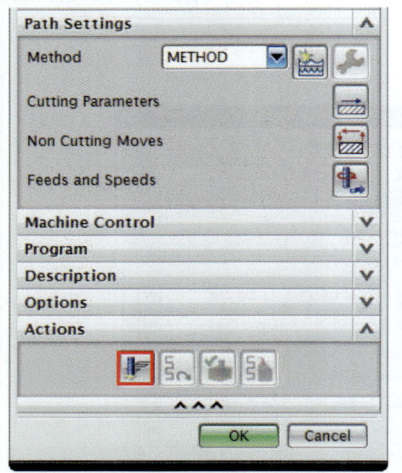
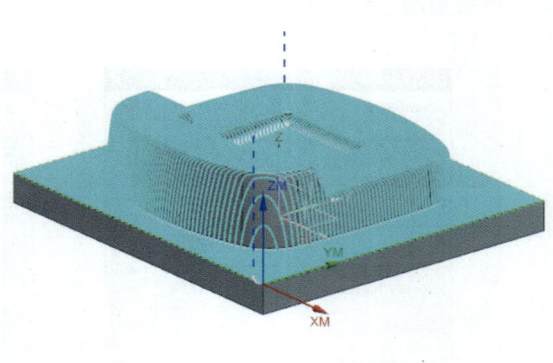

㉘ Create Operation창이 뜨면 Type=Flowcut_single, Program=PROGRAM, Tool=MILL4, Geometry=WORKPIECE, Method=METHOD를 선택 후 Apply를 클릭한다.
Flowcut_single창이 뜨면 Feeds and Speeds 아이콘을 클릭한다.

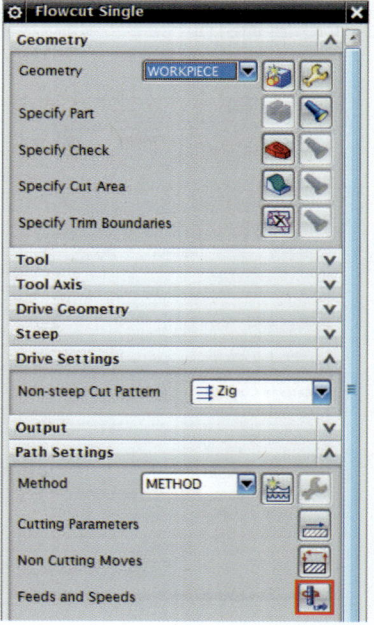

제1장	제2장	제3장	제4장	제5장	제6장	Chapter F
Manufacturing	Mill Contour	Verify & NC Data	Face Milling	Manufacturing Exercise	Turning (CNC선반)가공	Manufacturing

㉙ Feeds and Speeds 아이콘을 클릭 한 후 창이 뜨면 Spindle Speed(rpm)=2600, Cut=80으로 입력한 후 OK를 클릭한다.

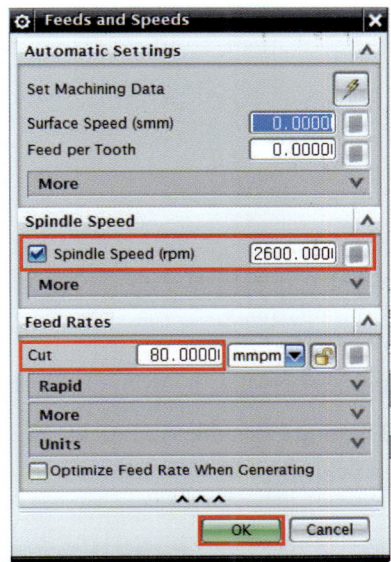

㉚ 여기까지 완료가 되어 Generate를 클릭하면 다음과 같이 가공 경로가 생성된 것을 볼 수 있다.

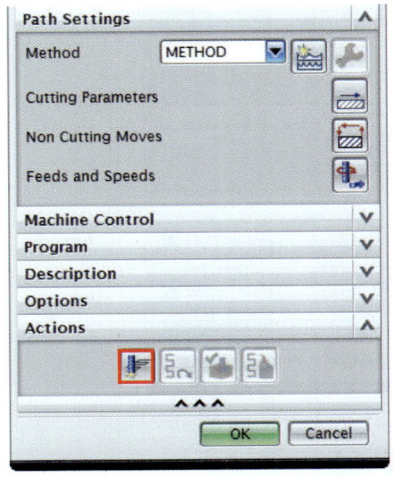
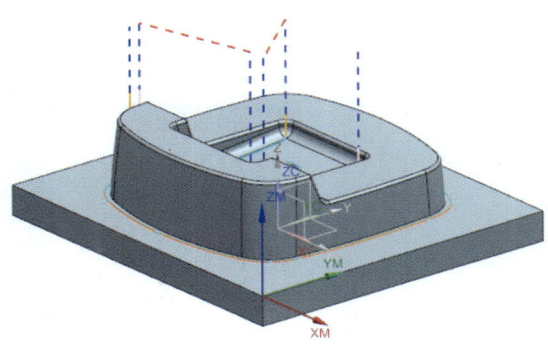

809

㉛ 여기까지 완료 한 후 Toolbar에서 Machine Tool View 클릭하고 리소스 바를 보게 되면 다음과 같이 황삭, 정삭, 잔삭이 각각 생성된 것을 확인할 수 있다.

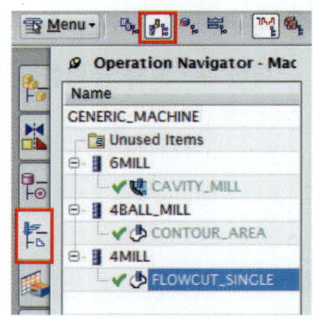

㉜ 그 상태에서 NC데이터를 추출하고자 하는 부분을 클릭한 후 마우스 오른쪽 버튼을 클릭한 후 Post Process를 클릭한다.

Post Process창이 뜨면 Postprocessor=MILL_3_AXIS, Output File에서 폴더 아이콘을 클릭하여 저장할 경로를 설정 한 후 Setting Units=Metric/PART로 설정 후 OK를 클릭한다.

그다음 창이 하나 뜨면 OK를 클릭한다.

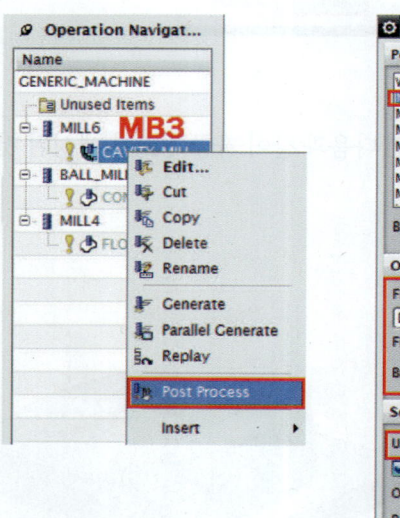
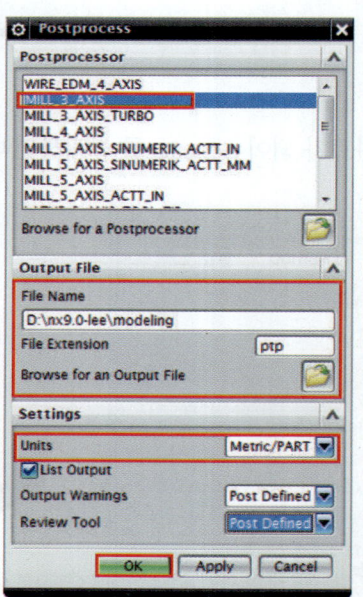

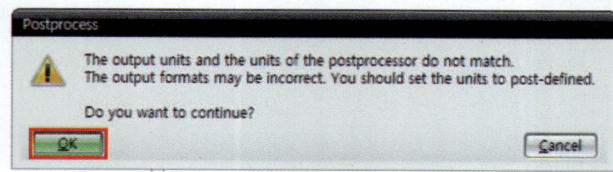

㉝ NC data가 생성된 창이 뜨면 첫 번째 줄에 G80으로 바꾸어 주고, 일곱 번째에 있는 M08을 네 번째 M03앞에 삽입하여 준다.

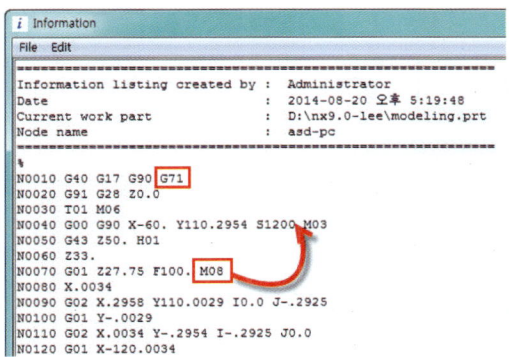 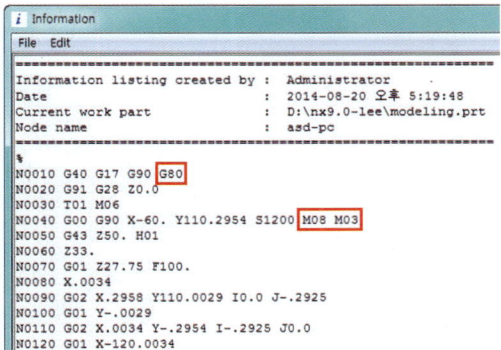

㉞ 이렇게 수정한 것을 N0300번까지 복사하여 메모장에 붙여넣기한 후 저장하여 준다.(저장할 이름은 지시서 확인)

㉟ 나머지 정삭과 잔삭도 황삭과 동일한 방법으로 추출한 뒤 N0300까지 복사여 저장해 준다.

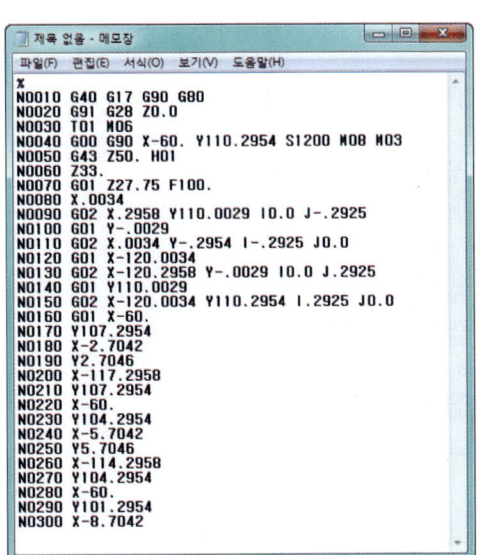

811

㊱ 여기서 지시서를 읽어 보면 제출할 것이 하나 더 있는 것을 확인할 수 있는데, 황삭 가공경로를 캡쳐하여 그림판으로 만들어서 제출하여야 한다.

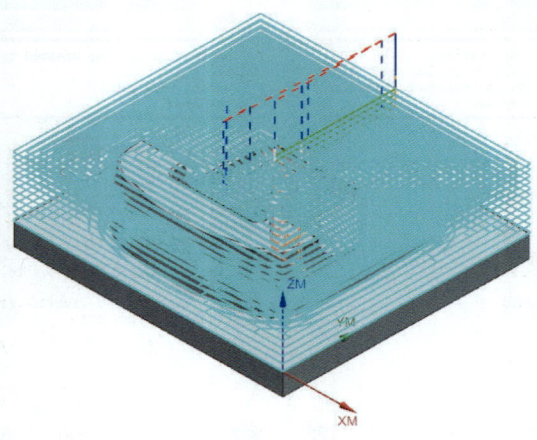

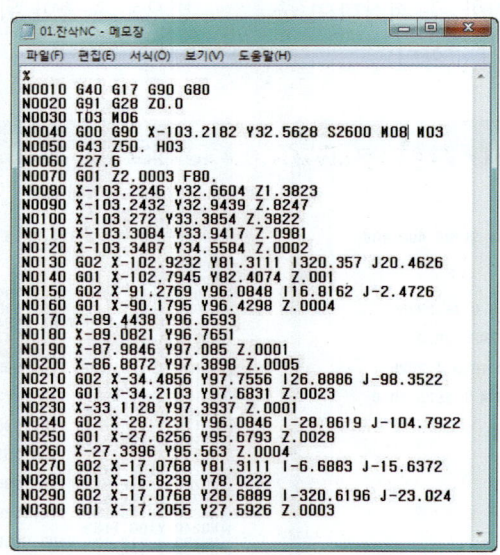

제 3 절 평면가공 종합 따라 하기

01 Face Milling 따라 하기

📎 따라 하기를 통하여 Face Milling 작업을 연습해보자.

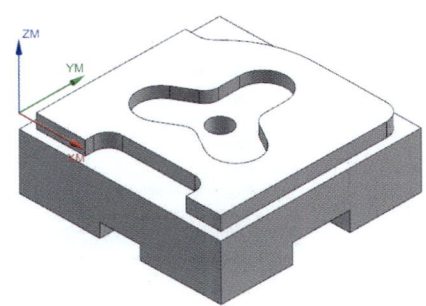

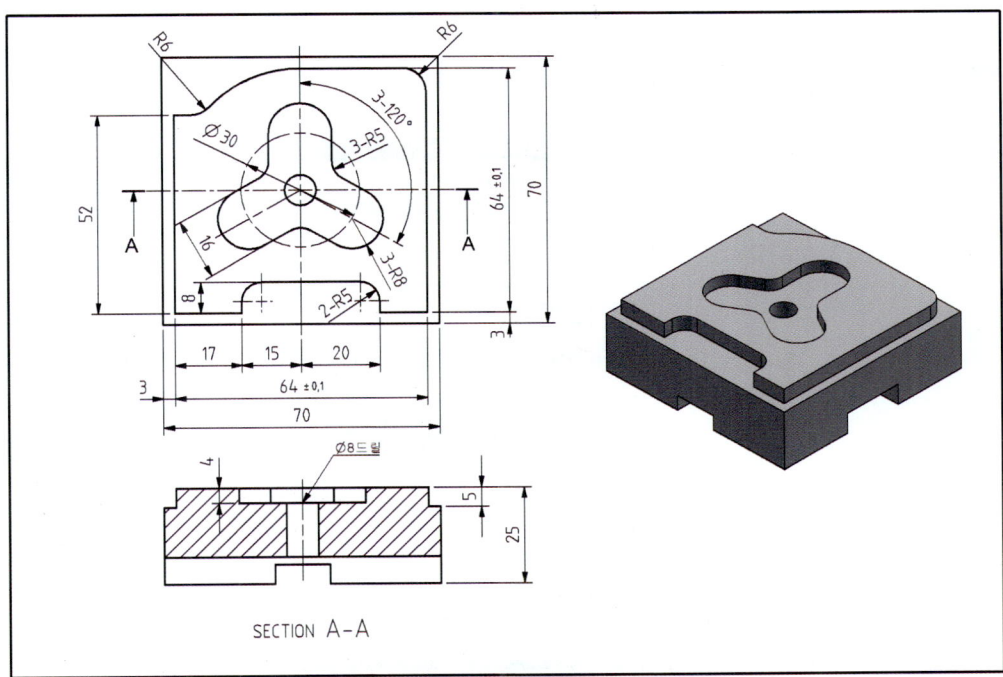

공구번호	공구직경	회전수	이송속도	가공잔량	절입량	경로간격
1	평 10	4500	2000	0	2	4
				소재규격		
				70 × 70 × 25		

❶ 다운로드한 파일 중에서 NX9.0 Manufacturing2를 Open( )한다.

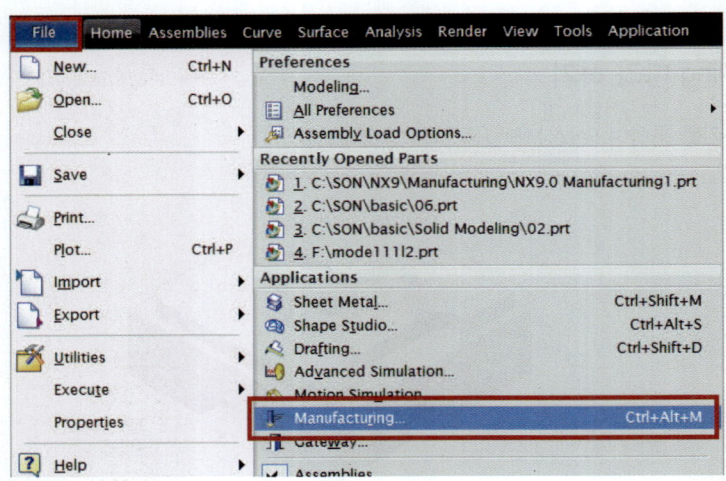

❷ File - Application - Manufacturing을 실행합니다.

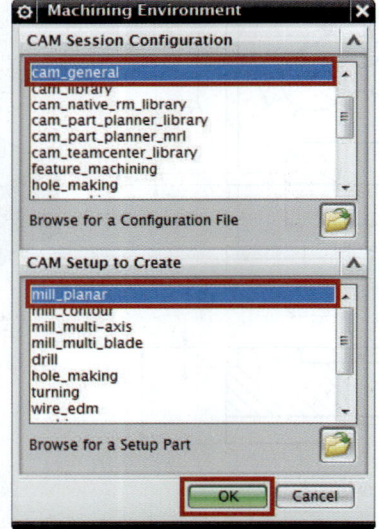

❸ mill_planar를 선택하고 OK 한다.

❹ 리소스 바에서 Operation Navigator를 열어서 MB3을 클릭하여 Geometry View를 선택한다.

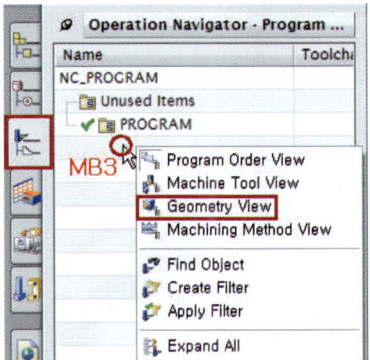

❺ MCS_MILL 앞부분의 +를 누르고 WORKPIECE를 선택하고 MB3을 클릭하여 Edit를 선택한다.

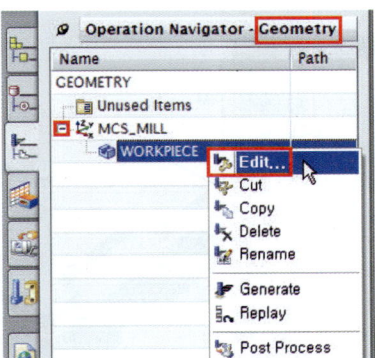

❻ Specify Part 아이콘을 클릭한다.

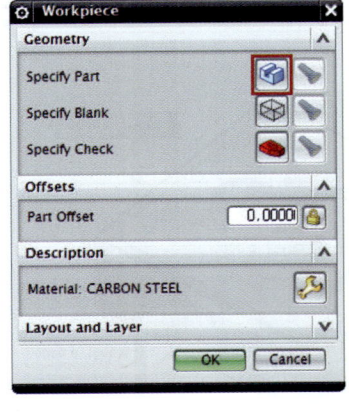
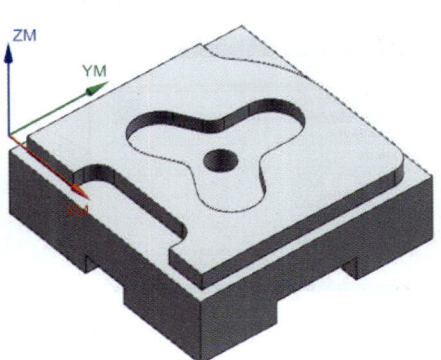

❼ 모델링한 형상을 선택하고 OK를 클릭한다.

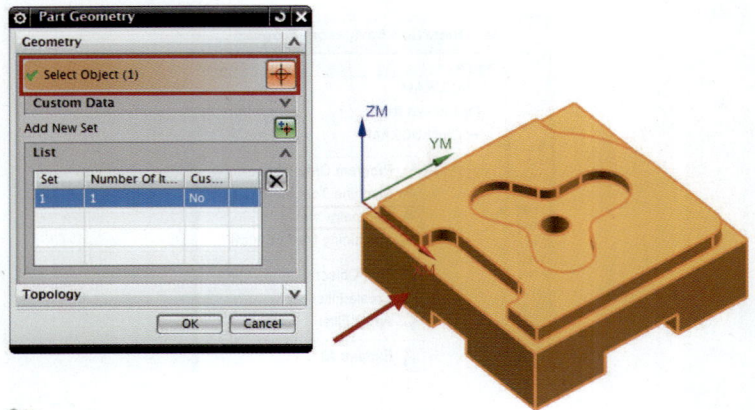

❽ Specify Blank 아이콘을 클릭한다.

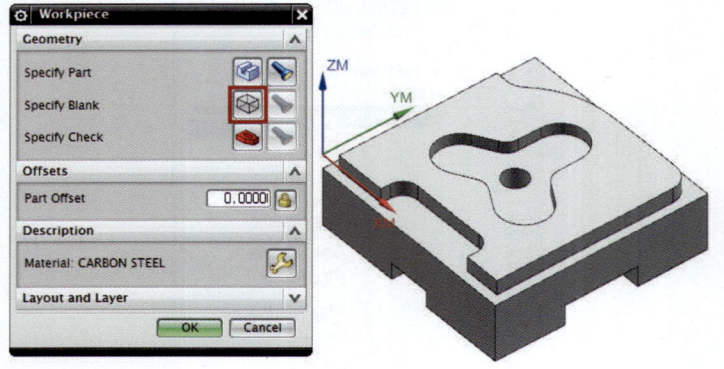

❾ Auto Block을 선택하고 OK를 클릭한다.
다시 한 번 OK하여 Workpiece창을 빠져나간다.

➓ Manufacturing 아이콘 바에서 Create Tool을 클릭한다.

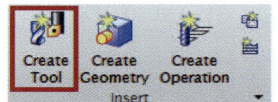

⓫ 그림과 같이 설정하고 OK를 클릭한다.

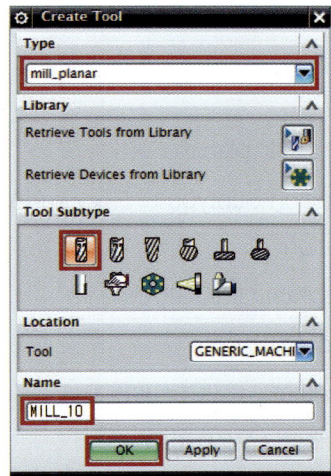

- Type : mill_planar
- Tool Subtype : MILL( )
- Name : MILL_10

⓬ 공구의 지름 10, 공구의 번호 1을 입력하고 OK를 클릭한다.

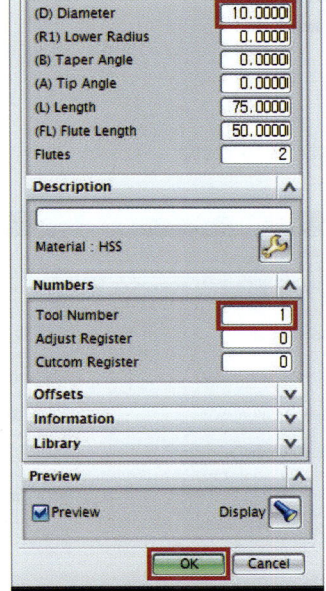

817

⓭ Insert 아이콘 바에서 Create Tool을 클릭한다.

⓮ 그림과 같이 설정하고 OK를 클릭한다.

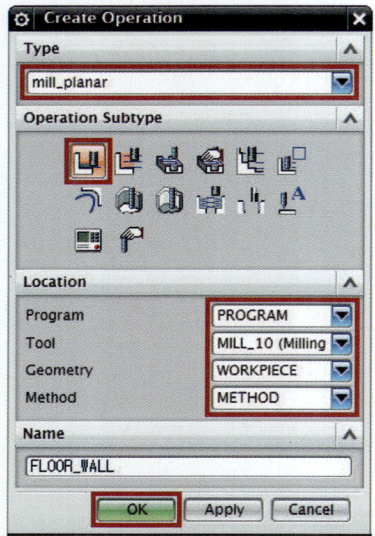

- Type : mill_planar
- Operation Subtype : Floor and Wall(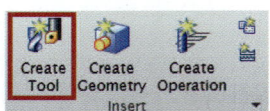)
- Location
  - Program : PROGRAM
  - Tool : MILL_10
  - Geometry : WORKPIECE
  - Method : METHOD

⓯ Specify Cut Area Floor 아이콘을 클릭한다.

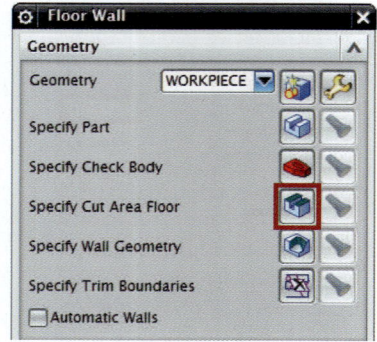

⓰ 그림과 같이 가공하고자 하는 면을 선택 후 OK를 클릭한다.

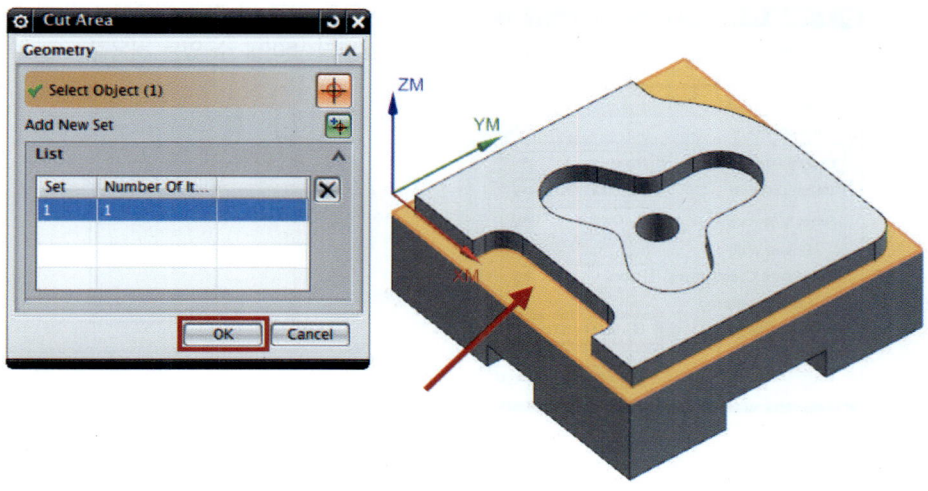

⓱ 그림과 같이 설정한다.

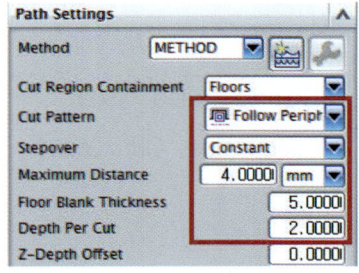

- Cut Pattern : Follow Periphery
- Stepover : Constant
- Maximum Distance : 4 mm
- Floor Blank Thickess : 5
- Depth Per Cut : 2

⓲ Cutting Parameters를 클릭한다.

⓳ Pattern Direction을 Inward로 설정하고 Island Cleanup에 체크한다.

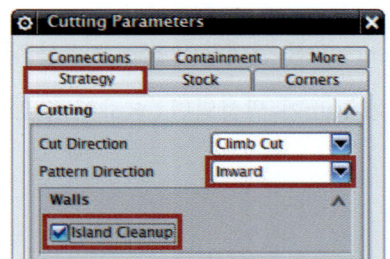

⑳ Containment 탭에서 Tool Overhang의 퍼센티지를 80퍼센트로 변경한다.

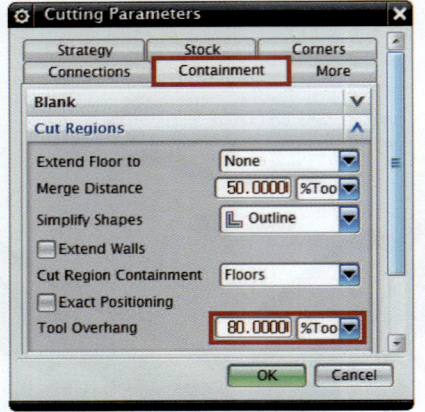

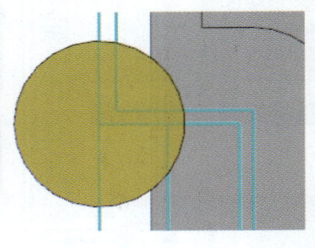

　🔖 공구가 가공 면 외곽 지오메트리 로부터 벗어날 수 있는 허용량

㉑ Feeds and Speeds를 클릭한다.

㉒ 그림과 같이 설정하고 OK를 클릭한다.

- Spindle Speed : 4500
- Feed Rates - Cut : 2000

㉓ Generate를 선택하여 Tool Path를 생성한다.
　Tool Path가 생성되면 OK하여 종료한다.

㉔ Operation Navigator에서 생성된 Face_Milling_Area를 확인할 수 있다.

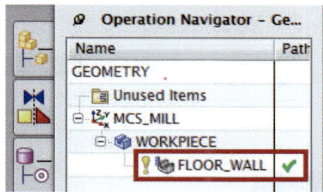

㉕ 아래 그림과 같이 Tool Path가 생성되었다.

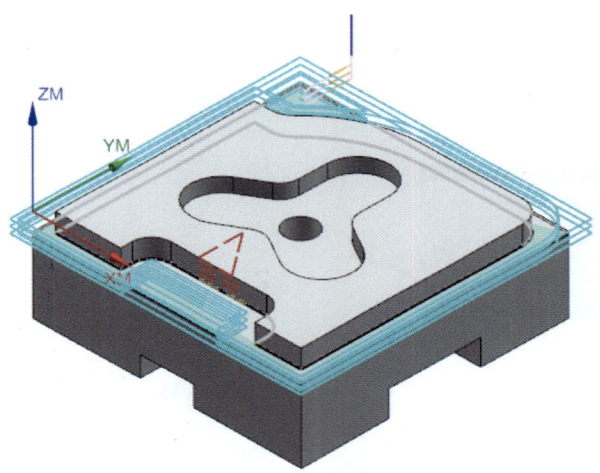

㉖ Face_Milling_Area를 선택하고 MB3을 클릭하여 Copy를 선택한다.

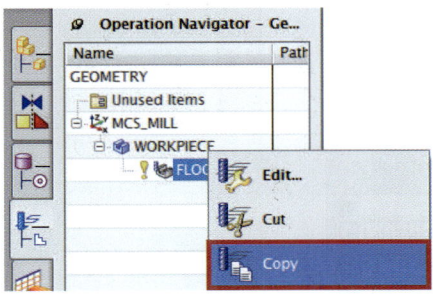

㉗ Face_Milling_Area를 선택하고 MB3을 클릭하여 Paste를 선택한다.

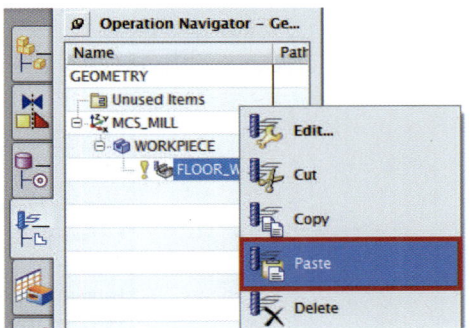

㉘ Face_Milling_Area를 선택하고 MB3을 클릭하여 Edit를 선택한다.

㉙ Specify Cut Area를 클릭한다.

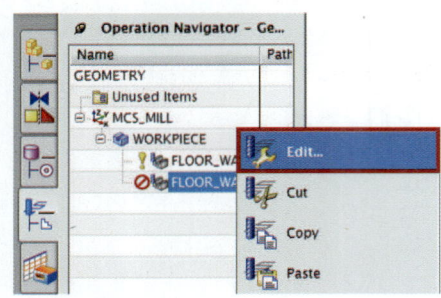
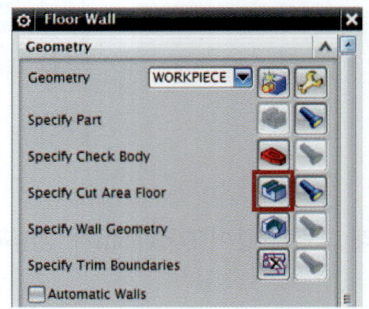

㉚ Remove를 클릭하고 가공하고자 하는 다른 면을 선택하고 OK를 클릭한다.

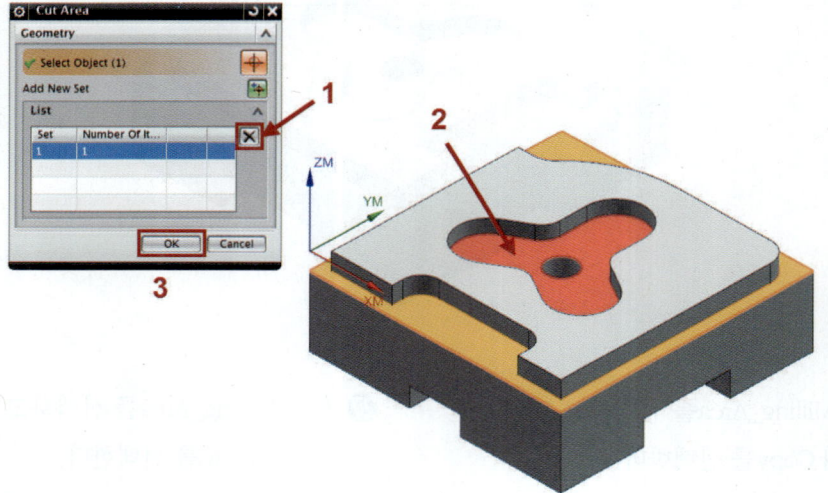

㉛ Floor Blank Thickness값을 4로 설정한다.

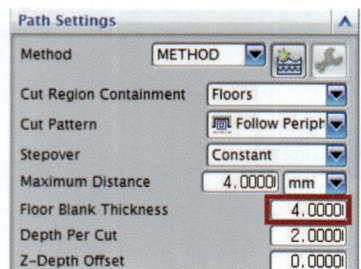

㉜ Generate를 선택하여 Tool Path를 생성한다.

Tool Path가 생성되면 OK하여 종료한다.

㉝ 아래 그림과 같이 Tool Path가 생성되었다.

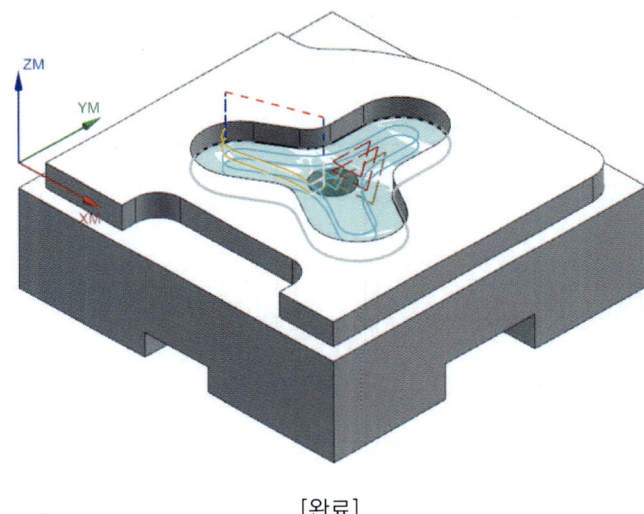

[완료]

02 Planar Mill 따라 하기

- 따라 하기를 통하여 Planar_Mill작업을 연습해보자.
- Face_Milling_Area로 작업한 것을 Planar_Mill로 해보겠다.

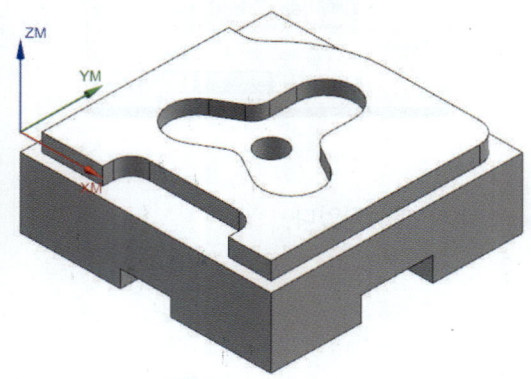

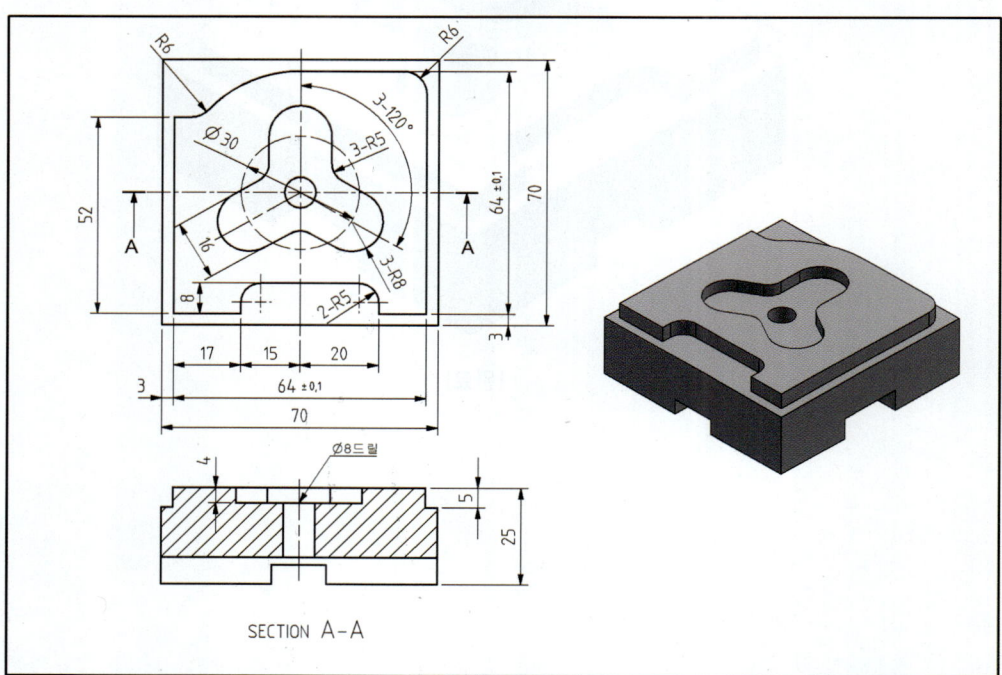

공구번호	공구직경	회전수	이송속도	가공잔량	절입량	경로간격
1	평 10	4500	2000	0	2	4
안전높이				소재규격		
가공좌표계에서 Z방향으로 20mm 높은 곳				70 × 70 × 25		

제1장	제2장	제3장	제4장	제5장	제6장	Chapter F
Manufacturing	Mill Contour	Verify & NC Data	Face Milling	Manufacturing Exercise	Turning (CNC선반)가공	**Manufacturing**

❶ 먼저 Workpiece를 새로 생성한다.

❷ Insert 아이콘 바에서 Create Geometry를 클릭한다.

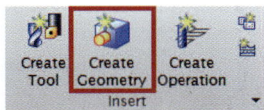

❸ 그림과 같이 설정하고 OK를 클릭한다.

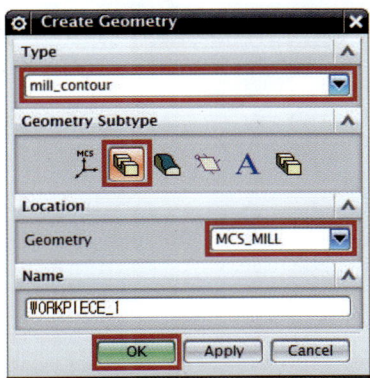

- Type : mill_planar
- Geometry Subtype : WORKPIECE
- Location - Geometry : MCS_MILL

❹ Specify Part 아이콘을 클릭한다.

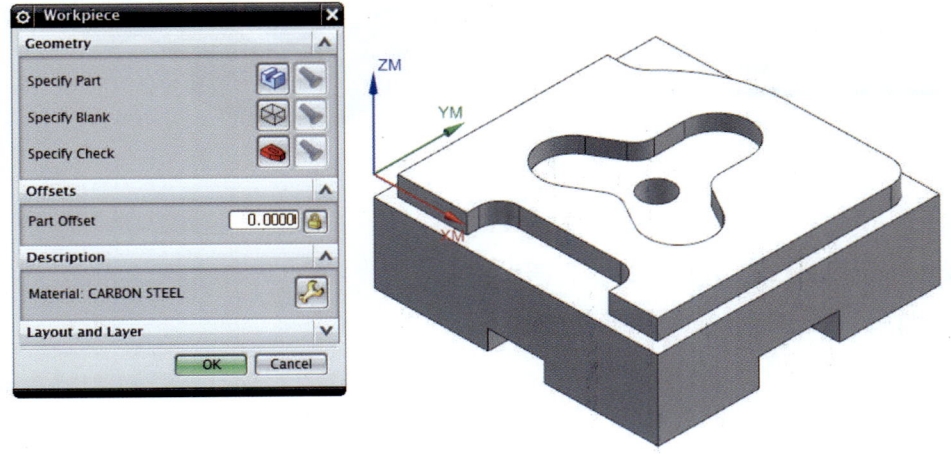

825

❺ 모델링을 선택하고 OK를 클릭한다.

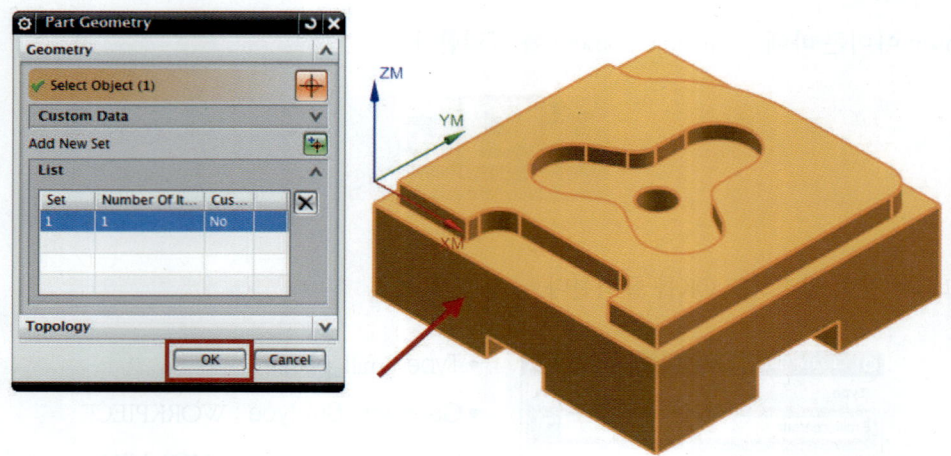

❻ Specify Blank 아이콘을 클릭한다.

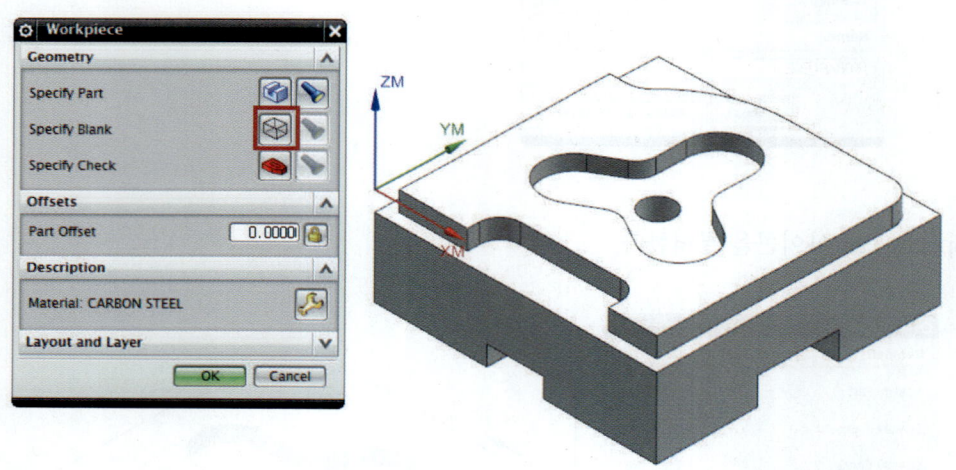

❼ Bounding Block으로 선택하고 OK를 클릭한다.
　 Workpiece창을 OK하여 빠져나간다.

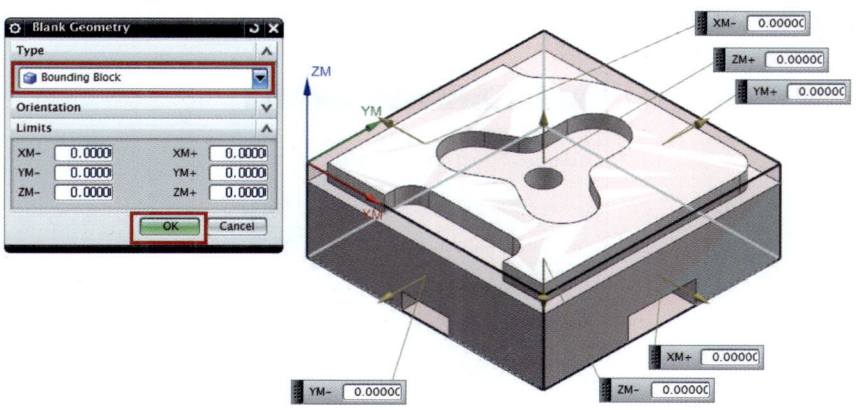

❽ Geometry View에서 WORKPIECE_1이 생성된 것을 확인할 수 있다.

❾ Insert 아이콘 바에서 Create Operation을 클릭한다.

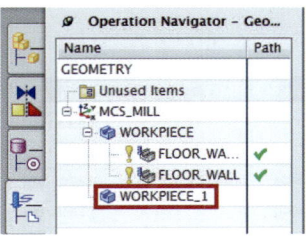

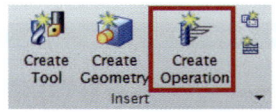

❿ 그림과 같이 설정하고 OK를 클릭한다.

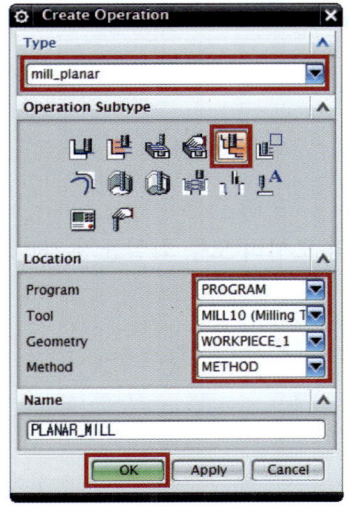

- Type : mill_planar
- Operation Subtype : Planar_Mill( )
- Location
  - Program : PROGRAM
  - Tool : MILL_10
  - Geometry : WORKPIECE_1
  - Method : METHOD

⑪ Planar_Mill창이 나타나면 Specify Part Boundaries( ) 아이콘을 클릭한다.

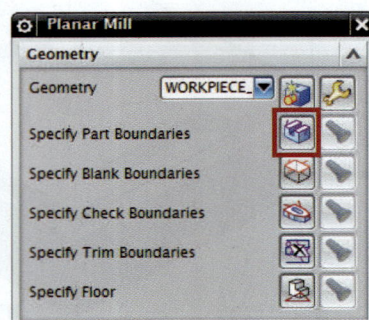

⑫ 좌측의 그림과 같이 Curves/Edges를 선택한 후 Create Boundary창이 나오면 우측 그림과 같이 Chaining을 클릭한다.

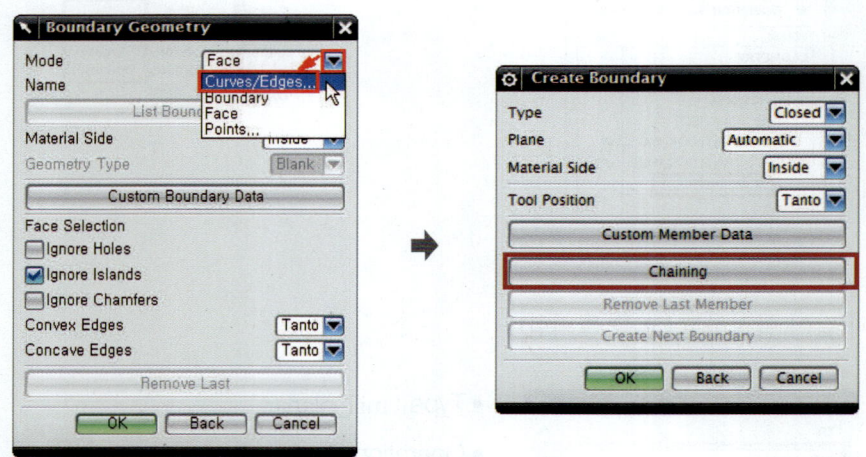

⑬ 그림과 같이 공작물 형상 윗면의 모서리를 선택한다.

선택 시 진행방향이 시계방향이라고 가정할 때 2개의 모서리 모두 화살표가 가리키는 것과 같이 진행 방향 쪽으로 선택해야만 한다.

선택한 후 OK를 두 번 클릭하여 Planar Mill 대화상자로 빠져나온다.

제1장	제2장	제3장	제4장	제5장	제6장	Chapter F
Manufacturing	Mill Contour	Verify & NC Data	Face Milling	Manufacturing Exercise	Turning (CNC선반)가공	Manufacturing

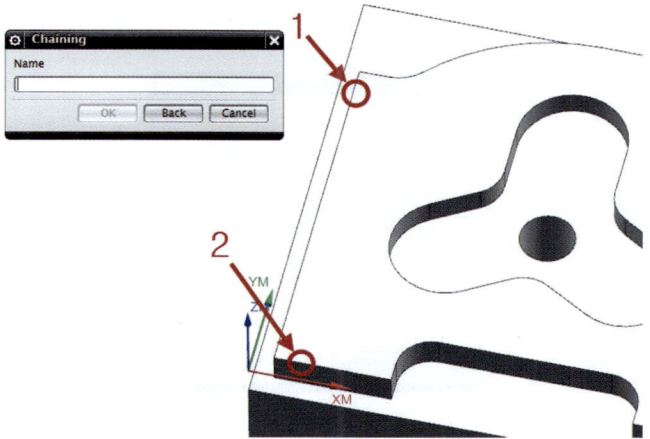

⓮ Specify Blank Boundaries(　) 아이콘을 클릭한다.

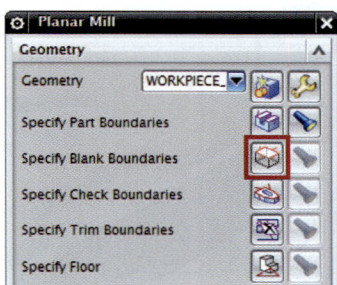

⓯ Boundary Geometry의 Mode에서 Curves/Edges로 선택한다.

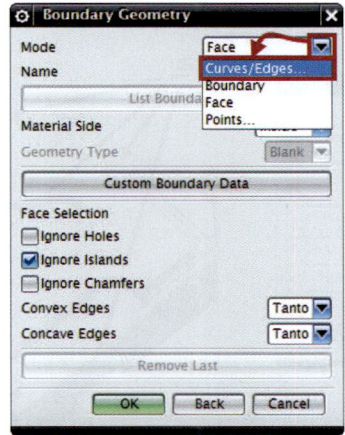

829

⓰ Plane을 User-Defined로 설정한다.

⓱ 가공물 윗면을 선택한 후 높이 값 0을 입력하고 OK를 클릭한다.

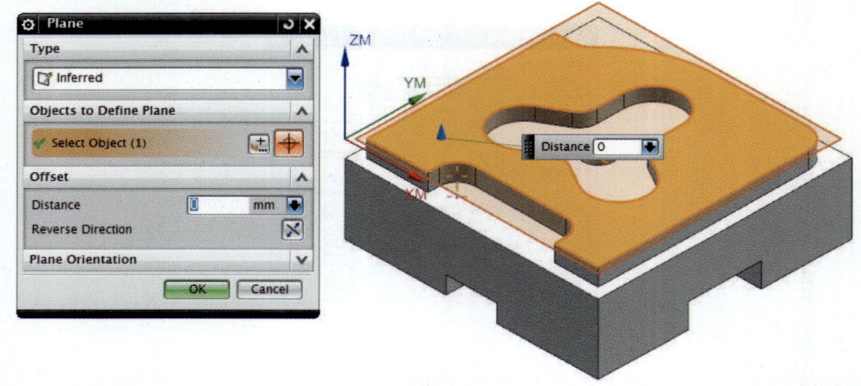

⓲ 아래 그림과 같이 외곽의 Edge를 클릭하고 OK를 클릭한다.

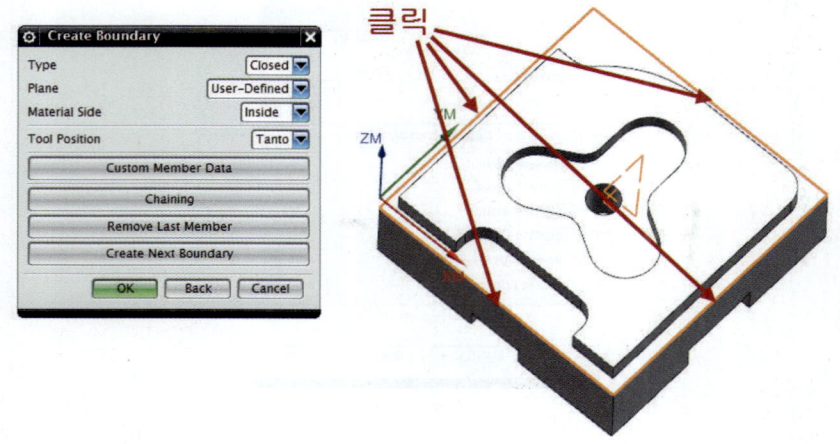

⑲ 아래 그림과 같이 영역이 설정된 것을 볼 수 있다. OK하여 빠져나온다.

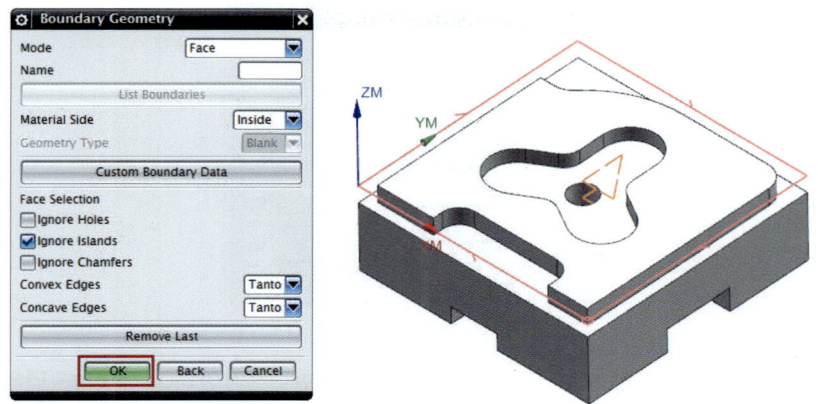

⑳ Specify Check Boundaries(   ) 아이콘을 클릭한다.

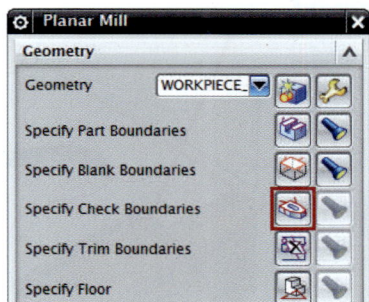

㉑ 아래 그림과 같이 바깥쪽의 바닥면을 선택하고 OK를 클릭한다.

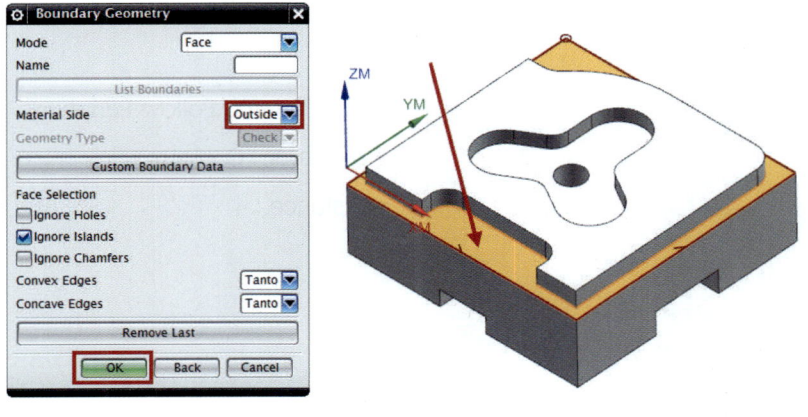

㉒ Specify Floor( ) 아이콘을 클릭한다.

㉓ 그림과 같이 안쪽의 바닥면을 클릭하고 OK를 클릭한다.(가공하고자 하는 면의 제일 깊은 바닥을 설정한다.)

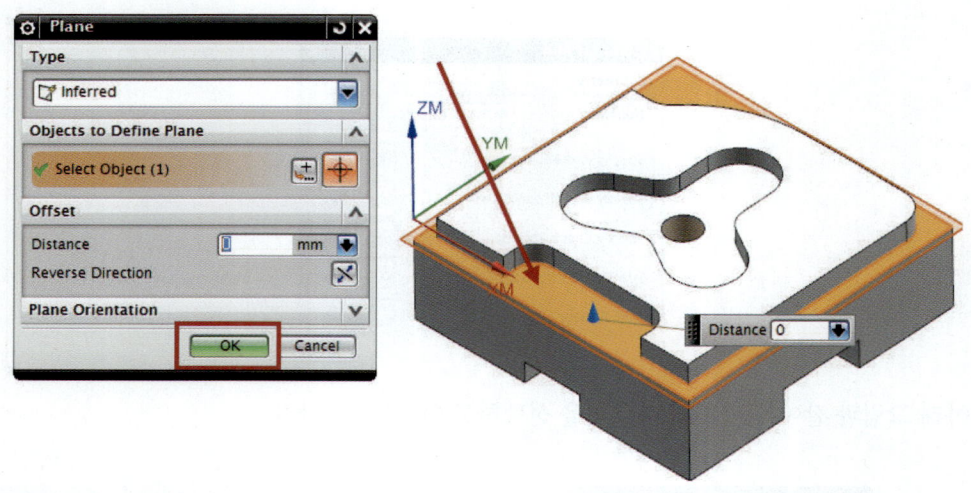

㉔ 그림과 같이 설정한다.

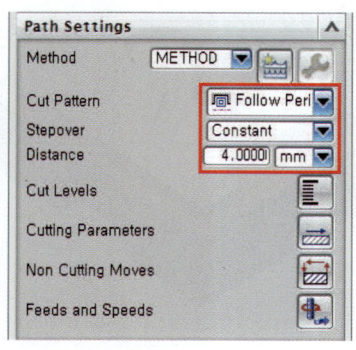

- Cut Pattern : Follow Periphery
- Stepover : Constant
- Distance : 4

㉕ Cutting Parameters를 클릭한다.

㉖ 그림과 같이 설정한다.

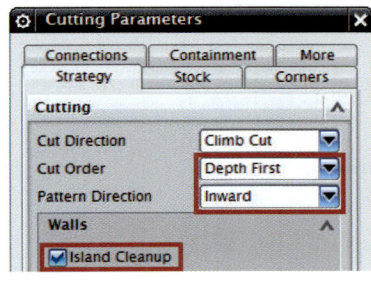

- Cut Order : Depth First
- Pattern Direction : Inward
- Island Cleanup에 체크한다.

㉗ Part Stock을 0으로 설정하고 OK를 클릭한다.

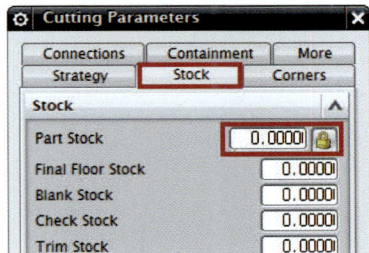

㉘ 그림과 같이 설정하고 OK를 클릭한다.

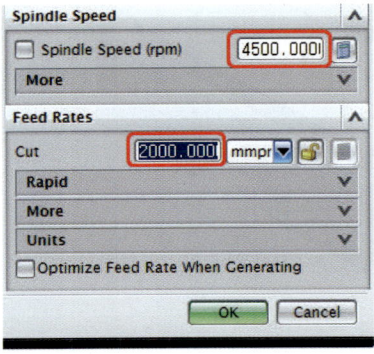

- Spindle Speed : 4500
- Feed Rates - Cut : 2000

㉙ Generate를 선택하여 Tool Path를 생성한다.
Tool Path가 생성되면 OK하여 종료한다.

㉚ Operation Navigator에서 생성된 Planar_Mill을 확인할 수 있다.

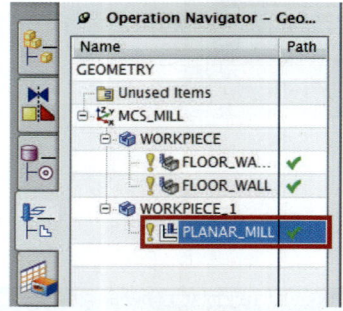

㉛ 아래 그림과 같이 Tool Path가 생성되었다.

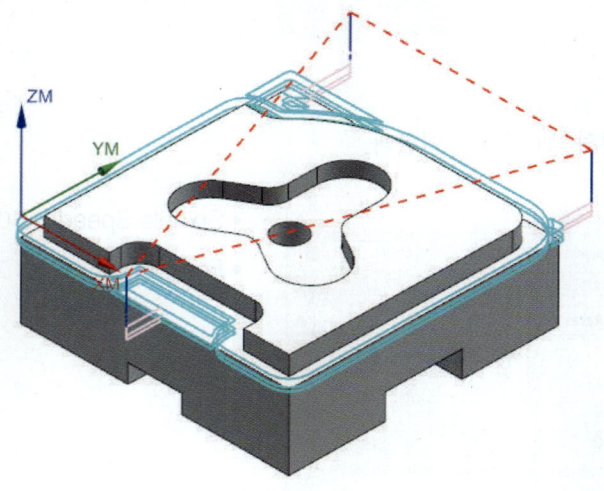

㉜ 포켓 가공을 위해서 생성된 Planar Mill을 MB3 클릭하여 Copy를 클릭한다.

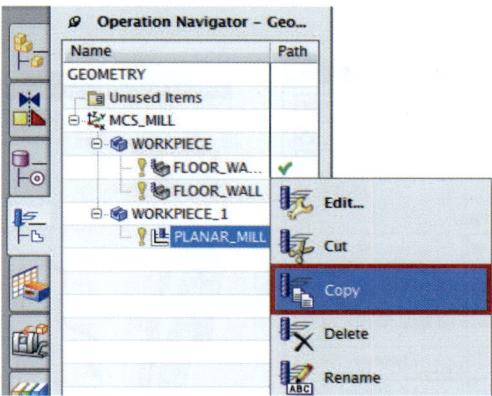

㉝ 다시 같은 자리에 MB3 클릭하여 Paste를 클릭한다.
복사된 Planar_Mill_Copy를 더블클릭하여 대화상자를 연다.

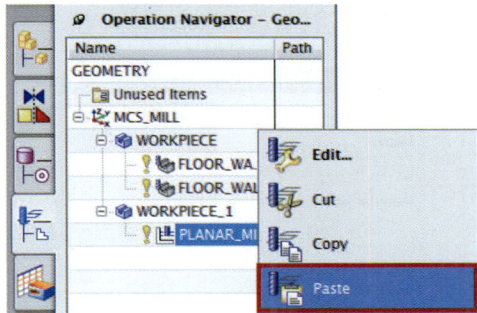

㉞ Geometry 탭의 Specify Part Boundaries( )를 클릭한다.

㉟ Reselect all을 클릭한 후 이어서 나오는 창에서 OK를 클릭하여 기존에 선택되어 있던 경계를 취소한다.

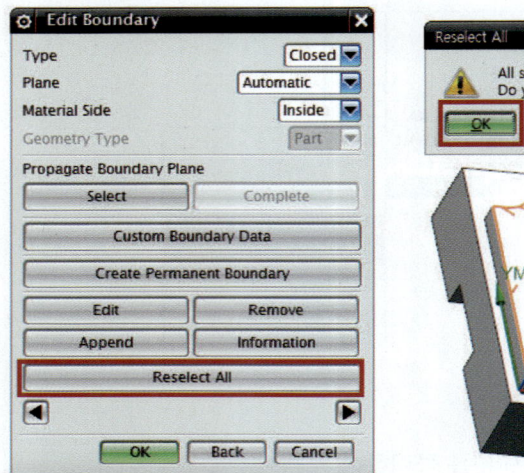
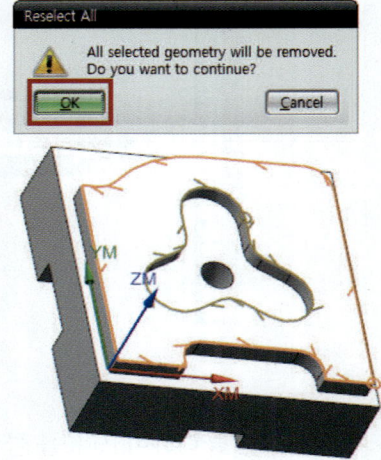

㊱ Boundary Geometry창에서 Curves/Edge 항목을 선택한다.

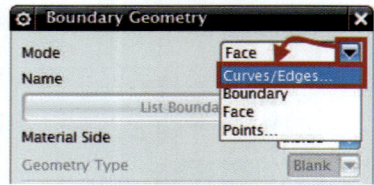

㊲ Material Side를 OutSide로 지정하고 Chaining을 클릭한다.

제1장	제2장	제3장	제4장	제5장	제6장	Chapter F
Manufacturing	Mill Contour	Verify & NC Data	Face Milling	Manufacturing Exercise	Turning (CNC선반)가공	Manufacturing

㊳ 외곽 절삭과 마찬가지로 시계방향으로 선택한다고 가정했을 때 2개의 모서리를 시계 방향과 가까운 쪽으로 선택한다.

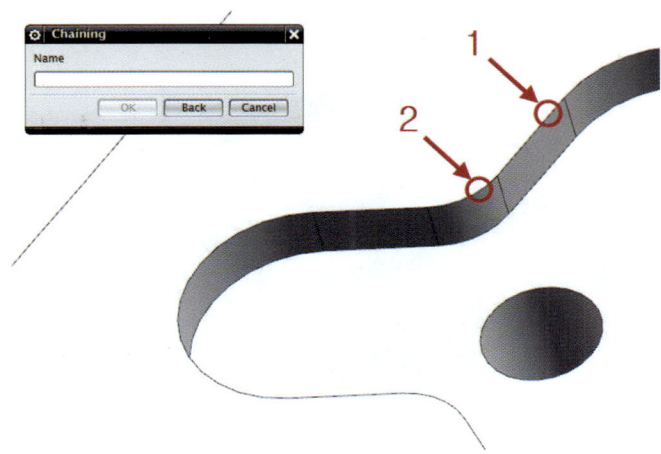

㊴ 그림과 같이 주황색으로 선택되는 것을 확인한 후 OK를 2번 클릭하여 Planar Mill 대화상자로 빠져나온다.

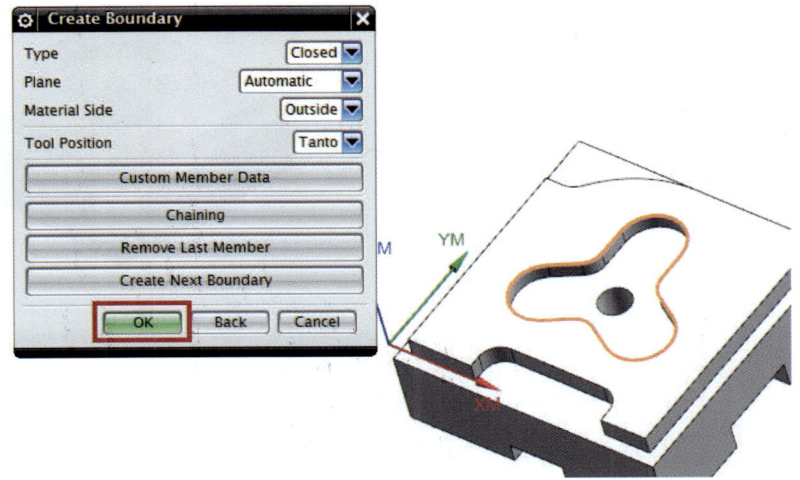

㊵ Generate를 선택하여 Tool Path를 생성한다.
Tool Path가 생성되면 OK하여 종료한다.

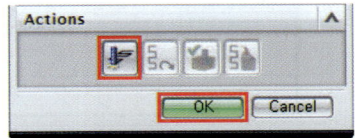

03 Drilling 따라 하기

따라 하기를 통하여 Drilling및 Tapping 작업을 연습해보자.

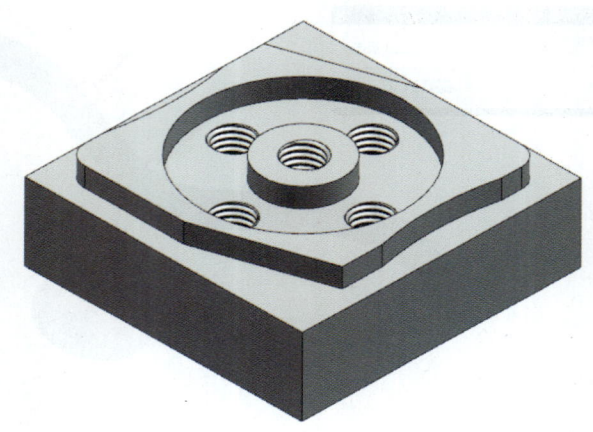

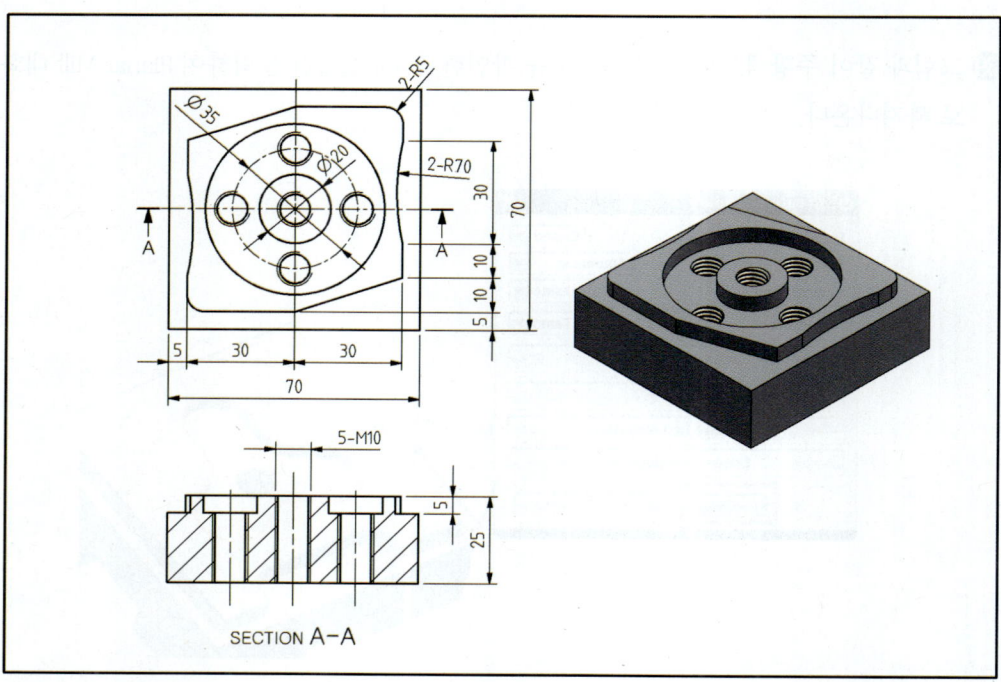

공구번호	공구직경	회전수	이송속도	절입량
1	드릴 8.5	2500	200	3
2	탭 10	400	600	-

❶ 그림과 같이 설정하고 OK를 클릭한다.

- Type : drill
- Location
    - Program : PROGRAM
    - Tool : TAP_12
    - Geometry : WORKPIECE
    - Method : METHOD

❷ Specify Holes를 클릭한다.

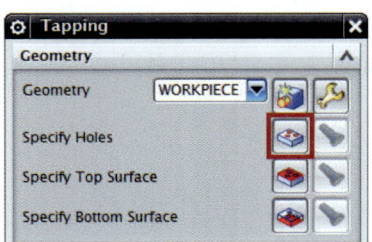

❸ Select를 클릭한다.

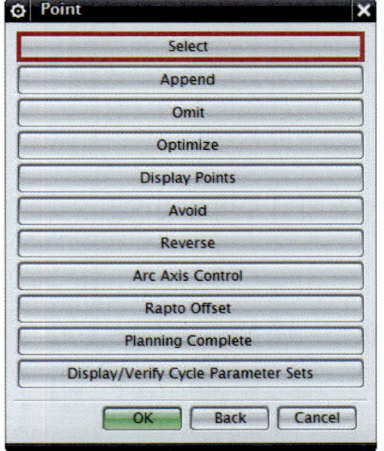

❹ 위 그림과 같이 순서대로 홀을 선택하고 OK를 클릭한다.
다시 OK하여 빠져나간다.

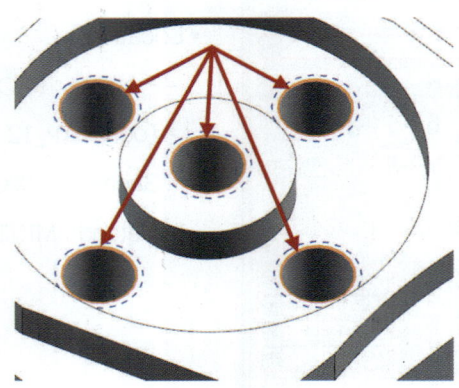

❺ Specify Top Surface를 클릭한다.

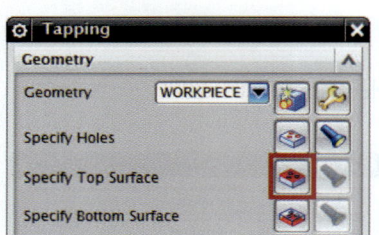

❻ Face를 선택한다.

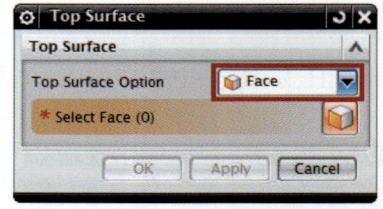

❼ 그림과 같이 구멍의 윗면을 선택하고 OK를 클릭한다.

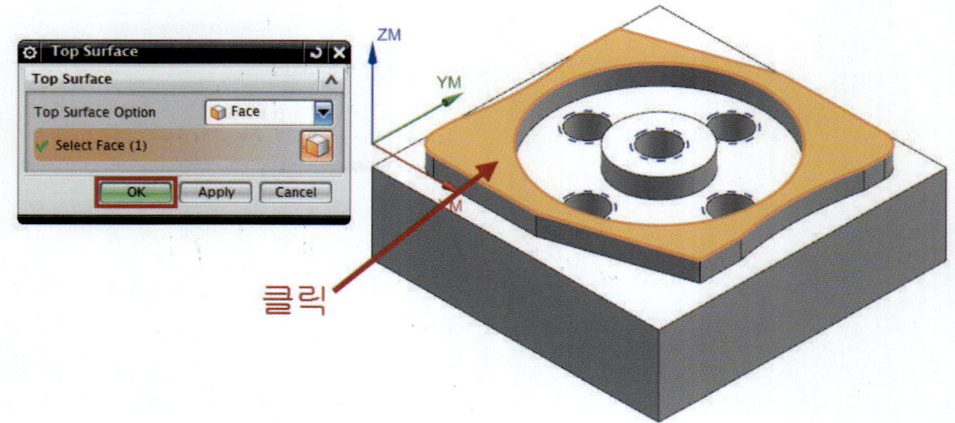

❽ Specify Bottom Surface를 클릭한다.　　❾ Face를 선택한다.

❿ 좌측 그림과 같이 구멍의 바닥면을 선택하고 OK를 클릭한다.

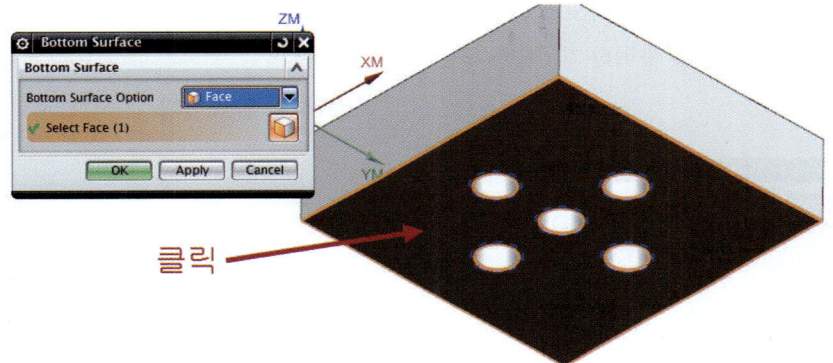

클릭

⓫ Cycle Type의 Edit(🔧)를 클릭한다.　　⓬ OK를 클릭한다.

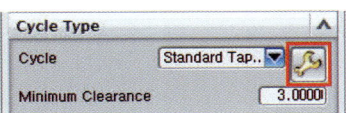 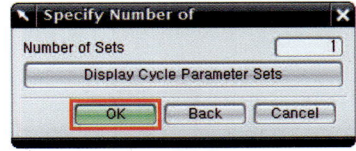

⓭ Depth를 클릭한다.　　⓮ To Bottom Surface를 클릭한다.

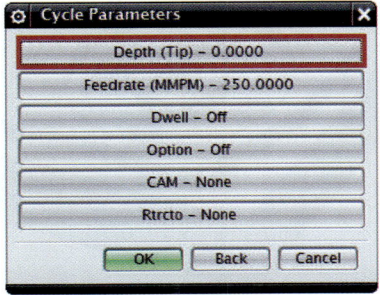 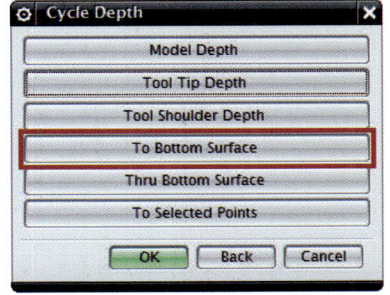

⓯ OK를 클릭하여 나간다.

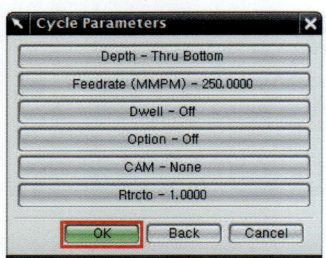

⓰ Feeds and Speeds를 클릭한다.

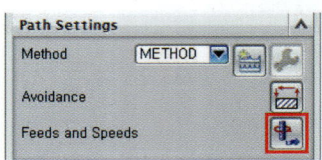

⓱ 공구의 회전속도 400, 이송속도 600을 입력하고 계산기 버튼을 클릭한 후 OK를 클릭한다.

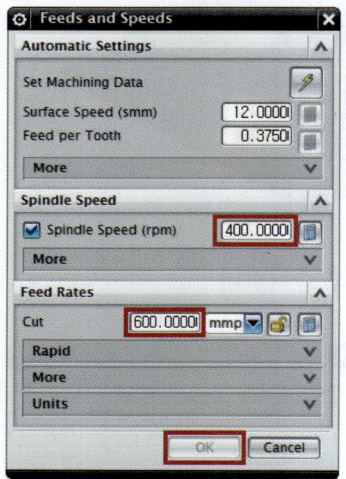

⓲ Generate를 클릭하여 Tool Path를 생성한다.
OK하여 완료한다.

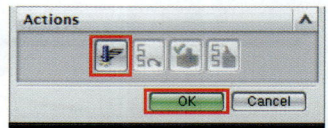

⓳ 아래 그림과 같이 Tool Path가 생성되었다.

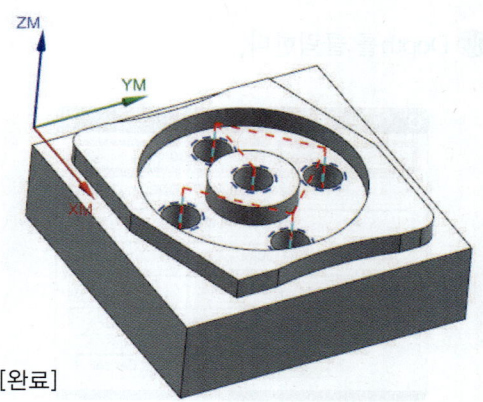

[완료]

▶ 평면가공 연습 도면 1

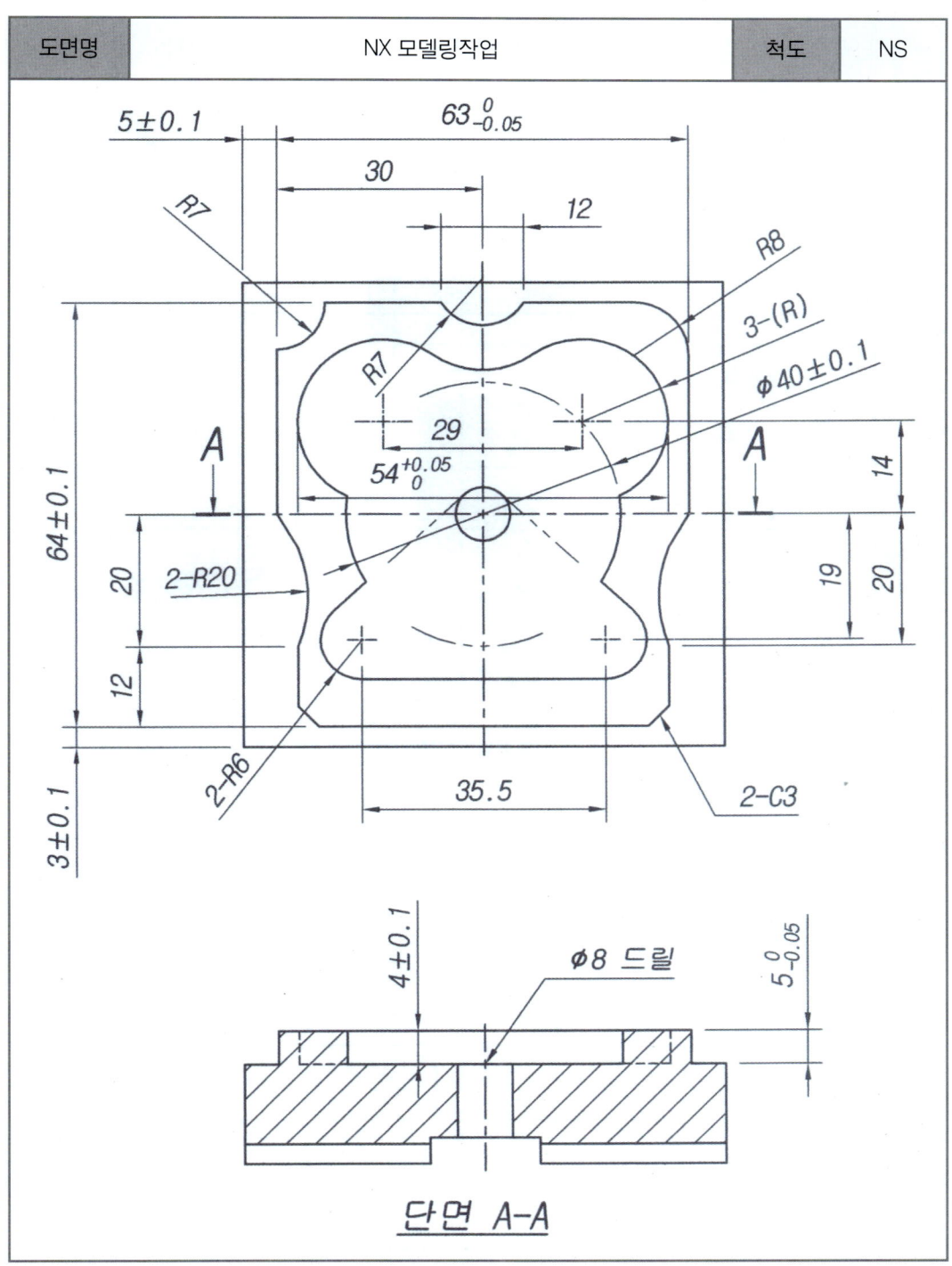

▶ 평면가공 연습 도면 2

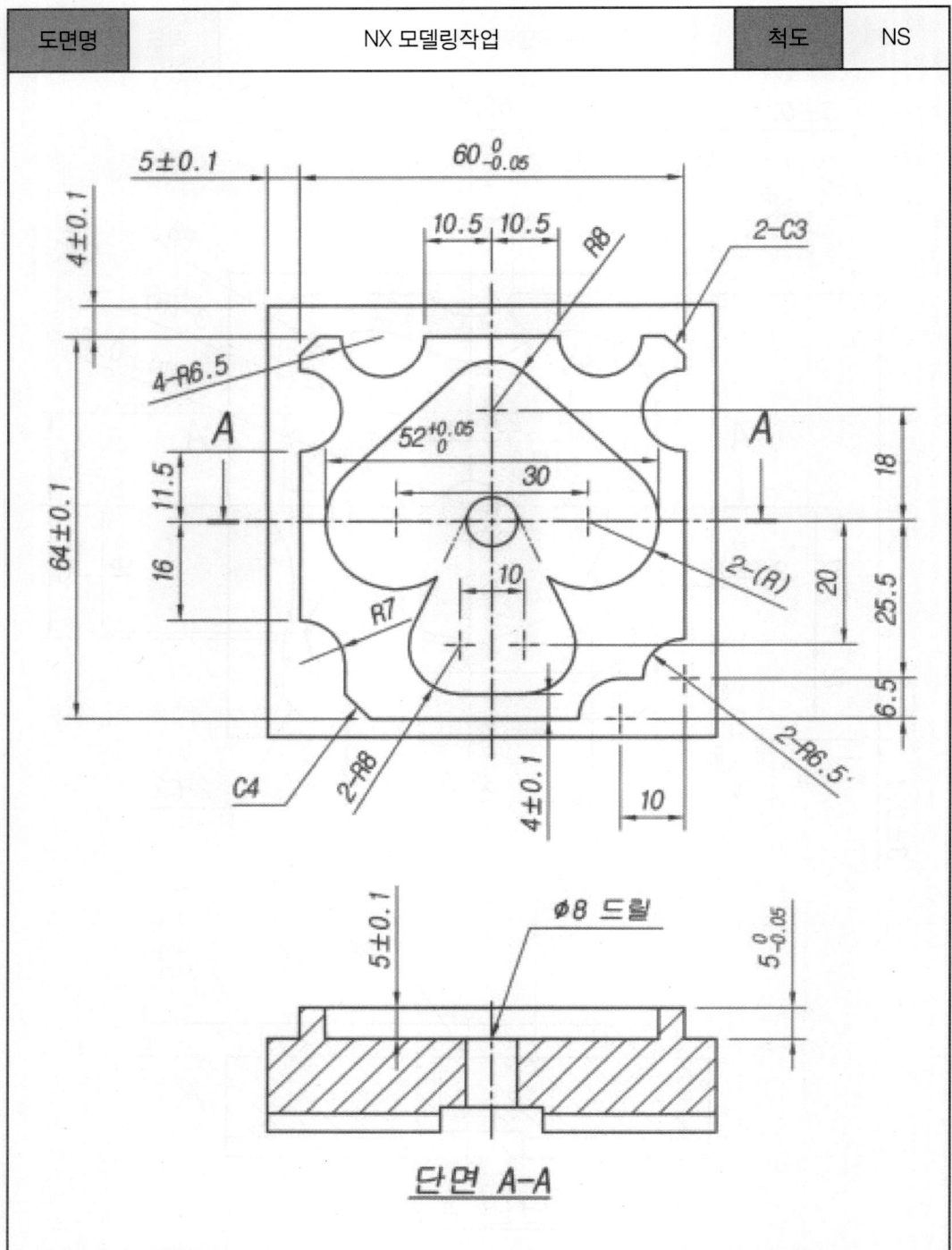

▶ 평면가공 연습 도면 3

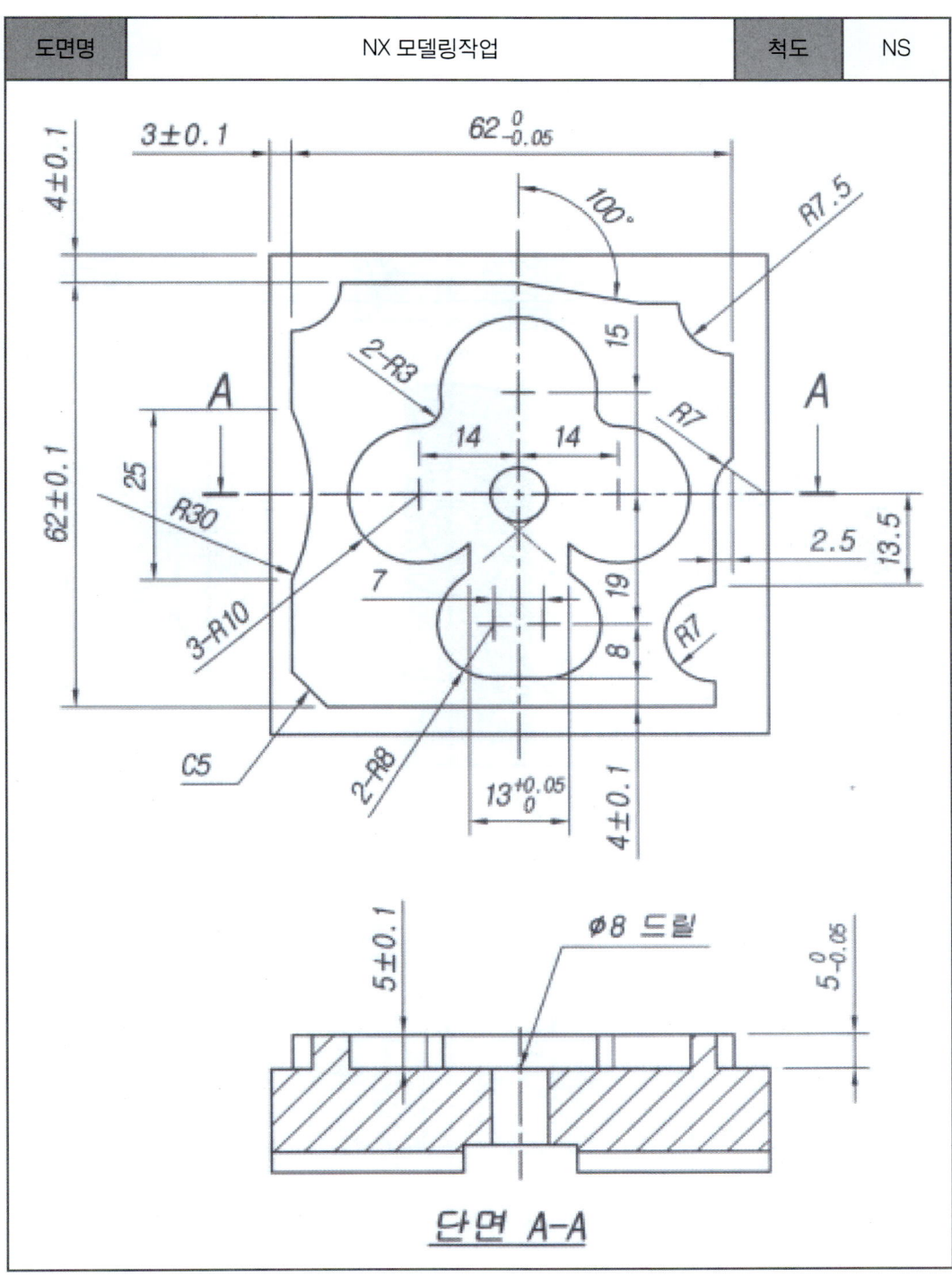

▶ 평면가공 연습 도면 4

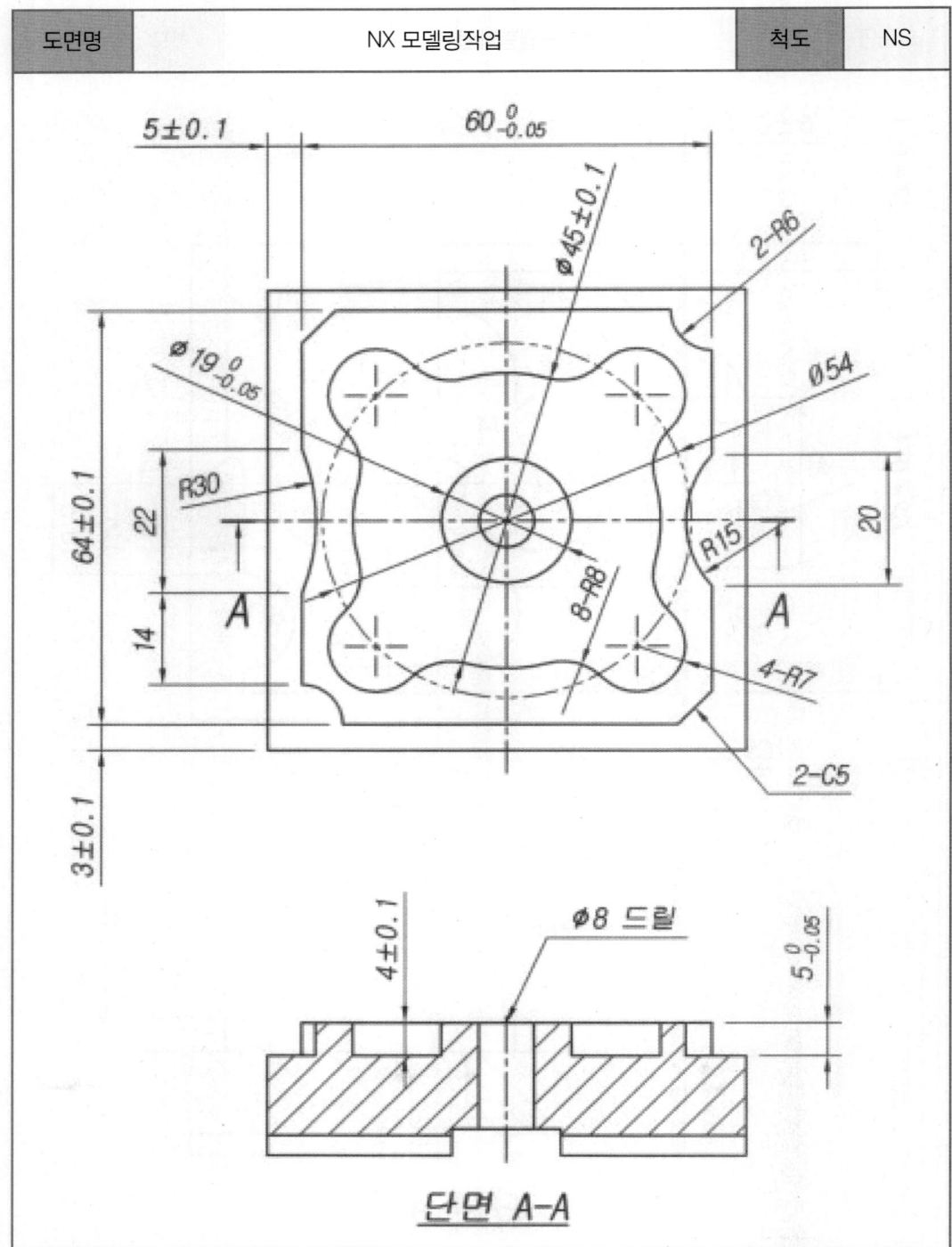

▶ 평면가공 연습 도면 5

| 도면명 | NX 모델링작업 | 척도 | NS |

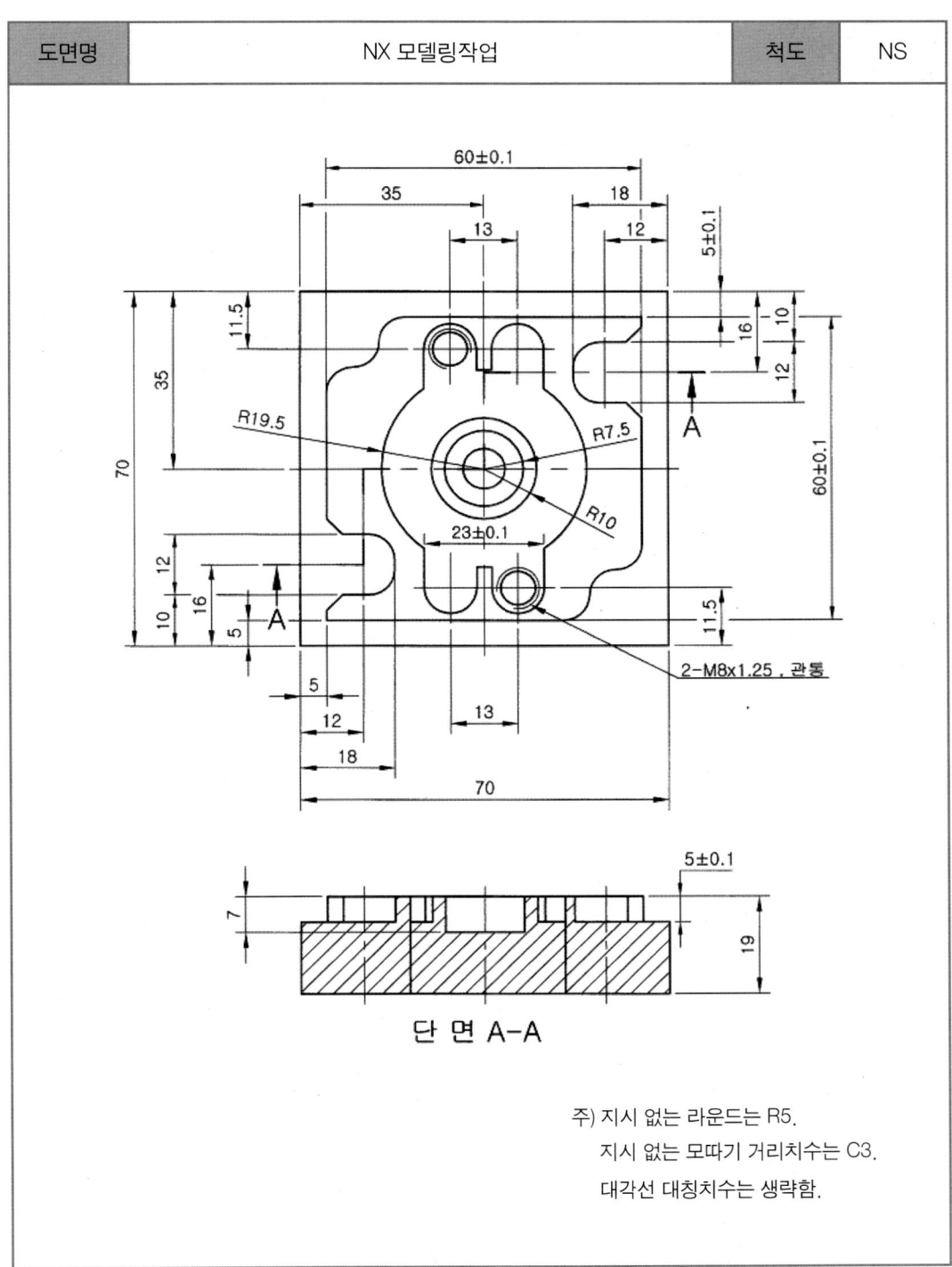

단 면 A-A

주) 지시 없는 라운드는 R5.
지시 없는 모따기 거리치수는 C3.
대각선 대칭치수는 생략함.

6장 ▶ Turning(CNC선반) 가공

제1절 곡면가공 종합 따라 하기 I

01 NX에서 CNC 선반 CAM 작업하기

시작(Start)에서 Manufacturing 선택한다.
가공 환경에서 turning을 선택하고 확인을 클릭한다.

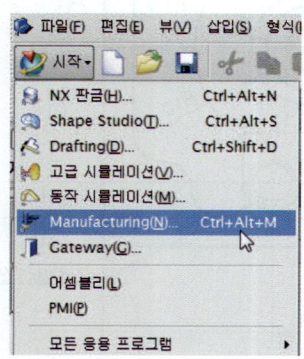 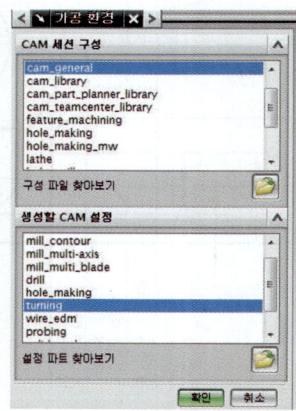

02 제품선택 및 가공소재설정

아래 좌측 오퍼레이션 탐색기(Operation Navigator)창은 가공소재, 공구, 공구 경로(Tool path) 등을 설정해주는 부분이다. 지오메트리 뷰(Geometry View)를 선택하여 축(Spindle) 좌표계, 가공소재 등을 설정할 수 있다.

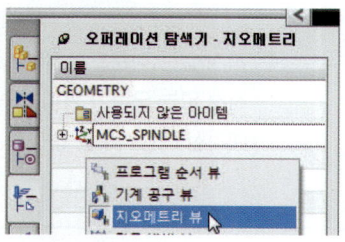 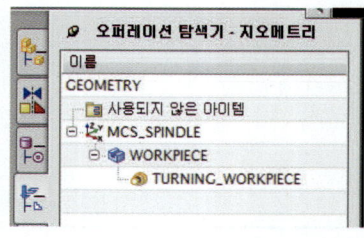

03 공구생성 및 수정

기계 공구 뷰(Machine Tool View)는 생성된 공구를 확인하거나 수정할 수 있다.

단축 아이콘창의 (　　　　　) 공구 생성(Create Tool)을 선택하여 공구를 생성시킨다.

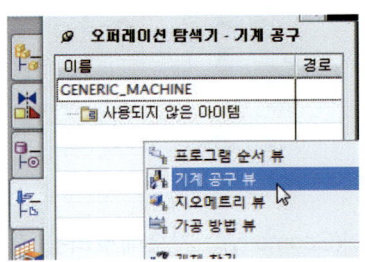
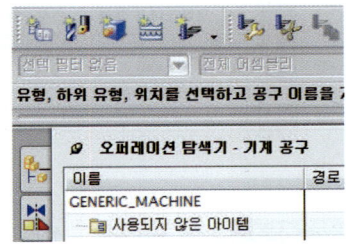

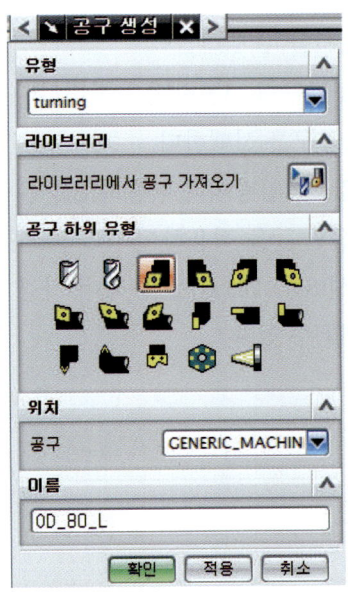
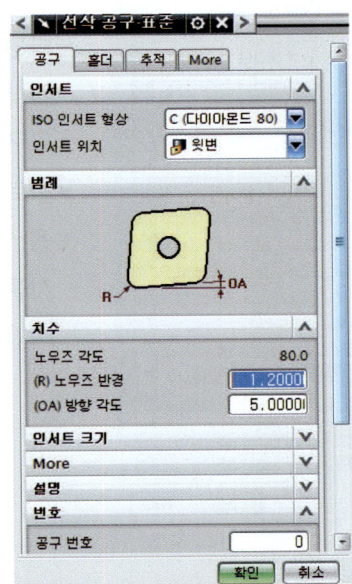

04 오퍼레이션 생성

단축 아이콘창(　)의 오퍼레이션 생성(Create Operation)을 선택한다.
오퍼레이션 생성 창의 아이콘들을 이용하여, 황삭, 정삭, 드릴링 등의 공구 경로(Tool Path)를 생성시킬 수 있다.

Unigraphics(UGS) CAD/CAM
NX9 모델링 및 CAM 가공

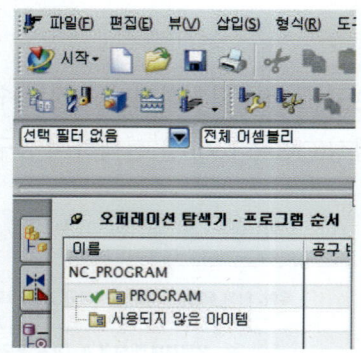 

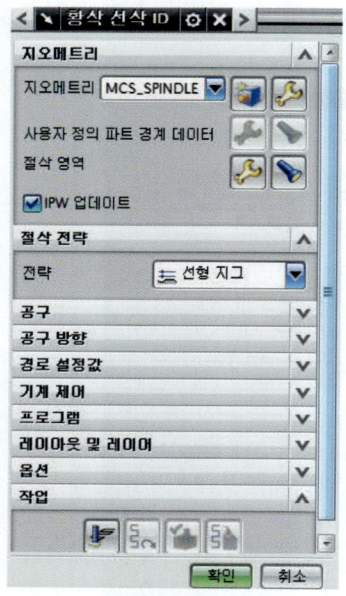

- 지오메트리(Geometry) : 지오메트리를 수정, 편집할 수 있고, 사용자 정의 파트 데이터, 절삭영역을 편집 및 화면에 표시할 수 있다.
- 절삭 전략 : 공구의 이동방법을 설정한다.
- 공구 : 가공공구를 선택한다.
- 경로 설정값 : 절입량이나 이송속도 등을 설정한다.
- 옵션 : 설정된 값을 적용하여 Tool path를 생성시키고, 시뮬레이션(Simulation)을 통하여 가공패턴을 눈으로 직접 확인할 수 있다.

| 제1장 | 제2장 | 제3장 | 제4장 | 제5장 | 제6장 | Chapter F |
| Manufacturing | Mill Contour | Verify & NC Data | Face Milling | Manufacturing Exercise | Turning (CNC선반) 가공 | Manufacturing |

제 2 절　Turning(CNC선반) CAM 따라 하기

아래 도면을 참조하여 따라 하기를 연습하여 본다.

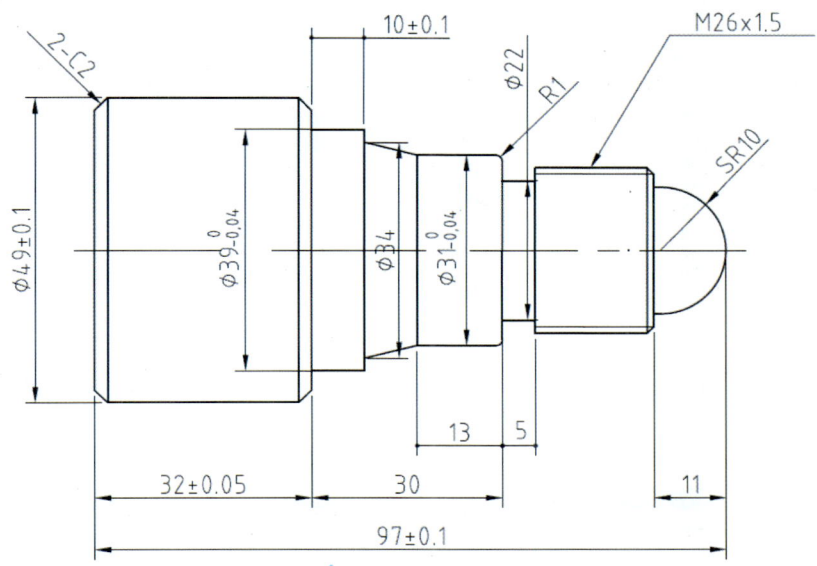

01 모델링 작업하기

❶ 타스크 스케치( ) 아이콘을 선택하고 평면상에서 XY평면을 선택하고 아래 그림과 같이 선, 호, 치수기입 아이콘을 이용하여 스케치한다.

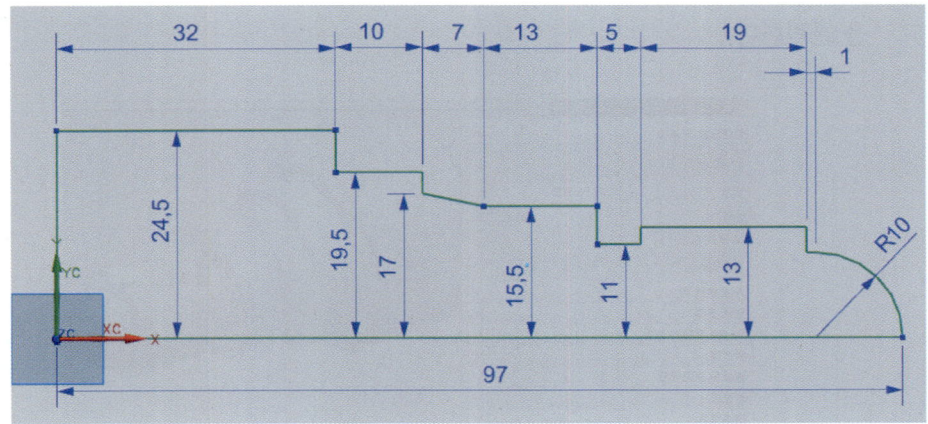

❷ 회전 아이콘을 이용하여 단면 곡선을 선택하고 축에서 XC축을 선택하고 확인을 클릭한다.

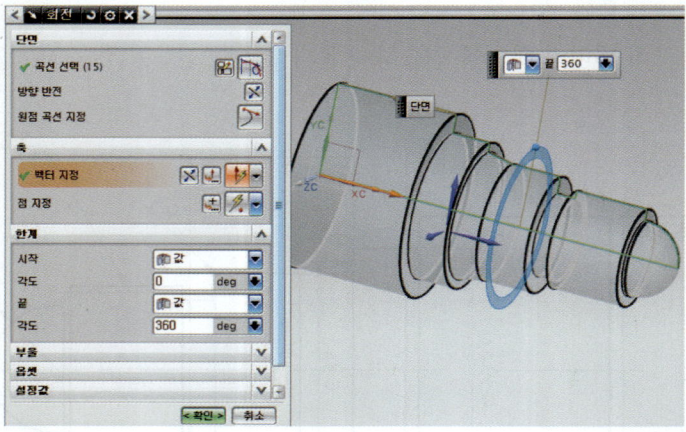

❸ 모따기 아이콘을 이용하여 거리 값 2를 입력하고, 모서리 2군데를 선택하고 확인을 클릭한다.

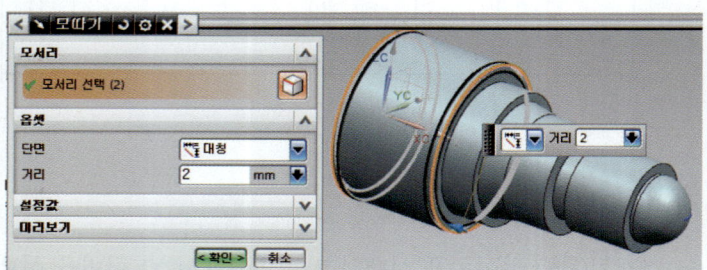

❹ 모서리 블렌드 아이콘을 이용하여 반경 1(R값) 1을 입력하고 모서리를 선택하고 확인을 클릭한다.

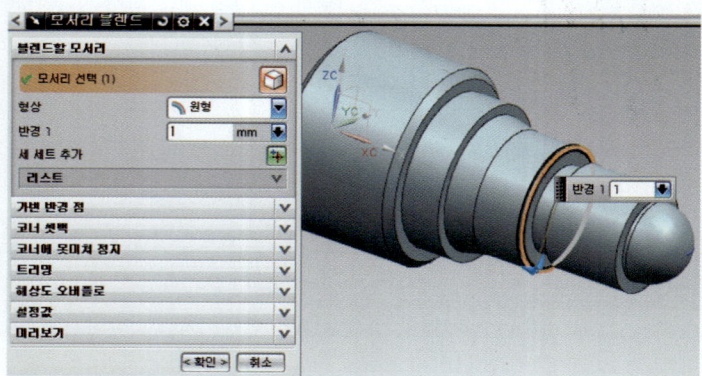

❺ 가공소재를 만들기 위해서 다시 타스크 스케치(🔲) 아이콘을 선택하고 평면상에서 XY평면을 선택하고 확인을 클릭한다.

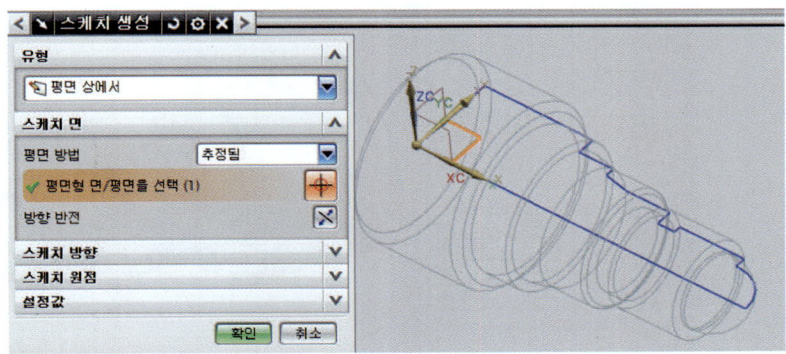

❻ 아래 그림과 같이 스케치 및 치수를 기입한다.

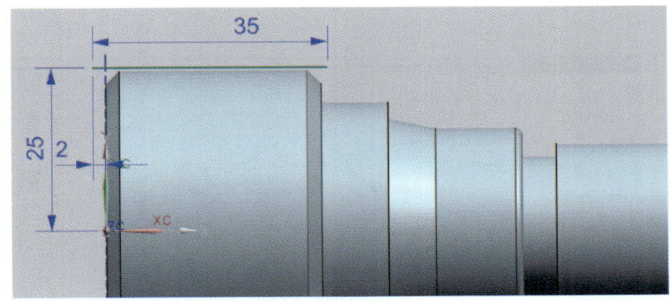

❼ 같은 방법으로 아래 그림과 같이 스케치 및 치수를 기입한다.

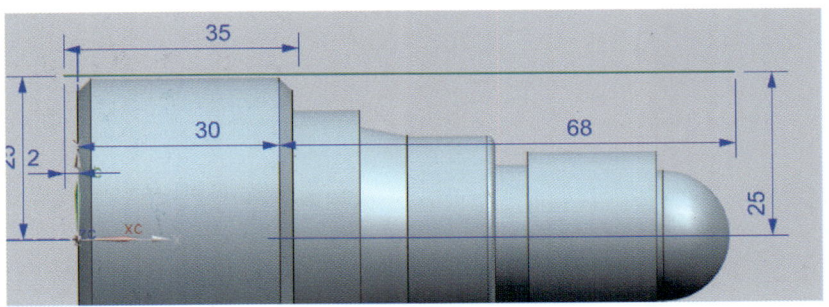

❽ 회전 아이콘을 이용하여 아래 그림과 같이 회전하고 적용을 클릭한다.

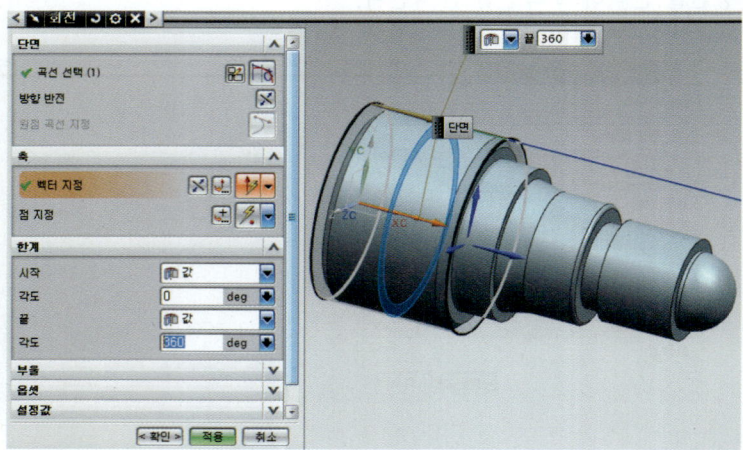

❾ 같은 방법으로 아래 그림과 같이 회전하고 확인을 클릭한다.

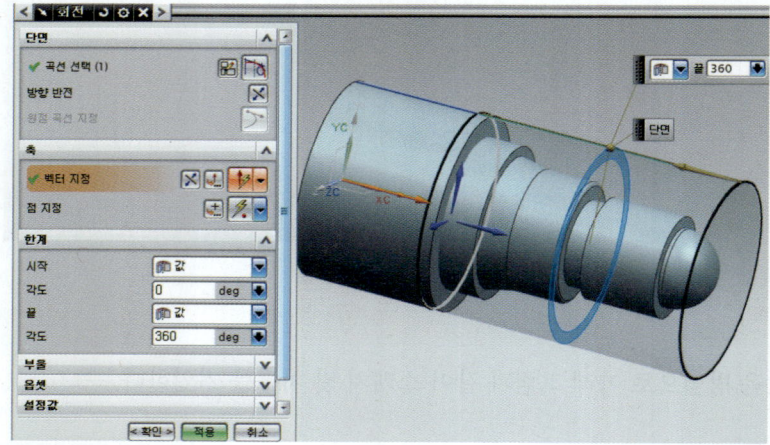

02 공작물 및 좌표계 설정하기

❶ 시작 단추를 클릭하여 Manufacturing을 실행한다.

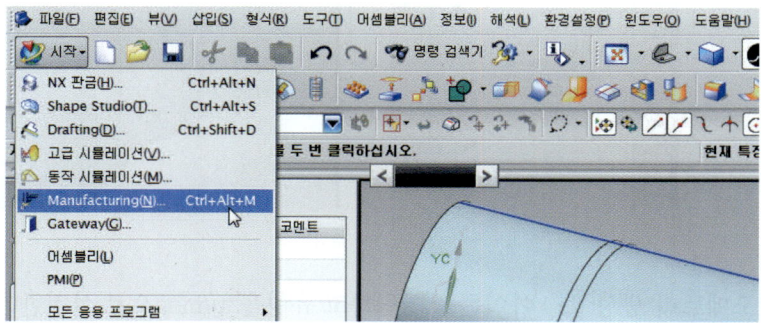

❷ Cam_General과 Turning을 선택하고 확인을 클릭한다.

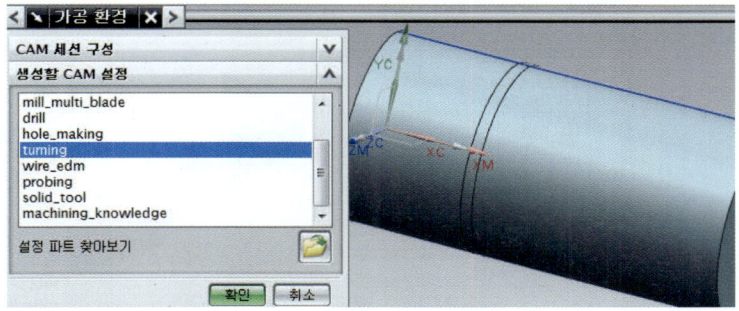

❸ 아래 그림처럼 MB3버튼을 이용하여 숨기기 한다.

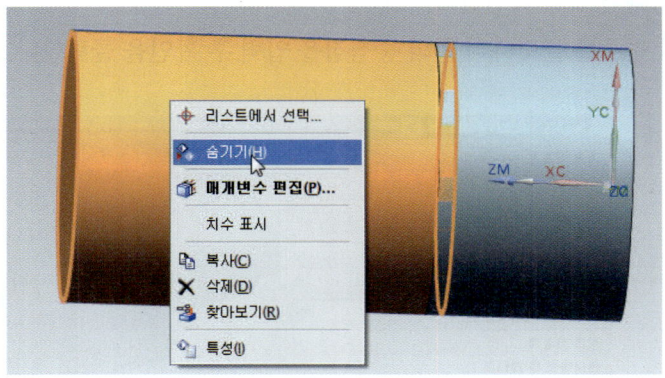

❹ MCS_SPINDLE을 선택하고 MB3버튼을 누르고 삭제한다.

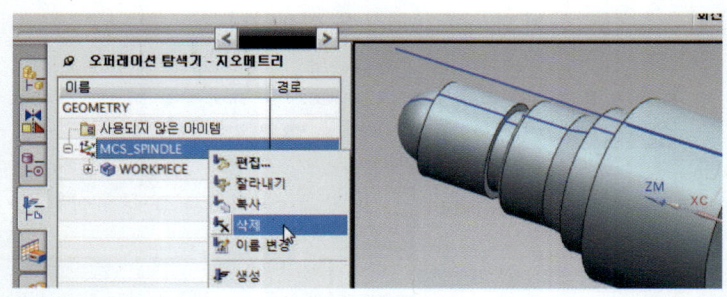

❺ 지오메트리 생성( ) 아이콘을 클릭하고 유형을 turning으로 설정한다.
지오메트리 하위 유형에서 MCS_SPINDLE을 선택하고, 이름에서 MCS_SPINDLE_FRONT로 입력하고 확인을 클릭한다.

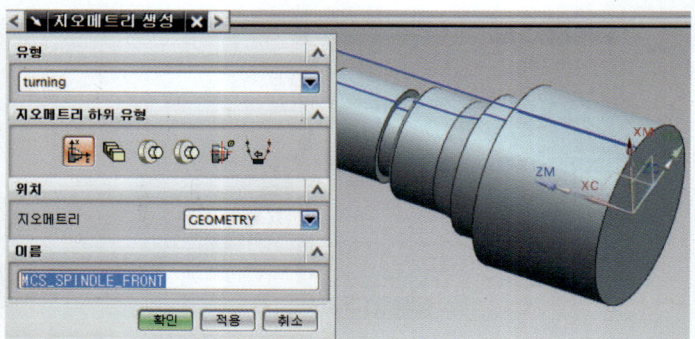

❻ 기계 좌표계 MCS지정에서 소재의 시작점을 입력하기 위해 '원호 중심( )', '스냅 점'이 활성화된 것을 확인한다.
우측의 원주를 클릭하여 원의 중심점을 입력 후 확인을 클릭한다.

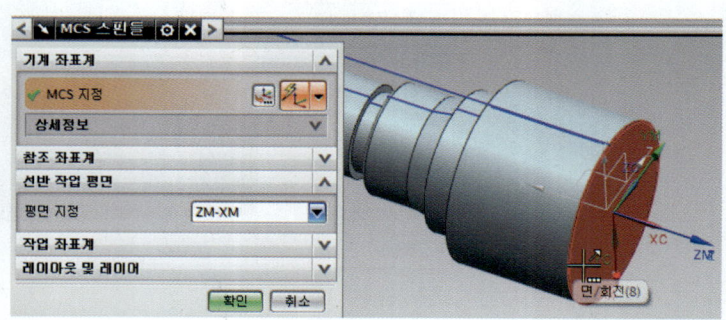

❼ Work Piece를 더블 선택하거나, MB3을 클릭하여 편집을 선택한다.

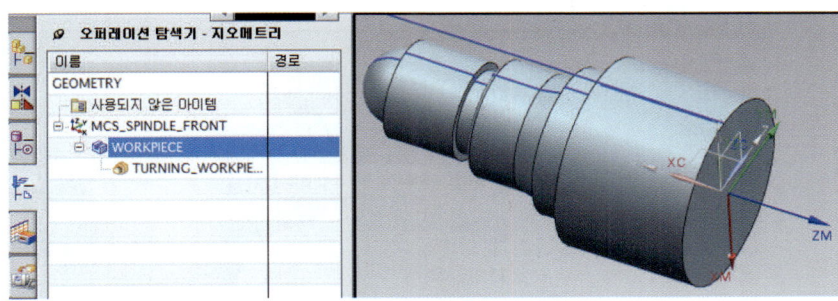

❽ 파트 지정 아이콘을 클릭한다.

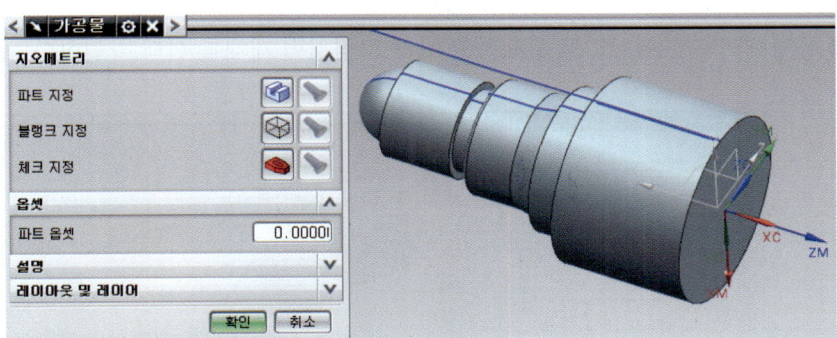

❾ 아래 그림과 같이 개체를 선택하고 확인을 클릭한다.

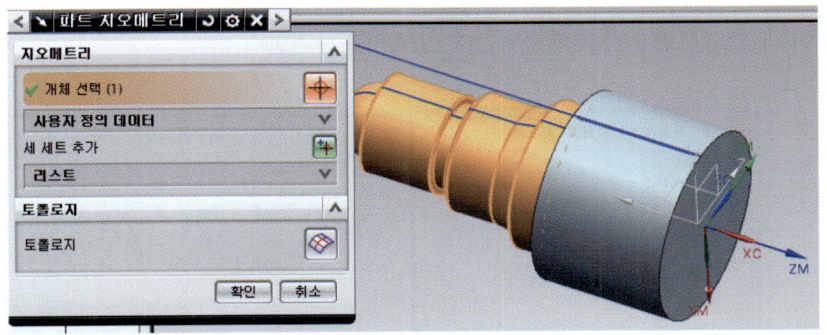

❿ 블랭크 지정 아이콘을 클릭한다.

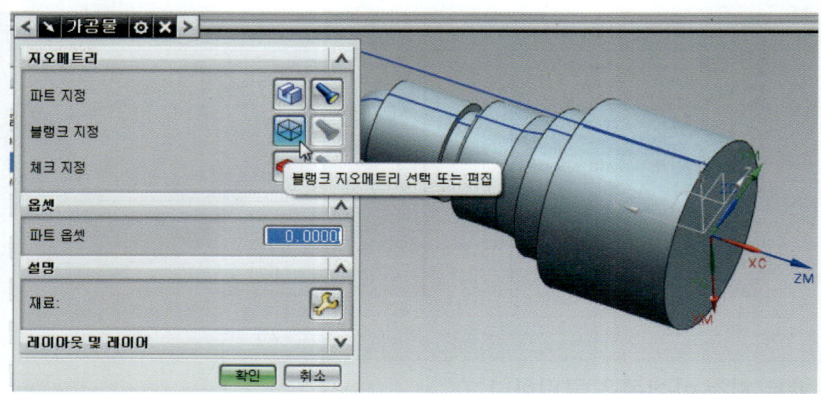

⓫ 유형에서 지오메트리로 설정하고 아래 그림처럼 개체를 선택 확인한다.

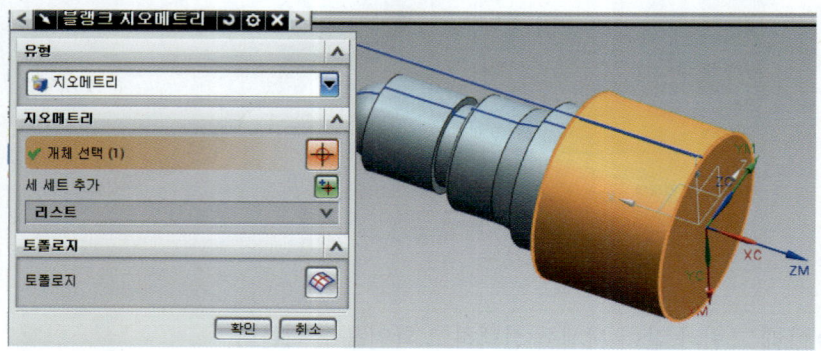

⓬ 아래 그림처럼 TURNING_WORKPIECE를 선택한다.

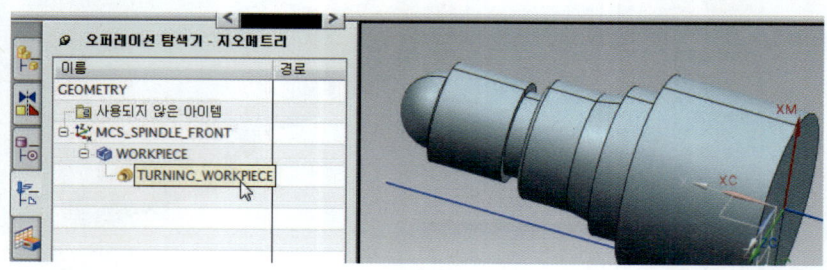

❸ 아래 그림처럼 선택하고 MB3버튼을 이용하여 숨기기 한다.

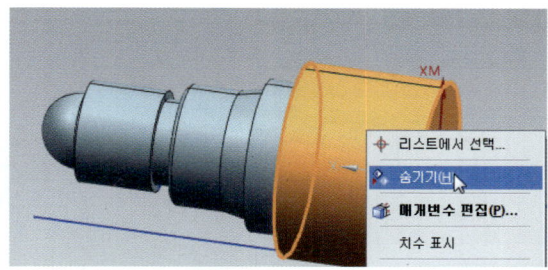

❹ 같은 방법으로 모델링을 선택하고 MB3버튼을 이용하여 숨기기 한다.

03 공구 설정하기

❶ 공구 생성( ) 아이콘을 클릭하고 유형은 Turning으로 설정하고, 황삭 바이트 'OD_80_L' 을 선택하고 확인을 클릭한다.

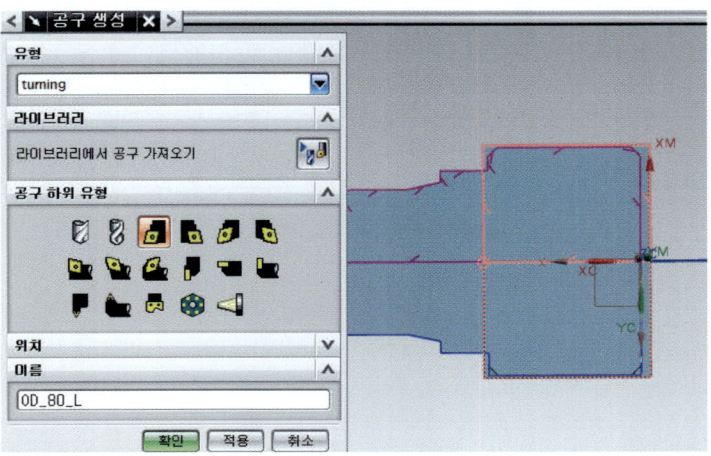

❷ 노우즈 R : 1.2 확인, 공구 번호 1번을 입력하고 확인을 클릭한다.

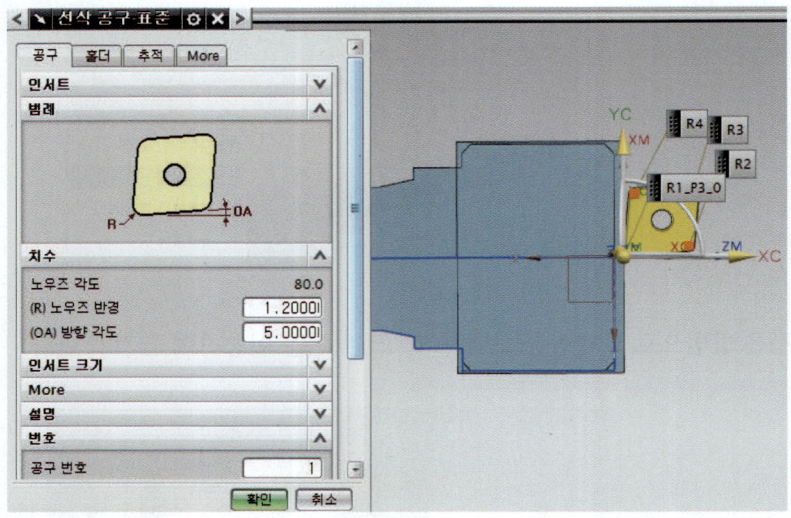

❸ 회전 홀더 사용을 체크한다.

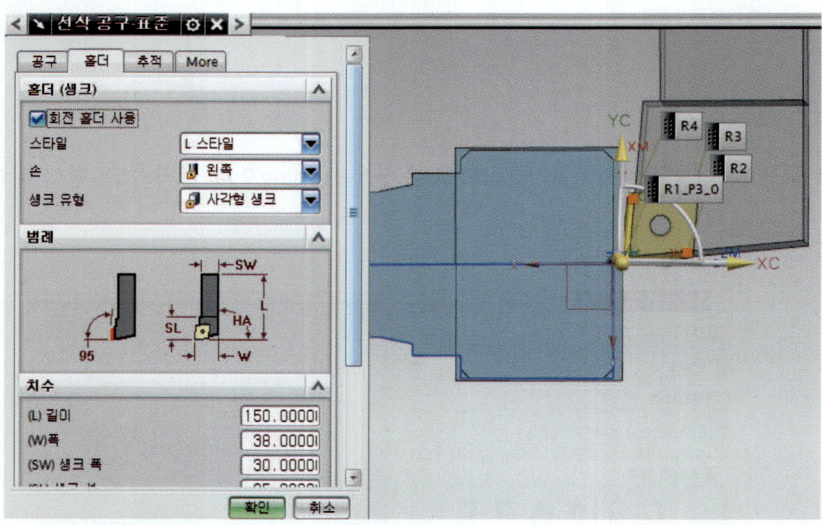

❹ 추적에서 아래 그림처럼 공구 끝점을 선택한다.

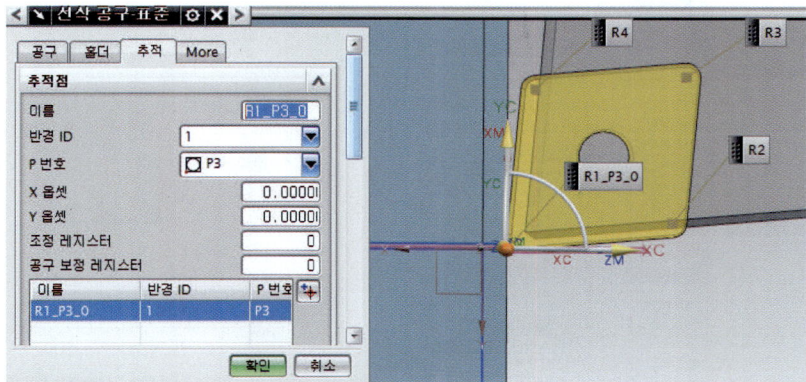

04 척에 고정부위 가공 단면 황삭 가공하기

❶ 오퍼레이션 생성( ) 아이콘을 클릭한다.
아래 그림과 같이 설정하고 적용한다(척에 고정부위 가공).

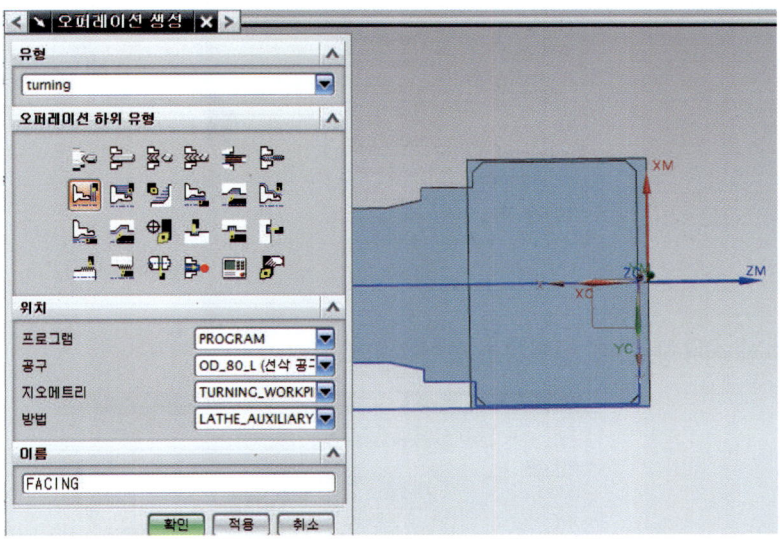

❷ 아래와 같이 설정하고 절삭 매개변수( ) 아이콘을 클릭한다.

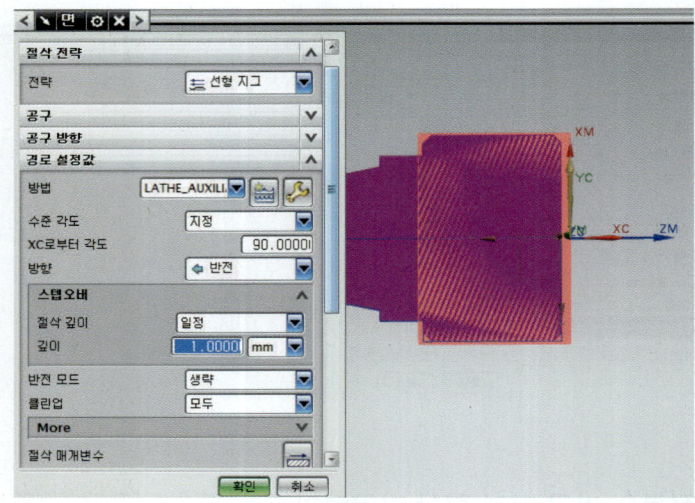

❸ 언더컷 허용을 체크 해제한다.

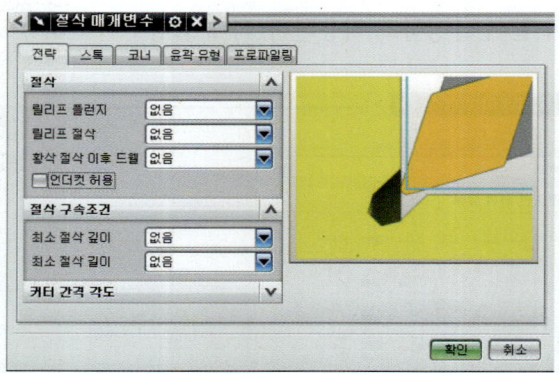

❹ 황삭 여유량 0.5를 입력하고 확인을 클릭한다.

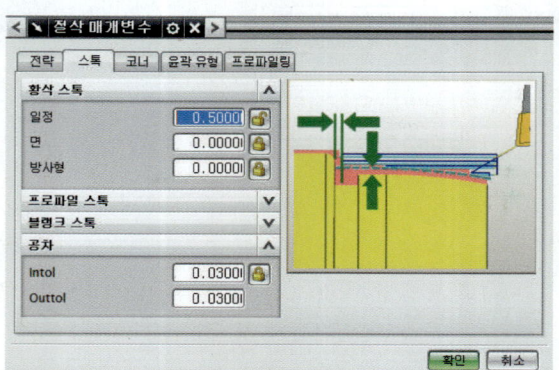

❺ 비절삭 이동( ) 아이콘을 클릭하고 진입에서 아래 그림처럼 설정한다.

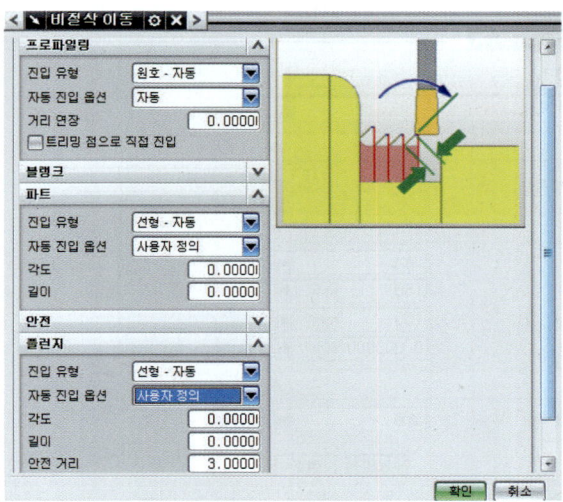

❻ 가공물 간격 3을 확인을 클릭한다.

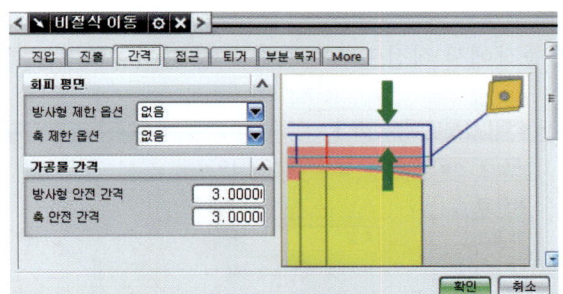

❼ 점 다이얼로그를 클릭한다.

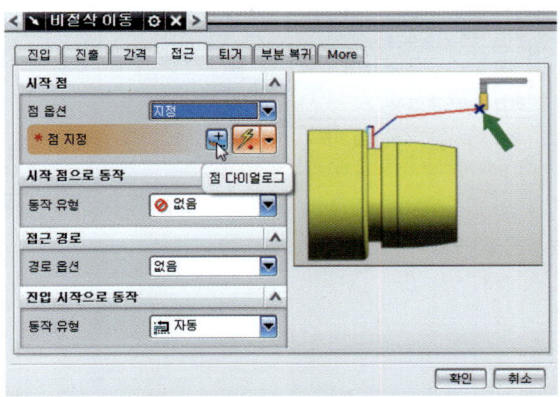

❽ X150, Y150을 입력하고 확인을 클릭한다.

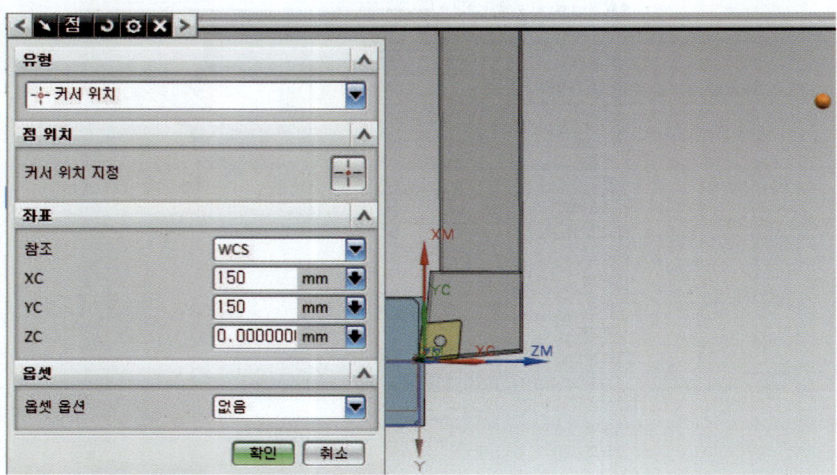

❾ 시작점으로 동작에서 직접으로 설정하고 점 다이얼로그를 클릭한다.

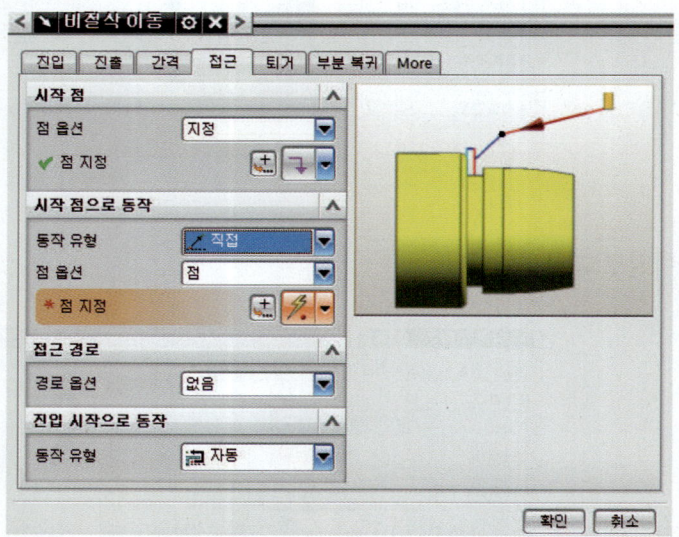

❿ X10, Y55를 입력하고 확인을 클릭한다.

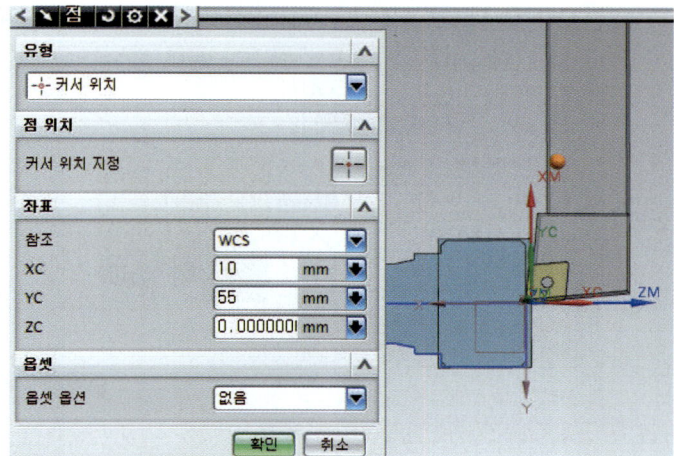

⓫ 진입 시작으로 동작 유형에서 직접으로 설정한다.

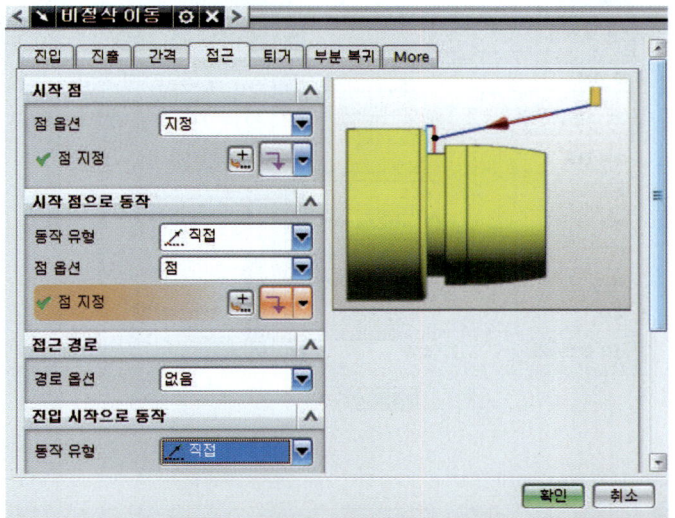

⓬ GO HOME에서 동작 유형은 직접으로 설정하고 점 다이얼로그를 클릭한다.

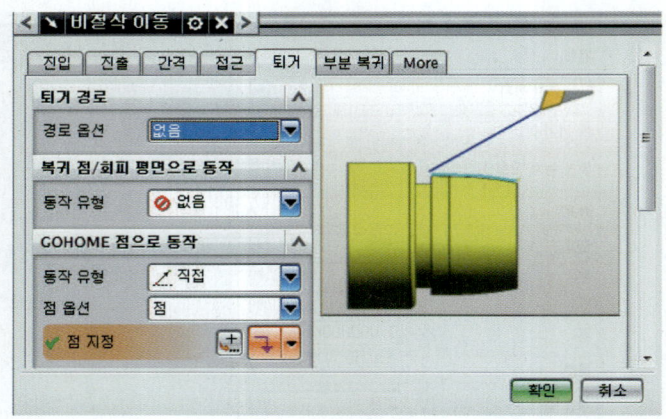

⓭ X150, Y150을 입력하고 확인을 클릭한다.

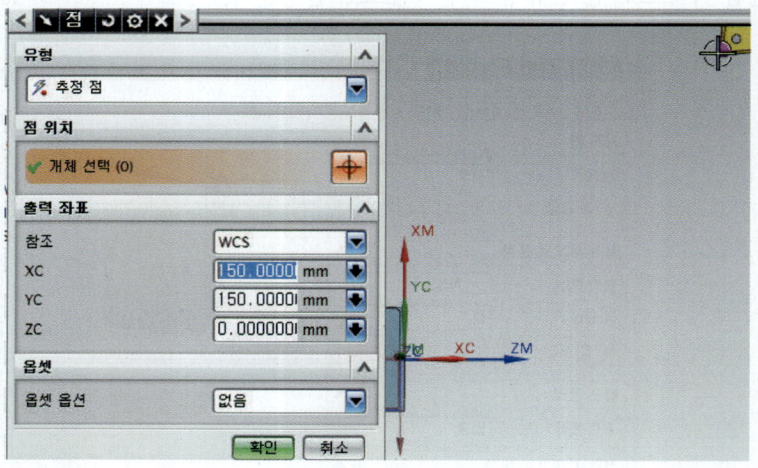

⓮ 이송 및 속도( )를 클릭한다.
아래 그림과 같이 설정 입력하고 확인을 클릭한다.

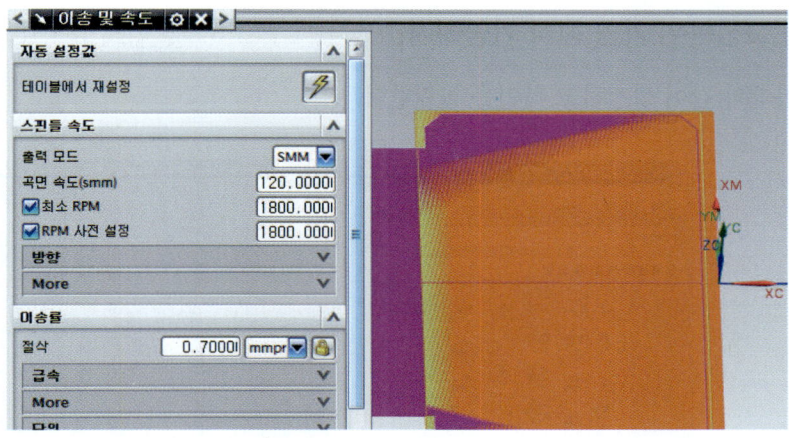

⓯ 작업에서 생성(　)을 클릭하고 공구 경로를 확인한다.

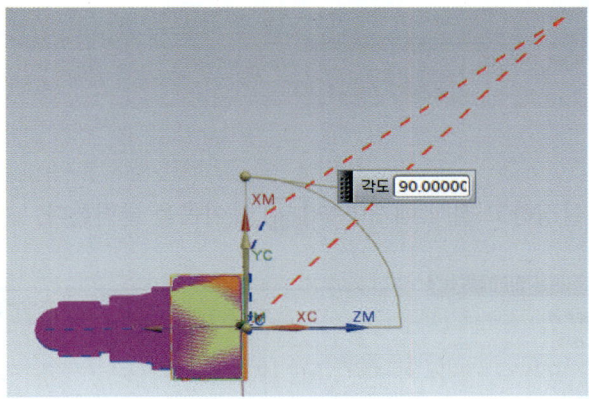

⓰ 검증(　)을 클릭하고 가공을 확인한다.

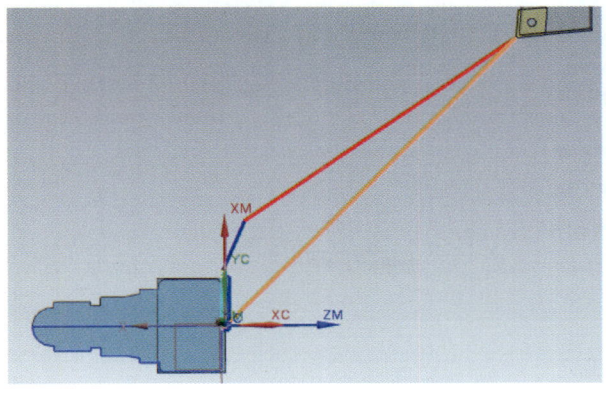

05 척에 고정부위 가공 정삭 가공하기

❶ 아래와 같이 설정하고 확인을 클릭한다.

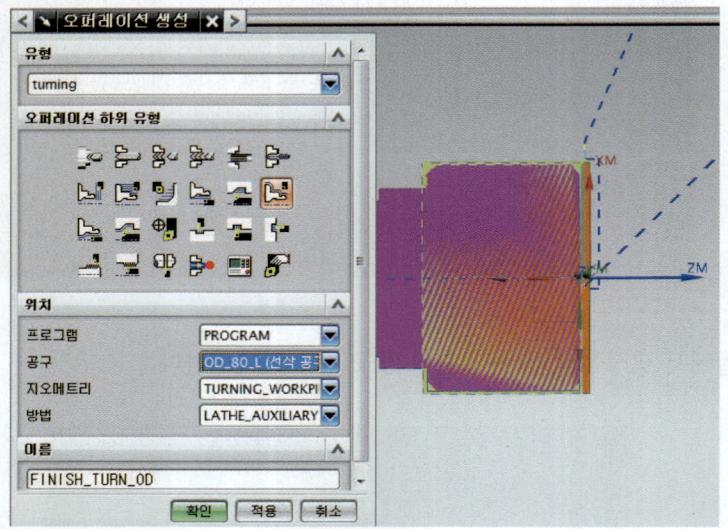

❷ 아래와 같이 설정하고 절삭 매개변수(▭) 아이콘을 클릭한다.

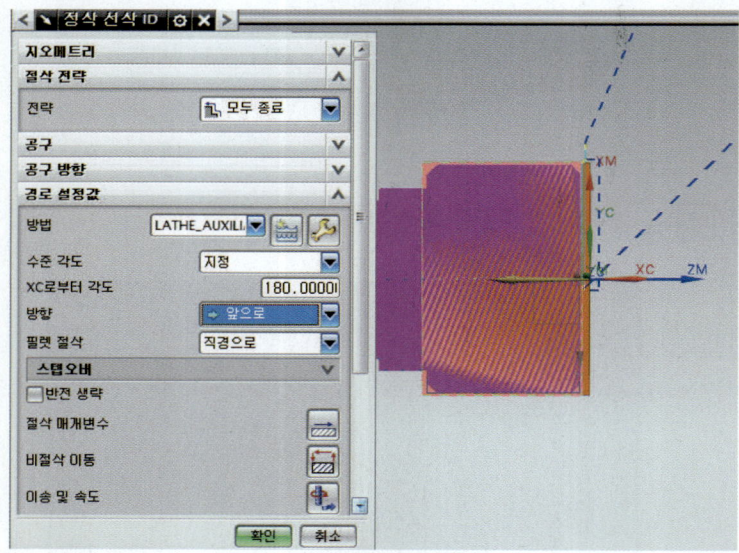

❸ 언더컷 허용을 체크 해제한다.

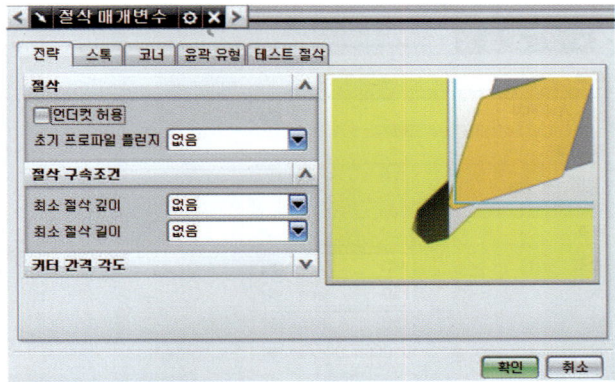

❹ 정삭 여유량 0을 확인하고 공차를 0.01로 입력한다.

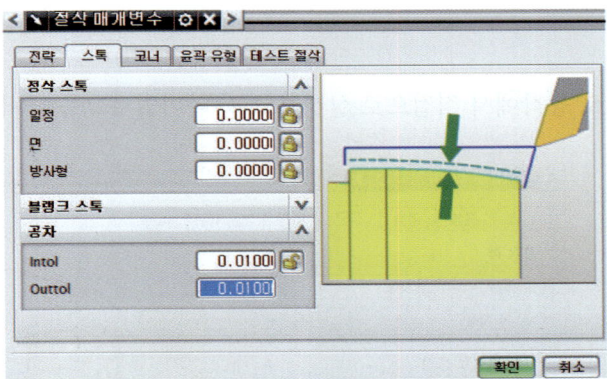

❺ 비 절삭 이동( ) 아이콘을 클릭하고 접근에서 점 다이얼로그를 클릭한다.

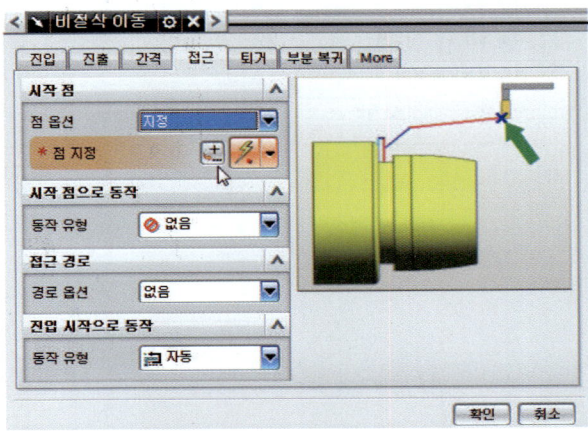

❻ X150, Y150을 입력하고 확인을 클릭한다.

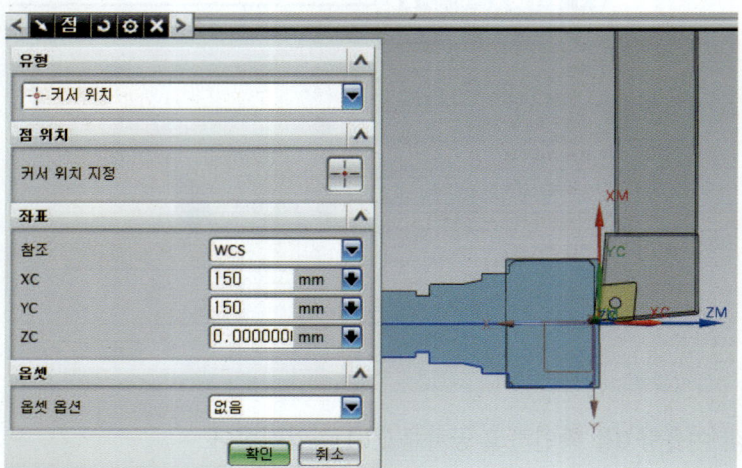

❼ 시작점으로 동작에서 직접으로 설정하고 점 다이얼로그를 클릭한다.

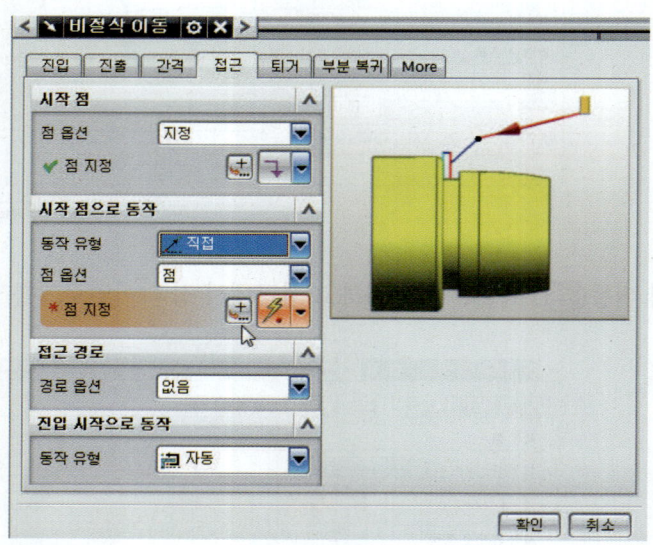

❽ X30, Z0을 입력한다.

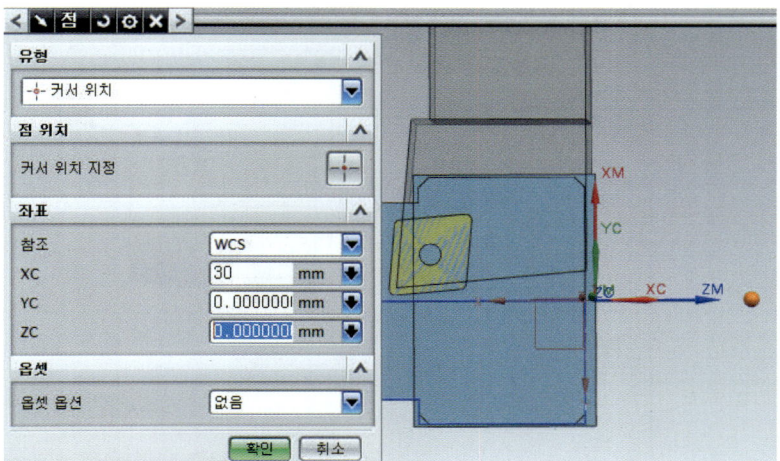

❾ 진입 시작으로 동작에서 직접으로 설정한다.

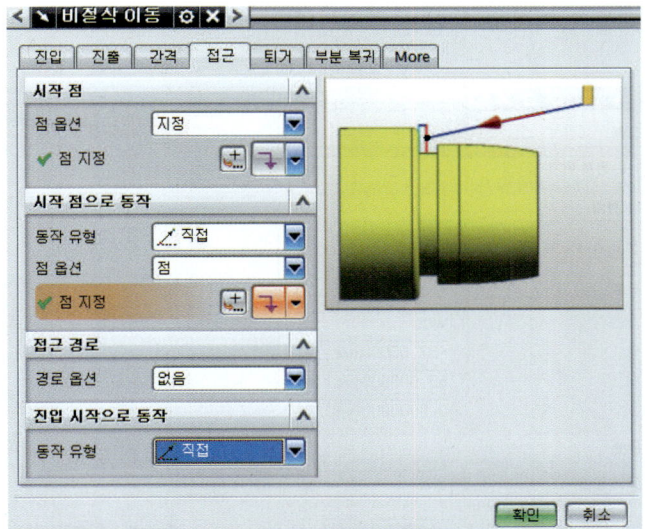

❿ 복귀점 동작에서 직접으로 설정하고 점 다이얼로그를 클릭한다.

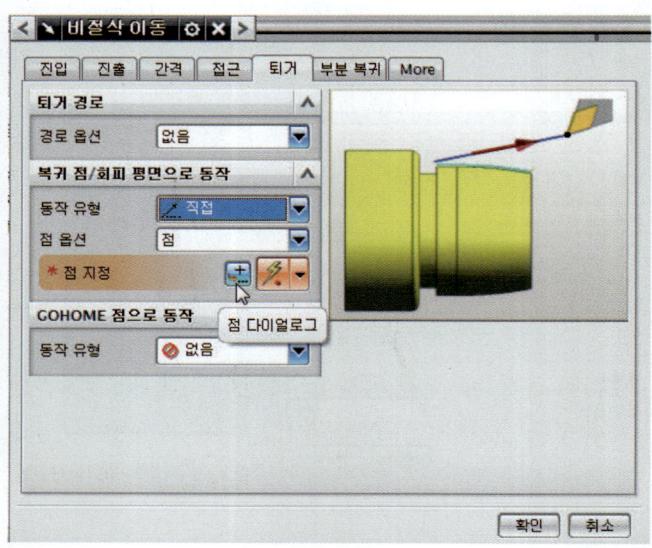

⓫ X-32, Y55를 입력하고 확인을 클릭한다.

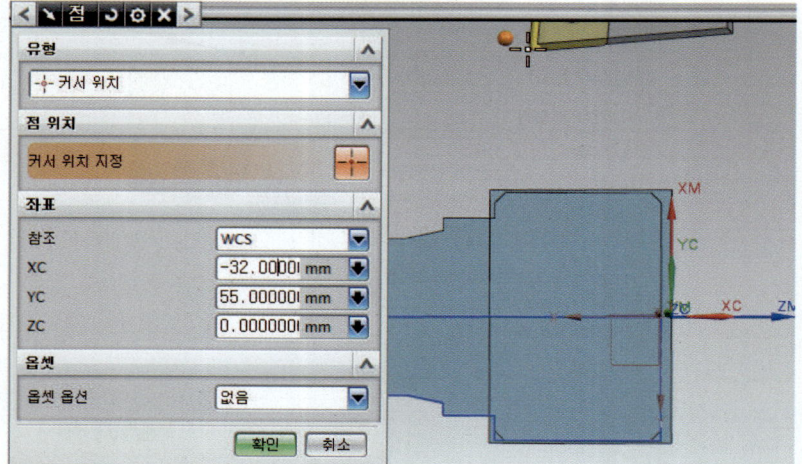

⓬ GO HOME에서 직접으로 설정하고 점 다이얼로그를 클릭한다.

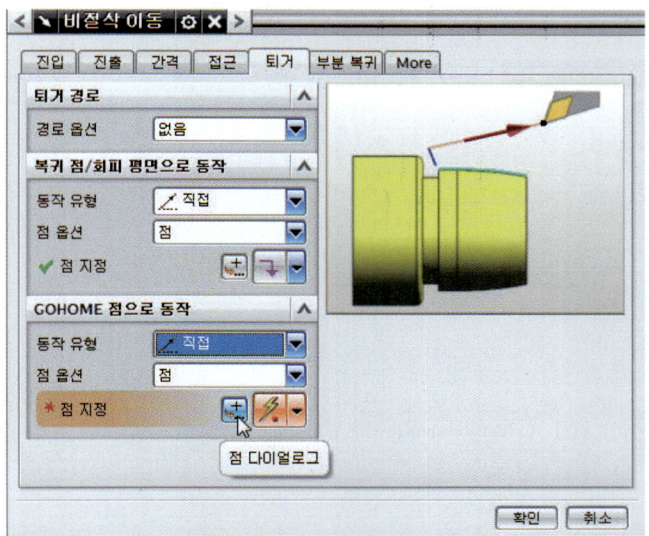

⓭ X150, Y150을 입력하고 확인을 클릭한다.

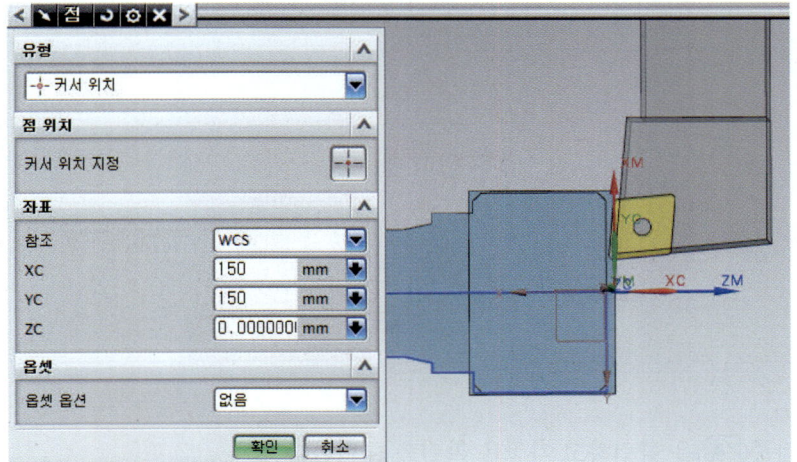

❶❹ 이송 및 속도( )를 클릭한다.
아래 그림과 같이 설정 입력하고 확인을 클릭한다.

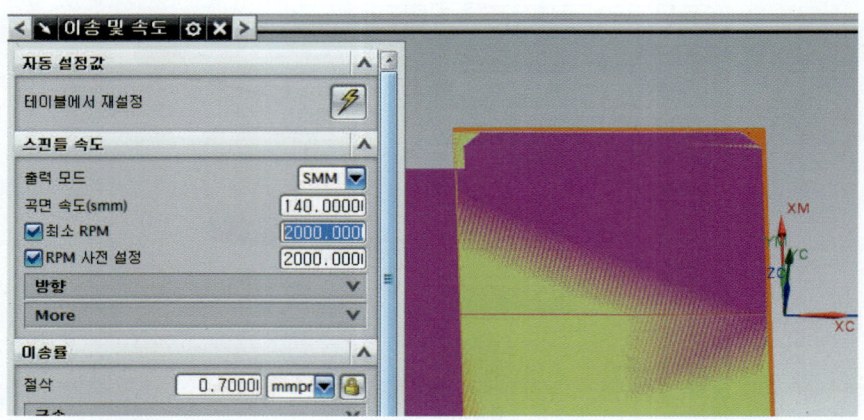

❶❺ 작업에서 생성( )을 클릭하고 공구 경로를 확인을 클릭한다.

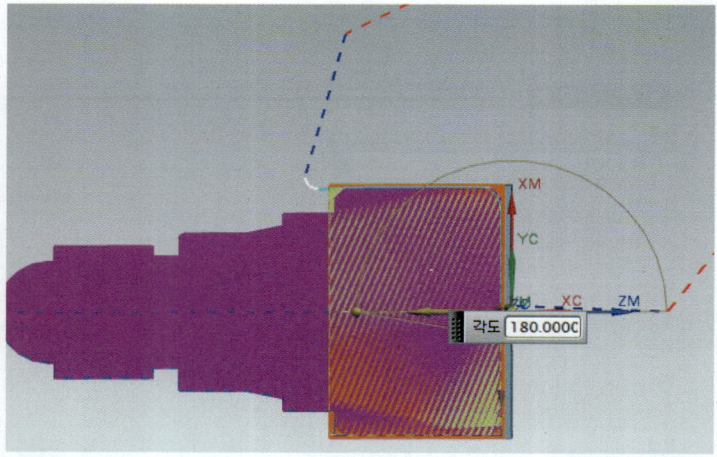

❶❻ 검증( )을 클릭하고 가공을 확인을 클릭한다.

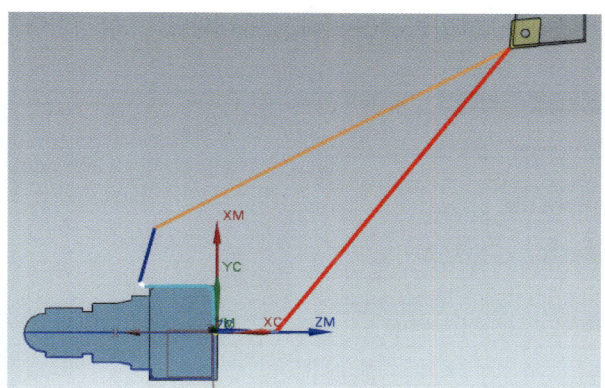

06 축(Shaft) 황삭 가공하기

❶ 표시 및 숨기기( )를 클릭하고 솔리드 바디 표시를 클릭한다.

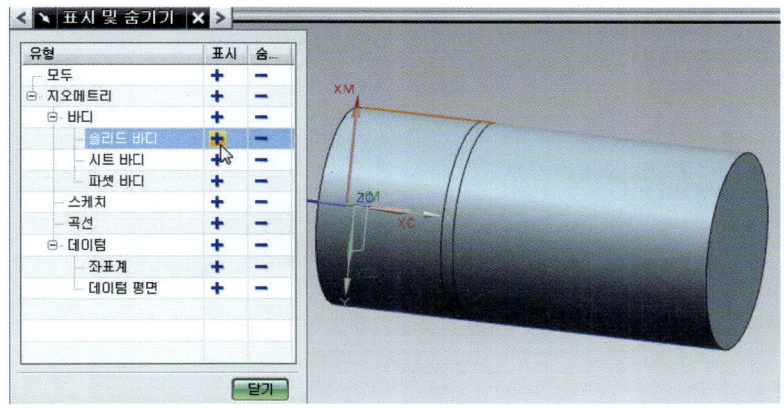

❷ 아래 그림처럼 MB3 버튼을 이용하여 숨기기 한다.

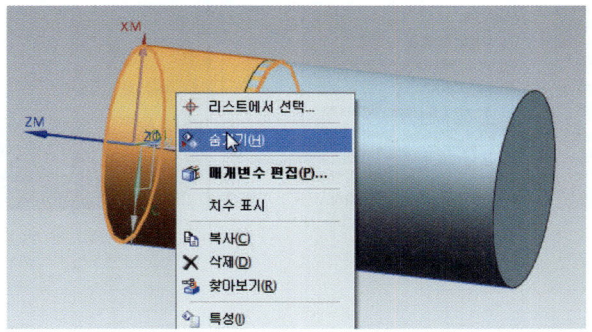

❸ 지오메트리 생성( ) 아이콘을 클릭하고 아래와 같이 설정한다.

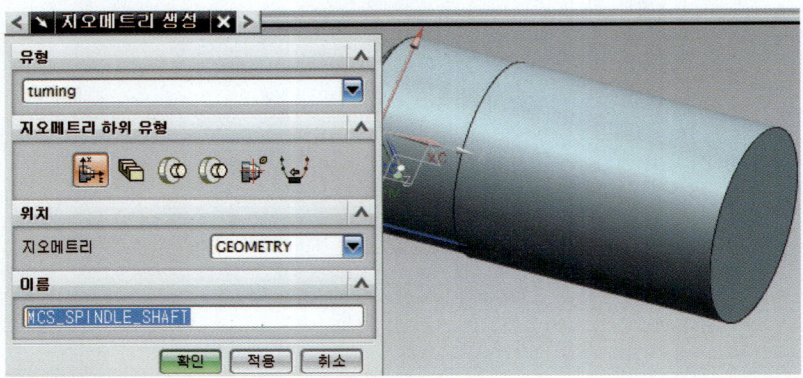

❹ 우측 단면을 클릭하고 확인을 클릭한다.

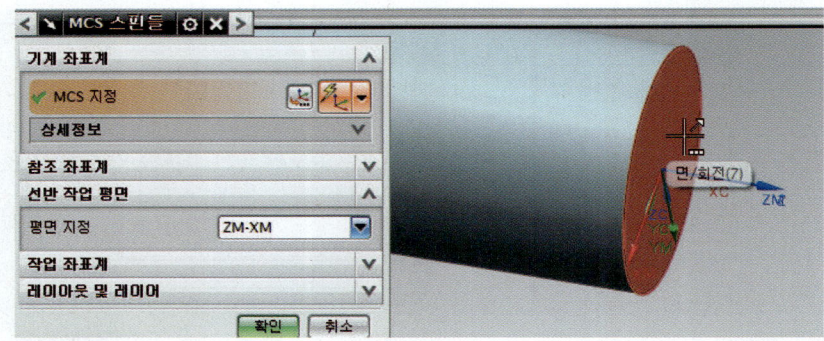

❺ Work Piece를 더블 선택하거나 MB3을 클릭하여 편집을 선택한다.

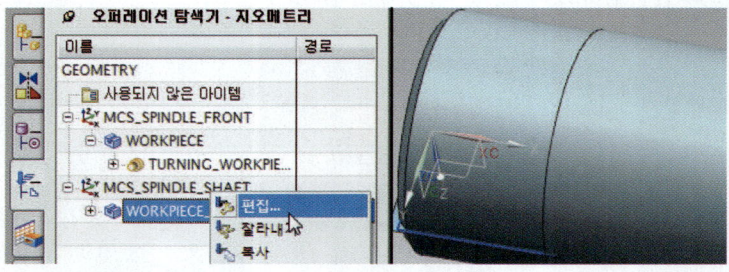

❻ 파트 지정 아이콘을 클릭한다.

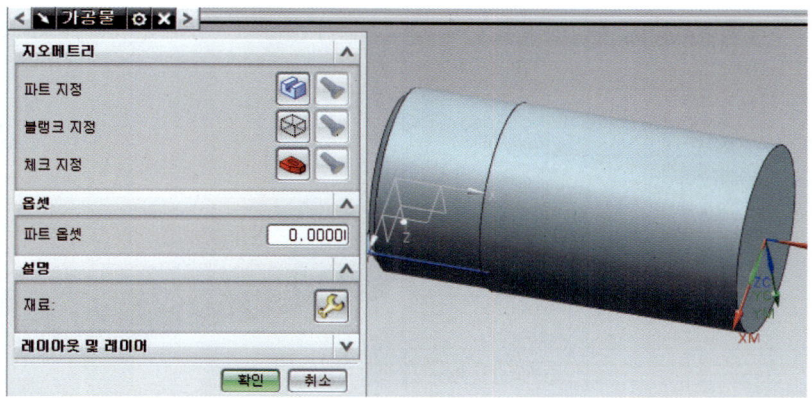

❼ 아래 그림과 같이 개체를 선택하고 확인을 클릭한다.

❽ 블랭크 지정 아이콘을 클릭한다.

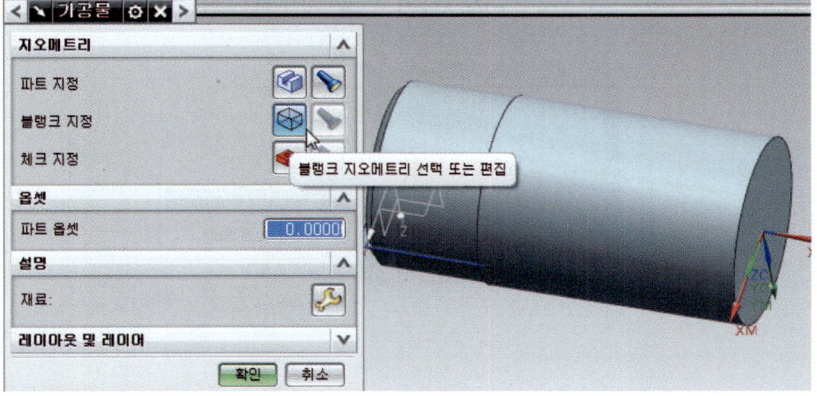

❾ 유형에서 지오메트리로 설정하고, 아래 그림처럼 개체를 선택한 후 확인을 클릭한다.

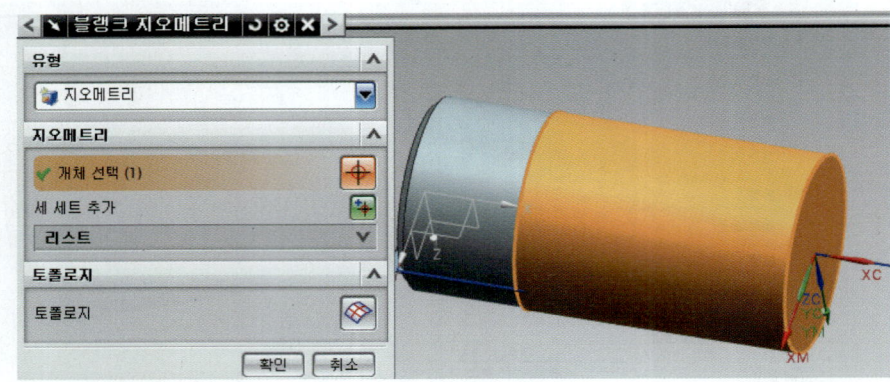

❿ 아래 그림처럼 TURNING_WORKPIECE을 선택한다.

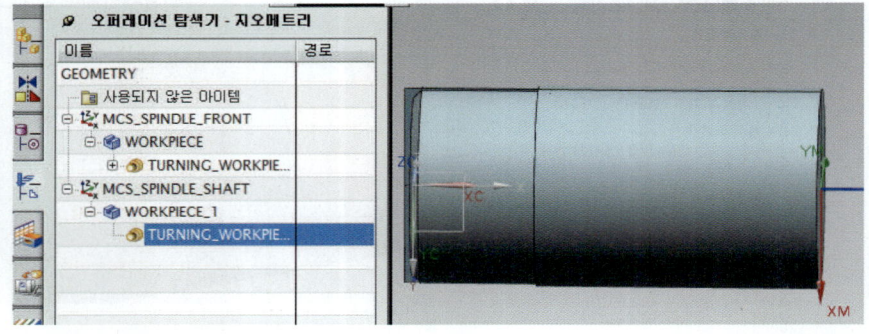

⓫ 아래 그림처럼 선택하고 MB3 버튼을 이용하여 숨기기 한다.

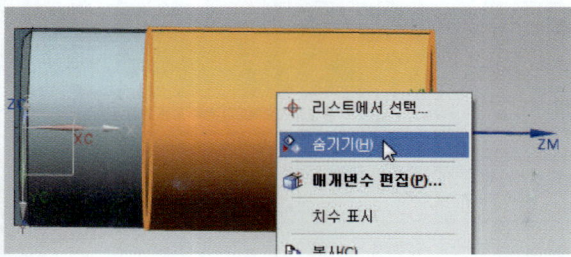

❷ 같은 방법으로 모델링을 선택하고 MB3 버튼을 이용하여 숨기기 한다.

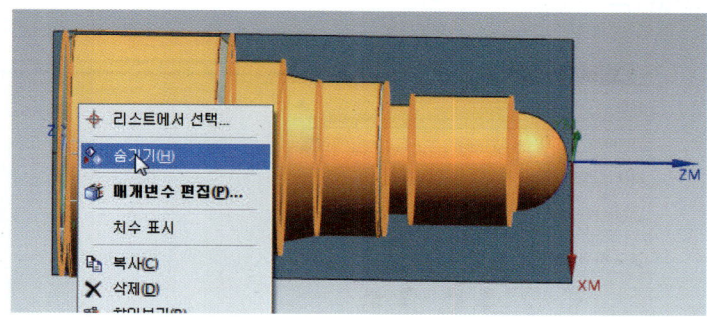

❸ WORKPIECE_1을 MB3 버튼을 이용하여 이름 변경을 클릭한다.

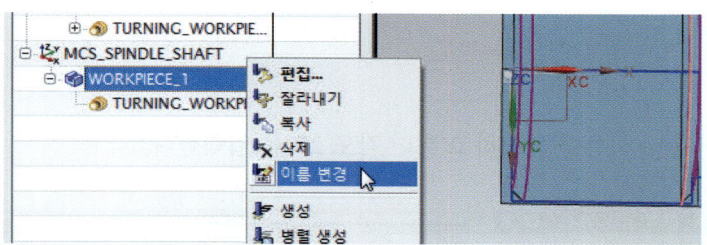

❹ WORKPIECE_SHAFT로 변경한다.

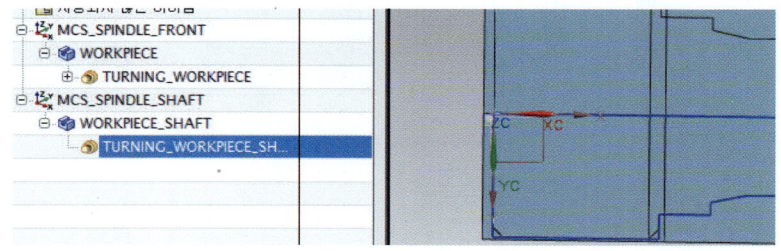

❺ 공구 생성( ) 아이콘을 클릭하고 유형은 Turning 으로 설정하고 황삭 바이트 'OD_80_L'을 선택하고 확인을 클릭한다.

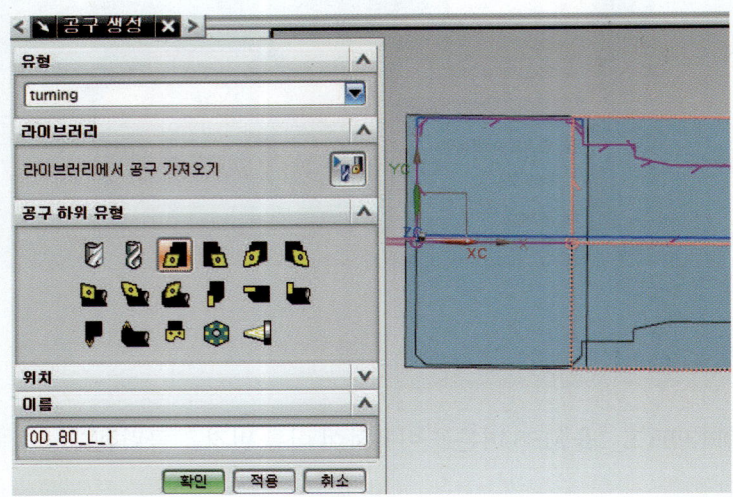

❻ 회전 홀더 사용을 체크하고 홀더 각도 270을 입력한다.

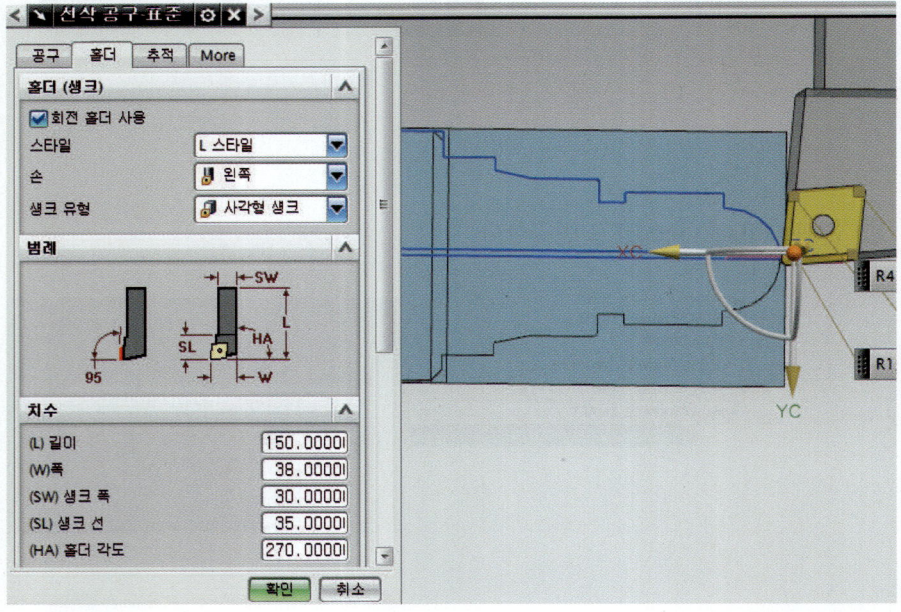

❼ 추적에서 아래 그림처럼 공구 끝점을 선택한다.

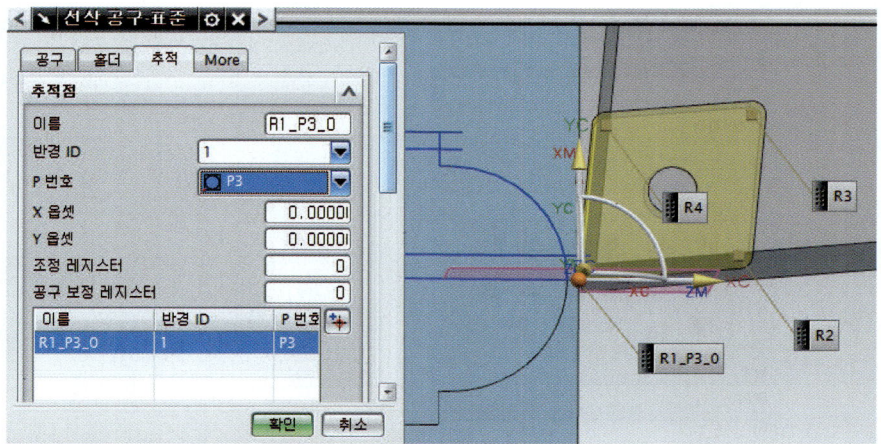

❽ 노우즈 R : 1.2 확인, 공구 번호 1을 입력하고 확인을 클릭한다.

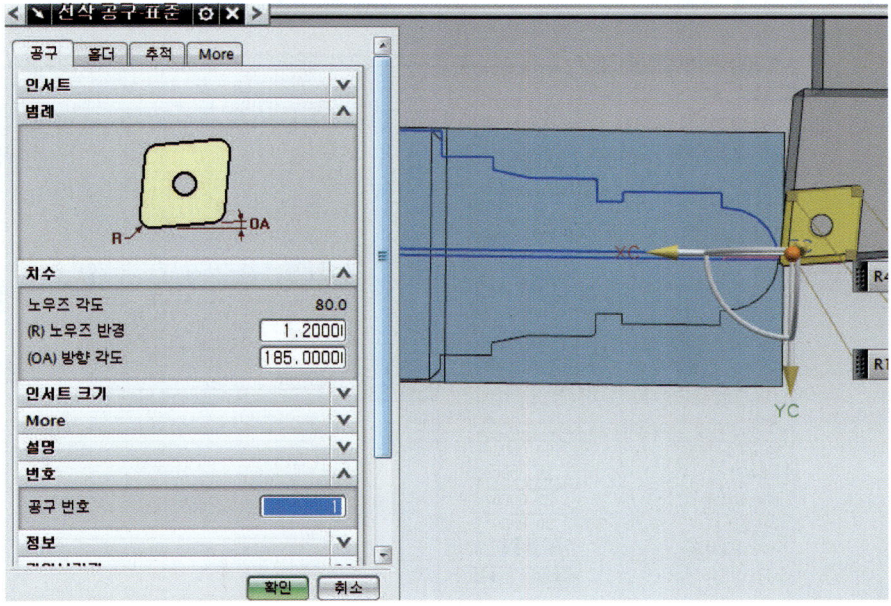

❶⓽ 정삭 바이트 'OD_55_L'를 선택하고 확인을 클릭한다.

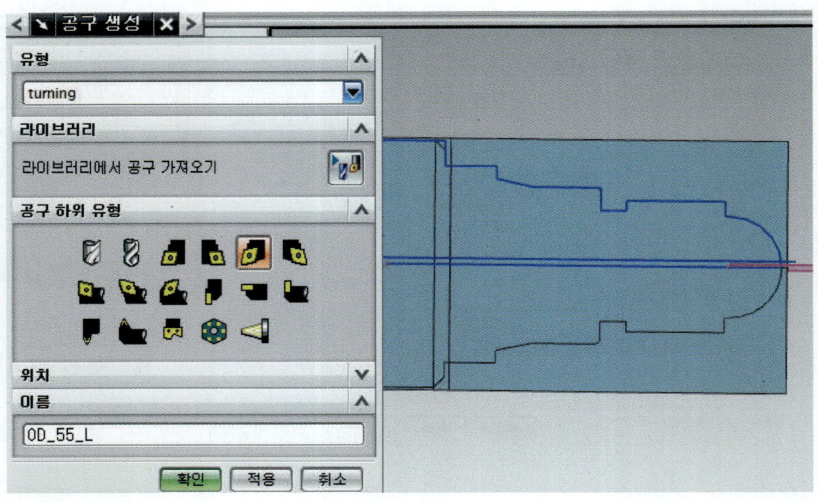

❷⓪ 회전 홀더 사용을 체크하고 홀더 각도 270을 입력한다.

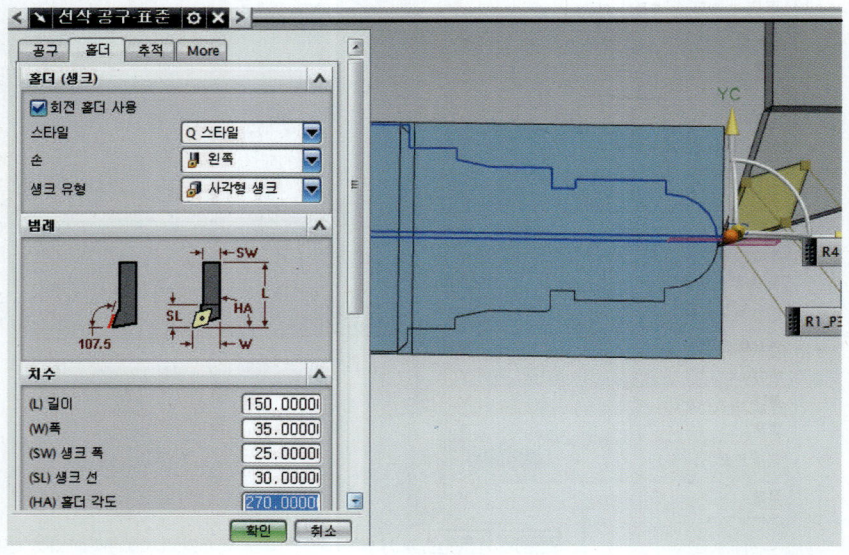

㉑ 추적에서 아래 그림처럼 공구 끝점을 선택한다.

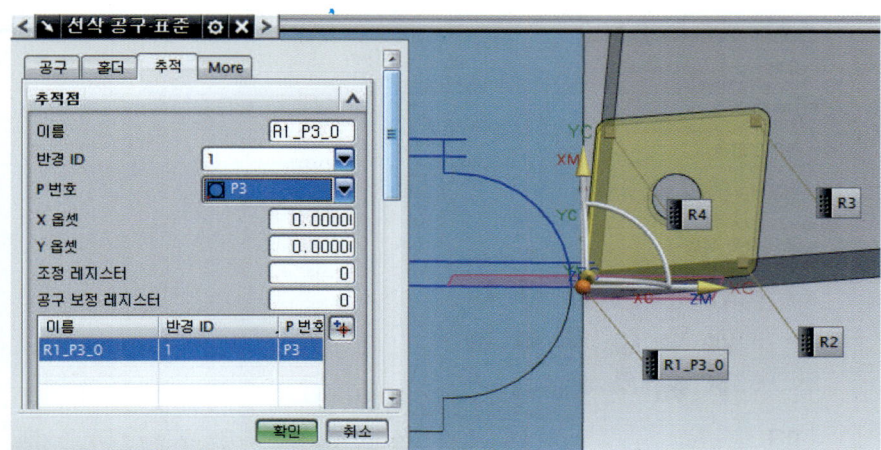

㉒ 노우즈 R : 0.8을 입력하고 공구 번호 2를 입력 후 확인을 클릭한다.

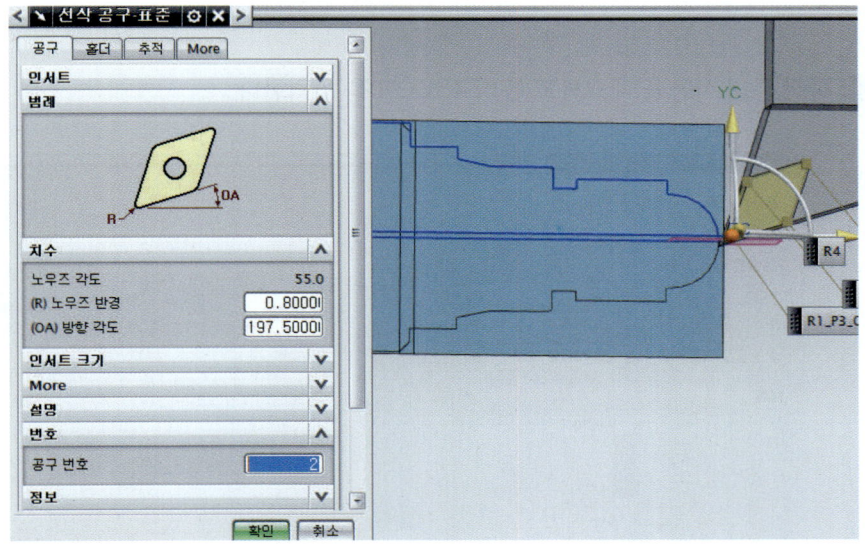

❷❸ 유형은 Turning으로 선택하고 홈 바이트 'OD_GROOVE_L'를 선택한다.

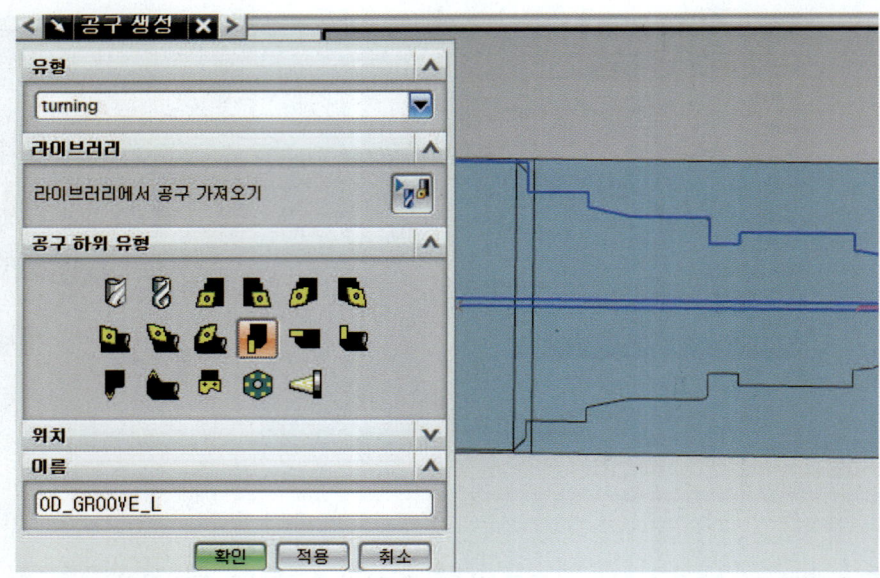

❷❹ 회전 홀더 사용을 체크하고 홀더 각도 270을 입력한다.

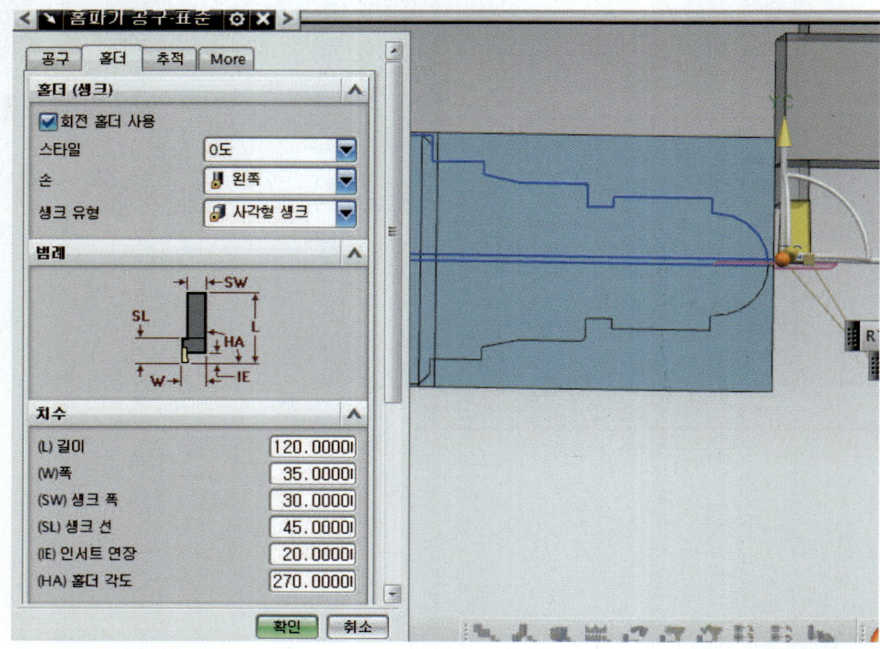

㉕ 추적에서 아래 그림처럼 공구 끝점을 선택한다.

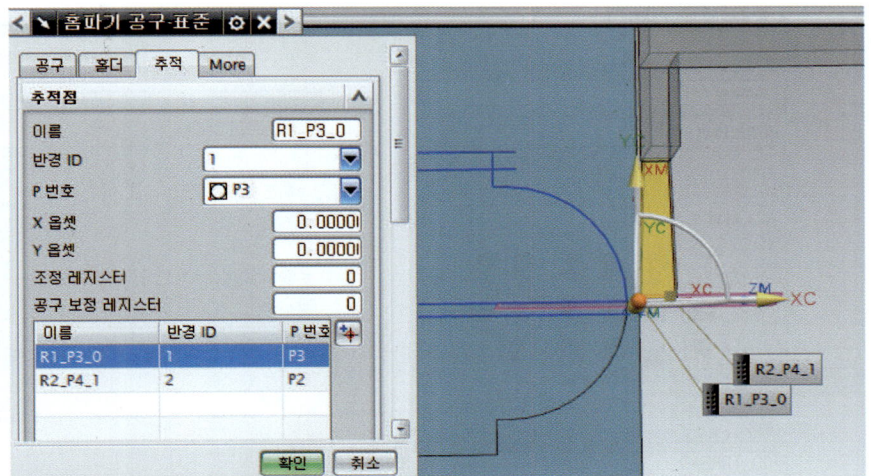

㉖ 공구 번호 3을 입력 후 확인을 클릭한다.

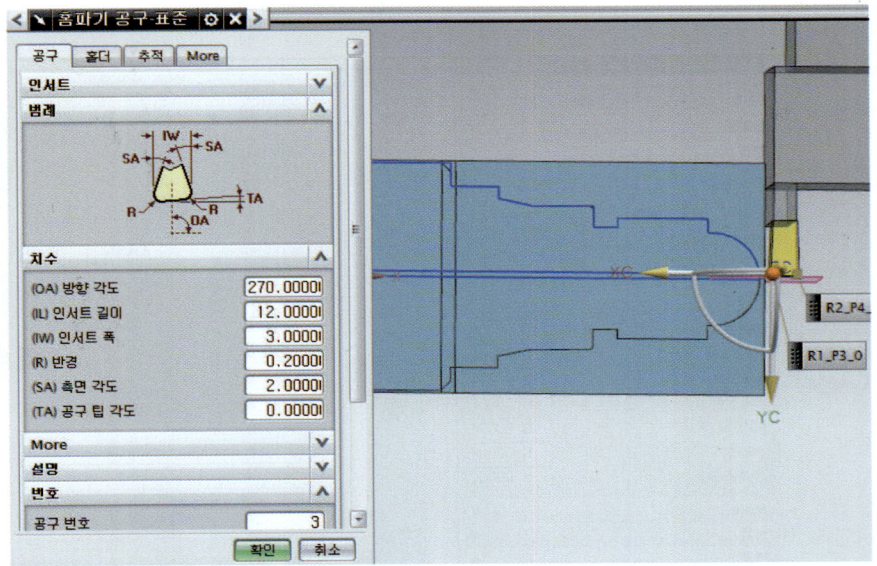

㉗ 유형은 Turning으로 선택하고 나사 바이트 'OD_THREAD_L'를 선택한다.

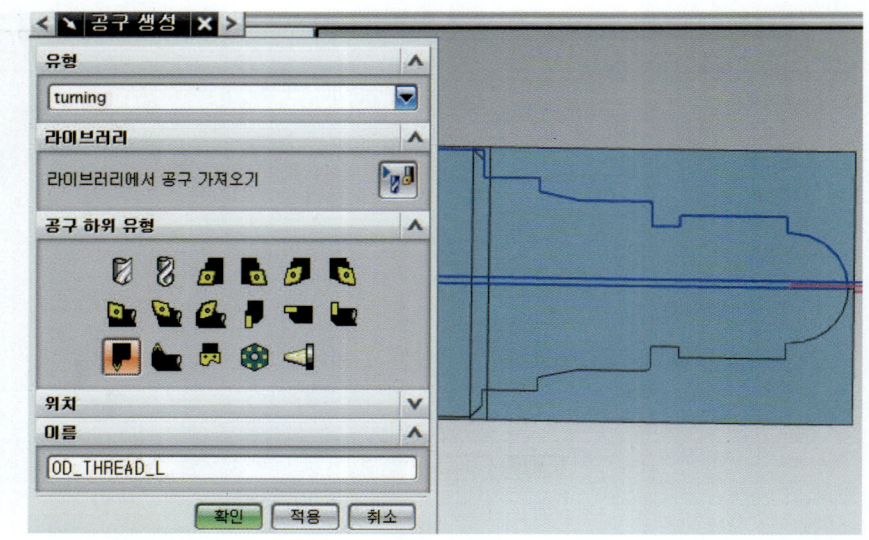

㉘ 방향각도 270, 공구 번호 4를 입력 후 확인을 클릭한다.

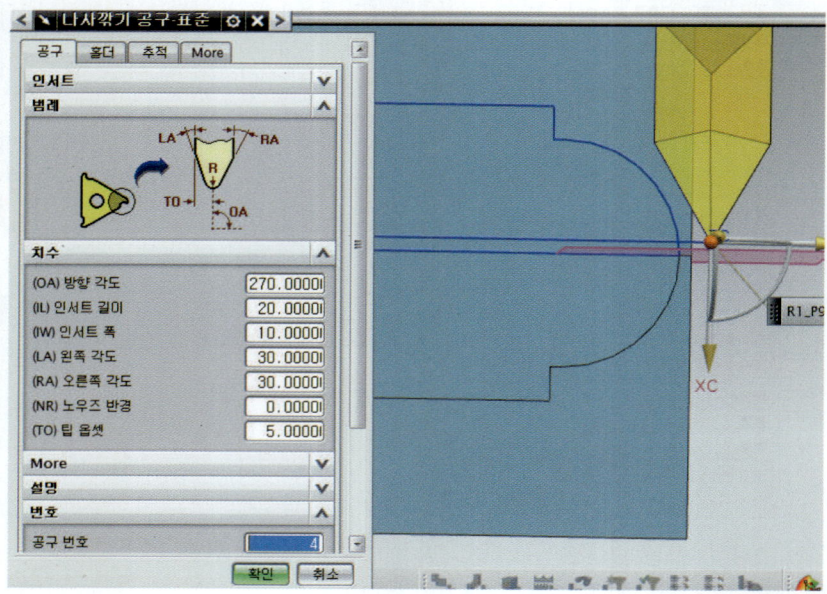

㉙ 추적에서 아래 그림처럼 공구 끝점을 선택한다.

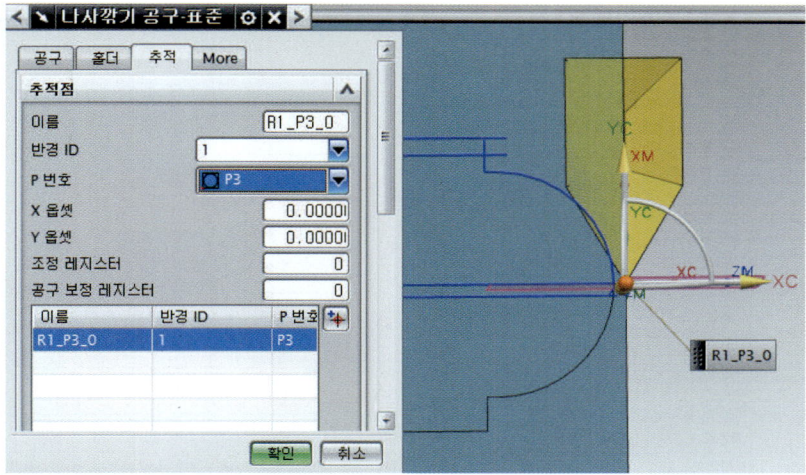

㉚ 오퍼레이션 생성( ) 아이콘을 클릭한다. 아래 그림과 같이 설정하고 적용한다.

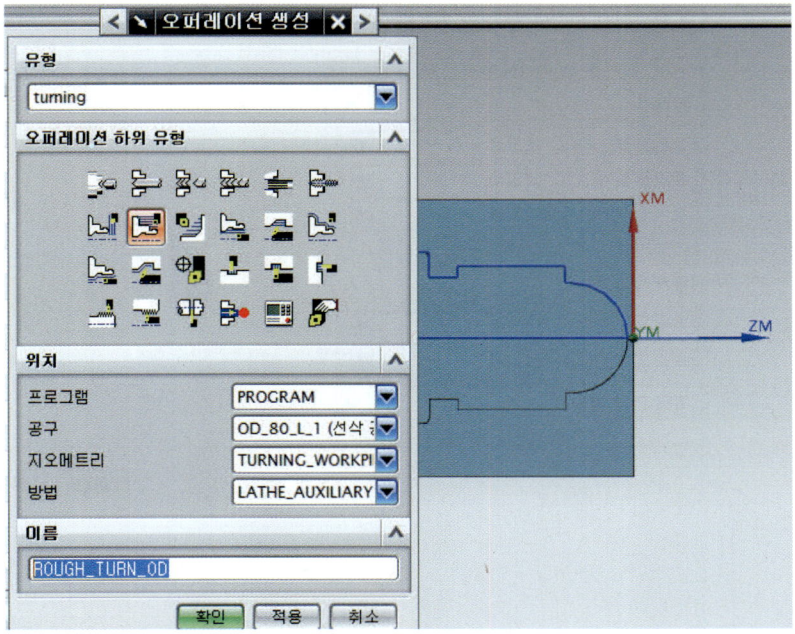

㉛ 아래와 같이 설정하고 절삭 매개변수( ) 아이콘을 클릭한다.

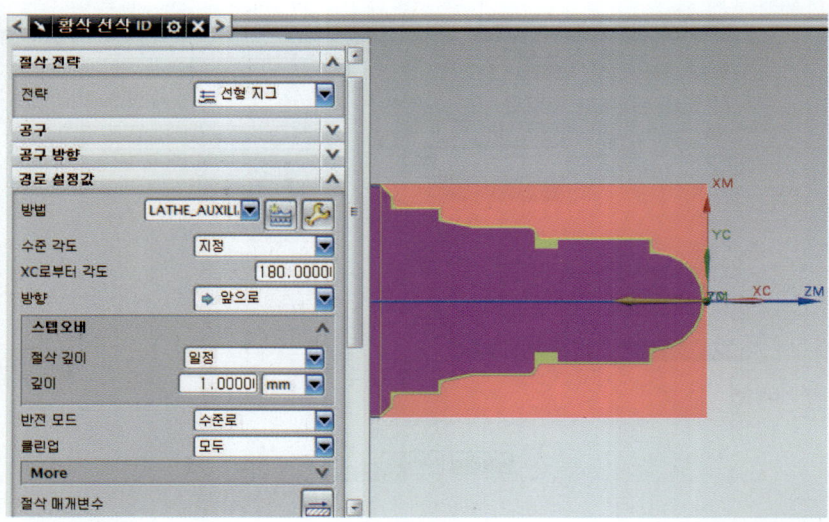

㉜ 언더컷 허용을 체크 해제한다.

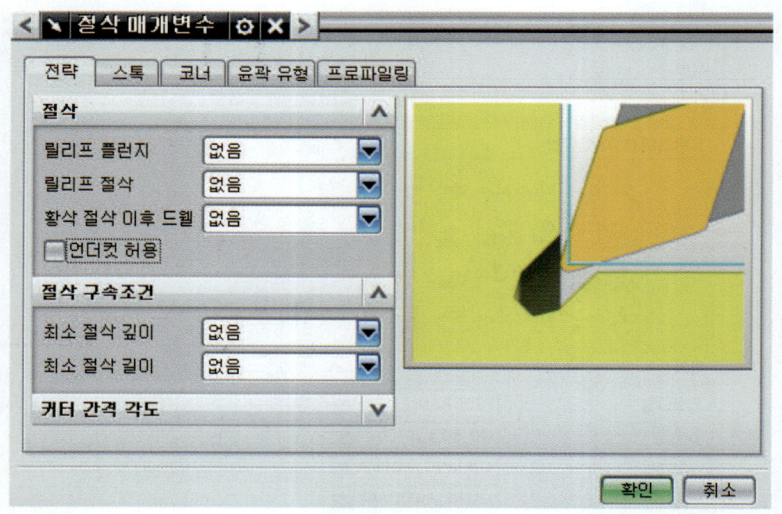

㉝ 황삭 여유량 0.5를 입력하고 확인을 클릭한다.

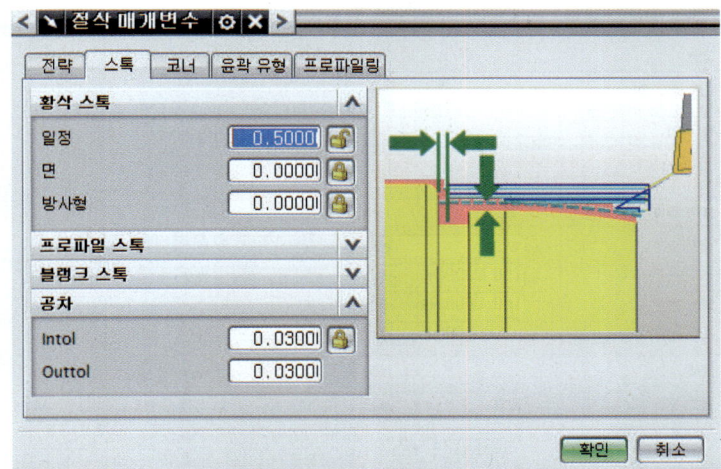

㉞ 비 절삭 이동( ) 아이콘을 클릭하고 접근에서 점 다이얼로그를 클릭한다.

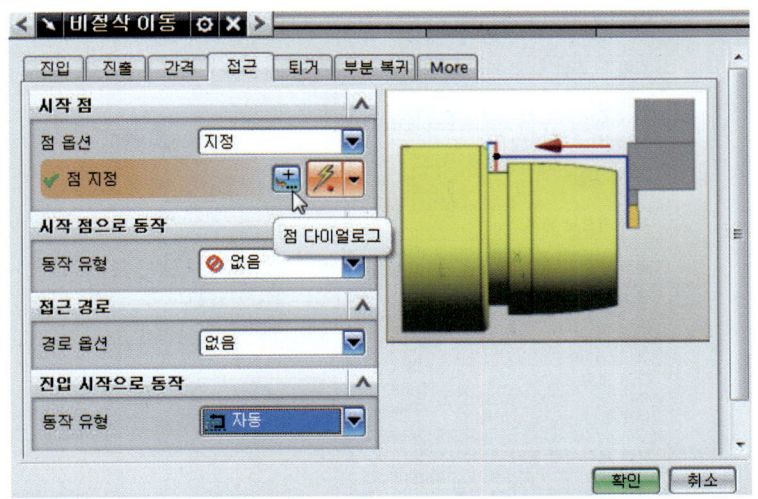

㉟ X150, Y150을 입력하고 확인을 클릭한다.

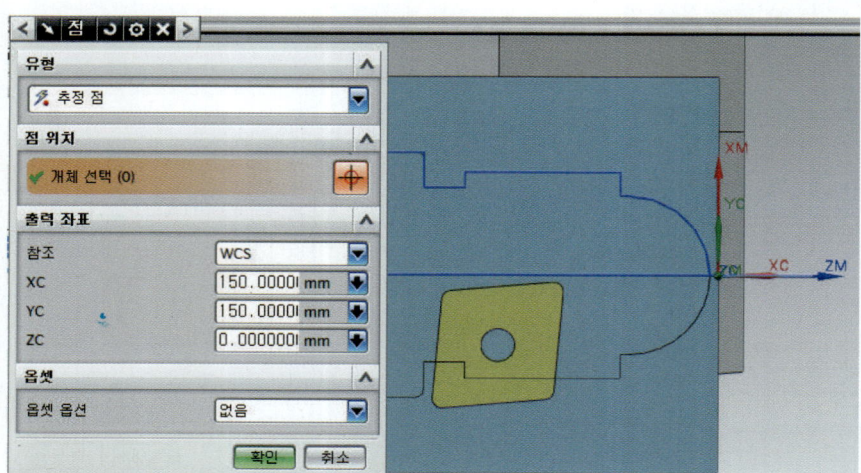

㊱ 시작점으로 동작에서 직접으로 설정하고 점 다이얼로그를 클릭한다.

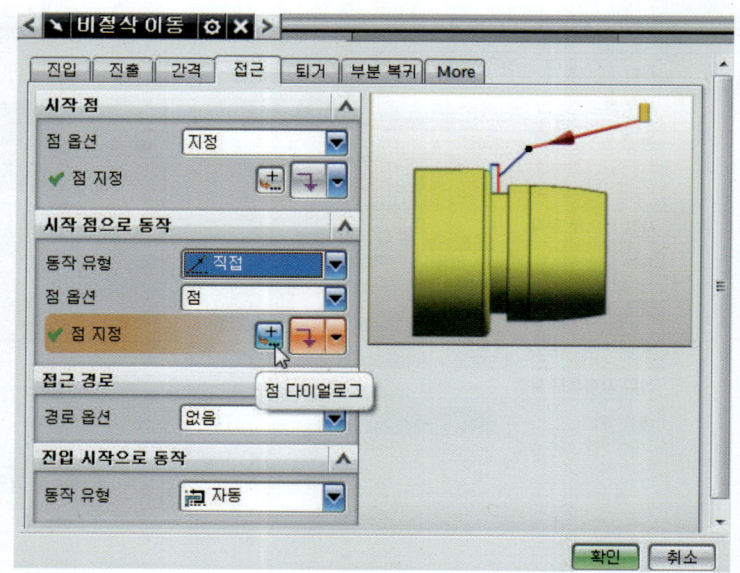

㊲ X30, Y25를 입력하고 확인을 클릭한다.

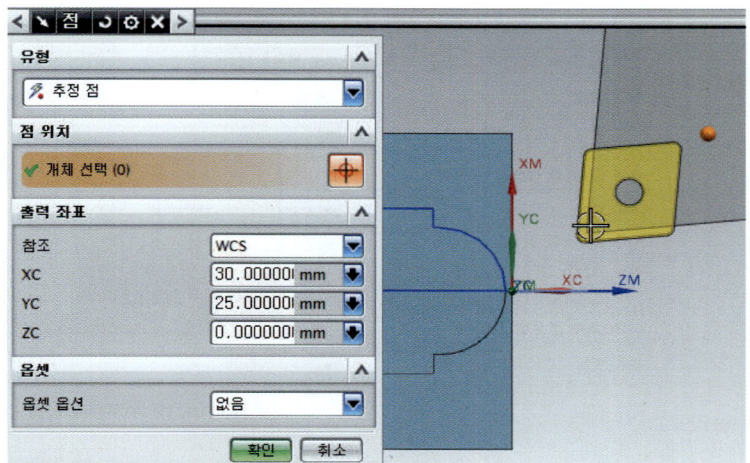

㊳ 진입 시작으로 동작에서 직접으로 설정한다.

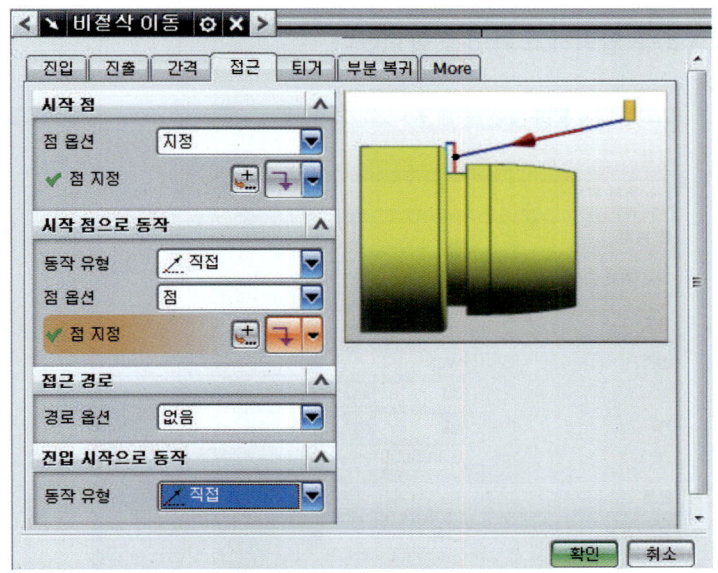

㊴ 복귀점/회피 평면으로 동작에서 직접으로 설정하고 점 다이얼로그를 클릭한다.

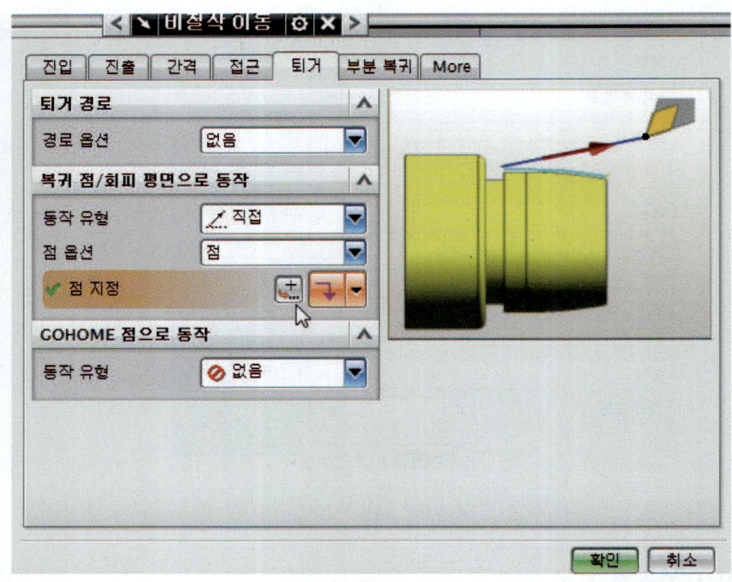

㊵ X30, Y20을 입력하고 확인을 클릭한다.

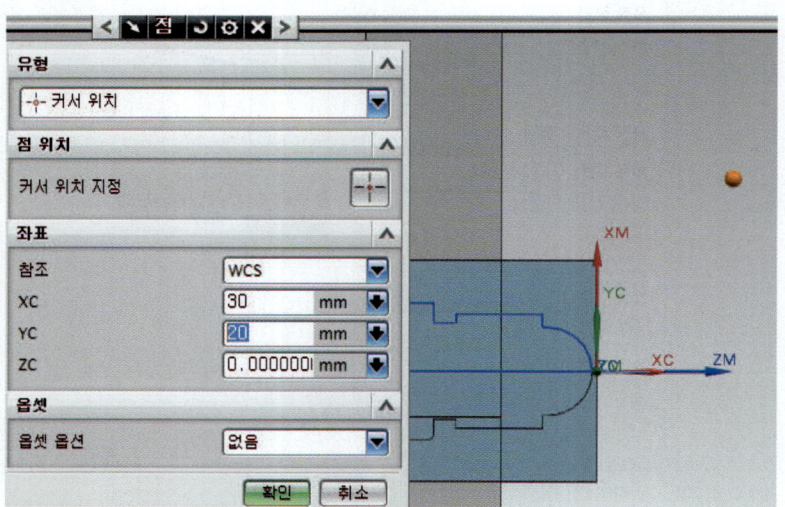

㊶ GO HOME 점으로 동작에서 직접으로 설정하고 점 다이얼로그를 클릭한다.

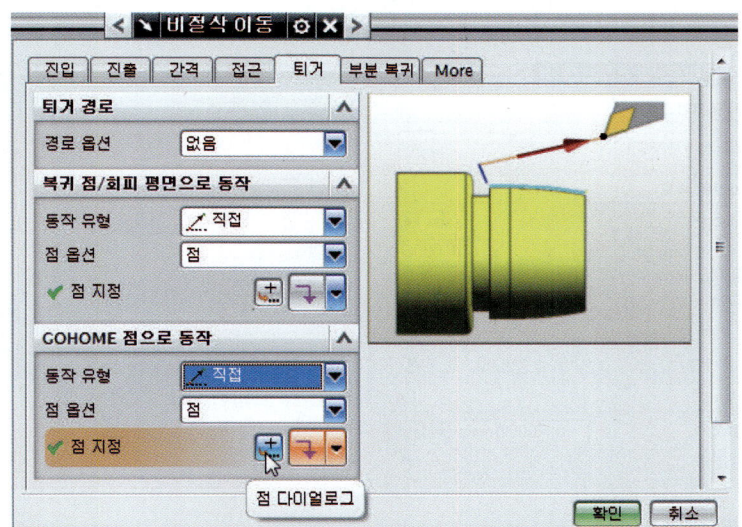

㊷ X150, Y150을 입력하고 확인을 클릭한다.

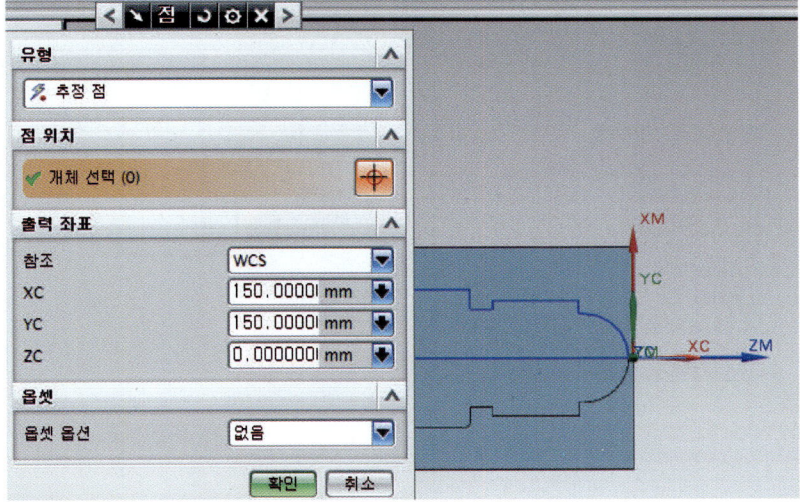

❸ 이송 및 속도( )를 클릭한다.
아래 그림과 같이 설정 입력하고 확인한다.

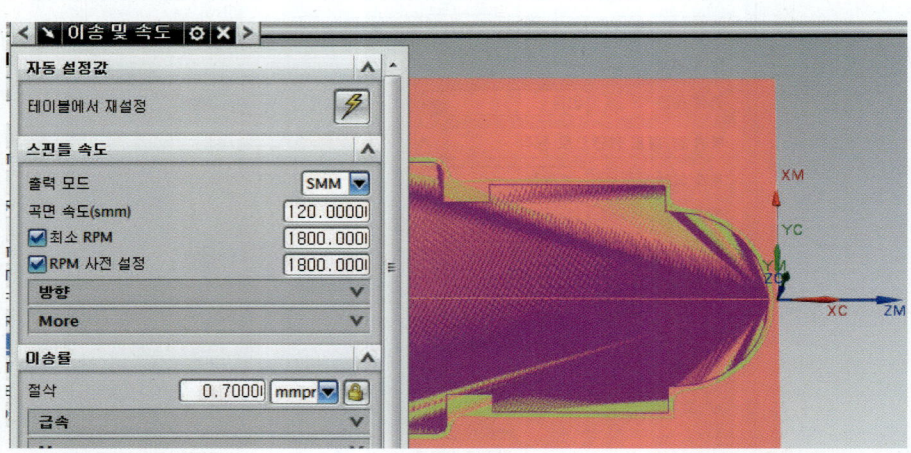

❹ 작업에서 생성( )을 클릭하고 공구 경로를 확인한다.

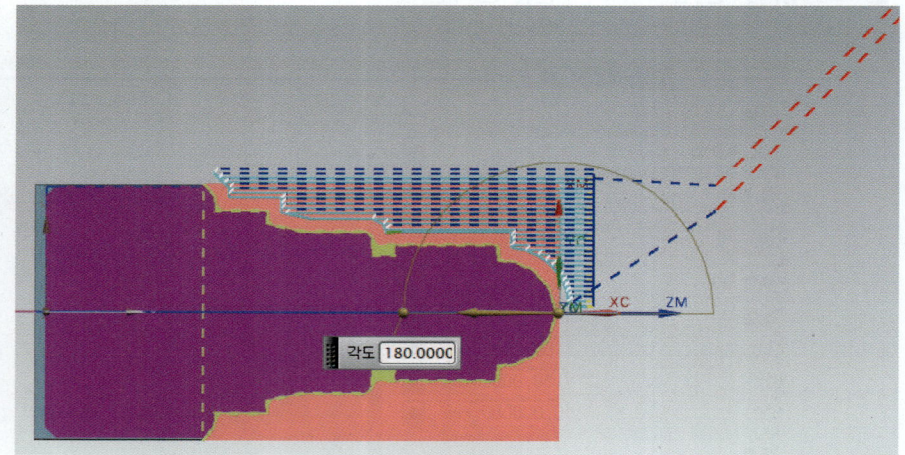

| 제1장 Manufacturing | 제2장 Mill Contour | 제3장 Verify & NC Data | 제4장 Face Milling | 제5장 Manufacturing Exercise | 제6장 Turning (CNC선반) 가공 | Chapter F Manufacturing |

㊺ 작업에서 생성( )을 클릭하고 공구 경로를 확인한다.

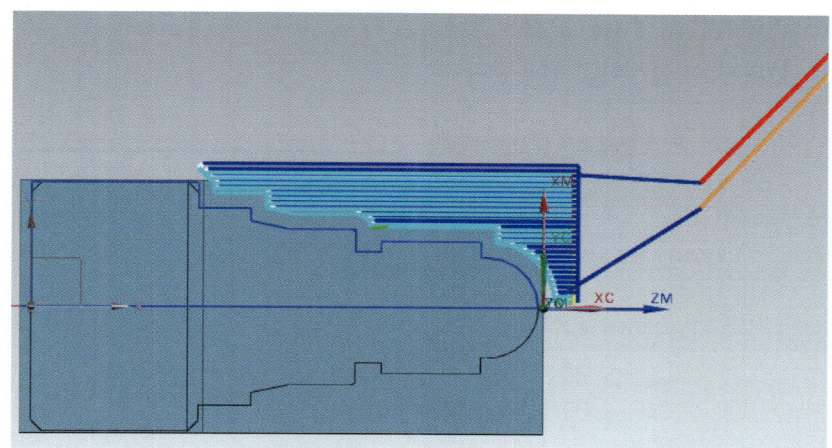

㊻ 3D 검증도 확인하고 종료한다.

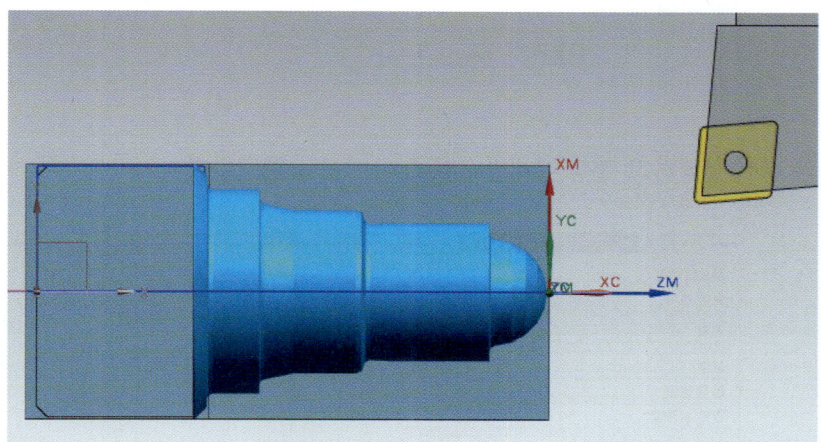

895

Unigraphics(UGS) CAD/CAM
NX9 모델링 및 CAM 가공

07 축(Shaft) 정삭 가공하기

❶ 오퍼레이션 생성( )을 클릭한다.
아래와 같이 설정하고 적용한다.

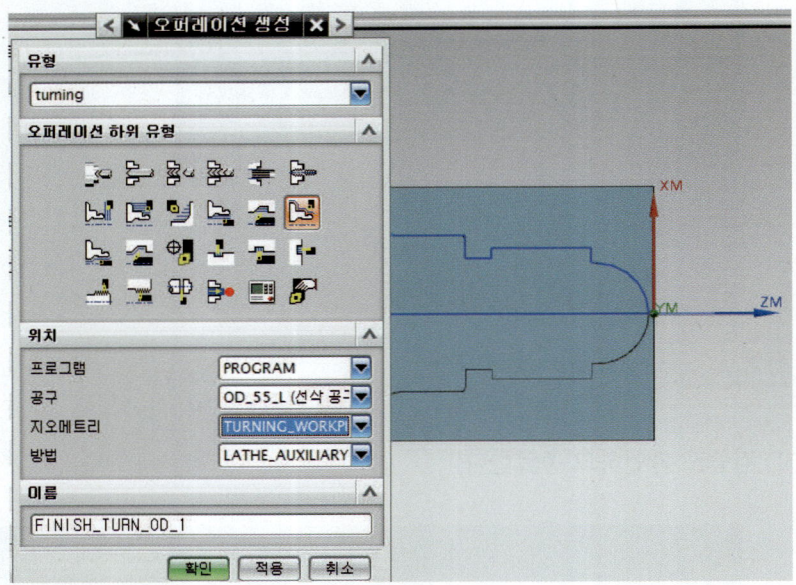

❷ 아래와 같이 설정하고 절삭 매개변수( ) 아이콘을 클릭한다.

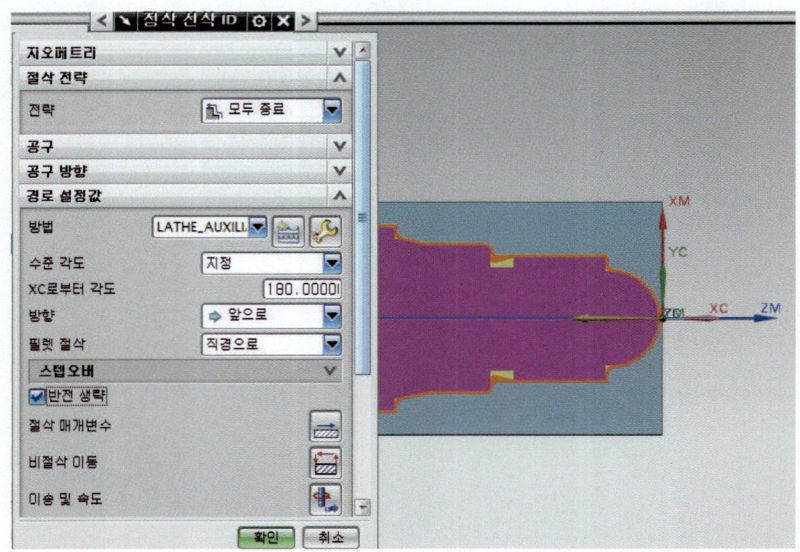

❸ 언더컷 허용을 체크 해제한다.

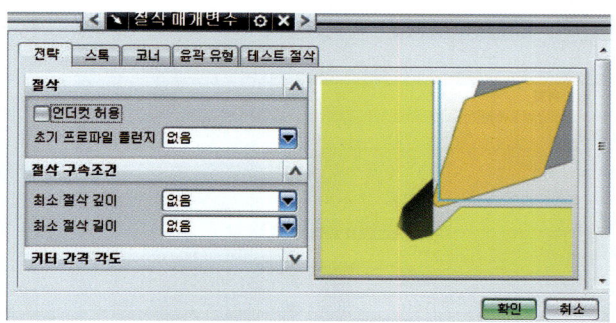

❹ 정삭 여유량 0을 확인하고 공차 0.01을 입력 후 확인을 클릭한다.

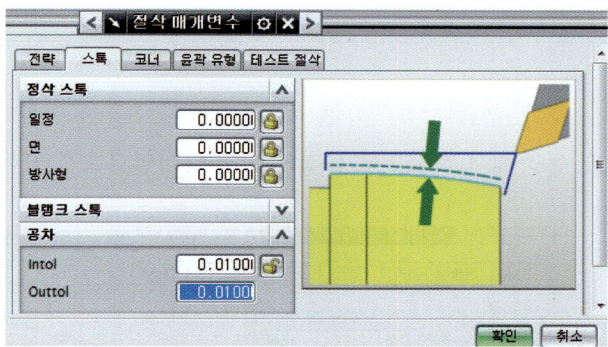

❺ 비절삭 이동( ) 아이콘을 클릭하고 점 다이얼로그를 클릭한다.

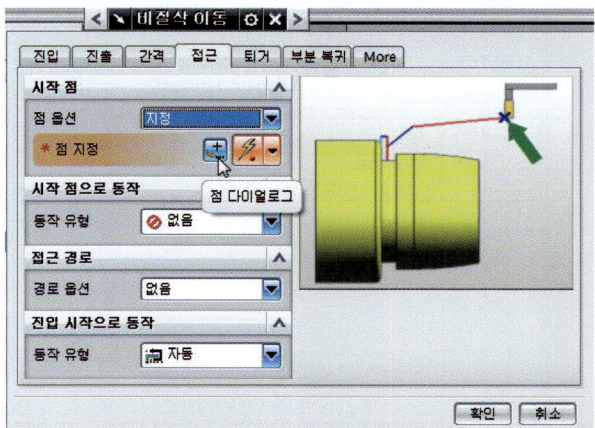

❻ X150, Y150을 입력하고 확인을 클릭한다.

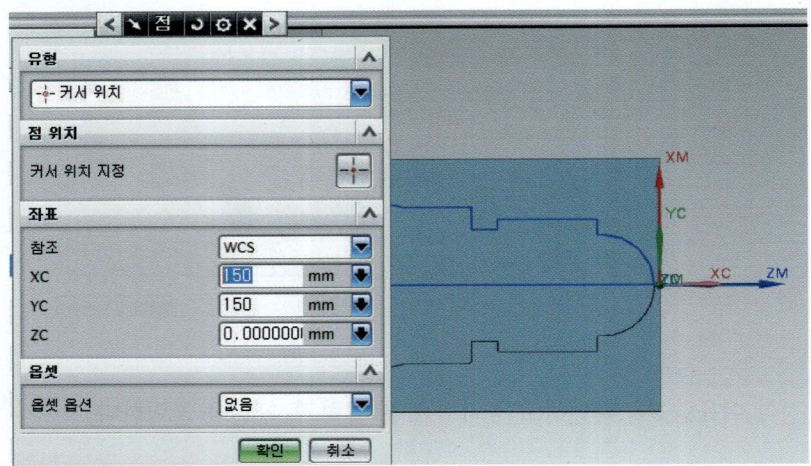

❼ 시작점으로 동작에서 직접으로 설정하고 점 다이얼로그를 클릭한다.

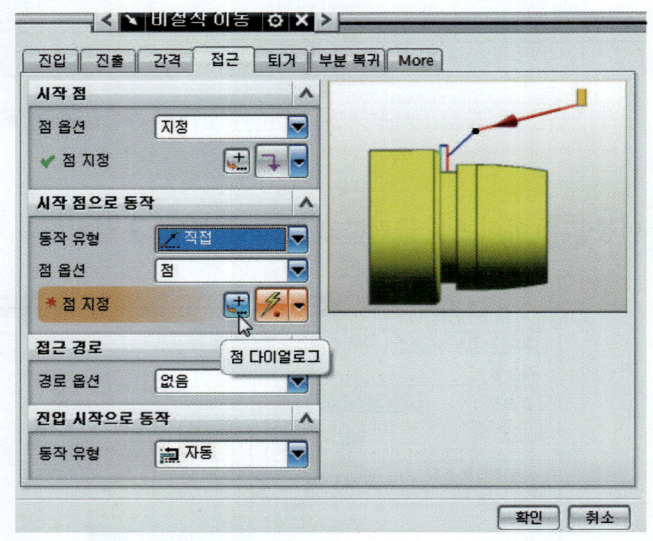

❽ X10, Z0을 입력하고 확인을 클릭한다.

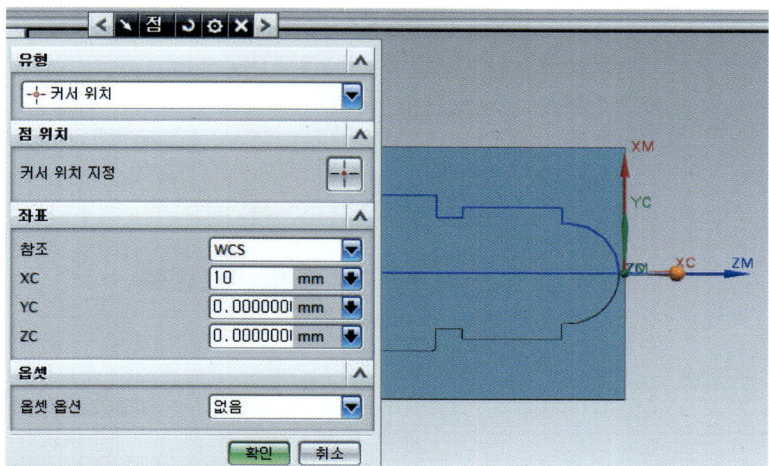

❾ 진입 시작으로 동작에서 직접으로 설정한다.

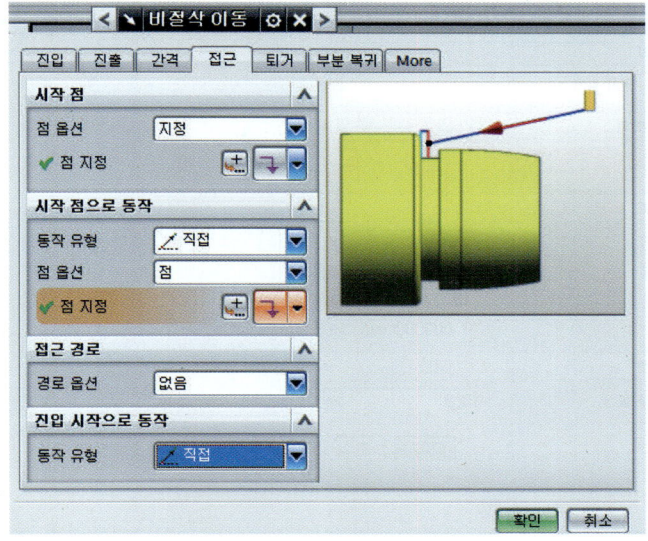

❿ 복귀 점/회피 평면으로 동작에서 직접으로 설정하고 점 다이얼로그를 클릭한다.

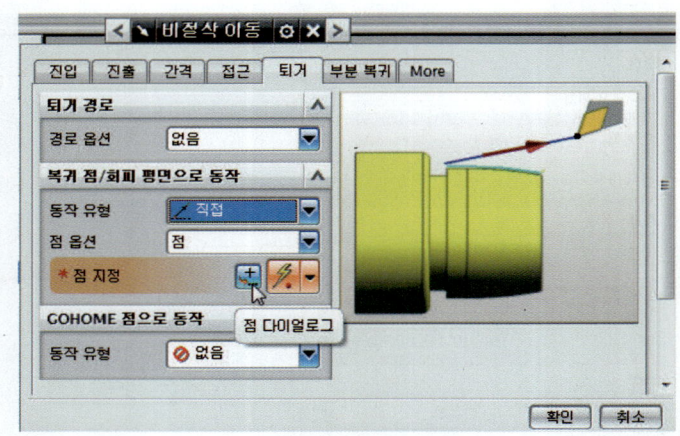

⓫ X-60, Y45를 입력한다.

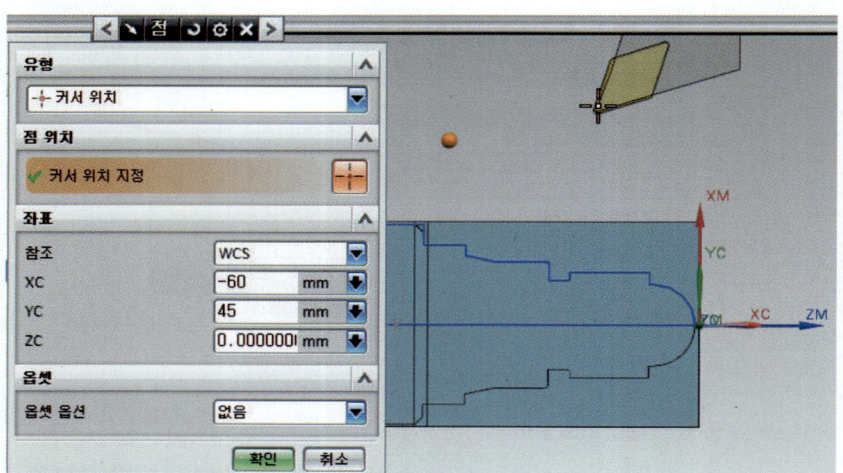

⓬ GO HOME 점으로 동작에서 직접으로 설정하고 점 다이얼로그를 클릭한다.

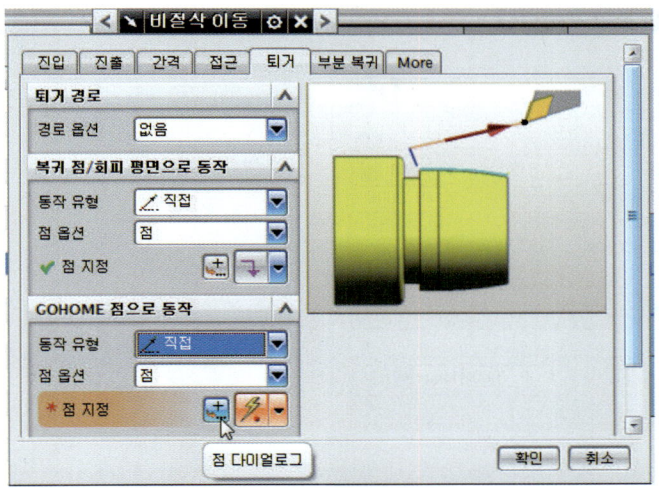

⓭ X150, Y150을 입력하고 확인을 클릭한다.

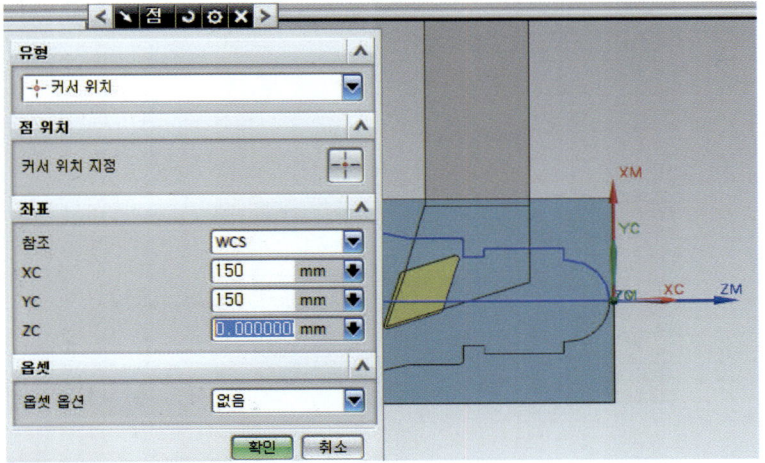

❶❹ 이송 및 속도( )를 클릭한다. 아래 그림과 같이 설정 입력하고 확인을 클릭한다.

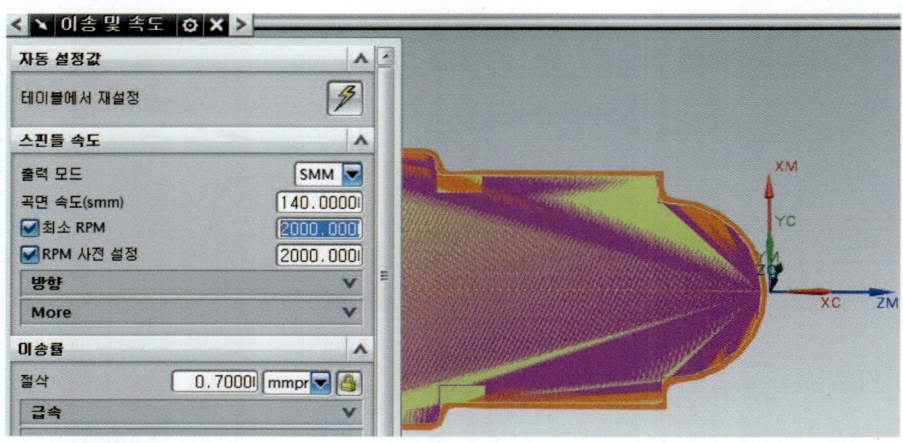

❶❺ 작업에서 생성( )을 클릭하고 공구 경로를 확인을 클릭한다.

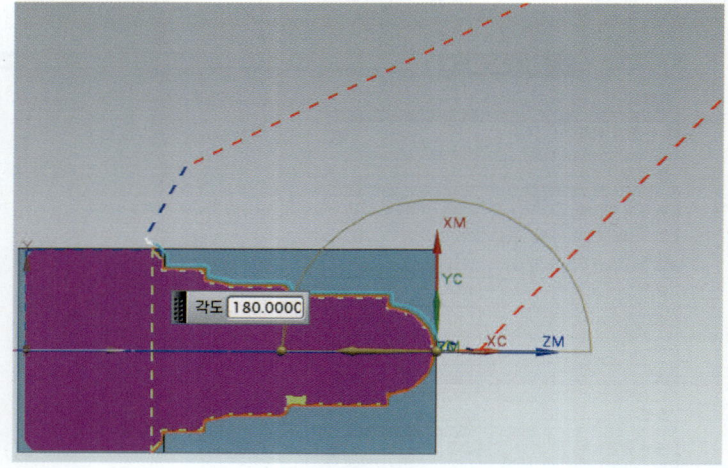

⓰ 검증(   )을 클릭하고 가공을 확인을 클릭한다.

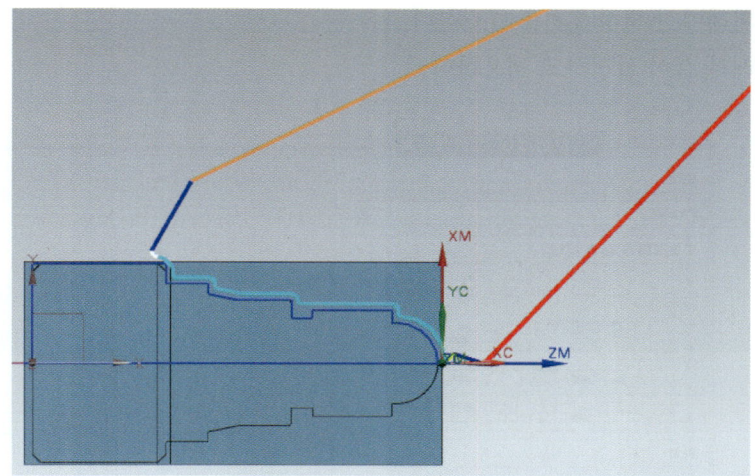

⓱ 3D 가공을 확인을 클릭한다.

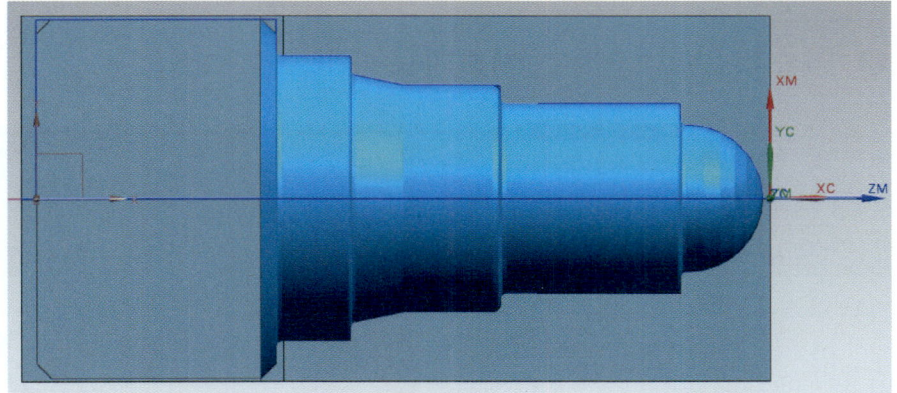

08 축(Shaft) 홈 가공하기

❶ 오퍼레이션 생성( )을 클릭한다.
아래와 같이 설정하고 적용한다.

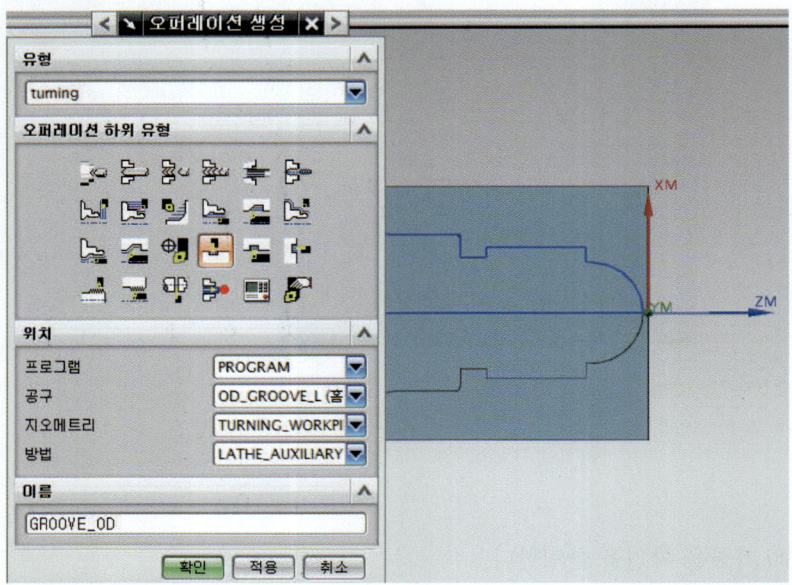

❷ 아래와 같이 설정하고 절삭 매개변수( ) 아이콘을 클릭한다.

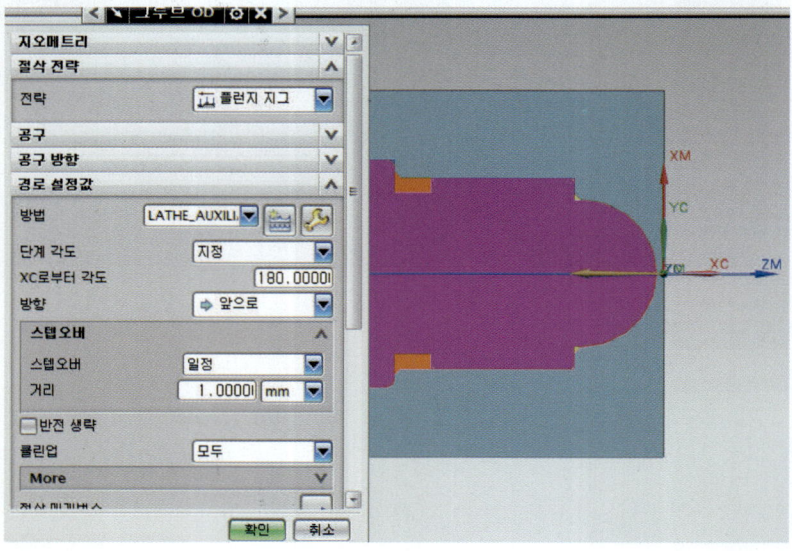

❸ 언더컷 허용을 체크 해제한다.

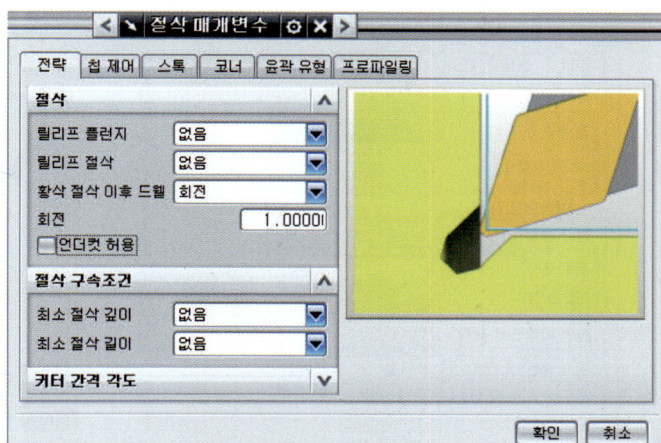

❹ 정삭 여유량 0을 확인하고 공차에서 0.01을 입력하고 확인을 클릭한다.

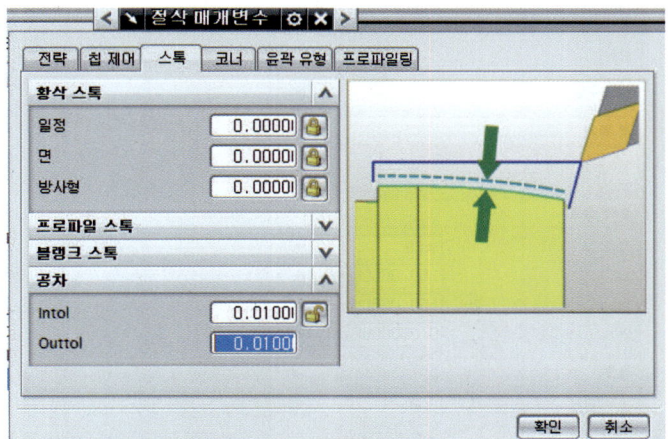

❺ 비 절삭 이동( ) 아이콘을 클릭하고 접근에서 점 다이얼로그를 클릭한다.

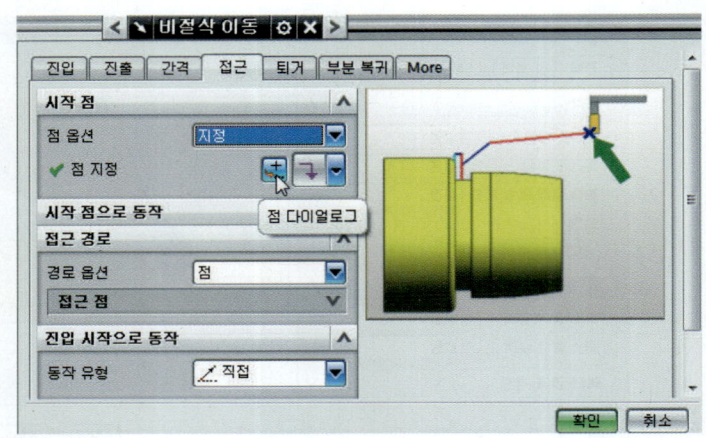

❻ X150, Y150을 입력하고 확인을 클릭한다.

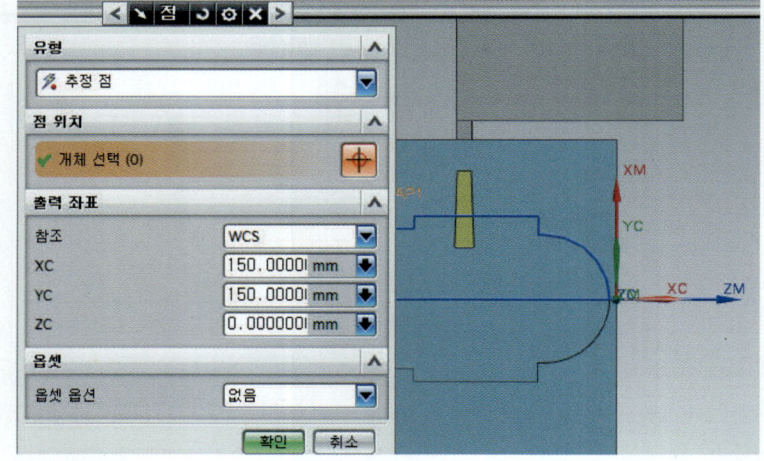

❼ 시작점으로 동작에서 직접으로 설정하고 그림처럼 시작점을 클릭한 다음 점 다이얼로 그를 클릭한다.

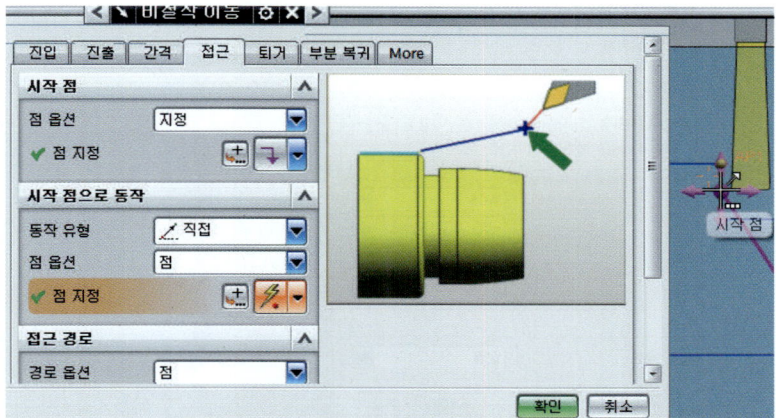

❽ 아래 그림처럼 X-36을 입력하고 확인을 클릭한다.

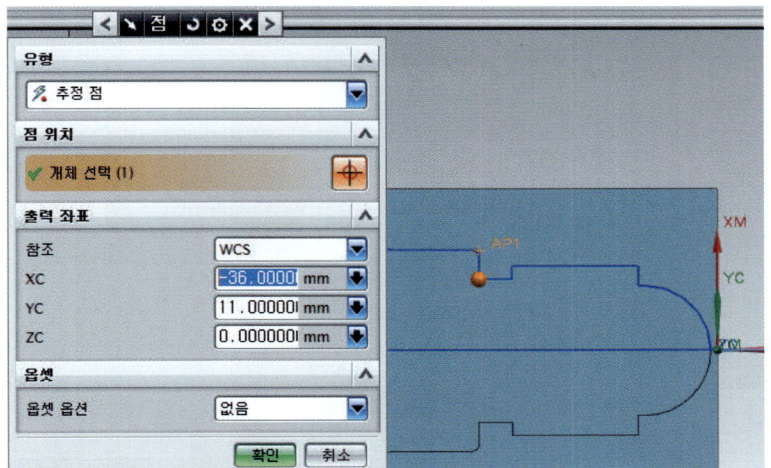

❾ Y30을 입력하고 확인을 클릭한다.

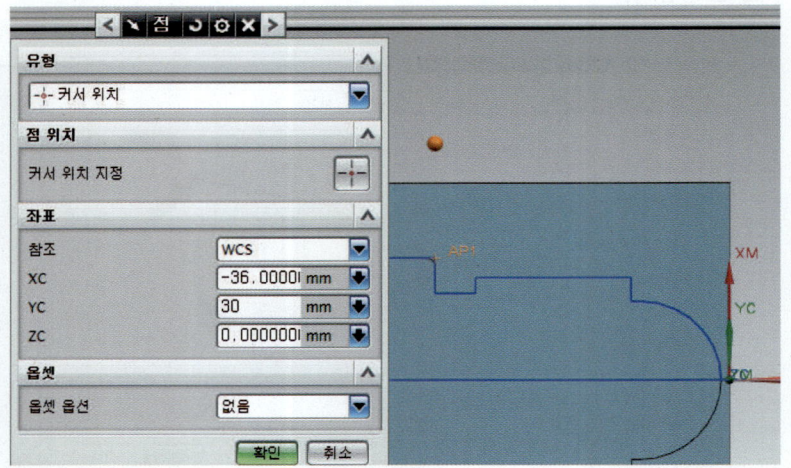

❿ 진입 시작으로 동작에서 직접으로 설정한다.

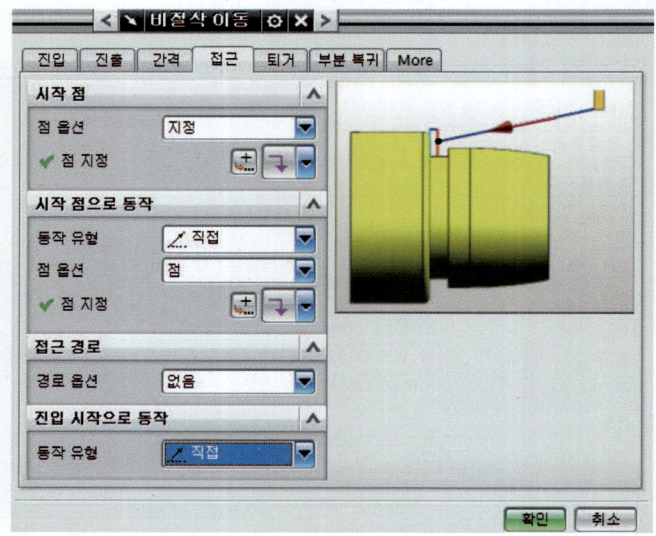

⓫ 복귀 점/회피 평면으로 동작에서 직접으로 설정하고 점 지정을 아래 그림처럼 클릭하고 점 다이얼로그를 클릭한다.

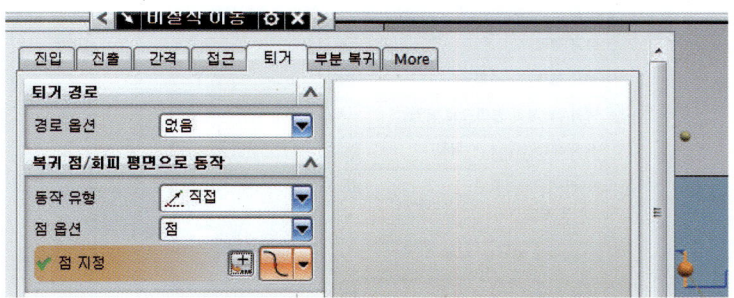

⓬ X-36을 확인하고 Y30을 입력 후 확인을 클릭한다.

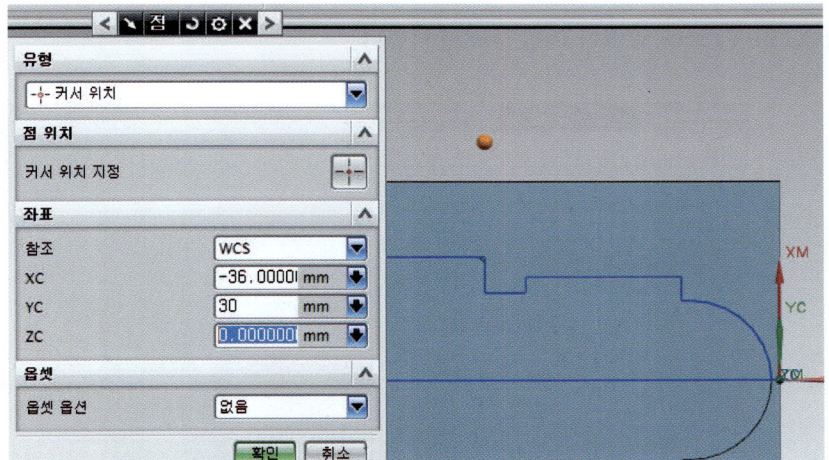

❸ GO HOME 점으로 동작에서 직접으로 설정하고 점 다이얼로그를 클릭한다.

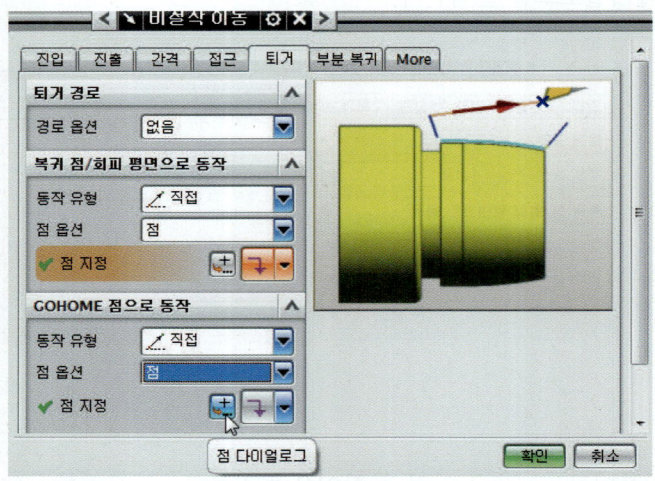

❹ X150, Y150을 입력하고 확인을 클릭한다.

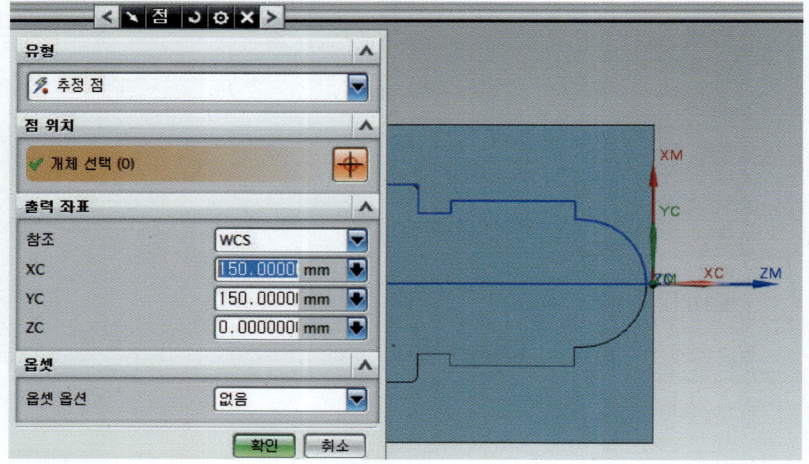

제1장	제2장	제3장	제4장	제5장	제6장	Chapter F
Manufacturing	Mill Contour	Verify & NC Data	Face Milling	Manufacturing Exercise	Turning (CNC선반) 가공	Manufacturing

⑮ 이송 및 속도( )를 클릭한다.

회전수 800을 입력하고 확인을 클릭한다.

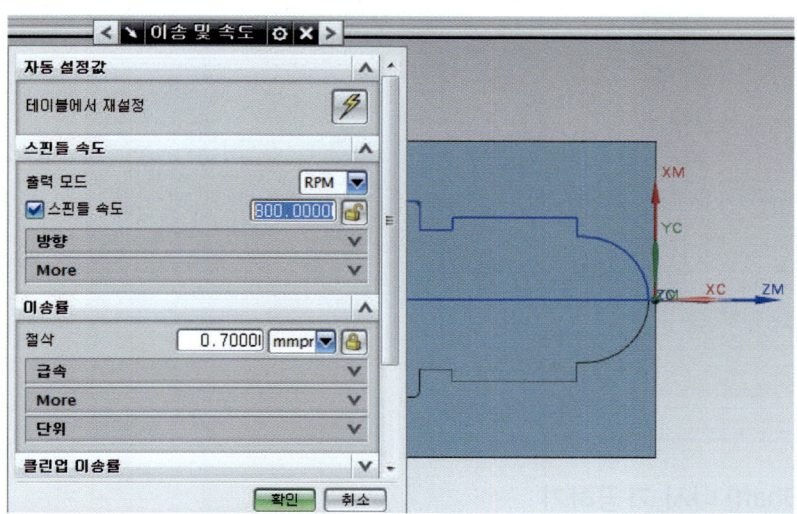

⑯ 작업에서 생성( )을 클릭하고 공구 경로를 확인을 클릭한다.

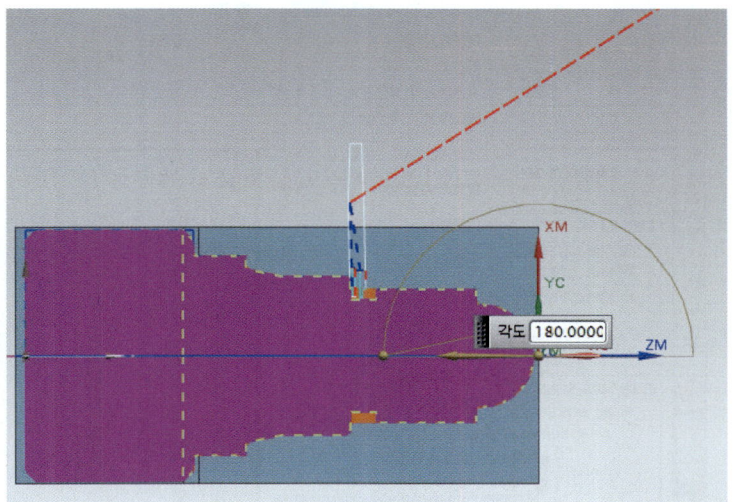

⓱ 검증( )을 클릭하고 3D 가공을 확인을 클릭한다.

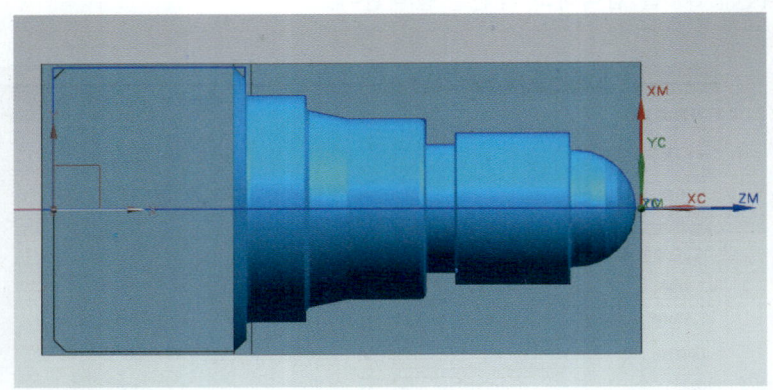

09 축(Shaft) 나사 가공하기

❶ 삽입에서 타스크 환경의 스케치를 클릭한다.

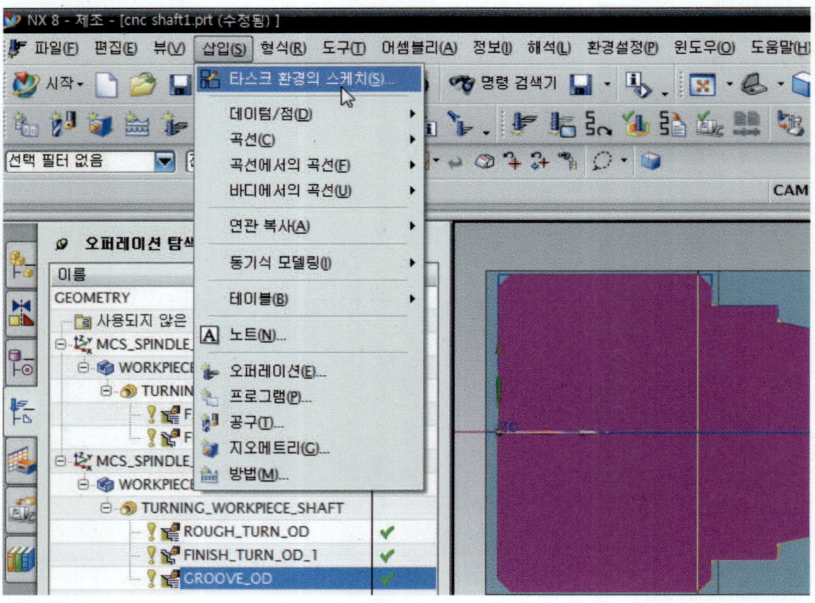

❷ 평면상에서 XY평면을 선택하고 확인을 클릭한다.

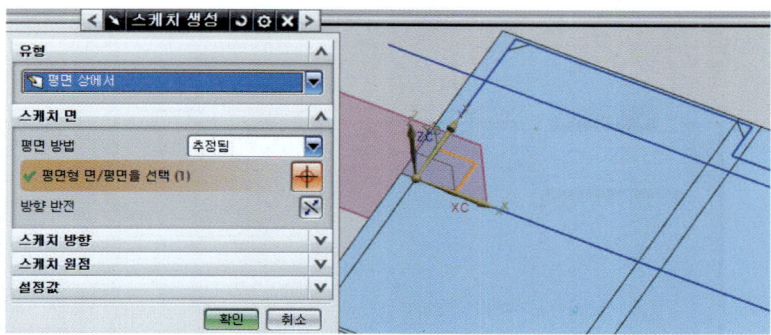

❸ 아래 그림처럼 선을 이용하여 스케치한다.

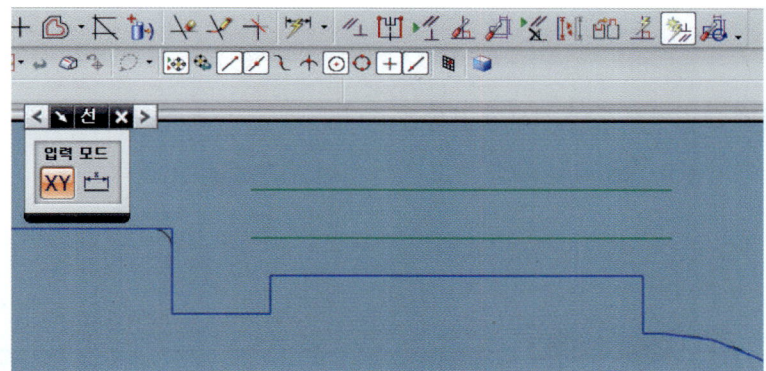

❹ 아래 그림처럼 치수를 기입 한다.

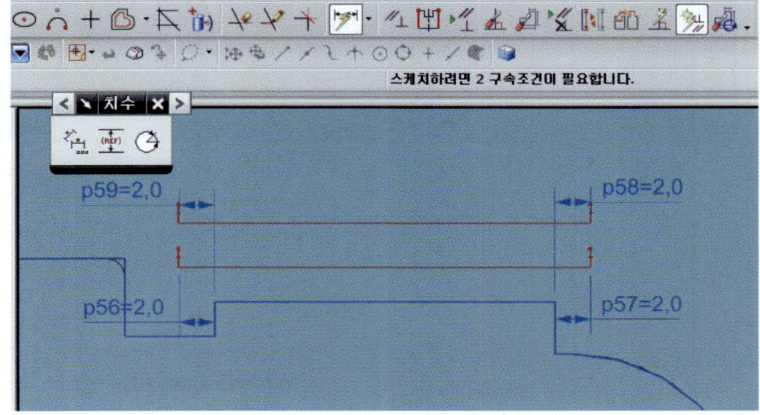

❺ 아래 그림처럼 치수를 기입한다.

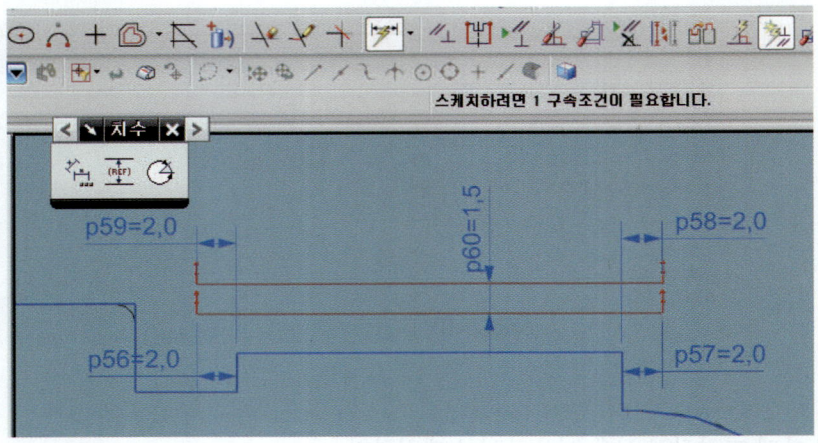

❻ 아래 그림처럼 동일 직선상 구속을 준다.

　스케치종료(스케치 종료)를 하고 작업 뷰는 위쪽( )을 클릭한다.

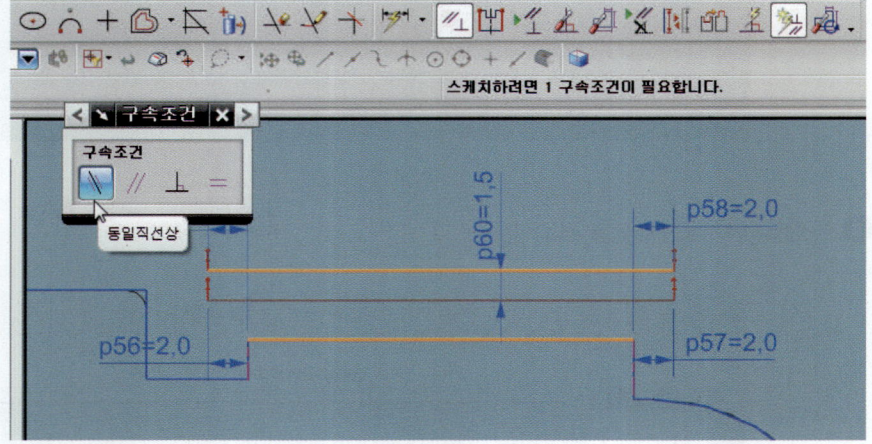

❼ 오퍼레이션 생성( )을 클릭한다.
아래와 같이 설정하고 확인을 클릭한다.

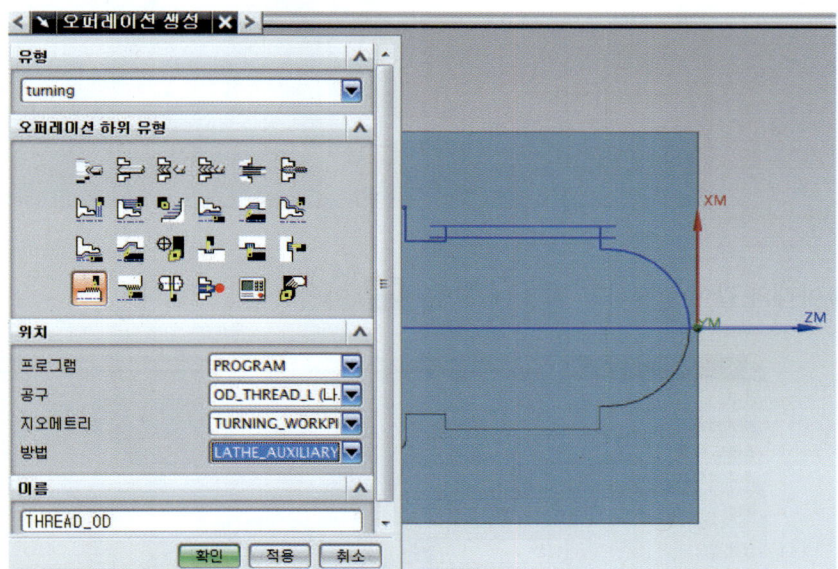

❽ 스레드 형상에서 Select Crest Line에서 아래 그림처럼 선을 선택한다.

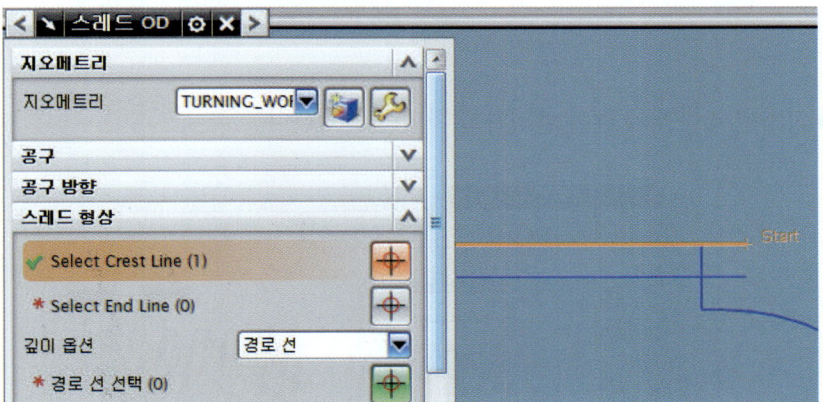

❾ 깊이 옵션에서 경로선을 선택하고 아래 그림처럼 선을 선택한다.

❿ 아래와 같이 설정하고 절삭 매개변수( ) 아이콘을 클릭한다.

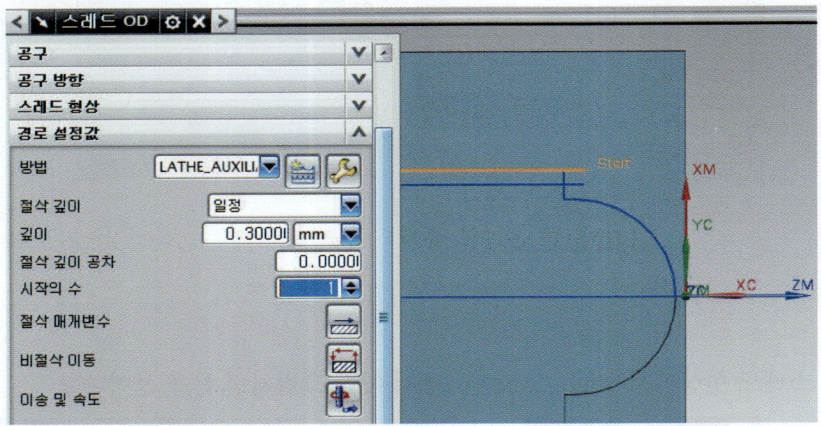

⓫ 피치에서 아래와 같이 설정하고 확인을 클릭한다.

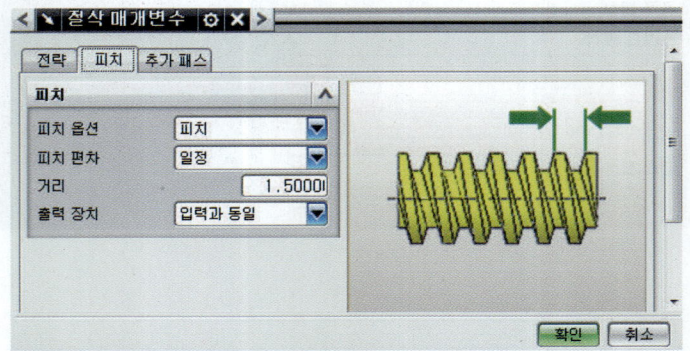

⑫ 비 절삭 이동( ) 아이콘을 클릭하고 점 다이얼로그를 클릭한다.

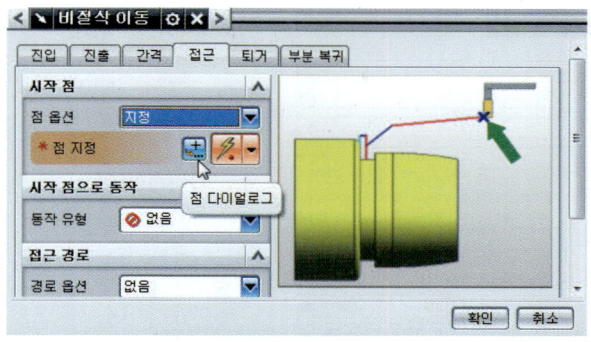

⑬ X150, Y150을 입력하고 확인을 클릭한다.

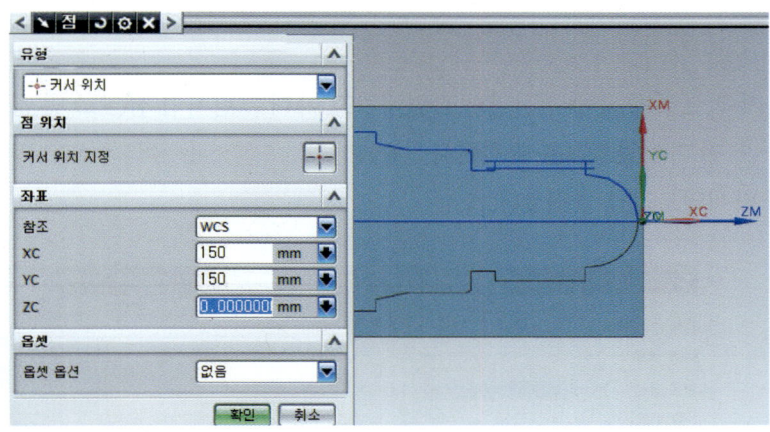

⑭ 시작점으로 동작에서 직접으로 설정하고 아래 그림처럼 점(오스냅 끝점 확인)을 클릭한 후 점 다이얼로그를 클릭한다.

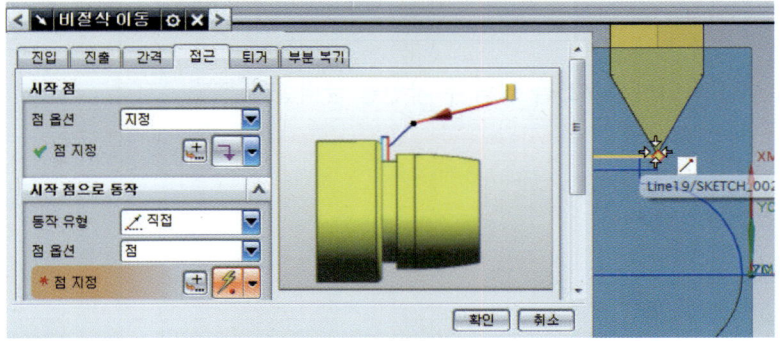

⓯ X-10을 확인하고 Y25을 입력 후 확인을 클릭한다.

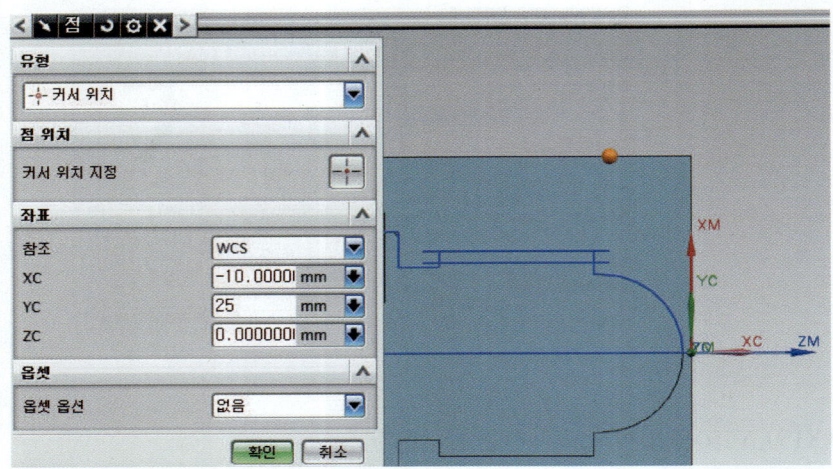

⓰ 퇴거 점으로 동작에서 직접으로 설정하고 아래 그림처럼 점(오스냅 끝점 확인)을 클릭한 후 점 다이얼로그를 클릭한다.
점 다이얼로그를 클릭한다.

⓱ X-33을 확인하고 Y25를 입력 후 확인을 클릭한다.

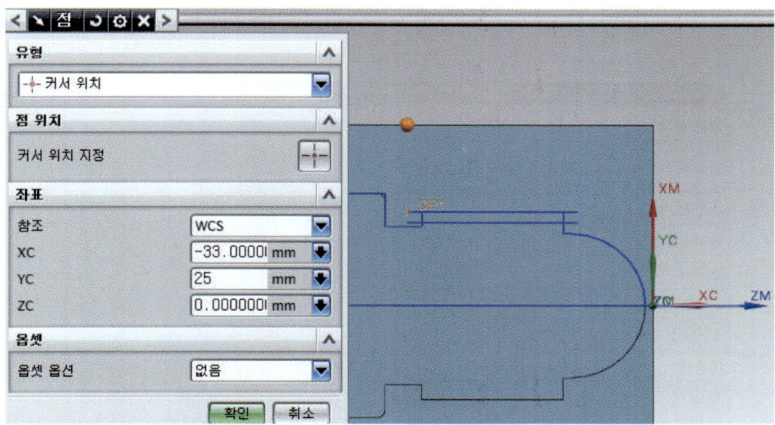

⓲ GO HOME 점으로 동작에서 직접으로 설정하고 점 다이얼로그를 클릭한다.

⓳ X150, Y150을 입력하고 확인을 클릭한다.

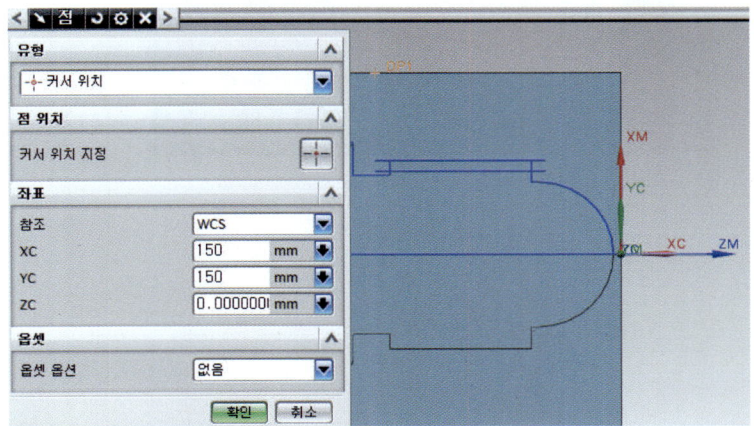

❷⓿ 이송 및 속도( )를 클릭한다. 회전수 800을 입력하고 확인을 클릭한다.

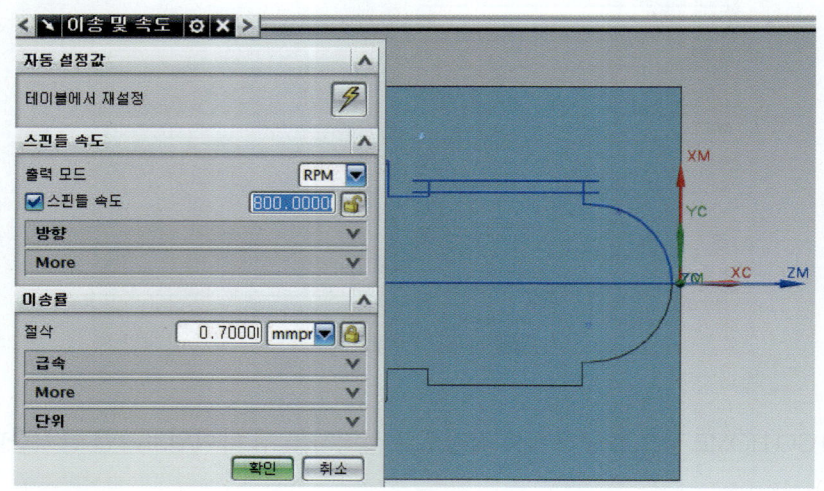

❷❶ 작업에서 생성( )을 클릭하고 공구 경로를 확인을 클릭한다.

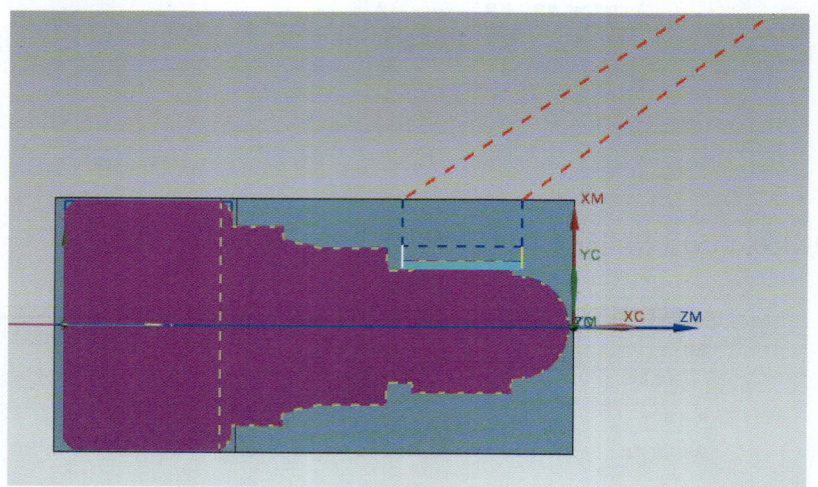

㉒ 검증( )을 클릭하고 가공을 확인을 클릭한다.

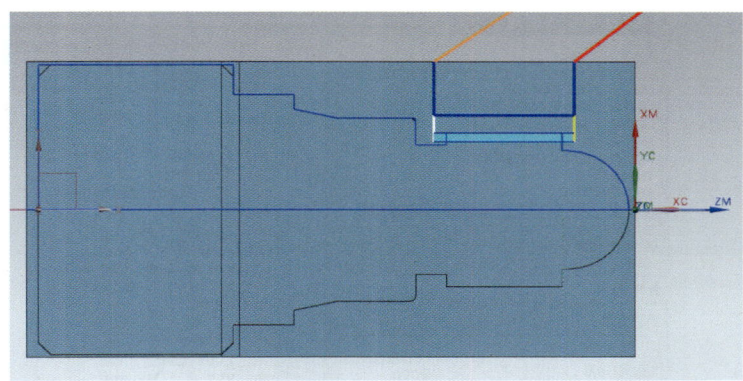

㉓ 아래 그림과 같이 가공을 확인할 수 있다.

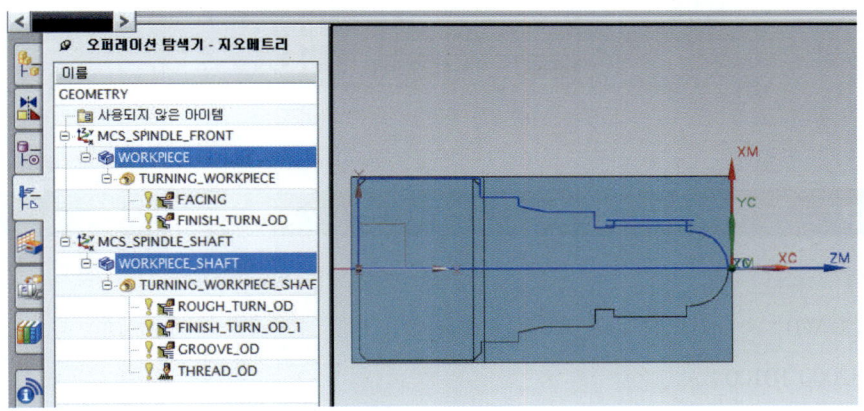

㉔ 아래 그림처럼 포스트프로세스를 클릭한다.

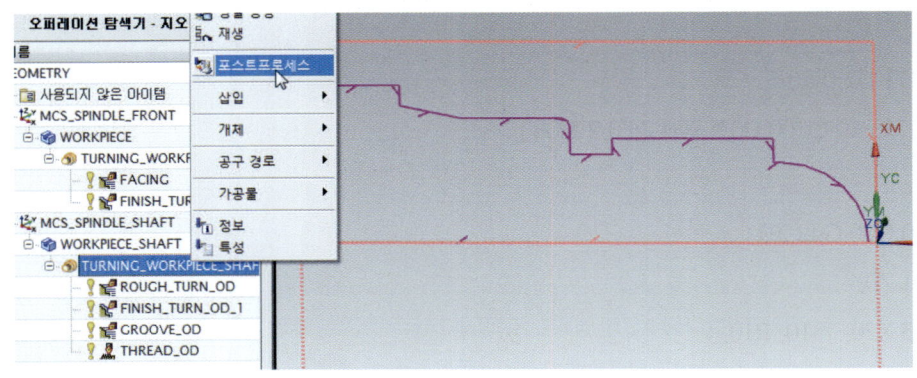

㉕ CNC선반기계에 맞는 포스트를 선택하여 아래 그림처럼 NC 데이터를 작업한다.

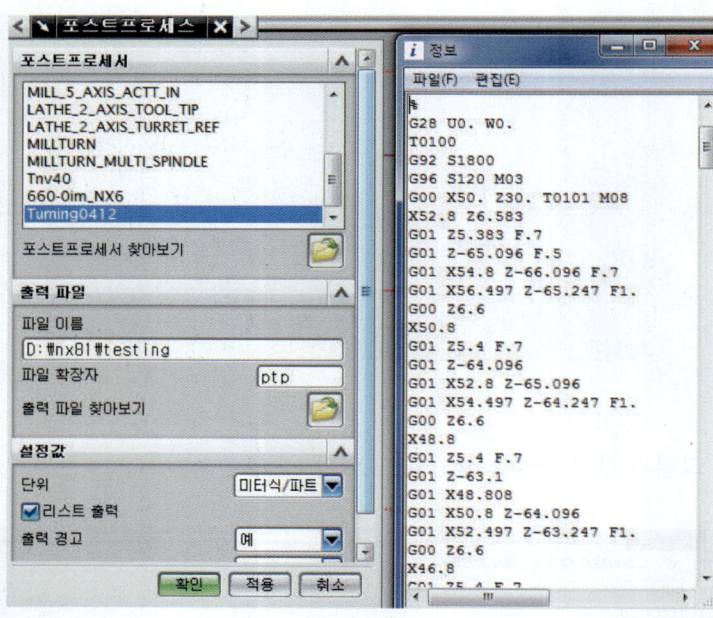

Tip 수동 프로그램

O1234

G28 U0 W0 ;

G50 S2000 T0100 ;

G96 S200 M03 ;

G00 X55. Z5. T0101 ;

G71 P10 Q100 U0.4 W0.2 D2000 F0.2 M08 ;

G71 U2.0 R0.5

G71 P10 Q100 U0.4 W0.2 F0.2 M08 ;

N10 G00 G42 X0 ;

G01 Z0.

G03 X20. Z-10. R10. ;

G01 Z-11. ;
X23. ;
X26. Z-12.5 ;
Z-25. ;
X29. ;
G03 X31. Z-26. R1. ;
G01 Z-38. ;
X34. Z-45. ;
X39. ;
Z-65. ;
X45. ;
X50. Z-66. ;
N100 G00 X55. M09 ;
G00 X200. Z150. T0100 G40 ;
T0200 ;
G96 S200 M03 ;
G00 X55. Z5. T0202 ;
G70 P10 Q100 F0.1 M08 ;
G00 G40 X200. Z150. T0200 M09 ;
T0300 ;
G97 S500 M03 ;
G00 X35. Z-35. T0303 ;
G01 X22. F0.08 M08 ;
G04 X1.0 또는 U1.0 ;
G01 X35. ;
W1. ;
X22. ;
G04 X1.0 또는 U1.0 ;
X35. M09 ;
G00 X200. Z150. T0300 ;
T0400 ;

G97 S500 M03 ;
G00 X35. Z-6. T0404 ;

G76 P010060 Q50 R30;
G76 X24.22 Z-22. P890 Q350 F1.5 M08 ;

G00 X200. Z150. T0400 M09 ;
M05;
M02;

Chapter G

MOLD WIZARD

- 1장　MOLD WIZARD 설계 따라 하기
- 2장　Core, Cavity 설계 따라 하기

> **Tip**   Mold Wizard란?

NX를 기반으로 3D MOLD 설계가 가능한 Tool이다. Mold Wizard Process의 사용으로 전문지식이 없는 초보자도 좀더 쉽게 접근하고 단 시간에 기능을 숙지하여 능률적인 작업성과를 얻을 수 있다. Modeling 환경과 호환사용이 가능하여 작업 방법이 다양하다.

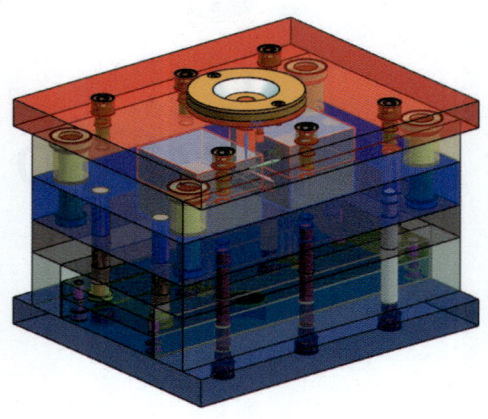

1장 ▶ MOLD WIZARD 설계 따라 하기

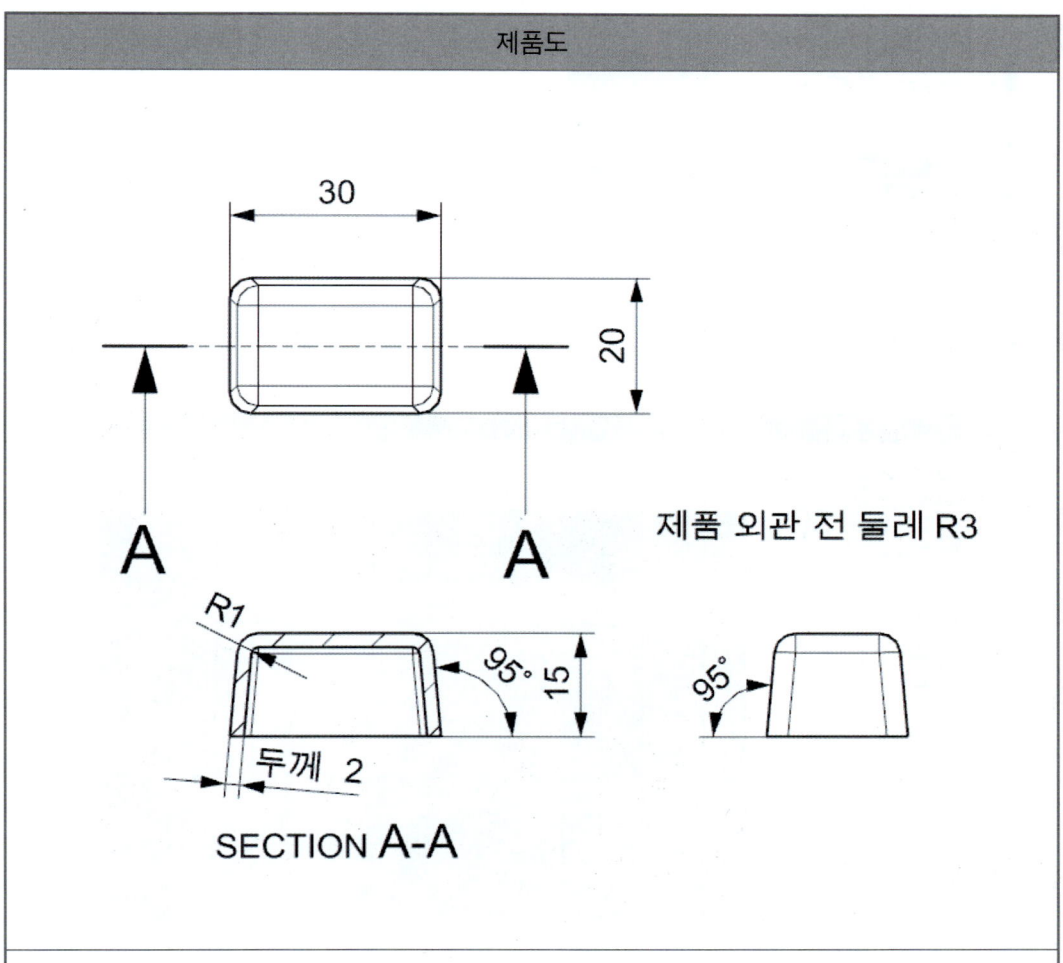

제품도

제품 외관 전 둘레 R3

SECTION A-A

- 수지 : ABS
- 수축률 : 5/1000
- CAVITY 수 : 2개
- 몰드베이스 : FUTABA_S type=sa 2030으로 설계할 것
- AP_H고정측 형판 40 BP_H가동측 형판25 사이즈로 제작할 것

Unigraphics(UGS) CAD/CAM
NX9 모델링 및 CAM 가공

제 1 절   제품 모델링 따라 하기

❶ 화면상의 윈도우 버튼을 클릭하고 모든 프로그램을 클릭한다.

❷ NX9.0을 선택하여 프로그램을 실행시킨다.

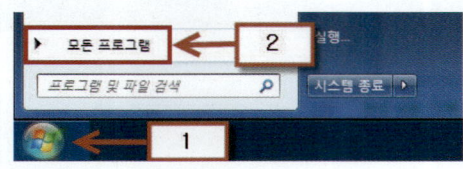
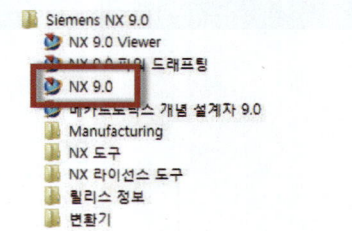

❸ NX9.0이 실행된 모습

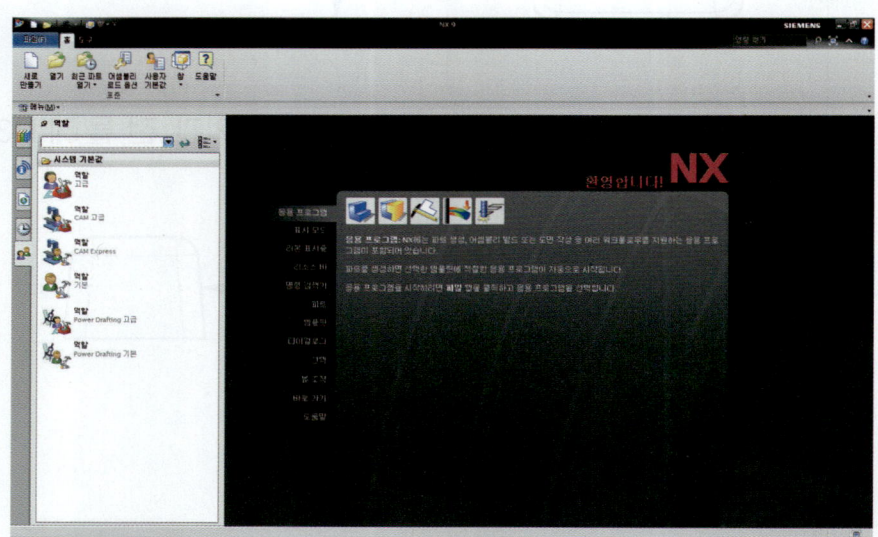

새로운 파일을 생성하기 위해 새로 만들기를 선택한다.

❹ 만들어지는 파일의 이름과 저장될 경로를 선택 후 확인 하도록 한다.
   🔖 단위에 대한 부분을 밀리미터로 되어있는지 확인하도록 한다.

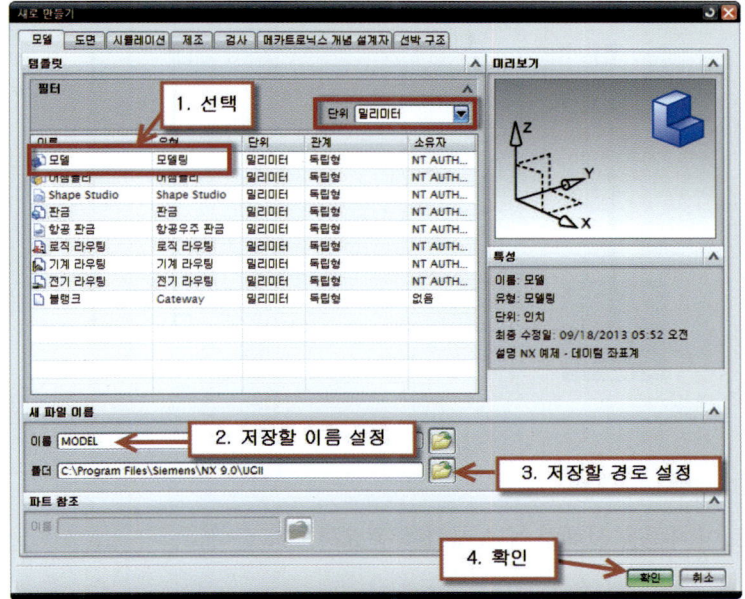

❺ 스케치를 하기 위해 스케치 아이콘을 선택한다.

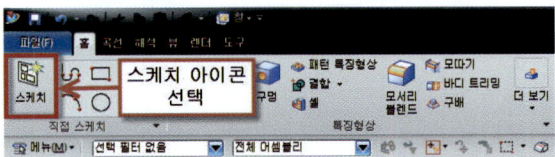

❻ 확인을 클릭하면 평면도로 자동으로 스케치를 진행할 수 있다.

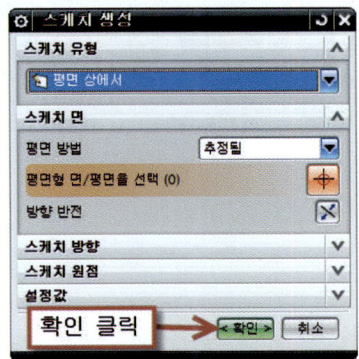

❼ 스케치 명령을 사용하여 아래 그림과 같이 만든다.

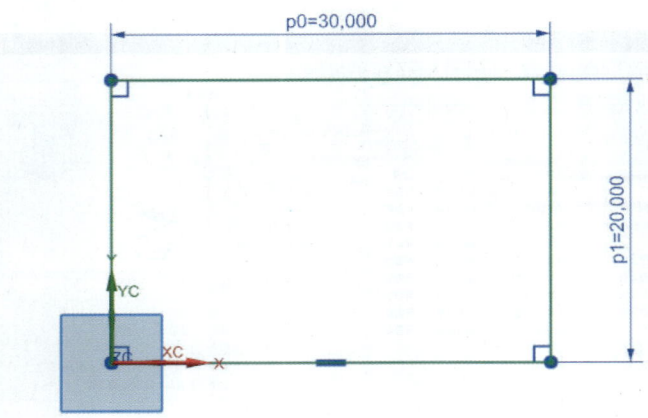

❽ 스케치 종료 아이콘을 선택하여 스케치를 종료하도록 한다.

❾ 돌출 명령을 실행한다.

제1장 MOLD WIZARD 설계 따라 하기 | 제2장 Core, Cavity 설계 따라 하기 | Chapter G MOLD WIZARD

❿ 돌출할 곡선을 선택하고 돌출 거리 15를 입력한 후 확인을 클릭한다.

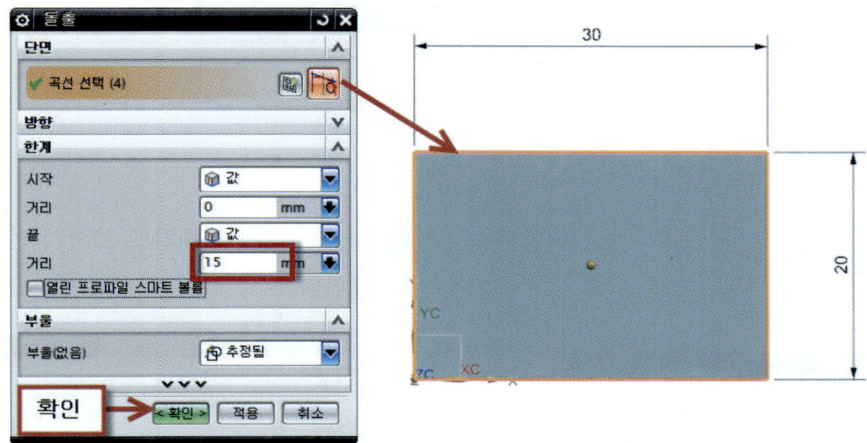

⓫ 보이는 화면을 등각 투상도로 전환한다.

 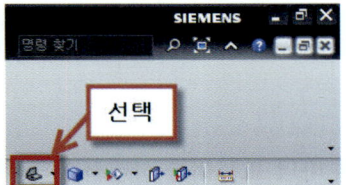

931

⓬ 구배 명령을 선택한다.

⓭ 구배의 유형을 모서리로부터로 선택한다.

⓮ 구배의 값을 입력하고 모서리 선택을 선택한다.

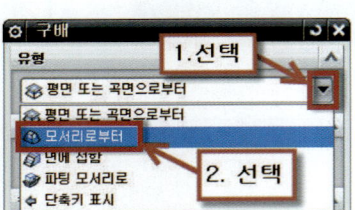

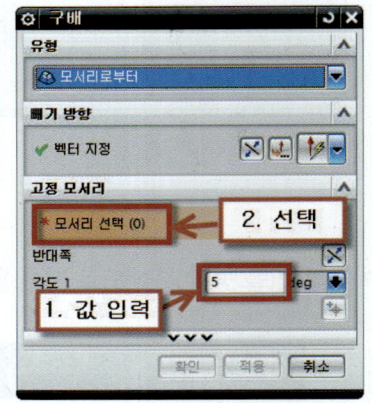

⓯ 네 군데의 바닥 모서리를 선택하여 구배를 만들어준 후 확인을 클릭한다.

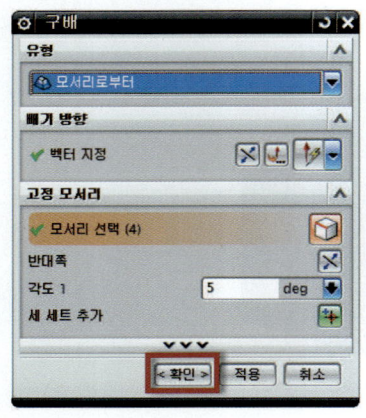

❶⓺ 필렛을 넣기 위해 모서리 블렌드를 선택하도록 한다.

❶⓻ 필렛의 값을 입력하고 모서리 선택을 선택한다.

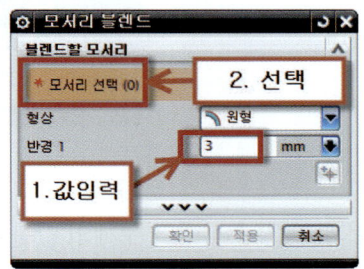

❶⓼ 바닥 모서리를 제외하고 전체적으로 선택해준다.

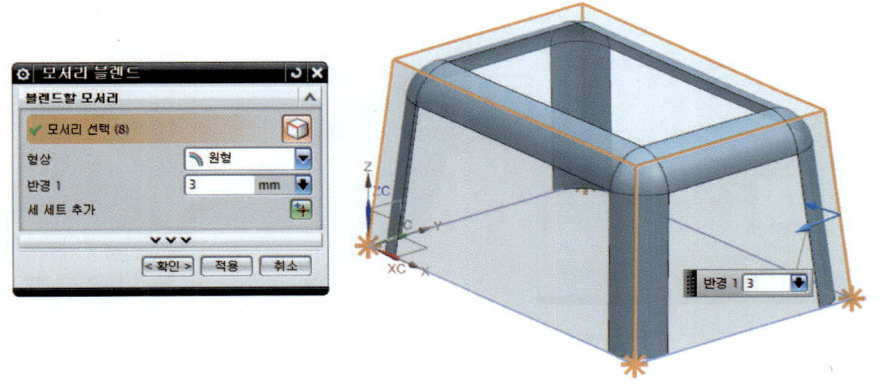

❶⓽ 마우스 가운데 버튼을 누르고 있으면서 마우스를 움직여 모델링의 바닥이 보이도록 회전시킨다.

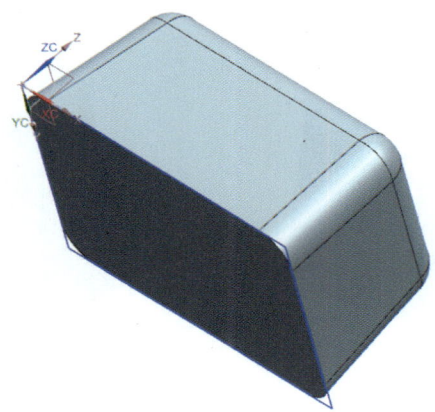

❷⓿ 모델링의 두께를 주기 위해 셸을 선택하도록 한다.

❷❶ 그림과 같은 순서대로 두께의 값을 입력하고 바닥면을 선택하여 두께를 생성 후 확인을 클릭한다.

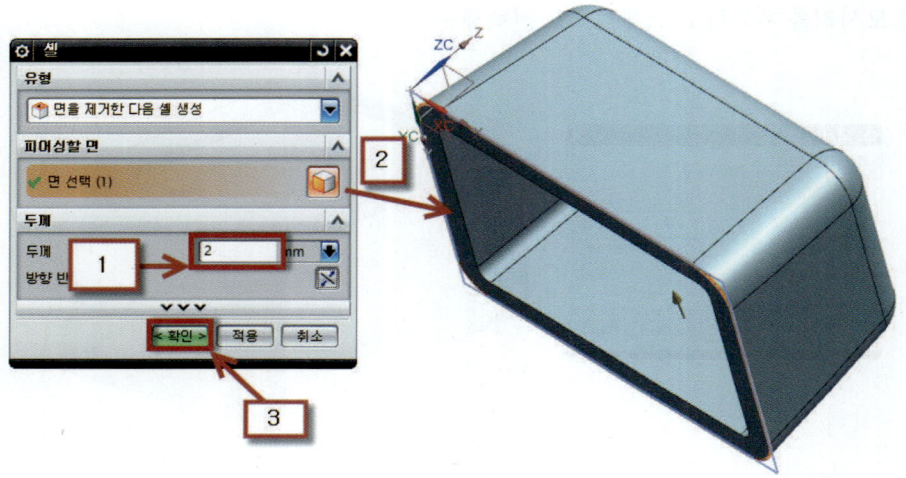

❷❷ 완성된 모델링

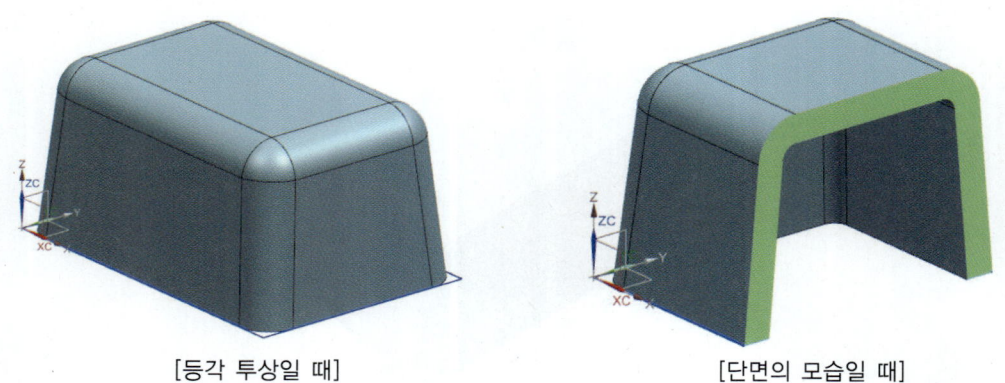

[등각 투상일 때]　　　　　　　　　　[단면의 모습일 때]

| 제1장 MOLD WIZARD 설계 따라 하기 | 제2장 Core, Cavity 설계 따라 하기 | Chapter G MOLD WIZARD |

제 2 절   Mold wizard 설계 따라 하기

❶ Mold Wizard를 실행하기 위해 아래 그림과 같은 경로로 선택한다.

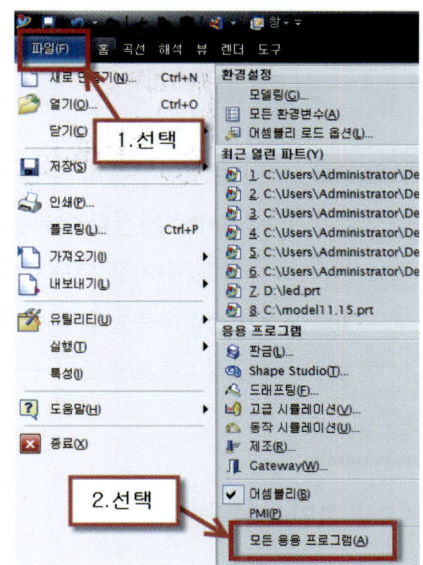

❷ 몰드 마법사 아이콘이 생성된 모습

❸ 몰드 마법사를 통하여 여러 부품의 조립된 어셈블리 구조를 만들기 위해 아래 그림과 같이 프로젝트 초기화를 이용하여 어셈블리 구조를 지닌 프로젝트를 생성한다.

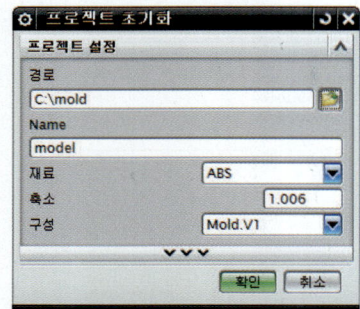

- 경로 : 어셈블리 파일을 저장할 경로 선택
- Name : 저장할 이름을 선택
- 재료 : 수지를 선택 (ABS 선택)
- 축소 : 수축률을 적용
- 구성 : 프로젝트의 구성을 정의한다.

위 그림과 같이 정의가 되었으면 확인을 클릭한다.

❹ 어셈블리 탐색기를 선택하여 프로젝트의 구성을 확인한다.

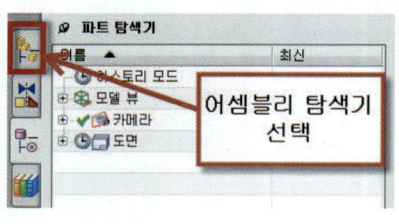
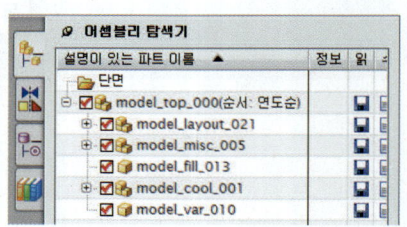

❺ 캐비티 코어를 분할하기 위해 영역을 체크한다.

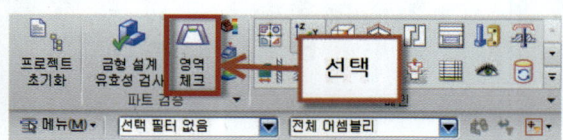

제1장 MOLD WIZARD 설계 따라 하기 | 제2장 Core, Cavity 설계 따라 하기 | Chapter G MOLD WIZARD

❻ 영역을 계산하기 위해 계산기 아이콘을 클릭한다.

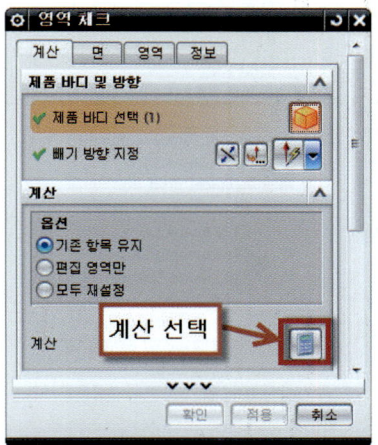

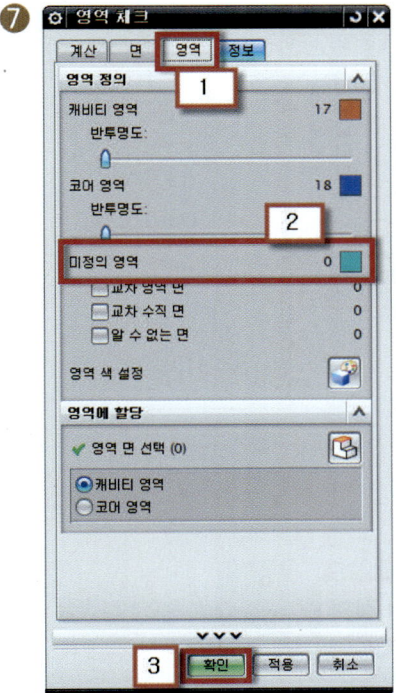

❼
1 영역 탭으로 이동한다.
2 미정의 영역이 0으로 되어있어야 캐비티 코어의 파팅 분할이 원활이 이루어진다.
3 미정의 영역이 0으로 되어있을 경우 확인을 클릭한다.

❽ 사출의 압력이나 흐름을 보기위해 사출성형 해석을 하도록 한다.

❾ 사출 성형 해석을 하기 위해서 모델링이 들어있는 어셈블리 파일로 이동을 한다.

🏷 수출률이 적용되어있는 제품 모델링 파일은 좌측 그림과 같이 model_shrink에 있다.

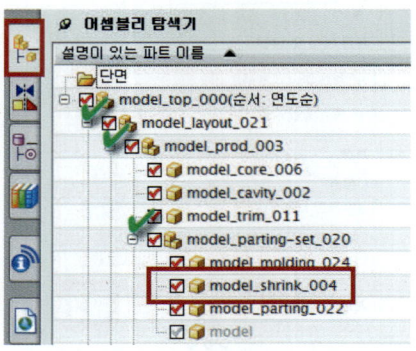

❿ model_shrink 파일을 선택 후 마우스 오른쪽 버튼을 눌러서 표시된 파트로 만들기를 선택한다.

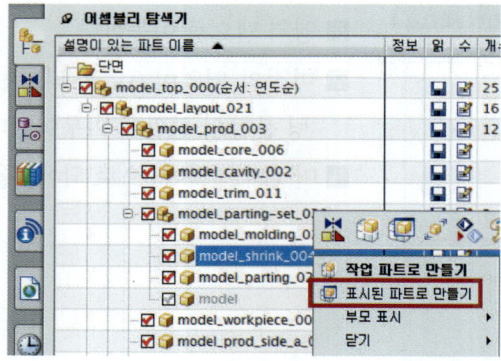

⓫ 아래 그림과 같이 흐름 해석 실행 아이콘을 선택한다.

⑫ 게이트의 포인트를 지정하기 위해 스케치 아이콘을 선택한다.

⑬ 확인을 클릭한다.

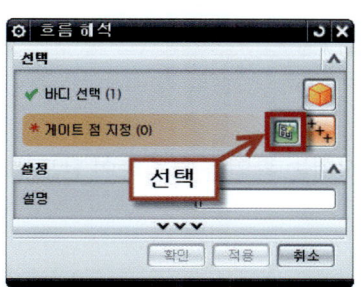
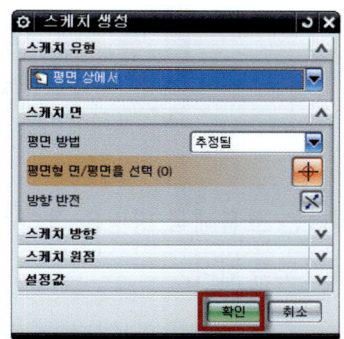

⑭ 화면상에 임의의 점을 선택하고 닫기를 한다.

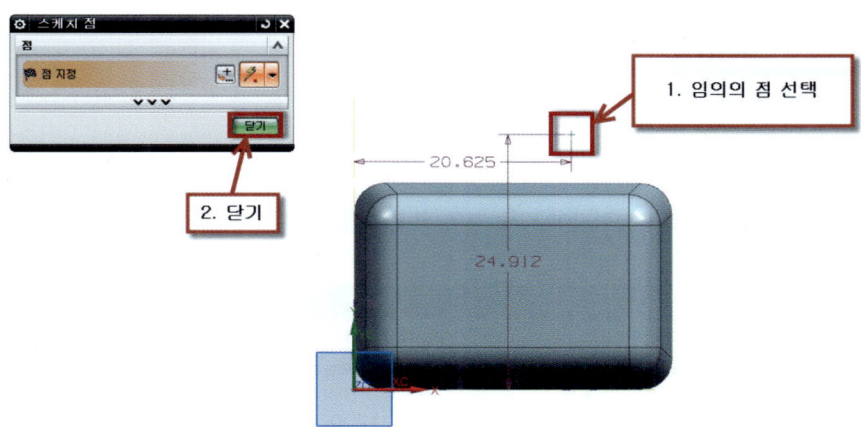

⑮ 아래그림과 같이 치수를 바꾸어준다.

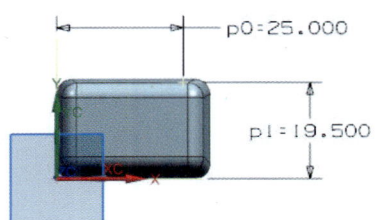

- 수평치수 : 25mm
- 수직치수 : 19.5mm

⑯ 마침 아이콘을 선택한다.

⑰ 나타나는 흐름해석 명령은 확인을 클릭하여 닫도록 한다.

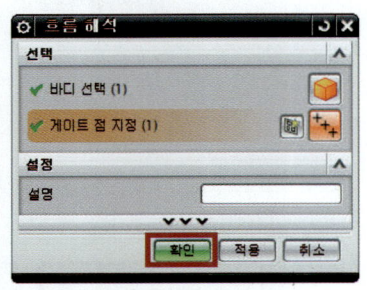

⑱ 메시지는 확인을 클릭하여 닫도록 한다.

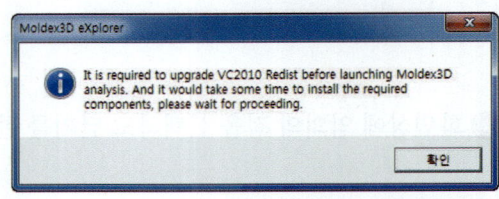

⑲ 메시지는 확인을 클릭한다.

🔸 Mldex3D 라는 소프트가 설치되어 있을 경우 위 ⑱, ⑲라 같은 메시지는 나타나지 않는다.

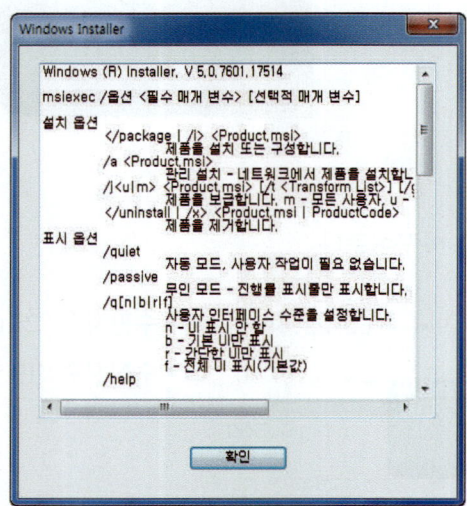

⑳ 조건을 입력 후 Analyze now를 선택하여 사출 성형 해석을 하도록 한다.

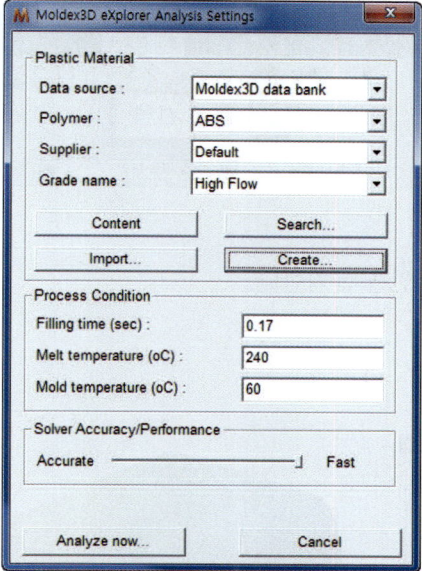

㉑ 해석이 진행되는 모습

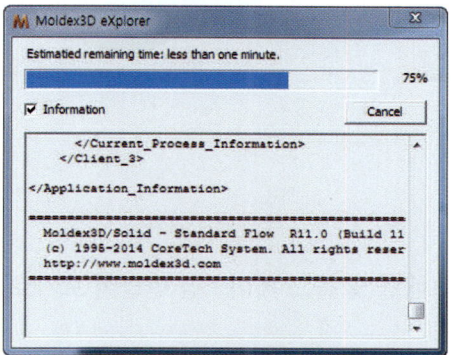

㉒ 완료 메세지는 OK를 클릭한다.

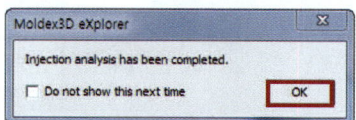

㉓ 흐름 해석 결과 표시 아이콘을 클릭한다.

㉔ 해석의 결과를 확인 후 확인을 클릭한다.

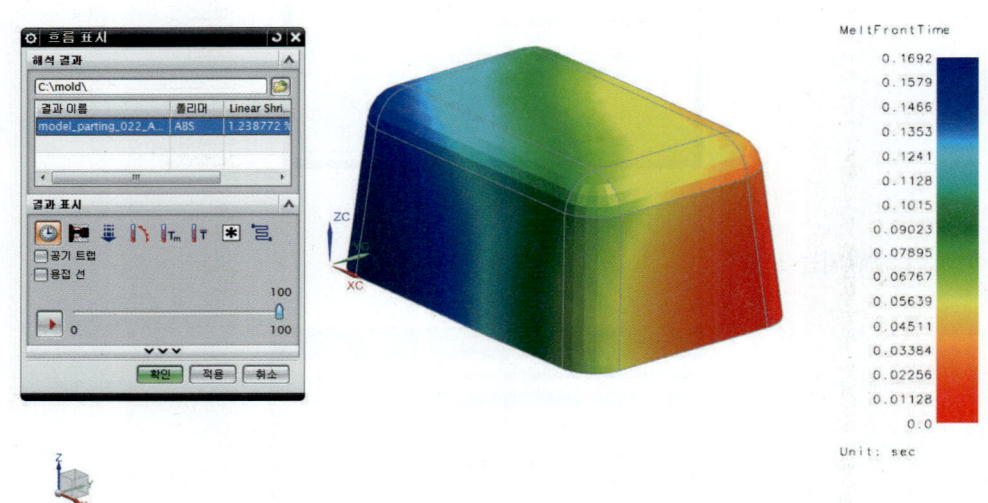

㉕ 해석을 마친 후 캐비티의 배열 및 몰드 베이스를 만들어 보기로 한다.

㉖ 금형의 원점을 생성하기 위해 몰드 좌표계 아이콘을 선택하도록 한다.

㉗ 그림과 같이 금형의 좌표계를 제품 모델링의 중심으로 설정하고 확인을 클릭한다.

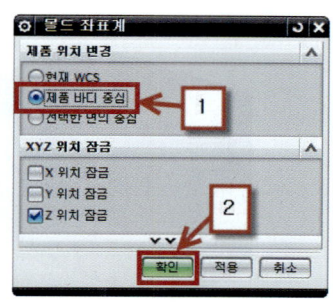 

㉘ 캐비티와 코어의 외곽 재료 사이즈를 정의하기 위해 가공물 아이콘을 선택한다.

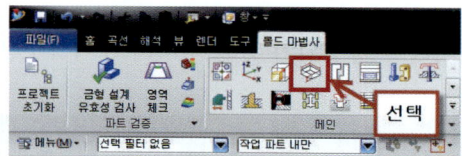

㉙ 제품의 외곽 치수를 기준으로 자동으로 가공물의 소재사이즈가 나타나게 된다.

㉚ 이러한 가공물을 그대로 사용할 경우에는 확인을 선택하고, 가공물의 소재크기를 다르게 설정할 경우 스케치에 들어가서 재정의한다.

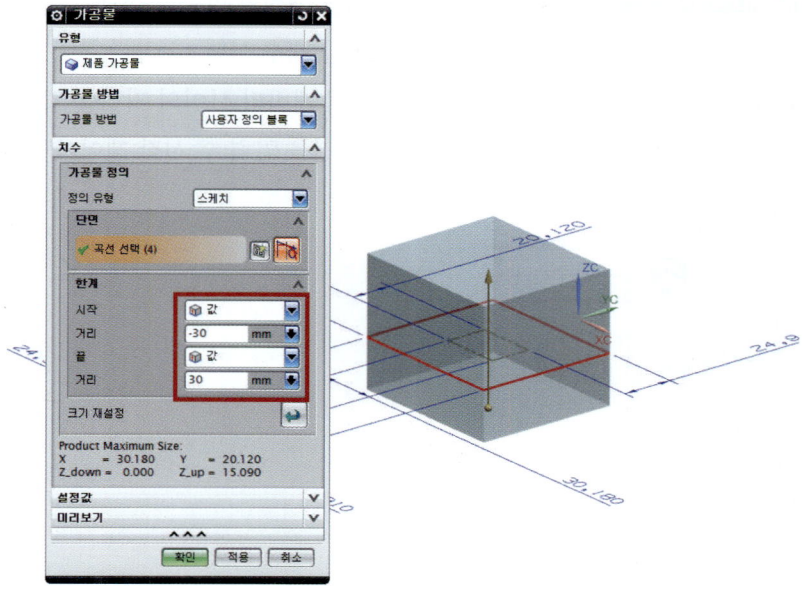

㉛ 가공물의 소재가 만들어진 모습

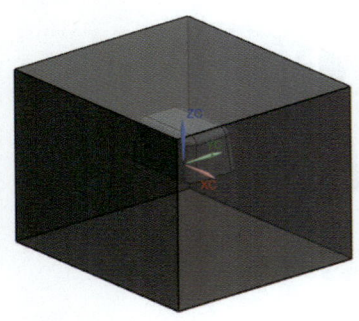
[소재가 만들어진 모습]

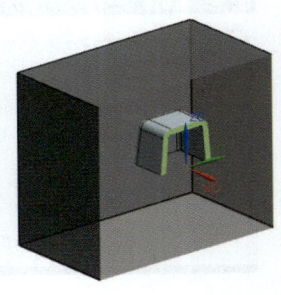
[단면으로 보았을 경우]

㉜ 하나의 금형에 2개의 캐비티가 생성되기 위해 캐비티 레이아웃을 선택한다.

㉝ 2개의 캐비티를 생성하기 위해 생성할 방향과 개수와 사이의 거리를 지정한다.

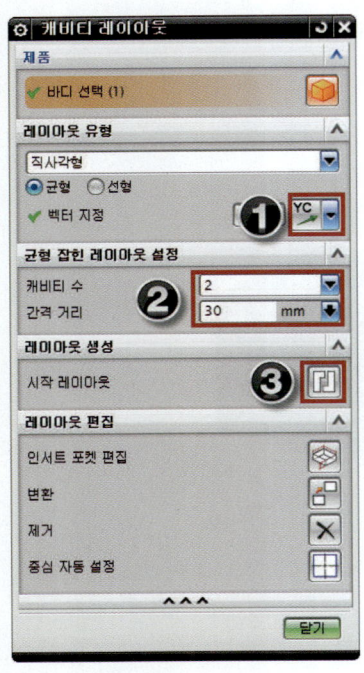

1 배열을 생성할 방향을 선택

2 생성할 개수 선택
   2개의 캐비티 사이의 거리를 입력

3 위 조건을 입력 후 시작 레이아웃을 선택

㉞ 그림처럼 시작 레이아웃 아이콘( )을 선택하면 2개의 캐비티가 생성된 것을 확인할 수 있다.

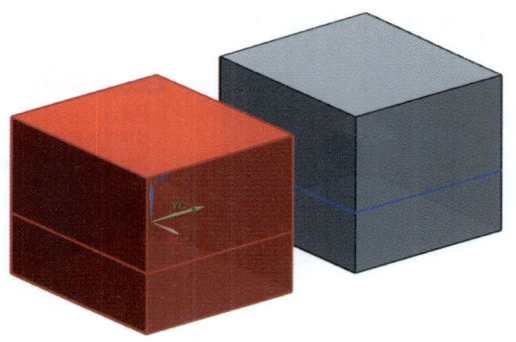

㉟ 현재의 좌표계는 하나의 캐비티의 중심에 위치해 있기 때문에 중심 좌표를 이동하기 위해 레이아웃 편집을 클릭하여 중심 자동 설정을 선택하여 두 개의 캐비티 가운데 좌표가 만들어지도록 한다.

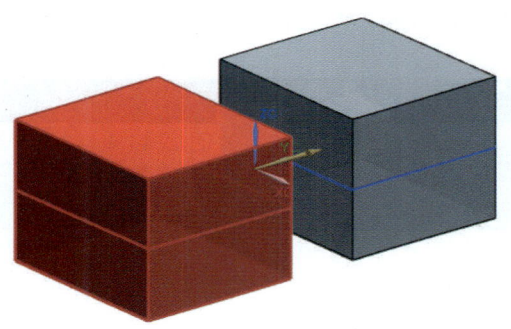

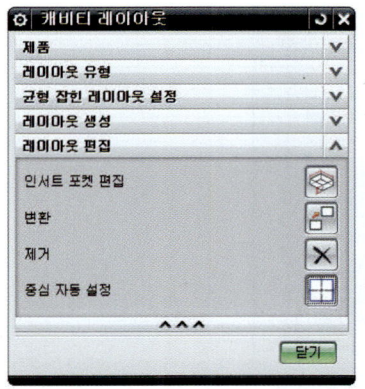
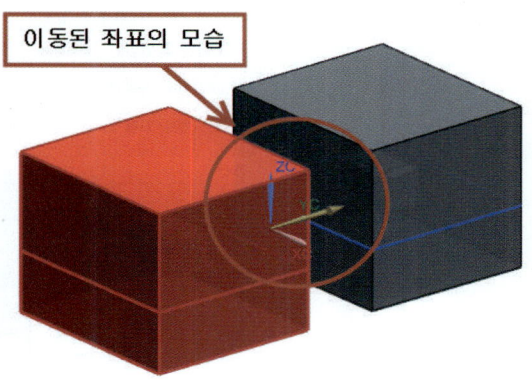

이동된 좌표의 모습

㊱ 캐비티 레이아웃의 배열이 확인되었으면 닫기를 선택하여 명령을 닫도록 한다.

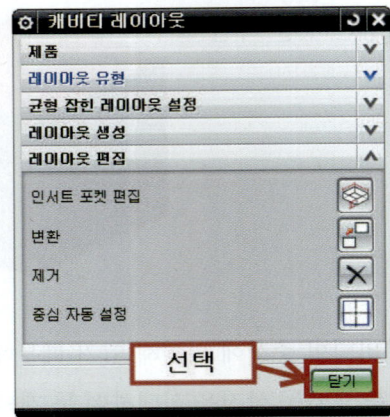

㊲ 캐비티와 코어를 분할하기 위해 파팅 공구에 영역 체크 아이콘을 클릭한다.

㊳ 영역체크 실행 후 계산 아이콘을 선택해서 캐비티와 코어의 분할 영역을 체크한다.

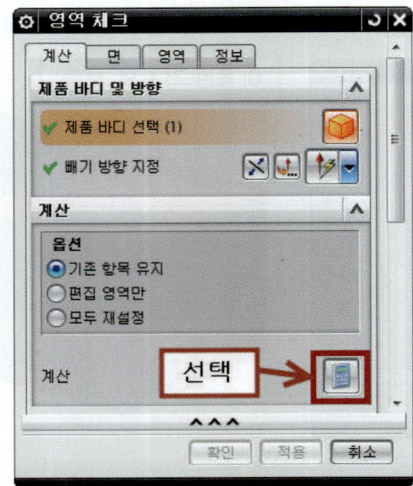

㊴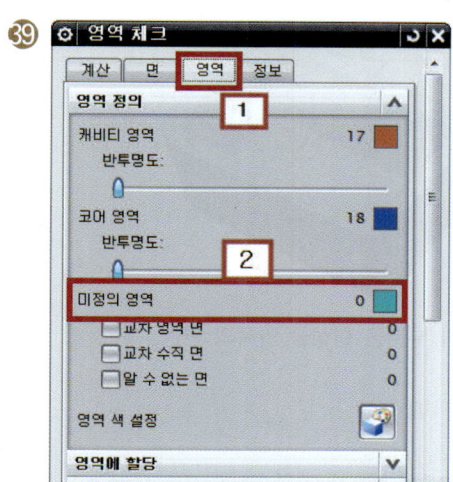

■ 영역 탭으로 이동한다.
■ 미정의 영역이 없는지 확인한다.
   미정의 영역이 있을 경우 캐비티와 코어로 분할할 수가 없다.
■ 확인을 클릭한다.

㊵ 영역을 기준으로 파팅 선을 생성하기 위해 영역 정의 아이콘을 선택하도록 한다.

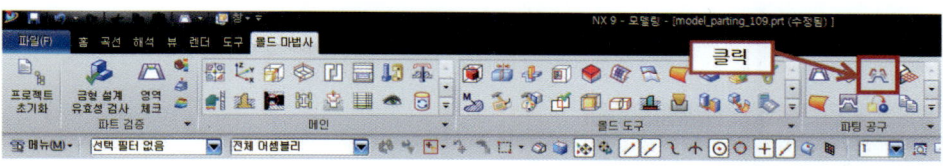

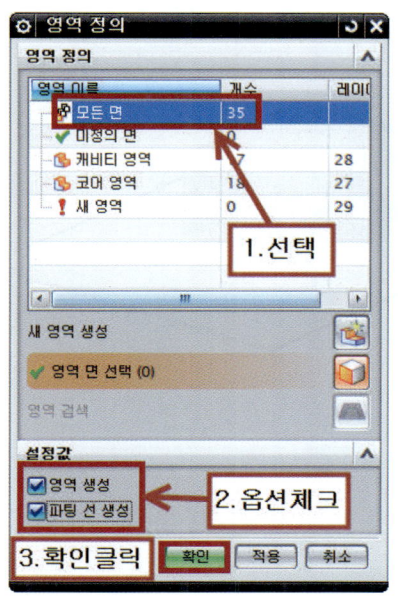

■ 모든 영역을 지정할 것이기 때문에 영역 정의 - 모든 면을 선택
■ 설정 값 - 영역생성, 파팅 선 생성을 선택하여 옵션을 체크한다.
■ 선택이 되었으면 확인을 클릭 한다.

[캐비티 영역의 바깥 쪽 면]

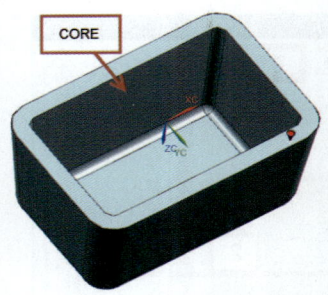
[코어 부분을 형성할 안쪽의 면]

㊶ 파팅 면을 생성하기 위해 설계 파팅 곡면 아이콘을 선택한다.

㊷ 자동으로 파팅 면이 생성이 되는 것을 확인할 수 있다.
　 확인을 클릭하여 명령을 닫도록 한다.

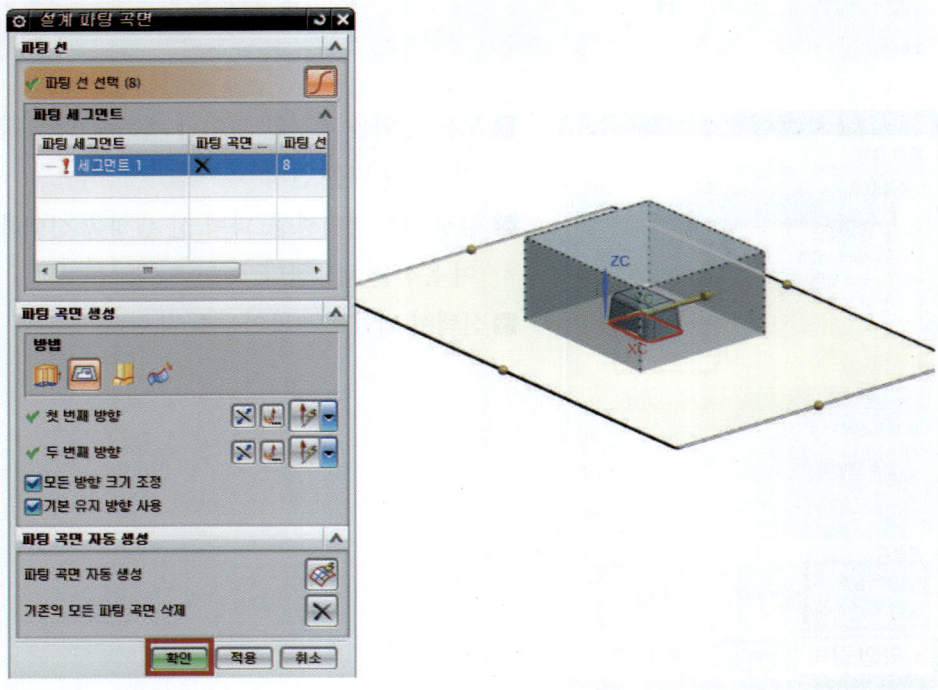

㊸ 파팅 면을 생성하였기 때문에 캐비티와 코어를 분할하도록 한다.

㊹ 캐비티 및 코어 정의 아이콘 선택

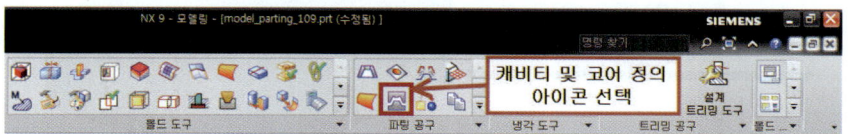

㊺ 캐비티와 코어 둘다 분할할 것이기 때문에 모든 영역을 선택하고 확인을 클릭한다.

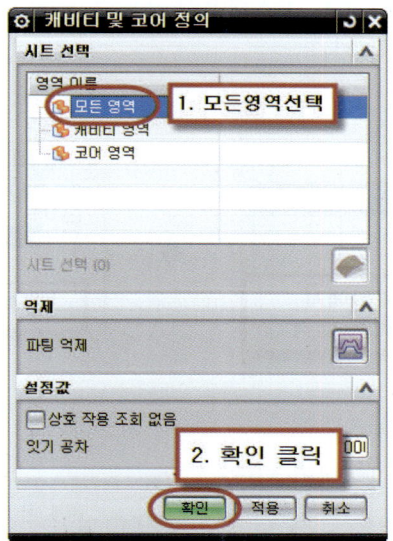

㊻ 캐비티의 형태가 나오면 확인을 선택하여 메뉴를 닫도록 한다.

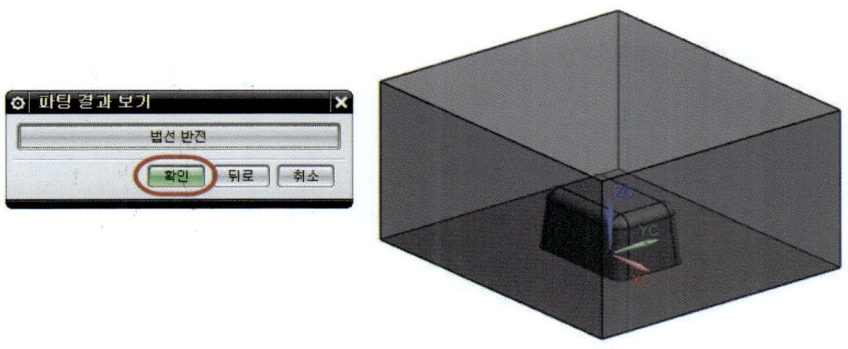

㊼ 코어의 형태가 올바르게 나오면 확인을 클릭하여 메뉴를 닫도록 한다.

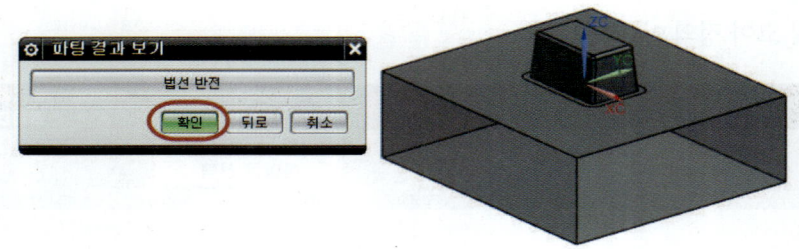

㊽ 어셈블리 탐색기 상태에서 어셈블리의 최상위 파트로 전환하기 위해 어셈블리 파일을 선택 후 오른쪽 버튼을 누르도록 한다.

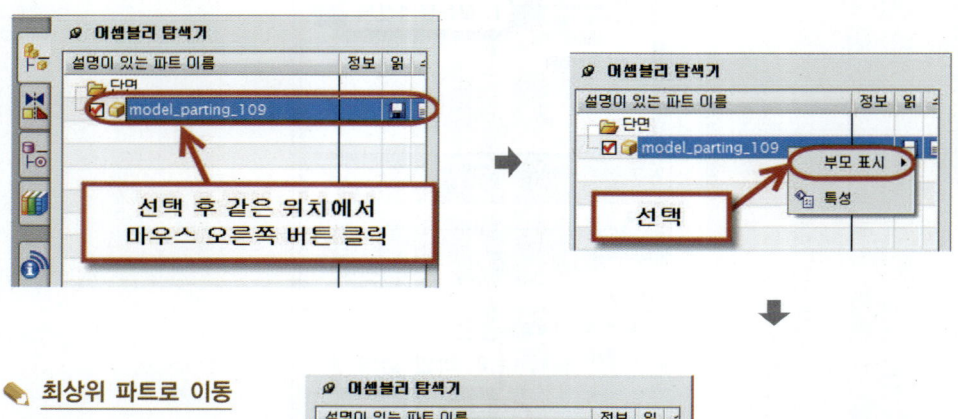

🔖 **최상위 파트로 이동**

파일명_top_ ** 으로 되어 있는 파일이 제일 상위 파트이다.

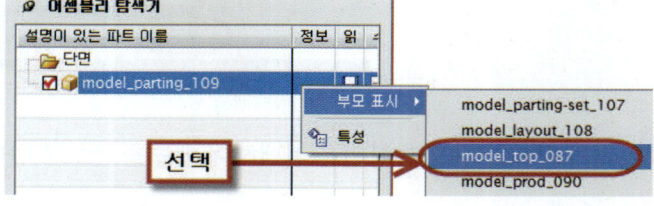

㊾ 제일 상위의 어셈블리 환경으로 이동된 것을 확인할 수 있다.

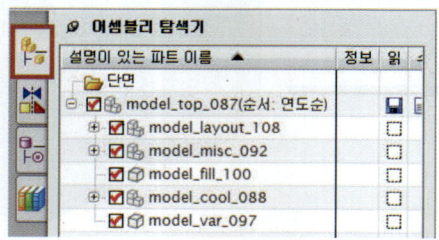

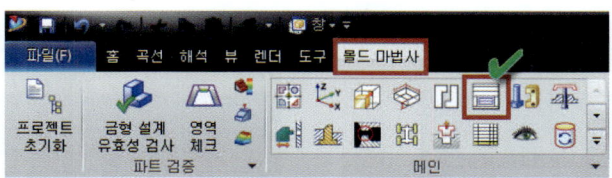

㊿ 몰드베이스를 생성하기 위해 몰드베이스 라이브러리 아이콘을 클릭한다.

위 그림과 같이 나오지 않을 경우는 앞에서 설명한 몰드 마법사 어플리케이션을 선택하여 몰드 마법사 탭이 나타나도록 한다. 또는 다른 탭이 선택되어 있을 경우도 있으니 몰드 마법사 탭을 선택한다.

 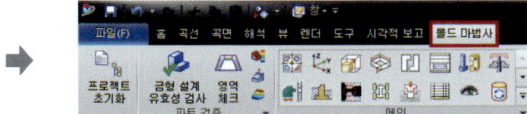

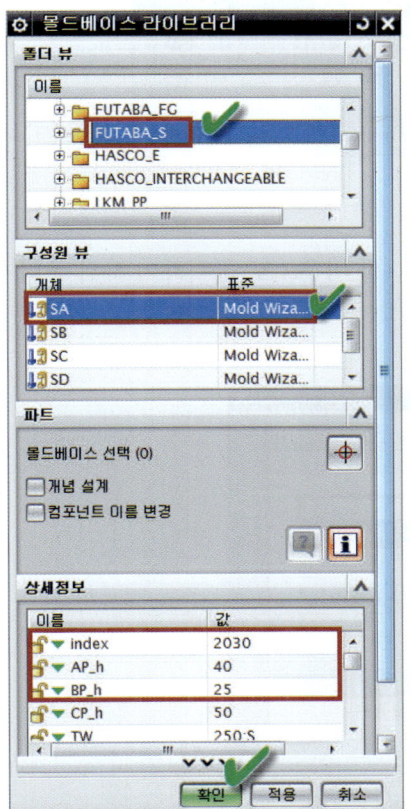

◐ 몰드베이스의 종류를 선택한다.
   FUTABA_S를 선택

◐ 몰드베이스의 타입을 선택한다.
   SA 타입을 선택

• index : 몰드베이스의 사이즈를 선택
        2030 : X200 Y300의 사이즈
• AP_h : 고정측 형판의 높이 40을 입력
• BP_h : 가동측 형판의 높이 40를 입력
◐ 모든 정의가 끝나면 확인을 클릭한다.

(51) 그림과 같이 몰드베이스가 생성된 것을 확인할 수 있다.

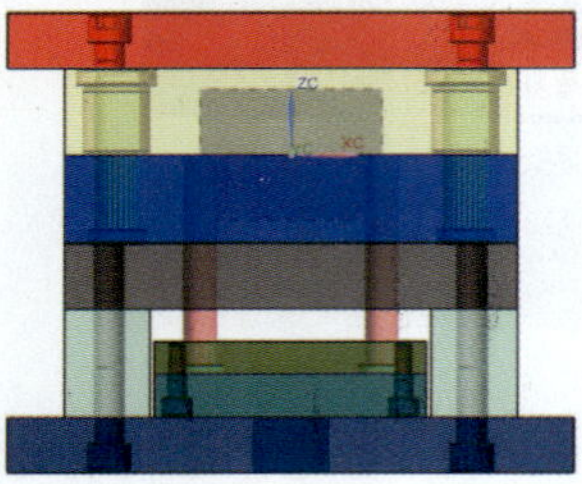

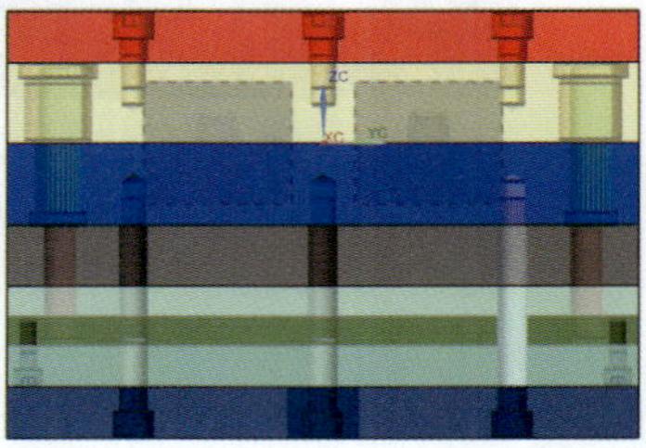

(52) 고정측 설치판에 장착될 로케이트 링을 만들도록 한다.

(53) 표준 파트 라이브러리를 선택한다.

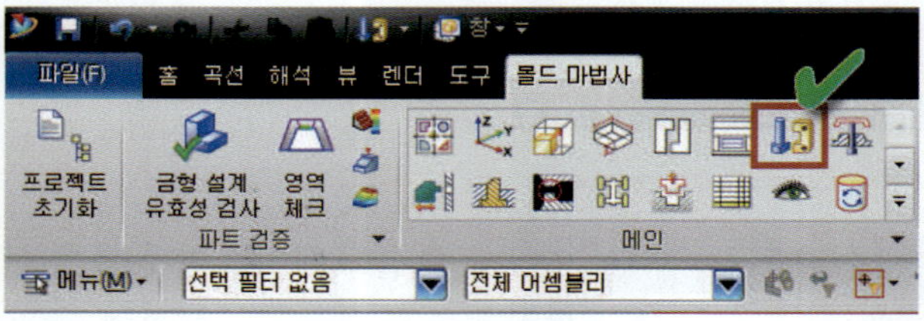

(54) 표준 부품의 종류를 FUTABA_MM로 선택하고 +를 마우스로 클릭하여 하위 폴더가 보이게 설정한 후에 로케이트 링을 선택한다.

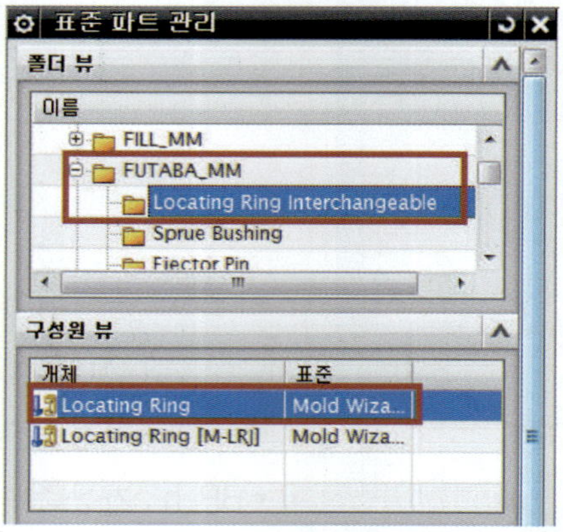

55 상세정보 창에서 TYPE : M-LRB, DIAMETER : 100으로 설정하고 확인을 클릭한다.

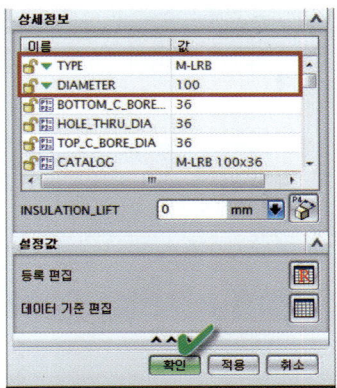

56 나타나는 메시지는 닫도록 한다.

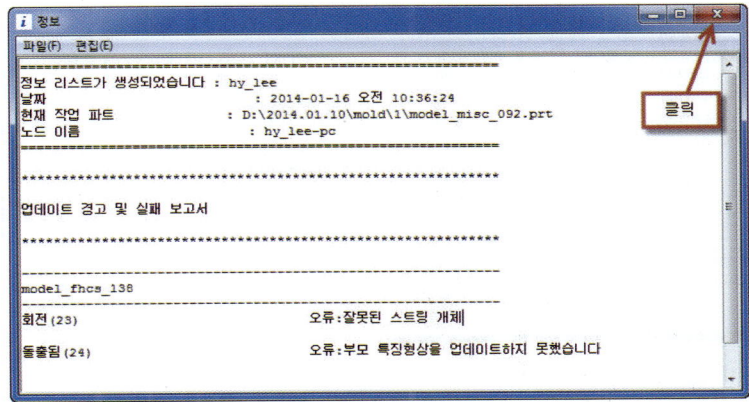

57 스프루 부시를 생성하기 위해 마찬가지로 표준 라이브러리 아이콘을 선택한다.

58 표준 파트 라이브러리를 선택한다.

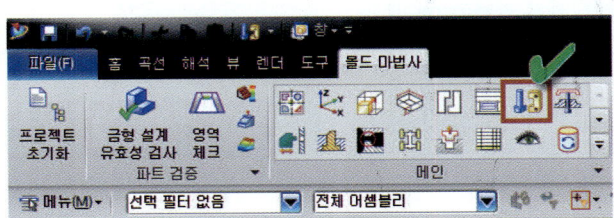

㉙ 표준 파트의 FUTABA_MM에서 Sprue Bushing을 선택한다.

㉚ 상세정보에 대한 값을 입력한다.

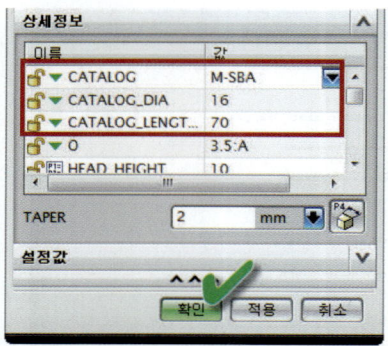

- CATALOG_LENGTH : 70
- HEAD_DIA : 36
- LENGTH : 55

◉ 값 입력 후 확인을 클릭한다.

㉛ Length는 수식으로 만들어져있기 때문에 아래 그림과 같이 상수 만들기로 바꾸고 그 값을 입력한다.

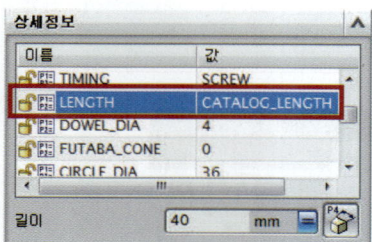 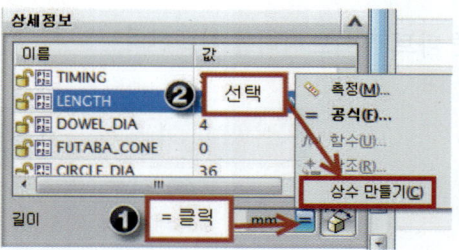

㊌ 스프루 부시가 생성된 모습

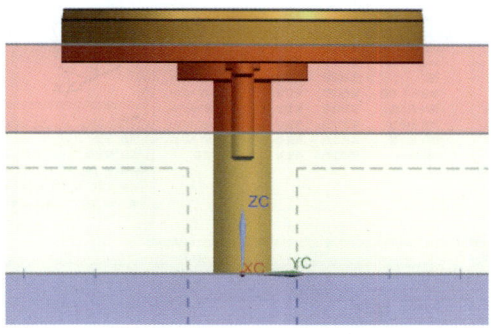

㊓ 런너를 생성한다.

㊔ 런너의 데이터를 따로 관리하기 위해 새로운 컴포넌트를 생성한다.
메뉴 → 어셈블리 → 컴포넌트 → 새 컴포넌트 생성을 클릭한다.

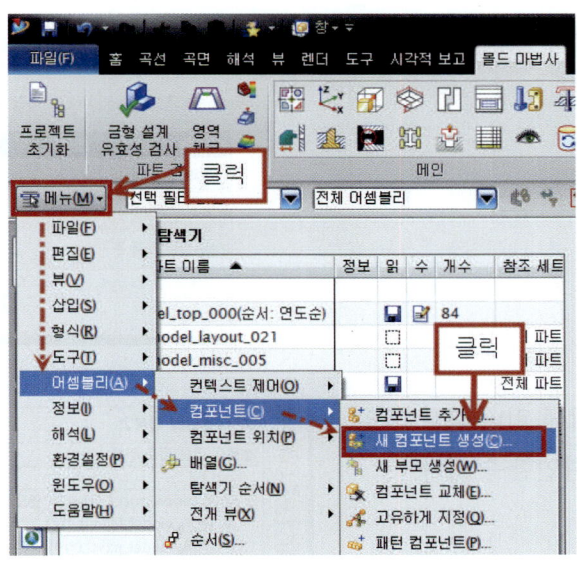

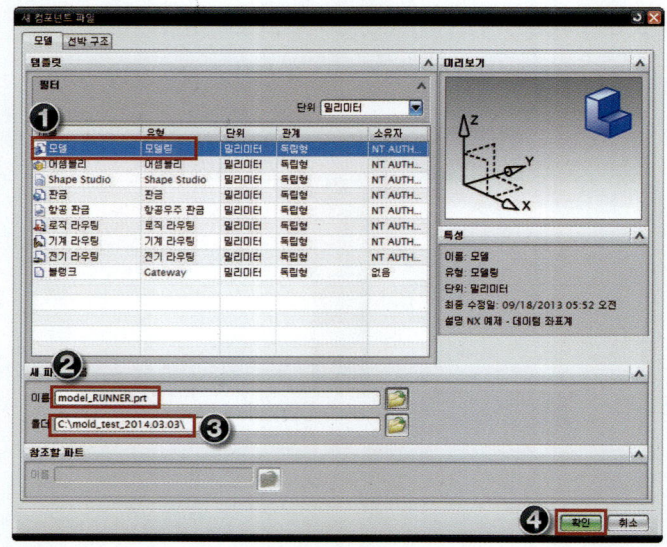

■1 모델을 선택

■2 이름을 입력 model_runner.prt

■3 런너 모델링 파트가 저장될 경로를 입력(몰드 마법사를 이용하여 만들었던 경로를 지정한다.)

■4 확인을 클릭한다.

확인을 클릭한다.

어셈블리 탐색기에 런너 파트 파일이 생성된 것을 확인할 수 있다.

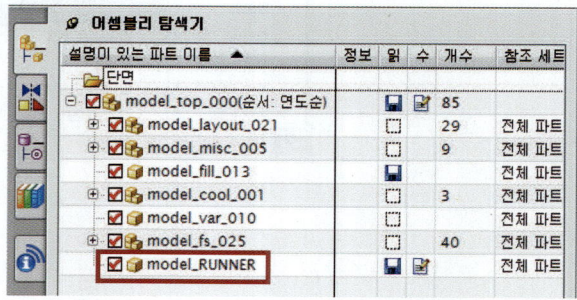

(65)

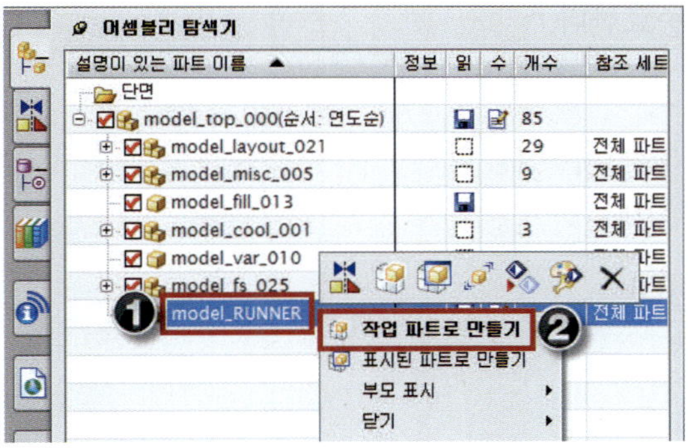

1 model_RUNNER 컴포넌트를 선택하고 마우스 오른쪽 버튼을 클릭한다.

2 작업 파트로 만들기를 선택한다.

(66) 런너 아이콘을 선택한다.

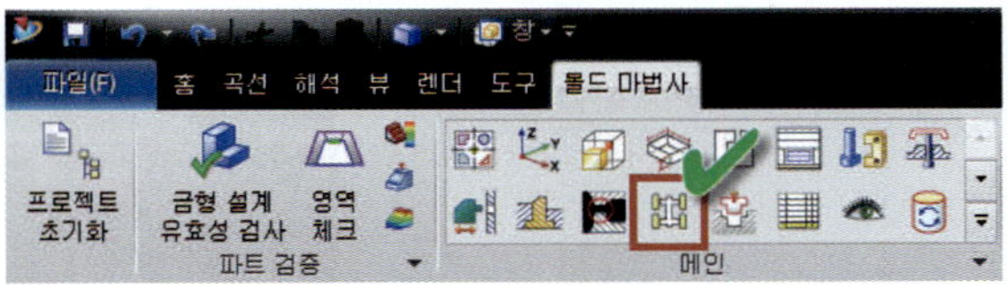

(67) 런너의 경로를 만들기 위해 스케치 아이콘을 선택한다.

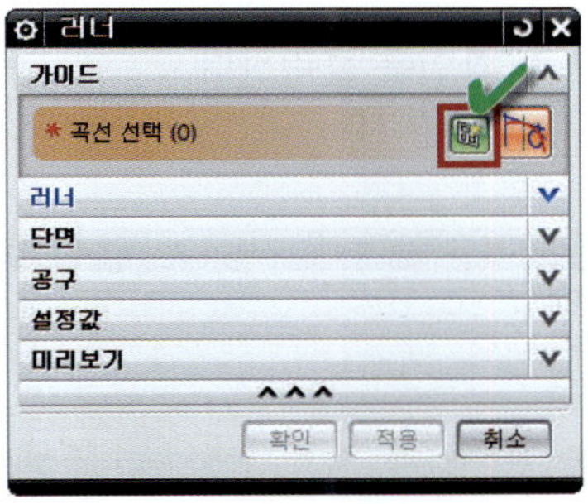

(68) 평면을 선택하지 않고 확인하게 되면 X-Y평면에서 스케치를 진행할 수 있다.

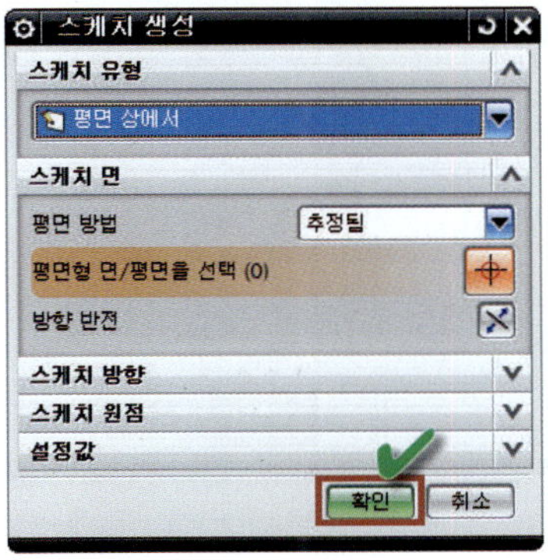

(69) 아래 그림과 같이 스케치하고 스케치를 종료한다.

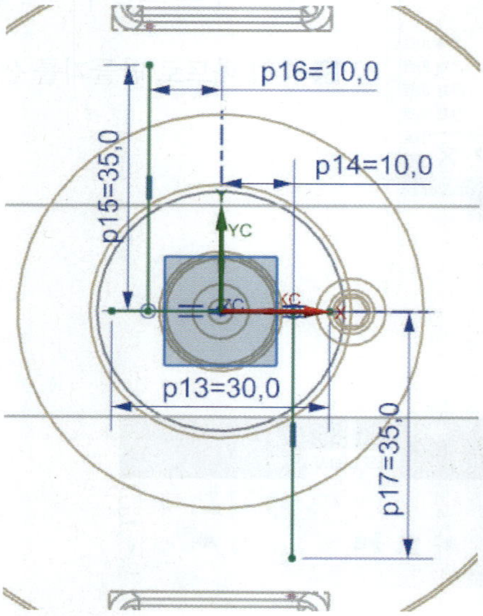

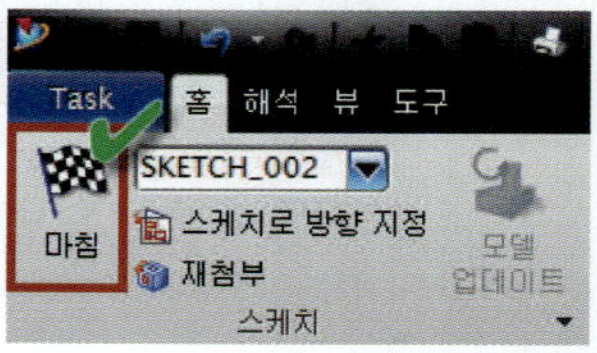

(70) 런너의 지름 값을 6으로 바꾼 후 확인을 클릭한다.

✎ 더블 클릭하면 수정할 수 있다.

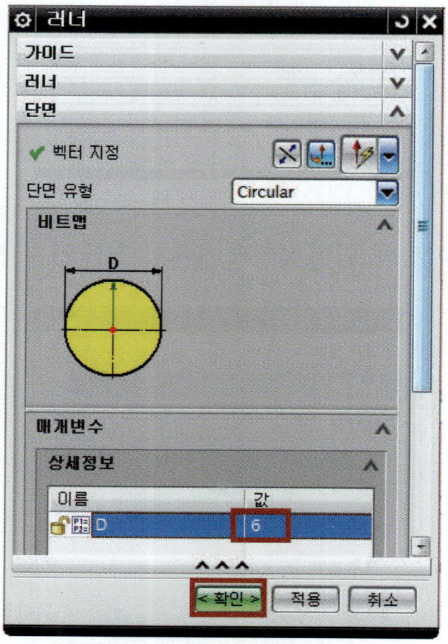

❼¹ 게이트를 생성하기 위해 게이트 아이콘을 선택한다.

게이트 라이브러리 아이콘 클릭

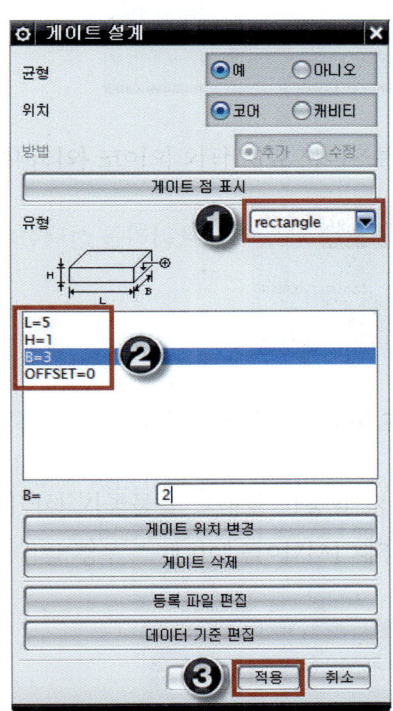

■ 게이트의 모양을 정의한다.
　rectangle로 선택한다.

■ 게이트의 크기 값을 정의한다.
　• L=6
　• H=1
　• B=3
　• OFFSET=0

■ 적용을 선택한다.

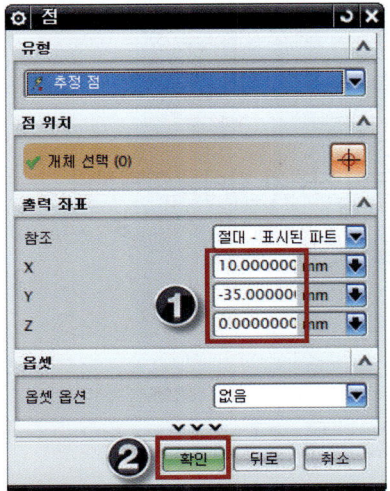

■ 게이트가 생성될 포인트를 입력

■ 확인을 클릭한다.

Unigraphics(UGS) CAD/CAM
NX9 모델링 및 CAM 가공

72 게이트가 생성되는 방향을 아래 그림과 같이 만든다.

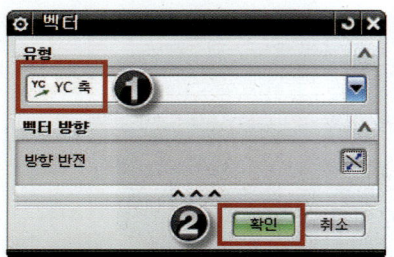

1 Gate의 길이 방향의 방향을 정의한다.

2 확인을 클릭한다.

73 취출을 위해 이젝트 핀을 생성하도록 한다.

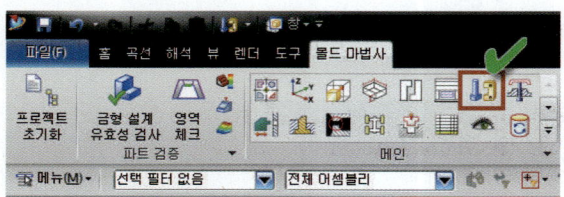

표준 파트 라이브러리를 선택한다.

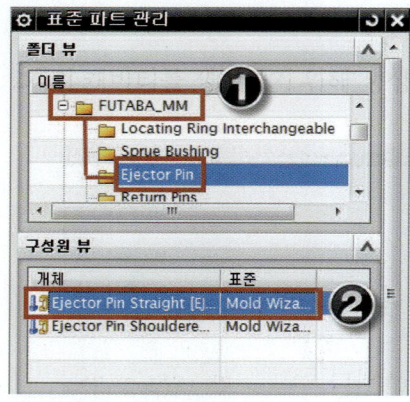

1 이젝트 핀을 생성하기 위해 FUTABA_MM의 하위 폴더에 있는 Ejector Pin을 선택한다.

2 Ejector Pin Straight를 선택한다.

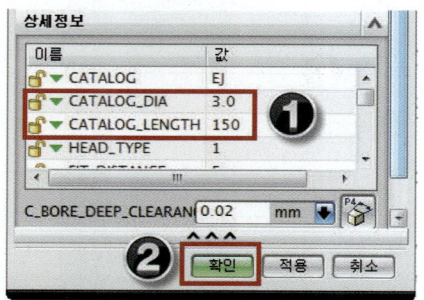

1 이젝트 핀의 지름과 길이를 입력한다.

2 확인을 클릭한다.

960

㉔ 이젝트 핀의 위치를 정의하기 위해 아래와 같이 만든다.

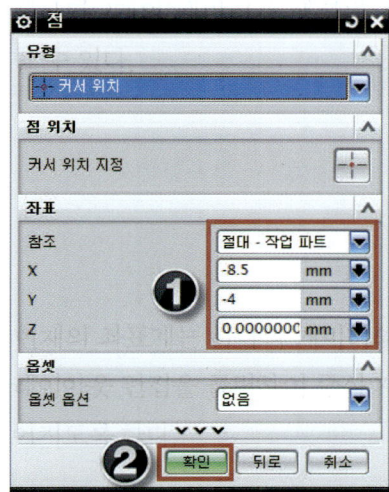

1 이젝트 핀이 설치될 포인트 좌표를 입력한다.
2 확인을 클릭한다.

4개의 핀이 설치되므로 점은 4번 입력해 주어야 한다.

1. 절대	2. 절대	3. 절대	4. 절대
X : −8.5	X : −8.5	X : 8.5	X : 8.5
Y : −4	Y : 4	Y : 4	Y : −4
Z : 0	Z : 0	Z : 0	Z : 0

4개의 위치를 입력 후에는 취소를 한다.

㉕ 이젝트 핀이 생성된 것을 확인할 수 있다.

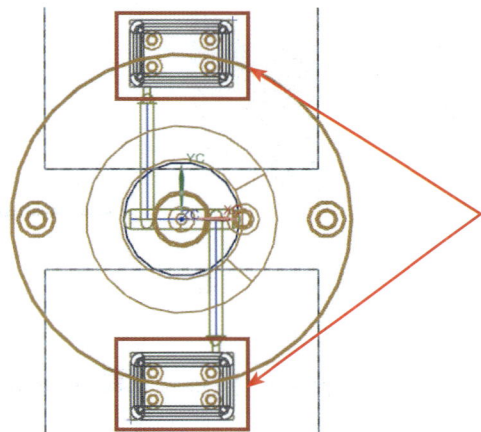

㉖ 이젝트 핀을 코어에 맞게 트림하기 위해 이젝트 핀 포스트프로세스 아이콘을 선택한다.

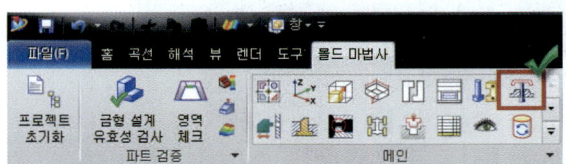

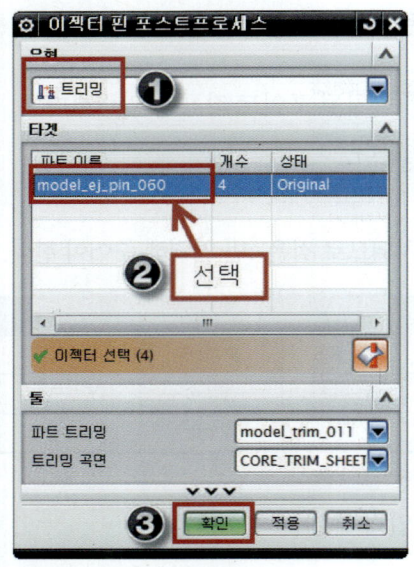

① 유형 - 트리밍으로 선택한다.

② 이젝트 핀 모델링이 들어있는 파트를 선택한다.

③ 확인을 클릭한다.

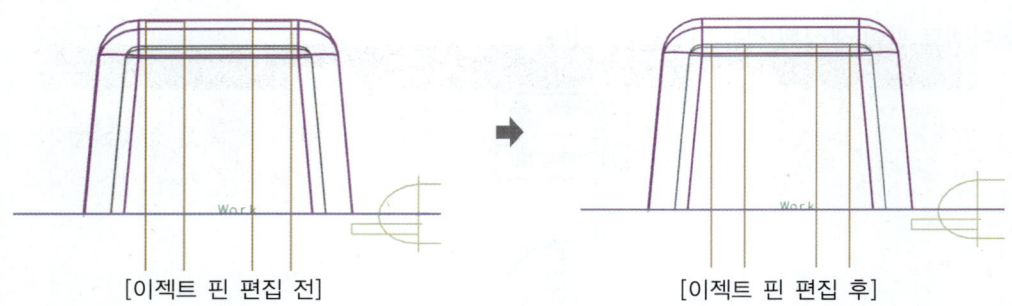

[이젝트 핀 편집 전]   [이젝트 핀 편집 후]

⑦ 그 외의 표준화된 부품들은 표준 파트 라이브러리 기능을 사용하여 추가한다.

⑱ 만들어진 부품들은 빼기 상태가 아니기 때문에 각 어셈블리 모델링을 포켓 기능을 통해 빼기 상태로 한다.

포켓을 선택한다.

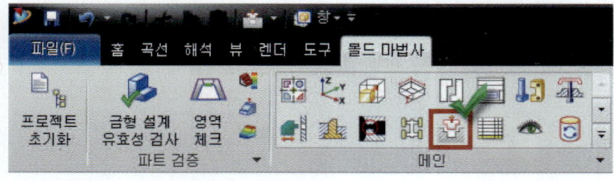

| 제1장 MOLD WIZARD 설계 따라 하기 | 제2장 Core, Cavity 설계 따라 하기 | Chapter G MOLD WIZARD |

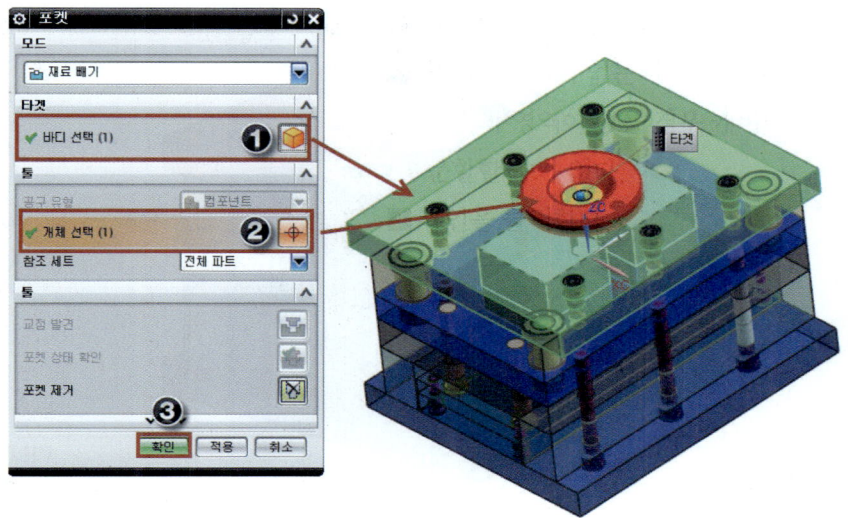

㊆ 그림과 같이 선택하고 확인하게 되면 타깃에서 선택한 모델링이 2번 선택을 기준으로 빠져 나간 것을 확인할 수 있다.

㊇ 고정측 설치 판이 로케이트 링이 설치될 수 있도록 빼기가 진행된 모습

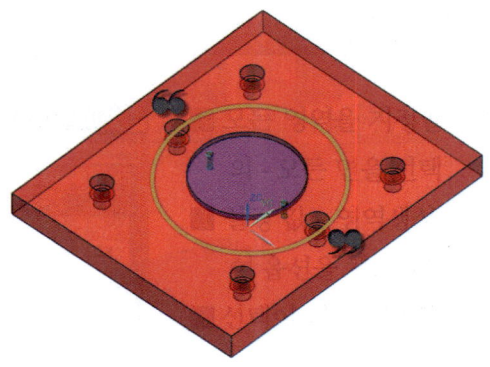

이와 같은 방식으로 몰드베이스와 연관되어진 부품들은 전부 포켓을 이용하여 빼기 상태로 한다.

81 완성된 모습

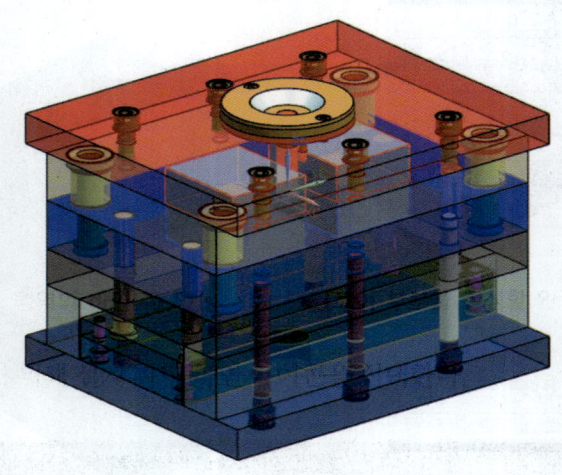

2장 ▶ Core, Cavity 설계 따라 하기

| 도면명 | NX 모델링작업 | 척도 | NS |

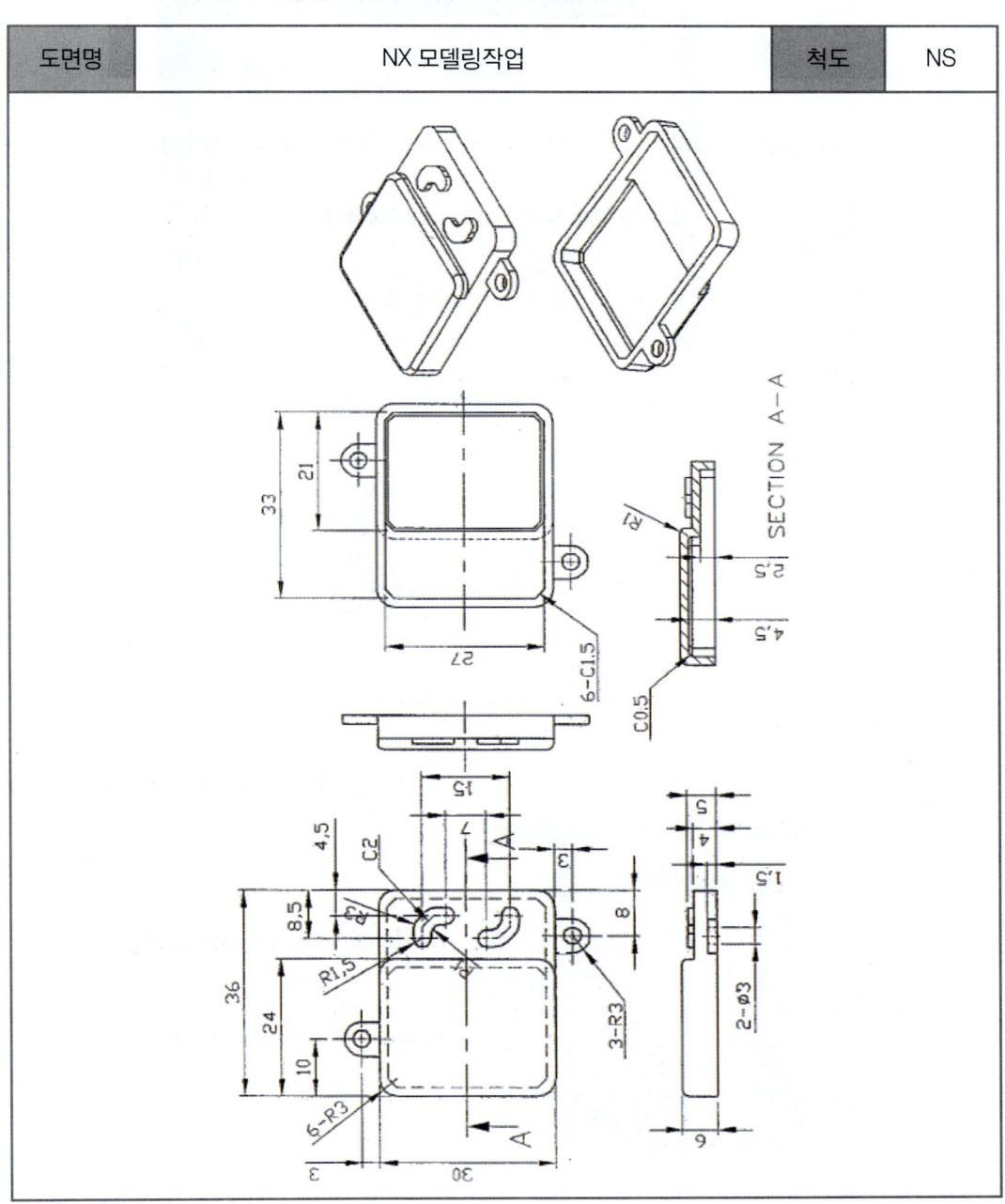

❶ NX9.0을 실행 시킨 후 New( ) 아이콘을 클릭한다.

New창이 뜨면 Model을 클릭한 후 Name과 Folder(저장위치)를 설정한 뒤 OK를 클릭한다.

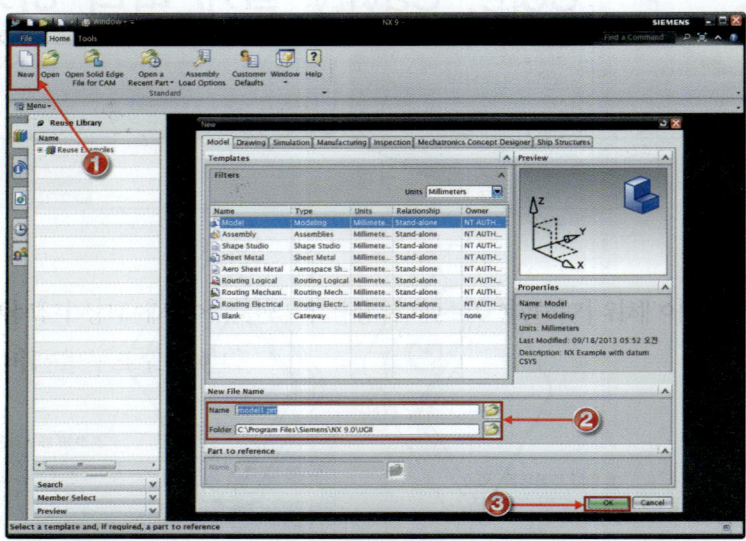

❷ Menu → Insert → Sketch in Task Environment( ) 를 클릭한다.

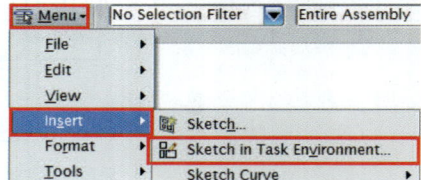

❸ Sketch Type=On Plane, Plane Method=Inferred로 설정한 후 XZ 평면을 클릭하고 OK를 클릭한다.

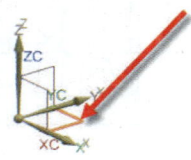

❹ XZ평면에 그림과 같이 다단계로 스케치를 그려 준다.

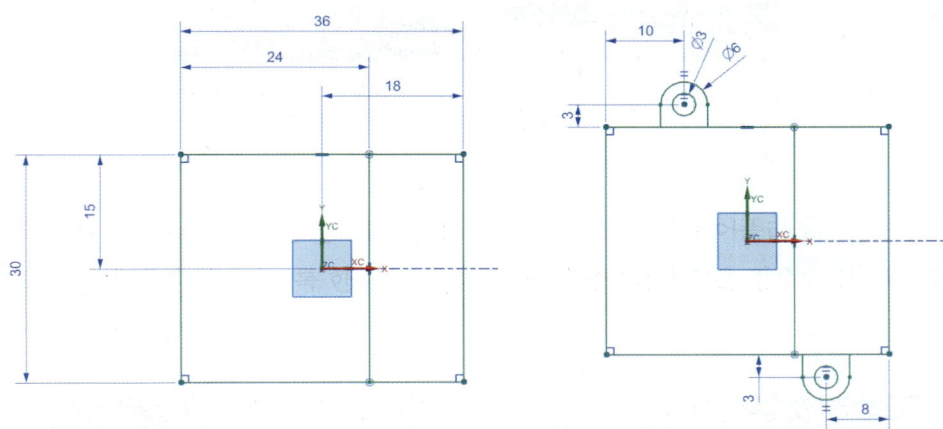

❺ 다음 그림과 같이 스케치를 모두 그린 후 _{Finish} 아이콘을 클릭한다.

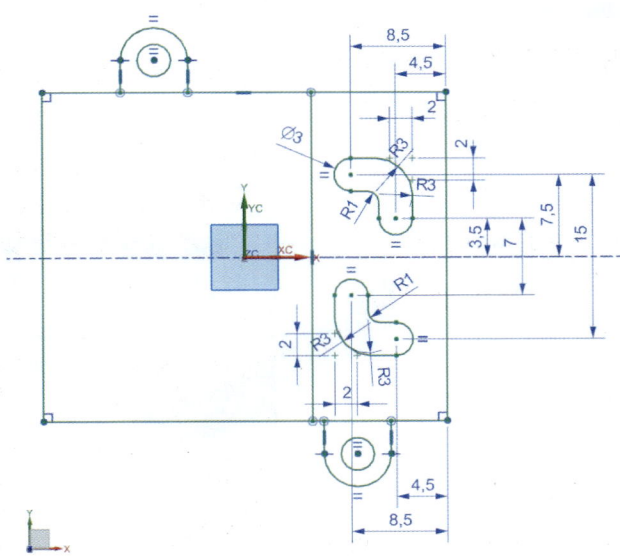

❻ Menu → Insert → Design Feature → Extrude(　)(돌출) 또는 tool bar에서 아이콘을 클릭한다.

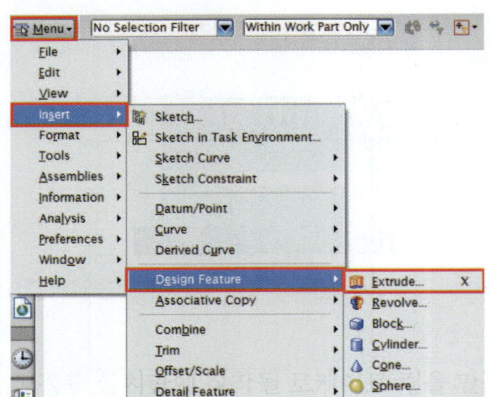

❼ 추정 곡선을 Region Boundary Curve로 설정한 후 큰 사각형을 선택하고 Distance= 6, Boolean(　))=None을 선택한 후 Apply를 클릭한다.

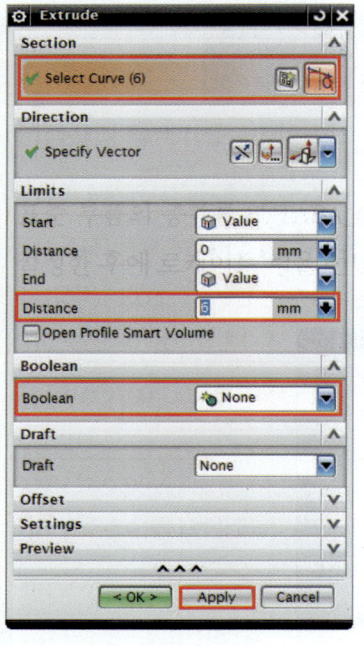
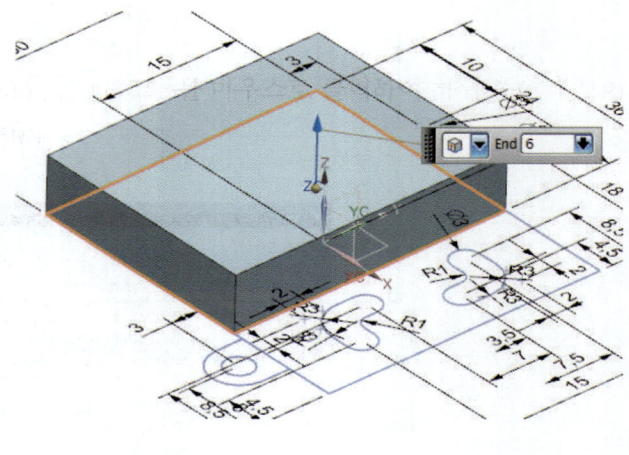

❽ 추정곡선은 그대로 설정한 후 화살표가 가리키는 면을 선택 후 Distance= 4, Boolean( )= Unite를 선택한 후 Apply를 클릭한다.

 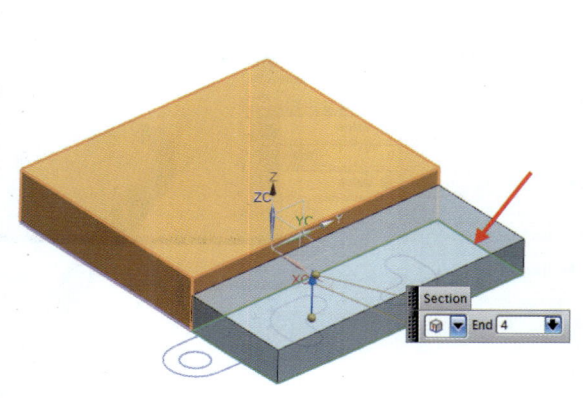

❾ 화살표가 가르키는 면을 선택 후 Distance= 1.5, Boolean=Unite( )를 선택한 후 Apply를 클릭한다.

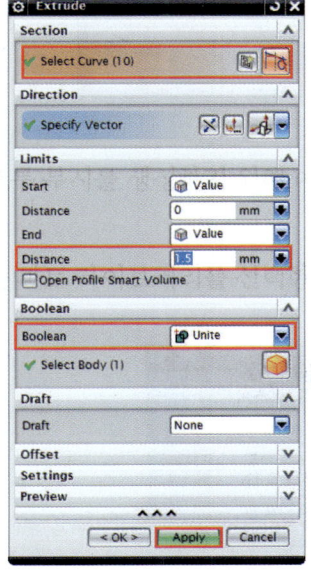 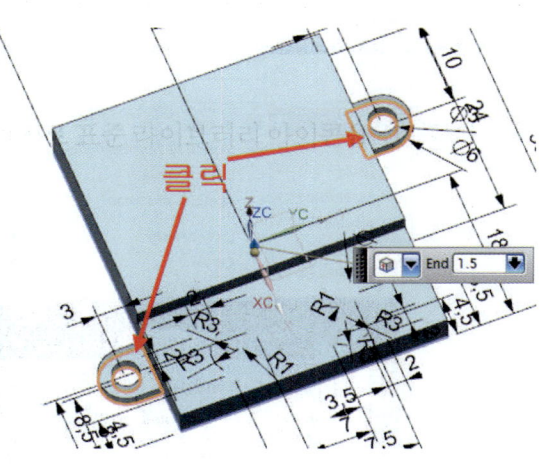

❿ 화살표가 가르키는 면을 선택 후 Distance=5, Boolean=Unite( )를 선택한 후 Apply를 클릭한다.

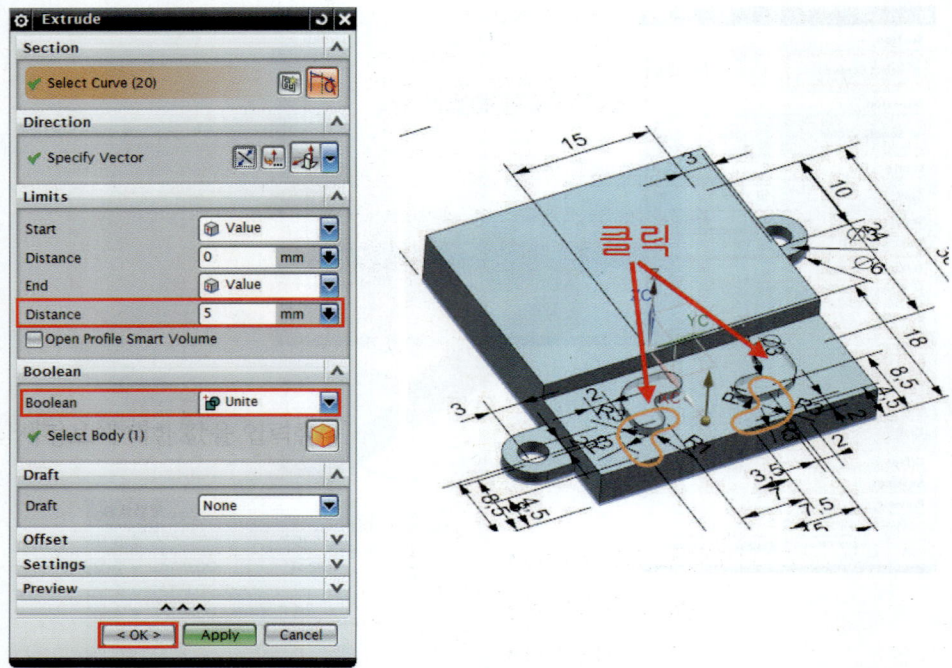

⓫ Menu → Insert → Detail Feature → Edge Blend( )를 클릭한다.

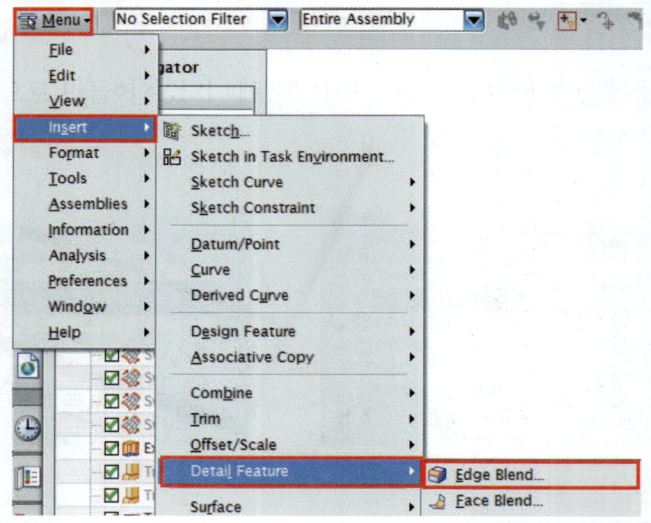

⑫ Shape=Circular, Radius 1 =3mm를 입력한 후 사각의 네 개의 엣지를 선택한 후 OK를 클릭한다.

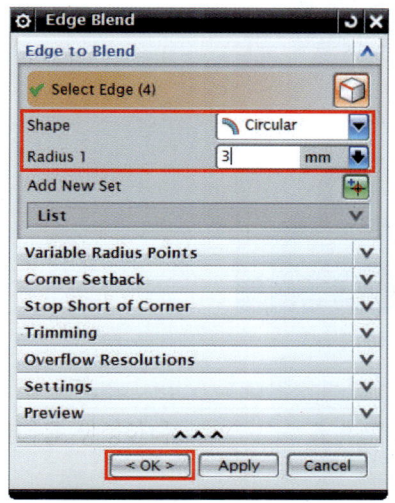 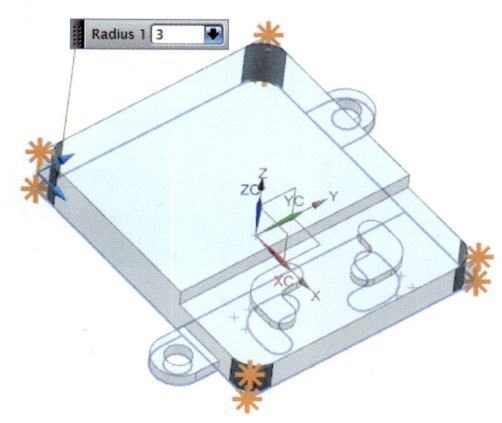

⑬ Menu → Edit → Show and Hide → Show and Hide( )를 클릭한 후 Show and Hide창이 뜨면 Sketches 부분만 (-)를 클릭한다.

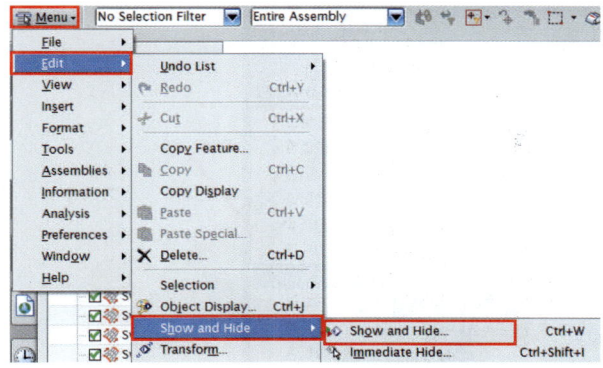 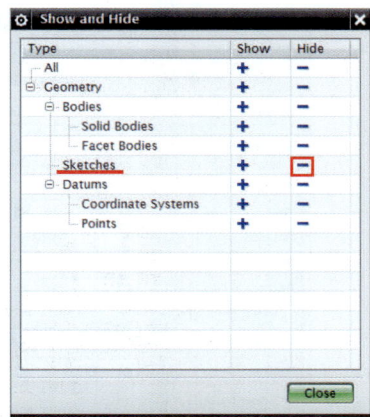

Unigraphics(UGS) CAD/CAM
NX9 모델링 및 CAM 가공

❿ Insert → sketch in Task Environment( )를 클릭한 후 OK를 클릭하여 기본평면(X-Y평면)으로 들어간다.

그 다음 아래 그림과 같이 스케치를 그리고 아이콘을 클릭한다.
Finish

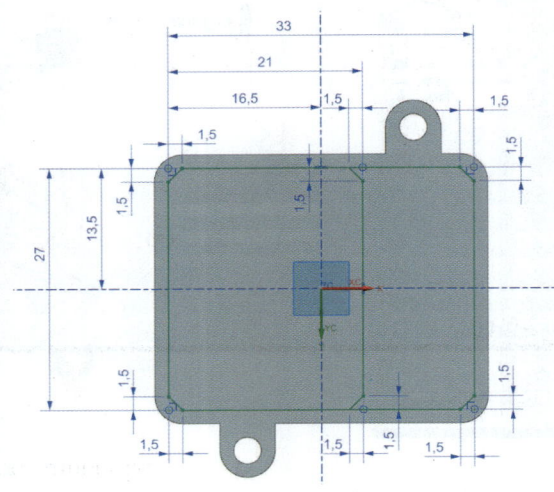

⓯ Extrude( )를 클릭한 후 추정 곡선을 Region Boundary Curv 로 설정한 후 큰 사각형을 선택하고 Distance= 4.5, Boolean =Subtract( )을 선택한 후 Apply를 클릭한다.

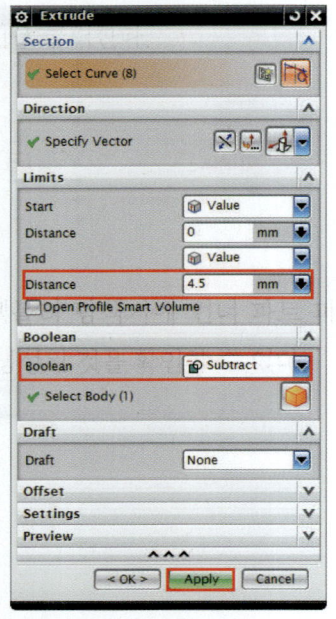
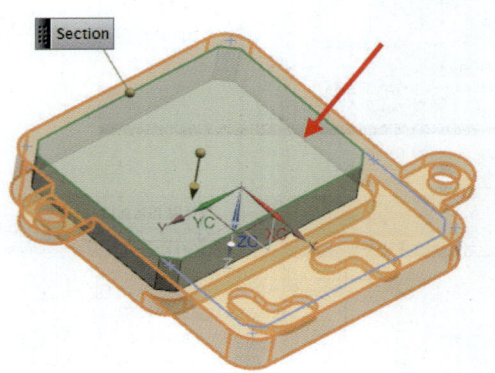

⑯ 추정 곡선을 Region Boundary Curv▼로 설정한 후 큰 사각형을 선택하고 Distance= 2.5, Boolean =Subtract( )을 선택한 후 Apply를 클릭한다.

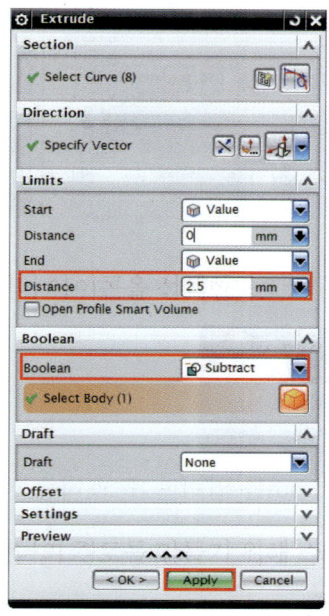
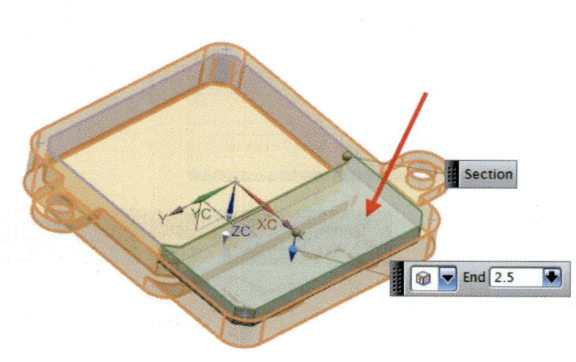

⑰ Menu → Insert → Detail Feature → Chamfer( )를 클릭한다.

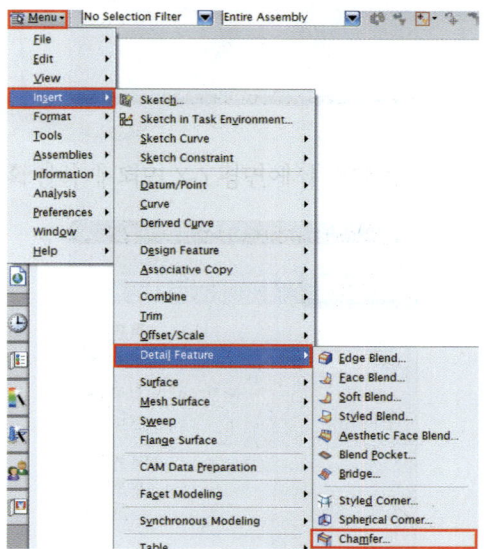

⑱ Chamfer창이 뜨면 아래 그림과 같이 선택한 후 Croos Section= Symmetric, Distance=0.5로 설정한 후 OK를 클릭한다.

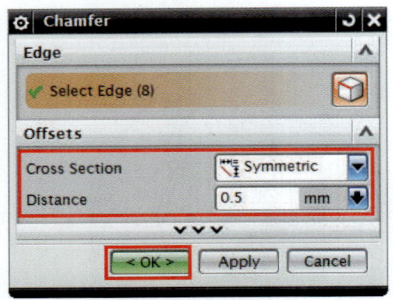 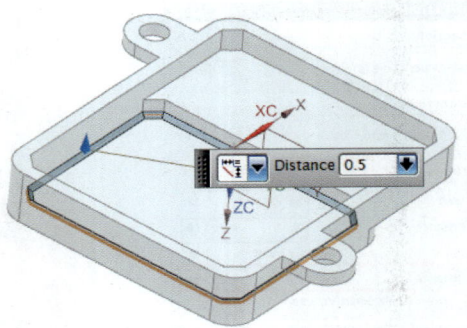

⑲ Edge Blend( )를 클릭한 후 Shape=Circular, Radius 1=1mm를 입력한 후 엣지를 선택한 후 OK를 클릭한다.

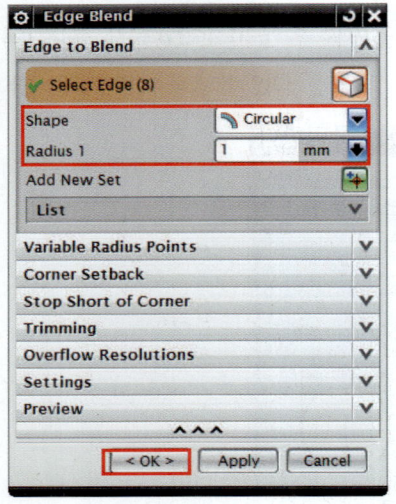 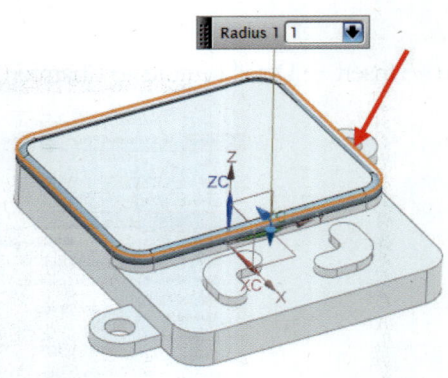

제1장 MOLD WIZARD 설계 따라 하기
제2장 Core, Cavity 설계 따라 하기

Chapter F
MOLD WIZARD

⑳ 모델링 완성

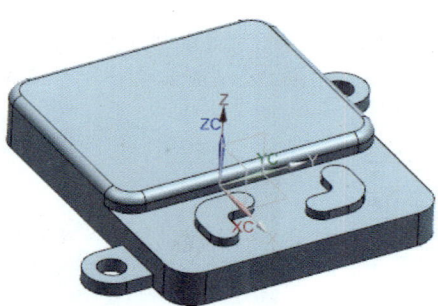

㉑ Insert → sketch in Task Environment(　)를 클릭한 후 OK를 클릭하여 기본평면(X-Y평면)으로 들어간다.

그 다음 아래 그림과 같이 스케치를 그리고 　 아이콘을 클릭한다.
Finish

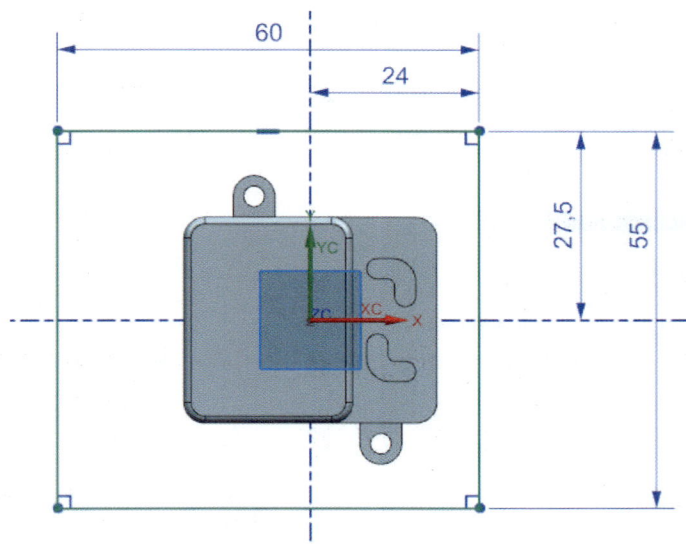

㉒ 추정 곡선을 [Connected Curves]로 설정한 후 큰 사각형을 선택하고 Distance= 25, Boolean(　)=None을 선택한 후 Apply를 클릭한다.

975

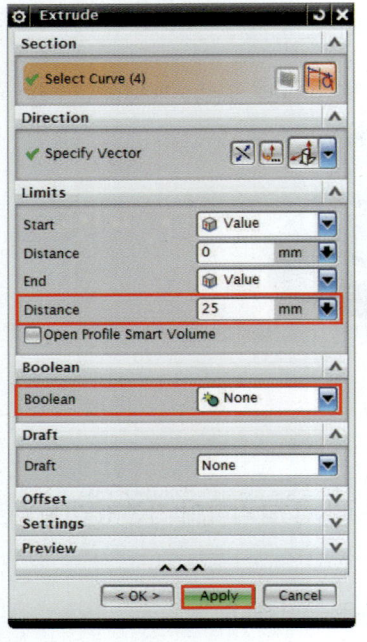
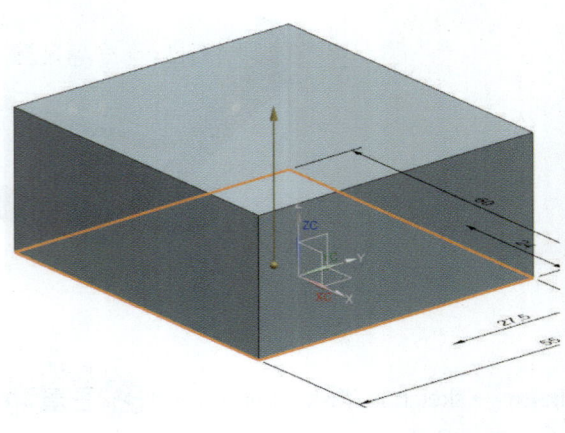

㉓ 추정 곡선을 Connected Curves 로 설정한 후 큰 사각형을 선택하고 방향을 반대로 한 후 Distance= 25, Boolean( ) =None을 선택한 후 OK를 클릭하여 생성한다.

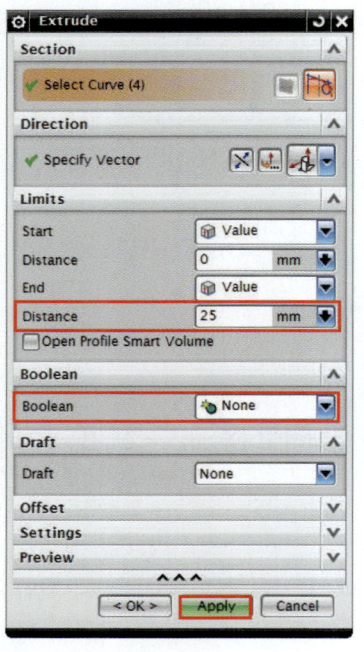
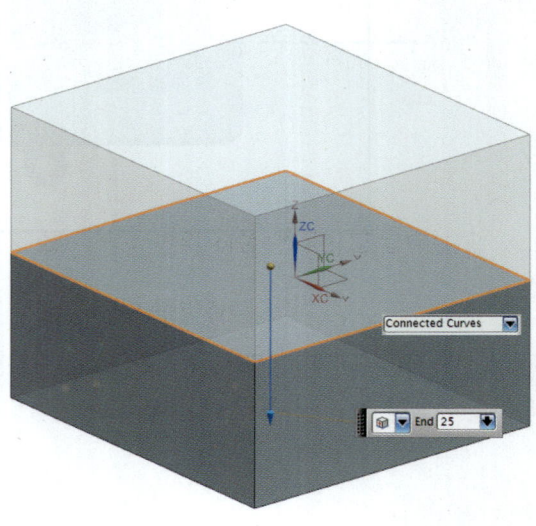

제1장 MOLD WIZARD 설계 따라 하기 | 제2장 Core, Cavity 설계 따라 하기 | Chapter F MOLD WIZARD

㉔ Ctrl+J를 클릭한 후 방금 생성한 두 바디를 선택한 후 OK를 클릭한다.

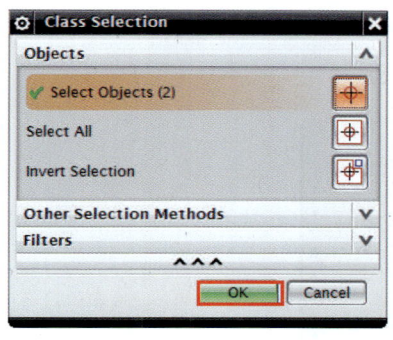
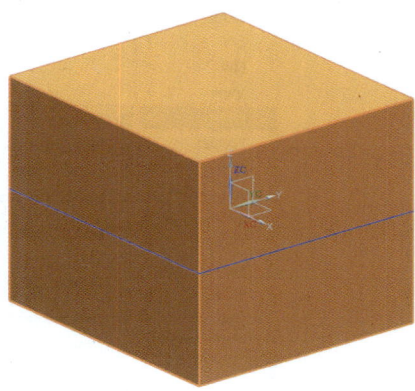

㉕ Shaded Display를 숫자를 크게 한 후 OK를 클릭해 희미하게 해준다.

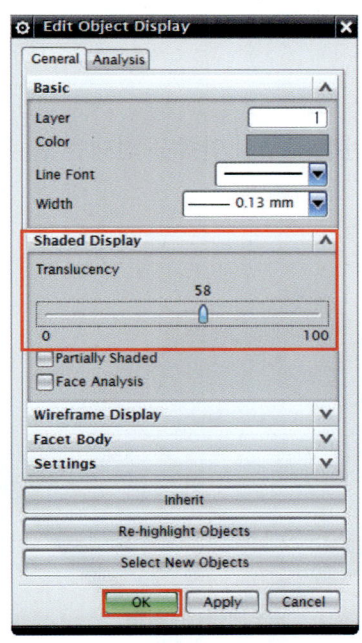
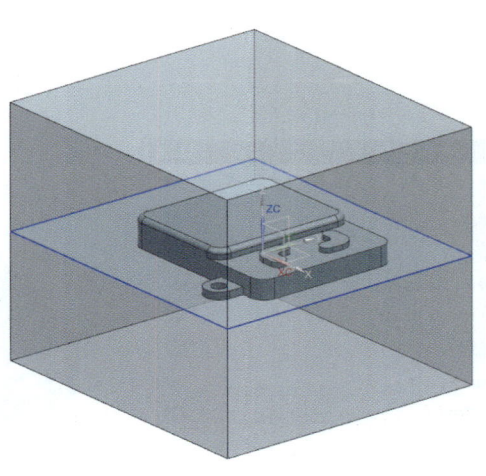

㉖ Ctrl+B를 클릭하여 사각블록을 숨겨 준다.

977

㉗ Menu → Insert Offset/Scale → Offset Surface( )를 클릭한다.

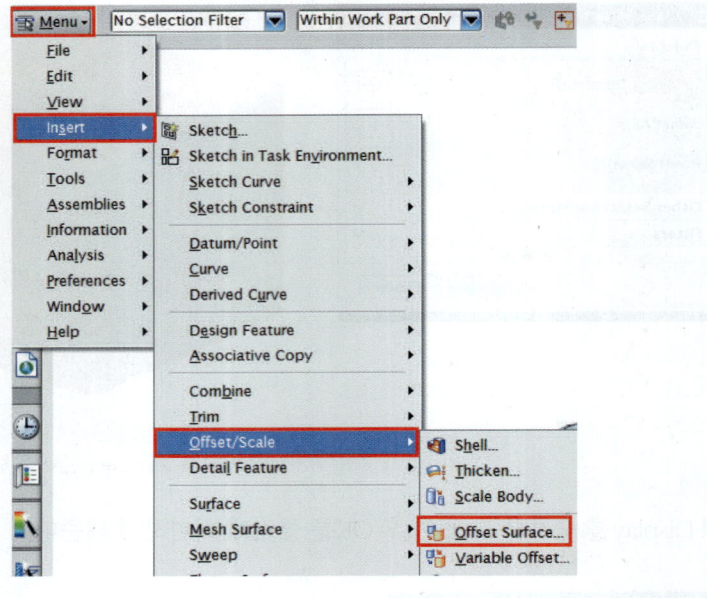

㉘ Offset 1=0mm를 입력한 후 우측 그림과 같이 윗면 전부와 구멍 안쪽을 선택을 한 후 OK를 클릭한다.

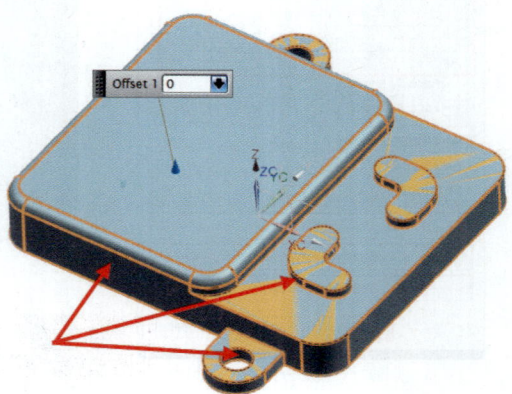

㉙ Show and Hide(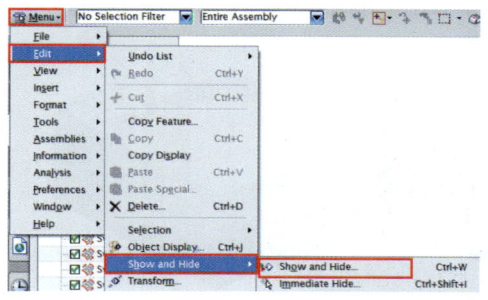)를 클릭한 후 Show and Hide창이 뜨면 Solid Bodies부분만 (+)를 클릭한다.

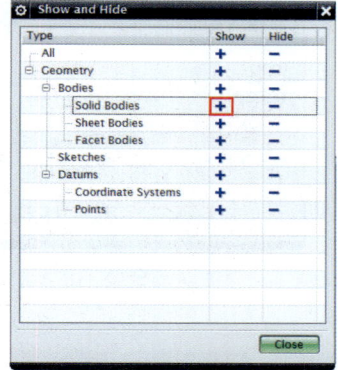

㉚ 밑 블록은 숨겨준다.

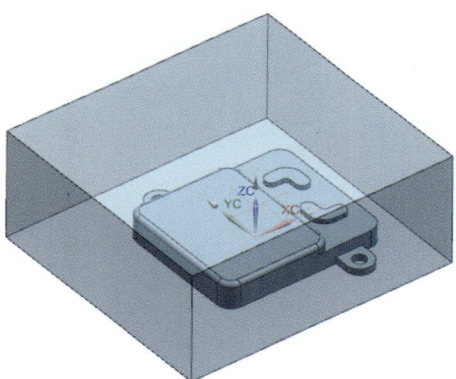

㉛ Menu → Insert → Trim → Trim Body(   )를 클릭한다.

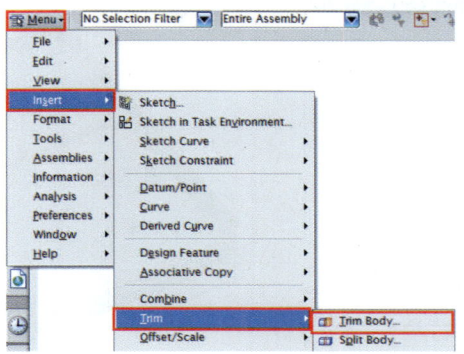

㉜ Trim Body창이 뜨면 Target=① 블록을 선택하고, Tool=② Sheet를 클릭한 후 OK를 클릭한다.

㉝ Cavity가 완성된 것을 볼 수 있다.

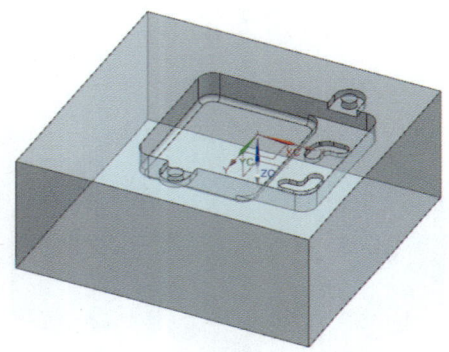

㉞ 다시 원래 모델링 형상만 놔둔 후 Offset Surface( )를 클릭한다.
Offset1=0mm를 입력한 후 다음 그림과 같이 밑면을 선택한 후 OK를 클릭한다.

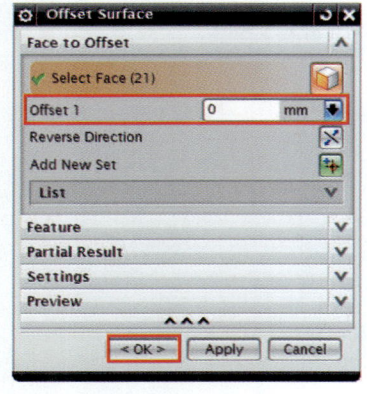
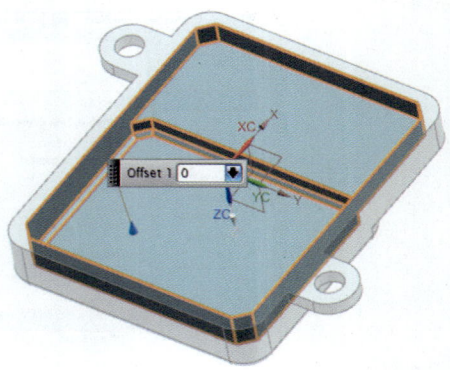

㉟ 다음 그림과 같이 생성한 Sheet와 밑 블록 body만 나둔다.

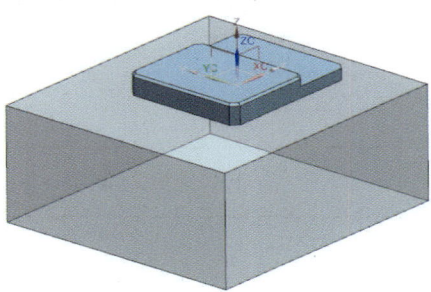

㊱ Menu → Insert Combine → Patch( )를 클릭한다.

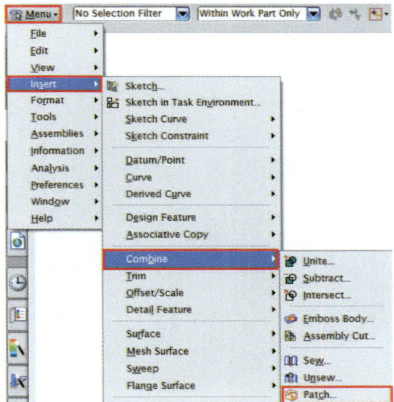

㊲ Patch 창이 뜨면 Target=① 전체바디를 선택한 후 Tool=② 생성한 Sheet를 클릭한 후 Make Hole in solid Target를 체크한 후 OK를 클릭한다.

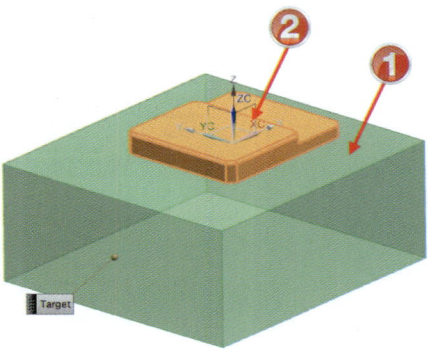

㊳ 다음과 같이 Core도 완성된 것을 확인할 수 있다.

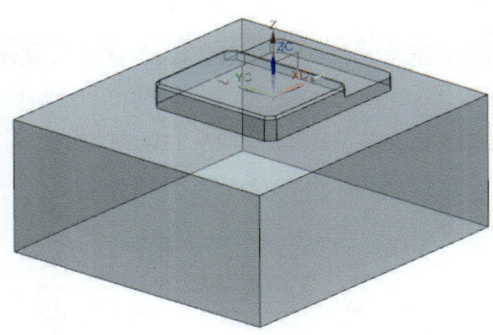

㊴ Core, Cavity를 모두 불러 온다.

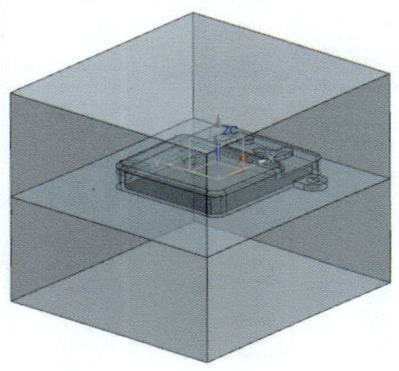

㊵ Menu → Insert → Associative Copy → Mirror Geometry( )를 클릭한다.

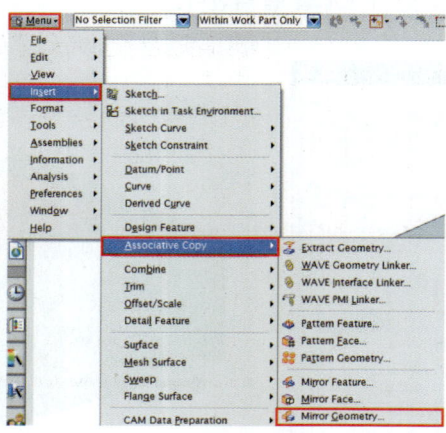

㊶ Geometry to Mirror=①을 클릭한 후 Specify Plane=②body의 옆면을 클릭한 후 Apply를 클릭한다.

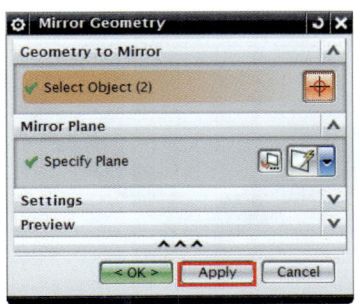
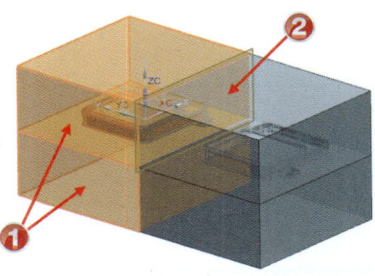

㊷ Geometry to Mirror=① 4개의 body를 클릭한 후 Specify Plane=② body의 옆면을 클릭한 후 Apply를 클릭한다.

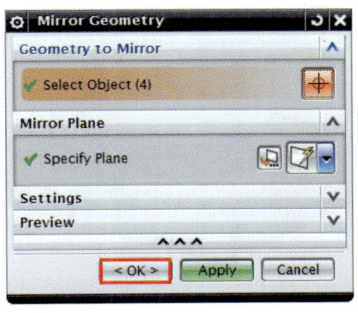
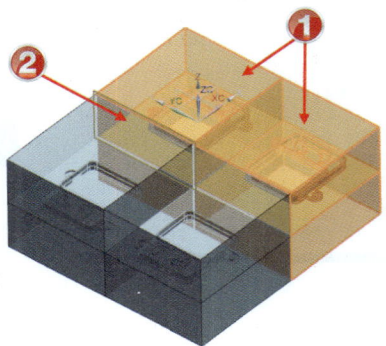

㊸ Menu → Insert → Combine → Unite( )를 클릭한다.

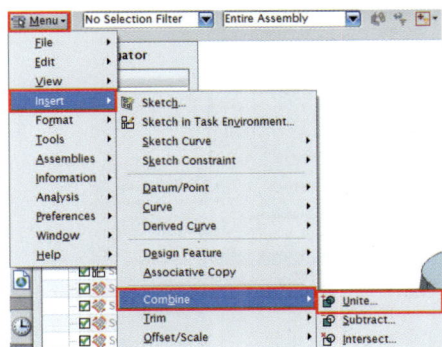

㊹ 다음 그림과 같이 Cavity 선택한 후 Apply를 클릭한다.

 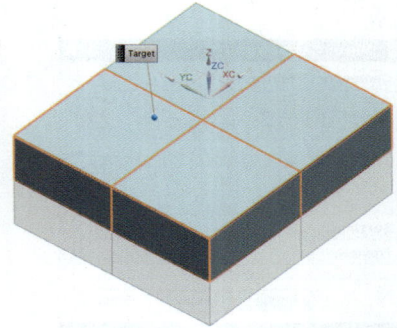

㊺ 나머지 Core 부분도 선택 후 OK를 클릭한다.

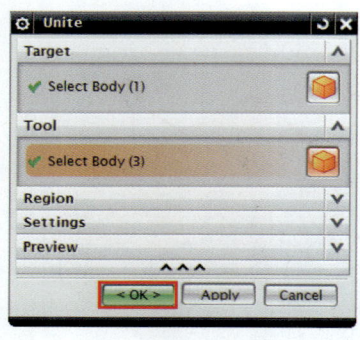 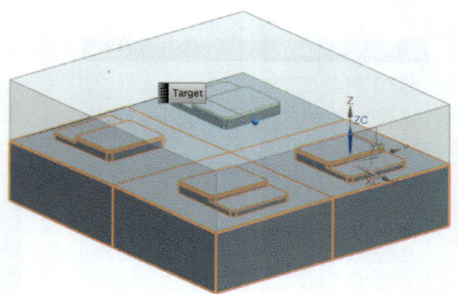

㊻ Menu → Edit → Feature → Remove Parameters( )를 클릭한다.

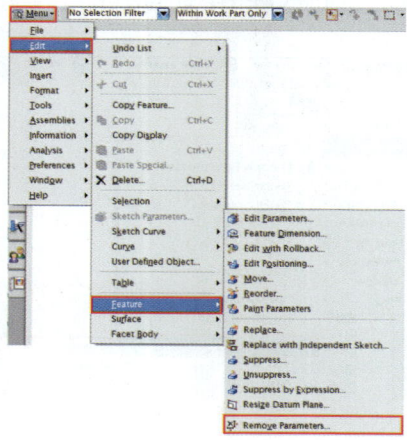

㊼ 생성해 놓은 형상을 선택한 후 OK를 클릭한다.

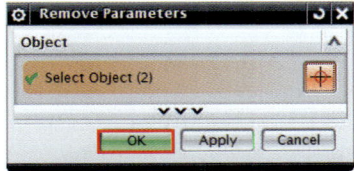
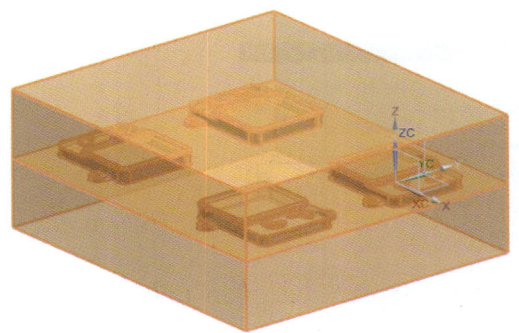

㊽ 다음과 같은 창이 뜨면 Yes를 클릭한다.

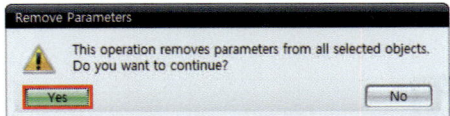

㊾ Menu → Edit → Move object( ) 를 클릭한다.

㊿ Object=① core를 선택한 후 Motion=Distance 설정 후 ②의 방향을 선택한 후 Distance=150mm 로 설정 후 Apply를 클릭한다.

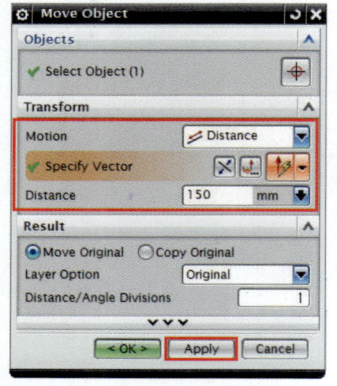 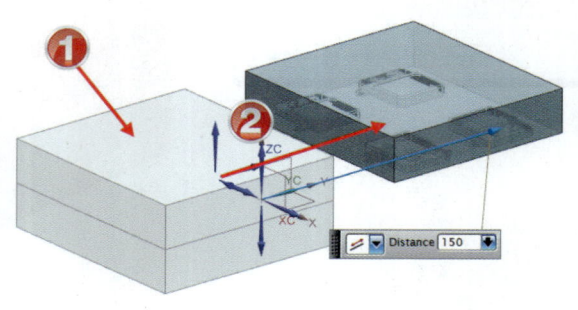

51 Object=① core를 선택한 후 Motion=Angle로 설정 후 ②의 방향을 선택한 후 원의 위치에 Point를 클릭한 후 Angle=180deg 또는 Distance/Angle Divisions=1로 설정 후 OK를 클릭한다.

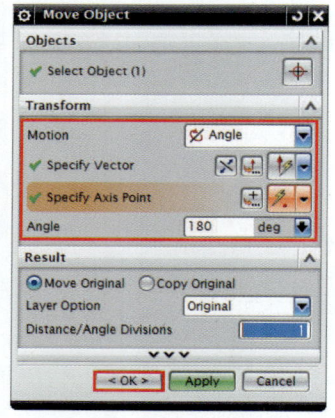 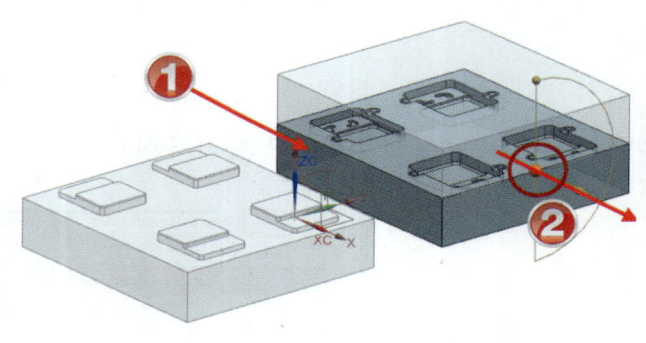

52 Ctrl + J를 입력한 후 두 개의 Body를 선택한 후 OK를 클릭한다.

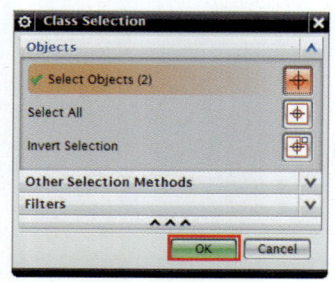 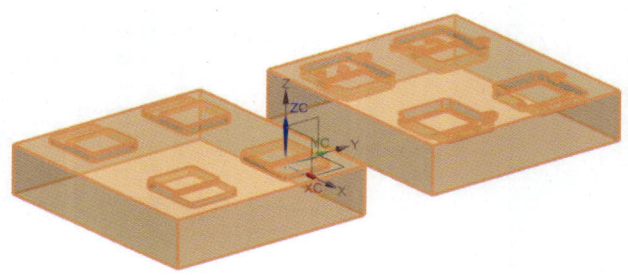

❺❸ Shaded Display를 숫자를 0으로 한 후 OK를 클릭해 원 상태로 생성해준다.

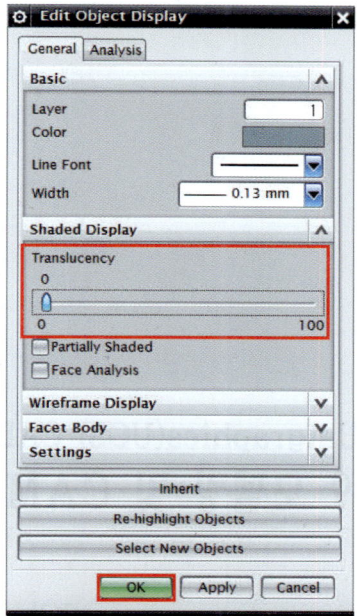

❺❹ 다음과 같이 4-Cavity, Core가 완성되었다.

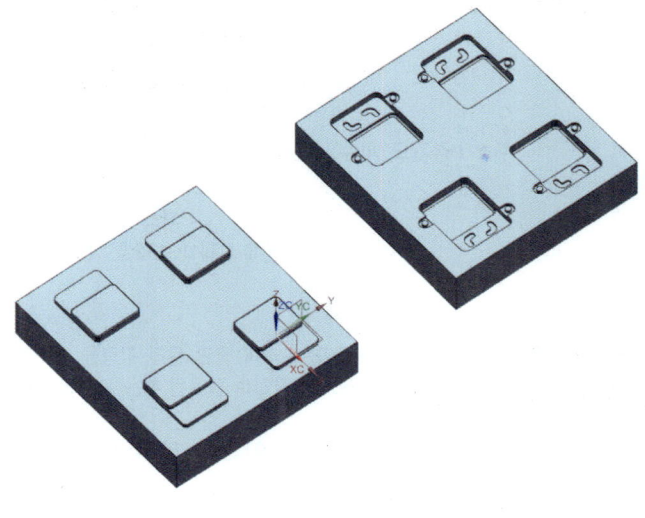

Unigraphics(UGS) CAD/CAM
NX9 모델링 및 CAM 가공

정가 ┃ 36,000원

지은이 ┃ 정연택, 이승원, 박상현, 조영배, 이규송, 김윤미
펴낸이 ┃ 차 승 녀
펴낸곳 ┃ 도서출판 건기원

2015년 9월 25일 제1판 1쇄 발행
2017년 9월 25일 제1판 2쇄 발행

주소 ┃ 경기도 파주시 산남로 141번길 59 (산남동 93-5)
전화 ┃ (02)2662-1874~5
팩스 ┃ (02)2665-8281
등록 ┃ 제11-162호, 1998. 11. 24

● 건기원은 여러분을 책의 주인공으로 만들어 드리며 출판 윤리 강령을 준수합니다.
● 본서에 게재된 내용 일체의 무단복제·복사를 금하며 잘못된 책은 교환해 드립니다.

ISBN 979-11-5767-073-4 13560